中国林业有害生物

2014-2017年
全国林业有害生物普查成果

国家林业和草原局森林和草原病虫害防治总站◎编著

上册

中国林业出版社
CFPH China Forestry Publishing House

图书在版编目(CIP)数据

中国林业有害生物：2014—2017年全国林业有害生物普查成果 / 国家林业和草原局森林和草原病虫害防治总站编著. --北京：中国林业出版社，2019. 6

ISBN 978-7-5219-0124-5

Ⅰ. ①中… Ⅱ. ①国… Ⅲ. ①森林害虫-普查-中国-2014-2017 Ⅳ. ①S763. 3

中国版本图书馆CIP数据核字(2019)第128655号

中国林业出版社·自然保护分社(国家公园分社)

策划编辑：刘家玲

责任编辑：刘家玲 宋博洋

出版 中国林业出版社(100009 北京市西城区德内大街刘海胡同7号)

http：//www. forestry. gov. cn/lycb. html 电话：(010)83143519 83143625

印刷 固安县京平诚乾印刷有限公司

版次 2019年11月第1版

印次 2019年11月第1次

开本 889mm×1194mm 1/16

印张 116. 5

字数 3100千字

定价 600. 00元

《中国林业有害生物（2014—2017年全国林业有害生物普查成果）》

编委会

主　编：宋玉双

编　委：（按姓氏笔画排序）

于治军　才玉石　白鸿岩　朱宁波　李　娟　岳方正

赵瑞兴　姚翰文　秦一航　崔永三　崔东阳　崔振强

阎　合　董瀛谦　程相称　温玄烨　潘佳亮

编写说明

1. 全书共七部分：第一至四部分分别为全国林业有害生物普查工作报告、普查技术报告、普查新技术应用报告、危害性评价报告；第五部分为全国林业有害生物普查名录，包括本次普查各种林业有害生物 6179 种；第六部分为参考文献；第七部分为附录，包括寄主植物中文名称—拉丁学名名录、寄主植物拉丁学名—中文名称名录、林业有害生物中文名称索引、林业有害生物拉丁名称索引。

2. 本书第五部分名录中将有害生物总体分为 10 大类，在各类中借鉴国际上最新的分类体系进行了分类，病害的分类由过去一般按寄主分类，改为按病原物所属的生物类别进行分类。每种有害生物按所在属拉丁学名首字母顺序排列。

3. 分布范围和发生地点中省、市、县、森工局、林业局等的排序是以林业行业专用软件及《森林资源代码 林业行政区划》为依据。

(1)分布范围涉及到大行政区，其排列顺序如下：

华北：北京、天津、河北、山西、内蒙古；

东北：辽宁、吉林、黑龙江；

华东：上海、江苏、浙江、安徽、福建、江西、山东；

中南：河南、湖北、湖南、广东、广西、海南；

西南：重庆、四川、贵州、云南、西藏；

西北：陕西、甘肃、青海、宁夏、新疆。

既有大行政区又有省份时，大行政区排序在前，省份排序在后，森工局合并到相应的省区。大行政区之间用“、”分开，大行政区与省之间用“，”分开，省与省之间用“、”分开。即同级间用“、”分开。

(2)发生地点市之间用“，”分开，市内部的区、县用“、”分开。森工局单列。

4. 名录中每一种寄主中文名之间统一用“，”分开。

5. 考虑到对实际工作的指导性，有害生物“发生面积”100 亩以下的未在名录中列出。

6. 本书未包含港、澳、台普查情况。

前言

由林业有害生物引发的林业生物灾害是我国林业重大自然灾害之一，它不仅破坏着森林资源，威胁着森林、湿地、荒漠三大生态系统安全，还影响着我国的经济贸易安全和森林产品安全，弱化着林业在生态和民生建设中的作用。党的十八大从实现中华民族永续发展的战略高度，首次对建设生态文明作出了全面部署。习近平总书记提出"绿水青山就是金山银山"的新时代生态文明建设思想，赋予我国林业建设前所未有的历史使命。林业有害生物防控是林业建设的重要保障，做好林业有害生物防治工作事关重大，这就要求必须采取有效措施遏制林业有害生物的危害，努力维护森林生态安全。

开展林业有害生物普查就是对我国林业有害生物发生危害的基本情况进行全面系统的调查，为科学制定防治规划、有效开展林业有害生物的预防和治理提供全面、准确、客观的信息。林业有害生物普查既是林业有害生物防控工作的基础性调查，更是一项十分重要的林情、国情调查。中华人民共和国成立以来，我国先后组织开展了两次全国范围内的林业有害生物普查。20世纪80年代初期进行的首次普查，初步查清了我国林业有害生物种类和分布情况。2003—2007年开展的第二次普查，基本摸清了境外入侵、省际传播、本土严重危害的林业有害生物以及林业有害生物的分布与危害等基本情况，并对全国70种主要林业有害生物进行了危险性分析和危险性等级划分，并依此重新修订了全国检疫性和危险性林业有害生物名单，有力推进了全国林业有害生物防控工作。但是，近年来，随着我国生态林、经济林、退耕还林和天然林资源保护等重大林业工程的持续建设，大量林业新品种的引进种植，林分结构发生了巨大变化。加之环境和气候变化、森林质量下降、贸易往来剧增、物流活动频繁等综合因素影响，使得我国林业有害生物种类和发生危害情况也发生了很大变化。全国林业有害生物总体上呈现出传播扩散快、发生面积广、危害程度重、复发次数多的态势。主要表现在：松材线虫病等重大危险性外来林业有害生物的入侵和扩散蔓延严重；一些局部地区发生的林业有害生物突破原来的分布区，危害面扩大；一些本土林业有害生物危害加剧，由偶发性成灾变成频发性成灾，由次要性种类上升为重要性种类。及时摸清我国林业有害生物的新变化，全面掌握全国林业有害生物发生、危害现状，适应当前林业有害生物科学防控和保护生态文明建设的需要成为一项十分迫切的任务。为此，国家林业局(现国家林业和草原局，下同)于2014年3月下发了《国家林业局关于开展全国林业有害生物普查工作的通知》，决定从2014年到2016年利用3年时间开展第三次全国林业有害生物普查工作。

这次普查按照“全国统一领导、地方分级负责、各方共同参与”的原则组织与实施。国家林业局高度重视此次普查工作，成立了全国林业有害生物普查领导小组，负责普查工作的组织领导和协调解决重大问题。国家林业局森林病虫害防治总站(现国家林业和草原局森林和草原病虫害防治总站，下同)成立了普查工作专项领导小组和工作机构，负责普查过程中的督导检查，并组织编制了《林业有害生物普查技术方案》，在南昌举办了“全国林业有害生物普查技术培训班”。在普查过程中召开了数次普查推进会，及时解决出现的新问题，推进普查工作的顺利开展。各省(区、市)、森工集团林业厅(局)认真按照国家林业局统一部署要求，把普查工作纳入当地林业工作重要议事日程，成立以主管领导为组长的普查工作领导小组，负责普查工作的领导、协调、资金的筹集和督导等工作。特别是在资金筹集方面力度空前，全国累计投入资金6.64亿元，为普查的顺利开展提供了保障。各级森防部门认真制定普查工作方案和普查技术方案，进一步明确和细化普查任务要求，并根据当地实际情况，对参与普查的技术骨干进行了集中培训。据统计，全国共举办了各级“林业有害生物普查技术培训班”3200多期(次)，培训技术人员达98000余人次。

本次普查历时3年，取得了丰硕成果。全国共设踏查线路174767条，完成踏查里程575.6万公里。共设标准地51万个。调查苗圃44153个、木材加工厂(贮木场)40943个、调查果品种实生产经营场所4913点。共采集各类有害生物标本126万号，拍摄普查图片183万余张，拍摄录像累计时长28万多小时。共计制作生活史标本4474套。

本次普查各地因地制宜积极创新普查工作机制，灵活采用了政府购买社会服务、本地区林业部门实施及两种形式兼有的组织形式实施普查工作。同时积极借助社会力量开展普查，不少地方从林业院校、科研院所聘请专家，组成专家组指导普查工作，全国共建立省级顾问组33个、聘请相关专家300余人，涉及技术支撑单位过百家。

为提高普查效率，各地在坚持以传统、科学、实用的方法为主的同时，积极探索使用地理信息系统、遥感、物联网、信息素等普查新技术。GIS和PDA技术、遥感和无人机监测技术、有害生物普查软件信息系统等得到有效应用。国家林业局森防总站开发了普查信息直报、汇总软件，构建和完善林业有害生物数据库，提高了工作效率和规范了统计标准。

本次普查全国共记载各种林业有害生物6179种。按照新的分类体系将其分为10大类，即：鼠类44种、兔类8种、昆虫类5030种、螨类76种、植物类239种、真菌类726种、线虫类6种、细菌类21种、植原体类11种、病毒类18种。在各类中借鉴国际上最新的分类体系进行了分类，使分类更加科学适用，病害的分类由过去一般按寄主分类，改为按病原物所属的生物类别进行分类。每种有害生物按所在属拉丁学名首字母顺序排列，完整地列出寄主植物、分布范围、发生地点以及危害指数等信息。

本次普查根据新形势新特点，从过去以林业有害生物种类为导向的普查转变为以林业有害生物危害为导向的普查，重点是可能造成危害的种类和已经造成危害的种类的普查，各省对检疫性、危险性、发生面积在10万亩[①]以上和2003年以来从国(境)外或省级行政区外传入的林业有害生物新记录等重要种类进行了危险性评价，完成危险性分析报告146篇。国家林业局森防总站依据这次普查以危害为导向的特点，从国家层面以发生面积为基础，首次引入“危害指数”对排位前100名的林业有害生物、新近传入的外来有害生物、目前全国林业检疫性有害生物以及危害相对严重的有害生物共计281种进行了危害性评价。结果表明：1种林业有害生物被列入一级危害性，52种林业有害生物被列入二级危害性，97种林业有害生物被列入三级危害性，其余131种林业有害生物被列入四级危害性。

普查结果表明，自第二次全国林业有害生物普查以来，全国共有254种林业有害生物出现新的扩散，新增2638个县级单位。其中外来林业有害生物合计新增1998个县，占75.74%；本土有害生物新增640个县，占24.26%。全国林业有害生物发生总面积达28449.48万亩，其中轻度及以下21871.44万亩，占76.88%；中度4978.18万亩，占17.50%；重度1599.31万亩，占5.62%。发生面积超过万亩的有1058种，发生面积超过10万亩的有376种，发生面积超过50万亩的有111种，发生面积超过100万亩的有57种。外来林业有害生物发生面积4166.10万亩，占总发生面积的14.64%。本土林业有害生物发生面积24283.38万亩，占总发生面积的85.36%。

为有效发挥普查成果的作用，国家林业局森防总站组织有关人员对普查资料和数据进行了系统整理和全面分析总结，并汇编整理成此书。本书对这次普查的成果进行了全面展示，提供了本次普查的工作报告、技术报告、新技术应用报告和危害性评价报告。提供了全国林业有害生物普查名录及寄主植物的中文名、拉丁名对照表，以便各地参考使用。

在本次普查中，全国35个省(区、市)及森工集团10万余人参与了普查工作，付出了艰苦努力，并对本次普查成果汇总和本书汇编整理给予了鼎力支持。国家林业局森防总站大批管理和技术人员参加了这次普查的方案编制、技术培训与指导、检查督导、成果汇总和本书编撰工作。主要参加人员有：

① 1亩 = 1/15hm^2，下同。

宋玉双、崔永三、崔振强、程相称、李娟、阎合、岳方正、董瀛谦、朱宁波、周茂建、方国飞、曲涛、常国彬、于治军、苏宏钧、温玄烨、白鸿岩、张旭东、崔东阳、孙淑萍、于海英、黄瑞芬、张睿轩、韩阳、董振辉、徐钰、孙玉剑、唐健等。

在整个普查过程中以及成果汇总和本书编撰中，来自于全国相关大专院校、科研院所和生产单位的专家给予了大力支持和帮助。主要专家有：吴坚、叶建仁、张永安、张星耀、武红敢、赵文霞、孙江华、姬兰柱、李成德、刘雪峰、王培新、吾中良、杨佐忠等。在此对各位专家给予的大力支持和帮助一并表示感谢。

尽管本书的撰写、统稿、编辑人员为此付出了辛勤劳动，但仍会存在着一些疏漏和不当之处，恳请读者提出宝贵意见。

编者

2019年9月

／目录／

一、全国林业有害生物普查工作报告

按照国家林业局2014年3月下发的《关于开展全国林业有害生物普查工作的通知》，从2014年到2016年，历经3年时间，全面开展并完成了全国第三次林业有害生物普查工作。3年中，在国家林业局的统一领导下，地方各级政府和林业主管部门高度重视林业有害生物普查工作，将其作为重要工作任务，切实加强组织领导、明确工作任务、优化人员配置、落实经费支撑、强化检查督导，确保了普查工作的顺利开展和按期完成，取得了丰硕的成果，现总结如下。

一、加强领导，精心组织，确保普查工作有序开展

（一）切实加强组织领导

国家林业局成立了林业有害生物普查工作领导小组，负责普查工作的组织和领导，协调解决普查工作中的重大问题。国家林业局森防总站成立了普查工作专项领导小组和工作机构，负责组织制定普查技术方案、普查数据库服务、普查进度和质量的监督指导以及普查结果的汇总分析。并在普查过程中数次召开了普查推进会，及时解决出现的新问题，推进普查工作的顺利开展。全国35个省（区、市）、森工集团按照国家林业局的部署分别成立了以主管林业厅（局）长为组长的普查工作领导小组，地方各级林业主管部门也都成立相应的组织机构，负责普查工作的组织协调和监督检查。同时，各级林业主管部门及时召开了全省普查动员会，落实任务，提出要求，推动普查工作全面展开。

（二）认真制定普查方案

国家林业局及时制定印发了《全国林业有害生物普查技术方案》，对普查范围、普查对象和内容、普查方法、标本采集和影像拍摄、普查材料报送等进行统一规范，对时间、进度、质量提出具体要求。各省（区、市）结合本地区实际情况，组织技术骨干，对本地区森林资源类型、分布特点和历年有害生物发生情况进行综合分析，制定了适宜本地实际的《林业有害生物普查技术方案》和《林业有害生物普查工作实施方案》，进一步明确和细化普查任务要求。地方各级林业部门根据省级《普查技术方案》和《普查工作实施方案》，对普查技术方案进行再细化，更加突出本地特色，并以危害为导向，以日常监测数据为基础，根据森林分布图设计踏查线路图和普查工作历，统一印制线路调查和标准地调查原始记录表。通过层层的方案编制，逐级细化工作流程，规范技术要求，确保普查工作的顺利实施。

（三）及时开展技术培训

全面掌握林业有害生物普查技术和要求是完成此次普查任务和取得高质量普查成果的重要保障。国家林业局森防总站在全国普查工作全面启动之初在南昌举办了“全国林业有害生物普查技术

培训班”。对各省（市、区）、森工集团省级管理和技术骨干人员进行了培训。培训班邀请国内科研院所、大专院校和管理部门的专家就普查组织管理和普查实施技术、有害生物分类与鉴定技术、有害生物拍摄和标本采集制作技术，以及高新技术在普查中的应用等方面进行了系统讲解。各省（区、市）结合本省实际对市（县）级业务骨干分别举办了林业有害生物普查培训班或形式多样的技术交流会、现场培训会，进一步落实国家和省级普查方案，了解普查范围和对象，学习和领会普查技术标准和调查方法。经统计，全国共举办了各级“林业有害生物普查技术培训班”3200多期（次），培训技术人员达98000余人次，为全面完成林业有害生物普查工作奠定了坚实的基础。

（四）全面强化技术支撑

为确保普查结果的科学性和统一性，各地都聘请本地区相关农林院校、农林科研院所、上级林检机构、植保站等单位知名专家组成专家顾问组，具体负责普查工作的技术指导、标本鉴定，及时解决普查中遇到的技术难点和疑点问题。共建立省级顾问组33个，聘请相关专家300余人，涉及技术支撑单位过百家，为普查工作的顺利开展和确保普查质量提供了技术支撑。

二、把握要点，循序渐进，认真做好普查各阶段工作

（一）及时组织普查预实施

为增强普查技术方案的科学性和实践性，总结出可复制、可借鉴、可推广的普查工作经验，本次普查采取了“试点先行，全面推进，突出重点，保证效果”的原则，在正式实施普查之前，由各省选择几个县区，按照普查技术方案的总要求，制定预实施方案，开展预实施。各省（区、市）和森工集团均于2014年组织开展了1~2个县区的普查预实施。各省在预实施阶段重点考虑野外调查时间、调查频度等因素，以点到面，按照试点技术方案，采取踏查、详查相结合的形式，进行普查外业调查，拍摄有害生物影像，夜间张灯诱捕，并及时开展有害生物标本制作等内业工作。通过开展试点，各省及时总结经验，筛选出适宜本地区的普查技术和方法，进一步完善实施方案，细化技术要求，为全面开展普查工作奠定了坚实的基础。

（二）全面开展外业调查工作

在预实施的基础上，全国35个省（区、市）及森工集团从2015—2016年历时两年全面开展了普查外业调查，参与普查人员达10万余人，出动车辆20万台次。普查共设踏查线路174767条，踏查里程575.6万km。全国共设标准地51万个，调查苗圃44153个、木材加工厂（贮木场）40943个、调查果品种实生产经营场所4913点。共采集各类有害生物标本126万号；拍摄普查图片183万余张，其中林业有害生物生物学、生态学及生活史照片67万张，危害状照片89万余张，其他工作场景照片27万张；拍摄录像累计时长282365小时。

（三）细心做好内业整理工作

外业工作结束后，各省（区、市）迅速转入内业整理工作，部分省（区、市）采取集中人员、集中时间整理内业，同时各地充分发挥专家进行标本鉴定和资料的汇总分析等方面的作用，以确保内业工作的进度和质量。按照普查技术方案确定的普查内容和目标要求，各省（区、市）全面完成各类数据（含影像资料）汇总、编辑整理。在内业整理工作的基础上，各地区积极完成本省（区、

市）检疫性、危险性、发生面积在10万亩以上和2003年以来从国（境）外或省级行政区外传入的林业有害生物新记录种类风险分析报告的撰写，共完成专项报告146篇。经国家林业局森防总站汇总，全国共记载各种林业有害生物6179种。按照生物系统分类体系将其分为10大类，即：鼠类44种、兔类8种、昆虫类5030种、螨类76种、植物类239种、真菌类726种、线虫类6种、细菌类21种、植原体类11种、病毒类18种。各省（区、市）共计制作生活史标本4474套，其中上交森防总站生活史标本372种750套。基本实现了进一步完善林业有害生物信息数据库和丰富各级森防机构馆藏标本的目的。绝大多数省按时完成了普查工作报告、技术报告、普查结果汇总、影像资料、标本等报送。森防总站对各省（区、市）上报的资料进行汇总、整理、分析，完成了《中国林业有害生物（2014—2017年全国林业有害生物普查成果）》。

三、创新机制，强化保障，全力促进普查工作高质量完成

（一）广开渠道落实普查经费

此次普查工作，在国家没有安排专项经费的情况下，各省（区、市）多方争取、广辟渠道、层层筹集工作经费。经统计：全国累计投入资金6.64亿元，有21个省区资金投入超千万元，其中四川普查专项资金达1.2亿元，吉林、江苏、福建、山东、湖北、湖南、广东、广西、重庆、贵州、云南投入超2000万元。据不完全统计，本次共购买相关资料图书10万本，标本盒20万盒，GPS定位器1万台，显微镜2000台，数码相机1500台，以及数以万计的捕虫网等相关器具。根据全国第八次森林资源清查结果（2013年），按我国森林面积为31.2亿亩计算，本次普查全国平均每亩成本为0.21元。

（二）强化督导检查，促进工作开展

督导检查是实现普查工作进度和质量的重要保障，是推进普查工作进度、提升工作质量、解决存在问题的重要手段。在普查的全面实施阶段，国家林业局森防总站成立普查专项督导组在2015年和2016年多次对一些重点省区开展督导，详细了解普查工作进展，推广经验做法，查找存在问题，对下一步工作提出建议和要求。各省（区、市）也切实加强了督导检查，陕西省采取厅长约谈方法，针对存在问题较多的地市提出整改要求和期限，对前期工作进行“回头望”，对不符合要求的具体问题进行了现场探讨，并及时采取措施进行改进。吉林省采取红黑名单措施，针对普查工作好的单位给予充分肯定和表扬，针对普查工作开展不积极的单位进行通报批评。新疆维吾尔自治区通过举办普查标本评比活动，将评比结果作为评价各单位普查工作质量的重要依据。

（三）创新组织形式，实现工作主体多元化

在本次林业有害生物普查工作中，各地积极探索普查工作机制，灵活采用了政府购买社会服务、本地区林业部门实施及两者兼有的混合组织形式实施普查工作。其中，全部采取政府购买社会化服务的只有西藏自治区，全部采取林业部门自主普查的有10个省（区），采取混合形式的有24个省（区）。

从三种组织形式的对比来看，采取自主实施形式，森防人员通过深入基层第一线工作，锻炼了队伍，增强了业务能力，在充分掌握日常监测数据的基础上，对危害类别和种类认识更加全面，所得标本和数据更贴近实际。采取购买社会化组织服务形式，弥补了森防机构自身不足，缓解了人

员、车辆带来的压力。社会化组织由高校或科研单位构成的，在标本制作和种类识别上更能发挥其优势；社会化组织由企业组成的，多以盈利为目的，对普查的认知程度存在差距，往往注重标本的采集，而忽略了危害数据调查。采取混合形式的，可以扬长避短，互为补充，两者相结合使人员和资金得到合理利用，发挥各自的优势或形成优势互补。

（四）推进现代化技术应用，提高普查效率

为提高普查效率，各地在坚持以传统、科学、实用的方法为主的同时，积极探索使用地理信息系统、遥感、物联网、信息素等现代化新技术。GIS 和 PDA 技术、遥感和无人机监测技术、有害生物普查软件信息系统等得到有效应用（具体应用情况详见新技术应用报告）。上海、辽宁、河南、云南、甘肃、宁夏等 6 个省（区、市）通过与相关科技公司联合开发了有害生物普查软件系统，加上引入原有系统的省份，本次普查工作共有 13 个省（区、市）应用了软件系统平台，占总调查单位的 35%。重庆、辽宁、云南、安徽等推广了 GIS 和 PDA 技术的应用，云南和安徽还开展了遥感和无人机监测技术的应用，共计 11 个省（区、市）采用了远程监测技术，占总调查单位的 32%。国家林业局森防总站及时开发了普查信息直报、汇总软件，构建和完善林业有害生物数据库，提高了工作效率和规范了统计标准。多项新技术的应用，有力地保障了本次普查工作的顺利进行。

四、普查工作成效显著，成果丰富

（一）了解掌握了我国林业有害生物发生和危害情况

通过本次普查，较为全面地了解和掌握了我国林业有害生物种类、分布、危害、寄主及其发生发展趋势等方面的基本情况，建立和完善了各级林业有害生物数据库，扩充了有害生物的标本资料。这些工作为开展重要林业有害生物风险分析与评估，科学制定林业有害生物灾害预警方案、防治规划、修订检疫性有害生物名单等奠定了坚实的基础；为科学防控有害生物，维护森林资源和国土生态安全，促进生态文明建设等提供全面、准确、客观的基础信息；为我国制定林业有害生物防治工作中、长期发展战略提供科学依据。

（二）提高了林业有害生物管理信息化水平

这次普查，从国家到大部分省以及一些市县，都开发应用了普查管理信息系统平台。从野外调查到普查数据等基本信息统计、汇总、上报、管理都实现了信息化，大大提高了我国林业有害生物信息化管理水平，为有效利用林业有害生物信息，实现信息共享奠定了基础。

（三）建立了产学研合作机制

普查工作涉及面广、持续时间长、科技含量高，本次普查突出了林业主管部门的领导作用，建立了各级森防机构、大专院校、科研机构和社会组织广泛参与的协作机制，形成了工作合力。森防部门具体组织实施，负责人员培训，工作协调和提供后勤保障；大专院校、科研机构、社会组织承担普查作业，负责有害生物标本的野外采集、影像资料采集、整理制作、种类鉴定、数据分析、撰写报告等。产学研“三位一体”的合作机制已成为今后开展普查工作甚至防治工作应当坚持的一种工作机制。同时，通过对普查工作的宣传，进一步提高了各级政府、林业主管部门以及社会各界对林业有害生物危害严重性的认识，为森防检疫工作转向群防群治、联防联治、全社会共同参与奠定

了更加坚实的社会基础。

（四）提高了基层机构和人员的能力

林业有害生物普查工作专业性强、技术要求高。通过国家、省、市、县级层层技术培训和实际参与普查的各个方面的工作，各级森防检疫机构的专业技术人员及普查专业队成员全面系统地掌握了普查技术。普查工作成为一次森防系统“大练兵”，在普查过程中，培养和锻炼了林业有害生物普查队伍及森防工作人员，使其既掌握了林业有害生物的鉴别及生物学特性，又提高了林业有害生物调查及防治技术的实践经验，为今后做好林业有害生物防治工作储备了能力。

五、普查工作存在的问题及不足

（一）各省（区、市）间普查工作开展不平衡

一是各地进度差异大。一些地方由于启动匆忙导致普查经费到位不及时，工作推进跟不上；一些地方因招投标工作程序复杂，导致在项目招标中多次流标，没能按照国家规定的时间节点开展工作，耽误了大量的宝贵时间，极大地影响了全国普查工作整体进度和质量。二是资金投入差异较大。由于各地重视程度、经济发展状况、普查的组织形式以及区域特点都存在较大差异，导致资金投入存在较大差异。三是完成质量差异较大。本次普查涉及 35 个省级林业主管部门，由于在技术力量、人员配置以及对普查要求的认识和理解程度都存在较大差异，导致了包括普查数据、标本影像资料质量、数量，录入系统信息准确度等方面都存在较大差异。

（二）有害生物信息填报较为混乱

一是现运行的林业有害生物数据库未与最新的科研成果同步，没有收入最新的种类信息，很多新种查不到、填不上。二是数据库的填报主要是由县一级的森防机构完成，部分地区未进行系统操作培训且把关不够严格，导致同一种有害生物种名、学名、俗名混淆的情况时有发生。有的操作人员业务不熟练，有害生物和寄主植物种类辨别错误，给后期普查汇总分析工作造成了很大困难，影响了本次普查汇总的进度和普查结果的准确性。

（三）购买社会服务质量参差不一

虽然社会化组织在本次普查中发挥了重要作用，但也存在一些问题。首先，全国同期开展林业有害生物普查，而具有提供科技服务能力的单位严重不足，短期内市场资源无法进行有效配置，导致有的中标单位缺少森防、植保专业人员，不具备开展普查工作的能力，在野外无法识别寄主植物和有害生物种类。其次，一些社会化服务组织不能够深入理解此次普查工作的目的和要求，未能严格按照国家、省和地方制定的普查技术方案规范开展工作，调查时间短且重复频次少，覆盖范围窄且不具有代表性，导致部分地方普查成果质量不高。三是，购买社会服务缺乏统一、合理的经费预算标准，公司或单位盲目追求利益最大化，争相竞标经费较高的区县，造成经费少的地方流标现象频出，错失大量宝贵时间。

六、加强普查工作的意见和建议

（一）建立常态化普查机制

林业有害生物的发生、扩散是动态变化的，不同地区、不同年份发生情况也不尽相同。通过定

期开展全国性的普查及时摸清林业有害生物的种类、分布及发生危害情况，对掌握我国林业有害生物发生扩散的总体情况有着重要的意义。根据《森林病虫害防治条例》《国务院办公厅关于进一步加强林业有害生物防治工作的意见》（国办发〔2014〕26 号）的要求，要积极推进普查工作的经常化、制度化，真正落实每 5 年一次的普查制度，在本地情况较清楚的情况下，重点调查有害生物的种类、发生和危害的变化。同时，各地还要积极开展各类专项普查，一方面提升队伍素质，另一方面为普查工作积累经验。各省（区、市）应深度总结本次普查工作经验，广泛交流，相互学习和借鉴经验和教训，推广行之有效的组织管理办法和普查技术，为今后的普查工作做好储备。

（二）推进普查成果的应用

各省（区、市）要充分利用此次普查获得的成果，对普查工作中发现的新情况、苗头性问题进一步深入调查研究，采取相应的对策；要对本次普查应用的多项新技术进行总结，发现问题，及时修正，以便今后更好地应用；要进一步完善数据库建设，依托本次普查的最新数据及时进行更新；要进一步提升标本馆（室）的建设，用本次普查获得的标本及时补充完善；要全面总结林业有害生物的发生危害情况，进一步提炼成果，有条件的地方要独立完成图谱、名录、普查成果的编印，加快成果的应用。

（三）规范社会化服务的管理

政府购买服务将成为未来普查工作的主导形式，各级林业主管部门要逐步建立完善社会化组织的监督管理机制，切实解决服务质量问题。要完善购买服务招标程序，加强投标单位的资质审核。要积极引进第三方参与，充分发挥专业评估机构、管理机构、行业专家等多方面的作用，对社会化组织的专业化水平以及绩效进行综合、客观评价，做到严格资质审查，重点监督工作质量，强化验收标准。

（四）从政策上支持普查工作

林业有害生物普查是一项基础性和公益性的国情调查，是保护造林绿化成果和推进生态文明建设的重要工作。各级财政均应安排普查专项资金，确保普查工作的扎实有效开展。国家层面应出台相应的政策并给予一定的财政支持，以促进普查工作的全面落实，并开展相应的技术服务和监督指导。省级层面应给予各地区一定的政策和资金支持，保障普查工作的顺利开展。县级层面应认真落实上级相关政策，并结合实际出台相应的补贴政策，以调动普查外业人员积极性。

二、全国林业有害生物普查技术报告

林业有害生物普查是掌握有害生物种类状况、分布情况和发生动态的一项重要的基础性工作，所获取的相关数据、资料作为防治工作的基础资料发挥着重要的指导作用，对科学制定防治规划和预警方案、有效开展预防和治理、加强区域间联检联防联治、维护森林资源和国土生态安全，以及促进生态文明建设等具有重要的经济、生态和社会意义。近年来，受全球气候变暖、生态环境变化、森林质量不高以及贸易往来剧增等因素综合影响，我国林业有害生物发生面积居高不下，年均发生面积在 1130 万 hm^2 以上，经济和生态服务功能损失高达 1100 亿元，已成为世界上林业生物灾害损失最严重的国家之一。鉴于当前林业有害生物高发频发的严峻形势，国家林业局于 2014 年 3 月下发《关于开展全国林业有害生物普查工作的通知》。在国家林业局的统一部署下，各级林业有害生物防治检疫机构经过 3 年多的不懈努力，全面摸清、掌握了辖区内林业有害生物种类的分布、危害、寄主等方面的基本情况，建立和完善了各级林业有害生物数据库，开展了重要林业有害生物风险分析与评估，取得了丰硕的成果。

一、我国自然和森林资源概况

（一）自然概况

我国幅员辽阔，地形复杂，自然资源十分丰富。各类型土地资源都有分布，以青藏高原为最高点，呈阶梯状向太平洋倾斜，山地、平原、高原、盆地、丘陵等常态地貌和冰川、冻土、喀斯特、风沙、火山、河流等特殊地貌交织叠加，高低起伏，形成网状分布格局。在各类地貌中，山地约占全国总面积的 33%，丘陵约占 10%，高原约占 26%，平原约占 12%，盆地约占 19%，具有草原多、耕地少、林地比例小、难利用土地比例大的特点。受独特的地形地貌及大气环流的影响，我国的气候类型多样，大陆性季风气候明显。其表现形式是无论近地面或高空，无论东部地区还是青藏高原都存在季风现象。我国的气温与同纬度的其他国家和地区相比，冬季偏冷，夏季偏热，气温年较差高于世界同纬度地区的平均值，内陆地区的气温日较差更大。我国山高而多，气候的垂直分异更增加了气候类型的多样性和复杂性。随着从东向西干湿程度的变化，自然景观也随之由森林、森林草原而过渡为草原、半荒漠和荒漠，为动植物生长、生活提供了复杂多样的生态环境，使得我国的生物资源尤为丰富，无论种类和数量在世界上均处于领先地位，种子植物达 30000 多种，其中木本植物 8800 余种。在木本植物中，乔木有 2800 多种，灌木有 6000 余种。

（二）森林资源概况

复杂的地形以及丰富的自然资源为发展林业提供了物质保障和发展空间，但由于受人为活动和自然灾害等因素影响，我国森林资源地理分布极不均衡，大部分集中分布在主要江河流域和山地丘陵地带。从地域分布来看，我国森林资源分布总的趋势是东南部多、西北部少；在东北、西南边远省（区、市）及东南、华南丘陵山地森林资源分布多，而辽阔的西北地区、内蒙古中西部，西藏大部，以及人口稠密经济发达的华北、中原及长江、黄河下游地区，森林资源分布较少。从林区分布来看，我国林区主要有东北内蒙古林区、西南高山林区、东南低山丘陵林区、西北高山林区和热带林区五大林区。五大林区的土地面积占国土面积的四成，森林面积占全国森林面积的七成以上，森林蓄积占全国森林蓄积的九成以上。森林覆盖率以东北内蒙古林区最高，西南高山林区最低；森林面积以东南低山丘陵林区最多，西北高山林区最少；森林蓄积以西南高山林区最多，西北高山林区最少。在五大林区中，东北内蒙古林区、西南高山林区和西北高山林区天然林面积比重在86%以上，蓄积比重在94%以上，其中东北内蒙古林区的天然林面积比重达92.14%，蓄积比重达94.76%。东南低山丘陵林区和热带林区的人工林比重较大，其中东南低山丘陵林区人工林面积比重43.03%，蓄积比重33.45%。从森林资源类型来看，从北到南，依次分布寒温带针叶林、温带阔叶混交林、暖温带落叶阔叶林和针叶林、亚热带常绿阔叶林和针叶林、热带季雨林和雨林，主要分布落叶松林、红松林、冷杉林、云杉林、松柏林、松栎林、针阔混交林、落叶阔叶林、常绿阔叶林、热带雨林和季雨林，对应的树种主要包括落叶松、红松、云杉、冷杉、白桦、水曲柳、栎类、杨树、柳树、槐树、油松、黑松、柏木、杉木、马尾松、竹类、橡胶树、肉桂、桉树、樟树、高山栎、湿地松、华山松、云南松、棕榈等。

随着近年来造林绿化、防沙治沙、湿地保护和天然林保护等一系列生态工程的持续建设，我国森林面积和森林覆盖率不断增加，生态功能持续增强。第八次森林资源清查结果（2009—2013年）显示，我国森林面积达2.08亿hm^2，增加了1223万hm^2；森林覆盖率由20.36%提高到21.63%，上升了1.27个百分点；活立木总蓄积164.33亿m^3，增加了15.20亿m^3，森林蓄积151.37亿m^3，增加了14.16亿m^3，其中天然林蓄积增加量占63%，人工林蓄积增加量占37%。森林面积和森林蓄积分别位居世界第五位和第六位，人工林面积仍居世界首位。资源清查结果表明，我国森林资源进入了数量增长、质量提升的稳步发展时期。但是，我国仍然是一个缺林少绿、生态脆弱的国家，森林覆盖率远低于全球31%的平均水平，人均森林面积仅为世界人均水平的1/4，人均森林蓄积只有世界人均水平的1/7，森林资源总量相对不足、质量不高、分布不均的状况仍未得到根本改变，林业发展还面临着巨大的压力和挑战。主要表现在：林地生产力低，森林平均蓄积量只有世界平均水平的69%；现有宜林地质量好的仅占10%，质量差的多达54%，且2/3分布在西北、西南地区；全国人工林面积比重为31.51%，中幼龄林占77.40%，树种单一，结构简单，生物多样性低，人工纯林进入中龄阶段后可能出现大面积生物灾害，抵御外界干扰能力较差。

除森林生态系统之外，荒漠生态系统和湿地生态系统也是地球上公认的两大陆地生态系统。据统计，截至2014年，全国荒漠化土地总面积约2.6亿hm^2，约占国土面积的27.2%，主要分布于西北地区，其中风蚀荒漠化土地面积1.8亿hm^2、水蚀荒漠化土地面积2500万hm^2、盐渍荒漠化土地面积1700万hm^2、冻融荒漠化土地面积2600万hm^2。荒漠生态系统以超旱生的小乔木、灌木和半灌木为主，主要树种为白杨、胡杨、沙枣、梭梭、柽柳、柠条、樟子松等。另据2014年公布的第二次全国湿地资源调查结果显示，全国湿地总面积5360.26万hm^2，湿地面积占国土面积的比率为5.58%，其中近海与海岸湿地579.59万hm^2、河流湿地1055.21万hm^2、湖泊湿地859.38万hm^2、沼泽湿地2173.29万hm^2、人工湿地674.59万hm^2。我国现有577个自然保护区、468个湿地公园，受保护湿地面积2324.32万hm^2。湿地生态系统植物群落主要为红树林、河谷次生林等，主要树种包括红树、海桑、白骨壤、河柳、云杉、落叶松等。

（三）林业有害生物概况

林业有害生物是自然生态系统固有组成成分，在稳定的生态条件下，这些有害生物取食或侵袭林木是一种自然现象，生态系统可利用其丰富的生物多样性，通过自身调节功能有效控制有害生物的发生发展，避免有害生物种群密度过度增大而形成灾害，即使偶有灾害发生，生态系统也能通过自身调节从干扰中自然恢复。但随着人类工业化进程的推进、人口的持续增长和经贸往来的日益频繁，地球生态环境发生了巨大变化，加之不合理的森林经营方式，有意无意地引进外来物种，生态系统被严重破碎化、人工化，生物多样性降低、稳定性减弱，控制和制约有害生物的能力下降或丧失，导致有害生物繁殖失控，当其种群数量达到一定程度时，即由“无害”变为“有害”，成为引发林业生物灾害的重要因素。中华人民共和国成立以来，我国先后组织开展了两次全国范围内的林业有害生物普查。20 世纪 80 年代初期进行的首次普查，基本摸清了本底，填补了本领域空白，初步查清了近 8000 种森林病虫害，其中虫害有 5020 种，病害 2918 种（按有害生物种类统计是 6359 种，其中：昆虫 4965 种、螨 67 种、真菌 1272 种、细菌 13 种、病毒 5 种、植原体 5 种、地衣 1 种、藻 5 种、线虫 2 种、寄生性种子植物 24 种）。2003—2007 年开展的第二次普查，基本掌握了境外入侵、省际传播、本土严重危害的林业有害生物的分布与危害等基本情况，重点查清主要林业有害生物种类近 300 种（本土主要林业有害生物 260 种，外来有害生物 33 种），其中危害严重的有 152 种，包括害虫 85 种，病原物 18 种，害鼠（兔）12 种，有害植物 37 种。

二、普查范围、对象与内容

（一）普查范围

全国范围内森林、荒漠和湿地三大生态系统的防护林、用材林、经济林、薪炭林、特种用途林，观赏和四旁绿化树木以及花卉、苗木、种实、果品、木材及其制品的生产和经营场所等，重点是自然保护区、重点生态区、沿海地区、沿国境线地区、西部高原地区以及国外引种数量较大的地区。

（二）普查对象

可对林木、种苗等林业植物及其产品造成危害的所有病原微生物、有害昆虫、有害植物及鼠、兔、螨类等。包括：

（1）在本地区已造成危害但尚未记录的林业有害生物。

（2）国家现阶段重点关注的松材线虫、美国白蛾等重大林业有害生物以及林业鼠（兔）害、有害植物。

（3）国家林业局 2013 年第 4 号公告公布的《全国林业检疫性有害生物名单》和《全国林业危险性有害生物名单》，以及国家林业局 2014 年第 6 号公告新增列的林业危险性有害生物（椰子织蛾和松树蜂）；2003 年以来各省监测上报有发生、危害记录的 506 种林业有害生物；2003 年以来从国（境）外或省级行政区外传入的林业有害生物新记录种类。

（4）除上述外，各省（区、市）自行确定的林业有害生物种类。

（三）普查内容

每种普查对象包括以下内容：

1. 林业有害生物种类（包括亚种和株系）

规范使用有害生物的中文名称和拉丁学名。

2. 寄主植物

指有害生物危害的植物种类（含转主寄主）。规范使用寄主植物的中文名称和拉丁学名。寄主植物种类多于20种的，按照不同科、属，至少列出主要的20种。

3. 危害部位

指寄主植物受害的部位，主要包括：干部、枝梢部、叶部、根部、种实等。

4. 分布范围和发生范围

分布范围指某种林业有害生物的分布区域。发生范围指某种林业有害生物的发生危害区域。对于14种全国林业检疫性有害生物以及2003年以来发现的从国（境）外或省级行政区外传入的林业有害生物，分布范围和发生范围均以乡镇级行政区为单位。

5. 发生面积和成灾面积

发生面积指林业有害生物达到轻度及以上统计标准的面积。其中，发生程度分“轻、中、重”3个等级，具体参照《林业有害生物发生及成灾标准》（LY/T 1681-2006），没有列入该标准的参照《林业主要有害生物调查总则》（LY/T 2011-2012）。成灾面积指林业有害生物达到成灾标准的面积，成灾标准参照《主要林业有害生物成灾标准》（林造发〔2012〕26号）。

6. 传入地和发现时间

对于14种全国林业检疫性有害生物以及2003年以来发现的从国（境）外或省级行政区外传入的林业有害生物，调查其传入地、发现时间、传入途径，以及对当地经济、生态、社会影响等。

三、普查技术方法

（一）基本思路

普查采取地面人工调查和空中遥感监测相结合的方法，并辅以诱虫灯和引诱剂调查。积极尝试使用卫星遥感、无人机监测、基于卫星导航的勾绘和定位以及物联网等技术。

（二）基本方法

1. 踏查

踏查以林业有害生物危害为导向，通过发现危害来追溯林业有害生物，这是本次普查的特点和重点。踏查首先是发现林业有害生物危害状况，进而初步确定林业有害生物的种类、寄主植物、危害部位以及分布范围。

（1）踏查时间

根据林业有害生物的生物学特性，选择在林业有害生物的发生盛期或症状显露期进行。

（2）踏查强度

在林业有害生物发生季节，重点区域每20天踏查一次，一般区域每30天踏查一次。踏查区域涵盖普查范围的所有类型。

（3）踏查方法

踏查准备：踏查前，有目的地访问或咨询当地林业技术员、护林员，查阅当地森防部门的有害生物发生档案，了解有害生物的种类、分布和发生情况，为踏查路线设计做好充分准备。

踏查路线：根据当地主要森林类型、地形地貌以及铁路、公路、林间防火道、林班线等设计踏查路线。重点调查港口、口岸、铁路、公路、建设工地等人流物流频繁地区，特别是新近架设通信电缆和电力线附近的林地；受人为干扰严重，生物多样性差，生态环境状况不良的林地和受火灾、雨雪冰冻、干旱、洪水等突发性灾害干扰后的林地；历史上林业有害生物频发的林地。

每条踏查路线发现的全部有害生物填入《踏查记录表》。

2. 空中遥感监测调查

对于山高路远、地处偏僻而人力很难到达的区域，以及松材线虫等重大林业有害生物发生区及疑似发生区，优先应用空中遥感监测技术。

（1）初步调查

通过空中遥感成像判读，发现林冠异常区域，勾绘人工地面核查的区域或分布点，确定地理坐标，并结合实际情况设计人工地面核查线路，填写《空中遥感监测调查记录表》。

（2）地面核查

通过地面核查确定林冠变化原因。确因林业有害生物造成的，按照“标准地调查”要求开展详查。

3. 标准地调查

对于本地区未记录或未监测的林业有害生物种类，设立标准地详细调查其发生面积、危害程度等；对于已知或已监测的林业有害生物种类，可用当年的测报数据，在本次普查中可不设立标准地调查。

标准地设置标准：人工林标准地累计面积原则上不应少于有害生物寄主面积的3‰；天然林不少于有害生物寄主面积的0.2‰；种苗繁育基地不少于栽培面积（数量）的5%。同一类型的标准地应有3次以上的重复。检疫性有害生物设置标准参照《林业检疫性有害生物调查总则》（GB/T 23617-2009）。

每个标准地的调查结果填入《标准地调查记录表》。

（1）林木病害调查

叶部、枝梢、果实病害调查：每块标准地面积3亩左右，标准地内寄主植物至少30株，每块标准地随机调查30株以上。以枝梢、叶片、果实为单位，随机抽取一定数量的枝梢、叶片、果实，统计枝梢、叶片、果实的感病率。

干部、根部病害调查：每块标准地面积3亩左右，标准地内寄主植物至少30株，每块标准地随机调查30株以上。对于树木死亡或生长不良而地上部分又没有明显症状的，应挖开根部进行调查。在标准地上，通常以植株为单位进行调查，统计健康、感病和死亡的植株数量，计算感病率。

林木病害的发生程度通常以百分率表示。对于植株感病轻重差异较大的，用感病指数表示。

（2）林木害虫调查

食叶、枝梢害虫调查：每块标准地面积3亩左右，标准地内寄主植物至少30株，在每块标准地内按对角线抽样法抽查30株以上，统计每株树上害虫数量或目测叶部害虫危害树冠、枝梢的严重程度。

蛀干害虫调查：每块标准地面积3亩左右，标准地内寄主植物至少30株，在每块标准地内按对角线抽样法抽查30株以上，统计每株树上害虫数量或目测蛀干害虫危害树木的严重程度。

种实害虫调查：种实害虫调查主要在种子园、母树林和其他采种林分进行。通常750亩以下设1块标准地，750亩以上每增加150亩增设1块。每块标准地面积为1亩，按对角线抽样法抽查5株以上，每样株在树冠上、中、下不同部位采种实 10~100 个，解剖调查被害率。

地下害虫调查：地下害虫调查采用挖土坑法。同一类型林地设 1 块标准地，面积 3 亩左右，每块标准地土坑总数不少于 3 个。土坑大小一般为 1m×1m（或 0.5m×0.5m），深度到无害虫为止。

（3）林业有害植物调查

每块标准地面积 3 亩左右。对于侵占林地的有害植物，调查其盖度；对于藤本攀缘类有害植物，调查其盖度或受害株率。

（4）林业鼠（兔）害调查

林木受害情况调查：按不同的立地条件、林型，选择被害株率超过 3%（沙鼠类达到 10%）的小班地块，设置标准地（面积为 15 亩）并沿对角线随机选取 100 株进行被害株数和死亡株数调查，计算受害率。

鼠（兔）密度调查：地下害鼠密度调查一般采用土丘系数法或切洞堵洞法，地上类鼠密度调查一般采用百铗日调查法，具体参照《森林害鼠（鼠兔）监测预报办法（试行）》；害兔种群密度调查采用目测法（样带法）或丝套法，具体参照《林业兔害防治技术方案（试行）》。

根据害鼠（兔）捕获率和林木受害情况统计害鼠（兔）发生程度，当两种统计方法的结果出现差异时，按“就高不就低”原则处理。

4. 辅助调查

用于趋光性强和对引诱剂敏感的林业害虫调查。该调查方法不能取代标准地调查，可作为踏查的补充以及采集害虫标本的手段之一。辅助调查的结果填入《诱虫灯（引诱剂）调查记录表》。

（1）诱虫灯调查

用以确定优势种类。诱虫灯相关标准应符合《植物保护机械 虫情测报灯》（GB/T 24689.1-2009）和《植物保护机械 频振式杀虫灯》（GB/T 24689.2-2009）。诱虫灯的布设、开灯时间以及诱捕时段和昆虫收集等具体方法参见《诱虫灯林间使用技术规范》（LY/T 1915-2010）以及产品使用说明书。

（2）引诱剂调查

作为排查重大危险性林业有害生物是否传入的主要调查手段。根据引诱剂引诱害虫的有效距离在林间挂放诱捕器（诱捕剂），并在引诱剂的有效期内进行诱捕害虫数量调查。具体使用方法可参见相关标准以及产品使用说明书。

5. 生产和经营场所调查

（1）木材有害生物调查

对于木材及其制品的生产和经营场所，采用随机抽样法或机械抽样法抽取样品。抽样比例参照《林业主要有害生物调查总则》（LY/T 2011-2012）。发现检疫性有害生物的应全部调查。调查结果填入《种实、果品、花卉、木材及其制品有害生物调查记录表》。

（2）种实、果品、花卉有害生物调查

对于种实、果品、花卉的生产和经营场所（如种实库、果品库、花卉交易市场），采用随机抽样法或机械抽样法抽取样品。抽样数量为货物总量的 0.5%~5.0%。发现检疫性有害生物的应全部调查。调查结果填入《种实、果品、花卉、木材及其制品有害生物调查记录表》。

（3）苗圃（花圃）有害生物调查

在每个苗圃（花圃）的对角线上（或按照棋盘式）设置若干个样方（靠近圃地边缘的样方应距离边缘 2~3m）。样方累计面积不少于栽培面积的 5%。样方大小根据苗木种类和苗龄而定。针叶树播种苗一般 0.1~0.5m^2，或以 1~2m 长播种行作为一个样方；阔叶树苗的样方应在 1m^2 以上，每个样方上的苗木应在 100 株以上。按对角线抽样法（或棋盘式）抽取样株（针叶树播种苗 300 株以上、阔叶树苗 100 株以上）进行调查。对于大苗或绿化苗，可适当扩大样方面积与抽样比例。调查结果填入《苗圃（花圃）有害生物调查记录表》。

（三）标本采集和影像拍摄

1. 标本采集

本次普查采集各类林业有害生物标本，特别是成套的生活史标本。对新发现的害虫标本，放入装有纯酒精、福尔马林等昆虫标本专用保存液的容器中，密封后放在冰箱冷藏保存，为后续分子生物学鉴定做好储备。对采集的标本进行分类，同时做好采集记录。标本标签编号原则如下：

（1）采集标本记录由采集人员填写，同时写上编号、采集时间、地点、寄主植物、采集人姓名，放入存放容器，将标签系上，同时在记载表上登记。

（2）标本编号为 13 位数，前 6 位是所在县级行政区划代码，第 7~9 位为采集地点所在乡镇行政区代码，最后 4 位数是标本的流水编号。

（3）调查地点填写到林业小班或具体地点。

（4）植物名称填写该植物的通用中文名。

（5）同一采集时间、地点、寄主植物、采集人姓名，采集同一种有害生物，不论数量多少，为同一编号。

2. 影像拍摄

影像资料采用数码相机和数码摄像机拍摄。数码相机具备微距功能，照片统一采用 JPEG 格式，像素在 1000 万以上；数码摄像统一采用 PAL 制式。影像作品要特征突出、图像清晰、色彩正确、景别别致。

拍摄林业有害生物的有关生物学、形态学以及危害状影像，注明拍摄人、寄主植物、拍摄时间和拍摄地点（乡镇级行政区）。

每次调查结束后应及时保存影像，并对影像进行命名。命名格式为："有害生物名称（虫害要求注明虫态）—寄主植物—采集省县乡—年月日—拍摄人"。示例：例如张三拍摄的 2014 年 9 月 1 日在江西省南昌县桃花镇采集的马尾松毛虫幼虫，命名为：马尾松毛虫（幼虫）—马尾松—江西南昌县桃花镇—20140901—张三。

（四）内业整理

1. 标本鉴定

标本鉴定采用传统形态学方法和现代分子生物学手段。对于野外采集的标本，根据形态特征或利用分子生物学方法进行鉴定；对于尚不具备明显特征的幼虫、蛹或病原微生物等，通过饲养或实验室培养获得鉴定特征后进行种类鉴定。

对无法确定的有害生物种类或者寄主植物种类，由省级机构或专家鉴定，或通过国家网络森林医院平台（www.slyy.org）进行咨询鉴定。各省级林业主管部门不能鉴定的有害生物种类，送至国家林业局指定的鉴定机构鉴定。

2. 标本和影像整理

对野外采集制作好的标本入库保存，入库时进行超低温冷冻或药物熏蒸处理，定期检查，控制温湿度，注意避光防尘、防虫、防霉和防鼠等。当地无法长期保存的，由省级森防部门统一保存。

对野外拍摄的影像资料按有害生物种类单独建立文件夹（若为虫害，文件夹内再区分雌成虫、雄成虫、幼虫、蛹、卵、危害状等文件夹进行归类），并整理保存。

3. 数据整理

县级林业有害生物防治机构以乡镇级行政区为单位统计汇总普查数据。省级林业有害生物防治机构以县级行政区为单位统计汇总普查数据。

4. 风险评估

对省级行政区发生面积在10万亩以上的林业有害生物种类以及2003年以来从国（境）外或省级行政区外传入的林业有害生物新记录种类进行风险评估。具体风险分析指标体系参见《林业有害生物风险分析准则》（LY/T 2588-2016）。

四、普查结果及分析

（一）普查结果

1. 经汇总确认，第三次全国林业有害生物普查有效种类6179种。按照新的分类体系将其分为10大类，即：鼠类44种，占0.71%；兔类8种，占0.13%；昆虫类5030种，占81.40%；螨类76种，占1.23%；植物类239种，占3.87%；真菌类726种，占11.75%；线虫类6种，占0.10%；细菌类21种，占0.34%；植原体类11种，占0.18%；病毒类18种，占0.29%。这一结果较为全面地反映出我国目前林业有害生物的种类现状和类别特点。

2. 西藏自治区首次开展林业有害生物普查，普查共发现有害生物821种，新发现有害生物304种，填补了我国林业有害生物普查不全面的空白。

3. 在第二次全国林业有害生物普查（2003—2007年）已明确的34种国（境）外传入的林业有害生物的基础上，此次普查又新增国（境）外传入的林业有害生物11种，分别为：双钩巢粉虱、热带拂粉蚧、木瓜秀粉蚧、扶桑绵粉蚧、七角星蜡蚧、小圆胸小蠹、刺槐突瓣细蛾、椰子织蛾、日本鞘瘿蚊、桉树枝瘿姬小蜂、松树蜂，表明外来有害生物入侵形势依然十分严峻。

4. 省级行政区以上新记录（含新种）619种（次）。这一结果不仅反映出此次普查工作的新发现，也表明有害生物在省际间的扩散趋势在加快。

5. 自第二次全国林业有害生物普查（2003—2007年）之后，全国共有254种林业有害生物出现新的扩散，新增2638个县级行政区。其中外来林业有害生物新增1998个县，占75.74%；本土有害生物新增640个县，占24.26%。这一结果较为客观地反映出我国林业有害生物总体上呈现扩散蔓延的特点。

6. 全国林业有害生物发生总面积达28449.48万亩，其中轻度及以下21871.44万亩，占76.88%；中度4978.18万亩，占17.50%；重度1599.31万亩，占5.62%。发生面积超过万亩的有1058种，发生面积超过10万亩的有376种，发生面积超过50万亩的有111种，发生面积超过100万亩的有58种。外来林业有害生物发生面积4166.10万亩，占总发生面积的14.64%。本土林业有害生物发生面积24283.38万亩，占总发生面积的85.36%。这一结果基本上反映出我国林业有害生物的发生现状和危害特点。

7. 按照发生面积，排在前100名的林业有害生物（昆虫类57种、真菌类18种、鼠类15种、植物类4种、兔类3种、螨类1种、线虫类1种、细菌类1种）包括：

（1）发生面积在1000万亩以上。共2种，发生面积由大到小分别为紫茎泽兰、美国白蛾。

（2）发生面积在500万~1000万亩。共5种，发生面积由大到小分别为马尾松毛虫、春尺蠖、棕背䶄、松褐天牛、松突圆蚧。

（3）发生面积在200万~500万亩。共16种，发生面积由大到小分别为大沙鼠、舞毒蛾、中华鼢鼠、草兔、杨小舟蛾、蜀柏毒蛾、红背䶄、栗山天牛、葛、模毒蛾、高原鼢鼠、杨褐盘二孢（杨黑斑病）、甘肃鼢鼠、子午沙鼠、落叶松毛虫、污黑腐皮壳（杨树烂皮病）。

（4）发生面积在100万~200万亩。共35种，发生面积由大到小分别为赤松梢斑螟、杨扇舟蛾、聚生小穴壳菌（枝干溃疡病）、青杨楔天牛、枯斑拟盘多毛孢（松柏赤枯病）、云南松毛虫、黄脊竹蝗、光肩星天牛、长爪沙鼠、杨盘二孢（杨黑斑病）、榆紫叶甲、黄褐天幕毛虫、猪毛菜内丝白粉菌（梭梭白粉病）、库曼散斑壳（松落针病）、桑天牛、高原鼠兔、围小丛壳（林木炭疽病）、落叶松球蚜、兴安落叶松鞘蛾、纵坑切梢小蠹、枣叶瘿蚊、柳毒蛾、红柳粗角萤叶甲、盘长孢状刺盘孢（林木炭疽病）、达乌尔黄鼠、云南松梢小蠹、日本落叶松球腔菌（落叶松落叶病）、大林姬鼠、萧氏松茎象、朱砂叶螨、刚竹毒蛾、云杉散斑壳（云杉落针病）、松材线虫、长尾仓鼠、多斑白条天牛。

（5）发生面积在50万~100万亩。共42种，发生面积由大到小分别为落叶松鞘蛾、中华松针蚧、东方码绢金龟、苹果黑腐皮壳（苹果烂皮病）、思茅松毛虫、圆柏大痣小蜂、橡胶树粉孢（橡胶白粉病）、铜绿异丽金龟、红环槌缘叶蜂、杨干象、松穴褥盘孢（松针红斑病）、大青叶蝉、黄刺蛾、黑线姬鼠、杨栅锈菌（杨叶锈病）、松阿扁叶蜂、银杏大蚕蛾、柠条豆象、湿地松粉蚧、柞褐叶螟、青革土蝽、绿盲椿、梨小食心虫、三趾跳鼠、桃蛀果蛾、薇甘菊、蚱蝉、五趾跳鼠、沙棘木蠹蛾、核桃生壳囊孢（核桃树腐烂病）、达乌尔鼠兔、野油菜黄单胞杆菌胡桃致病变种（核桃细菌性黑腐病）、杨潜叶跳象、草履蚧、根田鼠、中带齿舟蛾、红脂大小蠹、飞机草、东北球腔菌（杨叶灰斑病）、杨棒盘孢（杨叶斑病）、青海草原毛虫、日本松干蚧。

（二）普查结果分析

1. 国（境）外传入的林业有害生物发生情况分析

本文所称外来林业有害生物是就我国大陆而言的，因此称为国（境）外传入的林业有害生物。此次普查，发现11种2007年以后由国（境）外传入的林业有害生物，基本情况简述如下。

（1）双钩巢粉虱 *Paraleyrodes pseudonaranjae* Martin。双钩巢粉虱隶属半翅目Hemiptera粉虱科Aleyrodidae粉虱亚科Aleurodicinae巢粉虱属 *Paraleyrodes*，原产于南美洲，在美国佛罗里达、夏威夷和我国香港等地有发生记录。2008年，首次在海南采集到成虫。本次普查发现，双钩巢粉虱在我国大陆地区分布于广东、广西、海南，寄主植物有槟榔、椰子、番荔枝、鳄梨、重阳木、柑橘、番石榴等。由于双钩巢粉虱个体小、不活跃，容易随农林产品、交通工具等进行扩散，且寄主范围不断扩大，蔓延危害日趋严重，对农林生产造成了很大的损失，属于世界性的难题。

（2）热带拂粉蚧 *Ferrisia malvastra*（McDaniel）。热带拂粉蚧隶属半翅目Hemiptera蚧总科Coccoidea粉蚧科Pseudococcidae腺刺粉蚧属 *Ferrisia*，食性杂，可取食30科58种植物，是危害热带和亚热带水果、蔬菜和园林植物的重要害虫，分布于29个国家和地区。2014年，在我国云南与缅甸边境发现该虫危害草本植物马松子。本次普查发现，热带拂粉蚧在我国大陆地区分布于浙江、福建、江西、湖北、湖南、广东、广西、四川、云南，寄主植物有桑、柑橘、木槿夹竹桃、咖啡、棕榈、石榴、鳄梨、云南金合欢、合欢等。该虫主要随水果、苗木和交通工具等介质进行远距离传播，广东、广西、海南、云南、福建等热带地区均适宜其生存和危害，一旦入侵将会对这些地区的花卉、水果和蔬菜等相关产业带来损失。

（3）木瓜秀粉蚧 *Paracoccus marginatus* Williams et Granara de Willink。木瓜秀粉蚧隶属半翅目 Hemiptera 蚧总科 Coccoidea 粉蚧科 Pseudococcidae 秀粉蚧属 *Paracoccus*，是农作物和观赏植物的重要害虫，原产于墨西哥和中美洲，目前已传播扩散至 34 个国家和地区。我国以前仅记录于台湾省，2014 年，首次在云南西双版纳佛肚树上采得。本次普查发现，木瓜秀粉蚧在我国大陆地区仅分布于云南，寄主植物有木瓜、番石榴等。该蚧可取食多种植物，在其主要寄主木瓜上，可严重危害叶片和果实，叶片受害后黄化或畸形、落叶，果实受害导致畸形或影响外部美观而降低商品价值，甚至失去食用价值。

（4）扶桑绵粉蚧 *Phenacoccus solenopsis* Tinsley。扶桑绵粉蚧隶属半翅目 Hemiptera 蚧总科 Coccoidea 粉蚧科 Pseudococcidae 绵粉蚧属 *Phenacoccus*，是一种危害园林、水果、大田作物的害虫，原产于北美洲，一个世纪以来，先后扩散到南美、欧洲，以及亚洲的印度和巴基斯坦，并于 2008 年传入我国广州。本次普查发现，扶桑绵粉蚧在我国大陆地区分布于河北、上海、浙江、福建、江西、湖南、广东、广西、海南、重庆、四川、云南，寄主植物有榕树、桑、石楠、木芙蓉、木槿、鹅掌柴、青皮竹、毛竹等。扶桑绵粉蚧主要危害植物茎、叶，导致受害植物长势衰弱，生长缓慢或停止，最后失水干枯死亡，严重时可造成花圃成片死亡。由于扶桑绵粉蚧寄主广泛，种群增长迅速，极易随人为活动迅速扩散，2013 年被列为我国林业检疫性有害生物。

（5）七角星蜡蚧 *Ceroplastes stellifer*（Westwood）。七角星蜡蚧隶属半翅目 Hemiptera 蚧总科 Coccoidea 蚧科 Coccidae 蜡蚧属 *Ceroplastes*，是一种多食、热带广布害虫。该虫在我国早期仅记录于台湾省，2013 年在云南省西双版纳地区危害鹅掌柴和杧果，为我国大陆的新入侵害虫。本次普查发现，七角星蜡蚧在我国大陆地区仅分布于云南，寄主植物有鹅掌柴、杧果以及多种观赏植物。该虫通过分泌蜜露引起煤污病，可降低寄主植物叶片的光合作用，同时能高密度地发生于单一植物上，严重影响水果品质和园林植物的观赏价值。在热带和亚热带地区，适宜的气候有利于其生长和繁殖，加之存在大量寄主植物，存在暴发成灾、造成严重危害的风险。

（6）小圆胸小蠹 *Euwallacea fornicatus*（Eichhoff）。小圆胸小蠹隶属鞘翅目 Coleoptera 小蠹科 Scolytidae 方胸小蠹属 *Euwallacea*，是一种国际性的林木害虫，原产于东南亚，目前已扩散至非洲、美洲、大洋洲等多个大洲，入侵我国时间不详。本次普查发现，小圆胸小蠹在我国大陆地区分布于上海、江苏、浙江、福建、江西、广东、广西、海南、四川、贵州、云南，寄主植物有柳树、樟树、鳄梨、三球悬铃木、橡胶树、三角槭、色木槭、鸡爪槭、荔枝、龙眼。该虫不仅可以通过成虫飞翔进行自然扩散，还可随寄主植物及其制品的调运人为远距离传播，加之其属于钻蛀性害虫，隐蔽性高，寄主种类多、适应能力强，一旦大范围传播，可能对我国广泛种植的阔叶树种造成严重危害。2015 年，国家林业局曾发布《警惕国际重大林木害虫——小圆胸小蠹危害的警示通报》。

（7）刺槐突瓣细蛾 *Chrysaster ostensackenella*（Fitch）。刺槐突瓣细蛾隶属鳞翅目 Lepidoptera 细蛾科 Gracilariidae 突瓣细蛾属 *Chrysaster*，是潜叶害虫，严重危害刺槐。国外分布于加拿大和美国，为刺槐突瓣细蛾的原产地。本次普查发现，刺槐突瓣细蛾在我国大陆分布于天津、辽宁、山东，传入途径和时间不详。这是该虫在原产地以外的唯一记录，同时也是继刺槐叶瘿蚊后，又一种入侵至我国的原产自北美洲的危害刺槐害虫，其寄主植物主要有刺槐、红花刺槐、毛刺槐、槐树。在山东烟台，刺槐突瓣细蛾一年发生 4 代，刺槐小叶被害率达 80% 以上，成片树木叶片枯焦，引起树叶早落，严重影响树木光合作用，导致树木营养不良，生长受到很大影响；在发生严重的林分，有虫株率达 100%，小叶被害率达 90%以上。

（8）椰子织蛾 *Opisina arenosella* Walker。椰子织蛾隶属鳞翅目 Lepidoptera 织蛾科 Oecophoridae（学名及分类地位均有变动，南开大学李后魂教授将其列为木蛾科 Xyloryctidae 椰木蛾属 *Opisina*），原产亚洲，目前有文献记录报道的国家有印度、斯里兰卡、孟加拉国、巴基斯坦、缅甸、泰国，是 2013 年在海南新发现的危害棕榈科植物的重要入侵害虫，对我国棕榈科植物的安全构成严重威胁。本次普查发现，椰子织蛾在我国大陆分布于福建、广东、广西、海南，寄主植物有椰子、贝叶棕、蒲葵、刺葵、王棕、棕榈、丝葵。目前，椰子织蛾在南亚和东南亚棕榈植物分布区危害严重，我国南方棕榈植物产区是其潜在的地理分布区，且适应性较强，对椰子树整个生长阶段构成威胁。

（9）日本鞘瘿蚊 *Thecodiplosis japonensis* Uchida et Inouye。日本鞘瘿蚊隶属双翅目 Diptera 瘿蚊科 Cecidomyiidae 鞘瘿蚊属 *Thecodiplosis*，原产于东亚，1901 年在日本被首次发现。据资料记载，该虫自 20 世纪 90 年代起在福建永定县已有发生，但没有引起关注。本次普查发现，日本鞘瘿蚊在我国大陆分布于山东、福建，寄主植物有马尾松、黑松、赤松、油松。该虫属初期性害虫，受害植株树势衰弱、易被次期性害虫危害，并导致植株死亡，严重危害时单独也可在当年危害松树致死。2014 年山东青岛市薛家岛沿海防护林的黑松、赤松和部分油松（行道树）陆续出现大范围针叶枯萎凋落现象，对当地沿海防护林造成严重危害。

（10）桉树枝瘿姬小蜂 *Leptocybe invasa* Fisher et La Salle。桉树枝瘿姬小蜂隶属膜翅目 Hymenoptera 姬小蜂科 Eulophidae 姬小蜂属 *Leptocybe*，2000 年在中东和地中海地区首次被发现，是国际上高度重视的桉树危险性害虫。由于该虫适应能力强，发育适宜温度范围较广，因此当其侵入新地区时，较容易建立种群和定居。该虫于 2007 年首次在我国广西发现，并很快在南方诸省扩散蔓延，且其寄主已经扩展到桉属的多个品系和无性系，对桉树产生了巨大的危害，严重影响了桉树产业发展和经济收入。本次普查发现，桉树枝瘿姬小蜂在我国大陆分布于福建、江西、湖南、广东、广西、海南、重庆、四川、贵州、云南，寄主植物主要有赤桉、柠檬桉、窿缘桉、蓝桉、直杆蓝桉、大叶桉、细叶桉、巨桉、巨尾桉、柳窿桉、尾叶桉。该虫主要危害桉树苗木及幼林，在叶片、主脉、叶柄及当年生枝条上形成虫瘿，危害严重时导致苗木倒伏、落叶、植株矮化、枝梢枯死，严重影响树木生长，以 1 年生左右幼林受害最重，植株受害率可达 100%，受害林分林木产量严重下降。福建、江西、湖南、广东、广西、海南、四川、云南等省（区）将其列为补充检疫性有害生物。

（11）松树蜂 *Sirex noctilio* Fabricius。松树蜂隶属膜翅目 Hymenoptera 树蜂科 Siricidae 树蜂属 *Sirex*，原产欧亚大陆和北非。2013 年 7 月，在黑龙江省杜尔伯特蒙古族自治县首次被发现。本次普查发现，松树蜂在我国大陆分布于辽宁、吉林、黑龙江、内蒙古，寄主植物有樟子松、红松、油松。松树蜂是世界范围内最为关注的害虫之一，具有极强的适生性，在传入的国家均能定殖并严重危害，可危害各类针叶树，几乎危害所有松树种类，天然林和人工林均可入侵，健康和衰弱木均可受害，入侵后导致的林木死亡率很高。北美植保组织将松树蜂列为外来林木有害生物中“最高级别”的危险性有害生物。2007 年，我国将其列入《中华人民共和国进境植物检疫性有害生物名录》。

2. 省际间传播的林业有害生物发生情况分析

在本次普查中，省际间传播的林业有害生物包括已传入定殖的外来林业有害生物和本土林业有害生物两大类，并以前者为主。现仅对全国范围内传播扩散较为严重的 10 种林业有害生物进行分析。

（1）松材线虫 *Bursaphelenchus xylophilus*（Steiner et Buhrer）Nickle。松材线虫是全球最重要的检

疫性有害生物，是世界上最具危险性的林业有害生物，也是我国头号外来林业有害生物。松材线虫在我国境内的传播方式以人为传播为主，早期主要是沿公路等交通干线传播扩散，或沿农村电网、通讯网建设和改造工程传播扩散。近年来，疫情多在重大工程项目建设工地周边松林发生：2009年，陕西略阳县松材线虫病发生点在2008年汶川地震救灾物资集散地附近的山场；2012年，广西在防城港市国家重点工程施工现场的设备包装材料中检测到松材线虫活体；2014年，广东在海丰县鲘门高速隧道区域发现多株病死树。本次普查发现，松材线虫在我国新增3个省级疫区131个县级疫区。其中，2009年传入河南、陕西。特别是2016年松材线虫病传入辽宁，其发生范围突破传统的北部分布界线，寄主、传播媒介均发生重大变化，对我国绝大多数地区形成巨大威胁。

（2）美国白蛾 *Hyphantria cunea*（Drury）。美国白蛾属国际性检疫对象，在我国一直被列入林业检疫性有害生物名单。美国白蛾在我国境内传播扩散蔓延的总体趋势呈现出向北、向南、向内陆地区扩散和速度明显加快的特点。其传播方式主要分三种：一是毗邻省际间美国白蛾自然传入；二是随引进的省外疫区苗木带入；三是随交通、物流工具传入。本次普查发现，美国白蛾在我国新增6个省级疫区408个县级疫区。其中，2008年传入河南，2010年向北传入吉林、向南传入江苏，2012年传入安徽，2015年传入内蒙古，2016年传入湖北。

（3）苹果蠹蛾 *Cydia pomonella*（Linnaeus）。苹果蠹蛾是世界上最为严重的蛀果害虫之一，是我国一类进境植物检疫性害虫，也是林业检疫性有害生物。苹果蠹蛾在20世纪50年代前后经由中亚地区进入我国新疆，50年代中后期已经遍布新疆全境，80年代中期该虫进入甘肃，之后持续向东扩张。2006年传入内蒙古，2008年传入宁夏。黑龙江、辽宁都有截获该虫记录。本次普查发现，苹果蠹蛾在甘肃、宁夏、山东、新疆、辽宁5个省份8个地市31个区县发生。

（4）紫茎泽兰 *Eupatorium adenophorum* Spreng.。紫茎泽兰原产于中美洲的墨西哥至哥斯达黎加一带，后作为观赏植物引种欧洲、大洋洲、亚洲，繁殖迅速，侵占林地，排斥其他植物，破坏生态系统，是世界性的有毒杂草。20世纪50年代初，紫茎泽兰从中缅边境传入我国云南南部，经半个多世纪的传播扩散，已在我国的南方地区造成严重危害。本次普查发现，紫茎泽兰在广西、云南、贵州、湖南、四川5个省份19个地市45个区县发生，且仍呈扩散之势；全国发生面积已达1500多万亩，是发生面积最大的林业有害植物，严重威胁着我国长江以南各地的生态安全。

（5）悬铃木方翅网蝽 *Corythucha ciliata*（Say）。悬铃木方翅网蝽原产北美中东部，是一种世界性城市森林害虫，严重影响悬铃木的绿化效果和观赏价值。国家林业局两次将其列入林业危险性有害生物名单。该虫主要随苗木或带皮原木调运进行远距离传播，近距离以成虫迁飞或随风传播。2002年首次发现该虫入侵湖南，2006年传入湖北、上海，2009年传入安徽，2012年传入北京，2014年传入江苏。本次普查发现，悬铃木方翅网蝽在安徽、贵州、河北、河南、湖北、湖南、江苏、江西、山东、陕西、上海、四川、天津、重庆、浙江15个省份99个地市436个区县发生。

（6）红火蚁 *Solenopsis invicta* Buren。红火蚁原产于南美洲的巴拉圭和巴拿马运河一带，20世纪30年代入侵美国，造成了严重危害，2001年成功地跨越太平洋，于大洋洲建立新的族群。1999年相继入侵我国的台湾、香港和广东、广西等省（区）。红火蚁是一种危害面广、程度严重的外来入侵性害虫，可随植物、土壤、货物包装和运输工具等形式入侵，且繁殖迅速、适应力极强，直接威胁着当地生态环境、居民生活以及农田和电网等基础设施和城市建设等公共财产。本次普查发现，红火蚁在广东、广西、湖南、贵州、四川、重庆、福建、海南8个省份29个地市76个区县发生。

（7）薇甘菊 *Mikania micrantha* H. B. K.。薇甘菊原产于南美洲和中美洲，现已广泛传播到南亚和东南亚，成为当今世界热带、亚热带地区危害最严重的有害植物之一。薇甘菊已被列入世界上最有害的100种外来入侵物种之一，也列入中国首批外来入侵物种。大约在1919年薇甘菊在中国香港出现，1984年由香港传入深圳。薇甘菊是多年生藤本植物，在其适生地攀缘缠绕于乔灌木植物，重压于其冠层顶部，阻碍寄主植物的光合作用继而导致寄主植物死亡。在我国，薇甘菊主要危害天然次生林、人工林，主要对当地6~8m以下的几乎所有树种，尤其对一些密度小的林分危害最为严重。本次普查发现，薇甘菊在福建、广东、广西、海南、云南5个省份17个地市44个区县发生。

（8）加拿大一枝黄花 *Solidago canadensis* Linnaeus。加拿大一枝黄花原产北美洲，1935年作为观赏植物引入中国。引种后逸生成恶性杂草，繁殖力强，传播速度快，生长优势明显，生态适应性广阔，与周围植物争阳光、争肥料，导致其他植物死亡，从而对生物多样性构成严重威胁，被列入《中国外来入侵物种名单》。本次普查发现，加拿大一枝黄花在安徽、福建、贵州、河南、湖北、湖南、江苏、江西、云南、浙江、重庆11个省份66个地市185个区县发生。

（9）苹果绵蚜 *Eriosoma lanigerum*（Hausmann）。苹果绵蚜原产北美，1801年传入欧洲大陆，至今遍及世界各苹果栽培区，尤其以欧洲、大洋洲和亚洲的日本、朝鲜、印度等国最为严重。1914年传入我国山东威海，以虫体群聚在树干、剪锯口、枝条和根系受害处逐渐形成瘤状突起危害。本次普查发现，苹果绵蚜在甘肃、河北、河南、山东、新疆、宁夏、江苏7个省份18个地市29个区县发生。

（10）松针座盘孢（松针褐斑病）*Lecanosticta acicola*（Thüm）Syd.。我国南方各省于1973年开始大量引种火炬松，随后在各地暴发了松针褐斑病疫情。感病植株受害后，针叶大量枯黄、脱落，轻者生长受影响，重者整株枯死，在严重地区经常导致幼林成片毁灭。松针座盘孢在我国主要侵染湿地松、火炬松、黑松和黄山松，曾被列入森林植物检疫对象名录。本次普查发现，松针座盘孢在安徽、福建、河南、湖南、江苏、江西、山东7个省份21个地市42个区县发生。

3. 危害特征分析

（1）寄主植物分析

根据第八次全国森林资源清查数据，选取对面积比重排名前10位的优势树种（组）进行分析。其中，危害栎类植物的有害生物共计1238种，包括9种鼠兔害、1159种虫害、50种病害、13种有害植物和7种螨类；危害马尾松的有害生物共计431种，包括9种鼠兔害、381种虫害、38种病害、2种有害植物和1种螨类；危害杉木的有害生物共计256种，包括9种鼠兔害、216种虫害、29种病害、1种有害植物和1种螨类；危害桦树类的有害生物共计188种，包括173种虫害、13种病害和2种有害植物；危害落叶松的有害生物共计205种，包括18种鼠兔害、160种虫害、26种病害和1种螨类；危害杨树的有害生物共计366种，包括349种虫害、17种病害；危害云南松的有害生物共计163种，包括1种鼠兔害、138种虫害、22种病害和2种有害植物；危害云杉的有害生物共计236种，包括18种鼠兔害、180种虫害、35种病害、1种有害植物和2种螨类；危害柑橘的有害生物共计660种，包括612种虫害、33种病害、5种有害植物和10种螨类；危害竹类的有害生物共计394种，包括2种鼠兔害、345种虫害、39种病害和8种螨类。

（2）危害部位分析

对有害生物危害寄主植物的危害部位进行分析，结果表明：以危害叶部的有害生物居多，共计4111种，占比66.3%，包括鳞翅目、鞘翅目、半翅目害虫和一些叶部病害等，如美国白蛾、春尺蠖、马尾松毛虫、围小丛壳（林木炭疽病）、杨褐盘二孢（杨黑斑病）等；危害干部的有害生物1035种，占比16.7%，主要为鞘翅目天牛类害虫和一些干部病害，如松褐天牛、栗山天牛、污黑腐皮壳（杨树烂皮病）、聚生小穴壳菌（枝干溃疡病）；危害枝梢部的有害生物626种，占比10.1%，其中又以病害居多，主要为丛枝病、枝枯病和白粉病，如泡桐丛枝植原体（泡桐丛枝病）、橡胶树粉孢（橡胶白粉病）；危害根部的有害生物266种，占比4.3%，主要为根部病害（如根腐病、立枯病等）、鞘翅目害虫的幼虫（如叶甲类、象甲类、金龟类），还包括斜纹夜蛾、大小地老虎、东方蝼蛄和鼠害等；危害种实的有害生物163种，占比2.6%，主要为鳞翅目、鞘翅目等种实害虫，如油茶象、栗实象、梨小食心虫、桃蛀果蛾、柑橘大实蝇等。

（3）种实、果品、花卉、木材及其制品有害生物分析

危害种实、果品、花卉、木材及其制品的有害生物共计863种。其中，危害花卉、苗木的有害生物居多，共计429种，占比49.8%，主要为鳞翅目、鞘翅目、膜翅目害虫和一些病害，如舞毒蛾、曲纹紫灰蝶、椰心叶甲、杨栅锈菌（杨叶锈病）；危害种实（仓储）的有害生物156种，占比18%，主要为膜翅目、鳞翅目害虫和啮齿目害鼠，如柠条种子小蜂、松梢斑螟、长尾仓鼠；危害果品（仓储）的有害生物140种，占比16.2%，主要为双翅目、鞘翅目害虫和啮齿目害鼠，如苹果蠹蛾、油茶象、黑线姬鼠；危害木材（原木、板材、竹材）及其制品的有害生物138种，占比16%，主要为鞘翅目、等翅目害虫，如双钩异翅长蠹、光肩星天牛、黑翅土白蚁。

（4）传统次要害虫上升为主要害虫分析

本次普查发现，一些传统的次要害虫危害逐渐加重，已上升为当地主要害虫，突发暴发势头明显。模毒蛾在内蒙古呼伦贝尔大面积暴发，已上升为当地白桦的主要虫害。臭椿沟眶象在宁夏银川和中卫进一步扩散，并造成部分林木死亡。银杏大蚕蛾在吉林发生范围成倍扩大。缀叶丛螟在湖北罗田首次暴发，成灾超万亩。樟颈曼盲蝽在湖南全省暴发，导致入秋后樟树大量落叶。木蠹蛾在赣西、赣西南局部暴发，枫香等喜食树种仅存枝干。广州小斑螟、星天牛、柚木驼蛾等在广西北部湾沿海红树林分布区严重危害，其中柚木驼蛾为首次发生。栎黄枯叶蛾在西藏林芝天然林中集中暴发，面积达20多万亩。叶蜂在贵州威宁、赫章大面积危害，并呈扩散之势。短须突瓣叶蜂在甘肃临夏州突发，严重发生区柳叶被食殆尽。松梢螟、松阿扁叶蜂等在陕南油松林中连片发生，局地受灾较重。

4. 不同生态系统有害生物分析

此次普查结果表明，随着退耕还林、荒山造林为主的林业生态建设工程的全面推进，新造幼林面积迅速递增，害鼠（兔）危害面积、危害程度亦呈上升趋势。我国西部干旱荒漠区有害生物危害日显突出，以鼠（兔）害、沙棘木蠹蛾、柽柳柽瘿蚊、蔡氏胡杨个木虱等为代表的干旱荒漠区林业有害生物在生态脆弱的多个保护区造成较大危害，荒漠林生态损失加剧，荒漠林植被的生存面临更大威胁。在发生面积排序前100名的有害生物中，与荒漠林相关的有害生物已达近30种，包括18种鼠（兔）害，主要为棕背䶄、大沙鼠、中华鼢鼠、草兔、红背䶄、高原鼢鼠等。另外梭梭绵粉蚧、枸杞刺皮瘿螨、沙枣木虱等种类的发生也呈逐渐上升趋势。

在我国南部沿海地区，红树林等湿地生态系统遭受有害生物灾害日趋严重，危害较重的红树林有害生物有数十种。其中，病原菌主要有炭疽病菌、灰葡萄孢菌、茎腐病菌、锈病菌；虫害主要有广州小斑螟、柚橙带夜蛾、双纹白草螟、绿黄枯叶蛾、胸斑星天牛、红树林豹蠹蛾；有害植物主要有互花米草、薇甘菊、藤壶；还有一些其他有害生物，如团水虱等。据分析预测，红树林有害生物的种类与数量呈不断增多趋势，成灾情况有单种有害生物向多种发展的趋势，且在省际间传播扩散迅猛。在我国西北地区，新疆首次对湿地进行有害生物普查，湿地类型包括湖泊湿地、河流湿地等不同林地类型。在各流域河谷次生林发现发病率超高的苹果锈病（2016年发病率高达100%），以及意大利苍耳、刺苍耳、豚草、三裂叶豚草等有害植物。

五、存在的问题及建议

这次普查虽然取得了丰富的成果，在技术上创新性应用无人机、3S 等新技术，汇总软件在普查数据录入、上传、汇总中便捷快速的应用，提高了工作效率。但在实施过程中也存在一些技术上的不足，如踏查线路设计不够科学、踏查频次不够、错过有害生物调查的最佳时期、标准地的设置代表性不够、调查数据填写上报的不规范、影像资料质量一般、标本采集不规范，等等。因此，为进一步规范林业有害生物普查与日常监测工作，全面提升我国林业有害生物管理水平，提出建议如下。

一是加强普查经验和技术的总结交流。各级普查领导机构应全面总结和深入挖掘三年来各地普查工作中积累的普查经验和方法，采取组织会议、发布通（简）报等多种形式进行学习交流，努力做好典型经验的推广推介工作。同时还要注重发现问题与不足，积极探索解决途径和方法，进一步完善普查组织管理和普查技术方案，为今后更好地开展普查工作提供支持。

二是要充分利用普查成果。要结合这次普查工作发现的苗头性问题，明确下一阶段重点监测和预报对象。既要看到目前已经发生的林业有害生物发生的现实风险，也要预测今后可能发生的其他种类的潜在风险，实行积极的预防措施和准确的监测预报，防患于未然，将林业生物灾害扑灭在其发生初始的萌芽状态。要根据普查结果着手启动修订全国林业植物检疫性有害生物名单，省级层面也要结合本省情况修订省级补充林业有害生物检疫性名单。

三是提高应急防治能力。各地要根据这次普查结果，有针对性地修订完善应急预案，建立科学高效的应急工作机制，组建专群结合的防治队伍，加强必要的应急设备和药剂储备，不定期开展应急演练。切实做到灾害一旦发生，能够快速响应、积极应对，及时有效加以处置，把灾害控制在最小范围。

四是加强科技支撑。在全面开展林业有害生物普查、摸清家底的基础上，要掌握本地主要有害生物种类的发生和危害规律。通过对现有科技成果总结、整理筛选和组装配套，建立一套科学的防治技术体系，指导开展科学防治。要坚持科研与生产相结合，加强新技术、新方法、新药剂、新器械和林业有害生物区域性综合治理战略研究、适用防治技术与高新技术研究，建立高新技术防治示范区，充分发挥示范带动作用，使科学技术尽快转化为现实生产力。要进一步发挥专家在有害生物种类认定、防治对策措施制定和重大问题决策中的作用，增强林业有害生物防治工作的科技支撑能力。

五是推进防治社会化服务进程。政府购买公共服务在我国尚处于起步阶段，应用于林业有害生物普查更是属于首次。针对出现的种种问题，要切实加强监管和引导，促进健康发展。同时，要有效推进林业有害生物防治作业、除害处理、评估评价等社会化服务，积极探索研究监测调查、检疫外业调查等社会化服务新机制。另外，各级部门要建立完善的监督管理机制，积极引进第三方参与考评，充分发挥专业评估机构、管理组织、行业专家等多方面的作用，保障社会化服务的顺利推进。

三、全国林业有害生物普查新技术应用报告

按照国家林业局要求，第三次全国林业有害生物普查技术坚持以传统、科学、实用的方法为主，同时，积极探索使用地理信息系统、遥感、物联网、信息素等高新技术。通过三年普查工作实践，这些高新技术有力推动了普查工作的深入开展，也为今后进一步推广应用奠定了较好的基础。但不同地区的应用情况也显示出每项高新技术有其特定的应用条件和环境，存在应用的局限性。为进一步加强顶层设计，深入开展需求分析，准确把握应用的切入点，确保普查监测数据的准确性、完整性，提升普查监测工作的质量和效率，现对三年来高新技术的应用情况进行系统总结。

一、几种新技术的简介

地理信息系统（以下简称 GIS）、遥感和物联网 3 项技术，作为规定的高新技术在本次普查工作中使用，各地在工作实践中，又将近年来逐渐成熟的信息素技术加以运用。

1. GIS 系统

GIS 是用于输入、存储、查询、分析和显示地理数据的综合系统。林业有害生物数据具有特定分布、种类繁多以及不断发生发展的特点，属于地理信息数据的范畴。GIS 可以对林业有害生物发生发展的空间数据按地理坐标或空间位置进行综合处理，通过研究各种空间、动态数据的关联关系和对多因素的综合分析，可迅速获取满足林业有害生物普查监测工作所需的信息，并以图形或数据的形式表现出来。PDA 作为基于 GIS 的移动电子设备终端，可以对外业工作进行准确定位，实现对普查信息的规范化输入、存储、管理和传输，并对普查工作人员进行有效监管。GIS 与 PDA 结合使用，通过所在地与固定基站的联系，用 PDA 显示其位置，回传信息至中央服务器，可实现对林业有害生物普查数据的准确采集和计算分析。

2. 遥感技术

遥感是指非接触的远距离的探测技术，运用安置在遥感平台上的各种遥感仪器，可实现从不同高度或距离对森林进行探测，以完成专题的或综合的，区域的或大范围的，静态的或动态的林业有害生物发生发展数据采集。目前航天遥感技术实现了在短时间内，从高空对大范围地区森林资源进行宏观观测，及时掌握当地林业有害生物发生情况。对同一地区进行周期性、重复的观测，动态跟踪当地林业有害生物发展形势，所获取的遥感数据，还可为当地林业有害生物预测预报提供科学依据。

低空遥感技术，即无人机监测，在林业有害生物普查工作中提供了现代化的高效率、低成本的监测方式。在传统林业中，对病虫害灾情的监测强度大、效率低，很难做到全面、细致。而无人机低空高精度监测，是将繁重的体力劳动、高成本、低效益向减轻劳动强度、低成本、高效益转变的重要手段。无人机监测技术弥补了遥感技术针对具体区域观测不够精密和经常因云层遮挡获取不到影像，重访周期过长等问题，实现对具体林班有害生物危害情况的准确观测。通过无人机低空摄影

测量，适时对林业有害生物危害区域地理位置进行GPS标定，并利用多光谱技术结合矢量化的小班资料数据，可初步确定林业有害生物发生范围、面积和危害程度。航天遥感技术与低空无人机技术结合使用，既可实现宏观、大范围监测，确定有害生物发生区域，又能对具体林区有害生物发生危害程度进行准确监测。

3. 信息素

昆虫信息素是指昆虫个体分泌的在种内和种间传递信息和引起特定行为或生理反应的微量化学物质，它具有通讯功能，是昆虫用来表示聚集、觅食、交配、警戒等各种信息的化合物，是昆虫交流的化学分子语言，与林业有害生物监测普查密切相关且应用最为广泛的是性信息素和聚集信息素。其中昆虫性信息素是调控昆虫雌雄吸引行为的化合物，既敏感又专一，作用距离远，诱惑力强。聚集信息素可招引同种其他个体前来一起栖息，共同取食，集群攻击，从而形成种群聚集。林业有害生物监测普查工作中，根据不同昆虫生物学特性，科学设置诱捕器与诱捕时间，不仅可以准确调查当地昆虫种类与危害程度，排查重大危险性林业有害生物是否传入，还可准确监测害虫的发生期、危害方位和发生量。尤其对偶发性害虫的发生和新造林地跟踪监测，可以较准确地反映其发生情况，为害虫治理提供科学依据，还有助于采集高质量、无损伤的昆虫标本。

4. 物联网

物联网意为物物相连的互联网。主要有两层含意：一是物联网的核心和基础仍然是互联网，是在互联网基础上的延伸和扩展的网络；二是其用户端延伸和扩展到了任何物品与物品之间，进行信息交换和通信。目前，以物联网技术为基础，可探索对林业有害生物信息进行自动采集，并以前端感知、传输和后端应用、控制的方式，对林业有害生物发生情况进行实时监测和远程监控。

二、几种新技术应用情况

1. 开发基于GIS的普查软件系统

本次普查，国家林业局森防总站及14个省级森防部门开发了基于GIS的普查监测软件系统，占比为42%。各地林业有害生物普查系统主要具备外业调查规划管理与数据上传，内业信息汇总整理与数据分析等功能，实现了林业有害生物普查内、外业一体化。内业工作中，市县森防机构运用GIS相关系统主要实现对辖区内林业有害生物监测调查、普查数据的记录更新、查询显示、统计报表、空间分析等功能。在国家级与省级单位层面，GIS系统通过对基层上报的数据进行统计汇总和简单时空分析，可实现林业生物灾害预测预报，辅助制定科学防治措施和信息共享等功能。外业工作中，PDA作为GIS系统的智能终端，由普查人员随身携带，实时接收GPS定位信息，实现了准确导航踏查路线，标准化采集危害图片，规范化记录调查点（线）位置数据等功能，解决同种重复、异种重复等繁琐的统计任务，同时也为普查工作的监督检查提供可信依据。

国家林业局森防总站组织开发的“全国林业有害生物普查汇总系统”用于国家、省、市三级林业有害生物相关信息的汇总和影像资料收集，可汇总林业有害生物的分布范围、发生范围、发生面积、寄主植物及危害程度等情况以及有害生物生物学、形态学以及危害状等影像资料。重庆市开发的林业有害生物防控信息系统，应用基于GIS、GPS、GRS技术的智能终端开展林业有害生物监测、除治和监管，为防控工作提供全过程、多层次、实景式、可视化的信息服务，初步实现了林业生物灾害监测的信息化，大大提高了对有害生物的监测防控管理能力。辽宁省本溪市开发了基于移动GIS前后台一体化的林业有害生物普查信息管理系统，全面应用PDA技术开展普查，并建立野外调查数据库，实现了该市林业有害生物种类、分布、危害的空间数据管理。

2. 遥感技术

各地应用遥感、无人机技术开展普查工作较为成功，部分地区运用较为深入，使用地区占比为31%。广东省应用航天遥感技术监测薇甘菊疫情动态，克服了人工调查周期长、主观性强等缺点。通过无人机低空航空摄影测量，确定松材线虫发生范围、面积、危害程度和开花期薇甘菊分布面积和危害程度，为松材线虫和薇甘菊防控及防治效果评估提供依据。云南省昆明市完成了松小蠹危害情况航拍监测，获取了精度达 0.2m 地面分辨率的航拍图像，完成并标定了云南松小蠹的灾害分布图。湖北省在对神农架林区华山松大小蠹进行遥感信息处理的基础上，结合无人机航拍数据，进行同期 2 种调查数据应用效果的评估。同时，利用全省普查掌握的 2013—2015 年大面积发生的栎类和竹类食叶害虫林地定位信息和虫情数据，通过卫星遥感数据划分发生范围，将高分卫星遥感数据应用于食叶害虫的增殖—猖獗—消退的危害过程分析。

3. 信息素

各地运用信息素诱集技术进行林业有害生物普查较为普遍，有 29 个地区使用，使用率达 85%；如重庆市 26 个区县使用引诱剂诱集松褐天牛及松小蠹。内蒙古大兴安岭林业管理局共悬挂了 2400 多套信息素诱捕器。云南省多地应用昆虫信息素进行主要林业害虫种类、分布范围的调查。信息素诱集技术已经成为林业有害生物普查、日常监测乃至重大害虫防治的主要措施之一。

4. 物联网

物联网技术仅在个别单位试用。本次普查，仅北京市通州区作为试点引进佳多农林病虫害自动测控物联网系统，利用其虫情信息自动采集系统，尝试对林业有害生物进行实时监测和远程监控。其他省份在普查工作中尚未使用该项技术。目前林业有害生物监测普查专用传感器缺失、数据信息的深度挖掘不足、野外复杂环境应用困难等难题严重制约着该技术在林业有害生物监测实践中的推广。

三、新技术应用评价及展望

林业有害生物普查技术要求高、工作任务重、涉及范围广，情况千差万别，各种高新技术有其特定的应用条件和环境，优势与局限共存，不同地区必须因地制宜、明确目标、合理使用。

1. 基于 GIS 技术的普查软件系统

基于 GIS 技术的普查软件系统目前在林业有害生物监测管理中的应用优势主要体现在 3 个方面，一是普查汇总系统可高效、准确、实时汇总林业有害生物分布范围、危害程度、寄主植物等重要发生信息，并通过对不同种类有害生物的分类编码，实现了对已有数据库的补充完善和对数据查询利用效率的提高；二是基于 GIS 技术的普查系统可综合分析空间数据和属性数据，可全面掌握有害生物发生发展的时空动态；三是运用 GIS 技术制作相关专题地图，使有害生物发生发展的状况能更加直观地呈现。随着电子技术的飞速发展，带有操作系统且集成 GPS、拍照等功能于一体的智能终端设备（PDA）也日新月异，配置相应功能的 GIS 软件后，更有利于普查数据规范化记录，危害图片标准化采集，调查点（线）位置准确定位，并解决同种重复、异种重复等繁琐的统计任务，确保调查质量，提升调查效率。

虽然 GIS 系统在本次普查工作中得到了较为有效的应用，但该项技术用于林业有害生物监测调查领域的广度和深度还远远不够，可挖掘探索的内容还很多，发挥更大作用的空间仍然广阔。一是进一步将普查与日常监测工作相结合。借助于 GIS，利用普查数据构建当地林业有害生物基础数据库，不断以日常监测数据对基础数据库进行补充，并运用 GIS 的空间数据操作和图形处理分析等功能，对数据库进行分析和信息提取，辅助进行管理决策，更加有效地开展林业有害生物监测管理工作。二是进一步将普查监测与预测预报相结合。依托普查与日常监测的矢量化数据，研究建立主要有害生物的预测预报模型，运用 GIS 分析平台，结合每年的监测、预警、入侵生物风险评估数据，进行多源信息分析，识别和区划不同风险等级的预测发生区，更加准确高效地开展林业有害生物预测预报工作。三是进行“灾害”防控的辅助决策研究。林业生物灾害要经历发生、蔓延和成灾等多个阶段，在空间范围上表现在由点到面的不断扩展过程，具有很强的空间特征。依托普查监测数据和 GIS 平台，采集、存储、更新重大危险性林业有害生物入侵清单，对突发有害生物事件进行关联分析、耦合关系分析，运用计算机辅助决策“灾害”的控制和治理策略。

2. 遥感技术

遥感技术是探测林木失叶、缺绿等物理和生理变化，即林木生长过程中出现的“异常”或“灾害”状况。陆地资源卫星经 40 多年的发展，形成了空间分辨率为千米级、百米级、十米级、米级、亚米级等系列数据产品，逐步满足群落、林分、小班、单木等不同尺度森林灾害监测与评估的需求，可为国家、省、县各级森防管理部门的管理决策提供技术支撑。无人机监测技术具备机动、灵活、空间分辨率高、可实时获取数据等优势，也是林业有害生物监测工作中不可或缺的重要补充手段。

然而，在卫星遥感资料分析利用方面，目前工作中所能获取的卫星数据分辨率普遍较低，对林业有害生物监测，甚至灾后评估都不够准确，国产高分卫星的数据由于涉密制约暂未面向部门服务。因此，将遥感数据直接用于林业有害生物监测或林业生物灾害调查尚需时日。以无人机搭载可见光成像设备调查试验的结果看，本次普查中部分地区应用的华山松大小蠹、松材线虫航拍数据与地面踏查数据有较大差距，主要原因在于无人机搭载可见光成像设备、后期数据人工判读调查的方式都存在不同程度缺陷。为了在林业有害生物监测工作中能够取得置信度较高的结果，无人机监测技术还需就航空器性能、成像设备适用对象、数据后期处理等方面做大量基础性的试验比较，才能得出性价比合理、实用效果好的航拍调查方式，满足林业有害生物管理所需。

3. 信息素

信息素可监测预报害虫的发生期、危害部位和发生量，具有活性强、专一性高、灵敏度高、准确性好、使用简便、费用低廉等优点，尤其对偶发性害虫的发生和新造林地跟踪监测，可以较准确地反映害虫的发生情况。总之，昆虫信息素具有很强的专一性，而且对害虫诱集灵敏度高，对人畜安全，不污染环境，不伤害天敌，可以有效地监测害虫的发生。

但本次普查工作中，信息素诱集技术也暴露出诱芯有效期或高效期较短、信息素诱捕器设置的局限性较多、诱捕效果受气象因素和林分郁闭程度影响较大、诱集专化性的种类限制较多，以及诱集到的昆虫寄主植物不详等缺陷。同时，昆虫信息素作为一种特殊的监测防治手段已较为广泛地投入使用，但在评价、量化信息素监控和防治效果方面，还缺乏有效的评价标准。因此，今后还需要加强对昆虫行为学及性信息素的提取、分离、鉴定、人工合成以及昆虫种群密度变化监测手段等基础理论的研究，不断探索昆虫信息素在生产实践中的监测防治途径，以更好地发挥性信息素在林业有害生物监测工作中的作用。

4. 物联网

物联网在林业行业还处在研究层面，目前比较适用于苗圃等特定区域的连续、典型数据采集与传输。难以在环境复杂多变、条件恶劣的林区实现相关调查因子的自动采集与传输，以及仪器布设局限性较强、成本过高等诸多难题有待改进。

四、全国林业有害生物危害性评价报告

为全面摸清我国林业有害生物种类、分布、危害、寄主等方面的基本情况，及时更新全国林业有害生物数据库，科学制定防治规划，有效开展预防和治理，维护森林资源和国土生态安全，促进生态文明建设，提供全面、准确、客观的林业有害生物基础信息，根据《森林病虫害防治条例》和《国务院办公厅关于进一步加强林业有害生物防治工作的意见》（国办发〔2014〕26 号）的相关规定和要求，国家林业局组织开展了全国第三次林业有害生物普查工作（2014—2017 年）。此次普查，全国林业有害生物种类共计 6179 种。按生物类别划分：鼠类 44 种，占 0.71%；兔类 8 种，占 0.13%；昆虫类 5030 种，占 81.40%；螨类 76 种，占 1.23%；植物类 239 种，占 3.87%；真菌类 726 种，占 11.75%；线虫类 6 种，占 0.10%；细菌类 21 种，占 0.34%；植原体类 11 种，占 0.18%；病毒类 18 种，占 0.29%。有害生物的危害性是一项重要的指标，它反映着有害生物危害的严重性，也反映防治管理的重要性。此次普查在种类调查的基础上，对这类工作分两个层次进行，一个是各省级森防机构对辖区内发生面积在 10 万亩以上的种类以及 2003 年以后从国（境）外或省外传入的种类进行省级层面的风险分析；另一个是国家层面以发生面积为基础，对排位前 100 名的林业有害生物、新近传入的外来有害生物、目前的全国林业检疫性有害生物以及危害相对严重的有害生物进行危害性评价。

一、省级林业有害生物风险性分析

此次普查共有 25 个省、自治区、直辖市按照《普查方案》提供的方法、标准，针对本省级行政区发生面积在 10 万亩以上的林业有害生物种类、2003 年以来从国（境）外或省级行政区外传入的林业有害生物新记录种类进行了风险性分析，共提交风险性分析报告 291 篇，其中昆虫类 215 篇，病原微生物类 35 篇，线虫类 10 篇，有害植物类 25 篇，鼠、兔害 6 篇（种类有重复分析）。各省的风险性分析结果见表 1。

表 1　各省林业有害生物风险分析结果汇总

省（区、市）	有害生物名称	风险分析 R 值	备注
北京（15 种）	美国白蛾 *Hyphantria cunea*	2.80	
	橘小实蝇 *Bactrocera dorsalis*	2.12	
	红脂大小蠹 *Dendroctonus valens*	2.05	
	春尺蠖 *Apocheima cinerarius*	2.02	
	双条杉天牛 *Semanotus bifasciatus*	1.86	
	黄连木尺蛾 *Biston panterinaria*	1.77	
	杨扇舟蛾 *Clostera anachoreta*	1.53	

（续）

省（区、市）	有害生物名称	风险分析 R 值	备注
北京（15 种）	油松毛虫 *Dendrolimus tabulaeformis*	1.47	
	杨小舟蛾 *Micromelalopha sieversi*	1.46	
	草履蚧 *Drosicha corpulenta*	1.44	
	杨潜叶跳象 *Rhynchaenus empopulifolis*	1.29	
	柳毒蛾 *Leucoma salicis*	1.23	
	悬铃木方翅网蝽 *Corythucha ciliata*	1.23	
	柳突瓣叶蜂 *Nematus hequensis*	1.20	
	刺槐叶瘿蚊 *Obolodiplosis robiniae*	1.17	
天津（8 种）	柳蜷叶蜂 *Amauronematus saliciphagus*	1.91	
	刺槐突瓣细蛾 *Chrysaster ostensackenella*	1.67	
	双线棘丛螟 *Termioptycha bilineata*	1.64	
	柳突瓣叶蜂 *Nematus salicis*	1.57	
	悬铃木方翅网蝽 *Corythucha ciliata*	1.57	
	黄点直缘跳甲 *Ophrida xanthospilota*	1.48	
	黄栌丽木虱 *Calophya rhois*	1.46	
	梧桐裂木虱 *Carsidara limbata*	1.43	
河北（5 种）	扶桑绵粉蚧 *Phenacoccus solenopsis*	2.07	国家层面
	日本松干蚧 *Matsucoccus matsumurae*	1.94	国家层面
	悬铃木方翅网蝽 *Corythucha ciliata*	1.66	国家层面
	刺槐叶瘿蚊 *Obolodiplosis robiniae*	1.51	国家层面
	温室粉虱 *Trialeurodes vaporariorum*	1.24	国家层面
内蒙古（8 种）	美国白蛾 *Hyphantria cunea*	2.59	由市森防站分析，部分是国家层面、部分是市级层面
	杨干象 *Cryptorhynchus lapathi*	2.26	
	落叶松八齿小蠹 *Ips subelongatus*	2.07	
	柳蝙蛾 *Endoclita excrescens*	2.02	
	青杨楔天牛 *Saperda populnea*	1.95	
	舞毒蛾 *Lymantria dispar*	1.81	
	柠条豆象 *Kytorhinus immixtus*	1.68	
	榆紫叶甲 *Ambrostoma quadriimpressum*	1.56	
辽宁（1 种）	松树蜂 *Sirex noctilio*	1.82	
吉林（1 种）	美国白蛾 *Hyphantria cunea*	2.59	
黑龙江（1 种）	飞机草 *Eupatorium odoratum*	1.38	

（续）

省（区、市）	有害生物名称	风险分析 R 值	备注
上海（10种）	扶桑绵粉蚧 *Phenacoccus solenopsis*	2.06	
	小圆胸小蠹 *Euwallacea fornicatus*	2.03	
	葡萄座腔菌 *Botryosphaeria dothidea*	1.88	
	菊方翅网蝽 *Corythucha ciliate*	1.74	
	小蜻蜓尺蛾 *Cystidia couaggaria*	1.74	
	黑色枝小蠹 *Xylosandrus compactus*	1.73	
	悬铃木方翅网蝽 *Corythucha ciliata*	1.56	
	紫薇梨象 *Pseudorobitis gibbus*	1.53	
	女贞粗腿象甲 *Ochyromera ligustri*	1.53	
	香樟齿喙象 *Pagiophloeus tsushimanus*	1.52	
安徽（13种）	松材线虫 *Bursaphelenchus xylophilus*	2.93	
	加拿大一枝黄花 *Solidago canadensis*	2.43	
	美国白蛾 *Hyphantria cunea*	2.22	
	桑天牛 *Apriona germari*	1.80	
	温室粉虱 *Trialeurodes vaporariorum*	1.78	
	凤眼莲 *Eichhornia crassipes*	1.76	
	马格栅锈菌 *Melampsora magnusiana*	1.74	
	马尾松毛虫 *Dendrolimus punctata punctata*	1.72	
	杨褐盘二孢 *Marssonina brunnea*	1.72	
	悬铃木方翅网蝽 *Corythucha ciliata*	1.70	
	松褐天牛 *Monochamus alternatus*	1.69	
	杨扇舟蛾 *Clostera anachoreta*	1.64	
	杨小舟蛾 *Micromelalopha sieversi*	1.64	
福建（3种）	暗翅材小蠹 *Xyleborus crassiusculus*	1.98	
	荔枝异型小卷蛾 *Cryptophlebia ombrodelta*	1.89	
	悬铃木方翅网蝽 *Corythucha ciliata*	1.55	
江西（4种）	松材线虫 *Bursaphelenchus xylophilus*	2.59	
	湿地松粉蚧 *Oracella acuta*	2.07	
	加拿大一枝黄花 *Solidago canadensis*	1.81	
	桉树枝瘿姬小蜂 *Leptocybe invasa*	1.78	
山东（6种）	松材线虫 *Bursaphelenchus xylophilus*	2.20	
	欧美杨细菌性溃疡病菌 *Lonsdalea quercina* subsp. *populi*	2.11	
	刺槐突瓣细蛾 *Chrysaster ostensackenella*	1.86	
	悬铃木方翅网蝽 *Corythucha ciliata*	1.75	
	白蜡外齿茎蜂 *Stenocephus fraxini*	1.53	
	青檀绵叶蚜 *Shivaphis pteroceltis*	0.90	

（续）

省（区、市）	有害生物名称	风险分析 R 值	备注
河南（10 种）	松材线虫 *Bursaphelenchus xylophilus*	2. 81	国家层面
	美国白蛾 *Hyphantria cunea*	2. 49	国家层面
	红脂大小蠹 *Dendroctonus valens*	1. 98	国家层面
	刺槐叶瘿蚊 *Obolodiplosis robiniae*	1. 90	国家层面
	悬铃木方翅网蝽 *Corythucha ciliata*	1. 90	国家层面
	苹果绵蚜 *Eriosoma lanigerum*	1. 84	国家层面
	松针座盘孢 *Lecanosticta acicola*	1. 75	国家层面
	杨树花叶病毒 Poplar mosaic virus	1. 73	国家层面
	加拿大一枝黄花 *Solidago canadensis*	1. 71	国家层面
	温室粉虱 *Trialeurodes vaporariorum*	1. 65	国家层面
湖北（17 种）	松材线虫 *Bursaphelenchus xylophilus*	2. 54	市级层面
	美国白蛾 *Hyphantria cunea*	2. 52	市级层面
	华山松大小蠹 *Dendroctonus armandi*	2. 36	省级层面
	拟茎点霉一种 *Phomopsis* sp.	2. 16	国家层面
	野油菜黄单胞杆菌 胡桃致病变种*Xanthomonas campestris* pv. *juglandis*	2. 10	
	盘长孢状刺盘孢 *Colletotrichum gloeosporioides*	2. 07	省内分析
	剪枝栎实象 *Cyllorhynchites ursulus*	1. 96	国家层面
	核桃长足象 *Sternuchopsis juglans*	1. 83	
	金黄壳囊孢 *Cytospora chrysosperma*	1. 80	省级层面
	加拿大一枝黄花 *Solidago canadensis*	1. 79	市级层面
	葛 *Pueraria lobata*	1. 61	
	樟颈曼盲蝽 *Mansoniella cinnamomi*	1. 61	省级层面
	刚竹毒蛾 *Pantana phyllostachysae*	1. 49	
	黄脊竹蝗 *Ceracris kiangsu*	1. 47	国家层面
	板栗雪片象 *Niphades castanea*	1. 46	国家层面
	栎黄掌舟蛾 *Phalera assimilis*	1. 45	省级层面
	剑叶金鸡菊 *Coreopsis lanceolata*	1. 42	国家层面
湖南（11 种）	松材线虫 *Bursaphelenchus xylophilus*	2. 56	
	桉树枝瘿姬小蜂 *Leptocybe invasa*	2. 12	
	红火蚁 *Solenopsis invicta*	1. 99	
	湿地松粉蚧 *Oracella acuta*	1. 92	
	悬铃木方翅网蝽 *Corythucha ciliata*	1. 91	
	加拿大一枝黄花 *Solidago canadensis*	1. 72	
	紫薇绒蚧 *Eriococcus lagerstroemiae*	1. 71	
	栗山天牛 *Massicus raddei*	1. 69	
	木荷空舟蛾 *Vaneeckeia pallidifascia*	1. 44	
	油茶害虫（36 种）		集中定性分析
	油茶病害（9 种）		集中定性分析

（续）

省（区、市）	有害生物名称	风险分析 R 值	备注
广西（29 种）	松材线虫 *Bursaphelenchus xylophilus*	3.00	
	锈色棕榈象 *Rhynchophorus ferrugineus*	2.63	
	红火蚁 *Solenopsis invicta*	2.10	
	双钩异翅长蠹 *Heterobostrychus aequalis*	2.38	
	椰心叶甲 *Brontispa longissima*	2.61	
	薇甘菊 *Mikania micrantha*	2.57	
	萧氏松茎象 *Hylobius xiaoi*	2.48	
	粗鞘双条杉天牛 *Semanotus sinoauster*	2.48	
	柚木驼蛾 *Hyblaea puera*	2.46	
	油桐尺蛾 *Buzura suppressaria*	2.34	
	松褐天牛 *Monochamus alternatus*	2.31	
	广州小斑螟 *Acrobasis cantonella*	2.31	
	茄拉尔氏菌 *Ralstonia solanacearum*	2.24	
	松突圆蚧 *Hemiberlesia pitysophila*	2.23	
	马尾松毛虫 *Dendrolimus punctata punctata*	2.20	
	桉蝙蛾 *Endoclyta signifer*	2.18	
	可可球色单隔孢 *Botryodiplodia theobromae*	2.09	
	湿地松粉蚧 *Oracella acuta*	2.07	
	八角炭疽病菌 *Colletotrichum horii*	2.03	
	飞机草 *Eupatorium odoratum*	1.99	
	桉树枝瘿姬小蜂 *Leptocybe invasa*	1.98	
	黄脊竹蝗 *Ceracris kiangsu*	1.98	
	紫茎泽兰 *Eupatorium adenophorum*	1.97	
	瘤座菌 *Aciculosporium take*	1.95	
	加拿大一枝黄花 *Solidago canadensis*	1.90	
	云斑白条天牛 *Batocera lineolata*	1.90	
	杧果天蛾 *Amplypterus panopus*	1.85	
	丝点足毒蛾 *Arctornis leucoscela*	1.74	
	竹茎广肩小蜂 *Tetramesa aequidens*	1.65	
海南（11 种）	椰子织蛾 *Opisina arenosella*	2.30	
	锈色棕榈象 *Rhynchophorus ferrugineus*	2.29	
	扶桑绵粉蚧 *Phenacoccus solenopsis*	2.27	
	椰心叶甲 *Brontispa longissima*	2.22	
	红火蚁 *Solenopsis invicta*	2.19	
	桉树枝瘿姬小蜂 *Leptocybe invasa*	2.12	
	薇甘菊 *Mikania micrantha*	2.06	
	刺桐姬小蜂 *Quadrastichus erythrinae*	2.04	
	褐纹甘蔗象 *Rhabdoscelus similis*	2.03	
	水椰八角铁甲 *Octodonta nipae*	1.74	
	五爪金龙 *Ipomoea cairica*	1.61	

（续）

省（区、市）	有害生物名称	风险分析 R 值	备注
四川 （10 种）	松材线虫 *Bursaphelenchus xylophilus*	2.69	
	紫茎泽兰 *Eupatorium adenophorum*	2.41	
	萧氏松茎象 *Hylobius xiaoi*	2.40	
	扶桑绵粉蚧 *Phenacoccus solenopsis*	2.37	
	茶藨生柱锈菌 *Cronartium ribicola*	2.29	
	红火蚁 *Solenopsis invicta*	2.23	
	锈色棕榈象 *Rhynchophorus ferrugineus*	2.10	
	松褐天牛 *Monochamus alternatus*	1.63	
	桉树枝瘿姬小蜂 *Leptocybe invasa*	1.53	
	悬铃木方翅网蝽 *Corythucha ciliata*	1.45	
贵州 （12 种）	松材线虫 *Bursaphelenchus xylophilus*	2.66	
	红火蚁 *Solenopsis invicta*	2.57	
	紫茎泽兰 *Eupatorium adenophorum*	2.37	
	空心莲子草 *Alternanthera philoxeroides*	2.35	
	飞机草 *Eupatorium odoratum*	2.32	
	锈色棕榈象 *Rhynchophorus ferrugineus*	2.32	
	桉树枝瘿姬小蜂 *Leptocybe invasa*	2.22	
	丁香假单胞菌 猕猴桃致病变种 *Pseudomonas syringae* pv. *actinidiae*	2.09	
	悬铃木方翅网蝽 *Corythucha ciliata*	1.99	
	加拿大一枝黄花 *Solidago canadensis*	1.87	
	三裂叶豚草 *Ambrosia trifida*	1.80	
	会泽新松叶蜂 *Neodiprion huizeensis*	1.60	
云南 （14 种）	松材线虫 *Bursaphelenchus xylophilus*	2.83	
	红火蚁 *Solenopsis invicta*	2.55	
	双钩异翅长蠹 *Heterobostrychus aequalis*	2.45	
	锈色棕榈象 *Rhynchophorus ferrugineus*	2.36	
	寄生隐丛赤壳 *Cryphonectria parasitica*	2.35	
	褐纹甘蔗象 *Rhabdoscelus similis*	2.34	
	小圆胸小蠹 *Euwallacea fornicatus*	2.31	
	茶藨生柱锈菌 *Cronartium ribicola*	2.26	
	薇甘菊 *Mikania micrantha*	2.24	
	水椰八角铁甲 *Octodonta nipae*	2.13	
	椰心叶甲 *Brontispa longissima*	2.07	
	萧氏松茎象 *Hylobius xiaoi*	1.83	
	扶桑绵粉蚧 *Phenacoccus solenopsis*	1.81	
	桉树枝瘿姬小蜂 *Leptocybe invasa*	1.16	

（续）

省（区、市）	有害生物名称	风险分析 R 值	备注
甘肃（26种）	加拿大一枝黄花 *Solidago canadensis*	2.37	
	刺槐叶瘿蚊 *Obolodiplosis robiniae*	2.24	
	刺槐勾天牛 *Exocentrus savioi*	2.16	
	苹果蠹蛾 *Cydia pomonella*	2.09	
	双条杉天牛 *Semanotus bifasciatus*	2.08	
	侧柏绿胶杯菌 *Chloroscypha platycladus*	2.04	
	枣大球蚧 *Eulecanium gigantea*	2.00	
	华山松大小蠹 *Dendroctonus armandi*	1.96	
	短须突瓣叶蜂 *Nematus papillosus*	1.92	
	云杉树叶象 *Phyllobius* sp.	1.90	
	光肩星天牛 *Anoplophora glabripennis*	1.83	
	大栗鳃金龟 *Melolontha hippocastani*	1.80	
	松穴褥盘孢 *Dothistroma septospora*	1.75	
	枣叶瘿蚊 *Dasineura datifolia*	1.75	
	污黑腐皮壳 *Valsa sordida*	1.74	
	苹果绵蚜 *Eriosoma lanigerum*	1.72	
	云南云杉长足大蚜 *Cinara alba*	1.45	
	辽梨喀木虱 *Cacopsylla liaoli*	1.31	
	云杉梢枯病菌 *Setomelanomma holmii*	1.21	
	核果假尾孢 *Pseudocercospora circumscissa*	1.09	
	斑膜合垫盲蝽 *Orthotylus sophorae*	1.06	
	黄刺蛾 *Monema flavescens*	0.98	
	松皮小卷蛾 *Cydia grunertiana*	0.58	
	大灰象 *Sympiezomias velatus*	0.41	
	杨叶甲 *Chrysomela populi*	0.27	
	松杨栅锈菌 *Melampsora larici-populina*	0.18	
青海（54种）	柏肤小蠹 *Phloeosinus aubei*	2.08	
	芳香木蠹蛾 *Cossus cossus*	2.03	
	纵坑切梢小蠹 *Tomicus Piniperda*	2.02	
	臭椿沟眶象 *Eucryptorrhynchus brandti*	1.99	
	家茸天牛 *Trichofreus campestris*	1.98	
	云杉八齿小蠹 *Ips typographus*	1.96	
	皱大球坚蜡蚧 *Eulecanium kuwanai*	1.94	
	大灰象 *Sympiezomias velatus*	1.88	
	锈斑楔天牛 *Saperda populnea balsamifera*	1.86	
	沙棘木蠹蛾 *Eogystia hippophaecolus*	1.84	
	杏疔座霉 *Polystigma deformans*	1.83	
	庭园发丽金龟 *Phyllopertha horticola*	1.80	
	光肩星天牛 *Anoplophora glabripennis*	1.80	

（续）

省（区、市）	有害生物名称	风险分析 R 值	备注
青海（54 种）	柳蛎盾蚧 *Lepidosaphes salicina*	1.80	
	大瘤瘿螨 *Aceria macrodonis*	1.77	
	云杉矮槲寄生 *Arceuthobium sichuanense*	1.76	
	杨外囊菌 *Taphrina populina*	1.75	
	污黑腐皮壳 *Valsa sordida*	1.74	
	落叶松球蚜 *Adelges laricis*	1.73	
	四点象天牛 *Mesosa myops*	1.70	
	高原鼢鼠 *Myospalax baileyi*	1.69	
	阔叶树毛毡病菌 *Eriophyes brevitarsus*	1.68	
	光臀八齿小蠹 *Ips nitidus*	1.68	
	白蜡绵粉蚧 *Phenacoccus fraxinus*	1.67	
	沟眶象 *Eucryptorrhynchus scrobiculatus*	1.67	
	圆柏大痣小蜂 *Megastigmus sabinae*	1.66	
	横坑切梢小蠹 *Tomicus minor*	1.64	
	青海草原毛虫 *Gynaephora qinghaiensis*	1.62	
	杨圆蚧 *Diaspidiotus gigas*	1.62	
	云杉大小蠹 *Dendroctonus micans*	1.59	
	柳瘿蚊 *Rabdophaga salicis*	1.56	
	菟丝子 *Cuscuta chinensis*	1.56	
	丽腹弓角鳃金龟 *Toxospathius auriventris*	1.49	
	红柳粗角萤叶甲 *Diorhabda carinulata*	1.46	
	根田鼠 *Microtus oeconomus*	1.40	
	杨棒盘孢 *Coryneum populinum*	1.36	
	枣大球蚧 *Eulecanium gigantea*	1.34	
	松针座盘孢 *Lecanosticta acicola*	1.33	
	灰翅小卷蛾 *Pseudohermenias ajanensis*	1.30	
	灰斑古毒蛾 *Orgyia antiquoides*	1.30	
	温室粉虱 *Trialeurodes vaporariorum*	1.27	
	松皮小卷蛾 *Cydia grunertiana*	1.19	
	红缘亚天牛 *Asias halodendri*	1.08	
	紫薇绒蚧 *Eriococcus lagerstroemiae*	1.06	
	根癌土壤杆菌 *Agrobacterium tumefaciens*	1.03	
	突笠圆盾蚧 *Diaspidiotus slavonicus*	1.03	
	桑白盾蚧 *Pseudaulacaspis pentagona*	1.02	
	沙枣个木虱 *Trioza magnisetosa*	1.02	
	苹果窄吉丁 *Agrilus mali*	1.00	
	柠条豆象 *Kytorhinus immixtus*	0.99	
	高原鼠兔 *Ochotona curzoniae*	0.97	
	祁连金锈菌 *Chrysomyxa qilianensis*	0.87	
	贝伦格葡萄座腔菌 *Botryosphaeria berengeriana*	0.79	
	杨干透翅蛾 *Sesia siningensis*	0.68	

（续）

省（区、市）	有害生物名称	风险分析 R 值	备注
宁夏（5 种）	苹果蠹蛾 *Cydia pomonella*	2.58	省级层面
	沟眶象 *Eucryptorrhynchus scrobiculatus*	1.84	国家层面
	白蜡绵粉蚧 *Phenacoccus fraxinus*	1.77	国家层面
	斑衣蜡蝉 *Lycorma delicatula*	1.59	国家层面
	洋白蜡卷叶绵蚜 *Prociphilus fraxinifolii*	1.50	国家层面
新疆（8 种）	苹果绵蚜 *Eriosoma lanigerum*	2.30	
	桃蛀果蛾 *Carposina sasakii*	2.16	
	榆黄毛萤叶甲 *Pyrrhalta maculicollis*	1.97	
	榆绿毛萤叶甲 *Pyrrhalta aenescens*	1.97	
	红枣黑斑病菌 *Alternaria* sp.	1.96	
	沙棘果实蝇 *Rhagoletis batava*	1.93	
	榆三节叶蜂 *Arge captiva*	1.80	
	楸螟 *Omphisa plagialis*	1.46	
新疆生产建设兵团（9 种）	光肩星天牛 *Anoplophora glabripennis*	2.02	
	苹果蠹蛾 *Cydia pomonella*	1.98	
	杨十斑吉丁 *Trachypteris picta*	1.92	
	白杨透翅蛾 *Paranthrene tabaniformis*	1.81	
	蔡氏胡杨个木虱 *Egeirotrioza ceardi*	1.36	
	榆跳象 *Rhynchaenus alni*	1.04	
	根田鼠 *Microtus oeconomus*	1.02	
	大沙鼠 *Rhombomys opimus*	0.90	
	子午沙鼠 *Meriones meridianus*	0.76	

各省（区、市）的风险分析报告中分析结果为特别危险的（$2.50 \leq R < 3.00$）有 19 篇报告，基本上是全国林业检疫性有害生物，分别是松材线虫（9 篇）、美国白蛾（4 篇）、红火蚁（2 篇）、苹果蠹蛾（1 篇）、薇甘菊（1 篇）、锈色棕榈象（1 篇）、椰心叶甲（1 篇）；高度危险的（$2.00 \leq R < 2.50$）有 76 篇报告，基本上是全国林业检疫性或危险性有害生物；中度危险的（$1.50 \leq R < 2.00$）有 132 篇报告，包含部分全国林业危险性有害生物和区域性有害生物。通过分析，基本了解和掌握了各自辖区内发生面积较大和外来林业有害生物发生危害情况，为科学制定林业生物灾害预警方案、防治规划、有效开展预防和治理、加强区域间联检联防联治，以及修订、补充检疫性有害生物名单等奠定了坚实的基础。

二、全国林业有害生物危害性评价

我国林业有害生物种类繁多，危害程度千差万别。此次普查，较为全面地掌握了有害生物的种类、发生、分布和危害的基本情况，为了进一步明确国家层面的重点有害生物，有针对性地采取相应的管理对策，根据普查工作方案的要求，对有害生物进行危害性评价，并根据评价结果选择相应的管理对策和防治策略。

（一）评价方法的确定

目前，常用的分析方法主要有定性分析、定量分析以及定性与定量相结合的方法。这些方法，特别是定量分析的方法需要掌握大量的林业有害生物的基础信息，比如生物学、生态学特性等。考虑到我国林业有害生物的基础研究情况、相关资料的占有情况以及此次全国林业有害生物普查的结果，我们将《中国林业生物灾害防治战略》中林业有害生物分级标准和行业标准《林业有害生物风险分析准则》（LY/T2588—2016）中的部分评价指标进行综合，并对其中的一些评价指标做了适当调整和补充，首次引入危害指数作为衡量成灾情况的一个指标；危害情况不但包含经济方面还包含社会、环境、生态等非经济方面，从而建立了林业有害生物危害性评价指标体系以及赋分标准（表2），并以此为基础进行林业有害生物危害性分析。

表2　林业有害生物危害性评价指标体系

项目	指标	评判标准	赋分
发生情况 O（20分）	分布情况 O_1（3分）	分布省份大于10个	3
		分布省份5~10个	2
		分布省份小于5个	1
	发生面积 O_2（7分）	全国发生面积大于6.67万 hm^2	7
		全国发生面积0.67万~6.67万 hm^2	3~6
		全国发生面积小于0.67万 hm^2	1~2
	发生程度 O_3（10分）	危害指数大于0.5	10
		危害指数0.4~0.5	6~9
		危害指数小于0.4	1~5
危害情况 D（30分）	潜在危害 D_1（5分）	适生范围广，传播途径多	5
		适生范围较广，传播途径较多	2~4
		适生范围较小，传播途径较少	1
	损失程度 D_2（15分）	造成多于20%的树木死亡率或相当于同经济价值的生态损失	15
		造成5%~20%的树木死亡率或相当于同经济价值的生态损失	6~14
		造成1%~5%的树木死亡率或相当于同经济价值的生态损失	2~5
		造成小于1%的树木死亡率或相当于同经济价值的生态损失	1
	非经济影响 D_3（10分）	造成的非经济影响很大	10
		造成的非经济影响较大	6~9
		造成的非经济影响较小	1~5
寄主情况 H（20分）	寄主种类 H_1（5分）	多于10种	5
		4~9种	2~4
		少于4种	1
	寄主面积 H_2（10分）	全国分布面积大于667万 hm^2	10
		全国分布面积66.67万~667万 hm^2	6~9
		全国分布面积6.67万~66.67万 hm^2	2~5
		全国分布面积小于6.67万 hm^2	1
	寄主价值 H_3（5分）	为我国重要树种	5
		我国主要树种	2~4
		我国一般树种	1

（续）

项目	指标	评判标准	赋分
管理难度 M（30分）	识别难度 M_1（5分）	现场识别可靠性低、费时，需由专家识别	5
		现场识别可靠性一般，经过专门培训的技术人员可完成	2~4
		现场识别非常可靠，简便快速，一般技术人员可完成	1
	监测难度 M_2（10分）	危害早期难以发现或监测难度很大	10
		危害早期较难发现或监测难度较大	6~9
		有成熟的监测技术或监测较容易	1~5
	防控难度 M_3（15分）	难	15
		较难	8~14
		易	1~7
总分（100分）			

本评价体系包括发生、危害、寄主情况和管理难度4项内容，每项内容含3个指标，每个指标中分3~4个等级评判标准。评价时，对上述每个指标根据相应情况进行赋分，将所有赋分求和计算可得危害性评价值，总分值最高为100。

第一项，发生情况（O）：20分，分3个指标，计算方法为叠加。

分布情况（O_1）和发生面积（O_2）根据此次普查统计资料得出，结合实际情况进行调整修正，最高赋分值分别为3分和7分；发生程度（O_3）根据此次普查统计资料，计算得到危害指数为赋分依据，危害指数计算公式：危害指数=〔轻度发生面积×1+中度发生面积×2+重度发生面积×3〕/〔发生总面积×3〕，最高赋分值为10分。

第二项，危害情况（D）：30分，分3个指标，计算方法为叠加。

潜在危害（D_1）最高赋分值为5分；损失程度（D_2）最高赋分值为15分；非经济影响（D_3）最高赋分值为10分。这3个指标均根据普查统计资料或由评估组成员根据资料分析、估算得出。

第三项，寄主情况（H）：20分，分3个指标，计算方法为叠加。

寄主种类（H_1）根据此次普查资料，结合实际情况进行调整修正，最高赋分值为5分；寄主面积（H_2）查阅相应资料进行评价，最高赋分值为10分；寄主价值（H_3）评价由评估组成员根据资料、认知和有关专家的意见进行，最高赋分值为5分。

第四项，管理情况（M）：30分，分3个指标，计算方法为叠加。

识别难度（M_1）最高赋分值为5分，根据有害生物的种类特点和鉴别的难度进行确定；监测难度（M_2）最高赋分值为10分，根据各地生产性监测开展的情况得出；防控难度（M_3）最高赋分值为15分，根据目前生产上防治实际情况或实验数据得出。

确定某种有害生物在我国的危害性评价值P计算公式：

$$P=O_1+O_2+O_3+D_1+D_2+D_3+H_1+H_2+H_3+M_1+M_2+M_3$$

（二）评价名单的选择

根据此次普查结果汇总，从以下情况中选择评价对象：

1. 发生面积排在前100名的林业有害生物；
2. 此次普查新增的11种外来有害生物；
3. 14种全国林业检疫性有害生物中没有排在发生面积前100名的9种林业有害生物（其中扶桑

绵粉蚧同时属于 11 种外来有害生物）；

4. 发生面积 10 万亩以上且危害指数 0. 40 以上的 129 种林业有害生物（其中桉树枝瘿姬小蜂同时属于 11 种外来有害生物）；

5. 发生面积 30 万亩以上且危害指数 0. 40 以下的 34 种林业有害生物。

上述共计 281 种为此次全国林业有害生物危害性评价种类。

（三）评价结果

经分析评价，281 种林业有害生物评价值大小排序见表 3。相同 P 值时以有害生物拉丁学名排序。

表 3　281 种林业有害生物危害性评价值

序号	中文名称	拉丁学名	P 值
1	松材线虫	*Bursaphelenchus xylophilus*（Steiner et Burher）Nickle	98
2	杨干象	*Cryptorhynchus lapathi*（Linnaeus）	88
3	栗山天牛	*Massicus raddei*（Blessig et Solsky）	88
4	光肩星天牛	*Anoplophora glabripennis*（Motschulsky）	86
5	云斑白条天牛	*Batocera lineolata* Chevrolat	83
6	苹果蠹蛾	*Cydia pomonella*（Linnaeus）	83
7	桑天牛	*Apriona germari*（Hope）	82
8	青杨脊虎天牛	*Xylotrechus rusticus*（Linnaeus）	82
9	纵坑切梢小蠹	*Tomicus piniperda*（Linnaeus）	81
10	红脂大小蠹	*Dendroctonus valens* LeConte	80
11	果梢斑螟	*Dioryctria pryeri* Ragonot	80
12	赤松梢斑螟	*Dioryctria sylvestrella*（Ratzebury）	80
13	横坑切梢小蠹	*Tomicus minor*（Hartig）	79
14	华山松大小蠹	*Dendroctonus armandi* Tsai et Li	78
15	美国白蛾	*Hyphantria cunea*（Drury）	78
16	落叶松八齿小蠹	*Ips subelongatus*（Motschulsky）	76
17	椰心叶甲	*Brontispa longissima*（Gestro）	75
18	亚洲韧皮部杆菌（柑橘黄龙病）	*Liberobacter asiaticum* Jagoueix et al.	75
19	薇甘菊	*Mikania micrantha* H. B. K.	75
20	桉树枝瘿姬小蜂	*Leptocybe invasa* Fisher et La Salle	74
21	松褐天牛	*Monochamus alternatus* Hope	74
22	中华鼢鼠	*Myospalax fontanierii*（Milne-Edwards）	74
23	锈色棕榈象	*Rhynchophorus ferrugineus*（Oliver）	74
24	枣实蝇	*Carpomya vesuviana* Costa	73
25	茶藨生柱锈菌（五针松疱锈病）	*Cronartium ribicola* Fischer	73
26	双钩异翅长蠹	*Heterobostrychus aequalis*（Waterhouse）	73
27	高原鼢鼠	*Myospalax baileyi* Thomas	73
28	扶桑绵粉蚧	*Phenacoccus solenopsis* Tinsley	73
29	野油菜黄单胞杆菌 橘致病变种（柑橘溃疡病）	*Xanthomonas campestris* pv. *citri*（Hasse）Dye	73

（续）

序号	中文名称	拉丁学名	P 值
30	棕背䶄	*Clethrionomys rufocanus* Sundevall	72
31	长足大竹象	*Cyrtotrachelus buqueti* Guérin-Méneville	72
32	松突圆蚧	*Hemiberlesia pitysophila* Takagi	72
33	六齿小蠹	*Ips acuminatus* （Gyllenhal）	72
34	云杉八齿小蠹	*Ips typographus* （Linnaeus）	72
35	桉茎点霉（桉树溃疡病）	*Phoma eucalyptica* （Thüm.）Sacc.	72
36	油茶伞座孢（油茶软腐病）	*Agaricodochium camelliae* Liu，Wei et Fan	71
37	竹丛枝植原体（竹丛枝病）	Bamboo witches' broom phytoplasma	71
38	冷杉薄盘菌（针叶树烂皮病）	*Cenangium abietis* （Pers.）Duby	71
39	樟子松梢斑螟	*Dioryctria mongolicella* Wang et Sung	71
40	小圆胸小蠹	*Euwallacea fornicatus* （Eichhoff）	71
41	高原鼠兔	*Ochotona curzoniae* （Hodgson）	71
42	青杨楔天牛	*Saperda populnea* （Linnaeus）	71
43	松树蜂	*Sirex noctilio* Fabricius	71
44	根癌土壤杆菌（冠瘿病）	*Agrobacterium tumefaciens* （Smith et Towns.）Conn.	70
45	春尺蠖	*Apocheima cinerarius* （Erschoff）	70
46	红背䶄	*Clethrionomys rutilus* （Pallas）	70
47	杨棒盘孢（杨叶斑病）	*Coryneum populinum* Bresad	70
48	悬铃木方翅网蝽	*Corythucha ciliata* （Say）	70
49	聚生小穴壳菌（枝干溃疡病）	*Dothiorella gregaria* Sacc.	70
50	杨褐盘二孢（杨黑斑病）	*Marssonina brunnea* （Ell. et Ev.）Sacc.	70
51	杨盘二孢（杨黑斑病）	*Marssonina populi* （Lib.）Magn.	70
52	金钟藤	*Merremia boisiana* （Gagn.）v. Ooststr.	70
53	东北球腔菌（杨肿茎溃疡病）	*Mycosphaerella mandshurica* Miura	70
54	多斑白条天牛	*Batocera horsfieldi* （Hope）	69
55	兴安落叶松鞘蛾	*Coleophora obducta* （Meyrick）	69
56	盘长孢状刺盘孢（林木炭疽病）	*Colletotrichum gloeosporioides* Penz.	69
57	芳香木蠹蛾	*Cossus cossus* Linnaeus	69
58	围小丛壳（林木炭疽病）	*Glomerella cingulata* （Stonem.）Spauld. et Schrenk	69
59	中华松干蚧	*Matsucoccus sinensis* Chen	69
60	白杨透翅蛾	*Paranthrene tabaniformis* （Rottemburg）	69
61	华山松木蠹象	*Pissodes punctatus* Langor et Zhang	69
62	污黑腐皮壳（杨树烂皮病）	*Valsa sordida* Nitsch.	69
63	泡桐丛枝植原体（泡桐丛枝病）	*Ca.* Phytoplasma asteris （16SrI-D）	68
64	沙棘木蠹蛾	*Eogystia hippophaecolus* （Hua，Chou，Fang et Chen）	68
65	枣大球蚧	*Eulecanium gigantea* （Shinji）	68
66	葡萄座腔菌（苹果干腐病）	*Botryosphaeria dothidea* （Moug. ex Fr.）Ces. et de Not.	67
67	落叶松葡萄座腔菌（落叶松枯梢病）	*Botryosphaeria laricina* （Sawada）Shang	67
68	黄脊竹蝗	*Ceracris kiangsu* Tsai	67

（续）

序号	中文名称	拉丁学名	P值
69	松穴褥盘孢（松针红斑病）	*Dothistroma septospora* (Dorog.) Morelt.	67
70	子午沙鼠	*Meriones meridianus* (Pallas)	67
71	日本落叶松球腔菌（落叶松落叶病）	*Mycosphaerella larici-leptolepis* Ito et al.	67
72	大沙鼠	*Rhombomys opimus* (Lichtenstein)	67
73	红火蚁	*Solenopsis invicta* Buren	67
74	华北落叶松鞘蛾	*Coleophora sinensis* Yang	66
75	菟丝子	*Cuscuta chinensis* Lam.	66
76	突笠圆盾蚧	*Diaspidiotus slavonicus* (Green)	66
77	草兔	*Lepus capensis* Linnaeus	66
78	甘肃鼢鼠	*Myospalax cansus* (Thomas)	66
79	达乌尔鼠兔	*Ochotona daurica* (Pallas)	66
80	红木蠹象	*Pissodes nitidus* Roelofs	66
81	松阿扁叶蜂	*Acantholyda posticalis* (Matsumura)	65
82	云杉矮槲寄生	*Arceuthobium sichuanense*	65
83	红缘亚天牛	*Asias halodendri* (Pallas)	65
84	紫茎泽兰	*Eupatorium adenophorum* Spreng.	65
85	萧氏松茎象	*Hylobius xiaoi* Zhang	65
86	光臀八齿小蠹	*Ips nitidus* Eggers	65
87	云南木蠹象	*Pissodes yunnanensis* Longer et Zhang	65
88	红环槌缘叶蜂	*Pristiphora erichsonii* (Hartig)	65
89	杨生壳针孢（杨树褐斑病）	*Septoria populicola* Peck.	65
90	云南松梢小蠹	*Tomicus yunnanensis* Kirkendall et Faccoli	65
91	星天牛	*Anoplophora chinensis* (Forster)	64
92	核桃举肢蛾	*Atrijuglans hetaohei* Yang	64
93	云南松毛虫	*Dendrolimus grisea* (Moore)	64
94	马尾松毛虫	*Dendrolimus punctata punctata* (Walker)	64
95	微红梢斑螟	*Dioryctria rubella* Hampson	64
96	猪毛菜内丝白粉菌（梭梭白粉病）	*Leveillula saxaouli* (Sorok.) Golov.	64
97	舞毒蛾	*Lymantria dispar* (Linnaeus)	64
98	桃红颈天牛	*Aromia bungii* (Faldermann)	63
99	落叶松毛虫	*Dendrolimus superans* (Butler)	63
100	杨圆蚧	*Diaspidiotus gigas* (Thiem et Gerneck)	63
101	草生欧文氏菌（杨树细菌性溃疡病）	*Erwinia herbicola* (Lohnis) Dye	63
102	日本松干蚧	*Matsucoccus matsumurae* (Kuwana)	63
103	樟子松木蠹象	*Pissodes validirostris* (Sahlberg)	63
104	核桃长足象	*Sternuchopsis juglans* (Chao)	63
105	榆紫叶甲	*Ambrostoma quadriimpressum* (Motschulsky)	62
106	思茅松毛虫	*Dendrolimus kikuchii kikuchii* Matsumura	62
107	腐皮镰孢（立枯病）	*Fusarium solani* (Mart) App. et Wollenw	62

（续）

序号	中文名称	拉丁学名	P 值
108	大栗鳃金龟	*Melolontha hippocastani* Fabricius	62
109	核桃囊孢壳（核桃干腐病）	*Physalospora juglandis* Syd. et Hara	62
110	核桃横沟象	*Pimelocerus juglans*（Chao）	62
111	杨扇舟蛾	*Clostera anachoreta* Fabricius	61
112	云杉梢斑螟	*Dioryctria reniculelloides* Mutuura et Munroe	61
113	松针小卷蛾	*Epinotia rubiginosana*（Herrich-Schäffer）	61
114	苹果绵蚜	*Eriosoma lanigerum*（Hausmann）	61
115	模毒蛾	*Lymantria monacha*（Linnaeus）	61
116	黄翅大白蚁	*Macrotermes barneyi* Light	61
117	黄褐天幕毛虫	*Malacosoma neustria testacea*（Motschulsky）	61
118	椰子织蛾	*Opisina arenosella* Walker	61
119	湿地松粉蚧	*Oracella acuta*（Lobdell）	61
120	灰斑古毒蛾	*Orgyia antiquoides*（Hübner）	61
121	落叶松球蚜	*Adelges laricis* Vallot	60
122	鞭角华扁叶蜂	*Chinolyda flagellicornis*（Smith）	60
123	祁连金锈菌（青海云杉叶锈病）	*Chrysomyxa qilianensis* Y. C. Wang, X. B. Wu et B. Li	60
124	分月扇舟蛾	*Clostera anastomosis*（Linnaeus）	60
125	榛实象	*Curculio dieckmanni*（Faust）	60
126	柳生欧文氏菌（柳树细菌性枯萎病）	*Erwinia salicia*	60
127	刚竹毒蛾	*Pantana phyllostachysae* Chao	60
128	蜀柏毒蛾	*Parocneria orienta* Chao	60
129	松尖胸沫蝉	*Trilophora flavipes*（Uhler）	60
130	栗瘿蜂	*Dryocosmus kuriphilus* Yasumatsu	59
131	黑翅土白蚁	*Odontotermes formosanus*（Shiraki）	59
132	葡萄生轴霜霉（葡萄霜霉病）	*Plasmopara viticola*（Berk. et Curt.）Berl. et de Toni	59
133	桑白盾蚧	*Pseudaulacaspis pentagona*（Tagioni-Tozzetti）	59
134	皮状硬层锈菌（竹杆锈病）	*Stereostratum corticioides*（Berk. et Broome）Magnus	59
135	沟眶象	*Eucryptorrhynchus scrobiculatus*（Motschulsky）	58
136	铜绿异丽金龟	*Anomala corpulenta* Motschulsky	57
137	赤松毛虫	*Dendrolimus spectabilis* Butler	57
138	柠条广肩小蜂	*Eurytoma neocaraganae* Liao	57
139	散播烟霉（煤污病）	*Fumago vagans* Pers.	57
140	东方码绢金龟	*Maladera orientalis*（Motschulsky）	57
141	栎旋木柄天牛	*Aphrodisium sauteri*（Matsushita）	56
142	松丽毒蛾	*Calliteara axutha*（Collenette）	56
143	畸形金锈菌（云杉球果锈病）	*Chrysomyxa deformans*（Dietel）Jacz.	56
144	文山松毛虫	*Dendrolimus punctata wenshanensis* Tsai et Liu	56
145	落叶松尺蛾	*Erannis ankeraria*（Staudinger）	56
146	圆柏大痣小蜂	*Megastigmus sabinae* Xu et He	56

（续）

序号	中文名称	拉丁学名	P值
147	杨小舟蛾	*Micromelalopha sieversi*（Staudinger）	56
148	杨球针壳（杨树白粉病）	*Phyllactinia populi*（Jacz.）Yu	56
149	葛	*Pueraria lobata*（Willd.）Ohwi.	56
150	花椒虎天牛	*Clytus validus* Fairmaire	55
151	棕色鳃金龟	*Eotrichia niponensis*（Lewis）	54
152	杨毒蛾	*Leucoma candida*（Staudinger）	54
153	松杨栅锈菌（落叶松叶锈病）	*Melampsora larici-populina* Kleb.	54
154	核桃小吉丁	*Agrilus ribbei* Kiesenwetter	53
155	楚雄腮扁叶蜂	*Cephalcia chuxiongica* Xiao	53
156	草履蚧	*Drosicha corpulenta*（Kuwana）	53
157	飞机草	*Eupatorium odoratum* Linnaeus	53
158	柳毒蛾	*Leucoma salicis*（Linnaeus）	53
159	暗黑鳃金龟	*Pedinotrichia parallela*（Motschulsky）	53
160	杨扁角叶爪叶蜂	*Stauronematus compressicornis*（Fabricius）	53
161	大青叶蝉	*Cicadella viridis*（Linnaeus）	52
162	马尾松长足大蚜	*Cinara formosana*（Takahashi）	52
163	茶翅蝽	*Halyomorpha halys*（Stål）	52
164	柠条豆象	*Kytorhinus immixtus* Motschulsky	52
165	杨白纹潜蛾	*Leucoptera sinuella* Reutti	52
166	沼泽田鼠	*Microtus fortis* Buchner	52
167	中亚朝球蜡蚧	*Rhodococcus turanicus*（Archangelskaya）	52
168	杨潜叶跳象	*Rhynchaenus empopulifolis* Chen et Zhang	52
169	栗实象	*Curculio davidi* Fairmaire	51
170	麻皮蝽	*Erthesina fullo*（Thunberg）	51
171	散斑壳（松落针病）	*Lophodermium* spp.	51
172	毛竹柄锈菌（叶锈病）	*Puccinia phyllostachydis* Kusano	51
173	弧目大蚕蛾	*Saturnia oliva* Bang-Haas	51
174	苹果黑腐皮壳（苹果烂皮病）	*Valsa mali* Miyabe et Yamada	51
175	野油菜黄单胞杆菌 胡桃致病变种（核桃细菌性黑腐病）	*Xanthomonas campestris* pv. *juglandis*（Pierce）Dye	51
176	银杏大蚕蛾	*Saturnia japonica* Moore	50
177	达乌尔黄鼠	*Spermophilus dauricus*（Brandt）	50
178	大林姬鼠	*Apodemus speciosus*（Thomas）	49
179	油桐尺蛾	*Buzura suppressaria*（Guenée）	49
180	核桃生壳囊孢（核桃腐烂病）	*Cytospora* sp.	49
181	卵圆蝽	*Hipptiscus dorsalis*（Stål）	49
182	杨栅锈菌（杨叶锈病）	*Melampsora populnea*（Pers.）P. Karst.	49
183	胡桃黑盘孢（核桃枯枝病）	*Melanconium juglandis* Kunze	49
184	根田鼠	*Microtus oeconomus* Pallas	49
185	橡胶树粉孢（橡胶白粉病）	*Oidium heveae* Steinm.	49

（续）

序号	中文名称	拉丁学名	P 值
186	枯斑拟盘多毛孢（松柏赤枯病）	*Pestalotiopsis funerea*（Desm.）Stey	49
187	褛裳夜蛾	*Catocala remissa* Staudinger	48
188	梨小食心虫	*Grapholita molesta*（Busck）	48
189	红花寄生	*Scurrula parasitica* Linn. var. *parasitica*	48
190	杨叶甲	*Chrysomela populi* Linnaeus	47
191	朝鲜毛球蜡蚧	*Didesmococcus koreanus* Borchsenius	47
192	桉蝙蛾	*Endoclyta signifer*（Walker）	47
193	黑胸扁叶甲	*Gastrolina thoracica* Baly	47
194	中带齿舟蛾	*Odontosia sieversii*（Ménétriès）	47
195	栎黄掌舟蛾	*Phalera assimilis*（Bremer et Grey）	47
196	五趾跳鼠	*Allactaga sibirica*（Forster）	46
197	柏木丽松叶蜂	*Augomonoctenus smithi* Xiao et Wu	46
198	长尾仓鼠	*Cricetulus longicandatus*（Milne-Edwards）	46
199	相思拟木蠹蛾	*Indarbela baibarana* Matsumura	46
200	柞褐叶螟	*Sacada fasciata*（Butler）	46
201	桑褶翅尺蛾	*Zamacra excavata* Dyra	46
202	黄翅缀叶野螟	*Botyodes diniasalis*（Walker）	45
203	侧柏绿胶杯菌（侧柏叶枯病）	*Chloroscypha platycladus* Dai	45
204	梨胶锈菌（梨锈病）	*Gymnosporangium asiaticum* Miyabe ex Yamada	45
205	杨柳小卷蛾	*Gypsonoma minutana*（Hübner）	45
206	柳蓝圆叶甲	*Plagiodera versicolora*（Laicharting）	45
207	茂物隔担耳（灰色膏药病）	*Septobasidium bogoriense* Pat.	45
208	荔蝽	*Tessaratoma papillosa*（Drury）	45
209	二斑叶螨	*Tetranychus urticae* Koch.	45
210	三趾跳鼠	*Dipus sagitta*（Pallas）	44
211	胡桃盘二孢（核桃褐斑病）	*Marssonina juglandis*（Lib.）Magn.	44
212	黄刺蛾	*Monema flavescens* Walker	44
213	侧柏毒蛾	*Parocneria furva*（Leech）	44
214	华山松球蚜	*Pineus armandicola* Zhang，Zhong et Zhang	44
215	朱砂叶螨	*Tetranychus cinnabarinus*（Boisduval）	44
216	葡萄钩丝壳（葡萄白粉病）	*Uncinula necator*（Schw.）Burr	44
217	棉蚜	*Aphis gossypii* Glover	43
218	刚竹小煤炱（竹煤污病）	*Meliola phyllostachydis* Yam.	43
219	会泽新松叶蜂	*Neodiprion huizeensis* Xiao et Zhou	43
220	祥云新松叶蜂	*Neodiprion xiangyunicus* Xiao et Zhou	43
221	黑线姬鼠	*Apodemus agrarius*（Pallas）	42
222	丽绿刺蛾	*Parasa lepida*（Cramer）	42
223	绢粉蝶	*Aporia crataegi*（Linnaeus）	41
224	竹织叶野螟	*Crypsiptya coclesalis*（Walker）	41

（续）

序号	中文名称	拉丁学名	P值
225	槐大茎点菌（刺槐叶斑病）	*Macrophoma sophorae* Miyake	41
226	樟蚕	*Saturnia pyretorum* Westwood	41
227	枸杞蚜虫	*Aphis* sp.	40
228	核桃扁叶甲	*Gastrolina depressa* Baly	40
229	斑衣蜡蝉	*Lycorma delicatula* (White)	40
230	桉壳褐针孢（桉树紫斑病）	*Phaeoseptoria eucalypti* Hansf.	40
231	花椒绵粉蚧	*Phenacoccus azaleae* Kuwana	40
232	柑橘潜叶蛾	*Phyllocnistis citrella* Stainton	40
233	丽腹弓角鳃金龟	*Toxospathius auriventris* Bates	40
234	红柳粗角萤叶甲	*Diorhabda carinulata* (Desbrochers)	39
235	蔡氏胡杨个木虱	*Egeirotrioza ceardi* (De Bergevin)	39
236	黄二星舟蛾	*Euhampsonia cristata* (Butler)	39
237	枸杞负泥虫	*Lema decempunctata* Gebler	39
238	桃蛀果蛾	*Carposina sasakii* Matsumura	38
239	纤细真胡杨个木虱	*Evegeirotrioza gracilis* (Baeva)	37
240	梨叶斑蛾	*Illiberis pruni* Dyar	37
241	缀叶丛螟	*Locastra muscosalis* (Walker)	37
242	桃蚜	*Myzus persicae* (Sulzer)	37
243	芽白小卷蛾	*Spilonota lechriaspis* Meyrick	37
244	日本鞘瘿蚊	*Thecodiplosis japonensis* Uchilda et Inouye	37
245	僧夜蛾	*Leiometopon simyrides* Staudinger	36
246	胡桃球针壳（核桃白粉病）	*Phyllactinia juglandis* Tao et Qin	36
247	杏疔座霉（杏疔病）	*Polystigma deformans* Syd.	36
248	栗黄枯叶蛾	*Trabala vishnou vishnou* (Lefebvre)	36
249	豆蚜	*Aphis craccivora* Koch	35
250	葡萄斑叶蝉	*Arboridia apicalis* (Nawa)	35
251	异色胖木虱	*Caillardia robusta* Loginova	35
252	桃粉大尾蚜	*Hyalopterus amygdali* (Blanchard)	35
253	截形叶螨	*Tetranychus truncatus* Ehara	35
254	沙枣个木虱	*Trioza magnisetosa* Loginova	35
255	黄花蒿	*Artemisia annua* Linnaeus	34
256	核桃黑斑蚜	*Chromaphis juglandicola* (Kaltenbach)	34
257	枣叶瘿蚊	*Dasineura datifolia* Jiang	34
258	白桦尺蛾	*Phigalia djakonovi* Moltrecht	34
259	无斑滑头木虱	*Syntomoza unicolor* (Loginova)	34
260	带纹疏广蜡蝉	*Euricania facialis* (Walker)	33
261	柳尖胸沫蝉	*Omalophora costalis* (Matsumura)	33
262	花鼠	*Tamias sibiricus* (Laxmann)	33
263	杉梢花翅小卷蛾	*Lobesia cunninghamiacola* (Liu et Bai)	32

（续）

序号	中文名称	拉丁学名	P 值
264	斑胸异花萤	*Lycocerus asperipennis*（Fairmaire）	32
265	毛尾柽瘿蚊	*Psectrosema barbatum*（Marikovskij）	32
266	梭梭漠尺蛾	*Desertobia heloxylonia* Xue	31
267	桤木叶甲	*Plagiosterna adamsi*（Baly）	31
268	枣尺蛾	*Sucra jujuba* Chu	31
269	香梨优斑螟	*Euzophera pyriella* Yang	30
270	枣飞象	*Scythropus yasumatsui* Kono et Morimoto	29
271	中国梨喀木虱	*Cacopsylla chinensis*（Yang et Li）	27
272	热带拂粉蚧	*Ferrisia malvastra*（McDaniel）	27
273	刺槐突瓣细蛾	*Chrysaster ostensackenella*（Fitch）	26
274	云南杂枯叶蛾	*Kunugia latipennis*（Walker）	26
275	大瘤瘿螨	*Aceria macrodonis*（Keifer）	25
276	胡杨枝瘿木虱	*Trioza* sp.	25
277	枣镰翅小卷蛾	*Ancylis sativa* Liu	24
278	七角星蜡蚧	*Ceroplastes stellifer*（Westwood）	24
279	枸杞木虱	*Bactericera gobica*（Loginova）	23
280	木瓜秀粉蚧	*Paracoccus marginatus* Williams et Granara de Willink	23
281	双钩巢粉虱	*Paraleyrodes pseudonaranjae* Martin	20

三、林业有害生物分级管理策略

（一）分级标准

根据危害性评价 P 值大小将林业有害生物分为下列四级：

一级危害性林业有害生物：90≤P<100；

二级危害性林业有害生物：70≤P<90；

三级危害性林业有害生物：55≤P<70；

四级危害性林业有害生物：P<55。

经评价，在林业有害生物评价名单中，有 1 种危害即松材线虫列为一级林业有害生物，有 52 种危害列为二级林业有害生物，有 97 种危害列为三级林业有害生物，其余 131 种危害列为四级林业有害生物。

（二）管理对策

1. 一级有害生物

对森林、林木和林产品具有极度危害性，造成生态、社会和经济损失极大的林业有害生物。根据危害评价结果，列入一级林业有害生物的是松材线虫。松材线虫是全球森林生态系统中最具毁灭性的有害生物，具有极强的扩散性和破坏性，自传入我国以来，已造成了巨大的经济和生态损失，危害性极高，属国家层面重点防治的有害生物，要实施严密封锁、全面监测、积极根除的策略。强化疫情防控，充分利用卫星遥感、无人机监测等现代化监测技术，结合各地区以护林员为主的日常监测，构建更加全面及时的疫情监测体系，做到疫情早发现、早处置；强化疫区管理，落实地方政府主体责任，加强疫区松木的全过程监管，严厉打击违法违规采伐、调运、加工、使用松木行为；强化疫情除治，不折不扣实施以清理病死松树为核心的综合防治措施，全面实施疫木山场就地粉碎（削片）或销毁措施，严格疫木源头管理，控制疫情扩散。

2. 二级有害生物

对森林、林木和林产品具有高度危害性，造成生态、社会和经济损失大的林业有害生物。根据危害性评价结果，列入二级林业有害生物的种类有杨干象、栗山天牛、光肩星天牛、苹果蠹蛾、红脂大小蠹、美国白蛾、桉树枝瘿姬小蜂、茶藨生柱锈菌、双钩异翅长蠹、中华鼢鼠、油茶伞座孢、樟子松梢斑螟等52种。该级有害生物中有14种曾经或现在仍然是全国林业检疫性有害生物，20种是全国林业危险性有害生物，14种为外来入侵种类，22种发生面积排在普查所有种类的前100名。二级有害生物中发生范围广、危害严重的有害生物，应纳入国家或省级防治规划，以国家或省为主组织开展防控。定期开展有害生物调查工作，全面了解该级有害生物在各地的发生、发展情况，做好灾情监测，对重要区域和重点区位实施重点监测，有的放矢做好预防和应急处置；对该级有害生物中检疫性和危害性大的有害生物，按有关规定实施不同级别的检疫监管，做好产地检疫、调运检疫、复检以及除害处理，对违规调运携带检疫性有害生物的行为要加大惩处力度，严格实施控制、压缩和根除措施；根据该级有害生物的发生危害具体情况，采取以无公害措施为主，综合运用生物、化学、物理、营林等防治措施，积极开展除治，达到防灾减灾。

3. 三级有害生物

对森林、林木和林产品具有较高危害性，造成生态、社会和经济损失较大的林业有害生物。根据危害评价结果，列入三级林业有害生物的种类有：多斑白条天牛、兴安落叶松鞘蛾、盘长孢状刺盘孢、芳香木蠹蛾、围小丛壳、白杨透翅蛾、污黑腐皮壳、沙棘木蠹蛾、子午沙鼠、草兔、萧氏松茎象等97种。该级有害生物大部分为常发性有害生物，有8种曾经或现在仍然是全国林业检疫性有害生物，34种全国林业危险性有害生物。三级有害生物应以各省为主组织开展防控，实施以生态控制为主的综合调控策略。该级有害生物防控的重要环节是做好监测预报工作，对其中的外来有害生物或潜在危害性较大的有害生物，要开展重点监测，防治其传播扩散或成为某一地区的主要种类，常发性种类要开展系统监测，防止暴发成灾；根据具体情况增列补充检疫性有害生物，积极开展产地检疫、调运检疫和除害处理工作，防止其传播扩散；对有害生物种群密度高或已成灾的地区，采取物理、生物、化学防治相结合的综合治理措施，降低种群密度，消除成灾隐患，减少灾害损失。

4. 四级有害生物

对森林、林木和林产品危害性一般或较小，造成生态、社会和经济损失一般的林业有害生物。根据危害评价结果，列入我国四级林业有害生物的种类有：棕色鳃金龟、杨毒蛾、松杨栅锈菌、草履蚧、麻皮蝽、毛竹柄锈菌、银杏大蚕蛾、卵圆蝽、红花寄生等131种。该级有害生物以本土种类为主，多属偶发或局部发生种类。四级林业有害生物应以地方为主组织防治，在监测预报的基础上，采取以生物防治为主的综合防治措施，提高林分自我防御生物灾害的能力，培养健康林分，将林业有害生物调控在低种群密度水平，实现可持续控灾。对于该级有害生物根据其发生特点以及地理、气候、立地等因素和森林自身健康状况，做好年度动态监测预警工作；对于潜在危害性较大、可危害高经济价值寄主植物的有害生物种类可实施检疫性措施，防止其传播扩散造成更大的损失；防治方面主要采取生态调控，种群密度较高或已造成危害的地区，及时采取生物、物理和化学等防治措施综合调控，将其种群密度调控到安全范围内，并采取一系列后续巩固措施，尽可能消除成灾隐患。

五、全国林业有害生物普查名录

Ⅰ. 动物界 Animalia

Ⅰ-1. 脊索动物门 Chordata

1. 鼠类 Rats

啮齿目 Rodentia　仓鼠科 Cricetidae

• **黑线仓鼠** ***Cricetulus barabensis*** **(Pallas)**

寄　　主　樟子松，油松，山杨，大红柳，山杏，槐树，火炬树。

分布范围　河北、宁夏。

发生地点　河北：张家口市沽源县，承德市丰宁满族自治县；

　　　　　宁夏：银川市兴庆区、西夏区，吴忠市青铜峡市。

发生面积　11561 亩

危害指数　0.6663

• **长尾仓鼠** ***Cricetulus longicandatus*** **(Milne-Edwards)**

寄　　主　落叶松，华山松，樟子松，油松，沙柳，李，柠条锦鸡儿，沙棘。

分布范围　河北、宁夏。

发生地点　河北：张家口市阳原县；

　　　　　云南：临沧市云县；

　　　　　宁夏：吴忠市盐池县、青铜峡市。

发生面积　1013724 亩

危害指数　0.4017

• **灰仓鼠** ***Cricetulus migratorius*** **(Pallas)**

寄　　主　红松，箭杆杨，垂柳，核桃，山桃，山杏，苹果，梨。

分布范围　黑龙江、湖北、四川、甘肃、宁夏、新疆。

发生地点　黑龙江：佳木斯市富锦市；

　　　　　湖北：太子山林场；

　　　　　四川：遂宁市船山区；

甘肃：庆阳市镇原县；
新疆：塔城地区沙湾县；
新疆生产建设兵团：农四师 68 团。
发生面积 5390 亩
危害指数 0.5034

● **鼹形田鼠** ***Ellobius talpinus*** **Pallas**
寄　　主 落叶松，华山松，马尾松，大红柳，栎，梭梭。
分布范围 重庆、新疆。
发生地点 重庆：开县、巫溪县；
新疆：乌鲁木齐市米东区、乌鲁木齐县。
发生面积 82920 亩
危害指数 0.3813

● **黑腹绒鼠** ***Eothenomys melanogaster*** **(Milne-Edwards)**
寄　　主 银杏，柳杉，杉木，榆树，樟树。
分布范围 四川。
发生地点 四川：德阳市什邡市，绵阳市安州区，巴中市南江县。
发生面积 6900 亩
危害指数 0.4783

● **布氏田鼠** ***Microtus brandvtii*** **Radde**
中文异名 白尾松田鼠
寄　　主 马尾松，榧树，沙蓬，柠条锦鸡儿，刺槐，沙枣。
分布范围 浙江、宁夏。
发生地点 宁夏：吴忠市利通区，中卫市市辖区。
发生面积 1100 亩
危害指数 0.3333

● **莫氏田鼠** ***Microtus maximowiczii*** **(Schrenk)**
寄　　主 落叶松，云杉，樟子松，油松，小黑杨，榛子，杏，苹果，沙棘。
分布范围 河北、黑龙江、内蒙古。
发生地点 河北：承德市围场满族蒙古族自治县；
内蒙古大兴安岭林业管理局：绰源林业局、乌尔旗汉林业局、库都尔林业局、吉文林业局、得耳布尔林业局。
发生面积 78498 亩
危害指数 0.4614

● **根田鼠** ***Microtus oeconomus*** **Pallas**
寄　　主 落叶松，青海云杉，新疆云杉，天山云杉，偃松，油松，新疆杨，青杨，山杨，胡杨，钻天杨，箭杆杨，密叶杨，欧洲山杨，大红柳，旱柳，山柳，核桃，垂枝桦，榆树，无花果，梭梭，檫木，扁桃，桃，梅，山杏，杏，苹果，洋李，李，杜梨，新疆梨，锦鸡儿，白刺，枣树，葡萄，柽柳，沙枣，沙棘，中国沙棘，石榴，蒲桃，紫丁香，枸杞。

分布范围　河北、甘肃、青海、新疆。

发生地点　河北：张家口市怀安县；

甘肃：嘉峪关市市辖区；

青海：西宁市大通回族土族自治县，海北藏族自治州门源回族自治县、海晏县、刚察县；

新疆：哈密市伊州区，克孜勒苏柯尔克孜自治州阿图什市、阿克陶县，喀什地区疏勒县、英吉沙县、莎车县、麦盖提县、岳普湖县、巴楚县，和田地区洛浦县、策勒县，塔城地区塔城市、沙湾县、裕民县、和布克赛尔蒙古自治县，石河子市，阿尔泰山国有林管理局，天山东部国有林管理局；

新疆生产建设兵团：农六师奇台农场，农七师123团、124团，农九师168团。

发生面积　634004亩

危害指数　0.3859

• 沼泽田鼠 *Microtus fortis* Buchner

中文异名　东方田鼠

寄　　主　落叶松，云杉，华山松，赤松，红松，樟子松，油松，杉木，柏木，山杨，胡杨，柳树，核桃，栓皮栎，榆树，黄葛树，桃，碧桃，苹果，柠条锦鸡儿，花棒，刺槐，黄檗，栾树，枣树，椴树，木槿，沙枣，水曲柳。

分布范围　河北、山西、内蒙古、吉林、黑龙江、安徽、山东、湖北、湖南、重庆、四川、陕西、宁夏。

发生地点　河北：承德市围场满族蒙古族自治县；

内蒙古：巴彦淖尔市五原县、乌拉特前旗、乌拉特后旗；

吉林：四平市伊通满族自治县，辽源市东丰县；

黑龙江：哈尔滨市延寿县，绥化市海伦市；

安徽：宿州市萧县；

山东：菏泽市单县；

湖北：襄阳市南漳县，咸宁市咸安区；

湖南：湘潭市韶山市，邵阳市隆回县，岳阳市云溪区、岳阳县，益阳市资阳区、南县、沅江市，郴州市桂东县，怀化市麻阳苗族自治县；

重庆：荣昌区；

四川：攀枝花市盐边县；

陕西：西安市户县；

宁夏：银川市兴庆区、西夏区、永宁县、贺兰县、灵武市，石嘴山市惠农区、平罗县，中卫市沙坡头区、中宁县；

黑龙江森林工业总局：朗乡林业局、金山屯林业局、红星林业局、亚布力林业局。

发生面积　177627亩

危害指数　0.4364

• 棕背䶄 *Clethrionomys rufocanus* Sundevall

寄　　主　冷杉，落叶松，华北落叶松，云杉，华山松，赤松，红松，樟子松，油松，侧柏，山杨，柳树，核桃楸，黑桦，白桦，榛子，蒙古栎，春榆，榆树，山杏，杏，山楂，苹果，柠条锦鸡儿，胡枝子，刺槐，黄檗，色木槭，椴树，沙棘，水曲柳，暴马丁香。

分布范围　东北，河北、山西、内蒙古、重庆、陕西。

发生地点　河北：张家口市崇礼区、沽源县，承德市承德县、滦平县、丰宁满族自治县、宽城满族自治县、围场满族蒙古族自治县，塞罕坝林场、木兰林管局、雾灵山自然保护区；

山西：晋中市寿阳县、介休市，吕梁山国有林管理局；

内蒙古：呼和浩特市和林格尔县、武川县，包头市石拐区、土默特右旗、固阳县、达尔罕茂明安联合旗，赤峰市克什克腾旗，巴彦淖尔市乌拉特前旗，兴安盟白狼林业局；

辽宁：鞍山市岫岩满族自治县，抚顺市东洲区、抚顺县、清原满族自治县，本溪市本溪满族自治县、桓仁满族自治县，丹东市宽甸满族自治县；

吉林：长春市净月经济开发区，吉林市昌邑区、丰满区、永吉县、蛟河市、舒兰市、盘石市、上营森经局，白山市市辖区、浑江区、靖宇县、长白朝鲜族自治县，延边朝鲜族自治州敦化市、和龙市、汪清县、敦化林业局、和龙林业局、大兴沟林业局、三岔子林业局、泉阳林业局、红石林业局、白石山林业局；

黑龙江：哈尔滨市阿城区、依兰县、方正县、宾县、巴彦县、木兰县、通河县、延寿县、尚志市、五常市，齐齐哈尔市克东县，鸡西市鸡东县、虎林市、密山市、鸡西市属林场，鹤岗市属林场，双鸭山市集贤县、友谊县、宝清县、双鸭山市属林场，伊春市伊春区、西林区、嘉荫县、铁力市，佳木斯市郊区、桦南县、桦川县、汤原县、同江市、富锦市，七台河市金沙新区、勃利县、七台河市属林场，牡丹江市林口县、穆棱市、东宁市、牡丹江市属林场，绥芬河市，抚远市，尚志国有林场管理局、庆安国有林场管理局；

重庆：黔江区；

黑龙江森林工业总局：双丰林业局、铁力林业局、桃山林业局、朗乡林业局、南岔林业局、金山屯林业局、美溪林业局、乌马河林业局、翠峦林业局、友好林业局、上甘岭林业局、五营林业局、红星林业局、新青林业局、汤旺河林业局、乌伊岭林业局、西林区，大海林林业局、柴河林业局、东京城林业局、穆棱林业局、绥阳林业局、海林林业局、林口林业局、八面通林业局，亚布力林业局、兴隆林业局、通北林业局、方正林业局、山河屯林业局、苇河林业局、沾河林业局、绥棱林业局，双鸭山林业局、鹤北林业局、东方红林业局、迎春林业局、清河林业局，带岭林业局；

大兴安岭林业集团公司：松岭林业局、新林林业局、呼中林业局、图强林业局、西林吉林业局、十八站林业局、韩家园林业局；

内蒙古大兴安岭林业管理局：阿尔山林业局、绰源林业局、乌尔旗汉林业局、库都尔林业局、图里河林业局、伊图里河林业局、克一河林业局、甘河林业局、吉文林业局、阿里河林业局、根河林业局、金河林业局、阿龙山林业局、满归林业局、得耳布尔林业局、莫尔道嘎林业局、毕拉河林业局、温河生态功能区。

发生面积　7621158 亩

危害指数　0. 4576

• **红背䶄 *Clethrionomys rutilus*（Pallas）**

寄　　主　冷杉，落叶松，云杉，赤松，红松，樟子松，油松，山杨，柳树，核桃楸，黑桦，白桦，蒙古栎，榆树，山杏，苹果，梨，黄檗，色木槭，椴树，水曲柳。

分布范围　河北、内蒙古、吉林、黑龙江。

发生地点　吉林：吉林市丰满区，白山市江源区，延边朝鲜族自治州汪清林业局，露水河林业局，龙湾自然保护区；

黑龙江：哈尔滨市阿城区、巴彦县、延寿县，鸡西市虎林市、密山市、鸡西市属林场，伊春市伊春区、西林区、嘉荫县、铁力市，佳木斯市桦南县，黑河市爱辉区、嫩江县、逊克县、孙吴县、北安市、五大连池市、黑河市属林场，绥化市绥棱县；

黑龙江森林工业总局：双丰林业局、铁力林业局、桃山林业局、朗乡林业局、南岔林业局、金山屯林业局、美溪林业局、乌马河林业局、翠峦林业局、友好林业局、上甘岭林业局、五营林业局、红星林业局、新青林业局、汤旺河林业局、乌伊岭林业局，绥阳林业局，双鸭山林业局；

内蒙古大兴安岭林业管理局：绰尔林业局、绰源林业局、克一河林业局、毕拉河林业局。

发生面积　3177345 亩

危害指数　0. 4261

• **小毛足鼠 *Phodopus roborovskii*（Satunin）**

寄　　主　山杨，旱柳。

分布范围　宁夏。

发生地点　宁夏：吴忠市利通区。

发生面积　400 亩

危害指数　0. 3333

• **大仓鼠 *Cricetulus triton*（de Winton）**

寄　　主　多种林木种子。

分布范围　宁夏。

跳鼠科 Dipodidae

• **五趾跳鼠 *Allactaga sibirica*（Forster）**

寄　　主　麻黄，山杨，大红柳，旱柳，沙柳，榆树，梭梭，柠条锦鸡儿，红砂，沙棘。

分布范围　河北、内蒙古、甘肃、宁夏、新疆。

发生地点　河北：张家口市沽源县、尚义县；

内蒙古：乌兰察布市四子王旗；

甘肃：安南坝自然保护区；
宁夏：吴忠市盐池县；
新疆：博尔塔拉蒙古自治州精河县，塔城地区塔城市。

发生面积 678130 亩

危害指数 0.4758

- **五趾心颅跳鼠 *Cardiocranius paradoxus* Satunin**

寄　　主 红砂，枇杷柴。

分布范围 宁夏。

- **三趾跳鼠 *Dipus sagitta*（Pallas）**

寄　　主 山杨，大红柳，小红柳，榆树，沙拐枣，梭梭，柠条锦鸡儿，红砂，沙枣。

分布范围 河北、内蒙古、陕西、甘肃、宁夏、新疆。

发生地点 内蒙古：鄂尔多斯市鄂托克前旗、鄂托克旗、杭锦旗、乌审旗、鄂尔多斯市造林总场；
甘肃：安南坝自然保护区；
新疆：乌鲁木齐市米东区、乌鲁木齐县，克拉玛依市克拉玛依区、白碱滩区、乌尔禾区，博尔塔拉蒙古自治州精河县，塔城地区沙湾县；
新疆生产建设兵团：农七师 130 团。

发生面积 692658 亩

危害指数 0.4489

鼠科 Muridae

- **黑线姬鼠 *Apodemus agrarius*（Pallas）**

中文异名 黑绒姬鼠

寄　　主 冷杉，落叶松，云杉，华山松，赤松，红松，马尾松，樟子松，油松，山杨，桦树，波罗栎，蒙古栎，黄檗，椴树，水曲柳。

分布范围 东北，河北、贵州、陕西、新疆。

发生地点 吉林：吉林市桦甸市，辽源市东丰县，通化市梅河口市；
黑龙江：鸡西市属林场，佳木斯市桦川县，牡丹江市宁安市；
贵州：毕节市黔西县；
新疆：塔城地区塔城市；
黑龙江森林工业总局：铁力林业局、朗乡林业局、美溪林业局、乌马河林业局、红星林业局、双鸭山林业局。

发生面积 850075 亩

危害指数 0.3524

- **中华姬鼠 *Apodemus draco*（Barrett-Hamieton）**

寄　　主 柳树。

分布范围 四川。

• **大林姬鼠** ***Apodemus speciosus*** **(Thomas)**

寄　　主　落叶松，云杉，华山松，赤松，红松，马尾松，樟子松，油松，山杨，箭杆杨，小黑杨，核桃，白桦，黑桦，板栗，蒙古栎，榆树，黄檗，椴树，水曲柳。

分布范围　东北，陕西、新疆。

发生地点　黑龙江：哈尔滨市阿城区、延寿县，鸡西市属林场；

陕西：安康市宁陕县；

黑龙江森林工业总局：铁力林业局、朗乡林业局、五营林业局、红星林业局、新青林业局、乌伊岭林业局、大海林林业局；

新疆生产建设兵团：农四师68团。

发生面积　1053728亩

危害指数　0.3696

• **红尾沙鼠** ***Meriones libycus*** **Lichtenstein**

寄　　主　梭梭，柽柳。

分布范围　新疆。

发生地点　新疆：博尔塔拉蒙古自治州阿拉山口市，塔城地区塔城市。

发生面积　22000亩

危害指数　0.3333

• **子午沙鼠** ***Meriones meridianus*** **(Pallas)**

寄　　主　云杉，樟子松，山杨，胡杨，箭杆杨，旱柳，大红柳，小红柳，沙柳，沙蓬，梭梭，柠条锦鸡儿，杨柴，花棒，白刺，柽柳，沙枣，沙棘。

分布范围　内蒙古、青海、宁夏、新疆。

发生地点　内蒙古：巴彦淖尔市乌拉特前旗；

青海：海西蒙古族藏族自治州格尔木市；

宁夏：银川市灵武市，石嘴山市平罗县，吴忠市利通区、盐池县、青铜峡市，中卫市市辖区；

新疆：乌鲁木齐市米东区、乌鲁木齐县，克拉玛依市克拉玛依区、白碱滩区、乌尔禾区，博尔塔拉蒙古自治州精河县、艾比湖保护区、甘家湖保护区，喀什地区疏勒县、莎车县、巴楚县，塔城地区塔城市、沙湾县；

新疆生产建设兵团：农四师68团，农八师148团。

发生面积　2112944亩

危害指数　0.4308

• **长爪沙鼠** ***Meriones uniculatus*** **(Milne-Edwards)**

寄　　主　云杉，樟子松，山杨，沙柳，柠条锦鸡儿，白刺，沙枣，沙棘。

分布范围　陕西、宁夏。

发生地点　宁夏：银川市永宁县、灵武市，石嘴山市平罗县，吴忠市盐池县、青铜峡市，中卫市中宁县。

发生面积　1516701亩

危害指数　0.4432

• 小家鼠 *Mus musculus* Linnaeus

寄　　主　落叶松，樟子松，油松，山杨，胡杨，箭杆杨，榆树，山杏，杏，苹果，海棠花，白刺，柽柳，沙枣，香果树。

分布范围　河北、黑龙江、山东、甘肃、青海、宁夏、新疆。

发生地点　河北：石家庄市灵寿县，张家口市怀安县，承德市丰宁满族自治县；
黑龙江：佳木斯市富锦市；
山东：菏泽市单县；
青海：海西蒙古族藏族自治州格尔木市；
宁夏：银川市兴庆区、永宁县；
新疆：克拉玛依市克拉玛依区，塔城地区塔城市、沙湾县；
新疆生产建设兵团：农四师 68 团。

发生面积　52032 亩

危害指数　0. 4195

• 白腹巨鼠四川亚种 *Rattus coxingi andersoni*

寄　　主　柳树。

分布范围　四川。

• 针毛鼠 *Rattus fulvescens* (Gray)

寄　　主　黄檗。

分布范围　重庆。

发生地点　重庆：黔江区。

发生面积　10000 亩

危害指数　0. 4000

• 社鼠 *Rattus confucianus* (Hodgson)

寄　　主　柳树。

分布范围　四川。

• 大足鼠 *Rattus nitidus* (Hodgson)

寄　　主　枣树。

分布范围　陕西。

发生地点　陕西：安康市宁陕县。

• 褐家鼠 *Rattus norvegicus* (Berkenhout)

寄　　主　杨，苹果，新疆梨，枣树。

分布范围　宁夏、新疆。

发生地点　新疆：巴音郭楞蒙古自治州库尔勒市；
新疆生产建设兵团：农七师 130 团。

发生面积　675 亩

危害指数　0. 3333

• **大沙鼠** ***Rhombomys opimus*** **（Lichtenstein）**

寄　　主　樟子松，圆柏，麻黄，胡杨，箭杆杨，大红柳，小红柳，榆树，沙拐枣，梭梭，白梭梭，盐爪爪，碱蓬，骆驼刺，沙冬青，柠条锦鸡儿，锦鸡儿，杨柴，花棒，白刺，红砂，柽柳，沙枣。

分布范围　内蒙古、甘肃、宁夏、新疆。

发生地点　内蒙古：乌海市海南区、乌达区，巴彦淖尔市磴口县、乌拉特前旗、乌拉特中旗、乌拉特后旗、杭锦后旗，阿拉善盟阿拉善左旗、阿拉善右旗、额济纳旗；

甘肃：嘉峪关市市辖区，金昌市金川区、永昌县，白银市靖远县，武威市凉州区、民勤县、古浪县，张掖市甘州区、肃南裕固族自治县、民乐县、山丹县，酒泉市肃州区、金塔县、瓜州县、肃北蒙古族自治县、敦煌市，敦煌西湖保护区，安南坝自然保护区；

宁夏：银川市兴庆区、贺兰县；

新疆：乌鲁木齐市米东区、乌鲁木齐县，克拉玛依市克拉玛依区、白碱滩区、乌尔禾区，哈密市伊州区，博尔塔拉蒙古自治州阿拉山口市、精河县、艾比湖保护区、赛里木湖风景区，塔城地区额敏县、沙湾县、托里县、裕民县、和布克赛尔蒙古自治县；

新疆生产建设兵团：农四师 68 团，农六师 103 团、新湖农场、奇台农场，农七师 124 团、130 团，农八师 148 团，农十师 181 团。

发生面积　4996478 亩

危害指数　0. 4997

竹鼠科 Rhizomyidae

• **中华竹鼠** ***Rhizomys sinensis*** **Gray**

寄　　主　马尾松，橡胶树，巨尾桉，箭竹，毛竹。

分布范围　福建、湖北、湖南、广西、云南。

发生地点　湖北：神农架林区；

湖南：郴州市嘉禾县；

广西：南宁市宾阳县，维都林场；

重庆：开县；

云南：红河哈尼族彝族自治州元阳县。

发生面积　8463 亩

危害指数　0. 4751

松鼠科 Sciuridae

• **赤腹松鼠** ***Callosciurus erythraeus*** **（Pallas）**

寄　　主　银杏，云杉，华山松，赤松，湿地松，马尾松，黄山松，云南松，柳杉，杉木，柏木，西藏柏木，榧树，核桃，西桦，锥栗，板栗，无花果，澳洲坚果，厚朴，樟树，黄檗，臭椿，香椿，龙眼，荔枝，葡萄，茶，刺竹子，毛竹。
分布范围 河北、浙江、安徽、福建、广西、四川、贵州、云南、陕西。
发生地点 河北：邯郸市磁县；
福建：三明市大田县、尤溪县，泉州市南安市，龙岩市上杭县、漳平市；
广西：百色市田林县、隆林各族自治县，崇左市大新县；
重庆：江津区，酉阳土家族苗族自治县；
四川：成都市崇州市，攀枝花市盐边县，泸州市合江县，乐山市沙湾区、金口河区、夹江县、沐川县、峨边彝族自治县、峨眉山市，眉山市洪雅县，雅安市雨城区、名山区、荥经县、石棉县、天全县、芦山县、宝兴县，甘孜藏族自治州丹巴林业局，凉山彝族自治州雷波县；
贵州：铜仁市德江县；
云南：玉溪市国营玉白顶林场，保山市龙陵县、腾冲市，临沧市凤庆县，红河哈尼族彝族自治州弥勒市，德宏傣族景颇族自治州芒市、梁河县、盈江县、陇川县。
发生面积 513037 亩
危害指数 0.4576

• 云南鼯鼠 *Petaurista yunnanensis*
寄　　主 华山松，杉木，红豆杉，核桃。
分布范围 云南。
发生地点 云南：曲靖市沾益区、罗平县，楚雄彝族自治州永仁县。
发生面积 18000 亩
危害指数 0.5185

• 岩松鼠 *Sciurotamias davidianus* (Milne-Edwards)
寄　　主 核桃，板栗。
分布范围 四川。
发生地点 四川：达州市万源市。
发生面积 1000 亩
危害指数 0.3333

• 松鼠 *Sciurus vulgaris* Linnaeus
寄　　主 马尾松，杉木，核桃，板栗，巨尾桉，尾叶桉。
分布范围 广西、重庆、陕西、宁夏。
发生地点 广西：玉林市福绵区，百色市田东县；
重庆：开县；
陕西：安康市宁陕县。
发生面积 25917 亩
危害指数 0.3657

• 阿拉善黄鼠 *Spermophilus alaschanicus* Buchner
寄　　主 栖息森林草原、半荒漠草原。

分布范围　宁夏。

• 达乌尔黄鼠 *Spermophilus dauricus*（Brandt）

寄　　主　落叶松，华北落叶松，樟子松，油松，山杨，沙柳，榆树，蒙古扁桃，山杏，杏，苹果，柠条锦鸡儿，锦鸡儿，白刺，红砂，沙棘。

分布范围　河北、内蒙古、甘肃、宁夏。

发生地点　河北：张家口市张北县、康保县、怀安县；

内蒙古：呼和浩特市清水河县，赤峰市阿鲁科尔沁旗，通辽市科尔沁左翼后旗、霍林郭勒市，乌兰察布市化德县、察哈尔右翼后旗、四子王旗，锡林郭勒盟阿巴嘎旗、苏尼特左旗、东乌珠穆沁旗、西乌珠穆沁旗、太仆寺旗、镶黄旗、正镶白旗；

甘肃：兰州市西固区、皋兰县，白银市白银区、靖远县；

宁夏：银川市兴庆区，吴忠市盐池县、青铜峡市。

发生面积　1118463 亩

危害指数　0.4675

• 长尾黄鼠 *Spermophilus undulatus*（Pallas）

寄　　主　落叶松。

分布范围　黑龙江。

• 花鼠 *Tamias sibiricus*（Laxmann）

寄　　主　落叶松，华北落叶松，云杉，赤松，红松，樟子松，油松，山杨，小黑杨，旱柳，核桃楸，核桃，白桦，榛子，波罗栎，蒙古栎，榆树，蒙古扁桃，山杏，杏，梨，黄檗，水曲柳。

分布范围　河北、吉林、黑龙江、甘肃、宁夏。

发生地点　河北：邢台市沙河市，张家口市张北县、沽源县、尚义县、怀安县；

黑龙江：佳木斯市同江市，绥化市海伦市；

黑龙江森林工业总局：朗乡林业局、友好林业局、五营林业局、红星林业局、新青林业局、乌伊岭林业局、绥阳林业局、双鸭山林业局。

发生面积　152185 亩

危害指数　0.4238

• 黄腹花松鼠 *Tamiops swinhoei*（Milne-Edwards）

寄　　主　杉木。

分布范围　福建。

发生地点　福建：三明市尤溪县。

发生面积　873 亩

危害指数　0.3372

鼢鼠科 Spalacidae

• 草原鼢鼠 *Myospalax aspalax* (Pallas)

寄　　主　落叶松，华北落叶松，云杉，樟子松，油松，山杨，旱柳，榆树，沙棘。

分布范围　河北、内蒙古。

发生地点　河北：张家口市崇礼区、张北县、沽源县、尚义县；

内蒙古：赤峰市巴林右旗、克什克腾旗，通辽市科尔沁左翼后旗，锡林郭勒盟阿巴嘎旗、太仆寺旗、多伦县。

发生面积　78400 亩

危害指数　0.7500

• 高原鼢鼠 *Myospalax baileyi* Thomas

中文异名　贝氏鼢鼠

寄　　主　落叶松，云杉，青海云杉，樟子松，油松，祁连圆柏，青杨，山杨，榆树，山杏，苹果，柠条锦鸡儿，刺槐，柽柳，沙枣，沙棘，杜鹃。

分布范围　内蒙古、陕西、青海。

发生地点　内蒙古：锡林郭勒盟东乌珠穆沁旗；

陕西：延安市洛川县；

青海：西宁市城东区、城中区、城西区、城北区、大通回族土族自治县、湟中县、湟源县，海东市乐都区、平安区、民和回族土族自治县、互助土族自治县、化隆回族自治县，海北藏族自治州门源回族自治县、祁连县、海晏县、刚察县，黄南藏族自治州泽库县、河南蒙古族自治县，海南藏族自治州共和县、同德县、贵德县、兴海县、贵南县，果洛藏族自治州班玛县、玛多县、玛可河林业局。

发生面积　2659622 亩

危害指数　0.4894

• 中华鼢鼠 *Myospalax fontanierii* (Milne-Edwards)

寄　　主　银杏，落叶松，日本落叶松，华北落叶松，云杉，青海云杉，华山松，马尾松，樟子松，油松，杉木，柏木，刺柏，侧柏，山杨，沙柳，野核桃，核桃楸，核桃，白桦，栓皮栎，榆树，牡丹，鹅掌楸，厚朴，山桃，桃，山杏，杏，苹果，李，梨，柠条锦鸡儿，刺槐，槐树，黄檗，花椒，香椿，漆树，沙枣，沙棘。

分布范围　河北、山西、内蒙古、山东、湖北、重庆、陕西、甘肃、宁夏。

发生地点　河北：保定市涞水县、涞源县，张家口市阳原县，承德市丰宁满族自治县、围场满族蒙古族自治县，衡水市枣强县，木兰林管局；

山西：大同市南郊区、新荣区、阳高县、天镇县、广灵县、左云县、大同县，朔州市朔城区、平鲁区、山阴县、右玉县，晋中市祁县，忻州市静乐县、岢岚县、偏关县，临汾市吉县、乡宁县、大宁县、隰县、永和县，吕梁市交口县，杨树丰产林实验局、五台山国有林管理局、黑茶山国有林管理局、关帝山国有林管理局、太行山国有林管理局、吕梁山国有林管理局；

内蒙古：呼和浩特市和林格尔县、清水河县、武川县，通辽市霍林郭勒市，鄂尔多斯市准格尔旗、伊金霍洛旗，乌兰察布市卓资县、兴和县、凉城县、察哈尔右翼后旗、四子王旗；

山东：菏泽市单县；

湖北：十堰市郧阳区、郧西县、竹山县、竹溪县、房县，襄阳市谷城县、保康县，太子山林场；

重庆：大足区，巫溪县；

陕西：西安市长安区、周至县、户县，铜川市王益区、印台区、耀州区、宜君县，宝鸡市陇县、千阳县、麟游县、太白县，咸阳市泾阳县、礼泉县、永寿县、彬县、长武县、旬邑县，渭南市华州区、大荔县、澄城县、蒲城县、富平县，延安市延长县、子长县、安塞县、志丹县、吴起县、甘泉县、宜川县、黄龙县、黄龙山林业局、劳山林业局，汉中市汉台区、城固县、洋县、西乡县、佛坪县，榆林市靖边县、米脂县、子洲县，安康市岚皋县、平利县、镇坪县、白河县，商洛市丹凤县、山阳县，长青自然保护区，宁西林业局、太白林业局、龙草坪林业局；

甘肃：兰州市七里河区、榆中县，白银市平川区、靖远县、会宁县、景泰县，天水市秦州区、麦积区、清水县、秦安县、甘谷县、武山县、张家川回族自治县，武威市古浪县、天祝藏族自治县，平凉市崆峒区、泾川县、灵台县、崇信县、华亭县、庄浪县、静宁县、关山林管局，庆阳市庆城县、环县、华池县、合水县、正宁县、宁县、镇原县、正宁总场、湘乐总场、合水总场、华池总场，定西市安定区、通渭县、陇西县、渭源县、临洮县、漳县、岷县，陇南市宕昌县、康县、西和县、礼县、两当县、陇南市康南林业总场，临夏回族自治州临夏县、康乐县、永靖县、广河县、和政县、东乡族自治县、积石山保安族东乡族撒拉族自治县，甘南藏族自治州合作市、临潭县、卓尼县、舟曲县、迭部县，兴隆山自然保护区、祁连山自然保护区、太子山自然保护区、莲花山自然保护区、尕海则岔自然保护区，白龙江林业管理局，小陇山林业实验管理局，太统-崆峒山自然保护区；

宁夏：中卫市海原县。

发生面积　3650410 亩

危害指数　0. 4622

- **东北鼢鼠 *Myospalax psilurus* (Milne-Edwards)**

寄　　主　冷杉，落叶松，日本落叶松，云杉，赤松，红松，樟子松，油松，山杨，桦树，榛子，榆树，黄檗，椴树，蒙古栎，水曲柳。

分布范围　东北，河北、内蒙古。

发生地点　河北：保定市涞源县，塞罕坝林场；

内蒙古：呼伦贝尔市牙克石市，兴安盟阿尔山市；

辽宁：阜新市彰武县；

吉林：湾沟林业局；

黑龙江森林工业总局：绥阳林业局；

内蒙古大兴安岭林业管理局：绰源林业局。

发生面积　82692 亩
危害指数　0.4913

• 甘肃鼢鼠 *Myospalax cansus* (Thomas)

中文异名　斯氏鼢鼠
寄　　主　华北落叶松，云杉，青海云杉，樟子松，油松，侧柏，新疆杨，青杨，小叶杨，白桦，榆树，山桃，山杏，杏，野杏，苹果，柠条锦鸡儿，刺槐，沙枣，沙棘。
分布范围　陕西、甘肃、青海、宁夏。
发生地点　陕西：延安市宝塔区、志丹县、吴起县、富县、黄陵县、桥山林业局、桥北林业局，安康市汉阴县，宁东林业局；
甘肃：定西市渭源县、临洮县，兴隆山自然保护区；
宁夏：吴忠市同心县，固原市原州区、西吉县、隆德县、泾源县、彭阳县、六盘山林业局。
发生面积　2123751 亩
危害指数　0.5197

2. 兔类 Rabbits

兔形目 Lagomorpha　兔科 Leporidae

• 草兔 *Lepus capensis* Linnaeus

中文异名　托氏兔、高原野兔、野兔、蒙古兔
寄　　主　落叶松，华北落叶松，云杉，华山松，马尾松，樟子松，油松，柳杉，杉木，柏木，刺柏，侧柏，光皮银白杨，新疆杨，山杨，胡杨，二白杨，箭杆杨，大红柳，沙柳，核桃，亮叶桦，板栗，栓皮栎，榆树，沙拐枣，梭梭，盐爪爪，山桃，桃，山杏，杏，山楂，苹果，海棠花，红叶李，梨，红果树，骆驼刺，柠条锦鸡儿，杨柴，花棒，刺槐，槐树，白刺，香椿，色木槭，栾树，文冠果，枣树，柽柳，沙枣，沙棘，枸杞。
分布范围　西北，河北、山西、内蒙古、辽宁、安徽、福建、江西、山东、湖北、湖南、重庆、贵州。
发生地点　河北：石家庄市井陉县、赞皇县，张家口市崇礼区、沽源县、怀安县，承德市承德县、平泉县、丰宁满族自治县、宽城满族自治县、围场满族蒙古族自治县，木兰林管局；
山西：大同市天镇县，阳泉市郊区、平定县，朔州市山阴县、右玉县，晋中市祁县，运城市稷山县、绛县，忻州市宁武县、静乐县、岢岚县，临汾市大宁县，山西杨树丰产林实验局、管涔山国有林管理局、五台山国有林管理局、关帝山国有林管理局、太岳山国有林管理局、吕梁山国有林管理局、中条山国有林管理局；
内蒙古：呼和浩特市清水河县，通辽市科尔沁左翼后旗，鄂尔多斯市准格尔旗、鄂托克前旗、鄂托克旗、杭锦旗、乌审旗、伊金霍洛旗、鄂尔多斯市造林总场，巴彦淖尔市乌拉特前旗，乌兰察布市察哈尔右翼后旗；
辽宁：朝阳市双塔区、龙城区、朝阳县、建平县、喀喇沁左翼蒙古族自治县、北票

市，葫芦岛市连山区、绥中县、建昌县、兴城市；
福建：三明市大田县；
江西：萍乡市湘东区；
山东：菏泽市单县；
湖北：襄阳市襄州区、南漳县、保康县、枣阳市，咸宁市崇阳县；
湖南：岳阳市平江县；
重庆：云阳县；
贵州：毕节市黔西县；
陕西：铜川市王益区、印台区、耀州区、宜君县，宝鸡市陇县、麟游县，咸阳市泾阳县、礼泉县、永寿县、彬县、长武县、旬邑县、淳化县，渭南市大荔县、澄城县、白水县、富平县，延安市宝塔区、安塞县、志丹县、吴起县、甘泉县、富县、宜川县、黄龙县、黄龙山林业局、桥山林业局、桥北林业局，汉中市汉台区，榆林市靖边县、定边县、绥德县、米脂县、子洲县，安康市宁陕县，商洛市商州区、丹凤县，谷县；
甘肃：兰州市皋兰县，嘉峪关市市辖区，白银市白银区、平川区、靖远县、景泰县，天水市麦积区、清水县、张家川回族自治县，平凉市崆峒区、灵台县、崇信县、华亭县、庄浪县、静宁县，酒泉市肃州区、金塔县、瓜州县、肃北蒙古族自治县、敦煌市，庆阳市庆城县、环县、华池县、合水县、正宁县、镇原县、正宁总场、湘乐总场、合水总场、华池总场，定西市安定区、通渭县、陇西县、渭源县、漳县，陇南市西和县，兴隆山自然保护区、敦煌西湖保护区、盐池湾自然保护区，安南坝野骆驼自然保护区；
青海：海西蒙古族藏族自治州乌兰县；
宁夏：石嘴山市惠农区，吴忠市同心县，固原市彭阳县；
新疆：喀什地区岳普湖县；
新疆生产建设兵团：农四师68团，农十师183团。

发生面积　3591921亩
危害指数　0.4531

• 塔里木兔 *Lepus yarkandensis* Günther

中文异名　南疆兔、莎车兔
寄　　主　山杨，胡杨，枣树，沙枣。
分布范围　新疆。
发生地点　新疆：喀什地区麦盖提县；
新疆生产建设兵团：农十四师224团。
发生面积　14862亩
危害指数　0.3914

• 华南兔 *Lepus sinensis* Gray

中文异名　短耳兔
寄　　主　多种果树，灌木，幼苗。
分布范围　浙江。

鼠兔科 Ochotonidae

- **高山鼠兔 *Ochotona alpina*（Pallas）**

寄　　主　樟子松，柳杉。
分布范围　内蒙古、黑龙江、四川。
发生地点　内蒙古大兴安岭林业管理局：根河林业局；
　　　　　黑龙江森林工业总局：带岭林业局；
　　　　　四川：乐山市沐川县。
发生面积　38980 亩
危害指数　0.7284

- **达乌尔鼠兔 *Ochotona daurica*（Pallas）**

寄　　主　冷杉，华北落叶松，云杉，青海云杉，油松，侧柏，青杨，山杨，藏川杨，新疆杨，黄柳，榆树，山桃，山杏，锦鸡儿，杨柴，刺槐，白刺，红砂，沙枣，沙棘。
分布范围　河北、内蒙古、西藏、甘肃、青海、宁夏。
发生地点　河北：张家口市沽源县；
　　　　　内蒙古：锡林郭勒盟正蓝旗；
　　　　　西藏：拉萨市达孜县、山南市乃东区。
　　　　　甘肃：白银市靖远县，天水市麦积区、甘谷县、武山县，武威市天祝藏族自治县，平凉市庄浪县，庆阳市华池总场，定西市渭源县，临夏回族自治州临夏市、临夏县、康乐县、永靖县、广河县、和政县、东乡族自治县、积石山保安族东乡族撒拉族自治县，莲花山自然保护区、尕海则岔自然保护区、盐池湾自然保护区；
　　　　　青海：西宁市大通回族土族自治县，黄南藏族自治州泽库县。
发生面积　657272 亩
危害指数　0.5094

- **高原鼠兔 *Ochotona curzoniae*（Hodgson）**

寄　　主　云杉，青海云杉，华山松，油松，杉木，祁连圆柏，青杨，山柳，茶藨子，山杏，锦鸡儿，刺槐，沙棘。
分布范围　贵州、甘肃、青海。
发生地点　甘肃：兰州市城关区；
　　　　　青海：西宁市湟源县，海北藏族自治州门源回族自治县、海晏县，海南藏族自治州共和县，果洛藏族自治州玛沁县、班玛县、甘德县、达日县、久治县、玛多县、玛可河林业局，玉树藏族自治州称多县。
发生面积　1303677 亩
危害指数　0.4699

- **秦岭鼠兔 *Ochotona huangensis*（Matschie）**

寄　　主　栖息森林草原、半荒漠草原。
分布范围　陕西、青海。
发生地点　陕西：安康市宁陕县。

发生面积　500 亩
危害指数　0. 3333

● **藏鼠兔** ***Ochotona thibetana*** **(Milne-Edwardw)**
中文异名　鸣声鼠，啼兔
寄　　主　柳树，松。
分布范围　四川、云南、西藏、甘肃、青海。

Ⅰ-2. 节肢动物门 Arthropoda

3. 昆虫类 Insects

直翅目 Orthoptera　螽蟖亚目 Ensifera　螽蟖科 Tettigoniidae

● **土褐螽蟖** ***Atlanticus jeholensis*** **Mori**
寄　　主　山杨，黑杨，柳树，西府海棠，李，香椿，马桑，栾树，紫薇，小蜡。
分布范围　河北、内蒙古、辽宁、吉林、江苏、浙江、安徽、山东、河南、湖南、重庆、四川、贵州、甘肃。
发生地点　河北：张家口市怀安县；
　　　　　江苏：常州市武进区；
　　　　　浙江：嘉兴市秀洲区；
　　　　　山东：济宁市兖州区；
　　　　　湖南：长沙市浏阳市，常德市临澧县；
　　　　　重庆：涪陵区、黔江区，忠县。
发生面积　1889 亩
危害指数　0. 3333

● **江苏侧隆螽蟖** ***Atlanticus kiangsu*** **Ramme**
寄　　主　构树，阔叶槭，杜英，梧桐。
分布范围　华东，河南、湖北、湖南、四川、陕西。
发生地点　安徽：合肥市包河区，芜湖市芜湖县。

● **中华寰螽** ***Atlanticus sinensis*** **Uvarov**
寄　　主　杏。
分布范围　北京、河北、河南、陕西。

● **褐树螽蟖** ***Callimenellus ferrugineus*** **(Brunner von Wattenwyl)**
寄　　主　核桃，野扇花。
分布范围　重庆、陕西。
发生地点　重庆：酉阳土家族苗族自治县。

● **中华草螽** ***Conocephalus chinensis*** **(Redtenbacher)**
寄　　主　山杨，榆树，构树，油茶，桉树，女贞，毛竹。

分布范围　吉林、江苏、福建、江西、山东、河南、广西、四川、陕西。
发生地点　江苏：南京市浦口区、雨花台区，淮安市清江浦区，盐城市大丰区、射阳县，镇江市句容市；
福建：漳州市漳浦县。

• 长剑草螽蟖 *Conocephalus exemptus*（Walker）
中文异名　大草螽
寄　　主　樱，毛竹。
分布范围　湖北、重庆、四川、陕西。
发生地点　重庆：酉阳土家族苗族自治县；
陕西：宁东林业局。
发生面积　151 亩
危害指数　0.3333

• 斑翅草螽蟖 *Conocephalus maculatus*（Le Guillou）
寄　　主　木麻黄，桑，梨。
分布范围　北京、河北、辽宁、上海、江苏、浙江、福建、江西、湖南、广东、四川、云南、陕西。
发生地点　浙江：宁波市象山县；
湖南：岳阳市平江县；
陕西：宁东林业局。

• 长尾草螽 *Conocephalus percaudatus* Bey-Bienko
寄　　主　连翘。
分布范围　宁夏。
发生地点　宁夏：银川市永宁县。

• 笨棘颈螽 *Deracantha onos*（Pallas）
中文异名　懒螽
寄　　主　山杨，柠条锦鸡儿，刺槐，酸枣，黄荆。
分布范围　北京、河北、内蒙古、辽宁、黑龙江、山东、陕西、甘肃。
发生地点　河北：张家口市怀来县、赤城县；
内蒙古：乌兰察布市察哈尔右翼后旗；
山东：临沂市沂水县；
陕西：咸阳市彬县。
发生面积　2191 亩
危害指数　0.3333

• 日本条螽蟖 *Ducetia japonica*（Thunberg）
中文异名　黑条螽蟖
寄　　主　核桃，构树，无花果，桑，桃，日本晚樱，刺槐，柑橘，长叶黄杨，黄杨，盐肤木，中华猕猴桃，油茶。

分布范围　北京、辽宁、黑龙江、上海、江苏、浙江、安徽、福建、江西、山东、湖北、湖南、重庆、四川、陕西。

发生地点　上海：嘉定区、金山区、松江区、青浦区；

江苏：南京市雨花台区，常州市钟楼区，苏州市高新区、吴江区、昆山市，淮安市淮阴区，盐城市射阳县、东台市，镇江市京口区、镇江新区、润州区、丹徒区、丹阳市、句容市；

浙江：杭州市西湖区，宁波市鄞州区，台州市黄岩区、三门县、临海市；

安徽：合肥市庐阳区；

湖南：岳阳市平江县；

重庆：秀山土家族苗族自治县；

四川：自贡市贡井区、大安区，绵阳市平武县，宜宾市兴文县；

陕西：渭南市白水县，宁东林业局。

发生面积　6411 亩

危害指数　0. 3961

● **小掩耳螽** ***Elimaea parva*** **Liu**

寄　　主　马尾松，悬钩子。

分布范围　福建、湖南、广西、四川。

● **短瓣优草螽** ***Euconocephalus brachyxiphus*** **(Redtenbacher)**

寄　　主　紫薇，荆条。

分布范围　江苏、福建、江西、湖北、广西。

发生地点　江苏：南京市雨花台区。

● **苍白优草螽** ***Euconocephalus pallidus*** **(Redtenbacher)**

寄　　主　枫香。

分布范围　福建、广东、广西、海南、四川、云南、陕西。

发生地点　四川：广安市前锋区；

陕西：渭南市白水县。

● **步氏绿螽蟖** ***Gampsocleis buergeri*** **(Haan)**

寄　　主　麻栎，榔榆，猴樟，月季，刺槐，石榴。

分布范围　河北、浙江、湖北、湖南。

发生地点　浙江：丽水市松阳县；

湖南：益阳市桃江县。

● **优雅蝈螽** ***Gampsocleis gratiosa*** **Brunner von Wattenwyl**

寄　　主　榆树，悬钩子，刺槐，荆条。

分布范围　全国。

发生地点　浙江：宁波市象山县；

安徽：合肥市庐阳区。

• 暗褐蝈螽 *Gampsocleis sedakovii obscura* (Walker)

寄　　主　板栗，柠条锦鸡儿。

分布范围　全国。

发生地点　四川：宜宾市兴文县；

宁夏：吴忠市红寺堡区。

发生面积　5003 亩

危害指数　0.3333

• 乌苏里蝈螽 *Gampsocleis ussuriensis* Adelung

寄　　主　桃。

分布范围　华北，山东、陕西、甘肃。

发生地点　河北：唐山市乐亭县、玉田县，张家口市赤城县。

发生面积　361 亩

危害指数　0.3333

• 双叶绿露螽 *Holochlora bilobata* (Karny)

寄　　主　湿地松，马尾松，柑橘，秋枫，荔枝，油茶，巨尾桉，木犀，白花泡桐，毛竹。

分布范围　广西。

发生地点　广西：南宁市宾阳县，桂林市阳朔县、兴安县、荔浦县，梧州市蒙山县，北海市合浦县，防城港市防城区，玉林市兴业县，河池市环江毛南族自治县，来宾市象州县、武宣县，钦廉林场。

发生面积　8653 亩

危害指数　0.3372

• 日本绿露螽 *Holochlora japonica* Brunner von Wattenwyl

寄　　主　山核桃，锥栗，栓皮栎，桑，八角，猴樟，桃，杏，李，苹果，梨，月季，刺槐，柑橘，重阳木，小叶女贞，黄荆，枸杞，白花泡桐，蓝花楹。

分布范围　华东，河北、辽宁、湖北、湖南、广东、广西、重庆、四川、陕西。

发生地点　安徽：合肥市包河区；

江西：萍乡市安源区，上饶市广丰区；

山东：泰安市泰山林场；

湖南：邵阳市邵阳县，娄底市双峰县；

重庆：北碚区，秀山土家族苗族自治县；

四川：遂宁市安居区、蓬溪县、射洪县、大英县。

发生面积　1714 亩

危害指数　0.3333

• 纺织娘 *Mecopoda elongata* (Linnaeus)

中文异名　桑褐螽蜥、长翅纺织娘

寄　　主　山杨，大叶杨，黑杨，柳树，核桃，青冈，构树，桑，猴樟，桃，苹果，李，红叶李，梨，合欢，刺槐，柑橘，栾树，茶，紫薇，喜树，巨尾桉，柿，小叶女贞，木犀，银桂，白桐。

分布范围　华东，河北、内蒙古、河南、湖北、广东、广西、重庆、四川、陕西、新疆。

发生地点　江苏：南京市浦口区，盐城市盐都区、射阳县，扬州市广陵区、江都区、经济技术开发区，镇江市句容市，泰州市姜堰区；

浙江：宁波市江北区、北仑区、镇海区，金华市磐安县，丽水市松阳县；

安徽：合肥市包河区；

湖北：荆门市京山县；

广西：桂林市兴安县，来宾市象州县；

重庆：南岸区，城口县、忠县、奉节县、彭水苗族土家族自治县；

四川：自贡市贡井区，攀枝花市盐边县，遂宁市安居区，内江市市中区、威远县、资中县，乐山市犍为县，宜宾市筠连县；

陕西：宁东林业局。

发生面积　3596 亩

危害指数　0.3407

● **日本纺织娘 *Mecopoda nipponensis* (Haan)**

寄　　主　山杨，麻栎，栓皮栎，构树，桑，白兰，黄兰，猴樟，樟树，桃，柑橘，杜英，木槿，山茶，桉树，女贞，小叶女贞，络石。

分布范围　上海、江苏、浙江、安徽、福建、河南、广东、广西、陕西。

发生地点　上海：嘉定区、浦东新区、金山区、松江区、青浦区；

江苏：南京市栖霞区，常州市钟楼区，淮安市淮阴区；

浙江：宁波市鄞州区、奉化市，台州市黄岩区；

广东：肇庆市高要区，云浮市新兴县；

陕西：太白林业局。

发生面积　1247 亩

危害指数　0.3333

● **刘氏奇绿树螽 *Mirollia liui* Bey-Bienko**

寄　　主　崖柏，天竺桂。

分布范围　湖南、四川、云南。

发生地点　四川：内江市东兴区，宜宾市珙县、筠连县。

● **镰尾露螽 *Phaneroptera falcata* (Poda)**

中文异名　镰状绿露螽

寄　　主　柠条锦鸡儿，棕竹。

分布范围　河北、江苏、福建、河南、陕西、宁夏。

发生地点　河北：张家口市涿鹿县；

宁夏：吴忠市盐池县。

发生面积　561 亩

危害指数　0.3690

• 中华翡螽 *Phyllomimus sinicus* Beier

中文异名　翡螽
寄　　主　栎，天竺桂。
分布范围　福建、江西、湖北、广东、重庆、四川、云南、陕西。
发生地点　广东：云浮市新兴县；
　　　　　四川：宜宾市翠屏区；
　　　　　云南：玉溪市元江哈尼族彝族傣族自治县。
发生面积　314 亩
危害指数　0. 3333

• 厚头拟喙螽 *Pseudorhynchus crassiceps*（Haan）

寄　　主　青冈，油樟，柑橘，箭竹，苦竹。
分布范围　四川。
发生地点　四川：绵阳市平武县，宜宾市翠屏区、南溪区、珙县、筠连县。

• 截叶糙颈露螽 *Ruidocolaris truncatolobata*（Brunner von Wattenwyl）

中文异名　宽翅绿树螽
寄　　主　荆条。
分布范围　河南、湖北、广东。

• 黑胫钩额螽 *Ruspolia lineosa*（Walker）

中文异名　狭翅尖头草螽
寄　　主　核桃，榆树，柠檬，桃，紫薇，巨桉，栀子，刺竹子，方竹，麻竹。
分布范围　浙江、江西、广东、四川、陕西。
发生地点　浙江：宁波市象山县；
　　　　　四川：自贡市贡井区、大安区、荣县，内江市市中区、威远县，宜宾市翠屏区、南溪区，资阳市雁江区；
　　　　　陕西：咸阳市旬邑县。
发生面积　162 亩
危害指数　0. 3333

• 鲜丽钩额螽 *Ruspolia nitidula*（Scopoli）

寄　　主　桃，杏，苹果，梨，紫穗槐，枣树。
分布范围　河北。

• 长裂华绿螽 *Sinochlora longifissa*（Matsumura et Shiraki）

寄　　主　油茶。
分布范围　浙江、安徽、福建、江西、河南、湖南、广东、广西。
发生地点　广西：桂林市永福县。
发生面积　315 亩
危害指数　0. 3333

• 绿背覆翅螽 *Tegra novaehollandiae viridinotata*（Stål）

寄　　主　南酸枣，阔叶槭，梧桐，油茶。

分布范围　浙江、安徽、福建、湖北、湖南、广东、广西、四川、云南、陕西。

发生地点　浙江：宁波市象山县；

福建：南平市松溪县；

四川：绵阳市梓潼县。

• 中华螽斯 *Tettigonia chinensis* Willemse

寄　　主　山杨，柳树，板栗，栎，桑，紫玉兰，红花檵木，桃，石楠，李，八角金盘，银桂，夹竹桃，黄荆，毛竹，苦竹。

分布范围　山西、上海、江苏、浙江、福建、江西、湖北、湖南、广东、重庆、四川、陕西、新疆。

发生地点　上海：宝山区；

江苏：南京市栖霞区、高淳区，淮安市金湖县，盐城市东台市；

浙江：宁波市宁海县；

福建：漳州市诏安县、平和县、漳州开发区，南平市松溪县；

江西：萍乡市安源区、莲花县；

重庆：万州区、江津区，酉阳土家族苗族自治县；

四川：绵阳市三台县、梓潼县，宜宾市翠屏区；

陕西：西安市周至县，宁东林业局；

新疆生产建设兵团：农二师29团。

发生面积　4232亩

危害指数　0.3407

• 绿丛螽蟖 *Tettigonia viridissima*（Linnaeus）

寄　　主　胡杨，核桃，桤木，构树，桑，枫香，玫瑰，柑橘，香椿。

分布范围　安徽、湖北、重庆、陕西。

发生地点　安徽：合肥市包河区；

重庆：涪陵区、黔江区、永川区、南川区、铜梁区，城口县、武隆区、开县、奉节县、巫溪县、彭水苗族土家族自治县。

发生面积　784亩

危害指数　0.3333

• 阿拉善懒螽 *Zichya alashanica* Bey-Bienko

寄　　主　柠条锦鸡儿，红砂。

分布范围　内蒙古、宁夏。

发生地点　宁夏：石嘴山市大武口区，吴忠市红寺堡区、盐池县。

发生面积　5521亩

危害指数　0.3345

蟋蟀科 Gryllidae

• 中华蟋蟀 *Eumodicogryllus bordigalensisi*（Latreille）

寄　　主　马尾松，白皮松，杉木，山杨，黑杨，枫杨，栎，桑，桢楠，三球悬铃木，山杏，日本樱花，苹果，红叶李，梨，月季，刺槐，长叶黄杨，龙眼，巨尾桉，刺竹子。

分布范围　河北、内蒙古、黑龙江、江苏、福建、江西、山东、广东、广西、重庆、四川、贵州、陕西、甘肃、宁夏。

发生地点　河北：唐山市古冶区；
黑龙江：佳木斯市富锦市；
江苏：南京市高淳区，泰州市海陵区；
福建：漳州市平和县；
山东：菏泽市定陶区、郓城县；
广东：广州市白云区，肇庆市属林场，惠州市惠阳区；
广西：梧州市苍梧县，派阳山林场；
重庆：秀山土家族苗族自治县、酉阳土家族苗族自治县；
四川：宜宾市翠屏区；
陕西：西安市临潼区，渭南市合阳县，商洛市商州区、镇安县；
甘肃：庆阳市西峰区；
宁夏：石嘴山市大武口区。

发生面积　16106 亩

危害指数　0. 3375

• 双斑蟋蟀 *Gryllus bimaculatus* De Geer

寄　　主　油茶。

分布范围　中南，浙江、安徽、福建、江西、四川、云南。

• 蛮棺头蟋 *Loxoblemmus arietulus* Sauaaure

寄　　主　山杨，板栗，刺槐，杜鹃。

分布范围　河北、辽宁、湖北、陕西。

发生地点　河北：唐山市乐亭县；
陕西：渭南市澄城县。

发生面积　401 亩

危害指数　0. 4996

• 多伊棺头蟋 *Loxoblemmus doenitzi* Stein

中文异名　棺头蟋蟀

寄　　主　马尾松，柳杉，柳树，枫杨，桑，樱桃，苹果，梨，刺槐，葡萄，中华猕猴桃，巨桉，柿。

分布范围　北京、河北、江苏、浙江、安徽、山东、河南、四川、陕西。

发生地点　北京：东城区、密云区；
河北：邢台市平乡县；

江苏：盐城市盐都区；
四川：自贡市贡井区、大安区，南充市营山县、仪陇县，宜宾市翠屏区，巴中市巴州区；
陕西：西安市户县，宝鸡市扶风县，渭南市白水县。
发生面积 688 亩
危害指数 0.3391

• **石首棺头蟋** ***Loxoblemmus equestris*** **Saussure**
中文异名 小扁头蟋
寄 主 木麻黄，枫杨，栎，构树，石楠，葡萄，茶，桉树，刺竹子。
分布范围 华东，湖北、广东、四川、陕西。
发生地点 江苏：无锡市锡山区、滨湖区，盐城市盐都区，镇江市句容市；
浙江：杭州市西湖区，宁波市江北区、北仑区、镇海区，台州市黄岩区；
四川：宜宾市翠屏区、江安县。
发生面积 639 亩
危害指数 0.3359

• **哈尼棺头蟋** ***Loxoblemmus haani*** **(Saussure)**
寄 主 黑杨，旱柳，白花泡桐。
分布范围 山东、陕西。

• **斑角树蟋** ***Oecanthus antennalis*** **Liu, Yin et Hsia**
寄 主 山杨，柳树，刺槐。
分布范围 山东。
发生地点 山东：聊城市东阿县。

• **黄树蟋** ***Oecanthus rufescens*** **Serville**
寄 主 朴树，桑，早园竹，毛竹。
分布范围 北京、江苏。
发生地点 北京：密云区；
江苏：苏州市高新区、吴江区、昆山市，镇江市京口区、润州区、丹阳市。

• **中华树蟋** ***Oecanthus sinensis*** **Walker**
寄 主 黑杨，构树，黄葛树，火棘，槐树，盐肤木，梧桐，白花泡桐。
分布范围 江苏、山东、湖北、四川、陕西。
发生地点 江苏：南京市雨花台区，镇江市句容市；
湖北：荆门市沙洋县；
陕西：宁东林业局。
发生面积 180 亩
危害指数 0.6222

• **花生大蟋** ***Tarbinskiellus portentosus*** **(Lietenstein)**
寄 主 银杏，云杉，马尾松，樟子松，油松，杉木，柏木，侧柏，木麻黄，山杨，柳树，核桃，榆树，桑，樟树，桃，梅，杏，苹果，李，月季，槐树，文旦柚，柑橘，橡胶树，长叶黄杨，火炬树，冬青，葡萄，油茶，茶，桉树，柿，木犀，金鸡纳树，咖啡。

分布范围　华东，河北、辽宁、黑龙江、湖北、广东、广西、四川、陕西、新疆。

发生地点　河北：石家庄市井陉县，保定市唐县；

江苏：无锡市滨湖区，盐城市盐都区、建湖县；

浙江：金华市磐安县；

福建：漳州市诏安县；

山东：临沂市蒙阴县；

湖北：太子山林场；

广东：云浮市罗定市；

广西：桂林市雁山区；

四川：自贡市荣县，遂宁市安居区，内江市东兴区，南充市仪陇县，甘孜藏族自治州泸定县；

陕西：延安市宜川县；

新疆：吐鲁番市鄯善县；

新疆生产建设兵团：农四师63团、68团。

发生面积　10790亩

危害指数　0.3800

• 黄脸油葫芦 *Teleogryllus emma* (Ohmachi et Matsuura)

寄　　主　雪松，油松，柳杉，杉木，圆柏，山杨，核桃，桤木，板栗，栎，构树，猴樟，樟树，枇杷，月季，悬钩子，刺槐，橄榄，葡萄，杜英，中华猕猴桃，茶，巨桉，女贞。

分布范围　华东、西南，北京、河北、山西、辽宁、湖北、广东、广西、海南、陕西。

发生地点　上海：宝山区、嘉定区、松江区、青浦区；

江苏：无锡市滨湖区、宜兴市，常州市天宁区、钟楼区、新北区，淮安市淮阴区，镇江市润州区、丹阳市、扬中市；

浙江：宁波市江北区、鄞州区、象山县，温州市瑞安市，台州市仙居县、临海市；

湖北：太子山林场；

四川：成都市邛崃市，自贡市自流井区、贡井区、沿滩区，南充市高坪区、西充县，宜宾市南溪区，雅安市雨城区；

陕西：咸阳市秦都区、乾县、长武县，渭南市白水县。

发生面积　12172亩

危害指数　0.4347

• 银川油葫芦 *Teleogryllus infernalis* (Saussure)

寄　　主　苹果，刺槐，沙枣。

分布范围　北京、天津、内蒙古、黑龙江、山东、河南、陕西、甘肃、宁夏。

发生地点　宁夏：银川市西夏区，吴忠市利通区、红寺堡区、盐池县、同心县，中卫市中宁县。

发生面积　1081 亩

危害指数　0. 3780

• **北京油葫芦** ***Teleogryllus mitratus*** **(Burmeister)**

寄　　主　银杏，松，马尾松，油松，侧柏，山杨，黑杨，栎，石楠，小红柳，板栗，榆树，盐穗木，三球悬铃木，桃，杏，日本樱花，苹果，梨，海棠花，刺槐，槐树，柑橘，黄杨，油茶，茶，栀子，紫薇，女贞，黄荆，白花泡桐，南方泡桐，毛竹，万寿竹。

分布范围　华东，北京、天津、河北、辽宁、黑龙江、河南、湖北、重庆、四川、陕西、甘肃、宁夏。

发生地点　北京：东城区、石景山区、大兴区、密云区；

河北：唐山市乐亭县、玉田县，邢台市平乡县，张家口市赤城县、阳原县、怀安县；

江苏：徐州市沛县，盐城市盐都区、大丰区；

浙江：金华市磐安县，台州市三门县；

安徽：合肥市庐阳区、包河区，芜湖市芜湖县；

江西：萍乡市安源区、上栗县；

山东：潍坊市诸城市，泰安市泰山区，临沂市兰山区，聊城市东阿县，菏泽市牡丹区；

河南：郑州市登封市；

重庆：大渡口区、南岸区、北碚区，城口县；

四川：遂宁市射洪县，内江市东兴区，南充市西充县，广安市武胜县；

陕西：咸阳市乾县，宝鸡市扶风县；

甘肃：庆阳市镇原县；

宁夏：石嘴山市惠农区。

发生面积　5723 亩

危害指数　0. 3341

• **长颚斗蟋** ***Velarifictorus aspersus*** **(Walker)**

寄　　主　杉木，杨树，柳树，猴樟，樟树，刺竹子。

分布范围　河北、江苏、福建、江西、湖南、广东、广西、四川、贵州、云南。

发生地点　河北：邢台市平乡县；

湖南：岳阳市汨罗市、临湘市；

四川：宜宾市翠屏区。

• **迷卡斗蟋** ***Velarifictorus micado*** **(Saussure)**

寄　　主　杨树，构树，枇杷，石楠，梧桐，油茶。

分布范围　北京、天津、上海、江苏、浙江、福建、山东、湖北、广东、海南、四川。

发生地点　江苏：南京市浦口区，盐城市盐都区、响水县，扬州市江都区；

浙江：宁波市象山县；

四川：自贡市大安区、荣县，内江市隆昌县，宜宾市南溪区、兴文县。

发生面积　106 亩

危害指数　0. 3333

- **小斗蟋 *Velarifictorus parvus*（Chopard）**

寄　　主　油松，钻天柳，黑杨，棉花柳，桃，苹果，稠李，柑橘，盐肤木，尾叶桉，白蜡树。

分布范围　河北、山西、内蒙古、辽宁、黑龙江、山东、湖南、广西、四川、贵州、陕西、甘肃、新疆。

发生地点　河北：张家口市怀来县；

湖南：永州市双牌县；

广西：百色市靖西市；

四川：遂宁市大英县；

陕西：商洛市丹凤县。

发生面积　244 亩

危害指数　0. 3333

蝼蛄科 Gryllotalpidae

- **东方蝼蛄 *Gryllotalpa orientalia* Burmeister**

寄　　主　银杏，杉松，雪松，落叶松，华山松，湿地松，马尾松，油松，黑松，罗汉松，杉木，红豆杉，云杉，红皮云杉，东方云杉，侧柏，加杨，山杨，黑杨，毛白杨，胡杨，钻天杨，箭杆杨，垂柳，核桃，桤木，白桦，茅栗，板栗，栎，栓皮栎，榆树，桑，猴樟，楠，枫香，红花檵木，三球悬铃木，桃，西府海棠，苹果，海棠花，石楠，李，稠李，红叶李，梨，合欢，月季，玫瑰，刺槐，槐树，枣树，葡萄，油茶，茶，喜树，杜鹃，女贞，小叶女贞，木犀，柑橘，臭椿，香椿，栾树，白蜡树，银桂，黄荆，白花泡桐。

分布范围　全国。

发生地点　北京：东城区、丰台区、石景山区，顺义区；

河北：石家庄市井陉矿区、晋州市、平山县，唐山市古冶区、开平区、丰润区、滦南县、乐亭县、玉田县，保定市唐县、望都县、顺平县、博野县，邢台市隆尧县、任县，张家口市怀来县、涿鹿县，沧州市吴桥县、黄骅市、河间市，廊坊市大厂回族自治县、霸州市、三河市，衡水市桃城区、枣强县、武邑县、安平县，定州市，雾灵山自然保护区；

内蒙古：通辽市科尔沁左翼后旗，鄂尔多斯市造林总场；

辽宁：营口市大石桥市；

吉林：辽源市东丰县，延边朝鲜族自治州大兴沟林业局；

黑龙江：哈尔滨市阿城区，黑河市嫩江县，绥化市海伦市国有林场；

上海：宝山区、嘉定区、浦东新区、松江区、青浦区、奉贤区；

江苏：南京市高淳区、浦口区、溧水区，无锡市惠山区、滨湖区、宜兴市，徐州市沛县、睢宁县，常州市天宁区、钟楼区、新北区、武进区、溧阳市，苏州市高新区、吴江区、昆山市、太仓市，淮安市清江浦区、金湖县，盐城市亭湖区、盐都区、大丰区、响水县、阜宁县、射阳县、建湖县、东台市，扬州市邗江区、江都区、宝应县、高邮市，镇江市润州区、丹阳市、扬中市、句容市泰州市海陵区；

浙江：杭州市西湖区、萧山区、桐庐县，宁波市江北区、北仑区、镇海区、象山县、宁海县、余姚市、奉化市，温州市鹿城区、龙湾区、瑞安市，嘉兴市秀洲区，金华市磐安县，舟山市岱山县，台州市黄岩区、温岭市、临海市，丽水市莲都区、松阳县；

安徽：合肥市庐阳区、包河区，芜湖市芜湖县，六安市裕安区，安庆市迎江区、宜秀区，阜阳市太和县；

福建：泉州市永春县、安溪县，漳州市诏安县、平和县、漳州开发区，南平市延平区；

江西：萍乡市安源区、芦溪县，九江市庐山市，赣州市宁都县，宜春市高安市，上饶市广丰区，共青城市、鄱阳县，抚州市崇仁县；

山东：青岛市莱西市，潍坊市坊子区、昌邑市、滨海经济开发区，济宁市任城区、兖州区、嘉祥县、梁山县、高新区、太白湖新区，泰安市新泰市、肥城市，威海市环翠区，临沂市沂水县，聊城市阳谷县、东阿县、冠县、高唐县，滨州市惠民县，菏泽市定陶区、单县，黄河三角洲自然保护区；

河南：新蔡县，焦作市武陟县；

湖北：十堰市竹溪县，太子山林场，荆门市京山县，仙桃市；

湖南：长沙市浏阳市，株洲市天元区、云龙示范区，衡阳市南岳区，邵阳市隆回县，岳阳市云溪区、岳阳县，常德市鼎城区、石门县，益阳市益阳高新区、资阳区，郴州市桂阳县、宜章县、临武县、桂东县，岳阳市君山区、平江县，永州市双牌县、道县、蓝山县，怀化市鹤城区、靖州苗族侗族自治县，湘西土家族苗族自治州凤凰县、永顺县；

广东：广州市花都区，惠州市惠阳区，云浮市郁南县、罗定市；

广西：热带林业实验中心；

重庆：北碚区、江津区，城口县、忠县、云阳县、奉节县、巫溪县；

四川：成都市邛崃市，自贡市自流井区、大安区、沿滩区、荣县，德阳市罗江县，绵阳市三台县、平武县、梓潼县，内江市市中区、东兴区、威远县、资中县、隆昌县，乐山市峨边彝族自治县、马边彝族自治县，南充市顺庆区、高坪区、营山县、蓬安县、仪陇县、西充县，眉山市青神县，宜宾市翠屏区、南溪区、筠连县、兴文县，广安市武胜县，巴中市巴州区、南江县，资阳市雁江区，凉山彝族自治州盐源县、甘洛县，遂宁市安居区、射洪县，雅安市天全县；

云南：昆明市倘甸产业园区，昆明市经济技术开发区；

陕西：西安市周至县，咸阳市秦都区、永寿县、长武县，渭南市华州区、白水县、华阴市，延安市宜川县，汉中市镇巴县，榆林市吴堡县，安康市旬阳县，商洛市商南县、镇安县，榆林市米脂县，商洛市商州区，宁东林业局、太白林业局；

甘肃：白银市靖远县，武威市凉州区，庆阳市环县、正宁县；

宁夏：石嘴山市大武口区，中卫市中宁县，吴忠市寺堡区、青铜峡市，固原市原州区；

黑龙江森林工业总局：朗乡林业局、红星林业局，绥阳林业局，双鸭山林业局；

新疆生产建设兵团：农一师 10 团、13 团，农四师 68 团，农十四师 224 团、农二师 29 团。

发生面积　166019 亩

危害指数　0. 3443

• **华北蝼蛄** ***Gryllotalpa unispina*** **Saussure**

中文异名　单刺蝼蛄

寄　　主　银杏，雪松，落叶松，华北落叶松，云杉，青海云杉，华山松，赤松，红松，马尾松，樟子松，油松，黑松，白皮松，柳杉，侧柏，圆柏，山杨，黑杨，小叶杨，毛白杨，白柳，垂柳，旱柳，核桃，枫杨，板栗，夏栎，朴树，榆树，桑，山桃，桃，榆叶梅，杏，日本樱花，垂丝海棠，西府海棠，苹果，李，红叶李，梨，月季，多花蔷薇，玫瑰，柠条锦鸡儿，紫荆，刺槐，槐树，臭椿，长叶黄杨，枣树，葡萄，木芙蓉，木槿，梧桐，油茶，沙枣，沙棘，紫薇，玫瑰木，白蜡树，小叶女贞，丁香，白花泡桐。

分布范围　华北、东北，江苏、浙江、安徽、江西、山东、河南、湖北、四川、陕西、甘肃、宁夏、新疆。

发生地点　北京：东城区、石景山区、大兴区、密云区；

河北：石家庄市井陉矿区、藁城区、栾城区、井陉县、灵寿县、高邑县、赞皇县，唐山市古冶区、丰南区、滦南县、乐亭县、玉田县，秦皇岛市青龙满族自治县、昌黎县，邢台市任县、广宗县、平乡县，保定市满城区、涞水县、阜平县、唐县、顺平县、博野县、涿州市，张家口市阳原县、怀安县、涿鹿县、赤城县，沧州市东光县、吴桥县、黄骅市、河间市，廊坊市安次区、固安县、香河县、大城县，衡水市桃城区、枣强县、安平县、景县，定州市；

山西：大同市阳高县，运城市垣曲县，忻州市偏关县，杨树丰产林实验局、五台山国有林管理局、太岳山国有林管理局；

内蒙古：通辽市科尔沁左翼后旗、库伦旗，鄂尔多斯市准格尔旗，乌兰察布市卓资县、兴和县、察哈尔右翼前旗；

江苏：淮安市涟水县；

浙江：杭州市萧山区，宁波市象山县；

安徽：滁州市定远县、凤阳县，阜阳市颍州区，亳州市涡阳县、蒙城县；

山东：济南市历城区、济阳县，青岛市胶州市、即墨市、莱西市，潍坊市诸城市、昌邑市，济宁市微山县、邹城市，泰安市宁阳县，临沂市蒙阴县、临沭县，德州市齐河县，聊城市东阿县，菏泽市定陶区、单县、巨野县、郓城县，黄河三角洲自然保护区；

河南：郑州市新郑市，商丘市睢县；

湖北：太子山林场；

四川：遂宁市安居区；

陕西：西安市临潼区、蓝田县，宝鸡市扶风县，咸阳市永寿县、彬县，渭南市华州区、潼关县、大荔县、合阳县、白水县、华阴市，汉中市城固县，榆林市米脂县、子洲县，商洛市商南县，杨陵区，长青自然保护区；

甘肃：白银市靖远县，定西市岷县，小陇山林业实验管理局；

宁夏：银川市永宁县，吴忠市利通区、红寺堡区、同心县，固原市彭阳县，中卫市中宁县；

新疆：博尔塔拉蒙古自治州精河县；

新疆生产建设兵团：农四师 63 团、68 团。

发生面积　48811 亩

危害指数　0. 3601

鳞蟋科 Mogoplistidae

• 锤须奥蟋 *Ornebius fuscicercis*（Shiraki）

寄　　主　猴樟，枫香，樱花，重阳木，女贞。

分布范围　上海。

发生地点　上海：青浦区。

蝗亚目 Caelifera　菱蝗科(蚱科) Tetrigidae

• 突眼蚱 *Ergatettix dorsifera*（Walker）

寄　　主　桑。

分布范围　安徽、四川。

发生地点　安徽：合肥市庐阳区、包河区；

四川：自贡市贡井区、大安区。

• 长翅长背蚱 *Paratettix uvarovi* Semenov

寄　　主　柠条锦鸡儿。

分布范围　河北、河南、陕西、甘肃、宁夏、新疆。

发生地点　宁夏：吴忠市红寺堡区。

发生面积　1000 亩

危害指数　0. 3333

• 日本蚱 *Tetrix japonica*（Bolívar）

中文异名　日本菱蝗

寄　　主　杨树，垂柳，核桃，构树，桑，盐穗木，猴樟，石楠，柠条锦鸡儿，柑橘，木槿，紫薇。

分布范围　河北、山西、辽宁、江苏、浙江、安徽、江西、河南、湖北、重庆、四川、陕西、宁夏。

发生地点　河北：张家口市张北县、尚义县，沧州市东光县、吴桥县；

江苏：南京市浦口区、雨花台区，淮安市清江浦区，盐城市阜宁县、射阳县，扬州市江都区、宝应县、经济技术开发区，镇江市润州区；

浙江：台州市黄岩区；

安徽：合肥市庐阳区；
江西：萍乡市安源区；
重庆：酉阳土家族苗族自治县；
四川：自贡市贡井区、大安区，内江市东兴区，宜宾市珙县、筠连县，雅安市雨城区；
陕西：渭南市华州区；
宁夏：吴忠市红寺堡区。

发生面积　3159 亩
危害指数　0.3416

脊蜢科 Chorotypidae

• 多氏乌蜢 *Erianthus dohrni* Bolívar

寄　　主　肉桂。
分布范围　广东。
发生地点　广东：肇庆市高要区。

锥头蝗科 Pyrgomorphidae

• 纺棱负蝗 *Atractomorpha burri* Bolívar

寄　　主　茶，毛竹。
分布范围　浙江。

• 长额负蝗 *Atractomorpha lata* (Mochulsky)

寄　　主　湿地松，马尾松，杉木，黑杨，大红柳，旱柳，榆树，樟树，苹果，柿。
分布范围　北京、河北、辽宁、上海、江苏、安徽、山东、湖北、湖南、广西、四川、陕西、宁夏。
发生地点　北京：东城区、石景山区、密云区；
江苏：无锡市宜兴市；
山东：菏泽市牡丹区、定陶区；
湖南：郴州市宜章县；
广西：桂林市兴安县；
四川：遂宁市蓬溪县；
宁夏：石嘴山市惠农区。

发生面积　1731 亩
危害指数　0.3333

• 短额负蝗 *Atractomorpha sinensis* Bolívar

中文异名　红后负蝗
寄　　主　山杨，黑杨，垂柳，大红柳，旱柳，山核桃，锥栗，麻栎，槲栎，栓皮栎，榆树，构树，桑，紫茉莉，鹅掌楸，猴樟，桃，樱桃，日本樱花，西府海棠，苹果，石楠，梨，月季，多花蔷薇，柠条锦鸡儿，刺桐，胡枝子，刺槐，槐树，柑橘，花椒，油桐，乌桕，黄杨，枣树，木芙蓉，木槿，梧桐，山茶，茶，紫薇，桉树，八角金盘，杜鹃，柿，木犀，黄荆，白花泡桐，慈竹，毛竹，早园竹，胖竹，箭竹。

分布范围　华东，北京、河北、山西、内蒙古、辽宁、河南、湖北、湖南、广东、广西、四川、陕西、甘肃、宁夏、新疆。

发生地点　北京：朝阳区、丰台区、石景山区、大兴区、密云区；

河北：唐山市乐亭县，邢台市沙河市，张家口市阳原县，沧州市河间市，廊坊市霸州市；

山西：晋中市太谷县；

上海：宝山区、嘉定区、浦东新区、金山区、松江区、青浦区，崇明县；

江苏：南京市栖霞区、雨花台区、高淳区，无锡市锡山区、惠山区、滨湖区，常州市天宁区、钟楼区、新北区、武进区，苏州市高新区、吴江区、昆山市、太仓市，淮安市淮阴区，盐城市响水县、射阳县，扬州市邗江区，镇江市京口区、镇江新区、润州区、丹徒区、丹阳市、扬中市、句容市；

浙江：杭州市西湖区，宁波市北仑区、鄞州区，温州市鹿城区，嘉兴市嘉善县，金华市磐安县，舟山市岱山县，台州市黄岩区；

福建：南平市松溪县、建瓯市；

山东：济宁市曲阜市、邹城市、济宁太白湖新区，泰安市泰山区，菏泽市牡丹区、定陶区、单县；

湖北：武汉市洪山区，荆门市沙洋县；

湖南：岳阳市君山区、平江县，郴州市桂阳县，湘西土家族苗族自治州凤凰县；

广东：广州市增城区，惠州市惠阳区；

广西：桂林市兴安县；

四川：自贡市贡井区、大安区、沿滩区、荣县，绵阳市三台县、梓潼县、平武县，内江市东兴区、隆昌县，南充市西充县，宜宾市翠屏区、南溪区、兴文县；

陕西：咸阳市乾县、永寿县、长武县、旬邑县，渭南市华州区、大荔县、澄城县、白水县；

甘肃：白银市靖远县，庆阳市镇原县；

宁夏：银川市永宁县，石嘴山市惠农区，吴忠市红寺堡区；

新疆：巴音郭楞蒙古自治州博湖县。

发生面积　59448 亩

危害指数　0. 4063

- **黄星蝗** ***Aularches miliaris*** **(Linnaeus)**

寄　　主　银杏，云南油杉，马尾松，云南松，木麻黄，粗枝木麻黄，西桦，麻栎，柠条锦鸡儿，杧果，沙棘，石榴，巨尾桉，柚木，毛竹，槟榔，椰子。

分布范围　福建、江西、湖北、广东、广西、海南、四川、贵州、云南、陕西、青海。

发生地点　广西：南宁市武鸣区，百色市田阳县，来宾市金秀瑶族自治县；

四川：攀枝花市东区、西区、仁和区，凉山彝族自治州会东县；

云南：玉溪市元江哈尼族彝族傣族自治县；

青海：海东市循化撒拉族自治县。

发生面积　2140 亩

危害指数　0. 3333

蝗科 Acrididae

● **中华剑角蝗 *Acrida cinerea*（Thunberg）**

中文异名　中华蚱蜢、异色剑角蝗

寄　　主　木麻黄，加杨，山杨，垂柳，大红柳，山核桃，核桃，板栗，榆树，构树，桑，猴樟，樟树，桃，苹果，石楠，月季，云南金合欢，文旦柚，柠条锦鸡儿，胡枝子，刺槐，油桐，黄杨，酸枣，木芙蓉，木槿，油茶，茶，桉树，杜鹃，女贞，小叶女贞，木犀，丁香，黄荆，荆条，白花泡桐，毛金竹，早园竹，毛竹。

分布范围　东北、华东，北京、河北、山西、河南、湖北、湖南、广东、广西、重庆、四川、贵州、陕西、甘肃、宁夏。

发生地点　北京：密云区；

河北：唐山市乐亭县，邢台市沙河市，张家口市万全区、阳原县、怀来县、涿鹿县，沧州市吴桥县、河间市；

辽宁：营口市大石桥市；

黑龙江：佳木斯市富锦市；

江苏：南京市浦口区、雨花台区，无锡市宜兴市，淮安市淮阴区、清江浦区，扬州市江都区，镇江市扬中市、句容市；

浙江：宁波市江北区、北仑区、鄞州区、象山县、宁海县、奉化市，舟山市岱山县，台州市黄岩区、三门县，丽水市松阳县；

安徽：合肥市庐阳区，芜湖市芜湖县；

福建：泉州市永春县，漳州开发区，漳州市诏安县、平和县；

山东：青岛市胶州市，潍坊市奎文区、诸城市，济宁市梁山县、邹城市，威海市环翠区，临沂市沂水县，菏泽市牡丹区；

湖北：神农架林区；

广东：肇庆市四会市；

重庆：巫溪县、秀山土家族苗族自治县；

四川：自贡市沿滩区、荣县，绵阳市梓潼县、平武县，内江市东兴区，宜宾市翠屏区、南溪区，资阳市雁江区；

陕西：西安市周至县，咸阳市旬邑县，渭南市华州区、大荔县、澄城县、白水县，延安市延川县，安康市旬阳县，商洛市商州区、镇安县；

甘肃：白银市靖远县，庆阳市镇原县，白水江林业局；

宁夏：银川市西夏区、永宁县，石嘴山市惠农区，吴忠市红寺堡区、盐池县。

发生面积　44360 亩

危害指数　0. 3387

● 花胫绿纹蝗 ***Aiolopus thalassinus tamulus*** **(Fabricius)**

寄　　主　杨树，棉花柳，桑，花椒，桉树，柿。

分布范围　北京、河北、辽宁、黑龙江、江苏、浙江、江西、山东、广东、四川、陕西。

发生地点　北京：东城区、丰台区、石景山区、顺义区；

浙江：宁波市北仑区、宁海县；

四川：绵阳市游仙区；

陕西：西安市周至县，渭南市华州区。

发生面积　102 亩

危害指数　0.3333

● 鼓翅皱膝蝗 ***Angaracris barabensis*** **(Pallas)**

寄　　主　柠条锦鸡儿。

分布范围　宁夏。

发生地点　宁夏：吴忠市红寺堡区。

发生面积　1000 亩

危害指数　0.3333

● 宽翅曲背蝗 ***Arcyptera meridionalis*** **Ikonnikov**

寄　　主　杨树，沙柳，柠条锦鸡儿，胡枝子，阔叶槭。

分布范围　北京、河北、辽宁、黑龙江、山东、甘肃、宁夏。

发生地点　北京：密云区；

河北：张家口市张北县、怀来县、赤城县；

黑龙江：绥化市海伦市国有林场管理局；

甘肃：白银市靖远县；

宁夏：银川市西夏区，吴忠市盐池县。

发生面积　72522 亩

危害指数　0.3425

● 黑翅痂蝗 ***Bryodema nigroptera*** **Zheng et Gow**

寄　　主　柠条锦鸡儿。

分布范围　甘肃、宁夏。

发生地点　宁夏：银川市西夏区，吴忠市红寺堡区。

发生面积　1001 亩

危害指数　0.3333

● 短星翅蝗 ***Calliptamus abbreviatus*** **Ikonnikov**

寄　　主　山杨，盐穗木，杏，柠条锦鸡儿，岩椒，桉树。

分布范围　北京、河北、辽宁、吉林、安徽、江西、山东、湖北、广西、甘肃、宁夏。

发生地点　北京：密云区；

河北：邢台市沙河市，张家口市万全区、怀安县；

山东：威海市经济开发区；

宁夏：吴忠市红寺堡区。
发生面积　31605 亩
危害指数　0.3334

• 黑腿星翅蝗 *Calliptamus barbarus* (Costa)

寄　　主　榆树。
分布范围　陕西、青海、宁夏、新疆。
发生地点　陕西：咸阳市乾县；
宁夏：银川市兴庆区、西夏区、永宁县。
发生面积　173 亩
危害指数　0.3333

• 意大利蝗 *Calliptamus italicus* (Linnaeus)

寄　　主　大红柳，梭梭，白梭梭。
分布范围　福建、青海、新疆。
发生地点　福建：漳州市平和县；
新疆生产建设兵团：农七师 130 团。
发生面积　876 亩
危害指数　0.3714

• 黑翅竹蝗 *Ceracris fasciata* (Brunner von Wattenwyl)

寄　　主　慈竹，毛竹。
分布范围　浙江、福建、广东、广西、海南、四川、云南。
发生地点　浙江：温州市乐清市；
广西：贺州市昭平县；
四川：自贡市沿滩区。
发生面积　180 亩
危害指数　0.6148

• 贺氏竹蝗 *Ceracris hoffmanni* Uvarov

寄　　主　毛竹。
分布范围　江苏。
发生地点　江苏：镇江市丹阳市。

• 黄脊竹蝗 *Ceracris kiangsu* Tsai

寄　　主　酸竹，孝顺竹，撑篙竹，青皮竹，黄竹，刺竹子，方竹，龙竹，麻竹，白竹，油竹，慈竹，斑竹，水竹，毛竹，毛金竹，早竹，胖竹，甜竹，金竹，苦竹。
分布范围　华东，湖北、湖南、广东、广西、海南、重庆、四川、贵州。
发生地点　上海：松江区；
江苏：南京市玄武区，无锡市宜兴市，常州市天宁区、钟楼区、新北区、金坛区、溧阳市，盐城市盐都区，扬州市江都区，镇江市句容市；
浙江：杭州市桐庐县、临安市，宁波市江北区、鄞州区、宁海县、慈溪市、奉化市，温州市鹿城区、永嘉县，嘉兴市秀洲区，金华市磐安县，衢州市柯城区、常山县，台州市三门县、温岭市，丽水市莲都区、松阳县、庆元县；

安徽：合肥市庐阳区、包河区，铜陵市枞阳县，六安市金安区、裕安区、舒城县、金寨县、霍山县，池州市贵池区、东至县，宣城市泾县；

福建：三明市梅列区、三元区、沙县、将乐县、永安市，泉州市永春县，漳州市东山县，南平市延平区、顺昌县、浦城县、松溪县、政和县、武夷山市，龙岩市长汀县、上杭县、武平县；

江西：南昌市湾里区、安义县，景德镇市浮梁县、乐平市，萍乡市安源区、湘东区、莲花县、上栗县、芦溪县，九江市武宁县、修水县、都昌县、湖口县、彭泽县，新余市分宜县、仙女湖区，鹰潭市贵溪市，赣州市南康区、安远县、宁都县、于都县、会昌县、石城县，吉安市青原区、峡江县、新干县、泰和县、遂川县、万安县、永新县、井冈山市，宜春市袁州区、奉新县、宜丰县、靖安县、铜鼓县、樟树市、高安市，抚州市黎川县、崇仁县、乐安县、金溪县、资溪县、东乡县、广昌县，上饶市广丰区、上饶县、铅山县、横峰县、德兴市，瑞金市、丰城市、鄱阳县、南城县；

山东：济宁市兖州区；

湖北：武汉市新洲区，黄石市阳新县，荆门市京山县、钟祥市，荆州市公安县、石首市、洪湖市，黄冈市黄梅县，咸宁市咸安区、通城县、崇阳县、通山县、赤壁市，仙桃市、潜江市；

湖南：长沙市长沙县、宁乡县、浏阳市，株洲市芦淞区、攸县、醴陵市，湘潭市雨湖区、九华示范区、湘潭县、湘乡市、韶山市，衡阳市南岳区、衡南县、衡山县、衡东县、耒阳市、常宁市，邵阳市邵东县、新邵县、邵阳县、隆回县、洞口县、绥宁县、新宁县、城步苗族自治县，岳阳市云溪区、君山区、岳阳县、平江县、汨罗市、临湘市，常德市鼎城区、汉寿县、临澧县、桃源县、石门县，益阳市资阳区、赫山区、桃江县、安化县、益阳高新区，郴州市北湖区、苏仙区、桂阳县、宜章县、永兴县、嘉禾县、临武县、汝城县、桂东县、安仁县、资兴市，永州市零陵区、冷水滩区、东安县、双牌县、宁远县、蓝山县、新田县、江华瑶族自治县、金洞管理区，怀化市洪江区、沅陵县、会同县、麻阳苗族自治县、靖州苗族侗族自治县、通道侗族自治县、洪江市，娄底市娄星区、双峰县、新化县、冷水江市、涟源市，湘西土家族苗族自治州凤凰县；

广东：广州市白云区、增城区，韶关市曲江区、始兴县、仁化县、翁源县、乐昌市、南雄市，深圳市宝安区，茂名市化州市、信宜市，肇庆市开发区、端州区、高要区、广宁县、怀集县、四会市，梅州市平远县，河源市源城区、紫金县、龙川县、和平县、东源县，阳江市阳东区、阳西县，清远市清城区、清新区、连山壮族瑶族自治县、英德市、连州市、清远市属林场；

广西：柳州市融安县、融水苗族自治县、三江侗族自治县，桂林市灵川县、兴安县、永福县、资源县，百色市乐业县，贺州市昭平县；

海南：海口市琼山区，三亚市天涯区；

重庆：涪陵区、大渡口区、江北区、北碚区、大足区、渝北区、巴南区、长寿区、江津区、永川区、南川区、璧山区、铜梁区、潼南区、荣昌区、万盛经济技术开发区，梁平区、城口县、丰都县、武隆区、忠县、开县、云阳县、巫溪县、秀山土家族苗族自治县、彭水苗族土家族自治县；

四川：自贡市自流井区、大安区、荣县，德阳市中江县，遂宁市大英县，乐山市犍为县，眉山市彭山区，宜宾市翠屏区、南溪区、宜宾县、长宁县、筠连县、兴文县，雅安市雨城区；

贵州：遵义市赤水市；

甘肃：定西市岷县。

发生面积 1583558 亩

危害指数 0.4159

• **大青脊竹蝗 *Ceracris nigricornis laeta* (Bolívar)**

寄　　主 毛竹。

分布范围 安徽、福建、广东、广西、四川、贵州、云南。

发生地点 安徽：合肥市包河区；

福建：南平市松溪县；

广东：清远市英德市。

发生面积 823 亩

危害指数 0.3333

• **青脊竹蝗 *Ceracris nigricornis nigricornis* Walker**

中文异名 青脊角蝗

寄　　主 撑篙竹，青皮竹，方竹，麻竹，慈竹，斑竹，水竹，毛竹，毛金竹，胖竹，绵竹，箭竹，棕榈。

分布范围 江苏、浙江、安徽、福建、江西、山东、湖北、湖南、广东、广西、重庆、四川、贵州。

发生地点 江苏：镇江市润州区、句容市；

浙江：金华市磐安县，台州市三门县、温岭市；

安徽：合肥市庐阳区、庐江县，芜湖市芜湖县，宣城市郎溪县；

福建：三明市三元区、将乐县，泉州市安溪县，南平市延平区、松溪县、政和县，龙岩市长汀县、梅花山自然保护区；

江西：萍乡市安源区，上饶市广丰区，安福县；

湖北：太子山林场；

湖南：长沙市浏阳市，株洲市芦淞区，衡阳市衡阳县、祁东县、常宁市，邵阳市隆回县，岳阳市汨罗市、临湘市，常德市石门县，郴州市临武县，永州市零陵区、冷水滩区、宁远县、蓝山县，怀化市芷江侗族自治县，娄底市涟源市；

广东：广州市从化区、增城区，韶关市仁化县，深圳市龙华新区，肇庆市端州区、高要区、四会市，惠州市惠阳区，梅州市丰顺县、蕉岭县，汕尾市陆河县、陆丰市，云浮市新兴县；

广西：南宁市横县，桂林市临桂区、兴安县，贺州市昭平县；

重庆：涪陵区、南川区、璧山区、铜梁区，巫溪县、彭水苗族土家族自治县；
四川：自贡市大安区，遂宁市安居区、蓬溪县、大英县，乐山市犍为县、沐川县，宜宾市江安县、筠连县、兴文县，雅安市雨城区，巴中市通江县。

发生面积 63939 亩
危害指数 0.4119

• **木麻黄棉蝗** ***Chondracris rosea*** **(De Geer)**

中文异名 棉蝗
寄 主 木麻黄，山杨，黑杨，核桃，板栗，构树，樟树，肉桂，云南金合欢，马占相思，紫穗槐，南岭黄檀，胡枝子，刺槐，毛刺槐，槐树，柑橘，橙，可可，山茶，茶，榄仁树，柚木，团花，麻竹，箣竹，毛竹，椰子，蒲葵，棕榈。
分布范围 北京、河北、辽宁、江苏、浙江、安徽、福建、江西、山东、湖北、湖南、广东、广西、四川、陕西。
发生地点 北京：密云区；
河北：保定市唐县；
江苏：南京市雨花台区、江宁区，无锡市宜兴市，淮安市淮阴区，镇江市润州区、丹阳市、句容市；
浙江：杭州市萧山区，宁波市北仑区、镇海区、象山县，台州市黄岩区；
安徽：合肥市包河区，芜湖市芜湖县；
福建：厦门市翔安区，漳州市诏安县、平和县；
江西：萍乡市安源区、上栗县；
山东：济宁市邹城市，威海市环翠区，莱芜市莱城区，临沂市沂水县；
湖北：武汉市洪山区、东西湖区，太子山林场；
湖南：郴州市苏仙区，娄底市双峰县、新化县；
广东：汕头市龙湖区，肇庆市高要区、四会市、肇庆市属林场，汕尾市陆河县、陆丰市，云浮市新兴县；
广西：防城港市防城区、上思县，百色市田阳县、靖西市，河池市东兰县，来宾市兴宾区、武宣县，派阳山林场、黄冕林场、博白林场；
陕西：咸阳市永寿县，渭南市华州区，安康市旬阳县。
发生面积 11108 亩
危害指数 0.3345

• **白纹雏蝗** ***Chorthippus albonemus*** **(Zheng et Tu)**

寄 主 柠条锦鸡儿。
分布范围 甘肃、宁夏。
发生地点 宁夏：银川市西夏区。

• **青藏雏蝗** ***Chorthippus qingzangensis*** **Yin**

寄 主 山杨，旱柳，沙棘。
分布范围 河北、西藏、宁夏。
发生地点 河北：张家口市张北县、尚义县；

西藏：昌都市类乌齐县、左贡县。
发生面积　6200 亩
危害指数　0.3333

• 红褐斑腿蝗 *Diabolocatantops pinguis* (Stål)
寄　　主　核桃，枫杨，板栗，水青冈，桑，樟树，桃，皂荚，刺槐，油茶，油棕。
分布范围　北京、江苏、浙江、安徽、江西、山东、湖北、广西、四川、云南、陕西。
发生地点　北京：密云区；
江苏：淮安市淮阴区；
浙江：宁波市象山县；
山东：济宁市梁山县、经济技术开发区，威海市环翠区；
湖北：黄冈市罗田县；
广西：南宁市宾阳县，桂林市雁山区、荔浦县，百色市靖西市；
四川：遂宁市蓬溪县，南充市顺庆区、高坪区、西充县，广安市前锋区；
陕西：渭南市白水县。
发生面积　3549 亩
危害指数　0.3615

• 大垫尖翅蝗 *Epacromius coerulipes* (Ivanov)
寄　　主　刺槐。
分布范围　辽宁、黑龙江、山东、宁夏。
发生地点　宁夏：银川市兴庆区、西夏区。

• 短翅黑背蝗 *Eyprepocnemis hokutensis* Shiraki
寄　　主　柳树，苹果，梨，毛竹。
分布范围　江苏、浙江、福建、江西、山东、湖北、广东、广西。
发生地点　山东：菏泽市牡丹区。

• 牯岭腹露蝗 *Fruhstorferiola kulinga* (Chang)
寄　　主　枫杨。
分布范围　湖南。
发生地点　湖南：永州市东安县。

• 越北腹露蝗 *Fruhstorferiola tonkinensis* (Willemse)
寄　　主　枫杨，桑，桃，黄荆。
分布范围　福建、江西、湖南、广西。
发生地点　湖南：邵阳市洞口县，益阳市安化县；
广西：桂林市全州县。
发生面积　880 亩
危害指数　0.3333

• 绿腿腹露蝗 *Fruhstorferiola viridifemorata* (Caudell)
寄　　主　山核桃，板栗，山茱萸，牡荆。

分布范围　江苏、浙江、安徽、江西、湖北、湖南、四川。
发生地点　浙江：杭州市临安市；
湖北：黄冈市罗田县；
湖南：岳阳市平江县；
四川：雅安市雨城区。
发生面积　1068 亩
危害指数　0.3365

• **非洲车蝗** ***Gastrimargus africanus*** **（Sauasure）**
寄　　主　核桃，桑。
分布范围　河北、贵州、陕西。
发生地点　贵州：铜仁市沿河土家族自治县；
陕西：榆林市吴堡县。
发生面积　230 亩
危害指数　0.3333

• **云斑车蝗** ***Gastrimargus marmoratus*** **（Thunberg）**
寄　　主　木麻黄，锥栗，刺槐，柑橘，油桐，茶，巨尾桉，女贞，毛竹。
分布范围　北京、河北、辽宁、黑龙江、江苏、浙江、安徽、福建、江西、山东、湖北、广东、广西、海南、重庆、四川、贵州、陕西、甘肃、宁夏。
发生地点　北京：密云区；
河北：张家口市怀来县、赤城县；
江苏：镇江市句容市；
浙江：金华市磐安县，丽水市松阳县；
安徽：合肥市庐阳区；
福建：南平市建瓯市；
山东：济宁市梁山县，威海市环翠区；
广西：南宁市武鸣区，维都林场；
四川：内江市东兴区；
陕西：咸阳市长武县；
甘肃：庆阳市镇原县；
宁夏：石嘴山市大武口区。
发生面积　9142 亩
危害指数　0.3370

• **芋蝗** ***Gesonula punctifrons*** **（Stål）**
寄　　主　榕树，木犀。
分布范围　浙江、福建、江西、广东、广西、海南、四川。

• **李氏大足蝗** ***Gomphocerus licenti*** **（Chang）**
寄　　主　柠条锦鸡儿。

分布范围　宁夏。
发生地点　宁夏：吴忠市红寺堡区。
发生面积　1000 亩
危害指数　0. 3333

• **方异距蝗 *Heteropternis respondens* (Walker)**
寄　　主　核桃，栓皮栎，漆树，茶，黄荆。
分布范围　江苏、浙江、福建、江西、湖北、广东、广西、海南、四川、贵州、云南、陕西。
发生地点　浙江：宁波市镇海区、宁海县。
发生面积　502 亩
危害指数　0. 3333

• **斑角蔗蝗 *Hieroglyphus annulicornis* (Shiraki)**
寄　　主　毛竹。
分布范围　河北、江苏、浙江、安徽、福建、江西、山东、湖北、湖南、广东、广西、四川。
发生地点　浙江：宁波市象山县、宁海县。

• **异歧蔗蝗 *Hieroglyphus tonkinensis* Bolívar**
寄　　主　凤尾竹，青皮竹，刺竹子，绿竹，单竹，水竹，毛金竹，毛竹，唐竹，蒲葵。
分布范围　福建、湖南、广东、广西、贵州。
发生地点　湖南：岳阳市平江县；
广东：肇庆市高要区、四会市，汕尾市陆河县、陆丰市，云浮市新兴县。

• **亚洲飞蝗 *Locusta migratoria migratoria* (Linnaeus)**
寄　　主　山杨，垂柳，大红柳，核桃，榆树，梭梭，白梭梭，盐爪爪，桃，苹果，红叶李，胡枝子。
分布范围　北京、河北、黑龙江、浙江、山东、陕西、甘肃、宁夏、新疆。
发生地点　河北：张家口市阳原县；
浙江：台州市黄岩区；
山东：济宁市任城区、济宁高新区、济宁太白湖新区；
陕西：渭南市大荔县；
甘肃：金昌市永昌县；
宁夏：银川市兴庆区、西夏区、金凤区；
新疆：巴音郭楞蒙古自治州博湖县。
发生面积　4737 亩
危害指数　0. 3333

• **东亚飞蝗 *Locusta migratoria manilensis* (Meyen)**
寄　　主　加杨，山杨，黑杨，黄柳，旱柳，小红柳，榆树，构树，枇杷，苹果，石楠，刺槐，槐树，中华猕猴桃，油茶，茶，女贞，箭竹，毛竹，早园竹。
分布范围　北京、河北、辽宁、江苏、浙江、安徽、福建、江西、山东、湖北、广东、广西、海南、四川、云南、陕西、甘肃、宁夏。

发生地点　北京：丰台区、密云区；
河北：邢台市沙河市，张家口市阳原县，沧州市吴桥县、河间市；
江苏：南京市雨花台区，无锡市惠山区，苏州市吴江区，淮安市清江浦区，镇江市句容市；
浙江：宁波市北仑区、镇海区，金华市磐安县；
安徽：六安市裕安区，池州市贵池区；
福建：漳州市平和县、漳州开发区；
江西：吉安市井冈山市；
山东：潍坊市诸城市，济宁市梁山县、邹城市，泰安市泰山林场，莱芜市钢城区，菏泽市牡丹区；
湖北：潜江市；
海南：万宁市；
四川：雅安市石棉县；
陕西：渭南市华州区、大荔县、白水县；
甘肃：庆阳市正宁县；
宁夏：银川市西夏区、金凤区，石嘴山市惠农区。
发生面积　61534 亩
危害指数　0.3334

• 黑翅雏蝗 *Megaulacobothrus aethalinus*（Zubovski）

寄　　主　波罗栎。
分布范围　东北，北京、河北、山西、陕西、甘肃、宁夏。
发生地点　北京：石景山区；
河北：张家口市阳原县；
陕西：太白林业局。
发生面积　204 亩
危害指数　0.3333

• 日本鸣蝗 *Mongolotettix japonicus*（Bolívar）

寄　　主　杨树，核桃，猴樟。
分布范围　北京、河北、四川。
发生地点　北京：密云区；
河北：张家口市张北县、怀来县、赤城县；
四川：自贡市自流井区、荣县，内江市隆昌县，乐山市犍为县，资阳市雁江区。
发生面积　5163 亩
危害指数　0.3333

• 亚洲小车蝗 *Oedaleus asiaticus* Bey-Bienko

寄　　主　杨树，柠条锦鸡儿。
分布范围　西北，北京、河北、内蒙古、辽宁、山东。
发生地点　北京：东城区、石景山区、密云区；

河北：邢台市沙河市，张家口市涿鹿县；
山东：威海市环翠区；
陕西：渭南市澄城县；
宁夏：银川市西夏区、永宁县，中卫市中宁县。
发生面积　1076 亩
危害指数　0. 3798

• **黄胫小车蝗** ***Oedaleus infernalis*** **Saussure**
寄　　主　山杨，柳树，核桃，板栗，栓皮栎，构树，桑，樱花，苹果，梨，柠条锦鸡儿，柑橘，油桐，盐肤木，北枳椇，茶，杜鹃，木犀，黄荆，水竹。
分布范围　北京、河北、山西、辽宁、江苏、浙江、安徽、福建、江西、山东、湖北、广东、四川、陕西、宁夏。
发生地点　河北：唐山市乐亭县，张家口市阳原县、涿鹿县，沧州市吴桥县；
江苏：南京市雨花台区，淮安市淮阴区，镇江市句容市；
浙江：台州市天台县；
山东：济宁市邹城市，菏泽市牡丹区；
四川：自贡市大安区；
陕西：渭南市澄城县、蒲城县，安康市旬阳县；
宁夏：银川市兴庆区、西夏区，吴忠市红寺堡区，中卫市海原县。
发生面积　27043 亩
危害指数　0. 3349

• **红胫小车蝗** ***Oedaleus manjius*** **Chang**
寄　　主　构树，桃，盐肤木，杜鹃。
分布范围　北京、山西、江苏、浙江、安徽、福建、江西、湖北、广西、海南、四川、陕西。
发生地点　山西：晋中市太谷县；
江苏：南京市雨花台区、江宁区，镇江市句容市。
发生面积　135 亩
危害指数　0. 3333

• **长翅幽蝗** ***Ognevia longipennis*** **(Shiraki)**
寄　　主　山杨，柳树，核桃楸，核桃，榛子，波罗栎，蒙古栎，水曲柳，花曲柳。
分布范围　东北，河北、山西、内蒙古、新疆。

• **无齿稻蝗** ***Oxya adentata*** **Willemse**
寄　　主　栎，盐穗木。
分布范围　山西、内蒙古、辽宁、陕西、甘肃、宁夏。
发生地点　陕西：咸阳市秦都区。

• **山稻蝗** ***Oxya agavisa*** **Tsai**
寄　　主　红豆杉，核桃，板栗，构树，枇杷，茶，巨尾桉，木犀，黄竹，麻竹，毛竹，慈竹。
分布范围　华东，河北、湖北、湖南、广东、广西、四川、贵州、云南。

发生地点 河北：张家口市万全区；

浙江：宁波市象山县；

江西：萍乡市安源区、上栗县；

湖北：武汉市东西湖区；

广西：桂林市阳朔县；

四川：自贡市自流井区、贡井区、荣县，内江市威远县，乐山市犍为县，宜宾市翠屏区、南溪区、筠连县、兴文县。

发生面积 374 亩

危害指数 0.3351

● **中华稻蝗** ***Oxya chinensis*** **(Thunberg)**

寄　　主 杨树，大红柳，旱柳，榆树，盐麸木，桃，合欢，黄檀，刺桐，刺槐，槐树，柑橘，黄栌，盐肤木，酸枣，油茶，茶，木荷，紫薇，黄荆，荆条，白花泡桐，方竹，毛竹，早园竹，绵竹，慈竹。

分布范围 东北、华东，北京、天津、河北、河南、湖北、湖南、广东、广西、重庆、四川、陕西、甘肃、宁夏。

发生地点 北京：密云区；

河北：唐山市乐亭县，邢台市沙河市，张家口市阳原县，沧州市吴桥县、河间市；

辽宁：丹东市振安区；

上海：宝山区、嘉定区、金山区、松江区，崇明县；

江苏：南京市栖霞区、雨花台区、江宁区、高淳区，淮安市淮阴区、盱眙县，盐城市响水县，镇江市京口区、润州区、丹阳市、句容市；

浙江：宁波市江北区、北仑区、镇海区、象山县、奉化市，台州市天台县，丽水市松阳县；

安徽：合肥市庐阳区、包河区；

福建：三明市将乐县，泉州市永春县；

江西：赣州市石城县；

山东：济宁市邹城市，临沂市兰山区；

湖北：太子山林场；

广东：广州市天河区，肇庆市高要区，惠州市惠阳区；

四川：自贡市荣县，遂宁市安居区，内江市东兴区，宜宾市翠屏区、南溪区、江安县、筠连县；

陕西：渭南市华州区、澄城县，宁东林业局；

宁夏：银川市西夏区，石嘴山市惠农区。

发生面积 8768 亩

危害指数 0.3439

● **小稻蝗** ***Oxya intricata*** **(Stål)**

寄　　主 方竹，胖竹。

分布范围 华东、西南，湖北、湖南、广东、广西、陕西。

发生地点　重庆：开县；
　　　　　四川：内江市东兴区；
　　　　　陕西：渭南市大荔县。
发生面积　1686 亩
危害指数　0. 3333

• 日本稻蝗 *Oxya japonica* (Thunberg)
寄　　主　盐穗木。
分布范围　河北、辽宁、江苏、浙江、山东、湖北、广东、广西、四川、西藏。

• 长翅稻蝗 *Oxya velox* (Fabricius)
寄　　主　茶。
分布范围　云南、西藏。

• 日本黄脊蝗 *Patanga japonica* (Bolívar)
寄　　主　杉木，茶。
分布范围　江苏、浙江、安徽、福建、江西、山东、河南、广东、广西、四川、贵州、云南、西藏、陕西、甘肃。

• 短翅佛蝗 *Phlaeoba angustidorsis* Bolívar
寄　　主　孝顺竹，桂竹，毛竹，红哺鸡竹，毛金竹，早竹，胖竹，黄竿乌哺鸡竹，苦竹。
分布范围　江苏、浙江、福建、江西、湖南、广西、四川、贵州。
发生地点　浙江：金华市磐安县。

• 长角佛蝗 *Phlaeoba antennata* Brunner von Wattenwyl
寄　　主　桤木，构树，柑橘，黄杨，油茶，桉树，刺竹子。
分布范围　江苏、浙江、福建、江西、山东、广东、广西、海南、四川、云南、陕西。
发生地点　江苏：南京市雨花台区，镇江市句容市；
　　　　　浙江：台州市黄岩区；
　　　　　四川：自贡市自流井区、沿滩区、荣县，宜宾市翠屏区。
发生面积　157 亩
危害指数　0. 3333

• 僧帽佛蝗 *Phlaeoba infumata* Brunner von Wattenwyl
寄　　主　毛竹。
分布范围　江苏、福建、江西、湖北、广东、海南、四川、贵州、云南。
发生地点　江西：萍乡市湘东区。

• 中华佛蝗 *Phlaeoba sinensis* Bolívar
寄　　主　青冈。
分布范围　江苏、福建、山东、湖北、广东、海南、四川、贵州、云南。

• 黄股秃蝗 *Podisma aberrans* Ikonnikov
寄　　主　落叶松。

分布范围　辽宁、吉林。

• **长翅素木蝗 *Shirakiacris shirakii*（Bolívar）**

寄　　主　杨树，柳树，核桃楸，榛子，榆树，柑橘。

分布范围　北京、河北、辽宁、江苏、浙江、安徽、福建、江西、山东、河南、广东、广西、陕西、甘肃。

发生地点　北京：密云区；
陕西：咸阳市长武县。

• **比氏蹦蝗 *Sinopodisma pieli*（Chang）**

寄　　主　毛竹。

分布范围　浙江、安徽、江西。

发生地点　江西：萍乡市芦溪县。

• **宁夏束颈蝗 *Sphingonotus ningsianus* Zheng et Gow**

寄　　主　柠条锦鸡儿。

分布范围　宁夏。

发生地点　宁夏：银川市永宁县，吴忠市红寺堡区。

发生面积　30001 亩

危害指数　0.3333

• **细线斑腿蝗 *Stenocatantops splendens*（Thunberg）**

中文异名　白条细蝗

寄　　主　栎，桑，桢楠，柑橘，油茶，油棕。

分布范围　江西、河南、广西、重庆、云南。

发生地点　广西：百色市田阳县；
重庆：南岸区，丰都县、奉节县、巫溪县。

发生面积　181 亩

危害指数　0.3333

• **中华越北蝗 *Tonkinacris sinensis* Chang**

寄　　主　核桃，巨尾桉，白花泡桐，毛竹。

分布范围　广西、四川、贵州、云南。

发生地点　广西：桂林市荔浦县，来宾市金秀瑶族自治县。

发生面积　600 亩

危害指数　0.3333

• **越北凸额蝗 *Traulia tonkinensis* Bolívar**

寄　　主　方竹。

分布范围　江苏、广西、四川、云南。

发生地点　江苏：南京市栖霞区。

● **疣蝗 *Trilophidia annulata*（Thunberg）**

寄　　主　榆树，刺槐，桑，樟树，油茶，毛竹。

分布范围　北京、辽宁、上海、江苏、浙江、安徽、江西、山东、湖北、湖南、广东、四川。

发生地点　浙江：台州市三门县；

江西：萍乡市湘东区；

山东：菏泽市牡丹区；

湖南：岳阳市平江县；

四川：自贡市荣县。

发生面积　44360 亩

危害指数　0.3387

● **短角异斑腿蝗 *Xenocatantops brachycerus*（Willemse）**

寄　　主　石楠，文旦柚，柑橘，火炬树，梧桐，油茶，茶，女贞。

分布范围　西南，河北、上海、江苏、浙江、福建、江西、河南、湖北、广东、广西、陕西。

发生地点　江苏：南京市浦口区、栖霞区、雨花台区、高淳区，无锡市滨湖区，苏州市高新区，镇江市句容市；

浙江：宁波市奉化市；

广东：肇庆市高要区、四会市，清远市连州市；

广西：桂林市兴安县，防城港市上思县，河池市南丹县、环江毛南族自治县、巴马瑶族自治县；

四川：绵阳市梓潼县，遂宁市蓬溪县，内江市隆昌县，宜宾市翠屏区、兴文县，雅安市雨城区，巴中市南江县，资阳市雁江区；

陕西：渭南市华州区、白水县。

发生面积　3348 亩

危害指数　0.3343

● **大斑异斑腿蝗 *Xenocatantops humilis*（Serville）**

寄　　主　化香树，旱冬瓜，西桦，高山栲，栓皮栎，石楠，柑橘，麻疯树，桉树，杜鹃，银桂，方竹，单竹，毛竹。

分布范围　江苏、浙江、福建、湖北、广西、四川、云南、西藏、陕西。

发生地点　江苏：南京市雨花台区；

浙江：宁波市象山县，温州市鹿城区、平阳县、瑞安市，嘉兴市嘉善县，台州市黄岩区、仙居县、临海市；

四川：攀枝花市西区、仁和区，乐山市犍为县，宜宾市南溪区；

陕西：咸阳市旬邑县。

发生面积　35642 亩

危害指数　0.4306

癞蝗科 Pamphagidae

• **笨蝗 *Haplotropis brunneriana* Saussure**

寄　　主　加杨，山杨，黑杨，柳树，波罗栎，榆树，构树，苹果，刺槐，柑橘，油桐，木犀，慈竹。

分布范围　北京、河北、辽宁、黑龙江、浙江、山东、湖北、重庆、四川、陕西、甘肃。

发生地点　北京：昌平区、密云区；

河北：唐山市乐亭县，张家口市怀来县、赤城县，沧州市河间市；

浙江：宁波市奉化市；

山东：临沂市蒙阴县，菏泽市牡丹区；

重庆：南岸区、北碚区、永川区；

陕西：渭南市蒲城县、白水县；

甘肃：白银市靖远县；

黑龙江森林工业总局：迎春林业局。

发生面积　15861 亩

危害指数　0. 3333

䗛目 Phasmida　笛䗛科 Diapheromeridae

• **腹锥小异䗛 *Micadina conifera* Chen et He**

寄　　主　苦竹。

分布范围　陕西。

发生地点　陕西：宁东林业局。

• **英德小异䗛 *Micadina yingdensis* Chen et He**

寄　　主　黧蒴栲 。

分布范围　江西、广东。

• **叶刺异䗛 *Oxyartes lamellatus* Kirby**

寄　　主　麻栎，白兰，猴樟，樱花。

分布范围　福建、湖北、重庆。

发生地点　湖北：太子山林场；

重庆：江津区。

• **垂臀华枝䗛 *Sinophasma brevipenne* Günther**

中文异名　垂臀华枝竹节虫

寄　　主　板栗，甜槠栲，高山栲，刺栲，麻栎，槲栎，白栎，栓皮栎，锐齿槲栎，竹叶青冈。

分布范围　浙江、安徽、福建、江西、湖北、湖南、广西、重庆、四川、贵州、陕西。

发生地点　福建：南平市延平区；

湖北：宜昌市夷陵区、当阳市，恩施土家族苗族自治州巴东县；

湖南：益阳市桃江县，郴州市嘉禾县；

广西：钦州市浦北县；
重庆：酉阳土家族苗族自治县；
四川：绵阳市江油市；
贵州：毕节市金沙县，黔南布依族苗族自治州都匀市、福泉市；
陕西：西安市周至县。

发生面积　27179 亩

危害指数　0. 3592

• **斑腿华枝䗛 *Sinophasma maculicruralis* Chen**

寄　　主　枫杨，刺榜，栎，青冈，柑橘，巨尾桉。

分布范围　广西、重庆。

发生地点　广西：贵港市桂平市，黄冕林场；
重庆：武隆区。

发生面积　303 亩

危害指数　0. 3333

䗛科 Phasmatidae

• **白带短足刺䗛 *Baculonistria alba*（Chen et He）**

寄　　主　枫杨，桦木，桤木，黄荆，青冈，黄葛树，刺桐，刺槐，柑橘。

分布范围　重庆、四川。

发生地点　重庆：涪陵区，武隆区、忠县、奉节县、巫溪县、彭水苗族土家族自治县；
四川：绵阳市江油市。

发生面积　2151 亩

危害指数　0. 3333

• **白水江短角枝䗛 *Ramulus baishuijiangius* Chen**

中文异名　白水江瘦枝䗛

寄　　主　核桃，桤木，麻栎，构树，枫香，桃，花椒。

分布范围　湖北、四川、陕西、甘肃。

发生地点　四川：绵阳市三台县、梓潼县，凉山彝族自治州布拖县、金阳县；
甘肃：陇南市文县。

发生面积　2756 亩

危害指数　0. 3333

• **崇信短角枝䗛 *Ramulus chongxinense*（Chen et He）**

寄　　主　辽东栎，刺槐。

分布范围　甘肃。

发生地点　甘肃：平凉市崇信县、华亭县。

发生面积　42020 亩

危害指数　0. 4944

● 断沟短角枝䗛 *Ramulus intersulcatus*（Chen et He）

寄　　主　崖柏，栎，刺槐。

分布范围　重庆。

发生地点　重庆：万州区。

发生面积　1152 亩

危害指数　0.7040

● 小齿短角枝䗛 *Ramulus minutidentatus*（Chen et He）

寄　　主　杨树，核桃楸，桦木，榛子，蒙古栎，榆树，杏，山里红，胡枝子，色木槭，糠椴，花曲柳。

分布范围　辽宁、吉林。

发生地点　辽宁：抚顺市抚顺县、新宾满族自治县；
　　　　　吉林：吉林市永吉县。

发生面积　13541 亩

危害指数　0.3333

● 平利短角枝䗛 *Ramulus pingliense*（Chen et He）

寄　　主　杨树，枫杨，栎，栎子青冈，苹果，合欢，刺槐，野桐，木芙蓉，黄槿，梧桐，刺竹子，甜竹。

分布范围　湖北、广西、四川、贵州、陕西。

发生地点　广西：桂林市雁山区；
　　　　　陕西：安康市汉滨区、汉阴县、石泉县。

发生面积　2837 亩

危害指数　0.3333

● 褐喙尾䗛 *Rhamphophasma modestum* Brunner von Wattenwyl

中文异名　褐喙尾竹节虫

寄　　主　木麻黄，杨树，核桃，桤木，桦木，榛子，板栗，锥栗，麻栎，白栎，辽东栎，栓皮栎，青冈，糙叶树，构树，檫木，红花檵木，刺槐，油桐，茶，喜树，荆条，箭竹，慈竹，毛竹。

分布范围　江苏、安徽、福建、江西、山东、湖北、湖南、重庆、四川、贵州、云南、陕西。

发生地点　江苏：南京市玄武区、江宁区；
　　　　　安徽：淮南市大通区；
　　　　　江西：萍乡市莲花县；
　　　　　湖北：十堰市竹山县、竹溪县，荆门市钟祥市；
　　　　　湖南：张家界市武陵源区，湘西土家族苗族自治州古丈县；
　　　　　重庆：渝北区、巴南区、永川区；
　　　　　四川：绵阳市三台县，达州市万源市，巴中市恩阳区、通江县；
　　　　　贵州：贵阳市开阳县、息烽县、修文县，遵义市红花岗区，毕节市大方县、金沙县、织金县；
　　　　　云南：昭通市盐津县；

陕西：汉中市西乡县，安康市汉滨区。
发生面积　10327 亩
危害指数　0.4309

蜚蠊目 Blattodea　鳖蠊科 Corydiidae

• 中华真地鳖蠊 *Eupolyphaga sinensis*（Walker）
寄　　主　栎子青冈，构树，苹果。
分布范围　河北、江苏、河南、广西、陕西、宁夏。
发生地点　陕西：咸阳市旬邑县；
　　　　　宁夏：石嘴山市大武口区。
发生面积　281 亩
危害指数　0.3333

姬蠊科 Ectobiidae

• 双纹小蠊 *Blattella bisignata*（Brunner von Wattenwyl）
寄　　主　杨树，核桃，柑橘。
分布范围　陕西。
发生地点　陕西：渭南市华州区。

• 德国小蠊 *Blattella germanica*（Linnaeus）
寄　　主　桃。
分布范围　河北、浙江、安徽、福建、陕西。
发生地点　浙江：宁波市象山县，台州市三门县。

硕蠊科 Blaberidae

• 高桥大光蠊 *Rhabdoblatta takahashii* Asahina
寄　　主　槐树。
分布范围　四川、陕西。
发生地点　陕西：宁东林业局。

蜚蠊科 Blattidae

• 东方蜚蠊 *Blatta orientalis* Linnaeus
寄　　主　苹果，木槿，槟榔。
分布范围　北京、辽宁、江苏、山东、海南、陕西。
发生地点　山东：临沂市沂水县；
　　　　　海南：定安县；

陕西：渭南市潼关县、合阳县，延安市延川县。
发生面积　367 亩
危害指数　0. 3333

• **美洲大蠊** ***Periplaneta americana*** **（Linnaeus）**
寄　　主　苹果。
分布范围　中南，北京、河北、内蒙古、辽宁、吉林、上海、江苏、浙江、福建、江西、山东、四川、贵州、云南、陕西。
发生地点　浙江：宁波市象山县；
陕西：咸阳市乾县。
发生面积　122 亩
危害指数　0. 3333

• **澳洲大蠊** ***Periplaneta australasiae*** **（Fabricius）**
寄　　主　榆树，桑。
分布范围　辽宁、浙江、福建、广东、广西、海南、云南。
发生地点　浙江：宁波市象山县。

• **黑胸大蠊** ***Periplaneta fuliginosa*** **Serville**
寄　　主　枫杨，油樟。
分布范围　全国。
发生地点　浙江：宁波市象山县；
四川：自贡市自流井区，内江市东兴区。

古白蚁科 Archotermopsidae

• **山林原白蚁** ***Hodotermopsis sjostedti*** **Holmgren**
寄　　主　马尾松，长苞铁杉，核桃，枫杨，桤木，栗，栎，猴樟，紫荆，刺槐，冬青，红淡比，木荷，巨尾桉，中华五加，赤楠，狭叶泡花树。
分布范围　江西、广东、广西、重庆、四川、贵州、云南。
发生地点　江西：南城县；
广西：柳州市融安县，贺州市昭平县；
重庆：涪陵区、大渡口区、南岸区、黔江区、长寿区，城口县、丰都县、开县、云阳县、奉节县、彭水苗族土家族自治县；
贵州：黔西南布依族苗族自治州兴义市。
发生面积　8356 亩
危害指数　0. 3360

木白蚁科 Kalotermitidae

• **狭背堆砂白蚁** ***Cryptotermes angustinotus*** **Gao et Peng**
寄　　主　柏木，崖柏，山核桃，桉树。

分布范围　四川。
发生地点　四川：绵阳市三台县、梓潼县。

● **铲头堆砂白蚁** ***Cryptotermes declivis*** **Tsai et Chen**
寄　　主　银杏，华山松，杉木，枫杨，榕树，猴樟，樟树，柑橘，荔枝，无患子，黄槿，桉树，白花泡桐，咖啡，椰子。
分布范围　福建、湖南、广东、海南、四川。
发生地点　湖南：常德市汉寿县；
四川：巴中市通江县。
发生面积　5056 亩
危害指数　0.3993

● **截头堆砂白蚁** ***Cryptotermes domesticus*** **（Haviland）**
寄　　主　核桃，枫杨，苦槠栲，榕树，荔枝，紫薇，咖啡，椰子。
分布范围　广东、广西、海南、四川、云南。
发生地点　四川：南充市高坪区，雅安市雨城区。

● **金平树白蚁** ***Glyptotermes chinpingensis*** **Tsai et Chen**
寄　　主　杨梅，木莲，橡胶树。
分布范围　福建、湖南、广西、云南。
发生地点　湖南：邵阳市洞口县。
发生面积　11250 亩
危害指数　0.3541

● **黑树白蚁** ***Glyptotermes fuscus*** **Oshima**
寄　　主　毛白杨，黑杨，女贞，南方泡桐，白花泡桐。
分布范围　湖北。

● **赤树白蚁** ***Glyptotermes satsumensis*** **（Matsumura）**
寄　　主　板栗，橡胶树。
分布范围　湖南、广西、四川、云南。
发生地点　四川：遂宁市大英县。

鼻白蚁科 Rhinotermitidae

● **大家白蚁** ***Coptotermes curvignathus*** **Holmgren**
寄　　主　湿地松，马尾松，杉木，板栗，猴樟，樟树，花椒，桉树。
分布范围　江苏、安徽、湖南、广东、广西、重庆。
发生地点　湖南：株洲市荷塘区、芦淞区、石峰区，永州市新田县；
广东：韶关市乐昌市；
广西：桂林市灵川县、灌阳县、恭城瑶族自治县，百色市乐业县，河池市天峨县；
重庆：合川区。

发生面积 3191 亩

危害指数 0.3563

- **台湾乳白蚁** ***Coptotermes formosanus*** **Shiraki**

中文异名 家白蚁

寄　　主 湿地松，马尾松，火炬松，柳杉，杉木，水杉，柏木，黑杨，垂柳，野核桃，核桃，板栗，鬣蒴栲，栎，榆树，西米棕，猴樟，阴香，樟树，桢楠，檫木，三球悬铃木，月季，台湾相思，黑荆树，羊蹄甲，红豆树，刺槐，臭椿，红椿，黄连木，枣树，山杜英，梧桐，木荷，合果木，巨桉，巨尾桉，野海棠，木犀，白花泡桐。

分布范围 浙江、安徽、福建、江西、山东、河南、湖北、湖南、广东、广西、重庆、四川、贵州、陕西。

发生地点 浙江：杭州市萧山区、余杭区、桐庐县，宁波市象山县、慈溪市，衢州市常山县，台州市椒江区、温岭市；

安徽：合肥市庐阳区、包河区，滁州市来安县、定远县；

福建：莆田市仙游县，泉州市晋江市，漳州市平和县，龙岩市新罗区；

江西：赣州市赣县、安远县，上饶市广丰区、玉山县，鄱阳县；

河南：漯河市舞阳县，固始县；

湖北：武汉市蔡甸区，襄阳市保康县，黄冈市团风县，咸宁市嘉鱼县，太子山林场；

湖南：长沙市长沙县、宁乡县，株洲市攸县，衡阳市南岳区，邵阳市大祥区、北塔区，常德市桃源县、津市市，益阳市资阳区、南县、益阳高新区，郴州市北湖区、桂阳县、嘉禾县，永州市零陵区、东安县，娄底市新化县；

广东：广州市越秀区、天河区、白云区、番禺区、花都区、南沙区、从化区、增城区，韶关市始兴县、翁源县，汕头市澄海区，佛山市禅城区、南海区，惠州市惠阳区，顺德区；

广西：南宁市隆安县，柳州市融水苗族自治县、三江侗族自治县；

重庆：大足区、渝北区；

四川：眉山市青神县。

发生面积 83892 亩

危害指数 0.3693

- **尖唇异白蚁** ***Heterotermes aculabialis*** **（Tsai et Huang）**

寄　　主 马尾松，麻栎，三球悬铃木。

分布范围 湖北。

- **肖若散白蚁** ***Reticulitermes affinis*** **Hsia et Fan**

寄　　主 巨桉。

分布范围 湖北、湖南、四川。

发生地点 四川：自贡市贡井区。

- **黑胸散白蚁** ***Reticulitermes chinensis*** **Snyder**

寄　　主 银杏，华山松，湿地松，马尾松，杉木，柏木，侧柏，圆柏，竹柏，榧树，杨树，柳树，桤木，麻栎，猴樟，樟树，刺槐，山茶，油茶，木荷，巨桉，木犀，白花泡桐，毛竹，早竹。

分布范围　华东，北京、河北、山西、河南、湖北、湖南、广西、四川、云南、陕西、甘肃。

发生地点　浙江：杭州市余杭区，宁波市象山县，台州市温岭市；
安徽：合肥市庐阳区，芜湖市芜湖县；
四川：遂宁市蓬溪县；
陕西：西安市蓝田县，渭南市华州区，安康市汉阴县，宁东林业局。

发生面积　786 亩

危害指数　0.3380

• **黄胸散白蚁 *Reticulitermes flaviceps* (Oshima)**

寄　　主　湿地松，马尾松，杉木，桑，慈竹。

分布范围　江苏、安徽、四川。

发生地点　江苏：苏州市吴中区、吴江区；
安徽：合肥市庐阳区，芜湖市芜湖县；
四川：雅安市雨城区。

发生面积　566 亩

危害指数　0.3510

• **花胸散白蚁 *Reticulitermes fukienensis* Light**

寄　　主　杉木，樟树，早竹。

分布范围　浙江。

发生地点　浙江：金华市磐安县。

• **圆唇散白蚁 *Reticulitermes labralis* Hsia et Fan**

寄　　主　杨树，柳树，核桃，榆树，桑，桃，杏，凤凰木，刺槐，槐树，翅果油树。

分布范围　山西、云南、陕西。

发生地点　山西：晋城市沁水县、阳城县、陵川县、泽州县，临汾市乡宁县；
云南：玉溪市元江哈尼族彝族傣族自治县；
陕西：西安市临潼区。

发生面积　51172 亩

危害指数　0.3369

• **栖北散白蚁 *Reticulitermes speratus* (Kolbe)**

寄　　主　银杏，赤松，马尾松，榧树，毛白杨，垂柳，板栗，苦槠栲，猴樟，樟树，桃，刺槐，黄连木，木荷，木犀，白花泡桐，早竹，毛竹。

分布范围　浙江、安徽、山东、湖北。

发生地点　浙江：杭州市余杭区，宁波市象山县，衢州市常山县，台州市椒江区、温岭市；
湖北：太子山林场。

发生面积　326 亩

危害指数　0.3333

白蚁科 Termitidae

- **土垄大白蚁 *Macrotermes annandalei* (Silvestri)**

寄　　主　加勒比松，湿地松，马尾松。

分布范围　广西。

发生地点　广西：南宁市武鸣区，桂林市雁山区、阳朔县，钦廉林场。

发生面积　8400 亩

危害指数　0.5238

- **黄翅大白蚁 *Macrotermes barneyi* Light**

中文异名　黄翅大螱

寄　　主　马尾松，火炬松，杉木，水杉，秃杉，柏木，罗汉松，红豆杉，木麻黄，加杨，山杨，毛白杨，核桃，西桦，板栗，刺栲，苦槠栲，栲树，栓皮栎，青冈，高山榕，榕树，八角，荷花玉兰，猴樟，樟树，肉桂，檫木，枫香，红花檵木，二球悬铃木，樱桃，李，红叶李，台湾相思，云南金合欢，格木，刺槐，毛刺槐，吴茱萸，香椿，橡胶树，油桐，秋枫，龙眼，栾树，荔枝，杜英，油茶，木荷，赤桉，窿缘桉，大叶桉，细叶桉，巨桉，巨尾桉，柳窿桉，尾叶桉，女贞，油橄榄，木犀，白花泡桐，毛泡桐。

分布范围　江苏、浙江、安徽、福建、江西、湖北、湖南、广东、广西、四川、贵州、云南。

发生地点　浙江：杭州市西湖区，宁波市鄞州区、象山县，衢州市常山县，丽水市莲都区、松阳县；

安徽：合肥市庐阳区、包河区，芜湖市芜湖县，安庆市宜秀区；

福建：莆田市城厢区、涵江区、荔城区、仙游县，三明市清流县，南平市松溪县、政和县；

江西：南昌市南昌县，九江市瑞昌市，赣州市定南县、全南县、宁都县、会昌县，吉安市新干县，宜春市樟树市，上饶市余干县；

湖北：太子山林场；

湖南：株洲市荷塘区、芦淞区、石峰区、天元区、攸县、云龙示范区，衡阳市衡南县、耒阳市、常宁市，岳阳市岳阳县、湘阴县、汨罗市，张家界市永定区，郴州市桂阳县、宜章县、嘉禾县、安仁县、资兴市，永州市零陵区、祁阳县、道县、宁远县、蓝山县，怀化市鹤城区、辰溪县、会同县、麻阳苗族自治县、靖州苗族侗族自治县，娄底市娄星区、双峰县、冷水江市、涟源市，湘西土家族苗族自治州凤凰县；

广西：南宁市武鸣区、隆安县、横县，柳州市鱼峰区、柳北区、柳江区、柳东新区、鹿寨县、融安县、融水苗族自治县、三江侗族自治县，桂林市雁山区、阳朔县、兴安县、荔浦县，梧州市万秀区、长洲区、龙圩区、苍梧县、藤县、蒙山县，北海市海城区、铁山港区、合浦县，防城港市港口区、防城区、上思县、东兴市，钦州市钦南区、钦北区、灵山县、浦北县，贵港市港北区、覃塘区、平南县、桂平市，玉林市福绵区、容县、兴业县、北流市，百色市德保县、乐业县、田林县、靖西市，贺州市平桂区、八步区、钟山县、富川瑶族自治县，河池市金城江区、南丹县、天峨县、凤山县、东兰县、巴马瑶族自治县、都安瑶族自治县、大化瑶族自治县、宜州区，来宾市忻城县、象州县、武宣县、金秀瑶族自治县，崇左市宁明县、龙州县、大新县、凭祥市，七坡林场、良凤江森林公园、东门林场、派阳山林场、钦廉林场、维都林场、黄冕林场、博白林场、雅长林场；

四川：达州市开江县；

云南：普洱市孟连傣族拉祜族佤族自治县、澜沧拉祜族自治县。

发生面积　284621 亩

危害指数　0.4932

• 尖鼻象白蚁 *Nasutitermes gardneri* Snyder

寄　　主　木莲，桢楠。

分布范围　浙江。

发生地点　浙江：金华市磐安县。

• 黑翅土白蚁 *Odontotermes formosanus* (Shiraki)

中文异名　黑翅大白蚁、台湾黑翅螱

寄　　主　马尾松，云南松，柳杉，杉木，秃杉，池杉，落羽杉，柏木，崖柏，红豆杉，榧树，木麻黄，山杨，黑杨，美洲杨，柳树，杨梅，核桃，枫杨，板栗，甜槠栲，刺栲，苦槠栲，鬣蒴栲，锥栗，麻栎，青冈，青檀，大果榉，木波罗，桂木，构树，垂叶榕，无花果，黄葛树，榕树，桑，八角，鹅掌楸，荷花玉兰，厚朴，西米棕，猴樟，樟树，肉桂，油樟，桢楠，檫木，枫香，红花荷，三球悬铃木，桃，樱桃，樱花，日本樱花，枇杷，石楠，李，红叶李，梨，月季，耳叶相思，台湾相思，黑荆树，南洋楹，合欢，羊蹄甲，黄檀，刺桐，格木，银合欢，刺槐，槐树，柑橘，文旦柚，楝树，香椿，重阳木，杧果，黄连木，三角槭，龙眼，栾树，荔枝，无患子，酸枣，杜英，山杜英，木棉，山茶，油茶，茶，木荷，合果木，赤桉，柠檬桉，窿缘桉，蓝桉，细叶桉，巨桉，巨尾桉，尾叶桉，鹅掌柴，女贞，木犀，柚木，南方泡桐，白花泡桐。

分布范围　中南，河北、上海、江苏、浙江、安徽、福建、江西、重庆、四川、贵州、云南、陕西。

发生地点　上海：宝山区；

江苏：南京市雨花台区，无锡市惠山区、滨湖区、宜兴市，常州市溧阳市，苏州市高新区、吴江区、昆山市、太仓市，淮安市金湖县，扬州市宝应县，镇江市京口区、润州区、句容市；

浙江：杭州市西湖区、余杭区、桐庐县，宁波市象山县、余姚市、慈溪市，嘉兴市秀洲区，衢州市柯城区、常山县，台州市椒江区、温岭市，丽水市松阳县、景宁畲族自治县；

安徽：合肥市肥西县，芜湖市繁昌县、无为县，安庆市怀宁县、桐城市，六安市金安区、裕安区、舒城县；

福建：厦门市集美区、同安区、翔安区，莆田市城厢区、涵江区、荔城区、仙游县，三明市明溪县、尤溪县、将乐县、永安市，泉州市鲤城区、洛江区、泉港区、安溪县、永春县、石狮市、晋江市、南安市、泉州台商投资区，漳州市漳浦县、诏安县、长泰县、平和县、华安县，南平市延平区、松溪县，龙岩市新罗区、上杭县、漳平市，福州国家森林公园；

江西：萍乡市安源区、湘东区、莲花县、上栗县、萍乡开发区，九江市武宁县、修水县、永修县、德安县、都昌县、湖口县、彭泽县、庐山市，新余市渝水区、分宜县、仙女湖区，鹰潭市余江县、龙虎山管理委员会，赣州市信丰县、安远县、寻乌县、石城县，吉安市峡江县、新干县、永丰县、泰和县、遂川县、永新县、井冈山市，宜春市袁州区、奉新县、上高县、靖安县、铜鼓县，抚州市临川区、崇仁县、金溪县、东乡县、广昌县，上饶市信州区、广丰区、上饶县、玉山县、铅山县、余干县、德兴市，共青城市、丰城市、鄱阳县、安福县；

河南：许昌市禹州市，驻马店市驿城区、确山县、泌阳县；

湖北：武汉市蔡甸区、黄陂区、新洲区，襄阳市襄州区、保康县，荆门市掇刀区、沙洋县，荆州市沙市区、荆州区、公安县、江陵县、石首市、洪湖市，恩施土家族苗族自治州来凤县，太子山林场；

湖南：长沙市望城区、长沙县、浏阳市，株洲市荷塘区、芦淞区、石峰区、天元区、攸县、云龙示范区、醴陵市，湘潭市湘潭县、韶山市，衡阳市南岳区，邵阳市新邵县、邵阳县，岳阳市云溪区、君山区、岳阳县、湘阴县、平江县、汨罗市、临湘市，常德市鼎城区、临澧县、桃源县、石门县，张家界市永定区，益阳市资阳区、沅江市，郴州市苏仙区、桂阳县、宜章县、嘉禾县、临武县、安仁县，永州市零陵区、冷水滩区、双牌县、道县、宁远县、回龙圩管理区、都庞岭自然保护区，娄底市新化县，湘西土家族苗族自治州凤凰县、永顺县；

广东：广州市南沙区，深圳市宝安区、龙岗区，湛江市麻章区、遂溪县、廉江市，肇庆市开发区、端州区、高要区、怀集县、德庆县、四会市、肇庆市属林场，惠州市惠阳区，梅州市大埔县、蕉岭县，汕尾市陆河县、陆丰市，河源市源城区、紫金县、龙川县、东源县，清远市清新区、佛冈县，东莞市，中山市，云浮市新兴县、云浮市属林场；

广西：南宁市良庆区、隆安县，柳州市融安县、融水苗族自治县，桂林市阳朔县、全州县、龙胜各族自治县，梧州市龙圩区、苍梧县、蒙山县，防城港市东兴市，贵港市桂平市，玉林市福绵区、容县，百色市田阳县，河池市南丹县、东兰县、巴马瑶族自治县，七坡林场、良凤江森林公园；

海南：白沙黎族自治县；

重庆：万州区、涪陵区、大渡口区、北碚区、巴南区、永川区、南川区、璧山区、潼南区、荣昌区，梁平区、丰都县、武隆区、忠县；

四川：成都市彭州市，攀枝花市米易县、普威局，遂宁市蓬溪县，南充市仪陇县，宜宾市珙县，广安市广安区、武胜县、邻水县、华蓥市；

贵州：遵义市道真仡佬族苗族自治县；

云南：昆明市西山区、经济技术开发区、倘甸产业园区，曲靖市师宗县，玉溪市红塔区、新平彝族傣族自治县，丽江市永胜县，楚雄彝族自治州楚雄市、双柏县、牟定县、元谋县，红河哈尼族彝族自治州绿春县，安宁市；
陕西：商洛市商州区。

发生面积　376179 亩

危害指数　0. 3626

- **海南土白蚁 *Odontotermes hainanensis* (Light)**

寄　　主　杉木，木麻黄，樟树，檫木，喜树，桉树。

分布范围　福建、广东、广西、海南、云南。

- **山西土白蚁 *Odontotermes* sp.**

寄　　主　侧柏，山杨，栓皮栎，榆树，槐树。

分布范围　山西。

发生地点　山西：运城市垣曲县、平陆县，中条山国有林管理局。

发生面积　49973 亩

危害指数　0. 3599

- **云南土白蚁 *Odontotermes yunnanensis* Tsai et chen**

寄　　主　华山松，思茅松，云南松，杉木，薄壳山核桃，核桃，榕树，澳洲坚果，降香，杧果，巨尾桉，柚木。

分布范围　云南。

发生地点　云南：玉溪市峨山彝族自治县，丽江市古城区，临沧市凤庆县、云县，西双版纳傣族自治州景洪市、勐腊县。

发生面积　13512 亩

危害指数　0. 3798

- **新渡近扭白蚁 *Pericapritermes nitobei* (Shiraki)**

寄　　主　毛竹。

分布范围　浙江。

发生地点　浙江：金华市磐安县。

- **华南原歪白蚁 *Procapritermes huananensis* yu et Ping**

寄　　主　马尾松，杉木，板栗，苦槠栲，猴樟，樟树，李，油茶，巨桉，巨尾桉，女贞，毛竹。

分布范围　安徽、江西、湖南、广东、广西、贵州。

发生地点　安徽：淮南市田家庵区；
江西：景德镇市昌江区，吉安市井冈山市，宜春市万载县；
湖南：湘潭市雨湖区、岳塘区、昭山示范区、九华示范区、湘乡市；
广东：阳江市阳春市；
广西：南宁市江南区、经济技术开发区，桂林市永福县，百色市老山林场，贺州市八步区、昭平县。

发生面积　7410 亩

危害指数　0. 4720

• **小钩扭白蚁** ***Pseudocapritermes minutus*** **(Tsai et Chen)**

寄　　主　柳杉，柏木，巨桉。

分布范围　湖北、四川。

发生地点　四川：自贡市沿滩区。

• **台华歪白蚁** ***Sinocapritermes mushae*** **(Oshima et Maki)**

寄　　主　马尾松，杉木，柏木，栎，猴樟，樟树，尾叶桉。

分布范围　浙江、福建、河南、湖南、广东、广西、海南、重庆、四川、云南。

发生地点　河南：南阳市淅川县；

湖南：衡阳市衡阳县，湘西土家族苗族自治州保靖县；

广西：南宁市马山县，百色市靖西市，贺州市富川瑶族自治县；

重庆：江津区；

四川：遂宁市船山区。

发生面积　9235 亩

危害指数　0. 3531

缨翅目 Thysanoptera

纹蓟马科 Aeolothripidae

• **横纹蓟马** ***Aeolothrips fasciatus*** **(Linnaeus)**

寄　　主　榕树。

分布范围　北京、河北、内蒙古、河南、湖北、云南。

发生地点　云南：玉溪市元江哈尼族彝族傣族自治县。

蓟马科 Thripidae

• **茶棍蓟马** ***Dendrothrips minowai*** **Priesner**

中文异名　茶蓟马

寄　　主　茶。

分布范围　广东、广西、海南、贵州。

• **花蓟马** ***Frankliniella intonsa*** **(Trybom)**

中文异名　棉蓟马

寄　　主　山杨，大红柳，玉兰，苹果，月季，柠条锦鸡儿，柑橘，枣树，葡萄，木槿，山茶，油茶，紫薇，石榴，木犀，栀子。

分布范围　东北，北京、河北、山西、上海、江苏、浙江、福建、江西、山东、河南、湖北、湖南、广东、广西、四川、贵州、云南、西藏、陕西、宁夏、新疆。

发生地点　河北：保定市涞水县、唐县；

上海：崇明县；

江苏：无锡市江阴市、宜兴市，常州市钟楼区、新北区、武进区；

浙江：丽水市莲都区；
福建：漳州市诏安县；
陕西：渭南市大荔县，宁东林业局；
宁夏：银川市兴庆区、金凤区，吴忠市盐池县；
新疆：喀什地区叶城县；
新疆生产建设兵团：农一师，农二师。

发生面积　113573 亩

危害指数　0. 3952

- **西花蓟马** ***Frankliniella occidentalis*** **(Pergande)**

寄　　主　黑杨，板栗，垂叶榕，澳洲坚果，桃，苹果，李，红叶李，月季，玫瑰，葡萄，山茶，茶，紫薇，石榴，夹竹桃。

分布范围　北京、河北、浙江、山东、河南、湖北、广东、四川、云南、陕西、宁夏、新疆。

发生地点　河北：衡水市桃城区；
浙江：杭州市富阳区，衢州市常山县、江山市；
山东：青岛市即墨市、莱西市，日照市莒县，菏泽市成武县；
河南：信阳市光山县；
湖北：荆州市江陵县；
四川：攀枝花市盐边县；
云南：德宏傣族景颇族自治州盈江县；
宁夏：吴忠市利通区、同心县；
新疆：喀什地区疏附县、叶城县。

发生面积　2667 亩

危害指数　0. 4181

- **桑蓟马** ***Pseudodendrothrips mori*** **(Niwa)**

寄　　主　垂叶榕，榕树，桑，猴樟，杧果，葡萄。

分布范围　江苏、山东、广西、重庆、云南、新疆。

发生地点　山东：东营市垦利县，泰安市东平县，威海市环翠区；
广西：南宁市高新技术开发区；
重庆：合川区；
云南：楚雄彝族自治州永仁县；
新疆：吐鲁番市鄯善县，博尔塔拉蒙古自治州精河县。

发生面积　6397 亩

危害指数　0. 3333

- **枸杞蓟马** ***Psilothrips bimaculatus*** **(Priesner)**

拉丁异名　*Psilothrips indicus* (Bhatti)

寄　　主　宁夏枸杞，枸杞。

分布范围　宁夏、新疆。

发生地点　宁夏：吴忠市同心县。

发生面积　3000 亩
危害指数　0. 3689

• 茶黄硬蓟马 *Scirtothrips dorsalis* Hood

寄　　主　辣木，苹果，耳叶相思，台湾相思，杧果，荔枝，葡萄，山茶，油茶，茶。
分布范围　天津、上海、江苏、浙江、安徽、福建、山东、河南、湖北、广东、广西、海南、云南。
发生地点　上海：浦东新区；
浙江：宁波市鄞州区；
山东：日照市经济开发区，临沂市罗庄区、莒南县；
广东：清远市连州市；
云南：西双版纳傣族自治州景洪市。
发生面积　1576 亩
危害指数　0. 3333

• 红带月蓟马 *Selenothrips rubrocinctus* (Giard)

寄　　主　水杉，罗汉松，黑杨，桑，猴樟，樟树，枫香，三球悬铃木，日本樱花，石楠，红叶李，月季，台湾相思，金合欢，花椒，油桐，秋枫，乌桕，杧果，冬青，鸡爪槭，栾树，荔枝，杜英，木芙蓉，金丝桃，紫薇，柿，木犀，鸡蛋花，珊瑚树。
分布范围　江苏、湖北、广东。
发生地点　江苏：常州市武进区，苏州市高新区、吴中区、吴江区、昆山市、太仓市；
湖北：荆州市沙市区、荆州区、监利县、江陵县；
广东：广州市越秀区，佛山市禅城区。
发生面积　9841 亩
危害指数　0. 4448

• 杜鹃蓟马 *Thrips andrewsi* (Bagnall)

寄　　主　杜鹃，茉莉花。
分布范围　福建、云南、陕西。

• 色蓟马 *Thrips coloratus* Schmutz

寄　　主　茶，木犀。
分布范围　江苏。
发生地点　江苏：常州市溧阳市。

• 黄蓟马 *Thrips flavus* Schrank

寄　　主　榕树，牡丹，樟树，苹果，海棠花，石楠，月季，玫瑰，刺槐，伞花木，葡萄，茉莉花，毛竹。
分布范围　华东、中南，河北、山西、内蒙古、辽宁、吉林、贵州、云南、宁夏、新疆。
发生地点　河北：衡水市桃城区；
江苏：无锡市江阴市，常州市溧阳市；
山东：东营市垦利县，菏泽市成武县；

海南：海口市秀英区。
发生面积 1897 亩
危害指数 0.3342

• **黄胸蓟马 *Thrips hawaiiensis* (Morgan)**
寄　　主 杧果，栀子。
分布范围 江苏、福建、广东、广西、海南、云南。
发生地点 江苏：苏州市高新区、昆山市、太仓市。
发生面积 110 亩
危害指数 0.3424

• **烟蓟马 *Thrips tabaci* Lindeman**
寄　　主 牡丹，梅，苹果，海棠花，李，红叶李，月季，玫瑰，柑橘，葡萄，木槿，石榴，枸杞。
分布范围 北京、河北、山东、甘肃、新疆。
发生地点 河北：唐山市古冶区、滦南县、玉田县，辛集市；
山东：菏泽市单县、成武县；
甘肃：白银市靖远县；
新疆：克拉玛依市克拉玛依区。
发生面积 10055 亩
危害指数 0.5455

管蓟马科 Phlaeothripidae

• **榕母管蓟马 *Gynaikothrips uzeli* (Zimmermann)**
拉丁异名 *Gynaikothrips ficorum* Marchal
寄　　主 高山榕，垂叶榕，无花果，榕树，澳洲坚果，阴香，人面子，木荷，杜鹃，茉莉花。
分布范围 浙江、福建、广东、广西、海南、重庆、四川、贵州、云南。
发生地点 浙江：温州市洞头区；
福建：厦门市海沧区、集美区、同安区、翔安区，莆田市城厢区、涵江区、荔城区、秀屿区、仙游县、湄洲岛，泉州市安溪县、永春县、晋江市，漳州市芗城区、龙文区、漳浦县、诏安县、平和县、开发区，南平市延平区，龙岩市上杭县、漳平市，福州国家森林公园；
广东：广州市越秀区、天河区、白云区、番禺区、花都区、从化区、增城区，深圳市福田区、宝安区、龙岗区、光明新区、坪山新区、龙华新区、大鹏新区，汕头市澄海区，佛山市禅城区、南海区，湛江市麻章区、遂溪县、廉江市，茂名市高州市，肇庆市开发区、端州区、鼎湖区、高要区、怀集县、德庆县、四会市，惠州市惠阳区、惠东县，汕尾市陆河县、陆丰市，河源市源城区、紫金县、龙川县、和平县、东源县，阳江市阳春市，清远市清新区，东莞市，中山市，云浮市云城区、云安区、新兴县、郁南县、罗定市；

广西：柳州市柳南区、柳北区，桂林市雁山区、灵川县，北海市海城区，贵港市平南县，河池市大化瑶族自治县，崇左市大新县；

海南：三亚市海棠区，三沙市，东方市、澄迈县、白沙黎族自治县、昌江黎族自治县、乐东黎族自治县；

重庆：江北区、九龙坡区、北碚区、綦江区、江津区、永川区、铜梁区，丰都县、垫江县、忠县、开县、云阳县、石柱土家族自治县、彭水苗族土家族自治县；

四川：成都市青白江区、彭州市、简阳市，自贡市自流井区、沿滩区，遂宁市船山区、大英县，南充市高坪区，眉山市洪雅县，达州市开江县、渠县，雅安市雨城区，巴中市巴州区；

贵州：安顺市关岭布依族苗族自治县；

云南：临沧市凤庆县、双江拉祜族佤族布朗族傣族自治县，楚雄彝族自治州牟定县，红河哈尼族彝族自治州开远市，西双版纳傣族自治州景洪市、勐腊县，大理白族自治州南涧彝族自治县、云龙县，德宏傣族景颇族自治州芒市。

发生面积　89823 亩

危害指数　0. 3426

• 华简管蓟马 *Haplothrips chinensis* Prieser

寄　　主　杉木，柏木，榕树，八角，樟树，苹果，柿。

分布范围　中南，北京、河北、吉林、江苏、浙江、安徽、福建、江西、山东、贵州、云南、西藏、陕西、宁夏、新疆。

发生地点　江西：吉安市青原区；

广西：玉林市北流市，六万林场；

宁夏：石嘴山市惠农区。

发生面积　886 亩

危害指数　0. 3333

半翅目 Hemiptera　蝉亚目 Cicadorrhyncha　尖胸沫蝉科 Aphrophoridae

• 竹尖胸沫蝉 *Aphrophora horizontalis* Kato

寄　　主　绿竹，斑竹，毛竹，毛金竹，早竹，高节竹，胖竹，慈竹。

分布范围　江苏、浙江、安徽、福建、江西、湖北、湖南、广西、四川、陕西。

发生地点　江苏：无锡市江阴市；

浙江：宁波市鄞州区，台州市黄岩区，丽水市松阳县；

福建：泉州市安溪县，南平市延平区；

湖南：永州市双牌县，怀化市辰溪县；

广西：桂林市灵川县、永福县；

四川：绵阳市梓潼县，乐山市沐川县。

发生面积　1488 亩

危害指数　0. 3340

• 白带黑纹尖胸沫蝉 *Aphrophora memorabilis* Walker

寄　　主　毛竹，早竹。

分布范围　浙江、福建、湖南、广西、四川。

发生地点　福建：莆田市涵江区；

湖南：常德市鼎城区；

广西：桂林市灵川县、永福县；

四川：巴中市恩阳区。

发生面积　1006 亩

危害指数　0.3333

• 二点铲头沫蝉 *Clovia bipunctata* Kirby

中文异名　褐带平冠沫蝉

寄　　主　油茶，木犀。

分布范围　江西。

• 松铲头沫蝉 *Clovia conifera*（Walker）

寄　　主　松，银白杨，构树，桑，柑橘，荔枝，巨尾桉，柚木，白花泡桐。

分布范围　福建、江西、山东、广东、广西、四川、贵州、云南、西藏、甘肃、青海。

发生地点　广东：广州市增城区，惠州市惠阳区；

广西：玉林市容县；

四川：南充市高坪区、西充县，广安市前锋区、武胜县。

发生面积　1400 亩

危害指数　0.3333

• 方斑铲头沫蝉 *Clovia quadrangularis* Metcalf et Horton

寄　　主　桑。

分布范围　江西。

• 朴沫蝉 *Cnemidanomia lugubris*（Lethierry）

中文异名　榆沫蝉

寄　　主　榆树。

分布范围　辽宁、吉林。

• 鞘圆沫蝉 *Lepyronia coleoptrata*（Linnaeus）

寄　　主　小叶栎，构树，枫香，中华猕猴桃，兰考泡桐。

分布范围　河北、山西、内蒙古、吉林、黑龙江、江苏、江西、湖北、广西、四川、陕西、甘肃、新疆。

发生地点　广西：桂林市永福县；

四川：巴中市通江县。

发生面积　574 亩

危害指数　0.3333

● **白带尖胸沫蝉** ***Obiphora intermedia*** **（Uhler）**

寄　　主　山杨，小叶杨，黄柳，旱柳，沙柳，栎，榆树，构树，桑，茶藨子，三球悬铃木，桃，枇杷，苹果，石楠，李，梨，刺槐，木棉，油茶，沙棘，紫薇，巨桉，栀子。

分布范围　东北，北京、山西、内蒙古、江苏、安徽、福建、江西、山东、湖北、广东、广西、四川、贵州、云南、陕西、甘肃、青海。

发生地点　北京：石景山区、密云区、延庆区；

山西：太原市阳曲县；

内蒙古：鄂尔多斯市乌审旗；

黑龙江：哈尔滨市双城区、依兰县，黑河市嫩江县；

江苏：南京市浦口区，淮安市清江浦区，盐城市东台市；

安徽：合肥市肥西县；

山东：聊城市阳谷县，菏泽市牡丹区、定陶区、单县、郓城县；

广东：佛山市南海区；

四川：自贡市贡井区、荣县，内江市市中区、东兴区、威远县、资中县、隆昌县，宜宾市兴文县，资阳市雁江区；

甘肃：庆阳市正宁县，定西市渭源县；

青海：西宁市湟源县，海东市乐都区、民和回族土族自治县，海南藏族自治州贵德县；

黑龙江森林工业总局：朗乡林业局，绥阳林业局、海林林业局；

内蒙古大兴安岭林业管理局：绰源林业局、乌尔旗汉林业局、莫尔道嘎林业局。

发生面积　62052 亩

危害指数　0.4385

● **柳尖胸沫蝉** ***Omalophora costalis*** **（Matsumura）**

中文异名　柳沫蝉

寄　　主　钻天柳，新疆杨，北京杨，山杨，钻天杨，小叶杨，白柳，垂柳，黄柳，白毛柳，旱柳，山柳，沙柳，榆树，桑，桃，樱桃，苹果，李，梨，刺槐，乌桕，枣树，葡萄，柞木，沙棘，水曲柳，兰考泡桐，川泡桐。

分布范围　东北、西北，北京、河北、山西、内蒙古、浙江、安徽、江西、山东、河南、湖北、四川。

发生地点　北京：石景山区、密云区；

河北：保定市唐县，张家口市万全区、崇礼区、张北县、沽源县、尚义县、赤城县，沧州市河间市；

山西：大同市阳高县，晋中市榆次区、和顺县、灵石县，忻州市宁武县、岢岚县，临汾市蒲县、汾西县，吕梁市孝义市，太行山国有林管理局；

内蒙古：通辽市科尔沁左翼后旗、霍林郭勒市；

辽宁：营口市大石桥市，铁岭市铁岭县；

吉林：辽源市东丰县；

黑龙江：哈尔滨市延寿县、五常市，伊春市嘉荫县，佳木斯市郊区、同江市、富锦市；

浙江：宁波市象山县，台州市天台县；
河南：郑州市二七区、新郑市，洛阳市嵩县，南阳市淅川县；
陕西：西安市周至县、户县，宝鸡市麟游县，渭南市华州区，延安市子长县、安塞县、甘泉县，榆林市榆阳区、靖边县、绥德县、米脂县、佳县、吴堡县、清涧县、子洲县，宁东林业局；
甘肃：天水市清水县，平凉市崆峒区、灵台县、华亭县、庄浪县、关山林管局，酒泉市瓜州县，庆阳市庆城县、华池县、镇原县、湘乐总场、华池总场，定西市陇西县、临洮县、岷县，陇南市礼县，临夏回族自治州临夏市、临夏县、康乐县、广河县、和政县、积石山保安族东乡族撒拉族自治县，兴隆山自然保护区；
青海：西宁市城东区、城中区、城西区、城北区；
宁夏：固原市隆德县、彭阳县；
新疆：博尔塔拉蒙古自治州博乐市，塔城地区和布克赛尔蒙古自治县，阿勒泰地区青河县，天山东部国有林管理局；
黑龙江森林工业总局：亚布力林业局，带岭林业局；
新疆生产建设兵团：农四师 68 团、71 团。

发生面积　135393 亩

危害指数　0. 4239

● **黄色泡沫蝉** ***Petaphora maritima*** **(Matsumura)**

寄　　主　柳树，构树。

分布范围　重庆、新疆。

发生地点　重庆：酉阳土家族苗族自治县；
新疆：阿勒泰地区布尔津县、福海县。

发生面积　1520 亩

危害指数　0. 3333

● **禾沫蝉** ***Poophilus costalis*** **(Walker)**

寄　　主　木麻黄，桉树，女贞。

分布范围　福建、广西、四川。

发生地点　福建：厦门市同安区，莆田市涵江区、荔城区、秀屿区、湄洲岛，泉州市惠安县，漳州市漳浦县；
四川：巴中市恩阳区。

发生面积　9779 亩

危害指数　0. 3333

● **黑斑华沫蝉** ***Sinophora maculosa*** **Melichar**

寄　　主　猴樟，柑橘。

分布范围　四川、青海。

● **小白带尖胸沫蝉** ***Trigophora obliqua*** **(Uhler)**

寄　　主　三球悬铃木。

分布范围　江苏。
发生地点　江苏：盐城市东台市。

● **松尖胸沫蝉 *Trilophora flavipes*（Uhler）**
中文异名　松沫蝉
寄　　主　雪松，落叶松，华北落叶松，华山松，赤松，红松，马尾松，樟子松，油松，火炬松，黑松。
分布范围　东北，北京、天津、河北、内蒙古、江苏、浙江、福建、山东、湖北、重庆、四川、陕西、甘肃。
发生地点　河北：石家庄市灵寿县，唐山市玉田县，秦皇岛市北戴河区、昌黎县，承德市平泉县；
内蒙古：通辽市科尔沁左翼后旗；
辽宁：锦州市闾山保护区，阜新市阜新蒙古族自治县、彰武县，铁岭市昌图县；
吉林：四平市梨树县，辽源市东丰县；
黑龙江：佳木斯市富锦市；
浙江：宁波市象山县；
山东：济南市历城区，青岛市即墨市、莱西市，泰安市岱岳区、新泰市、泰山林场、徂徕山林场，威海市经济开发区，日照市东港区、岚山区，莱芜市莱城区；
湖北：黄冈市红安县；
重庆：江津区，酉阳土家族苗族自治县；
四川：乐山市沙湾区、金口河区，阿坝藏族羌族自治州壤塘县；
陕西：渭南市华州区；
黑龙江森林工业总局：东京城林业局、穆棱林业局、海林林业局。
发生面积　287619 亩
危害指数　0.4486

● **黄斑尖胸沫蝉 *Yezophora flavomaculata*（Matsumura）**
寄　　主　板栗，榆树。
分布范围　贵州、新疆。
发生地点　贵州：毕节市大方县；
新疆：吐鲁番市鄯善县。
发生面积　701 亩
危害指数　0.3333

沫蝉科 Cercopidae

● **橘黄稻沫蝉 *Callitettix braconoides*（Walker）**
寄　　主　麻竹，胖竹，慈竹。
分布范围　福建、江西、广东、重庆、四川、贵州。
发生地点　福建：泉州市安溪县；

广东：云浮市郁南县；
重庆：合川区；
四川：宜宾市翠屏区，雅安市雨城区、天全县。

发生面积 507 亩

危害指数 0.3531

• **红头凤沫蝉 *Callitettix ruficeps* Melichar**

寄　　主 核桃，厚朴。

分布范围 四川。

发生地点 四川：成都市都江堰市。

• **赤斑禾沫蝉 *Callitettix versicolor* (Fabricius)**

寄　　主 构树，柑橘，葡萄，油茶，斑竹，慈竹。

分布范围 江苏、安徽、福建、江西、湖北、广东、广西、重庆、四川、贵州、云南。

发生地点 江苏：南京市浦口区；
重庆：北碚区，忠县；
四川：乐山市犍为县，宜宾市翠屏区。

• **东方丽沫蝉 *Cosmoscarta abdominalis* (Donovan)**

寄　　主 银杏，落叶松，马尾松，杉木，杨树，山核桃，核桃，枫杨，板栗，青冈，构树，水麻，八角，木兰，阴香，樟树，肉桂，桃，凤凰木，柑橘，油桐，山乌桕，荔枝，枣树，小果野葡萄，巨桉，巨尾桉，柳窿桉，尾叶桉，木犀，黄荆，刺竹子，毛竹。

分布范围 吉林、浙江、安徽、福建、湖北、广东、广西、重庆、四川。

发生地点 浙江：杭州市西湖区，台州市三门县；
安徽：合肥市包河区；
广东：广州市南沙区，惠州市惠阳区，清远市英德市；
广西：南宁市宾阳县、横县，桂林市雁山区、阳朔县、兴安县、灌阳县、荔浦县，梧州市蒙山县，北海市合浦县，防城港市防城区，贵港市桂平市，玉林市陆川县、博白县、兴业县、玉林市大容山林场，百色市靖西市，来宾市忻城县、象州县、武宣县、金秀瑶族自治县，博白林场；
四川：雅安市雨城区。

发生面积 29462 亩

危害指数 0.3460

• **斑带丽沫蝉 *Cosmoscarta bispecularis* (White)**

中文异名 小斑红沫蝉

寄　　主 银杏，杉木，落羽杉，板栗，桑，玉兰，阴香，桢楠，枫香，桃，盐肤木，油茶，茶，巨尾桉。

分布范围 江苏、浙江、安徽、福建、江西、湖南、广东、广西、四川、贵州、云南、陕西。

发生地点 福建：泉州市安溪县，南平市延平区；
江西：萍乡市湘东区，宜春市铜鼓县；

湖南：常德市鼎城区，娄底市新化县；
广东：广州市天河区、花都区、从化区，惠州市惠阳区；
广西：防城港市上思县，崇左市天等县。
发生面积 4312 亩
危害指数 0. 3333

• 黑斑丽沫蝉 *Cosmoscarta dorsimacula*（Walker）

寄　　主 山核桃，野核桃，核桃楸，核桃，桤木，黧蒴栲，青冈，构树，高山榕，桑，樟树，海桐，枫香，樱桃，梨，刺槐，柑橘，乌桕，盐肤木，栾树，小果野葡萄，葡萄。
分布范围 江苏、浙江、福建、江西、湖北、广东、广西、重庆、四川、贵州、陕西。
发生地点 浙江：宁波市鄞州区、宁海县，温州市龙湾区，嘉兴市嘉善县，台州市黄岩区、三门县、仙居县；
福建：南平市松溪县；
广西：钦州市钦北区，百色市靖西市；
重庆：黔江区，忠县；
四川：内江市资中县，乐山市金口河区、犍为县、峨边彝族自治县，南充市仪陇县，宜宾市筠连县，广安市前锋区，雅安市天全县，巴中市巴州区，阿坝藏族羌族自治州汶川县、壤塘县；
陕西：安康市旬阳县。
发生面积 13813 亩
危害指数 0. 4541

• 红二带丽沫蝉 *Cosmoscarta egens*（Walker）

寄　　主 桑，桃，木犀。
分布范围 重庆、四川、陕西。
发生地点 重庆：黔江区；
四川：乐山市峨边彝族自治县，雅安市名山区。
发生面积 1808 亩
危害指数 0. 3886

• 紫胸丽沫蝉 *Cosmoscarta exultans*（Walker）

寄　　主 野核桃，核桃，枫杨，麻栎，桑，桢楠，石楠，刺槐，柑橘，臭椿，盐肤木，无患子。
分布范围 浙江、安徽、福建、江西、湖北、重庆、四川。
发生地点 浙江：宁波市奉化市；
安徽：池州市贵池区；
重庆：渝北区、巴南区、潼南区，酉阳土家族苗族自治县；
四川：成都市邛崃市，眉山市青神县，宜宾市江安县、兴文县，广安市前锋区，雅安市天全县、芦山县。
发生面积 1357 亩
危害指数 0. 3390

• **福建丽沫蝉 *Cosmoscarta fokienensis* Lallemand et Synave**
寄　　主　油茶，紫薇，巨尾桉。
分布范围　福建。
发生地点　福建：莆田市城厢区、涵江区、荔城区、仙游县、湄洲岛。
发生面积　193 亩
危害指数　0.3333

• **橘红丽沫蝉 *Cosmoscarta mandarina* Distant**
寄　　主　山核桃，核桃，枫杨，栎，构树，桑，花椒，葡萄，茶，木犀，黄荆。
分布范围　安徽、福建、湖北、广东、重庆、四川、陕西。
发生地点　安徽：合肥市包河区；
重庆：万州区、黔江区；
四川：乐山市峨边彝族自治县，宜宾市兴文县，雅安市雨城区、天全县，甘孜藏族自治州泸定县，卧龙管理局。
发生面积　1848 亩
危害指数　0.3566

• **南方曙沫蝉 *Eoscarta borealis*（Distant）**
寄　　主　二乔木兰。
分布范围　福建。

• **红纹沫蝉 *Okiscarta uchidae*（Matsumura）**
寄　　主　银杏，枫杨，青皮木，木犀。
分布范围　福建、重庆、四川。
发生地点　福建：南平市建瓯市；
重庆：酉阳土家族苗族自治县。
发生面积　378 亩
危害指数　0.3333

蝉科 Cicadidae

• **安蝉 *Chremistica ochracea*（Walker）**
中文异名　薄翅蝉
寄　　主　桉树。
分布范围　福建、广东、陕西。
发生地点　福建：漳州市诏安县。
发生面积　1256 亩
危害指数　0.3333

• **绿姬蝉 *Cicadetta pellosoma*（Uhler）**
寄　　主　核桃楸，核桃。

分布范围 吉林。

• **蚱蝉** ***Cryptotympana atrata*** **(Fabricius)**

中文异名 黑蚱蝉

寄 主 马尾松，油松，黑松，云南松，柳杉，杉木，水杉，柏木，木麻黄，加杨，山杨，黑杨，毛白杨，垂柳，旱柳，山核桃，核桃楸，核桃，枫杨，板栗，茅栗，小叶栎，蒙古栎，栓皮栎，青冈，黑榆，榔榆，榆树，大果榉，构树，高山榕，黄葛树，榕树，桑，玉兰，荷花玉兰，梅，猴樟，樟树，肉桂，桢楠，海桐，枫香，三球悬铃木，桃，碧桃，杏，樱桃，樱花，日本晚樱，日本樱花，山楂，枇杷，垂丝海棠，西府海棠，苹果，海棠花，石楠，李，红叶李，榆叶梅，白梨，河北梨，沙梨，蔷薇，耳叶相思，台湾相思，云南金合欢，刺桐，皂荚，刺槐，槐树，文旦柚，柑橘，花椒，臭椿，楝树，香椿，红椿，油桐，秋枫，黄栌，火炬树，阔叶槭，三角槭，色木槭，元宝槭，龙眼，栾树，荔枝，无患子，枣树，葡萄，木槿，梧桐，红淡比，山茶，茶，木荷，合果木，紫薇，石榴，喜树，柠檬桉，大叶桉，巨桉，巨尾桉，柿，美国红梣，水曲柳，白蜡树，女贞，木犀，丁香，毛泡桐。

分布范围 东北、华东，北京、天津、河北、山西、河南、湖北、湖南、广东、广西、重庆、四川、贵州、云南、陕西、甘肃、青海、新疆。

发生地点 北京：东城区、丰台区、石景山区、昌平区、大兴区、密云区；

河北：石家庄市井陉矿区、藁城区、栾城区、井陉县、正定县、晋州市、新乐市，唐山市古冶区、丰南区、滦南县、乐亭县、玉田县，秦皇岛市昌黎县，邯郸市肥乡区，邢台市邢台县、平乡县、临西县、沙河市，保定市满城区、阜平县、定兴县、唐县、望都县、博野县，张家口市沽源县、怀安县，沧州市东光县、吴桥县、黄骅市、河间市，廊坊市大城县，衡水市桃城区、枣强县、武邑县、饶阳县、安平县、景县，定州市、辛集市；

上海：闵行区、宝山区、嘉定区、浦东新区、金山区、松江区、青浦区、奉贤区；

江苏：南京市栖霞区、江宁区、六合区，无锡市惠山区、滨湖区、江阴市、宜兴市，徐州市丰县，常州市天宁区、钟楼区、新北区、武进区、溧阳市，苏州市高新区、吴江区、昆山市、太仓市，淮安市淮阴区、洪泽区、盱眙县，盐城市大丰区、射阳县，扬州市江都区，镇江市京口区、润州区、丹徒区、丹阳市、扬中市，宿迁市宿城区、沭阳县；

浙江：杭州市西湖区、萧山区、富阳区，宁波市江北区、北仑区、象山县、宁海县、慈溪市、奉化市，温州市鹿城区、龙湾区、平阳县、瑞安市，金华市磐安县，衢州市常山县，舟山市岱山县，台州市黄岩区、天台县、仙居县、温岭市，丽水市莲都区、松阳县；

安徽：合肥市肥西县，芜湖市芜湖县、无为县，阜阳市太和县，亳州市蒙城县；

福建：漳州市诏安县、平和县，南平市松溪县；

江西：南昌市南昌县，萍乡市安源区、莲花县、上栗县，赣州市安远县，宜春市樟树市，抚州市金溪县；

山东：济南市平阴县、济阳县，青岛市胶州市，东营市河口区、广饶县，潍坊市坊子区、诸城市、滨海经济开发区，济宁市任城区、兖州区、微山县、鱼台县、泗水县、梁山县、曲阜市、邹城市、高新区、太白湖新区、经济技术开发区，泰安市岱岳区、宁阳县、新泰市、肥城市、泰山林场，威海市环翠区，莱芜市雪野湖，临沂市兰山区、罗庄区、沂水县、临沭县，德州市陵城区、齐河县，聊城市阳谷县、东阿县、经济技术开发区、高新技术产业开发区，滨州市无棣县，菏泽市牡丹区、定陶区、单县、巨野县、郓城县，黄河三角洲自然保护区；河南：郑州市中牟县、荥阳市、新郑市、登封市，平顶山市舞钢市，安阳市文峰区，新乡市延津县，焦作市修武县，许昌市禹州市，三门峡市灵宝市，商丘市虞城县，驻马店市驿城区、泌阳县，邓州市；

湖北：武汉市东西湖区，黄冈市罗田县；

湖南：益阳市沅江市，永州市双牌县，娄底市新化县；

广东：广州市增城区，深圳市盐田区，肇庆市高要区、四会市，惠州市惠阳区，汕尾市陆河县、陆丰市，阳江市阳春市，云浮市新兴县、郁南县、罗定市、云浮市属林场；

广西：桂林市兴安县，梧州市苍梧县，贵港市平南县；

重庆：万州区、涪陵区、大渡口区、沙坪坝区、南岸区、北碚区、渝北区、巴南区、黔江区、江津区、永川区、铜梁区、潼南区，城口县、丰都县、武隆区、忠县、云阳县、奉节县、巫溪县、秀山土家族苗族自治县、酉阳土家族苗族自治县、彭水苗族土家族自治县；

四川：自贡市自流井区、贡井区、大安区、沿滩区，攀枝花市盐边县，绵阳市三台县、梓潼县，遂宁市船山区、安居区、蓬溪县、大英县，内江市威远县，乐山市犍为县、峨边彝族自治县，南充市顺庆区、高坪区、营山县、仪陇县，眉山市仁寿县、青神县，宜宾市翠屏区、南溪区、江安县、筠连县、兴文县，广安市武胜县，雅安市雨城区，巴中市巴州区、通江县，资阳市雁江区，甘孜藏族自治州泸定县，凉山彝族自治州布拖县、金阳县；

云南：楚雄彝族自治州南华县；

陕西：西安市灞桥区、临潼区、蓝田县、周至县、户县，宝鸡市麟游县，咸阳市秦都区、泾阳县、永寿县、彬县、兴平市，渭南市临渭区、华州区、潼关县、大荔县、合阳县、澄城县、蒲城县、白水县、华阴市，延安市洛川县、宜川县，汉中市汉台区，榆林市绥德县、吴堡县、子洲县，安康市旬阳县，商洛市商州区、丹凤县，宁东林业局；

甘肃：庆阳市正宁县、镇原县。

发生面积　680194 亩

危害指数　0.3406

• 南蚱蝉 *Cryptotympana holsti* Distant

寄　　主　杨树，槐树，荔枝，喜树，桉树。

分布范围　福建、湖南、广东。

发生地点　湖南：益阳市桃江县。

• 黄蚱蝉 *Cryptotympana mandarina* Distant

寄　　主　柑橘，龙眼，荔枝，桉树。

分布范围　江苏、安徽、江西、山东、河南、广东、重庆、四川、甘肃。
发生地点　江苏：盐城市盐都区；
山东：潍坊市诸城市；
河南：驻马店市泌阳县；
广东：茂名市化州市；
重庆：巴南区；
四川：遂宁市船山区，宜宾市翠屏区，巴中市通江县；
甘肃：酒泉市肃北蒙古族自治县。
发生面积　24652 亩
危害指数　0. 3333

• **橙蚱蝉** ***Cryptotympana takasagona*** **Kato**
寄　　主　榆树，槐树。
分布范围　江苏。
发生地点　江苏：南京市高淳区。
发生面积　1320 亩
危害指数　0. 3333

• **斑蝉** ***Gaeana maculata*** **（Drury）**
中文异名　斑点黑蝉
寄　　主　山杨，猴樟，台湾相思，马占相思，刺槐，槐树，花椒，桃花心木，乌桕，漆树，梧桐，桉树，白蜡树。
分布范围　福建、山东、河南、湖南、广东、广西、四川、云南、陕西。
发生地点　山东：济宁市曲阜市；
河南：许昌市襄城县，漯河市舞阳县，商丘市睢县，周口市扶沟县；
湖南：岳阳市平江县；
广东：广州市从化区，惠州市惠阳区；
四川：遂宁市蓬溪县、射洪县；
陕西：西安市周至县，韩城市。
发生面积　9370 亩
危害指数　0. 3694

• **胡蝉** ***Graptopsaltria tienta*** **Karsch**
寄　　主　核桃，桤木，茅栗，锥栗，麻栎，槲栎，小叶栎，栓皮栎，桑，柑橘，喜树。
分布范围　福建、湖北、湖南、重庆、四川。
发生地点　四川：乐山市金口河区、峨边彝族自治县、马边彝族自治县，南充市嘉陵区，宜宾市珙县、筠连县，雅安市雨城区。
发生面积　1198 亩
危害指数　0. 3564

• **小黑红蝉** ***Huechys beata*** **Chou，Lei，Li，Lu et Yao**
寄　　主　肉桂，龙眼，毛竹。

分布范围 广东。

发生地点 广东：云浮市罗定市。

• 红蝉 *Huechys sanguinea*（De Geer）

中文异名 黑翅红蝉

寄　　主 栎，青冈，板栗，榆树，桑，厚朴，李，马占相思，刺槐，槐树，香椿，油桐，算盘子，油茶，紫薇，石榴。

分布范围 浙江、安徽、湖北、湖南、广东、广西、重庆、陕西。

发生地点 浙江：杭州市西湖区，宁波市鄞州区，丽水市松阳县；
安徽：合肥市庐阳区、包河区；
湖北：仙桃市、潜江市；
湖南：娄底市新化县；
广东：惠州市惠城区，云浮市罗定市；
广西：南宁市横县，桂林市兴安县；
陕西：汉中市汉台区，宁东林业局。

发生面积 4152 亩

危害指数 0.3398

• 川大马蝉 *Macrosemia juno*（Distant）

寄　　主 柳树，枫香，木荷。

分布范围 福建、湖南。

发生地点 湖南：益阳市桃江县。

• 震旦大马蝉 *Macrosemia pieli*（Kato）

寄　　主 马尾松，柳杉，水杉，加杨，山杨，柳树，朴树，三球悬铃木，柑橘，楝树，紫薇，白花泡桐，孝顺竹，慈竹，毛竹，毛金竹，胖竹，绵竹，麻竹。

分布范围 上海、江苏、浙江、安徽、福建、江西、湖北、湖南、广西、四川。

发生地点 江苏：南京市雨花台区，镇江市句容市；
浙江：宁波市江北区、北仑区、鄞州区，温州市瑞安市，嘉兴市嘉善县，舟山市岱山县、嵊泗县，台州市三门县，丽水市松阳县；
安徽：芜湖市繁昌县、无为县；
湖南：株洲市荷塘区、芦淞区，衡阳市祁东县，益阳市桃江县，郴州市嘉禾县，永州市双牌县，湘西土家族苗族自治州凤凰县；
广西：桂林市灵川县；
四川：自贡市自流井区、贡井区，宜宾市筠连县，广安市武胜县，雅安市雨城区，甘孜藏族自治州泸定县。

发生面积 18937 亩

危害指数 0.4239

• 蒙古寒蝉 *Meimuna mongolica*（Distant）

寄　　主 山杨，黑杨，毛白杨，白柳，垂柳，旱柳，核桃，枫杨，桤木，板栗，石栎，栎，朴树，榔榆，榆树，构树，桑，猴樟，樟树，三球悬铃木，桃，杏，樱花，日本樱花，苹果，石楠，李，红叶李，合欢，皂荚，刺槐，槐树，臭椿，重阳木，漆树，色木槭，栾树，无患子，枣树，葡萄，杜英，梧桐，油茶，紫薇。

分布范围　华东，北京、河北、河南、湖北、重庆、四川、陕西。

发生地点　北京：大兴区、密云区；

河北：沧州市东光县、吴桥县、黄骅市；

上海：闵行区、宝山区、嘉定区、浦东新区；

江苏：南京市浦口区、栖霞区、江宁区、六合区、溧水区，无锡市惠山区、滨湖区，淮安市淮阴区、清江浦区、洪泽区、盱眙县、金湖县，扬州市江都区、宝应县、高邮市、生态科技新城，镇江市京口区、镇江新区、润州区、丹阳市、句容市，泰州市海陵区、姜堰区，宿迁市宿城区、沭阳县；

浙江：台州市黄岩区、天台县；

安徽：合肥市庐阳区、包河区；

山东：济宁市微山县、邹城市，菏泽市定陶区、单县；

河南：邓州市；

重庆：万州区；

四川：自贡市沿滩区、荣县，绵阳市三台县、梓潼县，乐山市犍为县，雅安市雨城区；

陕西：渭南市华州区、潼关县、合阳县，汉中市汉台区。

发生面积　10628 亩

危害指数　0. 3354

• **松寒蝉 *Meimuna opalifera*（Walker）**

寄　　主　马尾松，油松，云南松，山杨，毛白杨，白柳，垂柳，旱柳，核桃，枫杨，桤木，栎，榆树，构树，桑，猴樟，樟树，杜仲，桃，杏，樱桃，西府海棠，苹果，海棠花，李，河北梨，刺槐，槐树，柑橘，花椒，臭椿，香椿，红椿，三角槭，栾树，枣树，酸枣，梧桐，茶，喜树。

分布范围　天津、河北、江苏、浙江、江西、山东、河南、湖北、湖南、重庆、四川、贵州、陕西。

发生地点　河北：沧州市吴桥县；

江苏：扬州市江都区；

浙江：宁波市江北区、象山县，台州市黄岩区；

山东：济南市历城区，泰安市泰山林场，聊城市东阿县；

河南：永城市；

湖北：荆门市东宝区；

湖南：益阳市桃江县，永州市道县，娄底市双峰县；

四川：自贡市自流井区、贡井区、大安区，遂宁市船山区、安居区，内江市东兴区、威远县、资中县、隆昌县，乐山市沙湾区、金口河区、犍为县，南充市嘉陵区，眉山市青神县，宜宾市翠屏区、南溪区、筠连县、兴文县，雅安市雨城区、石棉县、天全县，巴中市通江县，甘孜藏族自治州泸定县，凉山彝族自治州金阳县、昭觉县；
贵州：安顺市镇宁布依族苗族自治县；
陕西：咸阳市旬邑县。
发生面积 35366 亩
危害指数 0.3477

• **琉璃草蝉 *Mogannia cyanea* Walker**
寄　　主 桑，茶。
分布范围 福建。

• **绿草蝉 *Mogannia hebes* (Walker)**
寄　　主 山杨，黑杨，垂柳，山核桃，核桃楸，核桃，栓皮栎，榆树，构树，桑，猴樟，樟树，苹果，梨，刺槐，柑橘，油桐，山乌桕，长叶黄杨，油茶，茶，巨尾桉，柿，木犀，黄荆，斑竹，毛竹，慈竹。
分布范围 河北、山西、辽宁、江苏、浙江、安徽、福建、江西、湖北、广东、广西、重庆、四川、陕西。
发生地点 山西：晋中市太谷县；
江苏：南京市栖霞区，镇江市句容市；
浙江：杭州市西湖区，宁波市象山县，温州市鹿城区、龙湾区、平阳县，丽水市松阳县；
广西：南宁市宾阳县、横县，来宾市金秀瑶族自治县；
重庆：垫江县；
四川：自贡市沿滩区，绵阳市游仙区、三台县、梓潼县，遂宁市蓬溪县，南充市仪陇县，巴中市巴州区；
陕西：渭南市华州区、潼关县。
发生面积 4958 亩
危害指数 0.3770

• **鸣鸣蝉 *Hyalessa maculaticollis* (Motschulsky)**
中文异名 雷鸣蝉
寄　　主 山杨，黑杨，毛白杨，垂柳，旱柳，绦柳，核桃，枫杨，桤木，板栗，栎，朴树，榆树，高山榕，榕树，桑，厚朴，猴樟，樟树，三球悬铃木，二球悬铃木，桃，杏，樱桃，樱花，日本樱花，山楂，枇杷，苹果，李，梨，耳叶相思，台湾相思，皂荚，刺槐，槐树，龙眼，荔枝，文旦柚，柑橘，花椒，臭椿，楝树，香椿，红椿，油桐，栾树，枣树，梧桐，油茶，木荷，喜树，白蜡树，洋白蜡，木犀，白花泡桐，毛泡桐。
分布范围 北京、天津、河北、辽宁、江苏、浙江、安徽、江西、山东、湖北、广东、重庆、四川、陕西、甘肃。
发生地点 北京：东城区、丰台区、石景山区、通州区、顺义区、大兴区、密云区；
河北：石家庄市井陉矿区，张家口市赤城县，衡水市桃城区；
江苏：南京市浦口区，无锡市锡山区，常州市天宁区、钟楼区，盐城市东台市；
浙江：温州市龙湾区，舟山市岱山县、嵊泗县，宁波市象山县，台州市三门县，丽水市莲都区、松阳县；
安徽：滁州市定远县；
江西：共青城市；
山东：青岛市胶州市，潍坊市诸城市，济宁市任城区、鱼台县、泗水县、梁山县、济宁高新区、太白湖新区、经济技术开发区，威海市经济开发区；
广东：汕头市澄海区；
重庆：秀山土家族苗族自治县、酉阳土家族苗族自治县；
四川：遂宁市船山区，南充市营山县、蓬安县、仪陇县、西充县，巴中市巴州区，甘孜藏族自治州泸定县；
陕西：咸阳市秦都区、长武县，榆林市米脂县，太白林业局。

发生面积　78614亩

危害指数　0.3338

- **蟪蛄** ***Platypleura kaempferi*** **(Fabricius)**

寄　　主　银白杨，加杨，山杨，黑杨，毛白杨，垂柳，旱柳，山核桃，核桃，枫杨，桤木，桦木，板栗，茅栗，蒙古栎，栓皮栎，朴树，榆树，构树，榕树，桑，鹅掌楸，荷花玉兰，厚朴，猴樟，樟树，枫香，二球悬铃木，桃，梅，杏，樱桃，日本晚樱，日本樱花，垂丝海棠，苹果，椤木石楠，李，红叶李，川梨，月季，金合欢，羊蹄甲，刺槐，槐树，柑橘，楝树，香椿，油桐，重阳木，乌桕，龙眼，栾树，无患子，枣树，葡萄，杜英，油茶，茶，合果木，紫薇，石榴，喜树，巨桉，巨尾桉，柿，水曲柳，女贞，木犀，兰考泡桐，白桐，楸，栀子。

分布范围　华东，北京、天津、河北、山西、辽宁、河南、湖北、湖南、广东、重庆、四川、陕西。

发生地点　北京：东城区、丰台区、石景山区、顺义区；
河北：石家庄市井陉矿区、井陉县、正定县，唐山市滦南县、乐亭县、玉田县，秦皇岛市北戴河区，保定市唐县、博野县，沧州市黄骅市、河间市，廊坊市安次区，衡水市桃城区、饶阳县、景县；
上海：闵行区、宝山区、嘉定区、浦东新区、金山区、青浦区、奉贤区；
江苏：南京市浦口区、栖霞区、雨花台区、江宁区、六合区、溧水区，无锡市锡山区、惠山区、滨湖区，常州市天宁区、钟楼区，苏州市高新区、吴江区、昆山市、太仓市，淮安市淮阴区、清江浦区、洪泽区、盱眙县、金湖县，盐城市盐都区、大丰区、阜宁县、射阳县、建湖县，扬州市邗江区、江都区、宝应县、高邮市、生态科技新城，镇江市京口区、镇江新区、润州区、丹徒区、丹阳市、扬中市、句容市，泰州市姜堰区，宿迁市宿城区、沭阳县；
浙江：杭州市西湖区，宁波市江北区、北仑区、鄞州区、象山县、余姚市、奉化市，温州市鹿城区、平阳县，嘉兴市嘉善县，舟山市岱山县，台州市黄岩区、仙居县，丽水市莲都区、松阳县；
安徽：合肥市包河区，芜湖市芜湖县，阜阳市颍东区、颍泉区；
福建：南平市建瓯市；
山东：泰安市泰山林场，聊城市东阿县、冠县；

河南：商丘市虞城县；
湖南：常德市鼎城区，娄底市新化县，湘西土家族苗族自治州泸溪县；
广东：惠州市惠阳区；
重庆：万州区、涪陵区、南岸区、北碚区、江津区、永川区，武隆区、巫溪县；
四川：自贡市自流井区，绵阳市三台县，遂宁市船山区、安居区、蓬溪县、大英县，内江市威远县、隆昌县，乐山市沙湾区、金口河区、犍为县、峨边彝族自治县，南充市顺庆区、高坪区、嘉陵区、营山县、仪陇县、西充县，眉山市仁寿县、青神县，广安市武胜县，雅安市雨城区，巴中市巴州区、通江县，阿坝藏族羌族自治州理县，凉山彝族自治州布拖县；
陕西：西安市蓝田县，咸阳市秦都区、三原县、永寿县，渭南市潼关县、大荔县、合阳县，汉中市汉台区，安康市旬阳县，商洛市商州区，宁东林业局。

发生面积　171246 亩
危害指数　0.4092

• 螂蝉 *Pomponia linearis* (Walker)

寄　　主　山杨，柳树，桃，桦木，刺槐，柑橘，香椿。
分布范围　江苏、安徽、广东、四川、陕西。
发生地点　四川：雅安市雨城区；
陕西：汉中市西乡县。

• 赭斑蝉 *Psalmocharias querula* (Pallas)

寄　　主　柳树。
分布范围　新疆。
发生地点　新疆生产建设兵团：农七师 130 团。

• 中华红眼蝉 *Talainga chinensis* Distant

寄　　主　板栗，油茶，白花泡桐。
分布范围　浙江、江西、广东、四川。
发生地点　浙江：杭州市富阳区，衢州市江山市，丽水市莲都区；
广东：云浮市郁南县。

• 南方纹翅蟪蝉 *Tanna infuscata* Lee et Hayashi

寄　　主　杉木。
分布范围　福建。

• 蟪蝉 *Tanna japonensis* (Distant)

寄　　主　山杨，核桃，南洋楹，喜树。
分布范围　广东、四川。
发生地点　四川：乐山市峨边彝族自治县、马边彝族自治县，内江市威远县、资中县，乐山市犍为县。
发生面积　884 亩
危害指数　0.3530

• **九宁蝉 *Terpnosia mawi* Distant**

寄　　主　大叶杨，网萼木。

分布范围　江西、陕西。

角蝉科 Membracidae

• **新鹿角蝉 *Elaphiceps neocervus* Yuan et Chou**

寄　　主　栓皮栎。

分布范围　福建、湖北、四川、云南。

• **栗翅竖角蝉 *Erecticornia castanopinnae* Yuan et Tian**

寄　　主　板栗。

分布范围　山西、江西、河南、陕西。

• **黑圆角蝉 *Gargara genistae* Fabricius**

寄　　主　山杨，黑杨，小叶杨，旱柳，桤木，板栗，榆树，构树，桑，猴樟，石楠，悬钩子，柠条锦鸡儿，紫荆，刺槐，槐树，龙爪槐，重阳木，乌桕，枣树，茶，沙枣，桉树，白蜡树，枸杞。

分布范围　北京、河北、辽宁、吉林、上海、江苏、浙江、福建、江西、山东、湖北、广西、四川、陕西、宁夏。

发生地点　上海：嘉定区、松江区、青浦区，崇明县；

江苏：无锡市惠山区，苏州市高新区、吴江区、太仓市，淮安市清江浦区、洪泽区，镇江市京口区、镇江新区、润州区、丹徒区、丹阳市、句容市，宿迁市沭阳县；

浙江：台州市黄岩区；

福建：莆田市秀屿区；

湖北：荆门市东宝区，黄冈市罗田县；

四川：巴中市恩阳区；

陕西：渭南市华州区；

宁夏：石嘴山市大武口区，吴忠市红寺堡区、盐池县。

发生面积　16206 亩

危害指数　0.4362

• **中华高冠角蝉 *Hypsauchenia chinensis* Chou**

寄　　主　旱冬瓜，板栗，栎，刺槐，油桐，乌桕，白花泡桐。

分布范围　江苏、浙江、福建、江西、湖北、重庆、四川、贵州。

发生地点　江苏：泰州市海陵区；

重庆：黔江区，城口县；

四川：遂宁市射洪县。

• **狭瓣高冠角蝉 *Hypsauchenia subfusca* Buckton**

寄　　主　山鸡椒。

分布范围　福建。

• 羚羊矛角蝉 *Leptobelus gazella*（Fairrnaire）

寄　　主　栗，苹果，中华猕猴桃，山矾。

分布范围　福建、江西、湖北、广东、广西、四川、云南。

• 苹果红脊角蝉 *Machaerotypus mali* Chou et Yuan

寄　　主　山杨，旱柳，核桃，杏，苹果，花椒。

分布范围　河北、陕西。

• 油桐三刺角蝉 *Tricentrus aleuritis* Chou

寄　　主　构树，杜仲，台湾相思，刺槐，油桐，山乌桕，乌桕，金边黄杨。

分布范围　江苏、安徽、福建、湖北、四川、贵州、陕西。

发生地点　江苏：盐城市东台市；

安徽：合肥市庐阳区、包河区，芜湖市芜湖县；

福建：莆田市涵江区、仙游县；

四川：绵阳市梓潼县。

发生面积　157 亩

危害指数　0.3333

• 白胸三刺角蝉 *Tricentrus allabens* Distant

寄　　主　山杨，柳树，构树，海桐，桃，日本晚樱，石楠，刺槐，乌桕，长叶黄杨，石榴，木犀。

分布范围　江苏、浙江、四川、西藏、陕西。

发生地点　江苏：南京市浦口区、雨花台区，无锡市惠山区、滨湖区，淮安市清江浦区、金湖县，盐城市盐都区、大丰区、射阳县、建湖县，扬州市经济技术开发区，镇江市扬中市、句容市，泰州市姜堰区；

四川：自贡市荣县；

西藏：山南市隆子县。

发生面积　1405 亩

危害指数　0.4864

• 褐三刺角蝉 *Tricentrus brunneus* Funkhouser

寄　　主　核桃，构树，肉桂，羊蹄甲，紫荆，刺槐，油桐，秋枫，乌桕，荔枝，巨尾桉，柳窿桉。

分布范围　江苏、山东、河南、湖北、广东、广西、重庆。

发生地点　江苏：苏州市昆山市，宿迁市沭阳县；

山东：聊城市东阿县；

广东：肇庆市高要区、四会市，汕尾市陆丰市；

广西：南宁市横县，桂林市阳朔县，梧州市万秀区，北海市合浦县，防城港市防城区、上思县，贵港市覃塘区、桂平市，玉林市容县、博白县、兴业县，河池市东兰县，来宾市象州县，崇左市扶绥县、宁明县，钦廉林场、维都林场、博白林场；

重庆：永川区。

发生面积　16377 亩
危害指数　0. 3618

叶蝉科 Cicadellidae

• 长柄叶蝉 *Alebroides marginatus* Matsumura
寄　　主　白桦，白栎，构树，合欢，黄荆，孝顺竹，甜竹，毛竹。
分布范围　湖北、广东、四川、陕西。
发生地点　广东：云浮市属林场；
　　　　　四川：绵阳市梓潼县；
　　　　　陕西：商洛市山阳县。
发生面积　164 亩
危害指数　0. 5772

• 门司突茎叶蝉 *Amimenus mojiensis* Matsumura
寄　　主　板栗，构树，桑，枣树，黄荆。
分布范围　河南、湖北、四川、贵州。
发生地点　四川：绵阳市三台县。

• 棉叶蝉 *Amrasca biguttula*（Ishida）
寄　　主　杨树，柳树，榆树，桑，樟树，三球悬铃木，桃，柑橘，油桐，朱槿，木棉。
分布范围　北京、河北、山西、辽宁、江苏、江西、湖北、湖南、广东、广西、四川、贵州、陕西、甘肃。
发生地点　北京：石景山区；
　　　　　河北：邢台市沙河市；
　　　　　江西：萍乡市安源区；
　　　　　广东：广州市越秀区、海珠区、天河区、白云区、花都区；
　　　　　四川：遂宁市蓬溪县；
　　　　　陕西：渭南市华州区。
发生面积　5000 亩
危害指数　0. 3333

• 缅甸安小叶蝉 *Anaka colorata* Dworakowska et Viraktamath
寄　　主　青皮竹，慈竹，苦竹，麻竹。
分布范围　福建、湖北、湖南、广东、广西、重庆、四川、贵州、云南。

• 葡萄斑叶蝉 *Arboridia apicalis*（Nawa）
中文异名　葡萄二星叶蝉
寄　　主　桃，樱桃，日本樱花，山楂，苹果，李，河北梨，新疆梨，葡萄。
分布范围　天津、河北、江苏、安徽、江西、山东、河南、湖南、广西、陕西、宁夏、新疆。
发生地点　河北：石家庄市晋州市、新乐市，唐山市乐亭县、玉田县，邢台市南和县，张家口市阳原县，沧州市东光县，衡水市枣强县；
江苏：宿迁市沭阳县；
安徽：宿州市萧县；
江西：萍乡市安源区、上栗县；
山东：济宁市任城区、曲阜市，泰安市宁阳县，聊城市东阿县，菏泽市牡丹区、定陶区、曹县、巨野县、郓城县；
河南：南阳市南召县，商丘市梁园区，驻马店市泌阳县；
湖南：邵阳市隆回县；
广西：贺州市昭平县、钟山县；
宁夏：银川市兴庆区、西夏区、金凤区；
新疆：吐鲁番市高昌区、鄯善县、托克逊县，哈密市伊州区，克孜勒苏柯尔克孜自治州阿克陶县，喀什地区喀什市、疏勒县、莎车县、叶城县、岳普湖县、伽师县，和田地区和田县、墨玉县、皮山县；
新疆生产建设兵团：农四师68团，农七师130团，农十二师。

发生面积　140383亩

危害指数　0.4585

• 葡萄二黄斑叶蝉 *Arboridia koreacola* (Matsumura)

寄　　主　葡萄。

分布范围　河北、山东、河南、新疆。

发生地点　河北：石家庄市正定县；
山东：聊城市东阿县；
新疆：喀什地区泽普县。

发生面积　264亩

危害指数　0.3460

• 黄绿条大叶蝉 *Atkinsoniella chloritta* Yang et Li

寄　　主　旱冬瓜。

分布范围　云南。

发生地点　云南：玉溪市元江哈尼族彝族傣族自治县。

发生面积　667亩

危害指数　0.3333

• 黑缘条大叶蝉 *Atkinsoniella heiyuana* Li

寄　　主　栎，天竺桂，桃，苹果，李，油茶，慈竹。

分布范围　湖北、四川、贵州、陕西。

发生地点　四川：成都市邛崃市，雅安市天全县。

• 隐纹条大叶蝉 *Atkinsoniella thalia* (Distant)

寄　　主　柑橘，香椿，油桐。

分布范围　四川、陕西。

• 新县长突叶蝉 *Batracomorphus xinxianensis* Cai et Shen

寄　　主　山杨，旱柳，槐树。

分布范围　北京、河南。

• 黄绿短头叶蝉 *Batracomorphus chlorophana*（Melichar）

寄　　主　山杨，钻天杨，榆树，茶，桉树。

分布范围　浙江、江西、广东、新疆。

发生地点　新疆：塔城地区沙湾县。

• 尖凹大叶蝉 *Bothrogonia acuminata* Yang et Li

寄　　主　桉树，毛竹。

分布范围　福建、广西。

发生地点　福建：莆田市城厢区、涵江区、仙游县、湄洲岛。

发生面积　247 亩

危害指数　0.3333

• 阿凹大叶蝉 *Bothrogonia addita*（Walher）

寄　　主　桉树。

分布范围　福建、湖北。

发生地点　福建：漳州市漳浦县。

发生面积　27217 亩

危害指数　0.3378

• 黑尾凹大叶蝉 *Bothrogonia ferruginea*（Fabricius）

寄　　主　苏铁，银杏，马尾松，杉木，山杨，黑杨，山核桃，核桃，化香树，桤木，板栗，锥栗，栓皮栎，榆树，桑，猴樟，樟树，桢楠，枫香，桃，樱花，枇杷，苹果，沙梨，山莓，槐树，柑橘，黄檗，油桐，葡萄，木槿，油茶，茶，木荷，合果木，八角枫，巨尾桉，常春木，灯台树，女贞，木犀，黄荆，荆条，川泡桐，毛泡桐，梓，水竹，毛竹，绵竹。

分布范围　东北，北京、天津、江苏、浙江、安徽、福建、江西、山东、湖北、湖南、广东、广西、海南、四川、西藏、陕西、甘肃。

发生地点　江苏：南京市栖霞区、江宁区、六合区，无锡市宜兴市，淮安市洪泽区、盱眙县，镇江市京口区、镇江新区、润州区、丹阳市；

浙江：宁波市象山县、奉化市，温州市平阳县、瑞安市，台州市黄岩区、三门县，丽水市莲都区、松阳县；

安徽：芜湖市无为县，池州市贵池区；

福建：三明市将乐县，南平市延平区，福州国家森林公园；

江西：宜春市高安市；

湖北：黄冈市罗田县；

湖南：郴州市嘉禾县；

广东：惠州市惠城区；

广西：南宁市宾阳县，桂林市雁山区、阳朔县、兴安县、荔浦县，梧州市苍梧县，玉林市兴业县，河池市环江毛南族自治县，崇左市宁明县、大新县；
四川：遂宁市蓬溪县，雅安市天全县、芦山县；
陕西：渭南市华州区，安康市旬阳县，宁东林业局。
发生面积 10693
危害指数 0.3403

• 黔凹大叶蝉 ***Bothrogonia qianana*** **Yang et Li**
寄　　主 盐肤木。
分布范围 贵州。

• 琼凹大叶蝉 ***Bothrogonia qiongana*** **Yang et Li**
寄　　主 山杨，山核桃，桤木，锥栗，青冈，构树，黄葛树，榕树，桑，荷花玉兰，厚朴，枫香，刺槐，文旦柚，柑橘，柠檬，花椒，油桐，中华猕猴桃，油茶，茶，灯台树。
分布范围 福建、广东、海南、重庆、四川、贵州。
发生地点 福建：漳州市诏安县；
广东：清远市英德市、连州市；
海南：海口市龙华区；
重庆：万州区、南岸区，垫江县、忠县、石柱土家族自治县；
四川：成都市彭州市，绵阳市三台县、梓潼县，内江市威远县，南充市高坪区，甘孜藏族自治州康定市。
发生面积 7054 亩
危害指数 0.3333

• 大青叶蝉 ***Cicadella viridis*** **(Linnaeus)**
中文异名 沙棘叶蝉
寄　　主 美国扁柏，圆柏，新疆杨，北京杨，加杨，青杨，山杨，二白杨，河北杨，黑杨，钻天杨，箭杆杨，小叶杨，毛白杨，小黑杨，白柳，垂柳，旱柳，绦柳，小红柳，山核桃，野核桃，核桃，枫杨，桤木，白桦，板栗，麻栎，栓皮栎，青冈，旱榆，榆树，构树，无花果，桑，厚朴，猴樟，樟树，海桐，枫香，杜仲，三球悬铃木，扁桃，山桃，桃，碧桃，梅，杏，樱桃，山楂，枇杷，西府海棠，苹果，石楠，李，红叶李，稠李，火棘，河北梨，新疆梨，月季，悬钩子，柠条锦鸡儿，紫荆，黄檀，刺槐，槐树，柑橘，臭椿，楝树，重阳木，秋枫，油桐，长叶黄杨，盐肤木，冬青，铁冬青，卫矛，阔叶槭，色木槭，鸡爪槭，茶条木，栾树，枣树，小果野葡萄，葡萄，木芙蓉，木槿，梧桐，中华猕猴桃，山茶，油茶，茶，木荷，柽柳，沙枣，沙棘，紫薇，石榴，喜树，尾叶桉，柿，白蜡树，女贞，木犀，丁香，荆条，兰考泡桐，白花泡桐，毛泡桐，栀子，麻竹，箭竹，慈竹，毛竹。
分布范围 全国。
发生地点 北京：东城区、朝阳区、丰台区、石景山区、通州区、顺义区、昌平区、大兴区、密云区；
河北：石家庄市井陉矿区、裕华区、井陉县、正定县、行唐县、灵寿县、高邑县、晋州市、新乐市，唐山市古冶区、丰南区、丰润区、滦南县、乐亭县、迁西县、玉田县，秦皇岛市昌黎县，邯郸市涉县、鸡泽县，邢台市邢台县、新河县、沙河市，保定市满城区、定兴县、唐县、高阳县、高碑店市，张家口市沽源县、尚义县、阳原县、怀安县、怀来县、涿鹿县，承德市平泉县，沧州市沧县、东光县、献县、黄骅市、河间市，廊坊市永清县、大城县、三河市，衡水市桃城区、枣强县、安平县，雾灵山保护区；

山西：大同市阳高县，阳泉市盂县，晋城市泽州县，晋中市榆次区、榆社县、左权县，运城市闻喜县、垣曲县、永济市，临汾市尧都区、乡宁县，吕梁市交口县、孝义市；

内蒙古：包头市青山区、土默特右旗，赤峰市巴林右旗、宁城县，通辽市科尔沁左翼后旗，鄂尔多斯市准格尔旗，巴彦淖尔市临河区、五原县、磴口县、乌拉特前旗、乌拉特中旗、乌拉特后旗、杭锦后旗，乌兰察布市集宁区、卓资县、兴和县、察哈尔右翼前旗、察哈尔右翼后旗，阿拉善盟阿拉善左旗、阿拉善右旗、额济纳旗；

黑龙江：佳木斯市郊区、富锦市；

上海：宝山区、嘉定区、金山区、松江区、青浦区、奉贤区，崇明县；

江苏：南京市栖霞区、雨花台区、江宁区，无锡市锡山区、滨湖区、宜兴市，徐州市沛县、睢宁县，常州市天宁区、钟楼区、新北区、武进区、溧阳市，苏州市高新技术开发区、吴江区、昆山市，淮安市淮阴区、清江浦区、盱眙县，盐城市盐都区、大丰区、响水县、阜宁县、东台市，扬州市邗江区、江都区，镇江市润州区、丹徒区、丹阳市、句容市，泰州市海陵区、姜堰区，宿迁市沭阳县；

浙江：杭州市萧山区、桐庐县，宁波市江北区、北仑区、镇海区、鄞州区，温州市永嘉县，嘉兴市秀洲区，台州市黄岩区、三门县；

安徽：滁州市定远县，亳州市涡阳县、蒙城县；

江西：萍乡市安源区、上栗县，九江市修水县，上饶市广丰区；

山东：青岛市胶州市，枣庄市台儿庄区，东营市垦利县、利津县、广饶县，潍坊市坊子区、昌邑市，济宁市任城区、微山县、曲阜市、邹城市、高新技术开发区、太白湖新区，泰安市泰山区、岱岳区、宁阳县、泰山林场、徂徕山林场，威海市环翠区，日照市岚山区、莒县，莱芜市莱城区，临沂市莒南县、临沭县，德州市陵城区、齐河县，聊城市东昌府区、阳谷县，滨州市沾化区、无棣县，菏泽市牡丹区、单县、成武县、郓城县；

河南：郑州市二七区、管城回族区、惠济区、新郑市，洛阳市洛龙区、嵩县、伊川县，平顶山市鲁山县，安阳市文峰区、内黄县，鹤壁市淇县，焦作市温县，濮阳市经济开发区，许昌市魏都区、襄城县、禹州市，三门峡市渑池县，南阳市南召县，商丘市民权县，巩义市、鹿邑县；

湖北：荆门市掇刀区，荆州市沙市区、荆州区、江陵县；

湖南：湘潭市韶山市，岳阳市云溪区，常德市石门县，益阳市资阳区，湘西土家族苗族自治州凤凰县；

广东：韶关市翁源县，肇庆市德庆县、肇庆市属林场；

广西：百色市靖西市；
重庆：荣昌区，垫江县、石柱土家族自治县、酉阳土家族苗族自治县；
四川：自贡市贡井区、大安区、沿滩区，攀枝花市西区，南充市高坪区、营山县、仪陇县，眉山市青神县，广安市前锋区，雅安市宝兴县，巴中市巴州区，甘孜藏族自治州康定市、雅江县、新龙县，凉山彝族自治州盐源县；
贵州：毕节市黔西县；
云南：玉溪市澄江县；
西藏：日喀则市南木林县；
陕西：西安市临潼区，咸阳市秦都区、乾县、永寿县、彬县、武功县，渭南市临渭区、华州区、大荔县、澄城县，汉中市汉台区、镇巴县，榆林市米脂县、佳县，安康市旬阳县，商洛市商州区、丹凤县、商南县、山阳县、镇安县，府谷县、杨陵区，宁东林业局；
甘肃：兰州市榆中县，嘉峪关市，金昌市金川区、永昌县，白银市平川区、靖远县、景泰县，天水市张家川回族自治县，武威市凉州区、古浪县，张掖市高台县，平凉市崆峒区、泾川县、灵台县、华亭县、庄浪县，酒泉市肃州区、金塔县、瓜州县、肃北蒙古族自治县、玉门市，庆阳市正宁县、镇原县，白龙江林业管理局；
青海：西宁市城东区、城中区、城西区、大通回族土族自治县、湟中县、湟源县，海东市乐都区、民和回族土族自治县、化隆回族自治县、循化撒拉族自治县，海北藏族自治州门源回族自治县，海南藏族自治州同德县、兴海县，海西蒙古族藏族自治州格尔木市、德令哈市；
宁夏：银川市兴庆区、西夏区、金凤区、永宁县、灵武市，石嘴山市大武口区、惠农区、平罗县，吴忠市利通区、红寺堡区、盐池县、同心县，固原市原州区、西吉县、彭阳县，中卫市中宁县；
新疆：克拉玛依市独山子区、乌尔禾区，吐鲁番市高昌区、鄯善县、托克逊县，哈密市伊州区，博尔塔拉蒙古自治州博乐市，巴音郭楞蒙古自治州博湖县，克孜勒苏柯尔克孜自治州阿合奇县，喀什地区喀什市、疏附县、疏勒县、英吉沙县、泽普县、叶城县、麦盖提县、岳普湖县、伽师县、巴楚县，和田地区和田市、和田县、墨玉县、皮山县、洛浦县，塔城地区塔城市、沙湾县，阿勒泰地区哈巴河县，石河子市；
新疆生产建设兵团：农一师10团、13团，农二师22团、29团，农四师68团、71团，农八师，农十四师224团。

发生面积　929100亩
危害指数　0.3867

• 六点叶蝉 *Cicadula sexnotata* Fellen

寄　　主　新疆杨，青杨，山杨，柳树，榆树，槐树，柑橘，黄荆。
分布范围　湖北、湖南、重庆、陕西、青海。
发生地点　湖南：岳阳市平江县；
重庆：石柱土家族自治县；

陕西：渭南市华阴市；
青海：西宁市城东区、城中区、城西区、城北区、湟中县，海东市互助土族自治县。
发生面积　65516 亩
危害指数　0. 4430

● 绿斑褐脉叶蝉 *Cofana unimaculata*（Signoret）

寄　　主　山杨，红叶李。
分布范围　山东、湖南。
发生地点　山东：菏泽市定陶区；
湖南：邵阳市隆回县。
发生面积　503 亩
危害指数　0. 3333

● 灰同缘小叶蝉 *Coloana cinerea* Dworakowska

寄　　主　重阳木，秋枫。
分布范围　广东。
发生地点　广东：韶关市南雄市，深圳市宝安区、龙岗区、坪山新区、龙华新区、大鹏新区，茂名市高州市、茂名市属林场，肇庆市开发区、端州区、高要区、怀集县，汕尾市陆河县，河源市紫金县、龙川县，清远市英德市，东莞市，中山市，云浮市云城区、新兴县。
发生面积　1400 亩
危害指数　0. 5283

● 锥顶叶蝉 *Doratulina producta* Matsumura

寄　　主　银白杨，新疆杨，山杨，二白杨，大叶杨，枹栎，鸡爪槭，茶，桉树，竹。
分布范围　内蒙古、江苏、湖北、广东、广西、重庆。
发生地点　江苏：苏州市昆山市；
广东：韶关市乐昌市；
广西：贺州市钟山县；
重庆：石柱土家族自治县。
发生面积　476 亩
危害指数　0. 3333

● 白带槽胫叶蝉 *Drabescus limbaticeps*（Stål）

寄　　主　构树，红叶李。
分布范围　江苏、贵州。
发生地点　江苏：南京市浦口区、雨花台区，镇江市句容市。

● 沥青槽胫叶蝉 *Drabescus piceatus* Kuoh

寄　　主　榔榆，桑。
分布范围　江苏、河南。
发生地点　江苏：苏州市高新技术开发区、吴江区。

• **叉茎叶蝉 *Dryadomorpha pallida* Kirkaldy**

寄　　主　枫香，紫薇。

分布范围　上海、江苏、江西。

发生地点　上海：青浦区、奉贤区；

江苏：常州市天宁区、钟楼区、新北区。

• **楝白小叶蝉 *Elbelus melianus* Kuoh**

寄　　主　楝树。

分布范围　四川。

• **云南白小叶蝉 *Elbelus yunnanensis* Chou et Ma**

中文异名　苦楝斑叶蝉

寄　　主　山核桃，苦槠栲，构树，槐树，楝树，黄杨，黄连木。

分布范围　安徽、山东、湖北、重庆、四川、云南。

发生地点　山东：菏泽市巨野县；

重庆：垫江县；

四川：遂宁市大英县。

发生面积　484 亩

危害指数　0.3333

• **小绿叶蝉 *Empoasca flavescens*（Fabricius）**

中文异名　桃叶蝉

寄　　主　山杨，垂柳，旱柳，小红柳，核桃，枫杨，桤木，茅栗，栎，榆树，构树，桑，樟树，天竺桂，海桐，桃，榆叶梅，碧桃，梅，杏，樱桃，西府海棠，苹果，李，红叶李，白梨，河北梨，月季，黄檀，紫檀，刺槐，槐树，文旦柚，楝树，香椿，油桐，秋枫，三角槭，色木槭，葡萄，木芙蓉，木棉，茶梨，油茶，茶，木荷，紫薇，喜树，柿，女贞，木犀，白花泡桐，咖啡。

分布范围　北京、河北、山西、辽宁、吉林、江苏、浙江、安徽、福建、江西、山东、河南、湖北、广东、广西、重庆、四川、贵州、云南、陕西、甘肃、宁夏。

发生地点　北京：东城区、石景山区、密云区；

河北：唐山市乐亭县、玉田县，沧州市东光县；

山西：太原市尖草坪区；

江苏：南京市雨花台区，无锡市江阴市、宜兴市，盐城市响水县，镇江市扬中市，宿迁市宿城区、宿豫区、沭阳县、泗洪县；

浙江：杭州市桐庐县，宁波市鄞州区、余姚市，台州市仙居县；

安徽：合肥市庐阳区、包河区、肥西县、庐江县，芜湖市芜湖县；

福建：莆田市城厢区，泉州市永春县，漳州市平和县，龙岩市上杭县；

江西：萍乡市安源区、莲花县；

山东：济南市平阴县，东营市垦利县、利津县，济宁市任城区、微山县、鱼台县、梁山县、曲阜市、邹城市、高新技术开发区、太白湖新区，泰安市新泰市、肥城市、徂徕山林场，威海市环翠区，临沂市沂水县，聊城市阳谷县、东阿县，菏泽市定陶区；

河南：郑州市新郑市，平顶山市叶县，安阳市林州市，新乡市延津县，许昌市襄城县，驻马店市驿城区、西平县；

湖北：十堰市竹溪县，孝感市孝南区，荆州市沙市区、荆州区、监利县；

广东：佛山市南海区，肇庆市四会市，清远市清新区，东莞市；

重庆：万州区；

四川：成都市蒲江县，自贡市大安区、沿滩区、荣县，攀枝花市东区、西区、仁和区，遂宁市射洪县，南充市高坪区，阿坝藏族羌族自治州理县，凉山彝族自治州德昌县；

云南：玉溪市通海县、华宁县、新平彝族傣族自治县，丽江市永胜县，临沧市凤庆县、双江拉祜族佤族布朗族傣族自治县，红河哈尼族彝族自治州屏边苗族自治县、金平苗族瑶族傣族自治县，怒江傈僳族自治州泸水县、福贡县；

陕西：宝鸡市凤翔县，渭南市大荔县，商洛市丹凤县、山阳县；

甘肃：白银市靖远县，酒泉市肃北蒙古族自治县；

宁夏：银川市西夏区、金凤区、贺兰县、灵武市，石嘴山市大武口区、惠农区，吴忠市盐池县。

发生面积　136949 亩

危害指数　0. 3934

• 烟翅小绿叶蝉 *Empoasca limbifera* (Matsumura)

寄　　主　山杨。

分布范围　浙江、安徽、福建、山东、河南、湖北、四川、贵州、云南、甘肃、宁夏。

• 假眼小绿叶蝉 *Empoasca vitis* (Goth)

寄　　主　山杨，黄葛树，桃，樱桃，紫檀，文旦柚，重阳木，茶梨，油茶，茶，木荷。

分布范围　中南，江苏、浙江、安徽、福建、江西、山东、四川、贵州、云南、陕西。

发生地点　江苏：苏州市高新技术开发区、吴中区；

浙江：宁波市象山县，丽水市莲都区；

福建：莆田市荔城区、仙游县，龙岩市上杭县泉州市安溪县，漳州市诏安县；

江西：宜春市袁州区；

山东：黄河三角洲保护区；

河南：南阳市桐柏县；

湖北：武汉市新洲区；

海南：五指山市；

四川：乐山市沙湾区、金口河区、峨眉山市，南充市嘉陵区，眉山市洪雅县；

贵州：贵阳市开阳县、修文县，黔南布依族苗族自治州都匀市；

云南：文山壮族苗族自治州广南县，西双版纳傣族自治州勐腊县；

陕西：安康市紫阳县，商洛市丹凤县。

发生面积　32064 亩

危害指数　0. 3658

• **浅刻殃叶蝉** ***Euscelis distinguendus*** **（Kirschbaum）**
寄　　主　山杨，旱柳，旱榆，槐树。
分布范围　宁夏。

• **黄面横脊叶蝉** ***Evacanthus interruptus*** **（Linnaeus）**
寄　　主　悬钩子。
分布范围　四川、贵州、云南。
发生地点　四川：自贡市大安区。

• **印度顶带叶蝉** ***Exitianus indicus*** **（Distant）**
寄　　主　木芙蓉。
分布范围　四川、贵州。
发生地点　四川：遂宁市射洪县。

• **白条刻纹叶蝉** ***Goniagnathus nervosus*** **Melichar**
寄　　主　柽柳，沙枣。
分布范围　甘肃。

• **橙带突额叶蝉** ***Gunungidia aurantiifasciata*** **（Jacobi）**
中文异名　突大叶蝉
寄　　主　油桐，毛竹，慈竹。
分布范围　浙江、重庆、四川、贵州。
发生地点　浙江：宁波市奉化市；
　　　　　重庆：万州区。

• **桑拟菱纹叶蝉** ***Hishimonoides sellatiformis*** **Ishihara**
中文异名　拟菱纹叶蝉
寄　　主　桑，茶。
分布范围　北京、河北、江苏、浙江、湖北、湖南。
发生地点　北京：密云区。

• **菱斑姬叶蝉** ***Hishimonus disciguttus*** **（Walker）**
寄　　主　槐树。
分布范围　陕西。
发生地点　陕西：延安市延川县。

• **凹缘菱纹叶蝉** ***Hishimonus sellatus*** **（Uhier）**
寄　　主　桑，荷花玉兰，枣树，紫薇。
分布范围　北京、河北、江苏、浙江、安徽、福建、江西、山东、湖北、湖南、广东、广西、重庆、四川、陕西。
发生地点　北京：密云区；
　　　　　河北：邢台市沙河市；
　　　　　江苏：苏州市吴江区，宿迁市沭阳县；
　　　　　四川：雅安市雨城区。

• **棕胸短头叶蝉 *Iassus dorsalis*（Matsumura）**
中文异名　褐盾短头叶蝉
寄　　主　小叶杨，白桦，旱榆。
分布范围　河南、宁夏。

• **短头叶蝉 *Iassus lanio*（Linnaeus）**
寄　　主　杨树，柳树，榆树。
分布范围　新疆。

• **黑纹片角叶蝉 *Idiocerus koreanus* Matsumura**
寄　　主　山杨，旱柳，榆树。
分布范围　内蒙古、辽宁、甘肃、宁夏。

• **杨片角叶蝉 *Idiocerus populi* Linnaeus**
寄　　主　杨树，柳树。
分布范围　内蒙古、甘肃、宁夏、新疆。
发生地点　新疆生产建设兵团：农七师130团。
发生面积　2939亩
危害指数　0.3685

• **片角叶蝉 *Idiocerus urakawensis* Matsumura**
寄　　主　山杨，旱柳，旱榆。
分布范围　内蒙古、辽宁、陕西、甘肃、宁夏。
发生地点　陕西：渭南市临渭区、华州区。

• **头罩片角叶蝉 *Idiocerus vitticollis* Matsumura**
中文异名　黑点片角叶蝉
寄　　主　山杨，垂柳，旱柳，桑，杏，槐树。
分布范围　北京。
发生地点　北京：顺义区。

• **杧果扁喙叶蝉 *Idioscopus incertus*（Baker）**
寄　　主　杧果。
分布范围　广西、海南。

• **白边大叶蝉 *Kolla paulula*（Walker）**
中文异名　顶斑边大叶蝉
拉丁异名　*Tettigoniella albomarginata*（Signoret）
寄　　主　麻栎，桑，海桐，蔷薇，槐树，栾树，茶，紫薇，毛竹。
分布范围　北京、辽宁、江苏、浙江、安徽、福建、山东、广东、甘肃。
发生地点　江苏：淮安市清江浦区；
　　　　　安徽：合肥市庐阳区、包河区、肥西县。
发生面积　127亩
危害指数　0.3596

• **榆叶蝉** ***Kyboasca bipunctata*** **(Oshanin)**

寄　　主　旱榆，榔榆，榆树，葡萄。

分布范围　山东、湖北、甘肃、青海、宁夏、新疆。

发生地点　山东：菏泽市郓城县，黄河三角洲保护区；

湖北：太子山林场；

青海：西宁市城东区、城中区、城西区、城北区；

新疆：克拉玛依市独山子区、克拉玛依区、乌尔禾区，和田地区和田县，石河子市；

新疆生产建设兵团：农四师 68 团，农七师 123 团、130 团，农八师。

发生面积　36138 亩

危害指数　0. 3343

• **窗耳叶蝉** ***Ledra auditura*** **Walker**

寄　　主　新疆杨，加杨，山杨，毛白杨，旱柳，核桃，枫杨，板栗，栎，桃，杏，山楂，苹果，李，梨，刺槐，紫藤，臭椿，枣树，葡萄，茶，白蜡树，白花泡桐，毛竹。

分布范围　北京、河北、辽宁、吉林、江苏、浙江、安徽、山东、湖北、广东、陕西、宁夏。

发生地点　北京：朝阳区、石景山区、顺义区、昌平区、密云区；

河北：唐山市乐亭县，邢台市沙河市；

江苏：淮安市盱眙县；

浙江：杭州市西湖区，宁波市江北区；

山东：潍坊市坊子区，聊城市阳谷县、东阿县；

湖北：黄冈市罗田县；

陕西：咸阳市乾县，宁东林业局；

宁夏：吴忠市红寺堡区、同心县。

发生面积　3192 亩

危害指数　0. 3700

• **耳叶蝉** ***Ledra aurita*** **(Linnaeus)**

寄　　主　杨树，垂柳，核桃，构树，苹果。

分布范围　河北、江苏、浙江、江西、陕西。

发生地点　江苏：镇江市句容市；

陕西：渭南市华州区。

• **四脊耳叶蝉** ***Ledra quadricarina*** **Walker**

寄　　主　山杨，栎。

分布范围　北京、广东、重庆、甘肃。

发生地点　北京：顺义区；

重庆：垫江县。

发生面积　796 亩

危害指数　0. 3338

• **柿零叶蝉** ***Limassolla diospyri*** **Chou et Ma**

寄　　主　玫瑰，柿。

分布范围　北京、天津、河北、山东、陕西。
发生地点　山东：济南市商河县，济宁市任城区、梁山县、曲阜市、高新技术开发区、太白湖新区，聊城市东阿县。

• 斑翅零叶蝉 *Limassolla discoloris* Zhang et Chou

寄　　主　木犀。
分布范围　湖北。

• 柿斑叶蝉 *Limassolla multipunctata*（Matsumura）

寄　　主　桑，桃，枣树，柿。
分布范围　河北、山西、江苏、浙江、山东、河南、四川、云南、陕西。
发生地点　河北：石家庄市正定县；
江苏：盐城市东台市；
山东：青岛市胶州市，泰安市泰山林场；
云南：保山市施甸县。
发生面积　2044 亩
危害指数　0.3333

• 旱柳广头叶蝉 *Macropsis matsudnis* Wei et Cai

寄　　主　柳树。
分布范围　山东、陕西。
发生地点　陕西：渭南市大荔县。
发生面积　110 亩
危害指数　0.3333

• 二点叶蝉 *Macrosteles fascifrons* Stål

寄　　主　核桃，葡萄，油茶。
分布范围　河北、江苏、江西、湖北、湖南、广东、广西、四川、贵州、云南、陕西。
发生地点　江西：萍乡市莲花县；
四川：巴中市恩阳区；
云南：楚雄彝族自治州大姚县。
发生面积　4903 亩
危害指数　0.4761

• 四点叶蝉 *Macrosteles quadrimaculatus*（Matsumura）

中文异名　四点二叉叶蝉
寄　　主　柳树，茶。
分布范围　辽宁、浙江。
发生地点　浙江：丽水市松阳县。

• 窗翅叶蝉 *Mileewa margheritae* Distant

寄　　主　构树。

分布范围　四川、贵州。
发生地点　四川：遂宁市大英县，宜宾市翠屏区。

• 二点黑尾叶蝉 *Nephotettix virescens* (Distant)
寄　　主　山杨，大果榉，构树，高山榕，桑，二乔木兰，红叶李，刺蔷薇，月季，柑橘，花椒，楝树，油桐，乌桕，茶，紫薇，柠檬桉，巨桉，巨尾桉，女贞，牡荆，白花泡桐，慈竹，毛竹，毛金竹，苦竹。
分布范围　内蒙古、江苏、浙江、安徽、福建、江西、山东、湖北、湖南、广西、重庆、四川、陕西。
发生地点　江苏：盐城市亭湖区、大丰区、射阳县、建湖县，扬州市江都区；
浙江：宁波市镇海区、宁海县，台州市椒江区；
福建：泉州市安溪县；
江西：萍乡市安源区、上栗县，吉安市井冈山市，共青城市；
山东：威海市环翠区；
湖南：岳阳市岳阳县、平江县；
广西：贵港市桂平市；
重庆：秀山土家族苗族自治县；
四川：自贡市沿滩区，乐山市沙湾区、金口河区、峨眉山市。
发生面积　9662 亩
危害指数　0.3437

• 黑颜单突叶蝉 *Olidiana brevis* (Walker)
寄　　主　油茶，茶，巨尾桉，板栗，朴树，构树，山乌桕，杜鹃。
分布范围　江苏、安徽、江西、广东、广西。
发生地点　江苏：南京市雨花台区，无锡市惠山区、滨湖区，淮安市洪泽区，镇江市扬中市；
安徽：合肥市庐阳区、包河区；
广西：博白林场。
发生面积　1286 亩
危害指数　0.3409

• 黑胸单突叶蝉 *Olidiana nigridorsa* (Cai et Shen)
寄　　主　山乌桕。
分布范围　广东。
发生地点　广东：惠州市惠阳区。

• 电光叶蝉 *Maiestas dorsalis* (Motschulsky)
寄　　主　水杉。
分布范围　湖北。
发生地点　湖北：荆州市监利县。

• 短板叶蝉 *Pantallus alboniger* (Lethierry)
寄　　主　山杨，旱柳，旱榆，槐树。

分布范围　宁夏。

• 石原脊翅叶蝉 *Parabolopona ishihari* Webb

寄　　主　紫薇。

分布范围　河南。

• 异滑叶蝉 *Paralaevicephalus* sp.

寄　　主　紫薇。

分布范围　河南、广西、贵州。

• 角乌叶蝉 *Penthimia cornicula*

寄　　主　板栗。

分布范围　湖北。

• 褐斑乌叶蝉 *Penthimia fuscomaculosa* Kwon et Lee

寄　　主　山杨，猴樟。

分布范围　陕西。

• 乌叶蝉 *Penthimia nigra*（Goeze）

寄　　主　木芙蓉。

分布范围　上海、江苏。

发生地点　江苏：苏州市高新技术开发区。

• 茶乌叶蝉 *Chanohirata theae*（Matsumura）

寄　　主　茶。

分布范围　浙江、安徽。

发生地点　浙江：丽水市松阳县。

• 红边片头叶蝉 *Petalocephala manchurica* Kato

寄　　主　板栗，刺槐，桉树。

分布范围　山东、广东、陕西。

发生地点　广东：肇庆市四会市；
陕西：渭南市华州区。

发生面积　22 亩

危害指数　0. 3333

• 赭片头叶蝉 *Petalocephala ochracea* Cai et Kuoh

寄　　主　茶，桉树。

分布范围　广东。

发生地点　广东：肇庆市高要区，云浮市新兴县。

• 一点片头叶蝉 *Petalocephala rubromarginata* Kato

寄　　主　板栗。

分布范围　山东。

• 赤缘片头叶蝉 *Petalocephala rufa* Cen et Cai

寄　　主　桑，桃，蔷薇，山杜英，茶，桉树。
分布范围　江苏、浙江、福建、山东、广东、四川。
发生地点　江苏：无锡市滨湖区；
　　　　　浙江：宁波市江北区；
　　　　　广东：汕尾市陆河县；
　　　　　四川：甘孜藏族自治州乡城县、得荣县。

• 一点木叶蝉 *Phlogotettix cyclops*（Mulsant et Rey）

寄　　主　构树。
分布范围　江苏。
发生地点　江苏：镇江市句容市。

• 横带叶蝉 *Scaphoideus festivus* Matsumura

寄　　主　柑橘。
分布范围　安徽、福建、江西、河南、广东、海南、贵州、云南、陕西、甘肃。

• 柽柳大片叶蝉 *Tamaricades tamaricius*（Cai）

寄　　主　柽柳。
分布范围　内蒙古、甘肃、宁夏、新疆。

• 桑斑叶蝉 *Tautoneura mori*（Matsumura）

寄　　主　桑，桃，李，梅，柿。
分布范围　北京、江苏、山东、陕西。
发生地点　江苏：南通市海安县、如东县；
　　　　　山东：菏泽市郓城县。
发生面积　1210 亩
危害指数　0.3333

• 白翅叶蝉 *Thaia rubiginosa* Kuoh

寄　　主　黄葛树，楝树，重阳木，秋枫，栾树。
分布范围　河南、广东、重庆、四川、贵州、云南、陕西。
发生地点　广东：汕头市澄海区；
　　　　　重庆：九龙坡区、綦江区、璧山区；
　　　　　云南：玉溪市元江哈尼族彝族傣族自治县。
发生面积　1565 亩
危害指数　0.5095

• 褐尾角胸叶蝉 *Tituria crinita*（Cai）

寄　　主　刺槐。
分布范围　陕西。
发生地点　陕西：渭南市白水县。

• **开化角胸叶蝉 *Tituria kaihuana* Yang**

寄　　主　桑。

分布范围　浙江。

发生地点　浙江：宁波市象山县。

• **黑脉角胸叶蝉 *Tituria nigrivena* Cai**

寄　　主　槐树。

分布范围　江苏。

发生地点　江苏：镇江市句容市。

• **锥冠角胸叶蝉 *Tituria pyramidata* Cai**

寄　　主　毛竹。

分布范围　浙江、河南。

• **蔷薇爱氏小叶蝉 *Edwardsina rosae*（Linnaeus）**

寄　　主　蔷薇，苹果。

分布范围　甘肃。

发生地点　甘肃：兴隆山保护区。

发生面积　170 亩

危害指数　0. 3333

• **桃一点小叶蝉 *Watara sudra*（Distant）**

寄　　主　桃，碧桃，杏，樱花，日本晚樱，日本樱花，山楂，垂丝海棠，苹果，海棠花，李，红叶李，月季，重阳木，葡萄，山茶，木犀。

分布范围　北京、河北、辽宁、上海、江苏、浙江、福建、山东、河南、湖北、湖南、广东、四川、贵州、陕西。

发生地点　北京：通州区、顺义区；

河北：邢台市临西县，衡水市桃城区、武邑县；

上海：浦东新区；

江苏：苏州市高新技术开发区、吴中区、吴江区、昆山市、太仓市，盐城市响水县，宿迁市宿城区；

福建：漳州市漳浦县；

山东：济南市历城区、济阳县，青岛市胶州市，东营市东营区，泰安市泰山林场，临沂市兰山区，聊城市东阿县、聊城高新技术产业开发区，菏泽市定陶区；

河南：平顶山市鲁山县；

湖南：长沙市长沙县；

四川：成都市大邑县。

发生面积　11114 亩

危害指数　0. 3799

• **苹果塔叶蝉 *Zyginella mali*（Yang）**

中文异名　黄斑小叶蝉

寄　　主　西府海棠，苹果，葡萄。
分布范围　河北、山西、内蒙古、宁夏。
发生地点　河北：衡水市桃城区；
　　　　　内蒙古：鄂尔多斯市准格尔旗；
　　　　　宁夏：银川市西夏区、金凤区。
发生面积　3528 亩
危害指数　0.3333

蜡蝉亚目 Fulgororrhyncha　飞虱科 Delphacidae

• **带纹竹飞虱 *Bambusiphaga fascia* Huang et Tian**
寄　　主　竹，慈竹。
分布范围　江苏、安徽、四川。
发生地点　四川：雅安市雨城区。

• **黑缘竹飞虱 *Bambusiphaga nigromarginata* Huang et Tian**
寄　　主　水竹，毛竹，绵竹。
分布范围　福建、贵州。
发生地点　福建：漳州市芗城区；
　　　　　贵州：遵义市赤水市。
发生面积　205 亩
危害指数　0.3577

• **台湾竹飞虱 *Bambusiphaga taiwanensis*（Muir）**
寄　　主　麻竹。
分布范围　福建。
发生地点　福建：莆田市涵江区、仙游县。

• **大斑飞虱 *Euides speciosa*（Boheman）**
寄　　主　小叶栎。
分布范围　北京、四川。
发生地点　北京：顺义区；
　　　　　四川：巴中市恩阳区。

• **褐飞虱 *Nilaparvata lugens*（Stål）**
寄　　主　石楠，红叶李，槐树。
分布范围　河北、辽宁、江苏、山东、河南、湖南。
发生地点　河北：张家口市怀来县；
　　　　　江苏：苏州市太仓市；
　　　　　山东：济宁市鱼台县；
　　　　　河南：许昌市许昌县；

湖南：永州市冷水滩区、东安县。
发生面积 1051 亩
危害指数 0.3333

- **台湾叶角飞虱 *Purohita taiwanensis* Muir**

寄　　主 毛竹，麻竹。
分布范围 福建。
发生地点 福建：莆田市城厢区、涵江区。

- **长绿飞虱 *Saccharosydne procerus* Matsumura**

寄　　主 银合欢，楝树，喜树。
分布范围 重庆、四川。
发生地点 重庆：江津区；
四川：攀枝花市米易县。
发生面积 135 亩
危害指数 0.3333

- **白背飞虱 *Sogatella furcifera*（Horváth）**

寄　　主 毛竹。
分布范围 江苏、浙江、福建、江西、山东、湖北、湖南、广东、广西、甘肃。
发生地点 江苏：无锡市宜兴市，苏州市太仓市，扬州市江都区；
福建：泉州市永春县；
山东：临沂市莒南县；
甘肃：兴隆山自然保护区。
发生面积 2395 亩
危害指数 0.3333

袖蜡蝉科 Derbidae

- **红袖蜡蝉 *Diostrombus politus* Uhler**

中文异名 长翅蜡蝉
寄　　主 大果榆，文旦柚，柑橘。
分布范围 东北、华东、西南，北京、河南、湖北、湖南。
发生地点 北京：密云区。

- **黑带寡室袖蜡蝉 *Vekunta nigrolineata* Muir**

寄　　主 榆树，桑。
分布范围 北京。

象蜡蝉科 Dictyopharidae

- **月纹丽象蜡蝉 *Orthopagus lunulifer* Uhler**

寄　　主 桑。

分布范围　山东。
发生地点　山东：泰安市泰山林场。

• 丽象蜡蝉 *Orthopagus splendens* (Germar)

寄　　主　山核桃，核桃，枫杨，桑，樟树，桃，石楠，李，槐树，柑橘，油桐，油茶，茶。
分布范围　河北、江苏、浙江、江西、山东、湖北、广东、四川、陕西。
发生地点　江苏：无锡市宜兴市，淮安市清江浦区、盱眙县，镇江市句容市；
　　浙江：宁波市象山县；
　　山东：济宁市邹城市；
　　广东：云浮市罗定市；
　　四川：自贡市贡井区、荣县，内江市威远县；
　　陕西：西安市周至县。
发生面积　128 亩
危害指数　0.3333

• 中野象蜡蝉 *Raivuna nakanonis* (Matsumura)

中文异名　长头象蜡蝉
寄　　主　山杨，山核桃，枫杨，栓皮栎，构树，樟树，木瓜，梨，山合欢，刺槐，黄杨，红瑞木，杜鹃，荆条，白花泡桐。
分布范围　辽宁、江苏、浙江、福建、江西、山东、河南、湖北、广东、四川。
发生地点　江苏：苏州市高新区、昆山市；
　　浙江：宁波市江北区、北仑区；
　　广东：云浮市罗定市；
　　四川：遂宁市大英县，广安市武胜县。
发生面积　105 亩
危害指数　0.3333

• 伯瑞象蜡蝉 *Raivuna patruelis* (Stål)

寄　　主　山杨，沙柳，桑，苹果，红叶李，龙爪槐，长叶黄杨，黄栌，酸枣，梧桐，紫薇，木犀，黄荆。
分布范围　东北，北京、河北、江苏、浙江、福建、江西、山东、湖北、广东、广西、海南、四川、云南、陕西、宁夏。
发生地点　北京：通州区、顺义区；
　　江苏：苏州市高新区，盐城市东台市；
　　浙江：宁波市象山县；
　　山东：泰安市泰山林场，威海市高新技术开发区；
　　广西：桂林市兴安县；
　　四川：绵阳市三台县、梓潼县，南充市顺庆区；
　　宁夏：吴忠市盐池县。
发生面积　9514 亩
危害指数　0.3684

• 中华象蜡蝉 ***Raivuna sinica*** **（Walker）**

寄　　主　山杨，垂柳，核桃，枫杨，构树，桑，樟树，天竺桂，枫香，山楂，豆梨，柑橘，花椒，油茶，茶，紫薇，柿，慈竹。

分布范围　北京、河北、江苏、浙江、安徽、江西、山东、广东、重庆、四川、陕西。

发生地点　北京：密云区；

河北：衡水市桃城区；

江苏：无锡市滨湖区；

浙江：宁波市象山县，丽水市莲都区；

江西：萍乡市安源区、上栗县；

山东：威海市环翠区；

四川：自贡市贡井区，绵阳市平武县，内江市威远县、隆昌县，广安市武胜县，资阳市雁江区；

陕西：渭南市大荔县。

发生面积　160 亩

危害指数　0.3333

• 瘤鼻象蜡蝉 ***Saigona fulgoroides*** **（Walker）**

拉丁异名　*Saigona gibbosa* Matsumura

寄　　主　核桃，板栗，白梨。

分布范围　福建、湖南、四川、陕西。

发生地点　四川：甘孜藏族自治州乡城县。

蛾蜡蝉科 Flatidae

• 彩蛾蜡蝉 ***Cerynia maria*** **（White）**

寄　　主　朴树，垂叶榕，臭椿，楸。

分布范围　四川。

发生地点　四川：自贡市贡井区、沿滩区。

• 晨星蛾蜡蝉 ***Flata gutularis*** **（Walker）**

寄　　主　柠檬，杧果。

分布范围　福建、江西、广东、四川。

发生地点　四川：内江市威远县。

• 碧蛾蜡蝉 ***Geisha distinctissima*** **（Walker）**

寄　　主　山杨，黑杨，杨梅，桤木，锥栗，板栗，麻栎，糙叶树，珊瑚朴，榆树，构树，垂叶榕，无花果，榕树，桑，荷花玉兰，白兰，猴樟，樟树，肉桂，枫香，红花檵木，桃，梅，日本樱花，苹果，海棠花，石楠，李，红叶李，蔷薇，刺槐，槐树，文旦柚，柑橘，楝树，油桐，重阳木，秋枫，乌桕，长叶黄杨，枸骨，鸡爪槭，荔枝，无患子，葡萄，杜英，山茶，油茶，茶，木荷，紫薇，石榴，喜树，杜鹃，柿，女贞，木犀，黄荆，楸，栀子。

分布范围　华东、中南，四川、贵州、云南、陕西。

发生地点　上海：闵行区、宝山区、嘉定区、浦东新区、金山区、松江区、青浦区；

江苏：南京市栖霞区、江宁区、六合区，无锡市锡山区、滨湖区、宜兴市，常州市天宁区、钟楼区、新北区、武进区，淮安市淮阴区、洪泽区，扬州市邗江区、经济技术开发区，镇江市京口区、镇江新区、润州区、丹徒区、丹阳市、句容市，泰州市姜堰区，宿迁市宿城区；

浙江：杭州市西湖区、萧山区，宁波市江北区、北仑区、象山县、宁海县、余姚市、奉化市，衢州市常山县，台州市三门县，丽水市莲都区、松阳县；

安徽：合肥市庐阳区、包河区、肥西县，芜湖市芜湖县，池州市贵池区；

福建：泉州市安溪县，南平市松溪县，福州国家森林公园；

江西：萍乡市安源区、上栗县，吉安市井冈山市；

山东：济宁市曲阜市；

河南：郑州市中原区；

湖北：武汉市洪山区、东西湖区，荆州市洪湖市，黄冈市红安县，仙桃市、潜江市；

湖南：常德市鼎城区；

广东：深圳市宝安区、龙岗区，湛江市廉江市，肇庆市高要区，惠州市惠阳区，汕尾市陆河县，云浮市郁南县、罗定市；

四川：自贡市大安区，广安市前锋区；

贵州：贵安新区。

发生面积　39718 亩

危害指数　0.5194

- **紫络蛾蜡蝉** ***Lawana imitata*** **(Melichar)**

中文异名　白翅蜡蝉

寄　　主　杨梅，核桃楸，核桃，栎，木波罗，高山榕，榕树，桑，八角，荷花玉兰，白兰，猴樟，樟树，天竺桂，枫香，桃，石楠，李，梨，台湾相思，云南金合欢，马占相思，羊蹄甲，苏木，紫荆，格木，文旦柚，柑橘，橙，黄皮，重阳木，秋枫，血桐，千年桐，蝴蝶果，杧果，扁桃，龙眼，荔枝，木槿，油茶，茶，木荷，合果木，紫薇，大花紫薇，石榴，柠檬桉，细叶桉，巨桉，巨尾桉，幌伞枫，女贞，木犀。

分布范围　江苏、浙江、安徽、福建、湖北、湖南、广东、广西、海南、四川、贵州、云南。

发生地点　浙江：台州市温岭市；

安徽：芜湖市无为县；

福建：泉州市安溪县，南平市建瓯市；

湖南：常德市鼎城区，娄底市新化县，湘西土家族苗族自治州保靖县；

广东：广州市天河区、番禺区、南沙区、增城区，深圳市宝安区、龙岗区、光明新区、龙华新区、大鹏新区，湛江市麻章区，肇庆市高要区、四会市，惠州市惠阳区，汕尾市陆河县、陆丰市，河源市源城区、东源县，阳江市阳春市，东莞市，云浮市新兴县；

广西：南宁市邕宁区、武鸣区、经济技术开发区、上林县、宾阳县、横县，桂林市阳朔县、龙胜各族自治县、荔浦县，梧州市龙圩区、岑溪市，北海市合浦县，防城港市上思县，钦州市钦北区，贵港市港北区、港南区、平南县、桂平市，玉林市玉州区、福绵区、容县、博白县、兴业县、北流市，百色市田阳县，河池市金城江区，来宾市兴宾区、象州县、武宣县、金秀瑶族自治县、合山市，崇左市江州区、扶绥县、大新县、天等县、凭祥市，七坡林场、良凤江森林公园、东门林场、派阳山林场、维都林场、六万林场、博白林场、热带林业实验中心；

海南：三亚市吉阳区，五指山市；

云南：玉溪市华宁县，临沧市凤庆县，楚雄彝族自治州南华县，怒江傈僳族自治州泸水县。

发生面积　78983 亩

危害指数　0. 3434

• **褐缘蛾蜡蝉** ***Salurnis marginella*** **(Guérin-Méneville)**

中文异名　青蛾蜡蝉

寄　　主　板栗，榆树，构树，黄葛树，玉兰，猴樟，樟树，海桐，枫香，桃，石楠，梨，耳叶相思，合欢，刺槐，槐树，文旦柚，柑橘，重阳木，千年桐，长叶黄杨，杧果，冬青，龙眼，荔枝，无患子，杜英，梧桐，油茶，茶，紫薇，喜树，迎春花，女贞，木犀，咖啡。

分布范围　华东，河南、湖北、广东、广西、重庆、四川、陕西。

发生地点　上海：嘉定区、松江区、青浦区；

江苏：无锡市滨湖区，常州市武进区，苏州市昆山市、太仓市，盐城市响水县，镇江市句容市，泰州市姜堰区，宿迁市宿城区；

浙江：宁波市象山县、余姚市，舟山市嵊泗县，丽水市莲都区、松阳县；

安徽：淮南市毛集实验区；

福建：泉州市永春县；

湖北：黄冈市罗田县，潜江市；

广东：肇庆市高要区、四会市，汕尾市陆河县、陆丰市，云浮市新兴县；

广西：南宁市邕宁区、宾阳县、横县，桂林市兴安县，北海市合浦县，防城港市上思县，贵港市港南区，玉林市容县、陆川县、博白县，崇左市江州区，派阳山林场、黄冕林场；

四川：自贡市贡井区，遂宁市蓬溪县；

陕西：咸阳市秦都区。

发生面积　22492 亩

危害指数　0. 3840

蜡蝉科 Fulgoridae

• **东北丽蜡蝉 *Limois kikuchii* Kato**

寄　　主　落叶松，山杨，山核桃，核桃楸，核桃，榆树，臭椿，千年桐。

分布范围　东北，北京、河北、山西、重庆、甘肃。

发生地点　河北：张家口市怀来县、涿鹿县；

山西：晋中市灵石县；

重庆：秀山土家族苗族自治县。

发生面积　639 亩

危害指数　0. 3333

• **斑衣蜡蝉 *Lycorma delicatula*（White）**

中文异名　臭皮蜡蝉

寄　　主　新疆杨，加杨，山杨，黑杨，箭杆杨，毛白杨，垂柳，旱柳，山核桃，野核桃，核桃楸，核桃，化香树，枫杨，板栗，茅栗，麻栎，波罗栎，蒙古栎，栓皮栎，青冈，朴树，春榆，榆树，大果榉，构树，桑，玉兰，猴樟，樟树，海桐，枫香，杜仲，二球悬铃木，三球悬铃木，山桃，桃，榆叶梅，杏，樱桃，樱花，日本晚樱，山楂，垂丝海棠，西府海棠，苹果，石楠，李，红叶李，梨，刺蔷薇，月季，悬钩子，合欢，紫穗槐，紫荆，刺槐，槐树，龙爪槐，花椒，臭椿，楝树，香椿，乌桕，油桐，白桐，黄杨，黄栌，盐肤木，火炬树，漆树，冬青卫矛，三角槭，色木槭，元宝槭，栾树，无患子，枣树，酸枣，葡萄，梧桐，油茶，茶，沙棘，紫薇，石榴，喜树，刺楸，柿，君迁子，连翘，白蜡树，迎春花，女贞，木犀，丁香，夹竹桃，白花泡桐，楸，毛竹，胖竹。

分布范围　华北、华东、西北，辽宁、河南、湖北、湖南、广西、重庆、四川、贵州、云南。

发生地点　北京：东城区、朝阳区、丰台区、石景山区、海淀区、房山区、通州区、顺义区、昌平区、大兴区、密云区、延庆区；

天津：塘沽、汉沽、大港、东丽区、西青区、津南区、北辰区、武清区、宝坻区、宁河区、静海区，蓟县；

河北：石家庄市新华区、井陉矿区、藁城区、鹿泉区、栾城区、井陉县、正定县、灵寿县、高邑县、赞皇县、无极县、晋州市、新乐市，唐山市古冶区、开平区、丰润区、滦南县、乐亭县、玉田县，秦皇岛市山海关区、北戴河区、抚宁区、青龙满族自治县、昌黎县，邯郸市涉县、永年区、鸡泽县，邢台市邢台县、任县、巨鹿县、平乡县、威县、南宫市、沙河市，保定市满城区、阜平县、唐县、望都县、顺平县、博野县，张家口市怀来县、涿鹿县，承德市双桥区，沧州市黄骅市、河间市，廊坊市安次区、固安县、永清县、香河县、大城县、文安县、霸州市、三河市，衡水市桃城区、枣强县、武邑县、饶阳县、安平县，定州市；

山西：晋城市泽州县，晋中市榆次区、左权县、太谷县、灵石县，运城市盐湖区、闻喜县、新绛县、绛县、夏县、平陆县、永济市，吕梁市孝义市、汾阳市；

内蒙古：乌海市海勃湾区；

上海：闵行区、宝山区、嘉定区、浦东新区、金山区、松江区、青浦区、奉贤区，崇明县；

江苏：南京市浦口区、栖霞区、雨花台区、江宁区、六合区、溧水区、高淳区，无锡市锡山区、惠山区、滨湖区、江阴市、宜兴市，徐州市贾汪区、铜山区、沛县，常州市天宁区、钟楼区、新北区、武进区、金坛区、溧阳市，苏州市高新区、相城区、昆山市，淮安市淮阴区、清江浦区、涟水县、洪泽区、金湖县，盐城市盐都区、大丰区、响水县、阜宁县、射阳县、建湖县、东台市，扬州市邗江区、江都区、宝应县、扬州经济技术开发区，镇江市京口区、镇江新区、润州区、丹徒区、丹阳市、句容市，泰州市姜堰区，宿迁市宿城区、沭阳县；

浙江：杭州市萧山区、桐庐县，宁波市北仑区、鄞州区、象山县、余姚市、奉化市，温州市永嘉县、瑞安市，嘉兴市秀洲区、嘉善县，金华市磐安县，舟山市岱山县、嵊泗县，台州市黄岩区、天台县、仙居县、临海市；

安徽：合肥市庐阳区、包河区、肥西县，芜湖市芜湖县，蚌埠市固镇县，淮南市潘集区，淮北市杜集区、相山区、濉溪县，滁州市南谯区、定远县、凤阳县、天长市，阜阳市颍东区、太和县、颍上县，六安市裕安区、叶集区、霍邱县，亳州市涡阳县、蒙城县，池州市贵池区，宣城市郎溪县；

江西：萍乡市安源区、莲花县，上饶市广丰区，鄱阳县；

山东：济南市历城区、平阴县、济阳县、商河县、章丘市，青岛市胶州市、即墨市、莱西市，枣庄市台儿庄区、山亭区、滕州市，东营市东营区、河口区、垦利县、广饶县，烟台市芝罘区、莱山区，潍坊市潍城区、坊子区、诸城市、昌邑市、滨海经济开发区，济宁市任城区、兖州区、微山县、鱼台县、嘉祥县、汶上县、梁山县、曲阜市、邹城市、高新区、太白湖新区、经济技术开发区，泰安市泰山区、岱岳区、宁阳县、东平县、新泰市、肥城市、泰山林场、徂徕山林场，威海市环翠区，日照市岚山区、莒县，莱芜市莱城区，临沂市兰山区、高新技术开发区、临港经济开发区、沂水县、平邑县、莒南县、临沭县，德州市德州市开发区，聊城市东昌府区、阳谷县、茌平县、东阿县、冠县、高唐县、临清市，滨州市滨城区、沾化区、惠民县、无棣县，菏泽市牡丹区、定陶区、单县、巨野县、郓城县、东明县，黄河三角洲自然保护区；

河南：郑州市中原区、二七区、管城回族区、金水区、上街区、惠济区、中牟县、荥阳市、新郑市、登封市，开封市通许县，洛阳市孟津县、嵩县、汝阳县、伊川县，平顶山市鲁山县、舞钢市，安阳市文峰区、安阳县、内黄县，鹤壁市鹤山区、淇滨区、淇县，新乡市牧野区、新乡县、卫辉市，焦作市修武县、博爱县、武陟县、沁阳市、孟州市，濮阳市清丰县，许昌市东城区、鄢陵县、襄城县、禹州市，漯河市临颍县，三门峡市陕州区、渑池县、卢氏县，南阳市南召县、内乡县、淅川县、桐柏县，商丘市民权县、宁陵县、柘城县，信阳市淮滨县，周口市扶沟县、西华县，驻马店市驿城区、上蔡县、确山县、泌阳县、遂平县，济源市、巩义市、鹿邑县；

湖北：武汉市洪山区、东西湖区，十堰市竹溪县，襄阳市枣阳市，荆门市钟祥市，荆州市监利县，黄冈市红安县，随州市随县，仙桃市、潜江市；

湖南：衡阳市南岳区、祁东县，邵阳市隆回县，岳阳市云溪区、君山区、平江县、汨罗市、临湘市，常德市鼎城区、临澧县、石门县，益阳市资阳区、桃江县，郴州市桂阳县，永州市双牌县，娄底市新化县、涟源市，湘西土家族苗族自治州凤凰县；

广西：防城港市防城区、上思县，河池市南丹县，来宾市兴宾区、象州县，崇左市天等县，派阳山林场；

重庆：万州区、南岸区、黔江区、南川区，城口县、武隆区、开县、巫溪县、秀山土家族苗族自治县、酉阳土家族苗族自治县、彭水苗族土家族自治县；

四川：成都市大邑县，绵阳市游仙区、三台县、梓潼县，乐山市峨边彝族自治县，广安市前锋区，雅安市雨城区，巴中市通江县，阿坝藏族羌族自治州汶川县、理县、小金县，甘孜藏族自治州泸定县、丹巴县；

陕西：西安市灞桥区、未央区、临潼区、蓝田县、周至县、户县，宝鸡市扶风县、眉县、麟游县、凤县，咸阳市秦都区、渭城区、三原县、泾阳县、乾县、礼泉县、永寿县、彬县、长武县、旬邑县、武功县、兴平市，渭南市临渭区、华州区、潼关县、大荔县、合阳县、澄城县、蒲城县、白水县、华阴市，延安市延川县、子长县、志丹县、吴起县、甘泉县、劳山林业局，汉中市汉台区、略阳县、镇巴县，榆林市定边县、绥德县、子洲县，安康市旬阳县，商洛市商州区、丹凤县、商南县、山阳县、镇安县，杨陵区，宁东林业局；

甘肃：兰州市城关区、七里河区、西固区、榆中县，金昌市金川区，白银市白银区、平川区、靖远县，庆阳市西峰区、庆城县、环县、华池县、正宁县、宁县、镇原县，陇南市武都区、宕昌县、礼县；

青海：海东市民和回族土族自治县；

宁夏：银川市兴庆区、西夏区、金凤区、永宁县、贺兰县、灵武市，石嘴山市大武口区、平罗县，吴忠市利通区、青铜峡市，固原市原州区、彭阳县，中卫市沙坡头区；

新疆生产建设兵团：农四师 68 团。

发生面积　403733 亩

危害指数　0.3852

• 枫蜡蝉 *Penthicodes paichella* Guérin-Méneville

寄　　主　栓皮栎，枫香，巨尾桉，牡荆。

分布范围　江西、湖北、广西。

发生地点　广西：梧州市龙圩区。

发生面积　1000 亩

危害指数　0.3333

• 长鼻蜡蝉 *Pyrops candelaria* (Linnaeus)

中文异名　龙眼蜡蝉

寄　　主　板栗，桑，假山龙眼，八角，山鸡椒，扁桃，桃，台湾相思，云南金合欢，南洋楹，柑橘，川黄檗，橄榄，油桐，秋枫，乌桕，杧果，龙眼，荔枝，木棉，合果木，细叶桉，巨尾桉，蒲桃，鹅掌柴，海杧果，盆架树。

分布范围　福建、湖南、广东、广西、海南、四川、云南。

发生地点　福建：厦门市同安区，泉州市安溪县、永春县，漳州市云霄县、诏安县、东山县，福州国家森林公园；

广东：广州市从化区，深圳市南山区、宝安区、龙岗区、盐田区、大鹏新区，佛山市南海区，肇庆市开发区、端州区、高要区、四会市，惠州市惠城区、惠阳区、惠东县，汕尾市陆河县、汕尾市属林场，云浮市新兴县、郁南县；

广西：南宁市江南区、武鸣区、隆安县、上林县、宾阳县、横县，桂林市灌阳县，梧州市长洲区，防城港市东兴市，贵港市港北区、港南区、平南县、桂平市，玉林市博白县、兴业县、北流市，河池市南丹县、都安瑶族自治县，来宾市兴宾区、忻城县、象州县，崇左市扶绥县、大新县、天等县；

海南：陵水黎族自治县。

发生面积　21485 亩

危害指数　0. 3355

瓢蜡蝉科 Issidae

● 恶性席瓢蜡蝉 *Dentatissus damnosus*（Chou et Lu）

寄　　主　垂柳，苹果，海棠花，杜梨，秋海棠，喜树。

分布范围　北京、江苏、山东。

发生地点　山东：泰安市泰山区，聊城市东阿县。

发生面积　116 亩

危害指数　0. 3333

广翅蜡蝉科 Ricaniidae

● 带纹疏广蜡蝉 *Euricania facialis*（Walker）

寄　　主　黑杨，枫杨，板栗，桑，刺槐，槐树，乌桕。

分布范围　辽宁、江苏、安徽、湖北。

发生地点　江苏：盐城市射阳县；

安徽：合肥市肥西县；

湖北：黄冈市红安县、罗田县。

发生面积　130208 亩

危害指数　0. 4106

● 眼纹疏广蜡蝉 *Euricania ocella*（Walker）

寄　　主　朴树，构树，桑，猴樟，木姜子，枫香，枇杷，月季，刺槐，槐树，柑橘，油桐，木槿，油茶，茶，合果木，紫薇，女贞，木犀，大青，荆条，楸。

分布范围　上海、浙江、安徽、福建、江西、湖北、湖南、广东、广西、贵州。

发生地点　上海：青浦区；
浙江：温州市鹿城区、龙湾区、平阳县，台州市椒江区；
福建：泉州市安溪县，南平市松溪县；
湖南：益阳市桃江县，娄底市新化县；
广东：肇庆市高要区、四会市，汕尾市陆河县、陆丰市，云浮市新兴县；
广西：南宁市宾阳县、横县，桂林市雁山区、兴安县，梧州市蒙山县，贺州市昭平县，维都林场。

发生面积　4931 亩

危害指数　0.3809

● **透明疏广蜡蝉 *Euricania clara* Kato**

寄　　主　山杨，黑杨，柳树，核桃，枫杨，板栗，青冈，榆树，大果榉，构树，桑，鹅掌楸，玉兰，荷花玉兰，猴樟，樟树，海桐，枫香，红花檵木，三球悬铃木，桃，梅，杏，野杏，樱桃，日本樱花，垂丝海棠，苹果，石楠，李，红叶李，梨，白蔷薇，紫荆，刺槐，槐树，柑橘，花椒，油桐，重阳木，野桐，乌桕，盐肤木，冬青，冬青卫矛，鸡爪槭，浙江七叶树，栾树，无患子，枣树，杜英，木槿，梧桐，油茶，茶，紫薇，石榴，八角枫，刺楸，连翘，女贞，木犀，柚木，黄荆，枸杞，白花泡桐，梓，栀子。

分布范围　华东，北京、河北、辽宁、河南、湖北、湖南、广西、重庆、四川、贵州、陕西、甘肃。

发生地点　北京：顺义区、大兴区、密云区；
河北：衡水市桃城区；
上海：闵行区、宝山区、浦东新区、松江区、青浦区、奉贤区，崇明县；
江苏：南京市栖霞区、浦口区、雨花台区、江宁区、六合区、溧水区，无锡市滨湖区，常州市天宁区、钟楼区、新北区，苏州市高新区、吴江区、昆山市，淮安市淮阴区、清江浦区、盱眙县，盐城市盐都区、大丰区、响水县、阜宁县、射阳县、东台市，扬州市邗江区、江都区、宝应县、高邮市、经济技术开发区，镇江市润州区、丹徒区、丹阳市，泰州市姜堰区，宿迁市宿豫区、沭阳县；
浙江：宁波市北仑区、象山县、余姚市；
安徽：合肥市包河区，芜湖市芜湖县、无为县；
山东：菏泽市牡丹区；
河南：三门峡市陕州区；
湖北：荆州市沙市区、监利县、江陵县；
湖南：株洲市芦淞区、石峰区、云龙示范区；
广西：南宁市经济技术开发区；
四川：自贡市贡井区、沿滩区、荣县，内江市威远县；
贵州：贵安新区；
陕西：西安市周至县，咸阳市秦都区、兴平市。

发生面积　3417 亩

危害指数　0.3711

• 琥珀广翅蜡蝉 *Orosanga japonica*（Melichar）

寄　　主　樟树。

分布范围　四川。

发生地点　四川：遂宁市船山区。

• 阔带宽广蜡蝉 *Pochazia confusa* Distant

寄　　主　猴樟，花椒。

分布范围　湖北、广东、广西。

发生地点　广西：桂林市永福县。

• 眼斑宽广蜡蝉 *Pochazia discreta* Melichar

寄　　主　樟树。

分布范围　浙江、广东、四川、甘肃。

发生地点　四川：遂宁市蓬溪县。

• 圆纹宽广蜡蝉 *Pochazia guttifera* Walker

中文异名　圆纹广翅蜡蝉

寄　　主　柳树，枫杨，荷花玉兰，猴樟，樟树，海桐，红花檵木，桃，樱花，石楠，李，梨，刺槐，柑橘，臭椿，香椿，栾树，中华猕猴桃，油茶，紫薇。

分布范围　江苏、浙江、安徽、福建、江西、山东、湖北、湖南、广东、四川、甘肃。

发生地点　江苏：常州市溧阳市，扬州市江都区，宿迁市沭阳县；

浙江：台州市天台县；

安徽：芜湖市无为县；

四川：遂宁市蓬溪县，内江市东兴区、威远县、隆昌县，眉山市青神县，宜宾市翠屏区，达州市大竹县。

发生面积　164 亩

危害指数　0.3333

• 可可广翅蜡蝉 *Ricania cacaonis* Chou et Lu

寄　　主　女贞。

分布范围　浙江、湖南、广东、海南。

发生地点　浙江：台州市黄岩区。

• 斑点广翅蜡蝉 *Ricania guttata*（Walker）

寄　　主　高山榕，榕树，白兰，海桐，红花羊蹄甲，漆树，山杜英，银叶树，木荷，大花紫薇，秋茄树，盆架树。

分布范围　广东。

发生地点　广东：深圳市福田区、宝安区、龙岗区、坪山新区、龙华新区，河源市紫金县、新丰江。

发生面积　4338 亩

危害指数　0.5346

• 缘纹广翅蜡蝉 *Ricania marginalis*（Walker）

寄　　主　银杏，核桃，化香树，枫杨，板栗，黑弹树，构树，榕树，桑，荷花玉兰，猴樟，樟树，天竺桂，木姜子，海桐，枫香，三球悬铃木，桃，碧桃，杏，石楠，李，红叶李，紫荆，刺槐，槐树，紫藤，柑橘，长叶黄杨，南酸枣，盐肤木，冬青，绒毛无患子，酸枣，木槿，油茶，茶，木荷，紫薇，连翘，白蜡树，女贞，木犀，白花泡桐。

分布范围　北京、江苏、浙江、安徽、福建、江西、山东、河南、湖北、广东、广西、重庆、四川。

发生地点　北京：东城区；

江苏：无锡市滨湖区，苏州市高新区、吴江区、昆山市，宿迁市宿城区、沭阳县；

浙江：宁波市北仑区、奉化市，台州市黄岩区、天台县；

安徽：合肥市庐阳区、包河区，芜湖市芜湖县，池州市贵池区；

福建：南平市松溪县；

山东：潍坊市坊子区，济宁市鱼台县、曲阜市，泰安市肥城市，聊城高新技术产业开发区，菏泽市牡丹区、定陶区；

河南：平顶山市郏县，信阳市平桥区；

湖北：黄冈市罗田县；

广东：肇庆市德庆县，惠州市惠阳区；

四川：自贡市沿滩区，遂宁市船山区，内江市东兴区，乐山市犍为县，南充市西充县，眉山市仁寿县、青神县，宜宾市南溪区、兴文县。

发生面积　2853 亩

危害指数　0. 3345

• 四斑广翅蜡蝉 *Ricania quadrimaculata* Kato

寄　　主　桑，枫香，野桐，油茶，茶。

分布范围　江苏、安徽、湖南、四川。

发生地点　江苏：无锡市宜兴市；

湖南：邵阳市洞口县。

• 山东广翅蜡蝉 *Ricania shantungensis* Chou et Lu

寄　　主　杨树，桑，荷花玉兰，樟树，天竺桂，桃，杏，日本晚樱，石楠，李，凤凰木，槐树，柑橘，杜英，油茶，紫薇，巨尾桉，白蜡树，南方泡桐，楸。

分布范围　浙江、安徽、江西、山东、湖北、广东、广西、四川。

发生地点　浙江：宁波市余姚市；

安徽：宣城市郎溪县；

山东：莱芜市莱城区，临沂市临沭县，聊城市阳谷县、茌平县；

湖北：荆州市石首市；

广东：云浮市新兴县；

广西：防城港市防城区。

发生面积　447 亩

危害指数　0. 3333

• 钩纹广翅蜡蝉 *Ricania simulans*（Walker）

寄　　主　桃。

分布范围　安徽。

发生地点　安徽：池州市贵池区。

• 三点广翅蜡蝉 *Ricania* sp.

寄　　主　羊蹄甲，秋枫，油茶，巨尾桉。

分布范围　广西。

发生地点　广西：钦州市钦南区，玉林市容县，河池市南丹县，来宾市象州县，钦廉林场。

发生面积　6649 亩

危害指数　0. 3350

• 八点广翅蜡蝉 *Ricania speculum*（Walker）

中文异名　小点广翅蜡蝉

寄　　主　山杨，黑杨，柳树，野核桃，核桃楸，核桃，枫杨，桤木，板栗，刺栲，朴树，榆树，大果榉，构树，高山榕，垂叶榕，黄葛树，桑，鹅掌楸，玉兰，蜡梅，猴樟，樟树，肉桂，天竺桂，海桐，枫香，红花檵木，杜仲，三球悬铃木，桃，梅，杏，樱桃，樱花，日本樱花，枇杷，苹果，石楠，李，红叶李，火棘，梨，台湾相思，合欢，紫荆，凤凰木，刺桐，刺槐，槐树，龙爪槐，文旦柚，柑橘，橙，柠檬，花椒，臭椿，楝树，香椿，油桐，重阳木，秋枫，乌桕，黄杨，南酸枣，杧果，漆树，冬青，枸骨，卫矛，七叶树，龙眼，栾树，荔枝，无患子，枣树，杜英，木槿，梧桐，山茶，油茶，茶，木荷，紫薇，细叶桉，巨桉，巨尾桉，尾叶桉，柿，白蜡树，女贞，木犀，夹竹桃，柚木，黄荆，南方泡桐，白花泡桐，梓，栀子，忍冬。

分布范围　华东，河北、辽宁、河南、湖北、湖南、广东、广西、重庆、四川、贵州、陕西。

发生地点　河北：衡水市桃城区；

上海：闵行区、宝山区、嘉定区、浦东新区、金山区、松江区、青浦区、奉贤区，崇明县；

江苏：南京市栖霞区、六合区，无锡市锡山区，常州市武进区、金坛区、溧阳市，苏州市高新区、昆山市、太仓市，淮安市淮阴区、清江浦区、洪泽区、金湖县，盐城市响水县、阜宁县，扬州市邗江区、江都区、宝应县、高邮市、生态科技新城，镇江市新区、润州区、丹徒区、丹阳市、扬中市，泰州市海陵区、姜堰区，宿迁市宿城区、宿豫区、沭阳县；

浙江：杭州市西湖区、萧山区，宁波市江北区、北仑区、象山县、宁海县、余姚市，温州市鹿城区、龙湾区、平阳县，嘉兴市嘉善县，衢州市常山县，台州市椒江区、黄岩区、三门县、温岭市；

安徽：合肥市肥西县；

福建：泉州市安溪县，南平市松溪县；

江西：南昌市安义县，萍乡市湘东区、芦溪县，吉安市井冈山市，宜春市樟树市，共青城市；

山东：青岛市城阳区，济宁市泗水县、梁山县、曲阜市，泰安市泰山林场，威海市环翠区，临沂市罗庄区，聊城市莘县、东阿县、冠县、高唐县；
河南：郑州市新郑市、登封市，许昌市东城区、禹州市，三门峡市陕州区，驻马店市泌阳县；
湖北：武汉市洪山区、东西湖区；
湖南：株洲市荷塘区、芦淞区，岳阳市平江县，常德市鼎城区、澧县，永州市祁阳县、东安县；
广东：汕头市龙湖区，肇庆市高要区、怀集县、四会市、肇庆市属林场，惠州市惠阳区，汕尾市陆河县、陆丰市，阳江市阳春市，清远市英德市，东莞市，云浮市新兴县；
广西：南宁市宾阳县、横县，桂林市雁山区、阳朔县、龙胜各族自治县、荔浦县，梧州市万秀区、苍梧县、岑溪市，北海市合浦县，防城港市防城区、上思县，贵港市覃塘区、桂平市，玉林市容县、兴业县、北流市，百色市靖西市，河池市南丹县、罗城仫佬族自治县，来宾市忻城县、象州县、武宣县，崇左市江州区、扶绥县，高峰林场、七坡林场、派阳山林场、钦廉林场、三门江林场、维都林场、博白林场；
重庆：渝北区、巴南区；
四川：成都市蒲江县，自贡市自流井区、贡井区、大安区、沿滩区、荣县，绵阳市三台县、梓潼县、平武县，遂宁市船山区、蓬溪县、大英县，内江市市中区、东兴区、威远县、资中县、隆昌县，南充市顺庆区、高坪区、西充县，宜宾市翠屏区、筠连县，雅安市雨城区，巴中市巴州区，资阳市雁江区，阿坝藏族羌族自治州汶川县；
陕西：西安市周至县，宝鸡市扶风县，咸阳市秦都区、兴平市，渭南市华阴市，汉中市汉台区、西乡县。

发生面积　72058 亩

危害指数　0. 3742

● **褐带广翅蜡蝉 *Ricania taeniata* Stål**

寄　　主　柑橘，油桐，油茶，黄荆。

分布范围　浙江、安徽、江西、重庆。

发生地点　浙江：丽水市莲都区；
安徽：合肥市庐阳区、包河区。

发生面积　52 亩

危害指数　0. 3333

● **胡椒广翅蜡蝉 *Ricanoides pipera* Distant**

寄　　主　羊蹄甲，巨尾桉。

分布范围　广西。

发生地点　广西：防城港市上思县。

发生面积　900 亩

危害指数　0. 3333

• 粉黛广翅蜡蝉 *Ricanula pulverosa* Stål

中文异名　丽纹广翅蜡蝉

寄　　主　桑，柑橘，秋枫，油茶，白花泡桐。

分布范围　湖北、广东、四川。

发生地点　广东：肇庆市高要区；

四川：雅安市芦山县。

• 柿广翅蜡蝉 *Ricanula sublimbata*（Jacobi）

寄　　主　核桃，枫杨，桤木，板栗，栎，青冈，朴树，榆树，大果榉，构树，黄葛树，榕树，桑，玉兰，荷花玉兰，厚朴，蜡梅，猴樟，樟树，油樟，山胡椒，海桐，枫香，三球悬铃木，桃，樱桃，木瓜，山楂，枇杷，苹果，海棠花，石楠，李，红叶李，火棘，梨，月季，合欢，羊蹄甲，紫荆，刺槐，槐树，龙爪槐，文旦柚，柑橘，臭椿，楝树，香椿，重阳木，乌桕，长叶黄杨，黄杨，黄栌，盐肤木，冬青，枸骨，冬青卫矛，三角槭，色木槭，梣叶槭，栾树，无患子，枣树，杜英，木槿，木棉，梧桐，中华猕猴桃，山茶，油茶，茶，木荷，紫薇，石榴，紫荆木，柿，白蜡树，迎春花，女贞，小叶女贞，木犀，白丁香，夹竹桃，柚木，黄荆，白花泡桐，楸，梓，栀子。

分布范围　华东，河北、河南、湖北、湖南、广东、重庆、四川、云南、陕西。

发生地点　河北：衡水市桃城区；

上海：宝山区、嘉定区、浦东新区、金山区、松江区、青浦区、奉贤区，崇明县；

江苏：南京市浦口区、雨花台区，无锡市锡山区、惠山区、滨湖区、宜兴市，徐州市贾汪区、沛县，常州市天宁区、钟楼区、新北区、武进区、金坛区、溧阳市，苏州市高新区、吴江区、昆山市、太仓市，连云港市连云区，淮安市淮阴区、清江浦区、盱眙县、金湖县，盐城市盐都区、大丰区、响水县、阜宁县、射阳县、建湖县、东台市，扬州市邗江区、江都区、宝应县、高邮市、经济技术开发区，镇江市润州区、丹徒区、丹阳市、扬中市、句容市，泰州市海陵区、姜堰区、兴化市、泰兴市，宿迁市宿城区、宿豫区、沭阳县；

浙江：杭州市西湖区、萧山区、桐庐县，宁波市鄞州区、江北区、北仑区、镇海区、奉化市，温州市龙湾区、平阳县、乐清市，嘉兴市秀洲区、嘉善县，衢州市常山县，台州市黄岩区、三门县、天台县；

安徽：合肥市包河区、肥西县，芜湖市芜湖县，六安市叶集区、霍邱县，池州市贵池区；

福建：漳州市东山县；

山东：青岛市胶州市，枣庄市台儿庄区，济宁市任城区、兖州区、嘉祥县、曲阜市、高新区、太白湖新区，莱芜市钢城区，临沂市兰山区、莒南县，聊城市东昌府区、东阿县、冠县、经济技术开发区、高新技术产业开发区，菏泽市成武县；

河南：郑州市上街区、新郑市，洛阳市宜阳县，平顶山市鲁山县，济源市、汝州市，信阳市淮滨县；

湖北：武汉市洪山区、东西湖区，荆州市沙市区、监利县、江陵县、石首市，黄冈市罗田县，仙桃市、潜江市、太子山林场；

湖南：衡阳市南岳区，岳阳市华容县，常德市鼎城区，郴州市桂阳县；

广东：云浮市郁南县；
重庆：万州区、南岸区、北碚区、黔江区、南川区，城口县、忠县、巫溪县、永川区；
四川：自贡市自流井区、贡井区、大安区、沿滩区、荣县，绵阳市三台县、平武县，遂宁市蓬溪县、射洪县、大英县，内江市东兴区、威远县、资中县、隆昌县，南充市顺庆区，宜宾市翠屏区、南溪区、筠连县、兴文县，广安市前锋区、武胜县，资阳市雁江区；
陕西：西安市周至县，渭南市临渭区、华州区，咸阳市秦都区。
发生面积　37087 亩
危害指数　0.3700

胸喙亚目 Sternorrhyncha　粉虱科 Aleurodidae

• **石楠盘粉虱 *Aleurocanthus photiniana* Young**
寄　　主　枫杨，榕树，樟树，石楠，杜英，合果木。
分布范围　上海、江苏、安徽、江西、山东、河南、湖南、四川、陕西。
发生地点　上海：浦东新区；
江苏：徐州市铜山区，泰州市海陵区、姜堰区；
安徽：合肥市肥西县，芜湖市芜湖县，亳州市蒙城县；
山东：菏泽市牡丹区；
河南：许昌市魏都区、襄城县；
湖南：郴州市宜章县；
四川：遂宁市船山区；
陕西：宝鸡市扶风县，咸阳市秦都区。
发生面积　1686 亩
危害指数　0.4013

• **黑刺粉虱 *Aleurocanthus spiniferus* Quaintance**
寄　　主　杨树，柳树，杨梅，枫杨，板栗，高山榕，垂叶榕，榕树，八角，荷花玉兰，猴樟，阴香，樟树，天竺桂，油樟，滇楠，檫木，枫香，二球悬铃木，桃，山楂，枇杷，垂丝海棠，石楠，李，梨，蔷薇，月季，紫荆，刺桐，鸡冠刺桐，刺槐，槐树，文旦柚，柑橘，金橘，花椒，香椿，乌桕，龙眼，葡萄，山茶，油茶，茶，小果油茶，木荷，合果木，鹅掌柴，柿，女贞，木犀。
分布范围　华东、中南，重庆、四川、贵州、云南、陕西。
发生地点　上海：闵行区、宝山区、嘉定区、浦东新区、金山区、奉贤区，崇明县；
江苏：无锡市惠山区、滨湖区、江阴市、宜兴市，常州市溧阳市，苏州市吴江区、昆山市、太仓市，淮安市金湖县，盐城市盐都区、响水县、阜宁县，扬州市邗江区、江都区、宝应县、高邮市，泰州市姜堰区，宿迁市宿城区、沭阳县；
浙江：杭州市西湖区、余杭区、富阳区、桐庐县，宁波市鄞州区，金华市浦江县、磐安县，衢州市常山县、江山市，舟山市定海区，台州市温岭市，丽水市莲都区、松阳县；
安徽：合肥市庐阳区、肥西县，芜湖市芜湖县、无为县，池州市贵池区；
福建：厦门市集美区、翔安区，莆田市涵江区，泉州市安溪县，漳州市芗城区、诏安县、平和县，龙岩市长汀县、武平县，福州国家森林公园；
江西：赣州经济技术开发区，吉安市井冈山市；
河南：邓州市；
湖北：荆州市沙市区、荆州区、监利县、江陵县；
湖南：邵阳市大祥区、北塔区，岳阳市岳阳县，永州市祁阳县；
广东：广州市越秀区、天河区、白云区、番禺区、花都区、南沙区、从化区，深圳市福田区，佛山市禅城区，肇庆市开发区、端州区、高要区、四会市，汕尾市陆河县、陆丰市，云浮市云安区、新兴县；
广西：柳州市柳南区，贺州市昭平县；
海南：三亚市吉阳区，儋州市，五指山市、琼海市、万宁市、定安县、白沙黎族自治县、乐东黎族自治县、保亭黎族苗族自治县；
重庆：万州区、涪陵区、大渡口区、江北区、南岸区、北碚区、黔江区、南川区、铜梁区、万盛经济技术开发区，梁平区、丰都县、开县、云阳县、奉节县、巫溪县、彭水苗族土家族自治县；
四川：成都市彭州市、简阳市，自贡市自流井区、贡井区、沿滩区、荣县，攀枝花市盐边县，绵阳市梓潼县，乐山市犍为县，眉山市洪雅县，宜宾市翠屏区、筠连县，广安市前锋区；
贵州：贵阳市南明区、云岩区、花溪区、乌当区、经济技术开发区；
陕西：汉中市汉台区。

发生面积　42233 亩
危害指数　0.3710

• 螺旋粉虱 *Aleurodicus dispersus* Russell

寄　　主　榕树，川黄檗，石榴，番石榴，椰子。
分布范围　广东、海南。
发生地点　广东：云浮市罗定市；
海南：海口市秀英区，儋州市，万宁市、白沙黎族自治县。
发生面积　2690 亩
危害指数　0.3333

• 马氏粉虱 *Aleurolobus marlatti*（Quaintance）

寄　　主　青冈，桂木，榕树，花椒，木犀。
分布范围　华东，湖北、广东、广西、重庆、四川、贵州、云南。
发生地点　江苏：苏州市高新技术开发区、昆山市；
安徽：合肥市肥西县；
湖北：荆州市沙市区、荆州区、监利县、江陵县；
广东：云浮市云安区；

广西：贺州市昭平县；
重庆：合川区。
发生面积 1084 亩
危害指数 0.3333

● **桂花穴粉虱 *Aleurolobus taonabae* (Kuwana)**
寄　　主 柑橘，茶，木犀。
分布范围 浙江、安徽、四川、贵州、陕西。
发生地点 浙江：杭州市富阳区。

● **油茶黑胶粉虱 *Aleurotrachelus camelliae* Kuwana**
寄　　主 杨梅，石栎，樟树，火棘，杜英，油茶，茶。
分布范围 上海、江苏、安徽、福建、湖北、广西。
发生地点 上海：浦东新区；
江苏：淮安市金湖县；
安徽：合肥市庐阳区；
福建：厦门市同安区，福州国家森林公园；
广西：桂林市资源县。
发生面积 321 亩
危害指数 0.3333

● **柳星粉虱 *Asterobemisia yanagicola* (Takahashi)**
寄　　主 垂柳，黄栌。
分布范围 山东、陕西。
发生地点 山东：济宁市济宁高新技术开发区，聊城市东阿县。

● **烟粉虱 *Bemisia tabaci* (Gennadius)**
寄　　主 构树，无花果，对叶榕，桑，白兰，尾叶桉，番石榴，杜鹃。
分布范围 北京、河北、上海、江苏、浙江、福建、广东、四川、新疆。
发生地点 河北：唐山市古冶区；
上海：嘉定区、浦东新区、金山区；
江苏：苏州市高新技术开发区、相城区、昆山市；
浙江：杭州市富阳区，台州市温岭市，丽水市莲都区；
福建：漳州市平和县、漳州开发区；
广东：广州市番禺区；
四川：自贡市自流井区。
发生面积 1946 亩
危害指数 0.3470

● **柑橘粉虱 *Dialeurodes citri* (Ashmead)**
寄　　主 垂叶榕，石楠，柑橘，柠檬，茶，石榴，女贞，木犀，丁香，栀子。
分布范围 中南，北京、河北、上海、江苏、浙江、安徽、福建、山东、重庆、四川、贵州、云南、陕西。

发生地点　上海：浦东新区；

江苏：苏州市吴江区、昆山市；

安徽：合肥市庐江县，芜湖市无为县，池州市贵池区；

河南：洛阳市嵩县；

湖北：荆州市江陵县，太子山林场；

湖南：邵阳市隆回县，岳阳市岳阳县，永州市回龙圩管理区；

重庆：璧山区；

陕西：汉中市汉台区。

发生面积　60345 亩

危害指数　0.3571

• 杨梅缘粉虱 *Parabemisia myricae*（Kuwana）

中文异名　桑粉虱

寄　　主　杨树，桑，女贞。

分布范围　辽宁、江苏、山东、四川、陕西。

发生地点　四川：巴中市通江县。

发生面积　279 亩

危害指数　0.3333

• 双钩巢粉虱 *Paraleyrodes pseudonaranjae* Martin

寄　　主　重阳木，槟榔。

分布范围　广东、广西、海南。

发生地点　海南：保亭黎族苗族自治县。

• 温室粉虱 *Trialeurodes vaporariorum*（Westwood）

寄　　主　山杨，核桃，垂叶榕，黄葛树，桑，牡丹，阔叶十大功劳，猴樟，樟树，天竺桂，海桐，三球悬铃木，桃，榆叶梅，碧桃，杏，樱，西府海棠，苹果，海棠花，石楠，油桃，火棘，梨，月季，黄刺玫，黄檀，皂荚，刺槐，柑橘，橙，花椒，香椿，长叶黄杨，黄杨，冬青，葡萄，朱槿，木槿，木棉，山茶，茶，合果木，紫薇，杜鹃，柿，白蜡树，茉莉花，女贞，小叶女贞，木犀，白丁香，白花泡桐，毛泡桐，栀子，忍冬，苦竹。

分布范围　北京、天津、河北、山西、内蒙古、上海、江苏、浙江、安徽、江西、山东、河南、湖北、重庆、四川、陕西、甘肃、青海、宁夏、新疆。

发生地点　北京：东城区；

天津：蓟县；

河北：石家庄市井陉县、高邑县，唐山市古冶区、乐亭县，承德市平泉县，沧州市运河区、盐山县、孟村回族自治县、任丘市，廊坊市安次区、永清县；

山西：晋中市左权县；

上海：浦东新区；

江苏：常州市天宁区、钟楼区，苏州市相城区，连云港市灌南县，盐城市东台市，宿迁市宿城区、宿豫区、沭阳县；
浙江：台州市天台县；
安徽：合肥市肥西县，淮北市杜集区、相山区，宿州市萧县；
江西：赣州市兴国县；
山东：青岛市即墨市、莱西市，枣庄市台儿庄区，东营市垦利县，潍坊市坊子区，泰安市泰山区、肥城市、徂徕山林场，日照市五莲县，德州市武城县，聊城市阳谷县、东阿县、冠县、经济技术开发区、高新技术产业开发区，菏泽市成武县；
河南：三门峡市湖滨区；
重庆：涪陵区、江北区、北碚区、綦江区、江津区、永川区，武隆区、巫溪县、酉阳土家族苗族自治县；
四川：攀枝花市盐边县，广安市武胜县，达州市万源市；
陕西：西安市临潼区，咸阳市武功县；
甘肃：平凉市华亭县，酒泉市敦煌市，庆阳市正宁县、宁县、镇原县；
青海：西宁市城东区、城中区、城西区、城北区；
宁夏：银川市西夏区、金凤区、永宁县、灵武市，石嘴山市惠农区，吴忠市利通区、红寺堡区、同心县、青铜峡市；
内蒙古大兴安岭林业管理局：阿尔山林业局；
新疆生产建设兵团：农一师 10 团，农二师 22 团、29 团，农十四师 224 团。

发生面积　22803 亩
危害指数　0. 3338

蚜科 Aphididae

• 棉无网长管蚜 *Acyrthosiphon gossypii* Mordvilko

寄　　主　骆驼刺。
分布范围　新疆。

• 苜蓿无网长管蚜 *Acyrthosiphon kondoi* Shinji

寄　　主　龙爪槐。
分布范围　浙江。

• 橘二叉蚜 *Aphis aurantii* Boyer de Fonscolombe

中文异名　茶二叉蚜
寄　　主　垂叶榕，无花果，文旦柚，柑橘，花椒，可可，山茶，油茶，茶，栀子。
分布范围　江苏、安徽、福建、江西、广东、重庆、四川、陕西。
发生地点　江苏：苏州市太仓市；
安徽：芜湖市无为县；
福建：泉州市安溪县，龙岩市上杭县；
广东：肇庆市德庆县；

重庆：涪陵区、铜梁区，丰都县；

四川：成都市简阳市，广元市青川县，遂宁市船山区，眉山市洪雅县，雅安市雨城区，巴中市平昌县。

发生面积 7435 亩

危害指数 0.3362

• 橘蚜 *Aphis citricidus* Kirkaldy

中文异名 褐橘声蚜

寄　　主 文旦柚，柑橘，橙，柠檬。

分布范围 上海、江苏、浙江、安徽、福建、江西、湖北、重庆、四川、陕西。

发生地点 上海：浦东新区，崇明县；

江苏：苏州市高新技术开发区、吴江区、太仓市；

浙江：杭州市桐庐县；

安徽：芜湖市无为县，池州市贵池区；

江西：萍乡市安源区、上栗县；

湖北：荆州市沙市区；

重庆：北碚区、綦江区、长寿区、江津区、合川区、永川区、梁平区、丰都县、垫江县、忠县、云阳县、奉节县、巫溪县、石柱土家族自治县；

四川：眉山市东坡区、彭山区、丹棱县、青神县，广安市武胜县，雅安市芦山县。

发生面积 14671 亩

危害指数 0.3418

• 豆蚜 *Aphis craccivora* Koch

中文异名 刺槐蚜

拉丁异名 *Aphis atrata* Zhang，*Aphis robiniae* Macchiati

寄　　主 箭杆杨，苹果，花棒，山楂，骆驼刺，枫杨，无花果，碧桃，樱花，石楠，红叶李，玫瑰，合欢，紫穗槐，柠条锦鸡儿，皂荚，刺槐，红花刺槐，毛刺槐，槐树，龙爪槐。

分布范围 华北，辽宁、江苏、浙江、安徽、山东、河南、湖北、湖南、重庆、四川、陕西、甘肃、宁夏、新疆。

发生地点 北京：朝阳区、东城区、石景山区、海淀区、房山区、昌平区、大兴区、密云区、延庆区；

河北：石家庄市井陉县、晋州市，唐山市古冶区、曹妃甸区、滦南县、乐亭县、玉田县，邯郸市肥乡区、邱县，邢台市邢台县、隆尧县、广宗县、平乡县、临西县、沙河市，保定市唐县，张家口市阳原县、怀安县，沧州市沧县、献县、黄骅市、河间市，廊坊市固安县、香河县、大城县，衡水市枣强县、深州市；

山西：长治市长治县，晋中市榆次区、榆社县，运城市永济市、闻喜县；

内蒙古：阿拉善盟阿拉善右旗；

江苏：无锡市宜兴市，徐州市丰县，苏州市吴江区、昆山市、太仓市；

安徽：合肥市庐阳区、包河区、肥西县；

山东：青岛市平度市，枣庄市台儿庄区，东营市河口区、垦利县、利津县、广饶县，烟台市莱山区，济宁市任城区、兖州区、鱼台县、曲阜市，泰安市岱岳区、宁阳县、徂徕山林场，日照市莒县，莱芜市莱城区、钢城区，临沂市莒南县，德州市禹城市，聊城市东阿县、经济技术开发区，菏泽市牡丹区、定陶区、单县、巨野县、郓城县；

河南：郑州市管城回族区、惠济区、中牟县、新郑市，开封市祥符区，洛阳市栾川县、嵩县，安阳市文峰区、殷都区，新乡市延津县，焦作市博爱县，南阳市方城县，商丘市民权县、睢县，邓州市；

湖北：荆门市掇刀区，荆州市沙市区、荆州区；

湖南：永州市冷水滩区；

重庆：万州区、綦江区、渝北区、巴南区、潼南区；

四川：南充市顺庆区；

陕西：西安市蓝田县，宝鸡市陈仓区、麟游县、太白县，咸阳市秦都区、乾县、永寿县，渭南市华州区，榆林市米脂县、子洲县，商洛市商州区、丹凤县、镇安县；

甘肃：兰州市城关区、西固区、安宁区、红古区、皋兰县、兰州新区，嘉峪关市，金昌市金川区，白银市白银区、平川区、靖远县，天水市麦积区、秦安县，张掖市甘州区、肃南裕固族自治县、临泽县，平凉市崆峒区、泾川县、灵台县、崇信县、庄浪县、静宁县，酒泉市瓜州县，庆阳市庆城县、华池县、正宁县，定西市安定区，临夏回族自治州临夏县、康乐县、永靖县、和政县；

宁夏：银川市兴庆区、西夏区、金凤区、永宁县、灵武市，石嘴山市大武口区，吴忠市利通区、红寺堡区、盐池县、同心县；

新疆生产建设兵团：农二师29团，农四师68团。

发生面积　319875亩

危害指数　0.3776

• 槐蚜 *Aphis cytisorum* Hartig

拉丁异名　*Aphis sophoricola* Zhang

寄　　主　山杨，柳树，榆树，山桃，桃，杏，紫穗槐，柠条锦鸡儿，刺槐，槐树，龙爪槐。

分布范围　北京、河北、山西、内蒙古、辽宁、江苏、安徽、山东、河南、湖北、湖南、重庆、四川、陕西、甘肃、青海、宁夏。

发生地点　北京：东城区、西城区、朝阳区、海淀区、通州区、顺义区、昌平区、延庆区；

河北：邢台市南宫市、沙河市，沧州市吴桥县、泊头市，廊坊市霸州市；

山西：太原市晋源区、阳曲县，运城市绛县，临汾市尧都区；

内蒙古：乌海市海南区、乌达区，巴彦淖尔市临河区、乌拉特中旗；

江苏：无锡市宜兴市，常州市溧阳市；

安徽：合肥市肥西县；

山东：济南市平阴县、济阳县、商河县、章丘市，青岛市胶州市、平度市，东营市广饶县，潍坊市潍城区，济宁市任城区、高新技术开发区、太白湖新区，泰安市泰山区、东平县、肥城市、泰山林场，威海市环翠区，日照市经济开发区，莱芜市钢城区，临沂市兰山区，德州市夏津县，聊城市东昌府区、东阿县、冠县、临清市、经济技术开发区、高新技术产业开发区，滨州市惠民县，菏泽市牡丹区、定陶区、曹县、单县、巨野县、郓城县；

河南：焦作市沁阳市，三门峡市灵宝市，永城市；

湖南：永州市东安县；

重庆：渝北区，石柱土家族自治县；

四川：巴中市恩阳区；

陕西：西安市临潼区，宝鸡市扶风县，咸阳市三原县、长武县、武功县，榆林市米脂县，商洛市商州区；

甘肃：兰州市城关区，金昌市永昌县，白银市靖远县，庆阳市庆城县，定西市岷县；

青海：西宁市城东区、城中区、城西区、城北区；

宁夏：银川市贺兰县。

发生面积　23321 亩

危害指数　0. 3653

• 甜菜蚜卫矛亚种 *Aphis fabae evonymi* Fabricius

寄　　主　冬青，卫矛。

分布范围　河北、山东、陕西、新疆。

发生地点　陕西：榆林市子洲县。

• 柳蚜 *Aphis farinosa* Gamelin

寄　　主　山杨，垂柳，杞柳，旱柳，绦柳，馒头柳，白桦，榆树，槐树。

分布范围　北京、河北、山西、吉林、黑龙江、上海、江苏、福建、山东、河南、广西、四川、贵州、陕西、甘肃、青海、新疆。

发生地点　北京：朝阳区、海淀区；

河北：唐山市曹妃甸区，沧州市河间市，廊坊市大城县，衡水市安平县、冀州市；

山西：大同市阳高县；

上海：浦东新区；

江苏：无锡市江阴市；

山东：济南市历城区、平阴县，枣庄市滕州市，东营市垦利县、利津县，潍坊市坊子区，济宁市任城区、鱼台县、高新技术开发区，泰安市岱岳区、新泰市，莱芜市莱城区，聊城市东昌府区、阳谷县、东阿县、冠县，菏泽市牡丹区、巨野县、郓城县，黄河三角洲保护区；

河南：焦作市修武县；

广西：柳州市柳江区；

四川：成都市青白江区，甘孜藏族自治州道孚县、新龙林业局；

贵州：遵义市播州区；

陕西：宝鸡市麟游县，渭南市华州区，榆林市子洲县；

甘肃：天水市秦安县，酒泉市肃北蒙古族自治县，庆阳市西峰区；

青海：黄南藏族自治州同仁县；

新疆：喀什地区莎车县、叶城县、岳普湖县。

发生面积　47869 亩

危害指数　0.3686

• **大豆蚜 *Aphis glycines* Matsumura**

寄　　主　刺槐，鼠李。

分布范围　北京、山东、湖北。

发生地点　北京：东城区、石景山区；

山东：泰安市徂徕山林场。

• **棉蚜 *Aphis gossypii* Glover**

寄　　主　加杨，山杨，垂柳，旱柳，杨梅，核桃，枫杨，赤杨，朴树，榆树，大果榉，垂叶榕，厚朴，白兰，猴樟，红润楠，桢楠，海桐，三球悬铃木，桃，日本樱花，枇杷，西府海棠，苹果，海棠花，石楠，李，红叶李，火棘，川梨，新疆梨，月季，玫瑰，羊蹄甲，紫荆，黄檀，刺槐，槐树，文旦柚，柑橘，花椒，香椿，油桐，重阳木，长叶黄杨，黄杨，盐肤木，冬青，栾树，鼠李，枣树，葡萄，木芙蓉，朱槿，木槿，山茶，油茶，茶，柽柳，紫薇，石榴，鹅掌柴，杜鹃，柿，白蜡树，女贞，木犀，黄荆，枸杞，栀子。

分布范围　华东，北京、河北、山西、内蒙古、河南、湖北、湖南、广东、重庆、四川、贵州、云南、陕西、甘肃、宁夏、新疆。

发生地点　北京：东城区、西城区、石景山区、房山区、密云区；

河北：石家庄市灵寿县，保定市唐县，张家口市沽源县、阳原县，承德市双桥区，廊坊市安次区；

山西：忻州市定襄县；

上海：浦东新区；

江苏：南京市雨花台区，无锡市惠山区，常州市天宁区、钟楼区、武进区，苏州市高新技术开发区、吴中区、吴江区、昆山市、太仓市，淮安市清江浦区、金湖县，盐城市阜宁县、东台市，扬州市宝应县、高邮市，镇江市润州区，泰州市姜堰区，宿迁市宿城区、沭阳县；

安徽：合肥市庐阳区、包河区、肥西县，芜湖市芜湖县、繁昌县，亳州市涡阳县；

福建：漳州市诏安县、平和县，南平市松溪县；

江西：赣州市赣县，上饶市广丰区；

山东：济南市平阴县，青岛市胶州市，枣庄市台儿庄区、山亭区，东营市垦利县，烟台市莱山区，潍坊市昌邑市，济宁市任城区、金乡县、高新技术开发区、太白湖新区，泰安市岱岳区，威海市环翠区，莱芜市莱城区，聊城市东昌府区、阳谷县、东阿县、冠县、经济技术开发区、高新技术产业开发区，菏泽市单县，黄河三角洲保护区；

河南：郑州市新郑市，洛阳市栾川县，平顶山市宝丰县、鲁山县，濮阳市清丰县，许昌市襄城县，三门峡市渑池县、义马市，南阳市内乡县、社旗县，商丘市虞城县，驻马店市泌阳县；

湖北：荆州市沙市区、荆州区、监利县、江陵县；
湖南：岳阳市岳阳县，湘西土家族苗族自治州凤凰县；
广东：广州市越秀区、番禺区；
重庆：南岸区、江津区、南川区、万盛经济技术开发区，梁平区、城口县、垫江县、武隆区、开县、奉节县、巫溪县、石柱土家族自治县、彭水苗族土家族自治县；
四川：自贡市自流井区、贡井区、沿滩区、荣县，乐山市沙湾区，南充市高坪区，宜宾市南溪区，广安市前锋区、武胜县，雅安市雨城区、芦山县，凉山彝族自治州宁南县；
贵州：遵义市道真仡佬族苗族自治县；
云南：昭通市昭阳区、巧家县，丽江市华坪县；
陕西：宝鸡市高新区、岐山县、太白县，渭南市华州区、合阳县、澄城县，榆林市子洲县，韩城市，宁东林业局；
甘肃：天水市麦积区、秦安县，平凉市静宁县，定西市安定区，陇南市武都区，临夏回族自治州临夏市、临夏县、永靖县、积石山保安族东乡族撒拉族自治县，甘南藏族自治州舟曲县；
宁夏：银川市西夏区、金凤区；
新疆：博尔塔拉蒙古自治州博乐市，巴音郭楞蒙古自治州和静县，喀什地区疏附县、疏勒县、泽普县、麦盖提县、岳普湖县、伽师县、巴楚县；
内蒙古大兴安岭林业管理局：阿尔山林业局；
新疆生产建设兵团：农四师68团。

发生面积　391915亩
危害指数　0.4327

• **东亚接骨木蚜 *Aphis horii* Takahashi**

寄　　主　接骨木。
分布范围　山东。
发生地点　山东：聊城市东阿县。

• **夹竹桃蚜 *Aphis nerii* Boyer et Fonscolombe**

寄　　主　合欢，青梅，八角枫，夹竹桃。
分布范围　华东，河北、辽宁、吉林、湖北、广东、四川、贵州、云南、陕西、新疆。
发生地点　河北：保定市唐县；
上海：宝山区、青浦区，崇明县；
江苏：无锡市江阴市、宜兴市，苏州市高新技术开发区、吴江区、昆山市；
浙江：宁波市鄞州区；
安徽：合肥市包河区、肥西县；
福建：厦门市同安区、翔安区，漳州市诏安县，福州国家森林公园；
江西：萍乡市安源区；
湖北：荆州市沙市区、荆州区；

广东：广州市越秀区、海珠区、天河区、从化区；
四川：广安市前锋区，巴中市恩阳区；
云南：昭通市水富县。
发生面积　2947 亩
危害指数　0. 3345

• **杧果蚜 *Aphis odinae* (Van der Goot)**

寄　　主　海桐，油桐，山乌桕，乌桕，盐肤木，栾树。
分布范围　北京、江苏、浙江、安徽、福建、山东、河南。
发生地点　江苏：苏州市高新技术开发区、昆山市；
安徽：合肥市庐阳区。

• **杠柳蚜 *Aphis periplocophila* Zhang**

寄　　主　杠柳。
分布范围　山东、陕西。
发生地点　陕西：榆林市米脂县。
发生面积　3700 亩
危害指数　0. 3333

• **苹果蚜 *Aphis pomi* De Geer**

寄　　主　桃，榆叶梅，碧桃，山杏，杏，樱花，日本樱花，山楂，垂丝海棠，西府海棠，苹果，李，红叶李，新疆梨，刺槐，槐树。
分布范围　北京、天津、河北、山西、辽宁、江苏、福建、山东、河南、湖北、四川、陕西、甘肃、宁夏、新疆。
发生地点　北京：朝阳区、丰台区、海淀区、房山区、通州区、顺义区、昌平区；
河北：石家庄市井陉县、行唐县、新乐市，唐山市曹妃甸区，邢台市柏乡县、宁晋县，保定市涞水县、顺平县，承德市平泉县、宽城满族自治县，沧州市东光县、黄骅市、河间市，衡水市枣强县、武邑县、饶阳县、安平县、深州市，辛集市；
山西：太原市尖草坪区；
江苏：南京市高淳区，无锡市江阴市，徐州市丰县，苏州市吴江区；
福建：莆田市秀屿区；
山东：济南市历城区、平阴县、商河县、章丘市，东营市垦利县，泰安市岱岳区、泰山林场，日照市莒县，莱芜市莱城区、钢城区，聊城市东昌府区、阳谷县、莘县、东阿县、冠县，菏泽市牡丹区、巨野县、郓城县；
河南：三门峡市陕州区；
陕西：榆林市米脂县；
甘肃：兰州市皋兰县、榆中县，白银市会宁县，平凉市灵台县、崇信县，庆阳市西峰区、庆城县、正宁县、镇原县；
宁夏：银川市兴庆区、西夏区、金凤区，石嘴山市大武口区、平罗县；
新疆：喀什地区叶城县、岳普湖县，塔城地区沙湾县；

新疆生产建设兵团：农一师 13 团，农二师 22 团、29 团，农四师 71 团，农七师 124 团。

发生面积　133183 亩

危害指数　0. 3520

• 石榴蚜 *Aphis punicae* Passerini

寄　　主　石榴。

分布范围　河北、江苏、山东。

发生地点　江苏：无锡市江阴市。

• 枸杞蚜虫 *Aphis* sp.

寄　　主　山杨，柳树，核桃，桤木，板栗，猴樟，枫香，桃，梅，杏，樱桃，木瓜，石楠，巴旦杏，槐树，文旦柚，柑橘，乌桕，杜英，油茶，木荷，合果木，山拐枣，沙枣，紫薇，白蜡树，黄荆，枸杞。

分布范围　河北、山西、内蒙古、安徽、江西、山东、河南、湖北、湖南、四川、贵州、甘肃、青海、宁夏、新疆。

发生地点　河北：张家口市察北管理区；

山西：晋中市左权县；

内蒙古：巴彦淖尔市五原县、乌拉特前旗、杭锦后旗；

安徽：合肥市包河区，宣城市郎溪县；

江西：赣州市兴国县，宜春市樟树市；

山东：聊城市莘县；

河南：平顶山市叶县，漯河市郾城区，信阳市平桥区；

湖北：潜江市；

湖南：郴州市宜章县；

四川：自贡市贡井区，绵阳市梓潼县；

贵州：遵义市正安县，毕节市大方县；

甘肃：嘉峪关市，白银市靖远县，武威市凉州区、民勤县、古浪县，酒泉市瓜州县；

青海：海西蒙古族藏族自治州德令哈市；

宁夏：银川市兴庆区、西夏区，石嘴山市大武口区、惠农区，吴忠市同心县，中卫市中宁县；

新疆：博尔塔拉蒙古自治州精河县，喀什地区莎车县；

新疆生产建设兵团：农七师 124 团，农八师 121 团。

发生面积　171670 亩

危害指数　0. 4370

• 甜菜蚜指名亚种 *Aphisfabae fabae* Scopoli

中文异名　苹果黄蚜

拉丁异名　*Aphis citricola* Van der Goot

寄　　主　枫杨，榆树，桃，榆叶梅，杏，樱桃，樱花，山楂，枇杷，苹果，山荆子，垂丝海棠，西府海棠，海棠花，石楠，李，红叶李，杜梨，白梨，月季，李叶绣线菊，绣线菊，柑橘，花椒，葡萄，朱槿，木槿，紫薇，石榴，山茱萸，栀子。

分布范围　西北，北京、天津、河北、江苏、福建、江西、山东、河南、湖北、四川、贵州。

发生地点　北京：东城区、石景山区、海淀区、昌平区、密云区、延庆区；

河北：石家庄市正定县、晋州市，唐山市滦南县、乐亭县、玉田县，秦皇岛市昌黎县，邯郸市涉县，邢台市临西县，保定市唐县、高碑店市，张家口市怀安县、怀来县，沧州市吴桥县、河间市，廊坊市永清县、三河市，衡水市桃城区；

江苏：常州市天宁区、钟楼区，苏州市高新技术开发区、吴中区、昆山市、太仓市，盐城市阜宁县、东台市，镇江市句容市，宿迁市沭阳县；

福建：泉州市永春县；

山东：东营市东营区、河口区、利津县，济宁市任城区、鱼台县、梁山县、高新技术开发区、太白湖新区，泰安市泰山区、宁阳县、东平县、徂徕山林场，威海市环翠区，德州市齐河县，聊城市经济技术开发区、高新技术产业开发区，菏泽市曹县、单县，黄河三角洲保护区；

河南：郑州市惠济区，安阳市林州市，焦作市修武县、博爱县，三门峡市灵宝市，南阳市淅川县；

湖北：荆州市沙市区、荆州区、江陵县；

四川：成都市蒲江县、彭州市，眉山市青神县，巴中市平昌县；

贵州：铜仁市碧江区；

陕西：宝鸡市扶风县、太白县，延安市富县，榆林市榆阳区、子洲县，安康市旬阳县，商洛市商南县；

甘肃：白银市靖远县，天水市张家川回族自治县，平凉市庄浪县；

青海：西宁市城东区、城中区、城西区、城北区；

宁夏：银川市灵武市，石嘴山市惠农区，吴忠市盐池县；

新疆：克拉玛依市克拉玛依区、乌尔禾区，巴音郭楞蒙古自治州库尔勒市；

新疆生产建设兵团：农一师 10 团，农二师 22 团，农四师 68 团，农七师 130 团。

发生面积　155623 亩

危害指数　0. 3511

• **紫藤否蚜** ***Aulacophoroides hoffmanni*** **(Takahashi)**

寄　　主　紫藤。

分布范围　北京、江苏、浙江、安徽、山东、河南、湖北、湖南、四川。

发生地点　江苏：苏州市高新技术开发区、吴江区、昆山市、太仓市，宿迁市宿城区；

安徽：合肥市包河区、肥西县，芜湖市芜湖县、无为县；

山东：泰安市泰山林场，临沂市莒南县。

发生面积　169 亩

危害指数　0. 3452

• **鸡矢藤无网蚜** ***Aulacorthum myriopteroni*** **(Zhang)**

寄　　主　山杨。

分布范围　湖南。

发生地点　湖南：岳阳市湘阴县。
发生面积　120 亩
危害指数　0. 3333

• 樱桃李短尾蚜 *Brachycaudus divaricata* Shaposhnikov

寄　　主　桃，樱桃，李。
分布范围　辽宁、重庆。
发生地点　重庆：渝北区。
发生面积　680 亩
危害指数　0. 3333

• 李短尾蚜 *Brachycaudus helichrysi*（Kaltenbach）

寄　　主　杏，李。
分布范围　安徽、山东、宁夏、新疆。
发生地点　安徽：池州市贵池区；
　　　　　新疆：巴音郭楞蒙古自治州库尔勒市、轮台县、和静县。
发生面积　15402 亩
危害指数　0. 4394

• 菊钉毛蚜 *Capitophorus formosartemisiae*（Takahashi）

中文异名　沙枣钉毛蚜
寄　　主　沙枣。
分布范围　宁夏、新疆。
发生地点　宁夏：石嘴山市大武口区；
　　　　　新疆：喀什地区莎车县。
发生面积　953 亩
危害指数　0. 4334

• 柳二尾蚜 *Cavariella salisicola*（Matsumura）

寄　　主　垂柳，旱柳。
分布范围　全国。
发生地点　北京：海淀区；
　　　　　河北：张家口市阳原县；
　　　　　江苏：常州市溧阳市；
　　　　　宁夏：石嘴山市大武口区。
发生面积　208 亩
危害指数　0. 3333

• 梨二尾蚜 *Cavariella pin*（Matsumura）

寄　　主　柳树，梨。
分布范围　河北、河南、重庆、四川。
发生地点　河北：石家庄市新乐市；

河南：洛阳市宜阳县；
重庆：渝北区；
四川：成都市龙泉驿区。
发生面积　1093 亩
危害指数　0.3342

• 高丽中瘤钉毛蚜 *Chaetosiphon coreanum*（Paik）

寄　　主　山杨。
分布范围　山东。
发生地点　山东：潍坊市坊子区。

• 杏大尾蚜 *Hyalopterus amygdali*（Blanchard）

寄　　主　山桃，桃，榆叶梅，碧桃，梅，杏，樱桃，日本樱花，西府海棠，苹果，石楠，李，红叶李，梨，月季，多花蔷薇，栾树，木槿，紫薇，白蜡树。
分布范围　北京、天津、河北、辽宁、吉林、上海、江苏、浙江、安徽、江西、山东、河南、湖北、湖南、四川、陕西、甘肃、宁夏、新疆。
发生地点　北京：朝阳区；
河北：邯郸市鸡泽县，沧州市东光县；
上海：闵行区、浦东新区、金山区、青浦区、奉贤区，崇明县；
江苏：无锡市宜兴市，常州市溧阳市；
浙江：杭州市桐庐县，宁波市鄞州区，嘉兴市秀洲区；
安徽：合肥市庐阳区、肥西县，芜湖市芜湖县、繁昌县、无为县，淮北市相山区；
江西：鄱阳县；
山东：济南市历城区、平阴县、济阳县、章丘市，青岛市胶州市，枣庄市台儿庄区，东营市河口区、利津县，济宁市任城区、鱼台县、金乡县、嘉祥县、梁山县、高新技术开发区、太白湖新区，泰安市泰山区、岱岳区、新泰市、泰山林场、徂徕山林场，威海市环翠区，日照市莒县，莱芜市莱城区、钢城区，临沂市莒南县，德州市齐河县、禹城市，聊城市东阿县、冠县、经济技术开发区、高新技术产业开发区，菏泽市定陶区、单县、巨野县；
河南：郑州市管城回族区、惠济区、新密市、新郑市，洛阳市洛龙区，平顶山市郏县，安阳市林州市，许昌市鄢陵县、禹州市，漯河市舞阳县，三门峡市湖滨区、灵宝市，南阳市宛城区、南召县、新野县，商丘市柘城县、虞城县，驻马店市西平县、确山县、泌阳县，邓州市；
湖南：郴州市嘉禾县；
四川：成都市简阳市；
陕西：宝鸡市太白县；
甘肃：甘南藏族自治州舟曲县；
宁夏：银川市兴庆区、西夏区、金凤区，石嘴山市惠农区；
新疆：乌鲁木齐市沙依巴克区、高新技术开发区，哈密市伊州区，巴音郭楞蒙古自治州库尔勒市、和静县，克孜勒苏柯尔克孜自治州乌恰县，喀什地区疏勒县、英吉沙县、岳普湖县，和田地区和田县；

新疆生产建设兵团：农七师 130 团。

发生面积 239580 亩

危害指数 0.4949

● **桃粉大尾蚜** ***Hyalopterus pruni*** **(Geoffroy)**

寄　　主 榆树，厚朴，山梅花，山桃，桃，榆叶梅，碧桃，梅，杏，樱桃，石楠，李，红叶李，梨，蔷薇。

分布范围 北京、天津、河北、辽宁、吉林、上海、江苏、安徽、福建、江西、山东、河南、湖北、湖南、重庆、四川、陕西、甘肃、宁夏、新疆。

发生地点 河北：石家庄市正定县，唐山市乐亭县、玉田县，秦皇岛市卢龙县，保定市顺平县，张家口市怀来县，沧州市孟村回族自治县，衡水市桃城区、枣强县、武邑县、安平县；

上海：宝山区、嘉定区、浦东新区、金山区、奉贤区；

江苏：徐州市丰县，常州市天宁区、钟楼区、新北区，苏州市高新技术开发区、吴中区、吴江区、昆山市、太仓市，盐城市东台市，镇江市润州区、丹阳市，宿迁市宿城区、沭阳县；

福建：泉州市永春县，南平市延平区；

河南：洛阳市伊川县，驻马店市驿城区；

湖南：湘西土家族苗族自治州泸溪县；

重庆：涪陵区、北碚区、铜梁区，武隆区、开县；

四川：广安市前锋区；

陕西：咸阳市兴平市，渭南市华州区，榆林市子洲县，商洛市丹凤县；

甘肃：白银市靖远县；

宁夏：石嘴山市大武口区。

发生面积 36761 亩

危害指数 0.4464

● **月季长尾蚜** ***Longicaudus trirhodus*** **(Walker)**

寄　　主 刺蔷薇，月季，玫瑰。

分布范围 北京、河北、江苏、安徽、山东、四川、陕西。

发生地点 北京：东城区、石景山区、大兴区；

河北：保定市唐县；

安徽：合肥市肥西县；

山东：济宁市任城区、高新技术开发区、太白湖新区，泰安市岱岳区，聊城市东阿县。

发生面积 458 亩

危害指数 0.3406

● **菊小长管蚜** ***Macrosiphoniella sanborni*** **(Gillette)**

寄　　主 箭杆杨，沙梨。

分布范围　北京、河北、辽宁、江苏、浙江、安徽、福建、山东、河南、广东、四川、新疆。
发生地点　河北：保定市唐县；
安徽：合肥市肥西县；
山东：济宁市曲阜市，威海市环翠区。
发生面积　521 亩
危害指数　0.3365

- **蔷薇长管蚜 *Macrosiphum rosae*（Linnaeus）**

寄　　主　苹果，月季，玫瑰，紫薇，石榴。
分布范围　北京、河北、江苏、山东、陕西。
发生地点　河北：保定市唐县；
江苏：苏州市高新技术开发区、太仓市，盐城市东台市，泰州市海陵区、姜堰区；
山东：青岛市胶州市，济宁市曲阜市，聊城市东阿县、冠县；
陕西：榆林市子洲县。
发生面积　695 亩
危害指数　0.4815

- **竹色蚜 *Melanaphis bambusae*（Fullaway）**

寄　　主　孝顺竹，凤尾竹，撑篙竹，黄竹，刺竹子，慈竹，斑竹，毛金竹，早园竹，胖竹，毛竹，麻竹。
分布范围　江苏、浙江、福建、江西、山东、湖北、广东、四川、云南、甘肃。
发生地点　江苏：常州市溧阳市，苏州市昆山市，宿迁市宿城区、沭阳县；
浙江：丽水市松阳县；
福建：泉州市安溪县；
山东：日照市经济开发区；
广东：肇庆市高要区；
四川：成都市彭州市，遂宁市大英县，南充市顺庆区、高坪区，广安市前锋区，巴中市恩阳区、通江县。
发生面积　686 亩
危害指数　0.3479

- **麦无网蚜 *Metopolophium dirhodum*（Walker）**

寄　　主　蔷薇。
分布范围　北京。
发生地点　北京：东城区、石景山区。

- **杏瘤蚜 *Myzus mumecola*（Matsumura）**

寄　　主　柳树，山杏，杏，红叶李，木槿，白蜡树。
分布范围　河北、内蒙古、安徽、山东、河南、陕西、甘肃、青海、新疆。
发生地点　河北：石家庄市新乐市；
安徽：合肥市庐阳区；

山东：德州市齐河县，聊城市东阿县、冠县；
河南：平顶山市石龙区；
甘肃：兰州市西固区，白银市靖远县，平凉市静宁县；
新疆：喀什地区喀什市、麦盖提县。

发生面积 7515 亩

危害指数 0.3511

- **桃蚜 *Myzus persicae*（Sulzer）**

寄　　主 杨树，白柳，旱柳，核桃，青冈，榆树，垂叶榕，榕树，牡丹，白兰，猴樟，海桐，枫香，山桃，桃，榆叶梅，碧桃，梅，山杏，杏，樱桃，樱花，日本樱花，枇杷，西府海棠，苹果，海棠花，石楠，李，红叶李，火棘，白梨，沙梨，川梨，月季，玫瑰，合欢，文旦柚，柑橘，花椒，橄榄，油桐，山乌桕，长叶黄杨，栾树，木芙蓉，木槿，中华猕猴桃，木荷，紫薇，石榴，杜鹃，柿，白蜡树，茉莉花，女贞，枸杞，白花泡桐，栀子，龙血树。

分布范围 华东、西北，北京、天津、河北、内蒙古、辽宁、河南、湖北、湖南、广东、重庆、四川、贵州、云南。

发生地点 北京：东城区、朝阳区、丰台区、石景山区、海淀区、密云区；
河北：石家庄市井陉县、行唐县、平山县、晋州市、新乐市，唐山市丰润区、滦南县、乐亭县、玉田县，秦皇岛市北戴河区、卢龙县，邯郸市大名县、肥乡区、馆陶县，邢台市邢台县、内丘县、柏乡县、隆尧县、任县、南和县、巨鹿县、威县、南宫市、沙河市，保定市定兴县、唐县、高阳县、顺平县、博野县、雄县、高碑店市，张家口市怀来县，沧州市吴桥县、献县、孟村回族自治县、河间市，廊坊市安次区，衡水市桃城区、武邑县、武强县、饶阳县、安平县、故城县、景县、深州市，定州市、辛集市，洪崖山国有林场；
内蒙古：通辽市科尔沁区、库伦旗，乌兰察布市集宁区；
上海：浦东新区；
江苏：南京市高淳区，无锡市锡山区，常州市天宁区、钟楼区、新北区、溧阳市，苏州市高新技术开发区、吴中区、吴江区、昆山市、太仓市，南通市海安县、海门市，连云港市连云区、灌云县，淮安市淮安区，盐城市盐都区、响水县、阜宁县、建湖县，泰州市姜堰区；
浙江：台州市天台县；
安徽：滁州市定远县，阜阳市太和县；
福建：莆田市仙游县，漳州市诏安县、平和县、漳州开发区；
山东：济南市平阴县、济阳县、商河县，东营市东营区、河口区、利津县、广饶县，潍坊市诸城市，济宁市任城区、鱼台县、汶上县、梁山县、邹城市、高新技术开发区、太白湖新区、经济技术开发区，泰安市岱岳区、东平县、肥城市、徂徕山林场，日照市莒县，莱芜市莱城区、钢城区，临沂市兰山区、罗庄区、费县、莒南县，德州市武城县，聊城市东昌府区、东阿县、冠县，菏泽市牡丹区、曹县、单县、成武县、巨野县、郓城县、鄄城县；
河南：开封市禹王台区，洛阳市栾川县、宜阳县，平顶山市卫东区、石龙区、郏县，新乡市新乡县，焦作市马村区、武陟县，濮阳市台前县，许昌市东城区、襄城县，漯河市源汇区，商丘市梁园区、民权县、虞城县，周口市西华县，驻马店市遂平县；

湖北：孝感市云梦县、汉川市，荆州市沙市区、荆州区、监利县，天门市；

湖南：邵阳市隆回县；

广东：清远市连州市、清远市属林场；

重庆：涪陵区、九龙坡区、北碚区、江津区、合川区、南川区、铜梁区、潼南区，丰都县、垫江县、武隆区、巫溪县、石柱土家族自治县；

四川：成都市大邑县，广安市前锋区，巴中市恩阳区、通江县，甘孜藏族自治州新龙县、理塘县，凉山彝族自治州金阳县；

贵州：黔西南布依族苗族自治州贞丰县；

云南：昭通市镇雄县，大理白族自治州巍山彝族回族自治县；

陕西：宝鸡市扶风县，咸阳市泾阳县、武功县，榆林市米脂县、吴堡县、子洲县，商洛市丹凤县、山阳县；

甘肃：兰州市城关区、皋兰县、榆中县，白银市靖远县，张掖市肃南裕固族自治县、临泽县、山丹县，酒泉市肃州区，定西市临洮县，甘南藏族自治州舟曲县，太统-崆峒山自然保护区；

青海：西宁市城东区、城中区、城西区；

宁夏：银川市兴庆区、西夏区、金凤区，石嘴山市大武口区，吴忠市利通区、红寺堡区、同心县，中卫市中宁县、海原县；

新疆：克孜勒苏柯尔克孜自治州阿图什市、阿克陶县，喀什地区喀什市、疏附县、疏勒县、英吉沙县、泽普县、莎车县、麦盖提县、伽师县，和田地区和田县、皮山县；

新疆生产建设兵团：农七师124团，农十二师。

发生面积　302563亩

危害指数　0.3800

• 山樱桃黑瘤蚜 *Myzus prunisuctus* Zhang

寄　　主　樱花。

分布范围　山东。

• 黄药子瘤蚜 *Myzus varians* Davidson

拉丁异名　*Myzus tropicalis* Takahashi

寄　　主　山桃，桃，杏。

分布范围　北京、河北、江苏、安徽、山东、湖北、四川、贵州、陕西、新疆。

发生地点　北京：东城区、石景山区；

河北：唐山市玉田县，邢台市柏乡县；

江苏：苏州市高新技术开发区；

安徽：合肥市肥西县；

四川：甘孜藏族自治州雅江县。

发生面积　329 亩

危害指数　0. 3658

• 金银花长毛管蚜 *Neotoxoptera oliveri*（Essig）

拉丁异名　*Myzus clavatus* Paik

寄　　主　忍冬。

分布范围　河北、山东。

• 枇杷二尾蚜 *Nippolachnus xitianmushanus* Zhang et Zhong

寄　　主　枇杷。

分布范围　安徽、河南。

发生地点　安徽：池州市贵池区；

河南：漯河市源汇区。

发生面积　9 亩

危害指数　0. 3333

• 苹果瘤蚜 *Ovatus malisuctus*（Matsumura）

寄　　主　樱桃，山楂，山荆子，垂丝海棠，西府海棠，苹果，海棠花，秋海棠，野海棠。

分布范围　北京、河北、辽宁、山东、河南、湖北、湖南、重庆、四川、贵州、云南、陕西、甘肃、新疆。

发生地点　北京：延庆区；

河北：石家庄市井陉县、正定县、新乐市，唐山市丰润区、滦南县、乐亭县、玉田县，秦皇岛市卢龙县，邢台市邢台县、临西县、沙河市，保定市顺平县、高碑店市，承德市平泉县、宽城满族自治县，沧州市黄骅市、河间市，衡水市桃城区、武邑县、安平县，辛集市；

山东：济南市历城区，济宁市梁山县、曲阜市，泰安市泰山区、岱岳区、徂徕山林场，威海市经济开发区，日照市岚山区，莱芜市莱城区、钢城区，临沂市兰山区，聊城市东昌府区、东阿县、冠县，滨州市惠民县，菏泽市牡丹区、定陶区、单县、巨野县、郓城县，黄河三角洲保护区；

四川：成都市大邑县，甘孜藏族自治州甘孜县、色达县；

甘肃：白银市靖远县，天水市张家川回族自治县，平凉市崆峒区、灵台县、庄浪县；

新疆生产建设兵团：农四师。

发生面积　69943 亩

危害指数　0. 3499

• 内蒙粉毛蚜 *Pterocomma neimongolense* Zhang

寄　　主　杨树。

分布范围　山西、甘肃。

• 华杨粉毛蚜 *Pterocomma sinipopulifoliae* Zhang

寄　　主　山杨。

分布范围　河北、山西、宁夏。

发生地点　宁夏：石嘴山市大武口区。

• 莲缢管蚜 *Rhopalosiphum nymphaeae*（Linnaeus）

中文异名　荷缢管蚜

寄　　主　山梅花，桃，梅，日本樱花，李，红叶李。

分布范围　华东，北京、河北、辽宁、吉林、河南、湖北、重庆、四川、宁夏。

发生地点　江苏：苏州市昆山市、太仓市，宿迁市宿城区；

安徽：合肥市包河区；

山东：济宁市任城区、济宁高新技术开发区；

河南：郑州市新郑市。

发生面积　175 亩

危害指数　0.3752

• 苹果缢管蚜 *Rhopalosiphum oxyacanthae*（Schrank）

拉丁异名　*Rhopalosiphum insertum*（Walker）

寄　　主　苹果。

分布范围　河北。

• 禾谷缢管蚜 *Rhopalosiphum padi*（Linnaeus）

寄　　主　桃，榆叶梅，梅，樱花，李。

分布范围　东北，北京、天津、上海、江苏、浙江、福建、山东、重庆、四川、贵州、云南。

发生地点　北京：丰台区；

江苏：苏州市高新技术开发区、昆山市、太仓市；

福建：泉州市永春县；

山东：济宁市任城区。

• 红腹缢管蚜 *Rhopalosiphum rufiabdominale*（Sasaki）

寄　　主　桃，杏，红叶李。

分布范围　河北、辽宁、江苏、浙江、安徽、云南、陕西。

发生地点　江苏：盐城市响水县。

• 梨中华圆尾蚜 *Sappaphis sinipiricola* Zhang

寄　　主　秋子梨，川梨。

分布范围　河北、山东。

• 梨二叉蚜 *Schizaphis piricola*（Matsumura）

寄　　主　桃，李，杜梨，白梨，川梨，沙梨，秋子梨，野海棠。

分布范围　北京、天津、河北、山西、辽宁、吉林、上海、江苏、安徽、江西、山东、河南、湖北、广东、重庆、四川、贵州、陕西、甘肃、宁夏。

发生地点　北京：东城区、石景山区；

河北：石家庄市藁城区、正定县，唐山市丰润区、滦南县、乐亭县、玉田县，邢台市宁晋县，保定市顺平县，沧州市献县、孟村回族自治县、河间市，衡水市桃城区、武邑县、武强县、安平县，辛集市；
上海：嘉定区、浦东新区、奉贤区，崇明县；
江苏：常州市天宁区、钟楼区、新北区，苏州市高新技术开发区、吴江区、太仓市，盐城市东台市，泰州市兴化市；
安徽：合肥市包河区、肥西县，芜湖市芜湖县；
山东：泰安市岱岳区、宁阳县，莱芜市莱城区，聊城市阳谷县、冠县，黄河三角洲保护区；
河南：焦作市修武县，许昌市禹州市，南阳市社旗县，驻马店市西平县，邓州市；
广东：清远市连州市；
重庆：大足区、永川区，垫江县、石柱土家族自治县；
四川：南充市顺庆区，广安市前锋区，雅安市芦山县，巴中市通江县，甘孜藏族自治州炉霍县、甘孜县、色达县；
甘肃：酒泉市金塔县，甘南藏族自治州舟曲县；
宁夏：银川市灵武市。

发生面积　125529 亩
危害指数　0. 3428

• 角倍蚜 *Schlechtendalia chinensis* (Bell)

中文异名　五倍子蚜虫
寄　　主　榆树，桃，樱花，槐树，黄连木，盐肤木，油茶，紫薇，夹竹桃。
分布范围　河北、江苏、安徽、福建、江西、河南、湖北、湖南、四川、贵州、云南、陕西。
发生地点　河北：石家庄市裕华区；
江苏：泰州市海陵区；
安徽：宿州市萧县；
福建：南平市延平区，龙岩市上杭县；
江西：吉安市新干县；
四川：自贡市荣县，绵阳市梓潼县，遂宁市船山区；
陕西：榆林市榆阳区、靖边县，商洛市镇安县。

发生面积　3715 亩
危害指数　0. 3334

• 胡萝卜半蚜 *Semiaphis heraclei* (Takahashi)

寄　　主　忍冬。
分布范围　北京、山东。
发生地点　北京：东城区。

• 樟修尾蚜 *Sinomegoura citricola* (Van der Goot)

寄　　主　猴樟，樟树，天竺桂，月桂，油茶，木犀，栀子。
分布范围　上海、江苏、浙江、安徽、福建、江西、湖北、湖南、重庆、四川、贵州、云南、陕西。
发生地点　上海：浦东新区；

江苏：苏州市太仓市；
浙江：杭州市西湖区；
安徽：合肥市肥西县；
福建：莆田市城厢区、涵江区、荔城区、秀屿区、仙游县；
湖北：荆州市沙市区、荆州区、江陵县，太子山林场；
湖南：益阳市桃江县；
重庆：垫江县、石柱土家族自治县；
四川：广安市前锋区；
贵州：贵阳市南明区、经济技术开发区；
云南：楚雄彝族自治州南华县。

发生面积　1858 亩

危害指数　0.3351

• **石楠修尾蚜 *Sinomegoura photiniae* (Takahashi)**

寄　　主　石楠。

分布范围　安徽、山东。

发生地点　安徽：合肥市庐阳区、肥西县，芜湖市芜湖县。

发生面积　1260 亩

危害指数　0.3333

• **蔷薇绿长管蚜 *Sitobion ibarae* (Matsumura)**

寄　　主　蔷薇，月季。

分布范围　河北、江苏。

• **玫瑰谷网蚜 *Sitobion rosaeiformis* (Das)**

寄　　主　玫瑰。

分布范围　山东。

• **月季谷网蚜 *Sitobion rosivorum* (Zhang)**

寄　　主　锥栗，海桐，梅，石楠，榆叶梅，月季，多花蔷薇，玫瑰，黄刺玫，天竺葵，石榴，八角枫。

分布范围　北京、河北、上海、江苏、浙江、安徽、山东、河南、湖北、广东、四川、陕西、甘肃、青海、新疆。

发生地点　北京：东城区、丰台区、石景山区、密云区；
河北：唐山市玉田县，保定市唐县，衡水市武强县；
上海：浦东新区；
江苏：苏州市高新技术开发区、昆山市、太仓市，盐城市盐都区、建湖县，扬州市江都区；
浙江：宁波市宁海县，台州市椒江区；
安徽：合肥市肥西县；
山东：济宁市任城区、鱼台县、嘉祥县、太白湖新区，泰安市肥城市、泰山林场，威海市环翠区，日照市莒县，莱芜市莱城区，聊城市东阿县，菏泽市定陶区、单县；
河南：郑州市惠济区；
四川：南充市高坪区，广安市武胜县；
甘肃：白银市靖远县；
青海：西宁市城东区、城中区、城西区、城北区；
新疆：克拉玛依市克拉玛依区，喀什地区叶城县、巴楚县。

发生面积 2351 亩
危害指数 0.3492

● **忍冬皱背蚜 *Trichosiphonaphis lonicerae* (Uye)**

寄　　主 忍冬。
分布范围 山东、湖南。
发生地点 湖南：邵阳市隆回县。
发生面积 1600 亩
危害指数 0.3333

● **樱桃瘿瘤头蚜 *Tuberocephalus higansakurae* (Monzen)**

寄　　主 桃，樱桃，樱花，日本樱花。
分布范围 北京、河北、浙江、安徽、山东、河南、湖北、重庆、四川。
发生地点 安徽：合肥市肥西县；
山东：日照市莒县；
重庆：万州区、北碚区、铜梁区，武隆区；
四川：成都市都江堰市，巴中市平昌县。
发生面积 585 亩
危害指数 0.3390

● **樱桃卷叶蚜 *Tuberocephalus liaoningensis* Zhang et Zhong**

寄　　主 樱桃，日本樱花，毛樱桃。
分布范围 北京、河北、辽宁、吉林、江苏、山东、河南、重庆、四川、陕西。
发生地点 河北：唐山市玉田县，张家口市阳原县；
江苏：无锡市江阴市；
重庆：武隆区；
四川：乐山市金口河区、峨眉山市，阿坝藏族羌族自治州理县；
陕西：汉中市汉台区。
发生面积 360 亩
危害指数 0.3361

● **桃瘤头蚜 *Tuberocephalus momonis* (Matsumura)**

中文异名 桃纵卷瘤蚜
寄　　主 山桃，桃，榆叶梅，碧桃，梅，杏，樱桃，樱花，毛樱桃，日本樱花，西府海棠，石楠，李，红叶李，白梨，花椒。

分布范围　西北，北京、天津、河北、山西、江苏、安徽、山东、河南、湖北、湖南、重庆、四川、贵州。

发生地点　北京：东城区、朝阳区、海淀区、顺义区、昌平区、密云区；

河北：石家庄市井陉县、正定县，唐山市滦南县、乐亭县，秦皇岛市青龙满族自治县、昌黎县、卢龙县，邢台市邢台县、柏乡县，保定市唐县、顺平县、涿州市、高碑店市，沧州市吴桥县、泊头市，廊坊市安次区，衡水市桃城区、枣强县、武邑县、安平县；

山西：运城市新绛县；

江苏：盐城市东台市，扬州市江都区；

安徽：黄山市徽州区；

山东：济南市济阳县，青岛市胶州市，东营市河口区、利津县、广饶县，烟台市莱山区，济宁市任城区、鱼台县、汶上县、曲阜市、高新技术开发区，泰安市岱岳区、新泰市、肥城市、泰山林场、徂徕山林场，威海市环翠区，莱芜市莱城区，临沂市兰山区、莒南县，德州市庆云县、齐河县，聊城市东阿县，菏泽市牡丹区、单县、巨野县、郓城县；

河南：洛阳市嵩县，平顶山市石龙区、鲁山县，邓州市；

湖南：怀化市辰溪县，湘西土家族苗族自治州泸溪县、凤凰县；

重庆：万州区、北碚区、黔江区、铜梁区；

四川：绵阳市三台县，甘孜藏族自治州炉霍县、甘孜县、色达县；

贵州：贵阳市南明区、乌当区、白云区；

陕西：咸阳市秦都区，榆林市子洲县；

甘肃：白银市靖远县，酒泉市金塔县，甘南藏族自治州舟曲县；

青海：西宁市城北区；

宁夏：银川市兴庆区、西夏区、金凤区、永宁县、灵武市，石嘴山市大武口区、惠农区，吴忠市利通区、同心县，固原市原州区、隆德县；

新疆：巴音郭楞蒙古自治州库尔勒市、轮台县、和静县。

发生面积　63791 亩

危害指数　0. 3652

- **樱桃瘤头蚜 *Tuberocephalus sakurae*（Matsumura）**

寄　　主　樱桃。

分布范围　安徽、山东。

发生地点　山东：泰安市徂徕山林场。

斑蚜科 Callaphididae

- **艾纳香粉虱蚜 *Aleurodaohis blumeae* Van der Goot**

拉丁异名　*Aleurodaohis sinisalicis* Zhang

寄　　主　垂柳，旱柳。

分布范围 上海、山东、陕西。

发生地点 上海：浦东新区；

陕西：榆林市米脂县。

发生面积 210 亩

危害指数 0.3333

• 竹舞蚜 *Astegopteryx bambusae* (Buckton)

寄　　主 方竹，绿竹，麻竹，慈竹，桂竹，斑竹，早竹，胖竹，毛金竹，毛竹，苦竹。

分布范围 江苏、浙江、福建、山东、河南、广东、重庆、四川、贵州、云南。

发生地点 江苏：盐城市响水县、阜宁县；

浙江：宁波市鄞州区，温州市苍南县；

福建：莆田市涵江区、仙游县，南平市延平区，龙岩市新罗区，福州国家森林公园；

山东：泰安市泰山林场；

河南：焦作市博爱县；

重庆：万州区、渝北区、巴南区、长寿区、江津区、南川区、潼南区、万盛经济技术开发区，石柱土家族自治县；

四川：成都市大邑县，自贡市贡井区、荣县，宜宾市珙县，广安市武胜县；

云南：昭通市绥江县。

发生面积 8947 亩

危害指数 0.3755

• 居竹舞蚜 *Astegopteryx bambusifoliae* (Takahashi)

寄　　主 孝顺竹，凤尾竹，绿竹，麻竹，毛竹，慈竹。

分布范围 上海、江苏、安徽、福建、广东、重庆、四川。

发生地点 上海：浦东新区；

江苏：苏州市高新技术开发区、昆山市；

安徽：合肥市庐阳区、包河区；

福建：三明市尤溪县；

广东：广州市番禺区；

重庆：垫江县、石柱土家族自治县；

四川：雅安市雨城区。

发生面积 2847 亩

危害指数 0.3345

• 厚朴新丽斑蚜 *Calaphis magnolicolens* Takahashi

寄　　主 厚朴。

分布范围 浙江、陕西。

• 居竹坚蚜 *Cerataphis bambusifoliae* Takahashi

寄　　主 罗汉竹，毛竹，麻竹。

分布范围 福建。

发生地点　福建：莆田市城厢区、涵江区、仙游县。

● **椰子坚蚜 *Cerataphis lataniae*（Biosduval）**

寄　　主　榕树，槟榔，椰子。

分布范围　海南。

发生地点　海南：保亭黎族苗族自治县。

● **竹坚角蚜 *Ceratoglyphina bambusae* Van der Goot**

寄　　主　毛竹。

分布范围　浙江。

发生地点　浙江：宁波市慈溪市，台州市温岭市。

● **山茶坚角蚜 *Ceratoglyphina camellis*（Qiao and Zhang）**

寄　　主　山茶，油茶。

分布范围　湖北。

● **栎刺蚜 *Cervaphis quercus* Takahashi**

寄　　主　核桃，麻栎，刺叶栎，青冈。

分布范围　河北、山东、四川、陕西。

发生地点　四川：雅安市石棉县，甘孜藏族自治州新龙林业局；

　　　　　陕西：宁东林业局。

发生面积　575 亩

危害指数　0.3333

● **淡色毛蚜 *Chaitophorus clarus* Tseng et Tao**

中文异名　杨毛蚜

寄　　主　新疆杨，山杨，胡杨，二白杨，柳树，榆树，槐树。

分布范围　山东、甘肃。

发生地点　山东：青岛市胶州市，泰安市新泰市；

　　　　　甘肃：酒泉市金塔县、肃北蒙古族自治县、阿克塞哈萨克族自治县、玉门市、敦煌市。

发生面积　7641 亩

危害指数　0.4642

● **白杨毛蚜 *Chaitophorus populeti*（Panzer）**

寄　　主　新疆杨，北京杨，山杨，二白杨，河北杨，黑杨，箭杆杨，毛白杨。

分布范围　北京、河北、黑龙江、江苏、山东、湖北、重庆、四川、甘肃、宁夏、新疆。

发生地点　北京：东城区、石景山区、密云区；

　　　　　河北：保定市唐县、高碑店市；

　　　　　黑龙江：佳木斯市富锦市；

　　　　　江苏：苏州市昆山市；

　　　　　山东：济南市章丘市，聊城市阳谷县、东阿县、经济技术开发区，黄河三角洲保护区；

湖北：荆州市沙市区、荆州区、监利县、江陵县；
重庆：垫江县、石柱土家族自治县；
四川：阿坝藏族羌族自治州理县、壤塘县；
甘肃：白银市靖远县，酒泉市瓜州县；
宁夏：银川市兴庆区、西夏区、金凤区；
新疆：巴音郭楞蒙古自治州和静县；
新疆生产建设兵团：农四师68团。

发生面积　80216亩

危害指数　0.3387

• **白毛蚜 *Chaitophorus populialbae*（Boyer de Fonscolombe）**

寄　　主　银白杨，新疆杨，北京杨，青杨，山杨，河北杨，钻天杨，箭杆杨，毛白杨，柳树，桦木，栎，大果榉，山杏，红叶李，刺槐，栾树，紫薇。

分布范围　东北，北京、天津、河北、内蒙古、浙江、山东、河南、重庆、四川、陕西、青海、宁夏、新疆。

发生地点　北京：东城区、石景山区、通州区、顺义区；
天津：静海区；
河北：石家庄市正定县，唐山市乐亭县，邢台市内丘县、隆尧县、任县，保定市唐县，沧州市吴桥县、河间市，廊坊市文安县、霸州市，衡水市枣强县；
浙江：杭州市萧山区；
山东：济南市平阴县，济宁市任城区，临沂市兰山区、莒南县，菏泽市单县；
河南：南阳市淅川县，驻马店市确山县，兰考县；
重庆：璧山区；
四川：巴中市恩阳区，甘孜藏族自治州甘孜县、德格县、色达县、理塘县；
陕西：延安市甘泉县、劳山林业局；
青海：西宁市湟源县；
宁夏：银川市永宁县，吴忠市利通区、盐池县、同心县；
新疆：克拉玛依市克拉玛依区、乌尔禾区，喀什地区叶城县；
新疆生产建设兵团：农二师22团，农三师53团，农四师68团、71团，农七师130团。

发生面积　36457亩

危害指数　0.3568

• **杨树毛白蚜 *Chaitophorus populicola* Thomas**

寄　　主　银白杨，新疆杨，北京杨，山杨，河北杨，黑杨，箭杆杨，毛白杨，柳树，枫杨，榆树，桃，苹果，栾树。

分布范围　西北，北京、河北、黑龙江、山东、河南、重庆、四川。

发生地点　北京：丰台区、房山区；
河北：邢台市柏乡县，廊坊市霸州市；
山东：济宁市济宁高新技术开发区，莱芜市钢城区，德州市齐河县，聊城市冠县；

河南：安阳市北关区、内黄县，商丘市柘城县，周口市太康县；
重庆：武隆区；
四川：巴中市恩阳区，甘孜藏族自治州稻城县；
陕西：榆林市子洲县；
甘肃：张掖市民乐县、高台县、山丹县；
青海：西宁市城东区、城中区、城西区、城北区；
新疆：喀什地区叶城县；
新疆生产建设兵团：农二师 29 团。
发生面积　28622 亩
危害指数　0. 3492

- **日本柳毛蚜 *Chaitophorus salijaponicus* Essig et Kuwana**

寄　　主　杨树，柳树。
分布范围　湖北、陕西。
发生地点　陕西：咸阳市长武县。

- **柳黑毛蚜 *Chaitophorus saliniger* Shinji**

寄　　主　垂柳，旱柳，绦柳，馒头柳，龙爪槐。
分布范围　北京、天津、河北、上海、江苏、浙江、安徽、福建、江西、山东、河南、湖北、四川、陕西、青海、宁夏。
发生地点　北京：东城区、丰台区、石景山区、密云区；
河北：张家口市怀来县；
上海：金山区；
江苏：南京市雨花台区，苏州市昆山市，盐城市盐都区、射阳县、建湖县，宿迁市宿城区；
浙江：宁波市鄞州区，金华市东阳市；
安徽：合肥市庐阳区；
福建：莆田市涵江区、仙游县；
山东：枣庄市台儿庄区，济宁市汶上县，泰安市泰山区、东平县、肥城市，威海市环翠区，菏泽市单县、巨野县；
湖北：荆州市沙市区、荆州区、监利县、江陵县；
四川：成都市武侯区、大邑县、都江堰市，眉山市青神县，甘孜藏族自治州炉霍县、甘孜县、新龙县、德格县、色达县、理塘县；
青海：西宁市城东区、城中区、城西区、城北区；
宁夏：银川市兴庆区、西夏区、金凤区、永宁县、灵武市，石嘴山市大武口区、惠农区，吴忠市利通区、红寺堡区、同心县。
发生面积　27913 亩
危害指数　0. 3363

- **核桃多毛黑斑蚜 *Chromaphis hirsutustibis* Kumar et Lavigne**

寄　　主　山核桃，核桃。

分布范围　浙江、云南。

发生地点　云南：怒江傈僳族自治州泸水县。

发生面积　1592 亩

危害指数　0.3333

• 核桃黑斑蚜 *Chromaphis juglandicola* (Kaltenbach)

寄　　主　山杨，山核桃，薄壳山核桃，核桃，榆树。

分布范围　北京、河北、山西、辽宁、山东、重庆、四川、贵州、云南、甘肃、新疆。

发生地点　河北：石家庄市新乐市，邢台市柏乡县；

山西：临汾市尧都区；

山东：济南市平阴县，济宁市曲阜市，莱芜市钢城区，菏泽市巨野县；

重庆：奉节县；

四川：南充市顺庆区，甘孜藏族自治州雅江县、稻城县；

云南：玉溪市华宁县、新平彝族傣族自治县，昭通市大关县，普洱市景东彝族自治县，临沧市凤庆县；

甘肃：白银市靖远县；

新疆：吐鲁番市高昌区、鄯善县，喀什地区疏勒县、英吉沙县、叶城县、麦盖提县、岳普湖县、伽师县、巴楚县，和田地区和田市、墨玉县、皮山县、洛浦县、策勒县、于田县。

发生面积　281097 亩

危害指数　0.4046

• 日本绿斑蚜 *Chromocallis nirecola* (Shinji)

拉丁异名　*Chromocallis pumili* Zhang

寄　　主　榆树。

分布范围　上海、安徽、宁夏。

发生地点　宁夏：石嘴山市大武口区、惠农区。

发生面积　118 亩

危害指数　0.3333

• 肖绿斑蚜 *Chromocallis similinirecola* Zhang

寄　　主　榆树。

分布范围　北京、河北、山东。

• 云南云杉长足大蚜 *Cinara alba* Zhang

寄　　主　云杉。

分布范围　内蒙古、四川、云南、西藏、甘肃、青海。

发生地点　甘肃：临夏回族自治州临夏县、康乐县、和政县、东乡族自治县。

发生面积　2060 亩

危害指数　0.4693

• 黑松大蚜 *Cinara atratipinivora* Zhang

寄　　主　雪松，川西云杉，马尾松，油松，黑松。

分布范围　河北、山西、辽宁、吉林、浙江、山东、陕西、甘肃、青海。

发生地点　山东：济南市历城区，潍坊市潍城区、滨海经济开发区，济宁市鱼台县，泰安市泰山区、宁阳县、泰山林场，威海市环翠区；

甘肃：庆阳市西峰区；

青海：果洛藏族自治州班玛县。

发生面积　1598 亩

危害指数　0.3333

• 白皮松长足大蚜 *Cinara bungeanae* Zhang et Zhang

寄　　主　白皮松。

分布范围　北京。

发生地点　北京：东城区、石景山区。

• 雪松长足大蚜 *Cinara cedri* Mimeur

寄　　主　雪松，白皮松，油松。

分布范围　北京、河北、江苏、山东、河南、湖北、四川、陕西。

发生地点　河北：石家庄市新乐市；

江苏：无锡市江阴市，徐州市铜山区；

山东：济南市平阴县、章丘市，枣庄市台儿庄区、滕州市，东营市广饶县，烟台市莱山区、龙口市，潍坊市诸城市、昌邑市，济宁市任城区、太白湖新区，泰安市岱岳区，莱芜市莱城区，德州市夏津县，聊城市东阿县，菏泽市定陶区、单县；

河南：洛阳市嵩县、伊川县，三门峡市湖滨区、义马市；

四川：甘孜藏族自治州康定市；

陕西：西安市阎良区，宝鸡市渭滨区、扶风县，咸阳市秦都区，渭南市澄城县。

发生面积　3047 亩

危害指数　0.4199

• 马尾松长足大蚜 *Cinara formosana*（Takahashi）

拉丁异名　*Cinara pinitabulaeformis* Zhang et Zhang

寄　　主　湿地松，华山松，白皮松，赤松，红松，马尾松，樟子松，油松，黄山松，黑松。

分布范围　华北、东北、西北，浙江、安徽、福建、江西、山东、河南、湖北、湖南、广东、广西、重庆、四川、贵州、云南。

发生地点　北京：朝阳区、丰台区、海淀区、房山区、通州区、顺义区、昌平区、大兴区、延庆区；

河北：石家庄市鹿泉区、井陉县、深泽县、赞皇县、平山县，秦皇岛市北戴河区、抚宁区，邯郸市武安市，张家口市崇礼区、怀安县、涿鹿县、赤城县，承德市双滦区、平泉县、隆化县、围场满族蒙古族自治县，木兰林管局；

山西：太原市尖草坪区、阳曲县、古交市，阳泉市平定县，晋城市沁水县、阳城县、陵川县、泽州县，朔州市山阴县，晋中市榆次区、榆社县，运城市万荣县、稷山县、新绛县、绛县、芮城县，临汾市洪洞县、汾西县，吕梁市离石区、孝义市，管涔山国有林管理局、五台山国有林管理局、太行山国有林管理局；

内蒙古：呼和浩特市清水河县，包头市固阳县，赤峰市克什克腾旗，通辽市科尔沁左翼后旗，鄂尔多斯市东胜区、准格尔旗、鄂托克前旗、康巴什新区，巴彦淖尔市乌拉特前旗，乌兰察布市集宁区、卓资县、兴和县、察哈尔右翼前旗、丰镇市；

辽宁：阜新市彰武县；

安徽：黄山市黄山区，宣城市宣州区；

福建：莆田市城厢区、涵江区、秀屿区、仙游县，泉州市安溪县、晋江市，南平市延平区；

江西：萍乡市安源区、上栗县，赣州市石城县；

山东：青岛市胶州市、即墨市、莱西市，枣庄市台儿庄区，济宁市兖州区、邹城市，泰安市岱岳区、新泰市、泰山林场、徂徕山林场，莱芜市莱城区，临沂市莒南县，聊城市阳谷县；

河南：洛阳市栾川县，焦作市博爱县，三门峡市灵宝市，南阳市桐柏县，济源市；

湖南：郴州市宜章县，永州市东安县；

广东：广州市从化区，惠州市惠阳区，清远市佛冈县，云浮市郁南县、罗定市、云浮市属林场，肇庆市德庆县；

广西：南宁市宾阳县、横县，桂林市雁山区、阳朔县、兴安县、荔浦县，梧州市万秀区、龙圩区，防城港市防城区、上思县、东兴市，贵港市港南区、桂平市，玉林市玉州区、容县、兴业县，河池市宜州区，来宾市象州县、金秀瑶族自治县，崇左市宁明县、大新县、天等县、凭祥市，七坡林场、良凤江森林公园；

重庆：北碚区、綦江区、黔江区，武隆区、忠县、奉节县、巫山县、秀山土家族苗族自治县；

四川：成都市简阳市；

云南：玉溪市新平彝族傣族自治县；

陕西：西安市灞桥区、临潼区、户县，铜川市耀州区，宝鸡市扶风县、麟游县、太白县，咸阳市三原县，渭南市华州区，延安市子长县、安塞县、志丹县、吴起县、黄龙县，汉中市洋县，榆林市榆阳区、靖边县、定边县、子洲县，安康市旬阳县，商洛市商州区，韩城市，宁东林业局、太白林业局；

甘肃：白银市靖远县、会宁县，武威市凉州区、天祝藏族自治县，张掖市临泽县，酒泉市肃北蒙古族自治县，庆阳市庆城县、华池县、正宁县、镇原县、湘乐总场，定西市安定区、通渭县、临洮县，小陇山林业实验管理局；

青海：西宁市城东区、城中区、城西区、城北区，海东市平安区、民和回族土族自治县；

宁夏：银川市兴庆区、西夏区、金凤区，石嘴山市大武口区、惠农区；

黑龙江森林工业总局：山河屯林业局、苇河林业局。

发生面积　440005 亩

危害指数　0. 4021

• 落叶松长足大蚜 *Cinara laricis*（Hartig）

寄　　主　落叶松，日本落叶松，红杉，华北落叶松。

分布范围　河北、山西、内蒙古、黑龙江、四川、陕西、甘肃。

发生地点　河北：张家口市沽源县；

山西：运城市平陆县；

黑龙江：佳木斯市郊区；

四川：广元市旺苍县，甘孜藏族自治州雅江县、乡城县、得荣县；

陕西：榆林市米脂县，商洛市商南县；

内蒙古大兴安岭林业管理局：克一河林业局。

发生面积　13948 亩

危害指数　0. 5365

• 长足大蚜 *Cinara louisianensis* Boudreaux

寄　　主　侧柏，高山柏。

分布范围　华北，辽宁、上海、江苏、浙江、福建、江西、山东、云南、陕西、宁夏。

• 东方长足大蚜 *Cinara orientalis*（Takahashi）

寄　　主　早竹。

分布范围　四川。

• 黑云杉长足大蚜 *Cinara piceae*（Panzer）

寄　　主　冷杉，云杉，鳞皮云杉。

分布范围　四川。

发生地点　四川：甘孜藏族自治州康定市、雅江县、道孚县、新龙县、石渠县、色达县。

发生面积　2013 亩

危害指数　0. 3333

• 毛角长足大蚜 *Cinara pilicornis*（Hartig）

寄　　主　泡桐，毛竹。

分布范围　湖南、陕西。

发生地点　湖南：岳阳市君山区。

• 松长足大蚜 *Cinara pinea*（Mordvilko）

寄　　主　云杉，马尾松，油松。

分布范围　福建、广东、四川、陕西、甘肃。

发生地点　福建：厦门市同安区；

广东：清远市连州市；

陕西：咸阳市永寿县。

发生面积　841 亩

危害指数　0. 3333

● **居松长足大蚜** ***Cinara pinihabitans*** **（Mordvilko）**

寄　　主　赤松，马尾松，油松，黑松。

分布范围　华北，四川、甘肃。

● **柏长足大蚜** ***Cinara tujafilina*** **（Del Guercio）**

中文异名　侧柏大蚜

寄　　主　岷江柏木，柏木，刺柏，侧柏，圆柏，祁连圆柏，高山柏，北美圆柏。

分布范围　北京、河北、山西、内蒙古、辽宁、上海、江苏、浙江、福建、江西、山东、河南、湖北、重庆、四川、云南、陕西、甘肃、青海、宁夏。

发生地点　北京：东城区、丰台区、石景山区、海淀区、房山区、大兴区；

河北：邯郸市涉县；

山西：阳泉市平定县，运城市稷山县、绛县；

内蒙古：阿拉善盟阿拉善左旗、阿拉善右旗；

山东：济南市历城区、平阴县，济宁市微山县、嘉祥县、曲阜市，泰安市岱岳区、宁阳县，莱芜市莱城区，聊城市阳谷县；

河南：郑州市惠济区、新密市、登封市，洛阳市嵩县、宜阳县、伊川县，平顶山市新华区、湛河区、郏县，新乡市辉县市，焦作市博爱县，邓州市；

湖北：荆州市监利县；

重庆：大足区，巫溪县；

四川：成都市简阳市，广元市旺苍县，遂宁市蓬溪县，南充市高坪区，巴中市恩阳区，甘孜藏族自治州白玉县；

陕西：宝鸡市扶风县、太白县，商洛市商南县；

甘肃：兰州市城关区、七里河区、西固区、安宁区、红古区、榆中县，白银市靖远县，平凉市静宁县，酒泉市肃北蒙古族自治县，庆阳市镇原县，定西市陇西县、漳县；

青海：西宁市城中区、城北区；

宁夏：银川市兴庆区、西夏区、金凤区、贺兰县，石嘴山市大武口区、惠农区。

发生面积　84798 亩

危害指数　0.3479

● **油松长大蚜** ***Eulachnus pinitabulaeformis*** **（Zhang）**

寄　　主　赤松，红松，马尾松，樟子松，油松。

分布范围　北京、河北、山西、内蒙古、辽宁、甘肃、宁夏。

发生地点　山西：运城市稷山县。

发生面积　2000 亩

危害指数　0.5000

● **枫杨刻蚜** ***Kurisakia onigurumii*** **（Shinji）**

寄　　主　山杨，枫杨，枫香。

分布范围　北京、江苏、浙江、安徽、山东、湖北。

发生地点　安徽：合肥市庐阳区、包河区、肥西县，芜湖市芜湖县。

发生面积　217 亩
危害指数　0. 3333

• 麻栎刻蚜 *Kurisakia querciphila* Takahashi

寄　　主　板栗，麻栎。
分布范围　安徽、山东。
发生地点　山东：泰安市泰山林场，威海市经济开发区。
发生面积　110 亩
危害指数　0. 3333

• 化香刻蚜 *Kurisakia sinoplatycaryae* Zhang

寄　　主　化香树。
分布范围　江苏、安徽。
发生地点　江苏：苏州市高新技术开发区。

• 山核桃刻蚜 *Kurisakia sinocaryae* Zhang

寄　　主　山核桃，薄壳山核桃，核桃楸，核桃。
分布范围　河北、江苏、浙江、安徽、山东、四川、陕西。
发生地点　河北：邢台市柏乡县；
江苏：盐城市东台市；
浙江：杭州市临安市；
安徽：六安市金寨县，宣城市绩溪县、宁国市；
四川：甘孜藏族自治州理塘县，凉山彝族自治州美姑县。
发生面积　27230 亩
危害指数　0. 3359

• 栎大蚜 *Lachnus roboris* (Linnaeus)

寄　　主　板栗，麻栎，辽东栎，栓皮栎，青冈，榆树，栾树。
分布范围　北京、河北、辽宁、吉林、江苏、浙江、安徽、江西、河南、湖北、重庆、四川、陕西、甘肃。
发生地点　安徽：黄山市黄山区；
河南：洛阳市嵩县；
重庆：巫溪县；
四川：甘孜藏族自治州新龙县；
陕西：长青自然保护区，太白林业局；
甘肃：陇南市两当县。
发生面积　7490 亩
危害指数　0. 3378

• 板栗大蚜 *Lachnus tropicalis* (Van der Goot)

寄　　主　板栗，茅栗，美洲栗，锥栗，麻栎，槲栎，波罗栎，白栎，栓皮栎。
分布范围　北京、河北、辽宁、江苏、浙江、安徽、福建、江西、山东、河南、湖北、湖南、重庆、四川、贵州、云南、陕西。

发生地点　北京：房山区、密云区；

河北：唐山市迁西县、遵化市，秦皇岛市海港区、抚宁区、青龙满族自治县、卢龙县，邯郸市武安市，邢台市邢台县、内丘县、沙河市，承德市兴隆县、宽城满族自治县；

江苏：镇江市句容市；

浙江：丽水市景宁畲族自治县；

安徽：合肥市庐阳区、包河区，芜湖市芜湖县，滁州市南谯区，六安市金寨县；

福建：南平市延平区，龙岩市新罗区；

江西：萍乡市上栗县，赣州市安远县，宜春市靖安县；

山东：青岛市胶州市、即墨市、莱西市，烟台市莱山区，潍坊市坊子区，济宁市曲阜市，泰安市泰山区、岱岳区、东平县、肥城市、泰山林场、徂徕山林场，日照市莒县，莱芜市莱城区、钢城区，临沂市兰山区、平邑县、莒南县；

河南：洛阳市嵩县，平顶山市鲁山县，南阳市南召县、桐柏县，驻马店市确山县；

湖北：武汉市新洲区，十堰市竹山县，宜昌市夷陵区，荆门市京山县，黄冈市罗田县，咸宁市通城县，神农架林区；

湖南：永州市宁远县；

重庆：城口县、武隆区、云阳县、巫山县；

四川：广安市前锋区、武胜县，雅安市汉源县、石棉县、芦山县，巴中市通江县；

云南：昆明市经济技术开发区、倘甸产业园区，玉溪市红塔区、易门县，昭通市镇雄县，楚雄彝族自治州楚雄市、双柏县、牟定县、永仁县、元谋县、武定县、禄丰县，安宁市；

陕西：西安市蓝田县，宝鸡市太白县，汉中市洋县、镇巴县，安康市宁陕县，商洛市洛南县、丹凤县、商南县、山阳县、镇安县、柞水县，宁东林业局。

发生面积　139321 亩

危害指数　0. 3676

- **楠叶蚜 *Machilaphis machili*（Takahashi）**

寄　　主　楠。

分布范围　陕西。

- **竹后粗腿蚜 *Metamacropodaphis bambusisucta*（Zhang）**

寄　　主　斑竹，水竹，毛竹。

分布范围　福建、四川。

发生地点　四川：广安市前锋区。

发生面积　3000 亩

危害指数　0. 3333

- **罗汉松新叶蚜 *Neophyllaphis podocarpi* Takahashi**

寄　　主　罗汉松。

分布范围　北京、山西、上海、江苏、浙江、安徽、福建、江西、湖北、广东、四川、贵州、陕西。

发生地点　上海：浦东新区、金山区；
　　　　　江苏：苏州市高新技术开发区、吴江区、昆山市、太仓市；
　　　　　浙江：杭州市西湖区，宁波市鄞州区，金华市磐安县，台州市椒江区、温岭市；
　　　　　安徽：合肥市肥西县，芜湖市芜湖县；
　　　　　福建：厦门市同安区，漳州市漳浦县；
　　　　　江西：南昌市南昌县，九江市瑞昌市，赣州经济技术开发区、信丰县；
　　　　　湖北：荆州市沙市区、荆州区；
　　　　　广东：广州市越秀区，肇庆市德庆县、四会市，清远市连州市，云浮市罗定市；
　　　　　四川：雅安市雨城区。
发生面积　7470 亩
危害指数　0.3344

• 杭州新胸蚜 *Neothoracaphis hangzhouensis* Zhang

寄　　主　樟树，山茶，杜鹃，木犀。
分布范围　上海、江苏、浙江、安徽、江西、湖北、重庆。
发生地点　上海：闵行区、嘉定区、浦东新区、金山区、松江区、青浦区、奉贤区，崇明县；
　　　　　江苏：苏州市高新技术开发区、吴中区、吴江区、昆山市、太仓市，镇江市京口区；
　　　　　浙江：杭州市西湖区、桐庐县，台州市温岭市；
　　　　　安徽：合肥市庐阳区；
　　　　　湖北：荆州市沙市区、荆州区、监利县、江陵县、石首市；
　　　　　重庆：万州区、永川区。
发生面积　1017 亩
危害指数　0.4074

• 三角枫多态毛蚜 *Periphyllus acerihabitans* Zhang

寄　　主　三角槭。
分布范围　江苏、浙江、安徽。
发生地点　江苏：徐州市铜山区；
　　　　　安徽：合肥市庐阳区、肥西县，芜湖市芜湖县。
发生面积　421 亩
危害指数　0.3515

• 京枫多态毛蚜 *Periphyllus diacerivorus* Zhang

寄　　主　色木槭，元宝槭。
分布范围　华北，辽宁、山东。
发生地点　山东：聊城市东阿县、冠县。

• 栾多态毛蚜 *Periphyllus koelreuteriae* (Takahashi)

寄　　主　山杨，旱柳，色木槭，七叶树，全缘叶栾树，栾树。
分布范围　华北，上海、江苏、安徽、福建、江西、山东、河南、湖北、四川、陕西。
发生地点　北京：东城区、朝阳区、丰台区、石景山区、密云区；

河北：廊坊市安次区；
上海：闵行区、浦东新区、金山区、青浦区，崇明县；
江苏：徐州市丰县，常州市天宁区、钟楼区、新北区，苏州市高新技术开发区、昆山市，盐城市东台市，宿迁市宿城区；
安徽：合肥市包河区、肥西县，芜湖市芜湖县，淮北市相山区，黄山市徽州区，阜阳市颍东区；
山东：枣庄市台儿庄区，济宁市任城区、高新技术开发区、太白湖新区，泰安市泰山区、宁阳县、新泰市，临沂市莒南县，聊城市东昌府区、东阿县、高唐县，菏泽市牡丹区、定陶区、单县；
河南：安阳市林州市，南阳市唐河县，商丘市柘城县，驻马店市泌阳县；
湖北：荆州市沙市区、荆州区、公安县、监利县、江陵县、石首市、洪湖市；
陕西：西安市未央区、户县，咸阳市兴平市，延安市黄龙县。

发生面积　11026 亩
危害指数　0. 5086

- **云南松大蚜 *Pineus piniyunnanensis* Zhang，Zhong et Zhang**

寄　　主　华山松，思茅松，云南松。
分布范围　四川、云南。
发生地点　云南：昆明市西山区、经济技术开发区、倘甸产业园区、西山林场，玉溪市红塔区，楚雄彝族自治州双柏县，安宁市。
发生面积　4402 亩
危害指数　0. 4369

- **刺榆伪黑斑蚜 *Pseudochromaphis coreana*（Paik）**

寄　　主　山杨。
分布范围　河北、山西、山东。

- **梨大蚜 *Pyrolachnus pyri*（Buckton）**

寄　　主　白梨，沙梨，秋子梨。
分布范围　河北、江苏、浙江、山东、四川、云南。
发生地点　河北：唐山市丰润区，沧州市吴桥县；
江苏：徐州市睢宁县；
浙江：杭州市桐庐县；
四川：南充市高坪区，凉山彝族自治州甘洛县。
发生面积　731 亩
危害指数　0. 6069

- **紫薇长斑蚜 *Sarucallis kahawaluokalani*（Kirkaldy）**

寄　　主　大果榉，紫薇，大花紫薇，女贞。
分布范围　华东，北京、河南、湖北、湖南、广东、重庆、四川、陕西。
发生地点　北京：东城区、石景山区；

上海：浦东新区、青浦区；
江苏：无锡市江阴市，苏州市高新技术开发区、吴江区、昆山市、太仓市，盐城市东台市，镇江市扬中市、句容市；
浙江：杭州市桐庐县，台州市温岭市；
安徽：合肥市庐阳区、包河区、肥西县，芜湖市芜湖县，淮北市相山区、烈山区、濉溪县；
福建：厦门市同安区；
江西：南昌市南昌县，九江市瑞昌市，赣州经济技术开发区；
山东：青岛市胶州市，泰安市泰山区，莱芜市钢城区，菏泽市牡丹区、定陶区、单县、巨野县；
河南：许昌市襄城县，漯河市源汇区，驻马店市平舆县，邓州市；
湖北：荆州市荆州区、江陵县；
湖南：邵阳市隆回县，岳阳市汨罗市、临湘市；
广东：广州市越秀区、天河区、白云区、花都区，佛山市禅城区；
重庆：永川区；
四川：成都市大邑县，广安市武胜县，雅安市雨城区。

发生面积　8931 亩

危害指数　0. 3433

- **沙朴绵叶蚜** ***Shivaphis celti*** **Das**

寄　　主　黑弹树，朴树。

分布范围　上海、江苏、浙江、安徽、山东、河南。

发生地点　上海：宝山区，崇明县；
江苏：徐州市铜山区，苏州市吴江区、昆山市，宿迁市宿城区、宿豫区、沭阳县、泗洪县；
浙江：宁波市象山县，金华市磐安县；
安徽：合肥市庐阳区、包河区、肥西县，池州市贵池区；
山东：济宁市任城区、高新技术开发区。

发生面积　476 亩

危害指数　0. 3354

- **青檀绵叶蚜** ***Shivaphis pteroceltis*** **Jiang，An，Li et Qiao**

寄　　主　青檀。

分布范围　北京、山西、江苏、安徽、山东、河南。

- **榆华毛蚜** ***Sinochaitophorus maoi*** **Takahashi**

寄　　主　榆树。

分布范围　河北、山东、河南。

发生地点　河北：张家口市怀来县；
山东：潍坊市坊子区。

• **漆长喙大蚜 *Stomaphis rhusiverniciflu ae* Zhang**

中文异名　漆树蚜虫

寄　　主　山杨，核桃，榆树，猴樟，月季，刺槐，槐树，文旦柚，柑橘，秋枫，乌桕，盐肤木，漆树，紫薇，黄荆。

分布范围　河北、江苏、湖北、湖南、四川、贵州、云南、陕西、甘肃、新疆。

发生地点　河北：石家庄市新华区，张家口市桥东区；
江苏：宿迁市宿城区；
湖南：益阳市安化县；
四川：绵阳市三台县；
贵州：毕节市大方县；
云南：昭通市镇雄县；
甘肃：天水市清水县；
新疆：阿勒泰地区布尔津县。

发生面积　12009 亩

危害指数　0. 3756

• **柳长喙大蚜 *Stomaphis sinisalicis* Zhang et Zhong**

寄　　主　旱柳，绦柳。

分布范围　北京、河北、山东。

• **竹纵斑蚜 *Takecallis arundinariae*（Essig）**

寄　　主　麻竹，斑竹，紫竹，毛金竹，旱竹，红竹，胖竹，毛竹，慈竹。

分布范围　北京、江苏、浙江、安徽、福建、江西、山东、湖北、广东、四川。

发生地点　江苏：无锡市宜兴市，苏州市高新技术开发区、吴江区，宿迁市沭阳县；
福建：莆田市城厢区、涵江区、仙游县；
山东：济宁市任城区、曲阜市、高新技术开发区、太白湖新区；
湖北：荆州市沙市区、荆州区、监利县、江陵县；
广东：肇庆市四会市，云浮市新兴县；
四川：遂宁市蓬溪县，巴中市南江县。

发生面积　631 亩

危害指数　0. 3439

• **竹梢凸膳斑蚜 *Takecallis taiwanus*（Takahashi）**

寄　　主　桂竹，紫竹，毛金竹，旱竹，旱园竹，毛竹，苦竹，赤竹。

分布范围　北京、江苏、浙江、安徽、山东。

发生地点　江苏：苏州市高新技术开发区、吴江区；
安徽：合肥市肥西县，芜湖市繁昌县、无为县，安庆市潜山县；
山东：聊城市东阿县。

发生面积　195 亩

危害指数　0. 4940

• **无患子长斑蚜 *Tinocallis insularis*（Takahashi）**

寄　　主　栾树，无患子。

分布范围　浙江、安徽、江西。

发生地点　安徽：合肥市肥西县，芜湖市芜湖县；

　　　　　江西：新余市分宜县。

发生面积　401 亩

危害指数　0.3500

• **榆长斑蚜 *Tinocallis saltans*（Nevsky）**

寄　　主　旱榆，榆树。

分布范围　北京、山东、新疆。

发生地点　山东：黄河三角洲保护区；

　　　　　新疆：克拉玛依市独山子区，石河子市，天山东部国有林管理局；

　　　　　新疆生产建设兵团：农二师 29 团，农三师 53 团，农四师 68 团，农七师 123 团、130 团，农八师、148 团。

发生面积　14353 亩

危害指数　0.6538

• **槐长斑蚜 *Tinocallis sophorae* Zhang**

寄　　主　槐树。

分布范围　北京、重庆。

发生地点　重庆：巴南区。

发生面积　756 亩

危害指数　0.3333

• **异榉长斑蚜 *Tinocallis viridis*（Takahashi）**

拉丁异名　*Tinocallis allozelkowae* Zhang

寄　　主　大果榉。

分布范围　上海。

发生地点　上海：浦东新区。

• **栗角斑蚜 *Tuberculatus kuricola*（Matsumura）**

中文异名　板栗花翅蚜、栗斑翅蚜

寄　　主　板栗，锥栗，麻栎。

分布范围　北京、江苏、浙江、福建、湖北、陕西。

• **缘瘤栗斑蚜 *Tuberculatus margituberculatus*（Zhang et Zhong）**

寄　　主　核桃，板栗。

分布范围　四川。

发生地点　四川：雅安市石棉县。

发生面积　572 亩

危害指数　0.3333

• 柳瘤大蚜 *Tuberolachnus salignus*（Gmelin）

寄　　主　山杨，白柳，垂柳，旱柳，绦柳，山柳，枇杷，垂丝海棠，石楠。

分布范围　东北，北京、河北、内蒙古、上海、江苏、浙江、福建、江西、山东、河南、湖北、湖南、重庆、四川、贵州、云南、陕西、甘肃、青海、宁夏。

发生地点　河北：唐山市滦南县、乐亭县、玉田县，邢台市沙河市，张家口市阳原县，沧州市河间市，衡水市武邑县；

内蒙古：乌兰察布市集宁区、四子王旗；

上海：浦东新区、青浦区；

福建：厦门市集美区；

山东：枣庄市台儿庄区，东营市广饶县，烟台市莱山区，泰安市泰山区，聊城市阳谷县、东阿县、冠县、高唐县、经济技术开发区、高新技术产业开发区，菏泽市单县、巨野县、郓城县，黄河三角洲保护区；

河南：洛阳市伊川县；

湖南：岳阳市君山区，益阳市沅江市；

四川：阿坝藏族羌族自治州理县，甘孜藏族自治州甘孜县、理塘县，凉山彝族自治州昭觉县；

陕西：咸阳市秦都区，商洛市镇安县；

甘肃：白银市平川区、靖远县、会宁县，酒泉市瓜州县，庆阳市镇原县；

青海：西宁市城东区、城中区、城西区、城北区；

黑龙江森林工业总局：海林林业局。

发生面积　11532 亩

危害指数　0.3721

扁蚜科 Hormaphididae

• 苹果爪绵蚜 *Aphidounguis mali* Takahashi

寄　　主　榆树，桃，杏，苹果，红叶李，梨，葡萄，白蜡树。

分布范围　河北、浙江、山东、河南、宁夏。

发生地点　河南：开封市祥符区，焦作市修武县。

发生面积　325 亩

危害指数　0.6410

• 葡萄平翅根蚜 *Aploneura ampelina*（de Horváth）

寄　　主　葡萄。

分布范围　陕西。

• 梳齿毛根蚜 *Chaetogeoica folidentata*（Tao）

寄　　主　黄连木。

分布范围　江苏、安徽、河南。

发生地点　安徽：芜湖市繁昌县、无为县。

• 苹果绵蚜 *Eriosoma lanigerum*（Hausmann）

寄　　主　枫杨，榆树，山楂，西府海棠，苹果，海棠花，李，梨，花椒，秋海棠，野海棠。

分布范围　北京、天津、河北、辽宁、上海、江苏、安徽、山东、河南、四川、云南、西藏、陕西、甘肃、宁夏、新疆。

发生地点　河北：石家庄市井陉矿区、鹿泉区、井陉县、行唐县、灵寿县、深泽县、赞皇县、晋州市、新乐市，唐山市路南区、路北区、古冶区、丰润区、乐亭县、玉田县，邯郸市涉县、永年区、鸡泽县，邢台市隆尧县、广宗县、平乡县、临西县，保定市高阳县、望都县、易县、顺平县、雄县，承德市平泉县、宽城满族自治县，沧州市运河区、盐山县、吴桥县、泊头市，衡水市桃城区、枣强县、武邑县、武强县、饶阳县、安平县、故城县、景县、冀州市，辛集市；

上海：嘉定区；

山东：青岛市即墨市、平度市、莱西市，东营市垦利县，烟台市莱山区，济宁市兖州区、金乡县，日照市莒县，临沂市莒南县，聊城市东昌府区、阳谷县、莘县、东阿县、冠县、高唐县、临清市，菏泽市牡丹区、定陶区、单县、郓城县；

河南：郑州市管城回族区、中牟县、荥阳市，洛阳市嵩县，安阳市龙安区、安阳县、林州市，濮阳市南乐县，漯河市源汇区，三门峡市陕州区、灵宝市，济源市、滑县；

西藏：林芝市朗县、巴宜区、波密县；

陕西：咸阳市兴平市，渭南市大荔县；

甘肃：白银市平川区、靖远县，平凉市崆峒区、崇信县、庄浪县，庆阳市西峰区、庆城县、华池县、正宁县、宁县、镇原县；

宁夏：银川市永宁县、灵武市，中卫市沙坡头区、中宁县；

新疆：博尔塔拉蒙古自治州博乐市，喀什地区喀什市；

新疆生产建设兵团：农四师 68 团、71 团。

发生面积　145985 亩

危害指数　0.4156

• 榆绵蚜 *Eriosoma lanuginosum*（Hartig）

寄　　主　旱榆，榔榆，榆树，梨。

分布范围　东北，北京、河北、上海、江苏、浙江、安徽、山东、四川、陕西、宁夏、新疆。

发生地点　北京：东城区、石景山区；

河北：廊坊市大城县；

上海：浦东新区；

江苏：苏州市吴江区；

安徽：合肥市庐阳区、肥西县；

山东：济南市历城区，东营市垦利县，济宁市曲阜市，泰安市徂徕山林场，日照市岚山区，聊城市阳谷县、东阿县、冠县，菏泽市郓城县；

四川：阿坝藏族羌族自治州理县；

陕西：榆林市米脂县；

宁夏：吴忠市盐池县，中卫市中宁县、海原县；

新疆：喀什地区喀什市、岳普湖县。
发生面积 18828 亩
危害指数 0.3866

• 榆卷叶绵蚜 *Eriosoma ulmi*（Linnaeus）
寄　　主 榆树，梨。
分布范围 河北、黑龙江、浙江、四川、贵州、陕西、青海、宁夏。
发生地点 青海：西宁市城东区、城西区、城北区；
宁夏：银川市贺兰县。

• 依真毛管蚜 *Eutrichosiphum izas* Zhang
寄　　主 垂柳，核桃，苹果，新疆梨。
分布范围 新疆。
发生地点 新疆生产建设兵团：农一师 3 团。
发生面积 1252 亩
危害指数 0.3333

• 苦槠真毛管蚜 *Eutrichosiphum sclerophyllum* Zhang
寄　　主 苦槠栲。
分布范围 江苏。

• 丽绵蚜 *Formosaphis micheliae* Takahashi
中文异名 白兰丽绵蚜
寄　　主 玉兰，白兰，黄兰，含笑花。
分布范围 广东、广西。
发生地点 广东：广州市越秀区、天河区；
广西：柳州市柳江区，桂林市灵川县、永福县。
发生面积 4512 亩
危害指数 0.3336

• 枣铁倍蚜 *Kaburagia ensigallis* Tsai et Tang
寄　　主 盐穗木，青麸杨，红麸杨。
分布范围 山东、湖北、湖南、四川、陕西。
发生地点 山东：莱芜市钢城区；
四川：成都市都江堰市。

• 油杉纩蚜 *Mindarus keteleerifoliae* Zhang
寄　　主 云南油杉。
分布范围 云南。
发生地点 云南：大理白族自治州鹤庆县。

• 榉四脉绵蚜 *Paracolopha morrisoni*（Baker）
拉丁异名 *Tetraneura zelkovisucta* Zhang

寄　　主　大果榉。
分布范围　浙江、山东。

• 简瘿绵蚜 *Pemphigus cylindricus* Zhang

寄　　主　青冈。
分布范围　四川。
发生地点　四川：巴中市恩阳区。
发生面积　266 亩
危害指数　0.3810

• 杨枝瘿绵蚜 *Pemphigus immunis* Buckton

寄　　主　新疆杨，青杨，山杨，胡杨，黑杨，钻天杨，箭杆杨。
分布范围　东北，北京、河北、内蒙古、江苏、安徽、山东、河南、湖北、重庆、四川、陕西、甘肃、宁夏、新疆。
发生地点　北京：昌平区；
河北：张家口市沽源县、怀来县；
安徽：合肥市包河区、肥西县；
河南：信阳市淮滨县；
四川：甘孜藏族自治州雅江县；
陕西：咸阳市永寿县，宁东林业局；
宁夏：银川市西夏区；
新疆：喀什地区麦盖提县；
新疆生产建设兵团：农四师，农七师 130 团。
发生面积　1995 亩
危害指数　0.3556

• 杨柄叶瘿绵蚜 *Pemphigus matsumurai* Monzen

寄　　主　银白杨，加杨，青杨，山杨，辽杨，黑杨，钻天杨，箭杆杨，小叶杨，毛白杨，苹果，梨，长叶黄杨。
分布范围　北京、河北、辽宁、黑龙江、上海、江苏、安徽、江西、山东、湖北、湖南、四川、贵州、云南、西藏、甘肃、宁夏、新疆。
发生地点　北京：延庆区；
河北：秦皇岛市抚宁区，张家口市怀来县，沧州市吴桥县；
上海：浦东新区；
江苏：苏州市吴江区、太仓市，宿迁市宿城区、沭阳县；
安徽：合肥市庐阳区、包河区；
江西：九江市修水县，赣州市于都县，鄱阳县；
湖北：荆州市沙市区、荆州区、监利县、江陵县；
湖南：岳阳市平江县，常德市安乡县，永州市道县、蓝山县；
四川：成都市青白江区，遂宁市大英县，甘孜藏族自治州新龙林业局；
云南：玉溪市通海县；

甘肃：平凉市华亭县；
新疆：乌鲁木齐市经济开发区，克拉玛依市独山子区、克拉玛依区、白碱滩区、乌尔禾区，哈密市伊州区；
新疆生产建设兵团：农四师。
发生面积 17486 亩
危害指数 0.3563

• 杨瘿绵蚜 *Pemphigus napaeus* Buckton

寄　　主 青杨，山杨，黑杨，箭杆杨，毛白杨，柳树。
分布范围 河北、内蒙古、黑龙江、江苏、安徽、江西、山东、河南、湖北、重庆、四川、贵州、云南、陕西、甘肃、新疆。
发生地点 内蒙古：巴彦淖尔市乌拉特前旗；
江苏：泰州市兴化市；
安徽：亳州市蒙城县；
江西：九江市庐山市；
山东：菏泽市郓城县；
河南：洛阳市嵩县；
湖北：荆州市石首市；
重庆：荣昌区；
四川：成都市龙泉驿区，南充市营山县、仪陇县，巴中市通江县，甘孜藏族自治州雅江县、新龙县；
云南：玉溪市峨山彝族自治县；
陕西：渭南市华州区；
新疆生产建设兵团：农四师68团。
发生面积 5919 亩
危害指数 0.4558

• 旱螺瘿绵蚜 *Pemphigus protospirae* Lichtenatein

寄　　主 青杨，滇杨。
分布范围 北京、四川。
发生地点 四川：遂宁市船山区。

• 柄脉叶瘿绵蚜 *Pemphigus sinobursarius* Zhang

寄　　主 青杨，山杨，小叶杨。
分布范围 内蒙古、辽宁、黑龙江、安徽、江西、云南、宁夏。
发生地点 江西：南昌市南昌县；
宁夏：吴忠市盐池县。
发生面积 825 亩
危害指数 0.4545

• 滇枝瘿绵蚜 *Pemphigus yangcola* Zhang

寄　　主 滇杨。

分布范围　云南。
发生地点　云南：红河哈尼族彝族自治州开远市。
发生面积　166 亩
危害指数　0.3333

• 杨平翅绵蚜 *Phloeomyzus passerinii zhangwuensis* Zhang

寄　　主　加杨，山杨，河北杨，黑杨，小叶杨，毛白杨。
分布范围　北京、河北、辽宁、山东、湖北、陕西。
发生地点　北京：丰台区；
　　　　　河北：唐山市乐亭县，秦皇岛市昌黎县。
发生面积　1073 亩
危害指数　0.7683

• 白蜡树卷叶绵蚜 *Prociphilus fraxini* (Fabricius)

寄　　主　榆树，桃，梨，臭椿，水曲柳，白蜡树，花曲柳，洋白蜡，绒毛白蜡，女贞。
分布范围　北京、天津、河北、黑龙江、江苏、安徽、江西、山东、河南、广东、四川、陕西、甘肃、宁夏、新疆。
发生地点　天津：大港、静海区；
　　　　　河北：邢台市宁晋县；
　　　　　安徽：阜阳市界首市；
　　　　　江西：宜春市靖安县；
　　　　　山东：济南市平阴县、商河县，青岛市胶州市，枣庄市滕州市，东营市东营区，潍坊市坊子区，济宁市鱼台县、嘉祥县、汶上县，泰安市新泰市，威海市经济开发区，日照市东港区、莒县、经济开发区，临沂市莒南县，德州市武城县，聊城市东阿县、冠县、临清市，滨州市沾化区、惠民县，菏泽市牡丹区、定陶区、曹县、单县、郓城县，黄河三角洲保护区；
　　　　　河南：洛阳市栾川县，安阳市林州市，焦作市沁阳市，许昌市鄢陵县，三门峡市陕州区、灵宝市，驻马店市驿城区；
　　　　　广东：佛山市南海区；
　　　　　四川：绵阳市安州区；
　　　　　甘肃：白银市靖远县；
　　　　　宁夏：银川市兴庆区、金凤区、贺兰县，石嘴山市大武口区、惠农区、平罗县，中卫市中宁县；
　　　　　新疆生产建设兵团：农七师 130 团，农八师农八师。
发生面积　31740 亩
危害指数　0.4086

• 洋白蜡卷叶绵蚜 *Prociphilus fraxinifolii* (Riley)

寄　　主　白蜡树，洋白蜡。
分布范围　北京、宁夏、新疆。
发生地点　宁夏：银川市西夏区、灵武市，吴忠市盐池县、青铜峡市；

新疆：石河子市。

发生面积 2125 亩

危害指数 0.5216

• 梨卷叶绵蚜 *Prociphilus kuwanai* Monzen

寄　　主 杨树，桃，杏，梨，花楸树。

分布范围 北京、河北、山西、辽宁、黑龙江、重庆、四川、云南。

发生地点 北京：延庆区；

重庆：丰都县；

黑龙江森林工业总局：山河屯林业局。

发生面积 2369 亩

危害指数 0.3816

• 女贞卷叶绵蚜 *Prociphilus ligustrifoliae*（Tseng et Tao）

寄　　主 核桃，滇朴，水曲柳，白蜡树，洋白蜡，天山梣，绒毛白蜡，女贞，小叶女贞，木犀。

分布范围 北京、天津、河北、辽宁、黑龙江、山东、河南、湖北、四川、贵州、云南、陕西、宁夏、新疆。

发生地点 北京：通州区、顺义区；

河北：衡水市桃城区；

山东：东营市河口区、垦利县、广饶县，烟台市莱山区，潍坊市昌邑市，济宁市任城区、曲阜市、高新技术开发区、太白湖新区，泰安市宁阳县，临沂市罗庄区，聊城市东昌府区、经济技术开发区、高新技术产业开发区，滨州市无棣县，菏泽市定陶区、单县；

河南：平顶山市舞钢市，濮阳市濮阳县，许昌市襄城县，漯河市源汇区，南阳市卧龙区，邓州市；

四川：乐山市金口河区、峨眉山市，南充市嘉陵区，巴中市恩阳区，阿坝藏族羌族自治州理县；

云南：丽江市永胜县；

陕西：宝鸡市扶风县、太白县，咸阳市武功县、兴平市，渭南市华州区；

宁夏：吴忠市利通区、同心县；

黑龙江森林工业总局：山河屯林业局。

发生面积 20524 亩

危害指数 0.3446

• 居竹伪角蚜 *Pseudoregma bambusicola*（Takahashi）

中文异名 竹茎扁蚜

寄　　主 孝顺竹，凤尾竹，撑篙竹，青皮竹，硬头黄竹，黄竹，刺竹子，绿竹，麻竹，单竹，慈竹，斑竹，水竹，毛竹，毛金竹，早竹，苦竹。

分布范围 上海、江苏、浙江、安徽、福建、河南、广东、广西、重庆、四川。

发生地点 上海：宝山区、嘉定区、浦东新区、金山区、松江区、青浦区、奉贤区，崇明县；

江苏：苏州市高新技术开发区、吴中区、吴江区、昆山市、太仓市，镇江市润州区、丹阳市；
浙江：衢州市常山县；
福建：三明市尤溪县，漳州市台商投资区，南平市延平区；
广东：深圳市龙岗区，肇庆市怀集县，河源市源城区、紫金县，清远市清新区，东莞市；
广西：桂林市灵川县、荔浦县，贵港市桂平市；
重庆：万州区、涪陵区、大渡口区、黔江区，城口县、丰都县、忠县、云阳县、彭水苗族土家族自治县；
四川：成都市蒲江县、彭州市、邛崃市、简阳市，自贡市自流井区、贡井区、沿滩区、荣县，绵阳市平武县，南充市高坪区、仪陇县，眉山市洪雅县，宜宾市江安县，广安市前锋区，雅安市雨城区。

发生面积　6991 亩

危害指数　0.3577

- **黑腹四脉绵蚜** ***Tetraneura nigriabdominalis*** **(Sasaki)**

中文异名　秋四脉绵蚜

拉丁异名　*Tetraneura akinire* Sasaki

寄　　主　杨树，山杨，柳树，白桦，朴树，旱榆，榆树，大果榉，李，刺槐，柑橘，色木槭，白蜡树，沙棘。

分布范围　华北、华东，辽宁、黑龙江、河南、湖北、湖南、广西、四川、陕西、甘肃、青海、宁夏。

发生地点　北京：东城区、朝阳区、丰台区、海淀区、昌平区、大兴区、密云区、延庆区；
河北：石家庄市井陉矿区、鹿泉区、晋州市，秦皇岛市抚宁区，邯郸市永年区，邢台市临西县，张家口市桥东区、沽源县、阳原县、怀来县，廊坊市大城县，衡水市桃城区、武邑县；
内蒙古：通辽市科尔沁区、霍林郭勒市，鄂尔多斯市准格尔旗、乌审旗，巴彦淖尔市乌拉特前旗，锡林郭勒盟西乌珠穆沁旗；
上海：浦东新区、金山区；
江苏：南京市玄武区，徐州市铜山区，苏州市高新技术开发区、吴江区、昆山市、太仓市，南通市海门市，盐城市东台市，宿迁市沭阳县；
浙江：宁波市鄞州区；
安徽：合肥市庐阳区、包河区、肥西县，黄山市徽州区，池州市贵池区；
江西：上饶市余干县；
山东：济南市平阴县、商河县，青岛市胶州市，枣庄市台儿庄区，东营市东营区、河口区、垦利县，烟台市莱山区、龙口市，潍坊市坊子区、昌邑市、滨海经济开发区，济宁市任城区、鱼台县、金乡县、嘉祥县、梁山县、高新技术开发区、太白湖新区，泰安市岱岳区、东平县、新泰市、肥城市、泰山林场、徂徕山林场，莱芜市雪野湖，德州市武城县，聊城市东阿县、经济技术开发区、高新技术产业开发区，滨州市惠民县、无棣县，黄河三角洲保护区；

河南：许昌市鄢陵县、襄城县，商丘市柘城县；
四川：成都市大邑县，达州市渠县，阿坝藏族羌族自治州理县，甘孜藏族自治州新龙县；
陕西：延安市吴起县；
甘肃：临夏回族自治州临夏县、永靖县；
青海：西宁市城东区、城中区、城西区、城北区，海东市平安区、民和回族土族自治县；
宁夏：银川市兴庆区、西夏区、金凤区、灵武市，吴忠市红寺堡区、同心县。

发生面积　49350 亩

危害指数　0. 5086

• 榆四脉绵蚜 *Tetraneura ulmi*（Linnaeus）

寄　　主　杨树，柳树，朴树，旱榆，榔榆，榆树，大果榉，桑，长叶黄杨，喜树。

分布范围　东北，北京、河北、山西、内蒙古、上海、江苏、浙江、安徽、河南、重庆、陕西、甘肃、宁夏、新疆。

发生地点　北京：通州区、顺义区；
河北：秦皇岛市昌黎县，邯郸市肥乡区，保定市顺平县，廊坊市安次区；
内蒙古：通辽市科尔沁左翼后旗、库伦旗，乌兰察布市四子王旗；
上海：松江区；
江苏：宿迁市宿城区、宿豫区；
浙江：杭州市余杭区，宁波市慈溪市，金华市磐安县，衢州市常山县，台州市温岭市；
安徽：芜湖市繁昌县、无为县；
河南：郑州市荥阳市，洛阳市栾川县，鹤壁市淇滨区；
重庆：酉阳土家族苗族自治县；
陕西：渭南市华州区、大荔县，榆林市定边县；
甘肃：兰州市兰州市连城林场，白银市靖远县，酒泉市金塔县、瓜州县，庆阳市西峰区，临夏回族自治州临夏市、东乡族自治县、积石山保安族东乡族撒拉族自治县；
宁夏：石嘴山市大武口区、惠农区，吴忠市盐池县；
新疆：克拉玛依市独山子区、克拉玛依区、乌尔禾区；
新疆生产建设兵团：农七师 130 团，农八师 148 团。

发生面积　138067 亩

危害指数　0. 3684

• 白杨伪卷叶绵蚜 *Thecabius populi*（Tao）

寄　　主　毛白杨，柳树，榆树。

分布范围　河北、山西、山东、四川、云南、甘肃。

发生地点　河北：邯郸市曲周县；
四川：巴中市通江县；

甘肃：兰州市榆中县。

发生面积 4330 亩

危害指数 0.3333

链蚧科 Asterolecaniidae

- **竹斑链蚧 *Bambusaspis bambusae* (Boisduval)**

中文异名 透斑竹链蚧

寄　　主 孝顺竹，刺竹子，黄竿乌哺鸡竹，胖竹，毛竹。

分布范围 华东，湖南、广东、广西、四川、云南。

发生地点 上海：嘉定区；

江苏：无锡市宜兴市，苏州市吴江区；

浙江：杭州市富阳区，台州市温岭市；

山东：聊城市阳谷县。

- **透体竹斑链蚧 *Bambusaspis delicata* (Green)**

寄　　主 孝顺竹，凤尾竹，斑竹，毛竹。

分布范围 江苏、浙江、四川。

发生地点 江苏：苏州市吴江区；

浙江：台州市椒江区。

- **半球竹斑链蚧 *Bambusaspis hemisphaerica* (Kuwana)**

中文异名 半球竹链蚧

寄　　主 刺竹子，箬竹，斑竹，水竹，紫竹，毛金竹，早竹，胖竹，甜竹，毛竹，簕竹。

分布范围 上海、江苏、浙江、安徽、江西、山东、广东、四川、陕西。

发生地点 上海：浦东新区；

江苏：常州市溧阳市；

安徽：合肥市庐阳区、包河区；

山东：泰安市肥城市，临沂市兰山区，聊城市东阿县；

四川：宜宾市筠连县；

陕西：渭南市华州区。

- **热带竹斑链蚧 *Bambusaspis miliaris* (Boisduval)**

中文异名 密竹链蚧

寄　　主 竹，绿竹。

分布范围 福建、广西。

发生地点 福建：三明市尤溪县。

发生面积 200 亩

危害指数 0.3333

- **广东竹斑链蚧 *Bambusaspis notabilis* (Russell)**

中文异名 绿竹链蚧

寄　　主　绿竹，毛金竹。
分布范围　浙江、安徽、福建、广东。
发生地点　福建：漳州市台商投资区。

● **栗新链蚧** ***Neoasterodiaspis castaneae*** **(Russell)**
中文异名　栗链蚧
寄　　主　锥栗，板栗，苦槠栲，麻栎。
分布范围　北京、天津、江苏、浙江、安徽、福建、江西、山东、河南、湖北、云南。
发生地点　江苏：常州市溧阳市；
浙江：杭州市余杭区，金华市磐安县，衢州市常山县，台州市温岭市，丽水市莲都区、松阳县；
安徽：芜湖市芜湖县，宣城市广德县；
福建：南平市松溪县；
山东：枣庄市山亭区，威海市环翠区，临沂市沂水县；
河南：驻马店市确山县；
云南：保山市施甸县。
发生面积　4714 亩
危害指数　0.3333

● **竹秆红链蚧** ***Pauroaspis rutilan*** **(Wu)**
寄　　主　毛竹。
分布范围　福建。
发生地点　福建：三明市尤溪县。
发生面积　3995 亩
危害指数　0.3333

壶蚧科 Cerococcidae

● **茶链壶蚧** ***Asterococcus muratae*** **(Kuwana)**
中文异名　日本壶链蚧
寄　　主　玉兰，荷花玉兰，含笑花，猴樟，樟树，天竺桂，油樟，枇杷，石楠，杜英，秋海棠，木犀。
分布范围　上海、江苏、安徽、湖北、广东、广西、四川、贵州、陕西。
发生地点　上海：嘉定区、青浦区，崇明县；
江苏：南京市雨花台区、江宁区、六合区，苏州市高新技术开发区、昆山市、太仓市，宿迁市宿城区、沭阳县、泗洪县；
安徽：六安市霍山县；
湖北：荆州市沙市区、荆州区、江陵县；
四川：遂宁市船山区；
陕西：汉中市宁强县、镇巴县。

发生面积 1408 亩
危害指数 0.4453

- **思茅链壶蚧 *Asterococcus schimae* Borchsenius**

寄　　主 杨梅，石栎，含笑花，樟树，山茶，茶，木荷，丁香。
分布范围 贵州。
发生地点 贵州：贵阳市乌当区。

蚧科 Coccidae

- **角蜡蚧 *Ceroplastes ceriferus* (Fabricius)**

中文异名 法桐角蜡蚧
寄　　主 雪松，马尾松，杉木，竹柏，山杨，杨梅，核桃，厚朴，无花果，榕树，桑，荷花玉兰，白兰，樟树，润楠，二球悬铃木，三球悬铃木，桃，梅，杏，樱桃，日本樱花，枇杷，西府海棠，苹果，石楠，李，火棘，梨，合欢，柑橘，重阳木，长叶黄杨，杧果，枸骨，龙眼，栾树，荔枝，枣树，杜英，云南梧桐，梧桐，红淡比，山茶，油茶，茶，合果木，紫薇，石榴，柿，女贞，木犀，夹竹桃，白花泡桐，栀子。
分布范围 山西、辽宁、上海、江苏、浙江、安徽、福建、山东、河南、湖北、广东、重庆、四川、云南、陕西。
发生地点 山西：运城市临猗县；
上海：嘉定区；
江苏：常州市溧阳市，连云港市连云区、灌云县，宿迁市宿城区、宿豫区、沭阳县；
浙江：杭州市余杭区、富阳区，金华市磐安县，衢州市常山县、江山市，台州市椒江区、温岭市，丽水市莲都区、松阳县；
安徽：合肥市包河区、肥西县，芜湖市芜湖县；
福建：泉州市安溪县；
山东：青岛市即墨市、莱西市，泰安市新泰市，德州市齐河县，聊城市阳谷县，菏泽市牡丹区、曹县、单县、巨野县、郓城县；
河南：平顶山市舞钢市，新乡市新乡县，三门峡市灵宝市，南阳市新野县，信阳市潢川县；
湖北：荆门市沙洋县；
重庆：永川区，忠县；
四川：自贡市自流井区、贡井区、荣县，眉山市洪雅县，巴中市南江县；
云南：玉溪市澄江县、华宁县，楚雄彝族自治州楚雄市。
发生面积 5261 亩
危害指数 0.3369

- **佛州龟蜡蚧 *Ceroplastes floridensis* Comstock**

寄　　主 苏铁，雪松，马尾松，柳杉，杉木，罗汉松，杨树，栎，榆树，木波罗，榕树，桑，猴樟，天竺桂，海桐，三球悬铃木，桃，梅，杏，枇杷，垂丝海棠，苹果，海棠花，石楠，梨，文旦柚，柑橘，花椒，重阳木，黄杨，杧果，全缘叶栾树，栾树，枣树，杜英，油茶，茶，合果木，紫薇，杜鹃，柿，女贞，小叶女贞，木犀，栀子，珊瑚树。

分布范围　华东，河北、湖北、湖南、广东、广西、重庆、四川、贵州、陕西。

发生地点　河北：邢台市任县，衡水市安平县；

上海：浦东新区；

江苏：盐城市响水县；

安徽：芜湖市无为县，淮南市毛集实验区；

福建：三明市尤溪县，泉州市安溪县，漳州市平和县，南平市松溪县；

江西：萍乡市安源区、莲花县、芦溪县，吉安市井冈山市；

山东：泰安市新泰市；

湖南：湘潭市韶山市，邵阳市武冈市，岳阳市岳阳县，永州市零陵区、冷水滩区、东安县、道县、蓝山县，怀化市会同县；

广东：佛山市南海区，肇庆市德庆县；

广西：桂林市荔浦县；

重庆：黔江区、荣昌区；

四川：成都市大邑县，自贡市沿滩区、荣县；

贵州：铜仁市印江土家族苗族自治县；

陕西：咸阳市泾阳县。

发生面积　51880 亩

危害指数　0. 3352

- **日本龟蜡蚧 *Ceroplastes japonicus* Green**

中文异名　日本蜡蚧、枣龟蜡蚧

寄　　主　银杏，雪松，马尾松，杉木，罗汉松，山杨，黑杨，毛白杨，垂柳，旱柳，绦柳，核桃，板栗，锥栗，朴树，榆树，大果榉，构树，垂叶榕，榕树，桑，小檗，玉兰，荷花玉兰，含笑花，西米棕，蜡梅，猴樟，阴香，樟树，天竺桂，海桐，枫香，二球悬铃木，三球悬铃木，桃，榆叶梅，梅，杏，樱桃，樱花，日本晚樱，日本樱花，山楂，枇杷，垂丝海棠，西府海棠，苹果，海棠花，石楠，李，红叶李，火棘，豆梨，河北梨，月季，玫瑰，刺槐，槐树，柑橘，花椒，橄榄，楝树，香椿，红椿，油桐，重阳木，乌桕，长叶黄杨，黄杨，杧果，盐肤木，枸骨，卫矛，冬青卫矛，金边黄杨，椤叶槭，栾树，枣树，杜英，山杜英，木槿，梧桐，山茶，油茶，茶，秋海棠，紫薇，石榴，八角金盘，常春藤，鹅掌柴，杜鹃，柿，君迁子，白蜡树，女贞，小叶女贞，木犀，白花泡桐，桅子。

分布范围　华东，北京、天津、河北、山西、河南、湖北、湖南、广东、广西、四川、贵州、云南、陕西、宁夏。

发生地点　北京：东城区、石景山区；

河北：石家庄市藁城区、高邑县、赞皇县、晋州市，邯郸市永年区、鸡泽县，邢台市内丘县、隆尧县、巨鹿县、新河县、平乡县、威县、临西县，沧州市沧县、东光县、吴桥县、献县、河间市，廊坊市大城县，衡水市桃城区、枣强县、武邑县、景县；

山西：运城市盐湖区、临猗县、万荣县、闻喜县、稷山县、新绛县、垣曲县、永济市、河津市，临汾市尧都区、襄汾县；

上海：嘉定区、金山区、青浦区；

江苏：南京市雨花台区，无锡市惠山区、宜兴市，徐州市铜山区、沛县，常州市溧阳市，苏州市高新技术开发区、吴中区、吴江区、昆山市、太仓市，淮安市清江浦区、涟水县、金湖县，盐城市射阳县、东台市，扬州市高邮市、经济技术开发区，镇江市句容市，泰州市海陵区、姜堰区，宿迁市宿城区、沭阳县、泗洪县；

浙江：杭州市西湖区、桐庐县，宁波市鄞州区、余姚市，嘉兴市秀洲区，衢州市常山县，台州市温岭市，丽水市松阳县；

安徽：合肥市庐阳区、庐江县，芜湖市芜湖县，蚌埠市怀远县，黄山市徽州区，滁州市定远县、凤阳县，阜阳市界首市，宿州市萧县、泗县，六安市裕安区，亳州市涡阳县、蒙城县；

福建：莆田市城厢区、仙游县，南平市松溪县，龙岩市永定区；

江西：萍乡市安源区、湘东区、莲花县、芦溪县，上饶市广丰区；

山东：济南市商河县，青岛市胶州市、即墨市、莱西市，枣庄市台儿庄区、山亭区，东营市东营区、河口区、垦利县、利津县、广饶县，烟台市龙口市，潍坊市潍城区、坊子区、昌邑市，济宁市任城区、兖州区、鱼台县、嘉祥县、泗水县、梁山县、曲阜市、太白湖新区，泰安市泰山区、岱岳区、宁阳县、东平县、肥城市、徂徕山林场，威海市环翠区，日照市岚山区、莒县，莱芜市莱城区，临沂市兰山区、平邑县、莒南县，德州市齐河县、禹城市，聊城市东昌府区、阳谷县、莘县、茌平县、东阿县、冠县、高唐县、临清市、经济技术开发区、高新技术产业开发区，滨州市沾化区、无棣县，菏泽市曹县、单县、郓城县、东明县；

河南：郑州市中原区、惠济区、中牟县、新郑市，安阳市龙安区，新乡市获嘉县，濮阳市范县，许昌市襄城县、禹州市，漯河市源汇区，三门峡市湖滨区、灵宝市，商丘市民权县、虞城县，兰考县；

湖北：孝感市孝南区，荆州市沙市区、荆州区、监利县、江陵县，随州市随县；

湖南：衡阳市南岳区，益阳市资阳区，郴州市桂阳县、嘉禾县，永州市宁远县；

广东：广州市番禺区；

四川：成都市大邑县、彭州市、邛崃市，自贡市沿滩区，遂宁市船山区、蓬溪县，乐山市沙湾区，眉山市青神县，宜宾市筠连县，广安市前锋区，雅安市雨城区、石棉县，巴中市通江县、平昌县；

贵州：贵阳市云岩区；

云南：文山壮族苗族自治州麻栗坡县，大理白族自治州巍山彝族回族自治县、洱源县；

陕西：咸阳市秦都区、兴平市，渭南市华州区、大荔县，商洛市丹凤县，神木县；

宁夏：银川市兴庆区、西夏区。

发生面积　52749 亩
危害指数　0. 3913

• **伪角蜡蚧 *Ceroplastes pseudoceriferus* Green**

寄　　主　罗汉松，玉兰，含笑花，楠，樱，木瓜，柑橘，荔枝，山茶，栀子。
分布范围　上海、江苏、浙江、福建、湖北、湖南、广东、广西、四川、云南。

• **红蜡蚧 *Ceroplastes rubens* Maskell**

中文异名　脐状红蜡蚧、枣红蜡蚧、橘红蜡介壳虫
寄　　主　苏铁，银杏，贝壳杉，雪松，云杉，湿地松，马尾松，杉木，柏木，罗汉松，竹柏，南方红豆杉，山杨，杨梅，核桃，板栗，青冈，榔榆，桂木，构树，桑，阔叶十大功劳，玉兰，荷花玉兰，木莲，西米棕，猴樟，樟树，天竺桂，油樟，月桂，野香橼花，海桐，枫香，桃，碧桃，梅，杏，樱桃，樱花，苹果，石楠，李，红叶李，火棘，梨，白蔷薇，月季，紫荆，槐树，文旦柚，柑橘，金橘，油桐，重阳木，长叶黄杨，黄杨，红叶，杧果，漆树，冬青，枸骨，金边黄杨，三角槭，龙眼，无患子，枣树，杜英，山茶，油茶，茶，合果木，秋海棠，紫薇，石榴，竹节树，八角金盘，柿，连翘，女贞，小叶女贞，木犀，夹竹桃，栀子，棕榈，龙血树。
分布范围　华东、中南，天津、河北、重庆、四川、贵州、云南、陕西、甘肃、青海、新疆。
发生地点　河北：石家庄市井陉县；
上海：嘉定区、浦东新区、金山区、松江区、青浦区、奉贤区，崇明县；
江苏：南京市浦口区、雨花台区，无锡市锡山区、惠山区、滨湖区，常州市武进区、金坛区、溧阳市，苏州市高新技术开发区、吴中区、吴江区、昆山市、太仓市，南通市如皋市，淮安市清江浦区、金湖县，盐城市东台市，扬州市邗江区、江都区、经济技术开发区，镇江市润州区、丹阳市、扬中市、句容市，泰州市姜堰区，宿迁市宿城区、沭阳县；
浙江：杭州市西湖区、萧山区、余杭区、富阳区、桐庐县，宁波市鄞州区、余姚市、慈溪市，嘉兴市秀洲区，金华市浦江县、磐安县、东阳市，衢州市常山县、江山市，台州市椒江区、温岭市，丽水市松阳县；
安徽：合肥市庐阳区、包河区、肥西县，芜湖市芜湖县、无为县，安庆市桐城市，黄山市徽州区，滁州市凤阳县、天长市，阜阳市颍州区、临泉县，宣城市郎溪县；
福建：莆田市城厢区、涵江区、荔城区、秀屿区、仙游县、湄洲岛，泉州市安溪县、永春县，龙岩市新罗区；
江西：萍乡市安源区、莲花县、芦溪县、萍乡开发区，九江市湖口县，上饶市广丰区，鄱阳县；
山东：青岛市即墨市、莱西市，潍坊市诸城市；
河南：平顶山市舞钢市，许昌市许昌县，信阳市罗山县；
湖北：荆门市沙洋县，荆州市沙市区、荆州区；
湖南：长沙市浏阳市，邵阳市大祥区、北塔区、洞口县，益阳市资阳区、安化县，永州市零陵区、冷水滩区、道县，怀化市辰溪县、麻阳苗族自治县，湘西土家族

苗族自治州泸溪县、凤凰县、龙山县；
广东：广州市花都区、增城区，惠州市惠阳区，云浮市罗定市；
广西：柳州市三江侗族自治县，桂林市象山区；
海南：五指山市；
重庆：万州区、南岸区、黔江区，垫江县、石柱土家族自治县；
四川：自贡市自流井区，广安市武胜县，达州市渠县，雅安市汉源县；
贵州：毕节市大方县，铜仁市石阡县；
云南：曲靖市沾益区，大理白族自治州巍山彝族回族自治县；
甘肃：庆阳市镇原县；
新疆生产建设兵团：农一师。

发生面积　62922 亩

危害指数　0. 3497

• **无花果软蜡蚧** ***Ceroplastes rusci*** **(Linnaeus)**

寄　　主　无花果，秋枫。

分布范围　广东、四川。

发生地点　广东：中山市。

• **七角星蜡蚧** ***Ceroplastes stellifer*** **(Westwood)**

寄　　主　鹅掌柴，杧果。

分布范围　云南。

• **褐软蜡蚧** ***Coccus hesperidum*** **Linnaeus**

中文异名　褐软蚧、广食褐软蚧、合欢蜡蚧

寄　　主　杨树，柳树，枫杨，无花果，荷花玉兰，白兰，桃，梅，杏，苹果，李，金合欢，合欢，柑橘，橡胶树，七叶树，枣树，杜英，常春藤，女贞，木犀，枸杞，棕榈，龙血树。

分布范围　北京、河北、辽宁、上海、江苏、浙江、福建、江西、山东、河南、湖北、湖南、广东、广西、四川、贵州、云南、陕西。

发生地点　北京：东城区、石景山区；
上海：浦东新区；
江苏：泰州市海陵区；
山东：德州市齐河县；
四川：甘孜藏族自治州炉霍县、甘孜县、德格县；
云南：昆明市东川区。

发生面积　905 亩

危害指数　0. 3341

• **橘软蜡蚧** ***Coccus pseudomagnoliarum*** **(Kuwana)**

寄　　主　核桃，榆树，柑橘，鼠李，石榴。

分布范围　广东、陕西。

- **朝鲜毛球蜡蚧 *Didesmococcus koreanus* Borchsenius**

中文异名　朝鲜球坚蚧、杏球坚蚧、桃球坚蚧

寄　　主　杨树，核桃，板栗，栎，榆树，玉兰，荷花玉兰，山梅花，三球悬铃木，山桃，桃，榆叶梅，碧桃，梅，山杏，杏，樱桃，樱花，日本樱花，山楂，垂丝海棠，西府海棠，苹果，海棠花，石楠，李，红叶李，梨，蔷薇，绣线菊，柠条锦鸡儿，刺槐，槐树，三角槭，鼠李，枣树，葡萄，沙枣，紫薇，君迁子，女贞，小叶女贞，杜鹃。

分布范围　华北、西北，辽宁、吉林、上海、江苏、安徽、江西、山东、河南、湖北、四川、贵州。

发生地点　北京：东城区、朝阳区、海淀区、房山区、昌平区、密云区、延庆区；

河北：石家庄市鹿泉区、井陉县、晋州市、新乐市，唐山市丰润区、滦南县、乐亭县、玉田县，秦皇岛市抚宁区、昌黎县，邯郸市涉县，邢台市邢台县、内丘县、隆尧县、任县、巨鹿县，保定市涞水县、顺平县，张家口市宣化区、万全区、蔚县、阳原县、怀安县，沧州市东光县、河间市，廊坊市安次区、固安县、永清县、大城县、霸州市，衡水市桃城区、枣强县、武邑县、武强县、安平县、景县、阜城县，辛集市；

山西：太原市万柏林区、晋源区，大同市阳高县、天镇县、广灵县、灵丘县，阳泉市平定县，晋城市泽州县，晋中市榆次区，运城市新绛县；

内蒙古：通辽市科尔沁区、科尔沁左翼后旗、奈曼旗，鄂尔多斯市达拉特旗、准格尔旗，巴彦淖尔市临河区、乌拉特前旗，阿拉善盟阿拉善左旗；

辽宁：朝阳市双塔区、龙城区、喀喇沁左翼蒙古族自治县；

上海：浦东新区；

江苏：徐州市沛县，苏州市昆山市，宿迁市宿城区、沭阳县；

安徽：合肥市庐阳区，淮北市相山区，阜阳市颍州区、太和县，亳州市涡阳县、蒙城县；

江西：萍乡市上栗县、芦溪县；

山东：济南市历城区、平阴县、商河县，青岛市城阳区、胶州市、即墨市、莱西市，枣庄市台儿庄区、滕州市，东营市河口区，烟台市莱山区，济宁市任城区、鱼台县、嘉祥县、梁山县、曲阜市、高新技术开发区，泰安市泰山区、岱岳区、东平县、新泰市、肥城市、泰山林场、徂徕山林场，日照市岚山区、莒县，莱芜市莱城区、钢城区，德州市齐河县，聊城市东昌府区、阳谷县、莘县、茌平县、东阿县、冠县、高唐县、经济技术开发区、高新技术产业开发区，滨州市邹平县，菏泽市牡丹区、单县、郓城县；

河南：郑州市管城回族区、上街区、惠济区、荥阳市、新郑市、登封市，洛阳市伊川县，安阳市林州市，新乡市延津县，焦作市沁阳市，许昌市经济技术开发区、鄢陵县、襄城县、长葛市，三门峡市灵宝市，南阳市桐柏县，巩义市；

四川：巴中市通江县，凉山彝族自治州德昌县；

贵州：黔西南布依族苗族自治州贞丰县；

陕西：西安市灞桥区、临潼区，宝鸡市扶风县，咸阳市秦都区、三原县、乾县、武功县、兴平市，渭南市华州区，榆林市榆阳区、子洲县；

甘肃：兰州市城关区、西固区、安宁区、永登县、皋兰县、榆中县，嘉峪关市，金昌市永昌县，白银市白银区、平川区、靖远县，武威市凉州区，张掖市肃南裕固族自治县、民乐县、高台县、山丹县，酒泉市肃州区、金塔县、瓜州县、肃北蒙古族自治县、玉门市、敦煌市，庆阳市环县、正宁县，定西市安定区、通渭县；
青海：海东市平安区；
宁夏：银川市兴庆区、西夏区、金凤区、永宁县、灵武市，石嘴山市大武口区，吴忠市利通区、盐池县、同心县；
新疆：巴音郭楞蒙古自治州轮台县；
新疆生产建设兵团：农四师 71 团。

发生面积 211640 亩
危害指数 0.4121

• **杏毛球坚蜡蚧** ***Didesmococcus unifasciatus*** **(Archangelskaya)**

寄　　主 桃，杏，红叶李，刺槐，枣树，柿。
分布范围 河北、安徽、河南、湖北、四川、陕西。
发生地点 河南：平顶山市鲁山县；
四川：遂宁市船山区。

• **白蜡蚧** ***Ericerus pela*** **(Chavannes)**

寄　　主 银杏，雪松，湿地松，水杉，柳树，栎，青冈，滇朴，山柚子，玉兰，荷花玉兰，猴樟，樟树，天竺桂，海桐，山杏，樱桃，樱花，白梨，柑橘，香椿，长叶黄杨，黄杨，漆树，冬青，色木槭，栾树，杜英，木槿，山茶，柃木，合果木，紫薇，柿，小叶梣，水曲柳，白蜡树，女贞，水蜡树，小叶女贞，小蜡，木犀，暴马丁香，珊瑚树。
分布范围 华东，北京、天津、河北、内蒙古、辽宁、吉林、河南、湖北、湖南、广东、广西、重庆、四川、贵州、云南、陕西、甘肃。
发生地点 北京：丰台区、昌平区、大兴区；
河北：唐山市乐亭县，秦皇岛市北戴河区，承德市双滦区，衡水市武强县；
内蒙古：通辽市科尔沁区、库伦旗；
辽宁：沈阳市新民市，辽阳市辽阳县；
上海：浦东新区、金山区、青浦区；
江苏：徐州市铜山区、丰县、沛县、睢宁县、邳州市，淮安市淮安区、清江浦区、金湖县，盐城市响水县、东台市，扬州市江都区、高邮市、经济技术开发区，泰州市海陵区、姜堰区、泰兴市，宿迁市宿城区；
浙江：金华市磐安县，台州市椒江区、温岭市；
安徽：合肥市庐阳区、肥西县，芜湖市芜湖县，蚌埠市五河县，淮南市寿县；
江西：宜春市奉新县；
山东：济南市商河县，青岛市城阳区、即墨市、莱西市，枣庄市台儿庄区，烟台市莱山区，潍坊市坊子区、诸城市、滨海经济开发区，济宁市任城区、兖州区、鱼台县、梁山县，莱芜市钢城区，临沂市罗庄区，德州市齐河县，聊城市东昌府区、阳谷县、东阿县、冠县、临清市，菏泽市牡丹区、定陶区、单县、巨野县、郓城县；

河南：郑州市二七区、新密市，开封市祥符区，鹤壁市淇滨区，许昌市许昌县、鄢陵县、襄城县，漯河市舞阳县，三门峡市灵宝市，南阳市镇平县、淅川县、新野县，驻马店市上蔡县；

湖南：邵阳市洞口县，常德市汉寿县，益阳市资阳区、桃江县，湘西土家族苗族自治州泸溪县、凤凰县；

重庆：合川区；

四川：自贡市贡井区、沿滩区，南充市高坪区、仪陇县，广安市武胜县，凉山彝族自治州盐源县；

贵州：遵义市正安县，安顺市西秀区；

云南：大理白族自治州云龙县；

陕西：西安市阎良区、临潼区，咸阳市秦都区、渭城区、泾阳县，延安市志丹县、吴起县，汉中市镇巴县，商洛市丹凤县、商南县、柞水县。

发生面积　30848 亩

危害指数　0. 3795

• 樱桃球坚蜡蚧 *Eulecanium cerasorum*（Cockerell）

寄　　主　核桃，枫香，苹果，李，鸡爪槭。

分布范围　河北、山西、上海、山东。

发生地点　上海：金山区。

• 枣大球蚧 *Eulecanium gigantea*（Shinji）

中文异名　红枣大球蚧、瘤大球坚蚧、枣大球坚蚧

寄　　主　山杨，胡杨，旱柳，核桃楸，核桃，板栗，麻栎，榆树，桑，三球悬铃木，扁桃，桃，碧桃，梅，山杏，杏，西府海棠，苹果，李，红叶李，巴旦杏，梨，河北梨，新疆梨，黄刺玫，合欢，骆驼刺，紫穗槐，柠条锦鸡儿，刺槐，毛刺槐，槐树，栾树，枣树，酸枣，葡萄，梧桐，沙枣，紫薇，柿，小叶梣，女贞。

分布范围　北京、天津、河北、山西、内蒙古、辽宁、江苏、安徽、山东、河南、湖北、四川、云南、陕西、甘肃、青海、宁夏、新疆。

发生地点　北京：通州区、顺义区；

河北：唐山市玉田县，邢台市广宗县，保定市涞水县，沧州市东光县、吴桥县、黄骅市、河间市，廊坊市三河市，衡水市桃城区、武邑县、深州市；

山西：晋中市榆社县，运城市闻喜县、绛县；

内蒙古：巴彦淖尔市乌拉特后旗；

安徽：阜阳市颍州区，六安市裕安区；

山东：青岛市胶州市，枣庄市台儿庄区，济宁市兖州区、曲阜市，莱芜市钢城区，聊城市阳谷县、东阿县、临清市、经济技术开发区，菏泽市牡丹区、定陶区、曹县、单县、郓城县；

河南：许昌市长葛市，三门峡市灵宝市；
四川：巴中市通江县；
云南：保山市施甸县，迪庆藏族自治州香格里拉市；
陕西：宝鸡市扶风县，渭南市大荔县、澄城县，榆林市子洲县；
甘肃：嘉峪关市，定西市岷县；
青海：西宁市城西区；
宁夏：银川市兴庆区、西夏区、金凤区，石嘴山市大武口区；
新疆：乌鲁木齐市沙依巴克区，吐鲁番市高昌区、鄯善县、托克逊县，哈密市伊州区，巴音郭楞蒙古自治州库尔勒市、且末县，克孜勒苏柯尔克孜自治州阿合奇县，喀什地区喀什市、疏附县、疏勒县、英吉沙县、泽普县、莎车县、叶城县、麦盖提县、岳普湖县、伽师县、巴楚县，和田地区和田市、和田县、墨玉县、皮山县、策勒县、于田县、民丰县；
新疆生产建设兵团：农一师 10 团、13 团，农二师 22 团、29 团，农三师 44 团、48 团、53 团，农十四师 224 团。

发生面积 538045 亩

危害指数 0.4132

• **朝鲜球坚蜡蚧** ***Eulecanium kostylevi*** **(Borchsenius)**

中文异名 榆球坚蚧

寄 主 小叶杨，旱柳，旱榆，榆树，榆叶梅，玫瑰，槐树，栾树。

分布范围 北京、河北、内蒙古、江苏、陕西、宁夏。

发生地点 北京：东城区、石景山区、延庆区；
河北：衡水市桃城区、武邑县、安平县；
江苏：盐城市东台市，泰州市兴化市。

发生面积 180 亩

危害指数 0.3333

• **日本球坚蜡蚧** ***Eulecanium kunoense*** **(Kuwsna)**

寄 主 山梅花，桃，杏，苹果，李，梨。

分布范围 河北、上海。

发生地点 河北：沧州市黄骅市，衡水市安平县；
上海：嘉定区。

发生面积 752 亩

危害指数 0.3333

• **皱大球坚蜡蚧** ***Eulecanium kuwanai*** **Kanda**

中文异名 槐花球蚧

寄 主 新疆杨，山杨，垂柳，旱柳，核桃，白桦，栎，榆树，鹅掌楸，三球悬铃木，桃，杏，樱桃，山楂，西府海棠，苹果，李，红叶李，梨，玫瑰，合欢，紫穗槐，柠条锦鸡儿，刺槐，槐树，龙爪槐，桴叶槭，鸡爪槭，栾树，枣树，沙棘，紫薇。

分布范围 北京、河北、山西、内蒙古、辽宁、吉林、江苏、山东、河南、四川、陕西、青海、宁夏、新疆。

发生地点　北京：东城区、朝阳区、昌平区；

河北：石家庄市井陉县，邢台市柏乡县，沧州市东光县、黄骅市、河间市；

山西：运城市临猗县、闻喜县、新绛县、绛县、河津市；

内蒙古：通辽市科尔沁区，乌兰察布市四子王旗；

山东：青岛市胶州市，枣庄市台儿庄区，泰安市岱岳区、新泰市、肥城市，莱芜市莱城区，聊城市东阿县；

河南：许昌市魏都区；

四川：巴中市通江县；

陕西：西安市灞桥区，宝鸡市凤翔县，咸阳市渭城区、三原县、乾县，渭南市华州区，延安市黄龙县，商洛市丹凤县、镇安县，韩城市；

青海：西宁市城东区、城中区、城西区、城北区、湟中县，海东市民和回族土族自治县；

宁夏：银川市兴庆区、西夏区、金凤区、灵武市，石嘴山市大武口区、惠农区、平罗县，吴忠市利通区、同心县，中卫市中宁县；

新疆：哈密市伊州区，喀什地区泽普县、岳普湖县，和田地区洛浦县。

发生面积　22723 亩

危害指数　0. 3365

• 霸王球坚蜡蚧 *Eulecanium rugulosum*（Archangelskaya）

寄　　主　杨树，柳树，刺叶栎，榆树，山楂，苹果。

分布范围　四川、新疆。

发生地点　四川：甘孜藏族自治州雅江县。

• 日本卷毛蜡蚧 *Metaceronema japonica*（Maskell）

中文异名　油茶绵蚧

寄　　主　蔷薇，苹果，柑橘，冬青，山茶，油茶，茶，柃木，山矾。

分布范围　浙江、安徽、福建、江西、湖南、广西、四川、贵州、云南。

发生地点　浙江：杭州市桐庐县；

福建：三明市尤溪县；

江西：萍乡市安源区、芦溪县，赣州市兴国县，吉安市永新县；

湖南：衡阳市衡南县、常宁市，永州市东安县。

发生面积　2348 亩

危害指数　0. 3333

• 乌黑副盔蜡蚧 *Parasaissetia nigra*（Nietner）

寄　　主　榕树，柑橘，橡胶树，榄仁树，槟榔。

分布范围　广东、广西、海南、云南。

发生地点　海南：定安县、澄迈县。

发生面积　620 亩

危害指数　0. 3333

- **褐盔蜡蚧** ***Parthenolecanium corni*** **（Bouché）**

中文异名　扁平球坚蚧、东方盔蚧、糖槭蚧

寄　　主　新疆杨，山杨，箭杆杨，垂柳，旱柳，核桃，榆树，无花果，桑，二球悬铃木，扁桃，桃，碧桃，梅，杏，樱桃，山楂，苹果，李，红叶李，巴旦杏，新疆梨，蔷薇，合欢，紫穗槐，紫荆，刺槐，槐树，龙爪槐，扁桃，梣叶槭，栾树，枣树，葡萄，椴树，紫薇，野海棠，柿，水曲柳，白蜡树，花曲柳，洋白蜡，女贞，丁香，白花泡桐。

分布范围　北京、天津、河北、山西、内蒙古、辽宁、吉林、黑龙江、江苏、山东、河南、四川、陕西、青海、宁夏、新疆。

发生地点　北京：东城区、朝阳区、海淀区；

河北：唐山市古冶区、滦南县、乐亭县、玉田县，邯郸市肥乡区，沧州市吴桥县、河间市，廊坊市霸州市；

山西：运城市新绛县、绛县；

内蒙古：锡林郭勒盟锡林浩特市；

江苏：宿迁市宿城区、沭阳县；

山东：济南市商河县，东营市河口区，济宁市任城区、曲阜市、高新技术开发区，泰安市泰山区、肥城市，德州市平原县，聊城市阳谷县、东阿县、冠县，滨州市无棣县，菏泽市定陶区、单县、巨野县、郓城县；

河南：开封市顺河回族区，许昌市鄢陵县、禹州市，三门峡市陕州区，商丘市睢阳区、民权县；

陕西：渭南市华州区、大荔县，商洛市柞水县；

青海：西宁市城东区、城中区、城西区、城北区；

宁夏：银川市灵武市；

新疆：克拉玛依市独山子区、克拉玛依区、乌尔禾区，吐鲁番市高昌区、鄯善县、托克逊县，哈密市伊州区，博尔塔拉蒙古自治州博乐市，巴音郭楞蒙古自治州博湖县，克孜勒苏柯尔克孜自治州阿图什市、阿克陶县、乌恰县，喀什地区疏附县、疏勒县、英吉沙县、泽普县、莎车县、叶城县、麦盖提县、岳普湖县、伽师县，和田地区皮山县、洛浦县，塔城地区沙湾县；

新疆生产建设兵团：农一师 13 团，农二师 22 团、29 团，农四师 68 团，农七师 130 团，农十二师。

发生面积　64199 亩

危害指数　0. 3972

- **桃盔蜡蚧** ***Parthenolecanium persicae*** **（Fabricius）**

中文异名　桃坚蚧

寄　　主　桑，桃，杏，苹果，柑橘，葡萄，石榴。

分布范围　北京、河北、山东、河南、陕西、甘肃。

发生地点　河北：沧州市吴桥县；

河南：平顶山市鲁山县。

发生面积　130 亩

危害指数　0. 3333

• **远东杉苞蚧 *Physokermes jezoensis* Siraiwa**

寄　　主　云杉，青海云杉，青杄。

分布范围　山西、黑龙江、青海。

发生地点　青海：西宁市城东区、城中区、城北区。

• **山西杉苞蚧 *Physokermes shanxiensis* Tang**

寄　　主　云杉。

分布范围　山西。

发生地点　山西：五台山国有林管理局。

• **蒙古杉苞蚧 *Physokermes sugonjaevi* Danzig**

寄　　主　云杉。

分布范围　新疆。

发生地点　新疆：阿勒泰地区阿勒泰市。

• **橘绿绵蜡蚧 *Pulvinaria aurantii* Cockerell**

寄　　主　朴树，樟树，海桐，杜仲，红叶李，蔷薇，柑橘，南酸枣，梧桐，柿，白蜡树，珊瑚树。

分布范围　上海、江苏、浙江、福建、江西、湖北、湖南、广东、广西、四川、贵州、云南、陕西。

发生地点　上海：闵行区、浦东新区；

江苏：苏州市吴江区、太仓市，泰州市姜堰区，宿迁市宿城区、宿豫区；

四川：自贡市自流井区；

陕西：宁东林业局。

发生面积　190 亩

危害指数　0. 5105

• **柑橘真绵蚧 *Pulvinaria citricola*（Kuwana）**

寄　　主　海桐，柑橘。

分布范围　江苏、贵州、陕西。

发生地点　江苏：泰州市姜堰区。

• **油茶绵蜡蚧 *Pulvinaria floccifera*（Westwood）**

寄　　主　东北红豆杉，柳杉，榆树，榕树，樟树，文旦柚，柑橘，橙，金橘，冬青，卫矛，梧桐，油茶，桉树，木犀，绣球琼花。

分布范围　辽宁、江苏、浙江、安徽、江西、山东、河南、湖北、湖南、广东、广西、四川、贵州、云南、陕西。

发生地点　江苏：苏州市吴江区、昆山市。

• **日本绵蜡蚧 *Pulvinaria okitsuensis* Kuwana**

寄　　主　柑橘，橙，山茶，油茶，茶，柃木，枸杞。

分布范围　浙江、福建、江西、贵州。
发生地点　福建：南平市延平区；
江西：九江市湖口县，赣州市南康区。
发生面积　538 亩
危害指数　0.3333

• 多角绵蜡蚧 *Pulvinaria polygonata* Cockerell

中文异名　夹竹桃绿棉蜡蚧
拉丁异名　*Chloropulvinaria nerii*（Maskell）
寄　　主　桃，柑橘，夹竹桃。
分布范围　江苏、浙江、安徽、福建、湖北、广东、四川、陕西。

• 垫囊绵蜡蚧 *Pulvinaria psidii* Maskell

寄　　主　木波罗，桑，番荔枝，樟树，桃，梅，杏，樱，苹果，李，文旦柚，柑橘，橙，杧果，龙眼，荔枝，山茶，茶，番石榴，柿，咖啡，栀子。
分布范围　河北、江苏、浙江、安徽、福建、江西、山东、河南、湖北、湖南、广东、广西、四川、云南、甘肃、宁夏。

• 柳树绵蜡蚧 *Pulvinaria salicicola* Borchsenius

寄　　主　杨树，柳树，旱柳。
分布范围　河北、内蒙古、山东、陕西。
发生地点　山东：黄河三角洲保护区。

• 白杨绵蜡蚧 *Pulvinaria tremulae* Signoret

寄　　主　新疆杨，箭杆杨。
分布范围　青海、新疆。
发生地点　青海：海西蒙古族藏族自治州格尔木市；
新疆生产建设兵团：农二师。
发生面积　8260 亩
危害指数　0.3454

• 杨树绵蚧 *Pulvinaria vitis*（Linnaeus）

中文异名　葡萄绵蜡蚧
拉丁异名　*Pulvinaria populi* Sign.
寄　　主　青杨，新疆杨，山杨，河北杨，黑杨，垂柳，旱柳，榆树，枫香，三球悬铃木，柿，葡萄。
分布范围　河北、内蒙古、黑龙江、江西、山东、河南、湖北、重庆、四川、贵州、陕西、甘肃、青海、宁夏、新疆。
发生地点　河北：秦皇岛市昌黎县；
内蒙古：乌海市乌达区；
山东：济宁市梁山县，莱芜市钢城区，菏泽市定陶区、郓城县；
河南：开封市通许县；

重庆：酉阳土家族苗族自治县；
贵州：毕节市大方县；
甘肃：白银市靖远县；
青海：西宁市城东区、城中区、城西区；
宁夏：吴忠市利通区、同心县，中卫市中宁县；
新疆：喀什地区岳普湖县。

发生面积　3443 亩

危害指数　0.3377

● **樱桃朝球蜡蚧 *Rhodococcus sariuoni* Borchsenius**

中文异名　苹果球蚧、朝鲜褐球蚧

寄　　主　核桃，桃，杏，樱桃，山楂，西府海棠，苹果，樱桃李，李，红叶李，秋子梨，绣线菊，全缘叶栾树，枣树，秋海棠。

分布范围　北京、河北、山西、内蒙古、辽宁、吉林、上海、安徽、山东、河南、青海、宁夏。

发生地点　北京：东城区、石景山区；
河北：唐山市乐亭县、玉田县，保定市唐县，衡水市阜城县；
山西：运城市稷山县、新绛县；
上海：浦东新区；
山东：莱芜市钢城区；
河南：郑州市中牟县；
青海：西宁市城东区、城中区；
宁夏：银川市灵武市。

发生面积　1536 亩

危害指数　0.3496

● **中亚朝球蜡蚧 *Rhodococcus turanicus*（Archangelskaya）**

中文异名　吐伦球坚蚧

寄　　主　青杨，箭杆杨，核桃，榆树，扁桃，桃，梅，杏，榅桲，苹果，李，巴旦杏，新疆梨，枣树。

分布范围　新疆。

发生地点　新疆：吐鲁番市高昌区、鄯善县，哈密市伊州区，巴音郭楞蒙古自治州库尔勒市、轮台县、尉犁县、和硕县，克孜勒苏柯尔克孜自治州乌恰县，喀什地区喀什市、疏附县、疏勒县、英吉沙县、泽普县、莎车县、叶城县、麦盖提县、岳普湖县、伽师县、巴楚县，和田地区墨玉县、皮山县、洛浦县；
新疆生产建设兵团：农二师 22 团、29 团。

发生面积　168997 亩

危害指数　0.5375

● **咖啡珠蜡蚧 *Saissetia coffeae*（Walker）**

中文异名　咖啡黑盔蚧、半球盔蚧

拉丁异名　*Saissetia hemisphaerica* Targioniet-Tozzetti

寄　　主　文旦柚，柑橘，橙，柠檬，秋枫，杧果，荔枝，山茶，茶，咖啡，栀子，棕榈。
分布范围　山西、浙江、福建、江西、山东、广东、广西、四川、贵州、云南。
发生地点　福建：莆田市涵江区；
　　　　　山东：济宁市嘉祥县；
　　　　　广东：广州市从化区，佛山市禅城区。
发生面积　636 亩
危害指数　0.4382

• 榄珠蜡蚧 *Saissetia oleae* (Olivier)

中文异名　油橄榄蜡蚧
寄　　主　栎，榕树，苹果，杧果，龙眼，荔枝，番石榴，油橄榄，柚木。
分布范围　福建、广东、四川、云南、陕西。
发生地点　云南：海口林场，丽江市永胜县，楚雄彝族自治州永仁县。
发生面积　1055 亩
危害指数　0.3333

• 杏球蜡蚧 *Sphaerolecanium prunastri* (Boyer de Fonscolombe)

寄　　主　桃，杏，李，山杏，苹果，海棠花，红叶李，梨，槐树，卫矛，枣树。
分布范围　河北、山西、辽宁、山东、河南、陕西、甘肃、青海、宁夏。
发生地点　河北：石家庄市井陉县，邢台市南和县，沧州市吴桥县、河间市；
　　　　　山西：运城市临猗县；
　　　　　山东：泰安市泰山林场；
　　　　　河南：汝州市，濮阳市南乐县；
　　　　　陕西：延安市富县，榆林市米脂县、吴堡县；
　　　　　甘肃：嘉峪关市，庆阳市华池县，定西市临洮县；
　　　　　青海：西宁市城东区、城中区、城西区、城北区，海东市民和回族土族自治县，海南藏族自治州兴海县，海西蒙古族藏族自治州格尔木市；
　　　　　宁夏：石嘴山市大武口区、惠农区。
发生面积　20582 亩
危害指数　0.4496

• 日本纽蜡蚧 *Takahashia japonica* (Cockerell)

寄　　主　山杨，山核桃，核桃，枫杨，桤木，朴树，榆树，构树，桑，枫香，红花檵木，樱花，日本樱花，苹果，李，红叶李，合欢，胡枝子，刺槐，槐树，重阳木，三角槭，茶条槭，鸡爪槭，枣树，紫薇。
分布范围　北京、河北、江苏、浙江、安徽、江西、山东、河南、湖北、四川、贵州。
发生地点　河北：唐山市乐亭县；
　　　　　江苏：苏州市吴江区；
　　　　　浙江：杭州市余杭区，台州市温岭市；
　　　　　安徽：合肥市庐阳区，蚌埠市固镇县；
　　　　　山东：济宁市梁山县，德州市夏津县；

河南：新蔡县；
湖北：荆州市荆州区；
贵州：铜仁市印江土家族苗族自治县。
发生面积 927 亩
危害指数 0. 3333

盾蚧科 Diaspididae

• **红圆蹄盾蚧** ***Aonidiella aurantii*** **(Maskell)**
中文异名 橘红片圆蚧
寄　　主 核桃，桃，梅，苹果，红叶李，梨，文旦柚，柑橘，柠檬，杧果，油茶，茶，柿，女贞，木犀，夹竹桃，椰子。
分布范围 内蒙古、辽宁、江苏、浙江、安徽、福建、江西、广东、广西、四川、云南、新疆。
发生地点 江苏：苏州市吴江区、昆山市；
安徽：合肥市庐阳区、肥西县；
江西：吉安市新干县；
四川：广安市前锋区。
发生面积 193 亩
危害指数 0. 3541

• **黄圆蹄盾蚧** ***Aonidiella citrina*** **(Coquillett)**
中文异名 黄肾圆盾蚧
寄　　主 苹果，黄杨，桉树，油橄榄，枸杞，椰子。
分布范围 河北、江苏、浙江、安徽、福建、江西、山东、湖北、湖南、广东、广西、四川、贵州、云南、甘肃、青海。
发生地点 江苏：苏州市吴江区、昆山市；
云南：丽江市永胜县；
甘肃：武威市凉州区。
发生面积 523 亩
危害指数 0. 3333

• **苏铁圆蹄盾蚧** ***Aonidiella inornata*** **McKenzie**
寄　　主 苏铁，茉莉花。
分布范围 河北、四川。

• **榕片圆蹄盾蚧** ***Aonidiella sotetsu*** **(Takahashi)**
中文异名 榕片圆蚧
寄　　主 黄葛树，银合欢。
分布范围 四川。
发生地点 四川：乐山市沐川县，凉山彝族自治州金阳县。
发生面积 1266 亩

危害指数　0.3333

• **紫杉圆蹄盾蚧** ***Aonidiella taxus*** **Leonardi**

寄　　主　罗汉松。

分布范围　江苏。

发生地点　江苏：苏州市吴江区。

• **椰圆盾蚧** ***Aspidiotus destructor*** **Signoret**

中文异名　椰凹圆盾蚧、椰圆蚧

寄　　主　垂叶榕，含笑花，肉桂，柑橘，金橘，杧果，荔枝，葡萄，山茶，茶，秋茄树，木犀，槟榔，椰子。

分布范围　中南，河北、山西、辽宁、江苏、浙江、福建、江西、四川、云南、陕西。

发生地点　福建：厦门市同安区；

海南：乐东黎族自治县、保亭黎族苗族自治县。

• **常春藤圆盾蚧** ***Aspidiotus nerii*** **Bouche**

寄　　主　苏铁，山杨，荷花玉兰，刺槐，常春藤，夹竹桃。

分布范围　江苏、安徽、山东、陕西、甘肃。

发生地点　甘肃：天水市武山县。

• **橘白轮盾蚧** ***Aulacaspis citri*** **Chen**

寄　　主　柑橘，柠檬。

分布范围　广东、广西、陕西。

• **米兰白轮盾蚧** ***Aulacaspis crawii*** **(Cockerell)**

中文异名　茶花白轮盾蚧

寄　　主　悬钩子，米仔兰，木槿，山茶，紫薇。

分布范围　河北、山西、内蒙古、辽宁、上海、浙江、安徽、福建、湖北、广东、广西、海南、四川、贵州、云南。

发生地点　浙江：衢州市江山市。

• **钓樟轮盾蚧** ***Aulacaspis ima*** **Scott**

寄　　主　猴樟。

分布范围　贵州。

• **新刺白轮盾蚧** ***Aulacaspis neospinosa*** **Tang**

中文异名　新刺轮蚧

寄　　主　天竺桂，月季，黄刺玫。

分布范围　河北、四川。

发生地点　四川：成都市大邑县。

• **香椿白轮盾蚧** ***Aulacaspis projecta*** **Takagi**

寄　　主　香椿，红椿。

分布范围　河北、陕西。

• 蔷薇白轮盾蚧 *Aulacaspis rosae*（Bouché）

寄　　主　石楠，月季，玫瑰。

分布范围　河北、江苏、安徽、河南、湖北。

发生地点　河北：保定市唐县；
　　　　　江苏：宿迁市宿城区；
　　　　　安徽：合肥市庐阳区。

• 拟刺白轮盾蚧 *Aulacaspis rosarum*（Borchsenius）

中文异名　黑蜕白轮蚧、拟蔷薇轮蚧、月季白轮盾蚧

寄　　主　猴樟，阴香，樟树，闽楠，桢楠，刺蔷薇，白蔷薇，月季，玫瑰，九里香，乌桕，梧桐。

分布范围　华东，北京、河北、广东、广西、四川、云南。

发生地点　河北：保定市唐县；
　　　　　上海：浦东新区、金山区；
　　　　　江苏：无锡市滨湖区；
　　　　　江西：萍乡市芦溪县；
　　　　　四川：成都市大邑县、彭州市。

发生面积　289 亩

危害指数　0.3356

• 檫木白轮盾蚧 *Aulacaspis sassafris* Chen Wu et Su

中文异名　拟蔷薇白轮盾蚧

寄　　主　山鸡椒，檫木，蔷薇，柑橘。

分布范围　山东、湖南、四川。

发生地点　山东：临沂市兰山区。

• 刺白轮盾蚧 *Aulacaspis spinosa*（Maskell）

寄　　主　垂叶榕，西米棕，猴樟，樟树，天竺桂，桢楠，檫木，柑橘。

分布范围　江西、湖北、四川。

发生地点　江西：宜春市樟树市；
　　　　　湖北：恩施土家族苗族自治州巴东县；
　　　　　四川：绵阳市安州区，广安市武胜县。

发生面积　595 亩

危害指数　0.3333

• 白轮盾蚧 *Aulacaspis thoracica*（Robinson）

寄　　主　苏铁，罗汉松，核桃，阔叶十大功劳，猴樟，樟树，天竺桂，山胡椒，桢楠，桃，石楠，红叶李，月季，玫瑰，乌桕，常春藤，女贞，油橄榄。

分布范围　上海、江苏、福建、江西、山东、河南、湖北、湖南、广东、广西、重庆、四川。

发生地点　上海：浦东新区；

江苏：苏州市昆山市，宿迁市沭阳县；
福建：龙岩市新罗区；
河南：三门峡市湖滨区；
湖南：湘潭市韶山市；
广东：广州市番禺区，云浮市云安区；
广西：南宁市隆安县，桂林市灵川县；
重庆：武隆区、奉节县；
四川：成都市新都区，遂宁市船山区，南充市顺庆区。
发生面积 4284 亩
危害指数 0.3335

● **杧果白轮盾蚧** ***Aulacaspis tubercularis*** **(Newstead)**
寄　　主 杧果。
分布范围 广东、云南。
发生地点 广东：深圳市盐田区，佛山市禅城区；
云南：楚雄彝族自治州元谋县。
发生面积 224 亩
危害指数 0.4375

● **樟白轮盾蚧** ***Aulacaspis yabunikkei*** **(Kuwana)**
寄　　主 玉兰，猴樟，阴香，樟树，天竺桂，油樟，绒毛钓樟，红润楠，无患子，木犀。
分布范围 江苏、浙江、安徽、福建、江西、湖南、广东、广西、重庆、四川、贵州、陕西。
发生地点 江苏：苏州市吴江区、昆山市、太仓市；
安徽：芜湖市芜湖县；
福建：厦门市海沧区、同安区、翔安区，泉州市安溪县，南平市延平区；
江西：吉安市青原区；
湖南：衡阳市祁东县，岳阳市君山区，永州市冷水滩区、道县、蓝山县；
广东：广州市番禺区；
广西：柳州市柳南区，良凤江森林公园；
重庆：九龙坡区；
四川：自贡市贡井区、荣县，绵阳市平武县，广安市前锋区；
贵州：贵阳市南明区、花溪区。
发生面积 5368 亩
危害指数 0.3405

● **苏铁白轮盾蚧** ***Aulacaspis yasumatsui*** **Takagi**
寄　　主 苏铁。
分布范围 河北、福建、广东。
发生地点 福建：漳州市漳浦县；
广东：深圳市坪山新区。

• 香樟雪盾蚧 *Chionaspis camphora*（Chen）

中文异名　香樟袋盾蚧

寄　　主　猴樟，樟树。

分布范围　安徽、山东、河南、湖北、四川、贵州、陕西。

发生地点　安徽：合肥市包河区、肥西县，芜湖市芜湖县；

山东：临沂市莒南县；

河南：南阳市西峡县；

贵州：贵阳市南明区、花溪区、经济技术开发区，遵义市桐梓县。

发生面积　954 亩

危害指数　0.5049

• 中华雪盾蚧 *Chionaspis chinensis* Cockerell

寄　　主　山杏，红叶李。

分布范围　陕西、宁夏。

发生地点　宁夏：石嘴山市惠农区。

发生面积　117 亩

危害指数　0.3333

• 孟雪盾蚧 *Chionaspis montana* Borchsenius

中文异名　杨白蚧

寄　　主　青杨，山杨，河北杨，黑杨，山生柳，花椒。

分布范围　北京、河北、山东、河南、陕西、青海、宁夏。

发生地点　河北：张家口市怀安县；

河南：商丘市睢县；

青海：西宁市城西区、大通回族土族自治县、湟源县，海东市平安区，海北藏族自治州门源回族自治县，果洛藏族自治州班玛县，玉树藏族自治州玉树市。

发生面积　5661 亩

危害指数　0.4717

• 栎雪盾蚧 *Chionaspis saitamaensis* Kuwana

寄　　主　栎。

分布范围　北京、四川。

发生地点　四川：巴中市通江县。

发生面积　437 亩

危害指数　0.3333

• 柳雪盾蚧 *Chionaspis salicis*（Linnaeus）

寄　　主　杨树，旱柳，小红柳，旱榆，忍冬。

分布范围　河北、山西、山东、甘肃、宁夏。

发生地点　山西：朔州市平鲁区；

山东：聊城市东阿县。

发生面积　160 亩
危害指数　0. 3333

• 黑褐圆盾蚧 *Chrysomphalus aonidum*（Linnaeus）
中文异名　褐圆蚧
寄　　主　苏铁，黑松，榧树，杨梅，垂叶榕，荷花玉兰，猴樟，阴香，樟树，天竺桂，三球悬铃木，槐树，文旦柚，柑橘，橙，长叶黄杨，冬青，金边黄杨，茶梨，山茶，蒲桃，女贞，木犀，夹竹桃，龙血树。
分布范围　华东，湖北、湖南、广东、广西、重庆、四川、云南、陕西。
发生地点　江苏：苏州市吴江区，盐城市响水县，镇江市句容市；
浙江：丽水市松阳县；
福建：莆田市仙游县，泉州市永春县；
广东：佛山市禅城区；
重庆：江北区，城口县、奉节县、巫溪县；
陕西：汉中市汉台区。
发生面积　215 亩
危害指数　0. 3364

• 橙褐圆盾蚧 *Chrysomphalus bifasciculatus* Ferris
寄　　主　苏铁，罗汉松，柑橘，山茶，椰子。
分布范围　浙江、安徽、福建、广东、广西、海南。

• 梅褐圆盾蚧 *Chrysomphalus mume* Tang
寄　　主　杨树，杏，梨。
分布范围　宁夏。
发生地点　宁夏：吴忠市青铜峡市。
发生面积　800 亩
危害指数　0. 3333

• 杨圆蚧 *Diaspidiotus gigas*（Thiem et Gerneck）
中文异名　杨干蚧、杨笠圆盾蚧
寄　　主　银白杨，新疆杨，北京杨，青杨，山杨，二白杨，河北杨，钻天杨，箭杆杨，小叶杨，小黑杨，旱柳。
分布范围　东北、西北，河北、山西、内蒙古、江苏、山东、河南、四川。
发生地点　河北：唐山市滦南县、乐亭县，张家口市怀安县，衡水市冀州市；
山西：大同市阳高县，运城市新绛县，五台山国有林管理局；
内蒙古：巴彦淖尔市乌拉特前旗，乌兰察布市察哈尔右翼前旗、察哈尔右翼后旗、四子王旗；
黑龙江：绥化市青冈县；
山东：济宁市兖州区、曲阜市，聊城市阳谷县、东阿县、冠县、临清市，黄河三角洲保护区；

河南：焦作市温县；
陕西：西安市蓝田县，宝鸡市太白县，渭南市大荔县，榆林市米脂县，商洛市镇安县；
甘肃：嘉峪关市，白银市景泰县，武威市凉州区，张掖市高台县，平凉市泾川县，酒泉市肃州区、金塔县、瓜州县、肃北蒙古族自治县、阿克塞哈萨克族自治县、玉门市、敦煌市；
青海：西宁市城东区、城中区、城西区、城北区，海南藏族自治州贵德县；
宁夏：银川市西夏区，吴忠市同心县；
新疆：乌鲁木齐市天山区，克拉玛依市克拉玛依区，哈密市伊州区，巴音郭楞蒙古自治州库尔勒市，喀什地区叶城县；
新疆生产建设兵团：农一师 10 团、13 团，农二师 22 团、29 团，农四师 68 团、71 团，农八师 121 团，农十师，农十四师 224 团。

发生面积　151630 亩
危害指数　0. 5680

• **大管笠圆盾蚧 *Diaspidiotus macroporanus* (Takagi)**

寄　　主　柠条锦鸡儿。
分布范围　宁夏。
发生地点　宁夏：石嘴山市大武口区。

• **柳笠圆盾蚧 *Diaspidiotus ostreaeformis* (Curtis)**

寄　　主　柳树。
分布范围　河北。

• **梨圆蚧 *Diaspidiotus perniciosus* (Comstock)**

中文异名　梨齿圆盾蚧、梨笠圆盾蚧、梨笠盾蚧、梨夸圆蚧
寄　　主　新疆杨，山杨，二白杨，黑杨，毛白杨，白柳，旱柳，绦柳，山核桃，核桃，板栗，桑，桃，碧桃，杏，樱桃，樱花，毛樱桃，日本樱花，山楂，西府海棠，苹果，海棠花，李，红叶李，白梨，河北梨，沙梨，新疆梨，秋子梨，刺槐，槐树，柑橘，花椒，橄榄，合果木，枣树，葡萄，石榴，杜鹃，柿，白蜡树。
分布范围　华北，辽宁、黑龙江、上海、江苏、浙江、安徽、江西、山东、河南、湖北、重庆、四川、云南、陕西、甘肃、宁夏、新疆。
发生地点　河北：石家庄市井陉县、行唐县、高邑县、赵县，唐山市乐亭县、玉田县，秦皇岛市海港区，邯郸市鸡泽县，邢台市邢台县、新河县、广宗县、南宫市，保定市徐水区、定兴县、唐县、博野县、涿州市、高碑店市，沧州市东光县、吴桥县、黄骅市，廊坊市霸州市，衡水市桃城区、安平县、深州市；
山西：运城市稷山县、绛县；
内蒙古：阿拉善盟额济纳旗；
上海：浦东新区；
江苏：连云港市连云区；
浙江：杭州市临安市；

安徽：阜阳市太和县；
江西：赣州市安远县；
山东：青岛市胶州市，枣庄市台儿庄区、山亭区，济宁市兖州区、曲阜市，泰安市岱岳区、宁阳县、新泰市，莱芜市莱城区，聊城市阳谷县、莘县、东阿县、冠县，菏泽市牡丹区、定陶区、郓城县；
河南：郑州市新郑市，安阳市林州市，三门峡市陕州区、渑池县；
湖北：十堰市郧西县；
重庆：江津区；
四川：雅安市石棉县，巴中市通江县，凉山彝族自治州甘洛县；
云南：楚雄彝族自治州牟定县；
陕西：西安市阎良区，榆林市吴堡县，商洛市镇安县；
甘肃：兰州市七里河区，嘉峪关市，白银市靖远县，天水市张家川回族自治县，武威市民勤县、古浪县，张掖市甘州区、民乐县、临泽县、高台县、山丹县，平凉市泾川县，酒泉市肃州区、金塔县、瓜州县、敦煌市，定西市安定区；
宁夏：银川市灵武市，中卫市中宁县；
新疆：乌鲁木齐市米东区，吐鲁番市高昌区、鄯善县、托克逊县，哈密市伊州区、伊吾县，巴音郭楞蒙古自治州库尔勒市、轮台县、若羌县，克孜勒苏柯尔克孜自治州阿克陶县，喀什地区莎车县、叶城县、岳普湖县、巴楚县，和田地区和田县、墨玉县、洛浦县；
新疆生产建设兵团：农一师 10 团、13 团，农十四师 224 团。

发生面积 58123 亩
危害指数 0. 3620

- **突笠圆盾蚧 *Diaspidiotus slavonicus* (Green)**

中文异名 杨齿盾蚧、杨盾蚧
寄　　主 新疆杨，青杨，山杨，胡杨，钻天杨，箭杆杨，榆树，白蜡树，花曲柳。
分布范围 西北，河北、内蒙古、江苏、浙江、安徽、河南、湖北、湖南。
发生地点 河北：保定市安新县；
内蒙古：阿拉善盟额济纳旗；
江苏：泰州市泰兴市；
河南：洛阳市嵩县；
青海：海东市化隆回族自治县；
新疆：克拉玛依市克拉玛依区、白碱滩区，吐鲁番市高昌区、鄯善县，博尔塔拉蒙古自治州博乐市、精河县，喀什地区莎车县、叶城县、麦盖提县、巴楚县，和田地区皮山县、洛浦县，塔城地区沙湾县，石河子市；
新疆生产建设兵团：农四师 68 团，农七师 124 团、130 团，农八师 148 团，农十二师。

发生面积 115814 亩
危害指数 0. 5150

• **白盾蚧 *Diaspis echinocacti*（Bouché）**

寄　　主　雪松，大别山五针松，罗汉松。

分布范围　北京、天津、河北、山西、辽宁、上海、江苏、浙江、安徽、福建、山东、湖北、广东、重庆、四川、甘肃、青海。

发生地点　河北：保定市唐县；
上海：浦东新区；
安徽：芜湖市芜湖县。

• **冬青狭腹盾蚧 *Dynaspidiotus britannicus*（Newstead）**

寄　　主　长叶黄杨，冬青，女贞。

分布范围　河北、山西、湖北、陕西。

发生地点　山西：运城市稷山县、绛县。

发生面积　128 亩

危害指数　0. 3333

• **松圆狭腹盾蚧 *Dynaspidiotus meyeri*（Marlatt）**

寄　　主　雪松，湿地松，马尾松，新疆杨，榆树，荷花玉兰，樟树，月季。

分布范围　上海、江苏、福建、江西、山东、湖北、广西、陕西、宁夏。

发生地点　上海：浦东新区；
江苏：泰州市海陵区；
江西：吉安市井冈山市；
山东：济宁市经济技术开发区；
湖北：太子山林场。

发生面积　246 亩

危害指数　0. 4688

• **杉围盾蚧 *Fiorinia cunninghamiana* Young**

寄　　主　杉木。

分布范围　福建。

发生地点　福建：莆田市涵江区。

• **围盾蚧 *Fiorinia fioriniae*（Targionia Tozzetti）**

寄　　主　雪松，湿地松，朴树，猴樟，樟树，油桐，龙眼。

分布范围　北京、江苏、福建、江西、山东、河南、湖北、广东、海南、四川、陕西。

发生地点　江苏：南京市雨花台区；
海南：乐东黎族自治县；
四川：凉山彝族自治州美姑县。

发生面积　295 亩

危害指数　0. 3356

• **日本围盾蚧 *Fiorinia japonica* Kuwana**

中文异名　日本单蜕盾蚧

寄　　主　冷杉，雪松，油杉，云杉，大别山五针松，华南五针松，马尾松，日本五针松，樟子松，油松，黑松，铁杉，圆柏，罗汉松，大果榉，樟树，海桐，桃，日本晚樱，花椒，石榴。

分布范围　北京、河北、上海、江苏、安徽、福建、山东、河南、四川、贵州、甘肃。

发生地点　河北：衡水市深州市；

上海：浦东新区；

江苏：常州市金坛区，苏州市吴江区、昆山市、太仓市；

安徽：合肥市包河区；

福建：南平市延平区；

甘肃：白银市靖远县。

发生面积　4210 亩

危害指数　0.3336

- **栎围盾蚧 *Fiorinia quercifolii* Ferris**

寄　　主　垂枝香柏，核桃，板栗，刺叶栎。

分布范围　湖北、四川、云南。

发生地点　湖北：随州市广水市；

四川：甘孜藏族自治州雅江县；

云南：楚雄彝族自治州永仁县。

发生面积　1601 亩

危害指数　0.3333

- **茶围盾蚧 *Fiorinia theae* Green**

寄　　主　樱花，橄榄，冬青，油茶，木犀。

分布范围　福建、湖北。

发生地点　福建：莆田市城厢区、涵江区、仙游县。

发生面积　254 亩

危害指数　0.3333

- **松单围盾蚧 *Fiorinia vacciniae* Kuwana**

寄　　主　马尾松，罗汉松。

分布范围　安徽、四川。

发生地点　四川：宜宾市筠连县。

- **台湾美盾蚧 *Formosaspis formosana* (Takahashi)**

寄　　主　辽东栎，印度枣。

分布范围　陕西。

发生地点　陕西：西安市户县。

- **黑美盾蚧 *Formosaspis takahashii* (Lindinger)**

寄　　主　箭竹，慈竹。

分布范围　浙江、四川、云南。

- **浙江长盾蚧** ***Greenaspis chekiangensis*** **Tang**

寄　　主　青冈。

分布范围　浙江。

发生地点　浙江：台州市玉环县。

- **长盾蚧** ***Greenaspis elongata*** **（Green）**

寄　　主　猴樟，樟树，毛竹，紫竹。

分布范围　浙江、安徽、福建、湖北、广东、四川、云南。

- **松突圆蚧** ***Hemiberlesia pitysophila*** **Takagi**

寄　　主　加勒比松，湿地松，南亚松，马尾松，火炬松，黑松。

分布范围　福建、江西、湖南、广东、广西、四川。

发生地点　福建：厦门市海沧区、集美区、同安区、翔安区，莆田市城厢区、涵江区、荔城区、秀屿区、仙游县、湄洲岛，泉州市鲤城区、洛江区、泉港区、惠安县、安溪县、石狮市、晋江市、南安市，漳州市漳浦县；

江西：赣州市龙南县、全南县；

湖南：衡阳市衡山县；

广东：广州市黄埔区、花都区、从化区，韶关市曲江区、翁源县、新丰县，深圳市宝安区、大鹏新区，佛山市南海区、三水区，江门市鹤山市、恩平市，湛江市麻章区，茂名市电白区、高州市、化州市、信宜市、茂名市属林场，肇庆市开发区、端州区、鼎湖区、高要区、怀集县、封开县、德庆县、四会市，惠州市惠城区、惠阳区、惠东县、仲恺区，梅州市五华县，汕尾市城区、海丰县、汕尾市属林场，河源市龙川县、连平县、和平县，阳江市阳东区、阳江高新区、阳西县、阳春市、阳江市属林场，清远市佛冈县，云浮市云城区、云安区、新兴县、郁南县、罗定市、云浮市属林场；

广西：梧州市万秀区、长洲区、龙圩区、苍梧县、岑溪市，钦州市灵山县、浦北县，贵港市桂平市，玉林市玉州区、福绵区、容县、陆川县、博白县、兴业县、北流市、玉林市大容山林场，钦廉林场、六万林场、博白林场、雅长林场。

发生面积　6246134 亩

危害指数　0.3905

- **狭口炎盾蚧** ***Hemiberlesia rapax*** **（Comstock）**

寄　　主　中华猕猴桃。

分布范围　四川。

发生地点　四川：巴中市通江县。

- **拟桑盾蚧** ***Howardia biclavis*** **（Comstock）**

寄　　主　山杨，柳树，山核桃，核桃，垂叶榕，桑，天竺桂，桃，柑橘，木芙蓉，油茶，喜树，白花泡桐，水竹，苦竹。

分布范围　安徽、山东、湖北、四川、云南、陕西。

发生地点　安徽：阜阳市临泉县；

四川：自贡市自流井区、贡井区、大安区；
陕西：商洛市山阳县。
发生面积　1015 亩
危害指数　0. 4975

• **竹盾蚧** ***Ischnafiorinia bambusae*** **(Maskell)**
寄　　主　孝顺竹，胖竹，毛竹，麻竹。
分布范围　广东、云南、陕西。
发生地点　广东：云浮市属林场；
云南：曲靖市师宗县；
陕西：汉中市佛坪县。

• **长须盾蚧** ***Kuwanaspis elongata*** **(Takahashi)**
寄　　主　肉桂，野鸦椿。
分布范围　浙江、福建。

• **霍氏须盾蚧** ***Kuwanaspis howardi*** **(Cooley)**
寄　　主　毛金竹，早竹，毛竹。
分布范围　江苏、浙江、安徽、福建、湖北、湖南、广东、云南。

• **线须盾蚧** ***Kuwanaspis linearis*** **(Green)**
寄　　主　黄竿乌哺鸡竹。
分布范围　上海、福建、广东。
发生地点　上海：浦东新区。

• **蠕须盾蚧** ***Kuwanaspis vermiformis*** **(Takahashi)**
寄　　主　绿竹，毛竹。
分布范围　浙江、安徽、福建、广东。
发生地点　安徽：芜湖市无为县；
福建：莆田市涵江区、仙游县，三明市尤溪县，龙岩市上杭县、漳平市。
发生面积　14824 亩
危害指数　0. 3377

• **山茶蛎盾蚧** ***Lepidosaphes camelliae*** **Hoke**
寄　　主　九里香。
分布范围　广东。
发生地点　广东：广州市越秀区。
发生面积　363 亩
危害指数　0. 3333

• **苹果蛎盾蚧** ***Lepidosaphes conchiformis*** **(Gmelin)**
中文异名　沙枣密蛎蚧
寄　　主　山杨，梅，樱桃，苹果，梨，月季，枣树，沙枣，丁香。

分布范围　河北、山东、宁夏。
发生地点　河北：邢台市柏乡县；
　　　　　山东：莱芜市钢城区。
发生面积　757 亩
危害指数　0.4654

- **卫矛蛎盾蚧 *Lepidosaphes corni*（Takahashi）**

寄　　主　胶东卫矛。
分布范围　宁夏。

- **柏牡蛎蚧 *Lepidosaphes cupressi* Borchsenius**

寄　　主　侧柏，圆柏。
分布范围　江苏、河南、重庆。
发生地点　河南：三门峡市灵宝市；
　　　　　重庆：万州区。
发生面积　944 亩
危害指数　0.6335

- **蛎盾蚧 *Lepidosaphes cycadicola* Kuwana**

中文异名　苏铁蛎盾蚧
寄　　主　苏铁。
分布范围　福建、广东。

- **榧牡蛎蚧 *Lepidosaphes okitsuensis* Kuwana**

寄　　主　冷杉。
分布范围　四川。
发生地点　四川：甘孜藏族自治州新龙林业局。

- **大戟蛎盾蚧 *Lepidosaphes pallidula*（Williams）**

寄　　主　樟树。
分布范围　湖北。

- **松小蛎盾蚧 *Lepidosaphes pineti* Borchaeniua**

寄　　主　湿地松，马尾松，日本五针松，火炬松，黑松，侧柏。
分布范围　安徽、福建。
发生地点　安徽：合肥市庐阳区，芜湖市芜湖县。
发生面积　101 亩
危害指数　0.3333

- **杉蛎盾蚧 *Lepidosaphes pini*（Maskell）**

中文异名　松牡蛎蚧、松牡蛎盾蚧
寄　　主　雪松，湿地松，马尾松，黑松，罗汉松。
分布范围　上海、江苏、山东、广东。

发生地点　上海：浦东新区；
　　　　　江苏：苏州市高新技术开发区；
　　　　　广东：肇庆市德庆县，云浮市罗定市、云浮市属林场。
发生面积　513 亩
危害指数　0.3333

• **松针牡蛎蚧** ***Lepidosaphes piniphila*** **Borchsenius**

寄　　主　马尾松，油松，云南松。
分布范围　北京、江苏、安徽、广东、四川。
发生地点　北京：房山区；
　　　　　广东：肇庆市德庆县，云浮市云安区；
　　　　　四川：宜宾市屏山县，巴中市恩阳区。
发生面积　1977 亩
危害指数　0.4278

• **兰矩蛎盾蚧** ***Lepidosaphes pinnaeformis*** **(Borchsenius)**

寄　　主　樟树。
分布范围　上海。
发生地点　上海：浦东新区。
发生面积　200 亩
危害指数　0.3333

• **金松牡蛎蚧** ***Lepidosaphes pitysophila*** **(Takagi)**

拉丁异名　*Paralepidosaphes pitysophila* (Takagi)
寄　　主　马尾松，柏木。
分布范围　湖南、广西。
发生地点　湖南：长沙市浏阳市；
　　　　　广西：桂林市阳朔县。
发生面积　299 亩
危害指数　0.3333

• **柳蛎盾蚧** ***Lepidosaphes salicina*** **Borchsenius**

中文异名　柳蛎蚧
寄　　主　青杨，山杨，黑杨，小叶杨，银柳，垂柳，旱柳，山柳，核桃楸，核桃，桦木，榆树，茶藨子，日本樱花，稠李，蔷薇，红果树，黄檗，卫矛，色木槭，枣树，椴树，沙枣，胡颓子，红瑞木，白蜡树，洋白蜡，丁香，忍冬。
分布范围　东北、西北，天津、河北、山西、内蒙古、江西、山东、河南。
发生地点　河北：张家口市沽源县、尚义县、赤城县，沧州市河间市；
　　　　　内蒙古：通辽市科尔沁区、科尔沁左翼后旗、库伦旗；
　　　　　辽宁：营口市大石桥市，辽阳市文圣区、辽阳县，铁岭市铁岭县、昌图县；
　　　　　吉林：四平市公主岭市，松原市扶余市；

黑龙江：哈尔滨市双城区、五常市，佳木斯市桦川县、富锦市；
山东：枣庄市台儿庄区，济宁市兖州区，德州市齐河县，聊城市阳谷县、莘县，黄河三角洲保护区；
河南：焦作市修武县，南阳市淅川县；
甘肃：兰州市红古区、永登县，白银市白银区、靖远县，平凉市崆峒区、泾川县；
青海：西宁市城东区、城中区、城西区、城北区、湟源县，海东市平安区、民和回族土族自治县；
宁夏：固原市彭阳县；
新疆：乌鲁木齐市高新区。

发生面积　32509 亩

危害指数　0.4290

• **瘤额牡蛎蚧** ***Lepidosaphes tubulorum*** **Ferris**

寄　　主　女贞，猴樟，山乌桕，乌桕。

分布范围　上海，江苏，四川。

发生地点　上海：浦东新区；
四川：宜宾市屏山县。

• **沙枣蛎盾蚧** ***Lepidosaphes turanica*** **Archangelskaya**

中文异名　沙枣牡蛎盾蚧

寄　　主　杨树，榆树，枣树，沙枣，沙棘。

分布范围　内蒙古、甘肃、青海、宁夏、新疆。

发生地点　内蒙古：阿拉善盟阿拉善右旗、额济纳旗；
宁夏：银川市灵武市，石嘴山市大武口区，吴忠市利通区、同心县；
新疆：吐鲁番市高昌区、鄯善县，哈密市伊州区，喀什地区疏勒县、泽普县、叶城县、麦盖提县、岳普湖县、伽师县，和田地区和田县、墨玉县。

发生面积　42847 亩

危害指数　0.4952

• **榆蛎盾蚧** ***Lepidosaphes ulmi*** **(Linnaeus)**

寄　　主　山杨，黑杨，柳树，杨梅，枫杨，榆树，大果榉，长叶黄杨，冬青卫矛，沙枣。

分布范围　黑龙江、江苏、湖北、陕西、宁夏、新疆。

发生地点　江苏：无锡市宜兴市，常州市金坛区；
宁夏：石嘴山市大武口区、惠农区。

发生面积　328 亩

危害指数　0.3333

• **杨蛎盾蚧** ***Lepidosaphes yanagicola*** **Kuwana**

中文异名　杨牡蛎蚧

寄　　主　山杨，柳树，全缘叶栾树。

分布范围　北京、河北、黑龙江、甘肃、青海、宁夏、新疆。

发生地点　河北：沧州市青县；
甘肃：平凉市静宁县；
青海：黄南藏族自治州同仁县；
宁夏：银川市兴庆区、金凤区。
发生面积　6997 亩
危害指数　0.3749

• 日本长白盾蚧 *Lopholeucaspis japonica* (Cockerell)

中文异名　长白盾蚧
寄　　主　杨树，核桃，榆树，大果榉，无花果，海桐，桃，樱花，山楂，苹果，李，梨，月季，黄刺玫，槐树，柑橘，花椒，油桐，冬青卫矛，油茶，茶，瑞香，结香，柿，美国红梣，小叶女贞。
分布范围　河北、浙江、福建、江西、山东、河南、湖北、湖南、四川。
发生地点　河北：廊坊市霸州市；
江西：萍乡市安源区、芦溪县；
山东：济宁市泗水县，聊城市东阿县；
河南：濮阳市范县；
湖南：郴州市嘉禾县；
四川：成都市大邑县。
发生面积　677 亩
危害指数　0.4318

• 白泥盾蚧 *Nikkoaspis sasae* (Takahashi)

寄　　主　樟树。
分布范围　广西。
发生地点　广西：南宁市横县。
发生面积　800 亩
危害指数　0.3333

• 双管刺圆盾蚧 *Octaspidiotus bituberculatus* Tang

寄　　主　鹅掌楸。
分布范围　湖北。

• 木瓜刺圆盾蚧 *Octaspidiotus stauntoniae* (Takahashi)

寄　　主　木瓜。
分布范围　山东、湖北、陕西。

• 黄杨粕片盾蚧 *Parlagena buxi* (Takahashi)

中文异名　黄杨芝糠蚧
寄　　主　榆树，黄杨，枸骨，卫矛，枣树。
分布范围　北京、河北、山西、内蒙古、辽宁、上海、江苏、浙江、江西、四川、陕西。
发生地点　江苏：宿迁市沭阳县。

• **梨星盾蚧** ***Parlatoreopsis pyri*** **(Marlatt)**

寄　　主　梨，花椒。

分布范围　河北、山西、内蒙古、陕西、宁夏、青海。

发生地点　陕西：榆林市米脂县；
　　　　　宁夏：吴忠市青铜峡市。

发生面积　5560 亩

危害指数　0.4149

• **毛竹片盾蚧** ***Parlatoria bambusae*** **Tang**

寄　　主　毛竹。

分布范围　陕西。

• **山茶片盾蚧** ***Parlatoria camelliae*** **Comstock**

寄　　主　栎，榕树，荷花玉兰，樟树，李，柑橘，杧果，枫香，槭，油茶，木犀。

分布范围　辽宁、上海、江苏、福建、江西、山东、湖北、湖南、广东、广西、贵州、云南、陕西。

发生地点　江西：萍乡市上栗县。

• **海棠糠片盾蚧** ***Parlatoria desolator*** **McKenzie**

寄　　主　苹果，海棠花，枣树，木槿，秋海棠。

分布范围　河北、江苏、安徽。

发生地点　河北：衡水市武强县；
　　　　　江苏：南京市玄武区；
　　　　　安徽：合肥市包河区。

• **橄榄片盾蚧** ***Parlatoria oleae*** **(Colvée)**

寄　　主　桃，杏，苹果，新疆梨。

分布范围　新疆。

发生地点　新疆：巴音郭楞蒙古自治州库尔勒市，喀什地区喀什市、疏勒县、英吉沙县、泽普县、岳普湖县，和田地区和田县。

发生面积　15901 亩

危害指数　0.3581

• **糠片盾蚧** ***Parlatoria pergandii*** **Comstock**

中文异名　油茶糠片蚧

寄　　主　核桃，板栗，无花果，十大功劳，荷花玉兰，樟树，月桂，海桐，梅，樱花，苹果，石楠，李，梨，蔷薇，柑橘，金橘，长叶黄杨，黄杨，卫矛，杜英，山茶，油茶，胡颓子，柿，白蜡树，女贞，木犀，柚木，枸杞。

分布范围　华东，河北、山西、内蒙古、河南、湖北、云南、陕西、青海。

发生地点　上海：嘉定区、浦东新区；
　　　　　江苏：常州市金坛区，苏州市吴江区、太仓市，泰州市姜堰区，宿迁市沭阳县；
　　　　　浙江：杭州市余杭区，金华市磐安县，台州市温岭市；

福建：漳州市平和县；
江西：萍乡市上栗县、芦溪县；
山东：聊城市东阿县、冠县；
河南：洛阳市栾川县，三门峡市灵宝市，邓州市；
云南：保山市施甸县，大理白族自治州巍山彝族回族自治县，怒江傈僳族自治州泸水县。

发生面积 9753 亩

危害指数 0.4047

• **黄杨并盾蚧 *Pinnaspis buxi* (Bouché)**

寄　　主 厚朴，臭椿，油桐，长叶黄杨，黄杨，冬青，茶，石榴，杜鹃，棕榈。

分布范围 北京、河北、山西、辽宁、上海、江苏、浙江、福建、山东、湖北、湖南、广东、广西、四川、云南、陕西、宁夏。

发生地点 山西：运城市新绛县；
山东：济宁市任城区。

• **茶梨蚧 *Pinnaspis theae* (Maskell)**

寄　　主 桑，天竺桂，柑橘，茶，木荷。

分布范围 江苏、浙江、安徽、福建、广东、广西、重庆、贵州、陕西。

发生地点 福建：莆田市城厢区、荔城区、仙游县；
重庆：城口县。

发生面积 132 亩

危害指数 0.3333

• **中国盘盾蚧 *Prodiaspis sinensis* Takagi, Tang et Kondo**

中文异名 柽柳原盾蚧、红柳盾蚧

拉丁异名 *Prodiaspis tamaricicola* Young

寄　　主 胡杨，旱柳，大红柳，小红柳。

分布范围 内蒙古、甘肃、宁夏、新疆。

发生地点 内蒙古：阿拉善盟额济纳旗；
甘肃：张掖市高台县；
宁夏：银川市兴庆区、西夏区、金凤区；
新疆：喀什地区岳普湖县、泽普县、莎车县、叶城县、伽师县、巴楚县；
新疆生产建设兵团：农一师 13 团，农二师 22 团、29 团，农十四师 224 团。

发生面积 73086 亩

危害指数 0.3476

• **蛇眼臀网盾蚧 *Pseudaonidia duplex* (Cockerell)**

寄　　主 樟树，桃，苹果，杏，李，梨，蔷薇，文旦柚，柑橘，橙，山茶，油茶，茶，杜鹃，柿。

分布范围 北京、河北、江苏、浙江、安徽、福建、江西、山东、湖北、湖南、广东、四川、贵州、云南、陕西。

发生地点　浙江：衢州市柯城区。

- **樟臀网盾蚧** ***Pseudaonidia paeoniae*** **（Cockerell）**

寄　　主　杨梅，含笑花，猴樟，樟树，桃，紫荆，杜鹃，木犀，夹竹桃。

分布范围　上海、江苏、浙江、安徽、湖南、四川。

发生地点　上海：浦东新区；

江苏：宿迁市沭阳县；

湖南：邵阳市隆回县。

发生面积　525 亩

危害指数　0. 3333

- **中华白盾蚧** ***Pseudaulacaspis chinensis*** **（Cockerell）**

寄　　主　胡杨，柽柳。

分布范围　新疆。

发生地点　新疆：喀什地区莎车县。

发生面积　2102 亩

危害指数　0. 3333

- **考氏白盾蚧** ***Pseudaulacaspis cockerelli*** **（Cooley）**

中文异名　广非盾蚧、樟树白盾蚧

寄　　主　苏铁，银杏，马尾松，杉木，榧树，无花果，荷花玉兰，白兰，含笑花，深山含笑，猴樟，樟树，天竺桂，油樟，桢楠，石楠，梨，月季，玫瑰，柑橘，冬青，枸骨，山茶，油茶，茶，合果木，木榄，秋茄树，巨桉，杜鹃，木犀，丁香，灰莉，夹竹桃，槟榔，棕榈。

分布范围　华东，北京、河北、黑龙江、湖北、广东、广西、重庆、四川、贵州、云南、陕西。

发生地点　河北：保定市唐县；

上海：浦东新区；

江苏：苏州市高新技术开发区、吴江区，盐城市东台市；

浙江：杭州市余杭区，金华市磐安县，衢州市常山县，台州市椒江区、温岭市；

安徽：合肥市庐阳区、包河区，芜湖市芜湖县；

福建：厦门市同安区，泉州市惠安县、安溪县，漳州市龙海市，龙岩市漳平市，福州国家森林公园；

山东：济宁市任城区、嘉祥县、梁山县、太白湖新区；

广东：广州市越秀区、天河区、白云区，肇庆市德庆县；

广西：钦州市钦南区；

重庆：万州区；

四川：自贡市沿滩区、荣县，乐山市犍为县，宜宾市翠屏区；

贵州：贵阳市云岩区、乌当区、贵阳经济技术开发区。

发生面积　3100 亩

危害指数　0. 3410

• **茶白盾蚧** ***Pseudaulacaspis manni*** **(Green et Mann)**

寄　　主　杨树，榆树，大果榉，木兰，海桐，梅，李，柑橘，葡萄，油茶，茶，紫薇，丁香。

分布范围　上海、福建、江西。

发生地点　上海：浦东新区；

江西：萍乡市芦溪县。

• **桑白盾蚧** ***Pseudaulacaspis pentagona*** **(Tagioni-Tozzetti)**

中文异名　桑白蚧

寄　　主　山杨，柳树，山核桃，核桃楸，核桃，板栗，黑弹树，旱榆，大果榉，构树，无花果，榕树，桑，小檗，玉兰，西米棕，猴樟，天竺桂，桃，榆叶梅，碧桃，梅，杏，樱桃，樱花，日本晚樱，日本樱花，木瓜，枇杷，西府海棠，苹果，海棠花，樱桃李，李，红叶李，巴旦杏，新疆梨，月季，合欢，柠条锦鸡儿，皂荚，槐树，龙爪槐，柑橘，金橘，花椒，臭椿，香椿，油桐，黄杨，扁桃，火炬树，枸骨，三角槭，元宝槭，全缘叶栾树，栾树，枳椇，枣树，葡萄，木槿，梧桐，中华猕猴桃，山茶，茶，沙棘，紫薇，杜鹃，柿，白蜡树，女贞，小叶女贞，李榄，木犀，金木犀，丁香，白桐，毛泡桐，楸，散尾葵，棕榈。

分布范围　北京、天津、河北、山西、辽宁、上海、江苏、浙江、安徽、福建、江西、山东、河南、湖北、湖南、广东、重庆、四川、贵州、云南、陕西、甘肃、青海、宁夏、新疆。

发生地点　北京：东城区、丰台区、房山区；

河北：石家庄市藁城区、井陉县、高邑县、晋州市，唐山市古冶区、开平区、丰润区、滦南县、乐亭县、玉田县，秦皇岛市北戴河区、昌黎县、卢龙县，邯郸市涉县、永年区，邢台市邢台县、巨鹿县，保定市满城区、唐县、高阳县、顺平县、高碑店市，沧州市吴桥县、河间市，廊坊市安次区、固安县、永清县、三河市，衡水市武强县、安平县、冀州市，辛集市；

山西：晋中市左权县、昔阳县，运城市盐湖区、临猗县、万荣县、闻喜县、稷山县、新绛县、永济市，临汾市曲沃县；

上海：闵行区、宝山区、浦东新区、青浦区；

江苏：无锡市江阴市、宜兴市，苏州市吴江区，盐城市盐都区、响水县、东台市，扬州市宝应县，泰州市兴化市，宿迁市宿城区、宿豫区、沭阳县；

浙江：杭州市余杭区，宁波市余姚市，金华市磐安县，舟山市定海区，台州市温岭市；

安徽：合肥市肥西县，滁州市明光市，阜阳市颍州区，宣城市宁国市；

福建：厦门市翔安区，莆田市城厢区、涵江区、荔城区，泉州市安溪县，龙岩市永定区，福州国家森林公园；

山东：济南市历城区，青岛市莱西市，枣庄市台儿庄区、山亭区，东营市河口区、垦利县、利津县，烟台市芝罘区，济宁市任城区、泗水县、梁山县、曲阜市，泰安市泰山区、岱岳区、东平县、新泰市、肥城市、泰山林场，威海市环翠区，日照市莒县，莱芜市莱城区，临沂市兰山区、莒南县，聊城市阳谷县、东阿县、冠县、经济技术开发区、高新技术产业开发区，滨州市惠民县，菏泽市牡丹区、成武县、巨野县、郓城县，黄河三角洲保护区；
河南：郑州市荥阳市，洛阳市嵩县，平顶山市鲁山县、郏县，安阳市林州市，焦作市博爱县，许昌市鄢陵县，漯河市舞阳县，三门峡市湖滨区、陕州区、卢氏县、灵宝市，南阳市卧龙区、方城县，周口市沈丘县，新蔡县；
湖北：荆州市监利县；
湖南：邵阳市隆回县；
广东：广州市从化区，佛山市南海区；
重庆：巴南区；
四川：成都市简阳市，遂宁市船山区、大英县，广安市前锋区，雅安市雨城区，巴中市通江县、平昌县，阿坝藏族羌族自治州小金县，甘孜藏族自治州泸定县；
贵州：贵阳市南明区、修文县，六盘水市六枝特区，安顺市镇宁布依族苗族自治县；
云南：昭通市永善县，临沧市凤庆县；
陕西：西安市临潼区、户县，咸阳市秦都区，汉中市佛坪县，商洛市山阳县；
甘肃：兰州市七里河区，白银市靖远县，陇南市成县；
青海：西宁市城东区、城中区、城西区、城北区，海东市民和回族土族自治县；
宁夏：银川市兴庆区、西夏区、金凤区、灵武市，吴忠市利通区、同心县；
新疆：巴音郭楞蒙古自治州和静县、和硕县，克孜勒苏柯尔克孜自治州阿图什市、阿克陶县、乌恰县，喀什地区喀什市、疏附县、疏勒县、英吉沙县、泽普县、莎车县、叶城县、麦盖提县、岳普湖县、伽师县、巴楚县，和田地区和田县、墨玉县。

发生面积　617111 亩

危害指数　0.4639

• 毛竹釉盾蚧 *Unachionaspis bambusae*（Cockerell）

寄　　主　紫竹，早园竹，毛竹，毛金竹，胖竹。

分布范围　河北、江苏、浙江、福建、贵州。

发生地点　江苏：苏州市吴江区。

• 紫竹釉盾蚧 *Unachionaspis tenuis*（Maskell）

寄　　主　毛竹，紫竹。

分布范围　河北、江苏、浙江、贵州、陕西。

• 柑橘矢尖蚧 *Unaspis citri*（Comstock）

寄　　主　山柚子，苹果，梨，文旦柚，柑橘，橙，柠檬，山香圆。

分布范围　河北、山西、江苏、浙江、福建、江西、山东、河南、湖北、湖南、广东、广西、重庆、四川、贵州、云南、陕西、甘肃。

发生地点　湖北：荆州市荆州区、监利县；
湖南：邵阳市隆回县，永州市江永县、回龙圩管理区；
重庆：北碚区、长寿区，忠县、奉节县；
四川：自贡市自流井区、大安区、沿滩区、荣县，内江市市中区；
陕西：汉中市西乡县。

发生面积　2749 亩
危害指数　0. 4085

- **卫矛矢尖蚧 *Unaspis euonymi* (Comstock)**

中文异名　卫矛蜕盾蚧、卫矛尖盾蚧
寄　　主　柳树，白兰，天竺桂，柑橘，雀舌黄杨，长叶黄杨，黄杨，冬青，卫矛，白杜，冬青卫矛，胶东卫矛，金边黄杨，木槿，山茶，柽柳，紫薇，杜鹃，油橄榄，丁香，忍冬。
分布范围　北京、天津、河北、山西、辽宁、江苏、浙江、安徽、福建、山东、河南、湖北、重庆、四川、云南、陕西、宁夏。
发生地点　北京：东城区；
江苏：苏州市相城区，宿迁市宿城区；
浙江：杭州市萧山区、桐庐县，嘉兴市秀洲区；
山东：枣庄市台儿庄区，烟台市莱山区，济宁市曲阜市，泰安市岱岳区、肥城市，威海市环翠区，莱芜市莱城区，德州市齐河县，聊城市阳谷县、东阿县、临清市、经济技术开发区、高新技术产业开发区；
河南：许昌市鄢陵县；
湖北：荆州市沙市区、江陵县，潜江市；
重庆：合川区；
四川：广安市武胜县，雅安市雨城区、石棉县，甘孜藏族自治州德格县；
云南：玉溪市峨山彝族自治县，丽江市玉龙纳西族自治县；
陕西：榆林市子洲县；
宁夏：银川市兴庆区、金凤区，石嘴山市大武口区。
发生面积　6133 亩
危害指数　0. 3478

- **西安矢尖蚧 *Unaspis xianensis* Liu et Wang**

寄　　主　柳树，长叶黄杨，栾树，白蜡树。
分布范围　陕西。
发生地点　陕西：西安市户县。
发生面积　120 亩
危害指数　0. 3333

- **矢尖蚧 *Unaspis yanonensis* (Kuwana)**

中文异名　白锥矢尖蚧
寄　　主　苏铁，马尾松，黑松，杉木，红豆杉，毛白杨，山核桃，核桃，锥栗，栎，榕树，芍药，白兰，猴樟，阴香，樟树，肉桂，天竺桂，油樟，黑壳楠，山梅花，梅，樱桃，日本樱花，文旦柚，柑橘，橙，金橘，花椒，长叶黄杨，黄杨，杧果，枸骨，龙眼，山茶，茶，木荷，石榴，油橄榄，木犀，丁香，柚木，椰子。
分布范围　北京、上海、江苏、浙江、福建、江西、山东、湖北、湖南、广东、广西、海南、重庆、四川、贵州、云南、陕西。

发生地点　上海：浦东新区、金山区、青浦区；
江苏：苏州市太仓市；
福建：莆田市荔城区，泉州市安溪县，漳州市平和县；
江西：九江市修水县，吉安市新干县；
湖南：湘潭市韶山市，邵阳市大祥区、北塔区、洞口县，岳阳市君山区、平江县，益阳市安化县，永州市冷水滩区，湘西土家族苗族自治州凤凰县、龙山县；
广东：肇庆市德庆县，清远市清新区，云浮市新兴县；
海南：三沙市，昌江黎族自治县；
重庆：万州区、涪陵区、大渡口区、江北区、南岸区、北碚区、大足区、黔江区、长寿区、合川区、南川区、铜梁区、万盛经济技术开发区，梁平区、城口县、丰都县、武隆区、开县、云阳县、奉节县、巫山县、巫溪县、彭水苗族土家族自治县；
四川：自贡市自流井区、贡井区、大安区、沿滩区，遂宁市大英县，内江市东兴区、威远县、资中县、隆昌县，宜宾市翠屏区，广安市前锋区，资阳市雁江区；
云南：丽江市永胜县；
陕西：咸阳市武功县，汉中市汉台区，安康市汉阴县、旬阳县。

发生面积　21817 亩

危害指数　0. 3680

绒蚧科 Eriococcidae

• **柿绒蚧 *Asiacornococcus kaki*（Kuwana）**

中文异名　柿绵蚧、柿毡蚧

寄　　主　无花果，桑，三球悬铃木，杏，红叶李，枣树，葡萄，紫薇，石榴，柿，君迁子。

分布范围　东北，北京、天津、河北、山西、上海、江苏、浙江、安徽、福建、山东、河南、湖北、湖南、广东、广西、四川、贵州、云南、陕西、新疆。

发生地点　北京：东城区、朝阳区、丰台区、石景山区、昌平区；
河北：石家庄市藁城区、鹿泉区、井陉县、灵寿县、高邑县、深泽县、无极县、赵县、晋州市、新乐市，唐山市古冶区、开平区、丰南区、丰润区、滦南县、玉田县、遵化市，秦皇岛市昌黎县，邯郸市峰峰矿区、肥乡区、鸡泽县、武安市，邢台市沙河市，保定市满城区、涞水县、易县、顺平县，沧州市河间市，廊坊市安次区、永清县、文安县、霸州市，定州市；
山西：运城市稷山县、新绛县；
上海：浦东新区；
江苏：徐州市铜山区、丰县、沛县、睢宁县，苏州市昆山市，盐城市东台市，宿迁市沭阳县；
浙江：杭州市余杭区，宁波市余姚市，金华市兰溪市，台州市椒江区、温岭市；
安徽：蚌埠市怀远县、固镇县，淮南市田家庵区、谢家集区、八公山区、凤台县、寿县，淮北市杜集区、相山区、烈山区、濉溪县，滁州市南谯区、定远县、凤阳县、天长市、明光市，阜阳市颍州区、颍东区、颍泉区、太和县、颍上县、界首市，宿州市萧县、泗县，亳州市谯城区、涡阳县、蒙城县、利辛县；

山东：济南市历城区，青岛市胶州市、即墨市、平度市、莱西市，枣庄市台儿庄区，潍坊市坊子区、昌邑市，济宁市兖州区、鱼台县、金乡县、嘉祥县、汶上县、梁山县、曲阜市，泰安市岱岳区、东平县、新泰市、肥城市、泰山林场、徂徕山林场，威海市环翠区，日照市莒县，莱芜市莱城区、钢城区，临沂市兰山区、沂水县、莒南县、临沭县，德州市禹城市，聊城市东昌府区、阳谷县、东阿县、冠县、临清市、经济技术开发区、高新技术产业开发区，菏泽市牡丹区、定陶区、曹县、单县、成武县、郓城县；

河南：郑州市荥阳市，平顶山市鲁山县、郏县，安阳市安阳县，新乡市新乡县、延津县，濮阳市南乐县、濮阳县，许昌市魏都区、经济技术开发区、许昌县、襄城县、禹州市，漯河市召陵区，三门峡市陕州区、渑池县，南阳市卧龙区、南召县，商丘市柘城县，信阳市淮滨县，周口市扶沟县，驻马店市上蔡县、平舆县、泌阳县，汝州市、永城市、新蔡县；

湖北：太子山林场；

湖南：邵阳市隆回县；

广西：柳州市柳城县；

陕西：咸阳市乾县、永寿县、兴平市，渭南市大荔县、合阳县、澄城县，商洛市商州区、商南县；

新疆：吐鲁番市鄯善县。

发生面积　42040 亩

危害指数　0. 3690

• **榆绒蚧** ***Eriococcus costatus*** **(Danzig)**

寄　　主　榆树。

分布范围　河北、山西、辽宁、山东、四川。

发生地点　四川：自贡市荣县。

• **紫薇绒蚧** ***Eriococcus lagerstroemiae*** **Kuwana**

中文异名　红叶小檗毡蚧

寄　　主　黄花柳，桑，无花果，小檗，红叶李，合欢，黄檀，一叶萩，扁担杆，紫薇，石榴，连翘，白蜡树，女贞。

分布范围　华东，北京、天津、河北、山西、辽宁、河南、湖北、湖南、广东、重庆、四川、贵州、陕西、青海。

发生地点　北京：东城区、石景山区；

天津：蓟县；

河北：秦皇岛市昌黎县，廊坊市安次区；

上海：嘉定区、金山区、青浦区、奉贤区，崇明县；

江苏：南京市高淳区，无锡市锡山区、宜兴市，徐州市铜山区、丰县，常州市金坛区、溧阳市，苏州市高新技术开发区、相城区、吴江区、昆山市、太仓市，南通市海门市，连云港市连云区、海州区、灌云县，淮安市淮安区、金湖县，盐城市响水县、阜宁县、射阳县、建湖县、东台市，扬州市江都区、宝应县、高邮市，泰州市姜堰区、兴化市，宿迁市宿城区、宿豫区、沭阳县、泗洪县；

浙江：杭州市西湖区、余杭区、桐庐县，温州市洞头区，嘉兴市秀洲区，金华市磐安县，衢州市常山县，台州市椒江区、天台县、温岭市；

安徽：合肥市庐阳区、包河区、肥西县，芜湖市芜湖县、无为县，淮南市田家庵区、寿县，淮北市杜集区、相山区、烈山区、濉溪县，安庆市桐城市，滁州市天长市、明光市，阜阳市颍州区、界首市，宿州市泗县；

福建：厦门市集美区，三明市清流县、尤溪县，南平市延平区，龙岩市上杭县；

江西：景德镇市昌江区，新余市分宜县；

山东：济南市平阴县，青岛市胶州市、莱西市，枣庄市薛城区、台儿庄区、滕州市，东营市东营区、垦利县，烟台市芝罘区、龙口市，潍坊市诸城市、昌邑市，济宁市任城区、兖州区、鱼台县、金乡县、嘉祥县、曲阜市、高新技术开发区、太白湖新区、经济技术开发区，泰安市泰山区、岱岳区、东平县、新泰市、肥城市、泰山林场、徂徕山林场，威海市环翠区，日照市莒县，莱芜市莱城区、钢城区，临沂市兰山区、莒南县、临沭县，德州市陵城区、禹城市，聊城市东昌府区、阳谷县、茌平县、东阿县、冠县，菏泽市牡丹区、定陶区、曹县、单县、巨野县、郓城县、东明县；

河南：郑州市中原区、二七区、中牟县、荥阳市、新郑市，洛阳市洛龙区，平顶山市鲁山县，新乡市新乡县，濮阳市清丰县，许昌市魏都区、经济技术开发区、东城区、许昌县、鄢陵县、襄城县，三门峡市灵宝市，南阳市南召县、唐河县，信阳市潢川县，驻马店市正阳县、泌阳县、遂平县，济源市、邓州市；

湖北：武汉市新洲区，荆州市沙市区、荆州区、公安县、监利县、江陵县、石首市，潜江市；

湖南：岳阳市汨罗市，湘西土家族苗族自治州永顺县；

广东：深圳市光明新区；

重庆：万州区；

四川：广安市武胜县，凉山彝族自治州德昌县；

贵州：毕节市七星关区；

陕西：宝鸡市陈仓区、扶风县、凤县，咸阳市秦都区、乾县、武功县，安康市宁陕县，商洛市丹凤县、柞水县；

青海：西宁市城西区。

发生面积　19316 亩

危害指数　0.4102

● **球绒蚧 *Eriococcus nematosphaerus* Hu, Xie et Yan**

中文异名　丝球绒蚧

寄　　主　胖竹，甜竹，毛竹。

分布范围　江苏、浙江、安徽、四川。

发生地点　江苏：常州市溧阳市；

安徽：合肥市庐阳区；
四川：凉山彝族自治州雷波县。
发生面积　121 亩
危害指数　0.3884

• 竹绒蚧 *Eriococcus onukii* Kuwana
寄　　主　簕竹，毛竹，箬竹。
分布范围　江苏、浙江、安徽、福建、山东、湖北。
发生地点　江苏：常州市溧阳市；
湖北：荆州市石首市。
发生面积　102 亩
危害指数　0.3333

• 柳绒蚧 *Eriococcus salicis* Borchsenius
寄　　主　柳树，垂柳，旱柳，龙爪柳，馒头柳，大黄柳，粉枝柳，谷柳。
分布范围　内蒙古、山东。

• 竹鞘绒蚧 *Eriococcus transversus* Green
寄　　主　青皮竹，龙头竹，毛竹。
分布范围　浙江、福建、广东、广西、四川、贵州、云南。

• 毛竹根绒蚧 *Eriococcus wangi* (Miller et Gimpel)
寄　　主　毛竹。
分布范围　浙江、陕西。

绛蚧科 Kermesidae

• 华栗红蚧 *Kermes castaneae* Shi et Liu
寄　　主　山核桃，板栗，茅栗，锥栗，麻栎，白栎，女贞，栾树。
分布范围　辽宁、江苏、浙江、安徽、山东、河南、湖北、陕西。
发生地点　浙江：杭州市临安市，金华市浦江县、磐安县，衢州市衢江区、常山县，台州市椒江区、温岭市，丽水市景宁畲族自治县；
安徽：合肥市庐阳区、包河区，芜湖市芜湖县，六安市舒城县、金寨县，宣城市广德县；
山东：济宁市曲阜市，泰安市泰山林场；
河南：郑州市荥阳市、新密市、登封市，焦作市修武县，许昌市许昌县，信阳市罗山县、光山县，驻马店市确山县。
发生面积　16302 亩
危害指数　0.3892

• 小红蚧 *Kermes miyasakii* Kuwana
中文异名　壳点绛蚧、壳点红蚧

寄　　主　山核桃，板栗，麻栎，栓皮栎，青冈。
分布范围　辽宁、江苏、山东、河南、四川、贵州、陕西。
发生地点　陕西：安康市白河县。
发生面积　200 亩
危害指数　0. 3333

• 黑斑绛蚧 *Kermes nigronotatus* Hu
中文异名　黑斑红蚧
寄　　主　麻栎，栓皮栎。
分布范围　河北、山东。

• 泰山绛蚧 *Kermes taishanensis* Hu
寄　　主　麻栎，栓皮栎。
分布范围　山东。

• 大绛蚧 *Kermes vastus* Kuwana
寄　　主　板栗，麻栎。
分布范围　江苏、浙江、山东。

胶蚧科 Kerriidae

• 茶硬胶蚧 *Paratachardina theae*（Green）
寄　　主　山茶，茶。
分布范围　浙江。
发生地点　浙江：丽水市莲都区。

球链蚧科 Lecanodiaspididae

• 白生球链蚧 *Crescoccus candidus* Wang
寄　　主　板栗，栎，麻栎，青冈，桃，杏，苹果。
分布范围　四川、贵州、云南、宁夏。
发生地点　云南：昆明市宜良县、禄劝彝族苗族自治县、寻甸回族彝族自治县，玉溪市易门县，楚雄彝族自治州武定县。
发生面积　49338 亩
危害指数　0. 6307

珠蚧科 Margarodidae

• 桑树履绵蚧 *Drosicha contrahens* Walker
寄　　主　厚朴，桑。
分布范围　河北、辽宁、吉林、江苏、浙江、安徽、福建、山东、河南、广东、陕西。
发生地点　安徽：阜阳市临泉县，亳州市蒙城县。

发生面积　3500 亩
危害指数　0.4286

• **草履蚧** ***Drosicha corpulenta*** **(Kuwana)**

寄　　主　银杏，云南油杉，赤松，湿地松，马尾松，油松，云南松，杉木，罗汉松，榧树，木麻黄，新疆杨，加杨，青杨，山杨，胡杨，黑杨，箭杆杨，小叶杨，毛白杨，垂柳，大红柳，旱柳，馒头柳，喙核桃，山核桃，薄壳山核桃，核桃楸，核桃，枫杨，桤木，板栗，麻栎，辽东栎，栓皮栎，青冈，朴树，榆树，大果榉，构树，垂叶榕，无花果，榕树，桑，玉兰，荷花玉兰，猴樟，樟树，枫香，三球悬铃木，山桃，桃，榆叶梅，碧桃，山杏，杏，樱桃，樱花，日本晚樱，日本樱花，木瓜，山楂，枇杷，西府海棠，苹果，海棠花，石楠，李，红叶李，沙梨，新疆梨，月季，黄刺玫，羊蹄甲，降香，胡枝子，刺槐，槐树，龙爪槐，柑橘，花椒，臭椿，楝树，香椿，秋枫，白桐树，乌桕，长叶黄杨，黄杨，冬青，大叶冬青，卫矛，金边黄杨，色木槭，鸡爪槭，七叶树，无患子，枣树，葡萄，杜英，梧桐，红淡比，油茶，茶，秋海棠，四季秋海棠，沙枣，沙棘，紫薇，石榴，红千层，八角金盘，柿，白蜡树，洋白蜡，女贞，木犀，丁香，臭牡丹，枸杞，川泡桐，白花泡桐，毛泡桐，楸，珊瑚树。

分布范围　华北、华东，辽宁、河南、湖北、湖南、广东、重庆、四川、贵州、云南、陕西、甘肃、宁夏、新疆。

发生地点　北京：东城区、朝阳区、石景山区、海淀区、门头沟区、房山区、通州区、顺义区、昌平区、大兴区、密云区；

天津：津南区、武清区、宝坻区、宁河区，蓟县；

河北：石家庄市井陉矿区、裕华区、藁城区、鹿泉区、栾城区、井陉县、正定县、灵寿县、高邑县、深泽县、赞皇县、晋州市、新乐市，唐山市古冶区、开平区、丰润区、滦南县、乐亭县、迁西县、玉田县，秦皇岛市北戴河区、抚宁区，邯郸市邯山区、复兴区、成安县、大名县、涉县、鸡泽县、魏县、武安市，邢台市桥西区、高新技术开发区、邢台县、临城县、宁晋县、沙河市，保定市满城区、涞水县、唐县、顺平县、涿州市，沧州市东光县、吴桥县、献县、河间市，廊坊市安次区、永清县、香河县、大城县、大厂回族自治县、霸州市、三河市，衡水市枣强县、冀州市，定州市、辛集市；

山西：大同市阳高县，晋城市沁水县，晋中市左权县，运城市盐湖区、临猗县、万荣县、闻喜县、稷山县、新绛县、绛县、垣曲县、夏县、平陆县、芮城县、永济市、河津市，临汾市曲沃县、翼城县、襄汾县，吕梁市孝义市；

内蒙古：巴彦淖尔市乌拉特前旗；

辽宁：大连市瓦房店市；

上海：宝山区、嘉定区、浦东新区、金山区、青浦区、奉贤区，崇明县；

江苏：南京市栖霞区、雨花台区，无锡市惠山区、江阴市、宜兴市，徐州市铜山区、丰县、沛县、睢宁县、邳州市，常州市金坛区、溧阳市，苏州市吴江区，南通市海安县、如东县，连云港市高新区、赣榆区、灌云县、灌南县，淮安市淮安区、淮阴区、清江浦区、涟水县、金湖县，盐城市亭湖区、盐都区、大丰区、响水县、滨海县、阜宁县、东台市，扬州市高邮市，镇江市扬中市、句容市，泰州市兴化市，宿迁市宿城区、宿豫区、沭阳县、泗洪县；

浙江：杭州市萧山区，宁波市鄞州区；

安徽：合肥市庐阳区、包河区，蚌埠市怀远县、五河县、固镇县，淮南市谢家集区，滁州市南谯区、全椒县、定远县、天长市、明光市，阜阳市颍州区、颍东区、颍泉区、临泉县、太和县、颍上县，宿州市砀山县、萧县、泗县，亳州市涡阳县、蒙城县；

福建：厦门市翔安区，莆田市城厢区、涵江区、秀屿区、仙游县、湄洲岛，龙岩市漳平市；

江西：萍乡市上栗县；

山东：济南市历城区、长清区、济阳县、商河县、章丘市，青岛市城阳区、胶州市、即墨市、莱西市，淄博市临淄区，枣庄市薛城区、台儿庄区，东营市河口区，烟台市芝罘区、莱山区、龙口市，潍坊市坊子区、昌邑市，济宁市任城区、兖州区、微山县、鱼台县、金乡县、嘉祥县、梁山县、曲阜市、邹城市、高新技术开发区、太白湖新区、经济技术开发区，泰安市岱岳区、宁阳县、新泰市、肥城市、泰山林场、徂徕山林场，威海市环翠区，日照市岚山区、莒县，莱芜市莱城区，临沂市兰山区、罗庄区、河东区、经济开发区、沂南县、沂水县、费县、莒南县、临沭县，德州市德城区、齐河县、平原县、夏津县、禹城市，聊城市东昌府区、阳谷县、莘县、东阿县、冠县、高唐县、临清市，滨州市无棣县、博兴县、邹平县，菏泽市牡丹区、定陶区、曹县、单县、成武县、巨野县、郓城县、鄄城县、东明县；

河南：郑州市金水区、惠济区、荥阳市、新密市、新郑市，洛阳市洛龙区、宜阳县、洛宁县、伊川县，平顶山市新华区、卫东区、郏县，安阳市龙安区、安阳县、内黄县、林州市，鹤壁市鹤山区、山城区、淇滨区、浚县、淇县，新乡市获嘉县、卫辉市、辉县市，焦作市马村区、修武县、博爱县、武陟县、温县、沁阳市、孟州市，濮阳市经济开发区、南乐县、范县、濮阳县，许昌市许昌县、鄢陵县、襄城县、长葛市，漯河市源汇区、郾城区、召陵区、临颍县，三门峡市湖滨区、灵宝市，南阳市宛城区、卧龙区，周口市西华县、淮阳县，驻马店市西平县、上蔡县、汝南县、遂平县，济源市、巩义市、兰考县、滑县、邓州市；

湖北：襄阳市襄州区，荆门市京山县，孝感市应城市，荆州市荆州区、公安县、监利县、江陵县、石首市、洪湖市，潜江市；

湖南：长沙市长沙县、浏阳市，湘西土家族苗族自治州凤凰县；

广东：佛山市南海区，云浮市云安区、罗定市；

重庆：城口县、巫溪县；

四川：自贡市贡井区，宜宾市筠连县，雅安市汉源县、石棉县，巴中市通江县；

云南：昆明市东川区，临沧市凤庆县，楚雄彝族自治州双柏县、武定县，西双版纳傣族自治州勐海县，大理白族自治州大理市、漾濞彝族自治县、永平县、云龙县；

陕西：西安市阎良区、临潼区、长安区、蓝田县、周至县、户县，宝鸡市扶风县，咸阳市秦都区、三原县、泾阳县、礼泉县、永寿县、彬县、兴平市，渭南市华州区、大荔县、澄城县、富平县，汉中市汉台区、镇巴县，商洛市商南县；
甘肃：白银市靖远县，武威市凉州区，平凉市静宁县；
宁夏：银川市兴庆区、西夏区、金凤区、贺兰县、贺兰山管理局，吴忠市利通区、同心县；
新疆：乌鲁木齐市水磨沟区，克拉玛依市克拉玛依区、乌尔禾区，吐鲁番市高昌区、鄯善县，哈密市伊州区，巴音郭楞蒙古自治州库尔勒市、尉犁县，喀什地区疏勒县、叶城县、岳普湖县，和田地区和田县、墨玉县，塔城地区沙湾县；
新疆生产建设兵团：农一师 10 团、13 团，农二师 22 团、29 团，农七师 130 团，农十四师 224 团。

发生面积　647044 亩

危害指数　0. 3834

• 杧果草履蚧 *Drosicha mangiferae*（Stebbing）

寄　　主　核桃，板栗，杧果，油茶。

分布范围　广西、云南、陕西。

发生地点　广西：百色市靖西市；
云南：楚雄彝族自治州永仁县。

发生面积　3001 亩

危害指数　0. 4444

• 埃及吹绵蚧 *Icerya aegyptiaca*（Douglas）

寄　　主　刺桤，朴树，木波罗，高山榕，榕树，桑，荷花玉兰，白兰，番荔枝，假柿木姜子，马占相思，柑橘，秋枫，土蜜树，麻疯树，血桐，荔枝，木槿，木荷，番石榴，柚木，槟榔。

分布范围　浙江、广东、海南。

发生地点　广东：广州市越秀区、天河区、番禺区、从化区，深圳市福田区、南山区、宝安区、龙岗区、光明新区、龙华新区，肇庆市四会市，惠州市惠阳区，清远市清新区，东莞市，中山市，云浮市云安区；
海南：保亭黎族苗族自治县。

发生面积　4668 亩

危害指数　0. 3530

• 吹绵蚧 *Icerya purchasi* Maskell

中文异名　国槐吹绵蚧、绵团蚧、棉籽蚧、白条蚧

寄　　主　雪松，马尾松，樟子松，柳杉，侧柏，圆柏，木麻黄，新疆杨，山杨，二白杨，黑杨，银柳，垂柳，核桃，板栗，黧蒴栲，朴树，高山榕，垂叶榕，黄葛树，榕树，桑，山柚子，桫椤，牡丹，南天竹，荷花玉兰，白兰，含笑花，深山含笑，西米棕，蜡梅，猴樟，樟树，天竺桂，海桐，枫香，红花檵木，三球悬铃木，桃，碧桃，杏，樱桃，垂丝海棠，西府海棠，苹果，海棠花，石楠，李，红叶李，白梨，河北梨，月季，悬钩子，相思子，耳叶相思，台湾相思，金合欢，黑荆树，马占相思，合欢，山

合欢，鸡冠刺桐，皂荚，刺槐，槐树，文旦柚，柑橘，橙，金橘，花椒，臭椿，香椿，红椿，油桐，重阳木，麻疯树，长叶黄杨，黄杨，杧果，冬青，大叶冬青，鸡爪槭，浙江七叶树，龙眼，栾树，无患子，枣树，葡萄，杜英，木芙蓉，木槿，黄槿，木棉，山茶，油茶，茶，木荷，柽柳，合果木，紫薇，石榴，巨尾桉，乌墨，八角金盘，常春藤，鹅掌柴，柿，迎春花，女贞，小叶女贞，木犀，丁香，柚木，白花泡桐，楸，蓝花楹，栀子，金银忍冬，珊瑚树，蒲葵。

分布范围　北京、天津、河北、内蒙古、上海、江苏、浙江、安徽、福建、江西、山东、河南、湖北、湖南、广东、广西、海南、重庆、四川、贵州、云南、西藏、陕西、甘肃、宁夏、新疆。

发生地点　北京：东城区、顺义区；

河北：石家庄市井陉县、高邑县、赞皇县，唐山市乐亭县，邢台市柏乡县，沧州市吴桥县、河间市；

内蒙古：乌兰察布市兴和县、察哈尔右翼前旗，阿拉善盟额济纳旗；

上海：闵行区、宝山区、嘉定区、浦东新区、金山区、松江区、青浦区，崇明县；

江苏：南京市高淳区，无锡市江阴市、宜兴市，常州市天宁区、钟楼区、新北区、武进区、溧阳市，苏州市吴江区、昆山市，连云港市连云区、灌云县，淮安市金湖县，扬州市邗江区、江都区、经济技术开发区，泰州市姜堰区，宿迁市沭阳县；

浙江：杭州市萧山区、余杭区、桐庐县，宁波市鄞州区，温州市龙湾区、平阳县，嘉兴市秀洲区、嘉善县，金华市磐安县，舟山市岱山县，台州市椒江区、仙居县、温岭市、临海市；

安徽：合肥市庐阳区、包河区、肥西县、庐江县，芜湖市芜湖县、繁昌县，黄山市徽州区，滁州市定远县，阜阳市颍州区、太和县，六安市叶集区、霍邱县；

福建：厦门市海沧区、集美区、同安区、翔安区，莆田市城厢区、涵江区、荔城区、秀屿区、仙游县、湄洲岛，泉州市泉港区、惠安县、安溪县、石狮市、晋江市、南安市、台商投资区，漳州市漳浦县、平和县，南平市延平区；

江西：萍乡市安源区、湘东区、莲花县，新余市分宜县，赣州市安远县，宜春市宜丰县、樟树市，共青城市；

山东：青岛市即墨市、莱西市，枣庄市台儿庄区，东营市广饶县，济宁市兖州区，泰安市泰山区、泰山林场，日照市莒县，临沂市临沭县，聊城市阳谷县、东阿县、冠县、高新技术产业开发区，菏泽市牡丹区、定陶区、单县；

河南：郑州市中牟县，南阳市南召县、镇平县、社旗县，信阳市罗山县，驻马店市上蔡县；

湖北：宜昌市夷陵区，襄阳市枣阳市，荆州市沙市区、荆州区、石首市，潜江市；

湖南：长沙市浏阳市，湘潭市湘潭县、韶山市，衡阳市祁东县，邵阳市大祥区、北塔区、邵阳县、隆回县，岳阳市云溪区、君山区、岳阳县，常德市桃源县、石门县，张家界市慈利县，益阳市资阳区、南县、安化县，郴州市桂阳县、宜章县、嘉禾县，永州市零陵区、道县、宁远县，湘西土家族苗族自治州凤凰县；

广东：广州市番禺区，深圳市宝安区，汕头市澄海区，佛山市南海区，肇庆市鼎湖区、四会市，汕尾市陆河县、陆丰市、汕尾市属林场，东莞市，云浮市云安区、新兴县；
广西：南宁市宾阳县，百色市右江区、田阳县；
海南：五指山市；
重庆：涪陵区、巴南区、黔江区，巫溪县；
四川：成都市都江堰市，自贡市大安区、荣县，乐山市沙湾区、金口河区、峨眉山市，南充市高坪区、嘉陵区，眉山市青神县，宜宾市珙县，广安市广安区、前锋区、岳池县，达州市通川区；
云南：昆明市呈贡区、高新开发区，昭通市巧家县、永善县，楚雄彝族自治州楚雄市、双柏县、南华县、永仁县，怒江傈僳族自治州泸水县；
西藏：昌都市芒康县；
陕西：咸阳市三原县，汉中市汉台区，安康市汉阴县，商洛市商南县；
甘肃：嘉峪关市，张掖市山丹县，酒泉市肃州区、金塔县、瓜州县、肃北蒙古族自治县、玉门市、敦煌市，陇南市成县；
宁夏：石嘴山市大武口区、惠农区，中卫市中宁县；
新疆：吐鲁番市高昌区、鄯善县。

发生面积　72394 亩

危害指数　0. 3941

• 银毛吹绵蚧 *Icerya seychellarum*（Westwood）

寄　　主　黑杨，垂叶榕，桑，枫香，桃，枇杷，鸡冠刺桐，柑橘，秋枫，杧果，茶，石榴，乌墨，柿，石梓，蒲葵。

分布范围　河北、安徽、福建、湖北、广东、海南、重庆、四川、云南、陕西。

发生地点　福建：厦门市翔安区，莆田市荔城区、仙游县；
重庆：江津区；
四川：自贡市沿滩区、荣县。

• 樟子松干蚧 *Matsucoccus dahuriensis* Hu et Hu

寄　　主　华山松，樟子松。

分布范围　黑龙江、四川、贵州。

发生地点　四川：巴中市通江县；
贵州：铜仁市石阡县。

发生面积　922 亩

危害指数　0. 3333

• 日本松干蚧 *Matsucoccus matsumurae*（Kuwana）

中文异名　马尾松干蚧、辽宁松干蚧

拉丁异名　*Matsucoccus massonianae*，*Matsucoccus liaoningensis*

寄　　主　华山松，赤松，红松，马尾松，樟子松，油松，黑松。

分布范围　河北、辽宁、吉林、江苏、浙江、山东、广东、四川、陕西。

发生地点　河北：秦皇岛市海港区、北戴河区、抚宁区；

辽宁：沈阳市浑南区，大连市金普新区、庄河市，鞍山市岫岩满族自治县、海城市，抚顺市东洲区、顺城区、抚顺县、新宾满族自治县、清原满族自治县，本溪市本溪满族自治县、桓仁满族自治县，丹东市宽甸满族自治县、东港市、凤城市，营口市盖州市、大石桥市，辽阳市宏伟区、弓长岭区、辽阳县、灯塔市，铁岭市铁岭县、西丰县；

吉林：吉林市永吉县，四平市伊通满族自治县，辽源市东丰县、东辽县，通化市通化县、辉南县、柳河县、梅河口市；

江苏：无锡市江阴市；

浙江：杭州市余杭区、桐庐县，金华市磐安县；

山东：济南市章丘市，青岛市黄岛区，烟台市芝罘区、牟平区、招远市，潍坊市临朐县，日照市东港区、五莲县、莒县、经济开发区，临沂市莒南县；

四川：巴中市恩阳区、通江县。

发生面积　618055 亩

危害指数　0. 3906

● **中华松干蚧 *Matsucoccus sinensis* Chen**

寄　　主　云杉，华山松，湿地松，马尾松，油松，黄山松，黑松，云南松，地盘松。

分布范围　辽宁、江苏、安徽、福建、江西、山东、河南、湖北、湖南、广东、重庆、四川、贵州、云南、陕西、甘肃。

发生地点　辽宁：鞍山市海城市；

安徽：黄山市黄山区；

福建：厦门市翔安区，莆田市仙游县、湄洲岛，三明市梅列区，泉州市晋江市，南平市延平区，龙岩市上杭县；

江西：吉安市永新县；

山东：济宁市任城区，临沂市兰山区、莒南县；

河南：洛阳市栾川县，许昌市鄢陵县，三门峡市陕州区、卢氏县、灵宝市、三门峡市县级单位，南阳市南召县、桐柏县；

湖南：永州市零陵区；

广东：云浮市郁南县；

重庆：万州区、黔江区，城口县、忠县、开县、奉节县、巫山县、巫溪县、彭水苗族土家族自治县；

四川：广元市苍溪县，南充市仪陇县，达州市万源市，巴中市通江县、南江县，阿坝藏族羌族自治州九寨沟县、小金县，凉山彝族自治州布拖县、金阳县；

贵州：贵阳市白云区、清镇市、贵阳经济技术开发区，毕节市威宁彝族回族苗族自治县、赫章县，黔南布依族苗族自治州惠水县；

云南：昆明市五华区、西山区、经济技术开发区、倘甸产业园区、禄劝彝族苗族自治县、西山林场，曲靖市沾益区、陆良县、宣威市，玉溪市红塔区、通海县，昭通市巧家县，丽江市玉龙纳西族自治县，楚雄彝族自治州双柏县、南华县、武定县、禄丰县，安宁市；

陕西：西安市临潼区、户县，宝鸡市凤县、太白县，渭南市华州区、华阴市，汉中市勉县、宁强县，安康市镇坪县，商洛市商州区、洛南县、丹凤县、商南县、山阳县、镇安县、柞水县；

甘肃：天水市麦积区，陇南市康县、两当县、陇南市康南林业总场，甘南藏族自治州舟曲县、迭部县，白龙江林业管理局，小陇山林业实验管理局。

发生面积　996056 亩

危害指数　0. 4373

• **云南松干蚧 *Matsucoccus yunnanensis* Ferris**

中文异名　云南松梢蚧

寄　　主　云南松。

分布范围　四川、云南。

发生地点　四川：甘孜藏族自治州康定市，凉山彝族自治州西昌市、会理县、宁南县、喜德县、冕宁县、木里局；

云南：昆明市倘甸产业园区，玉溪市峨山彝族自治县，昭通市昭阳区、鲁甸县，楚雄彝族自治州楚雄市、南华县，大理白族自治州云龙县、洱源县。

发生面积　136208 亩

危害指数　0. 3624

• **甘草胭珠蚧 *Porphyrophora sophorae*（Archangelskaya）**

寄　　主　花棒。

分布范围　内蒙古、甘肃、宁夏。

旌蚧科 Ortheziidae

• **明旌蚧 *Insignorthezia insignis*（Browne）**

寄　　主　日本樱花。

分布范围　北京、山东、河南、四川。

发生地点　河南：三门峡市灵宝市。

粉蚧科 Pseudococcidae

• **白尾安粉蚧 *Antonina crawi* Cockerell**

寄　　主　刺竹子，罗汉竹，斑竹，水竹，紫竹，胖竹，毛竹。

分布范围　北京、上海、江苏、浙江、安徽、福建、山东、湖北、湖南、广东、广西、四川、云南、陕西。

发生地点　上海：浦东新区；

江苏：盐城市盐都区、响水县；

浙江：丽水市莲都区；

安徽：合肥市肥西县；

山东：泰安市岱岳区；

四川：宜宾市筠连县。

• **巨竹安粉蚧** ***Antonina pretiosa*** **Ferris**

寄　　主　核桃，榕树，猴樟，樟树，文旦柚，刺竹子，麻竹。

分布范围　山西、内蒙古、福建、湖北、广东、重庆、四川、云南、陕西。

发生地点　福建：漳州市诏安县、平和县；
　　　　　重庆：垫江县；
　　　　　陕西：汉中市汉台区。

发生面积　3525 亩

危害指数　0. 3333

• **球坚安粉蚧** ***Antonina zonata*** **Green**

寄　　主　紫薇，刺竹子。

分布范围　江苏、浙江、福建、江西、湖北、湖南、广东、广西、海南、四川、云南、陕西。

发生地点　陕西：汉中市西乡县。

• **竹扁粉蚧** ***Chaetococcus bambusae*** **（Maskell）**

寄　　主　金竹，慈竹，麻竹。

分布范围　河北、内蒙古、浙江、广东、四川、贵州、云南。

• **日本盘粉蚧** ***Coccura suwakoensis*** **（Kuwana et Toyada）**

中文异名　黑龙江粒粉蚧

拉丁异名　*Coccura ussuriensis*（Borchaenius）

寄　　主　山楂，苹果，榆叶梅，蔷薇，沙棘，白蜡树，木犀，暴马丁香。

分布范围　东北，河北、山西、山东、河南、青海。

发生地点　青海：西宁市城东区、城中区、城西区、城北区、大通回族土族自治县。

发生面积　154 亩

危害指数　0. 3550

• **桑树皑粉蚧** ***Crisicoccus moricola*** **Tang**

中文异名　桑皑粉蚧

寄　　主　桑，朱槿。

分布范围　内蒙古、广东。

发生地点　广东：深圳市光明新区。

• **松树皑粉蚧** ***Crisicoccus pini*** **（Kuwana）**

寄　　主　白皮松，赤松，湿地松，马尾松，日本五针松，黑松。

分布范围　东北，河北、浙江、福建、江西、山东、湖北、湖南、海南、四川、贵州、云南、陕西、甘肃。

发生地点　海南：海口市琼山区；
　　　　　四川：绵阳市梓潼县，甘孜藏族自治州雅江县；
　　　　　甘肃：酒泉市肃北蒙古族自治县。

发生面积　199 亩

危害指数　0. 3333

• 菠萝灰粉蚧 *Dysmicoccus brevipes*（Cockerell）

寄　　主　桑，柑橘，木槿，凤梨。

分布范围　河北、浙江、福建、江西、湖北、湖南、广东、广西、海南、四川、贵州、云南。

发生地点　海南：海口市龙华区。

发生面积　300 亩

危害指数　0.3333

• 热带拂粉蚧 *Ferrisia malvastra*（McDaniel）

寄　　主　桑，柑橘，木槿，夹竹桃，咖啡，棕榈，石榴，鳄梨，云南金合欢，合欢。

分布范围　浙江、福建、江西、湖北、湖南、广东、广西、四川、云南。

• 双条拂粉蚧 *Ferrisia virgata*（Cockerell）

寄　　主　柑橘。

分布范围　浙江、广东。

发生地点　广东：深圳市福田区。

• 中华蚁粉蚧 *Formicococcus sinensis*（Borchsenius）

寄　　主　白兰，天竺桂，枫香，梨，黄檀，刺槐，柑橘，橙，油茶，紫薇，栀子。

分布范围　河北、安徽、福建、重庆、四川、云南、甘肃。

发生地点　安徽：六安市金寨县；

　　　　　福建：南平市松溪县；

　　　　　重庆：秀山土家族苗族自治县；

　　　　　四川：自贡市贡井区；

　　　　　甘肃：庆阳市正宁县。

发生面积　667 亩

危害指数　0.3333

• 枣阳腺刺粉蚧 *Heliococcus zizyphi* Borchsenius

中文异名　枣粉蚧

寄　　主　朴树，榆树，桑，苹果，枣树，葡萄。

分布范围　河北、山西、江西、山东、湖北、广东、甘肃、宁夏、新疆。

发生地点　河北：沧州市沧县、东光县、献县、黄骅市，衡水市枣强县；

　　　　　山东：莱芜市莱城区；

　　　　　宁夏：银川市灵武市；

　　　　　新疆：吐鲁番市高昌区、鄯善县，哈密市伊州区，喀什地区喀什市、泽普县、巴楚县，和田地区和田县、洛浦县、民丰县；

　　　　　新疆生产建设兵团：农四师 68 团，农十四师 224 团。

发生面积　210230 亩

危害指数　0.3438

• 竹巢粉蚧 *Nesticoccus sinensis* Tang

寄　　主　刺竹子，牡竹，团竹，斑竹，水竹，毛竹，红哺鸡竹，紫竹，毛金竹，早竹，胖竹，甜竹，苦竹，沙鞭，箭竹，慈竹。

分布范围　江苏、浙江、安徽、福建、山东、河南、重庆、四川、云南、陕西。

发生地点　江苏：无锡市宜兴市，常州市溧阳市；
浙江：丽水市松阳县；
安徽：合肥市庐阳区、包河区、肥西县，芜湖市芜湖县；
福建：三明市沙县；
河南：驻马店市确山县；
重庆：黔江区；
四川：眉山市青神县；
云南：曲靖市陆良县；
陕西：渭南市华州区，安康市宁陕县。

发生面积　730 亩

危害指数　0. 3379

- **柑橘堆粉蚧 *Nipaecoccus viridis*（Newstead）**

拉丁异名　*Nipaecoccus vastator*（Maskell）

寄　　主　钻天杨，无花果，榕树，桑，扁桃，桃，樱桃，苹果，新疆梨，柑橘，香椿，龙眼，荔枝，枣树，葡萄，朱槿，石榴，丁香。

分布范围　安徽、福建、河南、湖南、广东、广西、云南、新疆。

发生地点　安徽：芜湖市无为县；
福建：泉州市永春县；
河南：信阳市淮滨县；
湖南：岳阳市岳阳县；
广东：广州市越秀区、海珠区、天河区、白云区、从化区，汕头市龙湖区；
云南：西双版纳傣族自治州景洪市；
新疆：喀什地区喀什市、疏勒县、叶城县、岳普湖县。

发生面积　13449 亩

危害指数　0. 4077

- **湿地松粉蚧 *Oracella acuta*（Lobdell）**

中文异名　火炬松粉蚧

寄　　主　萌芽松，湿地松，马尾松，长叶松，火炬松，矮松，加勒比松。

分布范围　福建、江西、湖北、湖南、广东、广西。

发生地点　江西：赣州市龙南县、定南县、寻乌县，安福县；
湖南：衡阳市耒阳市，益阳市南县，郴州市苏仙区、桂阳县、宜章县、嘉禾县、临武县，永州市零陵区、冷水滩区、祁阳县、双牌县、道县、宁远县、蓝山县；
广东：广州市黄埔区、番禺区、花都区、从化区，韶关市浈江区、曲江区，佛山市南海区，江门市恩平市，湛江市麻章区、遂溪县、廉江市，茂名市电白区、信宜市，肇庆市鼎湖区、高要区、怀集县、德庆县、四会市，惠州市惠东县，梅州市大埔县，汕尾市城区、海丰县、陆河县、陆丰市、汕尾市属林场，河源市源城区、龙川县，阳江市江城区、阳东区、阳江高新区、阳西县、阳春市、阳江市属林场，云浮市云城区、新兴县、云浮市属林场；

广西：玉林市玉州区、福绵区、容县、陆川县、博白县、兴业县。

发生面积　739624 亩

危害指数　0. 3370

• 木瓜秀粉蚧 *Paracoccus marginatus* Williams et Granara de Willink

寄　　主　木瓜，朱槿，番石榴。

分布范围　云南。

• 安粉蚧 *Paraputo liui*（Borchsenius）

寄　　主　榕树，玉兰，紫薇，柿，刺竹子，慈竹。

分布范围　河北、上海、福建、江西、海南、云南、陕西。

发生地点　河北：石家庄市新华区；

上海：浦东新区；

福建：南平市延平区；

海南：白沙黎族自治县；

陕西：汉中市汉台区。

发生面积　120 亩

危害指数　0. 3333

• 槭树绵粉蚧 *Phenacoccus aceris*（Signoret）

中文异名　槭树白粉蚧

寄　　主　榆树，鸡爪槭。

分布范围　山西、四川。

发生地点　四川：南充市蓬安县。

• 梭梭绵粉蚧 *Phenacoccus arthrophyti* Archangelskaya

寄　　主　梭梭。

分布范围　甘肃。

发生地点　甘肃：武威市民勤县，连古城自然保护区。

发生面积　21600 亩

危害指数　0. 6574

• 花椒绵粉蚧 *Phenacoccus azaleae* Kuwana

中文异名　杜鹃绵粉蚧

寄　　主　石楠，花椒，野花椒。

分布范围　河北、山西、山东、河南、湖北、重庆、四川、云南、陕西、甘肃。

发生地点　山西：长治市黎城县，运城市芮城县；

河南：洛阳市嵩县，三门峡市渑池县，信阳市潢川县；

重庆：江津区；

四川：雅安市汉源县，甘孜藏族自治州泸定县，凉山彝族自治州布拖县、金阳县、昭觉县、越西县；
云南：昭通市鲁甸县、巧家县、大关县；
陕西：宝鸡市高新技术开发区，渭南市华州区，韩城市；
甘肃：甘南藏族自治州舟曲县。

发生面积　185400 亩

危害指数　0.4018

- **白蜡绵粉蚧 *Phenacoccus fraxinus* Tang**

寄　　主　核桃楸，核桃，板栗，锥栗，榆树，垂叶榕，榕树，八角，猴樟，阴香，樟树，天竺桂，木姜子，海桐，枫香，三球悬铃木，日本樱花，火棘，新疆梨，槐树，柑橘，橙，花椒，臭椿，重阳木，秋枫，长叶黄杨，漆树，冬青，槭，枣树，杜英，小叶紫椴，木槿，梧桐，中华猕猴桃，油茶，胡颓子，紫薇，杜鹃，柿，小叶梣，白蜡树，女贞，水蜡树，小叶女贞，小蜡，丁香。

分布范围　华北、中南、西南、西北，辽宁、江苏、浙江、安徽、福建、江西、山东。

发生地点　北京：石景山区、顺义区；
河北：石家庄市裕华区、鹿泉区、高邑县、新乐市，秦皇岛市海港区、山海关区、北戴河区、抚宁区、昌黎县，邯郸市涉县，沧州市泊头市，廊坊市大厂回族自治县、霸州市，衡水市饶阳县；
内蒙古：呼和浩特市武川县；
辽宁：鞍山市海城市；
江苏：无锡市江阴市，泰州市海陵区；
安徽：阜阳市颍上县，亳州市利辛县；
江西：吉安市井冈山市，上饶市余干县；
山东：东营市河口区、广饶县，济宁市兖州区，泰安市岱岳区，莱芜市莱城区，菏泽市牡丹区、巨野县、郓城县；
河南：郑州市新郑市，鹤壁市淇县，新乡市新乡县，南阳市南召县、淅川县，驻马店市遂平县，巩义市、新蔡县；
湖北：十堰市竹溪县，宜昌市兴山县，天门市；
湖南：长沙市浏阳市，常德市石门县，益阳市南县；
广西：百色市靖西市；
海南：三亚市天涯区；
重庆：江津区；
贵州：毕节市大方县；
云南：昆明市经济技术开发区，大理白族自治州南涧彝族自治县；
陕西：渭南市华州区，延安市子长县；
甘肃：武威市民勤县，定西市岷县，陇南市文县、西和县；
青海：西宁市城东区、城中区、城西区、城北区，海东市平安区；
宁夏：银川市兴庆区、西夏区、金凤区、贺兰县，石嘴山市大武口区；
新疆生产建设兵团：农三师 48 团。

发生面积　37155 亩

危害指数　0.3961

• 柿绵粉蚧 *Phenacoccus pergandei* Cockerell

寄　　主　柳树，核桃，朴树，榆树，无花果，桑，玉兰，三球悬铃木，苹果，稠李，红叶李，梨，文冠果，糠椴，柿，白蜡树，紫丁香，白花泡桐，忍冬，旱禾树。

分布范围　北京、河北、山西、江苏、安徽、福建、山东、河南、重庆、陕西、甘肃、青海。

发生地点　北京：石景山区；

河北：保定市徐水区，廊坊市安次区、大城县，衡水市武强县；

山西：阳泉市平定县；

江苏：盐城市东台市；

安徽：阜阳市临泉县；

福建：泉州市安溪县；

山东：济宁市任城区、金乡县、嘉祥县，菏泽市定陶区、单县；

河南：安阳市文峰区，鹤壁市淇滨区；

重庆：巫山县；

陕西：渭南市大荔县；

甘肃：甘南藏族自治州舟曲县；

青海：西宁市城西区、城北区。

发生面积　2772 亩

危害指数　0.3638

• 扶桑绵粉蚧 *Phenacoccus solenopsis* Tinsley

寄　　主　榕树，桑，石楠，木芙蓉，朱槿，木槿，鹅掌柴，青皮竹，毛竹。

分布范围　河北、上海、浙江、福建、江西、湖南、广东、广西、海南、重庆、四川、云南。

发生地点　河北：衡水市桃城区；

上海：浦东新区，崇明县；

浙江：杭州市余杭区，金华市磐安县；

福建：厦门市集美区、同安区、翔安区；

湖南：怀化市麻阳苗族自治县；

广东：广州市花都区、从化区，韶关市武江区、韶关市属林场，深圳市福田区、龙岗区、大鹏新区，江门市蓬江区、台山市、开平市，肇庆市开发区、端州区、高要区、四会市，汕尾市陆河县、陆丰市，阳江市江城区，中山市，云浮市新兴县、罗定市；

广西：玉林市博白县；

海南：三亚市海棠区、吉阳区、天涯区、育才生态区，三沙市，儋州市，万宁市、白沙黎族自治县、陵水黎族自治县、保亭黎族苗族自治县；

重庆：黔江区，奉节县；

四川：攀枝花市米易县；

云南：楚雄彝族自治州永仁县，西双版纳傣族自治州景洪市、勐腊县，德宏傣族景颇族自治州瑞丽市。

发生面积 1553 亩

危害指数 0. 3428

• 苹果绵粉蚧 *Phenacoccus transcaucasicus* Hadzibejli

中文异名 梨绵粉蚧

寄　　主 核桃，桃，苹果，李，梨，白蜡树，忍冬。

分布范围 山西、宁夏、新疆。

发生地点 宁夏：吴忠市利通区、同心县；

新疆：巴音郭楞蒙古自治州库尔勒市。

发生面积 54110 亩

危害指数 0. 3580

• 橘臀纹粉蚧 *Planococcus citri*（Risso）

中文异名 柑橘刺粉蚧

寄　　主 桑，构树，桃，李，文旦柚，柑橘，橙，元宝槭，葡萄，梧桐，茶，柿，咖啡。

分布范围 华北、东北、中南，江苏、浙江、福建、四川、云南、陕西。

发生地点 江苏：苏州市吴江区，宿迁市沭阳县；

福建：莆田市涵江区；

陕西：汉中市西乡县。

• 康氏粉蚧 *Pseudococcus comstocki*（Kuwana）

中文异名 黑刺粉蚧

寄　　主 杨树，柳树，山核桃，构树，垂叶榕，桑，樟树，三球悬铃木，桃，杏，山楂，苹果，李，白梨，秋子梨，合欢，刺槐，毛刺槐，紫藤，金橘，枣树，葡萄，梧桐，紫薇，石榴，巨尾桉，鹅掌柴，君迁子，白蜡树，茉莉花，木犀，栀子，散尾葵。

分布范围 河北、辽宁、上海、江苏、浙江、安徽、福建、山东、湖北、湖南、广东、广西、四川、贵州、云南、陕西、甘肃、宁夏。

发生地点 河北：石家庄市藁城区、井陉县、正定县、赵县、晋州市、新乐市，唐山市乐亭县，邢台市宁晋县，沧州市吴桥县、泊头市、河间市，衡水市桃城区、枣强县、武邑县、饶阳县、冀州市，辛集市；

上海：宝山区；

江苏：盐城市东台市，泰州市姜堰区；

福建：莆田市涵江区、仙游县，泉州市永春县；

山东：济宁市任城区，威海市环翠区，日照市岚山区，聊城市阳谷县；

四川：遂宁市大英县；

陕西：西安市阎良区，渭南市大荔县，宁东林业局；

甘肃：庆阳市正宁县；

宁夏：吴忠市同心县。

发生面积 102015 亩

危害指数 0. 3355

- **柑橘棘粉蚧 *Pseudococcus cryptus* Hempel**

拉丁异名　*Pseudococcus citriculus* Green
寄　　主　榧树，文旦柚，柑橘，柠檬，茶，栀子。
分布范围　浙江、湖北、广东、广西、重庆、陕西。
发生地点　浙江：杭州市富阳区，台州市温岭市；
　　　　　重庆：开县。

- **长尾粉蚧 *Pseudococcus longispinus*（Targioni-tozzetti）**

拉丁异名　*Pseudococcus adonidum*（Linnaeus）
寄　　主　桑，无花果，海棠花，李，柑橘，杧果，葡萄，茶，番石榴，蒲桃，洋蒲桃，椰子。
分布范围　华东，吉林、黑龙江、广东、贵州、云南、青海。
发生地点　上海：嘉定区；
　　　　　青海：西宁市城西区、城北区。

- **葡萄粉蚧 *Pseudococcus maritimus*（Ehrhorn）**

中文异名　海粉蚧
寄　　主　桑，山楂，苹果，梨，槐树，柑橘，油桐，葡萄，茶。
分布范围　广东、四川、新疆。
发生地点　四川：雅安市雨城区；
　　　　　新疆：吐鲁番市高昌区，喀什地区疏勒县。
发生面积　408 亩
危害指数　0.3611

球蚜科 Adelgidae

- **冷杉迹球蚜 *Adelges glandulae*（Zhang）**

寄　　主　冷杉，云杉，川西云杉，紫果云杉。
分布范围　四川、甘肃。
发生地点　四川：甘孜藏族自治州德格县。

- **鱼鳞云杉球蚜 *Adelges japonicus*（Monzen）**

寄　　主　云杉，青海云杉，川西云杉。
分布范围　河北、四川。
发生地点　河北：张家口市万全区；
　　　　　四川：甘孜藏族自治州雅江县、石渠县、乡城县、得荣县、新龙林业局，凉山彝族自治州昭觉县。
发生面积　4784 亩
危害指数　0.4379

- **落叶松球蚜 *Adelges laricis* Vallot**

寄　　主　冷杉，落叶松，日本落叶松，红杉，华北落叶松，云杉，青海云杉，红皮云杉，川西云杉，鳞皮云杉，天山云杉。

分布范围 东北，北京、河北、山西、内蒙古、山东、河南、湖北、重庆、四川、陕西、甘肃、青海、宁夏、新疆。

发生地点 北京：房山区、延庆区；

河北：张家口市崇礼区、沽源县、涿鹿县，承德市平泉县、围场满族蒙古族自治县，塞罕坝林场、木兰林管局；

山西：大同市广灵县，忻州市静乐县，管涔山国有林管理局；

内蒙古：通辽市扎鲁特旗，乌兰察布市集宁区、卓资县、兴和县、察哈尔右翼中旗、四子王旗；

辽宁：大连市甘井子区，抚顺市新宾满族自治县；

吉林：辽源市东丰县，白山市浑江区、抚松县、靖宇县、长白朝鲜族自治县，三岔子林业局、泉阳林业局，蛟河林业实验管理局；

黑龙江：哈尔滨市延寿县、五常市，齐齐哈尔市克东县，伊春市嘉荫县、铁力市，佳木斯市桦川县，黑河市北安市、五大连池市，绥化市绥棱县、海伦市国有林场；

山东：青岛市莱西市，泰安市徂徕山林场；

河南：洛阳市嵩县，三门峡市灵宝市；

湖北：宜昌市兴山县；

重庆：巫山县；

四川：雅安市汉源县、石棉县，巴中市恩阳区，甘孜藏族自治州乡城县、得荣县，阿坝藏族羌族自治州理县，凉山彝族自治州金阳县、昭觉县、美姑县、雷波县；

陕西：西安市长安区，宝鸡市凤县、太白县，咸阳市彬县，长青自然保护区，太白林业局、龙草坪林业局；

甘肃：兰州市七里河区、榆中县、兰州市连城林场，白银市靖远县，天水市秦州区、麦积区、清水县、武山县、张家川回族自治县，武威市天祝藏族自治县，张掖市民乐县、山丹县，平凉市崆峒区、华亭县、庄浪县、关山林管局，庆阳市正宁县、正宁总场、湘乐总场、合水总场、华池总场，定西市陇西县、渭源县、临洮县、漳县，陇南市宕昌县、西和县、礼县、徽县，临夏回族自治州临夏县、康乐县、广河县、和政县、积石山保安族东乡族撒拉族自治县，甘南藏族自治州临潭县、卓尼县、舟曲县，兴隆山保护区、祁连山自然保护区、太子山自然保护区、莲花山自然保护区，白龙江林业管理局，小陇山林业实验管理局，太统-崆峒山自然保护区，白水江自然保护区管理局；

青海：西宁市城西区、大通回族土族自治县、湟中县，海东市乐都区、平安区、民和回族土族自治县、化隆回族自治县，海北藏族自治州门源回族自治县，果洛藏族自治州玛可河林业局；

宁夏：固原市西吉县、隆德县、彭阳县；

新疆：天山东部国有林管理局；

黑龙江森林工业总局：铁力林业局、朗乡林业局、金山屯林业局、美溪林业局、友好林业局、红星林业局、乌伊岭林业局，大海林林业局、东京城林业局、穆棱林业局、绥阳林业局、海林林业局、林口林业局、八面通林业局，亚布力林业局、通北林业局、山河屯林业局、苇河林业局，双鸭山林业局、鹤立林业局、鹤北林业局、清河林业局；

内蒙古大兴安岭林业管理局：绰尔林业局、绰源林业局、库都尔林业局、克一河林业局、甘河林业局、满归林业局、得耳布尔林业局、毕拉河林业局。

发生面积　1290602 亩

危害指数　0.4134

• **落叶松红瘿球蚜** ***Adelges roseigallis*** **(Li et Tsai)**

寄　　主　落叶松，云杉。

分布范围　陕西、甘肃。

发生地点　甘肃：甘南藏族自治州合作市，尕海则岔自然保护区。

发生面积　1725 亩

危害指数　0.3333

• **云杉绿球蚜** ***Adelges viridis*** **(Ratzeburg)**

寄　　主　落叶松，云杉。

分布范围　山西、甘肃。

发生地点　山西：晋中市和顺县；

甘肃：尕海则岔自然保护区。

发生面积　7185 亩

危害指数　0.5635

• **冷杉球蚜** ***Aphrastasia pectinatae*** **(Cholodkovsky)**

寄　　主　冷杉，云杉。

分布范围　黑龙江、四川、甘肃。

发生地点　四川：甘孜藏族自治州雅江县、新龙县、理塘县、巴塘县，凉山彝族自治州美姑县；

甘肃：尕海则岔自然保护区。

发生面积　2301 亩

危害指数　0.5248

• **华山松球蚜** ***Pineus armandicola*** **Zhang, Zhong et Zhang**

寄　　主　落叶松，云杉，华山松。

分布范围　山西、重庆、四川、贵州、云南、陕西、甘肃、青海。

发生地点　山西：中条山国有林管理局；

重庆：巫山县；

四川：攀枝花市盐边县，阿坝藏族羌族自治州九寨沟县、小金县，凉山彝族自治州西昌市、会理县、会东县、宁南县、昭觉县、喜德县、越西县、甘洛县；

贵州：六盘水市盘县，贵安新区；

云南：昆明市呈贡区、五华区、西山区、东川区、呈贡区、高新开发区、经济技术开发区、倘甸产业园区、禄劝彝族苗族自治县、寻甸回族彝族自治县、海口林场、西山林场，曲靖市富源县，玉溪市红塔区、澄江县、通海县、华宁县、峨山彝族自治县、元江哈尼族彝族傣族自治县、红塔山自然保护区，保山市隆阳区、昌宁县、腾冲市，昭通市昭阳区、鲁甸县，临沧市临翔区、双江拉祜族佤族布朗族傣族自治县，楚雄彝族自治州楚雄市、南华县、武定县，大理白族自治州南涧彝族自治县、云龙县、鹤庆县，怒江傈僳族自治州泸水县，迪庆藏族自治州维西傈僳族自治县，嵩明县、安宁市；
陕西：商洛市商南县；
甘肃：甘南藏族自治州舟曲县，小陇山林业实验管理局，白水江自然保护区管理局；
青海：海东市循化撒拉族自治县。

发生面积　282826 亩
危害指数　0.4341

• **红松球蚜** ***Pineus cembrae pinikoreanus*** **Zhang et Fang**

寄　　主　云杉，红松。
分布范围　吉林、黑龙江。
发生地点　吉林：白山市长白朝鲜族自治县、长白森经局，三岔子林业局；
黑龙江：哈尔滨市依兰县、延寿县；
黑龙江森林工业总局：朗乡林业局、金山屯林业局、红星林业局，大海林林业局、绥阳林业局、林口林业局。
发生面积　33255 亩
危害指数　0.6206

• **红松枝缝球蚜** ***Pineus cladogenous*** **Fang et Sun**

寄　　主　红松。
分布范围　吉林、黑龙江。

• **松球蚜** ***Pineus laevis*** **(Maskell)**

中文异名　油松球蚜
寄　　主　雪松，华山松，白皮松，马尾松，油松，云南松，罗汉松。
分布范围　北京、天津、山西、江西、四川、贵州、云南、陕西、甘肃、青海。
发生地点　北京：丰台区；
山西：太原市万柏林区；
江西：赣州市石城县；
四川：遂宁市船山区，凉山彝族自治州会东县；
云南：昭通市巧家县；
陕西：西安市户县；
甘肃：白银市靖远县；
青海：西宁市城东区、城中区、城西区、城北区。
发生面积　9240 亩
危害指数　0.3333

• **蜀云杉松球蚜** ***Pineus sichuananus*** **Zhang**

寄　　主　云杉，青海云杉，川西云杉，紫果云杉。

分布范围　四川。

发生地点　四川：雅安市宝兴县，阿坝藏族羌族自治州理县、阿坝县，甘孜藏族自治州康定市、丹巴县、九龙县、道孚县、炉霍县、甘孜县、新龙县、德格县、白玉县、色达县、理塘县、巴塘县、稻城县，凉山彝族自治州木里局、凉北局。

发生面积　44133 亩

危害指数　0.4288

根瘤蚜科 Phylloxeridae

• 梨黄粉蚜 *Aphanostigma iaksuiensis* (Kishida)

拉丁异名　*Cinacium iaksuiensis* (Kishida)

寄　　主　桃，苹果，白梨，河北梨，新疆梨，秋子梨，川梨，枣树。

分布范围　北京、河北、辽宁、江苏、安徽、山东、河南、重庆、四川、贵州、陕西、甘肃、宁夏、新疆。

发生地点　河北：石家庄市新乐市，唐山市古冶区、丰润区、滦南县、乐亭县、玉田县，邢台市邢台县、内丘县、隆尧县、宁晋县、平乡县，沧州市吴桥县、孟村回族自治县、泊头市、黄骅市、河间市，衡水市桃城区、武邑县、武强县、安平县、阜城县、深州市，辛集市；

江苏：宿迁市宿城区、宿豫区；

山东：济南市商河县，济宁市梁山县，莱芜市雪野湖，聊城市临清市；

重庆：万州区；

甘肃：兰州市皋兰县，武威市凉州区；

新疆：巴音郭楞蒙古自治州库尔勒市、尉犁县，喀什地区巴楚县。

发生面积　153611 亩

危害指数　0.3690

• 葡萄根瘤蚜 *Daktulosphaira vitifoliae* (Fitch)

寄　　主　葡萄。

分布范围　河北、辽宁、上海、山东、湖南、陕西。

发生地点　山东：枣庄市台儿庄区，聊城市阳谷县，菏泽市曹县；

陕西：商洛市镇安县。

发生面积　182 亩

危害指数　0.3516

• 警根瘤蚜 *Phylloxera notabilis* Pergande

中文异名　长山核桃叶根瘤蚜

寄　　主　山核桃，薄壳山核桃。

分布范围　江苏、浙江、安徽。

发生地点　江苏：盐城市东台市；

安徽：合肥市庐阳区、包河区。

发生面积　951 亩

危害指数　0. 6418

• **柳倭蚜 *Phylloxerina capreae* Börner**

寄　　主　垂柳，杞柳，旱柳，馒头柳，簸箕柳，榆树。

分布范围　天津、河北、山西、辽宁、上海、山东、四川、甘肃、青海、宁夏、新疆。

发生地点　河北：唐山市乐亭县；

上海：浦东新区；

山东：青岛市胶州市，东营市河口区，泰安市岱岳区，莱芜市莱城区，德州市平原县，聊城市东阿县、冠县，菏泽市单县、巨野县；

四川：甘孜藏族自治州新龙县；

甘肃：白银市靖远县；

青海：西宁市城东区、城中区、城西区、城北区；

宁夏：银川市兴庆区、西夏区、金凤区、灵武市，石嘴山市大武口区；

新疆：哈密市伊州区，喀什地区麦盖提县；

新疆生产建设兵团：农二师 22 团、29 团。

发生面积　4727 亩

危害指数　0. 6430

斑木虱科 Aphalariade

• **文冠果隆脉木虱 *Agonoscena xanthoceratis* Li**

寄　　主　柑橘，文冠果。

分布范围　北京、内蒙古、广西。

发生地点　内蒙古：赤峰市翁牛特旗；

广西：贺州市昭平县。

发生面积　7556 亩

危害指数　0. 3333

• **桉树芽木虱 *Blastopsylla barbara* Li**

寄　　主　蓝桉，直杆蓝桉，巨桉，巨尾桉。

分布范围　福建、广东、广西、四川、云南。

发生地点　福建：漳州市漳浦县；

广东：清远市英德市；

广西：南宁市宾阳县、横县，桂林市阳朔县、荔浦县，梧州市藤县、岑溪市，北海市银海区、铁山港区、合浦县，防城港市上思县，钦州市钦南区，贵港市平南县、桂平市，玉林市博白县、玉林市大容山林场，河池市大化瑶族自治县、宜州区，来宾市兴宾区、武宣县，崇左市扶绥县、宁明县、大新县，高峰林场、七坡林场、东门林场、维都林场、黄冕林场；

云南：昆明市西山区、倘甸产业园区、西山林场，文山壮族苗族自治州富宁县，安宁市。

发生面积　34992 亩
危害指数　0. 3736

● **梭梭胖木虱 *Caillardia azurea* Loginova**
中文异名　梭梭绿木虱
寄　　主　梭梭。
分布范围　甘肃、新疆。
发生地点　甘肃：酒泉市肃北蒙古族自治县。
发生面积　250 亩
危害指数　0. 3333

● **异色胖木虱 *Caillardia robusta* Loginova**
寄　　主　梭梭，柽柳。
分布范围　甘肃、新疆。
发生地点　甘肃：连古城自然保护区；
　　　　　新疆：巴音郭楞蒙古自治州博湖县；
　　　　　新疆生产建设兵团：农七师 130 团，农八师 148 团。
发生面积　143758 亩
危害指数　0. 5601

● **北京朴盾木虱 *Celtisaspis beijingana* Yang et Li**
寄　　主　黑弹树，朴树。
分布范围　北京、辽宁、安徽、山东、河南、广西。
发生地点　安徽：蚌埠市固镇县；
　　　　　山东：临沂市临沭县；
　　　　　广西：桂林市灵川县。
发生面积　111 亩
危害指数　0. 3634

● **贵州朴盾木虱 *Celtisaspis guizhouana* Yang et Li**
寄　　主　朴树。
分布范围　贵州。

● **浙江朴盾木虱 *Celtisaspis zhejiangana* Yang et Li**
寄　　主　黑弹树，朴树，石楠。
分布范围　上海、江苏、浙江、安徽、江西、山东、湖北、湖南、贵州。
发生地点　上海：闵行区、浦东新区、金山区；
　　　　　江苏：苏州市高新技术开发区、昆山市、太仓市，泰州市姜堰区、兴化市，宿迁市宿城区、沭阳县；
　　　　　浙江：温州市洞头区，台州市天台县；
　　　　　安徽：合肥市庐阳区、包河区、肥西县，芜湖市芜湖县，亳州市蒙城县，宣城市郎溪县；

山东：潍坊市昌邑市；
湖北：荆州市监利县；
湖南：永州市道县；
贵州：贵安新区。

发生面积 971 亩

危害指数 0.3508

丽木虱科 Calophyidae

• **黄檗丽木虱 *Calophya nigra* Kuwayama**

寄　　主 黄檗。

分布范围 辽宁、吉林、四川。

发生地点 四川：雅安市芦山县。

• **黄栌丽木虱 *Calophya rhois*（Low）**

寄　　主 榆树，黄栌。

分布范围 北京、天津、山东、宁夏。

发生地点 北京：东城区、丰台区、石景山区、通州区、顺义区、大兴区；
山东：济南市历城区，青岛市胶州市，泰安市泰山区、东平县、肥城市；
宁夏：银川市西夏区、金凤区。

发生面积 879 亩

危害指数 0.3360

• **木荷瘿木虱 *Cecidopsylla schimae* Kieffer**

寄　　主 石楠，木荷。

分布范围 江西、广东、广西、云南。

发生地点 江西：赣州市安远县。

发生面积 700 亩

危害指数 0.3333

裂木虱科 Carsidaridae

• **梧桐裂木虱 *Carsidara limbata*（Enderlein）**

寄　　主 山杨，朴树，高山榕，垂叶榕，榕树，桑，三球悬铃木，香椿，白桐树，梧桐，八角金盘，白花泡桐，毛泡桐，楸，梓。

分布范围 北京、天津、河北、山西、上海、江苏、浙江、安徽、福建、江西、山东、河南、湖北、湖南、重庆、四川、陕西、新疆。

发生地点 河北：石家庄市鹿泉区、新乐市，保定市满城区、定兴县、唐县，衡水市故城县、阜城县；
山西：运城市盐湖区、临猗县、闻喜县、垣曲县、永济市，临汾市尧都区；
上海：闵行区、浦东新区、松江区、奉贤区，崇明县；

江苏：南京市栖霞区，徐州市铜山区、丰县，常州市天宁区、钟楼区、新北区、金坛区，苏州市高新技术开发区、吴江区、昆山市、太仓市，宿迁市宿城区；
浙江：宁波市鄞州区；
安徽：合肥市包河区、肥西县，芜湖市芜湖县，宿州市泗县，宣城市郎溪县；
江西：赣州市安远县；
山东：枣庄市薛城区，东营市垦利县，烟台市莱山区，潍坊市潍城区、坊子区、昌邑市，济宁市任城区、金乡县、嘉祥县、高新技术开发区，泰安市新泰市、肥城市，莱芜市莱城区，临沂市临沭县，德州市武城县，聊城市东昌府区、阳谷县、东阿县、冠县、临清市，滨州市无棣县；
河南：郑州市二七区、荥阳市、新郑市，开封市通许县，洛阳市嵩县，鹤壁市淇滨区，新乡市新乡县、卫辉市，焦作市沁阳市，濮阳市清丰县，许昌市许昌县、鄢陵县、襄城县、禹州市、长葛市，南阳市卧龙区，商丘市民权县、宁陵县；
湖北：荆州市监利县；
湖南：湘西土家族苗族自治州凤凰县；
四川：达州市通川区；
陕西：西安市临潼区，宝鸡市扶风县、眉县、千阳县，咸阳市秦都区、彬县、兴平市，渭南市华州区、大荔县，韩城市；
新疆：喀什地区麦盖提县。

发生面积　20494 亩
危害指数　0.4311

● **黄槿木虱 *Stenopsylla* sp.**

寄　　主　黄槿。
分布范围　福建、广西。
发生地点　福建：厦门市同安区。

● **木棉乔木虱 *Tenaphalara acutipennis* Kuwayama**

寄　　主　木棉。
分布范围　广东。

同木虱科 Homotomidae

● **榕卵痣木虱 *Macrohomotoma gladiata* Kuwayama**

中文异名　榕木虱
寄　　主　垂叶榕，榕树。
分布范围　福建、广东、广西、重庆、四川。
发生地点　福建：莆田市涵江区，漳州市漳浦县，南平市延平区；
广东：广州市越秀区、番禺区、南沙区，深圳市宝安区、龙岗区、光明新区、龙华新区，佛山市南海区，肇庆市高要区、怀集县、德庆县、四会市，清远市清新区，东莞市，汕尾市陆丰市、陆河县，云浮市新兴县；

广西：柳州市柳江区、柳城县、融水苗族自治县；
重庆：万州区、涪陵区、大渡口区、江北区、九龙坡区、南岸区、北碚区、大足区、长寿区、永川区、铜梁区、潼南区、万盛经济技术开发区，丰都县、垫江县、忠县、开县、云阳县、奉节县、巫山县、石柱土家族自治县、彭水苗族土家族自治县；
四川：自贡市自流井区、大安区、荣县，遂宁市船山区、大英县，内江市市中区、东兴区、威远县、隆昌县，乐山市犍为县、沐川县，南充市营山县、仪陇县，宜宾市翠屏区、筠连县、兴文县，广安市武胜县，达州市达川区，巴中市巴州区，资阳市雁江区。

发生面积 7382 亩

危害指数 0.3364

扁木虱科 Liviidae

• 柑橘呆木虱 *Diaphorina citri* Kuwayama

寄　　主 文旦柚，柑橘，茶，女贞。

分布范围 北京、浙江、福建、江西、湖北、湖南、广东、广西、海南、四川、贵州、云南、陕西。

发生地点 北京：东城区；
福建：漳州市诏安县、平和县；
江西：抚州市广昌县；
湖北：太子山林场；
湖南：永州市冷水滩区、双牌县、回龙圩管理区；
广东：广州市越秀区、白云区、番禺区、花都区、南沙区、从化区、增城区，肇庆市德庆县，云浮市云安区；
四川：自贡市贡井区。

发生面积 56224 亩

危害指数 0.3600

• 无斑滑头木虱 *Syntomoza unicolor* (Loginova)

寄　　主 胡杨，木荷。

分布范围 内蒙古、湖南、云南、甘肃、新疆。

发生地点 内蒙古：阿拉善盟额济纳旗；
湖南：郴州市嘉禾县；
云南：玉溪市元江哈尼族彝族傣族自治县；
甘肃：酒泉市金塔县。

发生面积 101952 亩

危害指数 0.6301

花木虱科 Phacopteronidae

- **龙眼角颊木虱 *Cornegenapsylla sinica* Yang et Li**

寄　　主　龙眼，荔枝，盆架树。
分布范围　福建、广东、广西、海南、重庆、四川。
发生地点　福建：厦门市同安区、翔安区，泉州市洛江区、惠安县、安溪县，市芗城区、龙文区、漳州台商投资区；
　　　　　广东：广州市越秀区；
　　　　　重庆：万州区、永川区；
　　　　　四川：泸州市江阳区、泸县，宜宾市高县。
发生面积　7430 亩
危害指数　0. 3352

- **橄榄星室木虱 *Pseudophacopteron album*（Yang et Tsay）**

寄　　主　荔枝，鹅掌柴，糖胶树，盆架树。
分布范围　广东。
发生地点　广东：深圳市坪山新区，惠州市惠东县，东莞市，云浮市云城区。
发生面积　189 亩
危害指数　0. 5432

- **鸭脚木星室木虱 *Pseudophacopteron alstonium* Yang et Li**

寄　　主　鹅掌柴，糖胶树，盆架树。
分布范围　福建、广东、广西、云南。
发生地点　福建：泉州市安溪县，漳州市漳浦县；
　　　　　广东：韶关市翁源县，深圳市福田区、南山区、宝安区、龙岗区、盐田区，湛江市廉江市，肇庆市开发区、端州区、德庆县，河源市源城区、紫金县、龙川县、东源县、新丰江；
　　　　　广西：南宁市江南区、马山县、宾阳县、横县，防城港市防城区、东兴市，派阳山林场、钦廉林场。
发生面积　8829 亩
危害指数　0. 3763

木虱科 Psyllidae

- **楹树羞木虱 *Acizzia albizzicola* Li et Yang**

寄　　主　楹树，小蜡。
分布范围　福建、广东。
发生地点　福建：南平市延平区。

- **扁头羞木虱 *Acizzia complana* Li et Yang**

寄　　主　核桃，榕树，石楠，桉树，盆架树。

分布范围　广西、陕西。

• 黑荆羞木虱 *Acizzia dealbotae* Li et Yang

寄　　主　黑荆树。

分布范围　福建。

发生地点　福建：泉州市永春县。

发生面积　594 亩

危害指数　0. 3333

• 合欢羞木虱 *Acizzia jamatonica*（Kuwayama）

寄　　主　海桐，石楠，合欢，山合欢，蓝桉。

分布范围　北京、天津、河北、上海、江苏、安徽、山东、河南、湖南、云南、宁夏。

发生地点　北京：东城区、朝阳区、丰台区、大兴区；

河北：秦皇岛市抚宁区；

上海：浦东新区，崇明县；

江苏：无锡市江阴市，苏州市高新技术开发区、吴江区、昆山市、太仓市，宿迁市宿城区、沭阳县；

安徽：合肥市庐阳区、肥西县；

山东：潍坊市昌邑市，济宁市任城区、高新技术开发区，泰安市肥城市，威海市环翠区，德州市禹城市，聊城市阳谷县、东阿县、经济技术开发区、高新技术产业开发区，菏泽市单县、巨野县、郓城县；

湖南：湘西土家族苗族自治州凤凰县；

云南：昆明市经济技术开发区；

宁夏：银川市金凤区。

发生面积　1581 亩

危害指数　0. 3557

• 多斑羞木虱 *Acizzia punctata*

寄　　主　石楠。

分布范围　湖南、陕西。

发生地点　湖南：湘潭市韶山市。

• 东方羞木虱 *Acizzia sasakii*（Miyatake）

寄　　主　栎子青冈，五味子，盆架树。

分布范围　黑龙江、山东、湖南、海南。

发生地点　湖南：岳阳市君山区；

海南：澄迈县。

• 桑木虱 *Anomoneura mori* Schwarz

中文异名　桑异脉木虱

寄　　主　柏木，桑，樟树，山楂，白蜡树，盆架树。

分布范围　北京、天津、河北、山西、辽宁、江苏、浙江、安徽、福建、山东、湖北、重庆、四川、贵州、陕西、甘肃。

发生地点　北京：丰台区、房山区、顺义区、大兴区；

河北：秦皇岛市北戴河区、抚宁区，承德市双滦区；

山西：晋城市沁水县；

安徽：合肥市庐阳区、肥西县，芜湖市芜湖县；

福建：厦门市海沧区、集美区；

山东：泰安市泰山区、泰山林场；

四川：南充市高坪区，巴中市通江县；

陕西：渭南市华州区，汉中市汉台区，榆林市吴堡县、子洲县，商洛市商州区、丹凤县、镇安县。

发生面积　1552 亩

危害指数　0. 3589

• 垂柳喀木虱 *Cacopsylla babylonica* Li et Yang

寄　　主　柳树。

分布范围　山东。

发生地点　山东：聊城市高新技术产业开发区。

• 乌苏里梨喀木虱 *Cacopsylla burckhardti* Luo, Li, Ma et Cai

寄　　主　秋子梨。

分布范围　甘肃。

发生地点　甘肃：临夏回族自治州临夏县、和政县、东乡族自治县。

发生面积　23455 亩

危害指数　0. 4781

• 中国梨喀木虱 *Cacopsylla chinensis* (Yang et Li)

中文异名　中国梨木虱

寄　　主　桃，梅，杏，枇杷，苹果，海棠花，梨，杜梨，白梨，西洋梨，河北梨，川梨，沙梨，新疆梨，秋子梨，合欢，黄栌，葡萄，秋海棠，君迁子，白花泡桐。

分布范围　西北，北京、河北、山西、辽宁、上海、江苏、浙江、安徽、江西、山东、河南、湖北、四川、贵州。

发生地点　北京：东城区、丰台区、石景山区、房山区、怀柔区、密云区；

河北：石家庄市藁城区、正定县、行唐县、高邑县、深泽县、赵县、晋州市、新乐市，唐山市古冶区、丰南区、乐亭县、玉田县，邯郸市成安县、鸡泽县，邢台市邢台县、内丘县、隆尧县、南和县、宁晋县、巨鹿县、新河县、平乡县、威县、临西县、南宫市，保定市涞水县、唐县、博野县、高碑店市，张家口市怀安县，承德市承德县，沧州市献县、孟村回族自治县、泊头市、河间市，廊坊市广阳区、固安县、永清县、文安县、霸州市、三河市，衡水市桃城区、枣强县、武邑县、武强县、饶阳县、安平县、景县、阜城县、冀州市；

山西：晋城市泽州县，晋中市榆社县、左权县；

上海：浦东新区、奉贤区，崇明县；

江苏：徐州市铜山区、丰县、睢宁县，常州市溧阳市，苏州市高新技术开发区、太仓市、吴江区，盐城市响水县，扬州市宝应县、高邮市，泰州市兴化市；
浙江：杭州市桐庐县，嘉兴市秀洲区；
安徽：合肥市庐阳区、肥西县，阜阳市阜南县，宣城市宣州区；
山东：济宁市兖州区，泰安市宁阳县，莱芜市莱城区、钢城区，临沂市莒南县，德州市齐河县，聊城市阳谷县、东阿县、冠县，菏泽市牡丹区、定陶区、曹县、单县、巨野县；
河南：郑州市惠济区、新郑市，开封市龙亭区、通许县，洛阳市孟津县，平顶山市鲁山县，新乡市新乡县，焦作市孟州市，濮阳市南乐县，三门峡市陕州区，南阳市桐柏县，商丘市宁陵县、柘城县，济源市、巩义市、永城市；
四川：成都市简阳市；
贵州：贵安新区；
陕西：西安市阎良区，咸阳市泾阳县、彬县，延安市劳山林业局，商洛市商南县；
甘肃：兰州市永登县、皋兰县，武威市凉州区，平凉市静宁县，酒泉市肃州区，临夏回族自治州临夏市、临夏县、和政县、东乡族自治县；
宁夏：银川市兴庆区、西夏区、金凤区、灵武市，石嘴山市大武口区，吴忠市红寺堡区；
新疆：喀什地区叶城县、岳普湖县，巴音郭楞蒙古自治州库尔勒市、轮台县、和静县、博湖县；
新疆生产建设兵团：农一师3团、10团、13团，农二师22团、29团，农三师53团。

发生面积 325827亩

危害指数 0.3692

• 辽梨喀木虱 *Cacopsylla liaoli*（Yang et Li）

寄　　主 秋子梨。

分布范围 河北、山西、辽宁、甘肃。

发生地点 甘肃：临夏回族自治州临夏县、和政县、东乡族自治县。

发生面积 5080亩

危害指数 0.4777

• 梨黄喀木虱 *Cacopsylla pyrisuga*（Förster）

中文异名 梨木虱

寄　　主 苹果，新疆梨，秋子梨，合欢。

分布范围 北京、天津、河北、山东、河南、新疆。

发生地点 北京：东城区、石景山区；
河北：唐山市滦南县，秦皇岛市昌黎县、卢龙县，邢台市广宗县，沧州市东光县、吴桥县、孟村回族自治县、河间市，衡水市枣强县，辛集市；
山东：东营市河口区，泰安市岱岳区，莱芜市钢城区；
河南：南阳市新野县；
新疆生产建设兵团：农一师，农三师44团。

发生面积 101409 亩
危害指数 0. 3458

• 山楂喀木虱 *Cacopsylla sangjaei* (Kwon)

寄　　主 山楂，杜梨。
分布范围 北京、河北、山西、辽宁、吉林、广西。
发生地点 广西：柳州市柳城县。

• 皂荚幽木虱 *Colophorina robinae* (Shinji)

中文异名 皂角幽木虱
寄　　主 山皂荚，皂荚。
分布范围 北京、辽宁、安徽、山东、河南、贵州、陕西。
发生地点 北京：丰台区；
山东：济宁市曲阜市，聊城市临清市；
河南：洛阳市嵩县。
发生面积 1863 亩
危害指数 0. 3691

• 花椒角木虱 *Cornopsylla zanthoxylae* Li

寄　　主 花椒。
分布范围 四川。
发生地点 四川：攀枝花市盐边县。
发生面积 150 亩
危害指数 0. 4444

• 槐豆木虱 *Cyamophila willieti* (Wu)

中文异名 槐木虱、国槐木虱
寄　　主 榆树，杏，刺槐，槐树，龙爪槐，紫藤。
分布范围 华北、西北，辽宁、江苏、山东、湖北、湖南、贵州。
发生地点 北京：朝阳区、丰台区、海淀区、昌平区、石景山区；
河北：邢台市柏乡县，保定市唐县，张家口市怀来县，衡水市桃城区、武邑县；
内蒙古：鄂尔多斯市康巴什新区；
山西：运城市新绛县、绛县；
江苏：苏州市吴江区、昆山市；
山东：济南市历城区，济宁市金乡县，莱芜市钢城区，聊城市东阿、阳谷县，滨州市惠民县；
甘肃：兰州市城关区、七里河区、西固区，金昌市金川区，白银市靖远县，平凉市泾川县、灵台县、崇信县、静宁县，酒泉市肃州区，临夏回族自治州临夏市、临夏县、康乐县、永靖县、和政县；
宁夏：银川市兴庆区、西夏区、金凤区、永宁县、贺兰县、灵武市，吴忠市利通区、同心县，石嘴山市大武口区、惠农区；

新疆生产建设兵团：农一师 13 团，农二师 29 团，农十四师 224 团。
发生面积　18096 亩
危害指数　0.4229

- **沙冬青木虱 *Eremopsylloides mongolicus* Loginova**

寄　　主　沙冬青。
分布范围　内蒙古。
发生地点　内蒙古：阿拉善盟阿拉善左旗。
发生面积　72373 亩
危害指数　0.8063

- **石桢楠虱 *Psylla* sp.**

寄　　主　石楠，红叶李，杜鹃。
分布范围　贵州。
发生地点　贵州：贵阳市花溪区。
发生面积　120 亩
危害指数　0.3333

个木虱科 Triozidae

- **柳线角木虱 *Bactericera salicivora*（Reuter）**

寄　　主　杨树，大红柳，沙柳。
分布范围　福建、甘肃、青海、宁夏。
发生地点　福建：南平市松溪县；
青海：西宁市城西区；
宁夏：石嘴山市大武口区，吴忠市盐池县。
发生面积　603 亩
危害指数　0.3886

- **蔡氏胡杨个木虱 *Egeirotrioza ceardi*（De Bergevin）**

中文异名　胡杨木虱
寄　　主　胡杨，垂柳，柽柳。
分布范围　河北、内蒙古、甘肃、新疆。
发生地点　河北：张家口市怀安县；
内蒙古：阿拉善盟额济纳旗；
甘肃：酒泉市金塔县、瓜州县，敦煌西湖保护区；
新疆：克拉玛依市克拉玛依区、乌尔禾区，博尔塔拉蒙古自治州博乐市，巴音郭楞蒙古自治州库尔勒市、轮台县、尉犁县、若羌县，喀什地区英吉沙县、叶城县、麦盖提县、岳普湖县、巴楚县，和田地区和田县、墨玉县；
新疆生产建设兵团：农一师 10 团、13 团，农二师 22 团、29 团，农三师 44 团，农四师 68 团，农七师 130 团，农十四师 224 团。

发生面积　566326 亩
危害指数　0.4601

• **纤细真胡杨个木虱 *Evegeirotrioza gracilis* (Baeva)**
寄　　主　胡杨。
分布范围　内蒙古、新疆。
发生地点　内蒙古：阿拉善盟额济纳旗；
　　　　　新疆：克拉玛依市乌尔禾区。
发生面积　110400 亩
危害指数　0.5447

• **中国沙棘木虱 *Hippophaetrioza chinesis* Li et Yang**
寄　　主　沙棘。
分布范围　内蒙古、青海。
发生地点　青海：西宁市城东区，玉树藏族自治州称多县；
　　　　　内蒙古大兴安岭林业管理局：库都尔林业局。
发生面积　12258 亩
危害指数　0.3988

• **枸杞木虱 *Bactericera gobica* (Loginova)**
拉丁异名　*Paratrioza sinica* Yang et Li
寄　　主　苹果，枸杞。
分布范围　西北，河北、内蒙古、山东。
发生地点　河北：邢台市巨鹿县；
　　　　　内蒙古：巴彦淖尔市乌拉特前旗，阿拉善盟额济纳旗；
　　　　　山东：济南市历城区；
　　　　　甘肃：嘉峪关市，白银市平川区、靖远县、景泰县，武威市凉州区、民勤县、古浪县，酒泉市瓜州县、玉门市；
　　　　　青海：海西蒙古族藏族自治州格尔木市、德令哈市；
　　　　　宁夏：石嘴山市大武口区、惠农区，吴忠市同心县；
　　　　　新疆：巴音郭楞蒙古自治州库尔勒市，塔城地区乌苏市、沙湾县；
　　　　　新疆生产建设兵团：农二师，农七师 124 团、130 团。
发生面积　248661 亩
危害指数　0.4030

• **樟个木虱 *Trioza camphorae* Sasaki**
寄　　主　猴樟，阴香，樟树，天竺桂，闽楠，香椿。
分布范围　华东，河南、湖北、湖南、广东、四川、贵州、陕西。
发生地点　上海：闵行区、宝山区、嘉定区、浦东新区、金山区、松江区、奉贤区，崇明县；
　　　　　江苏：无锡市惠山区、滨湖区、江阴市、宜兴市，常州市天宁区、钟楼区、新北区、武进区、溧阳市，苏州市高新技术开发区、吴江区、常熟市、昆山市、太仓市，南通市海安县、如东县、海门市，淮安市清江浦区，盐城市盐都区、建湖县、东台市，扬州市邗江区、江都区、高邮市、经济技术开发区，镇江市京口区、镇江新区、润州区、丹阳市、句容市，泰州市姜堰区、泰兴市；
浙江：杭州市西湖区，宁波市鄞州区，金华市磐安县，台州市温岭市；
安徽：合肥市庐阳区、肥西县，芜湖市芜湖县、无为县，黄山市徽州区，池州市贵池区；
福建：三明市尤溪县，泉州市安溪县、晋江市，南平市松溪县，龙岩市上杭县，福州国家森林公园；
江西：南昌市南昌县，赣州市安远县，宜春市铜鼓县，上饶市上饶县；
山东：枣庄市台儿庄区；
湖北：太子山林场；
湖南：岳阳市云溪区，怀化市辰溪县；
广东：广州市越秀区，肇庆市四会市；
四川：成都市大邑县、简阳市。

发生面积　23009 亩
危害指数　0. 3638

- **沙枣个木虱 *Trioza magnisetosa* Loginova**

寄　　主　新疆杨，二白杨，柳树，榆树，桃，杏，苹果，李，梨，新疆梨，枣树，山枣，葡萄，沙枣，沙棘。
分布范围　西北，内蒙古。
发生地点　内蒙古：赤峰市翁牛特旗，鄂尔多斯市杭锦旗，巴彦淖尔市磴口县、乌拉特前旗，阿拉善盟阿拉善右旗、额济纳旗；
陕西：榆林市定边县，府谷县；
甘肃：嘉峪关市，金昌市金川区、永昌县，白银市平川区、靖远县，张掖市甘州区、肃南裕固族自治县、民乐县、临泽县、高台县、山丹县，酒泉市肃州区、金塔县、瓜州县、肃北蒙古族自治县、阿克塞哈萨克族自治县、玉门市、敦煌市；
青海：西宁市城东区、城中区、城西区、城北区，海西蒙古族藏族自治州格尔木市、大柴旦行委；
宁夏：银川市兴庆区、西夏区、金凤区、永宁县、贺兰县、灵武市，石嘴山市大武口区、惠农区，吴忠市利通区、红寺堡区、盐池县、同心县，中卫市中宁县；
新疆：克拉玛依市克拉玛依区、乌尔禾区，巴音郭楞蒙古自治州库尔勒市、和静县，喀什地区疏勒县、叶城县、麦盖提县、岳普湖县、巴楚县，和田地区和田县、墨玉县、皮山县、策勒县、民丰县，阿勒泰地区福海县；
新疆生产建设兵团：农一师 10 团，农二师 22 团、29 团，农四师 68 团，农十师 183 团，农十四师 224 团。

发生面积　164180 亩
危害指数　0. 4641

- **柯树个木虱 *Trioza schimae* Li et Yang**

寄　　主　木荷。

分布范围　福建。
发生地点　福建：泉州市安溪县。
发生面积　519 亩
危害指数　0.3333

- **胡杨枝瘿木虱 *Trioza* sp.**

寄　　主　山杨，胡杨。
分布范围　新疆。
发生地点　新疆：吐鲁番市高昌区、鄯善县，哈密市伊州区，巴音郭楞蒙古自治州库尔勒市、轮台县、尉犁县，喀什地区英吉沙县、莎车县、麦盖提县；
新疆生产建设兵团：农一师 10 团、13 团，农二师 22 团、29 团，农七师 130 团，农八师 148 团，农十四师 224 团。
发生面积　311390 亩
危害指数　0.3460

- **蒲桃个木虱 *Trioza syzygii* Li et Young**

寄　　主　蒲桃。
分布范围　广西。
发生地点　广西：柳州市柳江区。

异翅亚目 Heteroptera　花蝽科 Anthocoridae

- **微小花蝽 *Orius minutus* (Linnaeus)**

寄　　主　崖柏，青冈，构树。
分布范围　北京、天津、河北、内蒙古、辽宁、黑龙江、浙江、山东、河南、湖北、湖南、四川、甘肃、宁夏。
发生地点　湖北：潜江市；
四川：巴中市恩阳区；
宁夏：银川市西夏区。

盲蝽科 Miridae

- **三点苜蓿盲蝽 *Adelphocoris fasiaticollis* Reuter**

中文异名　三点盲蝽
寄　　主　加杨，山杨，毛白杨，白柳，垂柳，棉花柳，旱柳，小红柳，核桃，榆树，桃，碧桃，杏，山楂，苹果，海棠花，椤木石楠，石楠，李，刺槐，槐树，臭椿，火炬树，枣树，木槿，女贞，黄荆，荆条，枸杞，白花泡桐。
分布范围　华北、东北，江苏、安徽、江西、山东、河南、湖北、湖南、海南、四川、陕西、宁夏。
发生地点　北京：东城区、石景山区、通州区、顺义区、大兴区、密云区；
河北：张家口市张北县、尚义县、怀来县，沧州市吴桥县、孟村回族自治县、河间市，衡水市桃城区、武邑县；

江苏：淮安市清江浦区、金湖县，盐城市盐都区、阜宁县，扬州市邗江区、江都区、宝应县；

山东：潍坊市坊子区，济宁市曲阜市，泰安市泰山区、肥城市、泰山林场，黄河三角洲保护区；

陕西：咸阳市永寿县，渭南市华州区、大荔县；

宁夏：石嘴山市惠农区。

发生面积　3501 亩

危害指数　0. 3334

• 苜蓿盲蝽 *Adelphocoris lineolatus* (Goeze)

寄　　主　山杨，白柳，垂柳，旱柳，山核桃，榆树，桑，桃，杏，苹果，新疆梨，刺槐，枣树，油茶，沙枣，白蜡树，白花泡桐，毛泡桐。

分布范围　华北、东北、西北，江苏、浙江、安徽、江西、山东、河南、湖北、广西、四川、云南、西藏。

发生地点　河北：沧州市孟村回族自治县、黄骅市、河间市；

江苏：南京市栖霞区；

浙江：台州市黄岩区；

山东：聊城市东阿县；

四川：自贡市贡井区；

陕西：渭南市大荔县；

宁夏：银川市兴庆区、西夏区、金凤区，吴忠市红寺堡区、盐池县；

新疆：巴音郭楞蒙古自治州库尔勒市、焉耆回族自治县、博湖县；

新疆生产建设兵团：农一师 3 团、10 团、13 团，农二师 22 团、29 团。

发生面积　101409 亩

危害指数　0. 3335

• 中黑苜蓿盲蝽 *Adelphocoris suturalis* (Jakovlev)

中文异名　中黑盲蝽

寄　　主　黑杨，柳树，桑，海桐，石楠，月季，合欢，槐树，冬青，女贞，木犀，荆条。

分布范围　东北，北京、天津、河北、上海、江苏、浙江、安徽、江西、山东、河南、湖北、广西、四川、贵州、陕西、甘肃。

发生地点　北京：密云区；

江苏：南京市江宁区，无锡市锡山区，扬州市邗江区、广陵区、宝应县、经济技术开发区，镇江市润州区、句容市；

山东：聊城高新技术产业开发区；

陕西：商洛市镇安县。

发生面积　136 亩

危害指数　0. 3333

● **丝绵木后丽盲蝽 *Apolygus evonymi*（Zheng et Wang）**

寄　　主　冬青卫矛。

分布范围　辽宁、陕西。

发生地点　陕西：咸阳市武功县，榆林市米脂县。

发生面积　150 亩

危害指数　0.3333

● **绿盲蝽 *Apolygus lucorum*（Meyer-Dür）**

中文异名　绿后丽盲蝽

寄　　主　加杨，山杨，大红柳，棉花柳，旱柳，薄壳山核桃，核桃，栓皮栎，榆树，构树，桑，樟树，枫香，三球悬铃木，桃，杏，樱桃，西府海棠，苹果，海棠花，石楠，李，白梨，河北梨，月季，刺槐，槐树，文旦柚，臭椿，盐肤木，冬青，龙眼，荔枝，枣树，葡萄，木槿，油茶，茶，木荷，紫薇，石榴，白蜡树，洋白蜡，女贞，木犀，黄荆，枸杞，白花泡桐，毛泡桐。

分布范围　东北、华东、西北，北京、河北、山西、河南、湖北、湖南、广东、重庆、四川、贵州、云南。

发生地点　北京：东城区、石景山区、房山区、顺义区、大兴区、密云区；

河北：石家庄市行唐县、晋州市、新乐市，唐山市古冶区，邢台市巨鹿县，沧州市沧县、东光县、肃宁县、吴桥县、孟村回族自治县、黄骅市、河间市，廊坊市大城县，衡水市桃城区、枣强县、武邑县、安平县、冀州市、深州市，辛集市；

山西：太原市尖草坪区，大同市阳高县，晋中市榆次区、太谷县，运城市盐湖区、闻喜县、稷山县、新绛县、永济市，临汾市襄汾县、永和县，吕梁市临县；

上海：宝山区、浦东新区、奉贤区；

江苏：南京市雨花台区，无锡市惠山区，盐城市响水县、阜宁县、东台市，扬州市江都区、宝应县、高邮市；

浙江：台州市黄岩区；

江西：吉安市遂川县；

山东：济南市商河县，青岛市即墨市，东营市河口区、垦利县，济宁市任城区、曲阜市、高新区、太白湖新区，泰安市泰山区、岱岳区，威海市环翠区，莱芜市莱城区，德州市齐河县，聊城经济技术开发区，滨州市无棣县，菏泽市牡丹区、定陶区、单县，黄河三角洲保护区；

河南：许昌市禹州市，三门峡市灵宝市；

重庆：江津区；

四川：自贡市自流井区，绵阳市梓潼县，遂宁市蓬溪县、射洪县；

陕西：西安市阎良区、临潼区，咸阳市彬县，榆林市佳县，商洛市镇安县，神木县；

甘肃：白银市平川区、靖远县、会宁县；

青海：西宁市城东区、城中区、城西区，海东市互助土族自治县；

宁夏：银川市灵武市，石嘴山市大武口区、惠农区，固原市原州区；

新疆：喀什地区疏勒县、叶城县、岳普湖县、巴楚县，塔城地区沙湾县。

发生面积　713625 亩

危害指数　0. 3828

- **斯氏后丽盲蝽 *Apolygus spinolae*（Meyer-Dür）**

寄　　主　枣树。

分布范围　北京、天津、黑龙江、浙江、河南、广东、四川、云南、陕西、甘肃。

- **榆后丽盲蝽 *Apolygus ulmi*（Zheng et Wang）**

寄　　主　榆树。

分布范围　北京、河南、湖北、陕西。

- **枣后丽盲蝽 *Apolygus zizyphi* Lu et Zheng**

寄　　主　枣树。

分布范围　河北、安徽、河南。

发生地点　安徽：宣城市宣州区；

　　　　　河南：许昌市禹州市。

发生面积　5030 亩

危害指数　0. 4659

- **栲木盲蝽 *Castanopsides hasegawai* Yasunaga**

寄　　主　杏，苹果，新疆梨，枣树，葡萄。

分布范围　辽宁、湖北、宁夏、新疆。

发生地点　宁夏：石嘴山市惠农区，吴忠市红寺堡区；

　　　　　新疆生产建设兵团：农一师 10 团、13 团，农二师 29 团。

发生面积　75626 亩

危害指数　0. 3333

- **牧草盲蝽 *Lygus pratensis*（Linnaeus）**

寄　　主　榆树，杏，梨，葡萄。

分布范围　北京、河北、陕西、内蒙古、山东、河南、四川、西藏、陕西、甘肃、宁夏、新疆。

发生地点　宁夏：石嘴山市大武口区；

　　　　　新疆：巴音郭楞蒙古自治州库尔勒市；

　　　　　新疆生产建设兵团：农二师 22 团。

发生面积　6561 亩

危害指数　0. 4146

- **雷氏草盲蝽 *Lygus renati* Schwartz et Foottit**

寄　　主　榆树。

分布范围　内蒙古、西藏、青海、宁夏、新疆。

- **香榧硕丽盲蝽 *Macrolygus torreyae* Zheng et Lu**

寄　　主　榧树，青冈。

分布范围　浙江、重庆。

发生地点　重庆：潼南区。

• **樟颈曼盲蝽 *Mansoniella cinnamomi* Zheng et Liu**

中文异名　樟颈盲蝽

寄　　主　板栗，榆树，猴樟，樟树，油樟，木姜子，枫香，三角槭，栾树。

分布范围　上海、江苏、浙江、安徽、福建、江西、湖北、湖南、广东、四川、陕西。

发生地点　上海：浦东新区；

江苏：无锡市惠山区，苏州市高新区、吴江区，扬州市宝应县；

浙江：杭州市西湖区、余杭区，宁波市江北区、鄞州区、象山县，温州市洞头区，金华市浦江县、磐安县，衢州市常山县，台州市黄岩区、天台县、温岭市；

安徽：合肥市包河区，黄山市徽州区；

福建：泉州市安溪县；

江西：赣州经济技术开发区，吉安市青原区，上饶市上饶县；

湖北：武汉市东西湖区，荆州市沙市区、荆州区、监利县、江陵县；

湖南：长沙市望城区、浏阳市，株洲市荷塘区、芦淞区、石峰区、天元区、云龙示范区，衡阳市南岳区、衡阳县、衡南县、常宁市，邵阳市洞口县，岳阳市云溪区、君山区、平江县，张家界市永定区，益阳市南县、桃江县，郴州市北湖区、桂阳县，永州市金洞管理区，怀化市鹤城区、中方县、沅陵县、辰溪县、会同县、麻阳苗族自治县、新晃侗族自治县、芷江侗族自治县、靖州苗族侗族自治县、通道侗族自治县、洪江市，湘西土家族苗族自治州泸溪县、永顺县；

四川：宜宾市翠屏区、宜宾县，雅安市石棉县；

陕西：安康市石泉县。

发生面积　38252 亩

危害指数　0. 3638

• **武夷山曼盲蝽 *Mansoniella wuyishana* Lin**

寄　　主　枫杨，枫香。

分布范围　浙江。

发生地点　浙江：杭州市西湖区。

• **烟盾盲蝽 *Nesidiocoris tenuis*（Reuter）**

寄　　主　沙棘。

分布范围　甘肃。

发生地点　甘肃：庆阳市西峰区。

• **斑膜合垫盲蝽 *Orthotylus sophorae* Polhemus**

寄　　主　槐树。

分布范围　天津、河南、湖北、四川、陕西、甘肃。

发生地点　甘肃：临夏回族自治州临夏市、临夏县、康乐县、和政县。

发生面积　1620 亩

危害指数　0. 6687

• **诺植盲蝽 *Phytocoris nowickyi* Fieber**

寄　　主　杏。

分布范围　河北、内蒙古、吉林、黑龙江、湖北、四川、陕西、甘肃、宁夏。

• 冷杉松盲蝽 *Pinalitus abietus* Lu et Zheng

寄　　主　冷杉，青海云杉。

分布范围　甘肃、宁夏。

• 北京异盲蝽 *Polymerus pekinensis* Horváth

寄　　主　榆树。

分布范围　华北，吉林、黑龙江、浙江、安徽、福建、江西、山东、四川、云南、陕西、宁夏。

发生地点　河北：张家口市怀来县；

　　　　　宁夏：固原市彭阳县。

• 苹果杂盲蝽 *Psallus mali* Zheng et Li

寄　　主　苹果，枣树。

分布范围　河北、河南、陕西、甘肃。

发生地点　河北：邢台市柏乡县。

• 肉桂泡盾盲蝽 *Pseudodoniella chinensis* Zheng

寄　　主　八角，肉桂。

分布范围　广东、广西。

发生地点　广东：云浮市属林场；

　　　　　广西：南宁市上林县，梧州市苍梧县、岑溪市。

发生面积　925 亩

危害指数　0. 3694

• 中亚狭盲蝽 *Stenodema*（*Stenodema*）*turanica* Reuter

寄　　主　大红柳，旱榆，黄刺玫。

分布范围　内蒙古、青海、宁夏、新疆。

发生地点　宁夏：石嘴山市惠农区。

• 赤须盲蝽 *Trigonotylus caelestialium*（Kirkaldy）

拉丁异名　*Trigonotylus ruficornis* Geoffroy

寄　　主　苹果，石楠，枣树，葡萄，女贞。

分布范围　东北，北京、河北、山西、内蒙古、江苏、江西、山东、河南、湖北、四川、云南、陕西、甘肃、宁夏、新疆。

发生地点　北京：丰台区、密云区；

　　　　　河北：张家口市阳原县，沧州市黄骅市；

　　　　　江苏：淮安市金湖县，扬州市江都区。

发生面积　4206 亩

危害指数　0. 3333

姬蝽科 Nabidae

- **华姬蝽 *Nabis sinoferus* Hsiao**

寄　　主　桉树。

分布范围　河北、山西、辽宁、江西、山东、河南、湖北、湖南、广西、四川、陕西、青海、新疆。

发生地点　河北：张家口市怀来县。

发生面积　100 亩

危害指数　0.3333

网蝽科 Tingidae

- **悬铃木方翅网蝽 *Corythucha ciliata* (Say)**

寄　　主　山杨，黑杨，柳树，山核桃，构树，枫香，二球悬铃木，一球悬铃木，三球悬铃木，桃，山楂，刺槐，槐树，白桐树，梧桐，白蜡树，白花泡桐。

分布范围　华东，北京、天津、河北、河南、湖北、湖南、重庆、四川、贵州、云南、陕西。

发生地点　北京：朝阳区、通州区、顺义区、怀柔区、平谷区、密云区；

天津：武清区；

河北：石家庄市新华区、井陉矿区、井陉县、深泽县，唐山市乐亭县、玉田县，秦皇岛市北戴河区、青龙满族自治县、昌黎县，邯郸市丛台区、涉县、馆陶县，邢台市邢台县、内丘县、南和县、广宗县、南宫市，保定市满城区，沧州市运河区、盐山县、泊头市、任丘市，廊坊市固安县、永清县、香河县、大厂回族自治县、三河市，衡水市桃城区；

上海：闵行区、浦东新区，崇明县；

江苏：南京市浦口区、雨花台区、高淳区，无锡市锡山区，徐州市贾汪区、铜山区、丰县、睢宁县、邳州市，常州市天宁区、钟楼区，苏州市高新区、吴江区、昆山市、太仓市，连云港市海州区、赣榆区、灌南县，淮安市清江浦区，盐城市响水县、射阳县、建湖县、东台市，扬州市邗江区、宝应县，镇江市扬中市，宿迁市宿城区、宿豫区、沭阳县、泗洪县；

浙江：杭州市西湖区、富阳区、桐庐县、淳安县、临安市，宁波市鄞州区，嘉兴市秀洲区，金华市浦江县、磐安县，衢州市江山市，台州市温岭市，丽水市莲都区、松阳县；

安徽：合肥市庐阳区、肥东县、肥西县，芜湖市芜湖县、繁昌县、南陵县、无为县，蚌埠市怀远县、五河县、固镇县，淮南市大通区、田家庵区、谢家集区、八公山区、潘集区，安庆市潜山县、桐城市，滁州市南谯区、来安县、全椒县、定远县、凤阳县、天长市、明光市，阜阳市颍东区、颍泉区、临泉县、太和县、界首市，宿州市埇桥区、萧县、灵璧县、泗县，六安市裕安区、舒城县，亳州市蒙城县；

福建：南平市松溪县、政和县；

江西：九江市濂溪区；

山东：济南市历城区、长清区、平阴县、济阳县、商河县、章丘市，青岛市黄岛区、城阳区、胶州市、即墨市、平度市、莱西市，淄博市淄川区、张店区、博山区、临淄区、周村区、桓台县、沂源县，枣庄市市中区、薛城区、峄城区、台儿庄区、山亭区、滕州市，东营市东营区、垦利县、广饶县，烟台市芝罘区、福山区、牟平区、莱山区、龙口市、莱州市、招远市，潍坊市潍城区、寒亭区、坊子区、临朐县、青州市、诸城市、寿光市、安丘市、高密市、高新技术开发区、滨海经济开发区，济宁市任城区、兖州区、微山县、鱼台县、金乡县、嘉祥县、汶上县、泗水县、梁山县、曲阜市、邹城市、高新区、太白湖新区、经济技术开发区，泰安市泰山区、宁阳县、东平县、新泰市、肥城市、泰山林场、徂徕山林场，威海市环翠区、文登区、荣成市、乳山市，日照市东港区、岚山区、五莲县、莒县，莱芜市莱城区、钢城区，临沂市兰山区、罗庄区、河东区、经济开发区、沂南县、郯城县、兰陵县、费县、平邑县、莒南县、临沭县，德州市德城区、陵城区、宁津县、庆云县、临邑县、齐河县、平原县、夏津县、武城县、乐陵市、禹城市、开发区，聊城市东昌府区、阳谷县、莘县、茌平县、东阿县、冠县、临清市、经济技术开发区、高新技术产业开发区，滨州市惠民县、博兴县、邹平县，菏泽市牡丹区、定陶区、曹县、单县、成武县、巨野县、郓城县、鄄城县、东明县，黄河三角洲保护区；

河南：郑州市管城回族区、金水区、上街区、惠济区、中牟县、荥阳市、新密市、新郑市、登封市，洛阳市洛龙区、栾川县、嵩县、伊川县，平顶山市石龙区、宝丰县、叶县、鲁山县、郏县，安阳市殷都区、内黄县、林州市，鹤壁市鹤山区，新乡市新乡县、获嘉县、辉县市，焦作市修武县，濮阳市南乐县、范县、台前县，许昌市魏都区、经济技术开发区、东城区、鄢陵县、襄城县、禹州市、长葛市，漯河市舞阳县、临颍县，三门峡市湖滨区、陕州区、卢氏县、灵宝市，南阳市宛城区、卧龙区、西峡县、镇平县、内乡县、唐河县，商丘市梁园区、睢阳区、民权县、睢县、宁陵县、柘城县、虞城县、夏邑县，信阳市光山县、新县、淮滨县，周口市川汇区、扶沟县、西华县、太康县，驻马店市西平县、上蔡县、平舆县、正阳县、确山县、泌阳县，济源市、巩义市、兰考县、永城市、鹿邑县、新蔡县；

湖北：武汉市新洲区，荆门市京山县，孝感市孝南区，荆州市沙市区、荆州区、监利县、江陵县，黄冈市黄梅县，咸宁市崇阳县，仙桃市、潜江市、天门市；

湖南：长沙市浏阳市，岳阳市临湘市，常德市鼎城区；

重庆：万州区、大渡口区、江北区、九龙坡区、南岸区、北碚区、黔江区、铜梁区、荣昌区、万盛经济技术开发区，巫山县、石柱土家族自治县；

四川：成都市武侯区、双流区、大邑县、蒲江县、都江堰市、彭州市、邛崃市、崇州市，德阳市罗江县，绵阳市安州区、江油市，南充市营山县、仪陇县，眉山市仁寿县，雅安市雨城区、名山区、宝兴县，巴中市巴州区；

贵州：贵阳市云岩区、花溪区、乌当区、观山湖区、修文县、贵阳经济技术开发区，六盘水市钟山区、六枝特区，遵义市红花岗区、汇川区，安顺市西秀区、平坝区、普定县、关岭布依族苗族自治县、紫云苗族布依族自治县、安顺市开发区，铜仁市碧江区、万山区，贵安新区，黔南布依族苗族自治州都匀市、福泉市；

云南：楚雄彝族自治州楚雄市；

陕西：西安市户县，宝鸡市凤翔县、岐山县、扶风县、眉县、陇县、千阳县、麟游县，汉中市汉台区、南郑县、洋县，安康市汉阴县。

发生面积 325077 亩

危害指数 0.4309

- **长喙网蝽 *Derephysia foliacea* (Fallén)**

寄　　主 构树，杜鹃。

分布范围 江西、河南、四川。

发生地点 江西：吉安市井冈山市；

河南：驻马店市确山县；

四川：巴中市恩阳区。

- **角菱背网蝽 *Eteoneus angulatus* Drake et Maa**

寄　　主 黑杨，栲树，榆树，三球悬铃木，山茶，杜鹃，南方泡桐，兰考泡桐，川泡桐，白花泡桐，毛泡桐。

分布范围 江苏、福建、江西、山东、河南、湖北、广西、重庆、四川。

发生地点 江苏：无锡市宜兴市，苏州市太仓市，泰州市姜堰区；

江西：九江市彭泽县，宜春市上高县；

山东：潍坊市坊子区，济宁市任城区、太白湖新区；

河南：许昌市禹州市；

湖北：荆门市东宝区、钟祥市，荆州市荆州区、江陵县；

重庆：涪陵区；

四川：南充市营山县、仪陇县，雅安市芦山县，巴中市巴州区。

发生面积 5419 亩

危害指数 0.3350

- **星菱背网蝽 *Eteoneus sigillatus* Drake et Poor**

中文异名 桂花网蝽

寄　　主 柳树，猴樟，合果木，女贞，木犀。

分布范围 湖北、四川、贵州、陕西。

发生地点 湖北：太子山林场；

四川：成都市彭州市，雅安市雨城区；

贵州：贵阳市南明区、乌当区，贵安新区；

陕西：汉中市宁强县。

发生面积 600 亩

危害指数 0.6717

● **膜肩网蝽 *Metasalis populi*（Takeya）**

中文异名　柳膜肩网蝽

拉丁异名　*Hegesidemus habrus* Drake

寄　　主　新疆杨，北京杨，山杨，黑杨，毛白杨，垂柳，旱柳，馒头柳，栎，构树，樟树，三球悬铃木，山楂，石楠，黄杨，槭，杜鹃，白蜡树。

分布范围　北京、天津、河北、山西、辽宁、上海、江苏、浙江、安徽、江西、山东、河南、湖北、湖南、广东、重庆、四川、贵州、陕西、甘肃、宁夏。

发生地点　北京：石景山区、通州区、顺义区、大兴区、密云区；

天津：武清区、宝坻区、静海区，蓟县；

河北：唐山市乐亭县，秦皇岛市抚宁区、青龙满族自治县、昌黎县，保定市安新县，廊坊市大城县、霸州市；

上海：浦东新区；

江苏：徐州市铜山区，盐城市大丰区、射阳县，扬州市宝应县，泰州市兴化市；

浙江：宁波市鄞州区；

安徽：合肥市庐阳区、肥西县；

山东：济南市历城区、平阴县、商河县，青岛市胶州市，枣庄市滕州市，东营市河口区，烟台市莱山区、龙口市，潍坊市坊子区，济宁市鱼台县、金乡县、梁山县、曲阜市，泰安市东平县，莱芜市莱城区，临沂市兰山区、郯城县、费县、莒南县，聊城市东昌府区、阳谷县、东阿县、冠县、经济技术开发区、高新技术产业开发区，菏泽市牡丹区、定陶区、单县；

河南：安阳市内黄县，新乡市延津县，许昌市禹州市，南阳市唐河县，商丘市民权县、宁陵县、虞城县，信阳市淮滨县，驻马店市西平县、上蔡县、平舆县、确山县、遂平县，兰考县、邓州市；

湖北：荆州市沙市区、荆州区、监利县、江陵县；

湖南：岳阳市君山区、平江县，益阳市沅江市；

重庆：万州区；

四川：雅安市雨城区；

贵州：贵安新区；

陕西：宝鸡市扶风县，咸阳市秦都区；

宁夏：银川市兴庆区、西夏区、金凤区、永宁县、贺兰县，石嘴山市大武口区，吴忠市利通区、同心县。

发生面积　79045 亩

危害指数　0. 3411

● **小板网蝽 *Monostira unicostata*（Mulsant et Rey）**

寄　　主　银白杨，新疆杨，北京杨，山杨，胡杨，二白杨，黑杨，钻天杨，箭杆杨，小叶杨，白柳，垂柳，旱柳，核桃，枫杨，榆树，樟树，扁桃，桃，杏，樱桃，山楂，石楠，李，梨，新疆梨，刺槐，槐树，臭椿，女贞。

分布范围　内蒙古、江苏、河南、四川、甘肃、宁夏、新疆。

发生地点　内蒙古：阿拉善盟额济纳旗；

江苏：无锡市宜兴市，徐州市丰县、沛县、睢宁县、邳州市，常州市天宁区、钟楼区，盐城市响水县、东台市，宿迁市宿城区、沭阳县、泗洪县；
河南：郑州市管城回族区，南阳市宛城区、内乡县，商丘市民权县、虞城县，周口市项城市；
四川：遂宁市蓬溪县、大英县；
甘肃：酒泉市瓜州县、敦煌市；
新疆：克拉玛依市克拉玛依区、白碱滩区、乌尔禾区，吐鲁番市高昌区、鄯善县、托克逊县，哈密市伊州区，巴音郭楞蒙古自治州尉犁县、若羌县，喀什地区英吉沙县、叶城县、麦盖提县、伽师县、巴楚县，塔城地区沙湾县；
新疆生产建设兵团：农七师130团，农八师。

发生面积　88649亩

危害指数　0.4607

• 高颈网蝽 *Perissonemia borneensi* (Distant)

中文异名　女贞高颈网蝽

寄　　主　小叶女贞。

分布范围　上海。

发生地点　上海：松江区，崇明县。

• 斑脊冠网蝽 *Stephanitis aperta* Horváth

寄　　主　樟树。

分布范围　湖南、广东。

发生地点　湖南：岳阳市平江县。

• 茶脊冠网蝽 *Stephanitis chinensis* Drake

寄　　主　油茶，茶。

分布范围　四川、陕西。

发生地点　四川：雅安市雨城区；
陕西：安康市汉滨区、紫阳县。

发生面积　6702亩

危害指数　0.4110

• 八角冠网蝽 *Stephanitis illicii* Jing

寄　　主　八角，猴樟。

分布范围　四川、云南。

发生地点　四川：广安市武胜县；
云南：文山壮族苗族自治州广南县。

发生面积　301亩

危害指数　0.3333

• 华南冠网蝽 *Stephanitis laudata* Drake et Poor

寄　　主　猴樟，樟树，枫香，油茶，野海棠。

分布范围　浙江、福建、湖北。

发生地点　浙江：丽水市莲都区。

● **樟脊冠网蝽 *Stephanitis macaona* Drake**

中文异名　樟脊网蝽

寄　　主　山杨，核桃，枫杨，大果榉，猴樟，樟树，油樟，海桐，石楠，梨，茶，木犀。

分布范围　上海、江苏、浙江、安徽、福建、江西、河南、湖北、湖南、广东、重庆、四川、贵州、云南、陕西。

发生地点　上海：闵行区、宝山区、浦东新区、金山区、松江区、青浦区；

江苏：无锡市江阴市、宜兴市，常州市天宁区、钟楼区、新北区、武进区，苏州市高新区、吴江区、太仓市，淮安市金湖县，盐城市阜宁县、东台市，扬州市江都区，镇江市句容市，泰州市姜堰区，宿迁市宿城区、沭阳县；

浙江：杭州市西湖区，宁波市鄞州区、余姚市，衢州市常山县，台州市天台县，丽水市莲都区、松阳县；

安徽：合肥市肥西县，芜湖市芜湖县、无为县，安庆市潜山县、桐城市；

福建：南平市延平区、松溪县，龙岩市上杭县；

江西：萍乡市安源区、上栗县、芦溪县，九江市修水县，赣州市赣州经济技术；开发区，吉安市青原区、永新县，上饶市广丰区；

河南：南阳市卧龙区，驻马店市泌阳县，邓州市；

湖北：武汉市新洲区，荆州市沙市区、荆州区、公安县、监利县、江陵县、石首市、洪湖市；

湖南：长沙市长沙县、浏阳市，株洲市荷塘区、云龙示范区，湘潭市湘潭县、湘乡市，邵阳市洞口县，岳阳市云溪区、君山区、岳阳县、平江县，益阳市桃江县、沅江市，郴州市嘉禾县、临武县，永州市冷水滩区、双牌县、道县，怀化市新晃侗族自治县、芷江侗族自治县；

重庆：万州区、北碚区，酉阳土家族苗族自治县；

四川：成都市青白江区、蒲江县、彭州市，绵阳市安州区，南充市高坪区，宜宾市筠连县、兴文县，广安市武胜县；

贵州：贵阳市南明区、修文县、经济技术开发区，六盘水市六枝特区；

云南：楚雄彝族自治州楚雄市；

陕西：汉中市勉县，安康市汉阴县。

发生面积　47321 亩

危害指数　0.4568

● **梨冠网蝽 *Stephanitis nashi* Esaki at Takeya**

中文异名　梨花网蝽

寄　　主　加杨，山杨，垂柳，核桃，枫杨，板栗，栓皮栎，青冈，榆树，桑，金叶含笑，猴樟，樟树，润楠，山梅花，海桐，三球悬铃木，二球悬铃木，桃，榆叶梅，碧桃，梅，杏，樱桃，樱花，日本晚樱，日本樱花，木瓜，山楂，山里红，垂丝海棠，西府海棠，苹果，海棠花，石楠，李，红叶李，火棘，杜梨，白梨，川梨，沙梨，秋子梨，川梨，月季，多花蔷薇，合欢，紫藤，臭椿，香椿，铁海棠，黄梨木，栾树，枣树，梧桐，山茶，秋海棠，四季秋海棠，沙枣，紫薇，野海棠，杜鹃，茉莉花，木犀，白花泡桐。

分布范围　华东，北京、天津、河北、山西、河南、湖北、湖南、广东、广西、重庆、四川、贵州、云南、陕西、宁夏、新疆。

发生地点　北京：丰台区、海淀区、通州区、顺义区、昌平区、大兴区、密云区；

河北：石家庄市鹿泉区、井陉县、正定县、高邑县、赵县、晋州市、新乐市，唐山市丰润区、乐亭县，邯郸市鸡泽县，邢台市内丘县、隆尧县、新河县、平乡县、南宫市，保定市阜平县、唐县、顺平县、博野县、涿州市、高碑店市，沧州市东光县、肃宁县、吴桥县、河间市，衡水市桃城区、枣强县、武邑县、饶阳县、安平县、故城县、景县，定州市；

山西：大同市阳高县；

上海：闵行区、宝山区、嘉定区、浦东新区、金山区、松江区、青浦区；

江苏：南京市雨花台区、江宁区，无锡市锡山区、惠山区、滨湖区、江阴市、宜兴市，徐州市沛县、睢宁县，常州市溧阳市，苏州市高新区、吴中区、相城区、吴江区、昆山市、太仓市，淮安市金湖县，盐城市盐都区、响水县、阜宁县、射阳县、建湖县、东台市，扬州市江都区、宝应县、经济技术开发区，镇江市句容市，泰州市海陵区、姜堰区，宿迁市宿城区、宿豫区、沭阳县；

浙江：杭州市西湖区、萧山区、桐庐县，宁波市鄞州区、余姚市，嘉兴市秀洲区，金华市浦江县，衢州市衢江区，舟山市定海区，台州市温岭市；

安徽：合肥市包河区、肥西县，黄山市黟县，阜阳市颍泉区、太和县、阜南县，亳州市蒙城县；

福建：南平市延平区；

江西：萍乡市上栗县、芦溪县，九江市修水县；

山东：济南市济阳县，青岛市胶州市、即墨市、莱西市，枣庄市台儿庄区、滕州市，东营市利津县、广饶县，潍坊市昌邑市，济宁市任城区、鱼台县、金乡县、泗水县、梁山县、曲阜市、高新区、太白湖新区，泰安市岱岳区、东平县、新泰市、肥城市、徂徕山林场，威海市环翠区，日照市岚山区、莒县，莱芜市莱城区，临沂市兰山区、莒南县、临沭县，德州市庆云县、禹城市，聊城市东昌府区、阳谷县、莘县、东阿县、冠县、经济技术开发区、高新技术产业开发区，菏泽市牡丹区、定陶区、单县、成武县、郓城县；

河南：郑州市管城回族区、上街区、新郑市，开封市通许县，洛阳市栾川县、嵩县、洛宁县，平顶山市郏县，安阳市林州市，新乡市新乡县、获嘉县，濮阳市南乐县、范县，许昌市鄢陵县、襄城县、禹州市，漯河市舞阳县，三门峡市灵宝市，南阳市宛城区，商丘市夏邑县，周口市川汇区、扶沟县、西华县、项城市，驻马店市泌阳县、遂平县，巩义市、滑县、邓州市；

湖北：荆州市沙市区、荆州区、监利县、江陵县，黄冈市龙感湖，恩施土家族苗族自治州咸丰县；

湖南：长沙市长沙县，株洲市攸县，湘潭市高新区，岳阳市云溪区、汨罗市、临湘市，郴州市桂阳县，永州市冷水滩区、道县；
广西：桂林市灵川县，贺州市八步区；
重庆：万州区、永川区，梁平区、垫江县、巫山县、石柱土家族自治县；
四川：成都市大邑县，自贡市自流井区、沿滩区，遂宁市船山区、安居区，南充市顺庆区、营山县、仪陇县，广安市前锋区、武胜县，雅安市石棉县、宝兴县，巴中市巴州区；
贵州：贵阳市南明区、乌当区；
云南：玉溪市澄江县；
陕西：宝鸡市扶风县，咸阳市秦都区、泾阳县、乾县、兴平市，渭南市华州区、白水县，汉中市西乡县、勉县、宁强县，榆林市子洲县，杨陵区，太白林业局；
宁夏：银川市灵武市；
新疆：克拉玛依市克拉玛依区，石河子市；
新疆生产建设兵团：农八师。

发生面积　75376 亩

危害指数　0.4265

• 杜鹃冠网蝽 *Stephanitis pyrioides*（Scott）

中文异名　娇膜网蝽

寄　　主　杨树，柳树，猴樟，樟树，垂丝海棠，海棠花，梨，无患子，云锦杜鹃，杜鹃，小叶女贞，白花泡桐。

分布范围　华东，湖北、湖南、广东、广西、重庆、四川、贵州、陕西。

发生地点　上海：嘉定区、浦东新区、金山区、松江区、青浦区、奉贤区，崇明县；
江苏：无锡市宜兴市，常州市天宁区、钟楼区、新北区、武进区，苏州市高新区、吴中区、吴江区、昆山市、太仓市，盐城市盐都区，宿迁市宿城区；
浙江：杭州市西湖区，宁波市鄞州区、余姚市，金华市磐安县，衢州市常山县，台州市椒江区；
安徽：合肥市庐阳区、包河区，芜湖市芜湖县、无为县，安庆市潜山县、桐城市，滁州市天长市；
福建：南平市延平区、松溪县；
江西：九江市庐山市；
山东：济宁市嘉祥县，聊城市冠县；
湖北：荆州市沙市区、荆州区、江陵县、石首市，天门市；
湖南：岳阳市君山区；
广东：广州市越秀区、天河区、白云区、番禺区、从化区、增城区，佛山市南海区，惠州市惠阳区；
广西：柳州市柳北区；
重庆：万州区、南岸区、北碚区、黔江区；
四川：成都市蒲江县，眉山市青神县，广安市武胜县，雅安市宝兴县，巴中市巴州区；
陕西：汉中市汉台区。

发生面积　16138 亩
危害指数　0.3857

• **长脊冠网蝽 *Stephanitis svensoni* Drake**
寄　　主　八角，樟树，檫木。
分布范围　湖南。
发生地点　湖南：衡阳市耒阳市。

扁蝽科 Aradidae

• **原扁蝽 *Aradus betulae* (Linnaeus)**
寄　　主　杨树，柳树，苹果。
分布范围　北京、天津、河北、山东。

• **皮扁蝽 *Aradus corticalis* (Linnaeus)**
寄　　主　垂柳。
分布范围　吉林、河南、四川、陕西。

异蝽科 Urostylididae

• **亮壮异蝽 *Urochela distincta* Distant**
寄　　主　栎，绣线菊，乌桕。
分布范围　河北、山西、浙江、福建、江西、河南、湖北、湖南、广东、四川、贵州、云南、陕西。
发生地点　河北：张家口市涿鹿县；
　　　　　湖南：岳阳市平江县，张家界市永定区。
发生面积　4205 亩
危害指数　0.3333

• **短壮异蝽 *Urochela falloui* Reuter**
寄　　主　板栗，栎，苹果，沙梨。
分布范围　北京、河北、山西、山东、河南、青海、甘肃。

• **黄壮异蝽 *Urochela flavoannulata* (Stål)**
寄　　主　沙棘，忍冬。
分布范围　宁夏。
发生地点　宁夏：银川市西夏区。

• **花壮异蝽 *Urochela luteovaria* Distant**
中文异名　梨蝽象
寄　　主　杨树，柳树，栓皮栎，榆树，构树，桃，杏，樱桃，山楂，苹果，海棠花，李，白梨，西洋梨，河北梨，川梨，槐树。

分布范围 北京、河北、山西、内蒙古、辽宁、吉林、江苏、浙江、福建、江西、河南、湖北、四川、贵州、云南、陕西、甘肃、青海、宁夏。

发生地点 河北：石家庄市新乐市，唐山市滦南县，衡水市安平县；
江苏：南京市浦口区、雨花台区，无锡市锡山区，镇江市句容市；
浙江：杭州市桐庐县；
江西：南昌市南昌县，萍乡市上栗县；
四川：绵阳市游仙区，雅安市雨城区；
陕西：渭南市华州区，汉中市汉台区、西乡县；
甘肃：兰州市七里河区、皋兰县，平凉市庄浪县，庆阳市正宁县；
宁夏：固原市彭阳县，中卫市沙坡头区、中宁县。

发生面积 2634 亩

危害指数 0.3397

• **红足壮异蝽 *Urochela quadrinotata* Reuter**

寄　　主 山杨，垂柳，桤木，榛子，栎，榆树，山楂，苹果，沙梨，水榆花楸，山豆根，刺槐，臭椿，杜鹃。

分布范围 华北、东北，安徽、山东、河南、湖北、重庆、四川、陕西、青海、宁夏。

发生地点 北京：石景山区、顺义区、昌平区、密云区、延庆区；
河北：邢台市沙河市，保定市唐县，张家口市万全区、蔚县、怀安县、怀来县；
山西：晋中市灵石县，吕梁市孝义市；
安徽：芜湖市无为县，安庆市潜山县；
重庆：开县、巫溪县；
四川：绵阳市平武县；
陕西：渭南市澄城县，榆林市绥德县、吴堡县、子洲县，太白林业局；
宁夏：固原市彭阳县。

发生面积 15354 亩

危害指数 0.5977

• **黑色盲异蝽 *Urolabida nigra* Zhang et Xue**

寄　　主 构树。

分布范围 北京、四川。

发生地点 四川：遂宁市安居区。

• **绿娇异蝽 *Urostylis genevae* Maa**

寄　　主 木荷。

分布范围 福建。

• **匙突娇异蝽 *Urostylis striicronis* Scott**

寄　　主 板栗。

分布范围 上海、浙江、江西、河南、湖北、四川、陕西。

• **黑门娇异蝽 *Urostylis westwoodi* Scott**

寄　　主　麻栎，栓皮栎。

分布范围　山东。

• **淡娇异蝽 *Urostylis yangi* Maa**

寄　　主　板栗，茅栗，栎子青冈，锦鸡儿。

分布范围　辽宁、浙江、安徽、福建、江西、河南、湖北、四川、陕西。

发生地点　安徽：合肥市包河区；

湖北：黄冈市罗田县；

陕西：西安市蓝田县，宁东林业局。

同蝽科 Acanthosomatidae

• **细齿同蝽 *Acanthosoma denticauda* Jalovlev**

寄　　主　落叶松，麻栎，山楂，李，梨。

分布范围　辽宁、吉林、山东、湖北、陕西。

发生地点　陕西：太白林业局。

• **显同蝽 *Acanthosoma distincta* Dallas**

寄　　主　桤木，榕树，樟树，刺桐，臭椿。

分布范围　湖北、四川、陕西。

发生地点　四川：自贡市自流井区、大安区、沿滩区，绵阳市平武县；

陕西：商洛市丹凤县，太白林业局。

• **细铗同蝽 *Acanthosoma forficula* Jakovlev**

寄　　主　柏木。

分布范围　湖北。

• **宽铗同蝽 *Acanthosoma labiduroides* Jakovlev**

寄　　主　油松，柏木，圆柏，核桃，栎，桃，李，悬钩子，刺槐，枣树，白花泡桐。

分布范围　北京、河北、安徽、山东、湖北、重庆、四川、陕西。

发生地点　河北：张家口市赤城县；

山东：泰安市泰山林场；

四川：凉山彝族自治州盐源县；

陕西：咸阳市永寿县，渭南市华州区、澄城县，商洛市丹凤县。

发生面积　983 亩

危害指数　0.4012

• **黑背同蝽 *Acanthosoma nigrodorsum* Hsiao et Liu**

寄　　主　桑。

分布范围　浙江。

发生地点　浙江：宁波市象山县。

• **泛刺同蝽** ***Acanthosoma spinicolle*** **Jakovlev**

寄　　主　华山松，云南松，圆柏，山杨，柳树，白桦，板栗，榆树，苹果，川梨，臭椿，香椿，漆树，黑桦。

分布范围　东北，北京、河北、内蒙古、河南、湖北、四川、云南、西藏、陕西、甘肃、宁夏、新疆。

发生地点　河北：张家口市沽源县、怀来县、赤城县；
西藏：日喀则市南木林县，山南市琼结县；
陕西：咸阳市秦都区，宁东林业局、太白林业局；
宁夏：银川市兴庆区、西夏区、金凤区。

发生面积　683 亩

危害指数　0.3338

• **宽肩直同蝽** ***Elasmostethus humeralis*** **Jakovlev**

寄　　主　白桦，虎榛子，榆树。

分布范围　北京、河北、内蒙古、辽宁、吉林、山东、河南、四川、陕西、宁夏。

发生地点　河北：张家口市涿鹿县。

• **直同蝽** ***Elasmostethus interstinctus*** **(Linnaeus)**

寄　　主　桦木，榆树，桑，梨。

分布范围　河北、辽宁、黑龙江。

• **匙同蝽** ***Elasmucha ferrugata*** **(Fabricius)**

寄　　主　桤木，柞木，榆树。

分布范围　黑龙江、河南、四川。

发生地点　四川：绵阳市平武县。

• **板同蝽** ***Platacantha armifer*** **Lindherg**

寄　　主　板栗。

分布范围　贵州。

• **伊锥同蝽** ***Sastragala esakii*** **Hasegawa**

寄　　主　山杨，栗，栎，栎子青冈，猴樟，樟树，盐肤木，小果野葡萄，椴树，女贞。

分布范围　北京、河北、山西、江苏、浙江、安徽、福建、江西、河南、湖北、湖南、广西、四川、贵州、云南、陕西。

发生地点　江苏：南京市浦口区、江宁区、六合区，淮安市淮阴区、洪泽区，镇江市句容市；
江西：宜春市高安市；
四川：宜宾市兴文县。

发生面积　100 亩

危害指数　0.3333

荔蝽科 Tessaratomidae

• **方蝽** ***Asiarcha angulosa*** **Zia**

寄　　主　板栗，青冈，构树，柑橘，龙眼。

分布范围　福建、湖北、湖南、四川。

发生地点　湖南：长沙市浏阳市；

四川：自贡市荣县，宜宾市南溪区、兴文县。

• **黄矩蝽** ***Carpona stabilis*** **（Walker）**

寄　　主　白花泡桐。

分布范围　福建。

• **黑角硕蝽** ***Eurostus grossipes*** **Dallas**

寄　　主　野桐。

分布范围　贵州。

• **硕蝽** ***Eurostus validus*** **Dallas**

中文异名　板栗硕蝽

寄　　主　黑杨，柳树，杨梅，山核桃，核桃，化香树，桤木，锥栗，板栗，甜槠栲，苦槠栲，麻栎，波罗栎，白栎，青冈，榆树，构树，桑，八角，鹅掌楸，闽楠，桃，沙梨，刺槐，槐树，臭椿，楝树，油桐，野桐，乌桕，盐肤木，火炬树，山枇杷，龙眼，梧桐，中华猕猴桃，油茶，茶，木荷，柞木，牡荆，白花泡桐，毛泡桐。

分布范围　中南，北京、天津、河北、山西、辽宁、江苏、浙江、安徽、福建、江西、山东、重庆、四川、贵州、陕西、甘肃。

发生地点　北京：东城区、石景山区；

江苏：南京市高淳区，无锡市宜兴市；

浙江：杭州市富阳区，宁波市鄞州区、象山县、宁海县、奉化市，衢州市江山市，台州市玉环县、三门县、临海市，丽水市松阳县；

安徽：合肥市庐阳区、包河区，芜湖市芜湖县；

福建：泉州市安溪县；

江西：萍乡市上栗县、芦溪县，上饶市广丰区；

山东：东营市利津县，济宁市泗水县，泰安市泰山区、肥城市、泰山林场、徂徕山林场，威海市环翠区，临沂市沂水县、莒南县，菏泽市牡丹区；

河南：平顶山市舞钢市，驻马店市泌阳县；

湖北：黄冈市罗田县；

湖南：衡阳市祁东县，益阳市桃江县，郴州市嘉禾县，怀化市新晃侗族自治县，娄底市新化县；

广西：百色市德保县，黄冕林场；

重庆：万州区、涪陵区、北碚区、渝北区、巴南区、黔江区、永川区、铜梁区，丰都县、忠县、巫溪县、秀山土家族苗族自治县、酉阳土家族苗族自治县、彭水苗族土家族自治县；

四川：自贡市贡井区，攀枝花市米易县、普威局，泸州市泸县，绵阳市三台县，内江市资中县，乐山市犍为县，南充市营山县、仪陇县，宜宾市南溪区、宜宾县、筠连县、兴文县，雅安市雨城区、石棉县，巴中市巴州区、通江县，甘孜藏族自治州泸定县；

陕西：西安市蓝田县，汉中市汉台区，宁东林业局。

发生面积 23852 亩

危害指数 0.3545

● **异色巨蝽** ***Eusthenes cupreus*** **(Westwood)**

寄　　主 板栗，苦槠栲，麻栎，蒙古栎，栓皮栎，樟树，木荷，毛竹，早竹。

分布范围 浙江、福建、湖南、重庆、四川。

发生地点 湖南：永州市双牌县，怀化市通道侗族自治县；

重庆：秀山土家族苗族自治县；

四川：攀枝花市东区、西区、仁和区。

发生面积 789 亩

危害指数 0.3333

● **斑缘巨蝽** ***Eusthenes femoralis*** **Zia**

寄　　主 桤木，板栗，刺栲，麻栎，青冈，桑，樱花，油桐，冬青，油茶，木荷，桉树，赤杨叶。

分布范围 浙江、福建、江西、广东、广西、重庆、四川。

发生地点 浙江：宁波市象山县；

福建：泉州市安溪县；

广西：桂林市兴安县、龙胜各族自治县；

重庆：秀山土家族苗族自治县；

四川：巴中市南江县、平昌县。

发生面积 2723 亩

危害指数 0.3333

● **巨蝽** ***Eusthenes robustus*** **(Lepeletier et Serville)**

中文异名 巨荔蝽

寄　　主 粗枝木麻黄，核桃，枫杨，桤木，板栗，麻栎，青冈，构树，桑，八角，天竺桂，枫香，桃，梨，黄檀，刺桐，臭椿，杧果，巨尾桉，木犀，黄荆，川泡桐，毛泡桐。

分布范围 浙江、福建、湖北、湖南、广东、广西、重庆、四川、贵州。

发生地点 浙江：宁波市象山县；

福建：福州国家森林公园；

湖南：长沙市浏阳市；

广西：南宁市江南区，桂林市灌阳县，梧州市蒙山县，贵港市桂平市，河池市南丹县、东兰县、环江毛南族自治县，来宾市象州县、武宣县、金秀瑶族自治县；

重庆：秀山土家族苗族自治县、酉阳土家族苗族自治县；

四川：绵阳市三台县，南充市西充县，雅安市芦山县，巴中市南江县。

发生面积 4927 亩

危害指数 0.3401

• 暗绿巨蝽 *Eusthenes saevus* Stål

寄　　主 核桃，枫杨，板栗，麻栎，青冈，桑，油桐，山茶，木荷，喜树，鹅掌柴。

分布范围 浙江、安徽、福建、江西、山东、河南、湖北、广东、海南、四川、贵州、云南。

发生地点 福建：三明市三元区，泉州市安溪县；

湖北：黄冈市罗田县；

四川：宜宾市翠屏区、宜宾县、筠连县，达州市达川区。

发生面积 138 亩

危害指数 0.3816

• 玛蝽 *Mattiphus splendidus* Distant

寄　　主 桤木，板栗，青冈。

分布范围 重庆、四川。

发生地点 重庆：秀山土家族苗族自治县、酉阳土家族苗族自治县。

发生面积 6550 亩

危害指数 0.3333

• 比蝽 *Pycanum ochraceum* Distant

寄　　主 千斤拔。

分布范围 广东。

• 荔蝽 *Tessaratoma papillosa* (Drury)

中文异名 荔枝蝽象

寄　　主 杨梅，板栗，麻栎，青冈，猴樟，樟树，肉桂，枫香，桃，梅，枇杷，李，梨，悬钩子，台湾相思，柑橘，香椿，油桐，秋枫，龙眼，台湾栾树，栾树，荔枝，杜英，茶，紫薇，巨尾桉，油橄榄，木犀。

分布范围 浙江、福建、江西、河南、湖北、湖南、广东、广西、海南、重庆、四川、贵州、云南。

发生地点 浙江：宁波市宁海县，温州市永嘉县，台州市三门县、临海市；

福建：厦门市同安区、翔安区，泉州市鲤城区、洛江区、安溪县、永春县、石狮市、晋江市、南安市、泉州台商投资区，漳州市云霄县、诏安县、平和县，南平市建瓯市，福州国家森林公园；

湖北：荆门市京山县；

湖南：邵阳市邵阳县；

广东：广州市越秀区、从化区，深圳市罗湖区、宝安区、龙岗区、光明新区、坪山新区、龙华新区、大鹏新区，珠海市香洲区，佛山市禅城区、南海区，湛江市廉江市，茂名市茂南区、化州市，惠州市仲恺区，汕尾市陆河县，阳江市阳春市，清远市属林场，东莞市，云浮市郁南县、罗定市；

广西：南宁市青秀区、江南区、经济技术开发区、宾阳县、横县，柳州市柳江区，桂林市叠彩区、雁山区，防城港市上思县，钦州市钦北区、灵山县、浦北县，贵港市港北区、平南县、桂平市，玉林市容县、兴业县，百色市右江区，贺州市八步区，来宾市兴宾区、武宣县、金秀瑶族自治县，崇左市扶绥县、大新县、天等县、凭祥市，七坡林场、派阳山林场；

海南：海口市秀英区、龙华区，三亚市吉阳区，五指山市、琼海市、白沙黎族自治县、昌江黎族自治县、陵水黎族自治县、保亭黎族苗族自治县；

重庆：巴南区、江津区，垫江县、忠县、奉节县、酉阳土家族苗族自治县；

四川：攀枝花市米易县，泸州市江阳区、龙马潭区、泸县、合江县，绵阳市游仙区，内江市威远县、隆昌县，乐山市犍为县、峨边彝族自治县、马边彝族自治县，宜宾市翠屏区、南溪区、兴文县，广安市前锋区，巴中市恩阳区，甘孜藏族自治州泸定县，凉山彝族自治州德昌县、布拖县；

云南：玉溪市元江哈尼族彝族傣族自治县，西双版纳傣族自治州景洪市。

发生面积 103443 亩

危害指数 0.4537

兜蝽科 Dinidoridae

• 九香虫 *Coridius chinensis* (Dallas)

中文异名 黄角椿象、黑兜虫

寄　　主 山杨，垂柳，杨梅，核桃，山核桃，板栗，桑，猴樟，樟树，油樟，枇杷，刺槐，毛刺槐，槐树，柑橘，枳，臭椿，鸡爪槭，合果木，木犀，白花泡桐。

分布范围 天津、河北、江苏、浙江、福建、江西、河南、湖南、广东、广西、四川、陕西。

发生地点 天津：东丽区；

江西：萍乡市莲花县；

河南：开封市龙亭区；

湖南：岳阳市平江县，郴州市宜章县；

广东：清远市英德市；

四川：成都市蒲江县，绵阳市梓潼县，遂宁市安居区、蓬溪县，乐山市犍为县、马边彝族自治县，宜宾市南溪区、宜宾县、筠连县，雅安市天全县。

发生面积 4379 亩

危害指数 0.3370

• 大皱蝽 *Cyclopelta obscura* (Lepeletier et Serville)

寄　　主 山杨，栓皮栎，榆树，构树，樟树，桃，枇杷，紫荆，刺槐，槐树，油桐，黄荆。

分布范围 上海、江苏、浙江、河南、湖北、广东、广西、重庆、四川、贵州、云南。

发生地点 江苏：南京市栖霞区、江宁区、六合区、溧水区，徐州市铜山区、丰县，淮安市淮阴区、洪泽区、盱眙县，扬州市邗江区，镇江市新区、润州区、丹徒区、丹阳市；

河南：郑州市中牟县；

四川：自贡市自流井区、荣县，绵阳市三台县、梓潼县，遂宁市大英县，内江市东兴区，雅安市雨城区，巴中市南江县，甘孜藏族自治州九龙县。

发生面积 444 亩

危害指数 0.3634

● 小皱蝽 *Cyclopelta parva* Distant

中文异名 刺槐小皱蝽、刺槐蝽象

寄　　主 山杨，黑杨，核桃，枫杨，桤木，青冈，刺榆，榆树，构树，紫穗槐，胡枝子，刺槐，红花刺槐，毛刺槐，槐树，香椿，巨桉，女贞，黄荆。

分布范围 北京、内蒙古、辽宁、江苏、浙江、安徽、福建、山东、河南、湖北、广东、海南、重庆、四川、陕西。

发生地点 北京：密云区；

江苏：南京市浦口区、雨花台区，淮安市清江浦区、金湖县，盐城市响水县，扬州市高邮市、经济技术开发区，镇江市京口区、句容市，泰州市海陵区、姜堰区；

浙江：宁波市鄞州区；

安徽：池州市贵池区；

山东：青岛市胶州市，枣庄市滕州市，东营市利津县，烟台市莱山区、龙口市，潍坊市诸城市、昌邑市，济宁市任城区、兖州区、鱼台县、嘉祥县、泗水县、梁山县、曲阜市、邹城市、经济技术开发区，泰安市岱岳区、宁阳县、新泰市、泰山林场，威海市环翠区，莱芜市雪野湖，临沂市兰山区、河东区、沂水县、平邑县、蒙阴县、临沭县，聊城市东昌府区、阳谷县、莘县、东阿县、冠县、高唐县，菏泽市牡丹区、巨野县；

河南：郑州市新郑市，许昌市鄢陵县，驻马店市泌阳县；

湖北：武汉市东西湖区，荆州市洪湖市，潜江市；

四川：自贡市荣县，遂宁市蓬溪县、射洪县、大英县，内江市东兴区、威远县、隆昌县，乐山市犍为县，南充市营山县、仪陇县，宜宾市南溪区、珙县、筠连县，巴中市巴州区；

陕西：商洛市镇安县。

发生面积 7148 亩

危害指数 0.3560

● 短角瓜蝽 *Megymenum brevicorne*（Fabricius）

寄　　主 木兰。

分布范围 福建。

● 细角瓜蝽 *Megymenum gracilicorne* Dallas

寄　　主 刺槐。

分布范围 上海、江苏、山东。

发生地点 上海：金山区、松江区；

江苏：盐城市东台市；

山东：潍坊市诸城市。

• **无刺瓜蝽** ***Megymenum inerme*** **(Herrich-Schäffer)**

寄　　主　刺槐，茉莉花。

分布范围　山东、四川。

发生地点　山东：聊城市东阿县；

　　　　　四川：自贡市大安区。

土蝽科 Cydnidae

• **圆边土蝽** ***Adomerus rotundus*** **(Hsiao)**

中文异名　圆点阿土蝽、圆阿土蝽

寄　　主　悬钩子。

分布范围　北京、山东。

发生地点　北京：顺义区；

　　　　　山东：泰安市泰山区。

发生面积　390 亩

危害指数　0.3342

• **大鳖土蝽** ***Adrisa magna*** **(Uhler)**

寄　　主　杉木，柏木，罗汉松，榆树，刺槐，银柴，梧桐，中华猕猴桃，木荷，迎春花。

分布范围　北京、河北、上海、浙江、福建、江西、山东、河南、广东、重庆、四川、云南、陕西。

发生地点　上海：松江区；

　　　　　山东：济宁市微山县；

　　　　　广东：广州市番禺区，惠州市惠阳区，云浮市郁南县；

　　　　　重庆：巴南区；

　　　　　四川：南充市高坪区；

　　　　　陕西：西安市户县，渭南市澄城县，安康市旬阳县。

发生面积　2062 亩

危害指数　0.3818

• **短点边土蝽** ***Legnotus breviguttulus*** **Hsiao**

寄　　主　落叶松，山杨，榆树。

分布范围　北京、河北、辽宁。

发生地点　北京：东城区、石景山区、顺义区。

• **三点边土蝽** ***Legnotus triguttulus*** **(Motschulsky)**

寄　　主　海桐，二球悬铃木，石楠。

分布范围　江苏。

发生地点　江苏：南京市浦口区，扬州市宝应县、经济技术开发区。

• **青革土蝽** ***Macroscytus subaeneus*** **(Dallas)**

寄　　主　马尾松，油松，柏木，北美香柏，木麻黄，山杨，毛白杨，垂柳，枫杨，板栗，麻栎，构树，黄葛树，榕树，桑，猴樟，桃，苹果，石楠，梨，月季，悬钩子，紫穗槐，锦鸡儿，刺槐，槐树，臭椿，雀舌黄杨，长叶黄杨，茶，巨桉，女贞，荆条，早园竹，毛竹，慈竹。

分布范围　北京、河北、辽宁、上海、江苏、浙江、江西、山东、广东、四川、陕西。

发生地点　北京：海淀区、顺义区、密云区；

河北：廊坊市霸州市；

上海：嘉定区；

江苏：南京市浦口区、雨花台区，无锡市锡山区、惠山区、滨湖区，淮安市清江浦区、金湖县，盐城市盐都区、阜宁县，扬州市邗江区，镇江市句容市，泰州市姜堰区；

浙江：宁波市江北区、北仑区、镇海区、鄞州区、象山县、宁海县、奉化市，温州市鹿城区，舟山市岱山县、嵊泗县，台州市临海市；

山东：威海市环翠区，聊城市东阿县；

四川：内江市市中区、资中县，宜宾市南溪区，广安市武胜县；

陕西：咸阳市乾县。

发生面积　717063 亩

危害指数　0.3342

• 白边光土蝽 *Sehirus niveimarginatus* (Scott)

寄　　主　云杉，山杨，柳树，榆树，桑，红叶李，槐树，栾树，木槿，紫薇，白蜡树，白花泡桐。

分布范围　北京、河北、山东、宁夏。

发生地点　河北：沧州市吴桥县；

宁夏：银川市兴庆区、西夏区、金凤区。

盾蝽科 Scutelleridae

• 狭盾蝽 *Brachyaulax obolonga* (Westwood)

寄　　主　桤木，桢楠。

分布范围　福建、四川。

发生地点　福建：漳州市平和县；

四川：巴中市通江县。

发生面积　299 亩

危害指数　0.3333

• 角盾蝽 *Cantao ocellatus* (Thunberg)

寄　　主　黧蒴栲，构树，樟树，三球悬铃木，台湾相思，油桐，秋枫，算盘子，白背叶，野桐，乌桕，荔枝，梧桐，中华猕猴桃，油茶，茶，木荷，大叶桉，巨尾桉，木犀，夹竹桃，黄荆。

分布范围　江苏、浙江、安徽、福建、江西、山东、湖北、湖南、广东、广西、四川。

发生地点　江苏：淮安市金湖县，镇江市句容市；
浙江：台州市黄岩区；
安徽：芜湖市无为县；
福建：泉州市安溪县，福州国家森林公园；
山东：潍坊市诸城市；
湖南：永州市道县、蓝山县；
广东：清远市连州市；
广西：桂林市雁山区、灌阳县、资源县、荔浦县，梧州市龙圩区、苍梧县，贵港市桂平市，河池市南丹县，来宾市武宣县；
四川：绵阳市梓潼县。
发生面积　4558 亩
危害指数　0. 3334

• **丽盾蝽 *Chrysocoris grandis*（Thunberg）**
寄　　主　马尾松，核桃，桤木，板栗，栲树，八角，紫玉兰，猴樟，樱，枇杷，梨，柑橘，臭椿，楝树，油桐，银柴，算盘子，麻疯树，油桐，龙眼，荔枝，瓜栗，山茶，油茶，茶，木荷，合果木，桉树，桃金娘，木犀，白花泡桐。
分布范围　浙江、福建、江西、河南、湖北、广东、广西、海南、四川、贵州、云南、西藏、陕西。
发生地点　浙江：温州市苍南县，衢州市江山市；
福建：泉州市安溪县，漳州市诏安县、漳州开发区；
江西：萍乡市安源区、上栗县、芦溪县，宜春市铜鼓县；
广东：广州市番禺区、增城区，佛山市南海区，肇庆市四会市，云浮市新兴县、郁南县；
广西：梧州市蒙山县，防城港市上思县，来宾市金秀瑶族自治县；
四川：攀枝花市东区、西区、仁和区；
云南：楚雄彝族自治州南华县；
陕西：商洛市镇安县。
发生面积　5898 亩
危害指数　0. 3407

• **紫蓝丽盾蝽 *Chrysocoris stollii*（Wolff）**
寄　　主　核桃，垂叶榕，桑，八角，荔枝，瓜栗，油茶，柠檬桉，巨尾桉。
分布范围　中南，安徽、福建、江西、四川、云南、西藏、甘肃。
发生地点　广西：桂林市阳朔县，贵港市平南县；
云南：楚雄彝族自治州南华县。
发生面积　2104 亩
危害指数　0. 3333

• **麦扁盾蝽 *Eurygaster integriceps* Puton**
寄　　主　油松，光泡桐。

分布范围　陕西。
发生地点　陕西：渭南市华州区。

• **扁盾蝽 *Eurygaster testudinarius*（Geoffroy）**
寄　　主　山杨，白柳，核桃，榆树，苹果，李，梨，绣线菊，楝树，红椿，油桐，枣树，油茶。
分布范围　东北、西北，北京、河北、山西、内蒙古、江苏、浙江、安徽、福建、江西、山东、河南、湖北、广东、四川。
发生地点　北京：密云区；
河北：张家口市沽源县、涿鹿县、赤城县，沧州市河间市；
浙江：宁波市镇海区；
安徽：合肥市庐阳区；
陕西：榆林市子洲县，太白林业局。
发生面积　620 亩
危害指数　0. 4285

• **鼻盾蝽 *Hotea curculionoides*（Herrich et Schäffer）**
寄　　主　垂柳。
分布范围　新疆。

• **半球盾蝽 *Hyperoncus lateritius*（Westwood）**
寄　　主　石栎，构树，桑，红叶李，八角枫，巨尾桉，黄荆。
分布范围　浙江、安徽、福建、河南、湖北、广西、四川、贵州。
发生地点　浙江：宁波市象山县；
广西：玉林市兴业县；
四川：自贡市荣县，绵阳市三台县。
发生面积　208 亩
危害指数　0. 3333

• **皱盾蝽 *Phimodera fumosa*（Fieber）**
寄　　主　榆树。
分布范围　宁夏。
发生地点　宁夏：固原市彭阳县。

• **晋皱盾蝽 *Phimodera laevilinea*（Stål）**
寄　　主　榆树。
分布范围　宁夏。

• **斜纹宽盾蝽 *Poecilocoris dissiimilis* Martin**
寄　　主　华山松，云南松，栎，木姜子，梨，油茶，茶。
分布范围　浙江、福建、江西、河南、湖南、广西、贵州、云南。

• **桑宽盾蝽 *Poecilocoris druraei*（Linnaeus）**
寄　　主　山核桃，核桃，构树，桑，荷花玉兰，白兰，樟树，山莓，云南金合欢，盐肤木，油茶，茶，土沉香，女贞，木犀。

分布范围　江苏、浙江、安徽、福建、江西、湖北、广东、广西、四川、陕西。

发生地点　江苏：淮安市洪泽区、盱眙县；
浙江：宁波市奉化市，台州市黄岩区、天台县；
安徽：芜湖市无为县；
福建：厦门市同安区，三明市尤溪县，泉州市安溪县，漳州市诏安县、平和县；
江西：萍乡市芦溪县；
湖北：荆门市京山县；
广东：河源市紫金县；
四川：南充市西充县，雅安市雨城区，巴中市通江县；
陕西：商洛市镇安县。

发生面积　713 亩

危害指数　0.3394

• **油茶宽盾蝽 *Poecilocoris latus* Dallas**

中文异名　茶子盾蝽、蓝斑盾蝽、茶实蝽

寄　　主　板栗，栎，无花果，八角，猴樟，樟树，梅，格木，柑橘，油桐，乌桕，枸骨，龙眼，油茶，茶，木荷，土沉香，巨桉，巨尾桉，尾叶桉，柿，木犀，白花泡桐。

分布范围　浙江、安徽、福建、江西、山东、湖北、湖南、广东、广西。

发生地点　浙江：杭州市富阳区，衢州市常山县、江山市，台州市天台县，丽水市莲都区、松阳县；
福建：三明市三元区、尤溪县，泉州市安溪县，南平市延平区，龙岩市长汀县、上杭县、梅花山自然保护区，福州国家森林公园；
江西：赣州市信丰县、大余县，吉安市遂川县；
山东：临沂市蒙阴县；
湖南：长沙市望城区，株洲市芦淞区、石峰区、攸县，邵阳市武冈市，岳阳市平江县，永州市道县、江永县、蓝山县；
广东：广州市花都区，韶关市曲江区，肇庆市高要区、四会市，汕尾市陆河县、陆丰市，云浮市云安区、新兴县、郁南县；
广西：南宁市武鸣区、上林县、横县，柳州市融安县、融水苗族自治县，桂林市阳朔县、兴安县、永福县、灌阳县、龙胜各族自治县、资源县、平乐县、荔浦县、恭城瑶族自治县，梧州市苍梧县、藤县、蒙山县、岑溪市，防城港市防城区、上思县，贵港市港北区、覃塘区、桂平市，玉林市福绵区、容县、陆川县、博白县、兴业县、北流市，百色市右江区、田阳县、那坡县、靖西市，贺州市昭平县、钟山县、富川瑶族自治县，河池市金城江区、南丹县、天峨县、凤山县、东兰县、罗城仫佬族自治县、环江毛南族自治县，来宾市象州县、武宣县、金秀瑶族自治县，崇左市江州区、龙州县、天等县，黄冕林场、六万林场。

发生面积　41167 亩

危害指数　0. 3425

• 金绿宽盾蝽 *Poecilocoris lewisi* (Distant)

寄　　主　落叶松，赤松，油松，柏木，侧柏，圆柏，山杨，毛白杨，柳树，山核桃，核桃，枫杨，风桦，板栗，麻栎，蒙古栎，栓皮栎，朴树，榆树，构树，垂叶榕，桑，八角，木莲，杏，悬钩子，绣线菊，刺槐，臭椿，常绿苦木，楝树，香椿，黄栌，火炬树，酸枣，葡萄，小花扁担杆，石榴，八角枫，山茱萸，毛梾，柿，荆条，楸。

分布范围　北京、天津、河北、山西、辽宁、吉林、黑龙江、江苏、安徽、江西、山东、湖北、广西、重庆、四川、贵州、云南、陕西。

发生地点　北京：东城区、顺义区、密云区；

河北：石家庄市井陉县，邢台市沙河市，保定市唐县、望都县，张家口市涿鹿县；

山西：晋城市沁水县；

山东：烟台市龙口市，济宁市泗水县、梁山县，泰安市泰山区、新泰市、肥城市、泰山林场，威海市环翠区，临沂市高新技术开发区，聊城市东阿县；

广西：玉林市北流市；

重庆：酉阳土家族苗族自治县；

四川：宜宾市翠屏区、宜宾县，雅安市雨城区；

陕西：西安市蓝田县，咸阳市永寿县，渭南市华州区。

发生面积　2986 亩

危害指数　0. 3347

• 尼泊尔宽盾蝽 *Poecilocoris nepalensis* (Herrich-Schäffer)

寄　　主　桤木，栗，麻栎，青冈，朴树，桑，臭椿，香椿，盐肤木，油茶，茶。

分布范围　湖北、重庆、四川、陕西。

发生地点　重庆：万州区、黔江区，忠县、奉节县、巫溪县、秀山土家族苗族自治县。

发生面积　398 亩

危害指数　0. 3333

• 大斑宽盾蝽 *Poecilocoris splendidulus* Esaki

寄　　主　黄檗。

分布范围　四川。

发生地点　四川：遂宁市安居区。

• 米字长盾蝽 *Scutellera fasciata* (Panzer)

寄　　主　核桃，麻疯树。

分布范围　广西、四川。

发生地点　四川：攀枝花市东区、西区、仁和区。

• 长盾蝽 *Scutellera perplexa* (Westwood)

寄　　主　云南松，板栗，柑橘，油茶。

分布范围　福建、河南、广东、广西、海南、四川、贵州、云南、陕西。

• **华沟盾蝽 *Solenosthedium chinensis* Stål**

寄　　主　柑橘，秋枫，木棉，油茶。

分布范围　安徽、广东。

发生地点　广东：汕尾市陆丰市。

龟蝽科 Plataspidae

• **双列圆龟蝽 *Coptosoma bifarium* Montandon**

寄　　主　银白杨，槲栎，桑，樟树，柑橘，香椿，茶。

分布范围　北京、安徽、福建、江西、河南、湖北、湖南、广西、四川、贵州、陕西、甘肃、宁夏。

发生地点　江西：宜春市高安市；

四川：南充市高坪区，广安市前锋区，卧龙管理局。

• **双痣圆龟蝽 *Coptosoma biguttulum* Motschulsky**

寄　　主　合欢，紫穗槐，胡枝子，刺槐，槐树，荆条。

分布范围　东北，北京、河北、山西、浙江、福建、山东、河南、四川、西藏、陕西。

发生地点　北京：密云区；

河北：邢台市沙河市；

山东：济宁市曲阜市，泰安市泰山林场；

四川：雅安市天全县。

• **豆圆龟蝽 *Coptosoma cribraria*（Fabricius）**

寄　　主　构树。

分布范围　江苏。

发生地点　江苏：南京市江宁区。

• **孟达圆龟蝽 *Coptosoma mundum* Bergroth**

寄　　主　桑，刺槐，腰果，杧果。

分布范围　江苏、福建、河南、广东、海南。

发生地点　江苏：淮安市洪泽区。

• **显著圆龟蝽 *Coptosoma notabile* Montandon**

寄　　主　白花泡桐。

分布范围　浙江、福建、江西、河南、湖北、广东、四川。

• **多变圆龟蝽 *Coptosoma variegatum* Herrich-Schäffer**

寄　　主　构树，八角，紫穗槐，柠檬，油桐。

分布范围　福建、江西、山东、河南、广西、四川、贵州、云南、西藏。

发生地点　广西：大桂山林场；

四川：自贡市荣县，内江市市中区、东兴区，资阳市雁江区。

发生面积　160 亩

危害指数　0.9292

- **筛豆龟蝽 *Megacopta cribraria* (Fabricius)**

寄　　主　山杨，青冈，桑，构树，木姜子，桃，石楠，紫穗槐，刺槐，槐树，香椿，紫薇，巨桉，豇豆树，刺葵。

分布范围　河北、山西、江苏、浙江、福建、江西、山东、河南、湖北、湖南、广东、广西、重庆、四川、贵州、云南。

发生地点　江苏：南京市雨花台区，镇江市润州区、丹徒区、丹阳市、句容市；
浙江：宁波市江北区、北仑区、镇海区、象山县、宁海县，台州市黄岩区、三门县；
江西：萍乡市芦溪县；
山东：聊城市东阿县；
湖北：荆门市京山县；
广东：广州市从化区，惠州市惠阳区；
四川：自贡市自流井区、荣县，绵阳市三台县，南充市高坪区。

发生面积　2615 亩

危害指数　0.3359

- **小筛豆龟蝽 *Megacopta cribriella* Hsiao et Jen**

寄　　主　肉桂。

分布范围　广东、重庆。

发生地点　广东：肇庆市高要区。

- **狄豆龟蝽 *Megacopta distanti* (Montandon)**

寄　　主　榆树，胡枝子。

分布范围　北京、河北、浙江、福建、江西、河南、湖南、广西、四川、贵州、云南、西藏、陕西、甘肃。

- **天花豆龟蝽 *Megacopta horvathi* (Montandon)**

寄　　主　紫穗槐，云实，刺槐。

分布范围　福建、山东、河南、湖北、广东、广西、四川、贵州。

- **巨叶龟蝽 *Phyllomegacopta majuscula* (Hsiao et Jen)**

寄　　主　樟树。

分布范围　福建。

蝽科 Pentatomidae

- **青绿俊蝽 *Acrocorisellus serraticollis* (Jakovlev)**

中文异名　青真蝽

拉丁异名　*Pentatoma pulchra* Hsiao et Cheng

寄　　主　核桃，桑，桃，杏，苹果，李，梨，槐树，文旦柚，柑橘，柠檬，长叶黄杨，毛竹。

分布范围　北京、河北、浙江、重庆、四川、陕西。

发生地点　北京：石景山区、密云区；
河北：张家口市怀来县；
浙江：宁波市象山县；
四川：自贡市大安区、沿滩区、荣县，绵阳市平武县，内江市市中区、威远县、资中县、隆昌县，资阳市雁江区；
陕西：渭南市华阴市。
发生面积　312 亩
危害指数　0.3333

● **尖头麦蝽 *Aelia acuminata*（Linnaeus）**
寄　　主　高山柏 。
分布范围　浙江、河南。

● **华麦蝽 *Aelia fieberi* Scott**
中文异名　鹗麦蝽
寄　　主　构树，猴樟，苹果，沙梨，刺槐，毛刺槐，槐树，长叶黄杨，箬竹。
分布范围　北京、河北、辽宁、吉林、上海、江苏、浙江、安徽、山东、湖北、陕西。
发生地点　北京：密云区；
江苏：南京市雨花台区，淮安市洪泽区、盱眙县，扬州市邗江区；
浙江：台州市黄岩区；
安徽：合肥市包河区；
山东：济宁市邹城市；
陕西：咸阳市永寿县。

● **西北麦蝽 *Aelia sibirica* Reuter**
寄　　主　山杨，榆树。
分布范围　宁夏。

● **伊蝽 *Aenaria lewisi*（Scott）**
寄　　主　漆树。
分布范围　四川。

● **宽缘伊蝽 *Aenaria pinchii* Yang**
中文异名　竹宽缘伊蝽
寄　　主　核桃，漆树，慈竹，龟甲竹，毛竹，早竹，胖竹。
分布范围　江苏、浙江、安徽、福建、河南、湖北、湖南、广东、广西、四川、贵州。
发生地点　浙江：丽水市松阳县；
安徽：芜湖市芜湖县；
湖北：荆州市洪湖市；
四川：巴中市通江县。
发生面积　542 亩
危害指数　0.3333

• **大枝蝽 *Aeschrocoris obscurus*（Dallas）**
寄　　主　麻竹。
分布范围　四川。
发生地点　四川：内江市威远县。

• **云蝽 *Agonoscelis nubilis*（Fabricius）**
寄　　主　水麻，茶。
分布范围　浙江、四川。
发生地点　四川：乐山市峨边彝族自治县。
发生面积　100 亩
危害指数　0.3333

• **日本羚蝽 *Alcimocoris japonensis*（Scott）**
寄　　主　构树。
分布范围　安徽。

• **长叶蝽 *Amyntor obscurus*（Dallas）**
寄　　主　华山松，核桃，桤木，栗，猴樟。
分布范围　四川、陕西。
发生地点　四川：绵阳市平武县，宜宾市翠屏区、筠连县。

• **丽蝽 *Antestia anchora*（Thunberg）**
寄　　主　麻栎。
分布范围　山东。
发生地点　山东：济宁市曲阜市。

• **邻实蝽 *Antheminia lindbergi*（Tamanini）**
寄　　主　黄刺玫。
分布范围　宁夏。

• **甜菜实蝽 *Antheminia lunulata*（Goetze）**
寄　　主　榆树。
分布范围　新疆。

• **实蝽 *Antheminia pusio*（Kolenati）**
寄　　主　杨树，柳树。
分布范围　宁夏。
发生地点　宁夏：吴忠市盐池县。
发生面积　250 亩
危害指数　0.4667

• **多毛实蝽 *Antheminia varicornis*（Jakovlev）**
寄　　主　柠条锦鸡儿。

分布范围　河北、山西、内蒙古、黑龙江、河南、陕西、宁夏、新疆。
发生地点　宁夏：银川市兴庆区、西夏区、金凤区，吴忠市红寺堡区、盐池县。
发生面积　642 亩
危害指数　0.3437

● **驼蝽** ***Brachycerocoris camelus*** **Costa**
寄　　主　山杨，榆树，臭椿，毛竹，毛金竹，胖竹。
分布范围　河北、江苏、浙江、安徽、江西、河南、湖北、广东、广西、陕西。
发生地点　河北：邢台市沙河市；
　　　　　陕西：渭南市华州区。

● **薄蝽** ***Brachymna tenuis*** **Stål**
寄　　主　毛竹，紫竹，早竹，早园竹。
分布范围　上海、江苏、浙江、安徽、福建、江西、河南、广东、四川、贵州、云南。
发生地点　江苏：南京市雨花台区，苏州市吴江区；
　　　　　浙江：宁波市鄞州区、象山县、宁海县，丽水市松阳县。
发生面积　3005 亩
危害指数　0.3333

● **长缘苍蝽** ***Brachynema germarii*** **(Kolenati)**
中文异名　长缘蝽、苍蝽
寄　　主　杏，骆驼刺，沙枣。
分布范围　陕西、宁夏、新疆。
发生地点　宁夏：银川市兴庆区、西夏区、金凤区、灵武市，石嘴山市大武口区、惠农区。
发生面积　1005 亩
危害指数　0.3333

● **长叶岱蝽** ***Cahara jugatoria*** **(Lethierry)**
寄　　主　柏木，构树，石楠，女贞。
分布范围　江苏、四川。
发生地点　江苏：南京市浦口区、雨花台区，淮安市清江浦区，扬州市宝应县，镇江市句容市。
发生面积　180 亩
危害指数　0.3333

● **柑橘格蝽** ***Cappaea taprobanensis*** **(Dallas)**
寄　　主　山核桃，楠，柑橘，油茶。
分布范围　福建、河南、湖北、湖南、广东、广西、海南、四川、贵州、云南、陕西。
发生地点　湖南：永州市回龙圩管理区；
　　　　　广东：肇庆市四会市；
　　　　　四川：遂宁市大英县。
发生面积　2660 亩
危害指数　0.3734

• **辉蝽 *Carbula humerigera*（Uhler）**
中文异名　弯角辉蝽
拉丁异名　*Carbula obtusangula* Reuter
寄　　主　山杨，垂柳，核桃楸，核桃，白栎，榆树，胡枝子，香椿，葡萄，毛竹。
分布范围　北京、辽宁、浙江、安徽、福建、江西、山东、河南、湖北、湖南、广东、广西、四川、贵州、云南、陕西、甘肃、青海。
发生地点　北京：密云区；
浙江：杭州市西湖区；
安徽：合肥市庐阳区；
陕西：太白林业局。

• **北方辉蝽 *Carbula putoni*（Jakovlev）**
寄　　主　胡枝子，臭椿。
分布范围　北京、河北、辽宁、黑龙江、山东、河南。
发生地点　北京：密云区。

• **凹肩辉蝽 *Carbula sinica* Hsiao et Cheng**
寄　　主　桑。
分布范围　湖北。

• **朝鲜果蝽 *Carpocoris coreanus* Distant**
寄　　主　桃，梨。
分布范围　新疆。

• **紫翅果蝽 *Carpocoris purpureipennis*（De Geer）**
寄　　主　苹果，梨，柠条锦鸡儿，沙枣。
分布范围　东北，北京、河北、山西、山东、河南、陕西、甘肃、青海、宁夏、新疆。
发生地点　宁夏：银川市西夏区、金凤区、永宁县，吴忠市红寺堡区、盐池县。
发生面积　713 亩
危害指数　0.3380

• **东亚果蝽 *Carpocoris seidensteuckeri* Tamanini**
寄　　主　杏，花椒。
分布范围　北京、河北、内蒙古、辽宁、吉林、山东、河南、陕西。
发生地点　河北：张家口市张北县、沽源县、尚义县、怀来县。
发生面积　1555 亩
危害指数　0.3333

• **棕蝽 *Caystrus obscurus*（Distant）**
中文异名　棕黑蝽
寄　　主　榆树，黄葛树，槐树，茶，枸杞，毛竹，毛金竹，棕竹。
分布范围　江苏、浙江、福建、广东、四川、陕西。

发生地点　江苏：镇江市句容市；
广东：云浮市郁南县、罗定市；
四川：攀枝花市仁和区，宜宾市筠连县，甘孜藏族自治州泸定县。
发生面积　852 亩
危害指数　0.3333

• **中华岱蝽 *Dalpada cinctipes* Walker**

寄　　主　柏木，高山柏，山杨，杨梅，板栗，桑，肉桂，石楠，红叶李，紫荆，红椿，紫薇，女贞。
分布范围　中南，河北、江苏、浙江、安徽、福建、江西、四川、贵州、云南、陕西、甘肃。
发生地点　江苏：南京市雨花台区，扬州市江都区，镇江市句容市；
湖北：黄冈市罗田县；
广东：肇庆市高要区；
四川：自贡市自流井区、荣县，遂宁市船山区，宜宾市兴文县。
发生面积　207 亩
危害指数　0.3333

• **大斑岱蝽 *Dalpada distincta* Hsiao et Cheng**

寄　　主　粗糠柴，乌桕，喜树，木犀。
分布范围　福建、湖南。
发生地点　湖南：怀化市芷江侗族自治县。
发生面积　200 亩
危害指数　0.3333

• **粤岱蝽 *Dalpada maculata* Hsiao et Cheng**

寄　　主　山柳。
分布范围　四川。

• **小斑岱蝽 *Dalpada nodifera* Walker**

寄　　主　杨树，柳树，核桃，桑，茶。
分布范围　江苏、福建、湖北、四川、陕西。

• **岱蝽 *Dalpada oculata*（Fabricius）**

寄　　主　湿地松，马尾松，杉木，川滇柳，板栗，栎，麻栎，桑，苹果，凤凰木，柑橘，枳，臭椿，香椿，油桐，秋枫，盐肤木，无患子，油茶，茶，合果木，巨尾桉，油橄榄，木犀，柚木。
分布范围　江苏、浙江、福建、湖北、湖南、广东、广西、四川、云南、陕西。
发生地点　江苏：镇江市句容市；
浙江：台州市黄岩区；
湖南：娄底市新化县；
广东：肇庆市高要区；
广西：南宁市横县，桂林市雁山区，崇左市宁明县，派阳山林场；

四川：自贡市荣县，巴中市通江县；
云南：玉溪市元江哈尼族彝族傣族自治县；
陕西：渭南市临渭区、华州区。

发生面积　7836 亩

危害指数　0.3333

• 红缘岱蝽 *Dalpada perelegans* Breddin

寄　　主　桑，槐树。

分布范围　浙江。

发生地点　浙江：宁波市象山县。

• 绿岱蝽 *Dalpada smaragdina*（Walker）

寄　　主　杨树，山杨，柳树，川滇柳，核桃，枫杨，板栗，榆树，无花果，桑，厚朴，樟树，枇杷，石楠，梨，悬钩子，刺槐，柑橘，臭椿，油桐，乌桕，长叶黄杨，杜英，梧桐，油茶，茶，喜树，女贞，白花泡桐，毛泡桐，忍冬。

分布范围　江苏、浙江、安徽、福建、江西、河南、湖北、湖南、广东、广西、重庆、四川、贵州、云南、陕西。

发生地点　浙江：杭州市西湖区，温州市鹿城区、平阳县，台州市黄岩区、三门县、临海市；
江西：南昌市南昌县，萍乡市安源区、上栗县、芦溪县；
湖北：黄冈市罗田县；
湖南：益阳市桃江县，娄底市新化县；
重庆：万州区、南岸区；
四川：内江市威远县、隆昌县，乐山市犍为县，宜宾市翠屏区、南溪区，遂宁市安居区。

发生面积　5889 亩

危害指数　0.4298

• 大臭蝽 *Dalsira glandulosa*（Wolff）

寄　　主　粗枝木麻黄，杨树，旱柳，山核桃，核桃，锥栗，板栗，黧蒴栲，麻栎，白栎，榆树，桑，三球悬铃木，桃，杏，苹果，白梨，柑橘，臭椿，油桐，龙眼，荔枝，梧桐，茶，木荷。

分布范围　河北、江苏、浙江、福建、山东、河南、湖北、广东、广西、贵州、陕西、甘肃。

发生地点　江苏：盐城市亭湖区；
浙江：宁波市象山县，台州市天台县；
福建：泉州市安溪县；
山东：菏泽市郓城县；
广东：惠州市惠阳区，云浮市属林场；
陕西：宁东林业局。

• 剪蝽 *Diplorhinus furcatus*（Westwood）

寄　　主　水麻，油茶。

分布范围　福建、四川、贵州。

• 斑须蝽 *Dolycoris baccarum*（Linnaeus）

寄　　主　油松，柳杉，崖柏，山杨，黑杨，钻天杨，箭杆杨，毛白杨，垂柳，大红柳，旱柳，杨梅，核桃，桤木，板栗，榆树，构树，荷花玉兰，桃，碧桃，杏，山楂，西府海棠，苹果，海棠花，石楠，李，河北梨，沙梨，月季，刺槐，槐树，柑橘，黄杨，黄栌，盐肤木，冬青卫矛，栾树，枣树，酸枣，木槿，沙枣，沙棘，紫薇，石榴，喜树，八角金盘，白蜡树，洋白蜡，女贞，木犀，荆条，兰考泡桐，白花泡桐，毛泡桐，楸。

分布范围　东北、西北，北京、天津、河北、上海、江苏、浙江、安徽、江西、山东、河南、湖北、重庆、四川、西藏。

发生地点　北京：东城区、朝阳区、海淀区、通州区、顺义区、昌平区、密云区；

河北：石家庄市正定县，秦皇岛市昌黎县，邢台市沙河市，保定市阜平县、唐县，张家口市沽源县、阳原县、怀来县，沧州市东光县、河间市，衡水市桃城区；

上海：松江区、青浦区；

江苏：无锡市宜兴市，徐州市沛县，常州市武进区，苏州市高新区，淮安市洪泽区，盐城市响水县、东台市；

浙江：宁波市宁海县，温州市鹿城区，舟山市岱山县，台州市三门县；

江西：萍乡市安源区、上栗县、芦溪县；

山东：东营市利津县，济宁市任城区、嘉祥县、邹城市、高新区、太白湖新区，泰安市泰山区、肥城市、泰山林场，聊城市东昌府区、东阿县，滨州市无棣县，菏泽市牡丹区、定陶区，黄河三角洲保护区；

湖北：黄冈市罗田县；

重庆：秀山土家族苗族自治县、酉阳土家族苗族自治县；

四川：绵阳市三台县、梓潼县，南充市高坪区，雅安市雨城区、石棉县；

西藏：日喀则市聂拉木县；

陕西：咸阳市秦都区；

甘肃：庆阳市西峰区；

宁夏：银川市兴庆区、西夏区、金凤区、永宁县，石嘴山市大武口区、惠农区，吴忠市红寺堡区、盐池县，固原市原州区；

新疆生产建设兵团：农四师68团。

发生面积　10511亩

危害指数　0.3538

• 厉蝽 *Eocanthecona concinna*（Walker）

寄　　主　刺楞，枇杷，凤凰木，紫薇，秋茄树。

分布范围　福建、广东、广西、四川。

发生地点　广西：桂林市龙胜各族自治县。

发生面积　200亩

危害指数　0.3333

• **叉角厉蝽 *Eocanthecona furcellata*（Wolff）**

寄　　主　杨树，桤木。

分布范围　福建、四川。

• **小厉蝽 *Eocanthecona parva*（Distant）**

寄　　主　紫穗槐，胡枝子，刺槐，楝树。

分布范围　福建。

• **麻皮蝽 *Erthesina fullo*（Thunberg）**

中文异名　黄斑蝽

寄　　主　苏铁，银杏，油杉，落叶松，湿地松，马尾松，油松，云南松，柳杉，杉木，水杉，秃杉，池杉，落羽杉，墨西哥落羽杉，柏木，侧柏，铺地柏，罗汉松，红豆杉，木麻黄，银白杨，新疆杨，加杨，山杨，黑杨，毛白杨，垂柳，旱柳，杨梅，山核桃，薄壳山核桃，野核桃，核桃，枫杨，桤木，栗，锥栗，板栗，刺栲，黧蒴栲，麻栎，槲栎，栓皮栎，青冈，朴树，黑榆，旱榆，榔榆，榆树，大果榉，构树，垂叶榕，无花果，黄葛树，榕树，桑，八角，鹅掌楸，玉兰，荷花玉兰，厚朴，白兰，西米棕，猴樟，阴香，樟树，肉桂，天竺桂，油樟，檫木，海桐，枫香，二球悬铃木，三球悬铃木，山桃，桃，榆叶梅，碧桃，梅，山杏，杏，樱桃，樱花，日本晚樱，日本樱花，木瓜，山楂，枇杷，垂丝海棠，西府海棠，苹果，海棠花，石楠，李，红叶李，火棘，沙梨，玫瑰，台湾相思，金合欢，云南金合欢，南洋楹，合欢，紫穗槐，红花羊蹄甲，羊蹄甲，柠条锦鸡儿，紫荆，黄檀，降香檀，刺桐，刺槐，槐树，龙爪槐，柑橘，柠檬，花椒，臭椿，橄榄，麻楝，楝树，香椿，红椿，油桐，重阳木，秋枫，山乌桕，乌桕，高山澳杨，蝴蝶果，长叶黄杨，杧果，盐肤木，火炬树，漆树，冬青，冬青卫矛，金边黄杨，三角槭，色木槭，鸡爪槭，龙眼，栾树，荔枝，无患子，枣树，酸枣，葡萄，杜英，木槿，木棉，梧桐，红淡比，山茶，油茶，茶，木荷，合果木，秋海棠，四季秋海棠，土沉香，沙枣，沙棘，紫薇，石榴，竹节树，喜树，赤桉，柠檬桉，大叶桉，巨桉，巨尾桉，柳窿桉，蒲桃，八角金盘，幌伞枫，柿，白蜡树，女贞，油橄榄，木犀，银桂，丁香，夹竹桃，柚木，黄荆，南方泡桐，兰考泡桐，川泡桐，白花泡桐，梓，黄金树，火焰树，柳叶水锦树，撑篙竹，麻竹，慈竹，斑竹，毛竹，绵竹。

分布范围　北京、天津、河北、山西、辽宁、上海、江苏、浙江、安徽、福建、江西、山东、河南、湖北、湖南、广东、广西、重庆、四川、贵州、云南、陕西、甘肃、宁夏、新疆。

发生地点　北京：东城区、朝阳区、丰台区、石景山区、通州区、顺义区、昌平区、大兴区、密云区；

河北：石家庄市井陉矿区、藁城区、栾城区、井陉县、正定县、深泽县、无极县、赵县、晋州市，唐山市古冶区、滦南县、乐亭县、玉田县，秦皇岛市昌黎县，邯郸市永年区，邢台市任县、平乡县、沙河市，保定市满城区、涞水县、唐县、望都县、顺平县、安国市，沧州市沧县、东光县、吴桥县、黄骅市、河间市，廊坊市大城县、霸州市，衡水市桃城区、武邑县、安平县；

山西：运城市闻喜县、河津市；

上海：闵行区、宝山区、嘉定区、浦东新区、金山区、松江区、青浦区、奉贤区；

江苏：南京市浦口区、栖霞区、雨花台区、江宁区、六合区、高淳区，无锡市锡山区、宜兴市，徐州市沛县，常州市天宁区、钟楼区、新北区、武进区、金坛区、溧阳市，苏州市高新区、吴江区、常熟市、昆山市、太仓市，淮安市淮阴区、洪泽区、盱眙县、金湖县，盐城市盐都区、大丰区、响水县、阜宁县、射阳县、东台市，扬州市邗江区、江都区、宝应县，镇江市京口区、润州区、丹徒区、丹阳市、扬中市、句容市，泰州市海陵区、姜堰区，宿迁市宿城区、沭阳县；

浙江：杭州市萧山区、富阳区，宁波市江北区、北仑区、鄞州区、象山县、余姚市、奉化市，温州市鹿城区、龙湾区、平阳县，嘉兴市嘉善县，衢州市常山县、江山市，舟山市岱山县、嵊泗县，台州市椒江区、黄岩区、天台县、仙居县，丽水市莲都区、松阳县；

安徽：合肥市庐阳区、包河区、肥西县，芜湖市芜湖县，黄山市徽州区，滁州市定远县，阜阳市颍东区，六安市裕安区，宣城市宣州区、郎溪县；

福建：厦门市集美区、翔安区，三明市三元区，泉州市安溪县，漳州市漳浦县、诏安县、东山县、平和县、漳州开发区，南平市延平区、松溪县，龙岩市新罗区，福州国家森林公园；

江西：萍乡市莲花县，赣州经济技术开发区，吉安市新干县、井冈山市，宜春市樟树市、高安市，上饶市广丰区、横峰县，共青城市；

山东：济南市平阴县，青岛市胶州市，东营市东营区、河口区、利津县、广饶县，潍坊市坊子区、昌邑市、滨海经济开发区，济宁市任城区、微山县、嘉祥县、汶上县、曲阜市、邹城市、高新区、太白湖新区，泰安市泰山区、宁阳县、东平县、肥城市、泰山林场，威海市环翠区，莱芜市莱城区，临沂市兰山区、沂水县、费县、莒南县，聊城市东昌府区、阳谷县、东阿县、冠县、高唐县、经济技术开发区、高新技术产业开发区，滨州市无棣县，菏泽市牡丹区、定陶区、单县、郓城县，黄河三角洲保护区；

河南：郑州市二七区、荥阳市、新郑市，安阳市文峰区、殷都区，许昌市襄城县、禹州市，商丘市民权县、柘城县、虞城县，驻马店市平舆县；

湖北：武汉市洪山区、东西湖区，荆门市沙洋县、钟祥市，荆州市沙市区、荆州区、监利县、江陵县、洪湖市，黄冈市罗田县，仙桃市、潜江市；

湖南：衡阳市衡南县、祁东县、常宁市，邵阳市邵阳县，岳阳市君山区、岳阳县、平江县，常德市鼎城区，益阳市资阳区、桃江县，郴州市宜章县、嘉禾县，怀化市辰溪县、新晃侗族自治县，娄底市双峰县、新化县，湘西土家族苗族自治州凤凰县；

广东：广州市天河区、番禺区、花都区、南沙区、从化区、增城区，深圳市龙华新区，肇庆市高要区、四会市，惠州市惠阳区，汕尾市陆河县、陆丰市，清远市英德市、连州市，云浮市新兴县、云浮市属林场；

广西：南宁市江南区、邕宁区、武鸣区、上林县、宾阳县、横县，桂林市雁山区、阳朔县、灵川县、兴安县、永福县、龙胜各族自治县、荔浦县，梧州市万秀区、长洲区、龙圩区、苍梧县、藤县、蒙山县，北海市铁山港区、合浦县，防城港市防城区、上思县，贵港市港北区、港南区、覃塘区、平南县、桂平市，玉林市玉州区、福绵区、容县、陆川县、博白县、兴业县、北流市，百色市那坡县、靖西市，河池市金城江区、南丹县、天峨县、凤山县、东兰县、罗城仫佬族自治县、环江毛南族自治县、巴马瑶族自治县、都安瑶族自治县、大化瑶族自治县、宜州区，来宾市兴宾区、忻城县、象州县、武宣县、金秀瑶族自治县、合山市，崇左市江州区、扶绥县、宁明县、龙州县、大新县、天等县、凭祥市，七坡林场、良凤江森林公园、派阳山林场、钦廉林场、维都林场、博白林场、雅长林场；

重庆：万州区、涪陵区、大渡口区、南岸区、北碚区、巴南区、永川区、南川区、铜梁区，梁平区、丰都县、忠县、云阳县、奉节县、巫溪县、秀山土家族苗族自治县、酉阳土家族苗族自治县、彭水苗族土家族自治县；

四川：自贡市自流井区、贡井区、大安区、沿滩区、荣县，攀枝花市仁和区、米易县，绵阳市游仙区、三台县、盐亭县、梓潼县、平武县，遂宁市安居区、蓬溪县、射洪县、大英县，内江市市中区、威远县、资中县，乐山市犍为县、峨边彝族自治县、马边彝族自治县，南充市顺庆区、高坪区、营山县、蓬安县、仪陇县、西充县，眉山市仁寿县、青神县，宜宾市翠屏区、南溪区、筠连县、兴文县，广安市武胜县，达州市渠县，雅安市雨城区，巴中市巴州区、南江县，资阳市雁江区，凉山彝族自治州盐源县、德昌县；

贵州：安顺市镇宁布依族苗族自治县；

云南：楚雄彝族自治州双柏县、南华县、永仁县、元谋县，大理白族自治州云龙县；

陕西：西安市临潼区、蓝田县、周至县、户县，咸阳市秦都区、三原县、乾县、永寿县、武功县、兴平市，渭南市潼关县、大荔县、合阳县、澄城县、蒲城县、白水县，汉中市汉台区，安康市旬阳县，商洛市丹凤县、镇安县，宁东林业局；

甘肃：白银市靖远县；

宁夏：银川市兴庆区、西夏区、金凤区，石嘴山市大武口区，吴忠市红寺堡区，固原市原州区、西吉县、彭阳县；

新疆生产建设兵团：农一师 10 团。

发生面积　469514 亩

危害指数　0.3500

● 沟腹拟岱蝽 *Eupaleopada concinna* (Westwood)

寄　　主　构树，枫香。

分布范围　湖北、湖南。

发生地点　湖南：益阳市桃江县。

● 菜蝽 *Eurydema dominulus* (Scopoli)

寄　　主　山杨，旱柳，薄壳山核桃，核桃，板栗，栎，榆树，构树，桑，猴樟，海桐，三球悬铃木，碧桃，西府海棠，苹果，石楠，梨，紫荆，刺槐，槐树，臭椿，色木槭，龙眼，栾树，紫薇，女贞，黄荆，荆条，枸杞，孝顺竹。

分布范围 华北、东北、华东、中南、西南，陕西、宁夏、新疆。

发生地点 北京：东城区、朝阳区、石景山区、海淀区、通州区、顺义区、昌平区、密云区；

河北：张家口市沽源县、阳原县，沧州市吴桥县；

上海：宝山区、嘉定区、浦东新区、金山区；

江苏：南京市浦口区、栖霞区、雨花台区、江宁区，徐州市沛县，常州市武进区，淮安市清江浦区、洪泽区、盱眙县、金湖县，盐城市盐都区、大丰区、响水县、阜宁县、射阳县、东台市，扬州市邗江区、江都区、宝应县、高邮市，镇江市京口区、润州区、丹阳市；

浙江：宁波市镇海区、鄞州区、宁海县，台州市黄岩区、三门县、临海市；

山东：济宁市任城区、微山县、梁山县、邹城市、经济技术开发区，泰安市泰山区，威海市环翠区，临沂市沂水县，聊城市临清市；

湖北：武汉市东西湖区，黄冈市罗田县，潜江市；

重庆：永川区；

四川：绵阳市三台县、梓潼县，南充市西充县，眉山市青神县，宜宾市宜宾县；

西藏：山南市乃东县；

陕西：咸阳市秦都区；

宁夏：银川市兴庆区、西夏区、金凤区，石嘴山市大武口区，中卫市沙坡头区。

发生面积 9194 亩

危害指数 0.3822

• 横纹菜蝽 *Eurydema gebleri* Kolenati

寄　　主 樟子松，柏木，侧柏，圆柏，崖柏，杨树，核桃，板栗，榆树，榆叶梅，杏，山楂，苹果，梨，绣线菊，柠条锦鸡儿，刺槐，槐树，柑橘，木槿，荆条。

分布范围 华北、东北，江苏、安徽、山东、河南、湖北、湖南、四川、贵州、云南、西藏、陕西、甘肃、宁夏、新疆。

发生地点 北京：石景山区、通州区、顺义区；

河北：张家口市沽源县、尚义县、涿鹿县，沧州市河间市；

内蒙古：乌兰察布市察哈尔右翼后旗；

江苏：南京市栖霞区；

山东：泰安市肥城市、泰山林场，临沂市沂水县，菏泽市牡丹区；

四川：自贡市荣县；

西藏：昌都市芒康县；

陕西：咸阳市乾县，渭南市华州区；

宁夏：银川市永宁县，石嘴山市大武口区、惠农区，吴忠市红寺堡区、盐池县。

发生面积 2018 亩

危害指数 0.3783

• 云南菜蝽 *Eurydema pulchra* (Westwood)

寄　　主 核桃，板栗。

分布范围　四川、贵州、陕西。
发生地点　陕西：渭南市华州区。

• 黄蝽 *Eurysaspis flavescens* Distant

寄　　主　山杨，柳树，板栗，白栎，苹果，梨，刺槐，毛刺槐，槐树，荔枝，巨桉，白蜡树。
分布范围　天津、河北、江苏、安徽、江西、山东、河南、湖北、湖南、广西、海南、陕西。
发生地点　河北：沧州市黄骅市、河间市；
　　　　　湖南：湘西土家族苗族自治州保靖县；
　　　　　广西：贺州市平桂区；
　　　　　海南：乐东黎族自治县；
　　　　　陕西：汉中市汉台区。
发生面积　2608 亩
危害指数　0.4484

• 厚蝽 *Exithemus assamensis* Distant

寄　　主　核桃。
分布范围　浙江、福建、山东、河南、湖南、广东、四川、贵州。
发生地点　山东：泰安市肥城市。

• 二星蝽 *Eysarcoris guttiger*（Thunberg）

寄　　主　银杏，松，水杉，山杨，黑杨，棉花柳，枫杨，板栗，青冈，朴树，构树，无花果，榕树，桑，猴樟，醉蝶花，海桐，桃，苹果，石楠，梨，胡枝子，楝树，重阳木，油桐，黄杨，枣树，油茶，茶，紫薇，白花泡桐，栀子，孝顺竹，毛竹，紫竹，早园竹。
分布范围　华东、中南，山西、内蒙古、辽宁、黑龙江、四川、贵州、云南、西藏、陕西、甘肃、宁夏。
发生地点　上海：闵行区、金山区、松江区、青浦区、奉贤区；
　　　　　江苏：南京市浦口区、栖霞区、雨花台区、江宁区，无锡市滨湖区、宜兴市，苏州市高新区，淮安市清江浦区、洪泽区、盱眙县、金湖县，盐城市盐都区、大丰区、响水县，扬州市邗江区、江都区、宝应县，镇江市京口区、润州区、丹徒区、丹阳市，泰州市海陵区、姜堰区；
　　　　　浙江：杭州市富阳区，宁波市象山县、宁海县，温州市鹿城区，嘉兴市嘉善县，衢州市江山市，台州市黄岩区、三门县、仙居县，丽水市松阳县；
　　　　　安徽：合肥市庐阳区、包河区，芜湖市芜湖县；
　　　　　江西：萍乡市芦溪县；
　　　　　山东：威海市高新技术开发区；
　　　　　湖北：黄冈市罗田县；
　　　　　广东：广州市从化区，清远市英德市；
　　　　　四川：南充市高坪区；

西藏：日喀则市吉隆县；
陕西：西安市周至县。

发生面积　62975 亩

危害指数　0.5033

• 锚纹二星蝽 *Eysarcoris montivagus*（Distant）

寄　　主　垂柳，榆树，构树，榕树，桑，樟树，海棠花，黄荆，白花泡桐。

分布范围　北京、浙江、安徽、江西、山东、湖北、四川、陕西。

发生地点　北京：密云区；
浙江：宁波市北仑区；
安徽：合肥市包河区；
山东：济宁市邹城市；
四川：遂宁市蓬溪县、大英县，宜宾市南溪区，广安市武胜县；
陕西：渭南市华阴市。

发生面积　200 亩

危害指数　0.3333

• 尖角二星蝽 *Eysarcoris parvus*（Uhler）

寄　　主　龟甲竹，毛竹。

分布范围　江苏、湖北。

发生地点　湖北：荆州市洪湖市。

• 广二星蝽 *Eysarcoris ventralis*（Westwood）

中文异名　黑腹蝽

寄　　主　杨树，白柳，构树，无花果，桑，苹果，石楠，红叶李，川梨，槐树，柑橘，臭椿，龙眼，枣树，中华猕猴桃，红淡比，油茶，喜树，油橄榄，白花泡桐，光泡桐，毛竹，绵竹。

分布范围　北京、河北、辽宁、上海、江苏、浙江、安徽、江西、山东、湖北、广东、四川、西藏、陕西。

发生地点　北京：密云区；
河北：唐山市滦南县、乐亭县；
上海：青浦区；
江苏：南京市浦口区，盐城市阜宁县，扬州市江都区，镇江市句容市；
江西：萍乡市安源区、芦溪县；
山东：济宁市微山县、邹城市；
四川：自贡市自流井区、大安区、沿滩区，宜宾市翠屏区、筠连县；
西藏：日喀则市吉隆县。

发生面积　982 亩

危害指数　0.3333

• 黄肩青蝽 *Glaucias crassus* (Westwood)

寄　　主　桃，梨，柑橘，柿，木犀，臭牡丹。

分布范围　河南、四川。

发生地点　四川：自贡市自流井区，绵阳市平武县，宜宾市翠屏区。

• 谷蝽 *Gonopsis affinis* (Uhler)

寄　　主　杉木，华山松，马尾松，枫杨，刺槐。

分布范围　上海、江苏、山东、陕西。

发生地点　上海：闵行区、嘉定区；

江苏：南京市栖霞区。

• 赤条蝽 *Graphosoma rubrolineata* (Westwood)

寄　　主　山杨，小叶杨，柳树，核桃，白桦，板栗，麻栎，小叶栎，蒙古栎，栓皮栎，青冈，栎子青冈，榆树，构树，荷花玉兰，杏，山楂，梨，胡枝子，刺槐，槐树，黄檗，臭椿，香椿，阔叶槭，枣树，梧桐，茶，沙棘，黄荆。

分布范围　华北、东北、华东、中南、西北，重庆、四川、贵州、云南。

发生地点　北京：石景山区、密云区；

河北：邢台市邢台县，保定市唐县，张家口市沽源县、赤城县；

山西：晋中市灵石县；

黑龙江：绥化市海伦市国有林场；

江苏：南京市栖霞区，淮安市盱眙县；

浙江：舟山市嵊泗县；

山东：威海市环翠区，黄河三角洲保护区；

重庆：万州区；

四川：绵阳市三台县、梓潼县，遂宁市安居区，南充市顺庆区、高坪区、仪陇县、西充县，巴中市巴州区、平昌县；

陕西：西安市蓝田县，咸阳市秦都区、乾县、永寿县、彬县，渭南市华州区、白水县，汉中市汉台区，商洛市丹凤县，太白林业局。

发生面积　2974 亩

危害指数　0. 3429

• 茶翅蝽 *Halyomorpha halys* (Stål)

中文异名　臭木蝽象、臭木蝽、茶色蝽

寄　　主　雪松，华山松，马尾松，油松，云南松，柳杉，杉木，池杉，柏木，侧柏，北美香柏，银白杨，新疆杨，山杨，二白杨，大叶杨，黑杨，毛白杨，垂柳，旱柳，薄壳山核桃，野核桃，核桃楸，核桃，枫杨，辽东桤木，榛子，板栗，麻栎，栓皮栎，青冈，黑弹树，朴树，榆树，构树，桑，南天竹，玉兰，厚朴，猴樟，樟树，天竺桂，海桐，枫香，杜仲，三球悬铃木，山桃，桃，碧桃，山杏，杏，樱桃，樱花，日本樱花，山楂，西府海棠，苹果，海棠花，石楠，李，红叶李，白梨，河北梨，沙梨，新疆梨，秋子梨，川梨，月季，合欢，紫穗槐，紫荆，皂荚，胡枝子，刺槐，槐树，龙爪槐，柑橘，文旦柚，花椒，臭椿，常绿臭椿，香椿，油桐，乌桕，长叶黄杨，黄杨，盐肤木，冬青，色木槭，栾树，枣树，葡萄，扁担杆，木槿，梧桐，山茶，油茶，茶，小果油茶，木荷，黄牛木，秋海棠，沙枣，紫薇，石榴，八角枫，榆绿木，桉树，柿，白蜡树，花曲柳，洋白蜡，迎春花，女贞，小叶女贞，木犀，紫丁香，暴马丁香，牡荆，荆条，枸杞，白花泡桐，楸，忍冬，孝顺竹，毛竹。

分布范围　华北、东北、华东、西北，河南、湖北、湖南、广东、广西、重庆、四川、贵州、云南。

发生地点　北京：东城区、朝阳区、丰台区、石景山区、海淀区、通州区、顺义区、昌平区、大兴区、密云区；

河北：石家庄市井陉矿区、井陉县、正定县、行唐县、晋州市、新乐市，唐山市古冶区、丰润区、滦南县、乐亭县、玉田县，秦皇岛市昌黎县，邢台市任县、临西县、沙河市，保定市满城区、唐县、顺平县、高碑店市，张家口市阳原县、怀来县，沧州市沧县、东光县、吴桥县、黄骅市，廊坊市安次区、大城县、霸州市，衡水市桃城区、枣强县、安平县，定州市、辛集市；

内蒙古：通辽市科尔沁区，乌兰察布市察哈尔右翼后旗；

上海：闵行区、浦东新区、金山区、松江区；

江苏：南京市浦口区、栖霞区、雨花台区、江宁区、六合区、高淳区，无锡市锡山区、惠山区、滨湖区、宜兴市，常州市天宁区、钟楼区、新北区、武进区，苏州市吴江区、昆山市，淮安市淮阴区、清江浦区、盱眙县、金湖县，盐城市亭湖区、盐都区、大丰区、响水县、滨海县、阜宁县、射阳县、建湖县、东台市，扬州市邗江区、江都区、宝应县、扬州经济技术开发区，镇江市新区、润州区、丹徒区、丹阳市、扬中市、句容市，泰州市海陵区、姜堰区，宿迁市宿城区、沭阳县；

浙江：宁波市江北区、北仑区、鄞州区、象山县，温州市鹿城区、龙湾区、瑞安市，嘉兴市嘉善县，舟山市岱山县，台州市黄岩区、三门县、天台县、临海市，丽水市松阳县；

安徽：合肥市包河区，淮南市寿县；

福建：福州国家森林公园；

江西：萍乡市莲花县、上栗县、芦溪县，九江市修水县，新余市分宜县，鹰潭市贵溪市，上饶市广丰区；

山东：青岛市平度市，东营市河口区、垦利县、利津县，潍坊市坊子区、滨海经济开发区，济宁市任城区、兖州区、微山县、鱼台县、嘉祥县、泗水县、梁山县、曲阜市、邹城市、高新区、太白湖新区，泰安市泰山区、岱岳区、宁阳县、新泰市、肥城市、泰山林场，威海市环翠区，莱芜市莱城区，临沂市沂水县，德州市庆云县，聊城市东昌府区、阳谷县、莘县、东阿县、冠县、高唐县，滨州市惠民县、无棣县，菏泽市牡丹区、定陶区、单县、巨野县，黄河三角洲保护区；

河南：郑州市上街区、中牟县、荥阳市、新郑市，平顶山市鲁山县，焦作市修武县、武陟县，南阳市南召县，驻马店市泌阳县，兰考县；

湖北：武汉市洪山区、东西湖区，荆门市东宝区，黄冈市红安县、罗田县，潜江市；

湖南：长沙市望城区，岳阳市岳阳县、汨罗市、临湘市，张家界市永定区，永州市双牌县，怀化市辰溪县、新晃侗族自治县；

广东：广州市从化区，肇庆市四会市，惠州市惠阳区，云浮市新兴县、郁南县、罗定市；

广西：贺州市昭平县；

重庆：永川区；

四川：成都市都江堰市，自贡市自流井区、贡井区、沿滩区、荣县，泸州市合江县，绵阳市三台县，遂宁市大英县，内江市市中区、东兴区、威远县、资中县、隆昌县，乐山市夹江县、峨边彝族自治县，南充市高坪区、蓬安县、西充县，眉山市仁寿县、青神县，宜宾市翠屏区、南溪区、筠连县、兴文县，广安市前锋区、武胜县，达州市开江县，雅安市雨城区、天全县，资阳市雁江区，甘孜藏族自治州泸定县，凉山彝族自治州德昌县、金阳县、雷波县；

云南：大理白族自治州云龙县；

陕西：西安市蓝田县，咸阳市秦都区、三原县、乾县、永寿县、彬县、长武县、旬邑县、兴平市，渭南市临渭区、华州区、大荔县、澄城县、白水县，延安市甘泉县、洛川县、宜川县，汉中市汉台区，榆林市子洲县，安康市旬阳县、白河县，商洛市商州区、镇安县，太白林业局；

甘肃：白银市靖远县，庆阳市环县、镇原县；

青海：西宁市城西区；

宁夏：银川市兴庆区、西夏区、金凤区，石嘴山市大武口区、惠农区；

新疆：乌鲁木齐市天山区、高新区，吐鲁番市高昌区、鄯善县；

新疆生产建设兵团：农四师 68 团。

发生面积　407148 亩

危害指数　0. 3683

- **卵圆蝽 *Hipptiscus dorsalis* (Stål)**

中文异名　竹卵圆蝽

寄　　主　杨树，栎，桢楠，桃，梨，瓜栗，桉树，黄竹，刺竹子，慈竹，毛竹，红哺鸡竹，毛金竹，早竹，早园竹，胖竹，苦竹。

分布范围　江苏、浙江、安徽、福建、江西、河南、湖北、湖南、广西、重庆、四川、贵州、西藏、陕西。

发生地点　江苏：南京市浦口区、雨花台区，镇江市句容市；

浙江：杭州市富阳区、桐庐县、临安市，宁波市鄞州区、象山县、宁海县、余姚市，温州市瑞安市、乐清市，嘉兴市秀洲区，湖州市吴兴区，金华市婺城区、东阳市，衢州市柯城区、衢江区、龙游县，台州市玉环县、临海市，丽水市莲都区、龙泉市；

安徽：宣城市泾县；

福建：南平市延平区；

江西：萍乡市安源区、湘东区、上栗县、芦溪县，赣州经济技术开发区、会昌县，吉安市永新县、井冈山市，宜春市奉新县、樟树市，上饶市上饶县、德兴市，共青城市、丰城市；
河南：郑州市惠济区，南阳市淅川县；
湖南：株洲市荷塘区、芦淞区，衡阳市衡阳县、衡南县、衡山县、衡东县、祁东县、耒阳市、常宁市，邵阳市新邵县、隆回县、城步苗族自治县、武冈市，常德市鼎城区，益阳市资阳区、赫山区、安化县，郴州市北湖区、苏仙区、嘉禾县、汝城县、安仁县，永州市东安县、双牌县，娄底市新化县、涟源市；
广西：桂林市灵川县；
重庆：巴南区；
四川：乐山市犍为县、马边彝族自治县，宜宾市南溪区、长宁县、筠连县、兴文县；
贵州：贵阳市清镇市。

发生面积　370136 亩
危害指数　0. 3379

• 草蜢 *Holcostethus vernalis*（Wolff）

寄　　主　山杨，钻天杨，箭杆杨，榆树。
分布范围　宁夏、新疆。
发生地点　宁夏：吴忠市红寺堡区、盐池县，固原市彭阳县；
新疆生产建设兵团：农四师。
发生面积　5281 亩
危害指数　0. 3352

• 全蝽 *Homalogonia obtusa*（Walker）

寄　　主　湿地松，马尾松，油松，山杨，柳树，核桃，桤木，板栗，麻栎，蒙古栎，榆树，山柚子，苹果，胡枝子，刺槐，漆树，枣树。
分布范围　东北，北京、河北、山西、内蒙古、江苏、浙江、福建、江西、山东、河南、湖北、广东、广西、四川、贵州、云南、西藏、陕西、甘肃。
发生地点　浙江：宁波市象山县；
江西：萍乡市芦溪县；
山东：黄河三角洲保护区；
四川：绵阳市平武县，凉山彝族自治州布拖县。
发生面积　172 亩
危害指数　0. 3333

• 广蝽 *Laprius varicornis*（Dallas）

寄　　主　杨树。
分布范围　河北、江苏、福建、江西、河南、湖北、广西、四川。

• 弯角蝽 *Lelia decempunctata*（Motschulsky）

寄　　主　山杨，黑杨，白柳，旱柳，山核桃，核桃楸，核桃，枫杨，桦木，栎，旱榆，榆树，黑果茶藨，野山楂，苹果，石楠，梨，胡枝子，刺槐，漆树，栲叶槭，葡萄，椴树，柞木，桉树，黄荆。

分布范围　东北，北京、河北、内蒙古、浙江、安徽、福建、江西、山东、河南、湖北、广西、四川、西藏、陕西、甘肃、宁夏。

发生地点　北京：石景山区；
河北：沧州市河间市，雾灵山自然保护区；
福建：漳州市平和县；
山东：济宁市鱼台县、泗水县、梁山县；
湖北：荆州市石首市；
广西：梧州市万秀区；
陕西：咸阳市秦都区、乾县、永寿县，渭南市华州区、华阴市，宁东林业局；
甘肃：平凉市关山林管局，庆阳市西峰区；
宁夏：银川市兴庆区、西夏区、金凤区，固原市原州区、彭阳县。

发生面积　1683 亩

危害指数　0.3333

• 八点弯角蝽 *Lelia octopunctata* Dallas

寄　　主　杨树，核桃楸，麻栎，榆树，臭椿，梣叶槭。

分布范围　河北、辽宁、山东。

发生地点　山东：泰安市泰山林场。

• 北曼蝽 *Menida disjecta* (Uhler)

拉丁异名　*Menida scotti* Puton

寄　　主　山杨，榆树，沙梨。

分布范围　河北、山西、内蒙古、辽宁、黑龙江、江西、河南、湖北、湖南、广西、四川、贵州、云南、西藏、陕西、甘肃、青海、宁夏。

发生地点　宁夏：固原市彭阳县。

• 宽曼蝽 *Menida lata* Yang

寄　　主　板栗，刺槐。

分布范围　浙江、福建、江西、河南、湖北、广东、广西、四川。

发生地点　江西：萍乡市上栗县、芦溪县；
湖北：黄冈市罗田县。

• 金缘曼蝽 *Menida metallica* Hsiao et Cheng

寄　　主　栎，香椿。

分布范围　河北、山西、内蒙古、辽宁、黑龙江、江西、河南、湖北、湖南、广西、四川、贵州、云南、西藏、陕西、甘肃、青海、宁夏。

发生地点　陕西：咸阳市秦都区。

• 赤曼蝽 *Menida versicolor* (Gmelim)

中文异名　稻赤曼蝽

拉丁异名　*Menida histrio* (Fabricius)

寄　　主　山杨，板栗，桑，乌桕。

分布范围　江苏、福建、江西、河南、广东、广西、海南、四川、贵州、云南、西藏。
发生地点　江苏：盐城市大丰区。

• **紫蓝曼蝽 *Menida violacea* Motschulsky**
寄　　主　山杨，旱柳，栓皮栎，榆树，杏，梨，绣线菊，刺槐，臭椿，香椿，色木槭，梧桐，黄荆，荆条。
分布范围　北京、河北、内蒙古、辽宁、江苏、浙江、福建、江西、山东、河南、湖北、广东、四川、贵州、陕西。
发生地点　北京：密云区；
河北：邢台市邢台县，保定市唐县、望都县；
山东：泰安市泰山林场；
四川：南充市西充县；
陕西：西安市周至县。
发生面积　548 亩
危害指数　0.3333

• **秀蝽 *Neojurtina typica* Distant**
寄　　主　冬青。
分布范围　江西。
发生地点　江西：萍乡市安源区、芦溪县。

• **稻绿蝽 *Nezara viridula* (Linnaeus)**
寄　　主　水杉，柏木，马尾松，山杨，柳树，核桃，板栗，白栎，栓皮栎，青冈，榆树，构树，樟树，海桐，枫香，桃，日本晚樱，苹果，李，沙梨，绣线菊，红果树，柑橘，花椒，油桐，乌桕，栾树，山茶，油茶，茶，白蜡树，迎春花，白花泡桐，川泡桐，毛竹，苦竹。
分布范围　华北、东北、华东、西南，河南、湖北、湖南、广东、广西、陕西、甘肃、青海。
发生地点　北京：东城区、石景山区；
河北：张家口市沽源县、怀来县、涿鹿县、赤城县，衡水市桃城区；
山西：晋中市灵石县；
黑龙江：佳木斯市富锦市；
江苏：南京市雨花台区，无锡市惠山区、滨湖区，苏州市昆山市，镇江市润州区、丹徒区、丹阳市；
浙江：杭州市萧山区，宁波市象山县、慈溪市，温州市龙湾区、平阳县、瑞安市，衢州市常山县，台州市仙居县，丽水市松阳县；
福建：泉州市永春县，漳州市平和县；
江西：萍乡市上栗县、芦溪县，宜春市高安市，上饶市广丰区；
山东：泰安市泰山林场，威海市环翠区，临沂市莒南县；
湖北：荆门市沙洋县，黄冈市罗田县；
广西：百色市靖西市；
重庆：永川区，秀山土家族苗族自治县；

四川：自贡市沿滩区，绵阳市游仙区，乐山市马边彝族自治县，南充市西充县，眉山市仁寿县、青神县，广安市武胜县，雅安市天全县，凉山彝族自治州昭觉县；

陕西：宝鸡市凤县，咸阳市长武县，宁东林业局。

发生面积 13575 亩

危害指数 0.4122

● **浩蝽 *Okeanos quelpartensis* Distant**

寄　　主 化香树，栓皮栎，苹果，杜鹃，女贞，楸。

分布范围 北京、河北、河南、湖北、四川、西藏、陕西。

发生地点 四川：遂宁市安居区，卧龙管理局；

西藏：山南市隆子县；

陕西：渭南市华州区。

发生面积 122 亩

危害指数 0.4135

● **碧蝽 *Palomena angulosa* (Motschulsky)**

寄　　主 柳树，核桃，枫杨，麻栎，榆树，枫香，刺槐，臭椿，山葡萄，白蜡树，白花泡桐。

分布范围 北京、天津、吉林、浙江、江西、山东、陕西。

发生地点 浙江：台州市天台县；

江西：萍乡市莲花县、芦溪县；

山东：济宁市金乡县、梁山县、济宁经济技术开发区，临沂市沂水县，菏泽市牡丹区；

陕西：宁东林业局、太白林业局。

● **川甘碧蝽 *Palomena haemorrhoidalis* Lindberg**

寄　　主 山核桃，黄荆。

分布范围 河北、河南、湖北、四川、云南、陕西、甘肃。

发生地点 四川：遂宁市蓬溪县、大英县。

● **红尾碧蝽 *Palomena prasina* (Linnaeus)**

寄　　主 沙棘。

分布范围 辽宁、西藏。

发生地点 西藏：拉萨市达孜县。

● **宽碧蝽 *Palomena viridissima* (Poda)**

拉丁异名 *Palomena amplifioata* Distant

寄　　主 山杨，核桃，麻栎，榆树，柳树，桑，猴樟，樱桃，山楂，梨，黄刺玫，柠条锦鸡儿，刺槐，花椒，臭椿，柞木，白蜡树，忍冬，毛金竹。

分布范围 北京、河北、辽宁、黑龙江、浙江、安徽、山东、广东、四川、陕西、宁夏。

发生地点 河北：张家口市蔚县、怀来县；

黑龙江：绥化市海伦市国有林场；

浙江：宁波市象山县；

广东：云浮市郁南县；
四川：雅安市雨城区，甘孜藏族自治州泸定县，凉山彝族自治州金阳县；
陕西：渭南市华州区，榆林市米脂县、子洲县；
宁夏：固原市原州区、西吉县、彭阳县。
发生面积 9314 亩
危害指数 0.3694

● **斜纹真蝽** ***Pentatoma illuminata*** **(Distant)**
寄　　主 杨树。
分布范围 陕西。

● **日本真蝽** ***Pentatoma japonica*** **(Distant)**
寄　　主 杨树，桦木，榛子，栗，蒙古栎，栓皮栎，榆树，梨，刺竹子。
分布范围 内蒙古、辽宁、吉林、黑龙江、安徽、甘肃、宁夏。

● **金绿真蝽** ***Pentatoma metallifera*** **(Motschulsky)**
中文异名 吉林金绿蝽
寄　　主 银杏，油松，侧柏，山杨，小黑杨，旱柳，山核桃，核桃楸，核桃，旱榆，榆树，山杏，杏，梨，毛刺槐，臭椿，香椿，盐肤木，冬青卫矛，椴树，白蜡树。
分布范围 北京、河北、内蒙古、辽宁、吉林、黑龙江、福建、湖北、陕西、甘肃、宁夏。
发生地点 北京：石景山区、顺义区、密云区；
河北：保定市阜平县、唐县、高阳县、蠡县、安国市，张家口市沽源县、怀安县、怀来县；
内蒙古：乌兰察布市察哈尔右翼后旗；
陕西：榆林市子洲县；
甘肃：庆阳市环县；
宁夏：银川市兴庆区、西夏区、金凤区、永宁县，固原市原州区、彭阳县。
发生面积 4105 亩
危害指数 0.3449

● **红足真蝽** ***Pentatoma rufipes*** **(Linnaeus)**
寄　　主 山杨，小叶杨，旱柳，白桦，旱榆，榆树，杏，日本晚樱，山楂，梨，花楸树，水榆花楸，绣线菊，槭，柞木，毛竹。
分布范围 东北，北京、河北、山西、内蒙古、福建、河南、湖北、陕西、甘肃、青海、宁夏、新疆。
发生地点 北京：石景山区；
河北：张家口市沽源县、涿鹿县；
福建：南平市延平区。
发生面积 116 亩
危害指数 0.3333

• **褐真蝽** ***Pentatoma semiannulata*** **(Motschulsky)**

寄　　主　落叶松，华北落叶松，山杨，柳树，核桃楸，白桦，虎榛子，板栗，旱榆，榆树，桑，西府海棠，苹果，河北梨，沙梨，刺槐，毛刺槐，油桐，柞木，白花泡桐，麻竹，慈竹。

分布范围　东北，北京、河北、山西、内蒙古、江苏、浙江、江西、山东、河南、湖北、湖南、四川、贵州、陕西、甘肃、青海、宁夏。

发生地点　北京：密云区；

河北：唐山市玉田县，张家口市沽源县、怀来县、涿鹿县、赤城县，沧州市河间市；

山西：晋中市灵石县；

山东：泰安市泰山区；

四川：遂宁市安居区，雅安市雨城区；

陕西：汉中市汉台区、西乡县，宁东林业局。

发生面积　1643 亩

危害指数　0.3942

• **益蝽** ***Picromerus lewisi*** **Scott**

寄　　主　棉花柳，桃。

分布范围　江苏、陕西。

发生地点　江苏：南京市雨花台区。

• **绿点益蝽** ***Picromerus viridipunctatus*** **Yang**

寄　　主　石楠，木槿。

分布范围　江苏。

发生地点　江苏：南京市栖霞区，淮安市清江浦区。

• **莽蝽** ***Placosternum taurus*** **(Fabricius)**

寄　　主　华山松，核桃，槐树。

分布范围　山东、河南、云南、陕西。

发生地点　陕西：商洛市丹凤县。

• **斑莽蝽** ***Placosternum urus*** **Stål**

寄　　主　山杨，板栗，麻栎，榆树，刺槐，臭椿，葡萄。

分布范围　江西、山东、河南、贵州、云南、陕西。

• **小珀椿** ***Plautia crossota*** **(Dallas)**

中文异名　朱绿蝽、珀蝽

拉丁异名　*Plautia fimbriata* (Fabricius)

寄　　主　银杏，落叶松，马尾松，云南松，柏木，侧柏，木麻黄，山杨，毛白杨，柳树，核桃，枫杨，桤木，板栗，麻栎，槲栎，青冈，朴树，榆树，大果榉，构树，无花果，桑，猴樟，海桐，三球悬铃木，桃，碧桃，杏，樱桃，枇杷，苹果，石楠，李，红叶李，沙梨，梨，月季，合欢，刺槐，槐树，文旦柚，柑橘，柠檬，臭椿，楝树，香椿，黄叶树，白桐树，长叶黄杨，盐肤木，枸骨，枣树，葡萄，杜英，中华猕猴桃，山茶，茶，柽柳，石榴，八角枫，柿，白蜡树，迎春花，女贞，木犀，黄荆，荆条，川泡桐，白花泡桐，毛泡桐，楸，斑竹，毛竹。

分布范围 华东、西南，北京、天津、河北、辽宁、河南、湖北、湖南、广东、广西、陕西。

发生地点 北京：东城区、丰台区、石景山区、顺义区、大兴区、密云区；

河北：石家庄市井陉矿区，唐山市乐亭县，沧州市河间市，廊坊市安次区、大城县、安次区，衡水市桃城区；

上海：闵行区、宝山区、嘉定区、金山区、松江区；

江苏：南京市浦口区、栖霞区、雨花台区、江宁区，无锡市锡山区、惠山区、滨湖区、宜兴市，常州市天宁区、钟楼区、新北区，苏州市高新区、太仓市，淮安市清江浦区、洪泽区、盱眙县、金湖县，盐城市盐都区、射阳县、建湖县，扬州市邗江区、江都区、宝应县，镇江市句容市，泰州市姜堰区；

浙江：杭州市西湖区、富阳区，宁波市江北区、象山县、宁海县，温州市鹿城区，衢州市江山市，舟山市嵊泗县，台州市临海市；

安徽：池州市贵池区；

福建：南平市松溪县；

江西：萍乡市上栗县、芦溪县；

山东：东营市河口区、垦利县，济宁市任城区、微山县、嘉祥县、曲阜市、邹城市，泰安市泰山区、肥城市、泰山林场、徂徕山林场，临沂市兰山区、莒南县，聊城市东阿县、高唐县、经济技术开发区，滨州市无棣县，黄河三角洲保护区；

湖北：武汉市洪山区、东西湖区，潜江市；

湖南：娄底市双峰县；

广东：深圳市龙华新区，惠州市惠阳区；

重庆：南岸区、渝北区、巴南区，云阳县、秀山土家族苗族自治县、酉阳土家族苗族自治县；

四川：成都市邛崃市，绵阳市三台县、梓潼县，遂宁市船山区，内江市市中区、东兴区、威远县、隆昌县，乐山市峨边彝族自治县，南充市顺庆区、高坪区、蓬安县、仪陇县、西充县，眉山市仁寿县、青神县，宜宾市宜宾县，巴中市巴州区，甘孜藏族自治州泸定县，凉山彝族自治州德昌县；

陕西：西安市灞桥区，咸阳市兴平市、秦都区，渭南市临渭区、华州区、大荔县、澄城县、白水县、华阴市，汉中市汉台区。

发生面积 27961 亩

危害指数 0.3589

• 庐山珀蝽 *Plautia lushanica* Yang

寄　　主 山杨，漆树。

分布范围 浙江、江西、河南、四川、贵州。

• 斯氏珀蝽 *Plautia stali* Scott

寄　　主 板栗，栎，桃，梨，柑橘，臭椿，桑，黄栌，女贞，白花泡桐。

分布范围 北京、天津、河北、山西、辽宁、吉林、江苏、浙江、福建、江西、河南、湖北、湖南、广东、广西、四川、陕西、甘肃。

发生地点　北京：顺义区；

江苏：苏州市昆山市、太仓市；

湖北：黄冈市罗田县。

• **尖角普蝽 *Priassus spiniger* Haglund**

中文异名　峨嵋蝽

寄　　主　木槿，中华猕猴桃，紫薇。

分布范围　四川。

发生地点　四川：遂宁市大英县，雅安市天全县。

• **内蒙润蝽 *Rhaphigaster brevispina* Horváth**

寄　　主　梨。

分布范围　新疆。

• **沙枣润蝽 *Rhaphigaster nebulosa*（Poda）**

中文异名　沙枣蝽

寄　　主　沙枣。

分布范围　新疆。

发生地点　新疆：喀什地区麦盖提县。

发生面积　410 亩

危害指数　0.6398

• **棱蝽 *Rhynchocoris humeralls*（Thunberg）**

寄　　主　梨，柑橘。

分布范围　湖南。

发生地点　湖南：岳阳市平江县。

• **珠蝽 *Rubiconia intermedia*（Wolff）**

寄　　主　柳树，榆树，桃，苹果，川梨，槐树，枣树，酸枣，白花泡桐。

分布范围　东北，北京、天津、河北、山西、江苏、浙江、安徽、江西、山东、河南、湖北、湖南、广东、广西、四川、贵州、陕西、甘肃、青海、宁夏。

发生地点　河北：张家口市怀来县，沧州市东光县、河间市；

山东：潍坊市坊子区。

发生面积　710 亩

危害指数　0.3333

• **圆颊珠蝽 *Rubiconia peltata* Jakovlev**

寄　　主　榆树，苹果，枣树。

分布范围　东北，河北、内蒙古、安徽、浙江、江西、河南、湖北、湖南、重庆、四川、陕西、甘肃。

发生地点　河北：沧州市吴桥县、河间市；

重庆：潼南区。
发生面积　102 亩
危害指数　0.3333

• 褐片蝽 *Sciocoris microphthalmus* Flor
寄　　主　绣线菊。
分布范围　河北。
发生地点　河北：张家口市涿鹿县。

• 稻黑蝽 *Scotinophara lurida*（Burmeister）
寄　　主　板栗，柑橘，臭椿。
分布范围　河北、江苏、浙江、安徽、福建、江西、山东、河南、湖北、湖南、广东、广西、四川、贵州、云南。
发生地点　江苏：镇江市句容市；
四川：乐山市马边彝族自治县。
发生面积　118 亩
危害指数　0.5141

• 彩蝽 *Stenozygum speciosum*（Dallas）
寄　　主　苹果，臭椿。
分布范围　山东。

• 乌蝽 *Storthecoris nigriceps* Horváth
寄　　主　山杨，油樟，枫香，楝树，山茶。
分布范围　江苏、四川。
发生地点　江苏：淮安市清江浦区、金湖县，扬州市江都区；
四川：宜宾市翠屏区、宜宾县。

• 蓝蝽 *Zicrona caerulea*（Linnaeus）
中文异名　纯蓝蝽
寄　　主　山杨，白柳，垂柳，旱柳，白桦，榆树，苹果，石楠，梨，黄杨，栾树，木犀。
分布范围　北京、河北、辽宁、上海、江苏、浙江、山东、湖北、四川、陕西、新疆。
发生地点　北京：通州区、顺义区；
江苏：徐州市沛县，淮安市洪泽区，盐城市响水县，扬州市高邮市，镇江市京口区、润州区、丹徒区、丹阳市；
浙江：宁波市宁海县；
湖北：仙桃市；
四川：眉山市青神县，宜宾市南溪区；
新疆生产建设兵团：农四师。
发生面积　180 亩
危害指数　0.3889

蛛缘蝽科 Alydidae

• 大稻缘蝽 *Leptocorisa acuta* (Thunberg)

中文异名　禾蛛缘椿

寄　　主　木麻黄，樟树，肉桂，橙，油茶，巨尾桉，尾叶桉，白花泡桐，毛竹。

分布范围　浙江、福建、江西、河南、广东、广西、四川、云南。

发生地点　浙江：宁波市象山县，台州市三门县；

福建：莆田市秀屿区；

江西：宜春市高安市；

广西：南宁市横县，贵港市桂平市，玉林市兴业县，百色市靖西市，维都林场；

四川：遂宁市安居区。

发生面积　5871 亩

危害指数　0.3363

• 中稻缘蝽 *Leptocorisa chinensis* Dallas

中文异名　华稻缘蝽

寄　　主　核桃，桤木，板栗，构树，高山榕，黄葛树，桑，猴樟，樟树，天竺桂，红叶李，合欢，鸡血藤，柑橘，中华猕猴桃，油茶，木荷，巨桉，木犀，大青，白花泡桐，麻竹，毛竹。

分布范围　江苏、浙江、福建、江西、湖北、湖南、广西、四川。

发生地点　江苏：无锡市滨湖区；

浙江：宁波市北仑区、镇海区、鄞州区、象山县、宁海县，台州市黄岩区；

江西：萍乡市上栗县、芦溪县，宜春市高安市；

湖北：武汉市洪山区、东西湖区，仙桃市、潜江市；

湖南：常德市鼎城区；

广西：百色市靖西市；

四川：自贡市自流井区、贡井区、大安区、沿滩区、荣县，绵阳市平武县，内江市市中区、东兴区、威远县、资中县、隆昌县，乐山市犍为县，南充市顺庆区、高坪区、西充县，眉山市青神县，宜宾市翠屏区、南溪区，广安市武胜县，资阳市雁江区，凉山彝族自治州德昌县。

发生面积　3112 亩

危害指数　0.3367

• 棕长缘蝽 *Megalotomus castaneus* Reuter

寄　　主　榆树，荆条。

分布范围　北京。

• 黑长缘蝽 *Megalotomus junceus* (Scopoli)

寄　　主　麻栎，绣线菊，胡枝子，刺槐，槐树，丁香。

分布范围　北京、河北、山西、辽宁、江苏、山东、河南、陕西。

发生地点　北京：密云区；
河北：张家口市涿鹿县。

• **条蜂缘蝽** ***Riptortus linearis*** **(Fabricius)**

寄　　主　木麻黄，山杨，黄花柳，棉花柳，核桃，板栗，黄刺玫，油竹。

分布范围　中南，北京、河北、辽宁、上海、江苏、浙江、安徽、福建、江西、四川、云南、陕西。

发生地点　北京：通州区、顺义区、密云区；
浙江：宁波市奉化市；
湖北：黄冈市罗田县；
四川：乐山市峨边彝族自治县，雅安市雨城区，巴中市南江县；
陕西：西安市周至县。

发生面积　537 亩

危害指数　0.3408

• **点蜂缘蝽** ***Riptortus pedestris*** **(Fabricius)**

寄　　主　侧柏，圆柏，山杨，毛白杨，棉花柳，山核桃，核桃，桤木，板栗，栎，朴树，榆树，构树，桑，荷花玉兰，蜡梅，猴樟，海桐，枫香，桃，苹果，石楠，红叶李，火棘，梨，绣线菊，合欢，紫穗槐，柠条锦鸡儿，紫荆，黄檀，鸡血藤，刺槐，毛刺槐，槐树，柑橘，臭椿，香椿，乌桕，长叶黄杨，清香桂，黄栌，盐肤木，火炬树，冬青，枸骨，栾树，北枳椇，酸枣，葡萄，扁担杆，锦葵，梧桐，油茶，合果木，柞木，巨尾桉，洋白蜡，女贞，木犀，夹竹桃，荆条，白花泡桐，慈竹。

分布范围　华东、中南，北京、天津、河北、辽宁、吉林、重庆、四川、云南、陕西、宁夏。

发生地点　北京：石景山区、顺义区、密云区；
河北：邢台市沙河市，张家口市阳原县、涿鹿县，沧州市吴桥县、河间市，衡水市桃城区；
上海：宝山区、嘉定区；
江苏：南京市浦口区、栖霞区、雨花台区、江宁区、六合区、高淳区，无锡市锡山区、惠山区、滨湖区，苏州市高新区、昆山市，淮安市淮阴区、清江浦区、洪泽区、盱眙县、金湖县，盐城市盐都区、大丰区、响水县、建湖县，扬州市邗江区、江都区、宝应县、高邮市，镇江市京口区、润州区、丹徒区、丹阳市、扬中市、句容市，泰州市海陵区、姜堰区；
浙江：宁波市镇海区、宁海县、奉化市，台州市黄岩区、三门县、天台县、仙居县；
安徽：合肥市包河区，池州市贵池区；
山东：潍坊市坊子区、滨海经济开发区，济宁市任城区、邹城市，泰安市泰山区、新泰市、肥城市、泰山林场，威海市环翠区，临沂市沂水县，聊城市东阿县、冠县，黄河三角洲保护区；
湖北：武汉市东西湖区，荆门市掇刀区，黄冈市罗田县；
湖南：益阳市桃江县；
广西：南宁市武鸣区；

四川：自贡市大安区、荣县，绵阳市平武县，内江市市中区、资中县，乐山市犍为县，宜宾市翠屏区；
陕西：宝鸡市扶风县，咸阳市秦都区，渭南市华州区，安康市旬阳县。
发生面积　24109 亩
危害指数　0. 3625

缘蝽科 Coreidae

• 瘤缘蝽 *Acanthocoris scaber* (Linnaeus)

寄　　主　木麻黄，山杨，黑杨，柳树，核桃，板栗，朴树，桑，八角，鹅掌楸，肉桂，蔷薇，刺槐，槐树，黄栌，盐肤木，栾树，杜英，石榴，巨尾桉，杜鹃，柿，黄荆，枸杞，珊瑚树，团竹，毛竹，毛金竹。
分布范围　华东、西南，北京、河南、湖北、湖南、广东、广西、陕西。
发生地点　上海：嘉定区、青浦区；
江苏：南京市栖霞区、江宁区、六合区，徐州市沛县，苏州市昆山市，淮安市淮阴区、洪泽区、盱眙县，盐城市东台市，镇江市京口区、润州区、丹徒区、丹阳市；
浙江：杭州市西湖区，宁波市江北区、北仑区、镇海区、鄞州区、象山县、宁海县，温州市瑞安市、乐清市，嘉兴市嘉善县，金华市东阳市，台州市玉环县、三门县、仙居县；
山东：济宁市任城区、曲阜市、邹城市，泰安市泰山林场，聊城市东阿县，菏泽市单县；
湖北：黄冈市罗田县；
湖南：岳阳市平江县；
广西：南宁市武鸣区，防城港市防城区，百色市靖西市；
重庆：万州区、永川区，酉阳土家族苗族自治县；
四川：绵阳市三台县，南充市西充县。
发生面积　20610 亩
危害指数　0. 4159

• 斑背安缘蝽 *Anoplocnemis binotata* Distant

寄　　主　杨树，板栗，栎，青冈，榆树，苹果，合欢，山合欢，紫穗槐，刺槐，槐树，龙爪槐，柑橘，臭椿，香椿，算盘子，栾树，小果野葡萄，梧桐，凤尾竹，毛竹。
分布范围　华东，北京、天津、河北、辽宁、黑龙江、河南、湖南、广东、广西、四川、贵州、云南、西藏、陕西、甘肃。
发生地点　北京：东城区、石景山区；
黑龙江：佳木斯市富锦市；
江苏：无锡市锡山区，盐城市阜宁县；
浙江：宁波市北仑区、余姚市、奉化市；
湖南：娄底市新化县；

甘肃：庆阳市西峰区。

发生面积　713 亩

危害指数　0. 4035

• **红背安缘蝽** ***Anoplocnemis phasianus*** **（Fabricius）**

寄　　主　含笑花，合欢，山合欢，紫穗槐，刺槐，柑橘，盐肤木，胡颓子，木犀，慈竹，斑竹，水竹，胖竹，毛竹。

分布范围　江苏、浙江、福建、江西、山东、河南、湖北、广东、广西、海南、四川、云南、陕西。

发生地点　江苏：无锡市宜兴市；

浙江：宁波市江北区、镇海区、鄞州区、象山县、宁海县、余姚市，温州市鹿城区、龙湾区、平阳县、瑞安市，嘉兴市嘉善县，台州市三门县、仙居县、临海市；

湖北：荆州市洪湖市；

广西：桂林市兴安县；

四川：甘孜藏族自治州康定市，凉山彝族自治州德昌县；

陕西：渭南市华州区。

发生面积　29347 亩

危害指数　0. 4617

• **肩异缘蝽** ***Breddinella humeralis*** **（Hsiao）**

寄　　主　麻栎，漆树。

分布范围　湖北、陕西。

发生地点　陕西：咸阳市长武县。

• **刺缘蝽** ***Centrocoris volxemi*** **（Puton）**

寄　　主　山楂，梨，刺槐，木犀。

分布范围　辽宁、江苏、安徽、江西、山东。

发生地点　安徽：合肥市包河区；

江西：吉安市井冈山市；

山东：聊城市阳谷县。

发生面积　133 亩

危害指数　0. 3333

• **稻棘缘蝽** ***Cletus punctiger*** **（Dallas）**

寄　　主　马尾松，水杉，柏木，红豆杉，山杨，棉花柳，康定柳，山核桃，核桃，板栗，锥栗，麻栎，白栎，栓皮栎，榆树，构树，榕树，桑，猴樟，樟树，山梅花，海桐，枫香，红花檵木，桃，枇杷，苹果，石楠，月季，多花蔷薇，合欢，羊蹄甲，柑橘，香椿，长叶黄杨，卫矛，金边黄杨，三角槭，栾树，无患子，茶梨，山茶，油茶，茶，红千层，杜鹃，白蜡树，女贞，木犀，麻竹，早园竹，胖竹，毛竹。

分布范围　华东、中南，北京、河北、辽宁、四川、云南、西藏、陕西。

发生地点　北京：顺义区、密云区；

河北：张家口市沽源县；
上海：宝山区、嘉定区、金山区、松江区、青浦区；
江苏：南京市浦口区、栖霞区、雨花台区、江宁区、六合区、高淳区，无锡市锡山区、惠山区、滨湖区，徐州市沛县，苏州市高新技术开发区、吴江区、昆山市、太仓市，淮安市淮阴区、清江浦区、洪泽区、盱眙县，盐城市大丰区、射阳县、东台市，扬州市邗江区、江都区，镇江市京口区、润州区、丹徒区、丹阳市、句容市，泰州市姜堰区，宿迁市宿城区；
浙江：宁波市北仑区、镇海区、鄞州区、宁海县、慈溪市，温州市龙湾区、平阳县、瑞安市，衢州市常山县，舟山市嵊泗县，台州市黄岩区、天台县、仙居县、临海市；
安徽：芜湖市芜湖县；
福建：泉州市永春县；
江西：萍乡市上栗县、芦溪县；
山东：潍坊市诸城市，泰安市泰山林场；
湖北：十堰市竹溪县，黄冈市罗田县；
湖南：常德市鼎城区，益阳市桃江县；
广西：大桂山林场；
四川：自贡市贡井区、沿滩区、荣县，遂宁市船山区、安居区、蓬溪县、大英县，内江市市中区、东兴区，乐山市马边彝族自治县，眉山市青神县，宜宾市兴文县，广安市武胜县，资阳市雁江区，甘孜藏族自治州雅江县，凉山彝族自治州盐源县；
陕西：渭南市澄城县、华阴市。

发生面积　18562 亩
危害指数　0.3992

• **黑须棘缘蝽 *Cletus punctulatus*（Westwood）**

寄　　主　山合欢，柑橘。
分布范围　湖北、四川。
发生地点　四川：攀枝花市米易县。

• **宽棘缘蝽 *Cletus schmidti* Kiritshenko**

寄　　主　马尾松，高山柏，山杨，板栗，构树，桑，樟树，肉桂，苹果，石楠，红叶李，合欢，紫荆，刺槐，毛刺槐，槐树，柑橘，臭椿，乌桕，长叶黄杨，栾树，葡萄，山茶，油茶，红瑞木，女贞，毛竹，慈竹。
分布范围　北京、辽宁、江苏、浙江、福建、江西、山东、湖北、广东、重庆、四川、陕西。
发生地点　北京：密云区；
江苏：南京市栖霞区、雨花台区、江宁区，扬州市江都区，镇江市句容市，泰州市姜堰区；
浙江：宁波市象山县、奉化市，台州市黄岩区；
山东：青岛市胶州市，济宁市邹城市，威海市环翠区；

广东：肇庆市高要区；
重庆：酉阳土家族苗族自治县；
四川：乐山市马边彝族自治县，宜宾市南溪区，广安市前锋区，甘孜藏族自治州雅江县；
陕西：咸阳市彬县，渭南市华州区。
发生面积　1147 亩
危害指数　0. 3479

• **长肩棘缘蝽 *Cletus trigonus*（Thunberg）**
中文异名　大针缘蝽
寄　　主　麻栎，樟树，桃，枇杷，李，梨，柑橘，茶，尾叶桉。
分布范围　北京、上海、江苏、浙江、福建、江西、河南、湖北、广东、广西、四川、云南、陕西。
发生地点　北京：密云区；
江苏：无锡市滨湖区；
浙江：宁波市江北区、北仑区、宁海县，舟山市岱山县，台州市黄岩区；
江西：宜春市高安市；
广西：南宁市横县；
四川：眉山市青神县；
陕西：西安市周至县。
发生面积　3676 亩
危害指数　0. 3388

• **褐竹缘蝽 *Cloresmus modestus* Distant**
寄　　主　马尾松，油茶，巨尾桉。
分布范围　广东、广西、云南。
发生地点　广西：河池市巴马瑶族自治县。
发生面积　1900 亩
危害指数　0. 3333

• **绿竹缘蝽 *Cloresmus pulchellus* Hsiao**
寄　　主　刺竹子，慈竹，绵竹。
分布范围　四川、陕西。
发生地点　四川：遂宁市安居区；
陕西：渭南市华阴市。
发生面积　510 亩
危害指数　0. 5294

• **东方原缘蝽 *Coreus marginatus orientalis*（Kiritshenko）**
寄　　主　山杨，垂柳。
分布范围　北京、河北、辽宁、黑龙江、新疆。

• **狄达缘蝽 *Dalader distanti* Blöte**

寄　　主　板栗。

分布范围　浙江、陕西。

发生地点　浙江：宁波市鄞州区，台州市三门县。

发生面积　380 亩

危害指数　0.3333

• **宽肩达缘蝽 *Dalader planiventris* (Westwood)**

寄　　主　山杨，苹果，香椿，油桐，白花泡桐。

分布范围　福建、江西、广东、贵州、云南、陕西。

发生地点　陕西：西安市蓝田县，渭南市华州区、白水县，宁东林业局。

• **波原缘蝽 *Enoplops potanini* (Jakovlev)**

寄　　主　女贞，栎。

分布范围　山西、河北、辽宁、河南、湖北、四川、云南、陕西、甘肃。

发生地点　河北：张家口市怀来县、赤城县，廊坊市霸州市；
湖北：荆门市东宝区、掇刀区；
四川：卧龙管理局；
陕西：渭南市华州区。

发生面积　1086 亩

危害指数　0.3333

• **角缘蝽 *Fracastorius cornutus* Distant**

寄　　主　山茶。

分布范围　福建。

发生地点　福建：漳州开发区。

• **长角岗缘蝽 *Gonocerus longicornis* Hsiao**

寄　　主　马尾松，杉木，茶。

分布范围　江苏、浙江、福建、江西、河南、四川。

发生地点　福建：南平市延平区。

• **双斑同缘蝽 *Homoeocerus bipunctatus* Hisao**

寄　　主　麻栎。

分布范围　四川。

• **一色同缘蝽 *Homoeocerus concoloratus* (Uhler)**

寄　　主　泡桐。

分布范围　浙江。

• **广腹同缘蝽 *Homoeocerus dilatatus* Horváth**

寄　　主　粗枝木麻黄，山杨，枫杨，板栗，榆树，紫楠，石楠，紫穗槐，胡枝子，刺槐，槐树，紫藤，柑橘，黄檗，香椿，栾树，葡萄，紫薇，石榴，白蜡树，女贞，荆条。

分布范围　东北，北京、天津、河北、江苏、浙江、福建、江西、山东、河南、湖北、湖南、广东、四川、贵州、陕西。

发生地点　北京：密云区；
江苏：镇江市句容市；
浙江：台州市黄岩区；
山东：泰安市泰山林场；
湖北：荆门市京山县，荆州市洪湖市；
四川：自贡市贡井区，宜宾市翠屏区；
陕西：渭南市华州区。

发生面积　954 亩

危害指数　0.3333

• **草同缘蝽 *Homoeocerus graminis* (Fabricius)**

寄　　主　柑橘。

分布范围　四川。

• **小点同缘蝽 *Homoeocerus marginellus* (Herrich-Schäffer)**

寄　　主　柑橘，巨尾桉。

分布范围　吉林、江西、广西。

发生地点　广西：桂林市兴安县，梧州市苍梧县。

发生面积　122 亩

危害指数　0.3333

• **纹须同缘蝽 *Homoeocerus striicornis* Scott**

寄　　主　雪松，侧柏，竹柏，黑杨，核桃，板栗，小叶栎，构树，桑，猴樟，紫楠，海桐，二球悬铃木，椤木石楠，石楠，李，合欢，紫穗槐，紫荆，刺桐，槐树，柑橘，乌桕，长叶黄杨，南酸枣，油茶，山矾，迎春花，女贞，黄荆，栀子，早园竹，慈竹。

分布范围　华东、中南，北京、河北、重庆、四川、云南、甘肃。

发生地点　上海：闵行区、宝山区、嘉定区、松江区、青浦区，崇明县；
江苏：南京市栖霞区、雨花台区、六合区，无锡市锡山区，苏州市高新区、吴江区、太仓市，淮安市洪泽区、盱眙县，扬州市江都区，镇江市润州区、丹徒区、丹阳市、句容市；
浙江：杭州市临安市，台州市三门县、天台县；
安徽：芜湖市无为县；
山东：泰安市泰山区；
湖北：荆门市掇刀区，荆州市洪湖市；
重庆：酉阳土家族苗族自治县；
四川：自贡市贡井区、大安区、沿滩区，绵阳市三台县、梓潼县，遂宁市蓬溪县、大英县，内江市威远县。

发生面积　2059 亩

危害指数　0.3371

- **一点同缘蝽 *Homoeocerus unipunctatus*（Thunberg）**

寄　　主　麻栎，榕树，八角，肉桂，石楠，合欢，刺槐，盐肤木，梧桐，油茶，合果木，大叶桉，巨尾桉，慈竹，毛竹。

分布范围　辽宁、江苏、浙江、福建、江西、山东、湖北、湖南、广东、广西、四川、云南、西藏。

发生地点　浙江：宁波市鄞州区、象山县，温州市平阳县、瑞安市，嘉兴市嘉善县；
江西：萍乡市上栗县、芦溪县；
广东：云浮市云安区；
广西：贵港市平南县；
四川：宜宾市江安县。

发生面积　11672 亩

危害指数　0. 4476

- **瓦同缘蝽 *Homoeocerus walkerianus* Lethierry et Severin**

寄　　主　湿地松，马尾松，黑松，栗，麻栎，青冈，构树，桑，猴樟，樟树，桃，枇杷，合欢，黄檀，文旦柚，柑橘，油桐，山茶，油茶，茶，木荷，女贞，木犀，栀子，慈竹，早竹，毛竹，绵竹。

分布范围　华东，河南、湖北、湖南、广东、四川、陕西。

发生地点　江苏：南京市六合区，无锡市惠山区，淮安市洪泽区、盱眙县，镇江市句容市；
浙江：杭州市西湖区，宁波市象山县，台州市三门县、天台县，丽水市松阳县；
安徽：芜湖市芜湖县；
江西：萍乡市上栗县、芦溪县；
湖北：荆州市洪湖市；
湖南：岳阳市岳阳县、平江县，郴州市嘉禾县，娄底市双峰县；
四川：绵阳市三台县、梓潼县，遂宁市安居区，巴中市巴州区。

发生面积　3214 亩

危害指数　0. 4441

- **环胫黑缘蝽 *Hygia lativentris*（Motschulsky）**

拉丁异名　*Hygia touchei* Distant

寄　　主　檫木。

分布范围　辽宁、江西、河南、湖北、广西、四川、云南、西藏、陕西。

发生地点　四川：雅安市雨城区；
陕西：西安市周至县。

- **暗黑缘蝽 *Hygia opaca*（Uhler）**

寄　　主　山杨，垂柳，白栎，榆树，无花果，桑，水麻，厚朴，猴樟，樟树，枇杷，石楠，红叶李，火棘，悬钩子，云南金合欢，山合欢，刺槐，槐树，柑橘，臭椿，长叶黄杨，杜英，木芙蓉，茶，紫薇，石榴，八角枫，连翘，女贞，黄荆，毛竹，苦竹。

分布范围　华东、中南，四川、陕西。

发生地点　上海：宝山区、嘉定区、金山区、松江区、青浦区，崇明县；

江苏：南京市栖霞区、雨花台区、江宁区，无锡市宜兴市，苏州市高新区、昆山市、太仓市，淮安市淮阴区、清江浦区、洪泽区、金湖县，盐城市射阳县、建湖县，扬州市宝应县、经济技术开发区，镇江市句容市，泰州市姜堰区；
浙江：宁波市宁海县，温州市瑞安市，舟山市嵊泗县，台州市黄岩区、临海市；
福建：莆田市涵江区；
江西：宜春市高安市；
广东：云浮市郁南县；
四川：内江市资中县、隆昌县，宜宾市翠屏区，广安市前锋区，雅安市天全县、芦山县；
陕西：渭南市临渭区、华州区。

发生面积　3403 亩

危害指数　0.4012

• **闽曼缘蝽 *Manocoreus vulgaris* Hsiao**

寄　　主　毛竹。

分布范围　浙江、福建、江西、河南、广东。

• **黑胫侎缘蝽 *Mictis fuscipes* Hsiao**

寄　　主　麻栎，樟树，肉桂，枫香，油茶，巨尾桉，蒲桃，木犀，甜竹。

分布范围　浙江、福建、江西、河南、湖北、湖南、广东、广西、四川、云南。

发生地点　湖南：郴州市嘉禾县；
广东：肇庆市高要区、四会市，汕尾市陆河县、陆丰市，云浮市新兴县；
广西：桂林市荔浦县，河池市东兰县。

发生面积　2348 亩

危害指数　0.3338

• **锐肩侎缘蝽 *Mictis gallina* Dallas**

寄　　主　杧果。

分布范围　福建。

发生地点　福建：莆田市涵江区。

发生面积　316 亩

危害指数　0.3333

• **黄胫侎缘蝽 *Mictis serina* Dallas**

寄　　主　华山松，马尾松，侧柏，川滇柳，石栎，刺叶，肉桂，枫香，石楠，紫穗槐，油茶，茶，木荷，巨尾桉，蒲桃，荆条，慈竹。

分布范围　华东，河南、湖北、湖南、广东、广西、重庆、四川。

发生地点　江苏：泰州市姜堰区；
湖南：益阳市桃江县，娄底市新化县；
广东：广州市花都区，肇庆市高要区、四会市、肇庆市属林场，惠州市惠阳区，云浮市新兴县、郁南县、罗定市；

广西：防城港市防城区，玉林市容县；
重庆：秀山土家族苗族自治县；
四川：阿坝藏族羌族自治州汶川县。

发生面积 1715 亩
危害指数 0.3333

• 曲胫侎缘蝽 *Mictis tenebrosa*（Fabricius）

寄　　主 山杨，黑杨，板栗，麻栎，栎子青冈，榆树，构树，猴樟，樟树，闽楠，石楠，梨，柑橘，柠檬，红椿，油桐，算盘子，冬青，梧桐，油茶，茶，杜鹃，柿，女贞，木犀，慈竹，毛竹。

分布范围 上海、江苏、浙江、安徽、福建、江西、河南、湖北、广东、四川、云南、西藏。

发生地点 上海：宝山区；
江苏：南京市浦口区、雨花台区，无锡市滨湖区，淮安市金湖县，盐城市大丰区，扬州市邗江区、江都区、宝应县，镇江市句容市，泰州市姜堰区；
浙江：宁波市象山县，台州市黄岩区、天台县；
江西：萍乡市上栗县、芦溪县，吉安市井冈山市；
湖北：武汉市洪山区、东西湖区，荆门市沙洋县，仙桃市；
广东：云浮市郁南县；
四川：内江市市中区、威远县、资中县、隆昌县，乐山市犍为县，宜宾市翠屏区、宜宾县。

发生面积 1318 亩
危害指数 0.3457

• 褐奇缘蝽 *Molipteryx fuliginosa*（Uhler）

寄　　主 核桃，榛子，麻栎，构树，油樟，枫香，柑橘，葡萄，油茶，茶，野茉莉，女贞，毛竹。

分布范围 辽宁、黑龙江、江苏、浙江、福建、江西、河南、湖北、四川、陕西、甘肃。

发生地点 江苏：南京市栖霞区，淮安市清江浦区、洪泽区；
浙江：台州市黄岩区；
四川：遂宁市大英县，内江市威远县、隆昌县，宜宾市翠屏区、筠连县，资阳市雁江区；
陕西：渭南市华州区。

发生面积 137 亩
危害指数 0.3333

• 哈奇缘蝽 *Molipteryx hardwickii*（White）

寄　　主 华山松，马尾松，核桃，桉树。

分布范围 广西、四川。

发生地点 广西：防城港市上思县。

发生面积 900 亩
危害指数 0.3333

• **月肩奇缘蝽** ***Molipteryx lunata*** **(Distant)**

寄　　主　山杨，黑杨，川滇柳，核桃，枫杨，西桦，麻栎，青冈，厚朴，猴樟，樟树，桃，石楠，沙梨，悬钩子，柑橘，花椒，香椿，长叶黄杨，盐肤木，葡萄，油茶，木荷，石榴，木犀，川泡桐，毛竹。

分布范围　上海、江苏、浙江、安徽、福建、江西、湖北、河南、湖南、重庆、四川、贵州、云南、陕西。

发生地点　江苏：无锡市宜兴市；

浙江：台州市黄岩区；

福建：泉州市安溪县；

湖北：仙桃市、潜江市；

湖南：娄底市新化县；

重庆：万州区、黔江区，巫溪县、秀山土家族苗族自治县、酉阳土家族苗族自治县；

四川：成都市蒲江县，甘孜藏族自治州康定市，凉山彝族自治州德昌县；

云南：临沧市沧源佤族自治县。

发生面积　3999 亩

危害指数　0. 3350

• **大竹缘蝽** ***Notobitus excellens*** **Distant**

寄　　主　水竹，毛竹。

分布范围　四川、陕西。

发生地点　四川：乐山市马边彝族自治县。

• **黑竹缘蝽** ***Notobitus meleagris*** **(Fabricius)**

寄　　主　文旦柚，柑橘，油茶，竹节树，巨尾桉，木犀，凤尾竹，青皮竹，硬头黄竹，黄竹，刺竹子，绿竹，龙竹，麻竹，窝竹，黄竿竹，慈竹，罗汉竹，斑竹，水竹，毛金竹，早竹，早园竹，胖竹，毛竹，苦竹，绵竹。

分布范围　浙江、福建、江西、湖北、广东、广西、重庆、四川、贵州。

发生地点　浙江：宁波市宁海县，温州市瑞安市，台州市黄岩区，丽水市松阳县；

福建：厦门市海沧区、集美区、同安区，三明市三元区、尤溪县，泉州市安溪县，南平市延平区；

湖北：荆州市沙市区、荆州区、江陵县，天门市；

广东：深圳市光明新区，肇庆市高要区、四会市，惠州市惠阳区，汕尾市陆河县、陆丰市，清远市英德市，云浮市新兴县、郁南县；

广西：南宁市横县，桂林市雁山区、荔浦县；

重庆：巴南区、潼南区；

四川：成都市蒲江县、简阳市，自贡市自流井区、贡井区，攀枝花市仁和区，遂宁市船山区，内江市东兴区，乐山市犍为县，南充市顺庆区、高坪区、营山县、仪陇县，眉山市洪雅县，宜宾市翠屏区、南溪区、长宁县、筠连县、兴文县，广安市前锋区、武胜县，雅安市雨城区，巴中市巴州区，资阳市雁江区，甘孜藏族自治州康定市。

发生面积　31791 亩
危害指数　0. 3428

● **山竹缘蝽 *Notobitus montanus* Hsiao**
寄　　主　撑篙竹，刺竹子，方竹，绿竹，麻竹，慈竹，斑竹，水竹，龟甲竹，毛竹，篌竹，毛金竹，早竹，胖竹，金竹，苦竹，绵竹，玉山竹，万寿竹。
分布范围　浙江、安徽、福建、江西、湖北、广东、重庆、四川、贵州、陕西。
发生地点　浙江：宁波市鄞州区，丽水市莲都区、松阳县；
　　　　　江西：吉安市井冈山市；
　　　　　湖北：荆州市洪湖市；
　　　　　广东：深圳市坪山新区，肇庆市高要区、四会市，云浮市新兴县；
　　　　　重庆：万州区、涪陵区、黔江区、万盛经济技术开发区，梁平区、城口县、武隆区、忠县、开县、云阳县、奉节县、彭水苗族土家族自治县；
　　　　　四川：自贡市贡井区、荣县，绵阳市三台县、梓潼县，遂宁市安居区、蓬溪县、大英县，内江市市中区、东兴区、威远县、隆昌县，乐山市犍为县、沐川县，宜宾市南溪区、江安县、高县、珙县、兴文县，广安市广安区、邻水县、华蓥市，达州市开江县、大竹县，雅安市雨城区、芦山县；
　　　　　陕西：西安市周至县。
发生面积　7963 亩
危害指数　0. 3705

● **异足竹缘蝽 *Notobitus sexguttatus*（Westwood）**
寄　　主　臭椿，毛桐，巨尾桉，毛竹。
分布范围　福建、广东、四川、陕西。
发生地点　福建：泉州市安溪县；
　　　　　四川：宜宾市江安县；
　　　　　陕西：咸阳市彬县。

● **翩翅缘蝽 *Notopteryx soror* Hsiao**
寄　　主　巨尾桉。
分布范围　广西。
发生地点　广西：南宁市宾阳县。
发生面积　100 亩
危害指数　0. 3333

● **茶色赭缘蝽 *Ochrochira camelina*（Kiritshenko）**
中文异名　茶褐缘蝽
寄　　主　核桃，栎，柑橘，油茶。
分布范围　浙江、江西、陕西。
发生地点　浙江：台州市黄岩区。

• **锈赭缘蝽** ***Ochrochira ferruginea*** **Hsiao**

寄　　主　核桃，栎。

分布范围　四川、陕西。

• **山赭缘蝽** ***Ochrochira monticola*** **Hsiao**

寄　　主　马尾松，栎。

分布范围　四川、陕西。

• **波赭缘蝽** ***Ochrochira potanini*** **（Kiritshenko）**

寄　　主　华山松，马尾松，油松，杨树，核桃楸，青冈，榆树，山胡椒，油桐，女贞。

分布范围　北京、天津、河北、河南、湖北、四川、西藏、陕西。

发生地点　北京：密云区；

　　　　　陕西：渭南市华州区，太白林业局。

• **喙副黛缘蝽** ***Paradasynus longirostris*** **Hsiao**

寄　　主　刺槐。

分布范围　四川。

发生地点　四川：巴中市平昌县。

• **刺幅黛缘蝽** ***Paradasynus spinosus*** **Hsiao**

寄　　主　樟树，枇杷，龙眼，荔枝。

分布范围　福建、广东。

• **菲缘蝽** ***Physomerus grossipes*** **（Fabricius）**

寄　　主　马尾松，垂叶榕，黄梨木，巨尾桉。

分布范围　山东、广东、广西。

发生地点　广东：广州市从化区；

　　　　　广西：南宁市宾阳县，桂林市雁山区，派阳山林场。

发生面积　821 亩

危害指数　0.3333

• **钝肩普缘蝽** ***Plinachtus bicoloripes*** **Scott**

中文异名　钝角普缘蝽

寄　　主　山杨，栓皮栎，榆树，重阳木，乌桕，黄杨，卫矛，冬青卫矛，白杜。

分布范围　北京、河北、山西、江苏、浙江、江西、山东、河南、湖北、四川、云南、陕西、甘肃。

发生地点　山西：晋中市灵石县；

　　　　　江苏：苏州市高新区，盐城市东台市；

　　　　　山东：潍坊市昌邑市；

　　　　　四川：雅安市雨城区。

发生面积　193 亩

危害指数　0.3506

• **刺肩普缘蝽 *Plinachtus dissimilis* Hsiao**

寄　　主　杨树，枫杨，板栗，樟树，枫香，梨，柑橘，重阳木，长叶黄杨，黄杨，卫矛，冬青卫矛，木槿，女贞。

分布范围　北京、天津、河北、辽宁、上海、江苏、福建、山东、河南、广西、四川。

发生地点　北京：密云区；

上海：金山区；

江苏：苏州市吴江区，盐城市盐都区，扬州市宝应县，泰州市姜堰区；

山东：潍坊市昌邑市，泰安市泰山林场，临沂市沂水县；

河南：许昌市鄢陵县；

广西：百色市靖西市；

四川：宜宾市翠屏区。

发生面积　155 亩

危害指数　0. 3333

• **长腹伪侎缘蝽 *Pseudomictis distinctus* Hsiao**

寄　　主　桤木，栎子青冈，樟树。

分布范围　江西、四川。

发生地点　四川：攀枝花市米易县、普威局。

发生面积　395 亩

危害指数　0. 3333

• **拉缘蝽 *Rhamnomia dubia* (Hsiao)**

寄　　主　核桃，板栗，高山榕，油茶，巨尾桉，女贞，小蜡，木犀。

分布范围　福建、湖北、湖南、广东、广西、陕西。

发生地点　福建：厦门市同安区，南平市延平区；

湖北：黄冈市罗田县；

湖南：常德市澧县，永州市双牌县；

广西：南宁市邕宁区、宾阳县、横县，桂林市龙胜各族自治县，河池市南丹县，来宾市金秀瑶族自治县，派阳山林场。

发生面积　24647 亩

危害指数　0. 3333

• **叶足特缘蝽 *Trematocoris tragus* (Fabricius)**

寄　　主　桑。

分布范围　山东。

姬缘蝽科 Rhopalidae

• **离缘蝽 *Chorosoma brevicolle* Hsiao**

寄　　主　柠条锦鸡儿。

分布范围　宁夏。

• **欧姬缘蝽** ***Corizus hyoscyami*** **（Linnaeus）**
寄　　主　沙枣。
分布范围　新疆。

• **细角迷缘蝽** ***Myrmus glabellus*** **Horváth**
寄　　主　榆树。
分布范围　宁夏。

• **黄边迷缘蝽** ***Myrmus lateralis*** **Hsiao**
寄　　主　板栗。
分布范围　北京、河北、山东、河南。

• **点伊缘蝽** ***Rhopalus latus*** **（Jakovlev）**
寄　　主　桑，樟树。
分布范围　山西、辽宁、江苏、浙江、江西、河南、四川、云南、西藏、甘肃。
发生地点　江苏：苏州市高新区；
　　　　　江西：宜春市高安市。

• **黄伊缘蝽** ***Rhopalus maculatus*** **（Fieber）**
寄　　主　湿地松，日本五针松，黑松，板栗，构树，桑，台湾相思，刺槐。
分布范围　东北、华东、中南，北京、天津、河北、内蒙古、四川、贵州、云南、新疆。
发生地点　上海：嘉定区、金山区；
　　　　　江苏：南京市栖霞区，苏州市高新区，淮安市洪泽区，镇江市丹徒区、丹阳市；
　　　　　安徽：合肥市包河区；
　　　　　福建：漳州市东山县。

• **褐伊缘蝽** ***Rhopalus sapporensis*** **（Matsumura）**
寄　　主　构树，樱桃。
分布范围　黑龙江、上海、江苏、浙江、福建、河南、广东、四川、云南、陕西。
发生地点　上海：宝山区、奉贤区；
　　　　　陕西：渭南市华州区。

• **棕环缘蝽** ***Stictopleurus crassicornis*** **（Linnaeus）**
寄　　主　柠条锦鸡儿。
分布范围　宁夏。

• **欧环缘蝽** ***Stictopleurus punctatonervosus*** **（Goeze）**
寄　　主　柠条锦鸡儿。
分布范围　宁夏。
发生地点　宁夏：吴忠市盐池县。
发生面积　600 亩
危害指数　0. 3889

侏长蝽科 Artheneidae

- **红柳侏长蝽 *Artheneis alutacea* Fieber**

寄　　主　木犀。
分布范围　四川。
发生地点　四川：遂宁市船山区。
发生面积　121 亩
危害指数　0.3333

跷蝽科 Berytidae

- **娇驼跷蝽 *Metacanthus pulchellus* Dallas**

寄　　主　桃，木芙蓉，白花泡桐。
分布范围　河北、山东、湖北。
发生地点　河北：衡水市桃城区；
　　　　　山东：泰安市岱岳区，莱芜市莱城区；
　　　　　湖北：荆州市沙市区。
发生面积　192 亩
危害指数　0.4201

- **锤肋跷蝽 *Yemma signata* (Hsiao)**

中文异名　锤胁跷蝽
寄　　主　木麻黄，核桃，板栗，构树，桃，梨，臭椿，扁担杆，柿，兰考泡桐，白花泡桐，毛泡桐。
分布范围　江苏、福建、山东、湖北、重庆。
发生地点　江苏：常州市天宁区、钟楼区；
　　　　　山东：济宁市曲阜市、邹城市。

杆长蝽科 Blissidae

- **粗壮巨股长蝽 *Macropes robustus* Zheng et Zou**

中文异名　竹巨股长蝽
拉丁异名　*Macropes bambusiphilus* Zheng
寄　　主　慈竹，毛竹。
分布范围　河南、四川。
发生地点　河南：信阳市新县；
　　　　　四川：雅安市雨城区。
发生面积　740 亩
危害指数　0.5495

- **竹后刺长蝽** ***Pirkimerus japonicus*** **（Hidaka）**

寄　　主　慈竹，斑竹，龟甲竹，毛金竹，早竹，早园竹，胖竹，毛竹，金竹，箭竹，绵竹。
分布范围　江苏、浙江、安徽、江西、湖北、湖南、重庆、四川。
发生地点　江苏：南京市高淳区，苏州市吴江区；
　　　　　浙江：丽水市松阳县；
　　　　　安徽：六安市裕安区；
　　　　　湖北：荆州市洪湖市；
　　　　　湖南：株洲市芦淞区、天元区，娄底市涟源市；
　　　　　重庆：黔江区；
　　　　　四川：雅安市雨城区、天全县。
发生面积　2323 亩
危害指数　0.3369

大眼长蝽科 Geocoridae

- **白边大眼长蝽** ***Geocoris grylloides*** **（Linnaeus）**

寄　　主　榆树。
分布范围　宁夏。

- **南亚大眼长蝽** ***Geocoris ochropterus*** **（Fieber）**

寄　　主　山杨。
分布范围　上海。

长蝽科 Lygaeidae

- **横带红长蝽** ***Lygaeus equestris*** **（Linnaeus）**

中文异名　红长蝽
寄　　主　箭杆杨，辽东栎，旱榆，榆树，榆叶梅，苹果，李，柠条锦鸡儿，刺槐，冬青卫矛，枣树，沙枣，杠柳，枸杞。
分布范围　北京、河北、内蒙古、辽宁、山东、河南、广西、云南、陕西、甘肃、宁夏、新疆。
发生地点　北京：东城区、石景山区、密云区；
　　　　　广西：百色市靖西市；
　　　　　宁夏：银川市兴庆区、西夏区、金凤区、永宁县，石嘴山市大武口区、惠农区，吴忠市红寺堡区、盐池县，中卫市中宁县；
　　　　　新疆：乌鲁木齐市水磨沟区，吐鲁番市高昌区、鄯善县，塔城地区沙湾县；
　　　　　新疆生产建设兵团：农四师 68 团。
发生面积　534 亩
危害指数　0.3521

- **角红长蝽** ***Lygaeus hanseni*** **Jakovlev**

寄　　主　落叶松，油松，铺地柏，山杨，核桃，栓皮栎，榆树，小檗，日本晚樱，月季，黄刺玫，锦鸡儿，刺槐，臭椿，酸枣，瓜栗，枸杞。

分布范围　东北，北京、天津、河北、内蒙古、福建、山东、河南、陕西、甘肃。

发生地点　北京：顺义区、密云区；

河北：张家口市怀来县、涿鹿县；

福建：南平市延平区。

发生面积　1216 亩

危害指数　0.3336

- **桃红长蝽** ***Lygaeus murinus*** **(Kiritshenko)**

寄　　主　杨树，白桦，旱榆，榆树，苹果，臭椿，沙枣。

分布范围　宁夏。

发生地点　宁夏：银川市永宁县，吴忠市红寺堡区、盐池县，固原市西吉县。

发生面积　422 亩

危害指数　0.3491

- **拟红长蝽** ***Lygaeus vicarius*** **Winkler et Kerzhner**

寄　　主　沙棘。

分布范围　西藏、甘肃、宁夏。

发生地点　西藏：日喀则市吉隆县。

- **谷子小长蝽** ***Nysius ericae*** **(Schilling)**

中文异名　小长蝽

寄　　主　湿地松，油松，山杨，柳树，栗，构树，桑，猴樟，二球悬铃木，枇杷，苹果，石楠，火棘，月季，刺槐，枣树，紫薇，女贞。

分布范围　北京、天津、河北、上海、江苏、浙江、安徽、江西、山东、河南、湖南、广东、海南、四川、贵州、西藏、陕西。

发生地点　北京：密云区；

河北：张家口市怀来县；

上海：松江区；

江苏：南京市浦口区、雨花台区、江宁区，苏州市高新区，淮安市清江浦区，盐城市盐都区、大丰区、响水县，扬州市江都区、经济技术开发区，镇江市句容市，泰州市姜堰区；

浙江：宁波市宁海县，台州市黄岩区；

山东：济宁市邹城市，威海市环翠区。

发生面积　502 亩

危害指数　0.3718

- **杉木扁长蝽** ***Sinorsillus piliferus*** **Usinger**

寄　　主　杉木。

分布范围　浙江、江西、陕西。

发生地点　浙江：衢州市江山市，丽水市莲都区。

● **红脊长蝽** ***Tropidothorax elegans*** **(Distant)**

寄　　主　山杨，垂柳，旱柳，杨梅，栎，大果榉，构树，桑，蜡梅，猴樟，桃，榆叶梅，碧桃，苹果，石楠，梨，玫瑰，绣线菊，紫穗槐，黄檀，刺槐，毛刺槐，槐树，花椒，臭椿，楝树，香椿，长叶黄杨，冬青卫矛，栾树，枣树，杜英，中华猕猴桃，茶，木荷，白蜡树，女贞，小叶女贞，黄荆，枸杞，川泡桐，忍冬，毛竹。

分布范围　北京、天津、河北、黑龙江、江苏、浙江、安徽、江西、山东、河南、湖北、重庆、四川、陕西。

发生地点　北京：朝阳区、石景山区、通州区、顺义区、大兴区、密云区；

河北：唐山市乐亭县，张家口市沽源县、阳原县、涿鹿县，沧州市河间市，廊坊市霸州市，衡水市桃城区；

江苏：南京市栖霞区、江宁区、六合区、高淳区，无锡市惠山区、滨湖区，常州市天宁区、钟楼区，苏州市昆山市，淮安市洪泽区、金湖县，盐城市大丰区、响水县、阜宁县、射阳县，扬州市江都区、宝应县、经济技术开发区，镇江市润州区、丹阳市、句容市，宿迁市宿城区、沭阳县；

浙江：宁波市镇海区、鄞州区；

安徽：合肥市庐阳区、包河区；

山东：青岛市胶州市，潍坊市坊子区、诸城市、滨海经济开发区，济宁市任城区、曲阜市，聊城市东昌府区、莘县、东阿县、冠县、高新技术产业开发区，滨州市无棣县；

重庆：万州区；

四川：自贡市荣县，绵阳市三台县、梓潼县，遂宁市安居区、蓬溪县、射洪县、大英县，南充市高坪区、西充县，雅安市雨城区；

陕西：渭南市大荔县、澄城县、白水县，安康市旬阳县。

发生面积　4247 亩

危害指数　0.3585

尖长蝽科 Oxycarenidae

● **巨膜长蝽** ***Jakowleffia setulosa*** **(Jakovlev)**

寄　　主　沙蓬，梭梭，枸杞。

分布范围　内蒙古、宁夏。

发生地点　内蒙古：阿拉善盟阿拉善右旗；

宁夏：银川市西夏区。

发生面积　10001 亩

危害指数　0.7666

● **黑斑尖长蝽** ***Oxycarenus lugubris*** **(Motschulsky)**

寄　　主　慈竹。

分布范围　四川。

梭长蝽科 Pachygronthidae

- **长须梭长蝽 *Pachygrontha antennata*（Uhler）**

寄　　主　海桐，红叶李，臭椿，茶。

分布范围　华东，河北、河南、湖北、湖南、广西。

发生地点　江苏：南京市栖霞区，苏州市吴江区，扬州经济技术开发区，镇江市句容市，泰州市姜堰区；

　　　　　浙江：宁波市江北区、北仑区，台州市黄岩区。

发生面积　165 亩

危害指数　0.3333

地长蝽科 Rhyparochromidae

- **黑斑林长蝽 *Drymus*（*Sylvadrymus*）*niger***

寄　　主　杨树，榆树。

分布范围　黑龙江、山东、湖北、四川。

发生地点　黑龙江：佳木斯市富锦市；

　　　　　四川：甘孜藏族自治州乡城县。

发生面积　360 亩

危害指数　0.4444

- **短翅迅足长蝽 *Metochus abbreviatus*（Scott）**

寄　　主　胡枝子，木犀，毛竹，紫竹。

分布范围　江苏、浙江、福建、江西、河南、湖南、广东、广西、四川。

发生地点　江苏：南京市栖霞区，苏州市高新区，淮安市洪泽区。

- **东亚毛肩长蝽 *Neolethaeus dallasi*（Scott）**

寄　　主　化香树，苹果。

分布范围　华东，北京、河北、山西、河南、湖北、广东、广西、四川。

发生地点　江苏：苏州市高新区。

- **白斑地长蝽 *Rhyparochromus albomaculatus*（Scott）**

寄　　主　山杨，毛白杨，板栗，榆树，构树，高山榕，刺槐，槐树。

分布范围　北京、广东。

发生地点　北京：朝阳区、顺义区。

红蝽科 Pyrrhocoridae

- **阔胸光红蝽 *Dindymus lanius* Stål**

寄　　主　山杨，黑杨，核桃，板栗，栓皮栎，毛竹。

分布范围　湖北、广东、四川、陕西。

发生地点　广东：云浮市罗定市；
　　　　　四川：雅安市雨城区。

• 泛光红蝽 *Dindymus rubiginosus*（Fabricius）

寄　　主　马尾松，油茶，巨尾桉。

分布范围　广西、四川。

发生地点　广西：河池市环江毛南族自治县。

• 棉红蝽 *Dysdercus cingulatus*（Fabricius）

中文异名　离斑棉红蝽

寄　　主　木麻黄，青檀，桑，木芙蓉，朱槿，木槿，锦葵，木棉，茶，鱼尾葵。

分布范围　安徽、福建、山东、广东、四川、陕西。

发生地点　安徽：合肥市包河区、肥西县，芜湖市芜湖县；
　　　　　福建：漳州市东山县；
　　　　　广东：广州市花都区、从化区，深圳市龙岗区，惠州市惠阳区；
　　　　　四川：凉山彝族自治州德昌县。

发生面积　8515 亩

危害指数　0. 3333

• 联斑棉红蝽 *Dysdercus poecilus*（Herrich-Schäffer）

中文异名　姬赤星椿象、苿槿赤星红蝽

寄　　主　核桃，构树，桃，臭椿，木槿，油茶，紫薇。

分布范围　湖北、重庆、四川、陕西。

发生地点　重庆：秀山土家族苗族自治县、酉阳土家族苗族自治县；
　　　　　四川：甘孜藏族自治州康定市、乡城县；
　　　　　陕西：西安市户县。

发生面积　1330 亩

危害指数　0. 3333

• 始红蝽 *Pyrrhocoris apterus*（Linnaeus）

寄　　主　榆树。

分布范围　新疆。

• 先地红蝽 *Pyrrhocoris sibiricus* Kuschakevich

寄　　主　山杨，旱柳，榆树，桂木，构树，玉兰，猴樟，碧桃，西府海棠，苹果，红叶李，月季，刺槐，毛刺槐，槐树，色木槭，栾树，文冠果，木槿，冬葵，白蜡树，白花泡桐。

分布范围　北京、河北、辽宁、江苏、山东、河南、西藏、宁夏。

发生地点　北京：海淀区、昌平区；
　　　　　河北：张家口市怀来县；
　　　　　江苏：南京市浦口区，无锡市锡山区；
　　　　　山东：济宁市邹城市；

西藏：山南市隆子县、昌都市芒康县、左贡县；
宁夏：银川市兴庆区、西夏区、金凤区，固原市彭阳县。

发生面积　270 亩

危害指数　0.3333

• **直红蝽 *Pyrrhopeplus carduelis* (Stål)**

寄　　主　板栗，岩椒，茶。

分布范围　华东，河南、湖北、湖南、广东。

发生地点　安徽：芜湖市无为县，池州市贵池区；
湖北：黄冈市罗田县。

大红蝽科 Largidae

• **大红蝽 *Macrocheraia grandis* (Gray)**

寄　　主　梧桐，木犀，毛竹。

分布范围　浙江、安徽、湖北、四川、陕西。

• **小斑红蝽 *Physopelta cincticollis* Stål**

寄　　主　黑杨，板栗，构树，黄葛树，白兰，猴樟，樟树，油樟，海桐，桃，樱花，日本樱花，苹果，石楠，梨，柑橘，油桐，野桐，乌桕，锦葵，油茶，茶，山桐子，竹节树，喜树，女贞，木犀，柚木，白花泡桐，刺竹子，毛竹，胖竹，绵竹。

分布范围　中南，江苏、浙江、福建、江西、山东、重庆、四川、贵州、陕西。

发生地点　江苏：南京市浦口区，无锡市惠山区、滨湖区，常州市溧阳市，淮安市金湖县，镇江市句容市，泰州市姜堰区；
浙江：杭州市西湖区，宁波市江北区、北仑区、镇海区、象山县、奉化市，台州市黄岩区；
江西：南昌市安义县，宜春市高安市；
山东：济宁市泗水县、经济技术开发区；
湖南：益阳市桃江县；
广东：云浮市郁南县、罗定市；
广西：百色市靖西市；
重庆：巴南区；
四川：自贡市大安区、沿滩区、荣县，乐山市犍为县、峨边彝族自治县、马边彝族自治县，眉山市青神县，宜宾市南溪区、宜宾县、兴文县，广安市前锋区、武胜县，雅安市雨城区，甘孜藏族自治州泸定县；
陕西：西安市周至县，渭南市华阴市。

发生面积　16092 亩

危害指数　0.6134

• **突背斑红蝽 *Physopelta gutta* (Burmeister)**

中文异名　大星椿象

寄　　主　马尾松，柳杉，杉木，柏木，山杨，柳树，山核桃，核桃，板栗，白栎，青冈，榆树，构树，黄葛树，桑，猴樟，木姜子，海桐，枫香，杜仲，桃，日本樱花，枇杷，苹果，石楠，梨，合欢，紫穗槐，槐树，柑橘，吴茱萸，红椿，油桐，乌桕，油桐，椴树，油茶，茶，桉树，女贞，木犀，黄荆，川泡桐，慈竹，毛竹。

分布范围　江苏、浙江、安徽、江西、湖北、广东、重庆、四川、云南、陕西。

发生地点　浙江：宁波市鄞州区、象山县，温州市鹿城区、平阳县、瑞安市，嘉兴市嘉善县，舟山市岱山县、嵊泗县，台州市仙居县、临海市；

江西：安福县；

湖北：黄冈市罗田县；

广东：云浮市罗定市；

重庆：黔江区、万盛经济技术开发区，武隆区、忠县；

四川：成都市邛崃市，自贡市自流井区、贡井区、大安区、沿滩区、荣县，攀枝花市普威局，绵阳市三台县、梓潼县、平武县，遂宁市射洪县，内江市市中区、东兴区、资中县、隆昌县，南充市顺庆区、高坪区，宜宾市筠连县、兴文县，广安市武胜县，资阳市雁江区，卧龙管理局；

陕西：宁东林业局。

发生面积　15566 亩

危害指数　0.4730

- **东亚斑红蝽 *Physopelta parviceps* Blöte**

寄　　主　樟树，柑橘，油桐，油茶。

分布范围　上海、江西。

发生地点　江西：南昌市安义县，宜春市高安市。

发生面积　310 亩

危害指数　0.3333

- **四斑红蝽 *Physopelta quadriguttata* Bergroth**

中文异名　斑红蝽

寄　　主　马尾松，柳杉，柏木，栎，青冈，黄葛树，猴樟，梨，刺槐，栾树，椴树，棕榈。

分布范围　江苏、浙江、福建、河南、广东、重庆、四川、云南、西藏。

发生地点　重庆：万州区、大渡口区、南岸区、北碚区、渝北区、永川区、铜梁区；

四川：攀枝花市普威局，雅安市荥经县、天全县；

西藏：日喀则市吉隆县。

发生面积　1157 亩

危害指数　0.3333

膜翅目 Hymenoptera　广腰亚目 Symphyta　茎蜂科 Cephidae

- **单带哈茎蜂 *Hartigia agilis*（Smith）**

中文异名　玫瑰哈氏茎蜂

拉丁异名 *Hartigia draconis* Maa
寄　　主 月季。
分布范围 河北。
发生地点 河北：石家庄市井陉县。

• 沟额哈茎蜂 *Hartigia viator* (Smith)
中文异名 白蜡哈氏茎蜂
拉丁异名 *Hartigia viatrix* Smith
寄　　主 白蜡树。
分布范围 北京、天津、河北、内蒙古、山东、河南、湖南、宁夏。
发生地点 天津：蓟县；
河北：唐山市乐亭县；
内蒙古：阿拉善盟额济纳旗；
山东：东营市河口区，泰安市岱岳区，莱芜市莱城区，滨州市沾化区、无棣县；
河南：濮阳市南乐县；
湖南：岳阳市平江县；
宁夏：银川市贺兰县。
发生面积 2346 亩
危害指数 0.3475

• 葛氏梨茎蜂 *Janus gussakovskii* Maa
中文异名 古氏简脉茎蜂
寄　　主 梨。
分布范围 河北、甘肃、宁夏。
发生地点 宁夏：银川市灵武市。
发生面积 500 亩
危害指数 0.3333

• 梨茎蜂 *Janus piri* Okamoto et Muramatsu
中文异名 梨简脉茎蜂
寄　　主 桃，苹果，杜梨，白梨，豆梨，沙梨，新疆梨，秋子梨，川梨，秋海棠，野海棠。
分布范围 北京、天津、河北、辽宁、上海、江苏、安徽、江西、山东、湖北、重庆、四川、云南、陕西、甘肃、宁夏、新疆。
发生地点 河北：石家庄市灵寿县、高邑县、赞皇县、赵县、晋州市，唐山市古冶区，秦皇岛市昌黎县，邯郸市鸡泽县，邢台市宁晋县、新河县、平乡县、临西县，承德市平泉县，沧州市东光县、吴桥县、泊头市、黄骅市、河间市，廊坊市固安县、永清县、大厂回族自治县、三河市，衡水市桃城区、枣强县、安平县、深州市，辛集市；
上海：奉贤区；
江苏：无锡市江阴市，盐城市东台市；
安徽：合肥市庐阳区、包河区，阜阳市阜南县；

江西：九江市修水县；

山东：青岛市胶州市，潍坊市昌邑市，泰安市岱岳区，莱芜市莱城区，德州市庆云县，菏泽市牡丹区、定陶区、单县、郓城县；

重庆：大足区；

云南：昭通市水富县；

陕西：西安市阎良区，咸阳市泾阳县，榆林市米脂县；

甘肃：白银市靖远县、景泰县，天水市张家川回族自治县，武威市凉州区、民勤县，酒泉市金塔县、玉门市，甘南藏族自治州舟曲县；

宁夏：银川市贺兰县；

新疆：喀什地区喀什市、疏勒县、泽普县、莎车县、麦盖提县，和田地区和田县；

新疆生产建设兵团：农一师10团、13团，农三师53团。

发生面积　115941亩

危害指数　0.3562

• 香梨茎蜂 *Janus piriodorus* Yang

寄　　主　新疆梨。

分布范围　新疆。

发生地点　新疆：巴音郭楞蒙古自治州库尔勒市、尉犁县，喀什地区疏附县、英吉沙县、叶城县、岳普湖县；

新疆生产建设兵团：农一师3团，农二师29团。

发生面积　46546亩

危害指数　0.3565

• 白蜡外齿茎蜂 *Stenocephus fraxini* Wei

寄　　主　白蜡树。

分布范围　山东。

发生地点　山东：济南市商河县。

• 杏短痣茎蜂 *Stigmatijanus armeniacae* Wu

寄　　主　杏。

分布范围　甘肃。

发生地点　甘肃：天水市秦州区。

发生面积　1230亩

危害指数　0.3333

• 蔷薇茎叶蜂 *Syrista similes* Moscáry

中文异名　月季茎蜂、玫瑰茎蜂

寄　　主　月季，多花蔷薇，玫瑰。

分布范围　河北、内蒙古、江苏、山东、广东、四川。

发生地点　河北：保定市唐县，定州市；

山东：青岛市胶州市，菏泽市定陶区；

广东：广州市从化区；
四川：巴中市恩阳区。
发生面积 868 亩
危害指数 0.3333

扁蜂科 Pamphiliidae

- **红头阿扁叶蜂 *Acantholyda erythrocephala* (Linnaeus)**

寄　　主 华山松。
分布范围 辽宁、云南。
发生地点 云南：昭通市昭阳区。
发生面积 2465 亩
危害指数 0.3333

- **黄缘阿扁叶蜂 *Acantholyda flavomarginata* Maa**

寄　　主 华山松，马尾松，云南松，白皮松。
分布范围 浙江、安徽、福建、江西、湖南、广西、四川、贵州、陕西。
发生地点 安徽：安庆市潜山县；
湖南：岳阳市平江县；
四川：凉山彝族自治州盐源县；
贵州：毕节市赫章县；
陕西：汉中市西乡县。
发生面积 36511 亩
危害指数 0.4265

- **云杉阿扁叶蜂 *Acantholyda piceacola* Xiao et Zhou**

寄　　主 华北落叶松，云杉，青海云杉。
分布范围 河北、内蒙古、黑龙江、四川、甘肃。
发生地点 河北：塞罕坝林场；
内蒙古：呼和浩特市土默特左旗、武川县，赤峰市克什克腾旗；
四川：甘孜藏族自治州炉霍县、甘孜县、德格县、色达县；
甘肃：白银市景泰县，祁连山保护区；
黑龙江森林工业总局：山河屯林业局；
内蒙古大兴安岭林业管理局：库都尔林业局、金河林业局。
发生面积 92539 亩
危害指数 0.4520

- **松阿扁叶蜂 *Acantholyda posticalis* (Matsumura)**

中文异名 松扁叶蜂、松阿扁蜂
寄　　主 落叶松，华山松，赤松，红松，马尾松，樟子松，油松，黑松，云南松。
分布范围 河北、山西、辽宁、黑龙江、山东、河南、四川、贵州、陕西、甘肃、宁夏。

发生地点　河北：石家庄市井陉县、平山县，邯郸市涉县，邢台市邢台县；
山西：阳泉市郊区，晋城市沁水县，运城市盐湖区、万荣县、闻喜县、绛县、夏县、平陆县、永济市，临汾市汾西县，中条山国有林管理局；
辽宁：大连市庄河市，抚顺市东洲区、抚顺县，丹东市东港市，铁岭市铁岭县；
黑龙江：双鸭山市宝清县，佳木斯市桦南县、桦川县、汤原县；
山东：济南市历城区、章丘市，淄博市鲁山林场，泰安市岱岳区、新泰市、泰山林场、徂徕山林场，莱芜市莱城区、钢城区；
河南：洛阳市栾川县、嵩县，三门峡市陕州区、卢氏县、灵宝市，南阳市桐柏县，济源市；
贵州：黔西南布依族苗族自治州安龙县；
陕西：西安市长安区，宝鸡市凤翔县、岐山县、扶风县、麟游县，咸阳市永寿县，汉中市南郑县，商洛市商州区、洛南县、丹凤县、商南县、山阳县、镇安县，太白林业局；
甘肃：天水市秦州区；
黑龙江森林工业总局：林口林业局。

发生面积　795791 亩

危害指数　0.4621

• 拟异耦阿扁叶蜂 *Acantholyda pseudodimorpha* Xiao

寄　　主　马尾松。

分布范围　四川、陕西。

发生地点　四川：广元市剑阁县；
陕西：太白林业局。

发生面积　5503 亩

危害指数　0.5151

• 黄腹阿扁叶蜂 *Acantholyda xanthogaster* Wu et Xin

寄　　主　青海云杉。

分布范围　青海。

发生地点　青海：海东市乐都区。

发生面积　9417 亩

危害指数　0.4370

• 云杉腮扁叶蜂 *Cephalcia abietis* (Linnaeus)

中文异名　云杉扁叶蜂

寄　　主　云杉，红皮云杉。

分布范围　河北、吉林、黑龙江、四川、陕西。

发生地点　河北：塞罕坝林场、木兰林管局；
陕西：太白林业局。

发生面积　21970 亩

危害指数　0.6397

- **贺兰腮扁叶蜂** ***Cephalcia alashanica*** **(Gussakovskij)**

寄　　主　青海云杉，红皮云杉。

分布范围　内蒙古、宁夏。

发生地点　内蒙古：阿拉善盟阿拉善左旗。

发生面积　9500 亩

危害指数　0.6667

- **楚雄腮扁叶蜂** ***Cephalcia chuxiongica*** **Xiao**

寄　　主　华山松，云南松。

分布范围　四川、贵州、云南。

发生地点　贵州：毕节市七星关区；

云南：昆明市东川区、寻甸回族彝族自治县，曲靖市马龙县、师宗县、罗平县，玉溪市红塔区、华宁县，楚雄彝族自治州楚雄市、南华县、武定县、禄丰县，红河哈尼族彝族自治州泸西县、芷村林场，文山壮族苗族自治州砚山县、丘北县、广南县，大理白族自治州南涧彝族自治县，滇中产业园区嵩明县、安宁市。

发生面积　173946 亩

危害指数　0.4860

- **丹巴腮扁叶蜂** ***Cephalcia danbaica*** **Xiao**

中文异名　丹巴腮扁蜂

寄　　主　云杉，青海云杉，松。

分布范围　甘肃、青海。

发生地点　甘肃：武威市古浪县、天祝藏族自治县，祁连山保护区；

青海：西宁市大通回族土族自治县，海东市乐都区、民和回族土族自治县。

发生面积　23294 亩

危害指数　0.4024

- **昆嵛山腮扁叶蜂** ***Cephalcia kunyushanica*** **Xiao**

寄　　主　赤松，油松。

分布范围　山东、陕西。

发生地点　陕西：咸阳市淳化县。

发生面积　11500 亩

危害指数　0.6667

- **落叶松腮扁叶蜂** ***Cephalcia lariciphila*** **(Wachtl)**

寄　　主　落叶松，华北落叶松。

分布范围　河北、山西、吉林、黑龙江。

发生地点　河北：张家口市崇礼区；

山西：太岳山国有林管理局。

发生面积　7000 亩

危害指数　0.3333

• 马尾松腮扁叶蜂 *Cephalcia pinivora* Xiao et Zeng

寄　　主　湿地松，马尾松。

分布范围　福建、重庆、四川、陕西。

发生地点　重庆：涪陵区、大足区、璧山区，丰都县、云阳县、巫山县、巫溪县、彭水苗族土家族自治县。

发生面积　1211 亩

危害指数　0.3333

• 延庆腮扁叶蜂 *Cephalcia yanqingensis* Xiao

寄　　主　油松。

分布范围　北京。

发生地点　北京：延庆区。

发生面积　8591 亩

危害指数　0.4116

• 鞭角华扁叶蜂 *Chinolyda flagellicornis*（Smith）

中文异名　鞭角扁叶蜂

寄　　主　柳杉，柏木。

分布范围　山东、湖北、重庆、四川。

发生地点　湖北：襄阳市保康县，咸宁市咸安区，恩施土家族苗族自治州巴东县；
重庆：合川区，丰都县、忠县、开县、云阳县、奉节县、巫山县、巫溪县；
四川：遂宁市船山区、蓬溪县，广安市岳池县。

发生面积　117544 亩

危害指数　0.4644

树蜂科 Siricidae

• 兰树蜂 *Sirex cyaneus* Fabricius

寄　　主　山杨。

分布范围　陕西。

• 黑足树蜂 *Sirex imperialis* Kirby

寄　　主　雪松，杉木，云杉，冷杉。

分布范围　江苏、浙江、安徽、山东、湖北、湖南、贵州。

发生地点　江苏：常州市天宁区；
湖南：益阳市安化县。

• 蓝黑树蜂 *Sirex juvencus*（Linnaeus）

寄　　主　天山云杉，马尾松，山杨，垂柳，木槿。

分布范围　北京、河北、黑龙江、山东、湖南、新疆。

发生地点　北京：顺义区；
山东：东营市垦利县；

湖南：湘西土家族苗族自治州保靖县。

- **新渡户氏树蜂 *Sirex nitobei* Matsumura**

寄　　主　油松。
分布范围　山东、甘肃、宁夏。
发生地点　甘肃：白银市靖远县。
发生面积　1200 亩
危害指数　0. 3333

- **松树蜂 *Sirex noctilio* Fabricius**

寄　　主　云杉，湿地松，红松，马尾松，樟子松，油松。
分布范围　东北，内蒙古、广东。
发生地点　辽宁：阜新市彰武县；
广东：肇庆市德庆县；
黑龙江森林工业总局：东京城林业局、林口林业局、八面通林业局；
内蒙古大兴安岭林业管理局：甘河林业局。
发生面积　4175 亩
危害指数　0. 5090

- **云杉树蜂 *Sirex piceus* Xiao et Wu**

寄　　主　云杉，青海云杉。
分布范围　青海。
发生地点　青海：西宁市大通回族土族自治县，海北藏族自治州门源回族自治县。
发生面积　1139 亩
危害指数　0. 3333

- **红腹树蜂 *Sirex rufiabdominis* Xiao et Wu**

寄　　主　马尾松，油松。
分布范围　山东、重庆。
发生地点　重庆：黔江区。
发生面积　270 亩
危害指数　0. 3741

- **中华树蜂 *Sirex sinicus* Maa**

寄　　主　山杨，柳树。
分布范围　江苏。
发生地点　江苏：南京市栖霞区。

- **日本扁足树蜂 *Urocerus japonicus*（Smith）**

寄　　主　油松，核桃。
分布范围　河北、四川。
发生地点　河北：石家庄市平山县。

发生面积 200 亩
危害指数 0.3333

● **黑顶扁角树蜂 *Tremex apicalis* Matsumura**
寄　　主 油松，山杨，垂柳，旱柳。
分布范围 北京、天津、河北、江苏、山东。
发生地点 北京：通州区、大兴区；
江苏：常州市钟楼区。
发生面积 103 亩
危害指数 0.3333

● **烟扁角树蜂 *Tremex fuscicornis* (Fabricius)**
中文异名 烟角树蜂、柳黄斑树蜂
寄　　主 新疆杨，北京杨，青杨，山杨，黑杨，箭杆杨，小叶杨，毛白杨，垂柳，旱柳，绦柳，山柳，枫杨，桦木，水青冈，栎，榆树，榉树，桃，杏，栲叶槭，水曲柳。
分布范围 华北、东北、华东，河南、湖北、湖南、重庆、四川、西藏、陕西、甘肃、宁夏、新疆。
发生地点 内蒙古：呼和浩特市武川县，乌海市海勃湾区、乌达区，通辽市科尔沁区、科尔沁左翼后旗，鄂尔多斯市达拉特旗，锡林郭勒盟锡林浩特市；
黑龙江：哈尔滨市双城区；
江苏：扬州市高邮市，泰州市姜堰区；
山东：青岛市胶州市，东营市河口区，济宁市梁山县、曲阜市，聊城市东阿县，菏泽市牡丹区、单县；
湖北：荆州市监利县；
四川：遂宁市安居区、蓬溪县；
陕西：咸阳市秦都区，渭南市大荔县，榆林市子洲县；
甘肃：白银市靖远县；
宁夏：银川市西夏区，吴忠市盐池县；
新疆生产建设兵团：农四师 68 团。
发生面积 23286 亩
危害指数 0.3549

● **窄胸扁角树蜂 *Tremex simulacrum* Semenov**
寄　　主 黑杨，旱柳。
分布范围 河北、山西、浙江、山东。

● **泰加大树蜂 *Urocerus gigas taiganus* Benson**
寄　　主 冷杉，落叶松，华北落叶松，云杉，天山云杉，油松。
分布范围 河北、吉林、黑龙江、四川、宁夏、新疆。
发生地点 河北：张家口市沽源县；
四川：凉山彝族自治州金阳县；

宁夏：吴忠市盐池县；
新疆：乌鲁木齐市乌鲁木齐县，天山东部国有林管理局。
发生面积　11381 亩
危害指数　0. 4716

三节叶蜂科 Argidae

- **榆近脉三节叶蜂 *Aproceros leucopoda* Takeuchi**

寄　　主　华北落叶松，云杉，榆树。
分布范围　北京、天津、河北、湖北、四川、陕西、甘肃。
发生地点　北京：延庆区；
河北：张家口市赤城县，承德市丰宁满族自治县；
四川：资阳市雁江区；
甘肃：天水市秦州区，白龙江林业管理局。
发生面积　4096 亩
危害指数　0. 5309

- **榆三节叶蜂 *Arge captiva*（Smith）**

中文异名　榆红胸三节叶蜂、榆叶蜂
寄　　主　杨树，桦木，榔榆，榆树，桑，李，枣树，八角枫，榆绿木。
分布范围　华北、东北，江苏、浙江、安徽、山东、河南、湖北、四川、甘肃、青海、宁夏、新疆。
发生地点　北京：延庆区；
天津：武清区；
河北：石家庄市鹿泉区，唐山市乐亭县、玉田县，秦皇岛市昌黎县，张家口市怀来县，廊坊市永清县、香河县、大城县、文安县、霸州市、三河市；
山西：晋城市沁水县，运城市闻喜县；
内蒙古：巴彦淖尔市乌拉特前旗，乌兰察布市卓资县、四子王旗，锡林郭勒盟阿巴嘎旗、东乌珠穆沁旗、西乌珠穆沁旗；
吉林：延边朝鲜族自治州大兴沟林业局；
江苏：常州市金坛区，南通市海门市，盐城市大丰区、阜宁县，扬州市邗江区、宝应县，镇江市句容市，泰州市姜堰区；
浙江：宁波市奉化市；
安徽：合肥市庐阳区，芜湖市芜湖县、繁昌县、无为县；
山东：东营市河口区、垦利县，潍坊市昌邑市，济宁市金乡县，泰安市泰山林场，聊城市东昌府区、阳谷县、东阿县、冠县、经济技术开发区、高新技术产业开发区，菏泽市郓城县，黄河三角洲保护区；
湖北：荆门市掇刀区；
四川：自贡市贡井区，遂宁市射洪县、大英县，南充市西充县，广安市武胜县，资阳市雁江区；

宁夏：银川市灵武市；
新疆：乌鲁木齐市高新区。
发生面积 20174 亩
危害指数 0.6638

● **蔷薇三节叶蜂 *Arge geei* Rohwer**
中文异名 玫瑰三节叶蜂
寄　　主 杨树，垂柳，榆树，桑，刺蔷薇，白蔷薇，月季，多花蔷薇，玫瑰，黄刺玫，槐树，紫薇，石榴，玫瑰木，迎春花，玫瑰树。
分布范围 北京、天津、河北、江苏、浙江、安徽、山东、河南、湖北、湖南、四川、贵州、陕西。
发生地点 天津：蓟县；
河北：唐山市玉田县，张家口市怀安县；
江苏：南京市浦口区、雨花台区，无锡市滨湖区，常州市金坛区、溧阳市，苏州市高新技术开发区、昆山市、太仓市，盐城市响水县，扬州市江都区，镇江市扬中市、句容市，泰州市姜堰区；
浙江：宁波市象山县，台州市黄岩区；
安徽：合肥市庐阳区、包河区、肥西县；
山东：泰安市岱岳区、新泰市，聊城市东阿县，菏泽市牡丹区、单县；
河南：郑州市新郑市；
湖北：武汉市东西湖区；
湖南：怀化市辰溪县；
四川：自贡市大安区，宜宾市南溪区；
陕西：咸阳市秦都区。
发生面积 1162 亩
危害指数 0.3385

● **暗蓝三节叶蜂 *Arge gracilicornis*（Klug）**
寄　　主 小叶女贞。
分布范围 四川。
发生地点 四川：巴中市通江县。

● **日本三节叶蜂 *Arge nipponensis* Rohwer**
寄　　主 马尾松，柏木。
分布范围 四川。

● **月季三节叶蜂 *Arge pagana*（Panzer）**
中文异名 蔷薇叶蜂、月季叶蜂
寄　　主 石楠，刺蔷薇，月季，多花蔷薇，玫瑰，黄刺玫，石榴，玫瑰木，杜鹃，小叶女贞。
分布范围 华东，北京、天津、河北、河南、湖北、湖南、重庆、四川、贵州、陕西、新疆。
发生地点 北京：东城区、丰台区、大兴区；

天津：蓟县；
河北：保定市唐县；
上海：闵行区、嘉定区、浦东新区、金山区、松江区，崇明县；
江苏：南京市栖霞区，无锡市惠山区、宜兴市，常州市武进区，苏州市高新技术开发区、太仓市，淮安市清江浦区，盐城市东台市，扬州市宝应县、高邮市，镇江市润州区、丹阳市；
浙江：杭州市桐庐县；
安徽：淮南市田家庵区，安庆市宜秀区；
山东：济南市平阴县，济宁市任城区，威海市环翠区，聊城市东昌府区、东阿县、高新技术产业开发区；
河南：南阳市桐柏县；
湖南：娄底市新化县；
重庆：沙坪坝区、永川区；
陕西：咸阳市秦都区。

发生面积　992 亩
危害指数　0. 3353

• 普蔷薇三节叶蜂 *Arge przhevalskii* Gussakovskij

中文异名　短角黄腹三节叶蜂
寄　　主　榔榆，月季，多花蔷薇，玫瑰。
分布范围　山东、陕西。
发生地点　山东：莱芜市莱城区；
陕西：西安市周至县。

• 桦三节叶蜂 *Arge pullata* (Zaddach)

中文异名　隆顶黑毛三节叶蜂
寄　　主　红桦，白桦。
分布范围　河北、湖北、陕西、甘肃、青海。
发生地点　河北：保定市涞源县；
湖北：神农架林区；
青海：黄南藏族自治州尖扎县、坎布拉林场。
发生面积　17194 亩
危害指数　0. 4571

• 杜鹃三节叶蜂 *Arge similis* (Snellen von Vollenhoven)

中文异名　金银花三节叶蜂
寄　　主　刺桐，紫薇，石榴，杜鹃。
分布范围　江苏、安徽、福建、江西、湖北、湖南、广东、四川。
发生地点　江苏：南京市浦口区，苏州市高新技术开发区，淮安市清江浦区，盐城市大丰区，扬州市邗江区，镇江市句容市；
安徽：合肥市庐阳区、包河区、庐江县，芜湖市芜湖县；

福建：厦门市集美区、同安区、翔安区，福州国家森林公园；
湖南：长沙市长沙县；
广东：深圳市光明新区，东莞市；
四川：遂宁市船山区，南充市高坪区，宜宾市翠屏区、南溪区，广安市武胜县，雅安市雨城区。

发生面积　352 亩

危害指数　0. 3333

• 圆环钳三节叶蜂 *Arge simillima*（Smith）

寄　　主　小檗。

分布范围　甘肃。

• 樟三节叶蜂 *Arge vulnerata* Moesáry

寄　　主　樟树。

分布范围　湖北。

锤角叶蜂科 Cimbicidae

• 榆童锤角叶蜂 *Agenocimbex elmina* Li et Wu

寄　　主　朴树，榆树。

分布范围　江苏、安徽、山东、甘肃。

发生地点　江苏：无锡市滨湖区；
甘肃：天水市秦州区。

发生面积　221 亩

危害指数　0. 3333

• 梨锤角叶蜂 *Cimbex carinulata* Konow

寄　　主　秋子梨。

分布范围　山东、四川。

发生地点　四川：巴中市通江县。

发生面积　880 亩

危害指数　0. 3485

• 杨锤角叶蜂 *Cimbex connatus taukushi* Marlatt

寄　　主　中东杨，山杨，黑杨，小叶杨，柳树，黄柳，旱柳，榆树。

分布范围　河北、内蒙古、吉林、黑龙江、安徽、山东、重庆、四川、陕西。

发生地点　河北：承德市围场满族蒙古族自治县；
内蒙古：乌兰察布市四子王旗；
安徽：亳州市蒙城县；
重庆：酉阳土家族苗族自治县；
四川：巴中市通江县；
陕西：西安市户县。

发生面积　6040 亩
危害指数　0.4481

- **风桦锤角叶蜂 *Cimbex femorata* (Linnaeus)**

寄　　主　落叶松，桦木，梨。
分布范围　吉林、黑龙江、四川。
发生地点　黑龙江：佳木斯市富锦市；
　　　　　四川：巴中市通江县。
发生面积　426 亩
危害指数　0.4116

- **梨大叶蜂 *Cimbex nomurae* Marlatt**

寄　　主　梨。
分布范围　重庆。
发生地点　重庆：黔江区、南川区。

- **槭细锤角叶蜂 *Leptocimbex gracilentus* (Mocsáry)**

中文异名　槭锤角叶蜂
寄　　主　漆树，槭。
分布范围　湖北。

- **双齿锤角叶蜂 *Odontocimbex svenhedini* Malaise**

寄　　主　刺五加。
分布范围　甘肃。

- **亚美棒锤角叶蜂 *Pseudoclavellaria amerinae* (Linnaeus)**

中文异名　杨大叶蜂
寄　　主　杨树，中东杨，小青杨，小叶杨，柳树。
分布范围　吉林、黑龙江。
发生地点　黑龙江：佳木斯市汤原县。

松叶蜂科 Diprionidae

- **柏木丽松叶蜂 *Augomonoctenus smithi* Xiao et Wu**

寄　　主　柏木。
分布范围　重庆、四川。
发生地点　四川：成都市简阳市，德阳市旌阳区、中江县，广元市旺苍县，遂宁市安居区、蓬溪县、射洪县、大英县，达州市通川区，巴中市巴州区，资阳市安岳县。
发生面积　106670 亩
危害指数　0.4564

- **靖远松叶蜂 *Diprion jingyuanensis* Xiao et Zhang**

寄　　主　马尾松，油松。

分布范围　山西、广东、重庆、甘肃。

发生地点　山西：太原市万柏林区、清徐县、娄烦县、古交市，长治市武乡县、沁县、沁源县，晋中市祁县，关帝山国有林管理局、太岳山国有林管理局；
重庆：秀山土家族苗族自治县、酉阳土家族苗族自治县；
甘肃：白银市靖远县。

发生面积　102592 亩

危害指数　0.3757

• **六万松叶蜂 *Diprion liuwanensis* Huang et Xiao**

寄　　主　马尾松，黄山松。

分布范围　安徽。

• **南华松叶蜂 *Diprion nanhuaensis* Xiao**

寄　　主　华山松，湿地松，思茅松，马尾松，云南松。

分布范围　江西、湖南、广东、重庆、四川、贵州、云南。

发生地点　江西：九江市武宁县；
湖南：湘西土家族苗族自治州保靖县、永顺县；
重庆：涪陵区、黔江区，武隆区；
四川：凉山彝族自治州越西县；
贵州：六盘水市钟山区、盘县，遵义市务川仡佬族苗族自治县，毕节市赫章县；
云南：昆明市西山区、东川区、经济技术开发区，曲靖市马龙县，玉溪市红塔区，保山市施甸县、腾冲市，楚雄彝族自治州双柏县、南华县、姚安县、武定县。

发生面积　83127 亩

危害指数　0.3677

• **芬兰吉松叶蜂 *Gilpinia fennica* (Forsius)**

寄　　主　云杉，红松。

分布范围　黑龙江。

• **马尾松吉松叶蜂 *Gilpinia massoniana* Xiao**

寄　　主　马尾松。

分布范围　浙江、安徽、江西、湖北、广东、广西、四川、贵州、陕西。

发生地点　湖北：太子山林场；
广东：河源市紫金县，清远市清新区；
广西：玉林市博白县；
四川：雅安市名山区；
贵州：铜仁市印江土家族苗族自治县；
陕西：汉中市西乡县。

发生面积　6636 亩

危害指数　0.3685

• 红松吉松叶蜂 *Gilpinia pinicola* Xiao et Huang

寄　　主　樟子松。

分布范围　黑龙江。

发生地点　黑龙江：黑河市嫩江县。

• 永仁吉松叶蜂 *Gilpinia yongrenica* Xiao et Huang

寄　　主　云南松。

分布范围　云南。

发生地点　云南：楚雄彝族自治州永仁县。

发生面积　2000 亩

危害指数　0.3333

• 油杉吉松叶蜂 *Microdiprion disus*（Smith）

寄　　主　油杉。

分布范围　甘肃。

发生地点　甘肃：白银市靖远县。

发生面积　1000 亩

危害指数　0.3333

• 带岭新松叶蜂 *Neodiprion dailingensis* Xiao et Zhou

寄　　主　云杉，红松，油松。

分布范围　辽宁。

• 广西新松叶蜂 *Neodiprion guangxiicus* Xiao et Zhou

寄　　主　湿地松，马尾松，云南松。

分布范围　广西、云南。

发生地点　广西：南宁市横县，桂林市兴安县，梧州市万秀区，防城港市防城区、上思县，贵港市覃塘区、桂平市，玉林市容县，百色市百林林场，河池市金城江区、南丹县、东兰县、巴马瑶族自治县，崇左市江州区、大新县，钦廉林场；

云南：昭通市鲁甸县。

发生面积　10546 亩

危害指数　0.3333

• 会泽新松叶蜂 *Neodiprion huizeensis* Xiao et Zhou

寄　　主　华山松，马尾松。

分布范围　贵州。

发生地点　贵州：毕节市威宁彝族回族苗族自治县、赫章县。

发生面积　215170 亩

危害指数　0.4814

• 松黄叶蜂 *Neodiprion sertifer*（Geoffroy）

中文异名　新松叶蜂、松黄新松叶蜂

寄　　主　日本落叶松，云杉，湿地松，思茅松，马尾松，油松。
分布范围　安徽、福建、江西、湖南、广东、广西、云南、陕西。
发生地点　福建：厦门市同安区、翔安区，龙岩市新罗区；
江西：赣州市南康区；
湖南：岳阳市平江县，郴州市临武县，永州市江永县、江华瑶族自治县，湘西土家族苗族自治州龙山县；
广东：茂名市化州市；
广西：南宁市横县，钦州市浦北县；
云南：普洱市景东彝族自治县，迪庆藏族自治州香格里拉市；
陕西：商洛市商南县。
发生面积　19250 亩
危害指数　0. 3720

• **祥云新松叶蜂** ***Neodiprion xiangyunicus*** **Xiao et Zhou**
寄　　主　华山松，思茅松，马尾松，云南松。
分布范围　四川、贵州、云南。
发生地点　四川：凉山彝族自治州会理县、宁南县、普格县、布拖县、冕宁县；
贵州：贵阳市修文县；
云南：昆明市五华区，保山市隆阳区、施甸县、昌宁县、腾冲市，昭通市巧家县、镇雄县，丽江市永胜县，临沧市临翔区、凤庆县，楚雄彝族自治州姚安县，大理白族自治州宾川县、弥渡县、巍山彝族回族自治县、永平县、洱源县、剑川县、鹤庆县。
发生面积　125666 亩
危害指数　0. 4605

• **黄龙山黑松叶蜂** ***Nesodiprion huanglongshanicus*** **Xiao et Huang**
寄　　主　华山松，油松。
分布范围　陕西。
发生地点　陕西：延安市黄龙县。
发生面积　110 亩
危害指数　0. 3333

• **松黑叶蜂** ***Nesodiprion japonicus*** **(Marlatt)**
中文异名　松绿叶蜂
寄　　主　马尾松。
分布范围　福建。

• **浙江黑松叶蜂** ***Nesodiprion zhejiangensis*** **Zhou et Xiao**
寄　　主　雪松，湿地松，华南五针松，马尾松，日本五针松，火炬松，黄山松，黑松，毛枝五针松，辐射松。
分布范围　江苏、浙江、安徽、福建、江西、湖南、广东、广西、四川、贵州。

发生地点　江苏：常州市金坛区，苏州市高新技术开发区；
浙江：台州市天台县；
安徽：六安市霍山县；
福建：莆田市城厢区，三明市三元区、尤溪县，泉州市安溪县，龙岩市新罗区、漳平市；
江西：赣州市会昌县；
湖南：株洲市芦淞区、石峰区、云龙示范区，岳阳市平江县，郴州市嘉禾县，永州市祁阳县，怀化市沅陵县；
广东：清远市英德市、连州市；
广西：梧州市苍梧县、藤县，北海市合浦县，贺州市八步区、昭平县，河池市金城江区、南丹县，来宾市象州县，雅长林场；
四川：阿坝藏族羌族自治州理县；
贵州：遵义市习水县。
发生面积　49689 亩
危害指数　0.7343

叶蜂科 Tenthredinidae

• **柳蜷叶蜂 *Amauronematus saliciphagus* Wu**
寄　　主　垂柳，旱柳，绦柳，馒头柳。
分布范围　北京、天津、山东、甘肃。
发生地点　北京：朝阳区；
天津：武清区；
山东：烟台市莱山区，聊城市东阿县，黄河三角洲保护区。
发生面积　2709 亩
危害指数　0.6910

• **元宝槭潜叶叶蜂 *Anafenusa acericola* (Xiao)**
寄　　主　元宝槭。
分布范围　山东。
发生地点　山东：泰安市泰山林场。
发生面积　1000 亩
危害指数　0.3333

• **芫菁叶蜂 *Athalia rosae* (Linnaeus)**
寄　　主　李。
分布范围　重庆、贵州。
发生地点　重庆：江津区。

• **蛞蝓叶蜂 *Caliroa annulipes* (Klug)**
寄　　主　榆树，梨，花椒。

分布范围　河北、四川、陕西。
发生地点　四川：巴中市通江县；
　　　　　陕西：渭南市华州区。
发生面积　1043 亩
危害指数　0.3333

• 梨粘叶蜂 *Caliroa cerasi* Linnaeus
寄　　主　钻天杨，桃，樱桃，山楂，梨。
分布范围　安徽、河南、新疆。
发生地点　安徽：合肥市庐阳区、包河区。

• 桃叶蜂 *Caliroa matsumotonis*（Harukawa）
寄　　主　桃，樱桃。
分布范围　安徽、山东、湖北、四川、贵州、云南。
发生地点　山东：泰安市泰山林场；
　　　　　湖北：荆州市沙市区；
　　　　　四川：甘孜藏族自治州新龙林业局；
　　　　　云南：楚雄彝族自治州永仁县。
发生面积　1026 亩
危害指数　0.3333

• 厚朴枝角叶蜂 *Cladius magnoliae* Xiao
寄　　主　厚朴。
分布范围　湖北、重庆、陕西、甘肃。
发生地点　湖北：宜昌市兴山县，恩施土家族苗族自治州巴东县、宣恩县；
　　　　　重庆：城口县、武隆区、开县、巫溪县；
　　　　　陕西：安康市紫阳县；
　　　　　甘肃：白水江自然保护区。
发生面积　11468 亩
危害指数　0.3446

• 玫瑰栉角叶蜂 *Cladius pectinicornis*（Geoffroy）
中文异名　玫瑰枝角叶蜂
寄　　主　玫瑰。
分布范围　山东。
发生地点　山东：菏泽市定陶区。

• 刺楸异颚叶蜂 *Conaspidia kalopanacis* Xiao at Huang
中文异名　刺楸叶蜂
寄　　主　刺楸。
分布范围　江西、四川。
发生地点　江西：萍乡市上栗县、芦溪县。

- **日本扁足叶蜂 *Croesus japonicus* Takeuchi**

寄　　主　山核桃，核桃，枫杨，桤木，青冈。
分布范围　江西、山东、湖北、重庆、四川、贵州。
发生地点　江西：吉安市永新县；
　　　　　重庆：北碚区，丰都县、巫溪县；
　　　　　四川：成都市彭州市，广元市旺苍县，遂宁市船山区、安居区、射洪县、大英县，眉山市青神县，巴中市通江县；
　　　　　贵州：六盘水市六枝特区。
发生面积　4192 亩
危害指数　0.4041

- **油茶叶蜂 *Dasmithius camellia*（Zhou et Huang）**

中文异名　油茶史氏叶蜂
寄　　主　油茶。
分布范围　江西、湖南、广西。
发生地点　江西：萍乡市莲花县、上栗县、芦溪县；
　　　　　湖南：长沙市浏阳市，衡阳市衡南县、耒阳市、常宁市，岳阳市岳阳县，常德市鼎城区、汉寿县，张家界市慈利县，永州市祁阳县、东安县；
　　　　　广西：桂林市永福县。
发生面积　9206 亩
危害指数　0.3362

- **德清真片胸叶蜂 *Eutomostethus deqingensis* Xiao**

寄　　主　毛竹，红哺鸡竹，早竹，胖竹。
分布范围　浙江、江西。
发生地点　浙江：衢州市衢江区，丽水市庆元县。
发生面积　3898 亩
危害指数　0.3333

- **毛竹真片胸叶蜂 *Eutomostethus nigritus* Xiao**

中文异名　毛竹黑叶蜂
寄　　主　毛竹，毛金竹，胖竹。
分布范围　浙江、安徽、福建、江西、湖南、广西。
发生地点　浙江：宁波市鄞州区，丽水市莲都区；
　　　　　福建：莆田市涵江区，南平市延平区；
　　　　　湖南：邵阳市隆回县；
　　　　　广西：桂林市千家洞保护区。
发生面积　1876 亩
危害指数　0.3413

- **柳厚壁瘿叶蜂 *Euura bridgmanii*（Cameron）**

寄　　主　垂柳。

分布范围　北京、河北、山西、辽宁、山东、四川、陕西、甘肃、宁夏、新疆。
发生地点　北京：东城区；
河北：衡水市桃城区；
山东：聊城市阳谷县；
陕西：咸阳市秦都区、泾阳县；
甘肃：庆阳市西峰区；
宁夏：银川市贺兰县；
新疆：乌鲁木齐市经济开发区。
发生面积　2085 亩
危害指数　0.3333

• **柳瘿叶蜂** ***Euura dolichura*** **(Thomson)**

中文异名　柳厚壁叶蜂
寄　　主　杨树，白柳，垂柳，黄柳，旱柳，绦柳，龙爪柳，馒头柳，北沙柳，紫柳。
分布范围　华北、东北、西北，江苏、浙江、安徽、福建、山东、河南、湖南、重庆、四川、云南。
发生地点　北京：朝阳区、丰台区、海淀区、通州区、顺义区、昌平区、大兴区、密云区；
天津：武清区；
河北：石家庄市鹿泉区、正定县、深泽县、晋州市，唐山市乐亭县，秦皇岛市北戴河区、昌黎县，邯郸市肥乡区，保定市唐县，张家口市万全区、沽源县、蔚县、阳原县、怀安县、怀来县，廊坊市香河县、霸州市，衡水市桃城区；
山西：太原市清徐县，阳泉市郊区，晋中市左权县，运城市临猗县、闻喜县、稷山县，吕梁市孝义市；
内蒙古：通辽市科尔沁区、霍林郭勒市，鄂尔多斯市准格尔旗；
江苏：徐州市丰县、沛县，盐城市阜宁县、东台市，宿迁市宿城区、宿豫区、沭阳县；
浙江：台州市椒江区；
福建：龙岩市上杭县；
山东：济南市平阴县，青岛市胶州市，枣庄市滕州市，东营市东营区、垦利县、广饶县，潍坊市坊子区、诸城市、昌邑市、滨海经济开发区，济宁市任城区、鱼台县、金乡县、嘉祥县、梁山县、曲阜市、高新技术开发区、太白湖新区，泰安市泰山区、岱岳区、东平县、新泰市、泰山林场、徂徕山林场，日照市莒县，莱芜市莱城区，临沂市兰山区、沂水县、莒南县、临沭县，德州市齐河县，聊城市东阿县、冠县、高唐县、经济技术开发区，滨州市无棣县，菏泽市牡丹区、定陶区、单县、成武县、郓城县，黄河三角洲保护区；
河南：新乡市延津县，焦作市武陟县，商丘市梁园区、睢阳区、虞城县；
湖南：益阳市沅江市；
四川：成都市彭州市、邛崃市，遂宁市船山区、大英县，眉山市青神县，甘孜藏族自治州炉霍县、甘孜县、德格县；
云南：昆明市东川区；

陕西：宝鸡市凤翔县，咸阳市秦都区、长武县，渭南市大荔县，延安市安塞县、吴起县；

甘肃：兰州市城关区、七里河区，嘉峪关市，白银市靖远县、会宁县，平凉市泾川县、崇信县，酒泉市肃州区、肃北蒙古族自治县，庆阳市庆城县、正宁县，定西市通渭县；

青海：西宁市城东区、城西区、湟源县，海东市平安区、民和回族土族自治县；

宁夏：银川市兴庆区、西夏区、金凤区、贺兰县，石嘴山市大武口区、惠农区，吴忠市利通区、同心县；

新疆：克拉玛依市克拉玛依区，喀什地区麦盖提县，塔城地区沙湾县，石河子市；

新疆生产建设兵团：农四师68团，农八师。

发生面积 92752亩

危害指数 0.3594

• 杨潜叶叶蜂 *Fenusella taianensis* (Xiao at Zhou)

中文异名 杨泡叶蜂

寄　　主 北京杨，山杨，黑杨，小青杨，小叶杨。

分布范围 北京、辽宁、山东、四川。

发生地点 山东：泰安市新泰市，德州市齐河县，聊城市经济技术开发区、高新技术产业开发区，菏泽市牡丹区；

四川：甘孜藏族自治州色达县。

发生面积 1456亩

危害指数 0.3333

• 红黄半皮丝叶蜂 *Hemichroa crocea* (Geoffroy)

寄　　主 柳树，桤木，江南桤木，桦木，鹅耳枥，榛子，构树。

分布范围 江苏、湖南、重庆、四川。

发生地点 江苏：镇江市句容市；

湖南：张家界市慈利县，湘西土家族苗族自治州吉首市、泸溪县、凤凰县、花垣县、保靖县、古丈县、永顺县、龙山县；

重庆：云阳县、彭水苗族土家族自治县；

四川：成都市都江堰市、彭州市，遂宁市蓬溪县、大英县，巴中市平昌县。

发生面积 27760亩

危害指数 0.3951

• 樱桃实叶蜂 *Hoplocampa danfengensis* Xiao

寄　　主 樱桃李。

分布范围 河南。

• 李实叶蜂 *Hoplocampa fulvicornis* Panzer

中文异名 李实蜂

寄　　主 杏，李，红叶李。

分布范围　北京、河北、山东、陕西。

• **梨实叶蜂** ***Hoplocampa pyricola*** **Rohwer**

中文异名　梨实蜂

寄　　主　河北梨，沙梨，秋子梨。

分布范围　北京、河北、江西、山东、湖北、陕西、甘肃。

发生地点　河北：石家庄市晋州市，保定市顺平县，沧州市吴桥县；
　　　　　陕西：汉中市镇巴县。

发生面积　1361 亩

危害指数　0.3823

• **白蜡大叶蜂** ***Macrophya fraxina*** **Zhou et Huang**

中文异名　白蜡叶蜂

寄　　主　白蜡树。

分布范围　北京、辽宁、江苏、四川、陕西。

发生地点　北京：顺义区；
　　　　　陕西：渭南市华州区。

• **玉兰大刺叶蜂** ***Megabeleses crassitarsis*** **Takeuchi**

寄　　主　玉兰。

分布范围　陕西。

• **鹅掌楸叶蜂** ***Megabeleses liriodendrovorax*** **Xiao**

寄　　主　鹅掌楸。

分布范围　江西、湖北、湖南。

发生地点　江西：宜春市铜鼓县；
　　　　　湖北：咸宁市通城县；
　　　　　湖南：邵阳市隆回县、城步苗族自治县。

发生面积　1148 亩

危害指数　0.7282

• **截鞘中脉叶蜂** ***Mesoneura truncatatheca*** **Wei**

中文异名　钝鞘中脉叶峰

寄　　主　杨树，柳树，栎。

分布范围　陕西、甘肃。

发生地点　陕西：佛坪自然保护区；
　　　　　甘肃：小陇山林业实验管理局党川林场、观音林场、龙门林场。

发生面积　22488 亩

危害指数　0.4490

• **李实蜂** ***Monocellicampa pruni*** **Wei**

中文异名　李单室叶蜂

寄　　主　杏，李，梨。

分布范围　北京、河北、河南、陕西。

发生地点　河北：唐山市玉田县，保定市唐县、博野县；

河南：平顶山市鲁山县；

陕西：渭南市大荔县。

发生面积　289 亩

危害指数　0. 3403

• **樟中索叶蜂 *Mesoneura rufonota* Rohwer**

中文异名　樟叶蜂、榆三节樟叶蜂

寄　　主　山杨，榆树，大果榉，玉兰，猴樟，阴香，樟树，天竺桂，油樟，枫香，梨，柑橘，龙眼，木槿，茶，女贞。

分布范围　华东，辽宁、黑龙江、河南、湖北、湖南、广东、重庆、四川、贵州、云南、陕西。

发生地点　上海：闵行区、宝山区、浦东新区、金山区、松江区、青浦区、奉贤区；

江苏：南京市玄武区、浦口区、雨花台区，无锡市锡山区、滨湖区、江阴市、宜兴市，常州市武进区、金坛区、溧阳市，苏州市相城区、昆山市、太仓市，南通市海门市，盐城市盐都区，扬州市邗江区、江都区、宝应县、高邮市、经济技术开发区，镇江市润州区、丹徒区、丹阳市、扬中市、句容市，泰州市姜堰区；

浙江：杭州市萧山区、桐庐县，宁波市鄞州区，嘉兴市秀洲区，金华市东阳市，台州市临海市，丽水市莲都区；

安徽：合肥市庐阳区、包河区、肥西县、庐江县，芜湖市芜湖县、繁昌县、无为县，黄山市徽州区，滁州市全椒县，宿州市泗县，六安市裕安区，亳州市蒙城县，池州市贵池区，宣城市宣州区、郎溪县；

福建：厦门市海沧区、集美区、同安区，莆田市城厢区、涵江区、荔城区、秀屿区、仙游县，三明市三元区、明溪县、将乐县，泉州市安溪县，南平市延平区、松溪县，龙岩市新罗区、永定区、漳平市，福州国家森林公园；

江西：南昌市南昌县，萍乡市莲花县，九江市修水县、湖口县，赣州市信丰县，吉安市新干县，宜春市奉新县，抚州市金溪县，上饶市铅山县、余干县，丰城市、鄱阳县；

山东：枣庄市台儿庄区；

湖北：武汉市蔡甸区，襄阳市枣阳市，荆州市荆州区、江陵县、石首市，太子山林场；

湖南：长沙市长沙县，株洲市荷塘区、芦淞区、天元区、攸县、云龙示范区，湘潭市雨湖区、岳塘区、高新区、昭山示范区、九华示范区、韶山市，衡阳市衡阳县、衡南县、常宁市，邵阳市邵东县、新邵县、邵阳县、隆回县、武冈市，岳阳市云溪区、君山区、岳阳县、平江县、汨罗市、临湘市，常德市鼎城区，张家界市永定区、武陵源区，益阳市资阳区、安化县，郴州市嘉禾县，永州市东安县、江永县，怀化市鹤城区、沅陵县、辰溪县、溆浦县、会同县、麻阳苗族自治县、新晃侗族自治县、芷江侗族自治县、靖州苗族侗族自治县，娄底市涟源市，湘西土家族苗族自治州泸溪县、凤凰县、古丈县、永顺县；
广东：广州市天河区、白云区、花都区、从化区、增城区，韶关市翁源县，深圳市光明新区，佛山市南海区，肇庆市高要区、四会市，惠州市惠阳区、惠东县，梅州市蕉岭县，汕尾市陆河县、陆丰市，河源市源城区、紫金县，清远市连山壮族瑶族自治县、英德市，云浮市新兴县；
重庆：万州区、大足区、黔江区、南川区、万盛经济技术开发区，丰都县、巫溪县；
四川：成都市新都区、大邑县、新津县、都江堰市、邛崃市，自贡市沿滩区、荣县，绵阳市安州区，遂宁市蓬溪县、大英县，南充市高坪区、营山县，宜宾市江安县，广安市前锋区、武胜县，达州市渠县，巴中市恩阳区、平昌县；
贵州：贵阳市南明区，铜仁市碧江区、石阡县；
云南：曲靖市罗平县，大理白族自治州鹤庆县；
陕西：汉中市汉台区。

发生面积　50552 亩

危害指数　0. 3686

● **绿突瓣叶蜂 *Nematus frenalis* Thomson**

中文异名　绿柳叶蜂

寄　　主　垂柳，旱柳。

分布范围　河北、上海、安徽、山东、四川、陕西、甘肃、青海、宁夏。

发生地点　河北：邢台市广宗县；
上海：浦东新区；
山东：菏泽市牡丹区、郓城县；
四川：甘孜藏族自治州康定市；
陕西：西安市户县，宝鸡市扶风县，咸阳市秦都区；
甘肃：金昌市金川区；
青海：西宁市城北区；
宁夏：中卫市中宁县。

发生面积　445 亩

危害指数　0. 4742

● **黑角翼丝叶蜂 *Nematus melanaspis* Hartig**

寄　　主　小叶杨，毛白杨，垂柳，旱柳。

分布范围　山西。

发生地点　山西：晋城市阳城县、陵川县、泽州县、高平市。

发生面积　12496 亩

危害指数　0. 3333

● **短须突瓣叶蜂 *Nematus papillosus* Retzius**

寄　　主　柳树。

分布范围　甘肃。

发生地点　甘肃：临夏回族自治州临夏市、临夏县、康乐县、永靖县、广河县、和政县、东乡族

　　　　　　　自治县、积石山保安族东乡族撒拉族自治县。
发生面积　18764 亩
危害指数　0.4831

• 杏突瓣叶蜂 *Nematus prunivorous* Xiao

寄　　主　桃，梅，杏。
分布范围　江苏、安徽。

• 绿柳突瓣叶蜂 *Nematus ruyanus* Wei

寄　　主　垂柳。
分布范围　陕西、甘肃。
发生地点　陕西：咸阳市长武县；
　　　　　甘肃：天水市秦州区。

• 柳突瓣叶蜂 *Nematus salicis* (Linnaeus)

中文异名　河曲丝叶蜂、河曲丝角叶蜂
拉丁异名　*Nematus hequensis* Xiao
寄　　主　垂柳，黄柳，旱柳。
分布范围　北京、天津、河北、内蒙古、山东、河南、陕西、甘肃。
发生地点　北京：石景山区、延庆区；
　　　　　陕西：延安市安塞县、洛川县；
　　　　　甘肃：庆阳市西峰区、庆城县、环县、合水县、正宁县、宁县、镇原县。
发生面积　8011 亩
危害指数　0.6005

• 转柳突瓣叶蜂 *Nematus trochanteratus* (Malaise)

中文异名　转柳叶蜂
寄　　主　旱柳。
分布范围　山东、陕西、甘肃。
发生地点　甘肃：庆阳市宁县。
发生面积　310 亩
危害指数　0.3333

• 伊藤厚丝叶蜂 *Pachynematus itoi* Okutani

寄　　主　落叶松，日本落叶松，新疆落叶松。
分布范围　东北。
发生地点　辽宁：抚顺市新宾满族自治县，本溪市本溪满族自治县，铁岭市铁岭县、西丰县、开原市。
发生面积　12291 亩
危害指数　0.3740

• 北京杨锉叶蜂 *Pristiphora beijingensis* Zhu et Zhang

寄　　主　山杨。

分布范围　北京、天津、河北、山东。
发生地点　北京：大兴区、平谷区；
　　　　　天津：宝坻区。

• **青杨缘叶蜂** ***Pristiphora compressicornis*** **(Fabricius)**
寄　　主　杨树。
分布范围　四川。
发生地点　四川：甘孜藏族自治州雅江县。

• **杨黄褐锉叶蜂** ***Pristiphora conjugata*** **(Dahlbom)**
中文异名　杨黑点叶蜂
寄　　主　北京杨，山杨，黑杨，钻天杨，乌柳。
分布范围　东北，北京、天津、河北、内蒙古、山东、重庆、四川、青海、新疆。
发生地点　天津：武清区、静海区，蓟县；
　　　　　河北：唐山市乐亭县、玉田县，秦皇岛市昌黎县，承德市隆化县、丰宁满族自治县，廊坊市固安县、永清县、文安县、霸州市；
　　　　　内蒙古：通辽市霍林郭勒市，锡林郭勒盟多伦县；
　　　　　黑龙江：哈尔滨市双城区；
　　　　　山东：德州市乐陵市；
　　　　　重庆：万州区；
　　　　　青海：海南藏族自治州贵南县；
　　　　　新疆：阿勒泰地区布尔津县；
　　　　　新疆生产建设兵团：农四师71团。
发生面积　30300亩
危害指数　0.5163

• **红环槌缘叶蜂** ***Pristiphora erichsonii*** **(Hartig)**
中文异名　落叶松叶蜂、落叶松红腹叶蜂
寄　　主　落叶松，日本落叶松，华北落叶松，云杉，云南松。
分布范围　东北，北京、河北、山西、内蒙古、上海、湖北、重庆、四川、云南、陕西、甘肃、青海、宁夏。
发生地点　北京：房山区；
　　　　　河北：保定市阜平县、唐县，张家口市崇礼区，木兰林管局、小五台保护区；
　　　　　山西：大同市灵丘县，五台山国有林管理局、太行山国有林管理局；
　　　　　内蒙古：呼和浩特市武川县，赤峰市克什克腾旗，乌兰察布市卓资县、兴和县、四子王旗，兴安盟科尔沁右翼前旗；
　　　　　黑龙江：哈尔滨市延寿县，齐齐哈尔市碾子山区、克东县、齐齐哈尔市属林场，鸡西市鸡东县、虎林市、密山市，佳木斯市郊区，七台河市金沙新区、七台河市属林场，牡丹江市林口县、宁安市、穆棱市、牡丹江市属林场、牡丹峰保护区；
　　　　　上海：浦东新区；
　　　　　湖北：恩施土家族苗族自治州恩施市、建始县、宣恩县；

重庆：巫山县、巫溪县；
四川：广元市朝天区、旺苍县，巴中市南江县；
云南：昭通市鲁甸县；
陕西：西安市长安区，宝鸡市太白县，汉中市留坝县，长青保护区，宁东林业局、宁西林业局、太白林业局、汉西林业局；
甘肃：兰州市七里河区、连城林场，白银市靖远县，天水市秦州区、麦积区、甘谷县、武山县、张家川回族自治县，武威市天祝藏族自治县，平凉市崆峒区、华亭县、庄浪县、关山林管局，定西市陇西县、渭源县、漳县，陇南市武都区、成县、文县、宕昌县、康县、西和县、礼县、徽县、两当县、陇南市康南林业总场，甘南藏族自治州临潭县、舟曲县，兴隆山保护区、祁连山保护区、太子山保护区，白龙江林业管理局，小陇山林业实验管理局，太统-崆峒山保护区；
青海：海东市乐都区；
宁夏：固原市原州区、西吉县、隆德县、泾源县、六盘山林业局，中卫市海原县；
黑龙江森林工业总局：朗乡林业局，大海林林业局、柴河林业局、东京城林业局、穆棱林业局、海林林业局、林口林业局、八面通林业局。

发生面积　956616 亩

危害指数　0.4775

• **落叶松槌缘叶蜂 *Pristiphora laricis* (Hartig)**

寄　　主　落叶松，华北落叶松。

分布范围　河北、陕西、甘肃。

发生地点　河北：塞罕坝林场；
陕西：宁东林业局；
甘肃：庆阳市正宁总场。

发生面积　15240 亩

危害指数　0.3605

• **中华槌缘叶蜂 *Pristiphora sinensis* Wong**

寄　　主　桃。

分布范围　山东、湖北、重庆。

发生地点　湖北：荆州市荆州区；
重庆：梁平区、巫溪县。

发生面积　127 亩

危害指数　0.3386

• **魏氏槌缘叶蜂 *Pristiphora wesmaeli* (Tischbein)**

寄　　主　落叶松，华北落叶松。

分布范围　福建。

• **西北槌缘叶蜂 *Pristiphora xibei* Wei et Xia**

寄　　主　华北落叶松。

分布范围　宁夏。

• **肿角任脉叶蜂** ***Renonerva crassicornis*** **Wei**

寄　　主　白桦。

分布范围　青海。

发生地点　青海：海南藏族自治州兴海县。

发生面积　3234 亩

危害指数　0.3333

• **杨扁角叶爪叶蜂** ***Stauronematus compressicornis*** **(Fabricius)**

中文异名　杨扁角叶蜂、杨直角叶蜂

寄　　主　北京杨，中东杨，山杨，黑杨，钻天杨，小青杨，小叶杨，毛白杨，小黑杨，垂柳，旱柳，桦木，榆树，构树。

分布范围　北京、天津、河北、山西、辽宁、江苏、浙江、安徽、江西、山东、河南、湖北、湖南、重庆、四川、贵州、陕西。

发生地点　北京：通州区、顺义区、大兴区、延庆区；

天津：宝坻区、宁河区、静海区，蓟县；

河北：邯郸市广平县、魏县，沧州市吴桥县，廊坊市大城县、霸州市，衡水市武强县、阜城县；

山西：朔州市平鲁区；

江苏：南京市浦口区，徐州市贾汪区、铜山区、丰县、沛县，南通市海门市，淮安市金湖县，盐城市亭湖区、盐都区、大丰区、响水县、阜宁县、射阳县、东台市，扬州市邗江区、江都区、宝应县、高邮市、经济技术开发区，泰州市姜堰区、兴化市、泰兴市，宿迁市宿城区、沭阳县；

浙江：台州市天台县；

安徽：合肥市庐江县，芜湖市芜湖县，蚌埠市怀远县，淮南市凤台县，阜阳市界首市；

江西：九江市修水县；

山东：济南市历城区、平阴县、商河县，东营市利津县，潍坊市寒亭区、坊子区、昌邑市、滨海经济开发区，济宁市任城区、鱼台县、金乡县、嘉祥县、汶上县、梁山县、曲阜市、高新技术开发区、太白湖新区、经济技术开发区，泰安市泰山区、东平县、新泰市、肥城市、泰山林场，日照市莒县，临沂市兰山区、费县、平邑县、莒南县，德州市齐河县、平原县、夏津县、武城县、禹城市、经济技术开发区，聊城市东昌府区、阳谷县、莘县、东阿县、冠县、临清市、经济技术开发区、高新技术产业开发区，滨州市惠民县，菏泽市牡丹区、定陶区、单县、成武县、郓城县、东明县，黄河三角洲保护区；

河南：郑州市管城回族区、金水区、上街区、中牟县、荥阳市、新密市、新郑市，开封市龙亭区、祥符区、杞县、通许县，洛阳市嵩县、洛宁县、伊川县，平顶山市湛河区、宝丰县、叶县、鲁山县、郏县、舞钢市，安阳市内黄县、林州市，鹤壁市淇滨区、浚县、淇县，新乡市卫滨区、新乡县、获嘉县、延津县、卫辉市、辉县市，焦作市修武县、博爱县、武陟县、温县、沁阳市、孟州市，濮阳市华龙区、清丰县、范县、台前县，许昌市魏都区、经济技术开发区、东城区、许昌县、鄢陵县、襄城县、禹州市、长葛市，漯河市召陵区、舞阳县，三门峡市湖滨区、陕州区、渑池县、灵宝市，南阳市宛城区、南召县、西峡县、内乡县、淅川县、唐河县、新野县、桐柏县，商丘市梁园区、睢阳区、民权县、睢县、宁陵县、柘城县、虞城县、夏邑县，信阳市平桥区、淮滨县，周口市扶沟县、西华县、沈丘县、项城市，驻马店市上蔡县、平舆县、正阳县、确山县、泌阳县、遂平县，济源市、兰考县、汝州市、长垣县、永城市、鹿邑县、新蔡县、邓州市、固始县；

湖北：武汉市洪山区、东西湖区、黄陂区、新洲区，荆门市沙洋县，荆州市沙市区、荆州区、监利县、江陵县，仙桃市、潜江市；

湖南：邵阳市洞口县，岳阳市君山区，益阳市沅江市；

四川：南充市高坪区、西充县，阿坝藏族羌族自治州理县，甘孜藏族自治州甘孜县、色达县；

陕西：宝鸡市扶风县。

发生面积　389558 亩

危害指数　0.3664

- **橄榄绿叶蜂 *Tenthredo olivacea* Klug**

寄　　主　圆柏，山杨，橄榄。

分布范围　北京、辽宁、四川、西藏。

发生地点　西藏：昌都市类乌齐县、芒康县。

- **黑头简栉叶蜂 *Trichiocampus cannabis* Takeuchi**

寄　　主　杨树。

分布范围　河南。

- **拐角简栉叶蜂 *Trichiocampus grandis* (Serville)**

寄　　主　杨树。

分布范围　河南。

长节锯蜂科 Xyelidae

- **红角巨棒蜂 *Megaxyela parki* Shinohara**

寄　　主　核桃。

分布范围　甘肃。

细腰亚目 Apocrita　瘿蜂科 Cynipidae

- **槲柞瘿蜂 *Cynips mukaigawae* Mukaigawa**

寄　　主　槲栎，辽东栎，蒙古栎。

分布范围　河北、黑龙江。
发生地点　黑龙江：佳木斯市郊区。
发生面积　450 亩
危害指数　0.3333

• 栎叶瘿蜂 *Diplolepis agarna* Hartig

寄　　主　茅栗，麻栎，栓皮栎，锐齿槲栎，青冈，梨，女贞。
分布范围　天津、山东、河南、湖北、广西、四川、陕西。
发生地点　河南：郑州市登封市，汝州市；
　　　　　广西：桂林市灵川县；
　　　　　四川：雅安市石棉县；
　　　　　陕西：宝鸡市高新技术开发区。
发生面积　1493 亩
危害指数　0.3333

• 栗球瘿蜂 *Diplolepis japonica*（Walker）

中文异名　柞枝球瘿蜂
寄　　主　槲栎，白栎，辽东栎，蒙古栎。
分布范围　陕西。

• 蔷薇瘿蜂 *Diplolepis rosae*（Linnaeus）

中文异名　玫瑰犁瘿蜂
寄　　主　月季，黄刺玫，悬钩子。
分布范围　江苏、河南、青海。
发生地点　江苏：苏州市昆山市；
　　　　　青海：西宁市城中区。

• 栗瘿蜂 *Dryocosmus kuriphilus* Yasumatsu

中文异名　板栗瘿蜂
寄　　主　柳树，核桃，锥栗，板栗，茅栗，水青冈，麻栎，槲栎，蒙古栎，栓皮栎，青冈，天竺桂，臭椿，木荷。
分布范围　华东，北京、天津、河北、黑龙江、河南、湖北、湖南、广东、广西、重庆、四川、贵州、云南、陕西、甘肃。
发生地点　北京：怀柔区；
　　　　　河北：石家庄市赞皇县，唐山市迁西县，秦皇岛市海港区、抚宁区、青龙满族自治县、昌黎县、卢龙县，邯郸市武安市，邢台市邢台县；
　　　　　江苏：无锡市宜兴市，常州市溧阳市，宿迁市沭阳县；
　　　　　浙江：杭州市桐庐县，宁波市余姚市，温州市洞头区，金华市浦江县、磐安县，衢州市衢江区、常山县、龙游县，台州市天台县、温岭市，丽水市庆元县；
　　　　　安徽：合肥市庐阳区、包河区，芜湖市芜湖县、繁昌县、无为县，安庆市潜山县、太湖县、岳西县、桐城市，滁州市全椒县、定远县、凤阳县，六安市裕安区、舒城县、金寨县、霍山县，池州市贵池区，宣城市宣州区、广德县；

福建：南平市延平区、松溪县、政和县，龙岩市长汀县；
江西：鹰潭市贵溪市，宜春市靖安县、铜鼓县、樟树市，抚州市崇仁县、东乡县；
山东：济南市历城区，青岛市黄岛区、胶州市，烟台市莱山区，济宁市曲阜市，泰安市泰山区、泰山林场、徂徕山林场，日照市莒县，临沂市莒南县、临沭县；
河南：郑州市荥阳市、新密市、登封市，洛阳市汝阳县，安阳市林州市，许昌市襄城县，信阳市浉河区、平桥区、罗山县、光山县、潢川县；
湖北：武汉市江夏区、新洲区，黄石市大冶市，十堰市竹溪县，宜昌市夷陵区、兴山县、秭归县，襄阳市宜城市，荆门市京山县，孝感市大悟县、安陆市，荆州市荆州区，黄冈市红安县、罗田县、英山县、浠水县、蕲春县、麻城市，随州市广水市，神农架林区；
湖南：湘潭市湘潭县、湘乡市，邵阳市隆回县，岳阳市云溪区、平江县，常德市鼎城区，益阳市益阳高新区，湘西土家族苗族自治州泸溪县、凤凰县、古丈县；
广西：柳州市柳江区，桂林市雁山区、兴安县、资源县，梧州市蒙山县，河池市南丹县，来宾市忻城县；
重庆：万州区、黔江区、南川区、铜梁区，梁平区、城口县、武隆区、忠县、开县、奉节县、巫山县、巫溪县、秀山土家族苗族自治县、酉阳土家族苗族自治县、彭水苗族土家族自治县；
四川：成都市大邑县、蒲江县，自贡市自流井区，宜宾市兴文县，雅安市汉源县、石棉县、芦山县，巴中市巴州区，凉山彝族自治州甘洛县；
贵州：贵阳市花溪区，六盘水市盘县，遵义市桐梓县，毕节市七星关区、大方县、赫章县，铜仁市碧江区、玉屏侗族自治县，黔西南布依族苗族自治州普安县、晴隆县；
云南：保山市施甸县，昭通市大关县、永善县、镇雄县、彝良县、威信县、水富县，楚雄彝族自治州楚雄市、牟定县、武定县；
陕西：西安市长安区、蓝田县，宝鸡市陈仓区、高新区、太白县，汉中市略阳县、镇巴县、留坝县、佛坪县，安康市汉滨区、石泉县、宁陕县，商洛市商州区、丹凤县、商南县、山阳县、镇安县；
甘肃：小陇山林业实验管理局；
黑龙江森林工业总局：朗乡林业局。

发生面积　407263 亩

危害指数　0. 3978

● 栎空腔瘿蜂 *Trichagalma glabrosa* Pujade-Villar et Wang

寄　　主　板栗，麻栎，栓皮栎。

分布范围　山东、河南。

发生地点　山东：烟台市莱山区，济宁市曲阜市，泰安市新泰市、泰山林场、徂徕山林场，威海市环翠区，临沂市沂水县；
河南：焦作市修武县，三门峡市陕州区，济源市。

发生面积　3750 亩

危害指数　0. 3595

姬小蜂科 Eulophidae

- **桉树枝瘿姬小蜂 *Leptocybe invasa* Fisher et La Salle**

寄　主　赤桉，柠檬桉，窿缘桉，蓝桉，直杆蓝桉，大叶桉，细叶桉，巨桉，巨尾桉，柳窿桉，尾叶桉。

分布范围　福建、江西、湖南、广东、广西、海南、重庆、四川、贵州、云南。

发生地点　福建：厦门市海沧区、集美区、同安区、翔安区，莆田市城厢区、涵江区、仙游县，泉州市洛江区、泉港区、安溪县、永春县、南安市、台商投资区，漳州市漳浦县，龙岩市漳平市；

江西：赣州市章贡区、南康区、经济技术开发区、信丰县、龙南县、于都县、寻乌县；

湖南：郴州市临武县，永州市零陵区、道县、江永县、宁远县、蓝山县、回龙圩管理区；

广东：广州市越秀区、南沙区，韶关市曲江区、始兴县，深圳市宝安区、龙岗区、大鹏新区，佛山市南海区，江门市台山市、开平市、恩平市，湛江市麻章区、湛江开发区、遂溪县、徐闻县、廉江市、雷州市、吴川市，茂名市茂南区，肇庆市开发区、端州区、高要区、怀集县、封开县、四会市、肇庆市属林场，惠州市惠阳区、惠东县，梅州市大埔县、蕉岭县，汕尾市海丰县、陆河县、陆丰市、汕尾市属林场，河源市源城区、紫金县、龙川县、连平县、东源县，阳江市阳东区、阳西县、阳春市，云浮市云城区、云浮市属林场；

广西：南宁市马山县、宾阳县，柳州市融水苗族自治县，桂林市七星区、永福县，梧州市龙圩区、苍梧县、藤县、岑溪市，北海市银海区、铁山港区、合浦县，防城港市港口区、防城区、上思县、东兴市，钦州市钦南区、钦北区、钦州港、灵山县、浦北县，贵港市港北区、港南区、平南县，玉林市玉州区、福绵区、容县、陆川县、博白县，百色市田阳县、德保县、田林县、西林县、靖西市，贺州市八步区、钟山县，河池市罗城仫佬族自治县、巴马瑶族自治县、都安瑶族自治县、大化瑶族自治县，来宾市兴宾区、忻城县、象州县、武宣县、金秀瑶族自治县、合山市，崇左市江州区、扶绥县、宁明县、龙州县、大新县、天等县、凭祥市，高峰林场、七坡林场、东门林场、派阳山林场、钦廉林场、三门江林场、维都林场、黄冕林场、大桂山林场、博白林场、雅长林场；

海南：海口市秀英区，三亚市海棠区，儋州市，琼海市、万宁市、东方市、定安县、屯昌县、澄迈县、白沙黎族自治县、昌江黎族自治县、陵水黎族自治县、保亭黎族苗族自治县；

重庆：永川区；

四川：成都市双流区、简阳市，自贡市自流井区，攀枝花市米易县、盐边县，德阳市旌阳区、中江县，绵阳市涪城区，内江市市中区，眉山市东坡区、彭山区、仁寿县、青神县，广安市邻水县、华蓥市，凉山彝族自治州德昌县、会理县、会东县、宁南县、金阳县；

贵州：黔西南布依族苗族自治州册亨县；

云南：昆明市东川区、倘甸产业园区、富民县，玉溪市新平彝族傣族自治县，丽江市永胜县、华坪县，普洱市墨江哈尼族自治县，临沧市耿马傣族佤族自治县，楚雄彝族自治州牟定县、大姚县、永仁县、元谋县、武定县、禄丰县，红河哈尼族彝族自治州个旧市、开远市、蒙自市、弥勒市、建水县、石屏县、石岩寨林场，文山壮族苗族自治州砚山县、富宁县。

发生面积 328622 亩

危害指数 0.6162

● **刺桐姬小蜂 *Quadrastichus erythrinae* Kim**

寄　　主 刺桐，鸡冠刺桐，桉树。

分布范围 福建、广东、海南。

发生地点 福建：泉州市晋江市，漳州市漳浦县；

广东：广州市番禺区，深圳市福田区、龙岗区、龙华新区，佛山市南海区，江门市台山市，湛江市遂溪县、廉江市、吴川市，茂名市茂南区，肇庆市端州区，清远市佛冈县，中山市；

海南：琼海市、东方市、白沙黎族自治县、陵水黎族自治县、保亭黎族苗族自治县。

发生面积 13756 亩

危害指数 0.3347

广肩小蜂科 Eurytomidae

● **竹广肩小蜂 *Aiolomorphus rhopaloides* Walker**

中文异名 竹瘿广肩小蜂、竹实小蜂、竹瘿蜂

寄　　主 箭竹，箬竹，罗汉竹，水竹，毛竹，毛金竹，早竹，早园竹，胖竹，金竹，苦竹。

分布范围 江苏、浙江、安徽、福建、江西、湖北、湖南、广西。

发生地点 江苏：南京市高淳区；

安徽：合肥市庐阳区，芜湖市芜湖县；

福建：三明市梅列区、尤溪县，南平市松溪县；

江西：宜春市铜鼓县，上饶市玉山县；

湖南：株洲市荷塘区、芦淞区，衡阳市南岳区、衡阳县、衡南县、衡东县、祁东县、耒阳市、常宁市，邵阳市邵阳县、隆回县、新宁县，岳阳市岳阳县，益阳市资阳区，郴州市桂阳县，永州市零陵区、冷水滩区、东安县、双牌县、宁远县，娄底市涟源市；

广西：桂林市灵川县、永福县、千家洞保护区。

发生面积 89678 亩

危害指数 0.3576

● **国槐种子小蜂 *Bruchophagus ononis* (Mayr)**

寄　　主 刺槐，槐树。

分布范围　河北、安徽、山东、陕西。

发生地点　河北：邢台市柏乡县；

安徽：亳州市蒙城县；

山东：莱芜市钢城区，菏泽市郓城县；

陕西：西安市户县。

发生面积　908 亩

危害指数　0.3381

• **落叶松种子小蜂 *Eurytoma laricis* Yano**

寄　　主　落叶松，日本落叶松，华北落叶松。

分布范围　内蒙古、黑龙江。

发生地点　黑龙江：牡丹江市宁安市；

内蒙古大兴安岭林业管理局：额尔古纳保护区。

发生面积　3146 亩

危害指数　1.0000

• **桃仁蜂 *Eurytoma maslovskii* Nikolskaya**

寄　　主　桃，山杏，杏，李。

分布范围　北京、天津、河北、江苏、山东。

发生地点　河北：石家庄市井陉县、高邑县，唐山市丰润区、玉田县，张家口市怀安县、怀来县、赤城县，承德市双桥区、承德县、平泉县，廊坊市大城县，衡水市深州市；

江苏：泰州市海陵区；

山东：泰安市泰山林场，莱芜市钢城区，菏泽市定陶区。

发生面积　9769 亩

危害指数　0.3494

• **柠条广肩小蜂 *Eurytoma neocaraganae* Liao**

寄　　主　柠条锦鸡儿。

分布范围　内蒙古、陕西、甘肃、宁夏。

发生地点　内蒙古：包头市达尔罕茂明安联合旗，通辽市科尔沁左翼后旗，巴彦淖尔市乌拉特前旗，乌兰察布市兴和县、察哈尔右翼前旗、察哈尔右翼后旗、四子王旗，阿拉善盟阿拉善右旗；

陕西：榆林市榆阳区；

甘肃：白银市靖远县，定西市安定区，临夏回族自治州永靖县、东乡族自治县；

宁夏：银川市灵武市，石嘴山市平罗县，吴忠市盐池县、同心县，中卫市中宁县。

发生面积　174461 亩

危害指数　0.5975

• **刺槐种子小蜂 *Eurytoma philorobinae* Liao**

中文异名　刺槐种子广肩小蜂

寄　　主　刺槐，红花刺槐，毛刺槐，槐树。

分布范围　天津、河北、辽宁、黑龙江、安徽、山东、河南、湖北、陕西、甘肃、宁夏。

发生地点　河北：石家庄市高邑县，唐山市乐亭县，衡水市桃城区；

安徽：六安市叶集区、霍邱县，亳州市蒙城县；

山东：潍坊市坊子区、滨海经济开发区，济宁市兖州区、曲阜市，莱芜市莱城区、钢城区，菏泽市牡丹区、巨野县、郓城县，黄河三角洲保护区；

河南：洛阳市洛宁县，商丘市睢县，汝州市；

陕西：西安市户县，宝鸡市凤翔县、扶风县，咸阳市永寿县，渭南市华州区，榆林市绥德县，商洛市丹凤县；

甘肃：庆阳市西峰区，定西市陇西县，临夏回族自治州临夏市、永靖县；

宁夏：银川市贺兰县，吴忠市红寺堡区、盐池县，中卫市中宁县。

发生面积　17635 亩

危害指数　0. 5807

• 黄连木种子小蜂 *Eurytoma plotnikovi* Nikolskaya

寄　　主　黄连木。

分布范围　河北、安徽、山东、河南、陕西。

发生地点　河北：石家庄市井陉县，邯郸市涉县、磁县、武安市；

安徽：合肥市包河区，滁州市南谯区、全椒县、定远县，宿州市萧县；

山东：济宁市曲阜市；

河南：洛阳市嵩县，鹤壁市鹤山区，新乡市卫辉市、辉县市；

陕西：商洛市商州区、丹凤县、山阳县。

发生面积　30117 亩

危害指数　0. 4462

• 杏仁蜂 *Eurytoma samsonowi* Vassiliev

寄　　主　杏，樱桃，巴旦杏。

分布范围　天津、山东、河南、陕西、新疆。

发生地点　山东：泰安市泰山林场，菏泽市定陶区；

河南：南阳市西峡县、内乡县；

陕西：咸阳市三原县、泾阳县，商洛市丹凤县；

新疆：吐鲁番市高昌区、鄯善县、托克逊县，哈密市伊州区、伊吾县，巴音郭楞蒙古自治州轮台县、和静县，和田地区和田县。

发生面积　4802 亩

危害指数　0. 3472

• 竹茎广肩小蜂 *Tetramesa aequidens* (Waterston)

寄　　主　毛竹。

分布范围　湖南、广西。

发生地点　湖南：衡阳市衡山县；

广西：桂林市资源县。

发生面积　2949 亩
危害指数　0. 3333

• 刚竹泰广肩小蜂 *Tetramesa phyllotachitis* (Gahan)
寄　　主　胖竹，唐竹。
分布范围　浙江、江西、陕西。

长尾小蜂科 Torymidae

• 柳杉大痣小蜂 *Megastigmus cryptomeriae* Yano
寄　　主　柳杉，日本柳杉。
分布范围　浙江、安徽、福建、江西、湖北。

• 滇柏大痣小蜂 *Megastigmus duclouxiana* Roques et Pan
寄　　主　柏木，西藏柏木，福建柏，圆柏。
分布范围　云南。
发生地点　云南：昆明市西山区、经济技术开发区、倘甸产业园区、西山林场，玉溪市红塔区，安宁市。
发生面积　2862 亩
危害指数　0. 4171

• 圆柏大痣小蜂 *Megastigmus sabinae* Xu et He
寄　　主　圆柏，塔枝圆柏，祁连圆柏，垂枝祁连圆柏，高山柏，大果圆柏。
分布范围　四川、云南、甘肃、青海。
发生地点　四川：甘孜藏族自治州炉霍县、甘孜县、德格县、色达县；
云南：楚雄彝族自治州楚雄市；
甘肃：祁连山保护区；
青海：海北藏族自治州门源回族自治县，黄南藏族自治州麦秀林场，海南藏族自治州同德县、贵德县、兴海县，果洛藏族自治州班玛县、玛可河林业局，玉树藏族自治州玉树市、杂多县、称多县、治多县、囊谦县、曲麻莱县，海西蒙古族藏族自治州乌兰县、都兰县。
发生面积　986057 亩
危害指数　0. 4052

• 竹长尾小蜂 *Torymus aiolomorphi* (Kamijo)
寄　　主　毛竹，早竹。
分布范围　浙江。
发生地点　浙江：丽水市莲都区、松阳县。

蚁科 Formicidae

- **日本弓背蚁 *Camponotus japonicus* Mayr**

寄　　主　垂柳，石楠，柑橘。

分布范围　北京、江苏、四川、陕西。

发生地点　北京：顺义区；
　　　　　江苏：镇江市句容市；
　　　　　四川：内江市资中县，宜宾市兴文县；
　　　　　陕西：安康市旬阳县。

发生面积　271 亩

危害指数　0.3346

- **双齿多刺蚁 *Polyrhachis dives* Smith**

寄　　主　湿地松，油茶，毛竹。

分布范围　浙江、安徽、福建、江西、湖南、广东、广西、海南、云南。

发生地点　江西：吉安市遂川县、井冈山市。

发生面积　200 亩

危害指数　0.3333

- **红火蚁 *Solenopsis invicta* Buren**

寄　　主　马尾松，杉木，木麻黄，粗枝木麻黄，板栗，栎，垂叶榕，榕树，桑，深山含笑，天竺桂，柑橘，盐肤木，枣树，草木槿，萼距花，榄仁树，巨尾桉，洋蒲桃，散尾葵，王棕，龙舌兰。

分布范围　福建、广东、广西、海南、重庆、四川、贵州、云南。

发生地点　福建：厦门市海沧区、集美区、同安区、翔安区，泉州市丰泽区、晋江市，漳州市漳浦县，平潭综合实验区；
　　　　　广东：广州市越秀区、天河区、白云区、黄埔区、番禺区、花都区、南沙区、从化区、增城区、广州市属林场，韶关市武江区、仁化县，深圳市罗湖区、福田区、南山区、龙岗区、盐田区、光明新区、坪山新区、龙华新区，佛山市南海区、三水区，江门市台山市、开平市、鹤山市、恩平市、江门市属林场，湛江市坡头区、吴川市，茂名市茂南区、高州市、化州市，肇庆市端州区，惠州市惠阳区、仲恺区，汕尾市海丰县，河源市紫金县、东源县、新丰江，清远市属林场，中山市，云浮市罗定市，顺德区；
　　　　　广西：南宁市青秀区、武鸣区、高新技术开发区，柳州市城中区、鱼峰区、柳北区、柳江区、柳东新区，桂林市叠彩区、象山区，梧州市万秀区、长洲区、岑溪市，北海市银海区，钦州市钦州港、灵山县、浦北县，玉林市玉州区、陆川县，河池市金城江区，崇左市江州区，高峰林场、热带林业实验中心；
　　　　　海南：海口市龙华区、琼山区、美兰区，三亚市海棠区，儋州市，琼海市、屯昌县、白沙黎族自治县、琼中黎族苗族自治县；

重庆：荣昌区；
四川：攀枝花市盐边县，凉山彝族自治州西昌市；
贵州：黔西南布依族苗族自治州兴义市；
云南：昆明市呈贡区、经济技术开发区、宜良县，玉溪市红塔区、澄江县，丽江市华坪县，普洱市思茅区、景谷傣族彝族自治县、澜沧拉祜族自治县，临沧市临翔区、沧源佤族自治县，楚雄彝族自治州牟定县、永仁县、元谋县、武定县，红河哈尼族彝族自治州开远市、蒙自市，文山壮族苗族自治州文山市、砚山县、丘北县、富宁县，西双版纳傣族自治州景洪市、勐腊县，德宏傣族景颇族自治州瑞丽市、芒市、梁河县、盈江县、陇川县。

发生面积　63867 亩
危害指数　0.3479

切叶蜂科 Megachilidae

- **虻切叶蜂 *Megachile bombycina* Radoszkowski**

寄　　主　榆树。
分布范围　辽宁、黑龙江、新疆。

- **双叶切叶蜂 *Megachile dinura* Cockerell**

寄　　主　中国槐，荆条。
分布范围　北京。
发生地点　北京：密云区。

- **丽切叶蜂 *Megachile habropodoides* Meade-Waldo**

寄　　主　桃。
分布范围　山东。

- **北方切叶蜂 *Megachile manchuriana* Yasumatsu**

寄　　主　杉木，山杨，桃，杏，苹果，梨，月季，花椒，合果木，野海棠，木犀。
分布范围　北京、河北、内蒙古、辽宁、黑龙江、江西、山东、广西、四川、陕西、甘肃。
发生地点　河北：秦皇岛市昌黎县；
江西：宜春市靖安县；
广西：桂林市永福县；
四川：甘孜藏族自治州新龙县。
发生面积　145 亩
危害指数　0.3908

- **黑切叶蜂 *Megachile melanura* Cockerell**

寄　　主　冷杉，云杉，绣线菊，胡枝子，柳兰。
分布范围　吉林、四川。
发生地点　四川：凉山彝族自治州美姑县。
发生面积　150 亩

危害指数　0. 3333

• **丘切叶蜂 *Megachile monticolor* Smith**

寄　　主　核桃，黄杨，紫薇。

分布范围　华东，北京、湖北、湖南、广西、海南、四川、云南。

发生地点　北京：密云区；

江西：吉安市井冈山市；

四川：巴中市通江县。

发生面积　319 亩

危害指数　0. 3333

• **日本切叶蜂 *Megachile nipponica* Cockerell**

寄　　主　水柳，桢楠，月季，胡枝子，紫薇。

分布范围　北京、山东、河南、四川。

• **毛切叶蜂 *Megachile pilicrus* Morawitz**

寄　　主　山杨，栎，樟树，梨。

分布范围　福建、湖北、贵州、新疆。

发生地点　福建：南平市延平区；

贵州：毕节市大方县；

新疆：阿勒泰地区布尔津县。

发生面积　251 亩

危害指数　0. 3333

• **柔切叶蜂 *Megachile placida* Smith**

寄　　主　杨树，核桃。

分布范围　海南、贵州、云南、新疆。

发生地点　贵州：毕节市大方县。

发生面积　900 亩

危害指数　0. 3333

• **拟丘切叶蜂 *Megachile pseudomonticola* Hedicke**

寄　　主　樟树。

分布范围　北京、上海、江苏、浙江、福建、江西、广西、贵州、云南。

• **淡翅切叶蜂 *Megachile remota* Smith**

寄　　主　椴树，荆条。

分布范围　华东，北京、河北、吉林、四川、陕西。

发生地点　陕西：渭南市大荔县。

发生面积　110 亩

危害指数　0. 3333

• 粗切叶蜂 ***Megachile sculpturalis*** **Smith**

寄　　主　木槿，荆条。

分布范围　华东，北京、河北、河南、湖北、湖南、广西、四川、贵州、云南、陕西、甘肃。

发生地点　北京：密云区。

• 拟蔷薇切叶蜂 ***Megachile subtranquilla*** **Yasumatsu**

寄　　主　月季，蔷薇，刺槐，玫瑰，荆条。

分布范围　北京、山东、湖北、湖南、贵州。

发生地点　北京：密云区。

• 蔷薇切叶蜂 ***Megachile tranquilla*** **Cockerell**

寄　　主　月季，紫荆，红花刺槐，紫薇，茉莉花。

分布范围　北京、河北、上海、江苏、福建、山东、甘肃。

发生地点　北京：密云区；

江苏：苏州市高新技术开发区、吴江区、昆山市、太仓市；

山东：威海市环翠区。

发生面积　428 亩

危害指数　0. 3333

鞘翅目 Coleoptera　厚角金龟科 Bolboceratidae

• 戴锤角粪金龟 ***Bolbotrypes davidis*** **（Fairmaire）**

寄　　主　山杨，葡萄。

分布范围　山西、江苏、宁夏。

发生地点　江苏：盐城市射阳县；

宁夏：银川市金凤区。

黑蜣科 Passalidae

• 三叉黑蜣 ***Aceraius grandis*** **（Burmeister）**

寄　　主　茅栗，栓皮栎。

分布范围　湖北。

锹甲科 Lucanidae

• 沟纹眼锹甲 ***Aegus laevicollis*** **Saunders**

寄　　主　柳树，麻栎，小叶栎，桢楠。

分布范围　湖北、湖南、重庆。

发生地点　湖南：岳阳市平江县；

重庆：江津区。

发生面积　810 亩

危害指数　0.3333

● **平行眼锹甲** ***Aegus parallelus* (Hope et Westwood)**

寄　　主　山杨，核桃。

分布范围　湖北、重庆、宁夏。

发生地点　重庆：渝北区；

　　　　　宁夏：中卫市中宁县。

● **四川纹锹甲** ***Aesalus sichuanensis* Araya Tanaka et Tanikado**

中文异名　楔安拟叩甲

寄　　主　猴樟，油樟。

分布范围　四川。

发生地点　四川：乐山市犍为县，宜宾市翠屏区、南溪区。

● **碟环锹甲** ***Cyclommatus scutellaris* Möllenkamp**

寄　　主　锥栗，茅栗，麻栎，小叶栎，栓皮栎。

分布范围　湖北。

● **安陶锹甲** ***Dorcus antaeus* Hope**

中文异名　安达佑实锹甲

寄　　主　山杨，黑杨，山核桃，核桃，构树，柑橘。

分布范围　河北、江西、湖北、西藏、四川。

发生地点　河北：廊坊市霸州市；

　　　　　湖北：天门市；

　　　　　四川：自贡市自流井区、大安区、沿滩区、荣县，内江市东兴区，资阳市雁江区；

　　　　　西藏：昌都市左贡县。

发生面积　388 亩

危害指数　0.4192

● **戴维刀锹甲** ***Dorcus davidis* (Fairmaire)**

寄　　主　山杨，丁香。

分布范围　宁夏。

发生地点　宁夏：银川市西夏区、永宁县。

● **大刀锹甲** ***Dorcus hopei* (Saunders)**

寄　　主　浙江七叶树，水曲柳。

分布范围　上海。

发生地点　上海：闵行区。

● **尼陶锹甲** ***Dorcus nepalensis* (Hope)**

寄　　主　山杨，垂柳，木荷，黄蝉。

分布范围　江西、湖南、四川。

发生地点　湖南：岳阳市平江县。

- **条锹甲 *Dorcus rectus*（Motschulsky）**

拉丁异名　*Macrodorcas binervis* Motschulsky
寄　　主　紫薇。
分布范围　福建。
发生地点　福建：南平市建瓯市。

- **中华刀锹甲 *Dorcus sinensis concolor*（Bomans）**

寄　　主　核桃楸，核桃，青冈，花椒。
分布范围　重庆、四川。
发生地点　重庆：武隆区。

- **沟陶锹甲 *Dorcus striatipennis*（Motschulsky）**

寄　　主　华山松，马尾松，杉木，垂柳，桢楠。
分布范围　福建、四川。
发生地点　四川：雅安市雨城区。

- **悌陶锹甲 *Dorcus tityus* Hope**

寄　　主　山杨，旱柳，麻栎，榆树。
分布范围　山东。
发生地点　山东：济宁市金乡县、经济技术开发区。

- **原锹甲 *Eolucanus gracilis*（Albers）**

寄　　主　山杨，垂柳，核桃，锥栗，板栗，栎，青冈，油茶，柞木，巨桉。
分布范围　黑龙江、江苏、安徽、江西、湖南、广东、重庆、四川、贵州、陕西。
发生地点　江苏：淮安市淮安区；
　　　　　安徽：宣城市郎溪县；
　　　　　江西：景德镇市昌江区，吉安市峡江县；
　　　　　湖南：邵阳市武冈市，益阳市资阳区；
　　　　　广东：云浮市属林场；
　　　　　重庆：荣昌区；
　　　　　四川：绵阳市安州区。
发生面积　1063 亩
危害指数　0.3333

- **烂锹甲 *Eolucanus lesnei* Planet**

寄　　主　杨树，核桃楸，栎子青冈。
分布范围　辽宁、湖南。
发生地点　湖南：岳阳市君山区、平江县。

- **大理深山锹甲 *Lucanus dirki* Schenk**

寄　　主　锥栗，茅栗，麻栎，小叶栎，栓皮栎。
分布范围　湖北。

• **幸运深山锹甲 *Lucanus fortunei* Saunders**

中文异名　幸运锹甲
寄　　主　垂柳，栎，青冈。
分布范围　浙江、四川、陕西。

• **斑股深山锹甲指名亚种 *Lucanus dybowskyi dybowskyi* Parry**

寄　　主　栓皮栎。
分布范围　山西、河南。

• **斑股锹甲指名亚种 *Lucanus maculifemoratus maculifemoratus* Motschulsky**

中文异名　斑腿锹甲
寄　　主　杨树，板栗，栎，青冈，榆树，檫木，苹果，桉树。
分布范围　黑龙江、江苏、福建、广西、陕西。
发生地点　江苏：泰州市泰兴市；
　　　　　陕西：宝鸡市凤县，咸阳市秦都区，太白林业局。

• **帕瑞深山西部亚种 *Lucanus parryi laetus* Arrow**

中文异名　黄背深山锹甲
寄　　主　杉木，构树，油桐。
分布范围　重庆、四川。
发生地点　四川：雅安市天全县。

• **亮红新锹甲 *Neolucanus castanopterus*（Hope）**

寄　　主　杉木，榆树。
分布范围　安徽、湖南。
发生地点　湖南：岳阳市平江县，娄底市新化县。

• **华新锹甲 *Neolucanus sinicus*（Saunders）**

中文异名　中华新锹甲
寄　　主　李，灯台树，白花泡桐。
分布范围　四川。
发生地点　四川：雅安市雨城区、天全县。

• **简颚锹甲 *Nigidionus parryi*（Bates）**

中文异名　葫芦锹甲
寄　　主　栎，柑橘。
分布范围　浙江、陕西。
发生地点　浙江：宁波市象山县，舟山市嵊泗县。

• **库光胫锹甲 *Odontolabis cuvera* Hope**

中文异名　中华奥锹甲
寄　　主　山杨，核桃，麻栎，栓皮栎，构树，芍药，樟树，柑橘，阔叶槭，木荷，桉树。
分布范围　辽宁、江苏、浙江、安徽、福建、江西、湖北、湖南、广东、重庆。

发生地点　浙江：宁波市北仑区，台州市仙居县、临海市；
福建：泉州市安溪县、永春县；
江西：赣州市会昌县；
湖南：衡阳市祁东县；
广东：云浮市罗定市。
发生面积　12663 亩
危害指数　0.4702

• **西光胫锹甲 *Odontolabis siva*（Hope et Westwood）**
中文异名　西奥锹甲
寄　　主　杨树，麻栎，柑橘。
分布范围　浙江、安徽、江西、云南。
发生地点　浙江：宁波市镇海区、象山县、宁海县。
发生面积　509 亩
危害指数　0.3399

• **齿棱颚锹甲 *Prismognathus davidis* Deyrolle**
中文异名　齿棱鄂锹甲
寄　　主　茅栗，麻栎，桉树。
分布范围　黑龙江、湖北、广东。
发生地点　广东：肇庆市四会市。
发生面积　200 亩
危害指数　0.3333

• **褐黄前锹甲 *Prosopocoilus astacoides*（Hope）**
中文异名　褐黄前锹、黄褐锹甲、两点赤、黄褐前凹锹甲
拉丁异名　*Prosopocoilus blanchardi* Parry
寄　　主　马尾松，云南松，山杨，黑杨，毛白杨，柳树，野核桃，核桃，枫杨，桤木，锥栗，板栗，茅栗，麻栎，槲栎，小叶栎，辽东栎，栓皮栎，青冈，榆树，构树，樟树，桃，杏，樱桃，苹果，李，河北梨，刺槐，橡胶树，梧桐，红淡比，木荷，白蜡树，毛泡桐。
分布范围　北京、天津、山西、江苏、浙江、山东、湖北、湖南、广东、重庆、四川、陕西、宁夏。
发生地点　北京：顺义区、密云区；
浙江：宁波市江北区、北仑区、象山县；
山东：潍坊市坊子区；
湖南：永州市双牌县；
广东：广州市白云区；
重庆：黔江区，城口县、巫溪县；
四川：绵阳市平武县，雅安市石棉县；
陕西：西安市蓝田县，渭南市白水县，安康市旬阳县；

宁夏：吴忠市青铜峡市。

发生面积　3051 亩

危害指数　0.3333

• 宽带前锹甲 *Prosopocoilus biplagiatus* (Westwood)

寄　　主　木荷。

分布范围　广东。

• 孔子前锹甲 *Prosopocoilus confucius* (Hope)

寄　　主　山杨。

分布范围　江西。

发生地点　江西：宜春市高安市。

• 细齿扁锹甲 *Serrognathus consentaneus* (Albers)

寄　　主　山杨，垂柳，核桃，板栗，栎，榆树，柑橘，巨桉，白花泡桐。

分布范围　江苏、浙江、重庆、四川、陕西。

发生地点　江苏：淮安市金湖县，盐城市大丰区，镇江市句容市，泰州市姜堰区；

浙江：台州市黄岩区、天台县；

重庆：黔江区；

四川：自贡市贡井区、沿滩区，绵阳市平武县，内江市市中区、东兴区、资中县、隆昌县，资阳市雁江区。

发生面积　193 亩

危害指数　0.3402

• 泰坦扁锹甲 *Serrognathus titanus* (Boisduval)

中文异名　巨锯锹甲、中国大扁锹甲

寄　　主　马尾松，柳杉，水杉，杉木，山杨，黑杨，小黑杨，垂柳，旱柳，山核桃，核桃，枫杨，桤木，板栗，茅栗，黧蒴栲，麻栎，小叶栎，栓皮栎，罗汉松，青冈，珊瑚朴，榆树，构树，猴樟，樟树，枫香，三球悬铃木，桃，樱桃，苹果，李，梨，合欢，柑橘，臭椿，香椿，浙江七叶树，栾树，无患子，茶，喜树，巨桉，巨尾桉，水曲柳，白蜡树，丁香，白花泡桐，棕榈，木姜子。

分布范围　华东，内蒙古、河南、湖北、湖南、广东、重庆、四川、贵州、陕西。

发生地点　内蒙古：通辽市科尔沁区；

上海：闵行区、宝山区、金山区、松江区、青浦区、奉贤区、浦东新区，崇明县；

江苏：南京市浦口区、栖霞区、雨花台区、江宁区、六合区、高淳区，无锡市锡山区、惠山区、滨湖区，淮安市淮阴区、清江浦区、洪泽区、盱眙县、金湖县，盐城市亭湖区、盐都区、大丰区、响水县、阜宁县、射阳县、建湖县，扬州市邗江区、江都区、宝应县、高邮市，镇江市扬中市、句容市，泰州市姜堰区；

浙江：杭州市西湖区，宁波市江北区、北仑区、奉化市，台州市仙居县；

安徽：池州市贵池区，滁州市天长市；

江西：宜春市高安市；

河南：商丘市宁陵县，周口市扶沟县；
湖北：荆门市沙洋县，黄冈市黄梅县，仙桃市、潜江市；
湖南：怀化市辰溪县，常德市鼎城区、安乡县、津市市，益阳市沅江市，娄底市双峰县；
广东：广州市花都区，惠州市惠阳区；
重庆：万州区、北碚区、渝北区、巴南区、永川区、南川区、铜梁区、潼南区，云阳县、巫溪县、秀山土家族苗族自治县、酉阳土家族苗族自治县；
四川：自贡市自流井区、贡井区、沿滩区、荣县，遂宁市大英县，乐山市夹江县，南充市高坪区、嘉陵区，广安市前锋区，雅安市雨城区、名山区，巴中市通江县，资阳市雁江区；
陕西：西安市蓝田县，榆林市子洲县，安康市旬阳县，宁东林业局。

发生面积 19615 亩

危害指数 0.4089

• **泰坦扁锹甲华南亚种** ***Serrognathus titanus platymelus*** **(Saunders)**

中文异名 中华扁锹、扁巨颚锹甲

寄　　主 杨树，垂柳，栗，栎，青冈，朴树，构树，巨尾桉，女贞。

分布范围 江苏、江西、广西、四川。

发生地点 江苏：苏州市常熟市，镇江市新区、润州区、丹徒区、丹阳市；
广西：百色市德保县，贺州市昭平县。

发生面积 914 亩

危害指数 0.3333

红金龟科 Ochodaeidae

• **锈红金龟** ***Codocera ferrugineus*** **(Eschscholtz)**

寄　　主 槭。

分布范围 北京、辽宁、广东、宁夏。

发生地点 广东：惠州市惠阳区。

金龟科 Scarabaeidae

• **神农洁蜣螂** ***Catharsius molossus*** **(Linnaeus)**

寄　　主 杉木，柳树，榆树，刺槐，沙棘。

分布范围 华东、中南、西南，河北、山西、陕西。

发生地点 江苏：盐城市响水县；
浙江：宁波市象山县；
四川：自贡市自流井区，绵阳市游仙区；
陕西：渭南市白水县。

• **墨侧裸蜣螂 *Gymnopleurus mopsus*（Pallas）**

寄　　主　马尾松。

分布范围　河北、内蒙古、吉林、福建。

• **镰双凹蜣螂 *Onitis falcatus*（Wulfen）**

寄　　主　崖柏，山杨，柳树，构树。

分布范围　河北、江苏、浙江、福建、江西、山东、河南、广东、广西、海南、四川。

发生地点　江苏：南京市浦口区，淮安市清江浦区、金湖县，镇江市句容市；
　　　　　四川：内江市资中县。

• **红斑粪金龟 *Onthophagus proletarius* Harold**

寄　　主　山杨，柳树，板栗，桃，梨，花椒，葡萄。

分布范围　黑龙江、江西、四川、陕西、宁夏。

发生地点　黑龙江：佳木斯市富锦市；
　　　　　江西：鹰潭市贵溪市；
　　　　　四川：巴中市通江县；
　　　　　陕西：渭南市合阳县；
　　　　　宁夏：石嘴山市大武口区。

发生面积　1195 亩

危害指数　0.3640

• **公羊嗡蜣螂 *Onthophagus tragus*（Fabricius）**

寄　　主　山杨。

分布范围　四川。

• **黑裸蜣螂 *Paragymnopleurus melanarius*（Harold）**

寄　　主　崖柏，板栗，刺槐。

分布范围　四川、陕西。

发生地点　四川：内江市东兴区；
　　　　　陕西：咸阳市三原县、乾县。

• **台风蜣螂 *Scarabaeus typhon*（Fischer von Waldheim）**

寄　　主　山杨，榆树，刺槐。

分布范围　北京、天津、河北、内蒙古、陕西、甘肃、宁夏、新疆。

发生地点　陕西：渭南市白水县。

鳃金龟科 Melolonthidae

• **马铃薯鳃金龟 *Amphimallon solstitiale*（Linnaeus）**

寄　　主　杨树，白柳，垂柳，榆树，苹果，梨。

分布范围　河北、山西、内蒙古、辽宁、黑龙江、江苏、西藏、陕西、甘肃、青海、新疆。

发生地点　甘肃：嘉峪关市。

• **烂阿鳃金龟** ***Apogonia niponica*** **Lewis**

中文异名　姬甘蔗金龟

拉丁异名　*Apogonia amida* Lewis

寄　　主　李，白花泡桐。

分布范围　福建、重庆。

发生地点　重庆：垫江县。

• **筛阿鳃金龟** ***Apogonia cribricollis*** **Burmeister**

寄　　主　薄壳山核桃，核桃，栎，柑橘。

分布范围　浙江、福建、江西、湖北、湖南、广东、广西、云南、陕西。

发生地点　云南：红河哈尼族彝族自治州蒙自市、弥勒市、泸西县、红河县；
陕西：宁东林业局。

发生面积　24501 亩

危害指数　0. 4122

• **黑阿鳃金龟** ***Apogonia cupreoviridis*** **Kolbe**

寄　　主　山杨，核桃，桑，桃，杏，樱桃，苹果，梨，柠条锦鸡儿，刺槐。

分布范围　北京、福建、浙江、河南、陕西。

发生地点　北京：密云区。

• **华阿鳃金龟** ***Apogonia chinensis*** **Moser**

寄　　主　山杨，黑杨，垂柳，核桃，栎，牡丹，猴樟，桃，垂丝海棠，苹果，石楠，梨，刺槐，槐树，柑橘，乌桕，茶，女贞，鹿角藤。

分布范围　辽宁、江苏、山东、湖北、四川、陕西。

发生地点　江苏：南京市浦口区，无锡市锡山区、滨湖区，苏州市太仓市，淮安市金湖县，扬州市高邮市，镇江市句容市，泰州市姜堰区；
山东：聊城市东阿县；
四川：自贡市大安区，内江市市中区、隆昌县，广安市前锋区。

发生面积　388 亩

危害指数　0. 4210

• **福婆鳃金龟** ***Brahmina faldermanni*** **Kraatz**

寄　　主　杨树，柳树，北沙柳，核桃，白桦，榆树，桃，梅，山杏，杏，樱桃，山里红，苹果，李，梨，刺槐，槐树，楝树，色木槭，荆条。

分布范围　北京、河北、内蒙古、辽宁、吉林、山东、陕西、宁夏。

发生地点　北京：顺义区、大兴区、密云区；
河北：石家庄市井陉矿区，沧州市吴桥县，衡水市桃城区；
宁夏：银川市兴庆区、西夏区、金凤区，固原市彭阳县。

发生面积　315 亩

危害指数　0. 3333

- **波婆鳃金龟 *Brahmina potanini*（Semenov）**

中文异名　毛棕鳃金龟

寄　　主　青海云杉，大果圆柏，青杨，山杨，柳树，榆树，桑，山杏，海棠花，柠条锦鸡儿，刺槐，沙枣。

分布范围　内蒙古、山东、四川、陕西、青海、宁夏。

发生地点　山东：聊城市东阿县；

青海：黄南藏族自治州河南蒙古族自治县。

发生面积　9330 亩

危害指数　0.5630

- **赛婆鳃金龟 *Brahmina sedakovi*（Mannerheim）**

拉丁异名　*Brahmina intermedia*（Mannerheim）

寄　　主　油松，樟子松，杜松，杨树，柳树，核桃楸，榆树，山杏，苹果，刺槐。

分布范围　东北，宁夏。

发生地点　宁夏：银川市兴庆区、金凤区，固原市原州区、彭阳县。

发生面积　301 亩

危害指数　0.3333

- **弯脊齿爪鳃金龟 *Cephalotrichia sichotana*（Brenske）**

寄　　主　杏，苹果，刺槐。

分布范围　北京。

发生地点　北京：密云区。

- **雷雪鳃金龟 *Chioneosoma reitteri*（Brenske）**

中文异名　莱雪鳃金龟、莱雪金龟

寄　　主　山杨，柳树，榆树，沙拐枣，桑，新疆梨，油茶，沙枣。

分布范围　黑龙江、湖北、陕西、甘肃、宁夏、新疆。

发生地点　新疆生产建设兵团：农二师 29 团。

发生面积　6000 亩

危害指数　0.3333

- **尖歪鳃金龟 *Cyphochilus apicalis* Waterhouse**

中文异名　尖臀歪鳃金龟

寄　　主　油茶。

分布范围　江西。

发生地点　江西：萍乡市芦溪县。

- **白金龟 *Cyphochilus crataceus crataceus*（Niijima et Kinoshita）**

寄　　主　樟树。

分布范围　福建、广西。

发生地点　福建：泉州市安溪县。

• **粉歪鳃金龟** ***Cyphochilus farinosus*** **Waterhouse**

寄　　主　油茶。

分布范围　江西、贵州。

发生地点　江西：萍乡市上栗县、芦溪县。

• **黄褐双切鳃金龟** ***Dichelomorpha ochracea*** **Burmeister**

寄　　主　山杨，柳树，核桃，青冈。

分布范围　陕西。

• **毛缺鳃金龟** ***Diphycerus davidis*** **Fairmaire**

寄　　主　山杨，柳树，榆树，蔷薇。

分布范围　河北、辽宁、吉林、四川、陕西。

发生地点　四川：甘孜藏族自治州乡城县。

发生面积　240 亩

危害指数　0. 3333

• **红脚平爪鳃金龟** ***Ectinohoplia rufipes*** **（Motschulsky）**

寄　　主　云杉，松，山杨，白桦，榛子，榆树，李，柞木。

分布范围　北京、河北、辽宁、吉林。

发生地点　河北：张家口市张北县、沽源县、尚义县。

发生面积　925 亩

危害指数　0. 3333

• **双点平爪鳃金龟** ***Ectinohoplia sulphuriventris*** **Redtenbacher**

寄　　主　枫杨。

分布范围　湖北。

• **棕色鳃金龟** ***Eotrichia niponensis*** **（Lewis）**

中文异名　棕狭肋鳃金龟

拉丁异名　*Holotrichia titanis* Reitter

寄　　主　雪松，落叶松，华北落叶松，青海云杉，红松，马尾松，樟子松，油松，云南松，柳杉，杉木，水杉，柏木，榧树，青杨，山杨，黑杨，小叶杨，滇杨，旱柳，山核桃，薄壳山核桃，核桃，枫杨，桤木，白桦，板栗，麻栎，蒙古栎，栓皮栎，栎子青冈，榆树，桑，澳洲坚果，玉兰，猴樟，樟树，桃，杏，樱桃，山楂，苹果，海棠花，石楠，李，秋子梨，月季，紫穗槐，刺槐，槐树，紫藤，柑橘，橄榄，楝树，全缘叶栾树，荔枝，枣树，木槿，五桠果，油茶，茶，沙枣，沙棘，巨桉，蒲桃，谷木，柿，女贞，油橄榄，木犀，银桂，鹿角藤属，黄荆，白花泡桐。

分布范围　东北、华东、北京、河北、山西、内蒙古、河南、湖北、广东、重庆、四川、贵州、云南、陕西、甘肃、宁夏。

发生地点　北京：石景山区、密云区；

河北：张家口市涿鹿县，沧州市河间市，廊坊市固安县，雾灵山保护区；

山西：大同市阳高县；

内蒙古：鄂尔多斯市达拉特旗；
江苏：南京市浦口区，无锡市滨湖区，苏州市太仓市，淮安市金湖县，盐城市阜宁县、射阳县，扬州市宝应县，镇江市扬中市；
浙江：杭州市西湖区、桐庐县，宁波市宁海县、奉化市，温州市鹿城区，金华市磐安县，衢州市常山县，台州市仙居县、温岭市、临海市；
安徽：池州市贵池区；
山东：潍坊市昌邑市，泰安市泰山区，日照市莒县，临沂市沂水县，聊城市阳谷县、东阿县、冠县、高唐县；
河南：驻马店市确山县；
重庆：涪陵区、大渡口区、江北区、南岸区、黔江区，丰都县、武隆区、忠县、奉节县；
四川：攀枝花市米易县、普威局，绵阳市游仙区、平武县，遂宁市大英县，内江市隆昌县，资阳市雁江区；
贵州：六盘水市六枝特区；
云南：昆明市石林彝族自治县、海口林场，曲靖市沾益区、马龙县、陆良县、师宗县，玉溪市澄江县、华宁县、峨山彝族自治县、元江哈尼族彝族傣族自治县，保山市隆阳区、施甸县、龙陵县，昭通市大关县，丽江市永胜县，临沧市凤庆县，楚雄彝族自治州楚雄市、南华县、姚安县、武定县，红河哈尼族彝族自治州芷村林场，文山壮族苗族自治州西畴县、马关县，大理白族自治州漾濞彝族自治县、祥云县、弥渡县、巍山彝族回族自治县、云龙县、洱源县，怒江傈僳族自治州贡山独龙族怒族自治县、兰坪白族普米族自治县；
陕西：西安市灞桥区、蓝田县、户县，咸阳市秦都区、永寿县、旬邑县，渭南市合阳县、澄城县、蒲城县，延安市延川县，汉中市汉台区，佛坪保护区，宁东林业局；
甘肃：武威市天祝藏族自治县，定西市岷县；
宁夏：银川市兴庆区、西夏区、金凤区、灵武市。

发生面积　393753 亩

危害指数　0. 3982

• 大等鳃金龟 *Exolontha serrulata*（Gyllenhal）

寄　　主　栲树。

分布范围　福建、江西、云南。

• 影等鳃金龟 *Exolontha umbraculata*（Burmeister）

寄　　主　杉木，构树，李。

分布范围　江苏、浙江、福建、湖北、四川。

发生地点　江苏：镇江市句容市；
浙江：宁波市慈溪市，衢州市常山县。

发生面积　130 亩

危害指数　0. 3333

- **短胸七鳃金龟 *Heptophylla brevicollis*（Fairmaire）**

寄　　主　山杨，黑杨，色木槭。

分布范围　湖北。

发生地点　湖北：荆州市洪湖市。

发生面积　1500 亩

危害指数　0. 3333

- **豆黄鳃金龟 *Heptophylla picea* Motschulsky**

寄　　主　女贞。

分布范围　江苏。

发生地点　江苏：扬州市邗江区。

- **二色希鳃金龟 *Hilyotrogus bicoloreus*（Heyden）**

寄　　主　杨树，核桃楸，核桃，旱榆，桃，杏，郁李，樱桃，李，梨，鹿角藤。

分布范围　北京、河北、辽宁、湖北、陕西、宁夏。

发生地点　北京：东城区、石景山区；

陕西：宁东林业局、太白林业局。

- **黄毛希鳃金龟 *Hilyotrogus pilifer* Moser**

寄　　主　油松，山杨，刺槐，白花泡桐。

分布范围　陕西。

发生地点　陕西：咸阳市永寿县。

- **宽齿爪鳃金龟 *Holotrichia lata* Brenske**

中文异名　台湾巨黑金龟

寄　　主　马尾松，黑杨，栲树，榆树，构树，刺槐，木犀，白花泡桐。

分布范围　江苏、浙江、安徽、福建、江西、湖北、湖南、广东、广西、四川、贵州、云南。

发生地点　浙江：宁波市象山县；

四川：成都市蒲江县、彭州市。

- **卵圆齿爪鳃金龟 *Holotrichia ovata* Zhang**

中文异名　卵圆大黑鳃金龟、浅棕大黑鳃金龟

寄　　主　荔枝，龙眼。

分布范围　福建。

- **铅灰齿爪鳃金龟 *Holotrichia plumbea* Hope**

寄　　主　苹果，梨。

分布范围　华东，河南、湖北、湖南、四川。

发生地点　四川：雅安市雨城区。

- **斑单爪鳃金龟 *Hoplia aureola*（Pallas）**

寄　　主　山杨，旱柳，核桃，桦木，旱榆，桃，樱桃，苹果，梨，沙棘。

分布范围　北京、内蒙古、吉林、四川、宁夏。

发生地点　北京：密云区；
　　　　　内蒙古：乌兰察布市四子王旗。
发生面积　2334 亩
危害指数　0.3333

- **围绿单爪鳃金龟** ***Hoplia cincticollis*** **(Faldermann)**

寄　　主　青杨，山杨，柳树，桦木，辽东栎，旱榆，榆树，桑，海棠花，沙棘，香果树。
分布范围　北京、河北、山西、内蒙古、吉林、山东、河南、甘肃、青海、宁夏。
发生地点　北京：石景山区；
　　　　　河北：张家口市涿鹿县；
　　　　　山东：聊城市东阿县；
　　　　　甘肃：庆阳市合水总场，兴隆山保护区；
　　　　　青海：海东市民和回族土族自治县，海北藏族自治州门源回族自治县。
发生面积　96193 亩
危害指数　0.3337

- **黄绿单爪鳃金龟** ***Hoplia communis*** **Waterhouse**

中文异名　沙棘鳃金龟
寄　　主　山杨，榆树，芍药，牡丹，苹果，山葡萄，沙棘，丁香。
分布范围　北京、河北、河南、四川、青海、宁夏。
发生地点　河北：张家口市怀来县；
　　　　　四川：甘孜藏族自治州道孚县、色达县、理塘县；
　　　　　青海：西宁市城西区，海北藏族自治州门源回族自治县、海晏县。
发生面积　16509 亩
危害指数　0.4470

- **截单爪鳃金龟** ***Hoplia davidis*** **Fairmaire**

寄　　主　云杉，山杨，旱榆，榆树，桑，山杏，杏，苹果，梨，沙棘。
分布范围　四川、宁夏。
发生地点　宁夏：银川市兴庆区、金凤区，固原市原州区、彭阳县。

- **长脚单爪鳃金龟** ***Hoplia djukini*** **Jacobson**

中文异名　长脚金龟
寄　　主　山杨。
分布范围　江西。
发生地点　江西：宜春市高安市。

- **明亮单爪鳃金龟** ***Hoplia spectabilis*** **Medvedev**

中文异名　明亮长脚金龟子
寄　　主　乌柳，柠条锦鸡儿，柽柳，沙棘。
分布范围　湖南、四川、青海。
发生地点　湖南：岳阳市君山区；

四川：甘孜藏族自治州炉霍县、甘孜县、德格县、色达县；
青海：西宁市湟源县，海北藏族自治州祁连县、海晏县、刚察县，海南藏族自治州共和县、贵南县，海西蒙古族藏族自治州天峻县。

发生面积 51802 亩

危害指数 0.4219

● **华胸突鳃金龟 *Hoplosternus chinenesis* Guerin-Meneville**

寄　　主 马尾松，山杨，核桃，榆树，桑。

分布范围 浙江、重庆、四川、陕西。

发生地点 浙江：宁波市象山县；
重庆：渝北区；
四川：绵阳市三台县、梓潼县；
陕西：咸阳市旬邑县。

发生面积 277 亩

危害指数 0.3333

● **毛鳞鳃金龟 *Lepidiota hirsuta* Brenske**

寄　　主 柑橘。

分布范围 浙江、江西。

● **痣鳞鳃金龟 *Lepidiota stigma*（Fabricius）**

寄　　主 漆树，桉树。

分布范围 福建、湖北、广东、海南。

● **锈褐鳃金龟 *Leucopholis pinguis* Burmeister**

拉丁异名 *Melolontha rubiginosa* Fairmaire

寄　　主 杉松。

分布范围 河南、湖南、陕西。

发生地点 湖南：娄底市双峰县。

● **褐码绢金龟 *Maladera cariniceps*（Moser）**

拉丁异名 *Maladera fusania*（Murayarna）

寄　　主 山杨，山核桃，核桃，栎，榆树，桑，木槿。

分布范围 山西、陕西。

发生地点 山西：吕梁市文水县；
陕西：汉中市西乡县，宁东林业局。

● **赤绒码绢金龟 *Maladera japonica*（Motschulsky）**

寄　　主 小叶杨，核桃，板栗，榆树，构树，桑，枫香，桃，杏，苹果，梨，紫穗槐，刺槐，槐树，柑橘，臭椿。

分布范围 北京、河北、浙江、江西、湖北、陕西、宁夏。

发生地点 北京：东城区、石景山区；

河北：衡水市桃城区；
浙江：台州市黄岩区；
江西：赣州市石城县；
陕西：渭南市合阳县、澄城县，汉中市汉台区，宁东林业局、太白林业局；
宁夏：中卫市中宁县。

发生面积 1037 亩

危害指数 0.3883

● **东方码绢金龟** ***Maladera orientalis*** **(Motschulsky)**

中文异名 东方玛金龟、东方绒鳃金龟、黑绒金龟、黑绒绢金龟、黑绒鳃金龟、东方金龟子、赤绒鳃金龟

寄　　主 落叶松，华北落叶松，云杉，华山松，湿地松，红松，马尾松，油松，云南松，柳杉，杉木，水杉，柏木，侧柏，崖柏，红豆杉，榧树，加杨，山杨，黑杨，小叶杨，毛白杨，滇杨，垂柳，旱柳，馒头柳，水柳，山核桃，核桃楸，核桃，枫杨，桤木，桦木，板栗，茅栗，麻栎，波罗栎，栓皮栎，栎子青冈，旱榆，榆树，构树，桑，山柚子，黄连，芍药，牡丹，玉兰，荷花玉兰，猴樟，樟树，海桐，枫香，三球悬铃木，山桃，桃，碧桃，梅，山杏，杏，樱桃，樱花，日本晚樱，日本樱花，木瓜，山楂，枇杷，西府海棠，苹果，海棠花，石楠，李，红叶李，河北梨，沙梨，新疆梨，月季，玫瑰，李叶绣线菊，红果树，紫穗，柠条锦鸡儿，刺槐，槐树，文旦柚，柑橘，臭椿，楝树，香椿，洋椿，油桐，重阳木，乌桕，长叶黄杨，黄栌，杧果，扁桃，阔叶槭，三角槭，栾树，无患子，枣树，葡萄，椴树，木芙蓉，朱槿，木槿，油茶，茶，沙枣，沙棘，紫薇，石榴，柳兰，山柳，杜鹃，笃斯，柿，山矾，白蜡树，洋白蜡，女贞，小蜡，木犀，牡荆，白花泡桐，楸，栀子。

分布范围 华北、东北、华东，河南、湖北、湖南、广西、重庆、四川、贵州、云南、陕西、甘肃、宁夏、新疆。

发生地点 北京：东城区、丰台区、石景山区、顺义区、大兴区、密云区；
河北：石家庄市井陉矿区、裕华区、藁城区、井陉县、高邑县、深泽县、赞皇县、平山县、赵县、晋州市、新乐市，唐山市开平区、丰润区、乐亭县、玉田县，邯郸市丛台区、复兴区、涉县、肥乡区、邱县、鸡泽县、武安市，邢台市临城县、新河县、平乡县、威县、临西县、南宫市，保定市满城区、涞水县、阜平县、唐县、顺平县、博野县、涿州市，张家口市阳原县、怀安县、赤城县，沧州市东光县、盐山县、吴桥县、献县、孟村回族自治县、河间市，廊坊市安次区、固安县、永清县、大城县、文安县，衡水市桃城区、枣强县、武邑县、武强县、饶阳县、安平县、景县，辛集市；
山西：太原市尖草坪区，大同市阳高县，长治市潞城市，晋城市高平市，晋中市榆次区、左权县、太谷县、介休市，运城市临猗县，吕梁市孝义市、汾阳市，杨树丰产林实验局；
内蒙古：呼和浩特市和林格尔县、清水河县，赤峰市松山区、阿鲁科尔沁旗、巴林左旗、巴林右旗、林西县、翁牛特旗、敖汉旗，通辽市科尔沁区、科尔沁左翼后旗、开鲁县、库伦旗、奈曼旗，鄂尔多斯市准格尔旗，锡林郭勒盟阿巴嘎旗，

阿拉善盟额济纳旗；

辽宁：锦州市义县、凌海市；

吉林：松原市前郭尔罗斯蒙古族自治县，白城市镇赉县、通榆县、洮南市、大安市；

黑龙江：齐齐哈尔市克东县，佳木斯市富锦市；

上海：宝山区、嘉定区、浦东新区、金山区、松江区、青浦区、奉贤区；

江苏：南京市浦口区、栖霞区、高淳区，无锡市惠山区、滨湖区、宜兴市，徐州市丰县、沛县，常州市天宁区、钟楼区、溧阳市，苏州市高新技术开发区、昆山市、太仓市，淮安市淮阴区、清江浦区、涟水县、金湖县，盐城市盐都区、大丰区、响水县、阜宁县、射阳县、建湖县，扬州市邗江区、宝应县、高邮市，镇江市新区、丹徒区、丹阳市、句容市；

浙江：杭州市西湖区、萧山区、桐庐县，宁波市江北区、北仑区、镇海区、象山县、宁海县、余姚市、奉化市，温州市平阳县，嘉兴市秀洲区、嘉善县，金华市磐安县，台州市天台县、温岭市、临海市；

安徽：滁州市定远县，亳州市涡阳县、蒙城县，宣城市宣州区、郎溪县；

福建：南平市延平区；

江西：吉安市井冈山市；

山东：济南市历城区、章丘市，青岛市胶州市、即墨市、莱西市，枣庄市台儿庄区，潍坊市昌邑市，济宁市任城区、兖州区、鱼台县、曲阜市、高新技术开发区、经济技术开发区，泰安市岱岳区、泰山林场，日照市莒县，莱芜市莱城区，临沂市罗庄区，德州市德州市开发区，聊城市阳谷县、莘县、东阿县、高唐县，菏泽市牡丹区、单县、成武县，黄河三角洲保护区；

河南：三门峡市湖滨区、渑池县，商丘市民权县，信阳市平桥区；

湖北：武汉市东西湖区，荆州市公安县，仙桃市；

湖南：长沙市浏阳市，邵阳市隆回县、新宁县，岳阳市汨罗市，常德市汉寿县、石门县，郴州市桂阳县、宜章县；

广西：南宁市上林县，桂林市灵川县；

重庆：北碚区；

四川：自贡市大安区，绵阳市三台县、梓潼县，遂宁市安居区、大英县，宜宾市翠屏区、兴文县，巴中市巴州区，阿坝藏族羌族自治州汶川县；

云南：临沧市临翔区、永德县、镇康县；

陕西：西安市临潼区、长安区、蓝田县，宝鸡市陈仓区、扶风县、麟游县，咸阳市三原县、泾阳县、乾县、永寿县、彬县、长武县、兴平市，渭南市临渭区、华州区、大荔县、蒲城县、白水县，延安市延川县、黄龙山林业局，汉中市汉台区，榆林市靖边县、米脂县、子洲县，安康市旬阳县，商洛市商州区、山阳县，宁东林业局、太白林业局；

甘肃：嘉峪关市，金昌市金川区，白银市靖远县、会宁县，天水市张家川回族自治县，武威市凉州区、民勤县，平凉市华亭县，庆阳市正宁县；

宁夏：银川市兴庆区、西夏区、金凤区、灵武市，石嘴山市大武口区、惠农区，吴忠市盐池县，固原市西吉县、彭阳县；

黑龙江森林工业总局：铁力林业局；
新疆生产建设兵团：农一师 10 团。

发生面积　994094 亩

危害指数　0.4095

● **小阔胫码绢金龟** ***Maladera ovatula*** **(Fairmaire)**

寄　　主　华山松，油松，柳杉，杉木，加杨，山杨，毛白杨，旱柳，核桃，榆树，桑，桃，苹果，梨，刺槐，漆树，枣树，柿，连翘，白花泡桐，楸，棕榈。

分布范围　北京、河北、辽宁、山东、四川、陕西、宁夏。

发生地点　北京：大兴区；
河北：石家庄市井陉矿区，张家口市赤城县，沧州市黄骅市；
山东：黄河三角洲保护区；
四川：绵阳市游仙区；
陕西：汉中市汉台区、西乡县，宁东林业局。

发生面积　5313 亩

危害指数　0.3333

● **阔胫码绢金龟** ***Maladera verticalis*** **(Fairmaire)**

中文异名　阔胫鳃金龟、阔胫赤绒金龟

寄　　主　山杨，垂柳，旱柳，山核桃，核桃，板栗，栓皮栎，旱榆，榆树，桃，碧桃，杏，樱桃，日本樱花，山楂，西府海棠，苹果，海棠花，李，梨，沙梨，刺槐，文旦柚，黄栌，枣树，葡萄，油茶，沙枣，白花泡桐，楸，香果树。

分布范围　北京、天津、河北、内蒙古、辽宁、江苏、浙江、江西、山东、河南、湖北、四川、云南、陕西、宁夏。

发生地点　北京：东城区、石景山区、密云区；
河北：石家庄市井陉矿区，唐山市乐亭县，保定市唐县，张家口市怀来县，廊坊市霸州市，雾灵山保护区；
江苏：苏州市太仓市，扬州市宝应县；
江西：萍乡市安源区、芦溪县；
山东：济宁市任城区、鱼台县、高新技术开发区，临沂市莒南县，聊城市东阿县、冠县、高唐县；
湖北：武汉市东西湖区，黄冈市罗田县；
四川：自贡市贡井区；
云南：楚雄彝族自治州禄丰县；
陕西：咸阳市秦都区、三原县、永寿县，渭南市白水县，汉中市汉台区、西乡县；
宁夏：银川市永宁县，吴忠市红寺堡区、盐池县，固原市彭阳县。

发生面积　56721 亩

危害指数　0.3662

● **巨角多鳃金龟** ***Megistophylla grandicornis*** **(Fairmaire)**

中文异名　巨角鳃金龟

寄　　主　板栗。
分布范围　河北、江西、四川、贵州、云南。
发生地点　云南：昆明市呈贡区、晋宁县、富民县、寻甸回族彝族自治县。
发生面积　13816 亩
危害指数　0. 4426

- **弟兄鳃金龟** ***Melolontha frater*** **Arrow**

中文异名　小灰粉腮金龟
寄　　主　华山松，马尾松，油松，云南松，柳杉，山杨，柳树，山核桃，核桃，枫杨，桤木，桦木，板栗，栎，青冈，榆树，桑，二球悬铃木，杏，苹果，槐树。
分布范围　北京、河北、山西、内蒙古、吉林、江苏、浙江、河南、四川、陕西、宁夏。
发生地点　北京：密云区；
河北：张家口市涿鹿县；
内蒙古：乌兰察布市四子王旗；
江苏：南京市浦口区；
浙江：温州市鹿城区、龙湾区、平阳县、瑞安市，嘉兴市嘉善县，舟山市岱山县、嵊泗县，台州市仙居县；
四川：雅安市石棉县；
陕西：咸阳市兴平市，宁东林业局；
宁夏：银川市兴庆区、西夏区。
发生面积　64933 亩
危害指数　0. 4587

- **大栗鳃金龟** ***Melolontha hippocastani*** **Fabricius**

寄　　主　落叶松，云杉，青海云杉，华山松，油松，柳杉，杉木，北京杨，山杨，黑杨，旱柳，核桃，桤木，白桦，板栗，黄葛树，苹果，沙棘。
分布范围　东北，北京、河北、山西、内蒙古、浙江、江西、山东、湖北、广东、重庆、四川、贵州、西藏、陕西、甘肃、宁夏。
发生地点　河北：石家庄市赞皇县、邢台市邢台县；
浙江：杭州市西湖区；
江西：赣州市安远县；
湖北：黄冈市罗田县；
广东：云浮市罗定市；
四川：攀枝花市米易县，乐山市犍为县，宜宾市珙县、筠连县，雅安市雨城区，凉山彝族自治州盐源县、德昌县；
西藏：拉萨市达孜县；
陕西：西安市周至县；
甘肃：武威市天祝藏族自治县，定西市渭源县，临夏回族自治州康乐县、广河县、和政县，太子山自然保护区、莲花山保护区，白龙江林业管理局。
发生面积　104970 亩

危害指数　0.5117

• 灰胸突鳃金龟 *Melolontha incana* (Motschulsky)

中文异名　灰粉鳃金龟

寄　　主　落叶松，华山松，红松，樟子松，油松，柳杉，山杨，垂柳，山柳，山核桃，核桃，风桦，板栗，蒙古栎，青冈，榆树，黄葛树，桑，樟树，桃，梅，杏，樱桃，枇杷，苹果，李，红叶李，梨，红果树，合欢，刺槐，槐树，柑橘，枣树，油茶，柿，白蜡树，女贞，木犀，荆条，枸杞，忍冬。

分布范围　华北、东北，福建、江西、山东、河南、四川、贵州、陕西、甘肃、宁夏。

发生地点　北京：石景山区、密云区；

河北：邢台市巨鹿县；

山西：大同市阳高县；

四川：自贡市自流井区、荣县，攀枝花市米易县，遂宁市蓬溪县，南充市西充县，宜宾市南溪区，巴中市巴州区，凉山彝族自治州德昌县、会东县；

陕西：西安市蓝田县，咸阳市旬邑县，渭南市华州区、白水县，汉中市汉台区，宁东林业局、太白林业局；

甘肃：武威市民勤县，平凉市关山林管局；

宁夏：银川市灵武市。

发生面积　5482 亩

危害指数　0.3516

• 塔里木鳃金龟 *Melolontha tarimensis* Semenov

寄　　主　杨树，山杨，榆树。

分布范围　新疆。

发生地点　新疆：吐鲁番市高昌区、鄯善县，和田地区和田县。

发生面积　506 亩

危害指数　0.3333

• 黑头微绒毛金龟 *Microserica fukiensis* (Frey)

拉丁异名　*Microserica inornata* Nomura

寄　　主　加杨。

分布范围　重庆、四川。

• 拟毛大黑鳃金龟 *Miridiba formosana* (Moser)

寄　　主　加杨，山杨，柳树，板栗，栎，桑，苹果，海棠花，刺槐。

分布范围　山东。

发生地点　山东：聊城市东阿县，黄河三角洲保护区。

发生面积　127 亩

危害指数　0.3333

• 华脊鳃金龟 *Miridiba sinensis* (Hope)

中文异名　中华齿爪鳃金龟、华头脊金龟

寄　　主　栎，垂叶榕，石楠。

分布范围　福建、江西、四川、陕西。

• 毛黄鳃金龟 *Miridiba trichophora*（Fairmaire）

中文异名　毛黄大黑鳃金龟

寄　　主　雪松，马尾松，水杉，山杨，柳树，水柳，板栗，槲栎，榆树，构树，桑，猴樟，樟树，苹果，海棠花，羊蹄甲，刺槐，柑橘，乌桕，合果木，巨桉，木犀，兰考泡桐，白花泡桐，毛泡桐，忍冬。

分布范围　北京、河北、山西、江苏、浙江、安徽、山东、河南、湖北、四川、陕西、甘肃、宁夏。

发生地点　北京：密云区；

河北：石家庄市井陉矿区、正定县，唐山市乐亭县，邢台市巨鹿县、威县，保定市唐县、顺平县、博野县，张家口市万全区、尚义县、怀来县、赤城县，沧州市沧县；

江苏：南京市浦口区，无锡市锡山区、滨湖区，苏州市太仓市，淮安市清江浦区、金湖县，盐城市大丰区，扬州市宝应县，宿迁市泗阳县；

浙江：台州市天台县；

安徽：合肥市庐阳区；

山东：济宁市汶上县，聊城市东阿县；

四川：自贡市大安区，遂宁市安居区，内江市隆昌县，广安市前锋区，凉山彝族自治州德昌县；

陕西：宝鸡市扶风县；

甘肃：武威市凉州区、民勤县；

宁夏：固原市彭阳县。

发生面积　16899 亩

危害指数　0. 3399

• 额臀大黑鳃金龟 *Nigrotrichia convexopyga*（Moser）

寄　　主　华山松，柳杉，加杨，柳树，核桃，榆树，桑，梅，杏，樱桃，苹果，李，梨，槐树，白花泡桐。

分布范围　浙江、福建、陕西。

发生地点　浙江：宁波市江北区；

福建：南平市建瓯市；

陕西：西安市周至县，渭南市合阳县，商洛市丹凤县。

发生面积　1100 亩

危害指数　0. 3333

• 矮臀大黑鳃金龟 *Nigrotrichia ernesti*（Reitter）

寄　　主　华山松，油松，山杨，胡杨，柳树，榆树，桑，三球悬铃木，新疆梨，月季，槐树，枣树，白花泡桐。

分布范围　辽宁、山东、河南、陕西、新疆。

发生地点 陕西：宝鸡市扶风县；
新疆生产建设兵团：农一师 13 团。
发生面积 389 亩
危害指数 0. 3333

- **江南大黑鳃金龟 *Nigrotrichia gebler*（Faldermann）**

中文异名 东北大黑鳃金龟、东北齿爪鳃金龟、大黑鳃金龟、华北大黑鳃金龟
拉丁异名 *Holotrichia diomphalia*（Bates），*Holotrichia oblita*（Faldermann）
寄　　主 银杏，冷杉，落叶松，华北落叶松，云杉，红皮云杉，华山松，红松，樟子松，油松，水杉，柳杉，加杨，山杨，黑杨，小叶杨，垂柳，水柳，山核桃，薄壳山核桃，核桃楸，核桃，枫杨，白桦，板栗，麻栎，榆树，桑，牡丹，玉兰，猴樟，樟树，三球悬铃木，桃，梅，山杏，杏，樱桃，日本樱花，山楂，苹果，海棠花，李，红叶李，白梨，沙梨，河北梨，蔷薇，刺槐，槐树，黄檗，花椒，香椿，阔叶槭，梣叶槭，枣树，文冠果，葡萄，油茶，茶，柿，木荷，沙棘，杜鹃，水曲柳，白蜡树，女贞，木犀，鹿角藤，白花泡桐，忍冬，慈竹。
分布范围 华北、东北、华东，河南、湖北、四川、贵州、陕西、甘肃、宁夏、新疆。
发生地点 北京：东城区、丰台区、石景山区、通州区、顺义区、大兴区、密云区；
河北：石家庄市井陉矿区、正定县、晋州市，唐山市滦南县、乐亭县，秦皇岛市昌黎县，邢台市任县、巨鹿县、平乡县、威县，保定市阜平县、唐县、顺平县、博野县，张家口市张北县、沽源县、尚义县、蔚县、阳原县、怀安县，廊坊市大城县、霸州市，沧州市黄骅市，廊坊市安次区，衡水市桃城区、武邑县，雾灵山保护区，木兰林管局；
山西：晋中市榆次区、左权县，朔州市怀仁县，晋中市太谷县；
内蒙古：呼和浩特市赛罕区，鄂尔多斯市达拉特旗，通辽市科尔沁区、库伦旗、科尔沁左翼中旗；
辽宁：沈阳市法库县；
吉林：辽源市东丰县；
黑龙江：黑河市嫩江县；
上海：宝山区、嘉定区、松江区、青浦区、浦东新区；
江苏：南京市六合区，无锡市惠山区，苏州市太仓市，常州市天宁区、钟楼区、新北区，淮安市淮阴区，盐城市东台市，镇江市润州区、新区、丹徒区、丹阳市；
浙江：宁波市北仑区、镇海区、象山县、宁海县，温州市乐清市、瑞安市，嘉兴市嘉善县，台州市临海市；
安徽：安庆市迎江区、宜秀区；
福建：漳州市诏安县、平和县、漳州开发区，南平市松溪县；
山东：济宁市任城区、历城区、章丘市、梁山县、曲阜市、高新技术开发区，青岛市胶州市，东营市利津县，潍坊市诸城市，济宁市兖州区、泗水县、太白湖新区，泰安市泰山区、岱岳区、肥城市、宁阳县、泰山林场，威海市环翠区，聊城市莘县、东阿县，日照市岚山区、莒县，莱芜市莱城区，临沂市莒南县，菏泽市牡丹区、单县，黄河三角洲保护区；

河南：商丘市夏邑县，周口市扶沟县，兰考县、邓州市，濮阳市范县；
四川：绵阳市三台县、盐亭县、梓潼县，遂宁市大英县，乐山市马边彝族自治县，雅安市天全县，南充市西充县，广安市前锋区、武胜县；
陕西：西安市长安区，咸阳市秦都区、彬县、旬邑县，渭南市华州区、蒲城县、华阴市，汉中市汉台区，榆林市靖边县、米脂县，安康市旬阳县；
甘肃：武威市凉州区，白银市靖远县；
宁夏：银川市兴庆区、西夏区、金凤区、永宁县、灵武市，石嘴山市大武口区，吴忠市利通区、红寺堡区、盐池县、同心县、青铜峡市；
黑龙江森林工业总局：朗乡林业局、红星林业局，绥阳林业局、海林林业局，双鸭山林业局；
新疆生产建设兵团：农二师29团。

发生面积　134363亩
危害指数　0.3663

• 华南大黑鳃金龟 *Nigrotrichia sauteri*（Moser）

寄　　主　山杨，桃，杏，苹果，李，梨。
分布范围　浙江、福建、江西、广东、贵州。
发生地点　浙江：温州市鹿城区。
发生面积　2800亩
危害指数　0.4048

• 小黄绢金龟 *Nipponoerica koltzei*（Reitter）

寄　　主　松。
分布范围　安徽。
发生地点　安徽：滁州市定远县。
发生面积　100亩
危害指数　0.3333

• 暗黑鳃金龟 *Pedinotrichia parallela*（Motschulsky）

中文异名　暗黑金龟子
寄　　主　杉松，华北落叶松，云杉，油松，云南松，柳杉，杉木，柏木，刺柏，侧柏，圆柏，榧树，银白杨，加杨，山杨，黑杨，毛白杨，白柳，垂柳，旱柳，山核桃，薄壳山核桃，核桃，枫杨，板栗，栓皮栎，青冈，朴树，榆树，大果榉，构树，黄葛树，桑，牡丹，猴樟，油樟，枫香，桃，杏，樱桃，日本樱花，山楂，苹果，海棠花，石楠，李，红叶李，白梨，沙梨，紫穗槐，紫荆，刺槐，槐树，龙爪槐，文旦柚，柑橘，金橘，臭椿，楝树，香椿，栾树，枣树，葡萄，茶，红淡比，沙棘，紫薇，巨桉，杜鹃，柿，白蜡树，女贞，木犀，暴马丁香，川泡桐，慈竹，麻竹。
分布范围　华北、东北、华东，河南、湖北、湖南、广东、重庆、四川、贵州、云南、陕西、甘肃、宁夏。
发生地点　北京：东城区；
河北：石家庄市井陉矿区、无极县，唐山市乐亭县，邯郸市鸡泽县，邢台市威县、临西县，保定市阜平县、唐县，张家口市涿鹿县，沧州市沧县、东光县、吴桥县、河间市，廊坊市大厂回族自治县，衡水市桃城区、武邑县；

上海：闵行区、宝山区、嘉定区、浦东新区、青浦区；

江苏：南京市浦口区、雨花台区、六合区、溧水区、高淳区，无锡市惠山区、滨湖区、宜兴市，徐州市贾汪区、沛县、睢宁县，常州市天宁区、钟楼区、新北区、溧阳市，苏州市高新技术开发区、吴中区、吴江区、太仓市，淮安市清江浦区、金湖县，盐城市亭湖区、盐都区、大丰区、响水县、阜宁县、射阳县、建湖县，扬州市邗江区、江都区、宝应县、高邮市，镇江市扬中市、句容市，泰州市姜堰区；

浙江：杭州市西湖区、萧山区、桐庐县，宁波市江北区、镇海区、鄞州区、象山县、宁海县、余姚市，温州市龙湾区，嘉兴市秀洲区，舟山市岱山县、嵊泗县，台州市三门县、仙居县、温岭市；

安徽：蚌埠市怀远县、固镇县；

山东：青岛市胶州市、即墨市、莱西市，枣庄市台儿庄区，东营市广饶县，烟台市芝罘区，潍坊市坊子区、昌邑市、滨海经济开发区，济宁市任城区、微山县、汶上县、泗水县、梁山县、邹城市、经济技术开发区，泰安市泰山区，日照市莒县，临沂市费县、莒南县、临沭县，聊城市阳谷县、东阿县、冠县、高唐县，菏泽市牡丹区、定陶区、单县、郓城县，黄河三角洲保护区；

河南：郑州市管城回族区、新郑市，濮阳市华龙区，许昌市禹州市，南阳市南召县，商丘市民权县，驻马店市西平县，鹿邑县；

湖北：武汉市东西湖区，荆门市京山县，仙桃市、潜江市；

湖南：岳阳市岳阳县；

广东：深圳市盐田区，佛山市南海区；

重庆：渝北区、潼南区；

四川：自贡市自流井区、大安区，绵阳市游仙区、三台县、梓潼县、平武县，遂宁市射洪县，内江市市中区、东兴区、威远县、资中县、隆昌县，南充市西充县，眉山市仁寿县，宜宾市翠屏区、南溪区、筠连县、兴文县，广安市前锋区、武胜县，雅安市石棉县，巴中市巴州区，资阳市雁江区，凉山彝族自治州盐源县、会东县、普格县、昭觉县；

贵州：六盘水市水城县，毕节市大方县；

云南：保山市昌宁县，楚雄彝族自治州牟定县，西双版纳傣族自治州勐海县；

陕西：西安市蓝田县，宝鸡市金台区、麟游县，咸阳市秦都区、乾县、彬县，渭南市临渭区、华州区、澄城县、蒲城县，延安市洛川县，汉中市汉台区，安康市旬阳县，商洛市商南县，杨陵区，佛坪保护区，宁东林业局；

甘肃：平凉市关山林管局；

宁夏：银川市兴庆区、西夏区、金凤区，固原市原州区、西吉县，中卫市中宁县。

发生面积　331616 亩

危害指数　0.3769

• 小黑鳃金龟 *Pedinotrichia picea*（Waterhouse）

中文异名　小黑齿爪鳃金龟

寄　　主　湿地松，柳杉，山杨，垂柳，大果榉，桑，猴樟，石楠，茶，慈竹。

分布范围　北京、河北、辽宁、江苏、浙江、福建、湖北、四川、陕西。

发生地点　北京：顺义区；

江苏：南京市六合区，无锡市惠山区、滨湖区，镇江市句容市；

陕西：西安市蓝田县。

• 白云斑鳃金龟亚种 *Polyphylla alba vicaria* Semenov

寄　　主　云杉，松，青杨，山杨，箭杆杨，柳树，榆树，梭梭，杏，苹果，梨，柽柳，花曲柳。

分布范围　辽宁、四川、陕西、甘肃、宁夏、新疆。

发生地点　陕西：西安市周至县；

宁夏：石嘴山市大武口区；

新疆：塔城地区沙湾县；

新疆生产建设兵团：农四师68团。

发生面积　195亩

危害指数　0.4427

• 淡水长须金龟 *Polyphylla dahnshuensis* Li et Yang

寄　　主　李，花椒。

分布范围　四川。

发生地点　四川：甘孜藏族自治州泸定县，凉山彝族自治州盐源县。

发生面积　1383亩

危害指数　0.3333

• 细云鳃金龟 *Polyphylla exilis* Zhang

寄　　主　油松，云南松，水杉，核桃，板栗。

分布范围　湖南、云南、陕西。

发生地点　湖南：常德市石门县；

云南：楚雄彝族自治州永仁县。

发生面积　3005亩

危害指数　0.3333

• 拟云斑鳃金龟 *Polyphylla formosana* Niijima et Kinoshita

寄　　主　云杉，松，杨树，柳树，榆树。

分布范围　宁夏。

发生地点　宁夏：吴忠市青铜峡市。

发生面积　2000亩

危害指数　0.3333

• 小云斑鳃金龟 *Polyphylla gracilicornis*（Blanchard）

寄　　主　华北落叶松，云杉，青海云杉，华山松，樟子松，油松，云南松，青杨，山杨，小叶杨，旱柳，山核桃，核桃，白桦，板栗，栎，青冈，榆树，桃，樱桃，苹果，海棠花，刺槐，槐树，沙棘，紫丁香，枸杞。

分布范围　北京、河北、山西、内蒙古、辽宁、山东、河南、湖北、四川、陕西、甘肃、青海、宁夏、新疆。

发生地点　北京：石景山区；

河北：邢台市沙河市，保定市唐县，张家口市怀安县；

内蒙古：通辽市科尔沁区、库伦旗；

四川：雅安市雨城区、石棉县，凉山彝族自治州会东县；

陕西：延安市宜川县，汉中市汉台区，商洛市丹凤县，宁东林业局；

甘肃：莲花山保护区，小陇山林业实验管理局；

青海：西宁市城中区、城北区，海东市民和回族土族自治县、化隆回族自治县，海南藏族自治州贵南县；

宁夏：银川市兴庆区、金凤区，石嘴山市大武口区。

发生面积　3394 亩

危害指数　0. 3624

• 大云斑鳃金龟 *Polyphylla laticollis* Lewis

中文异名　大云鳃金龟、云斑鳃金龟、大云斑金龟子

寄　　主　油杉，落叶松，华北落叶松，云杉，青海云杉，华山松，赤松，马尾松，樟子松，油松，黑松，云南松，柳杉，杉木，水杉，柏木，侧柏，山杨，黑杨，小叶杨，垂柳，旱柳，馒头柳，山柳，山核桃，核桃，枫杨，亮叶桦，板栗，麻栎，青冈，朴树，榆树，桑，樟树，桃，山杏，杏，樱桃，日本樱花，苹果，李，梨，蔷薇，刺槐，槐树，柑橘，楝树，油桐，长叶黄杨，矮冬青，阔叶槭，沙枣，巨桉，柿，白蜡树，木犀，枸杞，川泡桐，麻竹，慈竹，毛竹。

分布范围　华北、东北、华东，河南、湖北、湖南、重庆、四川、云南、西藏、陕西、甘肃、宁夏、新疆。

发生地点　北京：东城区、石景山区、顺义区、密云区；

河北：唐山市迁西县，秦皇岛市海港区，保定市阜平县、唐县，张家口市尚义县、怀安县、赤城县，廊坊市霸州市，雾灵山保护区；

山西：大同市阳高县，杨树丰产林实验局；

内蒙古：通辽市科尔沁区、科尔沁左翼中旗、科尔沁左翼后旗、库伦旗，鄂尔多斯市准格尔旗，乌兰察布市兴和县；

辽宁：沈阳市法库县；

江苏：无锡市宜兴市，徐州市沛县，盐城市响水县、阜宁县、建湖县；

浙江：宁波市鄞州区；

福建：南平市延平区；

江西：萍乡市莲花县，宜春市高安市；

山东：威海市环翠区，日照市岚山区；

湖北：太子山林场；

湖南：株洲市芦淞区、石峰区、天元区，衡阳市祁东县，常德市石门县，永州市道

县、蓝山县，怀化市通道侗族自治县；

重庆：万州区、渝北区、江津区、永川区、铜梁区，武隆区、巫溪县；

四川：自贡市荣县，绵阳市三台县、梓潼县，遂宁市大英县，内江市市中区、东兴区、隆昌县，乐山市犍为县，南充市顺庆区、高坪区、仪陇县、西充县，宜宾市南溪区、江安县、筠连县，广安市前锋区、武胜县，雅安市荥经县，巴中市通江县，甘孜藏族自治州泸定县、九龙县、巴塘县、乡城县、得荣县，凉山彝族自治州盐源县、德昌县、金阳县、昭觉县；

云南：昆明市经济技术开发区、宜良县，曲靖市富源县，昭通市镇雄县，临沧市双江拉祜族佤族布朗族傣族自治县，楚雄彝族自治州大姚县；

西藏：日喀则市桑珠孜区；

陕西：西安市蓝田县，咸阳市秦都区、永寿县、彬县、长武县、旬邑县，渭南市华州区、白水县，延安市宜川县、黄龙山林业局，汉中市汉台区，榆林市榆阳区、靖边县、米脂县，商洛市丹凤县，宁东林业局、太白林业局；

甘肃：嘉峪关市，天水市张家川回族自治县，平凉市关山林管局，定西市岷县，莲花山保护区，白龙江林业管理局；

宁夏：银川市兴庆区、西夏区、金凤区，石嘴山市大武口区，吴忠市盐池县，固原市原州区、彭阳县。

发生面积　118516 亩

危害指数　0. 3929

• 小黄鳃金龟 *Pseudosymmachia flavescens* (Brenske)

寄　　主　银杏，冷杉，云杉，柳杉，柏木，青杨，山杨，黑杨，毛白杨，垂柳，旱柳，小红柳，山核桃，核桃，板栗，麻栎，青冈，榆树，无花果，澳洲坚果属，油樟，桃，樱花，日本晚樱，日本樱花，毛山楂，山楂，枇杷，垂丝海棠，西府海棠，苹果，海棠花，李，红叶李，梨，沙梨，黄刺玫，文旦柚，长叶黄杨，七叶树，栾树，鼠李，酸枣，山杜英，木槿，木荷，紫薇，连翘，绒毛白蜡，女贞，木犀，紫丁香，白丁香，荆条，香果树，忍冬，慈竹。

分布范围　华东，北京、天津、河北、山西、辽宁、黑龙江、河南、湖北、广东、重庆、四川、贵州、云南、陕西、甘肃。

发生地点　北京：丰台区、通州区、顺义区；

河北：唐山市乐亭县，邯郸市鸡泽县，张家口市沽源县、怀来县，沧州市沧县、东光县、吴桥县，廊坊市霸州市；

江苏：南京市浦口区，无锡市锡山区、惠山区、滨湖区、宜兴市，常州市天宁区、钟楼区、新北区，淮安市金湖县，盐城市亭湖区、盐都区、大丰区、响水县、射阳县、建湖县，扬州市邗江区、江都区，镇江市扬中市；

浙江：宁波市鄞州区、象山县、宁海县，台州市黄岩区；

福建：漳州市平和县；

山东：青岛市胶州市，济宁市任城区、金乡县，威海市环翠区，聊城市东阿县，菏泽市牡丹区，黄河三角洲保护区；

湖北：荆门市京山县；

广东：广州市从化区，惠州市惠阳区；
重庆：秀山土家族苗族自治县、酉阳土家族苗族自治县；
四川：绵阳市三台县，宜宾市翠屏区、筠连县，雅安市雨城区、石棉县，甘孜藏族自治州康定市、九龙县、巴塘县、乡城县、得荣县，凉山彝族自治州盐源县；
贵州：黔西南布依族苗族自治州晴隆县；
云南：临沧市耿马傣族佤族自治县，红河哈尼族彝族自治州建水县；
陕西：西安市长安区，宝鸡市扶风县，安康市旬阳县，商洛市山阳县。

发生面积　43268 亩

危害指数　0. 3588

• 鲜黄鳃金龟 *Pseudosymmachia tumidifrons*（Fairmaire）

寄　　主　柳杉，银白杨，加杨，山杨，垂柳，核桃，麻栎，榆树，桑，苹果，刺槐，槐树，油茶，紫薇，女贞。

分布范围　北京、河北、辽宁、吉林、江苏、浙江、江西、山东、湖北、四川。

发生地点　江苏：扬州市邗江区；
浙江：宁波市江北区、北仑区；
山东：黄河三角洲保护区；
四川：南充市西充县。

发生面积　238 亩

危害指数　0. 3333

• 拟暗黑鳃金龟 *Rufotrichia similima*（Moser）

寄　　主　山杨，黑杨，榆树，猴樟，苹果，栾树。

分布范围　辽宁、上海、江苏、浙江、河南、湖北、四川、陕西。

发生地点　上海：松江区；
江苏：宿迁市泗阳县；
浙江：温州市永嘉县；
河南：漯河市郾城区；
湖北：武汉市洪山区；
四川：宜宾市南溪区。

发生面积　254 亩

危害指数　0. 3333

• 褐条小绢金龟 *Sericania fuscolineata* Motschulsky

寄　　主　山杨。

分布范围　河北。

• 台湾索鳃金龟 *Sophrops formosana*（Moser）

寄　　主　栎。

分布范围　山东。

• **台湾姬黑金龟 *Sophrops taiwana* Nomura**

寄　　主　龙爪槐。

分布范围　四川。

• **小袒尾鳃金龟 *Tanyproctus parvus* Zhang et Luo**

寄　　主　杨树，柳树，杏，苹果。

分布范围　山东。

• **丽腹弓角鳃金龟 *Toxospathius auriventris* Bates**

寄　　主　云杉，青海云杉，核桃，小檗，苹果，沙棘，梨。

分布范围　四川、青海、西藏。

发生地点　四川：甘孜藏族自治州康定市、九龙县；

　　　　　青海：玉树藏族自治州玉树市、称多县、囊谦县。

发生面积　430879 亩

危害指数　0. 3527

• **大皱鳃金龟 *Trematodes grandis* Semenov**

寄　　主　旱柳，柠条锦鸡儿，沙棘。

分布范围　河北、内蒙古、陕西、甘肃、宁夏。

发生地点　宁夏：银川市兴庆区、西夏区。

• **爬皱鳃金龟 *Trematodes potanini* Semenov**

寄　　主　杨树，旱柳，榆树，梨。

分布范围　河北、甘肃。

发生地点　河北：衡水市桃城区。

发生面积　100 亩

危害指数　0. 3333

• **黑皱鳃金龟 *Trematodes tenebrioides* (Pallas)**

中文异名　无翅黑金龟

寄　　主　加杨，山杨，北沙柳，核桃，榆树，山楂，苹果，柠条锦鸡儿，臭椿。

分布范围　华北，辽宁、吉林、江苏、安徽、江西、山东、河南、湖南、陕西、青海、宁夏。

发生地点　内蒙古：乌兰察布市四子王旗；

　　　　　陕西：渭南市澄城县，延安市延川县；

　　　　　宁夏：石嘴山市大武口区，吴忠市盐池县。

发生面积　2971 亩

危害指数　0. 4758

臂金龟科 Euchiridae

• **茶色长臂金龟 *Euchirus longimanus* (Linnaeus)**

寄　　主　棕榈。

分布范围　江西。

● **戴褐臂金龟** ***Propomacrus davidi*** **Deyrolle**

寄　　主　锥栗，刺槐。

分布范围　江西、湖南。

发生地点　湖南：邵阳市武冈市。

发生面积　300 亩

危害指数　0.3333

丽金龟科 Rutelidae

● **华长丽金龟** ***Adoretosoma chinense*** **(Redtenbacher)**

寄　　主　麻栎，青冈，榆树，桃，苹果，梨。

分布范围　河北、山西、浙江、湖北、四川。

发生地点　河北：保定市高阳县；
　　　　　山西：晋中市太谷县；
　　　　　四川：攀枝花市米易县。

发生面积　383 亩

危害指数　0.3638

● **毛喙丽金龟** ***Adoretus hirsutus*** **Ohaus**

寄　　主　马尾松，油松，柳杉，山杨，柳树，核桃，板栗，栎，青冈，榆树，桃，杏，樱桃，苹果，梨，月季，玫瑰，刺槐，槐树，乌桕，枣树，柿。

分布范围　北京、河北、辽宁、浙江、福建、山东、河南、四川、贵州、陕西。

发生地点　北京：密云区；
　　　　　河北：张家口市怀来县，沧州市东光县、吴桥县，衡水市桃城区；
　　　　　浙江：宁波市慈溪市，衢州市常山县；
　　　　　福建：南平市延平区；
　　　　　山东：泰安市泰山区、泰山林场，聊城市东阿县；
　　　　　陕西：榆林市子洲县。

发生面积　2299 亩

危害指数　0.3516

● **额喙丽金龟** ***Adoretus nigrifrons*** **(Steven)**

寄　　主　山杨，垂柳，核桃，桦木，栎子青冈，榆树，刺槐，柑橘，黄檗，八角枫，小蜡。

分布范围　四川、陕西。

发生地点　四川：南充市顺庆区、西充县，广安市武胜县。

● **华喙丽金龟** ***Adoretus sinicus*** **Burmeister**

中文异名　中喙丽金龟

寄　　主　银杏，马尾松，柳杉，榧树，山杨，薄壳山核桃，核桃，江南桤木，白桦，榛子，板栗，麻栎，榆树，桑，连香树，枫香，樱花，海棠花，石楠，红叶李，月季，南洋楹，洋紫荆，红豆树，刺槐，槐树，乌桕，南酸枣，小鸡爪槭，枣树，木槿，茶，紫薇，榄仁树，巨尾桉。

分布范围　中南，上海、浙江、福建、江西、重庆、四川、陕西。

发生地点　上海：浦东新区；

浙江：宁波市江北区、鄞州区、宁海县，丽水市松阳县；

福建：莆田市秀屿区、仙游县，三明市明溪县；

江西：宜春市铜鼓县；

广西：河池市东兰县；

重庆：黔江区，城口县、丰都县、彭水苗族土家族自治县；

陕西：汉中市汉台区。

发生面积　1587 亩

危害指数　0. 3333

● **斑喙丽金龟** ***Adoretus tenuimaculatus*** **Waterhouse**

中文异名　茶色金龟

寄　　主　马尾松，柳杉，杉木，山杨，黑杨，白柳，垂柳，杨梅，核桃，枫杨，桤木，西桦，板栗，麻栎，栓皮栎，朴树，榆树，构树，桑，樟树，红花檵木，桃，杏，樱桃，山楂，苹果，海棠花，石楠，李，梨，白梨，月季，黄檀，刺桐，刺槐，槐树，柑橘，油桐，乌桕，枣树，葡萄，木槿，梧桐，茶，紫薇，桉树，柿，油橄榄，南方泡桐。

分布范围　华东、中南，北京、河北、内蒙古、重庆、四川、贵州、云南、陕西、宁夏。

发生地点　河北：邢台市平乡县，保定市唐县，张家口市怀安县、涿鹿县，沧州市沧县、东光县、河间市，衡水市安平县；

江苏：南京市浦口区，无锡市惠山区，苏州市高新区、吴江区、太仓市，淮安市清江浦区、金湖县，盐城市盐都区；

浙江：宁波市北仑区，衢州市柯城区、常山县，台州市仙居县；

江西：萍乡市上栗县、芦溪县，上饶市余干县；

山东：济宁市鱼台县、泗水县、梁山县、经济技术开发区，泰安市泰山林场，临沂市兰山区、蒙阴县，聊城市东阿县；

河南：驻马店市泌阳县；

湖北：襄阳市老河口市，荆州市石首市，潜江市；

湖南：衡阳市祁东县，益阳市桃江县，郴州市嘉禾县；

广东：广州市增城区；

广西：百色市靖西市；

重庆：奉节县、巫溪县；

四川：自贡市贡井区，德阳市罗江县，遂宁市蓬溪县，雅安市石棉县，巴中市通江县；

贵州：黔西南布依族苗族自治州普安县；

陕西：西安市蓝田县，咸阳市三原县、永寿县，渭南市华州区、合阳县、白水县、华阴市，汉中市汉台区、西乡县，宁东林业局。

发生面积　45645 亩

危害指数　0.4176

• 褐毛异丽金龟 *Anomala amychodes* Ohaus

中文异名　腹毛异丽金龟

寄　　主　山杨，柳树，核桃楸，栎，苹果。

分布范围　辽宁、江西、广东、陕西、新疆。

发生地点　江西：宜春市高安市；

陕西：汉中市汉台区。

发生面积　100 亩

危害指数　0.3333

• 桐黑异丽金龟 *Anomala antiqua* (Gyllenhal)

中文异名　古黑异丽金龟

寄　　主　马尾松，白花泡桐，毛泡桐。

分布范围　江西、湖北、重庆。

发生地点　江西：赣州市安远县；

重庆：垫江县。

发生面积　100 亩

危害指数　0.3333

• 蓝带异丽金龟 *Anomala aulacoides* Ohau

寄　　主　槲栎，樱花。

分布范围　福建、四川。

• 绿脊异丽金龟 *Anomala aulax* (Wiedemann)

中文异名　脊绿异丽金龟

寄　　主　马尾松，柳杉，柏木，山杨，核桃，板栗，黧蒴栲，栎，构树，肉桂，红花檵木，台湾相思，木荷，巨桉，木犀，刺竹子。

分布范围　浙江、安徽、福建、江西、湖北、湖南、广东、广西、海南、重庆、四川、贵州、云南、陕西。

发生地点　浙江：宁波市象山县；

广东：清远市连州市；

广西：贵港市平南县，河池市南丹县；

四川：绵阳市平武县，内江市市中区、威远县、资中县、隆昌县；

陕西：宁东林业局。

发生面积　2606 亩

危害指数　0.3333

• 多色异丽金龟 *Anomala chamaeleon* Fairmaire

中文异名　浅绿异丽金龟、多色丽金龟

拉丁异名　*Anomala smaragdina* Ohause

寄　　主　银杏，落叶松，山杨，山柳，核桃楸，核桃，麻栎，栓皮栎，榆树，桑，三球悬铃木，桃，日本樱花，垂丝海棠，西府海棠，苹果，石楠，河北梨，刺槐，槐树，葡萄，木犀，香果树。

分布范围　北京、河北、辽宁、吉林、山东、重庆、四川、陕西。

发生地点　北京：密云区；
河北：唐山市玉田县，张家口市沽源县、怀来县；
重庆：酉阳土家族苗族自治县；
四川：乐山市马边彝族自治县，凉山彝族自治州布拖县；
陕西：宝鸡市扶风县，宁东林业局、太白林业局。

发生面积　933 亩

危害指数　0. 3548

• 小绿异丽金龟 *Anomala chlorocarpa* Arrow

寄　　主　马尾松，柏木，杨树，槲栎，山枇杷。

分布范围　四川、陕西。

• 铜绿异丽金龟 *Anomala corpulenta* Motschulsky

中文异名　铜绿丽金龟、铜绿金龟子

寄　　主　银杏，冷杉，落叶松，云杉，川西云杉，华山松，湿地松，红松，马尾松，樟子松，油松，云南松，金钱松，铁杉，柳杉，杉木，柏木，刺柏，侧柏，高山柏，崖柏，罗汉松，红豆杉，南方红豆杉，木麻黄，新疆杨，加杨，山杨，胡杨，二白杨，大叶杨，黑杨，小叶杨，毛白杨，小黑杨，垂柳，黄柳，旱柳，杨梅，山核桃，薄壳山核桃，粗皮山核桃，野核桃，核桃楸，核桃，化香树，枫杨，桤木，江南桤木，桦木，榛子，板栗，刺栲，苦槠栲，栲树，锥栗，麻栎，小叶栎，白栎，蒙古栎，栓皮栎，青冈，黑弹树，朴树，榔榆，榆树，大果榉，构树，垂叶榕，黄葛树，桑，澳洲坚果，牡丹，玉兰，荷花玉兰，白兰，金叶含笑，猴樟，樟树，山鸡椒，枫香，三球悬铃木，桃，碧桃，梅，山杏，杏，樱桃，樱花，日本樱花，木瓜，山楂，枇杷，垂丝海棠，西府海棠，苹果，海棠花，小石积，石楠，樱桃李，李，红叶李，杜梨，白梨，河北梨，沙梨，川梨，月季，悬钩子，花楸树，耳叶相思，台湾相思，马占相思，合欢，紫穗槐，锦鸡儿，紫荆，凤凰木，刺桐，鸡冠刺桐，刺槐，槐树，柑橘，黄檗，花椒，臭椿，楝树，香椿，油桐，重阳木，秋枫，白桐树，乌桕，油桐，蝴蝶果，长叶黄杨，杧果，盐肤木，漆树，阔叶槭，色木槭，梣叶槭，元宝槭，七叶树，龙眼，全缘叶栾树，栾树，北枳椇，枣树，葡萄，杜英，山杜英，小花扁担杆，木芙蓉，木槿，木棉，梧桐，中华猕猴桃，山茶，油茶，茶，红淡比，木荷，合果木，柞木，秋海棠，四季秋海棠，沙枣，沙棘，紫薇，大花紫薇，石榴，喜树，榄仁树，阔叶桉，巨桉，巨尾桉，番樱桃，蒲桃，野海棠，柳兰，红瑞木，杜鹃，柿，山矾，水曲柳，白蜡树，女贞，油橄榄，木犀，紫丁香，夹竹桃，黄荆，荆条，兰考泡桐，川泡桐，白花泡桐，梓，忍冬。

分布范围　全国。

发生地点　北京：东城区、丰台区、石景山区、通州区、顺义区、大兴区、密云区、延庆区；

河北：石家庄市井陉矿区、藁城区、栾城区、井陉县、正定县、高邑县、赞皇县、无极县、晋州市、新乐市，唐山市古冶区、开平区、丰南区、丰润区、曹妃甸区、滦南县、乐亭县、玉田县、遵化市，邯郸市峰峰矿区、临漳县、涉县、鸡泽县、魏县、武安市，邢台市桥西区、高新技术开发区、邢台县、临城县、内丘县、隆尧县、任县、巨鹿县、新河县、平乡县、威县、临西县、沙河市，保定市满城区、涞水县、阜平县、唐县、顺平县，张家口市阳原县、怀安县，沧州市沧县、东光县、盐山县、吴桥县、献县、孟村回族自治县、黄骅市、河间市，廊坊市安次区、固安县、永清县、文安县、霸州市、三河市，衡水市桃城区、枣强县、武邑县、饶阳县、景县、冀州市，定州市、辛集市，雾灵山自然保护区；

山西：大同市阳高县，朔州市怀仁县，晋中市左权县、平遥县，运城市闻喜县、新绛县、垣曲县、夏县、河津市，临汾市尧都区、翼城县，五台山国有林管理局；

内蒙古：通辽市科尔沁区、库伦旗，乌兰察布市卓资县、兴和县、察哈尔右翼前旗、四子王旗，锡林郭勒盟阿巴嘎旗、苏尼特左旗；

辽宁：沈阳市法库县，大连市庄河市，营口市大石桥市，辽阳市辽阳县、灯塔市；

黑龙江：哈尔滨市五常市；

上海：宝山区、嘉定区、浦东新区、松江区、青浦区、奉贤区；

江苏：南京市浦口区、栖霞区、雨花台区、江宁区、六合区、溧水区、高淳区，无锡市锡山区、滨湖区、宜兴市，徐州市贾汪区、沛县、睢宁县，常州市天宁区、钟楼区、武进区、溧阳市，苏州市高新区、吴江区、昆山市、太仓市，南通市海门市，连云港市海州区，淮安市清江浦区、金湖县，盐城市亭湖区、盐都区、大丰区、响水县、阜宁县、射阳县、东台市，扬州市邗江区、江都区、宝应县、高邮市，镇江市新区、润州区、丹阳市、扬中市、句容市，泰州市姜堰区、兴化市；

浙江：杭州市西湖区、萧山区、桐庐县，宁波市北仑区、象山县、宁海县、余姚市、奉化市，温州市鹿城区、平阳县、瑞安市，嘉兴市秀洲区、嘉善县，金华市浦江县、磐安县、东阳市，衢州市常山县、龙游县，舟山市岱山县，台州市玉环县、三门县、天台县、仙居县、温岭市、临海市，丽水市莲都区；

安徽：合肥市包河区，芜湖市芜湖县、无为县，淮南市大通区、田家庵区，安庆市大观区、宜秀区，滁州市南谯区、全椒县、凤阳县、天长市、明光市，阜阳市临泉县、太和县，宿州市埇桥区、萧县，六安市叶集区、霍邱县、金寨县，亳州市涡阳县、蒙城县，池州市贵池区，宣城市郎溪县、广德县；

福建：漳州市诏安县、平和县、漳州开发区，南平市延平区、松溪县、政和县，龙岩市上杭县；

江西：南昌市南昌县，萍乡市安源区、湘东区、莲花县、芦溪县，九江市都昌县、湖口县、庐山市，鹰潭市贵溪市，赣州市信丰县，吉安市新干县、遂川县，宜春市奉新县，抚州市崇仁县、乐安县，上饶市信州区、广丰区、玉山县、横峰县、余干县、德兴市，共青城市、瑞金市、鄱阳县、安福县；

山东：济南市历城区、济阳县、商河县、章丘市，青岛市胶州市，枣庄市薛城区、台儿庄区、滕州市，东营市东营区、河口区、利津县，潍坊市坊子区、诸城市、昌邑市、滨海经济开发区，济宁市任城区、兖州区、鱼台县、金乡县、泗水县、梁山县、曲阜市、邹城市、高新区、太白湖新区、经济技术开发区，泰安市泰山区、岱岳区、宁阳县、新泰市、肥城市、泰山林场，威海市环翠区，日照市岚山区、莒县，莱芜市莱城区，临沂市兰山区、罗庄区、高新技术开发区、费县、莒南县、蒙阴县、临沭县，德州市陵城区、庆云县、齐河县、禹城市，聊城市东昌府区、阳谷县、莘县、东阿县、高唐县，菏泽市牡丹区、定陶区、单县，黄河三角洲保护区；

河南：郑州市中原区、管城回族区、新郑市，开封市通许县，平顶山市宝丰县、叶县、鲁山县、郏县、舞钢市，鹤壁市淇滨区、浚县，新乡市新乡县，焦作市修武县、武陟县、孟州市，濮阳市华龙区、清丰县、范县，许昌市禹州市、长葛市，漯河市舞阳县、临颍县，三门峡市渑池县，南阳市宛城区、南召县、内乡县、淅川县、唐河县、新野县、桐柏县，商丘市夏邑县，驻马店市西平县、确山县、泌阳县、遂平县，济源市、兰考县、汝州市、邓州市；

湖北：武汉市新洲区，十堰市竹山县，襄阳市保康县、老河口市、枣阳市，荆州市公安县，黄冈市团风县、罗田县、英山县、黄梅县，随州市随县，仙桃市；

湖南：长沙市长沙县，株洲市芦淞区、攸县、云龙示范区，湘潭市湘潭县、韶山市，衡阳市耒阳市，邵阳市邵阳县、隆回县、武冈市，岳阳市云溪区、君山区、岳阳县、平江县，常德市临澧县、石门县，张家界市永定区，益阳市桃江县、沅江市，郴州市嘉禾县、临武县、汝城县，永州市东安县、双牌县、道县，怀化市会同县，娄底市娄星区、涟源市，湘西土家族苗族自治州凤凰县；

广东：深圳市光明新区、坪山新区、龙华新区，佛山市高明区，湛江市廉江市，茂名市化州市，肇庆市高要区、四会市、肇庆市属林场，惠州市仲恺区，梅州市大埔县，汕尾市陆河县、陆丰市，中山市，云浮市新兴县、郁南县；

广西：桂林市叠彩区，玉林市容县，百色市田林县，贺州市昭平县，高峰林场；

海南：定安县；

重庆：万州区、大渡口区、沙坪坝区、九龙坡区、南岸区、北碚区、渝北区、巴南区、黔江区、长寿区、合川区、永川区、南川区、铜梁区、潼南区、万盛经济技术开发区，梁平区、城口县、武隆区、忠县、开县、奉节县、巫溪县、秀山土家族苗族自治县、酉阳土家族苗族自治县、彭水苗族土家族自治县；

四川：成都市都江堰市、邛崃市，自贡市沿滩区，攀枝花市米易县、普威局，绵阳市三台县、梓潼县、平武县，遂宁市安居区、蓬溪县、射洪县、大英县，内江市隆昌县，南充市顺庆区、西充县，广安市前锋区、武胜县，雅安市雨城区、荥经县、石棉县、天全县、芦山县，巴中市恩阳区、通江县，甘孜藏族自治州泸定县、色达县、理塘县、得荣县、新龙林业局，凉山彝族自治州布拖县；

贵州：六盘水市六枝特区，安顺市镇宁布依族苗族自治县，毕节市大方县，黔西南布依族苗族自治州兴仁县；

云南：昆明市东川区、呈贡区，曲靖市罗平县，玉溪市通海县、华宁县、易门县、元江哈尼族彝族傣族自治县，丽江市永胜县、华坪县、宁蒗彝族自治县，临沧市凤庆县、云县、镇康县，楚雄彝族自治州楚雄市、双柏县、牟定县、姚安县、永仁县、元谋县、武定县，红河哈尼族彝族自治州石屏县，文山壮族苗族自治州文山市、麻栗坡县，大理白族自治州永平县、云龙县、剑川县、鹤庆县，怒江傈僳族自治州泸水县；

陕西：西安市灞桥区、阎良区、临潼区、周至县、户县，宝鸡市高新区、凤翔县、岐山县、眉县、麟游县、太白县，咸阳市秦都区、渭城区、三原县、泾阳县、乾县、永寿县、彬县、长武县、旬邑县、武功县、兴平市，渭南市临渭区、华州区、潼关县、大荔县、合阳县、澄城县、蒲城县、白水县、华阴市，延安市洛川县、宜川县，汉中市汉台区，榆林市榆阳区、米脂县、吴堡县，安康市平利县、镇坪县，商洛市丹凤县、商南县、山阳县、镇安县，韩城市，长青自然保护区，宁东林业局、太白林业局；

甘肃：金昌市金川区，天水市张家川回族自治县，平凉市崆峒区、灵台县、崇信县、庄浪县，酒泉市金塔县，庆阳市正宁县，定西市岷县，陇南市文县、两当县；

宁夏：银川市兴庆区、西夏区、金凤区，吴忠市盐池县；

新疆：巴音郭楞蒙古自治州库尔勒市；

黑龙江森林工业总局：朗乡林业局，绥阳林业局、八面通林业局。

发生面积　969379 亩

危害指数　0. 3980

• 毛边异丽金龟 *Anomala coxalis* Bates

寄　　主　柳杉，山杨，野核桃，核桃，青冈，杏，苹果，梨。

分布范围　福建、江西、广东、四川。

发生地点　江西：宜春市高安市；

四川：雅安市天全县，巴中市巴州区。

发生面积　126 亩

危害指数　0. 3862

• 古铜异丽金龟 *Anomala cuprea* (Hope)

寄　　主　华北落叶松。

分布范围　内蒙古。

发生地点　内蒙古：通辽市霍林郭勒市。

• 大绿异丽金龟 *Anomala cupripes* (Hope)

中文异名　红脚绿丽金龟

寄　　主　马尾松，杉木，柏木，木麻黄，山杨，黑杨，垂柳，山核桃，核桃，桤木，板栗，栲树，栎，青冈，榆树，构树，柘树，高山榕，垂叶榕，山柚子，荷花玉兰，猴樟，樟树，野香橼花，桃，梅，杏，日本樱花，山樱桃，苹果，海棠花，石楠，李，梨，月季，玫瑰，耳叶相思，马占相思，羊蹄甲，凤凰木，柑橘，橄榄，香椿，油桐，秋枫，扁桃，鸡爪槭，龙眼，栾树，荔枝，枣树，短叶水石榕，木槿，木棉，油茶，茶，木荷，大叶山竹子，土沉香，紫薇，大花紫薇，巨桉，柿，女贞，木犀，火焰树。

分布范围　华东、中南，重庆、四川、贵州、云南、陕西。

发生地点　江苏：无锡市滨湖区，淮安市清江浦区、金湖县，盐城市大丰区、射阳县、建湖县，扬州市邗江区、江都区、宝应县，镇江市扬中市，泰州市姜堰区；

浙江：宁波市江北区、北仑区、鄞州区、象山县，台州市三门县、仙居县；

福建：三明市尤溪县；

江西：南昌市南昌县，萍乡市安源区、上栗县、芦溪县，上饶市广丰区；

湖北：武汉市洪山区、东西湖区，仙桃市、潜江市；

湖南：衡阳市衡南县、常宁市，邵阳市武冈市，岳阳市岳阳县；

广东：广州市增城区，肇庆市高要区、四会市，惠州市惠阳区，梅州市大埔县，汕尾市陆河县，中山市，云浮市新兴县；

广西：南宁市江南区、经济技术开发区；

四川：自贡市自流井区、贡井区、大安区、沿滩区，绵阳市平武县，遂宁市蓬溪县，内江市市中区、资中县、隆昌县，南充市高坪区，宜宾市南溪区、兴文县，广安市武胜县，雅安市汉源县、石棉县，巴中市通江县，资阳市雁江区，甘孜藏族自治州泸定县。

发生面积　44592 亩

危害指数　0. 4971

• 横斑异丽金龟 *Anomala ebenina* Fairmaire

寄　　主　山杨，木瓜。

分布范围　浙江、湖北。

• 黄褐异丽金龟 *Anomala exoleta* Faldermann

中文异名　黄褐丽金龟

寄　　主　银杏，云杉，松，柏木，榧树，新疆杨，加杨，山杨，小叶杨，毛白杨，垂柳，旱柳，核桃，桤木，白桦，板栗，麻栎，蒙古栎，青冈，榆树，桑，桃，碧桃，杏，苹果，海棠花，李，梨，蔷薇，刺槐，槐树，柑橘，黄檗，三叶槭，葡萄，油茶，木荷，巨桉，白蜡树，女贞，木犀，白花泡桐。

分布范围　华北、东北、华东、中南，重庆、四川、贵州、云南、陕西、甘肃、青海、宁夏。

发生地点　北京：大兴区、密云区；

河北：唐山市乐亭县、玉田县，张家口市沽源县、阳原县、赤城县，沧州市东光县、吴桥县、黄骅市，廊坊市霸州市，衡水市桃城区；

内蒙古：乌兰察布市四子王旗；

上海：闵行区、宝山区、嘉定区、松江区；

江苏：南京市栖霞区，常州市天宁区、钟楼区、武进区，苏州市太仓市，镇江市润州区、丹阳市；

浙江：宁波市鄞州区、象山县、宁海县、奉化市，温州市龙湾区，衢州市常山县，台州市仙居县；

山东：潍坊市诸城市，济宁市兖州区；

重庆：秀山土家族苗族自治县、酉阳土家族苗族自治县；

四川：德阳市罗江县，内江市隆昌县，眉山市仁寿县，雅安市石棉县，凉山彝族自治州德昌县；
云南：曲靖市罗平县；
陕西：西安市长安区，咸阳市永寿县，榆林市靖边县、米脂县；
甘肃：平凉市关山林管局；
宁夏：银川市永宁县、灵武市，石嘴山市大武口区、惠农区，吴忠市利通区、红寺堡区、同心县、青铜峡市。

发生面积　120047 亩

危害指数　0. 3486

- **甘蔗异丽金龟 *Anomala expansa* (Bates)**

中文异名　绿丽金龟、台湾青铜金龟

寄　　主　山杨，苦槠栲，樟树，天竺桂，紫薇，桉树，毛竹。

分布范围　浙江、福建、江西、广东、四川。

发生地点　浙江：金华市东阳市，台州市玉环县；
四川：成都市邛崃市，眉山市仁寿县、青神县。

发生面积　1783 亩

危害指数　0. 3333

- **小铜绿异丽金龟 *Anomala gudzenkoi* Jacobson**

寄　　主　山杨，柳树，板栗，榆树，苹果，梨，葡萄。

分布范围　河北、江苏、江西、陕西。

发生地点　河北：保定市博野县；
江西：赣州市石城县。

- **深绿异丽金龟 *Anomala heydeni* Frivaldszky**

寄　　主　日本落叶松，华山松，核桃，板栗，栎，苹果，香椿。

分布范围　浙江、江西、四川、贵州、陕西。

发生地点　浙江：宁波市象山县；
四川：巴中市通江县；
陕西：太白林业局。

发生面积　279 亩

危害指数　0. 3333

- **毛体异丽金龟 *Anomala hirsutula* Nonfried**

寄　　主　毛竹。

分布范围　陕西。

- **光沟异丽金龟 *Anomala laevisulcata* Fairmaire**

寄　　主　落叶松。

分布范围　福建、江西、湖南、广东、广西、海南。

- **侧斑异丽金龟 *Anomala luculenta* Erichson**

寄　　主　杨树，柳树，栎，榆树，三球悬铃木，日本樱花，槐树，葡萄，柞木，鹿角藤，白花泡桐。
分布范围　辽宁、黑龙江、广东、四川、陕西。
发生地点　四川：雅安市雨城区；
陕西：宝鸡市扶风县。
发生面积　175 亩
危害指数　0.3524

• 蒙古异丽金龟 *Anomala mongolica* Faldermann

寄　　主　樟子松，柳杉，柏木，侧柏，圆柏，加杨，山杨，毛白杨，白柳，绦柳，核桃，白桦，榛子，板栗，麻栎，槲栎，波罗栎，蒙古栎，栓皮栎，栎子青冈，榆树，桃，杏，山里红，苹果，海棠花，李，河北梨，刺槐，槐树，柑橘，黄檗，色木槭，葡萄，木槿，白蜡树，女贞，香果树。
分布范围　天津、河北、内蒙古、辽宁、吉林、黑龙江、江苏、山东、湖北、陕西。
发生地点　河北：石家庄市井陉县，唐山市玉田县，秦皇岛市昌黎县，张家口市怀来县，廊坊市霸州市，衡水市桃城区、武邑县；
内蒙古：通辽市科尔沁左翼后旗；
辽宁：丹东市振安区；
江苏：常州市天宁区、钟楼区、新北区；
山东：威海市经济开发区，菏泽市定陶区；
湖北：黄冈市罗田县；
陕西：汉中市汉台区，榆林市米脂县。
发生面积　4314 亩
危害指数　0.3338

• 红脚异丽金龟 *Anomala rubripes* Lin

寄　　主　杉木，木麻黄，板栗，栎，樟树，凤凰木，油桐，橡胶树，茶，土沉香，紫薇，海桑，榄仁树，大叶桉，巨尾桉。
分布范围　广东、广西、陕西。
发生地点　广东：肇庆市开发区、高要区；
广西：来宾市象州县，派阳山林场。
发生面积　3100 亩
危害指数　0.3333

• 红背异丽金龟 *Anomala rufithorax* Ohaus

寄　　主　栓皮栎，凤凰木，秋枫，土沉香，大花紫薇。
分布范围　湖北、广东。
发生地点　广东：汕尾市陆丰市。

• 丝毛异丽金龟 *Anomala sieversi* Heyden

寄　　主　华山松，油松，杨树，柳树，核桃，板栗，麻栎，榆树，毛杏，杏，苹果，白梨，刺槐，白花泡桐。

分布范围　河北、山东、陕西。
发生地点　陕西：汉中市汉台区、西乡县。
发生面积　301 亩
危害指数　0. 3333

• **斑翅异丽金龟 *Anomala spiloptera* Burmeister**
寄　　主　杉木。
分布范围　浙江、贵州。

• **草褐异丽金龟 *Anomala straminea* Semenov**
寄　　主　杨树，柳树，女贞。
分布范围　浙江、陕西。
发生地点　浙江：宁波市象山县。

• **黄色异丽金龟 *Anomala sulcipennis*（Faldermann）**
中文异名　弱脊异丽金龟
寄　　主　山杨，柳树，核桃，枫杨，桑，樟树，樱桃，枇杷，苹果，石楠，李，梨，柑橘，油桐，漆树，葡萄，油茶，巨桉，棕榈。
分布范围　河北、江苏、福建、湖北、广东、四川、陕西、宁夏。
发生地点　江苏：盐城市大丰区、滨海县，镇江市句容市；
湖北：仙桃市；
四川：自贡市贡井区、沿滩区，内江市东兴区、隆昌县，雅安市石棉县；
宁夏：银川市兴庆区、西夏区、金凤区，吴忠市利通区、同心县。
发生面积　419 亩
危害指数　0. 3373

• **三带异丽金龟 *Anomala trivirgata* Fairmaire**
寄　　主　杉木，核桃。
分布范围　四川。
发生地点　四川：雅安市石棉县，甘孜藏族自治州九龙县。
发生面积　1267 亩
危害指数　0. 3333

• **变色异丽金龟 *Anomala varicolor*（Gyllenhal）**
寄　　主　油茶。
分布范围　江苏。
发生地点　江苏：南京市溧水区。

• **脊纹异丽金龟 *Anomala viridicostata* Nonfried**
寄　　主　马尾松，山杨，麻栎，榆树，油茶，巨尾桉。
分布范围　浙江、福建、江西、河南、湖北、广东、广西、重庆、四川、贵州、陕西。
发生地点　河南：商丘市夏邑县；

广西：博白林场；
重庆：秀山土家族苗族自治县；
四川：资阳市雁江区。

发生面积　354 亩

危害指数　0. 3333

• **闪绿矛丽金龟 *Callistethus ouronitens*（Hope）**

寄　　主　华山松，湿地松，杉木，柏木，山杨，锥栗，青冈，桃，苹果，石楠，梨，凤凰木，油桐，乌桕，葡萄，金木犀，白花泡桐。

分布范围　福建、湖南、重庆、四川、陕西。

发生地点　湖南：郴州市桂东县；
重庆：城口县。

发生面积　106 亩

危害指数　0. 3333

• **蓝边矛丽金龟 *Callistethus plagiicollis* Fairmaire**

寄　　主　杨树，柳树，核桃，榆树，桑，山樱桃，葡萄。

分布范围　北京、河北、山西、辽宁、江苏、浙江、福建、江西、山东、河南、湖北、湖南、广东、四川、陕西。

发生地点　北京：石景山区；
广东：清远市连州市；
四川：甘孜藏族自治州泸定县；
陕西：宁东林业局、太白林业局。

发生面积　3985 亩

危害指数　0. 3335

• **茸喙丽金龟 *Chaetadoretus puberulus*（Motschulsky）**

寄　　主　板栗，榆树，桃，山楂，苹果，梨，枣树，葡萄，柿。

分布范围　北京、河北、辽宁、山东、湖北、四川。

发生地点　北京：密云区。

• **小喙丽金龟 *Chaetadoretus tonkinensis*（Ohaus）**

寄　　主　柳杉，山杨，苹果。

分布范围　河北。

• **弓斑常丽金龟 *Cyriopertha arcuata*（Gebler）**

寄　　主　加杨，山杨，旱柳，旱榆，榆树，杏。

分布范围　河北、山西、内蒙古、山东、河南、宁夏。

发生地点　河北：张家口市怀来县；
山西：大同市阳高县。

发生面积　900 亩

危害指数　0. 3333

- **透翅藜丽金龟 *Exomala conspurcata*（Harold）**

寄　　主　油松，柳树，栎，榆树，桑。
分布范围　河北、辽宁、陕西。

- **东方藜丽金龟 *Exomala orientalis*（Waterhouse）**

寄　　主　荆条。
分布范围　河北、山东。

- **淡翅藜丽金龟 *Exomala pallidipennis*（Reitter）**

寄　　主　杨树。
分布范围　吉林。

- **樱桃修丽金龟 *Ischnopopillia flavipes* Arrow**

寄　　主　苹果。
分布范围　宁夏。

- **华绿彩丽金龟 *Mimela chinensis* Kirby**

寄　　主　松，桤木，栎子青冈，文旦柚，桤木。
分布范围　江西、广东、四川。
发生地点　四川：攀枝花市普威林业局。
发生面积　296 亩
危害指数　0. 3333

- **棕腹彩丽金龟 *Mimela fusciventris* Lin**

寄　　主　核桃，栎，木荷。
分布范围　福建、四川。

- **黄边彩丽金龟 *Mimela hauseri* Ohaus**

寄　　主　文旦柚。
分布范围　四川。
发生地点　四川：绵阳市三台县。

- **粗绿彩丽金龟 *Mimela holosericea*（Fabricius）**

寄　　主　冷杉，云杉，青海云杉，华山松，樟子松，油松，圆柏，山杨，柳树，核桃，桤木，桦木，板栗，麻栎，蒙古栎，青冈，榆树，苹果，梨，葡萄。
分布范围　东北，河北、内蒙古、湖北、四川、陕西、甘肃、青海。
发生地点　河北：邢台市沙河市，保定市唐县，张家口市怀来县、涿鹿县、赤城县；
湖北：黄冈市罗田县；
四川：甘孜藏族自治州康定市，凉山彝族自治州盐源县、金阳县；
陕西：西安市蓝田县，商洛市商州区；
甘肃：武威市凉州区、天祝藏族自治县，白龙江林业管理局。
发生面积　2656 亩
危害指数　0. 3340

• 小黑彩丽金龟 *Mimela parva* Lin

寄　　主　苹果。

分布范围　河南、陕西。

• 京绿彩丽金龟 *Mimela peckinensis*（Heyden）

寄　　主　油松，苹果，葡萄。

分布范围　河北、山东。

• 亮绿彩丽金龟 *Mimela splendens*（Gyllenhal）

中文异名　墨绿彩丽金龟、亮条彩丽金龟

寄　　主　粗枝木麻黄，加杨，山杨，黑杨，垂柳，核桃，桤木，板栗，鬣蕨拷，麻栎，青冈，榆树，大果榉，樟树，樱花，日本樱花，苹果，李，月季，台湾相思，槐树，文旦柚，油桐，乌桕，大叶冬青，葡萄，木荷，黄牛木，苦丁茶，紫薇，白蜡树。

分布范围　辽宁、黑龙江、浙江、安徽、福建、江西、河南、山东、湖北、湖南、广东、重庆、四川、陕西。

发生地点　浙江：宁波市鄞州区，台州市仙居县；

江西：萍乡市芦溪县；

山东：威海市环翠区，临沂市蒙阴县，菏泽市牡丹区；

湖南：永州市新田县；

广东：清远市连州市；

重庆：黔江区、江津区；

四川：绵阳市三台县、梓潼县，遂宁市大英县，宜宾市南溪区，雅安市石棉县，巴中市巴州区；

陕西：西安市长安区，宁东林业局。

发生面积　86422 亩

危害指数　0.4325

• 褐足彩丽金龟 *Mimela testaceipes* Motschulsky

寄　　主　麻栎，苹果。

分布范围　吉林、山东。

• 黄闪彩丽金龟 *Mimela testaceoviridis* Blanchard

中文异名　浅褐彩丽金龟、黄艳金龟

寄　　主　榧树，山杨，柳树，核桃，桤木，板栗，麻栎，青冈，朴树，榆树，无花果，桑，苹果，梨，刺槐，山枇杷，葡萄，油茶，沙棘，紫薇，巨桉，花曲柳，女贞，油橄榄，木犀。

分布范围　北京、辽宁、江苏、浙江、安徽、福建、山东、河南、湖北、广东、四川、陕西。

发生地点　浙江：宁波市象山县，温州市鹿城区、平阳县、瑞安市，嘉兴市嘉善县，舟山市岱山县，台州市仙居县、临海市；

安徽：池州市贵池区；

山东：济宁市兖州区；

四川：内江市隆昌县，南充市营山县，宜宾市兴文县，阿坝藏族羌族自治州理县。

发生面积　65033 亩

危害指数　0. 5150

- **庭园发丽金龟 *Phyllopertha horticola* (Linnaeus)**

中文异名　庭园丽金龟

寄　　主　松，柳杉，杨树，柳树，核桃，白桦，栎，榆树，桃，樱桃，山楂，苹果，海棠花，梨，沙梨，柠条锦鸡儿，刺槐，槐树，葡萄，沙棘。

分布范围　河北、山西、山东、湖北、陕西、青海。

发生地点　河北：张家口市蔚县，雾灵山保护区；

山东：潍坊市昌邑市；

陕西：西安市灞桥区，渭南市华州区；

青海：西宁市湟源县，玉树藏族自治州玉树市。

发生面积　104277 亩

危害指数　0. 3823

- **兰黑弧丽金龟 *Popillia cyanea* Hope**

寄　　主　山杨，川滇柳，栎，苹果，梨，刺槐，小花扁担杆，木槿。

分布范围　山东、湖北、湖南、陕西。

发生地点　湖南：娄底市新化县。

- **琉璃弧丽金龟 *Popillia flavosellata* Fairmaire**

中文异名　琉璃金龟

拉丁异名　*Popillia atrocoerulea* Bates

寄　　主　华山松，湿地松，马尾松，杉木，圆柏，山杨，黑杨，垂柳，旱柳，核桃，桤木，栎，青冈，榆树，油樟，桃，山楂，苹果，梨，月季，玫瑰，合欢，柑橘，漆树，枣树，葡萄，木槿，紫薇，喜树，鹿角藤，臭牡丹，白花泡桐，方竹，慈竹，金竹。

分布范围　北京、河北、辽宁、黑龙江、江苏、浙江、江西、山东、河南、湖北、广东、四川、云南、陕西。

发生地点　河北：邢台市沙河市，沧州市吴桥县，衡水市桃城区；

浙江：宁波市鄞州区，温州市鹿城区，台州市临海市；

山东：济宁市曲阜市，泰安市泰山区、新泰市，威海市环翠区；

湖北：荆州市洪湖市；

四川：自贡市自流井区、沿滩区，乐山市犍为县，甘孜藏族自治州泸定县；

陕西：宁东林业局。

发生面积　14856 亩

危害指数　0. 4051

- **豆蓝金龟 *Popillia livida* Lin**

中文异名　豆蓝金龟子

寄　　主　山杨，小叶杨，毛白杨，核桃，麻栎，槲栎，栎子青冈，榆树，牡丹，苹果，梨，玫瑰，刺槐，葡萄，木芙蓉，山茶，柿。

分布范围　天津、河北、山西、辽宁、福建、山东、河南、湖北、四川、陕西、甘肃。

发生地点　河北：沧州市东光县、吴桥县、孟村回族自治县；

山西：阳泉市郊区；

河南：驻马店市确山县；

陕西：西安市蓝田县。

发生面积　2135 亩

危害指数　0.3333

- **蒙边弧丽金龟 *Popillia mongolica* Arrow**

中文异名　蒙古豆金龟

寄　　主　青冈。

分布范围　四川、宁夏。

- **无斑弧丽金龟 *Popillia mutans* Newman**

中文异名　棉花弧丽金龟、棉弧丽金龟、无斑丽金龟、豆蓝弧丽金龟、台湾琉璃豆金龟

寄　　主　华山松，湿地松，马尾松，油松，柳杉，柏木，山杨，黑杨，垂柳，棉花柳，核桃，枫杨，桤木，板栗，槲栎，青冈，栎子青冈，榆树，构树，月桂，绣球，三球悬铃木，桃，山楂，西府海棠，苹果，河北梨，月季，玫瑰，合欢，紫荆，胡枝子，槐树，紫藤，柑橘，油桐，盐肤木，色木槭，葡萄，木槿，中华猕猴桃，山茶，油茶，茶，紫薇，巨桉，柿，女贞，木犀，黄荆，牡荆，荆条，白花泡桐。

分布范围　北京、天津、河北、山西、辽宁、吉林、上海、江苏、浙江、安徽、福建、江西、山东、湖北、湖南、四川、陕西。

发生地点　北京：昌平区、密云区；

河北：唐山市古冶区、滦南县、玉田县，秦皇岛市海港区，邢台市沙河市，沧州市吴桥县，廊坊市霸州市；

上海：宝山区；

浙江：宁波市江北区、北仑区、鄞州区、象山县，温州市鹿城区、龙湾区、平阳县，舟山市岱山县、嵊泗县，台州市天台县、临海市；

安徽：合肥市庐阳区、包河区；

福建：泉州市安溪县；

山东：济南市平阴县，青岛市胶州市，潍坊市坊子区、滨海经济开发区，济宁市任城区、曲阜市，泰安市泰山区、肥城市、徂徕山林场，威海市环翠区，聊城市东阿县，菏泽市牡丹区、单县、郓城县；

湖北：武汉市洪山区、东西湖区，黄冈市罗田县；

四川：自贡市自流井区、贡井区、荣县，绵阳市三台县、梓潼县，内江市威远县、隆昌县，乐山市犍为县，宜宾市翠屏区、南溪区、筠连县、兴文县，雅安市雨城区、石棉县，资阳市雁江区；

陕西：咸阳市永寿县。

发生面积　9722 亩

危害指数　0. 3725

• 曲带弧丽金龟 *Popillia pustulata* Fairmaire

寄　　主　榧树，黑杨，小叶杨，核桃，板栗，麻栎，青冈，榆树，油樟，桃，山楂，苹果，李，红叶李，梨，玫瑰，合欢，槐树，乌桕，栾树，无患子，葡萄，小花扁担杆，油茶，柞木，紫薇，柿，女贞，兰考泡桐。

分布范围　华东、中南、西南，北京、陕西。

发生地点　江苏：镇江市润州区、丹徒区、丹阳市；

浙江：宁波市北仑区、鄞州区、宁海县、奉化市；

安徽：合肥市庐阳区、包河区，芜湖市芜湖县，池州市贵池区；

山东：泰安市泰山林场；

河南：濮阳市范县；

湖北：荆门市钟祥市；

四川：内江市隆昌县，南充市营山县、仪陇县，巴中市巴州区。

发生面积　1579 亩

危害指数　0. 3333

• 中华弧丽金龟 *Popillia quadriguttata* (Fabricius)

中文异名　四斑弧丽金龟、四纹丽金龟

寄　　主　雪松，云杉，油松，柳杉，柏木，榧树，加杨，山杨，黑杨，毛白杨，垂柳，旱柳，核桃，桤木，榛子，板栗，栲树，麻栎，蒙古栎，榆树，桑，三球悬铃木，桃，碧桃，杏，樱桃，山楂，苹果，海棠花，李，梨，河北梨，月季，合欢，紫穗槐，刺槐，槐树，白刺花，紫藤，野花椒，黄栌，漆树，栾树，枣树，葡萄，杜英，木槿，茶，柽柳，紫薇，柿，君迁子，女贞，丁香，黄荆，香果树。

分布范围　华北、东北、华东，河南、湖北、广东、广西、重庆、四川、贵州、陕西、甘肃、宁夏。

发生地点　北京：朝阳区、大兴区、密云区；

河北：石家庄市井陉县，唐山市古冶区、滦南县、玉田县，张家口市怀来县，沧州市沧县、东光县、盐山县、吴桥县、黄骅市，廊坊市霸州市，衡水市桃城区；

山西：大同市阳高县，晋中市太谷县、灵石县；

上海：宝山区、青浦区；

江苏：南京市栖霞区、六合区，徐州市沛县；

浙江：宁波市江北区、北仑区、鄞州区、象山县，温州市平阳县，丽水市松阳县；

安徽：池州市贵池区；

福建：三明市将乐县；

山东：东营市垦利县，济宁市曲阜市，泰安市泰山区，威海市环翠区，聊城市东阿县，菏泽市牡丹区，黄河三角洲保护区；

重庆：巫溪县、酉阳土家族苗族自治县；

四川：绵阳市梓潼县，宜宾市江安县，广安市前锋区、武胜县，达州市开江县，雅安市石棉县、芦山县，阿坝藏族羌族自治州阿坝县，甘孜藏族自治州康定市、泸定县、乡城县，凉山彝族自治州德昌县；
陕西：咸阳市乾县，渭南市华州区、白水县，汉中市汉台区、西乡县，榆林市绥德县、子洲县，商洛市丹凤县；
甘肃：白银市靖远县；
宁夏：银川市兴庆区、灵武市，吴忠市盐池县，固原市彭阳县。

发生面积　57387 亩

危害指数　0. 3348

- **苹毛丽金龟** ***Proagopertha lucidula*** **(Faldermann)**

中文异名　苹毛金龟子、长毛金龟子

寄　　主　山杨，二白杨，大叶杨，小叶杨，旱柳，北沙柳，山核桃，核桃，辽东楤木，板栗，锥栗，麻栎，青冈，榆树，构树，桑，桃，杏，樱桃，樱花，日本樱花，山楂，西府海棠，苹果，海棠花，李，白梨，玫瑰，柠条锦鸡儿，刺槐，槐树，葡萄，秋海棠，紫薇，丁香，鹿角藤，白花泡桐。

分布范围　华北、东北，江苏、安徽、福建、山东、河南、重庆、四川、贵州、陕西、甘肃、宁夏。

发生地点　北京：东城区、石景山区、大兴区；
河北：石家庄市井陉县、正定县、行唐县、赞皇县、平山县、晋州市、新乐市，唐山市古冶区、滦南县、乐亭县、玉田县，秦皇岛市抚宁区、青龙满族自治县、昌黎县、卢龙县，邢台市临城县、威县、临西县、沙河市，保定市唐县、高阳县、望都县、顺平县、博野县、安国市，张家口市蔚县、赤城县，承德市平泉县，沧州市沧县、东光县、吴桥县、献县、孟村回族自治县、河间市，廊坊市大城县、霸州市，衡水市桃城区、景县，定州市、辛集市，雾灵山保护区；
山西：晋中市灵石县；
内蒙古：通辽市科尔沁区、库伦旗，鄂尔多斯市达拉特旗；
黑龙江：齐齐哈尔市梅里斯达斡尔族区；
山东：潍坊市坊子区，济宁市任城区、高新技术开发区区，泰安市岱岳区，莱芜市莱城区、钢城区，聊城市东阿县、冠县；
重庆：秀山土家族苗族自治县、酉阳土家族苗族自治县；
四川：阿坝藏族羌族自治州汶川县，凉山彝族自治州金阳县、昭觉县；
陕西：咸阳市永寿县，渭南市华州区、白水县，汉中市汉台区，宁东林业局；
甘肃：庆阳市镇原县；
宁夏：银川市兴庆区、西夏区、金凤区、灵武市。

发生面积　180681 亩

危害指数　0. 3393

犀金龟科 Dynastidae

- **戴叉犀金龟** ***Allomyrina davidis*** **(Deyrolle et Fairmaire)**

寄　　主　青冈。

分布范围　江苏、福建、江西。

- **中华晓扁犀金龟** ***Eophileurus chinensis*** **(Faldermann)**

中文异名　晓扁犀金龟、华扁犀金龟
寄　　主　马尾松，杉木，山杨，垂柳，榆树，构树，无花果，桑，二球悬铃木，桃，梨，槐树，栾树，油茶，茶，紫薇，荆条。
分布范围　华东，天津、山西、辽宁、河南、湖北、广东、海南、云南。
发生地点　上海：嘉定区、浦东新区；
　　江苏：南京市浦口区、雨花台区、溧水区，无锡市锡山区、惠山区、滨湖区，徐州市沛县，苏州市太仓市，淮安市淮阴区、金湖县，盐城市大丰区、响水县、阜宁县、射阳县，扬州市宝应县、高邮市，镇江市扬中市、句容市，泰州市姜堰区；
　　山东：威海市环翠区；
　　湖北：荆门市京山县。
发生面积　1376 亩
危害指数　0.3636

- **角蛀犀金龟亚种** ***Oryctes nasicornis przevalskii*** **Semenow et Medvedev**

寄　　主　钻天杨，花曲柳。
分布范围　新疆。
发生地点　新疆生产建设兵团：农四师 68 团。

- **点翅蛀犀金龟** ***Oryctes nasicornis punctipennis*** **Motschulsky**

寄　　主　杨树，柳树，桃，杏，苹果，李。
分布范围　新疆。

- **椰柱犀金龟** ***Oryctes rhinoceros*** **(Linnaeus)**

中文异名　二疣犀甲
寄　　主　椰子。
分布范围　海南。
发生地点　海南：陵水黎族自治县。

- **阔胸禾犀金龟** ***Pentodon quadridens mongolicus*** **Motschulsky**

中文异名　阔胸犀金龟、阔胸金龟子
拉丁异名　*Pentodon patruelis* Frivaldsky
寄　　主　加杨，山杨，箭杆杨，毛白杨，水柳，板栗，榆树，旱榆，桑，桃，杏，苹果，李，梨，柠条锦鸡儿，枣树，柿，兰考泡桐。
分布范围　东北、西北，河北、山西、内蒙古、江苏、浙江、山东、河南、湖北。
发生地点　河北：唐山市滦南县、乐亭县，保定市唐县，张家口市怀来县、尚义县，沧州市黄骅市，廊坊市霸州市，衡水市桃城区、饶阳县；
　　浙江：宁波市象山县；
　　山东：黄河三角洲保护区；

宁夏：银川市西夏区、永宁县，石嘴山市惠农区，吴忠市红寺堡区、青铜峡市、盐池县，固原市原州区、西吉县。

发生面积 13772 亩

危害指数 0.3399

• **蒙瘤犀金龟 *Trichogomphus mongol* Arrow**

寄　　主 雪松，杉木，山杨，柳树，枫杨，麻栎，榆树，构树，无花果，桑，桃，柑橘，木荷。

分布范围 江苏、浙江、福建、江西、湖南、广东、广西、海南、重庆、四川、贵州、云南。

发生地点 江苏：淮安市清江浦区，扬州市邗江区、宝应县、高邮市；

浙江：杭州市西湖区，宁波市江北区；

湖南：娄底市新化县；

广东：广州市天河区，惠州市惠阳区；

重庆：北碚区、江津区，秀山土家族苗族自治县；

四川：甘孜藏族自治州泸定县。

发生面积 3792 亩

危害指数 0.3351

• **双叉犀金龟 *Trypoxylus dichotomus* (Linnaeus)**

寄　　主 华山松，湿地松，马尾松，油松，云南松，柳杉，杉木，山杨，垂柳，旱柳，核桃，枫杨，桤木，桦木，板栗，甜槠栲，苦槠栲，麻栎，槲栎，白栎，蒙古栎，栓皮栎，青冈，栎子青冈，朴树，榆树，构树，无花果，桑，南天竹，樟树，枫香，桃，山楂，苹果，海棠花，红叶李，火棘，沙梨，台湾相思，皂荚，槐树，紫藤，柑橘，花椒，黄连木，栾树，葡萄，梧桐，红淡比，油茶，茶，木荷，红千层，大叶桉，水曲柳，白蜡树，光蜡树，木犀，银桂，黄荆，兰考泡桐，毛竹。

分布范围 华东、中南，河北、山西、辽宁、重庆、四川、贵州、云南、陕西。

发生地点 上海：闵行区、宝山区、浦东新区、金山区、松江区、奉贤区；

江苏：南京市浦口区、雨花台区、江宁区、六合区、溧水区、高淳区，无锡市锡山区、滨湖区、宜兴市，常州市溧阳市，淮安市淮阴区、清江浦区、金湖县，盐城市亭湖区、盐都区、大丰区、响水县、阜宁县、建湖县、东台市，扬州市江都区、宝应县、高邮市，镇江市丹徒区、扬中市、句容市，泰州市姜堰区、兴化市；

浙江：杭州市萧山区，宁波市江北区、北仑区、镇海区、鄞州区、象山县、奉化市，温州市龙湾区、平阳县、瑞安市，嘉兴市嘉善县，舟山市岱山县，台州市仙居县，丽水市莲都区；

安徽：合肥市包河区，芜湖市无为县；

江西：萍乡市芦溪县，九江市庐山市，宜春市樟树市、高安市，上饶市广丰区，鄱阳县；

山东：泰安市泰山区；

湖北：武汉市洪山区、东西湖区，襄阳市枣阳市；

湖南：邵阳市武冈市，岳阳市岳阳县，永州市双牌县，怀化市辰溪县，娄底市娄星区、双峰县；
广东：肇庆市开发区；
广西：南宁市宾阳县，贵港市覃塘区，崇左市宁明县；
重庆：万州区、黔江区，武隆区、秀山土家族苗族自治县；
四川：自贡市自流井区、贡井区、大安区、沿滩区、荣县，绵阳市游仙区、三台县、梓潼县，甘孜藏族自治州泸定县；
云南：大理白族自治州云龙县；
陕西：西安市蓝田县，渭南市华州区、合阳县，安康市旬阳县，商洛市丹凤县、镇安县，宁东林业局。

发生面积　36035 亩
危害指数　0.4623

• **橡胶木犀金龟 *Xylotrupes gideon* Linnaeus**

寄　　主　木麻黄，山杨，栎，榕树，樟树，桃，台湾相思，楝树，巨尾桉。
分布范围　江苏、福建、江西、广东、广西、海南、四川、云南、陕西。
发生地点　江苏：南京市溧水区；
福建：泉州市永春县；
广东：广州市番禺区；
广西：桂林市荔浦县，梧州市岑溪市；
四川：攀枝花市盐边县。
发生面积　2417 亩
危害指数　0.3333

花金龟科 Cetoniidae

• **绿奇花金龟 *Agestrata orichalca* (Linnaeus)**

寄　　主　山杨，核桃，桤木，板栗，麻栎，白栎，栓皮栎，柑橘，荔枝。
分布范围　江苏、广东、广西、四川、贵州、云南。
发生地点　江苏：南京市栖霞区、江宁区、六合区、溧水区，淮安市淮阴区、洪泽区、盱眙县，镇江市新区、润州区、丹阳市。

• **褐锈花金龟 *Anthracophora rusticola* Burrneister**

寄　　主　加杨，山杨，黑杨，白柳，旱柳，麻栎，榆树，桑，桃，山楂，合欢，刺槐，槐树，乌桕，龙眼，红淡比，茶，柿，木犀。
分布范围　东北，河北、江苏、福建、山东、广西、四川、陕西、宁夏。
发生地点　河北：唐山市玉田县，秦皇岛市昌黎县，沧州市沧县；
四川：雅安市雨城区；
陕西：咸阳市长武县，汉中市汉台区；
宁夏：固原市彭阳县。
发生面积　11515 亩

危害指数　0. 3336

• **红斑花金龟** ***Bonsiella blanda*** **（Jordan）**

寄　　主　柑橘，板栗，梨。

分布范围　浙江、安徽、江西。

发生地点　浙江：宁波市象山县。

• **赭翅臀花金龟** ***Campsiura mirabilis*** **（Faldermann）**

中文异名　奇弯腹花金龟

寄　　主　核桃，槐树，柑橘。

分布范围　北京、河北、辽宁、湖北、广西、四川、贵州、云南、陕西。

• **金匠花金龟** ***Cetonia aurata*** **（Linnaeus）**

寄　　主　野海棠，桃，杏，梨。

分布范围　新疆。

发生地点　新疆：巴音郭楞蒙古自治州库尔勒市；

　　　　　新疆生产建设兵团：农四师68团。

• **长毛花金龟** ***Cetonia magnifica*** **Ballion**

中文异名　华美花金龟

寄　　主　杨树，栎，旱榆，桃，苹果，梨，槐树。

分布范围　东北，河北、山西、内蒙古、山东、河南、陕西、宁夏。

• **铜红花金龟** ***Cetonia rutilans*** **（Janson）**

寄　　主　山杨，栎。

分布范围　云南、西藏、陕西。

发生地点　陕西：汉中市西乡县。

• **暗绿花金龟** ***Cetonia viridiopaca*** **（Motschulsky）**

寄　　主　旱榆，刺槐。

分布范围　辽宁、宁夏。

发生地点　宁夏：银川市兴庆区、西夏区。

• **台斑跗花金龟** ***Clinterocera scabrosa*** **（Motschulsky）**

拉丁异名　*Clinterocera mandarina*（Westwood）

寄　　主　栎，榆树，梨，柑橘。

分布范围　北京、福建。

发生地点　北京：密云区。

• **褐鳞花金龟** ***Cosmiomorpha modesta*** **Saunders**

寄　　主　板栗，麻栎，榆树，桃，苹果，梨，刺槐，柿。

分布范围　河北、江苏、浙江、福建、山东、湖北、湖南、陕西。

发生地点　湖南：娄底市新化县。

• 毛鳞花金龟 *Cosmiomorpha similis* Fairmaire

中文异名　褐艳花金龟

寄　　主　栲树，栓皮栎。

分布范围　江苏、福建、湖北。

发生地点　江苏：淮安市淮阴区。

• 宽带鹿花金龟 *Dicronocephalus adamsi*（Pascoe）

中文异名　灰翅鹿角斑金龟

寄　　主　柳树，板栗，蒙古栎，栓皮栎，青冈，榔榆，榆树，桑，梨。

分布范围　天津、山西、辽宁、安徽、河南、湖北、重庆、四川、云南、陕西。

发生地点　安徽：合肥市包河区；

湖北：荆门市京山县；

四川：眉山市仁寿县，雅安市石棉县，巴中市通江县。

发生面积　3533 亩

危害指数　0.3333

• 小鹿花金龟 *Dicronocephalus bourgoini*（Pouillaude）

寄　　主　栎子青冈，五味子。

分布范围　陕西。

• 黄粉鹿花金龟 *Dicronocephalus bowringi* Pascoe

寄　　主　银杏，柳树，核桃，板栗，栓皮栎，栎子青冈，构树，桑，苹果，石楠，梨，酸枣，毛竹。

分布范围　天津、河北、辽宁、江苏、浙江、江西、山东、河南、湖北、广州、四川、贵州、云南、陕西。

发生地点　江苏：镇江市句容市；

浙江：宁波市象山县、宁海县、奉化市，丽水市松阳县。

• 弯角鹿花金龟 *Dicronocephalus wallichi* Hope

寄　　主　板栗，栎。

分布范围　广西、四川、云南、陕西。

• 榄纹花金龟 *Diphyllomorpha olivacea*（Janson）

中文异名　榄罗花金龟

拉丁异名　*Rhomborrhina nigroolivacea* Medvedev，*Rhomborrhina olivacea*（Janson）

寄　　主　柳树。

分布范围　四川。

发生地点　四川：乐山市马边彝族自治县。

发生面积　109 亩

危害指数　0.5596

• 斑青花金龟 *Gametis bealiae*（Gory et Percheron）

寄　　主　山杨，棉花柳，核桃，板栗，栎，青冈，桑，桃，杏，苹果，石楠，李，红叶李，梨，月季，文旦柚，柑橘，花椒，乌桕，黄杨，葡萄，山茶，油茶，柞木，紫薇，巨桉，白蜡树，女贞，木犀，暴马丁香，罗汉果。

分布范围　中南、西南，河北、辽宁、江苏、浙江、安徽、福建、江西、陕西。

发生地点　浙江：宁波市鄞州区；

安徽：合肥市庐阳区，芜湖市芜湖县；

福建：泉州市安溪县；

江西：萍乡市芦溪县；

重庆：巫溪县；

四川：绵阳市三台县、梓潼县，南充市高坪区、营山县、仪陇县、西充县，广安市武胜县，巴中市巴州区、南江县，甘孜藏族自治州泸定县；

陕西：西安市周至县，渭南市华州区、合阳县。

发生面积　1516 亩

危害指数　0. 3338

- **小青花金龟 *Gametis jucunda* (Faldermann)**

中文异名　双斑小花金龟

寄　　主　加杨，山杨，黑杨，钻天杨，毛白杨，白柳，垂柳，旱柳，薄壳山核桃，核桃，桤木，桦木，榛子，板栗，麻栎，蒙古栎，栓皮栎，青冈，栎子青冈，榆树，构树，桑，银桦，玉兰，桃，山杏，杏，欧李，樱桃，日本晚樱，山楂，垂丝海棠，西府海棠，苹果，海棠花，李，火棘，白梨，白蔷薇，月季，玫瑰，黄刺玫，台湾相思，紫穗槐，柠条锦鸡儿，胡枝子，刺槐，紫藤，柑橘，花椒，臭椿，油桐，麻疯树，盐肤木，龙眼，栾树，酸枣，葡萄，木槿，山茶，茶，红淡比，柽柳，秋海棠，紫薇，柿，女贞，小叶女贞，暴马丁香，鹿角藤，黄荆，荆条，枸杞，白花泡桐。

分布范围　华北、东北、西北，江苏、安徽、福建、江西、山东、河南、湖北、湖南、广西、四川、贵州、云南。

发生地点　北京：丰台区、石景山区、顺义区、昌平区、大兴区、密云区、延庆区；

河北：石家庄市井陉矿区、井陉县，唐山市古冶区、乐亭县、遵化市，秦皇岛市青龙满族自治县、昌黎县，邢台市沙河市，保定市唐县、望都县、顺平县、博野县、安国市，张家口市沽源县、赤城县，沧州市沧县、东光县、盐山县、吴桥县、献县、黄骅市、河间市，廊坊市安次区，定州市，雾灵山保护区；

江苏：常州市溧阳市，苏州市高新技术开发区，镇江市句容市；

福建：厦门市翔安区；

江西：萍乡市芦溪县；

山东：潍坊市坊子区、滨海经济开发区，济宁市任城区、兖州区、微山县、鱼台县、金乡县、曲阜市、邹城市、高新技术开发区、太白湖新区，泰安市泰山区、岱岳区、宁阳县、新泰市、肥城市、泰山林场，威海市环翠区，莱芜市莱城区，聊城市阳谷县、东阿县、冠县，菏泽市牡丹区、单县、郓城县，黄河三角洲保护区；

河南：驻马店市泌阳县；

湖北：黄冈市罗田县；

湖南：湘潭市韶山市；
广西：百色市靖西市；
四川：攀枝花市东区、西区、仁和区、盐边县，绵阳市游仙区、梓潼县，南充市西充县，广安市前锋区，巴中市巴州区，凉山彝族自治州雷波局；
云南：玉溪市元江哈尼族彝族傣族自治县；
陕西：渭南市合阳县，汉中市汉台区，商洛市丹凤县、山阳县、镇安县，宁东林业局；
甘肃：白龙江林业管理局；
宁夏：银川市兴庆区、西夏区、金凤区，石嘴山市大武口区；
新疆生产建设兵团：农四师。

发生面积 66979 亩

危害指数 0.3385

● **黄斑短突花金龟 *Glycyphana fulvistemma* Motschulsky**

寄　　主 山杨，柳树，栎子青冈，山楂，油桐，苹果，柑橘，桃，梨。

分布范围 东北，北京、河北、浙江、福建、江西、山东、湖北、广西、云南、西藏。

发生地点 浙江：宁波市奉化市；
湖北：荆州市洪湖市。

发生面积 550 亩

危害指数 0.3333

● **红缘短突花金龟 *Glycyphana horsfieldi*（Hope）**

寄　　主 麻栎，栗，柑橘。

分布范围 广东、广西、海南、四川、贵州、云南、陕西。

发生地点 陕西：安康市旬阳县。

● **萤扩唇花金龟 *Ingrisma viridipallens* Bourgoin**

寄　　主 山杨，苹果。

分布范围 福建、广东、广西、四川、云南、陕西。

● **白星花金龟 *Protaetia brevitarsis*（Lewis）**

中文异名 白星花潜、白纹铜花金龟

寄　　主 银杏，落叶松，华山松，赤松，马尾松，樟子松，油松，黑松，云南松，柳杉，水杉，日本扁柏，柏木，刺柏，侧柏，高山柏，圆柏，红豆杉，粗枝木麻黄，加杨，山杨，黑杨，毛白杨，白柳，垂柳，旱柳，馒头柳，杨梅，山核桃，核桃，枫杨，板栗，锥栗，麻栎，蒙古栎，栓皮栎，青冈，珊瑚朴，朴树，旱榆，榆树，构树，柘树，垂叶榕，无花果，桑，猴樟，樟树，枫香，二球悬铃木，山桃，桃，碧桃，梅，山杏，杏，樱桃，樱花，日本樱花，木瓜，山楂，枇杷，垂丝海棠，西府海棠，苹果，海棠花，椤木石楠，石楠，李，红叶李，火棘，白梨，西洋梨，川梨，月季，红果树，紫荆，刺槐，槐树，柑橘，花椒，臭椿，橄榄，楝树，香椿，红椿，油桐，油桐，黄杨，盐肤木，色木槭，七叶树，龙眼，栾树，无患子，枣树，葡萄，椴树，木槿，垂花悬铃花，茶，柽柳，合果木，四季秋海棠，沙棘，紫薇，石榴，巨尾桉，洋蒲桃，野海棠，柿，水曲柳，白蜡树，女贞，木犀，丁香，鹿角藤，黄荆，荆条，枸杞，白花泡桐，香果树。

分布范围　华北、东北、华东，河南、湖北、湖南、广东、重庆、四川、贵州、陕西、甘肃、宁夏、新疆。

发生地点　北京：东城区、丰台区、石景山区、通州区、顺义区、昌平区、大兴区、密云区；

天津：东丽区；

河北：石家庄市井陉县、高邑县、赞皇县、新乐市，唐山市古冶区、丰润区、乐亭县，秦皇岛市海港区、青龙满族自治县、昌黎县，邯郸市永年区、鸡泽县，邢台市新河县、威县、沙河市，保定市满城区、唐县、顺平县、博野县，张家口市怀安县、怀来县、赤城县，承德市平泉县，沧州市沧县、吴桥县、黄骅市、河间市，廊坊市安次区、大城县、霸州市、三河市，衡水市桃城区、武邑县、饶阳县，雾灵山保护区；

山西：大同市阳高县，晋中市左权县、灵石县；

内蒙古：通辽市科尔沁左翼后旗，鄂尔多斯市达拉特旗，巴彦淖尔市乌拉特前旗、乌拉特后旗；

黑龙江：佳木斯市富锦市，绥化市海伦市国有林场；

上海：宝山区、嘉定区、浦东新区、金山区、松江区、青浦区、奉贤区；

江苏：南京市浦口区、雨花台区、高淳区，无锡市锡山区、惠山区、滨湖区，徐州市贾汪区、沛县、睢宁县，苏州市高新技术开发区、相城区、吴江区、昆山市、太仓市，淮安市清江浦区、金湖县，盐城市大丰区、阜宁县、射阳县、东台市，镇江市扬中市、句容市，泰州市姜堰区、泰兴市，宿迁市宿城区、沭阳县；

浙江：杭州市西湖区、萧山区、桐庐县，宁波市江北区、鄞州区、象山县、宁海县、余姚市、奉化市，温州市鹿城区、龙湾区、永嘉县、瑞安市，嘉兴市秀洲区，金华市浦江县、磐安县，舟山市岱山县、嵊泗县，台州市椒江区、黄岩区、三门县、天台县、温岭市；

安徽：合肥市庐阳区，芜湖市芜湖县、无为县，阜阳市颍上县，亳州市涡阳县、蒙城县；

福建：漳州市诏安县，南平市延平区；

江西：鄱阳县；

山东：济南市历城区，青岛市胶州市、即墨市、莱西市，枣庄市台儿庄区、滕州市，东营市河口区、垦利县、广饶县，潍坊市坊子区、诸城市、滨海经济开发区，济宁市任城区、兖州区、泗水县、梁山县、曲阜市、高新技术开发区、太白湖新区，泰安市泰山区、岱岳区、宁阳县、泰山林场、徂徕山林场，威海市环翠区，日照市莒县，莱芜市莱城区，临沂市兰山区、高新技术开发区、沂水县、莒南县，聊城市阳谷县、东阿县、经济技术开发区、高新技术产业开发区，菏泽市牡丹区、定陶区、单县、成武县、郓城县；

河南：郑州市惠济区、新郑市，漯河市舞阳县，周口市西华县，驻马店市泌阳县，新蔡县；

湖北：武汉市洪山区、东西湖区，襄阳市老河口市，荆州市监利县、洪湖市，黄冈市罗田县，仙桃市、潜江市、太子山林场；

湖南：邵阳市武冈市，岳阳市平江县，常德市鼎城区，益阳市桃江县，郴州市北湖区、桂阳县、永兴县、汝城县、安仁县，永州市江永县，娄底市新化县；

广东：深圳市南山区；

重庆：北碚区、江津区，巫溪县、石柱土家族自治县、秀山土家族苗族自治县、酉阳土家族苗族自治县；

四川：自贡市自流井区、贡井区、大安区，绵阳市三台县、梓潼县，内江市东兴区、威远县、资中县，南充市顺庆区、高坪区、嘉陵区、西充县，宜宾市筠连县，广安市前锋区，资阳市雁江区，阿坝藏族羌族自治州汶川县，甘孜藏族自治州康定市；

陕西：西安市临潼区、周至县，宝鸡市扶风县，咸阳市秦都区、乾县、永寿县、彬县、长武县、武功县，渭南市华州区、潼关县、大荔县、合阳县、澄城县、蒲城县、白水县、华阴市，汉中市汉台区，榆林市绥德县、米脂县、吴堡县、子洲县，安康市旬阳县，商洛市丹凤县，杨陵区，宁东林业局；

甘肃：金昌市金川区，白银市靖远县，平凉市泾川县、华亭县、关山林管局，庆阳市正宁县、镇原县，白龙江林业管理局；

宁夏：银川市兴庆区、西夏区、金凤区，石嘴山市大武口区，吴忠市利通区、红寺堡区、盐池县、同心县，固原市原州区、西吉县、彭阳县；

新疆：乌鲁木齐市沙依巴克区、高新区、水磨沟区，克拉玛依市克拉玛依区，吐鲁番市高昌区、鄯善县、托克逊县，博尔塔拉蒙古自治州博乐市、阿拉山口市、精河县，塔城地区塔城市、沙湾县；

新疆生产建设兵团：农四师68团，农七师124团、130团，农八师。

发生面积　188839亩

危害指数　0.3597

• 疏纹星花金龟 *Protaetia cathaica* (Bates)

寄　　主　栗，栎，山楂，李叶绣线菊。

分布范围　辽宁、江苏、浙江、福建、江西、湖北、湖南、广东、广西、四川、云南。

• 绿艳白点花金龟 *Protaetia elegans* (Kometani)

寄　　主　榆树，桃，木瓜，梨，柑橘。

分布范围　江苏、浙江、福建、江西、四川。

发生地点　浙江：舟山市嵊泗县。

• 丽星花金龟 *Protaetia exasperata* (Fairmaire)

寄　　主　杨树。

分布范围　河北。

• 铜绿星花金龟 *Protaetia famelica* (Janson)

中文异名　多纹星花金龟

寄　　主　山杨，柳树，栎，朴树，榆树，构树，杏，苹果，刺槐，臭椿，白蜡树，梓。
分布范围　东北，北京、河北、山西、江苏、安徽、山东、湖南、四川、云南、陕西。
发生地点　北京：密云区；
　　　　　安徽：阜阳市颍东区、颍泉区；
　　　　　山东：菏泽市定陶区；
　　　　　湖南：常德市澧县。
发生面积　4094 亩
危害指数　0.3333

• **亮绿星花金龟** ***Protaetia nitididorsis*** **(Fairmaire)**

寄　　主　核桃，栎，榆树，桃，杏，苹果，梨，葡萄，紫薇。
分布范围　华北、东北、中南、西南。
发生地点　四川：绵阳市三台县。

• **东方星花金龟** ***Protaetia orientalis*** **(Gory et Percheron)**

中文异名　凸星花金龟
寄　　主　山杨，小叶杨，垂柳，栗，青冈，朴树，榆树，桃，樱桃，海棠花，李，刺槐，水曲柳。
分布范围　上海、江苏、浙江、广东、重庆、四川。
发生地点　上海：宝山区、嘉定区、松江区、青浦区，崇明县；
　　　　　江苏：南京市栖霞区、江宁区、六合区、溧水区，淮安市淮阴区、洪泽区、盱眙县，镇江市润州区、丹徒区、丹阳市；
　　　　　浙江：舟山市嵊泗县；
　　　　　广东：清远市属林场；
　　　　　重庆：南岸区，忠县、奉节县、巫溪县；
　　　　　四川：南充市嘉陵区。
发生面积　498 亩
危害指数　0.3467

• **日铜罗花金龟** ***Pseudotorynorrhina japonica*** **(Hope)**

中文异名　日罗花金龟、日铜伪阔花金龟
寄　　主　柳杉，山杨，柳树，核桃，板栗，锥栗，麻栎，青冈，朴树，榆树，柘树，无花果，桃，杏，樱花，日本樱花，苹果，李，梨，文旦柚，柑橘，乌桕，无患子，梭罗树，杜鹃，白花泡桐。
分布范围　华东、中南，重庆、四川、贵州、云南、陕西。
发生地点　江苏：镇江市句容市；
　　　　　浙江：宁波市象山县；
　　　　　福建：泉州市安溪县；
　　　　　山东：威海市环翠区；
　　　　　河南：郑州市新郑市；
　　　　　湖南：娄底市新化县；

广东：清远市连州市；
四川：自贡市大安区、沿滩区，绵阳市三台县、梓潼县，内江市威远县，乐山市马边彝族自治县，巴中市巴州区，凉山彝族自治州昭觉县。

发生面积 868 亩
危害指数 0.3667

● **长胸罗花金龟 *Rhomborrhina fuscipes* Fairmaire**

寄　　主 华山松，杉木，杨树，麻栎，桃，日本樱花，李，梨，柑橘、女贞。
分布范围 重庆、四川、云南。
发生地点 重庆：酉阳土家族苗族自治县。
发生面积 1000 亩
危害指数 0.3333

● **细纹罗花金龟 *Rhomborrhina mellyi* (Gory et Percheron)**

寄　　主 马尾松，核桃，栎，榆树，桃，梨。
分布范围 江苏、广西、四川、云南、西藏。
发生地点 江苏：南京市溧水区。

● **丽罗花金龟 *Rhomborrhina splendida* Moser**

中文异名 金艳骚金龟
寄　　主 山杨，梨。
分布范围 江苏、福建、湖南、广东、广西、海南。
发生地点 江苏：镇江市润州区、丹阳市。

● **匀绿罗花金龟 *Rhomborrhina unicolor* Motschulsky**

中文异名 白纹铜绿金龟、单绿罗花金龟
寄　　主 苏铁，马尾松，山杨，黑杨，垂柳，核桃，板栗，栎，青冈，榆树，樟树，桃，梨，柑橘，栾树，柚木。
分布范围 中南，北京、浙江、福建、江西、山东、重庆、四川、贵州、陕西、甘肃。
发生地点 浙江：宁波市象山县、奉化市；
江西：萍乡市上栗县、芦溪县；
广西：南宁市良庆区；
重庆：秀山土家族苗族自治县；
四川：遂宁市船山区，乐山市夹江县，凉山彝族自治州布拖县；
陕西：宁东林业局；
甘肃：白龙江林业管理局。
发生面积 4439 亩
危害指数 0.3333

● **绿唇花金龟 *Trigonophorus rothschildi* Fairmaire**

中文异名 革绿唇花金龟
寄　　主 栎，沙田柚，柑橘。

分布范围　福建、湖南、四川、云南、西藏。

• 苹绿唇花金龟 *Trigonophorus rothschildi varans* Bourg

寄　　主　栎。

分布范围　浙江、福建、江西、陕西。

• 短毛斑金龟 *Lasiotrichius succinctus*（Pallas）

寄　　主　山杨，辽杨，板栗，榆树，桃，苹果，月季，玫瑰，紫穗槐，色木槭，山葡萄，中华猕猴桃，油茶，女贞，白丁香。

分布范围　东北，北京、河北、山西、江苏、浙江、福建、山东、河南、广西、四川、云南、陕西、甘肃。

发生地点　北京：石景山区；

河北：邢台市沙河市，张家口市怀来县；

江苏：南京市溧水区。

发生面积　3026 亩

危害指数　0.3333

• 花椒黑褐金龟 *Osmoderma opicum* Lewis

寄　　主　花椒。

分布范围　河北、陕西。

• 虎皮斑金龟 *Trichius fasciatus*（Linnaeus）

寄　　主　油松，榆树，油茶，木荷。

分布范围　东北，河北、江西、新疆。

发生地点　河北：唐山市乐亭县，张家口市赤城县。

发生面积　102 亩

危害指数　0.3333

蜉金龟科 Aphodiidae

• 黄缘蜉金龟 *Labarrus sublimbatus*（Motschulsky）

寄　　主　崖柏，黑杨，核桃，枣树。

分布范围　湖北、四川。

发生地点　内蒙古、湖北：潜江市；

四川：内江市市中区、资中县，资阳市雁江区。

吉丁甲科 Buprestidae

• 柑橘窄吉丁 *Agrilus auriventris* Saunders

寄　　主　柑橘。

分布范围　浙江、江西、湖南、四川、陕西。

发生地点　江西：萍乡市莲花县。

• **栎窄吉丁 *Agrilus cyaneoniger* Saunders**

寄　　主　板栗，苦槠栲，蒙古栎，麻栎，栎子青冈。

分布范围　河北、福建、山东、河南、湖北、广东、陕西、甘肃。

发生地点　河北：河北木兰林管局；
福建：龙岩市上杭县；
山东：烟台市莱山区；
河南：平顶山市鲁山县；
广东：肇庆市四会市；
陕西：渭南市华州区；
甘肃：兴隆山保护区。

发生面积　3781 亩

危害指数　0.3522

• **缠皮窄吉丁 *Agrilus inamoenus* Kerremans**

寄　　主　巨尾桉。

分布范围　广西。

发生地点　广西：南宁市上林县。

• **棕窄吉丁 *Agrilus integerrimus*（Ratzeburg）**

寄　　主　山杨，旱榆。

分布范围　宁夏。

• **苹果窄吉丁 *Agrilus mali* Matsumura**

中文异名　苹小吉丁虫、苹果吉丁虫

寄　　主　杨树，桃，杏，樱桃，西府海棠，苹果，海棠花，李，梨，秋海棠，香果树。

分布范围　华北、西北，江苏、安徽、山东、河南、贵州。

发生地点　河北：石家庄市井陉县、高邑县、新乐市，唐山市开平区，邯郸市鸡泽县，保定市阜平县、唐县、高阳县，张家口市阳原县、怀安县，沧州市献县、河间市，衡水市枣强县、安平县、故城县；
江苏：南京市高淳区；
山东：济宁市兖州区，莱芜市钢城区，聊城市阳谷县，菏泽市牡丹区、定陶区、曹县、单县、郓城县；
陕西：榆林市子洲县，商洛市镇安县；
甘肃：兰州市榆中县，天水市张家川回族自治县，武威市凉州区，平凉市崆峒区、灵台县，酒泉市肃州区，庆阳市镇原县；
宁夏：中卫市中宁县；
新疆生产建设兵团：农四师 68 团。

发生面积　16594 亩

危害指数　0.3691

• **沙柳窄吉丁 *Agrilus moerens* Saunders**

拉丁异名　*Agrilus rotundicollis* Saunders

寄　　主　沙柳，榆树，柠条锦鸡儿。
分布范围　内蒙古、陕西、宁夏、新疆。

• 白蜡窄吉丁 *Agrilus planipennis* Fairmaire

中文异名　花曲柳窄吉丁
寄　　主　水曲柳，白蜡树，花曲柳，绒毛白蜡，木犀。
分布范围　华北、东北，山东、河南、陕西、甘肃。
发生地点　北京：石景山区、通州区、顺义区；
天津：塘沽区、汉沽区、北辰区、武清区、静海区；
河北：承德市滦平县，廊坊市霸州市；
辽宁：大连市庄河市，本溪市本溪满族自治县，丹东市东港市，辽阳市辽阳县；
山东：东营市东营区、河口区，德州市庆云县，聊城市阳谷县；
河南：济源市；
甘肃：庆阳市合水县。
发生面积　1819 亩
危害指数　0.3916

• 核桃小吉丁 *Agrilus ribbei* Kiesenwetter

中文异名　黑小吉丁虫
拉丁异名　*Agrilus lewisiellus* Kere.
寄　　主　山核桃，野核桃，核桃楸，核桃，板栗，樱桃，梨，合欢，刺槐，花椒。
分布范围　西南，河北、山西、山东、河南、湖北、湖南、陕西、甘肃。
发生地点　河北：石家庄市井陉县、平山县，邯郸市涉县；
山西：晋中市左权县，运城市绛县；
山东：莱芜市钢城区，聊城市阳谷县，菏泽市郓城县；
河南：郑州市惠济区，洛阳市栾川县、嵩县，平顶山市鲁山县，三门峡市卢氏县，南阳市新野县，济源市；
湖南：邵阳市邵阳县；
四川：乐山市沐川县，甘孜藏族自治州得荣县，凉山彝族自治州西昌市；
贵州：黔西南布依族苗族自治州望谟县；
云南：楚雄彝族自治州永仁县；
陕西：西安市蓝田县、周至县，宝鸡市金台区、陈仓区、陇县、千阳县、麟游县、太白县，咸阳市三原县、泾阳县、永寿县、彬县、长武县，渭南市华州区，汉中市汉台区、洋县、西乡县、略阳县，商洛市商州区、洛南县、丹凤县、商南县、山阳县、镇安县、柞水县，韩城市，宁东林业局；
甘肃：平凉市华亭县。
发生面积　190107 亩
危害指数　0.5468

• 中华窄吉丁 *Agrilus sinensis* Thomson

寄　　主　山杨，柑橘。
分布范围　江西。

- **合欢窄吉丁** ***Agrilus subrobustus*** **Saunders**

中文异名　合欢吉丁虫

寄　　主　新疆杨，合欢。

分布范围　华北，上海、江苏、安徽、山东、湖北、新疆。

发生地点　北京：东城区、石景山区；
　　　　　上海：浦东新区；
　　　　　江苏：苏州市吴江区；
　　　　　安徽：芜湖市繁昌县、无为县；
　　　　　新疆：巴音郭楞蒙古自治州库尔勒市。

- **杨窄吉丁虫** ***Agrilus suvorovi*** **Obenberger**

寄　　主　杨树。

分布范围　吉林、新疆。

- **绿窄吉丁** ***Agrilus viridis*** **(Linnaeus)**

寄　　主　山杨，旱榆，杏，臭椿。

分布范围　华北、东北，陕西、宁夏。

发生地点　宁夏：银川市兴庆区、西夏区、金凤区。

- **大叶黄杨窄吉丁** ***Agrilus yamabusi*** **Miwa et Chûjô**

拉丁异名　*Agrilus nakanei* Kurosawa

寄　　主　长叶黄杨。

分布范围　江苏、贵州、陕西。

发生地点　陕西：杨陵区。

发生面积　1200 亩

危害指数　0.3333

- **花椒窄吉丁** ***Agrilus zanthoxylumi*** **Zhang et Wang**

寄　　主　杏，花椒。

分布范围　山东、云南、陕西、甘肃。

发生地点　云南：曲靖市陆良县，昭通市永善县、彝良县；
　　　　　陕西：西安市临潼区、户县，宝鸡市渭滨区、陈仓区、高新技术开发区、凤县、太白县，渭南市合阳县、富平县、华阴市，商洛市洛南县，韩城市，宁东林业局；
　　　　　甘肃：陇南市文县、宕昌县、礼县，临夏回族自治州临夏市、临夏县、永靖县，甘南藏族自治州舟曲县。

发生面积　51796 亩

危害指数　0.4796

- **胸双带吉丁** ***Anthaxia hungarica*** **(Scopoli)**

寄　　主　杨树，旱榆。

分布范围　宁夏。

• 四点吉丁 *Anthaxia quadripunctata*（Linnaeus）

中文异名　松四凹点吉丁

寄　　主　油松，旱榆。

分布范围　宁夏。

• 赤缘绿吉丁 *Buprestis aurulenta* Linnaeus

寄　　主　云南松，麻栎。

分布范围　浙江、安徽、四川。

发生地点　四川：攀枝花市盐边县。

发生面积　100 亩

危害指数　0.3333

• 暗色松吉丁虫 *Buprestis haemorrhoidalis* Herbst

寄　　主　马尾松，山杨，桃，山杏，杏，樱桃，山楂，苹果，李，河北梨，沙梨，川梨，白花泡桐。

分布范围　华北，辽宁、安徽、福建、江西、山东、湖南、广东、广西、陕西、甘肃、宁夏。

发生地点　北京：丰台区、大兴区；

河北：石家庄市井陉县，沧州市东光县、献县、河间市，廊坊市安次区，衡水市安平县；

内蒙古：通辽市科尔沁左翼后旗；

福建：漳州市平和县，南平市延平区；

山东：东营市河口区，莱芜市莱城区，聊城市阳谷县、东阿县、冠县；

湖南：岳阳市平江县；

广西：桂林市阳朔县、兴安县，贺州市平桂区；

宁夏：银川市兴庆区、西夏区、金凤区，石嘴山市大武口区。

发生面积　3014 亩

危害指数　0.3555

• 松青铜吉丁 *Buprestis haemorrhoidalis sibirica* Fleischer

寄　　主　冷杉，云杉，湿地松，红松，马尾松，油松。

分布范围　东北，北京、黑龙江、广西。

发生地点　广西：河池市东兰县。

• 五星烟吉丁 *Capnodis cariosa*（Pallas）

中文异名　杨五星吉丁

寄　　主　山杨。

分布范围　新疆。

发生地点　新疆：吐鲁番市鄯善县、托克逊县，博尔塔拉蒙古自治州精河县，阿勒泰地区布尔津县。

发生面积　365 亩

危害指数　0.3333

• 日本脊吉丁 *Chalcophora japonica*（Gory）

中文异名　日本松吉丁虫

寄　　主　湿地松，马尾松，云南松，猴樟，桃，樱桃，海棠花，台湾相思，女贞。

分布范围　华东、西南，湖南、广东、广西。

发生地点　江苏：镇江市句容市；

浙江：台州市仙居县；

安徽：合肥市庐阳区；

江西：吉安市新干县、泰和县、永新县；

广东：广州市从化区，惠州市惠阳区，汕尾市陆河县，云浮市新兴县；

广西：贺州市平桂区，大桂山林场；

重庆：南川区、万盛经济技术开发区，丰都县、武隆区；

四川：遂宁市船山区；

贵州：遵义市播州区。

发生面积　14497 亩

危害指数　0.4484

• 云南松脊吉丁 *Chalcophora yunnana* Fairmaire

中文异名　云南脊吉丁

寄　　主　湿地松，马尾松，云南松，山杨，板栗，油桐，巨尾桉，柚木。

分布范围　西南，浙江、福建、江西、湖北、湖南、广西。

发生地点　浙江：宁波市奉化市；

广西：南宁市宾阳县，桂林市雁山区、荔浦县，梧州市苍梧县、藤县，北海市海城区，贵港市平南县，河池市南丹县、天峨县；

重庆：黔江区、长寿区、永川区，垫江县、忠县、奉节县；

四川：攀枝花市东区、西区、仁和区、盐边县、普威局，广安市前锋区；

云南：昆明市西山区、倘甸产业园区，玉溪市红塔区、峨山彝族自治县，临沧市沧源佤族自治县，安宁市。

发生面积　19089 亩

危害指数　0.3539

• 六星吉丁 *Chrysobothris affinis*（Fabricius）

中文异名　六星铜吉丁

寄　　主　雪松，樟子松，油松，新疆杨，山杨，旱柳，山核桃，核桃，枫杨，板栗，榆树，三球悬铃木，桃，杏，樱桃，樱花，日本樱花，苹果，海棠花，李，川梨，香槐，刺槐，槐树，柑橘，重阳木，乌桕，色木槭，梣叶槭，枣树，杜英，秋海棠，鹿角藤。

分布范围　华北、东北、西北，上海、江苏、浙江、山东。

发生地点　北京：大兴区；

河北：唐山市古冶区、滦南县、乐亭县、玉田县，沧州市东光县、献县、河间市；

内蒙古：鄂尔多斯市鄂托克前旗；

上海：浦东新区；

江苏：淮安市洪泽区；
浙江：衢州市柯城区；
山东：枣庄市滕州市，聊城市阳谷县，黄河三角洲保护区；
陕西：宝鸡市凤翔县，咸阳市永寿县，渭南市大荔县，榆林市佳县，商洛市丹凤县；
宁夏：银川市兴庆区、西夏区、金凤区，吴忠市同心县，中卫市中宁县；
新疆：乌鲁木齐市乌鲁木齐县，吐鲁番市高昌区、鄯善县，喀什地区叶城县、岳普湖县，和田地区和田县。

发生面积　14846 亩

危害指数　0.3638

- **杂灌星吉丁 *Chrysobothris igai* Kurosawa**

寄　　主　沙拐枣。

分布范围　宁夏。

发生地点　宁夏：银川市贺兰县。

- **松星吉丁 *Chrysobothris pulchripes* Fairmaire**

寄　　主　马尾松。

分布范围　湖北。

- **柑橘六星吉丁 *Chrysobothris succedanea* Saunders**

中文异名　六星吉丁

寄　　主　柳树，樱，海棠花，柑橘。

分布范围　山东、湖南、陕西。

发生地点　山东：济宁市曲阜市。

- **桃金吉丁 *Chrysochroa fulgidissima*（Schönherr）**

中文异名　彩虹吉丁虫

寄　　主　桃。

分布范围　河北、福建、江西、湖南、广东、广西。

- **梨小吉丁虫 *Coraebus rusticanus* Lewis**

寄　　主　梨。

分布范围　湖北、重庆、云南。

发生地点　重庆：涪陵区。

- **桦双尾吉丁 *Dicerca furcate*（Thunberg）**

拉丁异名　*Dicerca acummata*（Pall）

寄　　主　山楂。

分布范围　黑龙江。

- **天花土吉丁 *Julodis variolaris*（Pallas）**

寄　　主　梭梭，柽柳。

分布范围　新疆。

发生地点　新疆：塔城地区沙湾县；
　　　　　新疆生产建设兵团：农七师 130 团。
发生面积　492 亩
危害指数　0.4282

• 晕紫块斑吉丁 *Lamprodila cupreosplendens*（Kerremans）

寄　　主　野漆树。
分布范围　浙江。
发生地点　浙江：宁波市象山县。

• 榆绿吉丁 *Lamprodila decipiens*（Gebler）

拉丁异名　*Lampra decipiens*（Gebler）
寄　　主　旱榆。
分布范围　宁夏。

• 桃吉丁 *Lamprodila kheili*（Obenberger）

寄　　主　桃。
分布范围　河北、陕西。
发生地点　陕西：汉中市西乡县。

• 梨金缘绿吉丁 *Lamprodila limbata*（Gebler）

中文异名　金缘吉丁虫、翡翠吉丁虫
寄　　主　旱榆，桃，杏，苹果，梨，枣树。
分布范围　河北、辽宁、江苏、福建、重庆、宁夏、新疆。
发生地点　江苏：无锡市宜兴市；
　　　　　福建：漳州市诏安县；
　　　　　重庆：丰都县；
　　　　　宁夏：银川市灵武市，石嘴山市大武口区；
　　　　　新疆：喀什地区疏附县。
发生面积　1584 亩
危害指数　0.3333

• 红缘绿吉丁 *Lamprodila nobilissima*（Mannerheim）

寄　　主　榆树，桃，杏，苹果。
分布范围　内蒙古、辽宁、山东。
发生地点　内蒙古：乌兰察布市四子王旗。
发生面积　3500 亩
危害指数　0.3333

• 柞栎斑吉丁 *Lamprodila virgata*（Motschulsky）

寄　　主　马尾松，栎，海棠花。
分布范围　重庆、陕西。

发生地点　重庆：江津区；
　　　　　陕西：西安市临潼区。
发生面积　150 亩
危害指数　0. 3333

• **松黑木吉丁 *Melanophila acuminata*（DeGeer）**
中文异名　松迹地吉丁
寄　　主　华山松，马尾松，油松。
分布范围　东北，北京、山西、福建、江西、云南、西藏、陕西、甘肃、新疆。
发生地点　北京：门头沟区；
　　　　　山西：大同市大同县，杨树丰产林实验局；
　　　　　江西：赣州经济技术开发区；
　　　　　陕西：韩城市。
发生面积　5500 亩
危害指数　0. 3333

• **柳缘吉丁虫 *Meliboeus pekinensis* Obenberger**
拉丁异名　*Meliboeus cerskyl* Obenberger
寄　　主　旱柳。
分布范围　河北、内蒙古、山东、新疆。
发生地点　内蒙古：通辽市科尔沁左翼后旗；
　　　　　山东：聊城市东阿县；
　　　　　新疆：喀什地区英吉沙县、莎车县。
发生面积　1215 亩
危害指数　0. 3333

• **杨锦纹截尾吉丁 *Poecilonota variolosa variolosa*（Paykull）**
中文异名　杨锦纹吉丁
寄　　主　青杨，山杨，黑杨，小青杨，小叶杨，柳树，榆树。
分布范围　华北、东北，江西、山东、湖北、四川、贵州、陕西、宁夏、新疆。
发生地点　河北：石家庄市井陉县，张家口市赤城县；
　　　　　山西：杨树丰产林实验局；
　　　　　内蒙古：通辽市科尔沁区；
　　　　　吉林：松原市前郭尔罗斯蒙古族自治县、扶余市；
　　　　　山东：聊城市莘县，菏泽市郓城县；
　　　　　湖北：武汉市新洲区；
　　　　　四川：甘孜藏族自治州稻城县，凉山彝族自治州昭觉县；
　　　　　新疆：吐鲁番市高昌区，阿勒泰地区吉木乃县。
发生面积　5892 亩
危害指数　0. 3401

- **四黄斑吉丁 *Ptosima chinensis* Marseul**

中文异名　黄纹吉丁
寄　　主　桃，花椒。
分布范围　山西、安徽、福建、江西、山东、湖北、湖南、四川、贵州。
发生地点　安徽：池州市贵池区；
四川：遂宁市大英县。

- **杨十斑吉丁 *Trachypteris picta* (Pallas)**

寄　　主　银白杨，新疆杨，北京杨，加杨，青杨，山杨，胡杨，二白杨，苦杨，黑杨，钻天杨，箭杆杨，小叶杨，沙兰杨，垂柳，旱柳，榆树，刺槐，槐树，沙枣。
分布范围　西北，河北、内蒙古、黑龙江、安徽、江西、四川。
发生地点　河北：保定市顺平县，沧州市河间市；
内蒙古：乌海市海勃湾区，鄂尔多斯市达拉特旗，巴彦淖尔市乌拉特前旗，乌兰察布市四子王旗，阿拉善盟额济纳旗；
四川：遂宁市射洪县；
陕西：渭南市华阴市，商洛市镇安县；
甘肃：嘉峪关市，金昌市永昌县，武威市凉州区，张掖市甘州区、肃南裕固族自治县、民乐县、临泽县、高台县、山丹县，酒泉市肃州区、金塔县、瓜州县、肃北蒙古族自治县、阿克塞哈萨克族自治县、玉门市、敦煌市；
新疆：乌鲁木齐市天山区、沙依巴克区、乌鲁木齐县，克拉玛依市克拉玛依区，哈密市伊州区，博尔塔拉蒙古自治州精河县，喀什地区疏勒县、英吉沙县、叶城县、麦盖提县、岳普湖县、巴楚县，和田地区和田县、皮山县，塔城地区沙湾县，阿勒泰地区布尔津县，石河子市；
新疆生产建设兵团：农一师 10 团，农二师 22 团、29 团，农四师 68 团，农七师 130 团，农八师，农十师，农十三师，农十四师 224 团。
发生面积　160062 亩
危害指数　0. 3736

隐唇叩甲科 Eucnemidae

- **朽木叩甲 *Dirrhagofarsus lewisi* (Fleutiaux)**

寄　　主　杨树，无患子，海榄雌。
分布范围　福建、山东、广东、陕西。
发生地点　陕西：宁东林业局。

叩甲科 Elateridae

- **大青叩甲 *Adelocera maklini* Candeze**

寄　　主　桑，猴樟，樟树，梨，花椒，枣树，梧桐，石榴，厚壳树。
分布范围　江苏、福建、江西、湖北、广西、四川。

发生地点　江苏：南京市栖霞区；
福建：南平市延平区；
江西：九江市庐山市；
广西：南宁市良庆区；
四川：甘孜藏族自治州雅江县。
发生面积　194 亩
危害指数　0.3333

• **细胸叩头虫 *Agriotes subvittatus* Motschulsky**

中文异名　细胸锥尾叩甲、细胸金针虫
拉丁异名　*Agriotes fuscicollis* Miwa
寄　　主　银杏，杉松，雪松，落叶松，云杉，红皮云杉，华山松，红松，马尾松，樟子松，油松，杉木，柏木，侧柏，高山柏，青杨，山杨，黑杨，沙兰杨，棉花柳，核桃，桤木，板栗，麻栎，旱榆，榆树，构树，桑，西米棕，猴樟，樟树，海桐，枫香，三球悬铃木，桃，碧桃，杏，樱桃，樱花，日本樱花，枇杷，苹果，海棠花，石楠，李，红叶李，梨，月季，黄刺玫，合欢，刺槐，槐树，柑橘，吴茱萸，乌桕，长叶黄杨，色木槭，元宝枫，栾树，葡萄，梧桐，油茶，茶，沙棘，紫薇，柠檬桉，巨尾桉，杜鹃，白蜡树，女贞，木犀，丁香，白花泡桐，刺竹子，早竹，高节竹，毛竹。
分布范围　华北、东北、华东、西北，河南、湖北、广西、重庆、四川、贵州。
发生地点　北京：东城区、石景山区、密云区；
河北：石家庄市井陉县，唐山市乐亭县、玉田县，秦皇岛市青龙满族自治县，邢台市平乡县、沙河市，保定市阜平县、博野县，张家口市涿鹿县，沧州市东光县、河间市，衡水市桃城区、安平县；
黑龙江：佳木斯市郊区；
上海：金山区、松江区；
江苏：南京市浦口区、雨花台区、江宁区，无锡市惠山区、滨湖区，盐城市盐都区、大丰区、阜宁县，扬州市宝应县、经济技术开发区，镇江市句容市，泰州市姜堰区；
浙江：宁波市江北区；
福建：龙岩市上杭县；
江西：吉安市泰和县；
山东：东营市广饶县，潍坊市诸城市，济宁市任城区、曲阜市，泰安市新泰市、肥城市、泰山林场，莱芜市雪野湖，聊城市阳谷县、莘县、东阿县，菏泽市牡丹区；
河南：三门峡市湖滨区、陕州区，驻马店市驿城区；
湖北：宜昌市当阳市，荆州市洪湖市；
广西：南宁市横县；
重庆：酉阳土家族苗族自治县；
四川：自贡市自流井区、荣县，攀枝花市米易县，内江市东兴区、资中县，甘孜藏族自治州新龙县；

陕西：西安市周至县、户县，宝鸡市扶风县，咸阳市三原县、彬县、兴平市，渭南市华州区、大荔县、合阳县、华阴市，汉中市汉台区，榆林市吴堡县，佛坪保护区，太白林业局；
甘肃：嘉峪关市，太子山保护区；
青海：西宁市城西区、城北区；
宁夏：石嘴山市大武口区、惠农区；
新疆：克拉玛依市克拉玛依区，吐鲁番市鄯善县；
新疆生产建设兵团：农四师 68 团。

发生面积　11710 亩
危害指数　0.3355

• **泥红槽缝叩甲** ***Agrypnus argillaceus*** **(Solsky)**

寄　　主　华山松，湿地松，马尾松，油松，云南松，山杨，核桃，核桃楸，枫杨，白桦，青冈，桑，樱桃，李，花椒，阔叶槭，鹿角藤，毛竹。
分布范围　东北、西南，北京、河北、内蒙古、江苏、江西、山东、湖北、广西、陕西、甘肃、宁夏。
发生地点　北京：石景山区；
山东：泰安市泰山林场；
四川：雅安市石棉县，甘孜藏族自治州泸定县，凉山彝族自治州布拖县、金阳县；
陕西：西安市蓝田县；
甘肃：白龙江林业管理局。
发生面积　8085 亩
危害指数　0.3333

• **双瘤槽缝叩甲** ***Agrypnus bipapulatus*** **(Candèze)**

寄　　主　山杨，垂柳，核桃，板栗，麻栎，蒙古栎，榆树，大果榉，桑，猴樟，日本晚樱，苹果，月季，茶，兰考泡桐，毛竹。
分布范围　华北、东北，上海、江苏、福建、江西、山东、河南、湖北、广西、四川、贵州、云南、陕西。
发生地点　北京：东城区、顺义区、密云区；
山西：晋中市灵石县；
上海：浦东新区；
江苏：南京市浦口区，无锡市锡山区，淮安市清江浦区，扬州市江都区，镇江市句容市；
山东：泰安市泰山林场；
湖北：黄冈市罗田县；
陕西：咸阳市乾县，太白林业局。
发生面积　329 亩
危害指数　0.3343

• **灰斑槽缝叩甲** ***Agrypnus taciturnus*** **（Candèze）**

寄　　主　沙柳。

分布范围　福建、江西、湖北、海南、宁夏。

发生地点　宁夏：吴忠市盐池县。

发生面积　400 亩

危害指数　0.4167

• **黑色锥胸叩甲** ***Ampedus nigrinus*** **（Herbst）**

寄　　主　杨树，旱榆，榆树，苹果，梨，柞木。

分布范围　东北，宁夏。

发生地点　宁夏：银川市西夏区、金凤区。

• **黑斑锥胸叩甲** ***Ampedus sanguinolentus*** **（Schrank）**

寄　　主　旱榆，鹿角藤。

分布范围　东北，内蒙古、宁夏。

• **丽叩甲** ***Campsosternus auratus*** **（Drury）**

中文异名　大绿叩头甲

寄　　主　湿地松，马尾松，油松，柳杉，杉木，山杨，板栗，栲树，黧蒴栲，白栎，榆树，榕树，阴香，樟树，桃，樱花，李，槐树，柑橘，秋枫，山乌桕，黄连木，栾树，油茶，茶，阔叶桉，细叶桉，巨尾桉，女贞，白花泡桐。

分布范围　中南，北京、江苏、浙江、福建、江西、四川、贵州、云南、甘肃。

发生地点　北京：密云区；

江苏：南京市栖霞区、溧水区；

浙江：宁波市江北区、北仑区、鄞州区、象山县、奉化市，金华市磐安县，台州市黄岩区；

福建：泉州市安溪县；

江西：萍乡市安源区、上栗县、芦溪县；

湖北：武汉市洪山区、东西湖区，仙桃市；

湖南：衡阳市衡南县，娄底市新化县；

广东：广州市花都区、从化区，佛山市南海区，肇庆市高要区、四会市，惠州市惠阳区，汕尾市陆河县、陆丰市，云浮市新兴县；

广西：桂林市灌阳县；

四川：绵阳市游仙区。

发生面积　13600 亩

危害指数　0.4338

• **绿腹丽叩甲** ***Campsosternus fruhstorferi*** **（Schwarz）**

寄　　主　日本扁柏。

分布范围　福建、江西、湖北、湖南、广西、云南。

• 红腹丽叩甲 *Campsosternus gemma*（Candèze）

中文异名　朱肩丽叩甲

寄　　主　华山松，马尾松，圆柏，山杨，黑杨，柳树，板栗，苦槠栲，猴樟，梨，柑橘，楝树，川楝，山乌桕，喜树。

分布范围　华北，湖北、湖南、广东、四川、贵州。

发生地点　江苏：南京市栖霞区、江宁区、六合区、溧水区，镇江市新区、润州区、丹徒区、丹阳市；

安徽：合肥市庐阳区；

湖北：武汉市洪山区、东西湖区；

四川：内江市威远县，眉山市仁寿县，雅安市石棉县，凉山彝族自治州德昌县。

发生面积　193 亩

危害指数　0.3333

• 大绿叩甲 *Campsosternus mirabilis* Fleutiaux

寄　　主　松。

分布范围　浙江。

发生地点　浙江：宁波市宁海县。

• 小黑叩甲 *Cardiophorus atramentarius* Erichson

寄　　主　川杨，核桃，苹果。

分布范围　海南、四川、陕西。

发生地点　海南：海口市龙华区；

四川：巴中市恩阳区。

发生面积　151 亩

危害指数　0.3333

• 赫氏心盾叩甲 *Cardiophorus hummeli* Fleutiaux

寄　　主　柠条锦鸡儿。

分布范围　宁夏。

发生地点　宁夏：吴忠市红寺堡区。

发生面积　200 亩

危害指数　0.3333

• 凹头叩甲 *Ceropectus messi*（Candèze）

寄　　主　杉木。

分布范围　浙江。

发生地点　浙江：宁波市象山县。

• 暗足重脊叩甲 *Chiagosnius obscuripes*（Gyllenhal）

中文异名　蔗根平额叩甲

寄　　主　杨树。

分布范围　华东，河北、内蒙古、湖北、湖南、广东、广西、四川、云南、西藏。

发生地点　四川：遂宁市安居区。

• 沟胸垂脊叩甲 *Chiagosnius sulcicollis*（Candèze）

寄　　主　毛竹。

分布范围　江苏、浙江、江西、广西、海南。

• 暗带重脊叩甲 *Chiagosnius vittiger*（Heyden）

寄　　主　马尾松，麻栎。

分布范围　福建、湖北、广西、四川。

• 霉纹斑叩头虫 *Cryptalaus berus*（Candèze）

寄　　主　松，核桃，茅栗，麻栎，栓皮栎。

分布范围　浙江、江西、湖北、湖南、广西、云南。

• 眼纹斑叩甲 *Cryptalaus larvatus*（Candèze）

中文异名　眼纹鳞斑叩甲

寄　　主　马尾松，杉木，崖柏，垂柳，栎，梧桐，梨，桉树。

分布范围　江苏、浙江、福建、江西、湖南、广东、广西、海南、四川、陕西。

发生地点　浙江：杭州市西湖区，宁波市鄞州区；

江西：萍乡市安源区、上栗县、芦溪县；

广西：大桂山林场；

四川：内江市东兴区。

发生面积　1104 亩

危害指数　0. 3424

• 棘胸叩甲 *Ectinus sericeus*（Candèze）

寄　　主　柑橘。

分布范围　河北、山东、湖北、湖南。

• 黑足球胸叩甲 *Hemiops nigripes* Castelnau

寄　　主　马尾松，栗，黧蒴栲，青冈，悬钩子，柑橘，黄荆，荆条。

分布范围　中南，江苏、浙江、福建、江西、四川、西藏。

发生地点　广东：广州市从化区；

四川：凉山彝族自治州德昌县。

发生面积　3549 亩

危害指数　0. 3333

• 旱叩头虫 *Lacon binodulus* Motschulsky

寄　　主　山杨。

分布范围　东北，河北、山东、贵州。

发生地点　河北：唐山市古冶区。

• 大黑叩甲虫 *Lanelater politus*（Candèze）

寄　　主　核桃，茅栗，栓皮栎。

分布范围　福建、湖北。

• **褐纹叩甲 *Melanotus caudex* Lewis**

寄　　主　马尾松，油松，杉木，山杨，柳树，榆树，桃，合欢，茶，沙棘，鹿角藤。

分布范围　东北，天津、内蒙古、江苏、山东、河南、四川、陕西、甘肃、宁夏。

发生地点　内蒙古：乌兰察布市四子王旗；
江苏：无锡市滨湖区，镇江市句容市；
山东：威海市经济开发区；
陕西：渭南市华州区，宁东林业局；
宁夏：吴忠市盐池县。

发生面积　11396 亩

危害指数　0.3480

• **筛胸梳爪叩甲 *Melanotus cribricollis* (Faldermann)**

寄　　主　落叶松，油松，侧柏，山杨，垂柳，榆树，油樟，刺槐，油茶，荆条，刺竹子，桂竹，斑竹，毛竹，早竹，胖竹，慈竹。

分布范围　北京、河北、内蒙古、辽宁、上海、浙江、福建、江西、山东、湖北、广西、四川、陕西。

发生地点　北京：东城区、顺义区；
浙江：杭州市富阳区，宁波市鄞州区、宁海县，金华市磐安县，台州市仙居县、温岭市、临海市；
福建：三明市尤溪县；
四川：宜宾市翠屏区，雅安市雨城区。

发生面积　14524 亩

危害指数　0.4665

• **桑梳爪牙叩甲 *Melanotus ventralis* Candèze**

寄　　主　桑。

分布范围　浙江、江西、河南、四川、陕西。

• **中华叩甲 *Nipponoelater sinensis* (Candèze)**

寄　　主　杨树。

分布范围　江苏、福建、江西、贵州。

发生地点　江苏：盐城市盐都区。

• **大尖鞘叩甲 *Oxynopterus annamensis* Fleutiaux**

寄　　主　板栗。

分布范围　江苏、江西、云南。

发生地点　江苏：淮安市淮阴区。

• **木棉梳角叩甲 *Pectocera fortunei* Candèze**

寄　　主　猴樟，橄榄，茶，木棉。

分布范围　江苏、浙江、福建、江西、湖北、海南、四川、陕西。

发生地点　江苏：南京市雨花台区，无锡市滨湖区；
浙江：宁波市象山县；
陕西：太白林业局。

● **沟线角叩甲** ***Pleonomus canaliculatus*** **(Faldermann)**

中文异名　沟叩头甲、沟线须叩甲

寄　　主　落叶松，赤松，油松，柏木，侧柏，山杨，黑杨，毛白杨，沙兰杨，垂柳，旱柳，核桃楸，核桃，板栗，栓皮栎，榆树，桑，海桐，三球悬铃木，桃，杏，西府海棠，苹果，梨，月季，悬钩子，合欢，刺槐，柑橘，臭椿，盐肤木，元宝槭，枣树，茶，紫薇，白蜡树，丁香，黄荆，毛竹。

分布范围　华北、东北、华东、西北，河南、湖南、湖北、四川。

发生地点　北京：东城区、石景山区、顺义区、密云区；
河北：石家庄市井陉矿区，唐山市丰润区、乐亭县、玉田县，邢台市平乡县，张家口市沽源县、阳原县、怀来县、涿鹿县、赤城县，沧州市东光县、河间市，衡水市枣强县、安平县；
江苏：苏州市高新技术开发区；
山东：青岛市胶州市，济宁市任城区，泰安市肥城市，聊城市东阿县、冠县；
湖南：岳阳市平江县；
四川：绵阳市梓潼县，巴中市恩阳区，甘孜藏族自治州泸定县；
陕西：西安市临潼区，渭南市华州区、大荔县，汉中市汉台区，商洛市商州区、丹凤县；
甘肃：嘉峪关市；
宁夏：固原市彭阳县。

发生面积　4175 亩

危害指数　0.3339

● **黑艳叩头虫** ***Poemnites cambodiensis*** **(Fleutiaux)**

寄　　主　刺槐。

分布范围　陕西。

发生地点　陕西：咸阳市彬县。

发生面积　1000 亩

危害指数　0.3333

● **利角弓背叩甲** ***Priopus angulatus*** **(Candèze)**

寄　　主　杉木。

分布范围　江苏、福建、江西、河南、湖北、广东、海南、四川、贵州、甘肃。

● **铜光叩甲** ***Selatosomus aeneus*** **(Linnaeus)**

寄　　主　松，鹿角藤。

分布范围　东北。

• 宽背叩甲 *Selatosomus latus*（Fabricius）

中文异名　阔叩甲

寄　　主　旱榆，榆树，杏，苹果，梨，刺竹子。

分布范围　内蒙古、黑龙江、浙江、宁夏、新疆。

发生地点　浙江：温州市乐清市；

　　　　　宁夏：银川市兴庆区、西夏区、金凤区、永宁县，固原市彭阳县。

发生面积　206 亩

危害指数　0.3333

红萤科 Lycidae

• 红萤 *Lycostomus porphyrophorus* Solsky

寄　　主　木犀。

分布范围　重庆。

发生地点　重庆：酉阳土家族苗族自治县。

发生面积　800 亩

危害指数　0.3333

萤科 Lampyridae

• 大端黑萤 *Abscondita anceyi*（Olivier）

寄　　主　杨树，核桃，化香树。

分布范围　江苏、福建、重庆、四川。

发生地点　江苏：盐城市东台市；

　　　　　重庆：秀山土家族苗族自治县；

　　　　　四川：巴中市南江县。

发生面积　211 亩

危害指数　0.3333

• 中华黄萤 *Abscondita chinensis*（Linnaeus）

寄　　主　银杏，南方红豆杉，朴树，樟树，石楠，合果木，紫薇，白花泡桐。

分布范围　江苏、江西、陕西。

发生地点　江苏：镇江市句容市；

　　　　　陕西：安康市旬阳县。

• 斑胸异花萤 *Lycocerus asperipennis*（Fairmaire）

中文异名　糙翅钩花萤

寄　　主　柳杉，水杉，核桃，青冈，桑，油樟，黄花木，柑橘，紫薇，黄荆，万寿竹。

分布范围　福建、湖北、重庆、四川、陕西。

发生地点　福建：泉州市安溪县；

　　　　　四川：乐山市马边彝族自治县，宜宾市翠屏区、兴文县，广安市武胜县，达州市达川区，雅安市雨城区，甘孜藏族自治州泸定县；
陕西：咸阳市旬邑县，渭南市华州区，宁东林业局。
发生面积　106606 亩
危害指数　0.5165

• **台湾窗萤 *Pyrocoelia analis* (Fabricius)**
寄　　主　栎，木犀。
分布范围　江西、重庆。
发生地点　重庆：秀山土家族苗族自治县。
发生面积　1650 亩
危害指数　0.3333

• **胸窗萤 *Pyrocoelia pectoralis* Olivier**
寄　　主　崖柏，垂叶榕，白花泡桐。
分布范围　湖北、四川。
发生地点　四川：绵阳市游仙区，内江市市中区、资中县。

花萤科 Cantharidae

• **柯氏花萤 *Cantharis knizeki* Svihla**
寄　　主　构树。
分布范围　四川。
发生地点　四川：乐山市马边彝族自治县。

• **突胸钩花萤 *Crudosilis rugicollis* Gebler**
寄　　主　天竺桂，白花泡桐。
分布范围　四川。
发生地点　四川：内江市资中县，宜宾市翠屏区。

• **双带异花萤 *Lycocerus bilineatus* (Wittmer)**
中文异名　双带钩花萤
寄　　主　板栗，柑橘。
分布范围　浙江、湖北、四川。
发生地点　浙江：台州市黄岩区；
湖北：黄冈市罗田县；
四川：成都市蒲江县。

• **橙艳异菊虎 *Lycocerus chosokeiensis* (Pic)**
中文异名　橙色异菊虎
寄　　主　柳树，牛筋条。
分布范围　福建、山东、四川。

• **黑胸钩花萤 *Lycocerus nigricollis* Wittmer**

寄　　主　李。

分布范围　四川、陕西。

发生地点　陕西：渭南市华州区。

• **红翅圆胸花萤 *Prothemus purpureipennis*（Gorham）**

寄　　主　山杨，刺槐。

分布范围　北京、江西、陕西。

发生地点　陕西：咸阳市彬县。

• **糙翅丽花萤 *Themus impressipennis* Fairmaire**

寄　　主　核桃，刺槐。

分布范围　重庆、陕西。

发生地点　重庆：巫溪县；
　　　　　陕西：咸阳市彬县。

发生面积　2003 亩

危害指数　0.3333

• **翠花萤 *Themus leechianus* Gorham**

寄　　主　栎，枣树。

分布范围　陕西。

发生地点　陕西：咸阳市彬县。

发生面积　200 亩

危害指数　0.3333

• **华丽花萤 *Themus regalis*（Gorham）**

拉丁异名　*Themus imperialis*（Gorham）

寄　　主　山杨，柳树，板栗，栎，青冈，桑，枫香，油桐，白花泡桐，黄金树，黄竹，慈竹。

分布范围　江苏、福建、江西、湖北、广东、广西、重庆、四川、云南、陕西、甘肃。

发生地点　重庆：万州区、南岸区、黔江区，巫溪县；
　　　　　四川：宜宾市兴文县；
　　　　　陕西：渭南市华州区，宁东林业局；
　　　　　甘肃：白龙江林业管理局。

发生面积　3317 亩

危害指数　0.3335

• **皱蓝丽花萤 *Themus rugosocyaneus*（Fairmaire）**

寄　　主　板栗，桑。

分布范围　浙江、陕西。

发生地点　浙江：台州市天台县；
　　　　　陕西：宁东林业局。

皮蠹科 Dermestidae

• 白腹皮蠹 *Dermestes maculates* De Geer

寄　　主　杏。

分布范围　宁夏。

• 谷斑皮蠹 *Trogoderma granarium* Everts

寄　　主　核桃，杜梨。

分布范围　福建、山东、广东、云南、新疆。

发生地点　山东：聊城市东阿县。

长蠹科 Bostrichidae

• 日本竹长蠹 *Dinoderus japonicus* Lesne

中文异名　日本长蠹、日本竹蠹

寄　　主　毛竹，胖竹，苦竹。

分布范围　江苏、浙江、江西、湖北、四川。

发生地点　江苏：南京市浦口区；

　　　　　湖北：荆州市石首市；

　　　　　四川：巴中市通江县。

发生面积　157 亩

危害指数　0.3333

• 竹长蠹 *Dinoderus minutus*（Fabricius）

寄　　主　毛金竹，毛竹，胖竹。

分布范围　华东，湖北、湖南、广西、云南。

发生地点　江苏：无锡市宜兴市；

　　　　　湖北：潜江市；

　　　　　湖南：岳阳市平江县；

　　　　　云南：西双版纳傣族自治州勐腊县。

• 双钩异翅长蠹 *Heterobostrychus aequalis*（Waterhouse）

寄　　主　马尾松，粗枝木麻黄，西桦，栎，榆树，桑，合欢，凤凰木，红椿，黄桐，橡胶树，厚皮树，杧果，木棉，梧桐，黄牛木，刺竹子。

分布范围　河北、湖南、广东、广西、海南、云南、陕西。

发生地点　湖南：郴州市资兴市；

　　　　　广东：韶关市武江区，惠州市惠阳区；

　　　　　广西：博白林场；

　　　　　海南：琼海市、屯昌县、乐东黎族自治县、保亭黎族苗族自治县；

　　　　　云南：德宏傣族景颇族自治州瑞丽市、芒市、陇川县。

发生面积　156 亩
危害指数　0. 3611

● **二突异翅长蠹** ***Heterobostrychus hamatipennis*** **(Lesne)**
寄　　主　湿地松，垂柳，桑，合欢，厚皮树，柚木。
分布范围　江苏、浙江、福建、湖北。
发生地点　江苏：苏州市太仓市；
　　　　　浙江：宁波市象山县。

● **斑翅长蠹** ***Lichenophanes carinipennis*** **(Lewis)**
寄　　主　油松，山杨，桃，苹果。
分布范围　陕西。

● **褐粉蠹** ***Lyctus brunneus*** **(Stephens)**
寄　　主　马尾松，杨树，柳树，桦木，榉树，猴樟，白花泡桐，毛竹。
分布范围　河北、山西、江苏、安徽、江西、湖北、湖南。
发生地点　江苏：无锡市宜兴市；
　　　　　江西：萍乡市安源区、上栗县、芦溪县，九江市庐山市，吉安市永丰县；
　　　　　湖北：荆州市松滋市；
　　　　　湖南：岳阳市岳阳县。
发生面积　1506 亩
危害指数　0. 3997

● **栎粉蠹** ***Lyctus linearis*** **(Goeze)**
中文异名　枹扁蠹
寄　　主　杨树，柳树，刺槐，黄连木。
分布范围　江苏。

● **中华粉蠹** ***Lyctus sinensis*** **Lesne**
寄　　主　马尾松，山杨，旱柳，栎子青冈，樟树，垂丝海棠，刺槐，臭椿，竹。
分布范围　华北，辽宁、江苏、浙江、江西、湖北、湖南、甘肃、宁夏。
发生地点　浙江：金华市磐安县，舟山市定海区；
　　　　　湖南：株洲市醴陵市；
　　　　　甘肃：庆阳市正宁县、宁县。
发生面积　100 亩
危害指数　0. 3333

● **鳞毛粉蠹** ***Minthea rugicollis*** **(Walker)**
寄　　主　杉木，黄桐，橡胶树，木棉，青梅。
分布范围　江西。
发生地点　江西：上饶市上饶县。

- **角胸长蠹 *Parabostrychus acuticollis* Lesne**

寄　　主　马尾松，槐树，栾树。
分布范围　江西、河南。
发生地点　河南：三门峡市渑池县。
发生面积　100 亩
危害指数　0.3333

- **六齿双棘长蠹 *Sinoxylon anale* Lesne**

中文异名　双棘长蠹
寄　　主　松，山杨，白柳，旱柳，核桃，青冈，榆树，闽楠，杏，黄檀，降香檀，凤凰木，槐树，大叶桃花心木，黄桐，橡胶树，厚皮树，杧果，栾树，葡萄，木棉，黄牛木，柿。
分布范围　河北、山西、山东、湖北、重庆、四川、云南、甘肃。
发生地点　山西：运城市新绛县、绛县；
湖北：荆州市松滋市；
重庆：黔江区；
四川：甘孜藏族自治州乡城县；
云南：曲靖市会泽县，楚雄彝族自治州大姚县，西双版纳傣族自治州勐腊县。
发生面积　22232 亩
危害指数　0.3513

- **日本双棘长蠹 *Sinoxylon japonicus* Lesne**

寄　　主　黑松，核桃，栎，榆树，三球悬铃木，合欢，刺槐，槐树，栾树，无患子，枣树，紫薇，柿，白蜡树。
分布范围　华北，江苏、安徽、山东、河南、湖南、陕西。
发生地点　北京：丰台区；
天津：东丽区；
河北：唐山市乐亭县，邯郸市涉县，张家口市怀来县；
山西：运城市盐湖区、临猗县、万荣县、闻喜县、稷山县、垣曲县、夏县、平陆县、永济市、河津市；
江苏：徐州市铜山区，宿迁市沭阳县；
安徽：滁州市全椒县；
山东：潍坊市坊子区，济宁市曲阜市，聊城市东阿县、冠县，菏泽市牡丹区；
河南：郑州市新郑市，许昌市魏都区、东城区、许昌县、鄢陵县、襄城县；
湖南：常德市鼎城区；
陕西：宝鸡市扶风县、麟游县，咸阳市渭城区、三原县、乾县、武功县，渭南市大荔县，杨陵区。
发生面积　33991 亩
危害指数　0.3803

• 洁长棒长蠹 *Xylothrips cathaicus* Reichardt

寄　　主　垂柳，槐树。

分布范围　北京、河北、浙江、河南。

发生地点　北京：顺义区。

• 黄足长棒长蠹 *Xylothrips flavipes*（Illiger）

寄　　主　紫檀。

分布范围　云南。

发生地点　云南：西双版纳傣族自治州勐腊县。

窃蠹科 Ptinidae

• 梳角窃蠹 *Ptilinus fuscus*（Geoffroy）

中文异名　梳栉窃蠹

寄　　主　山杨，柳树。

分布范围　东北、中南，河北、上海、浙江、安徽、山东、四川、贵州、云南、陕西。

发生地点　湖南：邵阳市隆回县。

发生面积　100 亩

危害指数　0.3333

谷盗科 Trogossitidae

• 大谷盗 *Tenebroides mauritanicus*（Linnaeus）

寄　　主　杨树。

分布范围　江西、湖北、四川、宁夏。

发生地点　四川：甘孜藏族自治州泸定县；

　　　　　宁夏：吴忠市盐池县。

发生面积　300 亩

危害指数　0.4444

大蕈甲科 Erotylidae

• 黄带艾蕈甲 *Episcapha flavofasciata*（Reitter）

寄　　主　栎。

分布范围　浙江。

发生地点　浙江：宁波市象山县。

• 红斑艾蕈甲 *Episcapha hypocrita* Heller

中文异名　红斑蕈甲

寄　　主　柳树，栎，胡枝子，刺槐。

分布范围　江苏、湖北、陕西。

发生地点　江苏：南京市栖霞区，淮安市金湖县；
　　　　　陕西：渭南市白水县。

- **大拟叩头虫** ***Tetraphala collaris*** **(Crotch)**

寄　　主　山杨，栗，猴樟，梨。
分布范围　福建、江西、四川。
发生地点　江西：宜春市高安市。

- **天目四拟叩甲** ***Tetraphala tienmuensis*** **Zia**

寄　　主　核桃，枫杨，天竺桂，梨，灯台树，木犀。
分布范围　浙江、福建、湖北、重庆、四川。
发生地点　重庆：秀山土家族苗族自治县；
　　　　　四川：自贡市荣县，内江市东兴区，宜宾市翠屏区，资阳市雁江区。
发生面积　513 亩
危害指数　0.3333

露尾甲科 Nitidulidae

- **十字露尾甲** ***Glischrochilus cruciatus*** **(Motschulsky)**

寄　　主　野核桃，荷花玉兰，月季，金橘，花椒，木芙蓉，山茶，茉莉花，栀子。
分布范围　四川、陕西。

- **四斑露尾甲** ***Glischrochilus japonicus*** **(Motschulsky)**

寄　　主　马尾松，银白杨，山杨，大叶杨，垂柳，山核桃，核桃，枫杨，桦木，板栗，青冈，珊瑚朴，朴树，榆树，构树，黄葛树，西米棕，猴樟，柳叶润楠，垂丝海棠，石楠，红叶李，臭椿，麻楝，浙江七叶树，栾树，无患子，巨桉，白蜡树，女贞，早园竹，毛竹。
分布范围　北京、上海、江苏、安徽、福建、江西、湖北、四川、陕西。
发生地点　北京：顺义区；
　　　　　上海：闵行区、宝山区、金山区、青浦区；
　　　　　江苏：南京市浦口区、栖霞区、雨花台区、江宁区，淮安市淮阴区，盐城市大丰区、射阳县；
　　　　　湖北：黄冈市罗田县；
　　　　　四川：自贡市自流井区、大安区、沿滩区、荣县，绵阳市三台县、盐亭县、梓潼县，遂宁市安居区、大英县，内江市资中县、隆昌县，乐山市马边彝族自治县，南充市高坪区，雅安市雨城区；
　　　　　陕西：咸阳市乾县，渭南市华州区。
发生面积　1619 亩
危害指数　0.4775

伪瓢虫科 Endomychidae

• **中华伪瓢虫 *Endomychus chinensis* Csiki**

寄　　主　红叶李。

分布范围　安徽。

发生地点　安徽：淮南市谢家集区。

• **四斑伪瓢虫 *Endomychus flavus* Strohecker**

寄　　主　樱花，杏，女贞。

分布范围　浙江、四川、陕西。

发生地点　浙江：台州市三门县；

　　　　　四川：宜宾市兴文县。

• **日本伪瓢虫 *Idiophyes niponensis*（Gorham）**

寄　　主　松，杉木，杨树，樟树。

分布范围　江苏、浙江、福建。

发生地点　浙江：台州市温岭市。

花蚤科 Mordellidae

• **大麻花蚤 *Mordellistena cannabisi* Matsushita**

寄　　主　黄刺玫。

分布范围　宁夏。

发生地点　宁夏：银川市西夏区。

拟步甲科 Tenebrionidae

• **脐朽木甲 *Allecula umbilicata* Seidlitz**

寄　　主　南方泡桐。

分布范围　湖南。

发生地点　湖南：衡阳市祁东县。

• **黑粉甲 *Alphitobius diaperinus*（Panzer）**

寄　　主　核桃。

分布范围　四川。

发生地点　四川：宜宾市珙县、筠连县。

• **尖尾东鳖甲 *Anatolica mucronata* Reitter**

寄　　主　蒙古岩黄耆。

分布范围　内蒙古。

- **波氏东鳖甲** ***Anatolica potanini*** **Reitter**

寄　　主　杨树，柳树，沙冬青。
分布范围　宁夏。
发生地点　宁夏：石嘴山市大武口区，吴忠市盐池县。
发生面积　451 亩
危害指数　0.4442

- **拟步行琵甲** ***Blaps caraboides*** **Allard**

寄　　主　旱榆，茶藨子，紫丁香。
分布范围　宁夏。

- **中华琵甲** ***Blaps chinensis*** **(Faldermann)**

中文异名　中华琵琶甲
寄　　主　山杨，黑杨，山杏，石楠，冬青，无患子。
分布范围　华北、西北，江苏、江西、山东、河南、湖北。
发生地点　河北：邢台市沙河市，衡水市桃城区；
　　　　　江苏：南京市浦口区；
　　　　　宁夏：固原市彭阳县。

- **达氏琵甲** ***Blaps davidis*** **Deyrolle**

寄　　主　杨树，柳树。
分布范围　华北，陕西、宁夏。
发生地点　宁夏：吴忠市红寺堡区。
发生面积　300 亩
危害指数　0.3333

- **弯齿琵甲** ***Blaps femoralis*** **Fischervon-Waldheim**

寄　　主　杨树。
分布范围　华北，陕西、甘肃、宁夏。
发生地点　宁夏：吴忠市红寺堡区、盐池县。
发生面积　800 亩
危害指数　0.4167

- **异距琵甲** ***Blaps kiritshenkoi*** **Semenov et Bogatschev**

寄　　主　松，杨树，榆树。
分布范围　内蒙古、甘肃、宁夏。
发生地点　宁夏：吴忠市红寺堡区、盐池县。
发生面积　650 亩
危害指数　0.3590

- **钝齿琵甲** ***Blaps medusula*** **Skopin**

寄　　主　松，山杨，榆树。

分布范围　内蒙古、宁夏。
发生地点　宁夏：吴忠市盐池县。
发生面积　550 亩
危害指数　0.3636

• **磨光琵甲 *Blaps opaca* (Reitter)**
寄　　主　山杏，杏，沙枣。
分布范围　西北，内蒙古。
发生地点　宁夏：石嘴山市惠农区，固原市彭阳县。

• **条纹琵甲 *Blaps potanini* Reitter**
寄　　主　柠条锦鸡儿。
分布范围　西藏、甘肃、青海、宁夏。
发生地点　宁夏：固原市彭阳县。

• **皱纹琵甲 *Blaps rugosa* Gebler**
寄　　主　松，加杨，山杨，白柳，旱榆，榆树，苹果，槐树。
分布范围　东北、西北，北京、河北、内蒙古。
发生地点　河北：沧州市吴桥县、河间市；
　　　　　宁夏：吴忠市盐池县。
发生面积　5570 亩
危害指数　0.3633

• **太原琵甲 *Blaps taiyuanica* Ren et Wang**
寄　　主　栎。
分布范围　山西、甘肃。

• **异形琵甲 *Blaps variolosa* Faldermann**
寄　　主　杏。
分布范围　西北，北京、内蒙古。
发生地点　宁夏：吴忠市红寺堡区，固原市彭阳县。
发生面积　201 亩
危害指数　0.3333

• **胫污朽木甲 *Borboresthes tibialis* (Borchmann)**
寄　　主　旱榆，茶藨子，臭椿，紫丁香。
分布范围　宁夏。

• **普通角伪叶甲 *Cerogria* (*Cerogria*) *popularis* Borchmann**
寄　　主　马尾松，杉木，山杨，山核桃，野核桃，核桃，枫杨，桤木，榛子，板栗，茅栗，麻栎，栓皮栎，青冈，构树，无花果，桑，厚朴，天竺桂，桃，杏，樱桃，苹果，李，梨，悬钩子，刺槐，槐树，花椒，油桐，栾树，葡萄，油茶，喜树，尾叶桉，木犀，白花泡桐。

分布范围 华东、西南，河南、湖北、广西、陕西、甘肃。

发生地点 浙江：杭州市西湖区；

广西：百色市靖西市；

重庆：万州区、涪陵区、大渡口区、南岸区、北碚区、黔江区、南川区，梁平区、城口县、丰都县、忠县、开县、奉节县、石柱土家族自治县、酉阳土家族苗族自治县、彭水苗族土家族自治县；

四川：成都市都江堰市，绵阳市盐亭县、梓潼县，广元市青川县，遂宁市船山区，乐山市金口河区，南充市顺庆区、营山县、仪陇县，广安市前锋区、武胜县，雅安市雨城区、石棉县，巴中市巴州区，甘孜藏族自治州康定市、泸定县，凉山彝族自治州盐源县；

陕西：太白林业局；

甘肃：白龙江林业管理局。

发生面积 7641 亩

危害指数 0. 3635

• 中华角伪叶甲 *Cerogria chinensis* (Fairmaire)

中文异名 中华异角拟金花虫

寄　　主 马尾松，板栗，红椿，桉树。

分布范围 重庆。

发生地点 重庆：秀山土家族苗族自治县、酉阳土家族苗族自治县。

发生面积 6500 亩

危害指数 0. 3333

• 霍角伪叶甲 *Cerogria hauseri* Borchmann

寄　　主 樟树。

分布范围 福建。

• 弱光彩菌甲 *Ceropria induta* (Wiedemann)

寄　　主 柏木，山杨。

分布范围 四川。

发生地点 四川：自贡市贡井区。

• 黑拟缘腹朽木甲 *Cistelomorpha nigripilis* Borchmann

寄　　主 云杉，偃松。

分布范围 福建、四川、陕西。

发生地点 四川：甘孜藏族自治州泸定县；

陕西：太白林业局。

• 淡红毛隐甲 *Crypticus rufipes* Gebler

寄　　主 山杨，旱榆，臭椿，紫丁香。

分布范围 北京、内蒙古、陕西、青海、宁夏。

发生地点 北京：顺义区。

• **杂色栉甲** ***Cteniopinus hypocrita*** **(Marseul)**
中文异名　黄朽木甲
寄　　主　柏木，板栗，构树，油樟，杏，长叶黄杨，木犀。
分布范围　江苏、湖北、四川。
发生地点　湖北：黄冈市罗田县；
　　　　　四川：自贡市自流井区、贡井区，内江市资中县，乐山市峨边彝族自治县、马边彝族自治县，宜宾市兴文县。
发生面积　1355 亩
危害指数　0. 3525

• **小栉甲** ***Cteniopinus parvus*** **(Yu et Ren)**
寄　　主　山杨，旱榆，茶藨子，臭椿，紫丁香。
分布范围　宁夏。

• **波氏栉甲** ***Cteniopinus potanini*** **Heyd**
寄　　主　云杉，山杨，旱榆，茶藨子，槐树，紫丁香。
分布范围　宁夏。
发生地点　宁夏：固原市彭阳县。

• **异色栉甲** ***Cteniopinus varicolor*** **Heyd**
寄　　主　板栗。
分布范围　湖北。

• **异角栉甲** ***Cteniopinus varicornis*** **Ren et Bai**
寄　　主　山杨，旱榆，茶藨子，紫丁香。
分布范围　宁夏。
发生地点　宁夏：银川市西夏区。

• **中华砚甲** ***Cyphogenia chinensis*** **(Faldermann)**
寄　　主　马尾松。
分布范围　西北，内蒙古、福建。

• **奥氏真土甲** ***Eumylada oberbergeri*** **(Schuster)**
寄　　主　杨树，柳树。
分布范围　宁夏。
发生地点　宁夏：吴忠市红寺堡区。
发生面积　200 亩
危害指数　0. 3333

• **波氏真土甲** ***Eumylada potanini*** **(Reitter)**
寄　　主　山杨，榆树。
分布范围　宁夏。

发生地点　宁夏：吴忠市盐池县。
发生面积　5500 亩
危害指数　0.3636

• **网目土甲** ***Gonocephalum reticulatum*** **Motschulsky**
中文异名　蒙古沙潜
寄　　主　山杨，钻天杨，旱榆，构树，茶藨子，桃，苹果，李，川梨，紫丁香。
分布范围　北京、河北、福建、陕西、宁夏、新疆。
发生地点　北京：顺义区；
河北：保定市博野县，张家口市怀来县，沧州市吴桥县；
宁夏：银川市兴庆区、西夏区，石嘴山市惠农区，吴忠市红寺堡区、盐池县。
发生面积　1464 亩
危害指数　0.4033

• **蒙古高鳖甲** ***Hypsosoma mongolicum*** **Ménétriès**
寄　　主　旱柳，苹果，梨，枣树。
分布范围　河北。
发生地点　河北：沧州市东光县。
发生面积　780 亩
危害指数　0.3333

• **黑胸伪叶甲** ***Lagria nigricollis*** **Hope**
寄　　主　银杏，云南松，柳杉，柏木，银白杨，山杨，柳树，杨梅，山核桃，核桃，枫杨，板栗，麻栎，榆树，构树，黄葛树，桑，厚朴，猴樟，天竺桂，枫香，桃，樱，石楠，梨，刺槐，槐树，文旦柚，杏，楝，乌桕，枸骨，栾树，木槿，火桐，中华猕猴桃，紫薇，八角枫，小叶女贞，木犀，黄荆。
分布范围　华东、西南，辽宁、河南、湖北、湖南、广西、陕西、甘肃、新疆。
发生地点　江苏：南京市浦口区、雨花台区，无锡市锡山区、惠山区，淮安市清江浦区，扬州市江都区，镇江市扬中市、句容市；
浙江：台州市黄岩区；
福建：南平市松溪县；
安徽：合肥市庐阳区，池州市贵池区；
山东：东营市利津县，泰安市泰山林场，聊城市莘县；
湖南：岳阳市岳阳县；
广西：百色市乐业县；
重庆：江津区，石柱土家族自治县；
四川：成都市简阳市、蒲江县，眉山市青神县，内江市东兴区、资中县、隆昌县，乐山市犍为县，南充市顺庆区、高坪区、西充县，眉山市青神县，宜宾市翠屏区、兴文县，广安市前锋区、武胜县，巴中市通江县；
云南：玉溪市华宁县，安宁市；
陕西：商洛市山阳县；

甘肃：白龙江林业管理局。

发生面积　16019 亩

危害指数　0.4130

- **多毛伪叶甲 *Lagria notabilis* Lewis**

寄　　主　核桃，石楠，尾叶桉。

分布范围　福建、湖北、广西、重庆、四川。

发生地点　福建：南平市延平区；

湖北：襄阳市保康县；

广西：百色市靖西市；

重庆：江津区；

四川：巴中市通江县。

发生面积　352 亩

危害指数　0.3333

- **黄翅伪叶甲 *Lagria pallidipennis* Borchmann**

寄　　主　山核桃。

分布范围　四川。

发生地点　四川：绵阳市梓潼县。

- **红翅伪叶甲 *Lagria rufipennis* Marseul**

寄　　主　山杨，榆树，天竺桂，槐树，黄杨，枣树，女贞。

分布范围　北京、河北、湖北、四川、陕西、宁夏。

发生地点　北京：顺义区；

河北：张家口市怀来县；

四川：南充市高坪区，广安市武胜县；

宁夏：石嘴山市大武口区，吴忠市盐池县。

发生面积　409 亩

危害指数　0.4564

- **腹伪叶甲 *Lagria ventralis* Reitter**

寄　　主　崖柏，山杨，核桃，青冈，黄葛树，桑，檫木，皂荚，杏，盐肤木，油茶，巨桉。

分布范围　西南，广西。

发生地点　广西：百色市靖西市；

四川：自贡市荣县，内江市东兴区、资中县、隆昌县，乐山市犍为县、马边彝族自治县，宜宾市翠屏区、南溪区、珙县、筠连县、兴文县。

发生面积　496 亩

危害指数　0.3878

- **东方小垫甲 *Luprops orientalis* (Motschulsky)**

寄　　主　苹果。

分布范围　北京。

发生地点　北京：顺义区。

- **沙土甲** ***Opatrum sabulosum*** **（Linnaeus）**

中文异名　欧洲沙潜
寄　　主　苹果，梨。
分布范围　北京、宁夏。
发生地点　北京：密云区。

- **类沙土甲** ***Opatrum subaratum*** **Faldermann**

中文异名　沙潜
寄　　主　侧柏，圆柏，山杨，柳树，板栗，旱榆，苹果，河北梨，刺槐。
分布范围　北京、河北、辽宁、山东、湖北、陕西、宁夏。
发生地点　北京：房山区、顺义区、密云区；
　　　　　山东：济宁市任城区。
发生面积　243 亩
危害指数　0.3374

- **阿笨土甲** ***Penthicus alashanicus*** **（Reichardt）**

寄　　主　旱榆，紫丁香。
分布范围　宁夏。

- **吉氏笨土甲** ***Penthicus kiritshenkoi*** **（Reichardt）**

寄　　主　山杨，榆树。
分布范围　宁夏。
发生地点　宁夏：吴忠市盐池县。
发生面积　6000 亩
危害指数　0.3889

- **惑刺甲** ***Platyscelis confusa*** **Schuster**

拉丁异名　*Platyscelis hauseri* Reitter
寄　　主　青海云杉，油松，山杨，榆树，茶藨子。
分布范围　西北。
发生地点　宁夏：吴忠市红寺堡区、盐池县。
发生面积　6200 亩
危害指数　0.3871

- **钝光回木虫** ***Plesiophthalmus formosanus*** **Miwa**

寄　　主　榆树。
分布范围　浙江。
发生地点　浙江：宁波市象山县。

- **中型邻烁甲** ***Plesiophthalmus spectabilis*** **Harold**

寄　　主　构树。

分布范围　江苏、湖北。
发生地点　湖北：武汉市东西湖区。

• **弯胫大轴甲** ***Promethis valgipes*** **(Marseul)**
中文异名　弯胫粉甲
寄　　主　湿地松，柏木，山杨，油樟，枫香，桃，杏，巨桉。
分布范围　江苏、河南、湖北、四川、陕西。
发生地点　江苏：苏州市高新技术开发区；
　　　　　湖北：武汉市东西湖区；
　　　　　四川：自贡市大安区，内江市市中区、东兴区、资中县，宜宾市翠屏区。

• **泥脊漠甲** ***Pterocoma vittata*** **Frivaldszky**
寄　　主　苹果。
分布范围　宁夏。
发生地点　宁夏：石嘴山市惠农区。

• **粗背伪坚土甲** ***Scleropatrum horridum horridum*** **Reitter**
寄　　主　山杨，旱榆，茶藨子，柠条锦鸡儿，紫丁香。
分布范围　宁夏。
发生地点　宁夏：吴忠市红寺堡区。
发生面积　1000 亩
危害指数　0.3333

• **暗色圆鳖甲** ***Scytosoma opaca*** **(Reitter)**
寄　　主　杨树，柳树。
分布范围　宁夏。
发生地点　宁夏：吴忠市红寺堡区。
发生面积　300 亩
危害指数　0.3333

• **蒙小圆鳖甲** ***Scytosoma pygmaeum*** **(Gebler)**
中文异名　小圆鳖甲
寄　　主　旱榆，茶藨子，紫丁香。
分布范围　宁夏。

• **多毛扁漠甲** ***Sternotrigon setosa setosa*** **(Bates)**
寄　　主　白刺。
分布范围　宁夏。
发生地点　宁夏：吴忠市红寺堡区。
发生面积　200 亩
危害指数　0.3333

• **长形树甲 *Strongylium longissimum* Gebien**

寄　　主　榆树。

分布范围　浙江。

发生地点　浙江：宁波市象山县。

• **黄拟步甲 *Tenebrio molitor* Linnaeus**

中文异名　黄粉虫

寄　　主　核桃。

分布范围　江苏。

发生地点　江苏：盐城市亭湖区。

• **黑拟步甲 *Tenebrio obscurus* Fabricius**

中文异名　黑粉虫

寄　　主　杨树，猴樟，蔷薇，茶，紫薇。

分布范围　辽宁、浙江、湖南、四川、新疆。

发生地点　浙江：宁波市慈溪市，衢州市常山县；

湖南：长沙市浏阳市。

发生面积　504 亩

危害指数　0. 3333

• **赤拟粉甲 *Tribolium castaneum*（Herbst）**

中文异名　赤拟谷盗

寄　　主　山核桃，樟树，油棕。

分布范围　浙江。

发生地点　浙江：台州市温岭市。

• **突角漠甲 *Trigonocnera pseudopimelia*（Reitter）**

寄　　主　柠条锦鸡儿。

分布范围　宁夏。

发生地点　宁夏：银川市西夏区，石嘴山市大武口区。

拟天牛科 Oedemeridae

• **黑尾拟天牛 *Nacerdes melanura*（Linnaeus）**

寄　　主　柳树，紫茉莉，水曲柳。

分布范围　上海、浙江。

发生地点　上海：金山区。

芫菁科 Meloidae

• **短翅豆芫菁 *Epicauta aptera* Kaszab**

寄　　主　石楠，红叶李。

分布范围　浙江、福建、湖北、广西、新疆。
发生地点　湖北：黄冈市红安县。
发生面积　5000 亩
危害指数　0.3333

- **中国豆芫菁 *Epicauta chinensis* Laporte**

中文异名　中华芫菁、中华豆芫菁
寄　　主　杨树，柳树，核桃，波罗栎，榆树，荷花玉兰，杏，紫穗槐，柠条锦鸡儿，锦鸡儿，胡枝子，刺槐，苦参，槐树，阔叶槭，无患子，枣树，酸枣，椴树，牡荆，枸杞，白花泡桐，慈竹。
分布范围　华北、东北、西北，江苏、浙江、福建、山东、湖北、湖南、重庆、四川、贵州。
发生地点　北京：石景山区、密云区；
河北：邢台市邢台县，张家口市涿鹿县；
山西：大同市阳高县、广灵县，晋中市灵石县；
内蒙古：乌兰察布市集宁区、卓资县、四子王旗，锡林郭勒盟阿巴嘎旗、苏尼特左旗、正镶白旗、正蓝旗；
江苏：南京市高淳区；
浙江：杭州市桐庐县，嘉兴市秀洲区；
福建：龙岩市上杭县；
湖南：长沙市浏阳市，常德市石门县；
重庆：石柱土家族自治县；
四川：攀枝花市米易县；
贵州：铜仁市万山区；
陕西：渭南市华州区，榆林市米脂县、子洲县；
甘肃：武威市古浪县，张掖市民乐县、山丹县；
宁夏：银川市兴庆区、西夏区、金凤区，石嘴山市大武口区，吴忠市红寺堡区、盐池县、同心县。
发生面积　174428 亩
危害指数　0.3965

- **存疑豆芫菁 *Epicauta dubia* Fabricius**

寄　　主　杨树，柳树。
分布范围　陕西、宁夏。

- **豆芫菁 *Epicauta gorhami* Marseul**

寄　　主　桤木，桑，白兰，云南金合欢，合欢，柠条锦鸡儿，刺槐，槐树，葡萄，牡荆，白花泡桐，毛竹。
分布范围　天津、河北、江苏、浙江、福建、江西、湖北、四川、陕西、甘肃、宁夏。
发生地点　河北：张家口市怀来县；
江苏：南京市溧水区；
福建：泉州市安溪县，漳州市平和县，南平市松溪县；

湖北：荆州市洪湖市；
四川：绵阳市游仙区，乐山市夹江县、马边彝族自治县；
陕西：渭南市华州区、白水县；
宁夏：固原市原州区。

发生面积 29617 亩

危害指数 0.3981

• **毛角豆芫菁 *Epicauta hirticornis* (Haag-Rutenberg)**

寄　　主 马尾松，杉木，棉花柳，樱桃，巨尾桉，毛竹。

分布范围 华北，黑龙江、江苏、山东、湖北、广西、四川、陕西、新疆。

发生地点 广西：玉林市北流市，河池市南丹县；
四川：甘孜藏族自治州泸定县。

发生面积 1596 亩

危害指数 0.3333

• **大头豆芫菁 *Epicauta megalocephala* Gebler**

寄　　主 柠条锦鸡儿，酸枣。

分布范围 东北，内蒙古、河南、宁夏、新疆。

发生地点 内蒙古：乌兰察布市四子王旗；
宁夏：吴忠市盐池县。

发生面积 3320 亩

危害指数 0.3655

• **暗头豆芫菁 *Epicauta obscurocephala* Reitter**

寄　　主 紫穗槐，槐树。

分布范围 华北，上海、浙江、山东、陕西、宁夏。

发生地点 陕西：渭南市潼关县；
宁夏：银川市兴庆区、西夏区、金凤区。

• **红头豆芫菁 *Epicauta ruficeps* Illiger**

寄　　主 苏铁，银杏，松，杉木，水杉，榧树，山杨，黑杨，核桃，桤木，江南桤木，板栗，黧蒴栲，栎，构树，桑，荷花玉兰，枫香，玫瑰，悬钩子，台湾相思，合欢，羊蹄甲，柠条锦鸡儿，刺桐，刺槐，槐树，文旦柚，杏，臭椿，野桐，乌桕，盐肤木，无患子，枳椇，朱槿，木棉，瓜栗，梧桐，油茶，木荷，沙棘，巨桉，巨尾桉，木犀，大青，枸杞，南方泡桐，兰考泡桐，川泡桐，白花泡桐，毛泡桐，慈竹，麻竹。

分布范围 华东、西南，河北、辽宁、湖北、湖南、广东、广西、陕西、甘肃、新疆。

发生地点 江苏：南京市雨花台区，无锡市滨湖区，镇江市句容市；
浙江：宁波市鄞州区、宁海县，温州市鹿城区、龙湾区、瑞安市，嘉兴市嘉善县，台州市仙居县、临海市；
安徽：合肥市庐江县，黄山市徽州区，池州市贵池区；
福建：南平市延平区；

江西：九江市武宁县、庐山市，抚州市崇仁县，上饶市广丰区，丰城市；
湖北：黄冈市罗田县，仙桃市；
湖南：湘潭市湘乡市，衡阳市衡南县、常宁市，邵阳市邵阳县、武冈市，岳阳市汨罗市、临湘市，常德市鼎城区，益阳市桃江县，永州市零陵区、冷水滩区、东安县、双牌县，怀化市辰溪县、溆浦县、麻阳苗族自治县、新晃侗族自治县、芷江侗族自治县，娄底市双峰县、新化县、冷水江市，湘西土家族苗族自治州吉首市、凤凰县；
广东：清远市连山壮族瑶族自治县、英德市、连州市、清远市属林场，云浮市郁南县、罗定市；
广西：南宁市宾阳县、横县，桂林市叠彩区、雁山区、灵川县、兴安县、永福县、荔浦县；
重庆：涪陵区、南岸区、北碚区、渝北区、巴南区、长寿区、永川区、南川区、铜梁区、潼南区、荣昌区、万盛经济技术开发区，梁平区、城口县、丰都县、垫江县、武隆区、忠县、开县、云阳县、奉节县、巫溪县、彭水苗族土家族自治县；
四川：成都市邛崃市，自贡市自流井区、沿滩区、荣县，绵阳市三台县、梓潼县，遂宁市安居区、大英县，内江市市中区、资中县、隆昌县，乐山市犍为县，南充市营山县、西充县，眉山市青神县，宜宾市南溪区、高县、筠连县、兴文县，达州市大竹县，雅安市荥经县，巴中市巴州区，资阳市雁江区；
甘肃：白银市靖远县；
新疆生产建设兵团：农四师 68 团。

发生面积　42145 亩
危害指数　0. 3840

• 西伯利亚豆芫菁 *Epicauta sibirica* Pallas

寄　　主　山杨，柳树，核桃，板栗，绣线菊，柠条锦鸡儿，刺槐，酸枣，白花泡桐，刺竹子。
分布范围　河北、内蒙古、湖北、重庆、贵州、陕西、宁夏。
发生地点　河北：张家口市涿鹿县；
陕西：安康市旬阳县；
宁夏：吴忠市红寺堡区、盐池县，固原市彭阳县。
发生面积　31323 亩
危害指数　0. 3349

• 毛胫豆芫菁 *Epicauta tibialis* Waterhouse

寄　　主　桑，大青，毛竹。
分布范围　福建、江西、河南、广西、重庆、陕西。
发生地点　江西：萍乡市芦溪县，上饶市广丰区。

• 眼斑沟芫菁 *Hycleus cichorii*（Linnaeus）

中文异名　黄黑花芫菁、黄黑小芫菁、眼斑小芫菁
寄　　主　板栗，桃，苹果，柠条锦鸡儿，木芙蓉，朱槿，木槿，瓜栗，桉树，水曲柳，黄荆。

分布范围　北京、河北、内蒙古、江苏、浙江、福建、山东、湖北、广东、广西、陕西、宁夏、新疆。

发生地点　河北：张家口市崇礼区、沽源县、阳原县、怀来县、赤城县；
内蒙古：巴彦淖尔市乌拉特前旗；
江苏：无锡市江阴市；
浙江：宁波市北仑区；
福建：龙岩市新罗区；
山东：聊城市东阿县；
湖北：黄冈市罗田县；
广东：云浮市郁南县、罗定市；
广西：防城港市上思县；
陕西：渭南市华州区；
新疆生产建设兵团：农七师130团。

发生面积　10798亩

危害指数　0.5022

• **大斑沟芫菁** ***Hycleus phalerata*** **(Pallas)**

寄　　主　垂柳，西桦，栎，郁李，千年桐，龙眼，枣树，朱槿，油茶，巨尾桉，白花泡桐，毛竹，苦竹。

分布范围　北京、内蒙古、辽宁、浙江、福建、江西、湖北、广东、广西、四川、云南、陕西、甘肃、新疆。

发生地点　内蒙古：通辽市科尔沁左翼后旗；
江西：萍乡市上栗县、芦溪县；
广西：玉林市兴业县，河池市东兰县，来宾市象州县，良凤江森林公园，热带林业实验中心；
四川：攀枝花市东区、西区、仁和区；
云南：玉溪市元江哈尼族彝族傣族自治县；
陕西：西安市蓝田县，咸阳市彬县。

发生面积　3695亩

危害指数　0.5504

• **绿芫菁** ***Lytta caraganae*** **(Pallas)**

寄　　主　黑杨，旱柳，核桃，榛子，栓皮栎，榆树，檀香，桃，杏，苹果，梨，紫穗槐，柠条锦鸡儿，锦鸡儿，蒙古岩黄耆，胡枝子，刺槐，毛刺槐，槐树，白刺花，栾树，枣树，水曲柳，白蜡树，水蜡树，紫丁香，荆条，香果树。

分布范围　华北、东北、西北，江苏、浙江、江西、山东、湖北、湖南、四川、云南。

发生地点　北京：丰台区；
河北：石家庄市井陉县，邢台市沙河市，保定市阜平县、唐县，张家口市万全区、崇礼区、康保县、沽源县、怀安县、怀来县、涿鹿县、察北管理区，沧州市东光县、河间市，廊坊市霸州市；

山西：晋中市灵石县，运城市平陆县；
内蒙古：通辽市科尔沁左翼后旗，鄂尔多斯市准格尔旗，乌兰察布市集宁区、卓资县、化德县、兴和县、察哈尔右翼前旗、四子王旗；
江苏：泰州市海陵区；
山东：东营市河口区；
湖南：常德市石门县；
四川：雅安市天全县；
云南：昭通市大关县；
陕西：咸阳市永寿县，渭南市华州区、潼关县、合阳县，延安市延川县，榆林市米脂县、吴堡县、子洲县；
甘肃：白银市靖远县，庆阳市西峰区、环县、华池县、镇原县，定西市安定区；
宁夏：银川市灵武市，吴忠市盐池县、同心县，固原市原州区、彭阳县。

发生面积　79694 亩
危害指数　0.3853

• **赤带绿芫菁** ***Lytta suturella*** **(Motschulsky)**

中文异名　水曲柳芫菁、绿边绿芫菁
寄　　主　柳树，柠条锦鸡儿，刺槐，毛刺槐，槐树，白刺，水曲柳，水蜡树，忍冬。
分布范围　东北，河北、甘肃、宁夏。
发生地点　甘肃：庆阳市环县；
　　　　　宁夏：吴忠市同心县，固原市原州区、西吉县。
发生面积　39611 亩
危害指数　0.3603

• **圆胸短翅芫菁** ***Meloe corvinus*** **Marseul**

寄　　主　梨，毛竹。
分布范围　东北，北京、河北、福建、四川。

• **圆点斑芫菁** ***Mylabris aulica*** **Ménétriès**

寄　　主　柠条锦鸡儿。
分布范围　宁夏。
发生地点　宁夏：吴忠市盐池县。
发生面积　7000 亩
危害指数　0.4286

• **苹斑芫菁** ***Mylabris calida*** **(Pallas)**

寄　　主　杨树，核桃，梭梭，苹果，稠李，梨，柠条锦鸡儿，锦鸡儿，香槐，刺槐，槐树，香果树。
分布范围　华北、东北、西北，江苏、山东、湖北。
发生地点　河北：张家口市万全区、崇礼区、张北县、蔚县、怀安县、怀来县、赤城县；
　　　　　山西：晋中市灵石县；

内蒙古：赤峰市克什克腾旗，乌兰察布市四子王旗；
陕西：咸阳市长武县，榆林市绥德县、吴堡县、子洲县；
宁夏：银川市贺兰县，吴忠市红寺堡区，固原市原州区、彭阳县。

发生面积　18045 亩

危害指数　0. 3616

● **西北斑芫菁 *Mylabris sibirica* Fischer von Waldheim**

寄　　主　柠条锦鸡儿。

分布范围　宁夏、新疆。

● **丽斑芫菁 *Mylabris speciosa*（Pallas）**

寄　　主　榆树，柠条锦鸡儿，香槐，花棒，刺槐，白刺，枣树，酸枣，枸杞。

分布范围　东北，河北、内蒙古、陕西、甘肃、宁夏。

发生地点　河北：张家口市张北县、尚义县；
内蒙古：锡林郭勒盟阿巴嘎旗、镶黄旗；
甘肃：武威市民勤县；
宁夏：银川市兴庆区、西夏区、金凤区、贺兰县，石嘴山市大武口区、惠农区，中卫市中宁县。

发生面积　25781 亩

危害指数　0. 5289

三栉牛科 Trictenotomidae

● **达氏三栉牛 *Trictenotoma davidi* Deyrolle**

寄　　主　构树，柑橘。

分布范围　福建、江西。

天牛科 Cerambycidae

● **咖啡锦天牛 *Acalolepta cervina*（Hope）**

寄　　主　山杨，青冈，桑，八宝树，扁桃，槐树，油桐，咖啡，菩提树。

分布范围　东北，河北、江西、湖南、广西、云南、陕西。

发生地点　河北：石家庄市新华区；
湖南：湘西土家族苗族自治州保靖县；
广西：南宁市江南区；
云南：临沧市双江拉祜族佤族布朗族傣族自治县。

发生面积　1311 亩

危害指数　0. 3333

● **栗灰锦天牛 *Acalolepta degener*（Bates）**

寄　　主　杉木，山杨，桦木，板栗，麻栎，樟树，臭椿，洋椿，红淡比，桉树。

分布范围　东北，北京、湖北、广西、四川、贵州、陕西。
发生地点　广西：贺州市昭平县；
　　　　　陕西：渭南市华州区，商洛市丹凤县、山阳县。
发生面积　1088 亩
危害指数　0.6397

● **无芒锦天牛** ***Acalolepta flocculata paucisetosa*** **(Gressitt)**
寄　　主　湿地松，马尾松。
分布范围　四川、贵州。

● **灰黄锦天牛** ***Acalolepta luxuriosa*** **(Bates)**
寄　　主　山核桃，杜仲。
分布范围　湖北、四川、云南。

● **金绒锦天牛** ***Acalolepta permutans*** **(Pascoe)**
寄　　主　山杨，核桃，楞树，栎，桑，海桐，枫香，刺槐，柑橘，石笔木，黄杨，八角金盘，白桐。
分布范围　中南，浙江、安徽、福建、江西、四川、贵州、云南、陕西。
发生地点　福建：福州国家森林公园；
　　　　　广东：云浮市新兴县；
　　　　　四川：成都市都江堰市，宜宾市翠屏区。

● **三带栗黄锦天牛** ***Acalolepta*** **sp.**
寄　　主　核桃。
分布范围　四川。
发生地点　四川：遂宁市安居区。

● **南方锦天牛** ***Acalolepta speciosa*** **(Gahan)**
寄　　主　马尾松，垂柳，榆树，枇杷，栎，杧果，葡萄，油茶。
分布范围　江苏、广西、海南。
发生地点　江苏：泰州市高港区；
　　　　　广西：百色市右江区；
　　　　　海南：定安县、乐东黎族自治县。
发生面积　1379 亩
危害指数　0.4469

● **双斑锦天牛** ***Acalolepta sublusca*** **(Thomson)**
寄　　主　山杨，核桃，枫杨，板栗，榆树，桑，十大功劳，海桐，算盘子，长叶黄杨，黄杨。
分布范围　华东，天津、河北、内蒙古、辽宁、河南、湖北、湖南、广东、重庆、四川、陕西。
发生地点　河北：保定市唐县，廊坊市安次区；
　　　　　上海：浦东新区；
　　　　　江苏：常州市天宁区、钟楼区；

浙江：杭州市萧山区，宁波市余姚市，金华市磐安县，衢州市常山县，台州市温岭市；

安徽：合肥市包河区，芜湖市芜湖县，淮北市相山区；

山东：青岛市即墨市、莱西市，东营市利津县，济宁市曲阜市，菏泽市牡丹区；

河南：商丘市睢县。

发生面积　484 亩

危害指数　0. 3471

• 丝锦天牛 *Acalolepta vitalisi* (Pic)

寄　　主　樟树，紫丁香。

分布范围　浙江、江西、湖南、广东、广西、四川、陕西。

发生地点　四川：绵阳市游仙区。

• 大灰长角天牛 *Acanthocinus aedilis* (Linnaeus)

中文异名　灰长角天牛、长角灰天牛

寄　　主　冷杉，落叶松，红杉，云杉，思茅松，红松，樟子松，油松，黑松，山杨，柳树，栎，榆树，马尾树，李，槐树。

分布范围　华北、东北，浙江、安徽、山东、河南、广西、云南、陕西。

发生地点　河北：石家庄市裕华区，保定市顺平县；

黑龙江：佳木斯市郊区；

云南：临沧市临翔区。

发生面积　5187 亩

危害指数　0. 3333

• 双带长角天牛 *Acanthocinus carinulatus* (Gebler)

寄　　主　云杉，红松，油松，山杨。

分布范围　东北。

• 小灰长角天牛 *Acanthocinus griseus* (Fabricius)

寄　　主　冷杉，油杉，落叶松，云杉，青海云杉，鱼鳞云杉，华山松，红松，马尾松，油松，加杨，山杨，小青杨，旱柳，核桃，桤树，波罗栎，辽东栎，栓皮栎，李，无患子。

分布范围　华北、东北、西北，浙江、福建、江西、山东、河南、广东、广西、四川、贵州。

发生地点　北京：延庆区；

河北：秦皇岛市抚宁区，张家口市涿鹿县，沧州市吴桥县；

浙江：宁波市宁海县，台州市仙居县；

陕西：渭南市华州区，汉中市西乡县，商洛市商州区，宁东林业局。

发生面积　12519 亩

危害指数　0. 5197

• 红缘眼花天牛 *Acmaeops septentrionis* (Thomson)

寄　　主　云杉，青海云杉，鱼鳞云杉，华山松，油松。

分布范围　东北，内蒙古、陕西、宁夏。

- **毛角天牛** ***Aegolipton marginale*** **(Fabricius)**

寄　　主　松，杨树，柳树，木麻黄，黧蒴栲，桑，油桐，泡桐。

分布范围　辽宁、江苏、福建、广东、广西、云南、贵州。

- **中华裸角天牛** ***Aegosoma sinicum*** **White**

中文异名　薄翅锯天牛、中华薄翅天牛、薄翅天牛、大棕天牛

拉丁异名　*Aegosoma sinica* White，*Megopis sinica* White

寄　　主　冷杉，落叶松，云杉，华山松，湿地松，马尾松，油松，黑松，加杨，山杨，黑杨，毛白杨，白柳，垂柳，旱柳，绦柳，山核桃，薄壳山核桃，粗皮山核桃，核桃楸，核桃，枫杨，桤木，板栗，美国栗，麻栎，辽东栎，蒙古栎，栓皮栎，榆树，大果榉，构树，桑，一球悬铃木，二球悬铃木，三球悬铃木，桃，杏，樱花，山楂，西府海棠，苹果，海棠花，梨，合欢，刺槐，槐树，臭椿，油桐，色木槭，枣树，葡萄，黄槿，梧桐，茶，山柳，柿，白蜡树，白花泡桐。

分布范围　全国。

发生地点　北京：东城区、石景山区、通州区、大兴区、密云区；

河北：石家庄市井陉矿区、晋州市，唐山市乐亭县，张家口市怀来县、赤城县，沧州市东光县、吴桥县、黄骅市、河间市，廊坊市安次区、霸州市，衡水市桃城区；

山西：大同市阳高县，吕梁市汾阳市；

内蒙古：通辽市科尔沁区、科尔沁左翼后旗；

上海：宝山区、嘉定区、浦东新区；

江苏：南京市栖霞区、雨花台区、六合区，无锡市滨湖区、江阴市、宜兴市，徐州市沛县，常州市天宁区、钟楼区、新北区、溧阳市，苏州市高新技术开发区、吴江区、太仓市，淮安市清江浦区，盐城市盐都区、东台市，扬州市邗江区；

浙江：杭州市西湖区；

福建：南平市建瓯市；

江西：萍乡市莲花县，上饶市广丰区；

山东：枣庄市台儿庄区，东营市东营区、利津县，潍坊市坊子区、昌邑市，济宁市兖州区、梁山县、曲阜市，泰安市泰山区、泰山林场，威海市环翠区，德州市夏津县，聊城市阳谷县，菏泽市牡丹区、单县；

湖北：荆门市京山县、沙洋县，荆州市沙市区；

广东：惠州市惠阳区；

四川：遂宁市船山区；

云南：大理白族自治州云龙县；

陕西：西安市蓝田县，咸阳市秦都区、永寿县、彬县、长武县，渭南市华州区、大荔县、白水县，延安市延川县、洛川县，汉中市汉台区，榆林市靖边县、子洲县，商洛市镇安县，神木县，佛坪保护区，宁东林业局；

甘肃：庆阳市镇原县；

宁夏：固原市彭阳县。

发生面积　39376 亩

危害指数 0.3502

• 金绒闪光天牛 *Aeolesthes chrysothrix*（Bates）

寄　　主 杨树，柑橘。

分布范围 西南，广西、海南。

发生地点 四川：凉山彝族自治州金阳县。

发生面积 120 亩

危害指数 0.3333

• 皱胸闪光天牛 *Aeolesthes holosericea*（Fabricius）

寄　　主 马尾松，柏木，榆树，桑，李，梨，油桐，杧果，桉树。

分布范围 江西、广东、四川、云南。

• 茶褐闪光天牛 *Aeolesthes induta* Newman

中文异名 茶天牛、茶褐天牛、楝闪光天牛

寄　　主 板栗，栲树，凤凰木，大叶水榕，柑橘，川楝，油桐，乌桕，油茶，茶。

分布范围 浙江、安徽、福建、江西、湖南、广东、广西、四川、贵州。

发生地点 福建：南平市延平区；

湖南：张家界市慈利县，永州市零陵区，湘西土家族苗族自治州古丈县；

广西：柳州市鹿寨县、三江侗族自治县。

发生面积 16222 亩

危害指数 0.3344

• 中华闪光天牛 *Aeolesthes sinensis* Gahan

中文异名 闪光天牛

寄　　主 桃，杏，云南山楂，楝树，香椿，油桐，油茶，柿，君迁子。

分布范围 中南，福建、四川、陕西。

发生地点 四川：攀枝花市盐边县，雅安市石棉县，甘孜藏族自治州泸定县；

陕西：安康市旬阳县。

发生面积 1670 亩

危害指数 0.3333

• 黑棘翅天牛 *Aethalodes verrucosus* Gahan

寄　　主 松，杉木，麻栎，油桐，油茶。

分布范围 浙江、福建、江西、湖北、湖南、广东、广西、四川、陕西。

发生地点 浙江：宁波市鄞州区。

发生面积 1000 亩

危害指数 0.3333

• 苜蓿多节天牛 *Agapanthia amurensis* Kraatz

寄　　主 落叶松，马尾松，杨树，榛子，构树，杏，刺槐，枳。

分布范围 华北、东北、华东，河南、四川、陕西、甘肃、宁夏。

发生地点　河北：张家口市沽源县、怀来县、涿鹿县、赤城县；
山西：杨树丰产林实验局；
内蒙古：乌兰察布市四子王旗；
江苏：淮安市淮阴区；
浙江：宁波市余姚市；
陕西：咸阳市秦都区，渭南市华州区；
宁夏：银川市西夏区，固原市彭阳县。
发生面积　4518 亩
危害指数　0. 3333

• 大麻多节天牛 *Agapanthia daurica* Ganglbauer
寄　　主　冷杉，落叶松，云杉，红松，山杨。
分布范围　河北、内蒙古、黑龙江、四川。
发生地点　四川：南充市西充县。

• 毛角多节天牛 *Agapanthia pilicornis*（Fabricius）
寄　　主　松，竹，毛金竹。
分布范围　内蒙古、吉林、江苏、浙江、江西、山东、四川、陕西。

• 红足缨天牛 *Allotraeus grahami* Gressitt
寄　　主　柳树，桑，樟树，椰子。
分布范围　福建、河南、湖北、湖南、广东、四川、云南、西藏。
发生地点　湖南：岳阳市平江县。

• 中黑肖亚天牛 *Amarysius altajensis*（Laxmann）
中文异名　阿尔泰天牛
寄　　主　杨树，蒙古栎，榔榆，榆树，柠条锦鸡儿，楸叶槭，椴树，白蜡树，忍冬。
分布范围　东北，河北、内蒙古、浙江、山东。
发生地点　河北：张家口市沽源县、赤城县。
发生面积　1105 亩
危害指数　0. 3333

• 北亚拟健天牛 *Anaesthetis confossicollis* Baeckmann
寄　　主　山杨，旱柳，旱榆。
分布范围　内蒙古、吉林、江西、宁夏。

• 山茶连突天牛 *Anastathes parva* Gressitt
寄　　主　山茶。
分布范围　浙江、福建、湖南、广东、广西、海南。

• 北亚伪花天牛 *Anastrangalia sequensi* Reitter
中文异名　黑缘花天牛
拉丁异名　*Anoplodera sequebsi*（Reitter）

寄　　主　落叶松，松，桦木，榛子。
分布范围　东北，河北、内蒙古、福建。

• 黑亚天牛 *Anoplistes diabolicus* Reitter

寄　　主　沙拐枣。
分布范围　新疆。

• 鞍背亚天牛 *Anoplistes halodendri ephippium*（Stevens et Dalmann）

寄　　主　杨树，榆树，沙拐枣，柠条锦鸡儿，刺槐，槐树，忍冬。
分布范围　东北，天津、河北、内蒙古、宁夏、新疆。
发生地点　内蒙古：鄂尔多斯市达拉特旗、伊金霍洛旗、康巴什新区；
　　　　　宁夏：吴忠市盐池县。
发生面积　6277 亩
危害指数　0.3917

• 蓝突肩花天牛 *Anoploderomorpha cyanea*（Gebler）

寄　　主　杨树，柳树。
分布范围　东北，河北。

• 绿绒星天牛 *Anoplophora beryllina*（Hope）

寄　　主　杉木，核桃，栎，青冈。
分布范围　浙江、福建、江西、湖北、广东、广西、四川、云南。

• 星天牛 *Anoplophora chinensis*（Forster）

中文异名　柑橘天牛、华星天牛
寄　　主　柑橘，马尾松，柳杉，杉木，水杉，柏木，木麻黄，加杨，山杨，大叶杨，白柳，垂柳，旱柳，绦柳，薄壳山核桃，野核桃，核桃，枫杨，桤木，赤杨，旱冬瓜，亮叶桦，板栗，麻栎，栓皮栎，青冈，朴树，榆树，大果榉，构树，高山榕，无花果，黄葛树，桑，水麻，澳洲坚果，山柚子，野牡丹，荷花玉兰，白兰，猴樟，樟树，枫香，红花檵木，二球悬铃木，三球悬铃木，桃，杏，樱桃，木瓜，枇杷，垂丝海棠，苹果，海棠花，石楠，李，红叶李，梨，月季，多花蔷薇，悬钩子，耳叶相思，云南金合欢，台湾相思，马占相思，合欢，紫荆，刺桐，皂荚，刺槐，槐树，文旦柚，橙，柠檬，金橘，臭椿，楝树，香椿，红椿，油桐，乌桕，黄连木，盐肤木，冬青，三角槭，色木槭，梣叶槭，浙江七叶树，栾树，无患子，枣树，椴树，木槿，木棉，梧桐，油茶，茶，木荷，合果木，紫薇，喜树，窿缘桉，大叶桉，巨桉，水曲柳，白蜡树，女贞，木犀，紫丁香，柚木，川泡桐，白花泡桐，楸。
分布范围　东北、华东、中南、西南，北京、河北、山西、陕西、甘肃。
发生地点　北京：东城区、顺义区、密云区；
　　　　　河北：石家庄市井陉矿区、井陉县、赞皇县、新乐市，唐山市玉田县，秦皇岛市海港区，邢台市广宗县，保定市阜平县、唐县、顺平县，沧州市沧县、盐山县、吴桥县、黄骅市、河间市，衡水市桃城区、枣强县、深州市；
　　　　　山西：大同市阳高县，运城市闻喜县、垣曲县；

上海：闵行区、宝山区、嘉定区、浦东新区、金山区、松江区、青浦区、奉贤区，崇明县；

江苏：南京市浦口区、栖霞区、雨花台区、江宁区、六合区、溧水区，无锡市锡山区、惠山区、滨湖区、江阴市、宜兴市，徐州市贾汪区、铜山区、丰县、沛县、睢宁县、邳州市，常州市天宁区、钟楼区、新北区、武进区、金坛区、溧阳市，苏州市高新技术开发区、吴中区、相城区、吴江区、常熟市、张家港市、昆山市、太仓市，南通市海安县，淮安市淮安区、淮阴区、清江浦区、盱眙县、金湖县，盐城市亭湖区、盐都区、大丰区、阜宁县、射阳县、东台市，扬州市江都区、宝应县，镇江市新区、润州区、丹徒区、丹阳市、扬中市、句容市，泰州市姜堰区、靖江市、泰兴市，宿迁市宿城区、沭阳县；

浙江：杭州市西湖区、萧山区、富阳区、桐庐县、临安市，宁波市鄞州区、象山县、宁海县、余姚市、奉化市，温州市龙湾区、平阳县、瑞安市、乐清市，嘉兴市秀洲区、嘉善县，金华市磐安县，衢州市常山县、江山市，舟山市岱山县、嵊泗县，台州市椒江区、玉环县、三门县、天台县、仙居县，丽水市松阳县；

安徽：合肥市庐阳区、肥西县、庐江县，芜湖市芜湖县、繁昌县、无为县，马鞍山市博望区、当涂县，淮北市杜集区、相山区、烈山区，安庆市潜山县、桐城市，黄山市徽州区，滁州市南谯区、来安县、定远县、天长市、明光市，阜阳市颍州区、颍上县，六安市裕安区、叶集区、霍邱县，池州市贵池区，宣城市郎溪县、泾县；

福建：厦门市翔安区，莆田市涵江区、秀屿区、仙游县、湄洲岛，三明市永安市，泉州市安溪县、永春县、晋江市，漳州市龙文区、漳浦县、诏安县、平和县，南平市延平区，龙岩市永定区、漳平市，福州国家森林公园；

江西：南昌市南昌县、安义县、进贤县，景德镇市浮梁县，萍乡市安源区、莲花县、萍乡开发区，九江市濂溪区、彭泽县、庐山市，新余市分宜县、仙女湖区，赣州经济技术开发区、全南县、宁都县，吉安市青原区、新干县、永丰县、泰和县、遂川县、永新县，宜春市袁州区、奉新县、上高县、铜鼓县、樟树市、高安市，抚州市临川区、崇仁县、乐安县、金溪县，上饶市广丰区、上饶县、玉山县、铅山县、余干县、德兴市，共青城市、丰城市、鄱阳县；

山东：青岛市城阳区、胶州市、即墨市、莱西市，枣庄市台儿庄区，东营市河口区，烟台市莱山区，潍坊市诸城市，济宁市微山县、泗水县、梁山县、曲阜市，泰安市泰山区、岱岳区、新泰市，威海市环翠区，日照市莒县，莱芜市莱城区，临沂市沂水县、费县、莒南县，德州市夏津县，聊城市东昌府区、阳谷县、东阿县、冠县，滨州市惠民县，菏泽市定陶区、巨野县、郓城县，黄河三角洲保护区；

河南：郑州市荥阳市、新郑市，开封市祥符区，洛阳市洛龙区、嵩县、宜阳县、伊川县，平顶山市叶县、舞钢市，新乡市新乡县，许昌市魏都区、许昌市经济技术开发区、东城区、鄢陵县、襄城县，漯河市郾城区，南阳市宛城区、南召县、桐柏县，商丘市睢县，信阳市光山县、潢川县、淮滨县，周口市西华县，驻马店市确山县、泌阳县，济源市、兰考县、永城市、新蔡县、邓州市；

湖北：武汉市洪山区、东西湖区、蔡甸区，十堰市竹溪县，宜昌市夷陵区、长阳土家族自治县、枝江市，襄阳市保康县，荆门市京山县、沙洋县，荆州市沙市区、荆州区、公安县、监利县、江陵县、石首市、洪湖市，黄冈市罗田县，仙桃市、潜江市、太子山林场；

湖南：长沙市浏阳市，株洲市荷塘区、石峰区、云龙示范区、醴陵市，湘潭市韶山市，衡阳市南岳区、祁东县、常宁市，邵阳市大祥区、北塔区、新邵县、邵阳县，岳阳市岳阳县、湘阴县，常德市鼎城区、汉寿县、澧县、临澧县、桃源县、石门县，益阳市资阳区、南县、沅江市，郴州市北湖区、苏仙区、桂阳县、宜章县、永兴县、嘉禾县、临武县、汝城县、安仁县，永州市零陵区、双牌县、道县、新田县、江华瑶族自治县，怀化市鹤城区、溆浦县、会同县、麻阳苗族自治县、新晃侗族自治县、靖州苗族侗族自治县、洪江市，娄底市娄星区、双峰县、新化县、涟源市，湘西土家族苗族自治州吉首市、凤凰县；

广东：广州市番禺区，韶关市浈江区，汕头市澄海区，佛山市南海区，湛江市廉江市、雷州市，肇庆市高要区、德庆县、四会市、肇庆市属林场，惠州市惠阳区，梅州市蕉岭县，汕尾市陆河县、陆丰市，阳江市阳东区，清远市清新区，云浮市云城区、新兴县；

广西：南宁市良庆区、武鸣区、宾阳县、横县，柳州市柳江区，桂林市兴安县、荔浦县，梧州市万秀区，北海市合浦县，防城港市上思县，钦州市钦南区，贵港市桂平市，玉林市博白县、北流市，百色市靖西市，贺州市昭平县，河池市南丹县、天峨县、凤山县、巴马瑶族自治县、宜州区，来宾市兴宾区、忻城县、武宣县，崇左市龙州县、天等县，维都林场、雅长林场；

海南：海口市琼山区；

重庆：万州区、涪陵区、沙坪坝区、九龙坡区、北碚区、大足区、渝北区、巴南区、黔江区、江津区、合川区、永川区、南川区、铜梁区、潼南区、荣昌区、万盛经济技术开发区，梁平区、城口县、丰都县、垫江县、武隆区、忠县、开县、奉节县、巫溪县、秀山土家族苗族自治县、酉阳土家族苗族自治县、彭水苗族土家族自治县；

四川：成都市武侯区、新都区、金堂县、大邑县、邛崃市、简阳市，自贡市自流井区、贡井区，攀枝花市仁和区、普威局，泸州市江阳区、泸县、合江县，绵阳市安州区、三台县、梓潼县、江油市，遂宁市船山区、安居区、蓬溪县、射洪县、大英县，内江市威远县、隆昌县，乐山市沙湾区、五通桥区、金口河区、犍为县、夹江县、峨边彝族自治县、峨眉山市，南充市顺庆区、营山县、仪陇县、西充县，眉山市青神县，宜宾市南溪区、筠连县、兴文县，广安市广安区、前锋区、岳池县、武胜县、邻水县、华蓥市，达州市渠县，雅安市雨城区、石棉县、天全县、芦山县，巴中市巴州区、通江县、平昌县，资阳市雁江区，阿坝藏族羌族自治州汶川县、黑水县，甘孜藏族自治州康定市、泸定县，凉山彝族自治州木里藏族自治县、盐源县、会东县、普格县、布拖县、昭觉县、甘洛县；

贵州：贵阳市南明区、花溪区、乌当区、白云区、修文县，黔南布依族苗族自治州三都水族自治县；

云南：昆明市呈贡区，玉溪市江川区、澄江县、华宁县、峨山彝族自治县、红塔山保护区，昭通市大关县，临沧市凤庆县，楚雄彝族自治州双柏县，大理白族自治州云龙县；

陕西：西安市未央区、阎良区、蓝田县、户县，宝鸡市眉县、凤县，咸阳市秦都区、永寿县，渭南市华州区、潼关县，汉中市汉台区、西乡县，安康市石泉县、旬阳县，商洛市商南县、山阳县，杨陵区，佛坪保护区、长青保护区；

甘肃：平凉市静宁县。

发生面积　467730 亩

危害指数　0.4073

• 蓝斑星天牛 *Anoplophora davidis* (Fairmaire)

中文异名　蓝星天牛

寄　　主　华山松，云南松，山杨，栎，桑，核桃，樟树，槐树，柑橘。

分布范围　四川、云南、西藏、陕西。

发生地点　云南：楚雄彝族自治州南华县。

发生面积　500 亩

危害指数　0.3333

• 丽星天牛 *Anoplophora elegans* (Gahan)

寄　　主　木麻黄，栎，榆树，柑橘，楝树，梣叶槭，荔枝。

分布范围　山东、广东、新疆。

发生地点　山东：潍坊市坊子区。

• 光肩星天牛 *Anoplophora glabripennis* (Motschulsky)

中文异名　黄斑星天牛

寄　　主　北京杨，加杨，青杨，山杨，胡杨，二白杨，河北杨，大叶杨，黑杨，钻天杨，箭杆杨，小叶杨，毛白杨，滇杨，小钻杨，白柳，垂柳，旱柳，绦柳，馒头柳，山柳，杨梅，山核桃，薄壳山核桃，核桃，枫杨，桤木，白桦，板栗，苦槠栲，锥栗，栓皮栎，青冈，朴树，榆树，构树，无花果，榕树，桑，水麻，鹅掌楸，荷花玉兰，猴樟，樟树，枫香，红花檵木，二球悬铃木，三球悬铃木，桃，榆叶梅，杏，樱桃，樱花，日本樱花，山楂，枇杷，西府海棠，苹果，海棠花，石楠，李，红叶李，白梨，合欢，紫荆，刺槐，槐树，杏，柠檬，花椒，臭椿，楝树，香椿，乌桕，色木槭，梣叶槭，鸡爪槭，元宝槭，浙江七叶树，栾树，无患子，枣树，木槿，梧桐，红淡比，油茶，山桐子，沙枣，柳叶沙棘，紫薇，喜树，巨尾桉，君迁子，白蜡树，女贞，木犀，鹿角藤，川泡桐，香果树。

分布范围　全国。

发生地点　北京：东城区、丰台区、石景山区、房山区、通州区、顺义区、昌平区、大兴区、延庆区；

天津：塘沽、汉沽、东丽区、西青区、津南区、武清区、宝坻区、宁河区、静海区，蓟县；

河北：石家庄市井陉矿区、藁城区、鹿泉区、栾城区、井陉县、正定县、行唐县、灵寿县、高邑县、深泽县、赞皇县、无极县、赵县、晋州市，唐山市路南区、路北区、古冶区、开平区、丰南区、丰润区、曹妃甸区、滦南县、乐亭县、玉田县，秦皇岛市海港区、山海关区、北戴河区、抚宁区、青龙满族自治县、昌黎县，邯郸市邯山区、复兴区、峰峰矿区、临漳县、成安县、涉县、磁县、肥乡区、邱县、鸡泽县、广平县、馆陶县、魏县、曲周县、武安市，邢台市邢台县、内丘县、隆尧县、任县、南和县、宁晋县、新河县、广宗县、平乡县、威县、清河县、临西县、南宫市、沙河市，保定市满城区、徐水区、涞水县、阜平县、唐县、高阳县、望都县、易县、顺平县、博野县、雄县、涿州市，张家口市万全区、阳原县、怀安县、怀来县、涿鹿县、察北管理区，承德市双滦区，沧州市沧县、东光县、盐山县、吴桥县、献县、泊头市、黄骅市、河间市，廊坊市安次区、固安县、永清县、香河县、大城县、文安县、大厂回族自治县、霸州市、三河市，衡水市桃城区、枣强县、武邑县、武强县、饶阳县、安平县、故城县、景县、阜城县、冀州市，定州市、辛集市，雾灵山保护区、洪崖山国有林场；

山西：太原市清徐县、阳曲县，大同市南郊区、阳高县、天镇县、大同县，阳泉市郊区，长治市长治市郊区、屯留县，晋城市阳城县、陵川县、泽州县，朔州市朔城区、山阴县、怀仁县，晋中市榆次区、榆社县、和顺县、灵石县，运城市临猗县、万荣县、新绛县、绛县、垣曲县、夏县、平陆县、永济市，临汾市尧都区、曲沃县、洪洞县、大宁县、蒲县、霍州市，吕梁市文水县、交城县，杨树丰产林实验局；

内蒙古：呼和浩特市赛罕区、土默特左旗、托克托县，包头市东河区、昆都仑区、青山区、九原区、土默特右旗，乌海市海勃湾区、海南区、乌达区，通辽市科尔沁区、科尔沁左翼后旗，鄂尔多斯市达拉特旗、鄂托克前旗、鄂托克旗、杭锦旗、乌审旗、伊金霍洛旗、康巴什新区，巴彦淖尔市临河区、五原县、磴口县、乌拉特前旗、乌拉特后旗、杭锦后旗，乌兰察布市集宁区、凉城县、察哈尔右翼前旗、丰镇市，阿拉善盟阿拉善左旗；

辽宁：大连市甘井子区，丹东市东港市，锦州市黑山县，营口市大石桥市，阜新市彰武县，辽阳市弓长岭区、太子河区、辽阳县，盘锦市大洼区，葫芦岛市绥中县；

黑龙江：哈尔滨市双城区，佳木斯市郊区；

上海：宝山区、嘉定区、浦东新区、金山区、奉贤区，崇明县；

江苏：南京市浦口区、溧水区、高淳区，无锡市锡山区、滨湖区、江阴市、宜兴市，徐州市铜山区、沛县、睢宁县，常州市溧阳市，苏州市高新技术开发区、吴江区、常熟市、张家港市、昆山市、太仓市，盐城市大丰区、建湖县，扬州市邗江区，镇江市扬中市、句容市；

浙江：杭州市富阳区、桐庐县、临安市，宁波市鄞州区，温州市鹿城区、龙湾区、平阳县、瑞安市、乐清市，嘉兴市秀洲区，金华市磐安县、东阳市，衢州市常山县、江山市，舟山市岱山县、嵊泗县，台州市椒江区、临海市，丽水市莲都区、松阳县；

安徽：合肥市包河区、肥西县、庐江县，芜湖市芜湖县、繁昌县、无为县，蚌埠市淮上区、怀远县、五河县、固镇县，淮南市田家庵区，淮北市濉溪县，铜陵市枞阳县，黄山市徽州区，滁州市凤阳县，阜阳市颍州区、颍东区、颍泉区、太和县、颍上县，宿州市萧县，六安市金安区、裕安区、叶集区、霍邱县，亳州市涡阳县、蒙城县、利辛县，池州市石台县，宣城市宣州区；

江西：萍乡市湘东区、莲花县、芦溪县，九江市武宁县、修水县、都昌县，新余市分宜县，赣州市南康区、于都县，吉安市峡江县、遂川县、永新县，宜春市宜丰县、樟树市，抚州市东乡县，上饶市广丰区、玉山县、铅山县，共青城市、鄱阳县、南城县；

山东：济南市历城区、平阴县、商河县、章丘市，青岛市城阳区、胶州市、即墨市、莱西市，淄博市沂源县，枣庄市市中区、薛城区、台儿庄区、山亭区、滕州市，东营市东营区、河口区、垦利县、利津县、广饶县，烟台市芝罘区、牟平区、莱山区、龙口市、招远市，潍坊市潍城区、坊子区、诸城市、昌邑市、滨海经济开发区，济宁市任城区、兖州区、微山县、鱼台县、金乡县、泗水县、梁山县、曲阜市、邹城市、高新技术开发区、太白湖新区、经济技术开发区，泰安市泰山区、岱岳区、宁阳县、东平县、新泰市、肥城市、泰山林场，威海市环翠区，日照市岚山区、五莲县，临沂市罗庄区、河东区、郯城县、沂水县、兰陵县、费县、平邑县、莒南县、蒙阴县、临沭县，德州市庆云县、齐河县、夏津县、武城县，聊城市东昌府区、阳谷县、莘县、东阿县、冠县、高唐县、临清市、高新技术产业开发区，滨州市滨城区、阳信县、无棣县、邹平县，菏泽市牡丹区、定陶区、曹县、单县、成武县、巨野县、郓城县、鄄城县、东明县，黄河三角洲保护区；

河南：郑州市中原区、管城回族区、金水区、惠济区、中牟县、荥阳市、新密市、新郑市、登封市，开封市龙亭区、顺河回族区、禹王台区、祥符区、通许县，洛阳市洛宁县、伊川县，平顶山市湛河区、宝丰县、鲁山县，安阳市龙安区、内黄县、林州市，鹤壁市淇滨区，新乡市凤泉区、延津县、辉县市，焦作市修武县、博爱县、武陟县、沁阳市、孟州市，濮阳市华龙区、濮阳经济开发区、清丰县、南乐县、范县、台前县、濮阳县，许昌市魏都区、许昌市经济技术开发区、东城区、许昌县、襄城县、禹州市、长葛市，漯河市召陵区、舞阳县、临颍县，三门峡市湖滨区、陕州区、渑池县、卢氏县、义马市、灵宝市，南阳市卧龙区、内乡县、淅川县、社旗县、桐柏县，商丘市梁园区、睢阳区、民权县、宁陵县、柘城县、虞城县、夏邑县，周口市扶沟县、西华县、沈丘县、淮阳县，驻马店市驿城区、西平县、上蔡县、平舆县、确山县、泌阳县、汝南县、遂平县，巩义市、汝州市、滑县、永城市、鹿邑县、新蔡县、邓州市；

湖北：武汉市新洲区，宜昌市五峰土家族自治县，襄阳市保康县，荆州市监利县，黄冈市黄州区、浠水县、蕲春县，潜江市、天门市；

湖南：长沙市长沙县、浏阳市，株洲市芦淞区、石峰区、云龙示范区、醴陵市，衡阳市衡南县、耒阳市、常宁市，邵阳市邵阳县、绥宁县，岳阳市君山区、岳阳县、汨罗市、临湘市，常德市鼎城区、安乡县、汉寿县、石门县，益阳市资阳区、南县、沅江市，郴州市桂阳县、汝城县，怀化市辰溪县，湘西土家族苗族自治州吉首市；

广西：桂林市叠彩区，河池市东兰县；

重庆：万州区、涪陵区、沙坪坝区、九龙坡区、北碚区、黔江区、江津区、璧山区、万盛经济技术开发区，武隆区、巫溪县、石柱土家族自治县、彭水苗族土家族自治县；

四川：成都市双流区、彭州市，自贡市大安区，泸州市龙马潭区，绵阳市平武县，遂宁市船山区、蓬溪县、射洪县、大英县，乐山市沐川县，南充市蓬安县、西充县，宜宾市屏山县，广安市前锋区、武胜县、华蓥市，雅安市雨城区、汉源县、天全县、芦山县，巴中市平昌县，阿坝藏族羌族自治州理县，甘孜藏族自治州新龙县、石渠县，凉山彝族自治州德昌县、布拖县；

贵州：遵义市汇川区，安顺市西秀区，毕节市七星关区，黔南布依族苗族自治州贵定县；

云南：昆明市禄劝彝族苗族自治县、寻甸回族彝族自治县，玉溪市新平彝族傣族自治县，楚雄彝族自治州楚雄市；

西藏：日喀则市桑珠孜区；

陕西：西安市未央区、阎良区、临潼区、蓝田县、周至县、户县，铜川市王益区、耀州区、宜君县，宝鸡市渭滨区、陈仓区、凤翔县、岐山县、扶风县、眉县、陇县、千阳县、麟游县、凤县、太白县，咸阳市秦都区、渭城区、三原县、泾阳县、乾县、礼泉县、永寿县、彬县、长武县、旬邑县、武功县、兴平市，渭南市临渭区、华州区、潼关县、大荔县、合阳县、澄城县、蒲城县、白水县、富平县、华阴市，延安市延川县、子长县、志丹县、吴起县、宜川县、桥山林业局、桥北林业局，汉中市汉台区、洋县、西乡县、略阳县、镇巴县，榆林市靖边县、定边县、米脂县、佳县，安康市汉阴县，商洛市商州区、丹凤县、商南县、镇安县，韩城市、杨陵区，佛坪保护区，宁东林业局；

甘肃：兰州市城关区、七里河区、安宁区、红古区、永登县、皋兰县、榆中县、兰州新区，嘉峪关市，金昌市金川区、永昌县，白银市白银区、平川区、靖远县、会宁县、景泰县，天水市秦安县，武威市凉州区、民勤县、古浪县，张掖市甘州区、山丹县，平凉市崆峒区、灵台县、崇信县、华亭县、庄浪县，酒泉市肃州区、金塔县、肃北蒙古族自治县、敦煌市，庆阳市庆城县、合水县、正宁县、宁县、镇原县，定西市安定区、陇西县、渭源县、临洮县，临夏回族自治州临夏县、永靖县、广河县、东乡族自治县，甘南藏族自治州舟曲县、迭部县，兴隆山保护区，太统-崆峒山保护区，白水江保护区；

青海：西宁市城东区、城中区、城西区、城北区，海东市乐都区、民和回族土族自治县、互助土族自治县、循化撒拉族自治县；

宁夏：银川市兴庆区、西夏区、金凤区、永宁县、贺兰县、灵武市，石嘴山市大武口区、惠农区、平罗县，吴忠市利通区、红寺堡区、盐池县、同心县、青铜峡市，固原市原州区、西吉县、隆德县、泾源县、彭阳县，中卫市沙坡头区、中宁县、海原县；
新疆：巴音郭楞蒙古自治州焉耆回族自治县、和静县、和硕县、博湖县；
新疆生产建设兵团：农二师 22 团。

发生面积　1527987 亩
危害指数　0.4322

- **楝星天牛 *Anoplophora horsfieldi* (Hope)**

寄　　主　杨树，柳树，青冈，朴树，榆树，桑，梨，槐树，楝树，油茶，茶，喜树。
分布范围　华东、中南、西南，河北、陕西。
发生地点　上海：闵行区、金山区、松江区；
江苏：南京市栖霞区、江宁区、六合区、溧水区，无锡市滨湖区，徐州市邳州市，苏州市昆山市，淮安市淮阴区、洪泽区、盱眙县，镇江市新区、润州区、丹阳市；
浙江：宁波市象山县；
湖北：荆州市洪湖市；
湖南：郴州市临武县；
广东：汕头市龙湖区；
重庆：万州区、江津区；
四川：遂宁市安居区。
发生面积　859 亩
危害指数　0.3333

- **拟星天牛 *Anoplophora imitator* (White)**

寄　　主　山杨，板栗，麻栎。
分布范围　江苏、福建、江西、广东、广西、四川、贵州、云南。
发生地点　四川：自贡市荣县。

- **黑星天牛 *Anoplophora leechi* (Gahan)**

中文异名　锯锯虫、铁牯牛
寄　　主　山杨，柳树，旱柳，核桃，桤木，板栗，栎，榆树，梨，杏，漆树，栾树，柿，木犀。
分布范围　河北、内蒙古、辽宁、江苏、浙江、江西、河南、湖北、湖南、广西、重庆、四川、云南、陕西、新疆。
发生地点　河北：衡水市枣强县；
江苏：无锡市宜兴市，常州市溧阳市；
浙江：杭州市桐庐县，金华市磐安县；
河南：商丘市虞城县；
湖南：常德市石门县，怀化市溆浦县、新晃侗族自治县；
重庆：黔江区，城口县、巫山县；
四川：南充市嘉陵区；
云南：昭通市镇雄县，楚雄彝族自治州永仁县；
陕西：安康市宁陕县，商洛市镇安县。

发生面积　21506 亩
危害指数　0.4015

• **槐星天牛 *Anoplophora lucida*（Pascoe）**
寄　　主　栎，青冈，香槐，刺槐，槐树，柑橘，楝树。
分布范围　河北、江苏、浙江、江西、山东、河南、湖北、湖南、四川、陕西、甘肃。
发生地点　山东：黄河三角洲保护区；
　　　　　湖南：娄底市涟源市；
　　　　　陕西：商洛市丹凤县。
发生面积　12011 亩
危害指数　0.3333

• **胸斑星天牛 *Anoplophora macularia*（Thomson）**
寄　　主　木麻黄，大叶杨，垂柳，无花果，桑，三球悬铃木，苹果，楝树。
分布范围　华东，河北、内蒙古、河南、湖北、广东、广西、四川、云南、陕西、甘肃。
发生地点　安徽：阜阳市界首市；
　　　　　江西：吉安市万安县；
　　　　　陕西：商洛市柞水县。
发生面积　3258 亩
危害指数　0.3538

• **中华锯天牛 *Apatophysis sinica*（Semenov）**
寄　　主　山杨，垂柳，旱柳，榆树，桑，牡丹，三球悬铃木，杏，垂丝海棠，梧桐，白蜡树，泡桐。
分布范围　北京、河北、内蒙古、辽宁、江西、山东、湖南、四川、陕西。
发生地点　北京：顺义区；
　　　　　河北：张家口市涿鹿县；
　　　　　湖南：岳阳市岳阳县；
　　　　　陕西：咸阳市长武县。
发生面积　6111 亩
危害指数　0.4425

• **黄颈柄天牛 *Aphrodisium faldermanii*（Saunders）**
寄　　主　麻栎，桃，杏，李，木荷。
分布范围　河北、内蒙古、吉林、江苏、浙江、福建、江西、河南、湖北、广东、四川、贵州、云南。
发生地点　福建：泉州市永春县。

• **皱绿柄天牛 *Aphrodisium gibbicolle*（White）**
寄　　主　山核桃，锥栗，板栗，青冈，柑橘，油桐。
分布范围　华东，湖南、广东、广西、海南、四川、云南、陕西。
发生地点　浙江：杭州市临安市；

广西：猫儿山保护区。

发生面积　4300 亩

危害指数　0.4341

• 栎旋木柄天牛 *Aphrodisium sauteri* (Matsushita)

中文异名　推磨虫

寄　　主　苦槠栲，麻栎，白栎，栓皮栎，小叶青冈，青冈。

分布范围　山西、浙江、安徽、江西、山东、河南、湖南、陕西。

发生地点　山西：中条山国有林管理局；

浙江：金华市磐安县、东阳市；

安徽：黄山市黄山区，六安市金寨县，宣城市绩溪县；

江西：上饶市上饶县、玉山县；

山东：泰安市泰山林场；

河南：洛阳市栾川县、嵩县、宜阳县，三门峡市，南阳市南召县、西峡县、内乡县，济源市；

湖南：常德市石门县；

陕西：商洛市商南县。

发生范围　270679 亩

危害指数　0.4020

• 桑天牛 *Apriona germari* (Hope)

中文异名　桑粒肩天牛、粒肩天牛、麻胸天牛

寄　　主　北京杨，山杨，大叶杨，黑杨，毛白杨，垂柳，旱柳，山核桃，核桃楸，核桃，枫杨，红桦，板栗，茅栗，锥栗，栓皮栎，青冈，朴树，榆树，构树，柘树，高山榕，无花果，黄葛树，桑，鹅掌楸，观光木，猴樟，樟树，枫香，三球悬铃木，桃，樱桃，日本樱花，山楂，枇杷，垂丝海棠，西府海棠，苹果，海棠花，石楠，李，白梨，沙梨，蔷薇，紫荆，皂荚，刺槐，槐树，杏，川黄檗，楝树，油桐，铁海棠，乌桕，杧果，盐肤木，漆树，色木槭，龙眼，栾树，无患子，北枳椇，枣树，黄槿，桐棉，木棉，梧桐，茶，红淡比，紫薇，巨尾桉，香胶蒲桃，白蜡树，女贞，油橄榄，紫丁香，川泡桐，白花泡桐，椰子。

分布范围　华北、东北、华东、中南、西南，陕西。

发生地点　北京：东城区、石景山区、房山区、通州区、顺义区、大兴区、密云区；

河北：石家庄市井陉矿区、鹿泉区、井陉县、正定县、行唐县、灵寿县、赞皇县、无极县、新乐市，唐山市路北区、古冶区、开平区、丰润区、滦南县、乐亭县、玉田县，邯郸市峰峰矿区、涉县、广平县、魏县，邢台市邢台县、临城县、隆尧县、南和县、新河县、平乡县、清河县、临西县，保定市满城区、涞水县、阜平县、定兴县、唐县、望都县、顺平县、博野县、雄县、涿州市，沧州市沧县、东光县、盐山县、吴桥县、泊头市、黄骅市、河间市，廊坊市安次区、固安县、永清县、大城县、文安县、三河市，衡水市桃城区、枣强县、武邑县、饶阳县、故城县、景县、阜城县、冀州市、深州市，定州市；

山西：大同市阳高县，运城市盐湖区、临猗县、闻喜县、稷山县、新绛县、绛县、垣曲县、夏县、平陆县、永济市、河津市；

上海：闵行区、嘉定区、浦东新区、金山区、松江区、青浦区、奉贤区，崇明县；

江苏：南京市浦口区、江宁区、六合区、高淳区，无锡市锡山区、江阴市、宜兴市，徐州市丰县、沛县、睢宁县、邳州市，常州市武进区、金坛区、溧阳市，苏州市高新技术开发区、吴中区、吴江区、昆山市、太仓市，南通市海安县、海门市，淮安市淮阴区、清江浦区、涟水县、金湖县，盐城市盐都区、滨海县、阜宁县、建湖县、东台市，扬州市邗江区，镇江市句容市，泰州市兴化市、泰兴市，宿迁市宿城区、沭阳县、泗洪县；

浙江：杭州市萧山区、桐庐县、临安市，宁波市北仑区、镇海区、鄞州区、象山县、余姚市、奉化市，温州市平阳县、瑞安市、乐清市，嘉兴市秀洲区、嘉善县，金华市东阳市，衢州市常山县，舟山市岱山县、嵊泗县，台州市椒江区、玉环县、仙居县，丽水市莲都区、松阳县；

安徽：合肥市瑶海区、庐阳区、包河区、长丰县、肥东县、肥西县、庐江县、巢湖市，芜湖市芜湖县、繁昌县、无为县，蚌埠市淮上区、怀远县、五河县、固镇县，淮南市凤台县，马鞍山市博望区、当涂县，淮北市杜集区、相山区、烈山区、濉溪县，铜陵市枞阳县，安庆市迎江区、大观区、宜秀区、怀宁县、潜山县、宿松县、桐城市，滁州市南谯区、来安县、全椒县、定远县、凤阳县、天长市、明光市，阜阳市颍州区、颍东区、颍泉区、临泉县、太和县、阜南县、颍上县、界首市，宿州市埇桥区、砀山县、萧县、灵璧县、泗县，六安市金安区、裕安区、叶集区、霍邱县、金寨县，亳州市涡阳县、蒙城县，池州市贵池区，宣城市郎溪县、宁国市；

福建：厦门市海沧区、集美区、同安区，莆田市涵江区、秀屿区、仙游县，泉州市安溪县，漳州市平和县，南平市松溪县，龙岩市永定区；

江西：萍乡市芦溪县，九江市庐山市，新余市分宜县，赣州市信丰县，吉安市井冈山经济技术开发区、吉安县、遂川县、万安县、永新县，宜春市万载县、宜丰县、高安市，抚州市黎川县、乐安县、金溪县，上饶市广丰区、铅山县、余干县、德兴市，鄱阳县；

山东：济南市商河县，青岛市胶州市、莱西市，枣庄市薛城区、台儿庄区，东营市河口区、利津县、广饶县，潍坊市青州市、诸城市、昌邑市，济宁市任城区、兖州区、微山县、鱼台县、金乡县、嘉祥县、泗水县、梁山县、曲阜市、邹城市、高新技术开发区、经济技术开发区，泰安市泰山区、岱岳区、宁阳县、新泰市、肥城市、泰山林场，威海市环翠区，日照市岚山区、莒县，莱芜市莱城区，临沂市兰山区、莒南县、临沭县，德州市夏津县，聊城市东昌府区、阳谷县、莘县、茌平县、东阿县、冠县、临清市，滨州市惠民县、无棣县，菏泽市牡丹区、定陶区、曹县、单县、成武县、巨野县、郓城县、鄄城县、东明县；

河南：郑州市中原区、二七区、管城回族区、中牟县、荥阳市、新密市、新郑市，洛阳市嵩县，平顶山市石龙区、宝丰县、叶县、鲁山县，鹤壁市淇滨区，新乡市凤泉区、辉县市，焦作市博爱县、温县，濮阳市华龙区、南乐县、濮阳县，许昌市魏都区、许昌市经济技术开发区、东城区、许昌县、鄢陵县、襄城县、禹州市，漯河市召陵区，三门峡市湖滨区、灵宝市，南阳市宛城区、卧龙区、南召县、镇平县、社旗县、唐河县、新野县，商丘市睢阳区、民权县、睢县、柘城县、虞城县、夏邑县，信阳市平桥区、罗山县、光山县、潢川县、淮滨县、息县，周口市扶沟县、项城市，驻马店市驿城区、西平县、上蔡县、平舆县、正阳县、确山县、泌阳县、汝南县、遂平县，济源市、兰考县、滑县、鹿邑县、新蔡县、邓州市、固始县；

湖北：武汉市蔡甸区、新洲区，宜昌市长阳土家族自治县、当阳市，襄阳市保康县，鄂州市华容区，荆门市东宝区、沙洋县，孝感市孝昌县、大悟县、云梦县、汉川市，荆州市荆州区、公安县、监利县、江陵县、石首市、洪湖市、松滋市，黄冈市龙感湖、蕲春县、麻城市，咸宁市咸安区、嘉鱼县、赤壁市，仙桃市、潜江市、天门市；

湖南：长沙市长沙县，株洲市芦淞区、云龙示范区，湘潭市韶山市，衡阳市祁东县，邵阳市武冈市，岳阳市君山区、岳阳县、平江县、汨罗市、临湘市，常德市鼎城区、安乡县、澧县、临澧县、桃源县，益阳市资阳区、桃江县、沅江市，郴州市苏仙区、桂阳县、嘉禾县、安仁县、资兴市，永州市零陵区、道县、新田县，怀化市麻阳苗族自治县，娄底市双峰县、新化县、涟源市，湘西土家族苗族自治州保靖县；

广东：汕头市澄海区，云浮市郁南县、罗定市；

广西：南宁市横县，桂林市永福县，河池市宜州区；

海南：五指山市；

重庆：万州区、涪陵区、北碚区、巴南区、黔江区、合川区、南川区、潼南区，城口县；

四川：自贡市大安区、沿滩区、荣县，攀枝花市盐边县，泸州市江阳区、龙马潭区，绵阳市游仙区、三台县、梓潼县，遂宁市安居区、蓬溪县、射洪县、大英县，内江市市中区、威远县、资中县，乐山市沙湾区、金口河区，南充市顺庆区、嘉陵区，宜宾市筠连县，广安市广安区、前锋区、岳池县、武胜县、华蓥市，巴中市恩阳区，甘孜藏族自治州泸定县，凉山彝族自治州德昌县、会东县、甘洛县；

云南：楚雄彝族自治州牟定县、南华县、大姚县，西双版纳傣族自治州勐海县，大理白族自治州云龙县、洱源县；

西藏：拉萨市曲水县；

陕西：西安市临潼区、蓝田县、户县，宝鸡市高新区、扶风县、眉县，咸阳市秦都区、三原县、泾阳县、乾县、武功县，渭南市华州区、潼关县、大荔县、合阳县、蒲城县、华阴市，延安市延川县，汉中市汉台区、略阳县，榆林市吴堡县，安康市旬阳县，商洛市商州区、商南县、山阳县、镇安县，韩城市、杨陵区。

发生面积　1327399 亩

危害指数　0.4355

• 台湾桑天牛 *Apriona rugicollis* Chevrolat

中文异名　皱胸粒肩天牛、粗粒粒肩天牛

寄　　主　构树，桑，兰考泡桐，白花泡桐。

分布范围　湖北、海南。

• 锈色粒肩天牛 *Apriona swainsoni*（Hope）

寄　　主　山杨，毛白杨，垂柳，榆树，桑，三球悬铃木，桃，云实，黄檀，刺槐，槐树，龙爪槐，杏，无患子，女贞。

分布范围　华北、东北、华东，河南、湖北、贵州、陕西。

发生地点　北京：东城区；

天津：静海区，蓟县；

河北：唐山市玉田县，邯郸市鸡泽县，衡水市桃城区；

山西：运城市盐湖区、闻喜县、绛县、垣曲县、夏县、平陆县；

江苏：徐州市沛县，淮安市淮安区、淮阴区，盐城市阜宁县、东台市；

浙江：杭州市桐庐县，嘉兴市秀洲区；

安徽：合肥市包河区、肥西县，淮北市相山区、烈山区，滁州市凤阳县、天长市、明光市，阜阳市颍东区、颍泉区、临泉县，宿州市萧县；

江西：景德镇市昌江区；

山东：济南市历城区，淄博市临淄区，枣庄市台儿庄区、滕州市，潍坊市潍城区、坊子区、滨海经济开发区，济宁市任城区、兖州区、鱼台县、金乡县、梁山县、曲阜市、高新技术开发区，泰安市泰山区、岱岳区、新泰市、肥城市，日照市莒县，莱芜市莱城区，临沂市莒南县、临沭县，聊城市东昌府区、阳谷县、东阿县、冠县、临清市，菏泽市定陶区、单县、巨野县、郓城县、东明县；

河南：郑州市中牟县、新密市，洛阳市嵩县、伊川县，平顶山市鲁山县，安阳市林州市，鹤壁市淇滨区，濮阳市南乐县、台前县、濮阳县，许昌市魏都区、许昌县、鄢陵县、襄城县、禹州市，三门峡市湖滨区、卢氏县、义马市，南阳市桐柏县，商丘市睢阳区、睢县，周口市沈丘县，驻马店市泌阳县，永城市、新蔡县；

湖北：荆州市荆州区；

陕西：西安市周至县。

发生面积　12159 亩

危害指数　0.4362

• 褐幽短梗天牛 *Arhopalus rusticus*（Linnaeus）

中文异名　褐幽天牛、褐梗天牛

寄　　主　冷杉，华北落叶松，云杉，青海云杉，华山松，赤松，马尾松，油松，黑松，云南松，白皮松，柳杉，杉木，柏木，侧柏，圆柏，高山柏，崖柏，山杨，柳树，板栗，栓皮栎，榆树，桃，杏，椴树。

分布范围　华北、东北，浙江、山东、河南、湖北、广东、四川、贵州、云南、陕西、甘肃、宁夏。

发生地点　河北：石家庄市井陉矿区，唐山市滦南县，秦皇岛市抚宁区，邢台市沙河市，张家口市赤城县；
山西：杨树丰产林实验局；
山东：泰安市岱岳区、肥城市、泰山林场、徂徕山林场，威海市环翠区，莱芜市莱城区；
四川：攀枝花市东区、西区、仁和区、盐边县，遂宁市船山区，雅安市石棉县，甘孜藏族自治州泸定县；
云南：怒江傈僳族自治州泸水县；
陕西：渭南市华州区，宁东林业局。
发生面积　21608 亩
危害指数　0.3388

• **瘤胸簇天牛 *Aristobia hispida* (Saunders)**
寄　　主　山杨，垂柳，核桃，枫杨，板栗，栎，桑，厚朴，枫香，合欢，紫穗槐，黄檀，杏，柑橘，油桐，漆树，女贞，油橄榄。
分布范围　浙江、安徽、福建、江西、湖北、重庆、四川、陕西。
发生地点　浙江：宁波市余姚市；
江西：萍乡市湘东区；
湖北：黄冈市罗田县；
重庆：万州区；
四川：南充市高坪区。
发生面积　246 亩
危害指数　0.3442

• **毛簇天牛 *Aristobia horridula* (Hope)**
寄　　主　柳树，核桃，降香檀，黄檀，钝叶黄檀。
分布范围　云南、四川。
发生地点　云南：西双版纳傣族自治州勐海县。

• **龟背簇天牛 *Aristobia testudo* (Voet)**
寄　　主　龙眼，荔枝，木棉。
分布范围　浙江、广东、广西、海南。
发生地点　浙江：宁波市鄞州区；
广东：广州市花都区，惠州市惠阳区。
发生面积　3638 亩
危害指数　0.3333

• **碎斑簇天牛 *Aristobia voeti* Thomson**
寄　　主　柿。
分布范围　中南，安徽、福建、江西、云南、陕西。

● **桃红颈天牛** ***Aromia bungii*** **(Faldermann)**

寄　　主　银白杨，新疆杨，加杨，山杨，黑杨，毛白杨，白柳，垂柳，旱柳，杨梅，山核桃，核桃，枫杨，板栗，锥栗，麻栎，波罗栎，青冈，榔榆，榆树，构树，榕树，桑，猴樟，山桃，桃，榆叶梅，碧桃，梅，山杏，杏，樱桃，樱花，山楂，枇杷，垂丝海棠，苹果，李，油桃，梨，蔷薇，合欢，刺槐，花椒，楝树，香椿，油桐，乌桕，色木槭，栾树，无患子，枣树，葡萄，秋海棠，紫薇，桃榄，柿，白蜡树，女贞，油橄榄，木犀。

分布范围　华北、东北、华东、中南、西南，陕西、甘肃。

发生地点　北京：东城区、石景山区、通州区、顺义区、昌平区、大兴区、密云区、延庆区；

河北：石家庄市鹿泉区、井陉县、正定县、灵寿县、晋州市、新乐市，唐山市开平区、滦南县、乐亭县，秦皇岛市山海关区、北戴河区、抚宁区、昌黎县，邯郸市临漳县、鸡泽县，邢台市邢台县、内丘县、隆尧县、新河县、平乡县、沙河市，保定市满城区、涞水县、唐县、高阳县、顺平县、博野县，张家口市万全区、怀安县、怀来县、涿鹿县，承德市承德县，沧州市东光县、盐山县、吴桥县、献县、黄骅市、河间市，廊坊市安次区、永清县、香河县、大城县、文安县、霸州市、三河市，衡水市桃城区、枣强县、武邑县、景县、阜城县、冀州市、深州市，定州市、辛集市，雾灵山保护区；

山西：太原市万柏林区，大同市阳高县、广灵县，晋中市灵石县；

辽宁：沈阳市法库县，丹东市振安区；

上海：闵行区、宝山区、嘉定区、浦东新区、金山区、松江区、青浦区、奉贤区，崇明县；

江苏：南京市玄武区、浦口区、栖霞区、雨花台区，无锡市惠山区、滨湖区、江阴市、宜兴市，徐州市铜山区、沛县、睢宁县、邳州市，常州市天宁区、钟楼区、武进区、金坛区、溧阳市，苏州市高新技术开发区、吴中区、相城区、吴江区、昆山市、太仓市，南通市海安县，连云港市灌云县，淮安市淮阴区、金湖县，盐城市盐都区、东台市，镇江市丹阳市、句容市，泰州市姜堰区、兴化市，宿迁市宿城区、沭阳县、泗洪县；

浙江：杭州市萧山区、桐庐县，宁波市余姚市、奉化市，温州市瑞安市，嘉兴市秀洲区、嘉善县，金华市磐安县，台州市黄岩区；

安徽：合肥市肥西县、庐江县，芜湖市芜湖县、繁昌县、无为县，蚌埠市淮上区、固镇县，淮南市潘集区，淮北市相山区，滁州市南谯区、定远县、天长市、明光市，阜阳市颍东区、颍泉区、太和县、阜南县，亳州市涡阳县、蒙城县，池州市贵池区；

福建：漳州市诏安县，福州国家森林公园；

江西：萍乡市莲花县，上饶市广丰区、余干县，鄱阳县；

山东：济南市历城区、商河县，青岛市胶州市、即墨市、莱西市，枣庄市台儿庄区、滕州市，东营市东营区、垦利县、利津县、广饶县，烟台市龙口市，潍坊市坊子区、诸城市、昌邑市，济宁市任城区、兖州区、微山县、鱼台县、嘉祥县、泗水县、曲阜市、邹城市、高新技术开发区、太白湖新区，泰安市泰山区、岱岳区、新泰市、肥城市、泰山林场，威海市环翠区，日照市岚山区、莒县，莱芜市莱城区、钢城区，临沂市兰山区、平邑县、莒南县，德州市齐河县，聊城市东昌府区、阳谷县、莘县、东阿县、冠县、临清市，滨州市无棣县，菏泽市牡丹区、定陶区、单县、郓城县；

河南：郑州市中原区、中牟县、荥阳市、新郑市，开封市顺河回族区、尉氏县，洛阳市孟津县、嵩县，平顶山市鲁山县，安阳市内黄县，鹤壁市鹤山区、淇滨区、淇县，新乡市卫辉市，焦作市博爱县，濮阳市南乐县，许昌市许昌县、鄢陵县、襄城县，漯河市郾城区，三门峡市湖滨区、灵宝市，南阳市西峡县、内乡县、淅川县，商丘市民权县、虞城县，驻马店市确山县、泌阳县，济源市、滑县、新蔡县、邓州市；

湖北：武汉市新洲区，十堰市郧西县，荆门市沙洋县，孝感市孝南区、云梦县，荆州市沙市区、荆州区，黄冈市罗田县，随州市随县，仙桃市、潜江市；

湖南：长沙市浏阳市，邵阳市洞口县，岳阳市云溪区、君山区、平江县，常德市桃源县、石门县，郴州市临武县，怀化市通道侗族自治县，娄底市新化县，湘西土家族苗族自治州吉首市、凤凰县；

广东：汕尾市陆河县，清远市连州市；

广西：桂林市灵川县，贺州市八步区；

重庆：沙坪坝区、南岸区、北碚区、黔江区、南川区、万盛经济技术开发区，梁平区、城口县、垫江县、开县、云阳县、奉节县、巫溪县；

四川：成都市龙泉驿区、青白江区、彭州市、简阳市，遂宁市船山区，内江市威远县，广安市前锋区，雅安市汉源县、石棉县、宝兴县，巴中市恩阳区、通江县，甘孜藏族自治州泸定县；

贵州：贵阳市南明区、乌当区；

云南：楚雄彝族自治州永仁县；

陕西：西安市临潼区、蓝田县、户县，宝鸡市扶风县，咸阳市泾阳县、永寿县、彬县、长武县、旬邑县，渭南市华州区、华阴市，延安市甘泉县、劳山林业局，汉中市汉台区，榆林市子洲县，安康市旬阳县，商洛市商州区、丹凤县、山阳县、镇安县；

甘肃：兰州市城关区、七里河区、西固区、安宁区、皋兰县，平凉市华亭县，庆阳市庆城县，陇南市武都区。

发生面积　216214 亩

危害指数　0.4069

● **杨红颈天牛** ***Aromia moschata*** **(Linnaeus)**

中文异名　麝香天牛

寄　　主　加杨，山杨，旱柳，山柳，榆树，桑，桃，杏，李。

分布范围　东北，河北、内蒙古、安徽、山东、湖北、四川、甘肃。

发生地点　河北：保定市唐县、博野县，张家口市赤城县，沧州市河间市；

内蒙古：乌兰察布市四子王旗；

山东：枣庄市台儿庄区；

四川：雅安市汉源县；
甘肃：天水市清水县。
发生面积 3770 亩
危害指数 0.3544

• 松幽天牛 *Asemum amurense* Kraatz

寄　　主 落叶松，云杉，华山松，赤松，红松，马尾松，油松，黑松，云南松。
分布范围 华北、东北、西北，浙江、山东、湖北、四川。
发生地点 河北：石家庄市平山县，张家口市赤城县；
山西：晋中市灵石县，运城市盐湖区；
山东：烟台市经济技术开发区，泰安市新泰市；
四川：广元市青川县；
陕西：西安市蓝田县，渭南市华州区，汉中市汉台区，商洛市丹凤县，佛坪保护区，宁东林业局。
发生面积 3375 亩
危害指数 0.3333

• 红缘亚天牛 *Asias halodendri*（Pallas）

中文异名 红缘天牛
寄　　主 山杨，旱柳，板栗，麻栎，蒙古栎，旱榆，榔榆，榆树，桃，榆叶梅，梅，杏，苹果，李，梨，柠条锦鸡儿，胡枝子，刺槐，槐树，花椒，四合木，臭椿，栲叶槭，文冠果，枣树，酸枣，葡萄，椴树，胡颓子，沙棘，白蜡树，荆条，枸杞，忍冬。
分布范围 华北、东北、西北，江苏、浙江、江西、山东、河南、湖北、四川、贵州。
发生地点 北京：大兴区、密云区；
河北：石家庄市鹿泉区、井陉县，唐山市滦南县、乐亭县、玉田县，邢台市沙河市，保定市唐县，张家口市沽源县、涿鹿县，沧州市沧县、东光县、吴桥县、黄骅市、河间市，衡水市武邑县，雾灵山保护区；
山西：朔州市右玉县，晋中市灵石县，运城市盐湖区，杨树丰产林实验局；
内蒙古：乌海市海勃湾区、海南区，鄂尔多斯市鄂托克旗，乌兰察布市集宁区、卓资县、兴和县、察哈尔右翼前旗、四子王旗，锡林郭勒盟正蓝旗；
山东：东营市河口区、垦利县，滨州市惠民县，黄河三角洲保护区；
河南：郑州市新郑市；
湖北：黄冈市罗田县；
陕西：宝鸡市扶风县、眉县，渭南市华州区、大荔县、澄城县，榆林市米脂县、吴堡县，商洛市丹凤县，杨陵区；
甘肃：兰州市西固区；
宁夏：银川市兴庆区、西夏区、金凤区、永宁县、灵武市，吴忠市同心县，固原市西吉县、彭阳县，中卫市沙坡头区、中宁县。
发生面积 482841 亩
危害指数 0.3873

- **黄荆重突天牛 *Astathes episcopalis* Chevrolat**

中文异名　黄荆眼天牛
寄　　主　云南松，柏木，山杨，核桃，栎，梨，油桐，漆树，黄荆。
分布范围　华北、华东，辽宁、湖北、广东、广西、四川、贵州、云南、陕西、新疆。
发生地点　四川：遂宁市射洪县。

- **蓝翅重突天牛 *Astathes violaceipennis* (Thomson)**

寄　　主　麻栎，青冈，油茶。
分布范围　江西、广西、四川。

- **绒脊长额天牛 *Aulaconotus atronotatus* Pic**

寄　　主　楝树，油茶。
分布范围　广西、四川、贵州、云南。
发生地点　四川：成都市都江堰市，遂宁市安居区。

- **黑跗眼天牛 *Bacchisa atritarsis* (Pic)**

中文异名　蓝翅眼天牛、茶红颈天牛、枫杨黑跗眼天牛、油茶蓝翅天牛
寄　　主　绦柳，枫杨，青冈，朴树，榆树，梨，山茶，油茶，小果油茶，茶，紫薇。
分布范围　华东，辽宁、湖北、湖南、广东、广西、四川、贵州。
发生地点　江苏：盐城市阜宁县；
浙江：宁波市鄞州区，温州市永嘉县，衢州市常山县；
安徽：合肥市包河区；
福建：福州国家森林公园；
江西：萍乡市莲花县、上栗县、芦溪县，九江市都昌县，赣州市宁都县、于都县、寻乌县，吉安市新干县、永丰县、遂川县，鄱阳县；
湖北：荆州市洪湖市；
湖南：长沙市浏阳市，株洲市醴陵市，衡阳市南岳区、衡南县、常宁市，常德市桃源县，郴州市桂阳县，永州市零陵区、祁阳县、东安县、道县、宁远县、蓝山县，湘西土家族苗族自治州凤凰县；
广东：韶关市曲江区；
广西：柳州市柳江区，贺州市八步区；
四川：自贡市荣县，南充市营山县，巴中市巴州区。
发生面积　83959 亩
危害指数　0.3542

- **茶眼天牛 *Bacchisa comata* (Gahan)**

寄　　主　杨梅，板栗，油桐，山茶，油茶，茶。
分布范围　浙江、福建、广东、海南、四川、贵州、云南。
发生地点　四川：自贡市荣县。

- **梨眼天牛 *Bacchisa fortunei* (Thomson)**

寄　　主　桃，梅，山杏，杏，苹果，李，梨。

分布范围　东北、华东、西北，河南、湖北、云南。
发生地点　云南：昭通市水富县；
陕西：渭南市华州区，商洛市丹凤县；
甘肃：平凉市庄浪县。
发生面积　850 亩
危害指数　0.3333

• 密齿天牛 *Bandar pascoei* (Lansberge)

拉丁异名　*Bandar fisheri* Waterhouse
寄　　主　板栗，栓皮栎，桑，苹果，李，沙梨，桃，杏，黄连木，柿。
分布范围　河北、辽宁、安徽、湖北、湖南、广西、海南、四川、云南、西藏、陕西。

• 褐斑刺柄天牛 *Baralipton severini* (Lameere)

寄　　主　锥栗，桑，苹果。
分布范围　江苏、福建、云南、陕西。
发生地点　江苏：徐州市丰县；
福建：南平市延平区。

• 橙斑白条天牛 *Batocera davidis* Deyrolle

中文异名　油桐八星天牛、橙斑天牛
寄　　主　山核桃，核桃楸，核桃，桤木，西桦，板栗，栲树，麻栎，青冈，榆树，柘树，高山榕，桑，二球悬铃木，三球悬铃木，苹果，梨，刺槐，柑橘，臭椿，川楝，香椿，油桐，栾树，木棉，梧桐，巨桉，女贞，木犀，川泡桐，白花泡桐。
分布范围　华东、西南，河南、湖北、湖南、广东、陕西。
发生地点　江苏：徐州市沛县，苏州市高新技术开发区、太仓市；
浙江：宁波市象山县；
山东：青岛市黄岛区；
河南：洛阳市嵩县，邓州市；
湖南：湘西土家族苗族自治州保靖县；
重庆：万州区；
四川：南充市西充县，雅安市雨城区、天全县、芦山县，凉山彝族自治州甘洛县；
云南：普洱市宁洱哈尼族彝族自治县、西盟佤族自治县；
陕西：渭南市华州区，汉中市镇巴县，安康市旬阳县，商洛市镇安县，佛坪保护区。
发生面积　9237 亩
危害指数　0.3451

• 多斑白条天牛 *Batocera horsfieldi* (Hope)

寄　　主　银白杨，加杨，青杨，山杨，大叶杨，黑杨，小叶杨，毛白杨，滇杨，垂柳，喜马拉雅山柳，棉花柳，旱柳，山核桃，野核桃，核桃楸，核桃，枫杨，桤木，西桦，白桦，板栗，茅栗，苦槠栲，栲树，锥栗，麻栎，槲栎，小叶栎，白栎，栓皮栎，青冈，栎子青冈，榆树，大果榉，构树，柘树，高山榕，垂叶榕，无花果，黄葛树，榕树，桑，枫香，二球悬铃木，三球悬铃木，桃，樱桃，山楂，枇杷，苹果，李，红叶李，川梨，蔷薇，羊蹄甲，刺槐，槐树，杏，臭椿，楝树，香椿，红椿，油桐，乌桕，长叶黄杨，杧果，漆树，栲叶槭，龙眼，栾树，无患子，杜英，木棉，梧桐，油茶，沙枣，紫薇，柿，白蜡树，洋白蜡，绒毛白蜡，女贞，油橄榄，楸叶泡桐，白花泡桐。

分布范围　华北、东北、华东、中南、西南，陕西、甘肃。

发生地点　北京：石景山区；

河北：石家庄市井陉矿区、井陉县、赞皇县、平山县，唐山市乐亭县，秦皇岛市海港区，邯郸市涉县，邢台市邢台县，保定市涞水县、唐县、高阳县，廊坊市安次区，衡水市枣强县、安平县；

山西：晋中市左权县，临汾市侯马市；

江苏：南京市浦口区、栖霞区、溧水区、高淳区，苏州市高新技术开发区，淮安市洪泽区、盱眙县，盐城市建湖县、东台市，扬州市江都区，镇江市句容市，泰州市泰兴市，宿迁市泗阳县；

浙江：杭州市萧山区、临安市，宁波市鄞州区、余姚市，温州市龙湾区、平阳县、瑞安市，衢州市常山县；

安徽：蚌埠市淮上区，淮南市田家庵区、谢家集区、潘集区、凤台县，马鞍山市博望区、当涂县，淮北市相山区，安庆市宜秀区，滁州市南谯区、定远县、凤阳县、天长市、明光市，阜阳市颍州区、颍东区、颍泉区、太和县，六安市裕安区，亳州市蒙城县，宣城市宁国市；

福建：漳州市平和县，南平市延平区；

江西：南昌市新建区、安义县，景德镇市昌江区、乐平市，萍乡市莲花县，九江市修水县、永修县、都昌县、庐山市，新余市分宜县、仙女湖区，赣州市信丰县、石城县，吉安市吉安县、新干县、遂川县，宜春市袁州区、铜鼓县、樟树市、高安市，上饶市广丰区、上饶县、横峰县、余干县、德兴市，共青城市、鄱阳县；

山东：济南市历城区、商河县，青岛市城阳区、胶州市、即墨市、莱西市，枣庄市台儿庄区，东营市东营区、河口区、垦利县、利津县、广饶县，烟台市莱山区，潍坊市坊子区、昌邑市，济宁市微山县、鱼台县、曲阜市，泰安市岱岳区、新泰市，日照市岚山区，莱芜市莱城区，临沂市兰山区、莒南县、临沭县，聊城市东昌府区、阳谷县、东阿县，滨州市滨城区、惠民县、阳信县、无棣县，菏泽市牡丹区、定陶区、曹县、单县、郓城县，黄河三角洲保护区；

河南：郑州市金水区、惠济区，洛阳市栾川县、嵩县，安阳市林州市，鹤壁市淇滨区，濮阳市南乐县，许昌市鄢陵县、襄城县，漯河市郾城区，三门峡市卢氏县，南阳市西峡县、淅川县、桐柏县，商丘市睢阳区、睢县、柘城县，鹿邑县、邓州市、固始县；

湖北：武汉市洪山区、经开区、蔡甸区、新洲区，黄石市阳新县、大冶市，十堰市郧阳区、郧西县、竹山县、房县、丹江口市，宜昌市夷陵区、远安县、长阳土家族自治县、宜都市、当阳市，襄阳市南漳县、谷城县、保康县，荆门市东宝区、沙洋县、钟祥市，孝感市孝南区、云梦县、应城市、安陆市、汉川市，荆州市沙市区、公安县、监利县、江陵县、石首市、洪湖市、松滋市，黄冈市龙感湖、黄梅县、武穴市，咸宁市咸安区、嘉鱼县、通山县、赤壁市，随州市曾都区、随县，恩施土家族苗族自治州建始县、来凤县，仙桃市、潜江市、天门市；

湖南：长沙市浏阳市，湘潭市韶山市，衡阳市衡南县、祁东县、常宁市，邵阳市大祥区、北塔区、邵阳县、隆回县、洞口县、绥宁县、城步苗族自治县、武冈市，岳阳市云溪区、君山区、岳阳县、湘阴县、汨罗市、临湘市，常德市鼎城区、安乡县、汉寿县、澧县、临澧县、石门县、津市市，益阳市资阳区、赫山区、南县、桃江县、沅江市、益阳高新区，郴州市苏仙区、桂阳县、宜章县、永兴县、嘉禾县、临武县、汝城县、安仁县，永州市零陵区、冷水滩区、东安县、道县、江永县、宁远县、蓝山县、新田县、江华瑶族自治县，怀化市麻阳苗族自治县、芷江侗族自治县、靖州苗族侗族自治县，娄底市双峰县、新化县、涟源市，湘西土家族苗族自治州龙山县；

广东：韶关市南雄市，肇庆市德庆县，惠州市惠东县，河源市紫金县、龙川县、东源县，清远市清新区、英德市，云浮市云城区；

广西：百色市百林林场；

重庆：大渡口区、沙坪坝区、大足区、巴南区、黔江区、潼南区，巫山县、酉阳土家族苗族自治县；

四川：成都市双流区、金堂县、新津县、邛崃市、崇州市、简阳市，自贡市自流井区、贡井区、大安区、沿滩区、荣县，攀枝花市米易县，泸州市龙马潭区、泸县、合江县，绵阳市安州区、江油市，广元市朝天区、旺苍县、青川县，遂宁市船山区、安居区、射洪县、大英县，内江市市中区、东兴区、威远县、资中县、隆昌县，乐山市金口河区、夹江县，南充市顺庆区、高坪区、营山县、蓬安县、仪陇县、西充县，眉山市仁寿县、洪雅县，宜宾市南溪区、高县、珙县、筠连县、屏山县，广安市广安区、前锋区、岳池县、武胜县、邻水县、华蓥市，达州市开江县、渠县、万源市，雅安市名山区、汉源县、石棉县、宝兴县，巴中市巴州区、通江县，资阳市雁江区，阿坝藏族羌族自治州汶川县，甘孜藏族自治州泸定县、乡城县、得荣县，凉山彝族自治州盐源县、普格县、金阳县、昭觉县、甘洛县、美姑县；

贵州：贵阳市云岩区、花溪区、乌当区、开阳县、息烽县，遵义市红花岗区、汇川区、播州区、新蒲新区、道真仡佬族苗族自治县，安顺市紫云苗族布依族自治县，毕节市七星关区、大方县、黔西县、赫章县，铜仁市碧江区、万山区、江口县、思南县、印江土家族苗族自治县、德江县、松桃苗族自治县，黔西南布依族苗族自治州兴仁县、普安县、晴隆县；

云南：玉溪市江川区，保山市隆阳区，昭通市昭阳区、鲁甸县、巧家县、永善县、彝良县，丽江市古城区，普洱市思茅区、墨江哈尼族自治县、镇沅彝族哈尼族拉祜族自治县、江城哈尼族彝族自治县、孟连傣族拉祜族佤族自治县、澜沧拉祜族自治县、西盟佤族自治县、墨江林业局，楚雄彝族自治州双柏县、南华县、永仁县、武定县、禄丰县，红河哈尼族彝族自治州弥勒市、泸西县、元阳县，西双版纳傣族自治州景洪市，大理白族自治州漾濞彝族自治县、祥云县、巍山彝族回族自治县、永平县、云龙县、剑川县，怒江傈僳族自治州贡山独龙族怒族自治县、兰坪白族普米族自治县；

陕西：西安市长安区，宝鸡市眉县，渭南市华州区、华阴市，延安市黄龙县，汉中市汉台区、城固县、洋县、勉县、镇巴县、留坝县，安康市宁陕县、旬阳县，商洛市商州区、洛南县、丹凤县、商南县、山阳县、镇安县、柞水县，杨陵区，宁东林业局；

甘肃：平凉市华亭县，陇南市成县、文县、徽县、两当县，白水江保护区。

发生面积　1007848 亩

危害指数　0.4033

● **云斑白条天牛 *Batocera lineolata* Chevrolat**

中文异名　云斑天牛、密点白条天牛

寄　　主　响叶杨，加杨，青杨，山杨，小叶杨，川杨，毛白杨，滇杨，垂柳，长柄柳，粤柳，山核桃，薄壳山核桃，野核桃，核桃，枫杨，桦木，板栗，麻栎，栓皮栎，青冈，朴树，榆树，构树，高山榕，垂叶榕，无花果，黄葛树，桑，樟树，枫香，三球悬铃木，扁桃，桃，枇杷，苹果，李，梨，合欢，刺桐，刺槐，槐树，文旦柚，杏，臭椿，香椿，油桐，乌桕，千年桐，高山澳杨，漆树，鸡爪槭，栾树，无患子，枣树，木芙蓉，木棉，油茶，水曲柳，白蜡树，女贞，油橄榄，木犀，紫丁香，南方泡桐，白花泡桐。

分布范围　东北、华东，河北、湖北、湖南、广东、广西、重庆、四川、陕西。

发生地点　上海：闵行区、宝山区、嘉定区、浦东新区、金山区、松江区、青浦区、奉贤区，崇明县；

江苏：南京市浦口区、栖霞区、雨花台区、江宁区、六合区、溧水区，无锡市锡山区、惠山区、滨湖区、江阴市、宜兴市，徐州市丰县、沛县、睢宁县、邳州市，常州市武进区、溧阳市，苏州市吴中区、相城区、吴江区、太仓市，南通市海安县、如皋市、海门市，淮安市清江浦区、金湖县，盐城市阜宁县，扬州市邗江区、宝应县、高邮市，镇江市新区、润州区、丹徒区、丹阳市，泰州市姜堰区、兴化市，宿迁市宿城区、沭阳县；

浙江：丽水市松阳县；

安徽：合肥市庐阳区、包河区、庐江县，芜湖市繁昌县、无为县，六安市叶集区、霍邱县；

福建：莆田市城厢区、涵江区、荔城区、秀屿区、仙游县，漳州市诏安县、经济技术开发区，南平市松溪县；

江西：萍乡市湘东区、芦溪县；

湖南：株洲市芦淞区、石峰区、云龙示范区，常德市鼎城区，湘西土家族苗族自治州凤凰县；

广东：韶关市浈江区、曲江区、新丰县，肇庆市怀集县，河源市连平县，清远市阳山县、连州市；

广西：南宁市武鸣区、隆安县、横县，柳州市柳北区、柳江区、柳东新区、鹿寨县，桂林市临桂区、阳朔县、灵川县、兴安县、永福县，梧州市长洲区、苍梧县、藤县、蒙山县，贵港市覃塘区、平南县，玉林市福绵区、兴业县，百色市田阳县、德保县、乐业县、田林县、靖西市，贺州市平桂区、八步区、昭平县、钟山县、富川瑶族自治县，河池市金城江区、南丹县、凤山县、东兰县、罗城仫佬族自治县、环江毛南族自治县、巴马瑶族自治县、大化瑶族自治县、宜州区，来宾市兴宾区、象州县、武宣县，崇左市天等县，高峰林场、七坡林场、三门江林场、黄冕林场、大桂山林场；

重庆：万州区、涪陵区、江北区、九龙坡区、南岸区、北碚区、綦江区、渝北区、巴南区、长寿区、江津区、合川区、永川区、南川区、璧山区、铜梁区、荣昌区、万盛经济技术开发区，梁平区、城口县、丰都县、垫江县、武隆区、忠县、开县、云阳县、奉节县、巫溪县、石柱土家族自治县、秀山土家族苗族自治县、酉阳土家族苗族自治县、彭水苗族土家族自治县；

四川：成都市武侯区、新都区、双流区、大邑县、蒲江县、彭州市、简阳市，自贡市沿滩区，德阳市旌阳区、中江县、什邡市、绵竹市，绵阳市涪城区、游仙区、三台县、盐亭县、梓潼县、平武县，遂宁市蓬溪县、大英县，乐山市市中区、沙湾区、五通桥区、犍为县、沐川县、峨眉山市，南充市嘉陵区、阆中市，眉山市东坡区、彭山区、仁寿县、丹棱县、青神县，宜宾市南溪区、江安县、长宁县，广安市广安区、岳池县、邻水县、华蓥市，达州市通川区、大竹县、渠县、万源市，雅安市天全县，巴中市巴州区、平昌县，资阳市安岳县、乐至县，甘孜藏族自治州康定市、九龙县，凉山彝族自治州德昌县、雷波县；

陕西：西安市蓝田县、周至县、户县，宝鸡市陈仓区、凤县、太白县，咸阳市秦都区、乾县，汉中市西乡县，安康市平利县，长青保护区，太白林业局。

发生面积　507897 亩

危害指数　0.4128

• 榕八星天牛 *Batocera rubus*（Linnaeus）

寄　　主　柳，枫杨，橡胶树，黄葛树，榕树，刺桐，油桐，重阳木，木棉，川泡桐。

分布范围　福建、江西、广东、四川。

发生地点　福建：福州国家森林公园；

广东：广州市花都区，肇庆市高要区、四会市，惠州市惠阳区，汕尾市陆河县、陆丰市，云浮市新兴县。

• 深斑灰天牛 *Blepephaeus succinctor*（Chevrolat）

中文异名　灰天牛

寄　　主　桑，猴樟，李，梨，南岭黄檀，刺槐，柑橘，油桐，无患子，油橄榄，泡桐。

分布范围　江苏、浙江、江西、广东、广西、重庆、四川、云南。

发生地点　重庆：江津区；

四川：遂宁市射洪县。

发生面积　701 亩

危害指数　0. 3333

• 黑胸葡萄虎天牛 *Brachyclytus singularis* Kraatz

寄　　主　杏，葡萄。

分布范围　东北，河北、上海、江苏、山东、河南、湖北、陕西。

发生地点　山东：济南市商河县，东营市河口区；

　　　　　湖北：荆州市洪湖市；

　　　　　陕西：宝鸡市凤县，商洛市丹凤县。

发生面积　576 亩

危害指数　0. 3333

• 黄胫宽花天牛 *Brachyta bifasciata*（Olivier）

寄　　主　杨，柳树，李叶绣线菊，葡萄。

分布范围　东北，河北、内蒙古、西藏、甘肃、青海。

• 二斑短额天牛 *Bumetopia oscitans* Paacoe

寄　　主　榆树，桑，木槿。

分布范围　东北，广东、陕西。

• 簇角缨象天牛 *Cacia cretifera*（Hope）

寄　　主　核桃，化香树，榕树，羊蹄甲，印度黄檀。

分布范围　广东、广西、四川、贵州、云南、陕西。

• 波纹象天牛 *Cacia lepesmei* Gressitt

寄　　主　杨，柳树。

分布范围　广西、陕西。

• 棕扁胸天牛 *Callidiellum villosulum*（Fairmaire）

中文异名　杉棕天牛

寄　　主　柳杉，杉木，侧柏。

分布范围　华东、中南，北京、四川、陕西。

发生地点　北京：密云区；

　　　　　浙江：衢州市江山市；

　　　　　安徽：合肥市庐阳区；

　　　　　湖南：株洲市攸县，永州市零陵区；

　　　　　四川：遂宁市安居区；

　　　　　陕西：咸阳市彬县。

发生面积　1310 亩

危害指数　0. 3740

• 凹胸短梗天牛 *Cephalallus oberthuri* Sharp

中文异名　凹胸梗天牛、奥氏凹胸天牛

寄　　主　云杉，马尾松，黑松。

分布范围　福建、江西、山东、湖北、重庆、四川、贵州。
发生地点　江西：宜春市樟树市；
　　　　　重庆：南岸区。

● **赤短梗天牛 *Cephalallus unicolor* (Gahan)**
中文异名　塞幽天牛
寄　　主　马尾松，云南松，柳杉。
分布范围　辽宁、江苏、浙江、福建、江西、湖北、湖南、广东、四川、陕西。
发生地点　浙江：宁波市象山县；
　　　　　广东：广州市番禺区，惠州市惠阳区；
　　　　　四川：凉山彝族自治州盐源县。
发生面积　668 亩
危害指数　0.3333

● **长角姬天牛 *Ceresium longicorne* Pic**
中文异名　长须姬天牛、柑蜡天牛
寄　　主　山杨，柑橘。
分布范围　江西、湖北。

● **枣枝蜡天牛 *Ceresium sculpticolle* Gressitt**
寄　　主　橘，枣树。
分布范围　河北、四川。
发生地点　河北：邢台市柏乡县。

● **斑胸蜡天牛 *Ceresium sinicum ornaticolle* Pic**
寄　　主　猴樟，苹果，梨，柑橘，川楝，桑，石榴。
分布范围　江苏、福建、湖北、广东、广西、四川、贵州、云南、陕西。

● **中华蜡天牛 *Ceresium sinicum* White**
寄　　主　枫杨，栎子青冈，桑，樟树，桃，苹果，梨，黄檀，刺槐，柑橘，楝树，梧桐，黄荆，油橄榄。
分布范围　华东，河北、内蒙古、辽宁、河南、湖北、湖南、广东、四川、贵州、云南、陕西。
发生地点　江西：萍乡市莲花县、芦溪县；
　　　　　湖北：荆州市洪湖市；
　　　　　四川：绵阳市梓潼县。
发生面积　805 亩
危害指数　0.3333

● **光绿天牛 *Chelidonium argentatum* (Dalman)**
寄　　主　核桃，构树，柑橘，柠檬。
分布范围　华东，广东、广西、四川、云南、陕西。
发生地点　广东：深圳市福田区。

- **橘绿天牛 *Chelidonium citri* Gressitt**

寄　　主　山杨，板栗，榆树，桃，杏，柑橘。
分布范围　江西、湖南、四川、陕西。
发生地点　陕西：渭南市华州区，商洛市镇安县，宁东林业局。
发生面积　121 亩
危害指数　0.3884

- **榆绿天牛 *Chelidonium provosti*（Fairmaire）**

寄　　主　杨，柳树，核桃，板栗，榆树，梨。
分布范围　北京、河北、内蒙古、辽宁、山东、湖北、陕西、宁夏。
发生地点　宁夏：银川市兴庆区、西夏区。

- **黄胸长角绿天牛 *Chloridolum sieversi*（Ganglbauer）**

寄　　主　柳树，杨树，栎。
分布范围　东北，河南。

- **邹胸长角绿天牛 *Chloridolum thaliodes* Bates**

寄　　主　大青杨，柳树，榆树，桑。
分布范围　东北，新疆。
发生地点　新疆：吐鲁番市鄯善县。
发生面积　200 亩
危害指数　0.3333

- **竹绿虎天牛 *Chlorophorus annularis*（Fabricius）**

寄　　主　杉，柏木，垂柳，板栗，滇青冈，榆树，枫香，苹果，桉树，柚木，青皮竹，箬竹，毛竹，毛金竹。
分布范围　东北、华东、中南，四川、贵州、云南、陕西。
发生地点　江苏：镇江市句容市，泰州市姜堰区；
浙江：杭州市富阳区，宁波市余姚市、象山县；
福建：南平市延平区；
江西：萍乡市上栗县、芦溪县。
发生面积　248 亩
危害指数　0.3333

- **柠条绿虎天牛 *Chlorophorus caragana*（Xie et Wang）**

寄　　主　柠条锦鸡儿。
分布范围　宁夏。
发生地点　宁夏：吴忠市红寺堡区、盐池县。
发生面积　835 亩
危害指数　0.3473

- **槐绿虎天牛 *Chlorophorus diadema*（Motschulsky）**

中文异名　樱桃绿虎天牛

寄　　主　山杨，黑杨，旱柳，白桦，榆树，构树，桑，樱桃，苹果，柠条锦鸡儿，刺槐，毛刺槐，槐树，四合木，黑桦鼠李，枣树，酸枣，葡萄，石榴，黄荆。

分布范围　华北、东北，江苏、安徽、江西、山东、河南、湖北、广西、四川、陕西、甘肃、宁夏。

发生地点　北京：密云区；
河北：唐山市滦南县、乐亭县，邢台市沙河市，沧州市吴桥县；
内蒙古：乌兰察布市商都县、四子王旗；
安徽：阜阳市颍东区、颍泉区；
四川：绵阳市三台县、梓潼县；
陕西：咸阳市永寿县，汉中市汉台区，宁东林业局；
宁夏：银川市西夏区、金凤区、永宁县。

发生面积　6154 亩

危害指数　0.3333

• 榄绿虎天牛 *Chlorophorus eleodes*（Fairmaire）

寄　　主　云南松，麻栎，苹果，刺桐，刺槐，刺楸。

分布范围　西南，湖北、陕西、新疆。

发生地点　陕西：渭南市华州区。

• 日本绿虎天牛 *Chlorophorus japonicus*（Chevrolat）

寄　　主　刺槐。

分布范围　山东。

• 金子虎天牛 *Chlorophorus kanekoi* Matsushita

寄　　主　朴树。

分布范围　浙江。

发生地点　浙江：宁波市象山县。

• 弧纹绿虎天牛 *Chlorophorus miwai* Gressitt

寄　　主　小叶栎，栓皮栎，构树，桃，李，麻楝，油桐，乌桕。

分布范围　中南，河北、辽宁、浙江、安徽、福建、江西、四川、陕西。

发生地点　浙江：宁波市宁海县、余姚市，台州市三门县；
安徽：池州市贵池区；
湖南：娄底市双峰县；
四川：乐山市峨边彝族自治县；
陕西：渭南市华州区。

发生面积　515 亩

危害指数　0.3333

• 杨柳绿虎天牛 *Chlorophorus motschulskyi*（Ganglbauer）

中文异名　杨柳云天牛

寄　　主　加杨，山杨，黑杨，毛白杨，白柳，旱柳，白桦，榆树，桃，苹果，刺槐，槐树。

分布范围　华北、东北、华东，河南、四川、陕西、甘肃、宁夏。

发生地点　北京：密云区；

河北：石家庄市井陉县，唐山市玉田县，沧州市黄骅市，廊坊市霸州市，衡水市桃城区；

江苏：常州市天宁区、钟楼区、新北区；

安徽：合肥市庐阳区；

河南：开封市杞县，洛阳市汝阳县，南阳市西峡县、淅川县、唐河县、桐柏县，商丘市睢县，信阳市罗山县，滑县、固始县；

四川：攀枝花市仁和区；

陕西：渭南市大荔县、澄城县。

发生面积　11018 亩

危害指数　0.4001

• **宝兴绿虎天牛 *Chlorophorus moupinensis*（Fairmaire）**

寄　　主　油松，茶。

分布范围　浙江、福建、湖北、四川、云南、陕西。

发生地点　陕西：渭南市华州区。

• **裂纹绿虎天牛 *Chlorophorus separatus* Gressitt**

寄　　主　杉木，板栗，麻栎，波罗栎，栓皮栎，黄荆。

分布范围　江西、河南、湖北、广东、广西、四川、贵州、云南、陕西。

• **六斑绿虎天牛 *Chlorophorus similimus*（Kraatz）**

中文异名　六斑虎天牛

拉丁异名　*Chlorophorus sexmaculatus*（Motschulsky）

寄　　主　油松，白皮松，山杨，黑杨，核桃，板栗，麻栎，蒙古栎，栓皮栎，桑，刺槐。

分布范围　东北、西北，天津、河北、内蒙古、安徽、福建、江西、山东、湖北、广西、重庆、四川、云南。

发生地点　重庆：酉阳土家族苗族自治县；

陕西：渭南市临渭区、华州区，汉中市汉台区，安康市旬阳县，商洛市丹凤县，佛坪保护区。

发生面积　1518 亩

危害指数　0.3333

• **沟胸细条虎天牛 *Cleroclytus semirufus collaris* Kraatz**

拉丁异名　*Cleroclytus strigicollis* Jakovlev

寄　　主　胡杨，柳树，杏，山楂，苹果，李，梨。

分布范围　广东、新疆。

• **槐黑星虎天牛 *Clytobius davidis*（Fairmaire）**

中文异名　槐黑星瘤虎天牛

寄　　主　榆树，桑，刺槐，槐树，臭椿，枣树，石榴，白蜡树。

分布范围　北京、河北、辽宁、江苏、山东。
发生地点　北京：通州区、顺义区、大兴区、延庆区；
　　　　　河北：保定市唐县，张家口市怀来县，廊坊市大城县；
　　　　　山东：东营市河口区，济宁市曲阜市，泰安市泰山区。
发生面积　271 亩
危害指数　0.3346

• 酸枣虎天牛 *Clytus hypocrita* Plavilstshikov
寄　　主　杨，榆树，枣树，酸枣，山枣。
分布范围　黑龙江、山东。
发生地点　山东：泰安市泰山区，黄河三角洲保护区。
发生面积　6174 亩
危害指数　0.3333

• 纵斑虎天牛 *Clytus raddensis* Pic
中文异名　斜尾虎天牛
寄　　主　杨，核桃。
分布范围　东北，陕西。

• 花椒虎天牛 *Clytus validus* Fairmaire
寄　　主　花椒。
分布范围　山西、江苏、山东、河南、四川、西藏、陕西、甘肃。
发生地点　山西：晋城市阳城县；
　　　　　江苏：徐州市沛县；
　　　　　山东：济宁市兖州区、曲阜市，泰安市岱岳区，莱芜市莱城区、钢城区，临沂市兰山区，菏泽市郓城县；
　　　　　河南：洛阳市嵩县；
　　　　　四川：雅安市汉源县、宝兴县，阿坝藏族羌族自治州理县，甘孜藏族自治州康定市、泸定县，凉山彝族自治州冕宁县、越西县、甘洛县；
　　　　　陕西：商洛市丹凤县、山阳县，韩城市；
　　　　　甘肃：陇南市武都区、文县、康县、西和县、礼县，甘南藏族自治州舟曲县。
发生面积　134631 亩
危害指数　0.4819

• 麻点瘤象天牛 *Coptops leucostictica* White
寄　　主　合欢，羊蹄甲，野桐，榄仁树。
分布范围　江西、广西、贵州、云南、西藏。

• 柳枝豹天牛 *Coscinesthes porosa* Bates
寄　　主　杨，柳树，桤木，桑。
分布范围　吉林、山东、四川、云南、陕西。
发生地点　山东：莱芜市钢城区。

• 麻点豹天牛 *Coscinesthes salicis* Gressitt

寄　　主　北京杨，山杨，柳树，龙爪槐，桤木。

分布范围　黑龙江、浙江、四川、云南、陕西。

发生地点　四川：凉山彝族自治州美姑县；

　　　　　云南：昆明市西山区、经济技术开发区，玉溪市红塔区。

发生面积　1025 亩

危害指数　0.6306

• 黄纹曲虎天牛 *Cyrtoclytus capra*（Germar）

寄　　主　山杨，柳树，辽东桤木，白桦，蒙古栎，榆树，槭。

分布范围　东北，河北、内蒙古。

• 黑须天牛 *Cyrtonops asahinai* Mitono

寄　　主　油桐。

分布范围　四川、贵州、陕西。

• 松红胸天牛 *Dere reticulata* Gressitt

寄　　主　马尾松，云南松。

分布范围　湖北、四川、云南。

• 红胸天牛 *Dere thoracica* White

中文异名　栎红胸天牛、栎蓝天牛

寄　　主　云南松，栎，尖栎，光叶石楠，梨，泡桐，葡萄。

分布范围　江西。

发生地点　江西：萍乡市芦溪县。

• 白带窝天牛 *Desisa subfasciata*（Pascoe）

寄　　主　桃，杏。

分布范围　中南，江苏、浙江、云南。

发生地点　江苏：泰州市泰兴市。

• 木棉丛角天牛 *Diastocera wallichi*（Hope）

中文异名　木棉丝角天牛、木棉天牛

寄　　主　华山松，云南松，杨树，核桃，栎，桃，云南金合欢，合欢，柑橘，香椿，油桐，杧果，木棉，巨尾桉。

分布范围　西南，广东、广西、陕西。

发生地点　广西：河池市东兰县；

　　　　　重庆：黔江区，酉阳土家族苗族自治县；

　　　　　四川：凉山彝族自治州德昌县；

　　　　　云南：玉溪市元江哈尼族彝族傣族自治县，楚雄彝族自治州双柏县。

发生面积　3508 亩

危害指数　0.3333

• **珊瑚天牛** ***Dicelosternus corallinus*** **Gahan**

寄　　主　杉木。

分布范围　浙江、安徽、福建、江西、湖南、广东。

• **瘦天牛** ***Distenia gracilis*** **（Blessig）**

寄　　主　冷杉，云杉，松，椴树。

分布范围　东北，浙江、安徽、四川、陕西。

发生地点　四川：甘孜藏族自治州康定市；

　　　　　陕西：渭南市华州区。

• **竹土天牛** ***Dorysthenes buqueti*** **（Guérin-Méneville）**

寄　　主　栗，毛竹。

分布范围　浙江、广西、云南。

• **狭牙土天牛** ***Dorysthenes davidis*** **Fairmaire**

寄　　主　柳树。

分布范围　云南、陕西。

发生地点　陕西：渭南市白水县。

• **沟翅土天牛** ***Dorysthenes fossatus*** **（Pascoe）**

寄　　主　杨，柳树，板栗，麻栎，油茶。

分布范围　浙江、福建、江西、湖南。

发生地点　浙江：宁波市余姚市。

• **蔗根土天牛** ***Dorysthenes granulosus*** **（Thomson）**

寄　　主　杉，核桃，板栗，麻栎，杧果。

分布范围　浙江、福建、广东、广西、海南、贵州、云南。

发生地点　广东：云浮市郁南县；

　　　　　云南：楚雄彝族自治州永仁县。

发生面积　8003 亩

危害指数　0.4583

• **曲牙土天牛** ***Dorysthenes hydropicus*** **（Pascoe）**

中文异名　大牙锯天牛

寄　　主　水杉，柏木，山杨，垂柳，旱柳，枫杨，榆树，刺槐，柿。

分布范围　华北、华东，辽宁、湖北、湖南、陕西、甘肃、宁夏。

发生地点　河北：张家口市蔚县，衡水市桃城区；

　　　　　山西：大同市阳高县；

　　　　　安徽：合肥市包河区；

　　　　　山东：临沂市沂水县，聊城市阳谷县；

　　　　　陕西：咸阳市永寿县，渭南市华州区，榆林市靖边县、米脂县，商洛市镇安县，宁东林业局；

甘肃：庆阳市镇原县；
宁夏：银川市西夏区。
发生面积　1339 亩
危害指数　0.3582

• 大牙土天牛 *Dorysthenes paradoxus* (Faldermann)
寄　　主　山杨，柳树，核桃，枫杨，麻栎，旱榆，榆树，泡桐。
分布范围　华北、东北、西北，浙江、安徽、江西、山东、河南、湖北、四川、贵州。
发生地点　山西：晋中市左权县；
陕西：渭南市潼关县、合阳县、澄城县；
宁夏：银川市西夏区，固原市原州区、彭阳县。
发生面积　2413 亩
危害指数　0.4162

• 钩突土天牛 *Dorysthenes sternalis* (Fairmaire)
中文异名　沟突土天牛
寄　　主　云南松，杨树，柳树，榆树。
分布范围　河北、辽宁、浙江、四川、云南。

• 松刺脊天牛 *Dystomorphus notatus* Pic
寄　　主　落叶松，华山松，马尾松，杨树，波罗栎，苹果，黄荆。
分布范围　四川、陕西、甘肃、青海。
发生地点　陕西：渭南市华州区，商洛市山阳县。
发生面积　250 亩
危害指数　0.6000

• 二斑黑绒天牛 *Embrikstrandia bimaculata* (White)
寄　　主　杉，槐树，吴茱萸，花椒，野花椒，四合木，盐肤木，黄荆。
分布范围　江苏、浙江、江西、山东、湖北、广东、四川、贵州、云南、陕西。
发生地点　山东：临沂市莒南县，聊城市冠县。
发生面积　507 亩
危害指数　0.3333

• 黄带黑绒天牛 *Embrikstrandia unifasciata* (Ritsema)
寄　　主　杉，枫杨，栎，桑，刺槐，花椒，川楝。
分布范围　山西、江苏、安徽、山东、河南、湖北、广东、广西。
发生地点　山东：泰安市新泰市；
河南：安阳市林州市。
发生面积　290 亩
危害指数　0.7632

• 白腹草天牛 *Eodorcadion brandti* (Gebler)
寄　　主　大红柳，榆树，梭梭。

分布范围　陕西、新疆。
发生地点　新疆生产建设兵团：农四师 68 团。

- **粒肩草天牛 *Eodorcadion heros*（Jakovlev）**

寄　　主　苹果，刺槐。
分布范围　内蒙古、宁夏。

- **愈条草天牛 *Eodorcadion intermedium*（Jakovlev）**

寄　　主　白刺。
分布范围　内蒙古、宁夏。

- **黄角草天牛 *Eodorcadion jakovlevi*（Suvorov）**

寄　　主　白刺。
分布范围　内蒙古、宁夏。

- **齿肩草天牛 *Eodorcadion kaznakovi*（Suvorov）**

寄　　主　白刺。
分布范围　内蒙古、宁夏。

- **多脊草天牛 *Eodorcadion multicarinatum*（Breuning）**

寄　　主　柠条锦鸡儿，白刺。
分布范围　甘肃、宁夏。
发生地点　宁夏：吴忠市盐池县。
发生面积　700 亩
危害指数　0. 4286

- **密条草天牛 *Eodorcadion virgatum*（Motschulsky）**

寄　　主　山杨，小叶杨，山核桃，核桃，栎，榆树，刺槐。
分布范围　华北、东北、西北，上海、浙江、湖南。
发生地点　河北：张家口市沽源县、怀来县、涿鹿县、赤城县；
　　　　　宁夏：中卫市中宁县。
发生面积　1926 亩
危害指数　0. 3333

- **黄纹小筒天牛 *Epiglenea comes* Bates**

寄　　主　漆树。
分布范围　辽宁、浙江、福建、江西、湖南、广西、四川、陕西。
发生地点　陕西：渭南市华州区，宁东林业局。

- **栗长红天牛 *Erythresthes bowringii*（Pascoe）**

寄　　主　板栗，栲树，栎。
分布范围　浙江、江西、湖北、湖南、广东。
发生地点　湖北：黄冈市罗田县。

• 油茶红天牛 *Erythrus blairei* Gressitt

寄　　主　核桃，板栗，油茶，茶。

分布范围　华东，河南、湖北、广东、广西、贵州、云南、陕西。

发生地点　江西：萍乡市莲花县、上栗县、芦溪县；

　　　　　陕西：渭南市华州区。

• 红天牛 *Erythrus championi* White

寄　　主　樟树，枫香，相思，梨，油桐，油茶，茶。

分布范围　浙江、福建、江西、河南、湖北、湖南、广东、四川、云南、陕西。

发生地点　湖南：常德市澧县，怀化市鹤城区、会同县；

　　　　　陕西：渭南市华州区。

发生面积　515 亩

危害指数　0.3333

• 弧斑红天牛 *Erythrus fortunei* White

寄　　主　杨，葡萄。

分布范围　河北、黑龙江、江苏、浙江、福建、江西、河南、湖北、广东、广西、四川、云南、陕西。

发生地点　黑龙江：佳木斯市富锦市；

　　　　　陕西：渭南市华州区。

发生面积　180 亩

危害指数　0.4722

• 黑缘彤天牛 *Eupromus nigrovittatus* Pic

寄　　主　猴樟，樟树，柚木。

分布范围　江苏、福建、江西、广东、广西、贵州、云南。

发生地点　福建：三明市三元区；

　　　　　广东：韶关市曲江区。

• 樟彤天牛 *Eupromus ruber* (Dalman)

中文异名　樟红天牛

寄　　主　樟树，肉桂，红润楠，长叶润楠。

分布范围　江苏、浙江、福建、江西、湖北、湖南、广东、广西、贵州。

发生地点　福建：三明市沙县、永安市，南平市延平区；

　　　　　江西：萍乡市湘东区；

　　　　　湖南：怀化市靖州苗族侗族自治县；

　　　　　广东：肇庆市德庆县；

　　　　　广西：桂林市雁山区。

发生面积　1238 亩

危害指数　0.4949

• **黄晕阔嘴天牛 *Euryphagus miniatus*（Fairmaire）**

寄　　主　板栗，毛竹。

分布范围　福建、江西、广东、广西、贵州、云南。

发生地点　广东：广州市番禺区。

发生面积　249 亩

危害指数　0.3333

• **家扁天牛 *Eurypoda antennata* Saunders**

寄　　主　松，杉木，桦木，栗，麻栎，樟树，枫香，楝树。

分布范围　江苏、浙江、江西、湖北、湖南、广东、四川、贵州。

发生地点　湖南：郴州市嘉禾县；

　　　　　四川：遂宁市大英县。

• **金绿直脊天牛 *Eutetrapha metallescens*（Motschulsky）**

寄　　主　松，华山松，柳树，椴树。

分布范围　东北，河北、陕西。

• **椤直脊天牛 *Eutetrapha sedecimpunctata*（Motschulsky）**

中文异名　椤天牛

寄　　主　杨，柳树，刺槐，槭，椴树，水曲柳，花曲柳，白蜡树。

分布范围　东北，河北、浙江、湖北、陕西。

发生地点　吉林：辽源市东丰县；

　　　　　浙江：宁波市奉化市。

发生面积　620 亩

危害指数　0.3333

• **黑胫宽花天牛 *Evodinus interrogationis*（Linnaeus）**

寄　　主　山杨，蒙古栎，阔叶槭。

分布范围　东北，河北。

发生地点　河北：张家口市沽源县。

• **北京勾天牛 *Exocentrus beijingensis*（Chen）**

寄　　主　桑，苹果，刺槐，毛刺槐，红花刺槐。

分布范围　北京、河北、宁夏。

发生地点　宁夏：银川市西夏区、金凤区、灵武市，固原市原州区、彭阳县。

发生面积　23509 亩

危害指数　0.4751

• **刺槐勾天牛 *Exocentrus savioi* Pic**

寄　　主　刺槐。

分布范围　山东、甘肃。

发生地点　甘肃：定西市安定区、通渭县。

发生面积 7900 亩

危害指数 0. 4422

• **瘤胸金花天牛 *Gaurotes tuberculicollis* (Blandchard)**

寄　　主 杨，柳树，栎，麻栎。

分布范围 内蒙古、黑龙江、福建、河南、四川、西藏、陕西。

发生地点 陕西：渭南市华州区。

• **凹缘金花天牛 *Gaurotes ussuriensis* Blessig**

寄　　主 暴马丁香。

分布范围 东北，河北。

• **黄条切缘天牛 *Gibbocerambyx aurovirgatus* (Gressitt)**

寄　　主 银杏，马尾松，榕树。

分布范围 浙江、湖北、四川。

• **眉斑并脊天牛 *Glenea cantor* (Fabricius)**

寄　　主 板栗，栎，楝树，七叶树，龙眼，木棉，泡桐，火焰树。

分布范围 福建、江西、广东、广西、海南、贵州、云南。

发生地点 广东：肇庆市高要区，惠州市惠阳区，云浮市新兴县；

广西：南宁市青秀区。

发生面积 57 亩

危害指数 0. 3333

• **桑并脊天牛 *Glenea centroguttata* Fairmaire**

寄　　主 桑。

分布范围 福建、四川、云南、西藏、陕西。

发生地点 陕西：渭南市华州区。

• **榆并脊天牛 *Glenea relicta* Poscoe**

寄　　主 榔榆，榆树，沙梨，油桐。

分布范围 江苏、浙江、安徽、江西、湖北、湖南、广东、广西、四川、陕西。

发生地点 湖南：永州市零陵区。

• **牙斑柚天牛 *Gnatholea eburifera* Thomson**

寄　　主 板栗，榕树，梨，柑橘，柚木。

分布范围 广东、广西、海南、贵州、云南。

发生地点 云南：西双版纳傣族自治州勐腊县。

• **桐枝微小天牛 *Gracilia minuta* (Fabricius)**

中文异名 微小天牛、微天牛

寄　　主 柳树，山核桃，核桃，桦木，栎，山楂，夏栎。

分布范围 辽宁、陕西。

发生地点　陕西：渭南市华州区。

- **散斑绿虎天牛** ***Grammographus notabilis cuneatus*** **(Fairmaire)**

中文异名　榆黄虎天牛

寄　　主　柳杉，山杨，核桃，栎，栓皮栎，红椿，毛竹。

分布范围　河南、湖北、广东、四川、陕西。

发生地点　四川：乐山市马边彝族自治县，甘孜藏族自治州康定市；
　　　　　陕西：渭南市华州区。

发生面积　101 亩

危害指数　0. 5215

- **樱红闪光天牛** ***Hemadius oenochrous*** **Fairmaire**

寄　　主　日本樱花，桃，山樱桃，石楠，李。

分布范围　西南，浙江、安徽、福建、江西、湖北、湖南、广西。

发生地点　贵州：贵阳市花溪区。

- **粒翅天牛** ***Lamia textor*** **(Linnaeus)**

中文异名　沟胫天牛

寄　　主　冷杉，落叶松，云杉，松，红松，杨树，垂柳，乌柳，蒙古栎，柳兰。

分布范围　东北，河北、山东、新疆。

- **双带粒翅天牛** ***Lamiomimus gottschei*** **Kolbe**

寄　　主　云杉，马尾松，油松，云南松，山杨，黑杨，垂柳，旱柳，核桃，枫杨，桤木，桦木，板栗，波罗栎，辽东栎，蒙古栎，栓皮栎，榆树，桃，苹果，刺槐，槐树，油桐，漆树，紫薇。

分布范围　东北、华东，天津、河北、山西、河南、湖北、湖南、四川、贵州、陕西。

发生地点　河北：保定市唐县；
　　　　　辽宁：丹东市振安区；
　　　　　黑龙江：哈尔滨市五常市，佳木斯市富锦市；
　　　　　福建：南平市建瓯市；
　　　　　湖北：黄冈市罗田县；
　　　　　四川：甘孜藏族自治州泸定县。

发生面积　2944 亩

危害指数　0. 3350

- **点利天牛** ***Leiopus stillatus*** **(Bates)**

中文异名　黑带长角天牛

寄　　主　冷杉，云杉，红松，山杨，核桃。

分布范围　东北，云南。

- **橡黑花天牛** ***Leptura aethiops*** **Poda**

寄　　主　落叶松，松，杨树，山核桃，白桦，榛子，波罗栎，蒙古栎，夏栎，银桦，胡枝子，橡胶树，黑桦鼠李。

分布范围　东北，北京、河北、内蒙古、福建、江西、甘肃。

• 曲纹花天牛 *Leptura arcuata* Panzer

寄　　主　冷杉，雪松，落叶松，云杉，华山松，樟子松，油松，杨树，柳树，桦木，蒙古栎，黑桦鼠李。

分布范围　东北，河北、内蒙古、江西、河南、四川、陕西。

发生地点　河北：邢台市沙河市，张家口市沽源县；
陕西：渭南市华州区。

发生面积　145 亩

危害指数　0.3333

• 十二斑花天牛 *Leptura duodecimguttata* Fabricius

寄　　主　云杉，柳杉，山杨，柳树，蒙古栎，青冈。

分布范围　东北，河北、内蒙古、四川、陕西。

发生地点　河北：张家口市沽源县；
四川：甘孜藏族自治州丹巴县。

发生面积　410 亩

危害指数　0.3333

• 黄纹花天牛 *Leptura ochraceofasciata* (Motschulsky)

寄　　主　冷杉，云杉，松，鱼鳞云杉。

分布范围　东北，河北、内蒙古、浙江、福建、甘肃。

• 异色花天牛 *Leptura thoracica* Creutzer

寄　　主　日本冷杉，毛枝五针松，杨树，毛白杨，桦木，栎，榆树。

分布范围　东北，河北、内蒙古、贵州、新疆。

• 黑角瘤筒天牛 *Linda atricornis* Pic

寄　　主　山杨，核桃，板栗，榆树，桃，梅，杏，苹果，李，梨，绒毛胡枝子，臭椿，长叶黄杨。

分布范围　东北、华东、中南，河北、四川、云南、陕西、甘肃。

发生地点　河北：张家口市涿鹿县；
安徽：合肥市庐阳区；
广西：桂林市兴安县；
陕西：渭南市华州区。

发生面积　142 亩

危害指数　0.3333

• 瘤筒天牛 *Linda femorata* (Chevrolat)

寄　　主　苹果。

分布范围　辽宁、上海、江苏、浙江、福建、江西、河南、湖北、广东、广西、四川、贵州、云南、陕西。

• **顶斑瘤筒天牛** ***Linda fraterna*** **（Chevrolat）**

中文异名　顶斑筒天牛

寄　　主　山核桃，榆树，樟树，桃，梅，杏，樱花，苹果，海棠花，石楠，沙梨，紫荆，石榴。

分布范围　华东，河北、内蒙古、河南、湖北、广东、广西、四川、云南。

发生地点　浙江：宁波市鄞州区；

　　　　　广东：韶关市浈江区；

　　　　　四川：自贡市荣县。

发生面积　630 亩

危害指数　0.3333

• **黑瘤瘤筒天牛** ***Linda subatricornis*** **Lin et Yang**

寄　　主　桦木。

分布范围　四川。

• **三条鹿天牛** ***Macrochenus assamensis*** **Breuning**

寄　　主　花椒。

分布范围　四川。

发生地点　四川：遂宁市安居区。

• **长颈鹿天牛** ***Macrochenus guerinii*** **White**

寄　　主　高山榕，榕树，桑。

分布范围　四川、云南。

发生地点　云南：西双版纳傣族自治州景洪市。

• **尖跗锯天牛** ***Macroprionus heros*** **（Semenov）**

寄　　主　榆树。

分布范围　新疆。

• **芫天牛** ***Mantitheus pekinensis*** **Fairmaire**

寄　　主　云杉，白皮松，油松，圆柏，杨树，黑杨，北沙柳，沙柳，山核桃，核桃，三球悬铃木，桃，苹果，刺槐，红花刺槐，枣树，白蜡树，丁香。

分布范围　华北，辽宁、江苏、浙江、安徽、山东、河南、广西、陕西、宁夏。

发生地点　北京：东城区、石景山区、密云区；

　　　　　河北：张家口市怀来县、涿鹿县；

　　　　　山西：杨树丰产林实验局；

　　　　　江苏：常州市天宁区、钟楼区；

　　　　　山东：济宁市泗水县，泰安市肥城市；

　　　　　陕西：渭南市华州区、大荔县、澄城县，神木县；

　　　　　宁夏：吴忠市盐池县。

发生面积　978 亩

危害指数　0.4356

• 黄茸缘天牛 *Margites fulvidus*（Pascoe）

寄　　主　麻栎。

分布范围　河北、福建、江西、山东、河南、湖北、广东、四川。

• 栗山天牛 *Massicus raddei*（Blessig et Solsky）

寄　　主　山杨，毛白杨，柳树，杨梅，桤木，板栗，茅栗，锥栗，麻栎，波罗栎，辽东栎，蒙古栎，栓皮栎，青冈，榆树，构树，桑，三球悬铃木，苹果，合欢，柑橘，橡胶树，乌桕，盐肤木，桉树，水曲柳，油橄榄，泡桐。

分布范围　华北、东北、华东、西南，河南、湖北、湖南、陕西。

发生地点　北京：石景山区、密云区；

河北：邢台市沙河市，承德市承德县、平泉县、宽城满族自治县；

辽宁：大连市甘井子区，鞍山市千山区、岫岩满族自治县，抚顺市东洲区、抚顺县、新宾满族自治县、清原满族自治县，本溪市本溪满族自治县、桓仁满族自治县，丹东市元宝区、振安区、宽甸满族自治县、东港市、凤城市，锦州市义县、北镇市、锦州市闾山保护区，营口市盖州市、大石桥市，辽阳市弓长岭区、辽阳县、灯塔市，朝阳市北票市，葫芦岛市连山区、兴城市；

吉林：长春市榆树市，吉林市龙潭区、船营区、丰满区、永吉县、蛟河市、舒兰市、磐石市、吉林市，四平市伊通满族自治县，辽源市东丰县，通化市辉南县、柳河县、梅河口市、集安市，红石林业局；

黑龙江：哈尔滨市宾县、五常市，双鸭山市宝清县；

江苏：无锡市宜兴市；

浙江：杭州市西湖区、临安市，宁波市鄞州区、象山县、余姚市，金华市磐安县，衢州市江山市；

安徽：合肥市包河区、肥西县；

山东：青岛市即墨市、莱西市，济宁市曲阜市，泰安市新泰市；

河南：许昌市襄城县，驻马店市确山县、泌阳县；

湖北：十堰市郧西县、竹溪县、房县；

湖南：衡阳市衡南县、祁东县、常宁市，邵阳市洞口县、武冈市，常德市石门县，湘西土家族苗族自治州龙山县；

重庆：秀山土家族苗族自治县；

四川：乐山市犍为县，宜宾市南溪区、筠连县，凉山彝族自治州布拖县、金阳县；

陕西：咸阳市秦都区、长武县、旬邑县，宁东林业局；

黑龙江森林工业总局：穆棱林业局，山河屯林业局。

发生面积　2958268 亩

危害指数　0.5089

• 隆纹大幽天牛 *Megasemum quadricostulatum* Kraatz

寄　　主　冷杉，云杉，华山松，油松，柳杉，山杨，柳树，板栗，栎。

分布范围　黑龙江、四川、陕西。

• **隐脊裸角天牛** ***Megopis ornaticollis*** **（White）**

寄　　主　山杨，黑杨，垂柳，榆树，构树，桑，三球悬铃木，苹果，槐树。

分布范围　山东、湖北。

发生地点　山东：济宁市鱼台县、泗水县，菏泽市牡丹区。

• **培甘弱脊天牛** ***Menesia sulphurata*** **（Gebler）**

寄　　主　山杨，山核桃，核桃楸，核桃，苹果，椴树。

分布范围　东北，河北、山东、河南、湖北、四川、陕西、宁夏。

发生地点　辽宁：丹东市宽甸满族自治县。

• **三带象天牛** ***Mesosa longipennis*** **Bates**

寄　　主　杨，柳树，栎，榆树，槐树，臭椿。

分布范围　华北，辽宁、江苏、浙江、河南、陕西、甘肃。

发生地点　陕西：渭南市华州区。

• **四点象天牛** ***Mesosa myops*** **（Dalman）**

寄　　主　雪松，落叶松，赤松，柏木，山杨，毛白杨，垂柳，旱柳，山核桃，核桃楸，核桃，桤木，赤杨，桦木，茅栗，麻栎，波罗栎，蒙古栎，栓皮栎，榔榆，榆树，桑，桃，山楂，苹果，梨，刺槐，槐树，黄檗，油桐，漆树，梣叶槭，椴树，赤杨叶，水曲柳，楸。

分布范围　华北、东北、西北，安徽、福建、山东、湖北、广东、四川。

发生地点　北京：东城区、石景山区、通州区、顺义区、大兴区、密云区、延庆区；

河北：唐山市乐亭县、玉田县，廊坊市霸州市、三河市；

山东：青岛市胶州市，潍坊市坊子区、昌乐县，泰安市泰山区，威海市环翠区；

陕西：西安市蓝田县，宝鸡市扶风县、凤县，渭南市华州区，榆林市子洲县，商洛市丹凤县、山阳县，太白林业局。

发生面积　2011 亩

危害指数　0.7172

• **桑象天牛** ***Mesosa perplexa*** **Pascoe**

寄　　主　桑，柑橘。

分布范围　东北，上海、浙江、福建、江西、河南。

发生地点　上海：松江区。

• **灰带象天牛** ***Mesosa sinica*** **（Gressitt）**

寄　　主　湿地松，马尾松。

分布范围　浙江、安徽、福建、湖南、广东、广西。

发生地点　广东：肇庆市高要区，云浮市新兴县。

• **异斑象天牛** ***Mesosa stictica*** **Blanchard**

寄　　主　松，山杨，柳树，山核桃，野核桃，核桃，青冈，榆树，刺槐，油桐，漆树。

分布范围　山西、浙江、山东、湖北、四川、贵州、西藏、陕西。

发生地点　山东：烟台市龙口市；
陕西：渭南市华州区。

• **二点小粉天牛** ***Microlenecamptus obsoletus*** **(Fairmaire)**

寄　　主　构树。

分布范围　河北、江苏、山东。

• **樟密缨天牛** ***Mimothestus annulicornis*** **Pic**

寄　　主　猴樟，樟树，肉桂，台湾相思，九里香，荔枝，枣树。

分布范围　福建、广东、广西、云南。

发生地点　广西：桂林市灵川县，防城港市防城区。

发生面积　625 亩

危害指数　0.3333

• **双簇污天牛** ***Moechotypa diphysis*** **(Pascoe)**

中文异名　双簇天牛

寄　　主　红松，油松，柏木，山杨，山核桃，核桃楸，核桃，板栗，茅栗，辽东栎，蒙古栎，栓皮栎，青冈，栎子青冈，榆树，无花果，苹果，花椒，香椿，竹。

分布范围　华北、东北，浙江、安徽、江西、山东、河南、湖北、湖南、广西、四川、陕西、甘肃。

发生地点　河北：邢台市沙河市，张家口市赤城县，承德市兴隆县；
辽宁：丹东市振安区、宽甸满族自治县；
吉林：大兴沟林业局；
湖北：黄冈市罗田县；
陕西：渭南市华州区，安康市旬阳县，商洛市商州区、丹凤县，宁东林业局。

发生面积　6826 亩

危害指数　0.3333

• **隆线短鞘天牛** ***Molorchus alashanicus*** **Semenov et Plavilstsshikov**

寄　　主　苹果。

分布范围　内蒙古、辽宁、宁夏。

发生地点　宁夏：银川市灵武市。

• **微型短翅天牛** ***Molorchus heptapotamicus*** **Plavilstsshikov**

寄　　主　苹果。

分布范围　新疆。

• **短鞘天牛** ***Molorchus minor*** **(Linnaeus)**

中文异名　冷杉小天牛

寄　　主　冷杉，杉松，云杉。

分布范围　宁夏、新疆。

- **松褐天牛** ***Monochamus alternatus*** **Hope**

中文异名　松墨天牛、松天牛

寄　　主　银杏，冷杉，雪松，云南油杉，落叶松，日本落叶松，云杉，华山松，赤松，湿地松，思茅松，红松，马尾松，油松，火炬松，黄山松，黑松，云南松，湿地松，白皮松，杉木，柏木，山杨，核桃，栎，马尾树，花红，苹果，柑橘，乌桕，巨桉，木犀，忍冬。

分布范围　华东、中南、西南，河北、辽宁、陕西。

发生地点　江苏：南京市浦口区、栖霞区、雨花台区、江宁区、高淳区，无锡市滨湖区、宜兴市，常州市金坛区、溧阳市，苏州市吴中区，连云港市海州区，扬州市仪征市，镇江市润州区、丹徒区、句容市；

浙江：杭州市西湖区、余杭区、富阳区、桐庐县、临安市，宁波市鄞州区、宁海县、余姚市，温州市鹿城区、龙湾区、瓯海区、洞头区、永嘉县、平阳县、瑞安市、乐清市，嘉兴市嘉善县，湖州市吴兴区，金华市婺城区、武义县、浦江县、磐安县、东阳市，衢州市柯城区、衢江区、常山县、龙游县、江山市，舟山市定海区、嵊泗县，台州市椒江区、玉环县、三门县、仙居县、温岭市，丽水市莲都区、松阳县、庆元县、景宁畲族自治县；

安徽：合肥市庐阳区、肥东县、肥西县、庐江县、巢湖市，芜湖市繁昌县、无为县，淮南市寿县，马鞍山市博望区，铜陵市枞阳县，安庆市大观区、宜秀区、怀宁县、潜山县、宿松县、岳西县、桐城市，黄山市屯溪区、黄山区、徽州区、休宁县、黟县、祁门县，滁州市南谯区、来安县、全椒县、定远县、凤阳县、天长市、明光市，六安市金安区、裕安区、叶集区、霍邱县、舒城县、金寨县、霍山县，池州市贵池区、东至县、石台县，宣城市宣州区、郎溪县、广德县、泾县、绩溪县、旌德县；

福建：厦门市集美区、同安区、翔安区，莆田市城厢区、涵江区、荔城区、秀屿区、仙游县、湄洲岛，三明市梅列区、三元区、明溪县、清流县、宁化县、大田县、尤溪县、沙县、将乐县、泰宁县、建宁县、永安市，泉州市鲤城区、丰泽区、洛江区、泉港区、惠安县、安溪县、永春县、石狮市、晋江市、南安市、泉州台商投资区，漳州市云霄县、漳浦县、诏安县、东山县、漳州台商投资区，南平市延平区、顺昌县、浦城县、松溪县、政和县、邵武市、武夷山市，龙岩市长汀县、上杭县、武平县、漳平市，福州国家森林公园；

江西：南昌市湾里区、新建区、安义县、进贤县，景德镇市昌江区、珠山区、浮梁县、乐平市，萍乡市安源区、莲花县、上栗县、萍乡开发区，九江市武宁县、修水县、永修县、德安县、都昌县、湖口县、彭泽县、庐山市，新余市仙女湖区，鹰潭市月湖区、贵溪市、龙虎山管理委员会，赣州市章贡区、南康区、经济技术开发区、赣县、信丰县、大余县、上犹县、安远县、龙南县、定南县、全南县、宁都县、于都县、兴国县、会昌县、寻乌县，吉安市吉州区、青原区、庐陵新区、井冈山经济技术开发区、吉安县、峡江县、新干县、永丰县、遂川县、万安县、永新县，宜春市奉新县、万载县、宜丰县、靖安县、铜鼓县、樟树市，抚州市临川区、乐安县、资溪县、东乡县，上饶市信州区、广丰区、上饶县、玉山县、铅山县、余干县、婺源县、德兴市，共青城市、瑞金市、丰城市、鄱阳县、安福县、南城县；

山东：济南市历城区，青岛市黄岛区、崂山区，烟台市芝罘区、福山区、牟平区、长岛县、莱阳市、经济技术开发区，泰安市新泰市、泰山林场、徂徕山林场，威海市环翠区、文登区、荣成市、乳山市、威海市环翠区，日照市岚山区，临沂市莒南县、临沭县；

河南：许昌市魏都区，三门峡市灵宝市，南阳市卧龙区、西峡县、社旗县、桐柏县，信阳市平桥区、罗山县、新县，驻马店市泌阳县；

湖北：武汉市洪山区、东西湖区、蔡甸区、黄陂区、新洲区，黄石市西塞山区、下陆区、铁山区、阳新县、大冶市，十堰市张湾区、郧阳区、竹山县、竹溪县、房县、丹江口市，宜昌市点军区、猇亭区、夷陵区、远安县、兴山县、秭归县、长阳土家族自治县、宜都市、当阳市、枝江市，襄阳市南漳县、谷城县、保康县，鄂州市鄂城区，荆门市东宝区、掇刀区、京山县、沙洋县，孝感市孝昌县、大悟县、安陆市，荆州市石首市、松滋市，黄冈市红安县、罗田县、英山县、浠水县、蕲春县、黄梅县、武穴市，咸宁市咸安区、嘉鱼县、通城县、崇阳县、通山县、赤壁市，随州市曾都区，恩施土家族苗族自治州恩施市、巴东县、宣恩县、来凤县，天门市；

湖南：长沙市长沙县、宁乡县、浏阳市，株洲市石峰区、云龙示范区、醴陵市，湘潭市雨湖区、岳塘区、湘潭县、湘乡市、韶山市，衡阳市南岳区、衡阳县、衡南县、衡山县、祁东县、耒阳市、常宁市，邵阳市双清区、大祥区、北塔区、邵东县、新邵县、邵阳县、隆回县、洞口县、绥宁县、新宁县，岳阳市云溪区、岳阳县、平江县、临湘市，常德市鼎城区、汉寿县、桃源县、石门县，张家界市永定区、武陵源区、慈利县、桑植县，益阳市资阳区、安化县、沅江市，郴州市北湖区、苏仙区、桂阳县、宜章县、永兴县、嘉禾县、临武县、汝城县、桂东县、资兴市，永州市零陵区、冷水滩区、东安县、双牌县、道县、江永县、宁远县、蓝山县、新田县、江华瑶族自治县，怀化市中方县、沅陵县、溆浦县、会同县、麻阳苗族自治县、新晃侗族自治县、芷江侗族自治县、靖州苗族侗族自治县、通道侗族自治县、洪江市，娄底市娄星区、双峰县、新化县、冷水江市、涟源市，湘西土家族苗族自治州吉首市、泸溪县、凤凰县、花垣县、保靖县、古丈县、永顺县、龙山县；

广东：广州市番禺区、花都区，韶关市浈江区、曲江区、始兴县、仁化县、翁源县、新丰县、乐昌市、南雄市、市属林场，深圳市南山区、盐田区、大鹏新区，汕头市濠江区，佛山市三水区，肇庆市高要区、广宁县、怀集县、德庆县、四会市，惠州市惠城区、惠阳区、博罗县、惠东县、龙门县、仲恺区，梅州市大埔县、蕉岭县、兴宁市，汕尾市海丰县、陆河县、陆丰市，河源市源城区、紫金县、龙川县、连平县、和平县、东源县，阳江市阳东区、阳江高新区、阳西县、阳春市，清远市清城区、清新区、佛冈县、连山壮族瑶族自治县、英德市、连州市，东莞市，云浮市云城区、云安区、新兴县；

广西：南宁市青秀区、良庆区、武鸣区、上林县、宾阳县，柳州市融水苗族自治县，桂林市雁山区、临桂区、阳朔县、灵川县、兴安县、灌阳县、资源县、荔浦县，梧州市龙圩区、苍梧县、藤县、蒙山县、岑溪市，北海市海城区，防城港市上思县，钦州市钦南区、钦北区、灵山县，贵港市平南县、桂平市，玉林市福绵区、容县、博白县、兴业县、北流市，百色市乐业县、田林县、隆林各族自治县、百色市百林林场，贺州市平桂区、八步区，河池市金城江区、南丹县、东兰县、环江毛南族自治县、都安瑶族自治县、大化瑶族自治县、宜州区，来宾市金秀瑶族自治县，崇左市江州区、天等县，派阳山林场、大桂山林场、雅长林场、热带林业实验中心；

重庆：万州区、涪陵区、大渡口区、江北区、沙坪坝区、九龙坡区、南岸区、北碚区、綦江区、大足区、渝北区、巴南区、黔江区、长寿区、江津区、合川区、永川区、南川区、璧山区、铜梁区、荣昌区、万盛经济技术开发区，梁平区、城口县、丰都县、垫江县、武隆区、忠县、开县、云阳县、奉节县、巫山县、巫溪县、石柱土家族自治县、秀山土家族苗族自治县、酉阳土家族苗族自治县、彭水苗族土家族自治县；

四川：成都市双流区、金堂县、大邑县、蒲江县、都江堰市、彭州市、邛崃市、简阳市，自贡市自流井区、贡井区、荣县、富顺县，攀枝花市东区、西区、仁和区、米易县、盐边县，泸州市泸县、古蔺县，德阳市中江县，绵阳市涪城区、安州区、三台县、江油市，广元市利州区、昭化区、朝天区、旺苍县、青川县、剑阁县、苍溪县，遂宁市船山区、大英县，内江市威远县、资中县、隆昌县，南充市高坪区、南部县、营山县、仪陇县、西充县、阆中市，眉山市彭山区、仁寿县、青神县，宜宾市翠屏区、南溪区、宜宾县、长宁县、高县、珙县、筠连县，广安市前锋区、岳池县、邻水县、华蓥市，达州市通川区、达川区、开江县、大竹县、万源市，雅安市名山区、汉源县、石棉县，巴中市巴州区、恩阳区、通江县、南江县、平昌县，资阳市安岳县，甘孜藏族自治州泸定县，凉山彝族自治州西昌市、盐源县、会理县、宁南县、普格县、喜德县、冕宁县、越西县、雷波局、凉北局；

贵州：贵阳市南明区、云岩区、花溪区、乌当区、白云区、观山湖区、开阳县、息烽县、修文县、清镇市、经济技术开发区，六盘水市六枝特区、水城县、盘县，遵义市红花岗区、汇川区、播州区、正安县、道真仡佬族苗族自治县、务川仡佬族苗族自治县、余庆县、习水县，安顺市西秀区、平坝区、普定县、镇宁布依族苗族自治县、关岭布依族苗族自治县、紫云苗族布依族自治县，毕节市七星关区、大方县、黔西县、金沙县、织金县、纳雍县、赫章县，铜仁市万山区、江口县、玉屏侗族自治县、石阡县、思南县、印江土家族苗族自治县、德江县、沿河土家族自治县、松桃苗族自治县，黔西南布依族苗族自治州兴义市、兴仁县、晴隆县、册亨县、安龙县，黔南布依族苗族自治州都匀市、福泉市、都匀经济开发区、荔波县、贵定县、瓮安县、独山县、罗甸县、龙里县、三都水族自治县；

云南：昆明市五华区、西山区、东川区、经济技术开发区、倘甸产业园区、晋宁县、宜良县、石林彝族自治县、寻甸回族彝族自治县、海口林场，曲靖市麒麟区、陆良县，玉溪市红塔区、江川区、澄江县、华宁县、峨山彝族自治县、新平彝族傣族自治县、元江哈尼族彝族傣族自治县、红塔山保护区，昭通市巧家县、大关县、永善县、镇雄县、水富县，丽江市永胜县、华坪县，普洱市景谷傣族彝族自治县，临沧市凤庆县、沧源佤族自治县，楚雄彝族自治州楚雄市、双柏县、南华县、永仁县、元谋县、禄丰县，红河哈尼族彝族自治州弥勒市，文山壮族苗族自治州麻栗坡县、广南县、富宁县，西双版纳傣族自治州景洪市，德宏傣族景颇族自治州瑞丽市、芒市、梁河县、陇川县，安宁市；

陕西：西安市周至县、户县，汉中市汉台区、城固县、洋县、西乡县、宁强县、镇巴县、佛坪县，安康市汉滨区、汉阴县、石泉县、宁陕县、岚皋县，商洛市商州区、山阳县、镇安县、柞水县。

发生面积　6372829 亩

危害指数　0.3852

• **二斑墨天牛 *Monochamus bimaculatus* Gahan**

寄　　主　松，柳树，榕树，黄檀，香椿，野桐，乌桕。

分布范围　辽宁、浙江、湖南、广东、云南、陕西。

• **蓝墨天牛 *Monochamus guerryi* Pic**

寄　　主　松，核桃，桤木，板栗，栲树，锥栗，麻栎，白栎，青冈，苹果。

分布范围　西南，湖北、湖南、广东、广西。

发生地点　湖北：襄阳市保康县，恩施土家族苗族自治州恩施市；

湖南：湘西土家族苗族自治州花垣县、龙山县；

重庆：黔江区；

四川：甘孜藏族自治州丹巴林业局；

贵州：六盘水市盘县，毕节市七星关区；

云南：曲靖市师宗县，红河哈尼族彝族自治州绿春县。

发生面积　4942 亩

危害指数　0.3333

• **白星墨天牛 *Monochamus guttulatus* Gressitt**

寄　　主　柳树，核桃楸，水曲柳，木犀。

分布范围　东北，河南、宁夏。

• **云杉花墨天牛 *Monochamus saltuarius*（Gebler）**

中文异名　云杉墨天牛

寄　　主　冷杉，落叶松，云杉，红松，樟子松，杨树，柳树。

分布范围　华北、东北，江西、陕西、甘肃。

发生地点　黑龙江：佳木斯市郊区。

发生面积　120 亩

危害指数　0.3333

• 麻斑墨天牛 ***Monochamus sparsutus*** **Fairmaire**

寄　　主　杨，栎。

分布范围　浙江、安徽、福建、江西、河南、湖北、湖南、四川、陕西。

• 云杉小墨天牛 ***Monochamus sutor*** **（Linnaeus）**

寄　　主　冷杉，雪松，落叶松，华北落叶松，云杉，天山云杉，赤松，红松，樟子松，油松，白桦。

分布范围　东北、西北，河北、内蒙古、山东、河南、四川。

发生地点　内蒙古：赤峰市克什克腾旗；

黑龙江：佳木斯市郊区、富锦市，牡丹江市牡丹峰保护区；

四川：甘孜藏族自治州德格县；

甘肃：白龙江林业管理局；

新疆：天山东部国有林管理局奇台分局；

内蒙古大兴安岭林业管理局：绰尔林业局、绰源林业局、乌尔旗汉林业局、伊图里河林业局、克一河林业局、满归林业局。

发生面积　9858 亩

危害指数　0.4139

• 云杉大墨天牛 ***Monochamus urussovi*** **（Fischer-Waldheim）**

寄　　主　冷杉，臭冷杉，落叶松，云杉，鱼鳞云杉，红皮云杉，天山云杉，红松，樟子松，黑松，水杉，山杨，白桦，黑桦鼠李。

分布范围　东北，河北、内蒙古、江苏、山东、河南、重庆、陕西、宁夏、新疆。

发生地点　吉林：大兴沟林业局；

黑龙江：佳木斯市桦川县，绥化市海伦市国有林场；

黑龙江森林工业总局：朗乡林业局，山河屯林业局；

内蒙古大兴安岭林业管理局：绰尔林业局、乌尔旗汉林业局、伊图里河林业局、阿龙山林业局、满归林业局。

发生面积　24951 亩

危害指数　0.4070

• 松巨瘤天牛 ***Morimospasma paradoxum*** **Ganglbauer**

寄　　主　华山松，油松，核桃，波罗栎，辽东栎，黄檀。

分布范围　西北，湖北、四川。

发生地点　陕西：安康市旬阳县，商洛市丹凤县。

发生面积　190 亩

危害指数　0.3333

• 线纹粗点天牛 ***Mycerinopsis lineata*** **Gahan**

寄　　主　松，山楝。

分布范围　福建、江西、广东。

发生地点　广东：云浮市新兴县。

• 橘褐天牛 *Nadezhdiella cantori*（Hope）

中文异名　皱胸深山天牛、光盾绿天牛、光绿天牛、柑橘枝天牛

寄　　主　栎，构树，桑，山柚子，桃，文旦柚，柑橘，橙，吴茱萸，花椒，油桐，葡萄，桉树，水曲柳，油橄榄。

分布范围　中南，上海、江苏、浙江、福建、江西、重庆、四川、贵州、陕西。

发生地点　上海：青浦区、奉贤区；

江苏：苏州市太仓市；

浙江：宁波市鄞州区、象山县，台州市黄岩区；

江西：萍乡市莲花县，宜春市樟树市；

湖南：长沙市浏阳市，邵阳市大祥区、北塔区、洞口县，永州市回龙圩管理区，怀化市辰溪县；

广东：肇庆市德庆县，惠州市惠阳区，云浮市郁南县；

重庆：合川区，梁平区、丰都县、忠县、奉节县、巫溪县；

四川：自贡市自流井区、贡井区、大安区、荣县，遂宁市船山区，内江市资中县、隆昌县，南充市西充县，眉山市仁寿县，宜宾市筠连县，广安市前锋区、武胜县，雅安市石棉县；

陕西：安康市旬阳县，商洛市镇安县。

发生面积　14067 亩

危害指数　0.4086

• 桃褐天牛 *Nadezhdiella fulvopubens*（Pic）

拉丁异名　*Nadezhdiella aurea* Gressitt

寄　　主　青冈，桑，桃，李，沙梨，柑橘，葡萄，桉树，桃榄。

分布范围　河北、福建、山东、湖北、湖南、广东、四川、陕西。

发生地点　湖南：邵阳市武冈市；

四川：广安市前锋区；

陕西：宁东林业局。

发生面积　551 亩

危害指数　0.3333

• 点胸膜花天牛 *Necydalis lateralis* Pic

寄　　主　油松，小叶杨。

分布范围　北京、河北、辽宁、陕西、宁夏。

• 铜色肿角天牛 *Neocerambyx grandis* Gahan

寄　　主　栎，柑橘。

分布范围　福建、广东、海南、云南。

• 咖啡皱胸天牛 *Neoplocaederus obesus*（Gahan）

寄　　主　马尾松，杨树，板栗，李，梨，文旦柚，杧果，榄仁树。

分布范围　江苏、广东、广西、四川、云南、陕西。

发生地点　江苏：南京市浦口区；
　　　　　四川：达州市开江县。

• **脊薄翅天牛 *Nepiodes costipennis*（White）**

寄　　主　山杨，核桃楸，核桃，栗，栎，苹果，枣树，柿，柚木。
分布范围　福建、山东、广东、海南、贵州、云南、陕西。
发生地点　山东：济宁市兖州区；
　　　　　陕西：西安市临潼区，榆林市米脂县。
发生面积　310 亩
危害指数　0.3333

• **拟吉丁天牛 *Niphona furcata*（Bates）**

寄　　主　桂竹，斑竹，水竹，苦竹。
分布范围　华东，河南、湖北、湖南、四川、贵州、云南。

• **小吉丁天牛 *Niphona parallela*（White）**

寄　　主　杉，紫柳，油桐，重阳木。
分布范围　浙江、福建、江西、广东、广西、海南、贵州。

• **黑翅脊筒天牛 *Nupserha infantula*（Ganglbauer）**

寄　　主　山杨，枫香，红叶李，油茶，刺楸，滇楸。
分布范围　华东，北京、河北、内蒙古、湖南、广东、四川、云南、陕西、甘肃、宁夏。
发生地点　安徽：合肥市庐阳区，芜湖市芜湖县；
　　　　　陕西：太白林业局。
发生面积　114 亩
危害指数　0.3333

• **缘翅脊筒天牛 *Nupserha marginella*（Bates）**

寄　　主　苹果，锦鸡儿，刺槐，油茶。
分布范围　东北、华东，河南、湖南、广东、贵州、陕西、宁夏。
发生地点　宁夏：吴忠市盐池县。
发生面积　350 亩
危害指数　0.3810

• **黄腹脊筒天牛 *Nupserha testaceipes* Pic**

寄　　主　杨树，麻栎，小叶栎，栓皮栎，刺槐，油茶。
分布范围　吉林、江苏、福建、江西、山东、湖北、湖南、广东、广西、四川、陕西。
发生地点　湖南：怀化市芷江侗族自治县。

• **灰尾筒翅天牛 *Oberea binotaticollis* Pic**

拉丁异名　*Oberea griseopennis* Schwarzer
寄　　主　樟树。
分布范围　浙江、江西、湖北、广西、四川。

发生地点　湖北：太子山林场；
　　　　　广西：南宁市上林县。
发生面积　212 亩
危害指数　0.9686

- **蛰腹筒天牛 *Oberea birmanica* Gahan**

寄　　主　杉，云南松，毛樱桃。
分布范围　广西、四川、云南。
发生地点　四川：遂宁市蓬溪县。

- **短足筒天牛 *Oberea ferruginea* Thunberg**

寄　　主　桑，桃，油桐，长叶黄杨，木荷，八角枫。
分布范围　东北，内蒙古、安徽、山东、湖北、湖南、广东、广西、四川、云南、甘肃。
发生地点　安徽：合肥市庐阳区；
　　　　　四川：遂宁市射洪县。

- **台湾筒天牛 *Oberea formosana* Pic**

寄　　主　构树，樟树，樱桃，苹果。
分布范围　中南，江苏、浙江、江西、四川、贵州、陕西。
发生地点　四川：宜宾市筠连县。

- **暗翅筒天牛 *Oberea fuscipennis*（Chevrolat）**

寄　　主　山杨，黑杨，栎，构树，无花果，桑，长叶水麻，樟树，樱桃，长叶黄杨，泡花树。
分布范围　河北、辽宁、江苏、安徽、福建、江西、湖北、广东、海南、四川、陕西。
发生地点　江苏：南京市浦口区、栖霞区、雨花台区、六合区，无锡市惠山区，盐城市盐都区、大丰区、东台市，扬州市邗江区、江都区，镇江市新区、润州区、扬中市、句容市；
　　　　　江西：萍乡市上栗县、芦溪县。
发生面积　245 亩
危害指数　0.3333

- **暗腹樟筒天牛 *Oberea fusciventris* Fairmaire**

寄　　主　沉水樟，樟树，黄樟。
分布范围　福建。

- **黑腹筒天牛 *Oberea gracillima* Pascoe**

拉丁异名　*Oberea nigriventris* Bates
寄　　主　梨，木槿。
分布范围　东北，河北、内蒙古、江苏、浙江、福建、山东、湖北、广东、广西、海南、四川、贵州、云南、陕西。
发生地点　江苏：苏州市太仓市；
　　　　　浙江：宁波市宁海县；

陕西：渭南市华州区。

• **粗点筒天牛 *Oberea grossepunctata* Breuning**

寄　　主　梨，中华猕猴桃。
分布范围　福建、山东、四川。
发生地点　福建：南平市延平区；
　　　　　四川：绵阳市三台县。

• **海氏筒天牛 *Oberea heyrovskyi* Pic**

寄　　主　山杨。
分布范围　东北。

• **舟山筒天牛 *Oberea inclusa* Pascoe**

中文异名　中黑筒天牛
寄　　主　榆树。
分布范围　东北，河北、浙江、江西、山东、广东。

• **日本筒天牛 *Oberea japonica*（Thunberg）**

寄　　主　银白杨，柳树，榛子，板栗，桑，桃，杏，樱桃，日本樱花，山楂，苹果，红叶李，梨，椴树，柳兰。
分布范围　东北，河北、上海、浙江、福建、河南、湖北、湖南、广西、陕西、宁夏。
发生地点　河北：邢台市沙河市，张家口市沽源县；
　　　　　上海：浦东新区；
　　　　　陕西：安康市旬阳县。
发生面积　452 亩
危害指数　0. 3333

• **灰翅筒天牛 *Oberea oculata*（Linnaeus）**

寄　　主　山杨，沙柳，桦木，栎，桃，杏，苹果，梨，刺槐。
分布范围　东北，河北、内蒙古、江苏、山东、陕西、新疆。
发生地点　江苏：盐城市阜宁县。

• **南方侧沟天牛 *Obrium complanatum* Gressitt**

寄　　主　枣树。
分布范围　江西、山东、广东、广西、贵州。

• **肿腿花天牛 *Oedecnema gebleri*（Ganglbauer）**

中文异名　桦肿腿花天牛
拉丁异名　*Oedecnema dubia*（Fabricius）
寄　　主　杨，柳树，桦木。
分布范围　东北，天津、河北、内蒙古、四川。

• **南方六星粉天牛 *Olenecamptus bilobus tonkinus* Dillon et Dillon**

中文异名　南方粉天牛

寄　　主　榕树。
分布范围　福建、广东。

- **黑点粉天牛 *Olenecamptus clarus* Paseoe**

寄　　主　山杨，垂柳，旱柳，核桃楸，核桃，板栗，栎，构树，高山榕，垂叶榕，黄葛树，榕树，桑，桃，苹果，刺槐，槐树，油桐，柽柳。
分布范围　华北、东北、华东，河南、湖北、广东、重庆、四川、陕西。
发生地点　北京：顺义区；
河北：唐山市乐亭县，保定市唐县，衡水市武邑县；
江苏：无锡市宜兴市，扬州市邗江区、高邮市，泰州市姜堰区；
浙江：宁波市象山县；
安徽：阜阳市颍东区、颍泉区；
福建：厦门市同安区、翔安区；
山东：潍坊市昌乐县，泰安市泰山林场；
重庆：北碚区、黔江区；
四川：内江市东兴区，南充市高坪区、营山县、仪陇县、西充县，宜宾市筠连县，广安市前锋区，巴中市巴州区。
发生面积　913 亩
危害指数　0. 3337

- **白背粉天牛 *Olenecamptus cretaceus* Bates**

寄　　主　大果榉，桑。
分布范围　江苏、浙江。

- **榉白背粉天牛 *Olenecamptus cretaceus marginatus* Schwarzer**

寄　　主　麻栎，大果榉，白檀。
分布范围　河南、陕西。
发生地点　陕西：商洛市镇安县。

- **八星粉天牛 *Olenecamptus octopustulatus*（Motschulsky）**

中文异名　八点粉天牛
寄　　主　山杨，山核桃，核桃，枫杨，板栗，栎，构树，垂叶榕，榕树，桑，油桐，秋枫，三角槭，泡桐。
分布范围　东北，天津、河北、内蒙古、江苏、江西、山东、湖北、四川、贵州、陕西。
发生地点　四川：绵阳市三台县、梓潼县，遂宁市船山区，乐山市马边彝族自治县，雅安市石棉县。
发生面积　579 亩
危害指数　0. 3759

- **斜翅黑点粉天牛 *Olenecamptus subobliteratus* Pic**

中文异名　斜翅粉天牛
寄　　主　桑。

分布范围　天津、湖北。

• **台湾粉天牛** ***Olenecamptus taiwanus*** **Dillon et Dillon**
中文异名　台湾六星白天牛
寄　　主　垂叶榕。
分布范围　福建。
发生地点　福建：福州国家森林公园。

• **榆茶色天牛** ***Oplatocera oberthuri*** **Gahan**
寄　　主　榆树。
分布范围　湖北、湖南、广东、广西、四川、云南、陕西。

• **赤天牛** ***Oupyrrhidium cinnaberinum*** **（Blessig）**
寄　　主　白桦，蒙古栎，青冈。
分布范围　东北，山东。

• **双斑厚花天牛** ***Pachyta bicuneata*** **Motschulsky**
寄　　主　雪松，落叶松，云杉，红松，油松。
分布范围　东北，陕西、甘肃。

• **松厚花天牛** ***Pachyta lamed*** **（Linnaeus）**
寄　　主　雪松，云杉，华山松，红松，马尾松，油松。
分布范围　东北、西北，内蒙古。

• **黄带厚花天牛** ***Pachyta mediofasciata*** **Pic**
寄　　主　华山松，栎。
分布范围　河北、陕西。
发生地点　陕西：渭南市华州区，宁东林业局。

• **四斑厚花天牛** ***Pachyta quadrimaculata*** **（Linnaeus）**
寄　　主　冷杉，落叶松，云杉，天山云杉，华山松，红松，油松。
分布范围　东北、西北，河北、内蒙古、四川。
发生面积　738 亩
危害指数　0.4101

• **白角纹虎天牛** ***Paraclytus apicicornis*** **（Gressitt）**
寄　　主　杉，核桃，紫薇。
分布范围　福建、湖南、广西、四川、云南、陕西、甘肃。
发生地点　四川：遂宁市大英县。

• **小点异鹿天牛** ***Paraepepeotes guttatus*** **（Guérin-Méneville）**
寄　　主　构树。
分布范围　四川。
发生地点　四川：遂宁市船山区。

- **苎麻双脊天牛** ***Paraglenea fortunei*** **(Saunders)**

中文异名　苎麻天牛
寄　　主　马尾松，杉木，山杨，柳树，核桃，板栗，栎，青冈，榆树，构树，桑，水麻，樟树，枫香，李，刺槐，花椒，乌桕，漆树，椴树，朱槿，木槿，喜树，阔叶桉。
分布范围　华东、中南、西南，北京、河北、陕西、甘肃、宁夏。
发生地点　江苏：南京市浦口区、栖霞区，镇江市句容市；
浙江：宁波市鄞州区、余姚市，舟山市嵊泗县，台州市黄岩区、仙居县；
安徽：芜湖市芜湖县；
福建：福州国家森林公园；
湖南：株洲市石峰区，常德市鼎城区、澧县，郴州市临武县，湘西土家族苗族自治州吉首市；
广东：清远市连山壮族瑶族自治县；
广西：桂林市荔浦县，河池市南丹县；
重庆：万州区、黔江区，武隆区；
四川：广安市前锋区，雅安市芦山县，甘孜藏族自治州泸定县。
发生面积　17238 亩
危害指数　0. 5076

- **大麻双背天牛** ***Paraglenea swinhoei*** **Bates**

寄　　主　木槿。
分布范围　福建。
发生地点　福建：南平市延平区。

- **蜡斑齿胫天牛** ***Paraleprodera carolina*** **(Fairmaire)**

寄　　主　华山松，杉木，板栗，花椒，棕榈。
分布范围　江苏、福建、江西、湖北、湖南、四川、贵州、云南。

- **眼斑齿胫天牛** ***Paraleprodera diophthalma*** **(Pascoe)**

中文异名　眼斑天牛
寄　　主　云南松，柏木，山杨，核桃，榛子，板栗，茅栗，麻栎，青冈，桑，梨，油桐，栾树。
分布范围　华东、西南，河北、辽宁、河南、湖北、湖南、陕西。
发生地点　江苏：无锡市宜兴市，镇江市句容市；
浙江：宁波市余姚市；
重庆：万州区；
四川：自贡市荣县；
陕西：渭南市华州区，汉中市洋县，安康市旬阳县，商洛市镇安县、柞水县。
发生面积　332 亩
危害指数　0. 3333

- **黄斑凹唇天牛** ***Paranamera ankangensis*** **Chiang**

寄　　主　板栗，桃。
分布范围　河南、贵州、陕西。

- **密点异花天牛** ***Parastrangalis crebrepunctata*** **(Gressitt)**

寄　　主　杉木，杨树。

分布范围　浙江、福建、湖北、湖南、广西、四川、贵州、云南、陕西。

发生地点　陕西：渭南市华州区。

- **橄榄梯天牛** ***Pharsalia subgemmata*** **(Thomson)**

寄　　主　云南松，榄仁树，橄榄。

分布范围　福建、河南、广东、广西、海南、四川、云南。

发生地点　四川：攀枝花市盐边县、普威局。

发生面积　2988 亩

危害指数　0. 4308

- **狭胸天牛** ***Philus antennatus*** **(Gyllenhal)**

中文异名　橘狭胸天牛、狭胸橘天牛

寄　　主　湿地松，桑，柑橘，茶。

分布范围　华东、中南，河北、内蒙古、辽宁、重庆、陕西。

- **蔗狭胸天牛** ***Philus pallescens*** **Bates**

寄　　主　马尾松，榆树，桑，柑橘，杧果，油茶，桉树。

分布范围　福建、江西、广东、四川、陕西。

- **蒋氏棍腿天牛** ***Phymatodes jiangi*** **Wang et Zheng**

寄　　主　圆柏。

分布范围　吉林、山东。

发生地点　山东：聊城市东阿县。

- **圆眼天牛** ***Phyodexia concinna*** **Pascoe**

寄　　主　核桃。

分布范围　广东、云南。

- **菊小筒天牛** ***Phytoecia rufiventris*** **Gautier**

中文异名　菊虎、菊天牛

寄　　主　杨，柳树，波罗栎，榆树，兰考泡桐。

分布范围　华北、华东，吉林、河南、湖北、广东、广西、四川、贵州、陕西、甘肃、宁夏。

发生地点　河北：保定市唐县；

　　　　　浙江：宁波市鄞州区；

　　　　　陕西：渭南市华州区，榆林市子洲县。

发生面积　1108 亩

危害指数　0. 3463

- **黑胸驼花天牛** ***Pidonia gibbicollis*** **(Blessig)**

寄　　主　杨，蒙古栎。

分布范围　吉林。

- **斑胸驼花天牛 *Pidonia similis*（Kraatz）**

寄　　主　柳树。

分布范围　东北。

- **红肩丽虎天牛 *Plagionotus christophi*（Kraatz）**

寄　　主　板栗，蒙古栎，苹果。

分布范围　东北，北京、河北、安徽、河南、湖北、陕西。

发生地点　陕西：渭南市华州区，商洛市丹凤县。

发生面积　1215 亩

危害指数　0.3333

- **栎丽虎天牛 *Plagionotus pulcher* Blessig**

寄　　主　杨，蒙古栎，榆树。

分布范围　东北，河北、山西、陕西、宁夏。

- **广翅眼天牛 *Plaxomicrus ellipticus* Thomson**

寄　　主　柏木，核桃，枫杨，青冈。

分布范围　江苏、湖北、广西、四川、云南、陕西。

- **白腰芒天牛 *Pogonocherus dimidiatus* Blessig**

拉丁异名　*Pogonocherus seminiveus* Bates

寄　　主　榆树。

分布范围　东北。

- **黄多带天牛 *Polyzonus fasciatus*（Fabricius）**

中文异名　多带天牛、黄带蓝天牛

寄　　主　油松，侧柏，山杨，垂柳，旱柳，麻栎，槲，梨，玫瑰，紫穗槐，刺槐，柑橘，花椒，野花椒，枣树，木荷，沙棘，桉树，黄荆，油橄榄，荆条。

分布范围　华北、东北，江苏、浙江、福建、山东、湖北、湖南、广东、贵州、西北。

发生地点　北京：密云区；

河北：邢台市沙河市，张家口市怀来县、涿鹿县、赤城县；

内蒙古：通辽市科尔沁左翼后旗；

山东：泰安市泰山区；

湖北：荆州市洪湖市；

陕西：西安市蓝田县，渭南市华州区，榆林市子洲县，商洛市丹凤县；

宁夏：银川市西夏区。

发生面积　974 亩

危害指数　0.3429

- **葱绿多带天牛 *Polyzonus prasinus*（White）**

寄　　主　柏木，侧柏。

分布范围　浙江、福建、湖北、广东。

● **锯天牛 *Prionus insularis* Motschulsky**

中文异名　台湾锯天牛

寄　　主　冷杉，落叶松，云杉，华山松，红松，马尾松，油松，柳杉，杉木，水杉，美国扁柏，日本花柏，柏木，侧柏，圆柏，山杨，柳树，枫杨，桦木，板栗，蒙古栎，榆树，苹果，刺槐，槐树，文旦柚，油桐，椴树，小叶女贞。

分布范围　东北，天津、河北、内蒙古、浙江、安徽、江西、湖北、四川、贵州、陕西、宁夏。

发生地点　河北：沧州市东光县、吴桥县，衡水市桃城区；

江西：萍乡市芦溪县，吉安市井冈山市。

发生面积　756 亩

危害指数　0.3333

● **橘根接眼天牛 *Priotyranus closteroides*（Thomson）**

寄　　主　湿地松，马尾松，杉木，板栗，栲树，柑橘，金橘，桉树。

分布范围　内蒙古、辽宁、江苏、福建、江西、湖北、广东、广西、海南、贵州、云南、陕西。

发生地点　广东：清远市英德市。

发生面积　179 亩

危害指数　0.3333

● **黄星天牛 *Psacothea hilaris*（Pascoe）**

中文异名　黄星桑天牛

寄　　主　杉松，马尾松，油松，柳杉，杉木，山杨，黑杨，垂柳，野核桃，核桃楸，核桃，枫杨，桦木，槲栎，构树，高山榕，无花果，黄葛树，榕树，桑，白兰，猴樟，樟树，油樟，三球悬铃木，桃，日本晚樱，枇杷，海棠花，槐树，柑橘，楝树，油桐，铁海棠，无患子，木棉，秋海棠，紫薇，柿，木犀。

分布范围　东北、华东、中南、西南，河北、陕西、甘肃。

发生地点　上海：宝山区、嘉定区、金山区、松江区、青浦区，崇明县；

江苏：南京市浦口区、栖霞区、雨花台区、江宁区、六合区、溧水区，无锡市滨湖区、宜兴市，徐州市睢宁县，常州市天宁区、钟楼区、金坛区、溧阳市，苏州市吴江区，淮安市淮阴区、清江浦区、洪泽区、盱眙县、金湖县，盐城市盐都区、大丰区、阜宁县、东台市，扬州市邗江区、宝应县、高邮市、扬州经济技术开发区，镇江市润州区、丹徒区、丹阳市、句容市，泰州市姜堰区、泰兴市；

浙江：宁波市北仑区、镇海区、余姚市、奉化市，金华市磐安县，衢州市常山县；

安徽：合肥市包河区，芜湖市芜湖县、无为县，阜阳市颍东区、颍泉区、临泉县、太和县；

福建：泉州市永春县；

山东：日照市莒县，菏泽市牡丹区；

湖北：武汉市洪山区、东西湖区，荆州市沙市区、监利县，仙桃市；

湖南：株洲市芦淞区、天元区、云龙示范区，益阳市桃江县；

广西：梧州市蒙山县；

重庆：江津区；

四川：成都市简阳市，攀枝花市仁和区，绵阳市三台县、梓潼县，遂宁市安居区，内江市隆昌县，南充市西充县，眉山市仁寿县，宜宾市翠屏区、高县、兴文县，广安市武胜县，雅安市雨城区、石棉县、芦山县，巴中市巴州区，资阳市雁江区，凉山彝族自治州德昌县；

贵州：贵阳市云岩区；

陕西：西安市周至县，渭南市华州区、华阴市，安康市旬阳县，商洛市丹凤县，佛坪保护区。

发生面积　7773 亩

危害指数　0.3388

• **宽带星斑天牛 *Psacothea* sp.**

寄　　主　麻栎，栓皮栎。

分布范围　湖北。

• **伪昏天牛 *Pseudanaesthetis langana* Pic**

寄　　主　柳树，核桃，桃。

分布范围　东北，浙江、江西、山东、海南、四川、贵州、陕西。

发生地点　四川：内江市隆昌县，乐山市犍为县。

• **黄斑突角天牛 *Pseudipocragyes maculatus* Pic**

寄　　主　三球悬铃木。

分布范围　山东。

• **灰星天牛 *Pseudonemophas versteegii* (Ritsema)**

中文异名　灰安天牛

寄　　主　松，山杨，桦木。

分布范围　黑龙江、广西、贵州、云南。

发生地点　贵州：毕节市大方县。

发生面积　500 亩

危害指数　0.3333

• **白带坡天牛 *Pterolophia albanina* Gressitt**

寄　　主　华山松，杨树，柳树，核桃，朴树，桑，水竹。

分布范围　东北，江苏、浙江、安徽、山东、四川、甘肃。

发生地点　浙江：宁波市象山县。

• **桑坡天牛 *Pterolophia annulata* (Chevrolat)**

寄　　主　桑。

分布范围　东北，河北、浙江、山东。

• **柳坡天牛 *Pterolophia granulata* (Motschulsky)**

中文异名　坡天牛

拉丁异名　*Pterolophia rigida*（Bates）
寄　　主　杨，垂柳，核桃楸，榆树，桑，合欢，刺槐，色木槭。
分布范围　吉林、山东、广东、四川、陕西、宁夏。
发生地点　山东：东营市河口区；
　　　　　陕西：渭南市华州区。

• **江西坡天牛 *Pterolophia kiangsina* Gressitt**
寄　　主　木犀。
分布范围　福建、江西、四川。

• **横条锈天牛 *Pterolophia latefascia* Schwarzer**
寄　　主　锥栗，茅栗，麻栎，小叶栎，栓皮栎。
分布范围　湖北。

• **点胸坡天牛 *Pterolophia maacki*（Blessig）**
拉丁异名　*Pterolophia kaleea latenotata*（Pic）
寄　　主　白蜡树，栎，桑。
分布范围　北京、天津、河北、山东。
发生地点　北京：顺义区。

• **嫩竹坡天牛 *Pterolophia trilineicollis* Gressitt**
寄　　主　绿竹，毛竹。
分布范围　浙江、福建、江西、湖南、广东。

• **帽斑紫天牛 *Purpuricenus lituratus* Ganglbauer**
中文异名　帽斑天牛
拉丁异名　*Purpuricenus petasifer*（Fairm）
寄　　主　湿地松，油松，栎，柳树，山杏，山楂，苹果，酸枣，梨。
分布范围　东北，北京、河北、山西、江苏、安徽、江西、河南、湖北、贵州、云南、陕西、甘肃。
发生地点　江苏：南京市溧水区；
　　　　　安徽：合肥市包河区；
　　　　　陕西：西安市周至县，渭南市华州区、白水县，太白林业局。

• **圆斑紫天牛 *Purpuricenus sideriger* Fairmaire**
寄　　主　山杨，小叶杨，核桃，麻栎，小叶栎，蒙古栎，青冈。
分布范围　河北、黑龙江、江苏、福建、江西、河南、四川、陕西。

• **二点紫天牛 *Purpuricenus spectabilis* Motschulsky**
寄　　主　杉木，马尾松，山杨，板栗，山楂，梨，楝树，油桐，枣树，竹。
分布范围　河北、辽宁、江苏、浙江、安徽、湖北、湖南、重庆、贵州、云南、陕西、甘肃。
发生地点　湖北：黄冈市罗田县；
　　　　　重庆：丰都县。

• 竹紫天牛 *Purpuricenus temminckii*（Guérin-Méneville）

中文异名　竹红天牛

寄　　主　山麻杆，黄杨，枣树，孝顺竹，毛竹，紫竹，毛金竹，胖竹，苦竹，慈竹。

分布范围　华东、中南，河北、辽宁、四川、云南、陕西。

发生地点　上海：浦东新区；

江苏：无锡市宜兴市，苏州市高新技术开发区；

浙江：杭州市富阳区，宁波市象山县、余姚市，衢州市龙游县、江山市，丽水市莲都区、松阳县；

安徽：合肥市庐阳区，芜湖市芜湖县，池州市贵池区；

福建：南平市延平区；

湖南：郴州市桂阳县；

四川：遂宁市船山区，雅安市雨城区，甘孜藏族自治州泸定县。

发生面积　1341 亩

危害指数　0.3336

• 皱胸折天牛 *Pyrestes rugicollis* Fairmaire

寄　　主　栎。

分布范围　辽宁、江苏、浙江、湖南、广东、云南、陕西、甘肃。

• 松皮脊花天牛 *Rhagium japonicum* Bates

寄　　主　冷杉，雪松，落叶松，天山云杉，华山松，赤松，红松，油松。

分布范围　东北，浙江、江西、云南、陕西、甘肃、新疆。

发生地点　新疆：天山东部国有林管理局。

发生面积　310 亩

危害指数　0.4409

• 管纹艳虎天牛 *Rhaphuma horsfieldii*（White）

寄　　主　云南松，核桃，栎。

分布范围　广西、四川、云南、陕西。

发生地点　四川：攀枝花市盐边县。

发生面积　100 亩

危害指数　0.3333

• 艳虎天牛 *Rhaphuma placida* Pascoe

寄　　主　杨，柳树，麻栎，桑，苹果，石榴。

分布范围　湖北、广东、云南、陕西。

• 拱纹艳虎天牛 *Rhaphuma virens* Matsushita

中文异名　钩纹细绿虎天牛

寄　　主　山杨。

分布范围　福建、广西、四川。

发生地点　四川：乐山市马边彝族自治县。

• **脊胸天牛 *Rhytidodera bowringii* White**

寄　　主　华山松，马尾松，柏木，板栗，栎，青冈，朴树，桃，刺槐，柑橘，腰果，人面子，杧果，枣树，黄荆。

分布范围　中南，浙江、安徽、福建、江西、重庆、四川、云南、陕西。

发生地点　浙江：宁波市象山县；
海南：白沙黎族自治县；
重庆：南岸区，巫溪县；
四川：绵阳市三台县，内江市东兴区；
云南：玉溪市元江哈尼族彝族傣族自治县；
陕西：安康市旬阳县。

发生面积　429 亩

危害指数　0.4825

• **榕脊胸天牛 *Rhytidodera integra* Kolbe**

寄　　主　湿地松，木麻黄，青冈，榕树，刺槐，楝树，杧果。

分布范围　福建、湖北、湖南、广东、广西、四川、云南。

• **成都方额天牛 *Rondibilis chengtuensis* Gressitt**

寄　　主　柑橘。

分布范围　河南、四川。

• **褐背缝角天牛 *Ropica honesta* Pascoe**

寄　　主　八角金盘。

分布范围　江苏、广东、广西、四川。

• **蓝丽天牛 *Rosalia coelestis* Semenov**

寄　　主　柳树，旱柳，核桃，蒙古栎，桃，楸。

分布范围　东北，北京、河北、河南、四川、云南、陕西。

发生地点　四川：甘孜藏族自治州丹巴县。

发生面积　500 亩

危害指数　0.3333

• **茶丽天牛 *Rosalia lameerei* Borgniart**

寄　　主　旱冬瓜，栎，板栗，麻栎，桃，梨，茶，柿。

分布范围　四川、云南。

发生地点　四川：凉山彝族自治州盐源县。

• **双条楔天牛 *Saperda bilineatocollis* Pic**

寄　　主　山杨，柳树，漆树，酸枣。

分布范围　北京、内蒙古、辽宁、江苏、河南、湖北、四川、陕西、甘肃。

发生地点　陕西：渭南市华州区。

• **山杨楔天牛** ***Saperda carcharias*** **(Linnaeus)**

中文异名　黑山杨楔天牛

寄　　主　新疆杨，山杨，毛白杨，旱柳，柳兰。

分布范围　东北，江苏、陕西、甘肃、新疆。

发生地点　黑龙江：绥化市海伦市国有林场；

新疆：塔城地区塔城市、额敏县、托里县，阿勒泰地区阿勒泰市、青河县、吉木乃县。

发生面积　6070 亩

危害指数　0.4871

• **八点楔天牛** ***Saperda octomaculata*** **Blessig**

寄　　主　山楂，椴树。

分布范围　内蒙古、吉林。

发生地点　内蒙古：锡林郭勒盟正镶白旗。

发生面积　100 亩

危害指数　1.0000

• **十星楔天牛** ***Saperda perforata*** **(Pallas)**

寄　　主　杨，柳树。

分布范围　东北，新疆。

• **青杨楔天牛** ***Saperda populnea*** **(Linnaeus)**

中文异名　山杨天牛、青杨天牛、杨枝天牛

寄　　主　银白杨，新疆杨，北京杨，加杨，青杨，山杨，二白杨，河北杨，大叶杨，黑杨，钻天杨，箭杆杨，小叶杨，毛白杨，滇杨，白柳，藏川杨，垂柳，黄花柳，旱柳，细叶蒿柳，山核桃，野核桃，核桃，辽东桤木，青冈，榆树，桑，山白树，漆树，六道木。

分布范围　华北、东北、华东、西南、西北，河南、湖北。

发生地点　北京：延庆区；

河北：石家庄市裕华区、井陉县、行唐县、赞皇县、平山县，唐山市丰南区、丰润区、乐亭县、迁西县，邯郸市武安市，邢台市新河县、平乡县，保定市阜平县，张家口市尚义县、阳原县、怀安县、赤城县，承德市兴隆县、滦平县、宽城满族自治县，廊坊市霸州市，衡水市枣强县、冀州市；

山西：太原市尖草坪区、古交市，大同市阳高县、天镇县，朔州市朔城区、山阴县、怀仁县，晋中市寿阳县、介休市，杨树丰产林实验局；

内蒙古：赤峰市阿鲁科尔沁旗、巴林右旗、敖汉旗，通辽市科尔沁区、科尔沁左翼中旗、科尔沁左翼后旗、开鲁县、库伦旗、奈曼旗、扎鲁特旗，鄂尔多斯市达拉特旗、鄂托克前旗、康巴什新区、鄂尔多斯市造林总场，巴彦淖尔市临河区、五原县、磴口县、乌拉特前旗、乌拉特中旗、乌拉特后旗、杭锦后旗，乌兰察布市卓资县、兴和县、察哈尔右翼前旗、四子王旗，锡林郭勒盟正蓝旗，阿拉善盟阿拉善左旗；

辽宁：沈阳市法库县、新民市，丹东市凤城市，营口市鲅鱼圈区、盖州市、大石桥市，阜新市彰武县，铁岭市昌图县，葫芦岛市绥中县；

吉林：长春市农安县，四平市梨树县、双辽市，松原市宁江区、前郭尔罗斯蒙古族自治县、长岭县、乾安县、扶余市，白城市洮北区、镇赉县、通榆县、洮南市、大安市；

黑龙江：齐齐哈尔市龙江县、克东县，大庆市大同区，佳木斯市富锦市；

浙江：宁波市奉化市；

安徽：阜阳市颍州区，宿州市萧县；

山东：青岛市即墨市、莱西市，济宁市泗水县，黄河三角洲保护区；

四川：凉山彝族自治州布拖县、甘洛县、美姑县、雷波局；

云南：昭通市鲁甸县；

西藏：拉萨市达孜县、曲水县、林周县；

陕西：西安市蓝田县，铜川市宜君县，宝鸡市高新区、麟游县，咸阳市永寿县，渭南市华州区、华阴市，延安市志丹县、吴起县，汉中市汉台区，榆林市靖边县、定边县、米脂县，商洛市镇安县，府谷县；

甘肃：兰州市城关区、七里河区，嘉峪关市，金昌市金川区、永昌县，白银市靖远县、会宁县、景泰县，武威市天祝藏族自治县，张掖市甘州区、肃南裕固族自治县、民乐县、临泽县、高台县、山丹县，酒泉市肃州区、金塔县、瓜州县、玉门市，庆阳市西峰区，定西市渭源县、岷县，兴隆山保护区；

宁夏：石嘴山市大武口区、惠农区，吴忠市利通区、盐池县、同心县、青铜峡市，中卫市沙坡头区；

新疆：乌鲁木齐市达坂城区、乌鲁木齐县，克拉玛依市独山子区，博尔塔拉蒙古自治州博乐市、温泉县，巴音郭楞蒙古自治州和硕县，塔城地区额敏县、沙湾县、托里县；

黑龙江森林工业总局：绥阳林业局；

内蒙古大兴安岭林业管理局：北大河林业局；

新疆生产建设兵团：农二师22团，农六师奇台农场，农十二师。

发生面积　1671205亩

危害指数　0.3871

• 锈斑楔天牛 *Saperda populnea balsamifera*（Motschulsky）

寄　　主　青杨，山杨。

分布范围　东北，河北、内蒙古、西藏、陕西、青海、新疆。

发生地点　河北：邢台市沙河市；

青海：西宁市大通回族土族自治县、湟源县，海东市互助土族自治县，海北藏族自治州门源回族自治县，海南藏族自治州同德县，果洛藏族自治州玛沁县，玉树藏族自治州玉树市、称多县，海西蒙古族藏族自治州格尔木市、都兰县。

发生面积　25440亩

危害指数　0.3745

• 尖翅楔天牛 *Saperda simulans* Gahan

寄　　主　麻栎，桃。

分布范围　江苏、四川、陕西。

发生地点　陕西：延安市延川县。

• 扁角天牛 *Sarmydus antennatus* Pascoe

寄　　主　杉，马尾松，柳树，云南黄杞。

分布范围　江西、湖南、广东、广西、海南、四川、陕西。

• 筒虎天牛 *Sclethrus amoenus*（Gory）

寄　　主　榆树，油桐。

分布范围　江苏、湖南、广东、广西。

发生地点　江苏：南京市高淳区。

发生面积　670 亩

危害指数　0. 3388

• 双条杉天牛 *Semanotus bifasciatus*（Motschulsky）

中文异名　双条天牛

寄　　主　杉松，雪松，云杉，青海云杉，华山松，马尾松，油松，黑松，柳杉，杉木，水杉，翠柏，美国扁柏，柏木，西藏柏木，刺柏，杜松，侧柏，铺地柏，叉子圆柏，高山柏，圆柏，崖柏，罗汉松，山杨，柳树，板栗，桃，合欢，枣树，石榴，桉树。

分布范围　华北、华东、西南，辽宁、河南、湖北、湖南、广西、陕西、甘肃、宁夏。

发生地点　北京：东城区、石景山区、海淀区、门头沟区、房山区、通州区、顺义区、大兴区、怀柔区、密云区、延庆区；

天津：蓟县；

河北：石家庄市井陉矿区、井陉县，唐山市古冶区、玉田县，邯郸市武安市，保定市满城区、涞水县、唐县，张家口市赤城县，沧州市河间市，廊坊市香河县、大城县、三河市；

山西：晋中市昔阳县，运城市盐湖区、闻喜县、新绛县、垣曲县、夏县、永济市，临汾市隰县，吕梁市交城县；

内蒙古：包头市石拐区，乌海市海勃湾区，通辽市科尔沁区，鄂尔多斯市达拉特旗，巴彦淖尔市乌拉特前旗；

江苏：徐州市沛县；

安徽：合肥市庐阳区，芜湖市芜湖县，淮北市相山区、濉溪县，滁州市凤阳县，阜阳市颍东区、太和县，宿州市埇桥区、萧县，宣城市宣州区；

江西：赣州市南康区，宜春市袁州区、上高县；

山东：济南市历城区、长清区、平阴县、章丘市，青岛市胶州市、即墨市、莱西市，淄博市临淄区、沂源县，枣庄市市中区、薛城区、山亭区、滕州市，潍坊市坊子区、昌乐县、青州市，济宁市泗水县、梁山县、曲阜市，泰安市新泰市、泰山林场，莱芜市莱城区，临沂市兰陵县、莒南县，聊城市阳谷县、东阿县，菏泽市牡丹区、郓城县；

河南：安阳市林州市，新乡市辉县市，濮阳市南乐县，信阳市罗山县，驻马店市确山县，永城市；
湖北：宜昌市长阳土家族自治县，荆州市洪湖市，黄冈市浠水县，潜江市、太子山林场；
湖南：长沙市浏阳市，湘潭市湘潭县、韶山市，邵阳市新邵县、绥宁县、新宁县，岳阳市岳阳县，常德市桃源县，张家界市永定区，郴州市宜章县、永兴县、嘉禾县，永州市双牌县；
广西：桂林市临桂区、永福县；
重庆：黔江区、南川区，忠县、开县、秀山土家族苗族自治县；
四川：泸州市古蔺县，遂宁市安居区、蓬溪县、大英县，宜宾市屏山县，达州市万源市，甘孜藏族自治州雅江县；
贵州：六盘水市盘县，安顺市普定县、镇宁布依族苗族自治县；
云南：楚雄彝族自治州大姚县；
陕西：咸阳市三原县、武功县，渭南市华州区，榆林市榆阳区、靖边县；
甘肃：兰州市城关区、七里河区、西固区、安宁区、皋兰县，白银市靖远县；
宁夏：银川市西夏区、灵武市，石嘴山市大武口区。

发生面积　279854 亩
危害指数　0. 3661

• 柳杉天牛 *Semanotus japonicus* Lacordaire

寄　　主　柳杉，柏木。
分布范围　浙江、湖南、四川。
发生地点　湖南：岳阳市云溪区；
四川：宜宾市屏山县。
发生面积　8 亩
危害指数　0. 3333

• 粗鞘双条杉天牛 *Semanotus sinoauster* Gressitt

寄　　主　马尾松，柳杉，杉木，巨杉，柏木，侧柏，柳树，八角。
分布范围　华东、中南、西南，北京、陕西。
发生地点　北京：密云区；
安徽：六安市裕安区；
福建：南平市延平区；
江西：萍乡市莲花县、芦溪县，鹰潭市贵溪市，吉安市青原区，宜春市靖安县、樟树市，上饶市婺源县；
湖南：邵阳市邵阳县、洞口县，常德市鼎城区，怀化市麻阳苗族自治县，湘西土家族苗族自治州凤凰县；
广西：南宁市宾阳县，柳州市融水苗族自治县、三江侗族自治县，桂林市灵川县、兴安县、灌阳县、龙胜各族自治县，河池市环江毛南族自治县，来宾市金秀瑶族自治县；

重庆：江津区、万盛经济技术开发区，武隆区、彭水苗族土家族自治县；
四川：自贡市富顺县，宜宾市珙县，雅安市雨城区；
贵州：遵义市道真仡佬族苗族自治县、务川仡佬族苗族自治县；
云南：昭通市大关县、镇雄县。

发生面积 39622 亩

危害指数 0.3697

• **黑肿角天牛 *Sinopachys mandarinus* (Gressitt)**

寄　　主 大叶杨，栎，桃，梅，杏，苹果，李，梨，油桐。

分布范围 山西、江西、河南、湖北、四川、陕西。

发生地点 河南：洛阳市嵩县；
陕西：渭南市华州区。

发生面积 2020 亩

危害指数 0.3333

• **椎天牛 *Spondylis buprestoides* (Linnaeus)**

中文异名 短角椎天牛、短角幽天牛

寄　　主 冷杉，云杉，华山松，马尾松，油松，云南松，柳杉，杉木，柏木，粗枝木麻黄，山杨，板栗，栎。

分布范围 华东、中南、西南，河北、内蒙古、黑龙江、陕西。

发生地点 浙江：杭州市富阳区，宁波市宁海县、余姚市，衢州市江山市；
福建：南平市延平区；
江西：萍乡市莲花县、上栗县、芦溪县，宜春市高安市；
湖北：黄冈市罗田县；
广东：广州市从化区，惠州市惠阳区；
广西：桂林市灌阳县；
重庆：巴南区，酉阳土家族苗族自治县；
四川：攀枝花市东区、西区、仁和区、普威局，雅安市石棉县，凉山彝族自治州德昌县；
贵州：安顺市普定县、镇宁布依族苗族自治县、紫云苗族布依族自治县，黔南布依族苗族自治州贵定县；
云南：玉溪市华宁县；
陕西：宁东林业局。

发生面积 10923 亩

危害指数 0.3334

• **台湾狭天牛 *Stenhomalus taiwanus* Matsushita**

寄　　主 核桃，花椒。

分布范围 北京、河北、山西、辽宁、山东。

• **拟蜡天牛 *Stenygrinum quadrinotutum* Bates**

中文异名 四星天牛、四星栗天牛

寄　　主　华山松，马尾松，油松，杉木，核桃，板栗，茅栗，麻栎，栓皮栎，青冈，栎子青冈，樟树，合欢，乌桕，白花泡桐。

分布范围　东北、华东，河北、湖北、广西、四川、贵州、云南、陕西。

发生地点　江苏：无锡市宜兴市；

湖北：黄冈市罗田县；

四川：南充市西充县，广安市前锋区、武胜县；

陕西：渭南市华州区。

发生面积　208 亩

危害指数　0.4022

• 环斑突尾天牛 *Sthenias fransciscanus* Thomson

寄　　主　刺桐，漆树。

分布范围　福建、江西、广西、云南。

发生地点　云南：临沧市沧源佤族自治县。

发生面积　100 亩

危害指数　0.3333

• 赤杨斑花天牛 *Stictoleptura rubra dichroa*（Blanchard）

中文异名　赤杨褐天牛

寄　　主　华山松，红松，马尾松，油松，柳杉，柏木，加杨，山杨，毛白杨，白柳，核桃，辽东桤木，桦木，蒙古栎，青冈，榆树，臭椿，盐肤木，漆树，柿，赤杨叶。

分布范围　东北，河北、山西、山东、湖北、四川、陕西。

发生地点　河北：张家口市怀来县，沧州市黄骅市；

陕西：商洛市丹凤县。

发生面积　2810 亩

危害指数　0.3333

• 黑角伞花天牛 *Stictoleptura succedanea*（Lewis）

寄　　主　马尾松。

分布范围　东北，河北、浙江、安徽、福建、江西、河南、湖北、重庆、四川、陕西。

发生地点　重庆：万州区。

发生面积　849 亩

危害指数　0.7138

• 色角斑花天牛 *Stictoleptura variicornis*（Dalman）

寄　　主　云杉，山杨，柳树，榆树。

分布范围　东北，内蒙古、陕西、甘肃、新疆。

发生地点　甘肃：平凉市华亭县。

发生面积　3000 亩

危害指数　0.3333

- **栎瘦花天牛** ***Strangalia attenuata*** **(Linnaeus)**

寄　　主　杨，柳树，桦木，栗，栎，桑，香果树。
分布范围　河北、黑龙江、江西。
发生地点　河北：张家口市沽源县、赤城县。
发生面积　575 亩
危害指数　0.3333

- **蚤瘦花天牛** ***Strangalia fortunei*** **Pascoe**

寄　　主　水杉，棕榈。
分布范围　华东，河北、辽宁、湖北、广东、广西、贵州、陕西。
发生地点　浙江：宁波市象山县。

- **栎凿点天牛** ***Stromatium longicorne*** **(Newman)**

中文异名　长角凿点天牛
寄　　主　冷杉，栎，麻栎，大果榉，桑，榕树，槐树，桢楠，海南琼楠，云南厚壳桂，槐树，黄檀，橄榄，土蜜树，橡胶树，黄桐，冬青，厚皮树，泡花树，扁担杆，木棉，异翅木，竹节树，鹅掌柴，柚木。
分布范围　东北，江西、山东、广东、贵州、云南、陕西。

- **黄条丽纹矮天牛** ***Sybra flavostriata*** **Hayashi**

寄　　主　茅栗，麻栎，小叶栎，栓皮栎。
分布范围　湖北。

- **光胸断眼天牛** ***Tetropium castaneum*** **(Linnaeus)**

中文异名　光胸幽天牛
寄　　主　冷杉，落叶松，云杉，青海云杉，红皮云杉，天山云杉，鱼鳞云杉，红松，马尾松，油松。
分布范围　东北、西北，内蒙古、江西、山东、湖南、四川、云南。

- **暗褐断眼天牛** ***Tetropium fuscum*** **(Fabricius)**

寄　　主　柳树。
分布范围　陕西。
发生地点　陕西：渭南市华阴市。

- **云杉断眼天牛** ***Tetropium gracilicorne*** **Reitter**

寄　　主　落叶松，青海云杉，油松，鱼鳞云杉。
分布范围　东北，宁夏。

- **麻天牛** ***Thyestilla gebleri*** **(Faldermann)**

中文异名　麻竖毛天牛、麻茎天牛
寄　　主　松，山杨，棉花柳，旱柳，核桃楸，板栗，辽东栎，蒙古栎，旱榆，榆树，构树，桑，杏，刺槐，麻楝，梣叶槭，木槿，荆条。
分布范围　华北、东北、华东，河南、湖北、广东、广西、四川、贵州、陕西、甘肃、宁夏。

发生地点　北京：密云区；
河北：邢台市邢台县、沙河市，张家口市涿鹿县、赤城县，沧州市吴桥县，雾灵山保护区；
内蒙古：通辽市科尔沁区；
山东：东营市利津县，泰安市泰山林场，威海市环翠区；
陕西：渭南市华州区，榆林市子洲县，商洛市丹凤县，太白林业局；
宁夏：银川市西夏区，吴忠市红寺堡区。
发生面积　4009 亩
危害指数　0. 3352

• **刺胸毡天牛 *Thylactus simulans* Gahan**

寄　　主　构树，苹果，油茶，川泡桐，白花泡桐，毛泡桐，楸，滇楸，梓。
分布范围　浙江、江西、河南、湖南、四川、贵州、云南、陕西。
发生地点　湖南：娄底市双峰县；
四川：自贡市沿滩区，宜宾市筠连县；
陕西：延安市延川县。
发生面积　108 亩
危害指数　0. 3333

• **粗脊天牛 *Trachylophus sinensis* Gahan**

寄　　主　西米棕，茶。
分布范围　浙江、福建、江西、湖北、湖南、广东、广西、四川。

• **家茸天牛 *Trichoferus campestris*（Faldermann）**

寄　　主　冷杉，落叶松，云杉，青海云杉，天山云杉，华山松，马尾松，油松，黑松，云南松，柳杉，杉木，翠柏，木麻黄，山杨，胡杨，辽杨，黑杨，小叶杨，毛白杨，垂柳，旱柳，山柳，核桃，枫杨，白桦，板栗，栎，榆树，桑，银桦，杏，苹果，梨，合欢，刺槐，红花刺槐，毛刺槐，槐树，文旦柚，臭椿，香椿，洋椿，黄连木，泡花树，黑桦鼠李，枣树，沙枣，白蜡树，暴马丁香，柚木，白花泡桐，香果树。
分布范围　华北、东北、西南、西北，江苏、浙江、安徽、山东、河南、湖北。
发生地点　北京：顺义区；
河北：石家庄市井陉矿区、井陉县、赞皇县，保定市唐县，张家口市赤城县，沧州市沧县、吴桥县、河间市，廊坊市永清县、大厂回族自治县，衡水市桃城区，雾灵山保护区；
山西：大同市阳高县；
内蒙古：鄂尔多斯市康巴什新区，乌兰察布市兴和县，阿拉善盟额济纳旗；
浙江：宁波市奉化市；
安徽：宿州市萧县；
山东：青岛市即墨市、莱西市，泰安市泰山区、新泰市、泰山林场，临沂市莒南县，德州市庆云县，聊城市东阿县、冠县，菏泽市牡丹区、定陶区、郓城县；
河南：商丘市民权县，兰考县；

湖北：荆州市洪湖市；
重庆：江津区；
四川：遂宁市船山区，凉山彝族自治州布拖县；
陕西：西安市蓝田县、周至县，宝鸡市扶风县，咸阳市乾县、永寿县、长武县、兴平市，渭南市华州区、大荔县、华阴市，延安市富县，汉中市汉台区，榆林市米脂县，安康市旬阳县，佛坪保护区，宁东林业局；
甘肃：白银市靖远县，武威市凉州区；
宁夏：银川市西夏区、金凤区，石嘴山市惠农区，吴忠市盐池县、同心县，固原市西吉县、彭阳县；
新疆：克拉玛依市克拉玛依区；
新疆生产建设兵团：农七师 130 团。

发生面积　71274 亩

危害指数　0. 3348

- **灰黄茸天牛 *Trichoferus guerryi*（Pic）**

寄　　主　油松，侧柏，山杨，小叶杨，毛白杨，旱柳，槲栎，构树，无花果，桑，苹果，刺槐，槐树，枣树，白蜡树，白丁香，石斛。

分布范围　东北，北京、河北、山东、河南、四川、云南、陕西。

发生地点　北京：密云区。

- **刺角天牛 *Trirachys orientalis* Hope**

寄　　主　银杏，加杨，山杨，黑杨，白柳，垂柳，旱柳，桤木，板栗，栎，榆树，桑，枫香，三球悬铃木，枇杷，李，梨，刺槐，槐树，柑橘，臭椿，黄连木，白花泡桐。

分布范围　北京、天津、河北、辽宁、上海、江苏、浙江、安徽、山东、河南、湖北、广东、四川、陕西。

发生地点　北京：石景山区；
河北：沧州市河间市；
上海：浦东新区、松江区；
江苏：南京市六合区，苏州市高新技术开发区；
安徽：合肥市包河区；
山东：泰安市泰山区、泰山林场，聊城市东昌府区；
湖北：黄冈市罗田县；
四川：绵阳市梓潼县。

发生面积　382 亩

危害指数　0. 3333

- **中亚沟跗天牛 *Turanium scabrum*（Kraatz）**

寄　　主　山杨。

分布范围　新疆。

- **纳曼干脊虎天牛 *Turanoclytus namanganensis*（Heyden）**

中文异名　柳脊虎天牛

寄　　主　山杨，胡杨，箭杆杨，柳树，榆树，沙枣。
分布范围　内蒙古、河南、云南、新疆。
发生地点　内蒙古：阿拉善盟额济纳旗；
　　　　　河南：商丘市睢县；
　　　　　云南：玉溪市峨山彝族自治县；
　　　　　新疆：阿勒泰地区布尔津县，克拉玛依市克拉玛依区、乌尔禾区；
　　　　　新疆生产建设兵团：农四师68团，农十师183团、农十师。
发生面积　55437亩
危害指数　0.3634

• **樟泥色天牛** ***Uraecha angusta*** **(Paseoe)**
寄　　主　华山松，马尾松，油松，柳杉，柳树，樟树，桢楠，泡桐。
分布范围　河北、内蒙古、浙江、福建、江西、河南、广东、广西、四川、西藏、陕西、宁夏。

• **杂纹泥色天牛** ***Uraecha perplexa*** **Gressitt**
寄　　主　马尾松，猴樟。
分布范围　四川。
发生地点　四川：巴中市巴州区。
发生面积　220亩
危害指数　0.3333

• **桑小枝天牛** ***Xenolea asiatica*** **(Pic)**
中文异名　桑枝小天牛
寄　　主　柘树，桑。
分布范围　天津、广东、广西、海南、四川、云南、陕西。

• **石辛蓑天牛** ***Xylorhiza adusta*** **(Wiedemann)**
寄　　主　石梓。
分布范围　福建、江西、广东、广西、四川、贵州、云南。

• **桑脊虎天牛** ***Xylotrechus chinensis*** **(Chevrolat)**
寄　　主　桑，苹果，梨，柑橘，葡萄。
分布范围　华东，河北、辽宁、河南、湖北、广东、四川、贵州。
发生地点　山东：莱芜市莱城区。

• **桦脊虎天牛** ***Xylotrechus clarinus*** **Bates**
寄　　主　山杨，赤杨，白桦。
分布范围　东北，内蒙古、湖南、陕西、甘肃、宁夏。
发生地点　黑龙江：佳木斯市富锦市。

• **冷杉脊虎天牛** ***Xylotrechus cuneipennis*** **(Kraatz)**
寄　　主　冷杉，落叶松，云杉，桦木，榆树。
分布范围　东北，河北、湖北、新疆。

• 咖啡脊虎天牛 *Xylotrechus grayii*（White）

寄　　主　榧树，山杨，黑杨，榆树，香椿，枣树，番石榴，洋白蜡，柚木，泡桐，咖啡，山石榴，忍冬。

分布范围　北京、辽宁、江苏、安徽、福建、山东、河南、湖北、湖南、广东、四川、云南、西藏、陕西、甘肃。

发生地点　北京：顺义区；
安徽：黄山市黟县；
湖南：邵阳市隆回县；
云南：西双版纳傣族自治州景洪市、勐腊县；
陕西：榆林市子洲县。

发生面积　4578 亩

危害指数　0.3623

• 曲纹脊虎天牛 *Xylotrechus incurvatus*（Chevrolat）

寄　　主　核桃，李，粗梗稠李。

分布范围　东北，河北、福建、广东、四川、云南、西藏、甘肃。

发生地点　西藏：日喀则市吉隆县。

• 核桃脊虎天牛 *Xylotrechus incurvatus contortus* Gahan

中文异名　核桃虎天牛、核桃天牛

寄　　主　山核桃，薄壳山核桃，野核桃，核桃。

分布范围　东北，河北、安徽、福建、山东、四川、贵州、云南、陕西、甘肃。

发生地点　河北：邢台市柏乡县，衡水市深州市；
安徽：宣城市绩溪县；
山东：莱芜市钢城区，菏泽市郓城县；
云南：保山市昌宁县，红河哈尼族彝族自治州绿春县；
陕西：渭南市临渭区；
甘肃：陇南市康县。

发生面积　2410 亩

危害指数　0.5288

• 灭字脊虎天牛 *Xylotrechus javanicus*（Castelnau et Gory）

中文异名　咖啡灭字脊虎天牛

拉丁异名　*Xylotrechus quadripes* Chevrolat

寄　　主　栎，榆树，苹果，漆树，色木槭，酸枣，油茶，沙棘，石榴，柚木，咖啡，山石榴，木麻黄。

分布范围　东北，河北、内蒙古、江苏、浙江、福建、山东、湖南、广东、广西、海南、四川、云南。

发生地点　山东：泰安市泰山林场；
海南：昌江黎族自治县。

- **巨胸脊虎天牛** ***Xylotrechus magnicollis*** **(Fairmaire)**

中文异名　巨胸虎天牛

寄　　主　黑松，山杨，毛白杨，核桃，麻栎，波罗栎，榆树，榕树，刺槐，槐树，橡胶树，柿。

分布范围　东北、中南，北京、天津、河北、浙江、福建、山东、四川、云南、陕西、宁夏。

发生地点　河北：沧州市黄骅市，衡水市桃城区；
　　　　　山东：威海市环翠区；
　　　　　陕西：渭南市华州区，榆林市子洲县；
　　　　　宁夏：银川市西夏区。

发生面积　1010 亩

危害指数　0.3366

- **四带脊虎天牛** ***Xylotrechus polyzonus*** **(Fairmaire)**

寄　　主　山杨，栓皮栎，蒙古栎。

分布范围　北京、河北、辽宁、湖北。

- **葡萄脊虎天牛** ***Xylotrechus pyrrhoderus*** **Bates**

寄　　主　葡萄。

分布范围　东北，北京、河北、上海、江苏、浙江、安徽、山东、河南、湖北、四川、陕西、甘肃。

发生地点　河北：石家庄市井陉县；
　　　　　山东：济宁市任城区，聊城市东阿县；
　　　　　陕西：渭南市华州区、大荔县；
　　　　　甘肃：甘南藏族自治州舟曲县。

- **黑胸脊虎天牛** ***Xylotrechus robusticollis*** **(Pic)**

寄　　主　柳树，榆树，绣线菊。

分布范围　河北、辽宁、江西、湖北、四川、贵州、陕西。

发生地点　陕西：渭南市华州区。

- **青杨脊虎天牛** ***Xylotrechus rusticus*** **(Linnaeus)**

中文异名　青杨虎天牛

寄　　主　山杨，柳树，桦木，栎，榆树，臭椿，梣叶槭，椴树。

分布范围　东北，河北、安徽、广东、陕西、宁夏、新疆。

发生地点　吉林：长春市榆树市，松原市宁江区；
　　　　　黑龙江：哈尔滨市呼兰区、阿城区、双城区、宾县、巴彦县、五常市，大庆市让胡路区、林甸县，绥化市安达市、肇东市；
　　　　　宁夏：银川市西夏区。

发生面积　9122 亩

危害指数　0.5248

- **合欢双条天牛** ***Xystrocera globosa*** **(Olivier)**

寄　　主　杨，柳树，栎，桑，桃，合欢，山合欢，槐树，柑橘，油茶，泡桐。

分布范围　东北、华东、中南，河北、山西、四川、云南、陕西、甘肃。

发生地点　山西：运城市闻喜县；
　　　　　上海：闵行区、浦东新区、松江区；
　　　　　江苏：无锡市锡山区，苏州市吴中区、吴江区、昆山市、太仓市，宿迁市沭阳县；
　　　　　山东：济宁市兖州区、微山县、邹城市，泰安市泰山林场，威海市环翠区，聊城市阳谷县、茌平县，菏泽市牡丹区；
　　　　　湖北：荆州市洪湖市；
　　　　　广东：肇庆市高要区、四会市，汕尾市陆丰市，云浮市新兴县；
　　　　　四川：宜宾市筠连县，甘孜藏族自治州泸定县，凉山彝族自治州德昌县；
　　　　　陕西：宝鸡市高新区，汉中市镇巴县、留坝县，商洛市丹凤县。
发生面积　2524 亩
危害指数　0.5516

距甲科 Megalopodida

• 蓝翅距甲 *Poecilomorpha cyanipennis* (Kraatz)

中文异名　怀槐距甲
寄　　主　槐树。
分布范围　东北，北京、河北、江苏、浙江、福建、江西、陕西、甘肃。

• 白蜡梢距甲 *Temnaspis nankinea* (Pic)

中文异名　白蜡梢叶甲、白蜡梢金花虫
寄　　主　白蜡树。
分布范围　江苏、浙江、山东、河南、湖北、四川。
发生地点　山东：济宁市金乡县，菏泽市郓城县；
　　　　　四川：巴中市通江县。
发生面积　138 亩
危害指数　0.3357

• 黄距甲 *Temnaspis pallida* (Gressitt)

寄　　主　月季。
分布范围　浙江、福建、江西、四川。
发生地点　四川：遂宁市安居区。

• 锚瘤胸叶甲 *Zeugophora ancora* Reitter

中文异名　杨黑潜叶甲
寄　　主　新疆杨，北京杨。
分布范围　山东、甘肃、青海、宁夏。

• 棕瘤胸叶甲 *Zeugophora cribrata* Chen

寄　　主　黑杨，柳树。
分布范围　山东、青海。

• **盾瘤胸叶甲 *Zeugophora scutellaris* Suffrian**
中文异名　杨潜叶甲、杨潜叶金花虫
寄　　主　中东杨，加杨，山杨，小青杨，小叶杨，柳树，沙棘。
分布范围　东北，内蒙古、山东、四川、新疆。
发生地点　黑龙江：哈尔滨市双城区，佳木斯市富锦市；
　　　　　新疆：石河子市。
发生面积　1162 亩
危害指数　0.9306

叶甲科 Chrysomelidae

• **耀茎甲 *Sagra fulgida* Weber**
寄　　主　盐肤木。
分布范围　福建、江西、四川。

• **蓝耀茎甲 *Sagra janthina* Chen**
寄　　主　桤木，日本樱花，合欢，豇豆树。
分布范围　江西、湖北、湖南、广东、广西、四川、贵州、西藏、陕西。
发生地点　湖南：永州市双牌县。

• **紫红耀茎甲 *Sagra minuta* Pic**
寄　　主　泡桐。
分布范围　安徽、江西、广东、云南。
发生地点　广东：清远市连州市。

• **紫茎甲 *Sagra purpurea* Lichtenstein**
寄　　主　松，柳杉，杉木，麻栎，糙叶树，鹅掌楸，合欢，刀豆，紫荆，常春油麻藤，柑橘，豇豆树，毛竹。
分布范围　中南，江苏、浙江、福建、江西、重庆、四川、云南、陕西。
发生地点　江苏：镇江市句容市；
　　　　　浙江：宁波市象山县，舟山市嵊泗县，台州市椒江区；
　　　　　湖南：娄底市新化县；
　　　　　广西：桂林市灌阳县；
　　　　　四川：凉山彝族自治州德昌县；
　　　　　陕西：安康市旬阳县。
发生面积　592 亩
危害指数　0.3418

• **三齿茎甲 *Sagra tridentata* Weber**
寄　　主　马尾松，核桃，枫杨，栎，铁刀木。
分布范围　浙江、福建、广东、广西、四川、云南。

- **紫穗槐豆象** ***Acanthoscelides pallidipennis*** **(Motschulsky)**

寄　　主　紫穗槐。

分布范围　天津、河北、内蒙古、辽宁、吉林、山东、河南、四川、陕西、宁夏、新疆。

发生地点　河北：唐山市乐亭县，张家口市怀安县，沧州市吴桥县、黄骅市；
　　　　　内蒙古：通辽市科尔沁左翼后旗；
　　　　　山东：潍坊市昌邑市，济宁市曲阜市，菏泽市巨野县、郓城县；
　　　　　四川：凉山彝族自治州甘洛县；
　　　　　陕西：渭南市华州区，榆林市榆阳区、绥德县、米脂县，神木县、杨陵区；
　　　　　宁夏：银川市贺兰县，中卫市中宁县；
　　　　　新疆：喀什地区岳普湖县。

发生面积　19427 亩

危害指数　0.3791

- **皂荚豆象** ***Bruchidius dorsalis*** **(Fahraeus)**

中文异名　皂角豆象

寄　　主　皂荚，槐树。

分布范围　西北，北京、河北、江苏、安徽、福建、山东、河南、贵州、云南。

发生地点　山东：聊城市阳谷县；
　　　　　陕西：商洛市丹凤县。

- **合欢豆象** ***Bruchidius terrenus*** **(Sharp)**

寄　　主　合欢。

分布范围　北京、河北、江苏、山东、云南、陕西。

发生地点　山东：济宁市曲阜市，菏泽市郓城县；
　　　　　云南：昆明市倘甸产业园区。

发生面积　688 亩

危害指数　0.6284

- **绿豆象** ***Callosobruchus chinensis*** **(Linnaeus)**

寄　　主　山杨，桑。

分布范围　河北、辽宁、江苏、安徽、山东、河南、陕西。

发生地点　江苏：盐城市大丰区、射阳县。

- **四纹豆象** ***Callosobruchus maculatus*** **(Fabricius)**

寄　　主　锥栗。

分布范围　广东。

- **柠条豆象** ***Kytorhinus immixtus*** **Motschulsky**

寄　　主　柠条锦鸡儿，红砂。

分布范围　华北、西北，辽宁。

发生地点　河北：张家口市尚义县、怀安县；
　　　　　山西：朔州市朔城区，忻州市河曲县；

内蒙古：包头市达尔罕茂明安联合旗，通辽市科尔沁左翼中旗，巴彦淖尔市乌拉特前旗，乌兰察布市卓资县、兴和县、察哈尔右翼前旗、察哈尔右翼中旗、察哈尔右翼后旗、四子王旗、丰镇市，阿拉善盟阿拉善右旗；

辽宁：阜新市阜新蒙古族自治县；

陕西：延安市吴起县，榆林市榆阳区、绥德县、米脂县、子洲县，神木县、府谷县；

甘肃：兰州市七里河区、西固区、安宁区、榆中县，白银市靖远县、会宁县，武威市民勤县，庆阳市环县，定西市安定区、陇西县、渭源县、临洮县，临夏回族自治州临夏县、永靖县、东乡族自治县，连古城保护区；

青海：西宁市湟中县，海东市乐都区、民和回族土族自治县；

宁夏：银川市灵武市，石嘴山市大武口区，吴忠市盐池县、同心县，固原市原州区、彭阳县，中卫市沙坡头区、中宁县。

发生面积　790699 亩

危害指数　0.4276

• 枸杞负泥虫 *Lema decempunctata* Gebler

寄　　主　山杨，垂柳，白蜡树，女贞，宁夏枸杞，枸杞。

分布范围　华北、东北、华东、西北，河南、湖北、湖南、四川、西藏。

发生地点　北京：密云区；

河北：邢台市巨鹿县，廊坊市大城县，辛集市；

内蒙古：巴彦淖尔市乌拉特前旗，阿拉善盟额济纳旗；

江苏：苏州市吴江区、太仓市，盐城市阜宁县，扬州市宝应县、经济技术开发区，泰州市姜堰区；

山东：青岛市莱西市，枣庄市台儿庄区，东营市利津县，济宁市鱼台县、济宁太白湖新区，临沂市兰山区、莒南县，聊城市阳谷县、东阿县；

湖北：十堰市竹山县；

陕西：渭南市华州区；

甘肃：白银市靖远县，武威市凉州区、民勤县，酒泉市金塔县；

青海：海西蒙古族藏族自治州格尔木市、德令哈市、乌兰县；

宁夏：银川市西夏区、金凤区、贺兰县、灵武市，石嘴山市大武口区、惠农区，吴忠市同心县，固原市西吉县，中卫市中宁县；

新疆：克拉玛依市克拉玛依区，博尔塔拉蒙古自治州精河县，塔城地区沙湾县；

新疆生产建设兵团：农二师，农七师 124 团、130 团。

发生面积　149031 亩

危害指数　0.4599

• 红胸负泥虫 *Lema fortunei* Baly

寄　　主　榜树，构树，刺竹子。

分布范围　华东，北京、河北、湖北、广东、广西、四川、陕西。

发生地点　江苏：南京市浦口区。

• 蓝翅负泥虫 *Lema honorata* Baly

中文异名　蓝负泥虫

寄　　主　杉木，杨树，柳树，石楠。
分布范围　华东，北京、河北、辽宁、广西、云南。
发生地点　河北：石家庄市井陉矿区；
　　　　　江苏：镇江市句容市；
　　　　　浙江：宁波市镇海区、宁海县；
　　　　　安徽：合肥市庐阳区。
发生面积　132 亩
危害指数　0. 3333

• 薯蓣负泥虫 *Lema infranigra* Pic

寄　　主　构树，桑，桉树。
分布范围　浙江、福建、江西、湖北、广东、广西、四川。
发生地点　四川：乐山市犍为县，宜宾市翠屏区。

• 竹负泥虫 *Lema lauta* Gressitt et Kimoto

寄　　主　竹。
分布范围　福建、陕西。

• 黑胫负泥虫 *Lema pectoralis unicolor* Clark

寄　　主　臭椿。
分布范围　山东、广东、广西、四川、云南。
发生地点　山东：威海市经济开发区；
　　　　　四川：内江市东兴区。
发生面积　220 亩
危害指数　0. 3333

• 蓝翅细颈负泥虫 *Lema postrema* Bates

寄　　主　板栗，榆树，枇杷。
分布范围　河北、江西、湖北、重庆、四川。
发生地点　河北：辛集市；
　　　　　重庆：秀山土家族苗族自治县；
　　　　　四川：雅安市荥经县。
发生面积　945 亩
危害指数　0. 3333

• 红颈负泥虫 *Lema ruficollis* (Baly)

寄　　主　桑，紫薇。
分布范围　北京、吉林、黑龙江、江苏、浙江、福建、山东、湖北、海南、陕西。
发生地点　江苏：南京市栖霞区，镇江市丹阳市；
　　　　　湖北：荆门市京山县。
发生面积　108 亩
危害指数　0. 3333

• **褐负泥虫 *Lema rufotestacea* Clark**

寄　　主　毛刺槐。

分布范围　江苏、浙江、福建、江西、湖北、广东、广西、海南、四川、云南。

发生地点　江苏：南京市六合区；

　　　　　四川：遂宁市安居区。

发生面积　111 亩

危害指数　0.4835

• **异负泥虫 *Lilioceris impressa*（Fabricius）**

寄　　主　山杨，柳树，核桃，构树，月季，喜树，女贞，小叶女贞。

分布范围　华东，辽宁、广东、广西、海南、四川、贵州、云南。

发生地点　江苏：盐城市盐都区、阜宁县，扬州市宝应县、经济技术开发区；

　　　　　浙江：台州市天台县；

　　　　　山东：聊城市东阿县；

　　　　　四川：自贡市大安区，遂宁市安居区，宜宾市筠连县。

发生面积　480 亩

危害指数　0.4028

• **老挝负泥虫 *Lilioceris laosensis*（Pic）**

拉丁异名　*Lilioceris bechynei* Medvedev

寄　　主　悬钩子。

分布范围　安徽。

• **红负泥虫 *Lilioceris lateritia*（Baly）**

中文异名　红负泥甲

寄　　主　黑杨，化香树，枫杨，板栗，桃，油茶。

分布范围　浙江、安徽、福建、江西、湖北、湖南、广东、广西、四川。

发生地点　安徽：池州市贵池区；

　　　　　广东：深圳市龙华新区。

• **隆顶负泥虫 *Lilioceris merdigera*（Linnaeus）**

寄　　主　榛子，李。

分布范围　华北、东北，福建、山东、湖北、广西。

• **小负泥虫 *Lilioceris minima*（Pic）**

寄　　主　桑。

分布范围　浙江、福建、四川、甘肃。

发生地点　四川：自贡市荣县。

• **斑肩负泥虫 *Lilioceris scapularis*（Baly）**

寄　　主　胡枝子。

分布范围　江苏、浙江、福建、山东、广东、广西、陕西。

• 中华负泥虫 ***Lilioceris sinica*** **(Heyden)**

寄　　主　木犀。

分布范围　北京、河北、吉林、黑龙江、浙江、福建、江西、山东、湖北、广西、四川、贵州。

发生地点　四川：自贡市自流井区，宜宾市翠屏区。

• 脊负泥虫 ***Lilioceris subcostata*** **(Pic)**

寄　　主　红叶李，桉树。

分布范围　福建、广东、广西、四川、云南。

发生地点　广东：肇庆市高要区；

　　　　　四川：遂宁市安居区。

• 金梳龟甲 ***Aspidomorpha sanctaecrucis*** **(Fabricius)**

寄　　主　柚木。

分布范围　福建、广东、广西、四川、云南。

发生地点　广西：玉林市兴业县；

　　　　　四川：广安市前锋区。

发生面积　210 亩

危害指数　0.3333

• 北锯龟甲 ***Basiprionota bisignata*** **(Boheman)**

中文异名　泡桐叶甲、二斑波缘龟甲

寄　　主　山杨，柳树，樟树，檫木，三球悬铃木，柑橘，毛桐，千年桐，黄栌，盐肤木，泡花树，酸枣，梧桐，巨尾桉，南方泡桐，楸叶泡桐，兰考泡桐，川泡桐，白花泡桐，白桐，光泡桐，毛泡桐，楸，梓。

分布范围　华东、西南，北京、河北、山西、辽宁、河南、湖北、湖南、广西、陕西、甘肃。

发生地点　北京：东城区；

　　　　　河北：邢台市临西县；

　　　　　辽宁：大连市庄河市；

　　　　　江苏：盐城市阜宁县；

　　　　　浙江：宁波市鄞州区，衢州市常山县；

　　　　　安徽：合肥市庐阳区、庐江县，芜湖市繁昌县、无为县，阜阳市临泉县，六安市金寨县；

　　　　　福建：三明市三元区，漳州市平和县，南平市松溪县；

　　　　　江西：南昌市南昌县，萍乡市湘东区、芦溪县，九江市武宁县，赣州经济技术开发区，吉安市永新县，宜春市铜鼓县、樟树市，抚州市广昌县，上饶市广丰区、横峰县，鄱阳县；

　　　　　山东：青岛市即墨市、莱西市，泰安市岱岳区、新泰市、肥城市，莱芜市莱城区、钢城区，菏泽市单县、巨野县、郓城县；

　　　　　河南：郑州市荥阳市、新郑市，洛阳市嵩县，平顶山市鲁山县，许昌市禹州市，南阳市卧龙区、南召县、方城县、西峡县、淅川县，商丘市睢阳区、睢县、柘城县、虞城县；

湖北：襄阳市保康县，荆门市钟祥市；

湖南：株洲市荷塘区、芦淞区，衡阳市祁东县、常宁市，邵阳市双清区、隆回县、洞口县、城步苗族自治县、武冈市，郴州市安仁县，怀化市通道侗族自治县，娄底市新化县；

广西：柳州市柳南区，桂林市叠彩区、临桂区、阳朔县、全州县、兴安县、龙胜各族自治县、平乐县，梧州市苍梧县、蒙山县，河池市环江毛南族自治县，来宾市象州县、金秀瑶族自治县；

重庆：潼南区，秀山土家族苗族自治县、酉阳土家族苗族自治县；

四川：绵阳市三台县、梓潼县，遂宁市蓬溪县，南充市营山县、仪陇县，宜宾市珙县、筠连县，雅安市雨城区、石棉县，巴中市巴州区；

贵州：安顺市关岭布依族苗族自治县，铜仁市石阡县，黔南布依族苗族自治州龙里县；

陕西：咸阳市长武县，渭南市华州区，商洛市丹凤县，宁东林业局；

甘肃：白水江自然保护区。

发生面积 27380 亩

危害指数 0.3415

• **大锯龟甲** ***Basiprionota chinensis*** **(Fabricius)**

中文异名 中华波缘龟甲

寄　　主 马尾松，柏木，侧柏，山杨，柳树，桑，柑橘，野桐，漆树，油茶，白花泡桐，毛泡桐，楸，梓。

分布范围 江苏、福建、江西、湖北、湖南、广东、重庆、四川、贵州、陕西。

发生地点 湖南：永州市双牌县；

重庆：綦江区、黔江区、南川区，城口县、巫溪县、秀山土家族苗族自治县、酉阳土家族苗族自治县、彭水苗族土家族自治县；

四川：宜宾市翠屏区，广安市前锋区。

发生面积 3348 亩

危害指数 0.3345

• **黑盘锯龟甲** ***Basiprionota whitei*** **(Boheman)**

寄　　主 榆树，樟树，老鼠刺，柑橘，油茶，八角枫，豆腐柴，白花泡桐。

分布范围 浙江、安徽、福建、江西、广东。

发生地点 浙江：宁波市象山县。

• **甘薯台龟甲** ***Cassida circumdata*** **Herbst**

中文异名 甘薯小龟甲、甘薯绿龟甲

寄　　主 板栗，樱桃，石楠，刺桐，毛泡桐。

分布范围 江苏、浙江、江西、湖北、广东、四川。

发生地点 江苏：淮安市清江浦区；

浙江：宁波市宁海县，台州市黄岩区、三门县；

湖北：荆州市洪湖市，黄冈市罗田县；

广东：深圳市盐田区、坪山新区；
四川：自贡市荣县。

- **枸杞龟甲** ***Cassida deltoides*** **Weise**

寄　　主　枸杞。
分布范围　河北、江苏、浙江、湖南、陕西、宁夏、新疆。
发生地点　新疆：博尔塔拉蒙古自治州精河县。
发生面积　100 亩
危害指数　0.3333

- **甜菜大龟甲** ***Cassida nebulosa*** **Linnaeus**

寄　　主　榆树。
分布范围　华北、东北、西北，上海、江苏、山东、湖北、四川、贵州。
发生地点　河北：邢台市沙河市；
　　　　　宁夏：吴忠市盐池县。
发生面积　2120 亩
危害指数　0.3491

- **虾钳菜披龟甲** ***Cassida piperata*** **Hope**

寄　　主　三球悬铃木。
分布范围　东北、华东，河北、河南、湖北、广东、广西、四川、云南。
发生地点　上海：浦东新区。

- **山楂肋龟甲** ***Cassida vespertina*** **Boheman**

中文异名　西沟龟甲
寄　　主　山楂，悬钩子，巨尾桉。
分布范围　北京、黑龙江、浙江、湖北、广西。
发生地点　浙江：台州市三门县；
　　　　　广西：百色市田阳县。
发生面积　1171 亩
危害指数　0.3342

- **锯齿叉趾铁甲** ***Dactylispa angulosa*** **(Solsky)**

寄　　主　栎，构树，胖竹。
分布范围　华北、东北，山东、河南、四川、陕西。

- **锯肩扁趾铁甲** ***Dactylispa subquadrata*** **(Baly)**

寄　　主　板栗，麻栎。
分布范围　湖北。
发生地点　湖北：孝感市大悟县。

- **短胸漠龟甲** ***Ischyronota desertorum*** **(Gebler)**

中文异名　漠短胸龟甲

寄　　主　盐爪爪。
分布范围　宁夏、新疆。
发生地点　宁夏：吴忠市盐池县。
发生面积　2200 亩
危害指数　0. 3636

- **甘薯腊龟甲 *Laccoptera quadrimaculata*（Thunberg）**

寄　　主　银杏，日本扁柏，核桃，板栗，栎，榆树，樟树，三球悬铃木，樱桃，枇杷，沙梨，柑橘，女贞，木犀。
分布范围　华东，北京、河北、河南、湖北、广东、广西、重庆、四川、贵州。
发生地点　北京：通州区、顺义区、密云区；
江苏：南京市栖霞区；
浙江：宁波市北仑区、镇海区、鄞州区、宁海县、奉化市，台州市黄岩区、三门县、天台县；
湖北：武汉市洪山区，黄冈市罗田县；
重庆：铜梁区，城口县；
四川：绵阳市三台县、梓潼县，乐山市沙湾区，南充市西充县，宜宾市兴文县，资阳市雁江区，凉山彝族自治州德昌县。
发生面积　2562 亩
危害指数　0. 3336

- **四斑尾龟甲 *Thlaspida lewisii*（Baly）**

寄　　主　小叶梣，白蜡树，花曲柳，水蜡树。
分布范围　辽宁、山东。
发生地点　山东：青岛市胶州市。

- **双枝尾龟甲 *Thlaspida biramosa*（Boheman）**

寄　　主　桢楠。
分布范围　福建。
发生地点　福建：福州国家森林公园，泉州市安溪县。

- **叉刺铁甲 *Hispa ramosa* Gyllenhal**

中文异名　青鞘铁甲
拉丁异名　*Hispa andrewesi*（Weise）
寄　　主　构树，迎春花。
分布范围　江苏。
发生地点　江苏：南京市雨花台区，镇江市句容市。

- **长刺尖爪铁甲 *Hispellinus callicanthus*（Gressitt）**

中文异名　黑铁甲虫
寄　　主　巨尾桉。
分布范围　中南，江苏、安徽、福建、贵州、云南。

发生地点　广西：百色市田阳县。

- **水椰八角铁甲** ***Octodonta nipae*** **(Maulik)**

寄　　主　蒲葵，刺葵，棕榈，丝葵。
分布范围　福建、广东、海南、云南。
发生地点　福建：厦门市同安区，莆田市湄洲岛；
　　　　　广东：深圳市罗湖区、盐田区；
　　　　　海南：海口市琼山区，儋州市；
　　　　　云南：红河哈尼族彝族自治州元阳县、红河县、金平苗族瑶族傣族自治县，西双版纳傣族自治州勐腊县。
发生面积　10493 亩
危害指数　0.3334

- **枣掌铁甲** ***Platypria melli*** **Uhmann**

寄　　主　北枳椇，枣树。
分布范围　湖南。
发生地点　湖南：怀化市通道侗族自治县。

- **椰心叶甲** ***Brontispa longissima*** **(Gestro)**

寄　　主　假槟榔，槟榔，山葵，鱼尾葵，散尾葵，椰子，贝叶棕，油棕，蒲葵，刺葵，棕竹，王棕，棕榈，丝葵。
分布范围　福建、广东、广西、海南、云南。
发生地点　福建：厦门市海沧区、集美区、同安区、翔安区，莆田市仙游县；
　　　　　广东：广州市天河区、白云区、从化区，深圳市罗湖区、福田区、南山区、宝安区、龙岗区、盐田区、光明新区、坪山新区、龙华新区、大鹏新区，珠海市香洲区、斗门区、金湾区、万山区、珠海高新技术开发区、横琴新区、高栏港区，佛山市南海区、高明区，湛江市坡头区、麻章区、湛江开发区、遂溪县、徐闻县、廉江市、雷州市、吴川市，茂名市电白区，惠州市惠阳区、惠东县，阳江市海陵试验区、阳春市，中山市，云浮市新兴县；
　　　　　广西：南宁市青秀区、经济技术开发区，北海市银海区；
　　　　　海南：海口市秀英区、龙华区、琼山区、美兰区，三亚市海棠区、吉阳区、天涯区、育才生态区，三沙市，儋州市，五指山市、琼海市、文昌市、万宁市、东方市、定安县、屯昌县、澄迈县、白沙黎族自治县、昌江黎族自治县、乐东黎族自治县、陵水黎族自治县、保亭黎族苗族自治县、琼中黎族苗族自治县；
　　　　　云南：红河哈尼族彝族自治州金平苗族瑶族傣族自治县、河口瑶族自治县，西双版纳傣族自治州景洪市、勐腊县，德宏傣族景颇族自治州瑞丽市、芒市。
发生面积　216694 亩
危害指数　0.4168

- **膨胸卷叶甲** ***Leptispa godwini*** **Baly**

寄　　主　毛竹，早竹，高节竹。

分布范围　江西、湖北。
发生地点　江西：赣州市大余县。
发生面积　9430 亩
危害指数　0.6642

• 长鞘卷叶甲 *Leptispa longipennis*（Gestro）

寄　　主　油茶。
分布范围　江西、广东、广西。

• 杨毛臀萤叶甲东方亚种 *Agelastica alni glabra*（Fischer von Waldheim）

中文异名　杨毛臀萤叶甲、杨蓝叶甲
拉丁异名　*Agelastica alni orientalis* Baly
寄　　主　樟子松，响叶杨，新疆杨，北京杨，山杨，胡杨，二白杨，黑杨，钻天杨，箭杆杨，小黑杨，白柳，垂柳，白毛柳，棉花柳，旱柳，山柳，榆树，苹果，梨，沙枣，银桂。
分布范围　华北、东北，江苏、安徽、江西、山东、河南、湖北、湖南、四川、贵州、陕西、甘肃、新疆。
发生地点　北京：通州区、顺义区；
河北：石家庄市井陉县，沧州市盐山县，廊坊市安次区；
安徽：蚌埠市固镇县，阜阳市颍上县，六安市叶集区、霍邱县；
山东：济南市商河县，枣庄市台儿庄区，东营市河口区，潍坊市坊子区、滨海经济开发区，济宁市任城区、兖州区、鱼台县、金乡县、嘉祥县、经济技术开发区，日照市莒县，临沂市兰山区、费县、莒南县，德州市武城县，聊城市阳谷县、东阿县；
河南：洛阳市嵩县，平顶山市舞钢市，新乡市获嘉县、延津县，濮阳市台前县，南阳市镇平县、淅川县，商丘市睢县、虞城县，驻马店市确山县，固始县；
湖北：武汉市新洲区，荆州市石首市、洪湖市；
湖南：郴州市桂阳县，怀化市麻阳苗族自治县；
四川：阿坝藏族羌族自治州理县；
陕西：渭南市华州区，韩城市；
甘肃：金昌市永昌县，武威市凉州区、民勤县、古浪县，张掖市甘州区、肃南裕固族自治县、民乐县、高台县、山丹县，酒泉市肃州区、金塔县、肃北蒙古族自治县；
新疆：克拉玛依市克拉玛依区、乌尔禾区，哈密市伊吾县，博尔塔拉蒙古自治州博乐市、精河县、艾比湖保护区、甘家湖保护区，喀什地区疏勒县、麦盖提县、巴楚县，和田地区和田县、墨玉县、皮山县、策勒县，塔城地区额敏县、沙湾县，阿勒泰地区阿勒泰市、布尔津县、富蕴县、哈巴河县、吉木乃县；
新疆生产建设兵团：农四师 68 团、71 团、农四师，农八师。
发生面积　131943 亩
危害指数　0.3825

• **等节臀萤叶甲** ***Agelastica coerulea*** **Baly**

寄　　主　杨，柳树，核桃，苹果。

分布范围　华北、东北，四川。

• **钩殊角萤叶甲** ***Agetocera deformicornis*** **Laboissiere**

寄　　主　山杨，桤木。

分布范围　浙江、湖北、湖南、四川、贵州、云南。

发生地点　四川：成都市邛崃市。

• **丝殊角萤叶甲** ***Agetocera filicornis*** **Laboissiere**

寄　　主　棉花柳，猴樟。

分布范围　西南，浙江、福建、江西、湖北、湖南、广西。

发生地点　浙江：台州市黄岩区；

重庆：秀山土家族苗族自治县、酉阳土家族苗族自治县；

四川：巴中市南江县。

发生面积　2556 亩

危害指数　0. 3333

• **凹胸萤叶甲** ***Anadimonia potanini*** **Ogloblin**

寄　　主　山核桃。

分布范围　陕西。

• **兰翅阿波萤叶甲** ***Aplosonyx chalybeus*** **(Hope)**

寄　　主　桑。

分布范围　四川。

发生地点　四川：乐山市犍为县，宜宾市筠连县。

• **旋心异跗萤叶甲** ***Apophylia flavovirens*** **(Fairmaire)**

寄　　主　山杨，柳树，栎，构树，紫薇。

分布范围　中南，北京、河北、山西、辽宁、吉林、浙江、安徽、福建、江西、四川、贵州、陕西。

发生地点　北京：密云区；

河北：邢台市沙河市；

湖北：仙桃市、潜江市；

陕西：安康市旬阳县。

发生面积　234 亩

危害指数　0. 3333

• **麦茎异跗萤叶甲** ***Apophylia thalassina*** **(Faldermann)**

寄　　主　榆树。

分布范围　华北，辽宁、吉林、陕西、甘肃、宁夏。

发生地点　宁夏：吴忠市盐池县。

发生面积　5500 亩

危害指数　0. 3636

- **黄斑阿萤叶甲 *Arthrotus flavocincta*（Hope）**

寄　　主　毛桐。
分布范围　四川。
发生地点　四川：自贡市沿滩区、荣县。

- **枫香阿萤叶甲 *Arthrotus liquidus* Gressitt et Kimoto**

寄　　主　枫香。
分布范围　江西、四川。
发生地点　江西：赣州经济技术开发区。

- **樟萤叶甲 *Atysa marginata cinnamoni* Chen**

寄　　主　深山含笑，猴樟，樟树，天竺桂，油樟，红润楠，白楠，桢楠，柑橘。
分布范围　浙江、福建、江西、湖南、广东、广西、重庆、四川。
发生地点　浙江：杭州市萧山区、桐庐县，宁波市鄞州区、宁海县、奉化市，温州市永嘉县，嘉兴市秀洲区，金华市浦江县、磐安县、东阳市，衢州市常山县，台州市黄岩区、三门县、天台县、温岭市；
福建：南平市延平区、松溪县，龙岩市上杭县，福州国家森林公园；
江西：吉安市永新县；
湖南：郴州市嘉禾县；
广东：韶关市翁源县；
重庆：潼南区；
四川：成都市大邑县，自贡市荣县，广元市旺苍县，南充市营山县、仪陇县，眉山市洪雅县，宜宾市翠屏区、宜宾县、长宁县、屏山县，巴中市巴州区、南江县。
发生面积　35217 亩
危害指数　0. 3462

- **黄腹丽萤叶甲 *Clitenella fulminans*（Faldermann）**

寄　　主　朴树，樟树。
分布范围　河北、内蒙古、浙江、安徽、福建、江西、湖北、湖南、四川。
发生地点　四川：南充市营山县、仪陇县。

- **胡枝子克萤叶甲 *Cneorane violaceipennis* Allard**

寄　　主　桑，胡枝子。
分布范围　东北、华东，北京、河北、山西、湖北、湖南、广东、广西、四川、陕西、甘肃、宁夏。
发生地点　山东：泰安市泰山林场；
四川：广安市武胜县；
陕西：佛坪自然保护区。

- **红柳粗角萤叶甲 *Diorhabda carinulata*（Desbrochers）**

中文异名　柽柳条叶甲

拉丁异名　*Diorhabda elongata deserticola* Chen
寄　　主　黑杨，大红柳，白刺，柽柳，南方泡桐。
分布范围　内蒙古、河南、湖北、甘肃、青海、新疆。
发生地点　内蒙古：阿拉善盟额济纳旗；
　　　　　河南：南阳市淅川县；
　　　　　甘肃：武威市民勤县，张掖市高台县，酒泉市肃州区、瓜州县，敦煌西湖保护区，连古城保护区；
　　　　　青海：海西蒙古族藏族自治州都兰县；
　　　　　新疆：哈密市伊吾县，博尔塔拉蒙古自治州艾比湖保护区，克孜勒苏柯尔克孜自治州阿合奇县，喀什地区麦盖提县、伽师县，和田地区皮山县、洛浦县、策勒县、于田县、民丰县。
发生面积　1153731 亩
危害指数　0.3978

- **白刺萤叶甲 *Diorhabda rybakowi* (Weise)**

中文异名　白茨粗角萤叶甲
寄　　主　白刺，秋枫。
分布范围　西北，内蒙古、广东、四川。
发生地点　内蒙古：巴彦淖尔市乌拉特前旗，阿拉善盟阿拉善左旗、阿拉善右旗；
　　　　　广东：肇庆市四会市；
　　　　　宁夏：石嘴山市大武口区。
发生面积　84872 亩
危害指数　0.7457

- **黑翅拟矛萤叶甲 *Doryidomorpha nigripennis* Laboissiere**

寄　　主　板栗，樟树，枫香，紫薇。
分布范围　安徽、江西。
发生地点　安徽：六安市金寨县。
发生面积　300 亩
危害指数　0.3333

- **黄腹埃萤叶甲 *Exosoma flaviventris* (Motschulsky)**

寄　　主　柑橘，黄荆。
分布范围　吉林、黑龙江、江苏、浙江、安徽、江西、湖北、湖南、广东、陕西、甘肃。
发生地点　江苏：南京市栖霞区；
　　　　　湖北：潜江市；
　　　　　湖南：岳阳市君山区。

- **桑窝额萤叶甲 *Fleutiauxia armata* (Baly)**

中文异名　枣叶甲
寄　　主　杨，旱柳，核桃，厚朴，桑，南酸枣，枣树，白花泡桐。

分布范围　河北、吉林、黑龙江、浙江、安徽、山东、河南、湖北、湖南、四川、云南、甘肃、宁夏。

发生地点　山东：菏泽市定陶区；
河南：郑州市新郑市；
四川：成都市都江堰市，宜宾市江安县；
云南：楚雄彝族自治州元谋县；
宁夏：中卫市中宁县。

发生面积　1016 亩

危害指数　0.4974

• 葱萤叶甲 *Galeruca extensa* Motschulsky

寄　　主　波罗栎。

分布范围　湖南。

发生地点　湖南：湘潭市韶山市。

• 胫突萤叶甲 *Galeruca jucunda*（Faldermann）

拉丁异名　*Galeruca interrupta circumdata* Duftschmid

寄　　主　山杨，柳树，核桃，色木槭，枣树。

分布范围　四川、陕西。

发生地点　四川：巴中市通江县，甘孜藏族自治州雅江县；
陕西：渭南市华州区。

发生面积　115 亩

危害指数　0.3478

• 灰褐萤叶甲 *Galeruca pallasia*（Jacobson）

寄　　主　白刺。

分布范围　内蒙古、西藏、甘肃、青海、宁夏。

• 柳萤叶甲 *Galeruca spectabilis*（Faldermann）

寄　　主　柳杉，山杨，黑杨，垂柳，枫杨，板栗，凤凰木，乌桕，中华猕猴桃，泡桐。

分布范围　西北，安徽、福建、江西、山东、河南、湖北、湖南、四川、云南。

发生地点　安徽：安庆市大观区，滁州市定远县；
河南：平顶山市舞钢市；
湖南：岳阳市君山区、平江县；
四川：巴中市通江县；
云南：玉溪市元江哈尼族彝族傣族自治县；
陕西：渭南市华州区；
甘肃：兴隆山保护区。

发生面积　815 亩

危害指数　0.3427

• **褐背小萤叶甲** ***Galerucella grisescens*** **(Joannis)**

寄　　主　山杨，桉树，海州常山。

分布范围　东北、华东、中南、西南，北京、河北、内蒙古、陕西。

发生地点　北京：顺义区。

• **菱小萤叶甲** ***Galerucella nipponensis*** **(Laboissiere)**

寄　　主　落叶松，云杉，樟子松。

分布范围　河北。

发生地点　河北：塞罕坝林场。

发生面积　13470 亩

危害指数　0.7554

• **二纹柱萤叶甲** ***Gallerucida bifasciata*** **Motschulsky**

寄　　主　柳杉，水杉，杨树，柳树，板栗，栎，榆树，构树，酸模，樟树，桃，樱桃，李，绣线菊，胡枝子，槐树，花椒，木荷，杜鹃，女贞，泡桐。

分布范围　东北、华东、西南，北京、河北、河南、湖北、湖南、广西、陕西、甘肃。

发生地点　黑龙江：佳木斯市富锦市；

江苏：南京市栖霞区、雨花台区，镇江市句容市，泰州市姜堰区；

浙江：台州市黄岩区；

安徽：池州市贵池区；

湖北：黄冈市罗田县；

重庆：万州区；

四川：宜宾市筠连县，广安市前锋区，凉山彝族自治州布拖县；

陕西：西安市周至县，渭南市临渭区、华州区，安康市旬阳县。

发生面积　4014 亩

危害指数　0.3404

• **大贺萤叶甲** ***Hoplasoma majorinum*** **Laboissière**

拉丁异名　*Haplomela semiopaca* Chen

寄　　主　油樟，紫薇。

分布范围　四川。

发生地点　四川：宜宾市翠屏区、宜宾县、兴文县。

发生面积　1080 亩

危害指数　0.3333

• **棕贺萤叶甲** ***Hoplasoma unicolor*** **(Illiger)**

寄　　主　板栗，巨尾桉，茉莉花。

分布范围　湖北、广西、海南、云南。

发生地点　湖北：黄冈市罗田县；

广西：维都林场。

发生面积　212 亩

危害指数　0.3333

• 绿翅隶萤叶甲 *Liroetis aeneipennis*（Weise）

寄　　主　柳树。

分布范围　湖北、湖南、四川、甘肃。

发生地点　四川：遂宁市安居区。

• 钟形绿萤叶甲 *Lochmaea capreae*（Linnaeus）

寄　　主　山杨。

分布范围　东北，山西、内蒙古、山东。

• 桑黄米萤叶甲 *Mimastra cyanura*（Hope）

中文异名　桑黄迷萤叶甲

寄　　主　山杨，柳树，核桃，枫杨，桤木，朴树，榆树，高山榕，黄葛树，桑，猴樟，樟树，海桐，桃，樱，枇杷，苹果，石楠，梨，文旦柚，柑橘，臭椿，盐肤木，梧桐，油茶，茶，合果木，喜树，小叶女贞，木犀，夹竹桃。

分布范围　华东、西南，湖北、湖南、广东、广西。

发生地点　福建：泉州市永春县；

广西：来宾市金秀瑶族自治县；

重庆：江北区、北碚区、巴南区、南川区，丰都县、垫江县、开县、秀山土家族苗族自治县、酉阳土家族苗族自治县、彭水苗族土家族自治县；

四川：自贡市沿滩区、荣县，内江市市中区、东兴区、威远县、资中县、隆昌县，乐山市犍为县，眉山市仁寿县、青神县，宜宾市翠屏区、南溪区、兴文县，广安市广安区，雅安市芦山县，资阳市雁江区。

发生面积　7829 亩

危害指数　0.3338

• 黑条米萤叶甲 *Mimastra graham*（Gressitt et Kimoto）

寄　　主　山杨，核桃，枫杨，栎，榆树，桑，梧桐，泡桐。

分布范围　四川、陕西。

发生地点　四川：遂宁市船山区。

• 黄缘米萤叶甲 *Mimastra limbata* Baly

寄　　主　山杨，柳树，核桃，桤木，桦木，栓皮栎，朴树，榆树，高山榕，桑，桃，李，刺桐，柑橘，毛桐，葡萄，石榴，八角枫，木犀。

分布范围　西南，浙江、福建、湖北、湖南、广西、陕西。

发生地点　重庆：潼南区；

四川：绵阳市三台县、梓潼县，遂宁市船山区、安居区、大英县，乐山市犍为县，南充市顺庆区、高坪区、营山县、蓬安县、仪陇县、西充县，宜宾市翠屏区、南溪区、兴文县，广安市武胜县，巴中市巴州区、南江县，甘孜藏族自治州康定市，凉山彝族自治州盐源县、昭觉县。

发生面积　4472 亩

危害指数　0.3397

• 黑腹米萤叶甲 *Mimastra soreli* Baly

寄　　主　山杨，桃，泡桐。

分布范围　江苏、浙江、福建、湖南、广东、广西、海南、四川、云南、陕西、甘肃。

发生地点　陕西：汉中市西乡县。

• 蓝尾米萤叶甲 *Mimastra uncitarsis* Laboissiere

中文异名　桑树蓝尾迷萤叶甲

寄　　主　朴树，榆树，黄葛树，桑，槐树，梧桐，茶，灯台树。

分布范围　重庆、四川。

发生地点　重庆：万州区、九龙坡区、璧山区；

四川：成都市彭州市、邛崃市，泸州市合江县，德阳市罗江县，宜宾市高县，达州市开江县，巴中市平昌县。

发生面积　2654 亩

危害指数　0.4110

• 双斑长跗萤叶甲 *Monolepta hieroglyphica* (Motschulsky)

中文异名　双斑萤叶甲

寄　　主　山杨，板栗，榆树，桃，胡枝子，花椒，长叶黄杨，金边黄杨，枸杞。

分布范围　华北、东北，江苏、浙江、福建、江西、湖北、湖南、四川、贵州、陕西、宁夏、新疆。

发生地点　江苏：徐州市铜山区；

江西：萍乡市湘东区、莲花县、上栗县；

四川：凉山彝族自治州金阳县；

宁夏：吴忠市红寺堡区、盐池县；

新疆：石河子市；

新疆生产建设兵团：农八师。

发生面积　1828 亩

危害指数　0.3698

• 小长跗萤叶甲 *Monolepta ovatula* (Chen)

寄　　主　松，杉木，毛竹，慈竹。

分布范围　江西、湖北、广西、贵州、四川。

发生地点　江西：萍乡市上栗县、芦溪县。

• 竹长跗萤叶甲 *Monolepta pallidula* (Baly)

寄　　主　胡杨，旱竹，毛竹。

分布范围　中南，浙江、安徽、福建、江西、四川、贵州、云南。

• 四斑长跗萤叶甲 *Monolepta quadriguttata* (Motschulsky)

寄　　主　杨，枇杷。

分布范围　河北、内蒙古、黑龙江、四川、陕西、宁夏。
发生地点　内蒙古：乌兰察布市四子王旗；
　　　　　四川：宜宾市翠屏区；
　　　　　陕西：渭南市白水县。
发生面积　3511 亩
危害指数　0.3333

• 黑缘长跗萤叶甲 *Monolepta sauteri* Chujo

寄　　主　木荷。
分布范围　广东。
发生地点　广东：汕尾市陆河县。

• 红角榕萤叶甲 *Morphosphaera cavaleriei*（Laboissiere）

寄　　主　黄葛树，水麻，木犀。
分布范围　湖北、湖南、四川、云南。
发生地点　四川：乐山市马边彝族自治县，宜宾市兴文县，雅安市雨城区、天全县。
发生面积　185 亩
危害指数　0.4991

• 日榕萤叶甲 *Morphosphaera japonica*（Hornstedt）

寄　　主　马尾松，山杨，核桃，榕树，桑，水麻，枇杷。
分布范围　浙江、福建、江西、湖北、湖南、广西、四川、贵州、云南、陕西。
发生地点　四川：遂宁市安居区，广安市前锋区，凉山彝族自治州布拖县；
　　　　　陕西：安康市旬阳县。
发生面积　458 亩
危害指数　0.3552

• 二点瓢萤叶甲 *Oides andrewesi* Jacoby

寄　　主　梨。
分布范围　重庆。

• 蓝翅瓢萤叶甲 *Oides bowringii*（Baly）

寄　　主　杉木，罗汉松，核桃，榛子，板栗，麻栎，构树，异叶榕，榕树，五味子，枫香，桃，重阳木，山葡萄，葡萄，油茶，川泡桐。
分布范围　华东、西南、湖北、湖南、广东、广西、陕西。
发生地点　浙江：宁波市奉化市；
　　　　　福建：泉州市安溪县；
　　　　　湖南：娄底市新化县；
　　　　　重庆：秀山土家族苗族自治县、酉阳土家族苗族自治县。
发生面积　2306 亩
危害指数　0.3333

- **十星瓢萤叶甲 *Oides decempunctata*（Billberg）**

中文异名　葡萄十星叶甲

寄　　主　柳杉，银白杨，山杨，毛白杨，白柳，垂柳，核桃，桤木，榆树，构树，无花果，桑，台湾藤麻，牡丹，厚朴，樟树，天竺桂，油樟，杜仲，桃，枇杷，石楠，梨，月季，悬钩子，刺桐，槐树，紫藤，柑橘，楝树，油桐，乌桕，盐肤木，漆树，山葡萄，小果野葡萄，葡萄，茶，紫薇，八角枫，木犀，黄荆，泡桐，栀子。

分布范围　华东、中南，北京、河北、山西、吉林、重庆、四川、贵州、陕西、甘肃。

发生地点　北京：石景山区、房山区、顺义区、密云区；

河北：石家庄市井陉矿区，保定市唐县，沧州市盐山县，廊坊市霸州市；

上海：嘉定区、浦东新区；

江苏：南京市栖霞区、雨花台区、六合区，淮安市淮阴区、洪泽区、盱眙县，扬州市高邮市，镇江市润州区、丹徒区、丹阳市；

浙江：宁波市镇海区、鄞州区，温州市平阳县，嘉兴市嘉善县，舟山市嵊泗县，台州市椒江区、三门县、临海市；

安徽：芜湖市芜湖县；

福建：南平市延平区；

山东：泰安市泰山林场；

湖北：武汉市东西湖区、新洲区，潜江市；

湖南：株洲市芦淞区、云龙示范区，邵阳市隆回县、武冈市，岳阳市平江县，益阳市桃江县；

重庆：万州区、黔江区、潼南区，巫溪县、秀山土家族苗族自治县、酉阳土家族苗族自治县、彭水苗族土家族自治县；

四川：成都市彭州市，自贡市大安区、沿滩区，泸州市泸县，绵阳市三台县、梓潼县、平武县，遂宁市船山区、安居区、蓬溪县、大英县，内江市市中区、东兴区、威远县、资中县、隆昌县，乐山市犍为县，南充市高坪区、营山县、仪陇县、西充县，眉山市青神县，宜宾市翠屏区、南溪区、兴文县，广安市前锋区、武胜县，巴中市巴州区、通江县，资阳市雁江区，甘孜藏族自治州泸定县；

陕西：西安市周至县，咸阳市礼泉县、永寿县、长武县，渭南市华州区，安康市旬阳县，商洛市商州区、丹凤县。

发生面积　38465 亩

危害指数　0.4400

- **八角瓢萤叶甲 *Oides duporti* Laboissiere**

中文异名　八角叶甲、八角金花虫

寄　　主　八角，五味子，巨尾桉。

分布范围　安徽、福建、湖北、广东、广西、云南。

发生地点　广西：南宁市上林县，梧州市蒙山县，贵港市桂平市，玉林市容县、北流市，百色市右江区、德保县、那坡县、田林县、靖西市、百色市老山林场，来宾市金秀瑶族自治县，崇左市凭祥市，派阳山林场、热带林业实验中心；

云南：文山壮族苗族自治州富宁县。

发生面积　16298 亩

危害指数　0. 5585

• 宽缘瓢萤叶甲 *Oides laticlava*（Fairmaire）

寄　　主　榛子，板栗，黧蒴栲，栓皮栎，构树，台湾相思，文旦柚，小果野葡萄，葡萄，油茶，木荷。

分布范围　华东，湖北、湖南、广东、广西、西南、陕西、甘肃。

发生地点　江苏：镇江市句容市；

浙江：宁波市宁海县；

湖北：黄冈市罗田县；

广东：清远市连州市；

广西：桂林市永福县。

发生面积　1135 亩

危害指数　0. 3333

• 黑跗瓢萤叶甲 *Oides tarsata*（Baly）

寄　　主　湿地松，马尾松，杉木，秃杉，核桃，板栗，香椿，秋枫，乌桕，葡萄，油茶，巨尾桉。

分布范围　华东、中南，河北、四川、贵州、陕西、甘肃。

发生地点　湖北：黄冈市罗田县；

广西：南宁市宾阳县，河池市南丹县，良凤江森林公园、黄冕林场；

四川：绵阳市游仙区。

发生面积　1441 亩

危害指数　0. 3333

• 褐凹翅萤叶甲 *Paleosepharia fulvicornis* Chen

寄　　主　云南松，核桃，桤木。

分布范围　四川、陕西。

发生地点　四川：凉山彝族自治州布拖县。

• 阔胫萤叶甲 *Pallasiola absinthii*（Pallas）

中文异名　薄翅萤叶甲

寄　　主　榆树，山樱桃。

分布范围　华北、东北、西北，四川、云南、西藏。

• 三星黄萤叶甲 *Paridea angulicollis*（Motschulsky）

中文异名　斑角拟守瓜

寄　　主　刺竹子。

分布范围　河北、吉林、黑龙江、江苏、浙江、福建、湖南、广东、海南。

发生地点　广东：肇庆市四会市。

发生面积　1000 亩

危害指数　0.3333

● **榆绿毛萤叶甲** ***Pyrrhalta aenescens*** **(Fairmaire)**

中文异名　绿毛萤叶甲、榆蓝叶甲、榆毛胸萤叶甲

寄　　主　马尾松，柏木，毛白杨，柳树，核桃，板栗，栲树，槲栎，青冈，旱榆，榔榆，榆树，大果榉，垂叶榕，桑，枇杷，降香，槐树，臭椿，漆树，红淡比，油茶，紫薇，榆绿木，巨尾桉，楸。

分布范围　全国。

发生地点　北京：东城区、朝阳区、丰台区、石景山区、海淀区、门头沟区、通州区、顺义区、昌平区、大兴区、延庆区；

天津：汉沽区、大港区、东丽区、津南区、武清区、宝坻区；

河北：石家庄市高邑县、深泽县，唐山市曹妃甸区、乐亭县、玉田县，邯郸市肥乡区、鸡泽县，邢台市任县、平乡县、威县、临西县，保定市阜平县、高阳县，张家口市阳原县、怀来县、赤城县，承德市双滦区，沧州市沧县、吴桥县、泊头市，廊坊市永清县、香河县、大城县、霸州市，衡水市桃城区、枣强县、武邑县、武强县、安平县、故城县，木兰林管局；

内蒙古：呼和浩特市赛罕区，通辽市科尔沁左翼后旗，巴彦淖尔市乌拉特后旗；

辽宁：沈阳市新民市，辽阳市辽阳县；

上海：浦东新区；

江苏：南京市高淳区，常州市溧阳市，南通市海安县，盐城市东台市；

浙江：宁波市江北区、象山县，金华市磐安县，台州市天台县；

安徽：阜阳市界首市，宿州市萧县；

福建：南平市松溪县；

山东：枣庄市台儿庄区，东营市河口区，潍坊市坊子区、昌邑市、滨海经济开发区，济宁市鱼台县、金乡县、曲阜市，临沂市蒙阴县，聊城市阳谷县、东阿县，菏泽市定陶区、单县、郓城县；

河南：商丘市睢县；

湖南：湘潭市韶山市，邵阳市隆回县，常德市石门县，湘西土家族苗族自治州凤凰县；

广东：肇庆市属林场；

广西：梧州市龙圩区、蒙山县，贵港市桂平市，河池市凤山县、巴马瑶族自治县，派阳山林场；

重庆：秀山土家族苗族自治县、酉阳土家族苗族自治县；

陕西：西安市蓝田县；

甘肃：白银市靖远县，武威市凉州区，庆阳市镇原县；

宁夏：银川市兴庆区、西夏区、金凤区、贺兰县、灵武市、贺兰山管理局，吴忠市利通区、同心县、青铜峡市；

新疆：哈密市伊州区，巴音郭楞蒙古自治州和硕县，喀什地区喀什市、疏附县、英吉沙县、岳普湖县、伽师县。

发生面积　62017 亩

危害指数　0.4679

• **黑肩毛萤叶甲** ***Pyrrhalta humeralis*** **(Chen)**

寄　　主　落叶松，柳树，榆树，荚蒾。

分布范围　东北，浙江、安徽、福建、江西、湖北、湖南、广东、广西、四川、甘肃、宁夏。

发生地点　甘肃：兴隆山保护区。

发生面积　610 亩

危害指数　0.3333

• **榆黄毛萤叶甲** ***Pyrrhalta maculicollis*** **(Motschulsky)**

中文异名　榆黄叶甲、黑肩毛胸萤叶甲

寄　　主　垂柳，榔榆，榆树，大果榉，构树，桑，猴樟，红叶李，梨。

分布范围　华北、东北、华东、西北，河南、湖北、广东、广西、四川。

发生地点　北京：朝阳区、丰台区、海淀区、通州区、顺义区、昌平区、大兴区、密云区、延庆区；

河北：秦皇岛市抚宁区，保定市顺平县，张家口市怀来县，廊坊市霸州市；

内蒙古：乌兰察布市四子王旗；

上海：浦东新区、青浦区，崇明县；

江苏：南京市浦口区，常州市溧阳市，苏州市高新技术开发区、吴江区、昆山市、太仓市，扬州市江都区、高邮市，镇江市句容市；

浙江：宁波市北仑区，温州市苍南县，台州市黄岩区；

安徽：芜湖市芜湖县；

山东：枣庄市台儿庄区，泰安市泰山林场；

湖北：潜江市；

四川：南充市西充县，巴中市平昌县；

陕西：渭南市华州区、华阴市；

甘肃：张掖市民乐县、临泽县、高台县、山丹县；

宁夏：固原市西吉县；

新疆：吐鲁番市高昌区、鄯善县、托克逊县，博尔塔拉蒙古自治州博乐市、阿拉山口市、精河县；

新疆生产建设兵团：农十二师。

发生面积　16977 亩

危害指数　0.3732

• **樟粗腿萤叶甲** ***Sastracella cinnamomea*** **Yang**

寄　　主　樟树。

分布范围　陕西。

• **中华根萤叶甲** ***Taumacera chinensis*** **(Maulik)**

寄　　主　荆条。

分布范围　湖北。

• 蓝跳甲 *Altica cyanea* (Weber)

寄　　主　垂柳，毛榛，青冈，构树，榕树，油樟，枫香，檵木，枇杷，梨，柑橘，冬青，油茶，紫薇，女贞，小叶女贞，木犀，巨尾桉。

分布范围　华东、西南，湖北、湖南、广东、广西、陕西、甘肃、新疆。

发生地点　江苏：无锡市惠山区、滨湖区，盐城市盐都区、响水县、阜宁县、射阳县，扬州市宝应县，泰州市姜堰区；

浙江：宁波市象山县；

广东：肇庆市高要区；

广西：河池市东兰县；

重庆：酉阳土家族苗族自治县；

四川：自贡市沿滩区，宜宾市兴文县；

甘肃：兰州市西固区。

发生面积　8243 亩

危害指数　0.3368

• 荒漠跳甲 *Altica deserticola* Weise

中文异名　蒙古跳甲

寄　　主　山杨，北沙柳，榆树，樱花。

分布范围　内蒙古、山东、陕西。

发生地点　内蒙古：鄂尔多斯市杭锦旗；

山东：济南市商河县，泰安市东平县，聊城市东阿县、经济技术开发区。

发生面积　16117 亩

危害指数　0.5137

• 沙枣跳甲 *Altica elaeagnusae* Zhang, Wang et Yang

寄　　主　枣树，沙枣，沙棘。

分布范围　山东、宁夏、新疆。

发生地点　宁夏：中卫市中宁县；

新疆：克拉玛依市克拉玛依区、乌尔禾区，博尔塔拉蒙古自治州博乐市、阿拉山口市、精河县，喀什地区疏勒县、英吉沙县、泽普县、叶城县、麦盖提县、岳普湖县、巴楚县，和田地区和田县、墨玉县；

新疆生产建设兵团：农四师 68 团，农五师 83 团，农七师 123 团、124 团、130 团，农九师。

发生面积　54608 亩

危害指数　0.3861

• 地榆跳甲 *Altica sanguisobae* (Ohno)

中文异名　蓟跳甲

寄　　主　柳树，榆树，蓟。

分布范围　河北、内蒙古、黑龙江、江苏、山东、四川、宁夏。

发生地点　江苏：南京市浦口区。

• 杞柳跳甲 *Altica weisei*（Jacobson）

中文异名　杞柳叶甲

寄　　主　杨，杞柳，旱柳，柳叶红千层，枸杞。

分布范围　西北，河北、山西、吉林、黑龙江、福建、河南、湖南、四川。

发生地点　河南：郑州市中牟县；

湖南：岳阳市君山区；

四川：遂宁市安居区，甘孜藏族自治州新龙县；

陕西：咸阳市彬县；

甘肃：庆阳市西峰区；

宁夏：石嘴山市大武口区。

发生面积　430 亩

危害指数　0.3488

• 细背侧刺跳甲 *Aphthona strigosa* Baly

中文异名　野桐金绿跳甲

寄　　主　桉。

分布范围　浙江、福建、江西、湖北、湖南、广东、广西、四川、贵州。

发生地点　广东：湛江市属林场。

• 红胸律点跳甲 *Aphthonomorpha collaris*（Baly）

寄　　主　乌桕。

分布范围　江苏、安徽、福建、江西、湖北、湖南、广东、四川。

• 棕色瓢跳甲 *Argopistes hoenei* Maulik

中文异名　丁香潜叶跳甲

寄　　主　桑，女贞，紫丁香。

分布范围　北京、辽宁、江苏、山东、河南、四川、陕西。

发生地点　江苏：苏州市吴江区、昆山市、太仓市；

河南：南阳市西峡县；

四川：南充市高坪区。

• 女贞瓢跳甲 *Argopistes tsekooni* Chen

寄　　主　大果榉，桂木，猴樟，柑橘，黄杨，木槿，金丝桃，紫薇，石榴，女贞，小叶女贞，日本女贞，木犀。

分布范围　辽宁、上海、江苏、浙江、江西、山东、河南、湖北、四川。

发生地点　上海：闵行区、宝山区、嘉定区、浦东新区、金山区、松江区、青浦区、奉贤区，崇明县；

江苏：南京市雨花台区，无锡市惠山区，徐州市铜山区，苏州市吴江区、昆山市、太仓市，盐城市东台市，扬州市宝应县，镇江市句容市，泰州市姜堰区，宿迁市沭阳县；

江西：赣州市安远县；

山东：济宁市鱼台县，聊城市东阿县；
河南：邓州市；
四川：南充市西充县，广安市武胜县。

发生面积 2108 亩

危害指数 0.4175

• 恶性橘啮跳甲 *Clitea metallica* Chen

中文异名 恶性叶甲、柑橘恶性叶甲

寄　　主 山柚子，文旦柚，柑橘，枳，柚木。

分布范围 中南，上海、浙江、福建、江西、重庆、四川、云南、陕西。

发生地点 上海：浦东新区、金山区；
浙江：宁波市鄞州区；
重庆：涪陵区、北碚区。

发生面积 2951 亩

危害指数 0.3333

• 杨沟胸跳甲 *Crepidodera pluta*（Latreille）

中文异名 柳沟胸跳甲、柳椭圆跳甲

寄　　主 山杨，黑杨，毛白杨，垂柳，馒头柳，枫杨，梨。

分布范围 北京、河北、山西、吉林、黑龙江、上海、江苏、山东、湖北、四川、云南、西藏、甘肃。

发生地点 上海：宝山区、嘉定区、浦东新区；
江苏：盐城市响水县；
山东：德州市平原县；
四川：遂宁市船山区。

发生面积 1707 亩

危害指数 0.3470

• 枸杞毛跳甲 *Epitrix abeillei*（Baduer）

寄　　主 宁夏枸杞。

分布范围 河北、山西、甘肃、宁夏、新疆。

发生地点 宁夏：吴忠市同心县。

发生面积 1000 亩

危害指数 0.4333

• 红足凸顶跳甲 *Euphitrea flavipes*（Chen）

寄　　主 核桃，桤木，构树，油樟，枫香，柑橘，木芙蓉。

分布范围 江苏、福建、湖北、湖南、广东、四川。

发生地点 江苏：扬州市江都区；
四川：自贡市自流井区、贡井区、沿滩区，绵阳市平武县，内江市市中区，乐山市犍为县，资阳市雁江区。

• **黄顶沟胫跳甲** ***Hemipyxis moseri*** **(Weise)**

寄　　主　山柚子。

分布范围　福建、江西、湖北、湖南、四川、贵州、云南。

• **金绿沟胫跳甲** ***Hemipyxis plagioderoides*** **(Motschulsky)**

寄　　主　山杨，垂柳，核桃，榆树，大果榉，山柚子，猴樟，樟树，油樟，海桐，石楠，月季，合欢，柑橘，椴树，梧桐，女贞，泡桐。

分布范围　东北、华东，河北、湖北、湖南、广东、广西、四川、云南、陕西、甘肃、新疆。

发生地点　江苏：淮安市清江浦区、金湖县，盐城市盐都区、大丰区、响水县、阜宁县、建湖县，扬州市邗江区、江都区、宝应县、经济技术开发区，泰州市姜堰区；

四川：自贡市自流井区、贡井区，遂宁市船山区，内江市威远县、资中县、隆昌县，宜宾市翠屏区。

发生面积　728 亩

危害指数　0.3883

• **波毛丝跳甲** ***Hespera lomasa*** **Maulik**

寄　　主　月季。

分布范围　河北、山西、福建、江西、山东、湖北、湖南、广东、四川、贵州、云南、陕西。

发生地点　四川：遂宁市安居区。

• **麻四线跳甲** ***Nisotra gemella*** **(Erichson)**

寄　　主　柳树，构树，柑橘。

分布范围　福建、江西、广东、广西、海南、四川、贵州、云南、新疆。

发生地点　四川：内江市东兴区，乐山市犍为县，宜宾市兴文县。

• **异色九节跳甲** ***Nonarthra variabilis*** **Baly**

寄　　主　海桐。

分布范围　江苏、浙江、福建、江西、湖北、广东、广西、海南、四川。

发生地点　江苏：泰州市姜堰区。

• **小直缘跳甲** ***Ophrida parva*** **Chen et Wang**

寄　　主　杏，柑橘。

分布范围　四川。

发生地点　四川：巴中市恩阳区，甘孜藏族自治州雅江县。

• **漆树双钩直缘跳甲** ***Ophrida scaphoides*** **(Baly)**

中文异名　漆树白点叶甲

寄　　主　漆树。

分布范围　华东，河南、湖北、湖南、广东、四川、贵州、云南、陕西、甘肃。

发生地点　陕西：渭南市华州区。

• **黑角直缘跳甲** ***Ophrida spectabilis*** **(Baly)**

寄　　主　樟树，盐肤木。

分布范围　华东，河南、湖北、广东、广西、四川、贵州、云南。

● **黄点直缘跳甲 *Ophrida xanthospilota* (Baly)**

中文异名　黄栌胫跳甲

寄　　主　侧柏，栎，黄栌。

分布范围　北京、天津、河北、山东、河南、湖北、重庆、四川。

发生地点　北京：东城区、朝阳区、丰台区、石景山区、海淀区、门头沟区、房山区、通州区、顺义区、昌平区、大兴区、密云区、延庆区；

山东：泰安市泰山林场，莱芜市莱城区；

河南：南阳市淅川县；

重庆：巫山县。

发生面积　5073 亩

危害指数　0.3493

● **棕翅粗角跳甲 *Phygasia fulvipennis* (Baly)**

中文异名　黄粗角跳甲、桑粗角叶甲

寄　　主　山杨，榔榆，榆树，枣树。

分布范围　北京、河北、吉林、江苏、浙江、江西、湖北、湖南、四川。

发生地点　北京：顺义区。

● **黄宽条跳甲 *Phyllotreta humilis* Weise**

寄　　主　榆树。

分布范围　华北、西北，吉林、黑龙江、江苏、山东、四川。

发生地点　宁夏：吴忠市盐池县。

发生面积　5200 亩

危害指数　0.3462

● **黄曲条跳甲 *Phyllotreta striolata* (Fabricius)**

寄　　主　山杨，滇梨，枣树。

分布范围　上海、江苏、福建、江西、四川、陕西。

发生地点　上海：浦东新区；

江苏：扬州市江都区；

福建：泉州市永春县；

四川：自贡市沿滩区、荣县；

陕西：渭南市大荔县。

发生面积　170 亩

危害指数　0.3922

● **铜色潜跳甲 *Podagricomela cuprea* Wang**

中文异名　铜色花椒跳甲

寄　　主　花椒。

分布范围　四川、云南、陕西、甘肃。

发生地点　云南：昭通市永善县；
陕西：渭南市潼关县；
甘肃：天水市武山县，临夏回族自治州临夏县、积石山保安族东乡族撒拉族自治县。
发生面积　30747 亩
危害指数　0. 6765

• 蓝色橘潜跳甲 *Podagricomela cyanea* Chen

中文异名　蓝橘潜跳甲
寄　　主　野香橼花，柑橘。
分布范围　江苏、江西。
发生地点　江西：萍乡市湘东区。

• 柑橘潜跳甲 *Podagricomela nigricollis* Chen

中文异名　柑橘潜叶甲
寄　　主　文旦柚，柑橘，花椒。
分布范围　江苏、浙江、福建、江西、湖北、湖南、广东、广西、重庆、四川。
发生地点　福建：漳州市芗城区、龙文区，泉州市安溪县；
广西：南宁市横县；
重庆：北碚区；
四川：眉山市青神县。
发生面积　683 亩
危害指数　0. 3333

• 花椒潜跳甲 *Podagricomela shirahatai*（Chûjô）

中文异名　花椒叶甲、潜跳甲
寄　　主　猴樟，花椒，野花椒，木芙蓉，女贞。
分布范围　河北、山西、江苏、山东、河南、四川、贵州、陕西、甘肃。
发生地点　河北：邯郸市涉县；
江苏：常州市天宁区；
河南：洛阳市嵩县；
四川：自贡市自流井区，甘孜藏族自治州新龙县；
陕西：宝鸡市渭滨区、陈仓区、凤县、太白县，渭南市华州区、华阴市，韩城市；
甘肃：天水市秦安县，平凉市华亭县，陇南市武都区、文县、宕昌县、西和县、礼县，甘南藏族自治州舟曲县。
发生面积　96016 亩
危害指数　0. 5349

• 枸橘潜叶跳甲 *Podagricomela weisei* Heikertinger

寄　　主　野香橼花，柑橘，枳，野花椒。
分布范围　华东，河南、湖北、湖南、广东、四川、陕西、甘肃。
发生地点　陕西：宁东林业局。

• 漆树叶甲 *Podontia lutea* (Olivier)

中文异名　黄色凹缘跳甲、漆树黄叶甲、黄色漆树叶甲、野漆宽胸跳甲

寄　　主　银杏，马尾松，柳杉，杉木，桤木，刺榜，桑，八角，厚朴，肉桂，山鸡椒，枫香，山楂，火棘，悬钩子，橄榄，香椿，红椿，乌桕，黄连木，盐肤木，野漆树，漆树，龙眼，油茶，茶，木荷，黄牛木，巨尾桉，木犀，南方泡桐，大节竹，毛竹，苦竹，麻竹。

分布范围　华东、西南，湖北、湖南、广东、广西、陕西、甘肃。

发生地点　江苏：南京市雨花台区；

浙江：宁波市镇海区、象山县、奉化市；

安徽：芜湖市芜湖县，六安市金寨县；

福建：泉州市安溪县，龙岩市新罗区，福州国家森林公园；

湖北：恩施土家族苗族自治州来凤县；

湖南：株洲市芦淞区、天元区、云龙示范区，衡阳市常宁市，益阳市桃江县，娄底市双峰县、新化县；

广东：广州市从化区，肇庆市四会市，惠州市惠城区、惠阳区，云浮市新兴县；

广西：南宁市邕宁区，桂林市雁山区、阳朔县、永福县、灌阳县、平乐县，梧州市长洲区、龙圩区、苍梧县，贵港市平南县、桂平市，玉林市北流市，贺州市平桂区，崇左市江州区、龙州县，派阳山林场；

重庆：黔江区，城口县、丰都县、武隆区、奉节县、巫山县、巫溪县、秀山土家族苗族自治县、酉阳土家族苗族自治县；

四川：乐山市犍为县、峨边彝族自治县，宜宾市筠连县、兴文县，卧龙保护区；

贵州：六盘水市盘县；

云南：昭通市永善县、镇雄县；

陕西：西安市周至县，渭南市临渭区、华州区、华阴市，安康市平利县、镇坪县，商洛市商州区、丹凤县，长青保护区，宁东林业局、太白林业局；

甘肃：白水江自然保护区。

发生面积　25625 亩

危害指数　0.3439

• 茄蚤跳甲 *Psylliodes balyi* Jacoby

寄　　主　山杨，柳树。

分布范围　西南，江苏、福建。

发生地点　江苏：盐城市大丰区、响水县、建湖县；

四川：宜宾市南溪区。

发生面积　139 亩

危害指数　0.3333

• 枸杞跳甲 *Psylliodes obscurofasciata* Chen

寄　　主　枸杞。

分布范围　河北、山西、陕西、甘肃、宁夏。

发生地点　宁夏：石嘴山市大武口区。

- **木槿沟基跳甲 *Sinocrepis micans* Chen**

寄　　主　木芙蓉，木槿。

分布范围　华东，湖北、广西、四川、贵州。

发生地点　上海：浦东新区；

江苏：苏州市高新技术开发区、昆山市、太仓市；

山东：烟台市莱山区。

- **谷氏黑守瓜 *Aulacophora coomani* Laboissiere**

寄　　主　桤木。

分布范围　安徽、福建、湖南、广东、四川。

发生地点　安徽：合肥市庐阳区；

四川：遂宁市安居区。

- **黄足黄守瓜 *Aulacophora indica*（Gmelin）**

中文异名　黄守瓜

寄　　主　山杨，核桃，桤木，栗，苦槠栲，槲栎，朴树，榆树，构树，无花果，黄葛树，桑，樟树，木姜子，枫香，桃，杏，樱花，木瓜，苹果，石楠，梨，柑橘，重阳木，乌桕，黄杨，漆树，枣树，葡萄，中华猕猴桃，油茶，茶，喜树，巨尾桉，尾叶桉，小叶女贞，小蜡，罗汉果。

分布范围　华东、中南、西南，河北、陕西。

发生地点　上海：浦东新区；

江苏：南京市浦口区、雨花台区，无锡市惠山区，盐城市阜宁县，镇江市句容市；

浙江：宁波市江北区、镇海区、鄞州区、象山县，温州市平阳县，衢州市常山县，舟山市嵊泗县，台州市黄岩区、三门县、仙居县；

安徽：芜湖市无为县；

福建：泉州市永春县，漳州市诏安县，南平市延平区；

湖北：武汉市东西湖区，荆门市掇刀区；

广东：广州市增城区，惠州市惠阳区；

广西：百色市靖西市，河池市都安瑶族自治县；

四川：自贡市贡井区、沿滩区，绵阳市平武县，遂宁市射洪县、大英县，内江市市中区、威远县、隆昌县，宜宾市兴文县，雅安市雨城区，巴中市通江县，资阳市雁江区，阿坝藏族羌族自治州汶川县，甘孜藏族自治州泸定县，凉山彝族自治州布拖县；

陕西：西安市周至县，渭南市华州区，商洛市丹凤县。

发生面积　18967 亩

危害指数　0.4044

- **黄足黑守瓜 *Aulacophora lewisii* Baly**

寄　　主　银杏，核桃，枫杨，栎，朴树，榆树，大果榉，构树，桑，樟树，油樟，红花檵木，桃，木瓜，石楠，梨，蔷薇，柑橘，柠檬，油茶。

分布范围　华东，辽宁、湖北、湖南、广东、广西、重庆、四川、陕西。

发生地点　江苏：南京市雨花台区，淮安市洪泽区，盐城市阜宁县；

浙江：宁波市北仑区、鄞州区、宁海县，嘉兴市嘉善县；

安徽：芜湖市无为县；

福建：泉州市永春县；

湖南：常德市鼎城区；

重庆：万州区，秀山土家族苗族自治县、酉阳土家族苗族自治县；

四川：自贡市自流井区、沿滩区，绵阳市三台县，内江市市中区、威远县、隆昌县，宜宾市翠屏区，巴中市平昌县，资阳市雁江区。

发生面积　15208 亩

危害指数　0.4933

- **黑足黑守瓜 *Aulacophora nigripennis* (Motschulsky)**

中文异名　黑足守瓜

寄　　主　黑杨，桑，樟树，刺槐，柑橘，葡萄，紫薇，木犀，罗汉果。

分布范围　华东，北京、河北、山西、黑龙江、湖北、重庆、四川、陕西。

发生地点　江苏：南京市栖霞区、江宁区、六合区，淮安市淮阴区、洪泽区，镇江市京口区、镇江新区、润州区、丹阳市；

浙江：台州市黄岩区、三门县、仙居县；

福建：泉州市安溪县、永春县；

湖北：荆州市洪湖市；

重庆：秀山土家族苗族自治县、酉阳土家族苗族自治县；

四川：成都市都江堰市，乐山市马边彝族自治县。

发生面积　6310 亩

危害指数　0.4950

- **肩斑隐头叶甲 *Cryptocephalus bipunctatus cautus* Weise**

寄　　主　杨，柳树，毛榛，麻栎。

分布范围　东北，河北、内蒙古、江苏、山东、陕西、甘肃。

发生地点　甘肃：兰州市西固区。

发生面积　4500 亩

危害指数　0.3333

- **内蒙古隐头叶甲 *Cryptocephalus bivulneratus* Faldermann**

寄　　主　旱榆。

分布范围　宁夏。

- **绿兰隐头叶甲 *Cryptocephalus cyanescens* Weise**

寄　　主　杨，榆树。

分布范围　华北，吉林、黑龙江、江苏、山东、青海。

发生地点　河北：石家庄市正定县。

• **丽隐头叶甲 *Cryptocephalus festivus* Jacoby**

寄　　主　山杨，长梗柳。

分布范围　江苏、浙江、福建、江西、山东、湖北、四川。

发生地点　四川：南充市西充县。

• **柳隐头叶甲 *Cryptocephalus hieracii* Weise**

寄　　主　柳树。

分布范围　东北，河北、四川、甘肃。

发生地点　河北：石家庄市正定县。

• **酸枣隐头叶甲 *Cryptocephalus japanus* Baly**

寄　　主　鼠李，枣树，酸枣。

分布范围　东北，北京、河北、山西、山东、湖北、陕西。

发生地点　河北：石家庄市井陉县，保定市唐县，沧州市黄骅市；

　　　　　山东：泰安市泰山林场。

发生面积　1160 亩

危害指数　0. 3362

• **斑额隐头叶甲 *Cryptocephalus kulibini* Gebler**

寄　　主　杏，胡枝子。

分布范围　华北、东北，山东、陕西、甘肃。

发生地点　河北：保定市阜平县，张家口市怀来县、涿鹿县、赤城县。

发生面积　175 亩

危害指数　0. 3333

• **榆隐头叶甲 *Cryptocephalus lemniscatus* Suffrian**

寄　　主　山杨，垂柳，旱柳，旱榆，榆树。

分布范围　东北，北京、河北、山西、江苏、山东、陕西、宁夏。

发生地点　北京：丰台区、大兴区；

　　　　　江苏：淮安市金湖县；

　　　　　宁夏：吴忠市盐池县。

发生面积　1010 亩

危害指数　0. 4653

• **槭隐头叶甲 *Cryptocephalus mannerheimi* Gebler**

寄　　主　山杨，旱榆，榆树，石楠，梨，茶条槭。

分布范围　华北、东北，江苏、陕西、宁夏。

发生地点　河北：张家口市赤城县；

　　　　　江苏：淮安市金湖县。

发生面积　126 亩

危害指数　0.3995

• **黄缘隐头叶甲 *Cryptocephalus ochroloma* Gebler**

寄　　主　柳树，榆树。

分布范围　华北、东北，甘肃、宁夏。

发生地点　宁夏：中卫市中宁县。

• **黄头隐头叶甲 *Cryptocephalus permodestus* Baly**

寄　　主　柳树，麻栎。

分布范围　山东、陕西。

• **毛隐头叶甲 *Cryptocephalus pilosellus* Suffrian**

寄　　主　榆树，枣树，酸枣。

分布范围　北京、河北、山西、黑龙江、山东、陕西、宁夏。

• **斑腿隐头叶甲 *Cryptocephalus pustulipes* Menetries**

寄　　主　柳树，麻栎，榆树，野桐。

分布范围　华北、东北，江苏、浙江、江西、山东、四川、甘肃。

发生地点　河北：张家口市赤城县；

　　　　　江苏：镇江市句容市。

发生面积　125 亩

危害指数　0.3333

• **斑鞘隐头叶甲 *Cryptocephalus regalis* Gebler**

寄　　主　青杨，榆树，胡枝子。

分布范围　华北，吉林、黑龙江、江苏、湖北、陕西。

• **黑纹隐头叶甲 *Cryptocephalus semenovi* Weise**

寄　　主　榛子。

分布范围　华北，吉林、黑龙江、陕西、甘肃、青海。

• **山西隐头叶甲 *Cryptocephalus shansiensis* Chen**

寄　　主　杏。

分布范围　河北。

• **黑斑隐头叶甲 *Cryptocephalus signaticeps* Baly**

寄　　主　山杨。

分布范围　宁夏。

发生地点　宁夏：吴忠市盐池县。

发生面积　2300 亩

危害指数　0.3768

• **十四斑隐头叶甲 *Cryptocephalus tetradecaspilotus* Baly**

寄　　主　云南油杉，构树，黄葛树，八角枫，慈竹。

分布范围　江苏、浙江、福建、江西、湖北、广东、四川。
发生地点　四川：攀枝花市东区，遂宁市安居区、大英县。
发生面积　306 亩
危害指数　0.4423

• 三带隐头叶甲 *Cryptocephalus trifasciatus* Fabricius

寄　　主　小叶杨，毛榛，檵木，算盘子，油茶，茶，木荷，紫薇，榄仁树，毛叶桉。
分布范围　浙江、福建、江西、湖南、广东、广西、云南、甘肃。
发生地点　浙江：台州市黄岩区；
　　　　　广东：肇庆市高要区、四会市，汕尾市陆河县、陆丰市，云浮市新兴县；
　　　　　甘肃：兰州市西固区。
发生面积　4610 亩
危害指数　0.3336

• 亚州切头叶甲 *Coptocephala asiatica* Chûjô

寄　　主　山杨，沙柳，旱榆。
分布范围　华北，吉林、黑龙江、陕西、青海、宁夏。
发生地点　宁夏：吴忠市盐池县。
发生面积　5500 亩
危害指数　0.3636

• 黑盾锯角叶甲 *Clytra atraphaxidis*（Pallas）

寄　　主　小叶杨，旱榆。
分布范围　宁夏。

• 光背锯角叶甲 *Clytra laeviuscula* Ratzeburg

寄　　主　柏木，山杨，旱柳，白桦，水青冈，麻栎，榆树，银桦，苹果，玫瑰，降香，胡枝子，刺槐，柑橘，卫矛，鼠李。
分布范围　东北，北京、河北、山西、江苏、江西、山东、湖北、云南、陕西、宁夏。
发生地点　北京：石景山区、密云区；
　　　　　河北：张家口市沽源县、涿鹿县、赤城县，雾灵山保护区；
　　　　　云南：西双版纳傣族自治州景洪市；
　　　　　陕西：渭南市华州区、大荔县，安康市旬阳县；
　　　　　宁夏：银川市西夏区。
发生面积　1014 亩
危害指数　0.3333

• 粗背锯角叶甲 *Clytra quadripunctata*（Linnaeus）

寄　　主　山杨，柳树，白桦，榛子，山楂。
分布范围　黑龙江、陕西、宁夏、新疆。

• 梳叶甲 *Clytrasoma palliatum*（Fabricius）

寄　　主　油松，麻栎。

分布范围 浙江、福建、江西、湖北、湖南、广东、广西、四川、云南、陕西。
发生地点 陕西：商洛市丹凤县。
发生面积 100 亩
危害指数 0. 3333

• **二点钳叶甲 *Labidostomis bipunctata* (Mannerheim)**
寄　　主 北京杨，青杨，山杨，柳树，旱榆，榆树，柠条锦鸡儿，胡枝子，刺槐，枣树，酸枣。
分布范围 华北、东北、西北，安徽、山东。
发生地点 北京：大兴区；
河北：石家庄市井陉矿区，张家口市沽源县、怀来县；
内蒙古：鄂尔多斯市鄂托克前旗，乌兰察布市四子王旗；
陕西：渭南市华州区、大荔县，宁东林业局；
青海：西宁市城西区；
宁夏：吴忠市红寺堡区。
发生面积 6553 亩
危害指数 0. 3333

• **光泽钳叶甲 *Labidostomis centrisculpta* Pic**
寄　　主 山杨。
分布范围 新疆。

• **中华钳叶甲 *Labidostomis chinensis* Lefèvre**
寄　　主 青杨，山杨，桦木，榆树，胡枝子，刺槐，槐树，枣树。
分布范围 华北、东北，安徽、山东、陕西、甘肃、宁夏。
发生地点 陕西：渭南市华州区。

• **毛胸钳叶甲 *Labidostomis pallidipennis* (Gebler)**
寄　　主 山杨，垂柳，榆树。
分布范围 河北、湖北、宁夏、新疆。

• **双带方额叶甲 *Physauchenia bifasciata* (Jacoby)**
寄　　主 黑荆树，柑橘，算盘子。
分布范围 江苏、浙江、福建、江西、湖北、湖南、广东、广西、四川、云南。
发生地点 浙江：宁波市北仑区、宁海县。

• **光叶甲 *Smaragdina laevicollis* (Jacoby)**
寄　　主 云杉，胡枝子。
分布范围 江苏、浙江、福建、江西、湖北、四川、陕西。

• **酸枣光叶甲 *Smaragdina mandzhura* (Jacobson)**
寄　　主 榆树，枣树，酸枣。
分布范围 华北、东北，江苏、浙江、山东、陕西。
发生地点 北京：顺义区、密云区。

● **黑额光叶甲** ***Smaragdina nigrifrons*** **(Hope)**

中文异名　黑额长筒金花虫

寄　　主　马尾松，杉木，柏木，黑杨，垂柳，旱柳，杨梅，核桃，桤木，榛子，板栗，麻栎，青冈，榆树，构树，桑，白兰，猴樟，樟树，桃，苹果，新疆野苹果，石楠，李，悬钩子，紫穗槐，刺桐，胡枝子，刺槐，文旦柚，柑橘，花椒，野花椒，臭椿，算盘子，麻疯树，乌桕，黄杨，盐肤木，冬青，酸枣，木槿，油茶，茶，紫薇，南紫薇，洋白蜡，女贞，木犀，黄荆。

分布范围　华东、中南，北京、河北、山西、辽宁、四川、贵州、陕西。

发生地点　北京：密云区；

上海：嘉定区、浦东新区；

江苏：南京市浦口区、栖霞区、雨花台区、江宁区、六合区，无锡市滨湖区，苏州市高新技术开发区、吴江区、昆山市，淮安市淮阴区、清江浦区、盱眙县、金湖县，扬州市邗江区、江都区，镇江市新区、润州区、丹阳市、句容市，泰州市姜堰区；

浙江：宁波市江北区、镇海区、鄞州区、象山县、宁海县、余姚市、奉化市，温州市鹿城区、龙湾区、平阳县、瑞安市，嘉兴市嘉善县，舟山市嵊泗县，台州市黄岩区、三门县、天台县、仙居县、温岭市、临海市；

安徽：合肥市庐阳区；

福建：泉州市安溪县；

湖北：武汉市洪山区、东西湖区，黄冈市罗田县，仙桃市、潜江市；

湖南：株洲市芦淞区、天元区，益阳市桃江县；

广东：肇庆市高要区，清远市连州市，云浮市郁南县、罗定市；

四川：自贡市大安区，绵阳市三台县、梓潼县，遂宁市蓬溪县、大英县，眉山市仁寿县，雅安市芦山县；

陕西：安康市旬阳县，宁东林业局。

发生面积　41686 亩

危害指数　0.4831

● **梨光叶甲** ***Smaragdina semiaurantiaca*** **(Fairmaire)**

寄　　主　云杉，杨树，柳树，核桃楸，青冈，榆树，鳄梨，杏，苹果，沙梨，秋子梨，川梨，刺槐，色木槭，丁香。

分布范围　东北，北京、河北、江苏、山东、湖北、四川、陕西、宁夏。

发生地点　北京：丰台区、顺义区；

河北：保定市唐县，张家口市沽源县、赤城县；

四川：南充市西充县，广安市前锋区；

陕西：渭南市华州区。

发生面积　329 亩

危害指数　0.3384

● **黄臀短柱叶甲** ***Pachybrachis ochropygus*** **Solsky**

寄　　主　山杨，旱柳，旱榆，毛梾，白蜡树，慈竹。

分布范围　河北、山东、四川、宁夏。
发生地点　山东：黄河三角洲保护区；
　　　　　四川：遂宁市大英县。
发生面积　667 亩
危害指数　0.3333

• 花背短柱叶甲 *Pachybrachis scriptidorsum* Marseul
寄　　主　柳树，胡枝子。
分布范围　河北、辽宁、山东、陕西、宁夏。
发生地点　河北：保定市唐县。

• 双斑盾叶甲 *Aspidolopha bisignata* Pic
寄　　主　山杨，旱榆。
分布范围　陕西、宁夏。
发生地点　陕西：渭南市华州区。

• 皱背叶甲 *Abiromorphus anceyi* Pic
寄　　主　水杉，山杨，黑杨，毛白杨，垂柳，核桃，枫杨，桑，桃，日本樱花，石楠，红叶李，梨，刺槐，枣树，梧桐，水曲柳，迎春花，木犀。
分布范围　北京、河北、吉林、上海、江苏、浙江、安徽、山东、湖北、四川、陕西、宁夏。
发生地点　河北：保定市唐县；
　　　　　上海：宝山区、奉贤区；
　　　　　江苏：盐城市大丰区、响水县、建湖县，扬州市邗江区、广陵区、江都区、宝应县；
　　　　　安徽：芜湖市芜湖县；
　　　　　山东：聊城市东阿县、经济技术开发区；
　　　　　湖北：荆门市沙洋县，荆州市洪湖市；
　　　　　四川：南充市高坪区、西充县，广安市前锋区；
　　　　　宁夏：固原市西吉县。
发生面积　612 亩
危害指数　0.3333

• 桑皱鞘叶甲 *Abirus fortunei* (Baly)
寄　　主　雪松，山杨，黑杨，旱柳，榆树，桑，玉兰，桃，石楠，文旦柚。
分布范围　江苏、浙江、江西、湖北、湖南、广东、广西、四川、贵州、云南、宁夏。
发生地点　江苏：盐城市亭湖区、阜宁县、建湖县，扬州市宝应县，镇江市句容市；
　　　　　湖北：武汉市洪山区、东西湖区，仙桃市；
　　　　　四川：自贡市大安区。
发生面积　173 亩
危害指数　0.3603

• 葡萄丽叶甲 *Acrothinium gaschkevitchii* (Motschulsky)
中文异名　红背艳金花虫

寄　　主　杉木，山杨，苹果，合欢，葡萄，油茶，鹅掌柴。
分布范围　华东，湖南、广西、四川。
发生地点　江苏：淮安市洪泽区；
　　　　　福建：泉州市安溪县；
　　　　　江西：宜春市高安市；
　　　　　湖南：永州市祁阳县；
　　　　　广西：桂林市永福县；
　　　　　四川：攀枝花市米易县，凉山彝族自治州盐源县。
发生面积　176 亩
危害指数　0. 3352

• 黑斑厚缘叶甲 *Aoria bowringii*（Baly）
寄　　主　柳树，桑。
分布范围　江苏、江西、湖北、广东、广西、海南、贵州、云南。
发生地点　江苏：盐城市大丰区、阜宁县。

• 黑腿厚缘叶甲 *Aoria nigripennis* Gressitt et Kimoto
寄　　主　葡萄。
分布范围　江西、河南、广东。

• 栗厚缘叶甲 *Aoria nucea*（Fairmaire）
寄　　主　柳树，栗，中华猕猴桃。
分布范围　福建、江西、湖北、广西、四川、云南、陕西。

• 棕红厚缘叶甲 *Aoria rufotestacea* Fairmaire
寄　　主　构树，石楠。
分布范围　河北、辽宁、江苏、浙江、湖北、四川、贵州、陕西。
发生地点　江苏：南京市雨花台区，扬州市宝应县，镇江市句容市。

• 钝角胸叶甲 *Basilepta davidi*（Lefevre）
寄　　主　杨，樱桃，山樱桃，李，黄槿。
分布范围　江苏、浙江、福建、江西、广东、广西、海南、四川、贵州、云南。
发生地点　福建：厦门市同安区；
　　　　　四川：广安市武胜县。

• 褐足角胸叶甲 *Basilepta fulvipes*（Motschulsky）
寄　　主　山杨，垂柳，枫杨，桤木，桑，梅，樱桃，苹果，李，梨，文旦柚，柑橘，油茶。
分布范围　华北、华北、华东，湖北、湖南、广东、广西、四川、贵州、云南、陕西。
发生地点　江苏：盐城市东台市；
　　　　　安徽：合肥市庐阳区，阜阳市颍东区、颍泉区；
　　　　　广东：云浮市罗定市；
　　　　　四川：广安市武胜县，雅安市石棉县。

发生面积　2119 亩
危害指数　0.3333

● **隆基角胸叶甲** ***Basilepta leechi*** **(Jacoby)**
寄　　主　核桃，栲树，栎，构树，天竺桂，桢楠，红叶李，文旦柚，油桐，紫薇，小叶女贞，黄竹，慈竹。
分布范围　江苏、浙江、福建、江西、湖北、广东、广西、四川、贵州、云南。
发生地点　浙江：宁波市宁海县，台州市黄岩区、天台县；
　　　　　湖北：荆门市京山县，仙桃市、潜江市；
　　　　　四川：自贡市自流井区、大安区、沿滩区，内江市市中区，宜宾市兴文县。
发生面积　167 亩
危害指数　0.3333

● **茶角胸叶甲** ***Basilepta melanopus*** **(Lefevre)**
中文异名　黑足角胸叶甲
寄　　主　油茶。
分布范围　福建、江西、湖北、广东、海南。
发生地点　福建：三明市尤溪县；
　　　　　江西：吉安市永新县。
发生面积　978 亩
危害指数　0.3333

● **圆角胸叶甲** ***Basilepta ruficolle*** **(Jacoby)**
寄　　主　核桃，板栗。
分布范围　江苏、浙江、福建、湖北、广西、四川、贵州、云南。

● **葡萄叶甲** ***Bromius obscurus*** **(Linnaeus)**
寄　　主　核桃，构树，刺槐，葡萄，圆叶葡萄。
分布范围　河北、山西、黑龙江、江苏、福建、湖北、湖南、四川、贵州、西藏、陕西、甘肃、新疆。
发生地点　河北：石家庄市新乐市，承德市双桥区；
　　　　　江苏：镇江市新区；
　　　　　湖南：邵阳市隆回县；
　　　　　四川：凉山彝族自治州盐源县。
发生面积　154 亩
危害指数　0.3333

● **光彩突肩叶甲** ***Cleorina aeneomicans*** **(Baly)**
寄　　主　柳树，栲树。
分布范围　江苏、福建、江西、湖北、广东、广西、四川、云南、西藏。
发生地点　江苏：盐城市响水县、阜宁县。

- **蓝紫萝藦肖叶甲** ***Chrysochus asclepiadeus*** **(Pallas)**

中文异名　萝藦叶甲

寄　　主　柠条锦鸡儿。

分布范围　内蒙古、宁夏。

发生地点　宁夏：银川市金凤区，吴忠市红寺堡区。

发生面积　201 亩

危害指数　0.3333

- **中华萝藦叶甲** ***Chrysochus chinensis*** **Baly**

中文异名　中华萝叶甲

寄　　主　雪松，松，翠柏，新疆杨，青杨，山杨，钻天杨，垂柳，旱柳，北沙柳，核桃，枫杨，板栗，榆树，大果榉，构树，桑，海桐，杏，山楂，石楠，李，火棘，梨，月季，红果树，滇桂合欢，柠条锦鸡儿，胡枝子，刺槐，槐树，楝树，重阳木，冬青卫矛，枣树，酸枣，葡萄，木槿，金丝桃，紫薇，桉树，柿，君迁子，白蜡树，小叶女贞，木犀，杠柳，黄荆。

分布范围　华北、东北、华东、西北，河南、湖北、四川。

发生地点　北京：朝阳区、海淀区、通州区、顺义区、昌平区、平谷区、密云区；

河北：邢台市沙河市，张家口市怀来县、涿鹿县，廊坊市霸州市；

山西：晋中市灵石县；

江苏：南京市浦口区，徐州市沛县，常州市金坛区、溧阳市，淮安市金湖县，盐城市盐都区、大丰区、响水县、阜宁县、射阳县、建湖县、东台市，扬州市邗江区、江都区、宝应县、高邮市，泰州市姜堰区；

福建：漳州市漳浦县、诏安县；

山东：青岛市胶州市，东营市广饶县，烟台市芝罘区，泰安市泰山林场，临沂市沂水县；

四川：遂宁市大英县；

陕西：咸阳市乾县，渭南市白水县，榆林市绥德县、子洲县，太白林业局；

甘肃：白银市靖远县，白龙江林业管理局；

宁夏：银川市永宁县，石嘴山市大武口区、惠农区，吴忠市红寺堡区、盐池县。

发生面积　8221 亩

危害指数　0.3853

- **亮叶甲** ***Chrysolampra splendens*** **Baly**

寄　　主　马尾松，杉木，黑杨，垂柳，旱柳，构树，猴樟，樟树，海桐，枫香，桃，樱桃，石楠，红叶李，梨，紫薇。

分布范围　华东，辽宁、湖北、湖南、广东、四川、贵州。

发生地点　江苏：扬州市邗江区、宝应县、经济技术开发区；

湖北：武汉市洪山区、东西湖区，荆门市京山县，仙桃市、潜江市；

四川：宜宾市筠连县。

发生面积　323 亩

危害指数　0.3333

- **红胸樟叶甲** ***Chalcolema cinnamoni*** **Chen et Wang**

寄　　主　猴樟，樟树，柳叶沙棘。
分布范围　山西、辽宁、浙江、四川、云南。
发生地点　浙江：台州市玉环县；
　　　　　四川：甘孜藏族自治州九龙县，凉山彝族自治州盐源县。
发生面积　211 亩
危害指数　0.3333

- **李叶甲** ***Cleoporus variabilis*** **(Baly)**

中文异名　云南松叶甲、云南叶甲、李肖叶甲
寄　　主　川西云杉，华山松，马尾松，云南松，桤木，麻栎，青冈，桃，李，沙梨，胡枝子，马桑，油茶，大叶桉。
分布范围　东北、华东、中南，北京、河北、山西、四川、贵州、云南、陕西、青海。
发生地点　江西：萍乡市湘东区、芦溪县；
　　　　　湖南：株洲市醴陵市，衡阳市耒阳市；
　　　　　广西：百色市乐业县；
　　　　　四川：攀枝花市米易县、盐边县、普威局，遂宁市蓬溪县、射洪县，凉山彝族自治州西昌市；
　　　　　云南：昆明市五华区，楚雄彝族自治州永仁县；
　　　　　青海：果洛藏族自治州玛可河林业局。
发生面积　9758 亩
危害指数　0.5060

- **中华沟臀叶甲** ***Colaspoides chinensis*** **Jacoby**

寄　　主　山杨，柳树，榆树，枫香。
分布范围　河北、江苏、浙江、福建、广东、广西。
发生地点　河北：承德市滦平县。

- **毛股沟臀叶甲** ***Colaspoides femoralis*** **Lefevre**

寄　　主　板栗，油桐，油茶，茶，木荷。
分布范围　山西、江西、山东、湖北、广东、广西、贵州。
发生地点　江西：赣州市安远县。

- **刺股沟臀叶甲** ***Colaspoides opaca*** **Jacoby**

寄　　主　马尾树，青冈，构树，山茶，油茶，小果油茶，木荷。
分布范围　江苏、福建、江西、山东、湖南、广东、广西、四川、贵州。
发生地点　福建：福州国家森林公园；
　　　　　四川：内江市隆昌县。

- **甘薯叶甲丽鞘亚种** ***Colasposoma dauricum auripenne*** **(Motschulsky)**

寄　　主　马尾松，罗汉松，黑杨，柳树，核桃，枫杨，桤木，栎，青冈，刺槐，油桐，喜树，

泡桐。

分布范围　北京、黑龙江、浙江、福建、江西、山东、湖北、湖南、广东、广西、四川、云南、陕西。

发生地点　北京：东城区、石景山区、密云区；
山东：泰安市肥城市，聊城市东阿县。

• 甘薯肖叶甲 *Colasposoma dauricum* Mannerheim

寄　　主　山杨，棉花柳，枫杨，月季，柠条锦鸡儿，刺槐，长叶黄杨，冬青卫矛。

分布范围　华北、东北、华东、西北，河南、湖北、湖南、广西、海南、重庆、四川、云南。

发生地点　浙江：宁波市镇海区；
湖南：岳阳市岳阳县；
四川：雅安市雨城区；
陕西：榆林市米脂县。

发生面积　6250 亩

危害指数　0. 3979

• 曲胫甘薯叶甲 *Colasposoma pretiosum* Baly

寄　　主　山杨，柳树，樱花，柠条锦鸡儿，刺槐，槐树，油桐，乌桕。

分布范围　山西、福建、湖北、陕西。

发生地点　福建：南平市延平区；
陕西：榆林市米脂县。

发生面积　152 亩

危害指数　0. 3333

• 茶叶甲 *Demotina fasciculata* Baly

中文异名　茶肖叶甲

寄　　主　栎，茶，梾木。

分布范围　福建、江西、广东、湖北。

发生地点　湖北：武汉市新洲区。

• 油茶叶甲 *Demotina thei* Chen

中文异名　油茶肖叶甲

寄　　主　栎，油茶，茶。

分布范围　福建、江西、湖南、广西、四川、贵州、云南。

发生地点　湖南：衡阳市衡南县、耒阳市、常宁市；
广西：柳州市柳江区、三江侗族自治县，贺州市八步区。

发生面积　12357 亩

危害指数　0. 3602

• 瘤鞘茶叶甲 *Demotina tuberosa* Chen

中文异名　瘤鞘茶肖叶甲

寄　　主　油茶。

分布范围　浙江、福建、江西、贵州。

● **黄毛额叶甲** ***Diapromorph pallens*** **(Fabricius)**

寄　　主　柳杉，茶。
分布范围　浙江、海南、云南。
发生地点　浙江：台州市黄岩区。

● **粉筒胸叶甲** ***Lypesthes ater*** **(Motschulsky)**

寄　　主　华山松，油松，青冈，漆树，楸。
分布范围　浙江、福建、江西、湖北、广东、广西、四川、贵州、云南、陕西。

● **中华球叶甲** ***Nodina chinensis*** **Weise**

寄　　主　杉木，核桃，紫薇。
分布范围　福建、四川。
发生地点　福建：三明市尤溪县。
发生面积　291 亩
危害指数　1.0000

● **斑鞘豆叶甲** ***Pagria signata*** **(Motschulsky)**

寄　　主　胡枝子。
分布范围　山东。

● **杨梢叶甲** ***Parnops glasunowi*** **Jacobson**

寄　　主　新疆杨，北京杨，青杨，山杨，黑杨，毛白杨，白柳，垂柳，旱柳，榆树，梨，蒙古岩黄耆，胡枝子，栾树，柳叶鼠李，枸杞。
分布范围　华北，辽宁、吉林、江苏、浙江、安徽、山东、河南、湖北、贵州、西北。
发生地点　北京：石景山区、通州区、顺义区；
河北：唐山市乐亭县、玉田县，秦皇岛市青龙满族自治县、昌黎县，邢台市临西县、南宫市，保定市顺平县，沧州市东光县，廊坊市永清县、文安县，衡水市枣强县、武邑县、安平县；
内蒙古：通辽市科尔沁左翼后旗，鄂尔多斯市达拉特旗，巴彦淖尔市乌拉特前旗，乌兰察布市四子王旗；
江苏：徐州市丰县、沛县、睢宁县；
浙江：杭州市萧山区；
安徽：合肥市包河区，亳州市涡阳县、蒙城县；
山东：济南市商河县，枣庄市台儿庄区，东营市河口区、垦利县、利津县，潍坊市昌邑市，济宁市鱼台县、曲阜市，泰安市新泰市，临沂市蒙阴县，德州市齐河县、平原县、夏津县、武城县、禹城市，聊城市阳谷县、东阿县、冠县、高唐县，菏泽市牡丹区、定陶区、曹县、单县、成武县、东明县，黄河三角洲保护区；
河南：郑州市惠济区、中牟县，开封市龙亭区，洛阳市嵩县，焦作市武陟县、温县、孟州市，濮阳市范县，三门峡市灵宝市，南阳市淅川县，商丘市民权县、虞城县，周口市西华县，巩义市；

陕西：渭南市华州区，榆林市米脂县；

甘肃：白银市靖远县、景泰县，酒泉市敦煌市；

宁夏：吴忠市红寺堡区、盐池县、同心县，固原市西吉县。

发生面积　78368 亩

危害指数　0.4028

• 内蒙杨梢叶甲 *Parnops ordossana* Jacobson

寄　　主　山杨。

分布范围　陕西。

• 茶扁角叶甲 *Platycorynus igneicollis*（Hope）

寄　　主　旱柳，构树，樟树，石楠，红叶李，火棘，茶，柿，白蜡树，木犀，络石，毛竹。

分布范围　江苏、浙江、福建、江西、湖北、广东。

发生地点　江苏：南京市浦口区、雨花台区，无锡市锡山区、惠山区、滨湖区、宜兴市，扬州市江都区，镇江市句容市；

浙江：宁波市鄞州区，温州市鹿城区、龙湾区，嘉兴市嘉善县，金华市东阳市；

湖北：仙桃市、潜江市。

发生面积　13734 亩

危害指数　0.4914

• 绿缘扁角叶甲 *Platycorynus parryi* Baly

寄　　主　马尾松，杉木，黑杨，板栗，朴树，构树，桑，玉兰，猴樟，李叶绣线菊，槐树，红椿，油茶，茶，女贞，小叶女贞，夹竹桃，络石，毛竹，慈竹。

分布范围　华东，辽宁、湖北、湖南、广东、广西、四川、贵州、陕西。

发生地点　江苏：南京市浦口区、栖霞区，淮安市淮阴区，镇江市新区、润州区、丹阳市、句容市；

湖北：武汉市东西湖区，黄冈市罗田县，仙桃市、潜江市；

湖南：常德市鼎城区；

广东：云浮市罗定市。

发生面积　457 亩

危害指数　0.3333

• 蓝扁角叶甲 *Platycorynus peregrinus*（Herbst）

寄　　主　马尾松，油松，山杨，旱柳，榛子，栎，榆树，八角，猴樟，刺槐，油桐，漆树，枣树，木槿，梧桐，桉树，木犀，牛角瓜，楸。

分布范围　上海、江苏、山东、广西、四川、贵州、云南、陕西。

发生地点　上海：宝山区、金山区、松江区、青浦区、奉贤区，崇明县；

江苏：南京市六合区，淮安市淮阴区，镇江市新区、润州区、丹徒区、丹阳市；

山东：潍坊市坊子区；

广西：防城港市上思县；

陕西：咸阳市彬县，渭南市华州区、大荔县。
发生面积　1307 亩
危害指数　0.3349

• 短毛大毛叶甲 *Trichochrysea cephalotes* (Lefèvre)
寄　　主　杉木，桤木，栎。
分布范围　四川。

• 大毛叶甲 *Trichochrysea imperialis* (Baly)
寄　　主　杉木，桤木，栎，山合欢，胡枝子，刺槐。
分布范围　江苏、浙江、福建、江西、湖北、湖南、广东、广西、四川、贵州、云南、陕西。

• 银纹毛叶甲 *Trichochrysea japana* (Motschulsky)
寄　　主　山杨，核桃，桤木，板栗，苹果，油茶。
分布范围　北京、辽宁、江苏、浙江、福建、江西、湖北、广东、广西、海南、四川、贵州、云南。

• 合欢毛叶甲 *Trichochrysea nitidissima* (Jacoby)
寄　　主　青冈，合欢，黄檀。
分布范围　浙江、江西、湖南、广西、海南、四川、云南、陕西。

• 杉针黄叶甲 *Xanthonia collaris* Chen
寄　　主　落叶松，云杉，杉木。
分布范围　山西、江西、四川、西藏、甘肃、青海。
发生地点　甘肃：白龙江林业管理局。
发生面积　8000 亩
危害指数　0.4000

• 印度柱胸叶甲 *Agrosteomela indica* (Hope)
寄　　主　桤木。
分布范围　云南。
发生地点　云南：玉溪市元江哈尼族彝族傣族自治县。

• 琉璃叶甲 *Ambrostoma fortunei* (Baly)
中文异名　琉璃榆叶甲、榆夏叶甲
寄　　主　山杨，榆树。
分布范围　华东，河北、内蒙古、河南、湖北、湖南、贵州、陕西。
发生地点　浙江：温州市鹿城区、龙湾区。
发生面积　2400 亩
危害指数　0.5139

• 榆紫叶甲 *Ambrostoma quadriimpressum* (Motschulsky)
中文异名　密点缺缘叶甲、榆紫金花虫

寄　　主　柏木，巴克柏木，黑杨，柳树，核桃，板栗，槲栎，朴树，旱榆，大果榆，榔榆，春榆，榆树，大果榉，榕树，盖裂木，猴樟，杏，李，紫薇，石榴，喜树，迎春花，络石。

分布范围　华北、东北、华东，河南、湖北、四川、贵州、陕西、甘肃、宁夏。

发生地点　北京：石景山区、顺义区、密云区、延庆区；

河北：唐山市玉田县，张家口市阳原县、怀来县、赤城县，廊坊市霸州市；

山西：朔州市朔城区，晋中市祁县；

内蒙古：赤峰市翁牛特旗，通辽市科尔沁区、科尔沁左翼中旗、科尔沁左翼后旗、库伦旗、奈曼旗、扎鲁特旗、霍林郭勒市，呼伦贝尔市满洲里市，巴彦淖尔市临河区、乌拉特前旗、乌拉特中旗，锡林郭勒盟锡林浩特市、东乌珠穆沁旗；

辽宁：沈阳市浑南区、法库县、新民市，辽阳市宏伟区、辽阳县，铁岭市昌图县；

吉林：辽源市东丰县，白城市通榆县、洮南市，向海保护区；

黑龙江：哈尔滨市双城区、依兰县、五常市，齐齐哈尔市龙沙区、建华区、铁锋区、昂昂溪区、富拉尔基区、泰来县、克东县、齐齐哈尔市属林场，大庆市杜尔伯特蒙古族自治县，佳木斯市郊区、富锦市，黑河市逊克县，绥化市望奎县、海伦市国有林场；

上海：青浦区；

江苏：南京市浦口区、雨花台区，镇江市句容市；

浙江：杭州市桐庐县，宁波市江北区、鄞州区、奉化市，温州市鹿城区、苍南县，台州市黄岩区、三门县、天台县；

山东：潍坊市昌邑市，济宁市兖州区、鱼台县、汶上县、梁山县、经济技术开发区，泰安市泰山林场，聊城市东阿县、冠县；

河南：郑州市惠济区，三门峡市灵宝市；

湖北：荆门市掇刀区，黄冈市龙感湖；

四川：南充市西充县，宜宾市筠连县，广安市前锋区；

陕西：西安市周至县；

甘肃：金昌市金川区；

宁夏：银川市贺兰山管理局；

黑龙江森林工业总局：桃山林业局、朗乡林业局、南岔林业局，绥棱林业局。

发生面积　1436912 亩

危害指数　0.5060

• 沙蒿金叶甲 *Chrysolina aeruginosa*（Faldermann）

中文异名　漠金叶甲

寄　　主　沙蓬，柠条锦鸡儿，蒙古岩黄耆，枣树。

分布范围　河北、内蒙古、吉林、黑龙江、四川、西藏、甘肃、青海、宁夏。

发生地点　内蒙古：阿拉善盟阿拉善左旗、阿拉善右旗；

宁夏：银川市永宁县、灵武市，石嘴山市大武口区，吴忠市红寺堡区、盐池县、同心县。

发生面积　76782 亩

危害指数　0.5507

• **铜绿金叶甲 *Chrysolina aurata* Suffrian**

寄　　主　杨，柳树，黄荆。

分布范围　黑龙江、山东。

• **蒿金叶甲 *Chrysolina aurichalcea*（Mannerheim）**

寄　　主　馒头柳，核桃，桤木，榆树，桑，柑橘，长叶黄杨，火炬树，漆树，冬青卫矛，栾树，泡桐。

分布范围　东北、华东、西北，北京、河北、河南、湖北、湖南、广西、四川、贵州、云南。

发生地点　北京：朝阳区；

江苏：盐城市建湖县；

湖北：仙桃市；

四川：内江市资中县，凉山彝族自治州布拖县；

陕西：渭南市临渭区、华州区、白水县，榆林市子洲县，安康市旬阳县，宁东林业局；

宁夏：银川市永宁县，吴忠市红寺堡区。

发生面积　570 亩

危害指数　0.3848

• **薄荷金叶甲 *Chrysolina exanthematica*（Wiedemann）**

中文异名　花纹山叶甲

寄　　主　柳杉，山杨，柳树，黄葛树，薄荷。

分布范围　华东，河北、辽宁、吉林、河南、湖北、湖南、广东、四川、云南、青海、宁夏。

发生地点　浙江：宁波市奉化市；

四川：绵阳市梓潼县，南充市西充县；

宁夏：固原市彭阳县。

• **柳金叶甲 *Chrysolina polita*（Linnaeus）**

中文异名　光金叶甲

寄　　主　山杨，垂柳。

分布范围　四川、新疆。

• **弧斑叶甲 *Chrysomela lapponica* Linnaeus**

寄　　主　云南松，柳树，桤木，桦木。

分布范围　四川。

发生地点　四川：凉山彝族自治州布拖县。

发生面积　1193 亩

危害指数　0.3333

• **杨叶甲 *Chrysomela populi* Linnaeus**

中文异名　白杨叶甲、杨金花虫

寄　　主　柳杉，银白杨，新疆杨，加杨，青杨，山杨，胡杨，二白杨，大叶杨，苦杨，辽杨，黑杨，钻天杨，箭杆杨，川杨，毛白杨，小黑杨，滇杨，健杨，垂柳，黄柳，旱柳，山柳，核桃楸，核桃，辽东桤木，板栗，榆树，桑，土楠，沙枣，花曲柳。

分布范围　全国。

发生地点　北京：石景山区、密云区、延庆区；

河北：唐山市古冶区、丰润区、玉田县，邢台市沙河市，保定市唐县，张家口市万全区、张北县、尚义县、阳原县、怀安县、怀来县、涿鹿县、赤城县，承德市双滦区、高新区、承德县、平泉县、滦平县、隆化县、丰宁满族自治县、宽城满族自治县，沧州市盐山县，廊坊市文安县，雾灵山保护区；

山西：大同市广灵县，晋城市沁水县，晋中市榆社县；

内蒙古：呼和浩特市土默特左旗，通辽市科尔沁左翼中旗、科尔沁左翼后旗，乌兰察布市卓资县、化德县、兴和县、察哈尔右翼后旗，锡林郭勒盟锡林浩特市、西乌珠穆沁旗、正蓝旗；

辽宁：抚顺市新宾满族自治县；

吉林：辽源市东丰县，松原市前郭尔罗斯蒙古族自治县；

黑龙江：哈尔滨市双城区、延寿县、五常市，齐齐哈尔市梅里斯达斡尔族区、克东县、齐齐哈尔市属林场，佳木斯市郊区、富锦市，绥化市望奎县、绥棱县、海伦市国有林场，庆安国有林场；

江苏：泰州市兴化市；

安徽：合肥市肥西县，阜阳市颍州区，亳州市涡阳县、蒙城县；

江西：吉安市永新县；

山东：德州市庆云县、齐河县；

河南：洛阳市洛宁县；

湖北：武汉市蔡甸区，荆州市公安县，黄冈市罗田县；

湖南：常德市石门县，益阳市资阳区，怀化市辰溪县；

重庆：渝北区，垫江县、秀山土家族苗族自治县、酉阳土家族苗族自治县；

四川：成都市蒲江县，绵阳市三台县、梓潼县，遂宁市大英县，巴中市恩阳区、南江县，甘孜藏族自治州康定市、雅江县、炉霍县、甘孜县、石渠县、色达县，凉山彝族自治州普格县、布拖县、昭觉县、甘洛县；

陕西：西安市临潼区，渭南市华阴市，安康市旬阳县；

甘肃：庆阳市西峰区；

青海：海东市民和回族土族自治县、循化撒拉族自治县，海北藏族自治州门源回族自治县，黄南藏族自治州尖扎县；

新疆：博尔塔拉蒙古自治州博乐市，阿勒泰地区布尔津县、福海县、哈巴河县、吉木乃县；

黑龙江森林工业总局：朗乡林业局；

内蒙古大兴安岭林业管理局：北大河林业局；

新疆生产建设兵团：农一师10团、13团，农二师22团，农七师123团，农八师148团。

发生面积　186321 亩

危害指数　0. 4538

• 柳十八斑叶甲 *Chrysomela salicivorax* (Fairmaire)

中文异名　柳九星叶甲

寄　　主　加杨，山杨，小青杨，小叶杨，垂柳，旱柳，山生柳，毛榛，油桐，柳叶箬。

分布范围　华北、东北、西北，安徽、江西、山东、湖北、重庆、四川、贵州。

发生地点　北京：石景山区、密云区、延庆区；

河北：唐山市乐亭县，保定市唐县，张家口市尚义县、怀来县；

内蒙古：通辽市科尔沁左翼后旗，鄂尔多斯市准格尔旗；

黑龙江：哈尔滨市双城区；

四川：遂宁市安居区；

陕西：咸阳市彬县，安康市旬阳县；

甘肃：兰州市西固区，平凉市华亭县、关山林管局；

青海：玉树藏族自治州治多县、曲麻莱县；

宁夏：银川市永宁县，吴忠市同心县。

发生面积　119315 亩

危害指数　0. 3702

• 白杨叶甲 *Chrysomela tremulae* (Fabricius)

寄　　主　柳杉，侧柏，银白杨，光皮银白杨，新疆杨，青杨，山杨，胡杨，大叶杨，黑杨，钻天杨，箭杆杨，小叶杨，毛白杨，白柳，垂柳，旱柳，核桃，桦木，青冈，胡枝子，刺槐，漆树。

分布范围　华北、东北、西南、西北，浙江、安徽、山东、河南、湖北、湖南。

发生地点　北京：石景山区；

河北：石家庄市灵寿县、平山县、新乐市，唐山市乐亭县，邢台市临西县，张家口市沽源县、怀安县，沧州市沧县，廊坊市霸州市，雾灵山保护区；

山西：五台山国有林管理局；

内蒙古：赤峰市克什克腾旗，通辽市科尔沁区、库伦旗、霍林郭勒市；

辽宁：沈阳市法库县，辽阳市辽阳县，铁岭市昌图县；

黑龙江：佳木斯市郊区，绥化市庆安县；

山东：青岛市即墨市、莱西市，东营市利津县，泰安市泰山区，菏泽市牡丹区、定陶区、曹县、单县、郓城县；

河南：郑州市管城回族区，洛阳市栾川县、嵩县，许昌市禹州市，三门峡市湖滨区、陕州区、渑池县、卢氏县、义马市、灵宝市，驻马店市确山县；

湖北：荆州市沙市区、监利县、江陵县；

湖南：株洲市攸县，永州市双牌县；

重庆：云阳县；

四川：攀枝花市仁和区，遂宁市安居区，阿坝藏族羌族自治州理县，甘孜藏族自治州新龙林业局；

贵州：铜仁市松桃苗族自治县；

陕西：西安市户县，宝鸡市眉县、陇县、千阳县、太白县，咸阳市渭城区、泾阳县、乾县、永寿县、长武县，渭南市临渭区、华州区、合阳县、白水县、华阴市，延安市洛川县，汉中市汉台区、西乡县，榆林市米脂县，商洛市商州区、丹凤县，长青保护区，太白林业局；

甘肃：平凉市泾川县、庄浪县，庆阳市华池县、正宁总场、湘乐总场、华池总场，定西市通渭县，莲花山保护区，太统-崆峒山保护区；

宁夏：固原市原州区、西吉县；

新疆：乌鲁木齐市达坂城区、乌鲁木齐县，克拉玛依市克拉玛依区，博尔塔拉蒙古自治州精河县，克孜勒苏柯尔克孜自治州乌恰县，塔城地区沙湾县，阿勒泰地区富蕴县、青河县；

新疆生产建设兵团：农四师68团，农七师130团，农八师121团，农九师。

发生面积　164550亩

危害指数　0.3835

• 柳二十斑叶甲 *Chrysomela vigintipunctata* (Scopoli)

中文异名　柳十星叶甲、柳二十斑金花虫

寄　　主　柳杉，青杨，山杨，黑杨，小青杨，小叶杨，垂柳，旱柳，苹果。

分布范围　东北、西北，北京、河北、山西、安徽、福建、湖北、湖南、重庆、四川、云南。

发生地点　北京：密云区；

河北：张家口市怀安县；

吉林：辽源市东丰县；

黑龙江：哈尔滨市五常市；

重庆：酉阳土家族苗族自治县；

四川：成都市邛崃市，雅安市芦山县，阿坝藏族羌族自治州理县、阿坝县，甘孜藏族自治州丹巴县、道孚县、炉霍县、色达县、巴塘县、乡城县、得荣县；

陕西：西安市周至县，咸阳市彬县，渭南市华州区，宁东林业局；

甘肃：临夏回族自治州临夏市、临夏县、康乐县、永靖县、广河县、和政县、东乡族自治县、积石山保安族东乡族撒拉族自治县，兴隆山保护区；

青海：西宁市城西区，海东市民和回族土族自治县。

发生面积　10899亩

危害指数　0.3417

• 楤木叶甲 *Plagiosterna adamsi* (Baly)

中文异名　恺木叶甲、桤木金花虫

寄　　主　杨，楤木，旱冬瓜，辽东桤木，江南桤木，红花檵木，蒙古岩黄耆，花椒，臭椿，香椿，木槿，山桐子。

分布范围　西南，福建、江西、湖北、宁夏。

发生地点　湖北：恩施土家族苗族自治州巴东县；

重庆：垫江县、秀山土家族苗族自治县、酉阳土家族苗族自治县、彭水苗族土家族自治县；

四川：成都市大邑县，攀枝花市东区、西区、仁和区、米易县、盐边县、普威局，绵阳市安州区、梓潼县、平武县、江油市，广元市昭化区、旺苍县、青川县、剑阁县、苍溪县，遂宁市蓬溪县、射洪县，乐山市沙湾区、金口河区、峨眉山市，南充市营山县、蓬安县、仪陇县、阆中市，宜宾市屏山县，达州市渠县、万源市，雅安市雨城区、汉源县、石棉县、宝兴县，巴中市巴州区、恩阳区、通江县、南江县、平昌县，阿坝藏族羌族自治州汶川县，甘孜藏族自治州泸定县、九龙县，凉山彝族自治州西昌市、德昌县、会理县、会东县、宁南县、普格县、布拖县、昭觉县、喜德县、冕宁县、越西县、甘洛县、美姑县、雷波局；

云南：昆明市呈贡区、西山区、东川区、经济技术开发区、倘甸产业园区、晋宁县、富民县、禄劝彝族苗族自治县、寻甸回族彝族自治县、海口林场、西山林场，玉溪市红塔区、江川区、华宁县、峨山彝族自治县、新平彝族傣族自治县、元江哈尼族彝族傣族自治县、红塔山保护区，保山市隆阳区、昌宁县，昭通市大关县、永善县，丽江市华坪县，临沧市临翔区、凤庆县、永德县、双江拉祜族佤族布朗族傣族自治县、耿马傣族佤族自治县、沧源佤族自治县，楚雄彝族自治州双柏县、牟定县、永仁县、武定县，红河哈尼族彝族自治州屏边苗族自治县、元阳县、金平苗族瑶族傣族自治县，文山壮族苗族自治州马关县、富宁县，大理白族自治州永平县、云龙县，嵩明县、安宁市。

发生面积　431537 亩

危害指数　0.4115

• 斑胸叶甲 *Plagiosterna maculicollis* (Jacoby)

寄　　主　柏木，黑杨，桑。

分布范围　浙江、湖北、湖南、四川、贵州、云南。

发生地点　湖北：荆州市洪湖市，天门市。

发生面积　1805 亩

危害指数　0.3333

• 菜无缘叶甲 *Colaphellus bowringi* (Baly)

寄　　主　锦鸡儿，酸枣。

分布范围　全国。

• 核桃扁叶甲 *Gastrolina depressa* Baly

中文异名　核桃金花虫、核桃叶甲

寄　　主　山杨，柳树，山核桃，薄壳山核桃，野核桃，核桃楸，核桃，化香树，枫杨，板栗，青冈，朴树，榆树，构树，桑，樟树，桃，麦李，樱桃，苹果，刺槐，槐树，臭椿，香椿，柽柳，巨桉，楸。

分布范围　华北、东北、西南，江苏、安徽、江西、山东、河南、湖北、湖南、广西、陕西、甘肃。

发生地点　北京：延庆区；

河北：石家庄市井陉县，秦皇岛市抚宁区，邢台市柏乡县，木兰林管局；
山西：大同市阳高县；
辽宁：沈阳市浑南区，抚顺市东洲区、抚顺县、新宾满族自治县、清原满族自治县；
吉林：通化市集安市；
黑龙江：哈尔滨市五常市；
江苏：常州市溧阳市，扬州市邗江区，镇江市句容市；
山东：烟台市芝罘区、牟平区、昆嵛山保护区，济宁市曲阜市，泰安市新泰市、泰山林场、徂徕山林场，日照市岚山区，莱芜市钢城区，临沂市费县、莒南县，菏泽市巨野县，黄河三角洲保护区；
河南：平顶山市新华区、鲁山县，许昌市襄城县、禹州市；
湖北：荆州市荆州区、江陵县，黄冈市罗田县；
湖南：常德市石门县，益阳市桃江县，湘西土家族苗族自治州凤凰县；
广西：桂林市灵川县、永福县；
重庆：万州区、黔江区、潼南区，城口县、垫江县、忠县、开县、奉节县、巫溪县、酉阳土家族苗族自治县、彭水苗族土家族自治县；
四川：成都市大邑县、新津县、彭州市，攀枝花市西区、仁和区，泸州市龙马潭区，绵阳市三台县、梓潼县，广元市昭化区、青川县，遂宁市大英县，乐山市金口河区，南充市嘉陵区，眉山市洪雅县，广安市前锋区，达州市万源市，雅安市雨城区、名山区、石棉县、天全县、芦山县，巴中市通江县、南江县，阿坝藏族羌族自治州汶川县、黑水县，甘孜藏族自治州泸定县、理塘县、巴塘县、乡城县、得荣县，凉山彝族自治州西昌市、盐源县、普格县、昭觉县、越西县、甘洛县、雷波县；
贵州：六盘水市盘县，毕节市七星关区、大方县、纳雍县、威宁彝族回族苗族自治县、赫章县，铜仁市石阡县；
云南：昭通市昭阳区、鲁甸县、镇雄县、威信县，楚雄彝族自治州南华县，大理白族自治州漾濞彝族自治县、云龙县，怒江傈僳族自治州泸水县、贡山独龙族怒族自治县；
陕西：铜川市宜君县，宝鸡市凤翔县、扶风县、眉县、陇县、麟游县，咸阳市永寿县，渭南市华州区、大荔县、合阳县，汉中市汉台区、宁强县、略阳县，安康市平利县、镇坪县、旬阳县，商洛市商州区、洛南县、丹凤县、镇安县，韩城市，宁东林业局、太白林业局；
甘肃：平凉市华亭县，庆阳市西峰区，陇南市成县、康县、西和县、礼县；
黑龙江森林工业总局：朗乡林业局，林口林业局。

发生面积　440390 亩
危害指数　0.4094

• 淡足扁叶甲 *Gastrolina pallipes* Chen

寄　　主　核桃。
分布范围　四川、云南。
发生地点　四川：阿坝藏族羌族自治州理县。

- **赤杨扁叶甲** ***Gastrolina peltoidea*** **(Gebler)**

寄　　主　山杨，核桃楸，辽东桤木，板栗，榆树，构树，石楠，槐树，木槿。
分布范围　山西、黑龙江、江苏、陕西。
发生地点　江苏：淮安市清江浦区，扬州市邗江区，镇江市句容市；
　　　　　陕西：西安市周至县，安康市旬阳县；
　　　　　黑龙江森林工业总局：朗乡林业局。
发生面积　22294 亩
危害指数　0.6480

- **黑胸扁叶甲** ***Gastrolina thoracica*** **Baly**

中文异名　核桃扁叶甲黑胸亚种
拉丁异名　*Gastrolina depressa thoracica* Baly
寄　　主　杨，山核桃，野核桃，核桃楸，核桃，枫杨。
分布范围　东北，北京、河北、河南、湖北、四川、贵州、云南、陕西、甘肃。
发生地点　辽宁：本溪市本溪满族自治县，辽阳市辽阳县；
　　　　　吉林：吉林市丰满区；
　　　　　河南：洛阳市栾川县，平顶山市鲁山县，三门峡市渑池县，南阳市西峡县，驻马店市泌阳县；
　　　　　湖北：十堰市竹山县；
　　　　　四川：雅安市芦山县，甘孜藏族自治州泸定县，凉山彝族自治州雷波局；
　　　　　贵州：毕节市织金县；
　　　　　云南：保山市腾冲市，昭通市大关县、彝良县；
　　　　　甘肃：白水江自然保护区；
　　　　　黑龙江森林工业总局：带岭林业局。
发生面积　104690 亩
危害指数　0.6478

- **蓼蓝齿胫叶甲** ***Gastrophysa atrocyanea*** **Motschulsky**

寄　　主　杨树，垂柳，构树，酸模，石楠，槐树，南酸枣，紫薇，黄竹。
分布范围　河北、辽宁、江苏、浙江、福建、江西、湖北、湖南、广东、四川、甘肃。
发生地点　江苏：无锡市惠山区，淮安市金湖县，盐城市阜宁县、射阳县、建湖县，扬州市宝应县，泰州市姜堰区；
　　　　　广东：云浮市郁南县、罗定市；
　　　　　四川：宜宾市翠屏区、筠连县。
发生面积　156 亩
危害指数　0.3333

- **黑盾角胫叶甲** ***Gonioctena fulva*** **(Motschulsky)**

寄　　主　水麻，胡枝子，鸡血藤。
分布范围　河北、山西、吉林、黑龙江、江苏、浙江、福建、江西、湖北、湖南、广东、四川。
发生地点　四川：乐山市峨边彝族自治县、马边彝族自治县。

发生面积　1096 亩

危害指数　0.3534

• **蓝胸圆肩叶甲** ***Humba cyanicollis*** **(Hope)**

中文异名　蓝圆肩叶甲

寄　　主　朴树，厚朴，柑橘，楝树，忍冬。

分布范围　山东、湖北、湖南、四川、贵州、云南。

发生地点　山东：潍坊市诸城市；

四川：成都市蒲江县、都江堰市，眉山市青神县，巴中市平昌县，甘孜藏族自治州康定市，卧龙保护区。

• **梨叶甲** ***Paropsides duodecimpustulata*** **(Gelber)**

寄　　主　川梨，忍冬。

分布范围　浙江、安徽、贵州、陕西、甘肃。

发生地点　浙江：宁波市鄞州区；

贵州：六盘水市六枝特区；

陕西：商洛市丹凤县。

发生面积　230 亩

危害指数　0.3333

• **合欢斑叶甲** ***Paropsides nigrofasciata*** **Jacoby**

寄　　主　山核桃，核桃，桃，文旦柚，女贞。

分布范围　浙江、江西、湖北、湖南、广西、四川、贵州、云南。

发生地点　四川：乐山市峨边彝族自治县、马边彝族自治县，南充市嘉陵区。

发生面积　679 亩

危害指数　0.3387

• **梨斑叶甲** ***Paropsides soriculata*** **(Swartz)**

寄　　主　山楂，白梨。

分布范围　华北，辽宁、浙江、福建、江西、湖北、湖南、广西、四川、贵州、云南。

发生地点　四川：广安市前锋区。

• **黑猿叶甲** ***Phaedon brassicae*** **Baly**

中文异名　小猿叶甲

寄　　主　杨，天竺桂，悬钩子，槐树，酸枣，女贞。

分布范围　华东，河北、湖北、湖南、四川、贵州、云南、陕西。

发生地点　上海：嘉定区；

湖南：益阳市桃江县；

四川：宜宾市翠屏区；

陕西：渭南市合阳县。

发生面积　311 亩

危害指数　0.3333

● **牡荆叶甲 *Phola octodecimguttata*（Fabricius）**

寄　　主　柏木，核桃，小叶女贞。

分布范围　福建、湖南、四川、贵州、陕西。

发生地点　四川：内江市市中区、东兴区。

● **二色弗叶甲 *Phratora bicolor* Gressitt et Kimoto**

寄　　主　山杨，泡桐。

分布范围　四川、云南、西藏、陕西、青海。

● **杨弗叶甲 *Phratora laticollis*（Suffrian）**

寄　　主　银白杨，山杨。

分布范围　东北，内蒙古、四川、云南、宁夏。

发生地点　四川：乐山市马边彝族自治县；

　　　　　宁夏：银川市西夏区。

● **柳弗叶甲 *Phratora vulgatissima*（Linnaeus）**

寄　　主　杨，楝树。

分布范围　内蒙古、辽宁、吉林、四川、青海、新疆。

发生地点　四川：攀枝花市仁和区；

　　　　　新疆：博尔塔拉蒙古自治州温泉县。

发生面积　403 亩

危害指数　0. 3333

● **铜色圆叶甲 *Plagiodera cupreata* Chen**

寄　　主　柳树。

分布范围　四川。

发生地点　四川：雅安市雨城区。

● **柳蓝圆叶甲 *Plagiodera versicolora*（Laicharting）**

中文异名　柳蓝叶甲、柳圆叶甲

寄　　主　柳杉，杉木，高山柏，崖柏，山杨，黑杨，钻天杨，小叶杨，毛白杨，白柳，垂柳，云南柳，乌柳，黄柳，杞柳，白毛柳，旱柳，绦柳，山生柳，北沙柳，山柳，粉枝柳，簸箕柳，沙柳，核桃，枫杨，桤木，榛子，板栗，栎，榆树，构树，黄葛树，桑，白兰，蜡梅，猴樟，樟树，红花檵木，杏，石楠，红叶李，梨，多花蔷薇，紫穗槐，刺槐，柑橘，楝树，毛桐，黄栌，鸡爪槭，元宝槭，栾树，无患子，木槿，沙棘，石榴，杜鹃，迎春花，女贞，木犀，银桂，夹竹桃，络石，泡桐，梓，黄金树，柳叶水锦树。

分布范围　全国。

发生地点　北京：东城区、朝阳区、丰台区、石景山区、海淀区、房山区、通州区、顺义区、昌平区、大兴区、密云区、延庆区；

　　　　　天津：武清区；

　　　　　河北：石家庄市井陉矿区、藁城区、井陉县、晋州市，唐山市古冶区、丰南区、丰润区、乐亭县、玉田县，秦皇岛市抚宁区、昌黎县，邯郸市永年区、鸡泽县，邢台市威县、临西县，保定市唐县、安新县、顺平县，张家口市蔚县、怀来县、涿鹿县，沧州市盐山县、吴桥县、黄骅市、河间市，廊坊市固安县、永清县、大城县、文安县、霸州市，衡水市桃城区、枣强县、武邑县、景县、阜城县；

山西：大同市阳高县，朔州市怀仁县，运城市稷山县、绛县；

内蒙古：通辽市科尔沁区、科尔沁左翼中旗、库伦旗；

吉林：辽源市东丰县；

上海：闵行区、宝山区、嘉定区、浦东新区、金山区、松江区、青浦区、奉贤区，崇明县；

江苏：南京市栖霞区、雨花台区、江宁区、六合区，无锡市锡山区、惠山区、滨湖区、宜兴市，徐州市贾汪区、铜山区、丰县、沛县、睢宁县，常州市天宁区、钟楼区、武进区、溧阳市，苏州市吴江区、昆山市、太仓市，南通市海安县、海门市，连云港市灌云县，淮安市淮阴区、清江浦区、盱眙县、金湖县，盐城市亭湖区、盐都区、大丰区、响水县、阜宁县、射阳县、建湖县、东台市，扬州市邗江区、广陵区、江都区、宝应县、高邮市、经济技术开发区，镇江市京口区、镇江新区、润州区、丹徒区、丹阳市、句容市，泰州市姜堰区、兴化市、泰兴市，宿迁市宿城区、沭阳县；

浙江：杭州市萧山区、桐庐县，宁波市江北区、北仑区、鄞州区、象山县、宁海县、余姚市，温州市平阳县、瑞安市，嘉兴市秀洲区、嘉善县，衢州市常山县，台州市椒江区、黄岩区、三门县、仙居县、温岭市；

安徽：合肥市庐阳区、包河区、肥西县，芜湖市芜湖县，蚌埠市怀远县、固镇县，淮南市田家庵区、潘集区、寿县，黄山市徽州区，滁州市南谯区、全椒县、凤阳县、天长市、明光市，宿州市泗县，六安市叶集区、霍邱县，亳州市涡阳县、蒙城县；

福建：厦门市同安区，三明市尤溪县、将乐县，泉州市永春县，南平市松溪县；

江西：赣州经济技术开发区、安远县，宜春市樟树市，上饶市横峰县，丰城市；

山东：济南市历城区、平阴县、济阳县、商河县，青岛市胶州市，枣庄市台儿庄区、滕州市，东营市东营区、河口区、垦利县、利津县、广饶县，烟台市莱山区，潍坊市坊子区、诸城市、滨海经济开发区，济宁市任城区、兖州区、鱼台县、金乡县、嘉祥县、汶上县、梁山县、曲阜市、高新技术开发区、太白湖新区、经济技术开发区，泰安市泰山区、岱岳区、东平县、新泰市、肥城市、泰山林场、徂徕山林场，日照市岚山区、莒县，莱芜市莱城区，临沂市兰山区、罗庄区、高新技术开发区、郯城县、费县、莒南县，德州市陵城区、齐河县、平原县、夏津县，聊城市东昌府区、阳谷县、莘县、东阿县、冠县、高唐县、临清市、经济技术开发区、高新技术产业开发区，滨州市惠民县、无棣县，菏泽市牡丹区、定陶区、单县、成武县、东明县，黄河三角洲保护区；

河南：郑州市管城回族区、中牟县、荥阳市、新郑市，开封市杞县，洛阳市栾川县，平顶山市鲁山县、郏县、舞钢市，安阳市龙安区，新乡市新乡县、获嘉县、辉县市，焦作市修武县、武陟县，濮阳市清丰县、南乐县、范县、台前县、濮阳县，许昌市经济技术开发区、东城区、襄城县、禹州市，漯河市郾城区、临颍县，三门峡市灵宝市，南阳市宛城区、卧龙区、西峡县、镇平县、内乡县、淅川县、唐河县，商丘市民权县、睢县、柘城县、虞城县，信阳市罗山县、淮滨县，周口市扶沟县、西华县、淮阳县，驻马店市泌阳县、汝南县，济源市、兰考县、汝州市、鹿邑县、新蔡县、邓州市；

湖北：武汉市洪山区、东西湖区、蔡甸区，襄阳市枣阳市，荆门市京山县，荆州市沙市区、荆州区、公安县、监利县、江陵县，黄冈市龙感湖，咸宁市嘉鱼县，仙桃市、潜江市、天门市；

湖南：株洲市芦淞区、石峰区、云龙示范区，衡阳市常宁市，岳阳市汨罗市，常德市鼎城区、汉寿县，益阳市资阳区、南县、桃江县、沅江市，怀化市辰溪县；

广东：云浮市郁南县；

广西：桂林市永福县；

重庆：綦江区、黔江区、南川区、璧山区，垫江县、武隆区、巫溪县、石柱土家族自治县、秀山土家族苗族自治县、酉阳土家族苗族自治县；

四川：成都市大邑县、都江堰市、简阳市，绵阳市梓潼县、平武县，遂宁市船山区、安居区、蓬溪县、大英县，内江市威远县、隆昌县，乐山市犍为县，南充市顺庆区、高坪区、蓬安县、西充县，宜宾市南溪区、江安县、兴文县，广安市前锋区、武胜县，达州市渠县，阿坝藏族羌族自治州理县、黑水县、壤塘县、阿坝县，甘孜藏族自治州炉霍县、甘孜县、石渠县、色达县、理塘县、巴塘县，凉山彝族自治州雷波局；

贵州：六盘水市六枝特区，毕节市七星关区；

西藏：林芝市巴宜区；

陕西：西安市灞桥区、临潼区、周至县，宝鸡市凤翔县、扶风县、眉县、陇县，咸阳市秦都区、渭城区、乾县、长武县、武功县、兴平市，渭南市临渭区、大荔县、合阳县，榆林市定边县、米脂县、吴堡县，安康市旬阳县，商洛市商州区、丹凤县，佛坪自然保护区，宁东林业局；

甘肃：金昌市金川区，白银市靖远县，张掖市民乐县，平凉市关山林管局，庆阳市华池县，临夏回族自治州临夏市、临夏县、永靖县、广河县、和政县、东乡族自治县、积石山保安族东乡族撒拉族自治县，甘南藏族自治州临潭县；

青海：西宁市城东区，海东市循化撒拉族自治县，玉树藏族自治州玉树市、称多县；

宁夏：银川市兴庆区、西夏区、金凤区、贺兰县、灵武市，吴忠市同心县，固原市西吉县；

新疆：乌鲁木齐市天山区、乌鲁木齐县，克拉玛依市克拉玛依区、白碱滩区，克孜勒苏柯尔克孜自治州阿克陶县，喀什地区疏勒县、英吉沙县、叶城县、麦盖提县、岳普湖县，塔城地区塔城市，阿勒泰地区福海县、青河县；

内蒙古大兴安岭林业管理局：毕拉河林业局；

新疆生产建设兵团：农四师 63 团，农十四师 224 团。

发生面积　392517 亩

危害指数　0. 3712

• **铜绿里叶甲 *Plagiosterna aenea*（Linnaeus）**
寄　　主　杨，赤杨，赤杨叶。
分布范围　东北，河北、广东。
发生地点　广东：云浮市郁南县、罗定市。

• **金绿里叶甲 *Plagiosterna aeneipennis*（Baly）**
寄　　主　辽东栎，李，冬青，忍冬。
分布范围　浙江、福建、江西、湖南、广东、四川、贵州、云南、陕西、宁夏。
发生地点　湖南：永州市双牌县；
　　　　　陕西：太白林业局。

卷叶象科 Attelabidae

• **乌桕卷叶象 *Apoderus bicallosicollis* Voss**
寄　　主　乌桕。
分布范围　江西、四川。
发生地点　四川：宜宾市屏山县。

• **核桃卷叶象 *Apoderus bistriolatus* Faust**
寄　　主　山核桃，核桃楸，核桃。
分布范围　辽宁、重庆、陕西。
发生地点　辽宁：抚顺市新宾满族自治县；
　　　　　重庆：城口县、巫溪县；
　　　　　陕西：宝鸡市扶风县。
发生面积　615 亩
危害指数　0. 3333

• **榛卷象 *Apoderus coryli*（Linnaeus）**
中文异名　榛卷叶象
寄　　主　桤木，榛子，蒙古栎，榆树，刺槐，杜鹃。
分布范围　东北，江西、四川。

• **榛小卷象 *Apoderus erythropterus* Sharp**
寄　　主　桤木。
分布范围　四川。

• **膝卷象 *Apoderus geniculatus* Jekel**
中文异名　膝卷叶象
寄　　主　山杨，桤木，板栗，油樟，月季，柑橘，乌桕，盐肤木，油茶，木荷。
分布范围　河北、江苏、浙江、安徽、福建、重庆、四川。
发生地点　河北：邢台市邢台县；
　　　　　江苏：常州市金坛区；

浙江：台州市黄岩区、天台县；
重庆：秀山土家族苗族自治县、酉阳土家族苗族自治县；
四川：自贡市贡井区，绵阳市平武县，凉山彝族自治州昭觉县。
发生面积　1679 亩
危害指数　0.3333

• **榛卷叶象 *Apoderus longiceps* Motschulsky**
寄　　主　毛榛，榛子，麻栎，蒙古栎，刺槐，臭椿，赤杨叶。
分布范围　东北，北京、天津、河北、山东、四川、陕西。
发生地点　北京：延庆区；
陕西：渭南市白水县。

• **黑尾卷象 *Apoderus nigroapicatus* Jekel**
寄　　主　地榆，刺槐，乌桕。
分布范围　江苏、福建、江西、山东、湖北、湖南、广东、广西、云南。

• **黄纹卷象 *Apoderus sexguttatus* Voss**
寄　　主　巨尾桉，刺竹子。
分布范围　广西、云南。
发生地点　广西：河池市东兰县。

• **栎长颈卷叶象 *Paracycnotrachelus longiceps* Motschulsky**
中文异名　长颈卷叶象
寄　　主　亮叶桦，榛子，板栗，栲树，麻栎，蒙古栎，栎子青冈，榆树，厚朴，肉桂，三球悬铃木，刺槐，黑桦鼠李，蒲桃。
分布范围　东北，北京、江苏、福建、山东、河南、湖北、广东、四川。
发生地点　江苏：淮安市淮阴区；
福建：泉州市安溪县，南平市建瓯市；
山东：泰安市泰山林场，威海市环翠区；
河南：驻马店市确山县；
广东：肇庆市高要区、四会市；
四川：乐山市峨边彝族自治县。
发生面积　903 亩
危害指数　0.4810

• **黑长颈卷叶象 *Paratrachelophorus katonis* Kono**
寄　　主　蒙古栎。
分布范围　黑龙江。

• **棕长颈卷叶象 *Paratrachelophorus nodicornis* Voss**
寄　　主　杨，柳树，桤木，桦木，榛子，板栗，苦槠栲，栓皮栎，青冈，榆树，构树，猴樟，樟树，红润楠，山楂，刺槐，花椒，臭椿，野桐，乌桕，盐肤木，栲叶槭，葡萄，椴树，油茶，茶，木荷，合果木，巨尾桉，花曲柳，木犀，白花泡桐，九节。

分布范围　吉林、黑龙江、浙江、福建、江西、湖北、广东、重庆、四川、陕西。

发生地点　福建：泉州市安溪县，漳州市平和县；

重庆：万州区、黔江区，武隆区；

四川：绵阳市梓潼县，南充市仪陇县，雅安市雨城区、石棉县，巴中市巴州区；

陕西：渭南市白水县。

发生面积　1157 亩

危害指数　0. 3362

- **花斑切叶象** ***Paroplapoderus pardalis*** **Voss**

中文异名　具斑切叶象甲

寄　　主　野核桃，板栗，栎，黑弹树，桑，臭椿，杧果。

分布范围　北京、河北、辽宁、湖北、广西、重庆、陕西。

发生地点　广西：百色市田阳县；

重庆：秀山土家族苗族自治县；

陕西：渭南市白水县。

发生面积　2724 亩

危害指数　0. 3333

- **圆斑卷叶象** ***Paroplapoderus semiannulatus*** **Voss**

中文异名　圆斑卷象

寄　　主　野核桃，枫杨，板栗，蒙古栎，栓皮栎，朴树，大果榉，梅，石楠，胡枝子，槐树，栾树，木槿，油茶，木荷，连翘。

分布范围　北京、天津、山西、辽宁、江苏、福建、江西、湖北、广东、四川。

发生地点　北京：密云区；

山西：晋城市沁水县；

江苏：南京市栖霞区，淮安市清江浦区、金湖县；

福建：莆田市城厢区、仙游县；

湖北：黄冈市罗田县。

发生面积　279 亩

危害指数　0. 3333

- **黑瘤象** ***Phymatapoderus latipennis*** **Jekel**

中文异名　苎麻卷象

寄　　主　榆树。

分布范围　浙江、安徽。

发生地点　安徽：合肥市庐阳区、包河区。

- **榆锐卷象** ***Tomapoderus ruficollis*** **(Fabricius)**

中文异名　榆卷叶象、榆锐卷叶象甲

寄　　主　山杨，朴树，榆树，桑，苹果，梨，月季，漆树。

分布范围　华北、东北，江苏、安徽、山东、湖北、湖南、陕西、甘肃、新疆。
发生地点　北京：通州区、顺义区、延庆区；
河北：唐山市乐亭县；
内蒙古：通辽市科尔沁区；
黑龙江：佳木斯市郊区、富锦市；
江苏：苏州市昆山市；
山东：济宁市金乡县，泰安市泰山林场，滨州市惠民县；
湖北：武汉市蔡甸区；
湖南：益阳市桃江县；
陕西：榆林市子洲县；
甘肃：兴隆山保护区；
新疆生产建设兵团：农四师 68 团。
发生面积　1211 亩
危害指数　0.3911

长角象科 Anthribidae

• **长角象 *Araecerus fasciculatus* (De Geer)**
中文异名　长角象鼻虫
寄　　主　山杨，榕树，桃，臭椿，鸡蛋花，海榄雌。
分布范围　福建、广东、贵州、陕西。
发生地点　陕西：渭南市华州区，韩城市。
发生面积　210 亩
危害指数　0.3333

三锥象科 Brentidae

• **三锥象 *Baryrhynchus poweri* Roelofs**
中文异名　宽喙锥象
寄　　主　臭椿，毛竹。
分布范围　北京、重庆。
发生地点　重庆：永川区。

象甲科 Curculionidae

• **筛孔二节象 *Aclees cribratus* Gyllenhal**
寄　　主　华山松，马尾松，柏木。
分布范围　浙江、福建、广西、四川、云南。

• **平行大粒象 *Adosomus parallelocollis* Heller**
寄　　主　山杨，旱柳，桦木，蒙古栎，旱榆，苹果，梨。

分布范围　东北，北京、河北、内蒙古、安徽、山东、陕西、宁夏。
发生地点　河北：张家口市涿鹿县；
　　　　　陕西：渭南市华州区。

• **中国角喙象 *Anosimus klapperichi* Voss**
寄　　主　胡枝子。
分布范围　山东。

• **梨花象 *Anthonomus pomorum*（Linnaeus）**
寄　　主　栎，梨。
分布范围　河北、辽宁、江苏、浙江、福建。

• **甜菜象 *Asproparthenis punctiventris*（Germar）**
寄　　主　榆树。
分布范围　华北、西北，黑龙江。
发生地点　宁夏：吴忠市盐池县。
发生面积　6000 亩
危害指数　0.3889

• **桑船象 *Bans deplanata* Roelofs**
寄　　主　桑。
分布范围　江苏。

• **黑斜纹象 *Bothynoderes declivis*（Olivier）**
寄　　主　旱榆，榆树，杏，柠条锦鸡儿，花棒，骆驼蓬，蜀葵，沙棘。
分布范围　北京、河北、辽宁、山东、四川、宁夏。
发生地点　河北：唐山市乐亭县，张家口市赤城县；
　　　　　四川：遂宁市蓬溪县；
　　　　　宁夏：银川市兴庆区、西夏区。
发生面积　1004 亩
危害指数　0.3333

• **亥象 *Callirhopalus crassicornis* Tournier**
寄　　主　柠条锦鸡儿。
分布范围　西北，河北、山西、内蒙古。
发生地点　宁夏：吴忠市红寺堡区。
发生面积　200 亩
危害指数　0.3333

• **棉小卵象 *Calomycterus obconicus* Chao**
中文异名　小卵象
寄　　主　桑，槐树。
分布范围　北京、江苏、浙江。

发生地点　北京：顺义区；
　　　　　江苏：徐州市沛县。

• **金足绿象** ***Chlorophanus auripes*** **Faust**

寄　　主　垂柳，核桃，化香树，板栗，黄葛树，桑。
分布范围　华北，辽宁、湖北、四川、甘肃。
发生地点　湖北：荆门市京山县；
　　　　　四川：自贡市自流井区，内江市市中区、资中县，宜宾市翠屏区。
发生面积　1020 亩
危害指数　0.3333

• **长尾绿象** ***Chlorophanus caudatus*** **Fahraeus**

寄　　主　黑杨。
分布范围　湖北、新疆。

• **隆脊绿象** ***Chlorophanus lineolus*** **Motschulsky**

寄　　主　油松，山杨，黑杨，毛白杨，旱柳，枫杨，桤木，麻栎，蒙古栎，青冈，榆树，柽柳。
分布范围　华东，北京、河北、内蒙古、辽宁、吉林、河南、湖北、广西、四川、陕西。
发生地点　河北：保定市唐县；
　　　　　内蒙古：通辽市霍林郭勒市；
　　　　　江苏：徐州市沛县；
　　　　　山东：菏泽市牡丹区，黄河三角洲保护区。
发生面积　657 亩
危害指数　0.3333

• **红足绿象** ***Chlorophanus roseipes*** **Heller**

寄　　主　核桃，青冈，桑，山柚子，紫薇。
分布范围　四川。
发生地点　四川：自贡市贡井区、沿滩区、荣县，绵阳市平武县，内江市东兴区、隆昌县。

• **西伯利亚绿象** ***Chlorophanus sibiricus*** **Gyllenhal**

寄　　主　山杨，柳树，桤木，桦木，榛子，麻栎，榆树，桑，桃，苹果，李，梨，柠条锦鸡儿，刺槐，漆树，紫薇，枸杞。
分布范围　华北、东北、西北，山东、四川。
发生地点　河北：唐山市滦南县，保定市唐县；
　　　　　黑龙江：佳木斯市富锦市；
　　　　　四川：宜宾市兴文县；
　　　　　陕西：宁东林业局；
　　　　　青海：西宁市城东区；
　　　　　宁夏：银川市兴庆区、西夏区、金凤区，吴忠市盐池县，固原市西吉县、彭阳县。
发生面积　3442 亩
危害指数　0.3474

• **红背绿象 *Chlorophanus solarii* Zumpt**

寄　　主　云杉，山杨，柳树，板栗，榆树，枸杞。

分布范围　河北、内蒙古、辽宁、吉林、陕西、宁夏。

• **中国方喙象 *Cleonis freyi* Zumpt**

寄　　主　黑杨。

分布范围　北京、山西、内蒙古、黑龙江、湖北、陕西、甘肃。

• **欧洲方喙象 *Cleonis pigra*（Scopoli）**

寄　　主　紫薇，木犀，象牙参。

分布范围　华北、东北，四川、陕西、甘肃、新疆。

发生地点　四川：自贡市沿滩区，乐山市犍为县。

• **北京枝瘿象虫 *Coccotorus beijingensis* Lin et Li**

寄　　主　朴树。

分布范围　四川。

发生地点　四川：成都市邛崃市。

• **赵氏瘿孔象 *Coccotorus chaoi* Chen**

寄　　主　黑弹树，朴树，榆树，桑，山楂，杜梨。

分布范围　北京、天津、山东、河南。

发生地点　山东：烟台市龙口市，泰安市东平县。

发生面积　110 亩

危害指数　0. 3333

• **斯氏伞锥象 *Coniatus steveni* Capiomont**

寄　　主　柽柳。

分布范围　新疆。

• **粉红锥喙象 *Conorhynchus conirostris*（Gebler）**

寄　　主　旱榆，梭梭，杏，柠条锦鸡儿，花棒，四合木。

分布范围　西北，内蒙古。

发生地点　甘肃：酒泉市金塔县；

　　　　　宁夏：吴忠市盐池县。

发生面积　1640 亩

危害指数　0. 4472

• **杨干象 *Cryptorhynchus lapathi*（Linnaeus）**

中文异名　杨干隐喙象、杨干白尾象虫、白尾象鼻虫

寄　　主　钻天柳，北京杨，加杨，山杨，辽杨，小黑杨，小钻杨，柳树，枫杨，桤木，赤杨，桦木，榆树，柑橘，臭椿，香椿，柽柳，赤杨叶，南方泡桐，楸。

分布范围　东北，北京、河北、内蒙古、江苏、安徽、江西、山东、四川、贵州、陕西、甘肃、新疆。

发生地点　河北：石家庄市裕华区，唐山市滦南县、乐亭县，秦皇岛市抚宁区、青龙满族自治县、昌黎县、卢龙县，承德市双滦区、承德县、兴隆县、平泉县、滦平县、隆化县、丰宁满族自治县、宽城满族自治县，沧州市河间市；

内蒙古：呼和浩特市和林格尔县，赤峰市红山区、元宝山区、松山区、巴林右旗、喀喇沁旗、宁城县、敖汉旗，通辽市科尔沁左翼中旗、科尔沁左翼后旗、库伦旗，锡林郭勒盟锡林浩特市；

辽宁：沈阳市苏家屯区、辽中区、康平县、法库县、新民市，大连市金普新区、普兰店区、瓦房店市、庄河市，鞍山市台安县、海城市，抚顺市新宾满族自治县，丹东市宽甸满族自治县、东港市、凤城市，锦州市黑山县、义县、凌海市、北镇市，营口市鲅鱼圈区、老边区、盖州市、大石桥市，阜新市阜新蒙古族自治县、彰武县，辽阳市文圣区、宏伟区、弓长岭区、太子河区、辽阳县、灯塔市，盘锦市大洼区、盘山县，铁岭市铁岭县、昌图县、开原市，朝阳市双塔区、龙城区、建平县、喀喇沁左翼蒙古族自治县、北票市、凌源市，葫芦岛市连山区、绥中县、建昌县、兴城市；

吉林：长春市双阳区、榆树市，四平市梨树县、公主岭市、双辽市，通化市通化县、辉南县、梅河口市，松原市长岭县，红石林业局；

黑龙江：哈尔滨市道里区、呼兰区、双城区、五常市，齐齐哈尔市龙沙区、建华区、铁锋区、昂昂溪区、富拉尔基区、碾子山区、梅里斯达斡尔族区、龙江县、依安县、甘南县、富裕县、克山县、拜泉县、讷河市、齐齐哈尔市属林场，大庆市龙凤区、让胡路区、肇州县、林甸县，佳木斯市郊区、汤原县、富锦市，绥化市北林区、望奎县、兰西县、青冈县、庆安县、明水县、绥棱县、安达市、海伦市，尚志国有林场管理局；

江苏：南京市江宁区；

江西：安福县；

山东：莱芜市钢城区，聊城市莘县；

贵州：黔西南布依族苗族自治州普安县；

陕西：咸阳市旬邑县，延安市洛川县，商洛市商州区；

新疆：阿勒泰地区布尔津县、富蕴县、青河县；

黑龙江森林工业总局：朗乡林业局，苇河林业局，鹤北林业局；

内蒙古大兴安岭林业管理局：克一河林业局、毕拉河林业局、北大河林业局。

发生面积　955989 亩

危害指数　0.4996

- **二斑栗实象 *Curculio bimaculatus* Marsham**

寄　　主　板栗，栎。

分布范围　河南、云南。

发生地点　河南：驻马店市确山县；

云南：玉溪市易门县。

发生面积　4581 亩

危害指数　0.5742

• **油茶象** ***Curculio chinensis*** **Chevrolat**

中文异名　山茶象、茶籽象虫

寄　　主　锥栗，板栗，油桐，乌桕，红花油茶，山茶，油茶，茶，小果油茶。

分布范围　西南，浙江、安徽、福建、江西、湖北、湖南、广东、广西、陕西。

发生地点　浙江：杭州市富阳区、桐庐县，宁波市北仑区，衢州市江山市；

安徽：芜湖市芜湖县、繁昌县、无为县，安庆市桐城市，黄山市休宁县；

福建：三明市尤溪县，南平市延平区，龙岩市新罗区；

江西：萍乡市莲花县，九江市修水县、湖口县，吉安市峡江县、新干县，宜春市袁州区、奉新县，上饶市余干县；

湖北：武汉市新洲区，十堰市竹山县；

湖南：株洲市醴陵市，衡阳市衡南县、衡山县、衡东县、耒阳市、常宁市，邵阳市绥宁县，岳阳市君山区、平江县，常德市鼎城区、临澧县、石门县，郴州市桂阳县、嘉禾县、资兴市，永州市零陵区、冷水滩区、祁阳县、东安县、双牌县、道县、宁远县、江华瑶族自治县、回龙圩管理区，怀化市鹤城区、中方县、沅陵县、通道侗族自治县、洪江市，湘西土家族苗族自治州泸溪县、花垣县、保靖县、古丈县、永顺县；

广东：韶关市曲江区；

广西：河池市南丹县；

重庆：巫山县、酉阳土家族苗族自治县；

四川：自贡市荣县；

云南：昆明市倘甸产业园区，文山壮族苗族自治州广南县、富宁县；

陕西：汉中市西乡县，安康市汉阴县、旬阳县。

发生面积　169603 亩

危害指数　0. 3463

• **栗实象** ***Curculio davidi*** **Fairmaire**

寄　　主　山杨，榛子，板栗，茅栗，锥栗，麻栎，栓皮栎，青冈，猴樟，油茶，油橄榄。

分布范围　东北、华东、西南，北京、天津、河北、河南、湖北、湖南、广东、陕西、甘肃。

发生地点　北京：密云区；

天津：蓟县；

河北：石家庄市灵寿县，唐山市迁西县，邢台市邢台县；

辽宁：丹东市宽甸满族自治县；

江苏：无锡市宜兴市，常州市溧阳市，镇江市句容市；

浙江：杭州市富阳区，宁波市余姚市，衢州市江山市，丽水市莲都区；

安徽：合肥市庐阳区、包河区，芜湖市芜湖县、繁昌县、无为县，安庆市潜山县、岳西县，滁州市南谯区、来安县、全椒县，六安市金安区、裕安区、叶集区、舒城县、金寨县，宣城市广德县、宁国市；

福建：南平市政和县；

江西：萍乡市莲花县、上栗县、芦溪县，九江市修水县，鹰潭市贵溪市，抚州市崇仁县、东乡县，上饶市余干县；

山东：潍坊市诸城市，临沂市临沭县；
河南：洛阳市栾川县、嵩县，南阳市内乡县、桐柏县，信阳市浉河区、平桥区、罗山县、新县、潢川县，驻马店市泌阳县；
湖北：武汉市江夏区、黄陂区、新洲区，十堰市郧阳区、房县，宜昌市夷陵区、远安县、兴山县、秭归县，襄阳市南漳县、谷城县、保康县，荆门市京山县，孝感市孝昌县、大悟县，荆州市石首市、洪湖市，黄冈市黄州区、红安县、罗田县、英山县、浠水县、麻城市、武穴市，随州市曾都区、随县，恩施土家族苗族自治州建始县、宣恩县、鹤峰县；
湖南：衡阳市常宁市，常德市鼎城区，益阳市赫山区、安化县，郴州市汝城县，永州市双牌县，怀化市中方县、靖州苗族侗族自治县，湘西土家族苗族自治州永顺县、龙山县；
重庆：黔江区，城口县、忠县、巫山县、秀山土家族苗族自治县、彭水苗族土家族自治县；
四川：攀枝花市东区、仁和区、盐边县，绵阳市三台县，遂宁市大英县，巴中市通江县、南江县，凉山彝族自治州西昌市、盐源县、德昌县、宁南县、冕宁县、甘洛县；
云南：昆明市倘甸产业园区、晋宁县、宜良县、石林彝族自治县、寻甸回族彝族自治县，玉溪市红塔区、峨山彝族自治县，昭通市镇雄县，楚雄彝族自治州双柏县、牟定县、大姚县、永仁县、禄丰县，德宏傣族景颇族自治州芒市，怒江傈僳族自治州贡山独龙族怒族自治县、兰坪白族普米族自治县，安宁市；
陕西：宝鸡市陈仓区、高新区、太白县，渭南市华阴市，延安市黄龙县，汉中市汉台区、城固县、洋县、西乡县、镇巴县、留坝县、佛坪县，安康市汉滨区、汉阴县、宁陕县，商洛市商州区、洛南县、丹凤县、商南县、山阳县、镇安县、柞水县，宁东林业局。

发生面积　548098 亩

危害指数　0.4335

• 柞栎象 *Curculio dentipes* (Roelofs)

中文异名　栎实象

拉丁异名　*Curculio arakawai* Matsumura et Kono

寄　　主　山杨，板栗，茅栗，麻栎，槲栎，波罗栎，蒙古栎，辽东栎，黄背栎，栓皮栎，夏栎，青冈，青榨槭，茶。

分布范围　华北、东北，江苏、山东、河南、湖北、重庆、云南、陕西。

发生地点　北京：密云区；
河北：唐山市丰润区、玉田县，张家口市赤城县，雾灵山保护区；
江苏：镇江市句容市；
山东：青岛市即墨市、莱西市，泰安市泰山林场；
河南：三门峡市卢氏县，南阳市镇平县；
湖北：武汉市蔡甸区，荆门市京山县；
重庆：巫山县；

云南：昭通市大关县；
陕西：安康市宁陕县，商洛市丹凤县、柞水县，渭南市华州区、澄城县，宁东林业局。

发生面积　45209 亩
危害指数　0. 4101

• 榛实象 *Curculio dieckmanni* (Faust)

寄　　主　毛榛，榛子，虎榛子，茅栗，栎，榆树，南方泡桐。
分布范围　东北，北京、河北、内蒙古、江西、山东、陕西。
发生地点　北京：密云区；
河北：雾灵山自然保护区；
内蒙古：呼伦贝尔市扎兰屯市；
辽宁：丹东市宽甸满族自治县，铁岭市铁岭县、西丰县、昌图县、开原市；
黑龙江：佳木斯市郊区；
江西：吉安市井冈山市；
陕西：渭南市华州区，宁东林业局；
黑龙江森林工业总局：友好林业局、乌伊岭林业局。

发生面积　376049 亩
危害指数　0. 6332

• 沙棘象 *Curculio hippophes* Zhang

寄　　主　沙棘。
分布范围　青海。
发生地点　青海：西宁市城东区。

• 麻栎象 *Curculio robustus* (Roelofs)

寄　　主　山杨，板栗，麻栎，栓皮栎，油橄榄。
分布范围　北京、上海、浙江、安徽、山东、河南、四川、陕西。
发生地点　上海：宝山区；
安徽：合肥市庐阳区、肥西县，宿州市萧县；
山东：泰安市泰山林场；
河南：郑州市荥阳市、登封市，洛阳市嵩县、汝阳县，平顶山市鲁山县，汝州市；
四川：绵阳市三台县；
陕西：渭南市华州区、华阴市，佛坪保护区。

发生面积　5664 亩
危害指数　0. 3333

• 茶籽象 *Curculio styracis* (Roelofs)

寄　　主　玉兰，山茶，油茶，茶，柠檬桉，巨尾桉，木犀。
分布范围　浙江、福建、江西、湖南、广西、四川、贵州。
发生地点　浙江：杭州市富阳区，金华市磐安县，衢州市常山县，丽水市莲都区、松阳县；

福建：龙岩市上杭县；
江西：萍乡市湘东区、上栗县、芦溪县，上饶市广丰区；
湖南：株洲市荷塘区、芦淞区，衡阳市衡东县，岳阳市云溪区、岳阳县，张家界市慈利县，永州市蓝山县，湘西土家族苗族自治州龙山县；
广西：贵港市平南县；
四川：内江市隆昌县。

发生面积　7610 亩
危害指数　0. 3465

- **淡褐圆筒象 *Cyrtepistomus castaneus* (Roelofs)**

中文异名　长毛圆筒象
拉丁异名　*Macrocorynus chlorizans* (Faust), *Macrocoryhus fotis* (Reitter)
寄　　主　杉木，栎，青冈。
分布范围　北京、安徽、四川。

- **黑斑齿足象 *Deracanthus grumi* Suvorov**

寄　　主　山杨，胡杨。
分布范围　新疆。

- **甘肃齿足象 *Deracanthus potanini* Faust**

寄　　主　大红柳。
分布范围　甘肃、青海、宁夏。
发生地点　宁夏：石嘴山市惠农区。

- **淡灰瘤象 *Dermatoxenus caesicollis* (Gyllenhal)**

寄　　主　华山松，马尾松，柳杉，杉木，青冈，榆树，构树，柑橘，油桐。
分布范围　华东，湖北、广西、四川。
发生地点　江苏：镇江市句容市；
安徽：合肥市庐阳区。

- **黄柳叶喙象 *Diglossotrox mannerheimi* Lacordaire**

寄　　主　柳树，黄柳。
分布范围　北京、内蒙古、辽宁、吉林、陕西。

- **云南松镰象 *Drepanoderes leucofasciatus* Voss**

寄　　主　云南松。
分布范围　云南。
发生地点　云南：楚雄彝族自治州南华县、永仁县，安宁市。
发生面积　1184 亩
危害指数　0. 3806

- **大粒横沟象 *Dyscerus cribripennis* Matsumura et Kono**

寄　　主　华山松，马尾松，核桃，桤木，板栗，栎，桃，苹果，臭椿，楝树，香椿，油茶，白蜡树，洋白蜡，女贞，油橄榄，木犀。

分布范围　江苏、福建、山东、广西、四川、云南、陕西、甘肃。

发生地点　江苏：无锡市滨湖区；

山东：聊城市东阿县，菏泽市定陶区；

四川：成都市金堂县，广元市青川县，达州市开江县；

陕西：渭南市大荔县；

甘肃：陇南市武都区。

发生面积　37629 亩

危害指数　0.4669

• 长棒横沟象 *Dyscerus longiclarvis* Marshall

寄　　主　马尾松，核桃，麻楝，大叶桃花心木，红椿，非洲楝，油茶，棕榈。

分布范围　浙江、湖北、广东、广西、四川、云南、陕西。

发生地点　浙江：宁波市宁海县；

四川：自贡市贡井区、荣县。

• 宽肩象 *Ectatorhinus adamsi* Pascoe

寄　　主　杨，柳树，核桃，枫杨，厚朴，青麸杨。

分布范围　华东，湖北、广西、陕西。

发生地点　陕西：渭南市华州区。

• 短带长毛象 *Enaptorrhinus convexiusculus* Heller

寄　　主　落叶松，松，枫杨，桑，樱桃，荆条。

分布范围　辽宁、吉林、山东、四川。

发生地点　四川：南充市西充县。

• 大长毛象 *Enaptorrhinus granulatus* Pascoe

寄　　主　落叶松，赤松，核桃楸。

分布范围　北京、河北、辽宁、吉林、山东。

• 中华长毛象 *Enaptorrhinus sinensis* Waterhouse

寄　　主　杉松，银杉，湿地松，杉木，核桃，枫杨，板栗，麻栎，檫木，苹果，河北梨，合欢，刺槐。

分布范围　北京、河北、内蒙古、辽宁、浙江、江西、山东。

发生地点　河北：张家口市涿鹿县，沧州市吴桥县、河间市；

江西：景德镇市枫树山林场，吉安市峡江县。

发生面积　991 亩

危害指数　0.4477

• 中国癞象 *Episomus chinensis* Faust

寄　　主　马尾松，柏木，杨树，山核桃，板栗，栎，榆树，构树，桑，刺槐，盐肤木，八角金盘，女贞。

分布范围　华东，湖北、湖南、广东、广西、重庆、四川、贵州、陕西。
发生地点　江苏：南京市江宁区；
广东：清远市连州市；
重庆：万州区、涪陵区、南川区，武隆区、开县、云阳县、奉节县、彭水苗族土家族自治县；
四川：绵阳市梓潼县，遂宁市安居区、蓬溪县、射洪县、大英县。
发生面积　394 亩
危害指数　0.3333

• **陡坡癞象 *Episomus declives* Faust**
寄　　主　刺楸。
分布范围　黑龙江、江苏、四川。

• **大瘤癞象 *Episomus fortius* Voss**
寄　　主　山杨，柳树。
分布范围　四川。
发生地点　四川：遂宁市射洪县。

• **灌县癞象 *Episomus kwanhsiensis* Heller**
寄　　主　青冈，榆树，桑，刺槐，黄连木。
分布范围　江苏、浙江、福建、广西、四川。
发生地点　浙江：宁波市宁海县；
四川：遂宁市船山区、蓬溪县，宜宾市兴文县。
发生面积　102 亩
危害指数　0.3333

• **卵形癞象 *Episomus truncatirostris* Fairmaire**
寄　　主　华山松，杉木，青冈，刺槐，油桐，油橄榄。
分布范围　四川。

• **臭椿沟眶象 *Eucryptorrhynchus brandti* (Harold)**
中文异名　椿小象
寄　　主　山杨，垂柳，板栗，朴树，榆树，大果榉，构树，猴樟，三球悬铃木，槐树，柑橘，臭椿，香椿，红椿，龙眼，栾树，胡颓子，白蜡树，女贞，泡桐。
分布范围　华北、东北、西北，上海、江苏、安徽、山东、河南、湖北、广东、广西、重庆、四川。
发生地点　北京：东城区、朝阳区、丰台区、石景山区、海淀区、房山区、通州区、顺义区、昌平区、大兴区、密云区、延庆区；
天津：塘沽、汉沽、大港、宝坻区、宁河区；
河北：石家庄市井陉矿区、藁城区、栾城区、高邑县、晋州市，唐山市丰润区、乐亭县、玉田县，秦皇岛市海港区、山海关区、抚宁区、青龙满族自治县、昌黎县，邢台市南和县、沙河市，保定市阜平县、唐县、博野县，张家口市宣化区、阳原县，沧州市吴桥县、黄骅市，廊坊市安次区、香河县、大城县、文安县、霸州市、三河市，衡水市桃城区、武邑县、安平县，辛集市；
山西：晋中市榆次区、灵石县，运城市盐湖区，忻州市静乐县；
内蒙古：乌海市海南区，阿拉善盟阿拉善左旗；
上海：闵行区、嘉定区、浦东新区、松江区、青浦区、奉贤区，崇明县；
江苏：南京市栖霞区、高淳区，徐州市丰县、沛县，南通市海门市，淮安市淮阴区，盐城市射阳县；
安徽：滁州市定远县，阜阳市颍东区、颍泉区；
山东：济南市历城区、平阴县、济阳县，青岛市胶州市、莱西市，枣庄市台儿庄区，东营市河口区、垦利县、利津县，烟台市芝罘区、莱山区，潍坊市潍城区、坊子区、诸城市、昌邑市、滨海经济开发区，济宁市任城区、兖州区、曲阜市，泰安市岱岳区、肥城市、泰山林场，威海市环翠区，日照市莒县，莱芜市莱城区、钢城区，临沂市沂水县、莒南县，德州市夏津县、德州市开发区，聊城市东昌府区、阳谷县、东阿县、冠县、高唐县、临清市、经济技术开发区，滨州市沾化区，菏泽市牡丹区、定陶区、单县、成武县、巨野县、郓城县；
河南：郑州市荥阳市、新郑市、登封市，许昌市鄢陵县，三门峡市卢氏县，邓州市；
湖北：武汉市东西湖区；
广东：韶关市翁源县；
广西：百色市田阳县；
重庆：黔江区；
四川：遂宁市船山区，阿坝藏族羌族自治州理县；
陕西：西安市临潼区、蓝田县、周至县，宝鸡市扶风县、眉县、凤县，咸阳市秦都区、渭城区、三原县、永寿县、长武县、武功县、兴平市，渭南市华州区、大荔县、白水县，延安市延川县、吴起县，汉中市汉台区，榆林市定边县、米脂县、吴堡县、子洲县，安康市汉滨区，杨陵区，佛坪自然保护区；
甘肃：兰州市城关区，白银市平川区、靖远县，天水市武山县，平凉市静宁县，庆阳市庆城县、正宁县，陇南市西和县、礼县；
青海：海东市民和回族土族自治县；
宁夏：银川市兴庆区、西夏区、金凤区、永宁县、贺兰县、灵武市，石嘴山市大武口区、平罗县，吴忠市利通区、红寺堡区、同心县、青铜峡市，固原市原州区、隆德县、彭阳县，中卫市沙坡头区、中宁县。

发生面积 90097 亩

危害指数 0.4061

• **沟眶象** ***Eucryptorrhynchus scrobiculatus*** **(Motschulsky)**

拉丁异名 *Eucryptorrhynchus chinensis* (Olivier)

寄　　主 马尾松，山杨，柳树，黧蒴栲，栎，榆树，桑，猴樟，溲疏，枫香，台湾相思，臭椿，香椿，洋椿，南酸枣，盐肤木，南京椴，木荷，胡颓子，水曲柳，白蜡树，绒毛白蜡，丁香，泡桐。

分布范围 华北、华东、西北，辽宁、河南、湖北、广东、重庆、四川。

发生地点　北京：东城区、朝阳区、丰台区、石景山区、海淀区、通州区、顺义区、昌平区、大兴区；
天津：东丽区、西青区、武清区；
河北：石家庄市井陉县，唐山市古冶区、滦南县、乐亭县、玉田县，邯郸市肥乡区，邢台市巨鹿县、沙河市，保定市唐县，张家口市怀来县、涿鹿县，沧州市黄骅市、河间市，廊坊市安次区、固安县、永清县、霸州市；
山西：运城市绛县，吕梁市孝义市；
上海：松江区、青浦区，崇明县；
江苏：南京市浦口区、栖霞区、江宁区，徐州市沛县，淮安市淮阴区，镇江市京口区、镇江新区、润州区、丹阳市、句容市；
浙江：宁波市北仑区；
安徽：阜阳市颍州区；
山东：青岛市胶州市、莱西市，潍坊市坊子区、潍坊市滨海经济开发区，济宁市兖州区、嘉祥县，泰安市新泰市、肥城市、泰山林场、徂徕山林场，莱芜市雪野湖，德州市夏津县、乐陵市，聊城市东阿县、冠县、高唐县、临清市，滨州市沾化区，菏泽市牡丹区、郓城县；
湖北：荆门市东宝区；
广东：清远市英德市、连州市；
重庆：巫山县；
四川：遂宁市安居区；
陕西：宝鸡市扶风县，咸阳市秦都区、渭城区、彬县，渭南市华州区、大荔县，延安市吴起县、宜川县，榆林市米脂县、子洲县，商洛市丹凤县，杨陵区；
甘肃：兰州市榆中县，白银市靖远县，庆阳市西峰区、镇原县；
宁夏：银川市兴庆区、西夏区、金凤区、永宁县、贺兰县、灵武市，石嘴山市大武口区、惠农区、平罗县，吴忠市利通区、同心县、青铜峡市，固原市彭阳县，中卫市沙坡头区、中宁县、海原县。

发生面积　134046 亩

危害指数　0.4008

• 长毛小眼象 *Eumyllocerus sectator* (Reitter)

寄　　主　核桃，桤木，波罗栎，杏，梨。

分布范围　东北，北京、四川。

• 白毛树皮象 *Hylobius albosparsus* Boheman

寄　　主　落叶松，云杉，樟子松。

分布范围　河北、吉林、黑龙江。

发生地点　河北：塞罕坝林场。

发生面积　10291 亩

危害指数　0.4178

- **松树皮象 *Hylobius haroldi* Faust**

中文异名　松大象鼻虫

寄　　主　落叶松，华北落叶松，云杉，华山松，赤松，湿地松，红松，马尾松，樟子松，油松，黑松，云南松，杉木，山杨，山核桃，板栗，樱花，蔷薇，槐树，乌桕，阔叶槭。

分布范围　东北、华东、西南，河北、山西、湖北、湖南、陕西、甘肃。

发生地点　河北：邢台市沙河市，张家口市赤城县；

江苏：南京市栖霞区；

浙江：舟山市嵊泗县；

湖南：岳阳市岳阳县；

重庆：涪陵区、大渡口区、北碚区、黔江区、长寿区、南川区、铜梁区、万盛经济技术开发区，城口县、丰都县、武隆区、忠县、开县、云阳县、奉节县、巫溪县；

四川：广元市昭化区，遂宁市蓬溪县，眉山市青神县，达州市大竹县、万源市，雅安市石棉县，甘孜藏族自治州乡城县，凉山彝族自治州西昌市、会理县、冕宁县；

贵州：黔南布依族苗族自治州三都水族自治县；

陕西：渭南市华州区，安康市宁陕县；

甘肃：定西市渭源县，白龙江林业管理局。

发生面积　39528 亩

危害指数　0. 3660

- **萧氏松茎象 *Hylobius xiaoi* Zhang**

寄　　主　华山松，加勒比松，湿地松，马尾松，火炬松，黄山松，云南松，杉木，马尾树，火炬树。

分布范围　西南，浙江、安徽、福建、江西、湖北、湖南、广东、广西。

发生地点　浙江：杭州市桐庐县；

福建：三明市明溪县、清流县、宁化县、尤溪县、将乐县、泰宁县，南平市延平区、浦城县，龙岩市长汀县、上杭县；

江西：南昌市安义县，景德镇市昌江区、浮梁县、乐平市、枫树山林场，萍乡市安源区、莲花县、芦溪县，九江市武宁县、修水县、永修县，新余市分宜县、仙女湖区，赣州市赣县、信丰县、大余县、上犹县、安远县、龙南县、定南县、全南县、宁都县、于都县、兴国县、会昌县、寻乌县、石城县，吉安市青原区、吉安县、峡江县、新干县、永丰县、泰和县、遂川县、万安县、永新县，宜春市袁州区、奉新县、靖安县、铜鼓县，抚州市黎川县、金溪县、广昌县，上饶市上饶县、铅山县、横峰县、婺源县，瑞金市、安福县、南城县；

湖北：宜昌市长阳土家族自治县、宜都市，襄阳市南漳县、保康县、宜城市，荆门市掇刀区；

湖南：长沙市浏阳市，株洲市芦淞区、云龙示范区、醴陵市，湘潭市韶山市，衡阳市南岳区、衡阳县、衡南县、衡山县、耒阳市、常宁市，邵阳市邵东县、新邵县、邵阳县、隆回县、洞口县、绥宁县、新宁县、城步苗族自治县、武冈市，岳阳市云溪区、平江县，常德市石门县，张家界市永定区、慈利县，益阳市资阳区、桃江县、沅江市，郴州市苏仙区、桂阳县、宜章县、永兴县、临武县、桂东县、资兴市，永州市零陵区、冷水滩区、东安县、双牌县、道县、江永县、宁远县、蓝山县、新田县、江华瑶族自治县、回龙圩管理区，怀化市鹤城区、会同县、麻阳苗族自治县、芷江侗族自治县、靖州苗族侗族自治县、通道侗族自治县、洪江市，娄底市娄星区、冷水江市、涟源市、经济技术开发区，湘西土家族苗族自治州泸溪县、凤凰县、保靖县、永顺县；

广东：韶关市始兴县、仁化县、翁源县、乐昌市，肇庆市怀集县，梅州市蕉岭县，河源市连平县，清远市清新区、连山壮族瑶族自治县；

广西：柳州市鹿寨县、融水苗族自治县、三江侗族自治县，桂林市七星区、雁山区、临桂区、阳朔县、永福县、灌阳县、资源县、荔浦县、桂林市龙泉生态林区管理处，梧州市万秀区、长洲区、龙圩区、苍梧县、蒙山县，贵港市桂平市，玉林市玉林市大容山林场，贺州市平桂区、八步区、昭平县、钟山县、富川瑶族自治县，河池市金城江区、天峨县、环江毛南族自治县、巴马瑶族自治县、都安瑶族自治县、大化瑶族自治县；

重庆：开县；

四川：广安市邻水县；

贵州：贵阳市乌当区，遵义市播州区，毕节市黔西县，铜仁市万山区、江口县、玉屏侗族自治县、石阡县、思南县、印江土家族苗族自治县、德江县、松桃苗族自治县，贵安新区，黔南布依族苗族自治州都匀市、都匀经济开发区；

云南：昆明市东川区、宜良县、石林彝族自治县、寻甸回族彝族自治县，玉溪市红塔区、澄江县、新平彝族傣族自治县、红塔山自然保护区，红河哈尼族彝族自治州石岩寨林场。

发生面积　1047429 亩

危害指数　0.4074

● **蓝绿象 *Hypomeces squamosus*（Fabricius）**

中文异名　绿鳞象、绿象甲、大绿象

寄　　主　华山松，马尾松，柳杉，杉木，木麻黄，山杨，钻天杨，箭杆杨，白柳，垂柳，棉花柳，核桃，枫杨，桤木，板栗，刺栲，栎，青冈，尖叶榕，榕树，桑，青皮木，山柚子，樟树，桃，日本樱花，苹果，李，梨，月季，台湾相思，降香，刺槐，白刺，柑橘，柠檬，黄皮，香椿，重阳木，麻疯树，乌桕，杧果，盐肤木，龙眼，枣树，小叶紫椴，山茶，油茶，茶，柽柳，天料木，土沉香，紫薇，大花紫薇，榄仁树，柠檬桉，巨尾桉，海南紫荆木，雪柳，木犀，黄荆，尖叶木。

分布范围　华东、中南、西北，四川、云南。

发生地点　江苏：无锡市宜兴市，盐城市东台市；

浙江：金华市磐安县；

安徽：六安市金寨县；

江西：萍乡市上栗县、芦溪县，新余市渝水区、高新区，宜春市宜丰县、樟树市，抚州市东乡县，上饶市余干县；
山东：聊城市东昌府区、东阿县；
河南：郑州市新郑市；
湖北：武汉市洪山区、东西湖区；
湖南：常德市桃源县，益阳市资阳区；
广东：肇庆市高要区、四会市，云浮市新兴县；
广西：南宁市邕宁区、宾阳县、横县，桂林市雁山区、兴安县、龙胜各族自治县，北海市合浦县，贵港市平南县，玉林市福绵区、博白县，河池市金城江区、天峨县、东兰县、环江毛南族自治县，崇左市扶绥县、大新县、天等县；
海南：三亚市海棠区、天涯区，琼海市、东方市、定安县、白沙黎族自治县、昌江黎族自治县、乐东黎族自治县；
四川：遂宁市蓬溪县，内江市市中区，广安市前锋区，资阳市雁江区；
云南：玉溪市元江哈尼族彝族傣族自治县，临沧市沧源佤族自治县，文山壮族苗族自治州文山市，西双版纳傣族自治州勐腊县；
陕西：西安市周至县，渭南市蒲城县，榆林市佳县、子洲县；
甘肃：庆阳市镇原县；
新疆生产建设兵团：农四师63团，农十四师224团。

发生面积　39616亩
危害指数　0.3385

• 大菊花象 *Larinus kishidai* Kôno

寄　　主　桦木。
分布范围　北京、河北、山西、辽宁、陕西。
发生地点　陕西：渭南市华州区，安康市旬阳县。
发生面积　215亩
危害指数　0.3333

• 黄条翠象 *Lepropus flavovittatus* (Pascoe)

寄　　主　桑，柑橘。
分布范围　河北、福建、广东、云南。

• 金边翠象 *Lepropus rutilans* (Olivier)

拉丁异名　*Lepropus lateralis* Fabricius
寄　　主　榕树，山葡萄。
分布范围　江西、山东、广东、广西、云南。

• 波纹斜纹象 *Lepyrus japonicus* Roelofs

中文异名　波纹斜纹象甲、杨黄星象、二黄星象鼻虫
寄　　主　华山松，马尾松，柳杉，杉木，侧柏，山杨，黑杨，小叶杨，毛白杨，垂柳，朝鲜柳，旱柳，绦柳，山核桃，核桃，板栗，茅栗，栎，榆树，桃，山楂，梨，刺槐，臭椿，香椿，漆树，枣树，连翘，白蜡树，泡桐。

分布范围　华北、东北、华东，河南、湖北、四川、陕西、宁夏。
发生地点　北京：密云区；
河北：石家庄市井陉矿区、井陉县，唐山市古冶区、乐亭县、玉田县，秦皇岛市抚宁区、昌黎县，保定市唐县，张家口市赤城县，沧州市东光县、吴桥县；
内蒙古：通辽市科尔沁区；
江苏：盐城市东台市；
山东：青岛市胶州市，枣庄市台儿庄区，东营市利津县，潍坊市坊子区、诸城市、滨海经济开发区，济宁市微山县、邹城市，泰安市东平县、新泰市，临沂市高新技术开发区、费县、莒南县、临沭县，聊城市阳谷县、东阿县、冠县、高唐县、经济技术开发区、高新技术产业开发区，滨州市惠民县，菏泽市单县，黄河三角洲保护区；
陕西：西安市临潼区，渭南市华州区、华阴市，汉中市汉台区，商洛市商州区；
宁夏：银川市永宁县，中卫市中宁县。
发生面积　9148 亩
危害指数　0.3355

• 云斑斜纹象 *Lepyrus nebulosus* Motschulsky
寄　　主　山杨，垂柳，苹果，海棠花。
分布范围　东北，山东、四川、陕西。
发生地点　山东：聊城市东阿县。

• 尖翅筒喙象 *Lixus acutipennis* Roelofs
寄　　主　山杨，茶。
分布范围　东北，北京、山西、浙江、江西、湖北、陕西。
发生地点　浙江：台州市天台县；
陕西：渭南市大荔县。

• 黑龙江筒喙象 *Lixus amurensis* Faust
寄　　主　杨树。
分布范围　东北，北京、河北、山西、上海、江苏、浙江、安徽、江西、湖北、陕西。
发生地点　陕西：渭南市华州区。

• 雀斑筒喙象 *Lixus ascanii* Linnaeus
寄　　主　云南松，山核桃，楸。
分布范围　河北、辽宁、四川。
发生地点　河北：邢台市沙河市；
四川：攀枝花市东区。

• 圆筒筒喙象 *Lixus fukienensis* Voss
寄　　主　杉木，柏木，山杨，桦木，板栗，青冈，无根藤，红叶李。
分布范围　东北，北京、河北、山西、浙江、福建、江西、山东、湖北、湖南、广西、重庆、四川、陕西。

发生地点　重庆：忠县；

四川：自贡市自流井区，攀枝花市西区，乐山市峨边彝族自治县。

发生面积　249 亩

危害指数　0.5341

• 挂墩筒喙象 *Lixus kuatunensis* Voss

寄　　主　麻栎。

分布范围　福建、四川。

• 斜纹筒喙象 *Lixus obliquivittis* Voss

寄　　主　山杨。

分布范围　上海、浙江、福建、江西、广西、四川、云南。

发生地点　四川：宜宾市宜宾县。

• 油菜筒喙象 *Lixus ochraceus* Boheman

寄　　主　山杨。

分布范围　华北，辽宁、江西、四川、宁夏。

发生地点　河北：张家口市怀来县，沧州市黄骅市；

四川：自贡市沿滩区。

发生面积　166 亩

危害指数　0.3333

• 甜菜筒喙象 *Lixus subtilis* Boheman

寄　　主　山杨。

分布范围　东北、华东，北京、河北、山西、广西、四川、云南、陕西、甘肃、新疆。

发生地点　北京：通州区、顺义区、密云区。

• 红褐圆筒象 *Macrocorynus discoideus*（Olivier）

寄　　主　马尾松，油茶。

分布范围　浙江、福建、江西、湖北、湖南、广东、广西、四川。

• 黄褐纤毛象 *Megamecus urbanus*（Gyllenhal）

寄　　主　山杨，柳树，榆树，沙枣。

分布范围　西北，北京、内蒙古、山东、河南。

发生地点　山东：黄河三角洲保护区；

陕西：榆林市米脂县；

宁夏：吴忠市红寺堡区。

发生面积　354 亩

危害指数　0.3333

• 蒙古象 *Meteutinopus mongolicus*（Faust）

中文异名　蒙古土象、蒙古灰象甲

寄　　主　华北落叶松，云杉，松，山杨，小叶杨，柳树，核桃楸，核桃，榛子，板栗，麻栎，蒙古栎，榆树，桑，桃，杏，樱花，苹果，海棠花，李，梨，紫穗槐，柠条锦鸡儿，刺槐，槐树，龙爪槐，枣树，锦葵，柽柳，水曲柳，泡桐。

分布范围　华北、东北，江苏、山东、四川、陕西、甘肃、宁夏。

发生地点　北京：石景山区、密云区；

河北：石家庄市井陉矿区，邯郸市涉县，保定市唐县，沧州市东光县；

山西：大同市阳高县；

内蒙古：赤峰市敖汉旗；

辽宁：沈阳市新民市；

黑龙江：齐齐哈尔市昂昂溪区、泰来县；

江苏：苏州市太仓市；

山东：聊城市东阿县、冠县，黄河三角洲保护区；

四川：自贡市贡井区、沿滩区；

陕西：榆林市米脂县；

甘肃：白龙江林业管理局；

宁夏：吴忠市盐池县。

发生面积　20877 亩

危害指数　0.4219

• 茶丽纹象 *Myllocerinus aurolineatus* Voss

中文异名　茶叶象甲、黑绿象虫、茶丽纹象甲

寄　　主　柏木，山杨，枫杨，板栗，构树，桑，木兰，樟树，枫香，桃，杏，石楠，梨，羊蹄甲，柑橘，无患子，茶梨，山茶，油茶，茶，紫薇。

分布范围　华东，湖北、湖南、广东、广西、重庆、四川、陕西。

发生地点　江苏：南京市雨花台区；

浙江：宁波市鄞州区、象山县、宁海县、余姚市，金华市东阳市；

安徽：合肥市庐阳区、包河区，池州市贵池区；

福建：泉州市安溪县，漳州市诏安县；

江西：萍乡市湘东区；

湖南：湘潭市湘潭县；

广东：云浮市罗定市；

重庆：酉阳土家族苗族自治县；

四川：自贡市自流井区、荣县，遂宁市大英县，南充市顺庆区，广安市前锋区，巴中市平昌县。

发生面积　2727 亩

危害指数　0.3333

• 赫色丽纹象 *Myllocerinus ochrolineatus* Voss

中文异名　赭丽纹象

寄　　主　樟树，油茶，茶。

分布范围　福建、广东、广西、四川。

发生地点　广东：韶关市曲江区。

- **淡绿丽纹象** ***Myllocerinus vossi*** **(Lona)**

寄　　主　粗枝木麻黄，山杨，板栗。

分布范围　江苏、浙江、安徽、江西、广东、四川、云南。

发生地点　安徽：六安市舒城县。

发生面积　100 亩

危害指数　0.3333

- **黑斑尖筒象** ***Myllocerus illitus*** **Reitter**

寄　　主　板栗，栎，青冈，榕树，樟树，桃，枇杷，油茶。

分布范围　江苏、安徽、福建、湖北、广东、广西、四川、贵州。

- **暗褐尖筒象** ***Myllocerus pelidnus*** **Voss**

寄　　主　柠条锦鸡儿。

分布范围　福建、江西、广东、广西、宁夏。

发生地点　宁夏：吴忠市红寺堡区。

发生面积　100 亩

危害指数　0.3333

- **金绿尖筒象** ***Myllocerus scitus*** **Voss**

寄　　主　山杨，柠条锦鸡儿，槐树。

分布范围　上海、福建、宁夏。

发生地点　宁夏：银川市兴庆区、西夏区，吴忠市红寺堡区、盐池县。

发生面积　1502 亩

危害指数　0.4443

- **长毛尖筒象** ***Myllocerus sordidus*** **Voss**

寄　　主　核桃，桉树。

分布范围　上海、福建、四川。

- **核桃桉象** ***Neomyllocerus hedini*** **(Marshall)**

中文异名　桉象

寄　　主　沙兰杨，核桃，栎，麻栎，青冈，桃，苹果，红叶李，火棘，梨，刺槐。

分布范围　江西、湖北、湖南、广东、广西、四川、贵州、云南、陕西。

- **板栗雪片象** ***Niphades castanea*** **Chao**

寄　　主　板栗，锥栗。

分布范围　安徽、福建、湖北、陕西。

发生地点　湖北：黄冈市罗田县；

　　　　　陕西：安康市汉阴县、宁陕县，商洛市商州区、丹凤县、商南县、镇安县、柞水县，宁东林业局。

发生面积　15201 亩

危害指数　0.4123

- **多瘤雪片象 *Niphades verrucosus*（Voss）**

寄　　主　华山松，湿地松，马尾松，油松，火炬松，黄山松，黑松，金钱松。
分布范围　河北、浙江、四川。

- **香樟齿喙象 *Pagiophloeus tsushimanus* Morimoto**

寄　　主　猴樟，樟树，女贞。
分布范围　上海、江苏、浙江。
发生地点　上海：闵行区、宝山区、嘉定区、浦东新区、金山区、松江区、青浦区、奉贤区，崇明县；
江苏：南京市栖霞区；
浙江：舟山市岱山县。
发生面积　4452 亩
危害指数　0.4599

- **甜菜毛足象甲 *Phacephorus unbratus* Faldermann**

寄　　主　栲树，杏，柠条锦鸡儿，花棒。
分布范围　内蒙古、福建、宁夏。
发生地点　宁夏：吴忠市盐池县，固原市彭阳县。
发生面积　701 亩
危害指数　0.4284

- **小齿斜脊象 *Phrixopogon excisangulus*（Reitter）**

寄　　主　毛竹。
分布范围　上海、江苏、浙江、福建、湖北、湖南、广东。

- **短毛斜脊象 *Phrixopogon ignarus* Faust**

寄　　主　山杨，柳树，山核桃，核桃，栎，刺槐。
分布范围　广东、海南、陕西。
发生地点　陕西：渭南市华州区。

- **柑橘斜脊象 *Phrixopogon mandarinus* Fairmaire**

寄　　主　板栗，桑，桃，李，刺槐，柑橘，油茶。
分布范围　福建、江西、湖北、湖南、广东、广西、四川、陕西。
发生地点　湖南：衡阳市衡南县、耒阳市、常宁市，岳阳市岳阳县，怀化市辰溪县。
发生面积　14100 亩
危害指数　0.3357

- **小长角切叶象 *Phyllobius brevitarsis* Kôno**

寄　　主　马尾松，柏木，山核桃，核桃，板栗，麻栎，栓皮栎，青冈，桃，油桃，乌桕。
分布范围　湖北、重庆、四川。
发生地点　重庆：合川区；
四川：遂宁市蓬溪县，巴中市南江县。

- **云杉树叶象 *Phyllobius* sp.**

中文异名　云杉叶象

寄　　主　云杉，青海云杉。

分布范围　四川、甘肃、宁夏。

发生地点　甘肃：武威市天祝藏族自治县，定西市通渭县、临洮县、岷县，临夏回族自治州临夏县、康乐县、广河县、和政县、东乡族自治县、积石山保安族东乡族撒拉族自治县，甘南藏族自治州合作市，兴隆山保护区、太子山保护区、尕海则岔保护区；

宁夏：中卫市海原县。

发生面积　63219 亩

危害指数　0.4545

- **金绿树叶象 *Phyllobius virideaeris* (Laicharting)**

寄　　主　柏木，侧柏，山杨，核桃，栎子青冈，李。

分布范围　北京、山西、内蒙古、吉林、黑龙江、陕西、甘肃、宁夏。

发生地点　宁夏：银川市永宁县，固原市原州区。

- **板栗大圆筒象 *Phyllolytus psittacinus* (Redtenbacher)**

寄　　主　板栗。

分布范围　江苏、山东、陕西。

发生地点　山东：莱芜市钢城区。

- **尖齿尖象 *Phytoscaphus dentirostris* Voss**

寄　　主　山杨。

分布范围　福建、江西、广东、广西、四川、云南、陕西。

- **棉尖象 *Phytoscaphus gossypii* Chao**

寄　　主　旱柳，桃，枣树。

分布范围　北京、河北、内蒙古、辽宁、江苏、安徽、山东、河南、陕西、甘肃。

发生地点　陕西：榆林市米脂县。

发生面积　100 亩

危害指数　0.3333

- **隆胸球胸象 *Piazomias globulicollis* Faldermann**

寄　　主　榆树，桑，枣树。

分布范围　华北，江苏、安徽、山东、河南。

发生地点　山西：晋中市灵石县；

河南：郑州市新郑市。

- **灰胸球象 *Piazomias hummeli* Marshall**

寄　　主　山杨。

分布范围　四川、陕西、甘肃。

• 大球胸象 *Piazomias validus* Motschulsky

寄　　主　山杨，山核桃，核桃，板栗，榆树，桑，苹果，柠条锦鸡儿，山皂荚，臭椿，楝树，枣树，梧桐，小叶女贞，荆条，泡桐。

分布范围　北京、河北、山西、江苏、安徽、山东、河南、陕西。

发生地点　北京：密云区；

河北：石家庄市井陉县，保定市唐县，沧州市沧县、东光县、黄骅市；

江苏：南京市雨花台区；

陕西：渭南市澄城县、白水县，榆林市米脂县、子洲县。

发生面积　16602 亩

危害指数　0.3361

• 金绿球胸象 *Piazomias virescens* Bohernan

寄　　主　荆条。

分布范围　华北、东北，山东。

• 核桃横沟象 *Pimelocerus juglans*（Chao）

中文异名　核桃根象甲

寄　　主　喙核桃，山核桃，粗皮山核桃，野核桃，核桃楸，核桃，板栗，臭椿。

分布范围　山西、浙江、福建、山东、河南、湖北、重庆、四川、云南、陕西、甘肃。

发生地点　山西：晋中市灵石县；

河南：洛阳市栾川县；

重庆：巴南区，巫山县；

四川：绵阳市三台县、梓潼县，广元市旺苍县、青川县，宜宾市筠连县，巴中市通江县，甘孜藏族自治州泸定县；

云南：红河哈尼族彝族自治州开远市；

陕西：西安市临潼区、蓝田县，宝鸡市眉县、太白县，渭南市华州区，汉中市略阳县、镇巴县，商洛市洛南县、山阳县、镇安县、柞水县；

甘肃：庆阳市华池县，陇南市成县、文县、康县、西和县、礼县、徽县、两当县，甘南藏族自治州舟曲县。

发生面积　232218 亩

危害指数　0.5153

• 疱瘤横沟象 *Pimelocerus pustulatus*（Kono）

寄　　主　马尾松，樟树。

分布范围　安徽、广西。

发生地点　广西：桂林市阳朔县。

• 黑木蠹象 *Pissodes cembrae* Motschulsky

寄　　主　落叶松，华山松，油松，栎。

分布范围　河北、辽宁、陕西。

发生地点　陕西：汉中市汉台区，宁东林业局。

• 红木蠹象 *Pissodes nitidus* Roelofs

中文异名　松黄星象、松梢象

寄　　主　赤松，红松，樟子松，油松，黑松，云南松。

分布范围　东北，河南、云南。

发生地点　云南：昆明市呈贡区；

黑龙江森林工业总局：朗乡林业局、南岔林业局、美溪林业局、上甘岭林业局、红星林业局、汤旺河林业局。

发生面积　106311 亩

危害指数　0.4963

• 华山松木蠹象 *Pissodes punctatus* Langor et Zhang

中文异名　颗点木蠹象、粗刻点木蠹象

寄　　主　华山松，白皮松，思茅松，马尾松，油松，云南松，杉木。

分布范围　西南，山西、湖北、陕西、甘肃。

发生地点　山西：晋中市灵石县；

重庆：巫山县；

四川：广元市旺苍县、青川县，巴中市通江县；

贵州：六盘水市盘县；

云南：昆明市五华区、西山区、东川区、经济技术开发区、倘甸产业园区、宜良县、寻甸回族彝族自治县，曲靖市陆良县、富源县，玉溪市红塔区、江川区、澄江县、华宁县，保山市隆阳区、施甸县、龙陵县，昭通市昭阳区、鲁甸县、巧家县、大关县、永善县、彝良县，临沧市临翔区、双江拉祜族佤族布朗族傣族自治县，楚雄彝族自治州楚雄市、双柏县、南华县、武定县，红河哈尼族彝族自治州个旧市、石岩寨林场，大理白族自治州弥渡县，迪庆藏族自治州维西傈僳族自治县，安宁市；

陕西：西安市周至县；

甘肃：白银市靖远县。

发生面积　162208 亩

危害指数　0.4290

• 樟子松木蠹象 *Pissodes validirostris*（Sahlberg）

中文异名　樟子松球果象甲

寄　　主　樟子松。

分布范围　东北，内蒙古。

发生地点　内蒙古：呼伦贝尔市鄂温克族自治旗、红花尔基林业局。

发生面积　355069 亩

危害指数　0.7206

• 云南木蠹象 *Pissodes yunnanensis* Longer et Zhang

寄　　主　华山松，高山松，思茅松，云南松。

分布范围　四川、贵州、云南。

发生地点　四川：攀枝花市盐边县，凉山彝族自治州木里藏族自治县、盐源县；
　　　　　贵州：毕节市威宁彝族回族苗族自治县；
　　　　　云南：昆明市东川区，玉溪市江川区、华宁县、峨山彝族自治县，保山市隆阳区、施甸县，昭通市昭阳区，丽江市玉龙纳西族自治县，临沧市凤庆县，楚雄彝族自治州楚雄市、双柏县、永仁县、禄丰县，大理白族自治州弥渡县，迪庆藏族自治州香格里拉市、维西傈僳族自治县。
发生面积　147521 亩
危害指数　0.4013

● **中国多露象 *Polydrusus chinensis* (Kono et Moromoto)**
寄　　主　青海云杉，小叶杨。
分布范围　东北，甘肃、宁夏。
发生地点　甘肃：武威市天祝藏族自治县，祁连山自然保护区。
发生面积　3300 亩
危害指数　0.4141

● **二带遮眼象 *Pseudocneorhinus bifasciatus* Roelofs**
寄　　主　樱花。
分布范围　上海、浙江。
发生地点　上海：浦东新区。

● **小遮眼象 *Pseudocneorhinus minimus* Roelofs**
寄　　主　板栗，白栎，枫香，油茶，木荷。
分布范围　北京、河北、吉林、江苏、安徽、江西、四川、陕西。

● **胖遮眼象 *Pseudocneorhinus sellatus* Marshall**
寄　　主　核桃，白桦，榆树，杏，洋白蜡，女贞。
分布范围　河北、山西、山东、陕西、甘肃。
发生地点　河北：张家口市涿鹿县。

● **竹小象 *Pseudocossonus brevitarsis* Wollaston**
寄　　主　毛竹，早竹。
分布范围　浙江、福建、江西、湖北。
发生地点　浙江：丽水市莲都区、松阳县；
　　　　　福建：泉州市安溪县；
　　　　　江西：宜春市樟树市。
发生面积　288 亩
危害指数　0.3333

● **榆跳象 *Rhynchaenus alni* (Linnaeus)**
寄　　主　厚朴，旱榆，榔榆，榆树。
分布范围　东北、西北，北京、内蒙古、上海、山东。

发生地点　北京：顺义区、大兴区、延庆区；
内蒙古：通辽市科尔沁区，乌兰察布市四子王旗；
辽宁：沈阳市浑南区；
黑龙江：哈尔滨市五常市；
上海：浦东新区；
山东：济南市商河县，德州市武城县，聊城市阳谷县、东阿县，菏泽市郓城县，黄河三角洲自然保护区；
甘肃：白银市靖远县；
宁夏：银川市贺兰山保护区，吴忠市利通区、红寺堡区、盐池县、同心县；
新疆：乌鲁木齐市天山区、沙依巴克区、高新区、水磨沟区、头屯河区、米东区，克拉玛依市克拉玛依区，博尔塔拉蒙古自治州博乐市，塔城地区沙湾县，石河子市，天山东部国有林管理局；
新疆生产建设兵团：农四师 68 团，农六师奇台农场，农七师 123 团、124 团、130 团，农八师，农十二师。

发生面积　99228 亩

危害指数　0.4604

● **杨潜叶跳象** ***Rhynchaenus empopulifolis*** **Chen et Zhang**

寄　　主　北京杨，加杨，青杨，山杨，胡杨，二白杨，黑杨，钻天杨，箭杆杨，小叶杨，小黑杨，枫杨。

分布范围　东北、西北，北京、河北、内蒙古、山东、四川。

发生地点　北京：海淀区、通州区、顺义区、怀柔区；
河北：张家口市怀安县；
内蒙古：呼和浩特市托克托县、和林格尔县，赤峰市敖汉旗，通辽市科尔沁区、开鲁县、库伦旗，鄂尔多斯市达拉特旗、乌审旗；
辽宁：阜新市阜新蒙古族自治县、彰武县；
吉林：四平市公主岭市；
黑龙江：齐齐哈尔市龙沙区、建华区、铁锋区、昂昂溪区、富拉尔基区，大庆市萨尔图区、龙凤区、让胡路区、红岗区、大同区、肇州县、肇源县、林甸县、杜尔伯特蒙古族自治县，绥化市兰西县、青冈县、安达市、肇东市；
山东：临沂市沂水县；
陕西：神木县；
甘肃：嘉峪关市，武威市凉州区，酒泉市肃州区、金塔县、玉门市；
青海：海东市乐都区；
新疆生产建设兵团：农四师 63 团、68 团。

发生面积　650432 亩

危害指数　0.4773

● **枫杨跳象** ***Rhynchaenus*** **sp.**

寄　　主　核桃，枫杨。

分布范围　四川。
发生地点　四川：遂宁市安居区。

• 枣飞象 *Scythropus yasumatsui* Kono et Morimoto

中文异名　枣芽象甲、食芽象甲
寄　　主　杨，山核桃，核桃，板栗，山桃，桃，苹果，梨，槐树，枣树，酸枣，沙棘，泡桐。
分布范围　华北，山东、河南、湖北、四川、云南、陕西、甘肃、宁夏。
发生地点　河北：石家庄市井陉县、新乐市，邢台市新河县，沧州市孟村回族自治县，廊坊市大城县；
山西：太原市尖草坪区，晋中市榆次区、太谷县，运城市新绛县，临汾市永和县，吕梁市交城县、临县、柳林县；
内蒙古：鄂尔多斯市达拉特旗；
山东：聊城市东阿县；
河南：郑州市新郑市，安阳市内黄县，三门峡市灵宝市；
四川：雅安市石棉县；
云南：楚雄彝族自治州元谋县；
陕西：咸阳市彬县，渭南市华州区，榆林市绥德县、米脂县、佳县、吴堡县、清涧县、子洲县，神木县、府谷县；
甘肃：兰州市西固区、皋兰县，金昌市金川区，白银市靖远县，白龙江林业管理局；
宁夏：吴忠市同心县。
发生面积　344100 亩
危害指数　0.3387

• 球果角胫象 *Shirahoshizo coniferae* Chao

中文异名　华山松球果象虫
寄　　主　华山松，马尾松，油松，云南松，橡胶树。
分布范围　四川、云南、陕西。
发生地点　云南：临沧市临翔区、永德县、耿马傣族佤族自治县、沧源佤族自治县；
陕西：西安市蓝田县，宝鸡市陇县，商洛市柞水县，宁东林业局、太白林业局。
发生面积　565 亩
危害指数　0.3333

• 马尾松角胫象 *Shirahoshizo patruelis* (Voss)

寄　　主　雪松，华山松，湿地松，马尾松，黑松，云南松，金钱松，粗枝木麻黄，马尾树。
分布范围　华东、西南，湖北、湖南、广东、广西、陕西。
发生地点　安徽：芜湖市繁昌县、无为县；
福建：厦门市同安区、翔安区，莆田市城厢区、涵江区、秀屿区、仙游县、湄洲岛，泉州市泉港区，龙岩市新罗区；
江西：萍乡市上栗县，吉安市永新县；
湖北：武汉市洪山区、东西湖区；
湖南：怀化市会同县；

广东：广州市番禺区，韶关市翁源县，肇庆市鼎湖区、高要区、四会市，汕尾市陆河县、陆丰市，云浮市新兴县；
广西：南宁市宾阳县，钦州市钦南区，玉林市兴业县，百色市德保县，贺州市昭平县、钟山县；
重庆：綦江区；
四川：自贡市自流井区、大安区，攀枝花市东区、西区，广元市旺苍县、青川县，南充市营山县、仪陇县，宜宾市宜宾县，巴中市巴州区；
贵州：贵阳市南明区，安顺市镇宁布依族苗族自治县，铜仁市印江土家族苗族自治县；
云南：昆明市东川区、寻甸回族彝族自治县；
陕西：汉中市汉台区、洋县、西乡县。

发生面积　11634 亩

危害指数　0.4001

• 松瘤象 *Sipalinus gigas*（Fabricius）

寄　　主　落叶松，云杉，华山松，赤松，湿地松，马尾松，樟子松，油松，黄山松，云南松，柳杉，杉木，柏木，罗汉松，板栗，苦槠栲，马尾树，猴樟，乌桕。

分布范围　东北、华东、中南、西南，陕西。

发生地点　江苏：南京市高淳区，无锡市锡山区、惠山区、滨湖区；
浙江：杭州市西湖区、富阳区，宁波市鄞州区、宁海县、余姚市，温州市洞头区、瑞安市，衢州市江山市，台州市仙居县，丽水市莲都区、松阳县；
安徽：合肥市包河区；
福建：厦门市同安区，泉州市安溪县，龙岩市永定区；
江西：赣州市安远县，吉安市井冈山经济技术开发区、吉安县、新干县，宜春市奉新县，抚州市资溪县，上饶市信州区、玉山县，安福县；
湖北：武汉市洪山区、东西湖区；
湖南：长沙市望城区、浏阳市，株洲市云龙示范区，邵阳市绥宁县，岳阳市君山区、岳阳县、平江县，郴州市北湖区、宜章县，怀化市中方县、会同县、通道侗族自治县、洪江市，湘西土家族苗族自治州凤凰县、保靖县、龙山县；
广东：广州市花都区，肇庆市高要区、怀集县、四会市，惠州市惠阳区、惠东县、龙门县，汕尾市陆河县，清远市清城区、清新区，云浮市新兴县、郁南县；
广西：桂林市阳朔县、灵川县，钦州市灵山县，百色市田林县，贺州市钟山县、富川瑶族自治县，雅长林场；
重庆：万州区、涪陵区、南岸区、北碚区、渝北区、巴南区、黔江区、长寿区、永川区、南川区、铜梁区、万盛经济技术开发区，丰都县、武隆区、忠县、开县、云阳县、奉节县、巫溪县、秀山土家族苗族自治县、酉阳土家族苗族自治县、彭水苗族土家族自治县；
四川：自贡市荣县，泸州市江阳区，广元市旺苍县，内江市东兴区、资中县、隆昌县，南充市高坪区、营山县、仪陇县，眉山市青神县，宜宾市高县、兴文县，广安市前锋区、岳池县、邻水县、华蓥市，雅安市名山区、石棉县，巴中市巴州区；

贵州：贵阳市贵阳经济技术开发区，六盘水市六枝特区，遵义市播州区、道真仡佬族苗族自治县，安顺市普定县、镇宁布依族苗族自治县、紫云苗族布依族自治县，铜仁市印江土家族苗族自治县，黔南布依族苗族自治州福泉市、三都水族自治县；

云南：临沧市双江拉祜族佤族布朗族傣族自治县，文山壮族苗族自治州麻栗坡县，怒江傈僳族自治州泸水县；

陕西：西安市周至县，汉中市汉台区、南郑县，佛坪保护区。

发生面积　57704 亩

危害指数　0. 3865

• 峰喙象 *Stelorrhinoides freyi*（Zumpt）

寄　　主　枣树。

分布范围　河北、吉林、黑龙江、陕西、青海。

• 乌桕长足象 *Sternuchopsis erro* Pascoe

寄　　主　垂柳，肉桂，乌桕，漆树。

分布范围　江苏、浙江、安徽、福建、广东、广西、四川、云南。

发生地点　江苏：南京市雨花台区，扬州市江都区；

广东：肇庆市高要区；

四川：遂宁市射洪县。

• 核桃长足象 *Sternuchopsis juglans*（Chao）

中文异名　核桃果象、核桃甲象虫

寄　　主　山核桃，核桃楸，核桃，樟树。

分布范围　西南，山西、江西、山东、河南、湖北、陕西、甘肃。

发生地点　山西：晋中市灵石县，运城市新绛县；

山东：菏泽市巨野县；

河南：南阳市宛城区；

湖北：十堰市郧西县、竹山县、丹江口市，恩施土家族苗族自治州恩施市、建始县；

重庆：黔江区，城口县、武隆区、巫山县、巫溪县；

四川：广元市利州区、昭化区、朝天区、旺苍县、青川县、剑阁县，遂宁市安居区，南充市营山县，宜宾市兴文县，广安市邻水县，达州市万源市，巴中市巴州区、恩阳区、通江县、南江县、平昌县，阿坝藏族羌族自治州汶川县、黑水县，凉山彝族自治州盐源县、布拖县、甘洛县；

贵州：六盘水市六枝特区，遵义市播州区，毕节市七星关区、大方县、黔西县、赫章县，铜仁市德江县，黔西南布依族苗族自治州普安县；

云南：曲靖市宣威市，昭通市大关县、永善县、镇雄县、彝良县；

陕西：宝鸡市麟游县，咸阳市三原县，汉中市洋县、西乡县、宁强县、略阳县、镇巴县，安康市汉滨区；

甘肃：平凉市华亭县，陇南市成县、宕昌县。

发生面积　461214 亩
危害指数　0.5519

• **花椒长足象** ***Sternuchopsis sauteri*** **Heller**

寄　　主　花椒。
分布范围　福建、山东、四川、云南。
发生地点　山东：莱芜市钢城区；
　　　　　四川：凉山彝族自治州金阳县；
　　　　　云南：昭通市永善县。
发生面积　794 亩
危害指数　0.3787

• **铜光长足象** ***Sternuchopsis scenicus*** **Faust**

中文异名　檫木长足象
寄　　主　栎，鹅掌楸，樟树，檫木。
分布范围　浙江、福建、湖南、四川、云南、陕西。
发生地点　湖南：长沙市浏阳市，邵阳市城步苗族自治县，怀化市鹤城区、会同县、靖州苗族侗族自治县、通道侗族自治县、洪江市；
　　　　　陕西：宁东林业局。
发生面积　631 亩
危害指数　0.6186

• **短胸长足象** ***Sternuchopsis trifidus*** **(Pascoe)**

寄　　主　核桃，麻栎，胡枝子，臭椿，楤木。
分布范围　华东，湖北、广东、广西、四川、陕西。

• **梨铁象** ***Styanax apicalis*** **Heller**

寄　　主　梨，凤梨。
分布范围　湖北、湖南、广西、贵州、云南。
发生地点　湖北：荆州市石首市。

• **柑橘灰象** ***Sympiezomias citri*** **Chao**

寄　　主　水杉，旱冬瓜，无花果，樟树，桃，杏，李，梨，刺槐，柑橘，红椋杨，梧桐，油茶，茶，八角金盘，木犀，泡桐，梓。
分布范围　华东，湖北、湖南、广东、四川、云南、陕西。
发生地点　上海：金山区，崇明县；
　　　　　江苏：南京市栖霞区、江宁区、六合区，淮安市洪泽区，镇江市京口区、镇江新区、润州区、丹徒区、丹阳市；
　　　　　浙江：宁波市象山县；
　　　　　江西：萍乡市湘东区，宜春市樟树市；
　　　　　湖南：郴州市桂阳县，永州市回龙圩管理区；
　　　　　广东：清远市连州市；

四川：绵阳市三台县；
云南：昆明市呈贡区。
发生面积 5675 亩
危害指数 0.3648

• **广西灰象 *Sympiezomias guangxiensis* Chao**
寄　　主 银杏，湿地松，马尾松，杉木，板栗，栎，无花果，桑，樟树，肉桂，枫香，桃，梅，杏，枇杷，石楠，李，柑橘，油桐，南酸枣，龙眼，木棉，梧桐，油茶，茶，巨尾桉，小叶女贞，木犀，泡桐。
分布范围 江苏、湖南、广东、广西、四川。
发生地点 江苏：镇江市句容市；
湖南：株洲市芦淞区、天元区、攸县、醴陵市，衡阳市南岳区、衡南县、祁东县、耒阳市、常宁市，邵阳市武冈市，岳阳市云溪区、岳阳县，常德市鼎城区，益阳市桃江县，郴州市桂阳县、永兴县、嘉禾县，永州市道县，娄底市涟源市；
广西：南宁市横县，桂林市兴安县、龙胜各族自治县、荔浦县，梧州市苍梧县、岑溪市，北海市铁山港区，防城港市防城区、上思县，贵港市覃塘区、平南县、桂平市，贺州市平桂区，河池市天峨县、罗城仫佬族自治县，来宾市武宣县，崇左市宁明县，博白林场；
四川：遂宁市射洪县、大英县，南充市顺庆区、西充县，广安市前锋区。
发生面积 74314 亩
危害指数 0.3620

• **北京灰象 *Sympiezomias herzi* Faust**
寄　　主 山杨，核桃，榛子，榆树，苹果，梨，刺槐，枣树。
分布范围 东北，北京、河北、山西、山东、陕西。
发生地点 河北：唐山市玉田县，承德市隆化县。

• **大灰象 *Sympiezomias velatus* (Chevrolat)**
中文异名 大灰象甲、云杉大灰象甲
寄　　主 落叶松，云杉，青海云杉，马尾松，杉木，柏木，圆柏，高山柏，木麻黄，加杨，山杨，黑杨，毛白杨，垂柳，旱柳，山核桃，核桃楸，核桃，枫杨，桤木，板栗，青冈，榆树，构树，桑，梭梭，樟树，楠，枫香，山桃，桃，杏，日本樱花，西府海棠，苹果，海棠花，石楠，红叶李，白梨，紫穗槐，刺桐，刺槐，槐树，柑橘，枳，花椒，臭椿，楝树，香椿，重阳木，长叶黄杨，南酸枣，冬青，冬青卫矛，色木槭，栾树，文冠果，枣树，木槿，油茶，柽柳，紫薇，喜树，水曲柳，黄荆，枸杞，兰考泡桐，白花泡桐。
分布范围 全国。
发生地点 北京：东城区、通州区、顺义区、密云区；
河北：石家庄市井陉矿区、藁城区、井陉县、灵寿县、赞皇县，唐山市古冶区、滦南县、乐亭县、玉田县，邢台市邢台县、平乡县，保定市唐县，张家口市阳原县、怀安县、涿鹿县，廊坊市固安县、永清县，衡水市桃城区、枣强县、武邑县、安平县；
山西：运城市临猗县；
内蒙古：鄂尔多斯市准格尔旗，阿拉善盟额济纳旗；
江苏：南京市浦口区、雨花台区，苏州市太仓市，淮安市洪泽区，盐城市大丰区、东台市，扬州市邗江区、江都区，镇江市句容市；
浙江：宁波市鄞州区，台州市黄岩区；
福建：南平市建瓯市；
山东：济南市平阴县，青岛市胶州市，东营市河口区，潍坊市昌邑市，济宁市任城区、兖州区、曲阜市，泰安市泰山区、宁阳县、新泰市、肥城市，日照市莒县，临沂市兰山区、莒南县，德州市齐河县，聊城市东阿县，菏泽市定陶区；
河南：郑州市新郑市，平顶山市鲁山县，许昌市鄢陵县、长葛市，商丘市虞城县；
湖南：株洲市攸县，永州市零陵区；
广西：南宁市江南区，百色市乐业县；
重庆：黔江区、南川区、铜梁区，城口县、武隆区、巫溪县、秀山土家族苗族自治县、彭水苗族土家族自治县；
四川：绵阳市三台县、梓潼县，遂宁市蓬溪县、射洪县、大英县，内江市东兴区，南充市西充县，雅安市石棉县，巴中市恩阳区；
云南：迪庆藏族自治州维西傈僳族自治县；
陕西：咸阳市永寿县，汉中市勉县，榆林市子洲县，宁东林业局；
甘肃：白银市靖远县，莲花山自然保护区，白龙江林业管理局；
青海：西宁市城东区、城中区、城西区、城北区、湟中县、湟源县，海东市互助土族自治县；
宁夏：石嘴山市大武口区，固原市隆德县；
新疆：吐鲁番市高昌区、鄯善县。

发生面积　73945 亩

危害指数　0.4054

• 瘤胸材小蠹 *Ambrosiodmus rubricollis* (Eichhoff)

寄　　主　冷杉，杉木，侧柏，杨树，核桃，山桃，樟树，槐树，柿。

分布范围　北京、浙江、安徽、福建、山东、湖南、四川、西藏、陕西。

• 削尾材小蠹 *Cnestus mutilatus* (Blandford)

寄　　主　板栗，天竺桂，红润楠，枫香，鸡爪槭，山茶。

分布范围　上海、浙江、安徽、四川、云南。

发生地点　上海：浦东新区；
浙江：杭州市余杭区，金华市磐安县，台州市温岭市。

发生面积　49 亩

危害指数　0.3333

• 针叶异胫长小蠹 *Crossotarsus coniferae* Stebbing

寄　　主　降香。

分布范围　云南。

• 建庄油松梢小蠹 *Cryphalus chienzhuangensis* Tsai et Li

寄　　主　油松。
分布范围　山西、四川、陕西、甘肃。
发生地点　山西：太原市古交市；
　　　　　四川：阿坝藏族羌族自治州若尔盖县；
　　　　　陕西：延安市桥山林业局；
　　　　　甘肃：庆阳市华池县、华池总场。
发生面积　13763 亩
危害指数　0.3333

• 秦岭梢小蠹 *Cryphalus chinlingensis* Tsai et Li

寄　　主　松，栎。
分布范围　四川、陕西。
发生地点　陕西：宁东林业局。

• 桑梢小蠹 *Cryphalus exignus* Blandford

寄　　主　桑。
分布范围　北京、江苏、浙江、安徽、山东、四川、贵州。

• 黄色梢小蠹 *Cryphalus fulvus* Niijima

寄　　主　黑松，紫薇。
分布范围　辽宁、湖北。
发生地点　湖北：襄阳市保康县。

• 华山松梢小蠹 *Cryphalus lipingensis* Tsai et Li

寄　　主　华山松，马尾松，云南松。
分布范围　四川、贵州、云南、陕西。
发生地点　四川：广元市旺苍县，雅安市宝兴县；
　　　　　云南：曲靖市富源县，昭通市鲁甸县，楚雄彝族自治州楚雄市，大理白族自治州宾川县；
　　　　　陕西：商洛市商南县，宁东林业局。
发生面积　26870 亩
危害指数　0.3800

• 果木梢小蠹 *Cryphalus malus* Niisima

寄　　主　核桃，杏。
分布范围　辽宁、陕西。
发生地点　陕西：西安市蓝田县。

• 马尾松梢小蠹 *Cryphalus massonianus* Tsai et Li

寄　　主　马尾松，山杨。

分布范围　江苏、浙江、福建、江西、湖北、广东、陕西。
发生地点　浙江：丽水市松阳县；
　　　　　福建：莆田市涵江区、仙游县，南平市延平区；
　　　　　江西：赣州市南康区；
　　　　　湖北：太子山林场；
　　　　　广东：韶关市始兴县。
发生面积　6593 亩
危害指数　0.3333

● **稠李梢小蠹 *Cryphalus padi* Krivolutskaya**
寄　　主　稠李，枣树。
分布范围　黑龙江、山东。
发生地点　山东：黄河三角洲保护区。

● **伪秦岭梢小蠹 *Cryphalus pseudochinlingensis* Tsai et Li**
寄　　主　华山松，油松。
分布范围　陕西。
发生地点　陕西：宁东林业局。

● **林道梢小蠹 *Cryphalus saltuarius* Weise**
寄　　主　云杉，油松。
分布范围　四川、甘肃。

● **油松梢小蠹 *Cryphalus tabulaeformis* Tsai et Li**
寄　　主　油松。
分布范围　河北、陕西、甘肃。
发生地点　河北：保定市阜平县，张家口市崇礼区；
　　　　　甘肃：白龙江林业管理局。
发生面积　15580 亩
危害指数　0.6545

● **云杉微小蠹 *Crypturgus cinereus*（Herbst）**
寄　　主　红皮云杉，川西云杉，鱼鳞云杉。
分布范围　青海。
发生地点　青海：果洛藏族自治州玛可河林业局。
发生面积　500 亩
危害指数　0.3333

● **松微小蠹 *Crypturgus hispidulus* Thomson**
寄　　主　落叶松，云杉，华山松，红松。
分布范围　黑龙江、云南、甘肃。
发生地点　云南：玉溪市通海县；

甘肃：白龙江林业管理局。

发生面积　3726 亩

危害指数　0.3333

• 凹缘材小蠹 *Debus emarginatus* (Eichhoff)

寄　　主　冷杉，油松，云南松，杨树，柳树，栓皮栎，紫檀。

分布范围　福建、湖北、四川、云南、陕西、西藏。

发生地点　云南：西双版纳傣族自治州勐腊县。

• 华山松大小蠹 *Dendroctonus armandi* Tsai et Li

寄　　主　落叶松，云杉，华山松，巴山松，马尾松，油松。

分布范围　西南，河南、湖北、陕西、甘肃。

发生地点　河南：洛阳市嵩县，南阳市内乡县；

湖北：十堰市竹溪县，宜昌市兴山县，襄阳市保康县，恩施土家族苗族自治州巴东县，神农架林区；

重庆：城口县、开县、奉节县、巫溪县；

四川：绵阳市江油市，广元市青川县，达州市万源市，巴中市通江县、南江县，凉山彝族自治州布拖县、金阳县；

云南：曲靖市陆良县、师宗县；

陕西：西安市周至县、户县，宝鸡市渭滨区、陈仓区、高新区、眉县、陇县、凤县、太白县、马头滩林业局、辛家山林业局，汉中市汉台区、南郑县、西乡县、勉县、略阳县、镇巴县、留坝县，安康市石泉县、宁陕县、岚皋县、平利县、镇坪县，商洛市镇安县、柞水县，佛坪自然保护区、陕西长青自然保护区、陕西牛背梁自然保护区，宁东林业局、宁西林业局、太白林业局、汉西林业局、龙草坪林业局；

甘肃：陇南市成县、文县、康县、西和县、两当县，白龙江林业管理局，小陇山林业实验管理局。

发生面积　337710 亩

危害指数　0.5139

• 云杉大小蠹 *Dendroctonus micans* (Kugelann)

寄　　主　云杉，青海云杉，红皮云杉，川西云杉，鳞皮冷杉，柳杉，杉木。

分布范围　东北，内蒙古、四川、西藏、甘肃、青海。

发生地点　内蒙古：赤峰市克什克腾旗；

四川：甘孜藏族自治州德格县；

西藏：昌都市左贡县、类乌齐县、芒康县；

甘肃：白银市景泰县，张掖市山丹县，陇南市宕昌县，兴隆山保护区；

青海：果洛藏族自治州玛可河林业局。

发生面积　156071 亩

危害指数　0.3548

• 红脂大小蠹 *Dendroctonus valens* LeConte

中文异名　强大小蠹

寄　　主　冷杉，华北落叶松，云杉，华山松，白皮松，樟子松，油松。

分布范围　北京、河北、山西、河南、陕西。

发生地点　北京：怀柔区、密云区；

河北：石家庄市井陉县、灵寿县、赞皇县、平山县，秦皇岛市海港区、山海关区、青龙满族自治县，邯郸市涉县、武安市，邢台市邢台县、临城县、内丘县，保定市涞源县，张家口市涿鹿县、赤城县，承德市承德县、兴隆县、平泉县、滦平县、隆化县、宽城满族自治县、围场满族蒙古族自治县，小五台自然保护区；

山西：太原市阳曲县，阳泉市平定县、盂县，长治市屯留县、平顺县、沁县、沁源县，晋城市沁水县、阳城县、陵川县、泽州县，晋中市榆次区、榆社县、左权县、和顺县、昔阳县、寿阳县、太谷县、祁县，忻州市宁武县，临汾市翼城县、安泽县、吉县、大宁县，五台山国有林管理局、黑茶山国有林管理局、关帝山国有林管理局、太行山国有林管理局、太岳山国有林管理局、吕梁山国有林管理局、中条山国有林管理局；

河南：安阳市林州市，新乡市辉县市，济源市；

陕西：铜川市印台区、耀州区、宜君县，咸阳市旬邑县，延安市宜川县、黄龙山林业局、桥山林业局。

发生面积　632824 亩

危害指数　0. 3593

• 肾点毛小蠹 *Dryocoetes autographus*（Ratzburg）

寄　　主　云杉，华山松，红松。

分布范围　黑龙江、陕西。

发生地点　陕西：宁东林业局。

• 落叶松毛小蠹 *Dryocoetes baikalicus* Reitter

寄　　主　日本落叶松，油松。

分布范围　山西、黑龙江、湖北。

发生地点　山西：吕梁市文水县。

• 云杉毛小蠹 *Dryocoetes hectographus* Reitter

寄　　主　云杉，青海云杉，红皮云杉，川西云杉，鱼鳞云杉，华山松，高山松，红松，云南松。

分布范围　吉林、黑龙江、四川、云南、陕西、青海。

发生地点　四川：甘孜藏族自治州甘孜县、色达县；

陕西：宁东林业局。

发生面积　491 亩

危害指数　0. 3360

• 额毛小蠹 *Dryocoetes luteus* Blandford

寄　　主　高山松，思茅松，马尾松，油松，云南松，杉木。

分布范围　江苏、浙江、江西、河南、湖南、广东、广西、四川、云南、陕西。
发生地点　陕西：宁东林业局。

• 黑色毛小蠹 *Dryocoetes picipennis* Eggers

寄　　主　垂柳。
分布范围　四川。

• 冷杉毛小蠹 *Dryocoetes striatus* Eggers

寄　　主　冷杉，云杉，杉木。
分布范围　黑龙江、江西、四川。
发生地点　江西：萍乡市萍乡开发区；
　　　　　四川：甘孜藏族自治州九龙县。

• 毛小蠹 *Dryocoetes uniseriatus* Eggers

寄　　主　青海云杉，川西云杉，华山松，湿地松，马尾松，杉木，柏木，核桃，白桦，杏，樱桃，木瓜，苹果，巴旦杏，梨，羊蹄甲，文旦柚，栾树。
分布范围　江西、广西、重庆、四川、陕西、青海、新疆。
发生地点　江西：萍乡市莲花县，吉安市泰和县、井冈山市；
　　　　　广西：七坡林场；
　　　　　重庆：渝北区；
　　　　　四川：绵阳市三台县、梓潼县，甘孜藏族自治州雅江县、得荣县；
　　　　　陕西：宁东林业局；
　　　　　青海：果洛藏族自治州玛可河林业局；
　　　　　新疆：喀什地区莎车县。
发生面积　36547 亩
危害指数　0.5458

• 小圆胸小蠹 *Euwallacea fornicatus*（Eichhoff）

中文异名　茶材小蠹
寄　　主　柳树，樟树，鳄梨，三球悬铃木，橡胶树，三角槭，色木槭，鸡爪槭，荔枝，龙眼。
分布范围　江苏、浙江、福建、江西、广东、广西、海南、四川、贵州、云南。

• 坡面材小蠹 *Euwallacea interjectus*（Blandford）

寄　　主　云杉，马尾松，柳杉，杨树，印度栲，刺槐，栾树，柚木。
分布范围　湖北、湖南、广东、四川、云南。
发生地点　四川：遂宁市大英县。

• 阔面材小蠹 *Euwallacea validus*（Eichhoff）

寄　　主　马尾松，杉木，台湾杉，天竺桂，桢楠，台湾相思。
分布范围　浙江、安徽、福建。

• 云杉根小蠹 *Hylastes cunicularius* Erichson

寄　　主　云杉，天山云杉，华山松。
分布范围　湖北、四川、新疆。

● **黑根小蠹 *Hylastes parallelus* Chapuis**

寄　　主　红皮云杉，鱼鳞云杉，华山松，湿地松，红松，马尾松，油松。

分布范围　黑龙江、江西、四川、陕西。

发生地点　江西：安福县；

　　　　　四川：广元市青川县。

发生面积　610 亩

危害指数　0. 3333

● **长毛干小蠹 *Hylurgops longipilis* Reitter**

寄　　主　华山松，红松，马尾松，油松。

分布范围　东北，四川、陕西。

发生地点　陕西：宁东林业局。

● **大干小蠹 *Hylurgops major* Eggers**

寄　　主　云杉，华山松，云南松。

分布范围　四川、云南、陕西。

发生地点　四川：遂宁市大英县，甘孜藏族自治州道孚县；

　　　　　陕西：宁东林业局。

● **核桃咪小蠹 *Hypothenemus erectus* Leconte**

寄　　主　核桃。

分布范围　云南。

发生地点　云南：大理白族自治州祥云县。

发生面积　268 亩

危害指数　0. 3333

● **六齿小蠹 *Ips acuminatus* (Gyllenhal)**

中文异名　松六齿小蠹

寄　　主　落叶松，华北落叶松，青海云杉，华山松，赤松，红松，马尾松，樟子松，油松，杉木。

分布范围　华北，吉林、黑龙江、江西、湖南、四川、云南、陕西、甘肃、青海。

发生地点　北京：石景山区；

　　　　　河北：承德市滦平县；

　　　　　山西：临汾市吉县、乡宁县；

　　　　　江西：上饶市余干县；

　　　　　云南：曲靖市陆良县，迪庆藏族自治州德钦县；

　　　　　陕西：渭南市华州区，延安市安塞县、黄龙山林业局、桥山林业局，宁东林业局；

　　　　　甘肃：甘南藏族自治州迭部县；

　　　　　黑龙江森林工业总局：上甘岭林业局、五营林业局、汤旺河林业局。

发生面积　111347 亩

危害指数　0. 5337

- **重齿小蠹 *Ips duplicatus*（Sahlberg）**

中文异名　复小蠹、双岐小蠹
寄　　主　落叶松，新疆落叶松，云杉，红皮云杉。
分布范围　内蒙古、黑龙江、河南。
发生地点　内蒙古：赤峰市克什克腾旗；
　　　　　河南：南阳市桐柏县。
发生面积　10200 亩
危害指数　0.3720

- **中重齿小蠹 *Ips mannsfeldi*（Wachtl）**

寄　　主　云杉，川西云杉，马尾松，云南松，杉木，柏木。
分布范围　湖北、四川、云南、陕西、青海。
发生地点　陕西：宁东林业局。

- **光臀八齿小蠹 *Ips nitidus* Eggers**

寄　　主　冷杉，落叶松，云杉，青海云杉，川西云杉，紫果云杉，天山云杉，红松，云南松，杉木。
分布范围　四川、云南、甘肃、青海、新疆。
发生地点　四川：雅安市石棉县；
　　　　　甘肃：白龙江林业管理局；
　　　　　青海：海东市民和回族土族自治县、互助土族自治县，海北藏族自治州祁连县，黄南藏族自治州同仁县、尖扎县、麦秀林场、坎布拉林场，果洛藏族自治州班玛县，玉树藏族自治州。
发生面积　156606 亩
危害指数　0.4667

- **西藏重齿小蠹 *Ips ribbentropi* Stebbing**

寄　　主　乔松。
分布范围　西藏。
发生地点　西藏：日喀则市吉隆县。

- **十二齿小蠹 *Ips sexdentatus*（Börner）**

中文异名　落叶松十二齿小蠹
寄　　主　落叶松，华北落叶松，云杉，鱼鳞云杉，红皮云杉，华山松，红松，马尾松，樟子松，油松。
分布范围　北京、天津、河北、吉林、黑龙江、湖北、四川、贵州、云南、陕西、甘肃、宁夏。
发生地点　陕西：渭南市华州区，宁东林业局；
　　　　　甘肃：临夏回族自治州康乐县、永靖县。

- **香格里拉齿小蠹 *Ips shangrila* Cognato et Sun**

寄　　主　青海云杉，川西云杉。
分布范围　青海。

发生地点　青海：海南藏族自治州贵德县，果洛藏族自治州班玛县、玛可河林业局。
发生面积　3900 亩
危害指数　0.3333

● **落叶松八齿小蠹 *Ips subelongatus* (Motschulsky)**

中文异名　八齿小蠹
寄　　主　落叶松，华北落叶松，新疆落叶松，云杉，华山松，红松，樟子松，油松，白桦。
分布范围　华北、东北、西北，河南。
发生地点　河北：张家口市沽源县，承德市平泉县，塞罕坝林场；
内蒙古：赤峰市巴林左旗；
辽宁：沈阳市康平县，抚顺市抚顺县、新宾满族自治县，铁岭市铁岭县、西丰县、开原市；
吉林：长春市净月经济开发区，和龙林业局；
黑龙江：齐齐哈尔市克东县，伊春市伊春区、西林区、嘉荫县，佳木斯市郊区、桦川县，绥化市北林区；
河南：商丘市民权县、宁陵县；
陕西：宝鸡市太白县；
甘肃：庆阳市西峰区，定西市陇西县；
青海：海东市乐都区、互助土族自治县；
新疆：天山东部国有林管理局；
黑龙江森林工业总局：铁力林业局、朗乡林业局、五营林业局、红星林业局、乌伊岭林业局、西林区，大海林林业局、穆棱林业局、绥阳林业局、八面通林业局，山河屯林业局、沾河林业局，双鸭山林业局、鹤北林业局；
大兴安岭林业集团公司：呼中林业局、图强林业局、十八站林业局、南翁河保护局；
内蒙古大兴安岭林业管理局：阿尔山林业局、绰尔林业局、绰源林业局、乌尔旗汉林业局、库都尔林业局、伊图里河林业局、克一河林业局、吉文林业局、阿里河林业局、阿龙山林业局、满归林业局、得耳布尔林业局、毕拉河林业局、额尔古纳保护区、北部原始林管护局。
发生面积　315121 亩
危害指数　0.4975

● **云杉八齿小蠹 *Ips typographus* (Linnaeus)**

寄　　主　落叶松，云杉，青海云杉，鱼鳞云杉，红皮云杉，川西云杉，新疆云杉，天山云杉，樟子松，云南松，杉木。
分布范围　西北，山西、内蒙古、吉林、黑龙江、四川、云南、西藏。
发生地点　吉林：白山市长白朝鲜族自治县、长白森经局，珲春林业局、汪清林业局、大兴沟林业局，红石林业局，蛟河林业实验管理局；
黑龙江：佳木斯市郊区、富锦市；
四川：成都市简阳市，遂宁市大英县，阿坝藏族羌族自治州若尔盖县，甘孜藏族自治州雅江县、炉霍县、甘孜县、德格县、色达县、理塘县；

云南：楚雄彝族自治州永仁县；
西藏：昌都市类乌齐县；
陕西：宁东林业局；
甘肃：定西市渭源县、岷县，临夏回族自治州临夏市、临夏县、康乐县、永靖县、和政县、东乡族自治县、积石山保安族东乡族撒拉族自治县，兴隆山保护区；
青海：海北藏族自治州门源回族自治县，果洛藏族自治州玛沁县、玛可河林业局；
新疆：阿尔泰山国有林管理局，天山东部国有林管理局；
黑龙江森林工业总局：柴河林业局、绥阳林业局。

发生面积　245218 亩
危害指数　0. 4559

• 松瘤小蠹 ***Orthotomicus erosus*** **(Wollaston)**

寄　　主　华山松，马尾松，油松，云南松，杉木，柏木，枫香。
分布范围　江苏、福建、江西、山东、河南、湖北、湖南、广西、四川、云南、陕西。
发生地点　江苏：苏州市吴中区、太仓市；
山东：泰安市泰山区；
广西：钦州市灵山县；
四川：雅安市石棉县。
发生面积　2331 亩
危害指数　0. 3352

• 北方瘤小蠹 ***Orthotomicus golovijankoi*** **Pjatnitzky**

寄　　主　冷杉，云杉，红皮云杉，鱼鳞云杉，红松。
分布范围　吉林、黑龙江。

• 冷杉肤小蠹 ***Phloeosinus abietis*** **Tsai et Yin**

寄　　主　马尾松，杉木。
分布范围　湖北、云南。

• 柏肤小蠹 ***Phloeosinus aubei*** **(Perris)**

中文异名　柏树小蠹
寄　　主　松，杉木，水杉，干香柏，柏木，西藏柏木，刺柏，侧柏，圆柏，祁连圆柏，高山柏，猴樟，红叶李。
分布范围　华北、西南，上海、江苏、浙江、安徽、山东、河南、湖北、湖南、陕西、甘肃、青海。
发生地点　北京：东城区、石景山区、门头沟区、房山区、大兴区、密云区；
河北：石家庄市平山县，邯郸市武安市，邢台市邢台县；
山西：临汾市蒲县；
内蒙古：乌海市海勃湾区；
上海：金山区；
浙江：杭州市桐庐县，嘉兴市秀洲区；

安徽：宿州市萧县；
山东：青岛市黄岛区、胶州市，枣庄市台儿庄区，潍坊市昌乐县，济宁市梁山县，泰安市宁阳县、泰山林场，临沂市平邑县，聊城市东阿县、冠县；
河南：郑州市惠济区、登封市，平顶山市鲁山县，安阳市林州市，三门峡市灵宝市，商丘市睢阳区，兰考县；
湖北：恩施土家族苗族自治州利川市；
湖南：永州市宁远县，湘西土家族苗族自治州保靖县；
重庆：黔江区、潼南区，梁平区；
四川：成都市都江堰市、彭州市、简阳市，广元市旺苍县，遂宁市船山区、大英县，南充市营山县、仪陇县，广安市广安区、邻水县、华蓥市，巴中市巴州区、通江县，资阳市雁江区、安岳县；
云南：昆明市西山区，曲靖市麒麟区、沾益区、陆良县，玉溪市红塔区、通海县、红塔山自然保护区，楚雄彝族自治州大姚县，迪庆藏族自治州德钦县；
陕西：西安市蓝田县，宝鸡市金台区、扶风县，咸阳市三原县，渭南市华州区，延安市子长县、桥山林业局，汉中市洋县、略阳县，商洛市山阳县，杨陵区；
甘肃：兰州市城关区，白银市靖远县，庆阳市华池县、镇原县，定西市渭源县。

发生面积　64089 亩
危害指数　0.4106

• 微肤小蠹 *Phloeosinus hopchi* Schedl

寄　　主　侧柏，圆柏。
分布范围　北京、山西、四川、陕西、宁夏。
发生地点　北京：东城区、石景山区；
陕西：渭南市华州区。

• 罗汉肤小蠹 *Phloeosinus perlatus* Chapuis

寄　　主　杉木，圆柏。
分布范围　浙江、福建、湖北、四川。
发生地点　浙江：衢州市江山市。

• 桧肤小蠹 *Phloeosinus shensi* Tsai et Yin

寄　　主　侧柏，圆柏。
分布范围　陕西。
发生地点　陕西：渭南市华州区。

• 杉肤小蠹 *Phloeosinus sinensis* Schedl

寄　　主　杉松，落叶松，云南松，柳杉，杉木。
分布范围　西南，浙江、福建、江西、河南、湖北、湖南、陕西。
发生地点　浙江：杭州市富阳区，衢州市江山市；
江西：九江市修水县、湖口县，新余市渝水区、分宜县、仙女湖区、高新区，鹰潭市贵溪市，吉安市永丰县，安福县、南城县；

河南：郑州市管城回族区，信阳市光山县；
湖南：衡阳市耒阳市，邵阳市洞口县，岳阳市君山区、平江县，郴州市桂阳县、宜章县、永兴县、嘉禾县，永州市零陵区、宁远县、蓝山县，怀化市沅陵县；
重庆：黔江区；
四川：自贡市富顺县，广元市旺苍县，眉山市洪雅县，宜宾市江安县，达州市万源市，雅安市石棉县、芦山县；
贵州：黔南布依族苗族自治州罗甸县；
云南：曲靖市师宗县。

发生面积　12250 亩

危害指数　0.5348

• 中穴星坑小蠹 *Pityogenes chalcographus* (Linnaeus)

中文异名　星形小蠹

寄　　主　云杉，鱼鳞云杉，红皮云杉，华山松，湿地松，红松，马尾松，樟子松，油松，火炬松，云南松，杉木。

分布范围　山西、吉林、黑龙江、湖北、四川。

发生地点　山西：太原市尖草坪区；
四川：雅安市石棉县。

发生面积　931 亩

危害指数　0.3333

• 上穴星坑小蠹 *Pityogenes saalasi* Eggers

寄　　主　云杉，青海云杉，川西云杉，天山云杉。

分布范围　辽宁、甘肃、青海。

• 月穴星坑小蠹 *Pityogenes seirindensis* Murayama

寄　　主　云杉，红皮云杉，鱼鳞云杉，华山松，红松，油松，杉木，柏木，山杨，红椿。

分布范围　黑龙江、湖北、重庆、四川、陕西。

发生地点　重庆：巫山县。

发生面积　2410 亩

危害指数　0.3900

• 天山星坑小蠹 *Pityogenes spessivtsevi* Lebedev

寄　　主　青海云杉，天山云杉，油松。

分布范围　青海、新疆。

• 钝翅细小蠹 *Pityopthorus morosovi* Spessivtseff

寄　　主　青海云杉，红皮云杉，川西云杉，油松。

分布范围　东北，青海。

发生地点　青海：果洛藏族自治州玛可河林业局。

发生面积　200 亩

危害指数　0.3333

• **尖翅细小蠹 *Pityopthorus pini* Kurentzev**

寄　　主　青海云杉，红皮云杉，红松。

分布范围　黑龙江、青海。

• **镰长小蠹 *Platypus caliculus* Chapuis**

寄　　主　黄檀。

分布范围　云南。

• **柱体长小蠹 *Platypus cylindrus*（Fabricius）**

中文异名　长柱小蠹

寄　　主　栎，楝树，白蜡树。

分布范围　四川。

• **云杉四眼小蠹 *Polygraphus poligraphus*（Linnaeus）**

寄　　主　云杉，青海云杉，川西云杉，华山松。

分布范围　内蒙古、重庆、陕西、甘肃、青海。

发生地点　重庆：巫溪县；

陕西：宁东林业局；

甘肃：武威市天祝藏族自治县，祁连山保护区、尕海则岔保护区，白龙江林业管理局；

青海：果洛藏族自治州班玛县、玛可河林业局。

发生面积　23897 亩

危害指数　0.6038

• **冷杉四眼小蠹 *Polygraphus proximus* Blandford**

寄　　主　臭冷杉，马尾松，杉木。

分布范围　黑龙江、湖北。

• **南方四眼小蠹 *Polygraphus rudis* Eggers**

寄　　主　冷杉，川西云杉，红松。

分布范围　四川、云南、陕西。

发生地点　陕西：宁东林业局。

• **油松四眼小蠹 *Polygraphus sinensis* Eggers**

寄　　主　华山松，油松。

分布范围　四川、陕西。

发生地点　四川：广元市青川县；

陕西：宝鸡市高新区，宁东林业局。

发生面积　2201 亩

危害指数　0.4848

• **瘤额四眼小蠹 *Polygraphus verrucifrons* Tsai et Yin**

寄　　主　华山松，云南松。

分布范围　云南、陕西。
发生地点　陕西：宁东林业局。

• 东方微齿小蠹 *Pseudips orientalis* Cognato

中文异名　东方拟齿小蠹
寄　　主　青海云杉。
分布范围　青海。

• 毛刺锉小蠹 *Scolytoplatypus raja* Blandford

寄　　主　柳杉。
分布范围　四川。
发生地点　四川：雅安市芦山县。

• 果树小蠹 *Scolytus japonicus* Chapuis

拉丁异名　*Scolytus confusus* Eggers
寄　　主　松，华山松，湿地松，思茅松，马尾松，云南松，杉木，杨梅，榆树，桑，三球悬铃木，扁桃，桃，碧桃，榆叶梅，杏，樱桃，苹果，李，新疆梨，南酸枣，葡萄，栾树，桉树。
分布范围　北京、河北、内蒙古、辽宁、吉林、浙江、江西、山东、湖北、广东、广西、四川、云南、陕西、新疆。
发生地点　北京：密云区；
河北：唐山市乐亭县；
江西：抚州市资溪县，南城县；
山东：聊城市东阿县；
广西：钦州市钦南区；
四川：雅安市雨城区；
云南：保山市施甸县；
新疆：喀什地区岳普湖县。
发生面积　115 亩
危害指数　0.3333

• 落叶松小蠹 *Scolytus morawitzi* Semenov

寄　　主　冷杉，落叶松，日本落叶松，云杉，湿地松，马尾松，柏木。
分布范围　黑龙江、安徽、湖北、湖南、广西、四川、贵州。
发生地点　湖南：湘西土家族苗族自治州保靖县；
四川：巴中市通江县、平昌县；
贵州：六盘水市水城县，遵义市余庆县，铜仁市印江土家族苗族自治县。
发生面积　425 亩
危害指数　0.3333

• 皱小蠹 *Scolytus rugulosus*（Müller）

寄　　主　核桃，扁桃，桃，梅，杏，樱桃，苹果，李，油桃，杜梨，新疆梨，楝树。

分布范围　河南、新疆。

发生地点　河南：商丘市夏邑县；

新疆：吐鲁番市高昌区、托克逊县，喀什地区喀什市、疏附县、疏勒县、英吉沙县、泽普县、莎车县、叶城县、岳普湖县、伽师县、巴楚县，和田地区和田县。

发生面积　149522 亩

危害指数　0. 3531

• **脐腹小蠹** ***Scolytus schevyrewi*** **Semenov**

中文异名　多毛小蠹

拉丁异名　*Scolytus seulensis* Murayama

寄　　主　青海云杉，杉木，青杨，山杨，柳树，春榆，榆树，桃，榆叶梅，杏，樱桃，苹果，李，红叶李，白梨，新疆梨，柠条锦鸡儿，沙枣，木犀。

分布范围　西北，北京、河北、内蒙古、江西、山东、河南。

发生地点　河北：沧州市吴桥县；

内蒙古：乌兰察布市集宁区、兴和县、察哈尔右翼后旗、四子王旗，锡林郭勒盟阿巴嘎旗、苏尼特左旗，阿拉善盟额济纳旗；

山东：聊城市东阿县；

陕西：榆林市靖边县；

甘肃：嘉峪关市，酒泉市敦煌市；

青海：西宁市城北区、城西区，海南藏族自治州共和县；

宁夏：银川市兴庆区、西夏区，吴忠市利通区、盐池县、同心县；

新疆：乌鲁木齐市天山区、沙依巴克区、高新区、水磨沟区、达坂城区、米东区，克拉玛依市独山子区、克拉玛依区、白碱滩区、乌尔禾区，哈密市伊州区、巴里坤哈萨克自治县，博尔塔拉蒙古自治州博乐市、阿拉山口市，巴音郭楞蒙古自治州库尔勒市、博湖县、轮台县，克孜勒苏柯尔克孜自治州阿克陶县，喀什地区麦盖提县、伽师县，和田地区和田县、洛浦县，塔城地区沙湾县，天山东部国有林管理局；

新疆生产建设兵团：农七师 130 团。

发生面积　82785 亩

危害指数　0. 3694

• **云杉小蠹** ***Scolytus sinopiceus*** **Tsai**

寄　　主　云杉，青海云杉，川西云杉。

分布范围　四川、云南、甘肃、青海、宁夏。

发生地点　甘肃：白银市靖远县，甘南藏族自治州卓尼县；

青海：西宁市城中区、城西区、城北区、大通回族土族自治县，果洛藏族自治州班玛县。

发生面积　15421 亩

危害指数　0. 3333

• **黄须球小蠹** ***Sphaerotrypes coimbatorensis*** **Stebbing**

寄　　主　薄壳山核桃，核桃，枫杨，榆树，枫香，紫薇。

分布范围　河北、山西、浙江、安徽、山东、河南、湖南、四川、贵州、陕西。
发生地点　浙江：杭州市桐庐县，金华市磐安县，衢州市常山县；
山东：聊城市东阿县；
河南：三门峡市卢氏县；
贵州：铜仁市碧江区、德江县；
陕西：西安市蓝田县，汉中市略阳县，商洛市商州区、丹凤县、镇安县。
发生面积　9555 亩
危害指数　0.3403

- **核桃球小蠹 *Sphaerotrypes juglansi* Tsai et Yin**

寄　　主　核桃，枫杨。
分布范围　安徽、云南、陕西。
发生地点　云南：楚雄彝族自治州永仁县；
陕西：汉中市洋县。
发生面积　132 亩
危害指数　0.4141

- **铁杉球小蠹 *Sphaerotrypes tsugae* Tsai et Yin**

寄　　主　铁杉，槐树，香椿。
分布范围　四川、云南、陕西。

- **榆球小蠹 *Sphaerotrypes ulmi* Tsai et Yin**

寄　　主　榆树。
分布范围　内蒙古、陕西。
发生地点　内蒙古：呼和浩特市武川县。
发生面积　800 亩
危害指数　0.6667

- **横坑切梢小蠹 *Tomicus minor* (Hartig)**

寄　　主　落叶松，华山松，赤松，湿地松，思茅松，红松，马尾松，樟子松，油松，黑松，矮松，云南松，杉木，侧柏，山杨，樟树，槐树，紫薇。
分布范围　华北、中南、西南，安徽、江西、山东、陕西、甘肃、青海。
发生地点　山西：晋城市沁水县；
江西：赣州市全南县，吉安市青原区；
河南：洛阳市栾川县，信阳市浉河区；
湖北：潜江市；
湖南：长沙市浏阳市，株洲市芦淞区、石峰区、天元区，衡阳市南岳区、耒阳市，邵阳市隆回县、洞口县，常德市石门县，郴州市桂阳县，永州市冷水滩区，怀化市辰溪县、麻阳苗族自治县，娄底市涟源市，湘西土家族苗族自治州凤凰县、永顺县、龙山县；
广东：广州市增城区；

广西：柳州市三江侗族自治县，桂林市雁山区、阳朔县、兴安县、荔浦县，梧州市长洲区、龙圩区、苍梧县，钦州市钦北区，贺州市八步区，河池市金城江区、都安瑶族自治县、大化瑶族自治县，崇左市宁明县；

四川：攀枝花市西区，达州市万源市，雅安市石棉县，阿坝藏族羌族自治州九寨沟县、小金县，凉山彝族自治州木里藏族自治县、会理县、宁南县、冕宁县；

贵州：安顺市镇宁布依族苗族自治县；

云南：昆明市东川区、海口林场，曲靖市经济开发区，玉溪市红塔区、江川区、华宁县、峨山彝族自治县、新平彝族傣族自治县、红塔山保护区，保山市施甸县，楚雄彝族自治州楚雄市、禄丰县；

陕西：渭南市华州区，汉中市西乡县，商洛市商南县，宁东林业局；

甘肃：庆阳市华池县、合水总场，甘南藏族自治州迭部县；

青海：西宁市城北区，黄南藏族自治州同仁县、尖扎县、坎布拉林场。

发生面积　357529 亩

危害指数　0.4275

• **多毛切梢小蠹** ***Tomicus pilifer*** **(Spessivtseff)**

中文异名　红松切梢小蠹

寄　　主　华山松，红松，油松。

分布范围　辽宁、吉林、江苏、浙江、河南、湖北、湖南、四川、云南、陕西、甘肃、宁夏。

发生地点　吉林：通化市通化县；

甘肃：白银市靖远县。

发生面积　3775 亩

危害指数　0.5585

• **纵坑切梢小蠹** ***Tomicus piniperda*** **(Linnaeus)**

寄　　主　落叶松，云杉，华山松，加勒比松，赤松，湿地松，思茅松，红松，马尾松，樟子松，油松，火炬松，黄山松，黑松，矮松，云南松，杉木，侧柏，榆树，马尾树，栾树。

分布范围　东北、华东、中南、西南，北京、河北、山西、陕西、甘肃、青海。

发生地点　北京：怀柔区、延庆区；

河北：石家庄市井陉县，承德市兴隆县；

山西：晋城市陵川县，关帝山国有林管理局、太行山国有林管理局；

辽宁：沈阳市康平县，抚顺市东洲区，本溪市本溪满族自治县，丹东市东港市，辽阳市弓长岭区、辽阳县、灯塔市，铁岭市铁岭县；

吉林：长春市净月经济开发区，白山市抚松县，大兴沟林业局；

黑龙江：佳木斯市郊区；

浙江：舟山市定海区；

安徽：合肥市庐阳区、包河区，滁州市定远县、凤阳县；

福建：厦门市同安区，莆田市城厢区、荔城区、仙游县、湄洲岛，龙岩市上杭县；

江西：萍乡市湘东区、上栗县、芦溪县，鹰潭市余江县、贵溪市，赣州经济技术开发区、安远县，吉安市青原区、井冈山经济技术开发区、吉安县、峡江县、永丰县，宜春市万载县，抚州市临川区、东乡县，上饶市婺源县；
山东：泰安市新泰市，莱芜市莱城区，菏泽市成武县；
河南：三门峡市卢氏县、灵宝市，南阳市卧龙区、南召县、淅川县，驻马店市泌阳县；
湖北：襄阳市保康县；
湖南：株洲市芦淞区、石峰区、天元区，衡阳市南岳区、耒阳市，邵阳市大祥区、北塔区、邵阳县、隆回县、武冈市，岳阳市岳阳县，益阳市安化县，郴州市桂阳县、宜章县、桂东县，怀化市麻阳苗族自治县，娄底市涟源市，湘西土家族苗族自治州凤凰县、保靖县、永顺县、龙山县；
广东：广州市增城区，韶关市翁源县，肇庆市德庆县，清远市连山壮族瑶族自治县，云浮市云安区；
广西：贺州市八步区；
重庆：涪陵区、大渡口区、北碚区、璧山区、万盛经济技术开发区，城口县、武隆区、忠县、开县、奉节县、巫山县、巫溪县；
四川：攀枝花市东区、米易县，广元市旺苍县，达州市通川区、万源市，雅安市汉源县、石棉县，甘孜藏族自治州泸定县、丹巴林业局，凉山彝族自治州西昌市、盐源县、会东县、普格县、昭觉县、甘洛县、雷波县；
贵州：贵阳市开阳县，六盘水市盘县，毕节市威宁彝族回族苗族自治县；
云南：玉溪市澄江县、华宁县、易门县、峨山彝族自治县、元江哈尼族彝族傣族自治县，保山市隆阳区、施甸县、腾冲市，昭通市鲁甸县、巧家县、彝良县，丽江市古城区、玉龙纳西族自治县、宁蒗彝族自治县，临沧市临翔区、永德县，楚雄彝族自治州楚雄市、双柏县、牟定县、姚安县、大姚县、永仁县、禄丰县，红河哈尼族彝族自治州个旧市、开远市、蒙自市、弥勒市、建水县、石屏县、泸西县、石岩寨林场、芷村林场，文山壮族苗族自治州文山市、砚山县、丘北县，迪庆藏族自治州香格里拉市、维西傈僳族自治县；
陕西：西安市户县，宝鸡市麟游县、太白县，延安市黄龙山林业局，榆林市子洲县，商洛市商南县、柞水县，杨陵区，宁东林业局；
甘肃：兰州市七里河区、西固区，庆阳市华池县、华池总场，白龙江林业管理局，小陇山林业实验管理局；
青海：西宁市城东区、城北区。

发生面积　1206286 亩

危害指数　0.4141

- **云南松梢小蠹 *Tomicus yunnanensis* Kirkendall et Faccoli**

中文异名　云南切梢小蠹

寄　　主　华山松，思茅松，马尾松，云南松。

分布范围　广西、四川、云南。

发生地点　广西：贺州市八步区；
四川：攀枝花市仁和区、米易县、盐边县、普威局，雅安市石棉县，凉山彝族自治州木里藏族自治县、德昌县、会理县、金阳县、喜德县、越西县、雷波局；
云南：昆明市呈贡区、五华区、盘龙区、西山区、高新开发区、经济技术开发区、倘甸产业园区、晋宁县、富民县、宜良县、石林彝族自治县、禄劝彝族苗族自治县、寻甸回族彝族自治县、海口林场、西山林场，曲靖市麒麟区、沾益区、马龙县、陆良县、师宗县、罗平县、富源县、会泽县、宣威市，玉溪市红塔区、通海县、玉白顶林场、红塔山保护区，丽江市华坪县，普洱市墨江哈尼族自治县，临沧市耿马傣族佤族自治县，楚雄彝族自治州南华县、元谋县、武定县，文山壮族苗族自治州富宁县，大理白族自治州大理市、漾濞彝族自治县、祥云县、宾川县、弥渡县、南涧彝族自治县、巍山彝族回族自治县、鹤庆县，怒江傈僳族自治州泸水县、兰坪白族普米族自治县，嵩明县、安宁市。

发生面积　1114376 亩

危害指数　0.4316

● **黑条木小蠹** ***Trypodendron lineatum*** **(Olivier)**

寄　　主　臭冷杉，青海云杉，红皮云杉，川西云杉，天山云杉，落叶松，白桦。

分布范围　黑龙江、陕西、甘肃、青海。

发生地点　陕西：宁东林业局；
青海：果洛藏族自治州玛可河林业局。

发生面积　320 亩

危害指数　0.3333

● **克里角梢小蠹** ***Trypophloeus klimeschi*** **Eggers**

寄　　主　新疆杨。

分布范围　新疆。

发生地点　新疆：巴音郭楞蒙古自治州库尔勒市。

发生面积　700 亩

危害指数　0.4286

● **四粒材小蠹** ***Wallacellus similis*** **(Ferrari)**

寄　　主　橡胶树。

分布范围　广东、广西。

发生地点　广西：热带林业实验中心。

● **尖尾材小蠹** ***Xyleborinus andrewesi*** **(Blandford)**

寄　　主　松。

分布范围　广东、云南。

发生地点　广东：阳江市阳东区。

● **小粒材小蠹** ***Xyleborinus saxeseni*** **(Retzeburg)**

中文异名　桉小蠹

寄　　主　云杉，华山松，红松，铁杉，杨树，柳树，天竺桂，桢楠，苹果，台湾相思，直杆蓝桉。

分布范围　吉林、黑龙江、安徽、福建、湖南、四川、云南、西藏、陕西。
发生地点　云南：楚雄彝族自治州禄丰县。
发生面积　100 亩
危害指数　0.3333

• 狭面材小蠹 *Xyleborus aquilus* Blandford

寄　　主　马尾松，合果木。
分布范围　福建、江西、湖南、广东。
发生地点　福建：莆田市荔城区、仙游县；
　　　　　广东：清远市佛冈县。
发生面积　254 亩
危害指数　0.3333

• 圆穴材小蠹 *Xyleborus artecomans* Schedl

寄　　主　马尾松，桢楠，高山榕。
分布范围　福建、广东、西藏。
发生地点　福建：莆田市荔城区、仙游县。

• 暗翅材小蠹 *Xyleborus crassiusculus* (Motschulsky)

拉丁异名　*Xyleborus semiopacus* Blandford
寄　　主　杨，枫树，樟树，天竺桂，桢楠，台湾相思，羊蹄甲，巨尾桉，柚木。
分布范围　福建、湖南、四川、云南、西藏。
发生地点　福建：泉州市泉港区、安溪县，福州国家森林公园。

• 细点材小蠹 *Xyleborus pelliculosus* Eichhoff

寄　　主　新疆杨，箭杆杨，枫树，栎，槭。
分布范围　四川、新疆。
发生地点　新疆生产建设兵团：农二师 22 团。
发生面积　462 亩
危害指数　0.3333

• 对粒材小蠹 *Xyleborus perforans* (Wollaston)

寄　　主　柚木。
分布范围　广西、云南。

• 棋盘材小蠹 *Xyleborus pfeilii* (Ratzebury)

拉丁异名　*Xyleborus adumbratus* Blandford
寄　　主　冷杉，杨树，枫香，樟树，桢楠，槭。
分布范围　福建、湖南、四川。
发生地点　湖南：益阳市桃江县。

• 短翅材小蠹 *Xylosandrus brevis* (Eichhoff)

寄　　主　松，栎，小檗，桢楠，泡花树。

分布范围　广东、西藏。

• **黑色枝小蠹** ***Xylosandrus compactus*** **(Eichhoff)**

中文异名　小滑材小蠹

寄　　主　荷花玉兰，檫木，三球悬铃木，珙桐。

分布范围　上海、广东、贵州、陕西。

发生地点　上海：青浦区；

贵州：贵阳市南明区。

发生面积　162 亩

危害指数　0.4259

胖象甲科 Brachyceridae

• **毛束象** ***Desmidophorus hebes*** **(Fabricius)**

寄　　主　栓皮栎，构树，无花果，桃，黑荆树，木芙蓉，木槿，梧桐，山茶，女贞。

分布范围　江苏、浙江、安徽、湖北、四川。

发生地点　江苏：南京市栖霞区、六合区，镇江市京口区、润州区、丹阳市；

安徽：池州市贵池区；

四川：绵阳市三台县、梓潼县，广安市前锋区，雅安市芦山县。

椰象甲科 Dryophthoridae

• **香蕉象** ***Cosmopolites sordidus*** **(Germar)**

寄　　主　木麻黄，橡胶树，土沉香，酒椰。

分布范围　福建、广东、海南。

发生地点　福建：漳州市龙文区、平和县；

广东：深圳市龙岗区，东莞市；

海南：海口市琼山区、美兰区。

发生面积　1092 亩

危害指数　0.3547

• **大白带象** ***Cryptoderma fortunei*** **Waterhouse**

寄　　主　毛刺槐。

分布范围　湖北。

• **长足大竹象** ***Cyrtotrachelus buqueti*** **Guérin-Méneville**

中文异名　笋横锥大象、竹横锥大象

寄　　主　垂柳，核桃，木芙蓉，竹节树，孝顺竹，撑篙竹，青皮竹，凤凰竹，硬头黄竹，黄竹，崖洲竹，刺竹子，绿竹，龙竹，吊竹，水竹，毛竹，毛金竹，胖竹，甜竹，苦竹，绵竹，慈竹，麻竹，玉山竹，棕竹。

分布范围　华东、西南，湖北、广东、广西。

发生地点　上海：闵行区、宝山区、嘉定区、浦东新区、金山区、松江区、青浦区、奉贤区，崇明县；

江苏：南京市栖霞区、江宁区、六合区、溧水区，常州市钟楼区、新北区、武进区，苏州市吴中区，淮安市洪泽区、盱眙县，镇江市京口区；

安徽：合肥市包河区；

福建：三明市尤溪县，泉州市安溪县，龙岩市上杭县；

广东：广州市越秀区，肇庆市高要区、四会市，汕尾市陆河县、陆丰市，清远市英德市，云浮市新兴县；

广西：南宁市宾阳县，桂林市阳朔县、荔浦县，梧州市万秀区、苍梧县；

重庆：涪陵区、沙坪坝区、大足区、渝北区、巴南区、黔江区、合川区、永川区、潼南区；

四川：成都市青白江区、双流区、大邑县、蒲江县、彭州市、邛崃市、简阳市，自贡市自流井区、贡井区、沿滩区、荣县、富顺县，泸州市龙马潭区、泸县，绵阳市平武县，内江市市中区、东兴区、威远县、隆昌县，乐山市沙湾区、金口河区、犍为县、沐川县、峨眉山市，南充市顺庆区、高坪区、嘉陵区、营山县、仪陇县，眉山市东坡区、彭山区、洪雅县、丹棱县、青神县，宜宾市翠屏区、南溪区、宜宾县、江安县、长宁县、筠连县，广安市广安区、前锋区、岳池县、武胜县、邻水县、华蓥市，达州市开江县、渠县，雅安市雨城区、名山区、荥经县、石棉县、天全县、芦山县、宝兴县，巴中市巴州区、平昌县，资阳市雁江区，凉山彝族自治州雷波局；

云南：红河哈尼族彝族自治州弥勒市、芷村林场，德宏傣族景颇族自治州瑞丽市、芒市、陇川县。

发生面积　283009 亩

危害指数　0. 4245

• 长足弯颈象 *Cyrtotrachelus longimanus* (Fabricius)

中文异名　大竹象、竹直锥大象

寄　　主　竹柏，孝顺竹，撑篙竹，青皮竹，刺竹子，绿竹，麻竹，慈竹，黄槽竹，毛竹，毛金竹，金竹，茶秆竹，箣竹。

分布范围　江苏、安徽、福建、江西、湖北、湖南、广东、广西、重庆、四川、贵州。

发生地点　江苏：南京市六合区，苏州市昆山市、太仓市，扬州市江都区；

福建：厦门市同安区，三明市尤溪县，泉州市安溪县，南平市建瓯市；

湖南：邵阳市隆回县，郴州市汝城县，永州市零陵区，娄底市涟源市；

广东：广州市花都区，肇庆市高要区、怀集县；

重庆：沙坪坝区、南川区、荣昌区，开县；

四川：自贡市自流井区、沿滩区、荣县，遂宁市船山区、蓬溪县、射洪县，内江市市中区、威远县、隆昌县，宜宾市翠屏区、南溪区、宜宾县、筠连县。

发生面积　6584 亩

危害指数　0. 4110

• 竹大象 *Cyrtotrachelus thompsoni* Alonso-Zarazaga et Lyal

中文异名　竹象鼻虫、大竹象

寄　　主　臭椿，巨尾桉，孝顺竹，撑篙竹，青皮竹，硬头黄竹，刺竹子，绿竹，麻竹，慈竹，桂竹，斑竹，水竹，毛竹，毛金竹，早竹，高节竹，胖竹，金竹，苦竹，绵竹。

分布范围　中南、西南，江苏、浙江、福建、江西、陕西。

发生地点　江苏：苏州市吴江区；

福建：南平市延平区；

河南：安阳市北关区，漯河市舞阳县；

湖南：益阳市资阳区，湘西土家族苗族自治州凤凰县；

广东：汕尾市陆丰市，河源市源城区、紫金县，清远市清城区、清新区、佛冈县，云浮市新兴县；

广西：南宁市隆安县，桂林市灵川县，钦州市灵山县，河池市大化瑶族自治县；

重庆：涪陵区、北碚区、永川区、铜梁区，忠县、云阳县、奉节县、彭水苗族土家族自治县；

四川：绵阳市安州区、三台县、梓潼县、平武县，遂宁市安居区、大英县，内江市东兴区，乐山市犍为县，资阳市雁江区，凉山彝族自治州普格县；

云南：曲靖市罗平县；

陕西：宝鸡市太白县。

发生面积　8643 亩

危害指数　0. 4405

• 椰花二点象 *Diocalandra frumenti*（Fabricius）

中文异名　椰花四星象甲

寄　　主　槟榔。

分布范围　海南。

发生地点　海南：白沙黎族自治县、保亭黎族苗族自治县。

• 一字竹象 *Otidognathus davidis*（Fairmaire）

中文异名　一字竹象甲、竹笋象

寄　　主　孝顺竹，撑篙竹，青皮竹，黄竹，刺竹子，绿竹，龙竹，麻竹，慈竹，桂竹，斑竹，水竹，毛竹，红哺鸡竹，篌竹，紫竹，毛金竹，早竹，高节竹，早园竹，胖竹，黄竿乌哺鸡竹，金竹，苦竹，茶秆竹，箭竹，唐竹。

分布范围　华东、中南，重庆、四川、陕西。

发生地点　上海：浦东新区；

江苏：无锡市宜兴市，常州市天宁区、溧阳市；

浙江：杭州市余杭区、桐庐县，宁波市余姚市，嘉兴市秀洲区，衢州市常山县、龙游县，台州市椒江区、温岭市，丽水市庆元县、龙泉市；

安徽：滁州市南谯区、全椒县，六安市裕安区、霍山县；

福建：漳州市云霄县、诏安县，南平市松溪县、政和县，龙岩市上杭县；

江西：萍乡市莲花县，九江市湖口县，新余市仙女湖区，吉安市万安县、井冈山市，宜春市奉新县、宜丰县、铜鼓县、樟树市，抚州市临川区、宜黄县，上饶市广丰区、德兴市；
河南：信阳市罗山县；
湖北：咸宁市咸安区、崇阳县、赤壁市；
湖南：湘潭市韶山市，衡阳市衡南县、衡山县、祁东县、耒阳市，邵阳市新邵县、洞口县，岳阳市平江县，永州市双牌县、宁远县，怀化市通道侗族自治县；
广东：深圳市宝安区，肇庆市怀集县、四会市；
广西：南宁市隆安县，柳州市柳江区，桂林市永福县，百色市田阳县，大桂山林场；
重庆：铜梁区；
四川：绵阳市江油市，南充市顺庆区，广安市前锋区，雅安市宝兴县；
陕西：汉中市镇巴县，安康市紫阳县。

发生面积　109580 亩

危害指数　0. 3914

- **小竹象 *Otidognathus jansoni* Roelofs**

寄　　主　黄竹，慈竹，水竹，毛竹，毛金竹，金竹，苦竹，箭竹。

分布范围　福建、江西、湖北、广东、四川、陕西。

- **竹笋万纹象 *Otidognathus rubriceps* Chevrolat**

寄　　主　毛竹。

分布范围　浙江、福建。

发生地点　福建：南平市政和县。

发生面积　435 亩

危害指数　0. 3985

- **褐纹甘蔗象 *Rhabdoscelus similis* (Chevrolat)**

寄　　主　假槟榔，散尾葵，椰子，蒲葵，棕竹，王棕，棕榈。

分布范围　广东、云南。

发生地点　广东：深圳市龙岗区、盐田区、大鹏新区，湛江市麻章区、遂溪县，肇庆市四会市，云浮市新兴县；
云南：保山市施甸县，红河哈尼族彝族自治州开远市、蒙自市、金平苗族瑶族傣族自治县，西双版纳傣族自治州景洪市、勐腊县，德宏傣族景颇族自治州芒市，怒江傈僳族自治州泸水县。

发生面积　4353 亩

危害指数　0. 3701

- **锈色棕榈象 *Rhynchophorus ferrugineus* (Oliver)**

中文异名　红棕象甲

寄　　主　鱼尾葵，椰子，蒲葵，刺葵，酒椰，王棕，棕榈，丝葵。

分布范围　西南，上海、浙江、福建、江西、广东、广西、海南。

发生地点　上海：浦东新区；

浙江：杭州市西湖区，宁波市象山县，温州市苍南县、乐清市，金华市磐安县，舟山市定海区，台州市玉环县；

福建：厦门市同安区、翔安区，莆田市荔城区、秀屿区、仙游县、湄洲岛，三明市沙县，泉州市南安市，南平市武夷山市；

江西：新余市渝水区，宜春市袁州区；

广东：广州市天河区，深圳市罗湖区、福田区、龙岗区、大鹏新区，江门市蓬江区、台山市、开平市，湛江市遂溪县、廉江市，肇庆市四会市，惠州市惠城区，中山市；

广西：南宁市武鸣区，柳州市柳江区，桂林市秀峰区、叠彩区，梧州市岑溪市，北海市海城区，贵港市桂平市，百色市右江区，崇左市江州区、凭祥市，热带林业实验中心；

海南：海口市琼山区、美兰区，三亚市吉阳区，文昌市、万宁市、屯昌县、白沙黎族自治县；

重庆：黔江区；

四川：成都市新都区、大邑县、崇州市，遂宁市船山区、射洪县、大英县，乐山市五通桥区，眉山市青神县，宜宾市宜宾县，凉山彝族自治州西昌市；

贵州：黔西南布依族苗族自治州兴义市、贞丰县；

云南：玉溪市澄江县，临沧市耿马傣族佤族自治县，楚雄彝族自治州楚雄市，红河哈尼族彝族自治州金平苗族瑶族傣族自治县，文山壮族苗族自治州砚山县，西双版纳傣族自治州景洪市、勐腊县。

发生面积　3149 亩

危害指数　0.4644

梨象科 Apionidae

• 豆小象 *Apion collarae* Schilsky

中文异名　小黑象

寄　　主　榆树。

分布范围　河北。

• 紫薇梨象 *Pseudorobitis gibbus* Redtenbacher

寄　　主　大果榉，桑，山柚子，荷花玉兰，枫香，梨，七叶树，栾树，无患子，紫薇，女贞，珊瑚树。

分布范围　上海、江苏、浙江、安徽、山东、河南、湖北。

发生地点　上海：闵行区、宝山区、嘉定区、金山区、青浦区、奉贤区，崇明县；

江苏：南京市雨花台区，无锡市惠山区，苏州市吴江区、太仓市，淮安市清江浦区、洪泽区、金湖县，盐城市盐都区、响水县、阜宁县，扬州市江都区、宝应县、高邮市，泰州市姜堰区；

浙江：金华市磐安县，台州市温岭市；

安徽：合肥市庐阳区、包河区、肥西县，芜湖市芜湖县；

湖北：武汉市洪山区、东西湖区，荆门市京山县，荆州市江陵县，仙桃市、潜江市、太子山林场。

发生面积　1067 亩

危害指数　0.3780

齿颚象科 Rhynchitidae

• **苹果金卷象 *Byctiscus betulae*（Linnaeus）**

中文异名　梨卷叶象、杨卷叶象甲、桦绿卷叶象

寄　　主　山杨，小叶杨，柳树，白桦，山楂，苹果，白梨，沙梨，秋子梨。

分布范围　东北，北京、河北、山西、安徽、山东、河南、湖北、四川、陕西、甘肃、宁夏。

发生地点　河北：张家口市怀安县，衡水市安平县，雾灵山保护区；

山西：临汾市翼城县；

吉林：辽源市东丰县；

黑龙江：哈尔滨市呼兰区、宾县、五常市；

山东：莱芜市钢城区；

河南：洛阳市嵩县、洛宁县，三门峡市湖滨区、陕州区、渑池县、灵宝市，永城市；

四川：巴中市通江县；

陕西：渭南市华州区；

宁夏：固原市彭阳县。

发生面积　17527 亩

危害指数　0.3639

• **葡萄金卷象 *Byctiscus lacunipennis*（Jekel）**

寄　　主　胡枝子，葡萄。

分布范围　山东。

• **山杨金卷象 *Byctiscus omissus* Voss**

中文异名　山杨卷叶象

寄　　主　山杨，柳树，红桦，白桦，榛子，榆树，山楂，苹果，梨，漆树，槭，黑桦鼠李，椴树。

分布范围　华北、东北、西北，河南、四川。

发生地点　河北：保定市唐县，张家口市赤城县，承德市平泉县；

辽宁：营口市大石桥市；

黑龙江：齐齐哈尔市克东县，绥化市北林区、绥棱县；

河南：洛阳市嵩县，南阳市淅川县；

陕西：宝鸡市千阳县，咸阳市永寿县，渭南市华州区，宁东林业局；

甘肃：庆阳市华池县，定西市陇西县、临洮县，临夏回族自治州临夏市、临夏县、康乐县、永靖县、广河县、和政县、东乡族自治县、积石山保安族东乡族撒拉族自治县，兴隆山保护区，白龙江林业管理局；

青海：海东市民和回族土族自治县；
宁夏：固原市隆德县。
发生面积　73054 亩
危害指数　0.4217

• **栎金卷象 *Byctiscus princeps* (Solsky)**
中文异名　苹果卷叶象
寄　　主　小叶杨，栓皮栎，榆树，杏，苹果，沙梨，香果树。
分布范围　东北，河北、安徽、四川、陕西。
发生地点　河北：保定市阜平县、唐县，张家口市赤城县；
黑龙江：佳木斯市富锦市；
四川：巴中市通江县；
陕西：渭南市华州区。
发生面积　840 亩
危害指数　0.3472

• **剪枝栎实象 *Cyllorhynchites ursulus* (Roelofs)**
中文异名　剪枝栗实象、板栗剪枝象
寄　　主　锥栗，板栗，茅栗，麻栎，槲栎，小叶栎，辽东栎，蒙古栎，栓皮栎，青冈，栎子青冈。
分布范围　华东，河南、湖北、湖南、贵州、云南、陕西。
发生地点　浙江：杭州市桐庐县；
安徽：合肥市包河区，芜湖市芜湖县、繁昌县、无为县，安庆市大观区、潜山县、太湖县、岳西县，滁州市南谯区，六安市金安区、裕安区、霍邱县、舒城县、金寨县、霍山县，宣城市宣州区、广德县、宁国市；
福建：南平市松溪县、政和县；
河南：平顶山市鲁山县，南阳市淅川县、桐柏县，信阳市平桥区、罗山县、光山县，驻马店市确山县；
湖北：十堰市郧西县、竹山县、竹溪县，宜昌市夷陵区、兴山县、秭归县，襄阳市南漳县、谷城县、保康县，黄冈市团风县、罗田县、英山县，随州市随县，太子山林场；
湖南：永州市零陵区；
贵州：六盘水市盘县，黔西南布依族苗族自治州兴义市、普安县；
云南：昆明市经济技术开发区、宜良县、寻甸回族彝族自治县；
陕西：安康市白河县，长青保护区，宁东林业局。
发生面积　205472 亩
危害指数　0.3529

• **杧果切叶象 *Deporaus marginatus* Pascoe**
中文异名　果剪叶象
寄　　主　杧果，龙眼。
分布范围　广东、广西、海南。

发生地点　广东：肇庆市高要区；
　　　　　海南：昌江黎族自治县。

● **漆蓝卷象** ***Metinvolvulus haradai* (Kono)**
寄　　主　橄榄。
分布范围　湖南。
发生地点　湖南：娄底市新化县。

● **樱桃虎象** ***Rhynchites auratus* Scopoli**
寄　　主　山杨，旱柳，樱桃。
分布范围　山东、陕西。
发生地点　山东：莱芜市钢城区；
　　　　　陕西：汉中市西乡县。

● **桃虎象** ***Rhynchites confragossicollis* Voss**
寄　　主　桃。
分布范围　江苏。
发生地点　江苏：常州市天宁区、钟楼区。

● **杏虎象** ***Rhynchites faldermanni* Schoenherr**
中文异名　杏象甲、梨象甲
寄　　主　马尾松，康定柳，核桃，小檗，桃，杏，山楂，苹果，石楠，河北梨，沙梨。
分布范围　河北、辽宁、江苏、山东、湖北、广西、重庆、四川、陕西、甘肃、宁夏。
发生地点　河北：邢台市平乡县，保定市定兴县，承德市平泉县，沧州市河间市；
　　　　　江苏：扬州市邗江区；
　　　　　山东：德州市齐河县；
　　　　　广西：河池市天峨县；
　　　　　重庆：石柱土家族自治县；
　　　　　四川：南充市西充县，巴中市通江县，甘孜藏族自治州雅江县；
　　　　　陕西：商洛市丹凤县；
　　　　　宁夏：固原市彭阳县。
发生面积　2517 亩
危害指数　0.3664

● **梨虎象** ***Rhynchites foveipennis* Fairmaire**
寄　　主　桃，山杏，山楂，苹果，杜梨，秋子梨，黄檗。
分布范围　北京、河北、黑龙江、浙江、福建、江西、山东、湖北、四川、贵州、云南、陕西。
发生地点　北京：密云区；
　　　　　河北：沧州市东光县。
发生面积　1001 亩
危害指数　0.3333

鳞翅目 Lepidoptera　毛顶蛾科 Eriocraniidae

• **高山毛顶蛾 *Eriocrania semipurpurella alpina* Xu**

寄　　主　红桦，白桦。

分布范围　甘肃、青海。

发生地点　甘肃：武威市天祝藏族自治县，祁连山保护区；
　　　　　青海：海东市互助土族自治县，海北藏族自治州门源回族自治县。

发生面积　96280 亩

危害指数　0.4997

蝙蝠蛾科 Hepialidae

• **浙江双栉蝠蛾 *Bipectilus zhejiangensis* Wang**

中文异名　浙江栉蝠蛾

寄　　主　格木，毛竹。

分布范围　浙江、福建、广西。

发生地点　福建：三明市清流县；
　　　　　广西：南宁市上林县。

发生面积　500 亩

危害指数　1.0000

• **杉蝙蛾 *Endoclita anhuiensis* Chu et Wang**

寄　　主　云松，杉木，柏木。

分布范围　湖南、安徽。

发生地点　湖南：长沙市长沙县。

• **巨疖蝙蛾 *Endoclita davidi* (Poujade)**

拉丁异名　*Phassus giganodus* Chu et Wang

寄　　主　巨尾桉，木犀。

分布范围　福建、广西、陕西。

发生地点　广西：贵港市平南县。

发生面积　1800 亩

危害指数　0.3333

• **柳蝙蛾 *Endoclita excrescens* (Butler)**

中文异名　疣纹蝙蝠蛾

寄　　主　山杨，黑杨，垂柳，核桃，枫杨，栓皮栎，榆树，樟树，桃，枇杷，梨，刺桐，刺槐，柑橘，香椿，红椿，栲叶槭，栾树，无患子，葡萄，紫薇，八角枫，连翘，水曲柳，白蜡树，小叶女贞，暴马丁香。

分布范围　华北、东北，浙江、安徽、福建、山东、湖北、湖南、四川、贵州。

发生地点　内蒙古：通辽市科尔沁左翼后旗，乌兰察布市集宁区；

辽宁：抚顺市东洲区，丹东市东港市，辽阳市辽阳县，铁岭市铁岭县、昌图县；
黑龙江：哈尔滨市双城区，齐齐哈尔市甘南县、克东县，佳木斯市富锦市，绥化市望奎县；
山东：青岛市即墨市、莱西市，莱芜市莱城区，菏泽市牡丹区、单县、郓城县；
湖北：随州市随县，恩施土家族苗族自治州宣恩县；
湖南：岳阳市平江县，常德市鼎城区，益阳市资阳区、沅江市，娄底市新化县；
四川：成都市蒲江县、崇州市，雅安市雨城区。

发生面积　13772 亩

危害指数　0.3875

• 景东蝙蛾 *Endoclita jingdongensis* (Chu et Wang)

寄　　主　苹果。

分布范围　云南、陕西。

• 疖蝙蛾 *Endoclita nodus* (Chu et Wang)

寄　　主　柳杉，杉木，榧树，垂柳，枫杨，桤木，亮叶桦，板栗，青冈，榆树，鹅掌楸，白兰，猴樟，红花檵木，臭椿，香椿，全缘叶栾树，栾树，无患子，梧桐，八角枫，女贞，白花泡桐，滇楸，珊瑚树。

分布范围　上海、浙江、安徽、江西、湖南。

发生地点　上海：青浦区、奉贤区；
浙江：杭州市富阳区，宁波市鄞州区，金华市磐安县，衢州市江山市；
湖南：娄底市新化县。

发生面积　1051 亩

危害指数　0.3378

• 一点蝙蛾 *Endoclita sinensis* (Moore)

寄　　主　杉木，侧柏，杨树，板栗，柳树，麻栎，蒙古栎，栓皮栎，榆树，鹅掌楸，桃，合欢，鸡冠刺桐，刺槐，香椿，山乌桕，葡萄，山杜英，喜树，白花泡桐，女贞，水蜡树。

分布范围　华北、东北、华东、中南，重庆、四川。

发生地点　河北：唐山市乐亭县；
内蒙古：锡林郭勒盟锡林浩特市；
福建：厦门市海沧区、集美区、同安区、翔安区；
江西：萍乡市上栗县、芦溪县；
湖南：株洲市芦淞区、天元区、云龙示范区。

• 桉蝙蛾 *Endoclyta signifer* (Walker)

中文异名　桉大蝙蝠蛾、桉大蝙蛾

寄　　主　樟树，大叶桉，巨桉，巨尾桉，雷林桉 33 号，柳窿桉，尾叶桉。

分布范围　广东、广西、四川、云南。

发生地点　广东：广州市白云区，韶关市翁源县、新丰县、乐昌市，深圳市大鹏新区，佛山市高明区，江门市鹤山市、江门市属林场，茂名市化州市、茂名市属林场，肇庆市高要区、怀集县、封开县、德庆县、四会市、肇庆市属林场，河源市紫金县、连平县、东源县，清远市清城区、清新区、阳山县，云浮市云城区、新兴县、云浮市属林场；

广西：南宁市兴宁区、良庆区、邕宁区、武鸣区、隆安县、马山县、上林县、宾阳县、横县，柳州市柳江区、鹿寨县、融水苗族自治县，桂林市雁山区、临桂区、阳朔县、灵川县、永福县、龙胜各族自治县、荔浦县，梧州市万秀区、长洲区、龙圩区、蒙山县、岑溪市，北海市合浦县，防城港市防城区、上思县，钦州市钦南区、钦北区、灵山县、浦北县，贵港市港北区、港南区、覃塘区、平南县，玉林市玉州区、福绵区、容县、陆川县、博白县、兴业县、北流市、玉林市大容山林场，百色市右江区、平果县、德保县、乐业县、田林县、靖西市、老山林场、百林林场，贺州市平桂区、八步区、昭平县、钟山县、富川瑶族自治县，河池市金城江区、天峨县、罗城仫佬族自治县、巴马瑶族自治县、都安瑶族自治县、大化瑶族自治县、宜州区，来宾市兴宾区、忻城县、象州县、武宣县、金秀瑶族自治县、合山市，崇左市扶绥县、龙州县、大新县、天等县、凭祥市，高峰林场、七坡林场、良凤江森林公园、派阳山林场、钦廉林场、黄冕林场、大桂山林场、六万林场、博白林场；

云南：普洱市宁洱哈尼族彝族自治县、孟连傣族拉祜族佤族自治县、澜沧拉祜族自治县，西双版纳傣族自治州勐海县。

发生面积　236395 亩

危害指数　0.4237

• **六点长须蝙蝠蛾 *Palpifer sexnotatus* Moore**

寄　　主　核桃，苦槠栲，青冈，榆树，花椒，合果木。

分布范围　江西、湖北、四川、陕西。

• **桉大蝙蝠蛾 *Phassus* sp.**

寄　　主　桉。

分布范围　广东。

微蛾科 Nepticulidae

• **环微蛾 *Stigmella circumargentea van* Nieukerken et Liu**

中文异名　微蛾

寄　　主　板栗。

分布范围　山东。

• **齿微蛾 *Stigmella dentatae* Puplesis**

寄　　主　柳树。

分布范围　陕西。

- **青冈栎微蛾 *Stigmella vandrieli van* Nieukerken et Liu**

寄　　主　青冈。
分布范围　四川、陕西。
发生地点　四川：巴中市恩阳区。

长角蛾科 Adelidae

- **大黄长角蛾 *Nemophora amurensis* Alphéraky**

寄　　主　柞木。
分布范围　东北，江西、重庆。

- **驳纹长角蛾 *Nemophora raddei*（Rebel）**

寄　　主　柳树，榆树。
分布范围　北京。

- **小黄长角蛾 *Nemophora staudingerella*（Christoph）**

寄　　主　构树，柑橘。
分布范围　辽宁、江苏、湖北。
发生地点　江苏：南京市雨花台区。

冠潜蛾科 Tischeriidae

- **栎冠潜蛾 *Tischeria decidua* Wocke**

中文异名　柞潜叶蛾
寄　　主　板栗，栎，麻栎，栓皮栎，青冈，柑橘，女贞。
分布范围　黑龙江、安徽、福建、河南、湖南、山东、广东、广西、四川、陕西。
发生地点　河南：平顶山市鲁山县，三门峡市陕州区；
　　　　　湖南：岳阳市君山区、平江县；
　　　　　广西：百色市乐业县；
　　　　　四川：甘孜藏族自治州乡城县。
发生面积　1219 亩
危害指数　0.3607

- **板栗冠潜蛾 *Tischeria quercifolia* Kuroko**

寄　　主　锥栗，板栗，波罗栎，辽东栎，栓皮栎。
分布范围　北京、安徽、福建、山东、陕西。
发生地点　福建：南平市松溪县。

蓑蛾科 Psychidae

- **碧皑袋蛾 *Acanthopsyche bipars* Walker**

中文异名　碧皑蓑蛾

寄　　主　柏木，山杨，榆树，樟树，樱桃，日本樱花。
分布范围　北京、浙江、四川、贵州。
发生地点　北京：通州区、顺义区；
　　　　　四川：巴中市通江县。
发生面积　137 亩
危害指数　0. 3455

• 刺槐袋蛾 *Acanthopsyche nigraplaga* (Weliman)

寄　　主　冷杉，油松，杉木，圆柏，山杨，黑杨，杨梅，核桃，榆树，柘树，梨，合欢，黄檀，刺槐，槐树，白蜡树，竹。
分布范围　北京、天津、河北、辽宁、江苏、安徽、山东、湖北、重庆。
发生地点　北京：朝阳区；
　　　　　江苏：苏州市吴江区；
　　　　　安徽：合肥市包河区；
　　　　　山东：日照市莒县，莱芜市钢城区，黄河三角洲保护区；
　　　　　重庆：大足区。
发生面积　163 亩
危害指数　0. 3333

• 秋茄小袋蛾 *Acanthopsyche* sp.

寄　　主　秋茄树。
分布范围　福建。

• 桉袋蛾 *Acanthopsyche subferalbata* Hampson

中文异名　桉蓑蛾
寄　　主　银杏，马尾松，杉木，木麻黄，杨梅，核桃，枫杨，板栗，青冈，高山榕，榕树，八角，樟树，桃，相思子，马占相思，羊蹄甲，降香，油茶，茶，合果木，紫薇，大叶桉，细叶桉，巨桉，巨尾桉，尾叶桉，番石榴，白蜡树，木犀，毛竹，丝葵。
分布范围　华东、中南，北京、四川、贵州。
发生地点　江苏：南京市高淳区；
　　　　　福建：厦门市海沧区、同安区，莆田市城厢区、涵江区、仙游县，泉州市安溪县、南安市，漳州市漳浦县，南平市延平区；
　　　　　江西：赣州经济技术开发区，吉安市永新县，宜春市奉新县；
　　　　　湖南：长沙市浏阳市；
　　　　　广东：湛江市廉江市，肇庆市属林场，惠州市惠东县，河源市紫金县、连平县、东源县，云浮市云城区、云浮市属林场；
　　　　　广西：南宁市江南区、隆安县、上林县，桂林市永福县，防城港市防城区、上思县，贵港市港南区，玉林市兴业县，百色市田阳县、靖西市、百色市百林林场，贺州市八步区，河池市环江毛南族自治县、巴马瑶族自治县，来宾市象州县、金秀瑶族自治县，崇左市天等县，派阳山林场；

海南：海口市琼山区，万宁市；

四川：自贡市贡井区，乐山市犍为县、沐川县，雅安市雨城区。

发生面积　35086 亩

危害指数　0.3335

• **丝脉袋蛾 *Amatissa snelleni* (Heylearts)**

寄　　主　木麻黄，榕树，猴樟，枫香，桃，苹果，李，梨，台湾相思，洋紫荆，黄槐决明，柑橘，楝树，秋枫，杧果，荔枝，油茶，木荷，秋茄树，巨尾桉，赤杨叶。

分布范围　浙江、福建、江西、湖北、湖南、广东、广西、云南。

发生地点　福建：厦门市翔安区，莆田市涵江区、秀屿区、仙游县；

广西：南宁市江南区，钦州市钦南区，玉林市兴业县。

发生面积　581 亩

危害指数　0.3907

• **云杉鳞袋蛾 *Canephora asiatica* (Staudinger)**

中文异名　亚鳞袋蛾

寄　　主　柳树，紫荆，重阳木，乌桕，油茶，紫薇。

分布范围　安徽、福建。

• **蜡彩袋蛾 *Chalia larminati* Heylaerts**

中文异名　蜡彩蓑蛾

寄　　主　湿地松，马尾松，杉木，罗汉松，木麻黄，核桃，板栗，栎，八角，玉兰，厚朴，猴樟，阴香，樟树，桃，梨，云南金合欢，台湾相思，马占相思，凤凰木，红豆树，刺槐，柑橘，香椿，油桐，秋枫，杧果，龙眼，油茶，木荷，巨尾桉，雷林桉 1 号，尾叶桉，洋蒲桃，柿，木犀，玉山竹。

分布范围　安徽、福建、江西、湖南、广东、广西、四川、贵州、云南。

发生地点　福建：莆田市仙游县，泉州市安溪县，南平市松溪县；

湖南：岳阳市汨罗市、临湘市，郴州市嘉禾县；

广东：肇庆市四会市，汕尾市陆河县，云浮市新兴县；

广西：南宁市邕宁区、隆安县、宾阳县、横县，桂林市兴安县、龙胜各族自治县、荔浦县，梧州市苍梧县、藤县，北海市合浦县，防城港市防城区、上思县，贵港市平南县，玉林市博白县、兴业县，百色市田阳县、百色市百林林场，贺州市八步区，河池市东兰县、环江毛南族自治县、巴马瑶族自治县、宜州区，来宾市兴宾区、忻城县、象州县、武宣县、合山市，崇左市宁明县、天等县，派阳山林场、维都林场、雅长林场；

四川：遂宁市大英县，宜宾市翠屏区。

发生面积　52255 亩

危害指数　0.3579

• **白囊袋蛾 *Chalioides kondonis* Matsumura**

中文异名　白蓑蛾、白袋蛾、棉条蓑蛾、橘白蓑蛾

寄　　主　马尾松，水杉，美国扁柏，柏木，竹柏，木麻黄，山杨，黑杨，垂柳，旱柳，杨梅，山核桃，核桃，枫杨，板栗，榆树，构树，垂叶榕，黄葛树，桑，青皮木，山柚子，猴樟，阴香，樟树，潺槁木姜子，枫香，红花檵木，三球悬铃木，桃，碧桃，日本樱花，枇杷，垂丝海棠，西府海棠，苹果，红叶李，梨，云南金合欢，台湾相思，马占相思，合欢，黄槐决明，紫荆，降香，鸡冠刺桐，格木，刺槐，槐树，柑橘，花椒，香椿，油桐，重阳木，山乌桕，乌桕，杧果，鸡爪槭，栾树，荔枝，无患子，枣树，杜英，梧桐，山茶，油茶，茶，大头茶，紫薇，大花紫薇，石榴，柠檬桉，巨尾桉，尾叶桉，柿，白蜡树，女贞，小叶女贞，油橄榄，木犀，海榄雌，兰考泡桐，旱禾树。

分布范围　华东、中南、西南，河北、陕西。

发生地点　江苏：南京市浦口区，无锡市滨湖区、江阴市，徐州市沛县，常州市溧阳市，淮安市清江浦区、金湖县，盐城市盐都区、响水县、阜宁县、东台市，扬州市江都区，镇江市扬中市，泰州市姜堰区、泰兴市；

浙江：宁波市鄞州区、余姚市，嘉兴市秀洲区；

安徽：合肥市庐阳区、包河区，池州市贵池区；

福建：厦门市翔安区，莆田市城厢区、涵江区、荔城区、秀屿区、湄洲岛，泉州市安溪县；

江西：吉安市永新县；

山东：枣庄市台儿庄区，济宁市鱼台县、汶上县、梁山县，临沂市莒南县，聊城市东昌府区、阳谷县、东阿县、经济技术开发区，菏泽市定陶区、单县；

河南：驻马店市泌阳县；

湖北：黄冈市罗田县；

湖南：岳阳市君山区、平江县，益阳市资阳区；

广东：广州市海珠区、天河区、从化区，湛江市廉江市，肇庆市高要区、德庆县、四会市，惠州市惠阳区，汕尾市陆河县、陆丰市，云浮市新兴县；

广西：南宁市江南区、邕宁区、武鸣区、上林县、宾阳县、横县，桂林市龙胜各族自治县，北海市合浦县，钦州市钦南区、钦州港，贵港市平南县，玉林市陆川县、博白县、兴业县，百色市靖西市，河池市南丹县、大化瑶族自治县，来宾市合山市，崇左市江州区、扶绥县、宁明县、凭祥市，七坡林场、良凤江森林公园、派阳山林场、维都林场；

海南：琼海市；

重庆：南岸区、北碚区，丰都县、忠县、奉节县；

四川：自贡市自流井区、贡井区、沿滩区、荣县，遂宁市蓬溪县，眉山市青神县；

云南：楚雄彝族自治州永仁县；

陕西：宁东林业局。

发生面积　45858 亩

危害指数　0.3567

• **茶袋蛾** ***Clania minuscula*** **Butler**

中文异名　茶蓑蛾、小窠蓑蛾、小袋蛾、小蓑蛾

寄　　主　银杏，雪松，华山松，湿地松，马尾松，油松，火炬松，金钱松，柳杉，杉木，水杉，落羽杉，美国扁柏，柏木，刺柏，侧柏，圆柏，高山柏，南方红豆杉，木麻黄，山杨，黑杨，垂柳，旱柳，杨梅，山核桃，野核桃，核桃，枫杨，江南桤木，板栗，刺栲，锥栗，栎，朴树，榆树，大果榉，构树，桑，南天竹，八角，鹅掌楸，玉兰，紫玉兰，望春玉兰，白兰，含笑花，观光木，蜡梅，猴樟，樟树，肉桂，油樟，闽楠，野香橼花，海桐，枫香，红花檵木，三球悬铃木，桃，碧桃，梅，杏，樱桃，樱花，枇杷，垂丝海棠，西府海棠，苹果，海棠花，中华石楠，椤木石楠，石楠，李，红叶李，火棘，梨，月季，玫瑰，耳叶相思，云南金合欢，台湾相思，马占相思，紫穗槐，羊蹄甲，黄槐决明，紫荆，凤凰木，刺槐，槐树，紫藤，柑橘，臭椿，油桐，重阳木，秋枫，乌桕，油桐，黄杨，黄栌，盐肤木，火炬树，冬青，金边黄杨，色木槭，梣叶槭，鸡爪槭，栾树，荔枝，无患子，枣树，葡萄，杜英，山杜英，椴树，木槿，梧桐，茶梨，山茶，油茶，茶，木荷，合果木，紫薇，大花紫薇，石榴，喜树，榄仁树，柠檬桉，巨尾桉，尾叶桉，白千层，番石榴，桃金娘，乌墨，杜鹃，柿，水曲柳，白蜡树，女贞，小叶女贞，木犀，大青，荆条，毛泡桐，蓝花楹，珊瑚树，毛竹。

分布范围　东北、华东、中南、西南，北京、天津、河北、陕西。

发生地点　北京：石景山区；

河北：唐山市乐亭县，秦皇岛市昌黎县，保定市满城区；

上海：闵行区、宝山区、嘉定区、浦东新区、金山区、松江区、青浦区、奉贤区，崇明县；

江苏：南京市浦口区、雨花台区，无锡市锡山区、惠山区、滨湖区、宜兴市，徐州市铜山区、丰县、沛县，常州市天宁区、钟楼区、新北区、武进区、溧阳市，苏州市高新技术开发区、昆山市、太仓市，盐城市盐都区、大丰区、响水县、阜宁县、射阳县、建湖县、东台市，镇江市扬中市、句容市，泰州市姜堰区、泰兴市，宿迁市宿城区；

浙江：杭州市西湖区、萧山区、桐庐县，宁波市北仑区、余姚市，嘉兴市秀洲区，金华市磐安县，台州市天台县，丽水市松阳县；

安徽：合肥市庐阳区、包河区、肥西县、庐江县，芜湖市芜湖县，蚌埠市怀远县、固镇县，淮北市杜集区、相山区、烈山区、濉溪县，黄山市徽州区、休宁县，滁州市南谯区、天长市，阜阳市临泉县、太和县，六安市金安区、裕安区、叶集区、霍邱县，亳州市蒙城县；

福建：厦门市海沧区、集美区、同安区、翔安区，莆田市城厢区、涵江区、荔城区、秀屿区、仙游县、湄洲岛，三明市尤溪县，泉州市安溪县，漳州市平和县，南平市延平区、松溪县，龙岩市武平县、漳平市、梅花山保护区，福州国家森林公园；

江西：景德镇市昌江区，萍乡市湘东区，九江市庐山市，赣州市安远县，吉安市新干县、永新县、井冈山市，宜春市万载县、铜鼓县、樟树市，抚州市乐安县，安福县；

山东：济宁市兖州区、鱼台县，威海市环翠区，莱芜市莱城区，聊城市东阿县，菏泽市定陶区、单县；

河南：郑州市中牟县、新郑市，平顶山市叶县，许昌市鄢陵县，南阳市宛城区、唐河县，商丘市睢阳区、民权县、宁陵县、柘城县，信阳市淮滨县，周口市川汇区、扶沟县、西华县，驻马店市驿城区、确山县、泌阳县，兰考县、永城市、邓州市；

湖北：武汉市洪山区、东西湖区，十堰市竹溪县，荆州市沙市区、荆州区、监利县、江陵县，黄冈市罗田县、武穴市，咸宁市嘉鱼县、通城县、通山县，潜江市；

湖南：长沙市浏阳市，株洲市醴陵市，衡阳市衡南县、常宁市，邵阳市大祥区、北塔区、绥宁县，岳阳市岳阳县、华容县、平江县、汨罗市、临湘市，常德市鼎城区、澧县、临澧县，益阳市资阳区、沅江市，郴州市桂阳县，永州市冷水滩区、东安县、道县、蓝山县，怀化市芷江侗族自治县，湘西土家族苗族自治州保靖县；

广东：广州市越秀区，韶关市始兴县、南雄市，深圳市龙华新区，佛山市南海区，肇庆市高要区，梅州市梅江区，汕尾市陆河县、陆丰市，东莞市，云浮市新兴县；

广西：南宁市邕宁区、宾阳县、横县，柳州市柳南区、融水苗族自治县，桂林市灵川县、兴安县、龙胜各族自治县、荔浦县，北海市合浦县，防城港市防城区、上思县，贵港市覃塘区，玉林市福绵区，百色市田阳县、乐业县、百色市百林林场，河池市南丹县、凤山县、东兰县、大化瑶族自治县，来宾市兴宾区、忻城县、象州县、金秀瑶族自治县，崇左市江州区、扶绥县、宁明县、龙州县、大新县、天等县、凭祥市，派阳山林场、维都林场、黄冕林场、雅长林场；

海南：昌江黎族自治县；

重庆：大渡口区、黔江区、长寿区、南川区、铜梁区、万盛经济技术开发区，梁平区、丰都县、武隆区、忠县、巫溪县、彭水苗族土家族自治县；

四川：自贡市自流井区、沿滩区，遂宁市船山区、安居区、蓬溪县、射洪县、大英县，乐山市犍为县、沐川县，宜宾市筠连县、兴文县、屏山县，巴中市通江县；

贵州：贵阳市花溪区；

云南：楚雄彝族自治州禄丰县；

陕西：咸阳市武功县，宁东林业局。

发生面积　133466 亩

危害指数　0.3627

• **黛蓑蛾** ***Dappula tertia*** **(Templeton)**

中文异名　黛袋蛾

寄　　主　银杏，马尾松，杉木，杨树，核桃，板栗，栎，猴樟，樟树，肉桂，天竺桂，红花檵木，樱花，石楠，相思子，台湾相思，马占相思，黄槐决明，水黄皮，秋枫，乌桕，杧果，龙眼，荔枝，枣树，木槿，木棉，瓜栗，山茶，油茶，木荷，大花紫薇，石榴，柠檬桉，巨桉，巨尾桉，番石榴，乌墨，木犀，楸。

分布范围　河北、福建、江西、山东、河南、湖北、湖南、广东、广西、四川。

发生地点　福建：厦门市海沧区、同安区、翔安区，莆田市城厢区、涵江区、荔城区、仙游县、湄洲岛；
河南：南阳市桐柏县，固始县；
湖南：益阳市桃江县；
广东：肇庆市高要区、德庆县、四会市，汕尾市陆河县，云浮市新兴县；
广西：南宁市邕宁区、宾阳县、横县，桂林市雁山区、兴安县、龙胜各族自治县、荔浦县，梧州市龙圩区，防城港市港口区，玉林市兴业县，贺州市八步区、昭平县，河池市南丹县、东兰县，来宾市金秀瑶族自治县、合山市，崇左市江州区、扶绥县，七坡林场、东门林场、派阳山林场；
四川：雅安市雨城区。
发生面积　48366 亩
危害指数　0. 3400

- **儿茶大袋蛾** ***Eumeta crameri*** **(Westwood)**

中文异名　螺纹囊蛾
寄　　主　银杏，湿地松，马尾松，杉木，麻黄，木麻黄，山杨，核桃，板栗，山柚子，八角，樟树，肉桂，苹果，台湾相思，羊蹄甲，油桐，乌桕，龙眼，油茶，茶，小果油茶，土沉香，红千层，巨尾桉，柳窿桉，红花木樨榄，木犀。
分布范围　山西、辽宁、安徽、福建、江西、山东、湖南、广东、广西。
发生地点　福建：泉州市安溪县；
江西：吉安市永新县；
湖南：邵阳市邵阳县，岳阳市平江县；
广东：湛江市廉江市，肇庆市高要区、怀集县、德庆县、四会市，惠州市惠东县，汕尾市陆河县、陆丰市，云浮市新兴县；
广西：南宁市武鸣区、宾阳县、横县，桂林市雁山区、兴安县，北海市合浦县，防城港市防城区、上思县，贵港市港北区、覃塘区、桂平市，玉林市福绵区、陆川县、博白县、北流市，百色市田阳县，河池市金城江区、罗城仫佬族自治县、巴马瑶族自治县、大化瑶族自治县、宜州区，来宾市兴宾区、忻城县、象州县、武宣县、金秀瑶族自治县、合山市，崇左市江州区，良凤江森林公园、东门林场、三门江林场、维都林场、黄冕林场、博白林场。
发生面积　96052 亩
危害指数　0. 3445

- **普氏大袋蛾** ***Eumeta preyeri*** **(Leech)**

寄　　主　黄槿。
分布范围　广东。
发生地点　广东：深圳市坪山新区。

- **大袋蛾** ***Eumeta variegata*** **Snellen**

中文异名　南大蓑蛾、香樟大袋蛾
寄　　主　银杏，雪松，湿地松，马尾松，油松，柳杉，杉木，水杉，柏木，侧柏，高山柏，圆柏，崖柏，罗汉松，竹柏，木麻黄，山杨，黑杨，毛白杨，垂柳，旱柳，粤柳，杨梅，喙核桃，薄壳山核桃，核桃楸，核桃，枫杨，桤木，板栗，麻栎，白栎，青冈，栎子青冈，榆树，大果榉，构树，黄葛树，桑，玉兰，白兰，猴樟，樟树，肉桂，油樟，木姜子，桢楠，檫木，山梅花，海桐，枫香，红花檵木，二球悬铃木，桃，碧桃，梅，杏，樱桃，樱花，日本晚樱，日本樱花，枇杷，垂丝海棠，苹果，石楠，李，红叶李，毛樱桃，火棘，川梨，白蔷薇，月季，玫瑰，云南金合欢，台湾相思，合欢，羊蹄甲，紫荆，刺桐，刺槐，槐树，文旦柚，柑橘，花椒，臭椿，香椿，油桐，五月茶，重阳木，秋枫，乌桕，长叶黄杨，黄杨，南酸枣，盐肤木，漆树，三角槭，鸡爪槭，栾树，荔枝，绒毛无患子，酸枣，葡萄，杜英，木槿，梧桐，山茶，油茶，茶，小果油茶，柃木，木荷，秋海棠，胡颓子，紫薇，石榴，喜树，毛八角枫，红千层，巨桉，巨尾桉，尾叶桉，乌墨，越橘，柿，连翘，白蜡树，女贞，木犀，白丁香，南方泡桐，兰考泡桐，川泡桐，白花泡桐，毛泡桐，楸，蓝花楹，旱禾树，毛竹，绵竹，砂仁。

分布范围　华东、中南、西南，北京、河北、山西、陕西。

发生地点　河北：石家庄市新华区、井陉县、赞皇县、无极县、新乐市，唐山市古冶区、滦南县、乐亭县、玉田县，邢台市平乡县，廊坊市安次区，衡水市阜城县；

山西：临汾市尧都区；

上海：浦东新区、金山区、松江区；

江苏：无锡市锡山区、惠山区、宜兴市，常州市天宁区、钟楼区、新北区、金坛区、溧阳市，苏州市相城区、昆山市，南通市海安县，盐城市亭湖区、响水县、阜宁县、射阳县、建湖县、东台市，扬州市广陵区、江都区、宝应县、经济技术开发区，镇江市句容市，泰州市姜堰区、泰兴市，宿迁市宿城区、沭阳县；

浙江：杭州市萧山区、桐庐县，宁波市北仑区、鄞州区、余姚市，嘉兴市秀洲区，台州市椒江区、天台县，丽水市松阳县；

安徽：合肥市庐阳区、肥西县、庐江县，芜湖市芜湖县，淮南市田家庵区、八公山区、凤台县，滁州市来安县、凤阳县、天长市，阜阳市颍州区、颍东区、太和县、颍上县，宿州市萧县，六安市裕安区、叶集区、霍邱县，亳州市蒙城县、利辛县；

福建：厦门市海沧区、集美区、同安区、翔安区，莆田市城厢区、涵江区、荔城区、秀屿区、仙游县、湄洲岛，三明市将乐县，漳州市东山县，南平市延平区、松溪县，龙岩市新罗区，福州国家森林公园；

江西：南昌市进贤县，萍乡市湘东区、莲花县、上栗县、芦溪县，九江市修水县、庐山市，赣州经济技术开发区、会昌县，吉安市永新县、井冈山市，宜春市靖安县，安福县；

山东：青岛市胶州市，烟台市牟平区、长岛县、蓬莱市，潍坊市坊子区，济宁市兖州区、鱼台县、曲阜市，泰安市岱岳区、宁阳县、新泰市、肥城市、徂徕山林场，威海市环翠区，日照市岚山区，莱芜市莱城区，临沂市兰山区、莒南县、临沭县，聊城市东昌府区、阳谷县、东阿县、冠县，菏泽市牡丹区、定陶区、单县、巨野县、郓城县；

河南：郑州市中牟县、荥阳市、新郑市，开封市杞县，洛阳市洛宁县，濮阳市经济开发区，三门峡市陕州区，南阳市卧龙区、淅川县、桐柏县，商丘市夏邑县，信阳市淮滨县，周口市扶沟县、淮阳县，驻马店市驿城区、西平县、平舆县、遂平县，永城市、鹿邑县、固始县；

湖北：武汉市洪山区，荆门市东宝区，荆州市沙市区、荆州区、监利县、江陵县，黄冈市红安县、罗田县，潜江市；

湖南：株洲市石峰区、天元区、云龙示范区，湘潭市韶山市，邵阳市隆回县，岳阳市君山区、岳阳县、平江县、汨罗市、临湘市，常德市安乡县、石门县，张家界市永定区，益阳市资阳区、南县、沅江市，郴州市苏仙区、嘉禾县，怀化市芷江侗族自治县、靖州苗族侗族自治县，娄底市新化县；

广东：深圳市光明新区，肇庆市鼎湖区、高要区、四会市，惠州市惠阳区，汕尾市陆河县、陆丰市、汕尾市属林场，清远市清新区，东莞市，云浮市新兴县；

广西：南宁市西乡塘区、邕宁区、武鸣区，桂林市雁山区、阳朔县、兴安县、龙胜各族自治县、平乐县，梧州市万秀区、龙圩区、蒙山县，北海市合浦县，防城港市防城区，贵港市平南县，玉林市兴业县，百色市田阳县、靖西市、百色市百林林场，贺州市昭平县，河池市南丹县、东兰县，来宾市武宣县，崇左市扶绥县、大新县，七坡林场、黄冕林场；

重庆：万州区、北碚区、大足区、渝北区、南川区，城口县、开县、巫溪县、酉阳土家族苗族自治县；

四川：自贡市自流井区、大安区、沿滩区、荣县，绵阳市三台县、梓潼县，遂宁市船山区、蓬溪县、射洪县，宜宾市翠屏区、江安县、筠连县、兴文县、屏山县，达州市通川区，巴中市通江县；

云南：昭通市彝良县，楚雄彝族自治州南华县，大理白族自治州弥渡县；

陕西：咸阳市永寿县、武功县，渭南市华州区、大荔县，汉中市汉台区，商洛市商州区、山阳县、镇安县、柞水县，宁东林业局。

发生面积　111311 亩

危害指数　0.3821

• 桑蓑蛾 *Eurukuttarus nigriplaga* Wileman

寄　　主　柳树，栎，桑，苹果，李，红叶李，槐树，柑橘，枣树，葡萄，茶。

分布范围　华东、西南，湖北、湖南、广东、广西。

发生地点　四川：巴中市恩阳区；

贵州：黔南布依族苗族自治州龙里县。

• 乌龙墨袋蛾 *Mahasena colona* Sonan

中文异名　茶褐蓑蛾

寄　　主　台湾杉木，美国扁柏，山杨，枫杨，苦槠栲，猴樟，红花檵木，三球悬铃木，柑橘，橙，楝树，乌桕，油桐，杧果，龙眼，荔枝，杜英，油茶，茶，巨尾桉，木犀。

分布范围　江苏、浙江、安徽、福建、江西、广东、广西、四川、贵州。

发生地点　江西：萍乡市上栗县、芦溪县；

广西：防城港市防城区，百色市靖西市，来宾市忻城县，维都林场。
发生面积　825 亩
危害指数　0. 3333

谷蛾科 Tineidae

• **刺槐谷蛾 *Dasyses barhata*（Christoph）**
寄　　主　山杨，刺槐。
分布范围　山东、湖北。
发生地点　山东：莱芜市钢城区，聊城市阳谷县、东阿县。

• **蕈蛾 *Opogona nipponica* Stringer**
寄　　主　紫薇。
分布范围　北京、山东。

• **蔗扁蛾 *Opogona sacchari*（Bojer）**
寄　　主　海南苏铁，苏铁，肉桂，天竺葵，瓜栗，鹅掌柴，鱼尾葵，散尾葵，棕竹，王棕，香龙血树。
分布范围　全国。
发生地点　浙江：杭州市桐庐县，嘉兴市秀洲区；
广东：佛山市南海区；
海南：海口市美兰区。
发生面积　808 亩
危害指数　0. 3333

• **拟地中海毡谷蛾 *Trichophaga bipartitella*（Ragonot）**
寄　　主　卫矛。
分布范围　宁夏。
发生地点　宁夏：银川市永宁县。

颊蛾科 Bucculatricidae

• **含笑潜叶蛾 *Bucculatrix* sp.**
寄　　主　含笑花。
分布范围　福建。

• **榆潜蛾 *Bucculatrix thoracella* Thunberg**
中文异名　榆树潜叶蛾
寄　　主　山杨，旱榆，大果榆，榆树。
分布范围　西北，天津、河北、山西、辽宁、江苏、山东、河南。
发生地点　河北：邯郸市永年区；
山东：济宁市金乡县，泰安市徂徕山林场，聊城市东阿县，菏泽市定陶区；

河南：濮阳市台前县；
甘肃：白银市靖远县；
宁夏：中卫市中宁县；
新疆：乌鲁木齐市天山区、沙依巴克区、头屯河区，克拉玛依市独山子区、白碱滩区、乌尔禾区，哈密市巴里坤哈萨克自治县，阿勒泰地区布尔津县；
新疆生产建设兵团：农四师 68 团。

发生面积 9637 亩

危害指数 0.6137

细蛾科 Gracillariidae

• 栎尖细蛾 *Acrocercops brongniardella* (Fabricius)

寄　　主 柞木，蒙古栎。

分布范围 东北，内蒙古、湖南、陕西。

发生地点 吉林：延边朝鲜族自治州汪清县；
湖南：岳阳市平江县。

发生面积 30151 亩

危害指数 0.3333

• 柳丽细蛾 *Caloptilia chrysolampra* (Meyrick)

寄　　主 山杨，垂柳，旱柳，枫杨，猴樟。

分布范围 北京、天津、河北、上海、江苏、山东、湖北、湖南、四川、新疆。

发生地点 北京：石景山区、延庆区；
河北：唐山市乐亭县、玉田县，张家口市怀来县；
上海：浦东新区、金山区、青浦区，崇明县；
江苏：无锡市惠山区，苏州市高新技术开发区、昆山市、太仓市，南通市海门市，淮安市清江浦区、金湖县，盐城市盐都区、大丰区、响水县、阜宁县、射阳县、建湖县、东台市，扬州市高邮市，泰州市姜堰区，宿迁市宿城区、沭阳县；
山东：枣庄市台儿庄区，烟台市莱山区，潍坊市滨海经济开发区，济宁市任城区、高新技术开发区、太白湖新区，泰安市东平县，临沂市莒南县，聊城市东阿县，黄河三角洲保护区；
湖北：荆门市东宝区；
湖南：益阳市资阳区；
四川：甘孜藏族自治州新龙县；
新疆：喀什地区英吉沙县、麦盖提县。

发生面积 35857 亩

危害指数 0.3375

• 元宝枫细蛾 *Caloptilia dentata* Liu et Yuan

寄　　主 色木槭，元宝槭。

分布范围　北京、天津、辽宁、江苏、山东、四川。
发生地点　北京：丰台区；
江苏：苏州市吴江区；
山东：济宁市曲阜市；
四川：巴中市恩阳区。

• **枫丽细蛾 *Caloptilia recitata*（Meyrick）**
寄　　主　色木槭。
分布范围　山东。

• **檫角丽细蛾 *Caloptilia sassafrasicola* Liu et Yuan**
中文异名　檫角花细蛾
寄　　主　檫木。
分布范围　江苏、浙江、安徽、福建、四川。

• **茶丽细蛾 *Caloptilia theivora*（Walsingham）**
寄　　主　山茶，油茶，木荷。
分布范围　浙江、福建、江西、湖南。
发生地点　福建：莆田市仙游县；
江西：萍乡市上栗县、芦溪县；
湖南：岳阳市平江县。

• **榆丽细蛾 *Caloptilia ulmi* Kumata**
寄　　主　榆树。
分布范围　山东。
发生地点　山东：聊城市东阿县。

• **刺槐突瓣细蛾 *Chrysaster ostensackenella*（Fitch）**
寄　　主　刺槐，红花刺槐，毛刺槐，槐树。
分布范围　天津、辽宁、山东。
发生地点　山东：济南市章丘市，青岛市黄岛区，东营市东营区、利津县，烟台市福山区、牟平区、莱山区、长岛县、龙口市、莱阳市、莱州市、蓬莱市、招远市、海阳市、经济技术开发区，潍坊市坊子区、临朐县、青州市、昌邑市、滨海经济开发区，济宁市曲阜市，泰安市泰山区、岱岳区、新泰市、肥城市、泰山林场、徂徕山林场，威海市环翠区，日照市东港区、莒县，莱芜市莱城区，临沂市沂水县，黄河三角洲保护区。
发生面积　46827 亩
危害指数　0.3504

• **爻纹细蛾 *Conopomorpha sinensis* Bradley**
中文异名　荔枝细蛾、荔枝蒂蛀虫
寄　　主　龙眼，荔枝，青梅。

分布范围　福建、广东、云南。
发生地点　福建：漳州市芗城区、龙文区、诏安县；
　　　　　广东：深圳市光明新区，珠海市香洲区；
　　　　　云南：西双版纳傣族自治州景洪市。
发生面积　14511 亩
危害指数　0.5151

• **肉桂突细蛾** ***Gibbovalva quadrifasciata*** **(Stainton)**

中文异名　樟细蛾
拉丁异名　*Acyocercops ordinatella* Meyrick
寄　　主　麻栎，猴樟，樟树，肉桂，天竺桂，桉树，女贞，木犀。
分布范围　上海、江苏、安徽、福建、江西、广东、广西、重庆、四川。
发生地点　上海：宝山区、浦东新区、金山区、松江区、奉贤区；
　　　　　江苏：常州市武进区，苏州市高新技术开发区、昆山市、太仓市，宿迁市沭阳县；
　　　　　安徽：合肥市庐阳区、包河区，芜湖市芜湖县，池州市贵池区；
　　　　　福建：厦门市翔安区，莆田市涵江区、仙游县，泉州市安溪县，龙岩市经济技术开发区；
　　　　　广东：肇庆市德庆县，清远市连山壮族瑶族自治县，云浮市云安区、罗定市、云浮市属林场；
　　　　　广西：桂林市灌阳县。
　　　　　四川：绵阳市梓潼县。
发生面积　13759 亩
危害指数　0.3350

• **柑橘潜叶蛾** ***Phyllocnistis citrella*** **Stainton**

中文异名　柚潜叶蛾
寄　　主　山杨，山柚子，含笑花，猴樟，樟树，红润楠，野香橼花，文旦柚，柑橘，橙，柠檬，金橘，枳，盐肤木，枳椇，油茶，合果木，女贞，柚木。
分布范围　华东、中南，重庆、四川、贵州、陕西。
发生地点　上海：浦东新区；
　　　　　江苏：苏州市昆山市、太仓市，盐城市东台市；
　　　　　浙江：杭州市桐庐县，宁波市象山县，温州市洞头区，嘉兴市秀洲区，金华市浦江县，舟山市定海区；
　　　　　福建：泉州市永春县，漳州市芗城区、平和县，龙岩市上杭县；
　　　　　江西：南昌市南昌县，萍乡市湘东区、莲花县，新余市分宜县，赣州市宁都县、于都县、石城县，吉安市峡江县、新干县、永新县，抚州市东乡县，上饶市德兴市，鄱阳县；
　　　　　湖北：武汉市新洲区，荆州市沙市区、荆州区、监利县、江陵县，黄冈市龙感湖，恩施土家族苗族自治州宣恩县，太子山林场；
　　　　　湖南：株洲市石峰区、天元区，湘潭市韶山市，衡阳市衡南县、常宁市，邵阳市大祥区、北塔区、隆回县，岳阳市云溪区、华容县，常德市汉寿县，益阳市沅江市，郴州市桂阳县、嘉禾县，永州市道县、江永县、回龙圩管理区，怀化市沅陵县、麻阳苗族自治县，湘西土家族苗族自治州凤凰县；

广东：广州市花都区，韶关市仁化县，肇庆市德庆县，汕尾市属林场，云浮市云安区；

广西：柳州市融水苗族自治县，防城港市上思县，百色市靖西市，贺州市八步区、昭平县，河池市罗城仫佬族自治县；

海南：海口市龙华区；

重庆：涪陵区、大渡口区、江北区、九龙坡区、南岸区、黔江区、长寿区、江津区、合川区、永川区、南川区、璧山区、铜梁区、荣昌区、万盛经济技术开发区，梁平区、丰都县、垫江县、忠县、开县、云阳县、奉节县、巫溪县、秀山土家族苗族自治县、酉阳土家族苗族自治县、彭水苗族土家族自治县；

四川：自贡市贡井区、大安区、沿滩区、荣县，遂宁市船山区，眉山市丹棱县，广安市武胜县，资阳市安岳县；

贵州：铜仁市石阡县、德江县；

陕西：汉中市汉台区、西乡县、镇巴县，韩城市。

发生面积　133291 亩

危害指数　0.4101

• 杨银叶潜蛾 *Phyllocnistis saligna*（Zeller）

中文异名　杨银潜蛾

寄　　主　北京杨，中东杨，青杨，山杨，黑杨，小青杨，小叶杨，旱柳，枫杨，红淡比。

分布范围　华北、东北，江苏、安徽、江西、山东、河南、湖南、重庆、贵州、甘肃、青海。

发生地点　北京：房山区、通州区、顺义区；

河北：唐山市乐亭县，邢台市邢台县、平乡县、临西县，保定市唐县，沧州市沧县、吴桥县、河间市，廊坊市固安县、永清县、香河县、文安县、三河市，衡水市桃城区、枣强县；

内蒙古：鄂尔多斯市乌审旗，乌兰察布市四子王旗；

江苏：苏州市高新技术开发区、太仓市；

安徽：合肥市庐阳区、包河区，亳州市蒙城县；

山东：济南市平阴县、商河县，烟台市莱山区，潍坊市坊子区、昌乐县、昌邑市，济宁市任城区、兖州区、鱼台县、金乡县、梁山县、曲阜市、高新技术开发区、太白湖新区，泰安市新泰市，莱芜市钢城区，德州市齐河县、武城县，聊城市阳谷县、莘县、东阿县，菏泽市牡丹区、定陶区、巨野县、郓城县；

河南：安阳市北关区、殷都区、安阳县，新乡市获嘉县，焦作市修武县、武陟县、温县，南阳市南召县，滑县；

湖南：株洲市芦淞区、云龙示范区，岳阳市华容县，常德市汉寿县，益阳市资阳区、沅江市；

重庆：丰都县；

甘肃：嘉峪关市；

青海：西宁市湟源县。
发生面积　74632 亩
危害指数　0. 3518

• **柳小潜细蛾 *Phyllonorycter pastorella* (Zeller)**
中文异名　柳细蛾
寄　　主　柳杉，山杨，小青杨，垂柳，旱柳，绦柳，山柳，榆树，石楠，楞叶槭，栾树，水曲柳。
分布范围　西北，北京、天津、河北、上海、江苏、安徽、福建、山东、河南、湖南、四川。
发生地点　北京：石景山区；
河北：唐山市乐亭县；
上海：闵行区、浦东新区、奉贤区，崇明县；
江苏：苏州市高新技术开发区，宿迁市宿城区、宿豫区；
安徽：合肥市庐阳区、包河区；
福建：厦门市集美区；
山东：潍坊市坊子区、高新技术开发区，济宁市任城区、嘉祥县、汶上县、曲阜市、高新技术开发区、太白湖新区，聊城市阳谷县、东阿县、临清市、经济技术开发区、高新技术产业开发区；
河南：许昌市长葛市；
湖南：岳阳市君山区；
四川：甘孜藏族自治州甘孜县、色达县；
陕西：咸阳市秦都区，渭南市华州区；
甘肃：白银市靖远县，酒泉市肃州区、玉门市；
新疆：吐鲁番市高昌区、鄯善县，喀什地区麦盖提县。
发生面积　4199 亩
危害指数　0. 3525

• **白杨小潜细蛾 *Phyllonorycter populiella* (Chambers)**
寄　　主　银白杨，新疆杨，北京杨，山杨，小青杨，小叶杨，黑杨，毛白杨，健杨，垂柳，旱柳，馒头柳。
分布范围　北京、天津、河北、上海、山东、河南。
发生地点　北京：石景山区、顺义区；
上海：浦东新区；
山东：济南市平阴县，济宁市任城区、金乡县、嘉祥县、济宁高新技术开发区、太白湖新区，聊城市东阿县、冠县，黄河三角洲保护区。
发生面积　7716 亩
危害指数　0. 3333

• **杨细蛾 *Phyllonorycter populifoliella* (Trietschke)**
寄　　主　新疆杨，山杨，苦杨，箭杆杨，榆树。
分布范围　山东、河南、甘肃、新疆。

发生地点　山东：潍坊市坊子区、滨海经济开发区，莱芜市钢城区，聊城经济技术开发区、高新技术产业开发区；

新疆：吐鲁番市高昌区、鄯善县，哈密市伊吾县，博尔塔拉蒙古自治州博乐市，克孜勒苏柯尔克孜自治州阿图什市，阿勒泰地区富蕴县、福海县、青河县。

发生面积　12924 亩

危害指数　0.3869

• 金纹小潜细蛾 *Phyllonorycter ringoniella* (Matsumura)

中文异名　金纹细蛾、苹果细蛾

寄　　主　山杨，锥栗，板栗，樟树，桃，杏，樱桃，山楂，西府海棠，苹果，海棠花，李，梨，枣树，秋海棠，野海棠。

分布范围　西北，北京、天津、河北、辽宁、江苏、福建、江西、山东、河南、广东、贵州。

发生地点　北京：房山区、顺义区、昌平区；

河北：石家庄市藁城区、正定县、新乐市，唐山市古冶区、丰润区、乐亭县、玉田县，邢台市隆尧县、任县，保定市定兴县、唐县，沧州市吴桥县、献县、河间市，衡水市桃城区、枣强县、武邑县、安平县、冀州市，辛集市；

江苏：宿迁市泗洪县；

福建：南平市松溪县；

山东：东营市河口区，济宁市任城区、曲阜市、高新技术开发区、太白湖新区，泰安市岱岳区、新泰市，莱芜市莱城区，聊城市阳谷县、莘县、东阿县，滨州市惠民县，菏泽市牡丹区，黄河三角洲保护区；

河南：安阳市林州市，焦作市修武县，濮阳市南乐县；

陕西：宝鸡市扶风县，咸阳市泾阳县、乾县、彬县；

甘肃：白银市靖远县，庆阳市西峰区、正宁县；

宁夏：银川市灵武市，石嘴山市大武口区；

新疆：和田地区和田县；

新疆生产建设兵团：农一师 10 团。

发生面积　74304 亩

危害指数　0.4335

• 梨潜皮细蛾 *Spulerina astaurota* (Meyrick)

寄　　主　苹果，李，白梨。

分布范围　河北、天津、河北、山西、辽宁、江苏、山东、河南、陕西。

发生地点　河北：衡水市安平县。

危害指数　0.3333

巢蛾科 Yponomeutidae

• 白头松巢蛾 *Cedestis gysseleniella* (Zeller)

寄　　主　油松。

分布范围　山西。
发生地点　山西：大同市阳高县。
发生面积　300 亩
危害指数　0.3333

- **油松巢蛾 *Ocnerostoma piniariellum* Zeller**

寄　　主　马尾松，油松。
分布范围　山西、安徽、山东、陕西。
发生地点　山东：泰安市泰山林场。
发生面积　4000 亩
危害指数　0.3333

- **水曲柳巢蛾 *Prays alpha* Moriuti**

寄　　主　核桃楸，水曲柳，花曲柳。
分布范围　黑龙江。
发生地点　黑龙江：齐齐哈尔市克东县、齐齐哈尔市直属林场，佳木斯市郊区。
发生面积　695 亩
危害指数　0.3333

- **淡腹巢蛾 *Swammerdamia pyrella* (Villers)**

寄　　主　樱桃，山楂，苹果，李，梨。
分布范围　河北、山东、河南、陕西。
发生地点　河北：张家口市怀来县；
　　　　　山东：泰安市泰山林场。

- **青冈栎小白巢蛾 *Thecobathra anas* (Stringer)**

寄　　主　柞木，青冈。
分布范围　安徽、江西、湖北、湖南、四川、陕西。

- **枫香小白巢蛾 *Thecobathra lambda* (Moriuti)**

寄　　主　枫香。
分布范围　浙江、福建、江西、湖南、四川。
发生地点　福建：福州国家森林公园；
　　　　　湖南：岳阳市岳阳县。
发生面积　410 亩
危害指数　0.4146

- **东方巢蛾 *Yponomeuta anatolica* Stringer**

寄　　主　箭杆杨。
分布范围　新疆。

- **稠李巢蛾 *Yponomeuta evonymella* (Linnaeus)**

寄　　主　杨，樱桃，山荆子，苹果，稠李，李，盐肤木。

分布范围　东北，天津、河北、内蒙古、江苏、河南、湖北、四川、陕西、宁夏。
发生地点　河北：沧州市吴桥县、河间市；
内蒙古：赤峰市克什克腾旗，通辽市科尔沁左翼后旗，呼伦贝尔市海拉尔区；
辽宁：抚顺市抚顺县、新宾满族自治县；
黑龙江：哈尔滨市五常市，佳木斯市郊区，黑河市逊克县；
江苏：南京市玄武区；
河南：郑州市中牟县；
四川：遂宁市船山区；
陕西：咸阳市永寿县；
宁夏：固原市彭阳县；
黑龙江森林工业总局：朗乡林业局，带岭林业局；
大兴安岭林业集团公司：呼中林业局、西林吉林业局；
内蒙古大兴安岭林业管理局：绰源林业局、乌尔旗汉林业局、库都尔林业局、图里河林业局、伊图里河林业局、克一河林业局、甘河林业局、吉文林业局、根河林业局、金河林业局、阿龙山林业局、满归林业局、得耳布尔林业局、莫尔道嘎林业局、毕拉河林业局、额尔古纳保护区。
发生面积　69502 亩
危害指数　0. 5570

• **冬青卫矛巢蛾 *Yponomeuta griseatus* Moriuti**
寄　　主　长叶黄杨，冬青。
分布范围　上海、浙江、安徽、江西、山东、山东、重庆、陕西。

• **瘤枝卫矛巢蛾 *Yponomeuta kanaiella* Matsumura**
寄　　主　栎，卫矛，冬青卫矛。
分布范围　北京、河北、吉林、黑龙江、浙江、山东、河南、陕西。

• **苹果巢蛾 *Yponomeuta padella* (Linnaeus)**
中文异名　苹果巢虫、苹果黑点巢蛾
寄　　主　柳树，核桃，枫杨，桃，杏，樱桃，山楂，山荆子，西府海棠，苹果，新疆野苹果，李，稠李，梨，蔷薇，红果树。
分布范围　华北、东北、西北，上海、江苏、安徽、山东、河南、湖北、四川。
发生地点　北京：石景山区；
河北：邢台市沙河市，张家口市沽源县、怀安县，衡水市桃城区，定州市；
山西：大同市阳高县，忻州市河曲县；
内蒙古：鄂尔多斯市准格尔旗，乌兰察布市兴和县；
黑龙江：佳木斯市郊区；
江苏：南京市玄武区，盐城市响水县；
山东：菏泽市牡丹区、单县；
河南：商丘市虞城县；
四川：遂宁市射洪县；

陕西：商洛市丹凤县；
甘肃：平凉市庄浪县；
新疆：乌鲁木齐市高新区、达坂城区，塔城地区额敏县、沙湾县、托里县；
黑龙江森林工业总局：朗乡林业局、南岔林业局；
新疆生产建设兵团：农四师 71 团。
发生面积　15980 亩
危害指数　0. 4278

• 卫矛巢蛾 *Yponomeuta polystigmella* Felder
寄　　主　栎，苹果，花椒，卫矛，冬青卫矛。
分布范围　东北，河北、内蒙古、上海、江苏、江西、山东、河南、湖北、湖南、四川、陕西、甘肃。
发生地点　江苏：苏州市太仓市。

• 东京巢蛾 *Yponomeuta tokyonella* Matsumura
寄　　主　冬青卫矛。
分布范围　东北，北京、天津、河北、上海、江苏、安徽、江西、山东、河南、宁夏、陕西。

银蛾科 Argyresthiidae

• 侧柏金银蛾 *Argyresthia sabinae* Moriuli
中文异名　侧柏种子银蛾
寄　　主　柏木，侧柏，圆柏。
分布范围　河北、山东、四川、甘肃。
发生地点　河北：邯郸市涉县；
四川：遂宁市蓬溪县，巴中市通江县；
甘肃：定西市安定区、陇西县，临夏回族自治州康乐县，甘南藏族自治州合作市，白龙江林业管理局。
发生面积　22419 亩
危害指数　0. 3543

菜蛾科 Plutellidae

• 小菜蛾 *Plutella xylostella* (Linnaeus)
拉丁异名　*Plutella maculipennis* Curtis
寄　　主　构树，茶，柑橘。
分布范围　北京、河北、江苏、福建、河南、四川。
发生地点　北京：顺义区；
江苏：无锡市惠山区，镇江市句容市；
福建：泉州市永春县；
四川：自贡市贡井区。

发生面积　405 亩

危害指数　0.3342

雕蛾科 Glyphipterigidae

• **白钩雕蛾 *Glyphipterix semiflavana* Issiki**

寄　　主　毛竹，毛金竹，红哺鸡竹。

分布范围　河北、辽宁、吉林、浙江、河南、湖南。

举肢蛾科 Heliodinidae

• **核桃举肢蛾 *Atrijuglans hetaohei* Yang**

中文异名　核桃展足蛾

寄　　主　山核桃，粗皮山核桃，野核桃，核桃楸，核桃，桃，紫薇。

分布范围　西南，北京、河北、山西、山东、河南、湖北、陕西、甘肃。

发生地点　北京：顺义区；

河北：石家庄市鹿泉区、栾城区、井陉县、行唐县、灵寿县、高邑县、赞皇县、平山县，唐山市开平区、丰润区、迁西县、玉田县，秦皇岛市卢龙县，邯郸市涉县、武安市，邢台市邢台县、临城县、内丘县、平乡县，保定市涞水县、阜平县，雾灵山保护区；

山西：大同市灵丘县，阳泉市平定县、盂县，长治市黎城县，晋城市沁水县、阳城县、陵川县、泽州县，晋中市榆社县、左权县、和顺县、昔阳县、寿阳县，运城市绛县、永济市，忻州市原平市，临汾市尧都区、古县、浮山县、永和县，吕梁市孝义市、汾阳市；

山东：济南市历城区、章丘市，青岛市即墨市、莱西市，泰安市新泰市、泰山林场，莱芜市钢城区，聊城市阳谷县；

河南：焦作市修武县、博爱县，许昌市许昌县，三门峡市卢氏县、灵宝市，南阳市南召县、西峡县，济源市；

湖北：十堰市郧西县，宜昌市长阳土家族自治县，襄阳市保康县，恩施土家族苗族自治州巴东县；

重庆：黔江区，城口县、巫山县；

四川：攀枝花市米易县，广元市青川县，遂宁市射洪县，达州市万源市，雅安市汉源县、石棉县，巴中市通江县，阿坝藏族羌族自治州九寨沟县、小金县，凉山彝族自治州昭觉县、越西县、甘洛县；

贵州：六盘水市水城县；

云南：昭通市大关县；

陕西：西安市长安区、蓝田县、周至县、户县，铜川市印台区、宜君县，宝鸡市渭滨区、金台区、陈仓区、高新区、凤翔县、扶风县、眉县、陇县、千阳县、麟游县、太白县，咸阳市泾阳县，渭南市华州区、潼关县、合阳县、富平县，延安市黄龙县，汉中市汉台区、南郑县、城固县、洋县、西乡县、宁强县、镇巴县、佛坪县，安康市汉阴县、宁陕县、旬阳县、白河县，商洛市商州区、洛南县、丹凤县、商南县、山阳县、镇安县、柞水县，韩城市，宁东林业局；

甘肃：天水市张家川回族自治县，平凉市华亭县，庆阳市正宁县，陇南市成县、文县、康县、西和县、礼县、徽县、两当县，甘南藏族自治州舟曲县。

发生面积 512773 亩

危害指数 0.4269

- **桃举肢蛾** ***Stathmopoda auriferella*** **(Walker)**

中文异名 桃展足蛾

寄　　主 桃，苹果，刺果茶藨子，葡萄。

分布范围 北京、江苏、山东、河南、贵州。

发生地点 江苏：淮安市清江浦区。

- **柿举肢蛾** ***Stathmopoda masinissa*** **Meyrick**

中文异名 柿展足蛾、柿蒂虫

寄　　主 中华猕猴桃，石榴，柿。

分布范围 北京、河北、山西、江苏、安徽、福建、山东、河南、湖北、重庆、陕西、甘肃。

发生地点 河北：石家庄市井陉县，保定市满城区、徐水区、涞水县、高阳县、顺平县；

山西：运城市永济市；

安徽：滁州市凤阳县，宿州市萧县；

山东：东营市东营区，莱芜市莱城区、钢城区；

河南：洛阳市宜阳县，平顶山市鲁山县，焦作市博爱县，南阳市内乡县，巩义市；

陕西：咸阳市泾阳县，渭南市华州区、潼关县、合阳县，商洛市丹凤县、商南县、柞水县；

甘肃：天水市清水县，甘南藏族自治州舟曲县。

发生面积 10986 亩

危害指数 0.3615

潜蛾科 Lyonetiidae

- **旋纹潜叶蛾** ***Leucoptera scitella*** **Zeller**

中文异名 旋纹纹潜蛾、旋纹潜蛾

寄　　主 板栗，槲栎，垂叶榕，观光木，猴樟，樟树，桃，樱桃，山楂，西府海棠，苹果，海棠花，李，红叶李，河北梨，沙梨，文旦柚，秋枫，黄杨，油茶，柿，女贞，木犀。

分布范围 华东，北京、河北、河南、广东、广西、四川。

发生地点 河北：石家庄市井陉县，唐山市滦南县、乐亭县、玉田县，邢台市临西县，衡水市桃城区、枣强县、安平县；

江苏：苏州市高新技术开发区，扬州市高邮市，泰州市海陵区；

安徽：六安市金寨县；

福建：南平市松溪县；

江西：九江市瑞昌市；
山东：聊城市阳谷县、东阿县；
河南：郑州市中牟县，三门峡市陕州区；
广东：云浮市属林场；
广西：桂林市永福县，高峰林场；
四川：阿坝藏族羌族自治州理县。

发生面积 6396 亩
危害指数 0.3333

● **杨白纹潜蛾** ***Leucoptera sinuella*** **Reutti**

中文异名 杨白潜蛾

拉丁异名 *Leucoptera susinella* Herrich-Schäffer

寄　　主 响叶杨，银白杨，新疆杨，北京杨，中东杨，青杨，山杨，二白杨，黑杨，箭杆杨，小青杨，毛白杨，健杨，垂柳，旱柳，桦木，苹果，槐树，红淡比。

分布范围 华北、东北、西北，上海、江苏、安徽、江西、山东、河南、湖北、湖南、重庆、四川、贵州。

发生地点 北京：石景山区、通州区、顺义区、大兴区；
河北：石家庄市鹿泉区、正定县、高邑县、新乐市，唐山市乐亭县、玉田县，秦皇岛市昌黎县，邯郸市馆陶县，邢台市邢台县、任县、广宗县、平乡县、临西县，保定市满城区、涞水县、唐县、顺平县，张家口市怀安县，承德市围场满族蒙古族自治县，沧州市吴桥县、河间市，廊坊市广阳区、固安县、永清县、香河县、霸州市，衡水市枣强县；
黑龙江：佳木斯市同江市、富锦市，绥化市望奎县；
上海：嘉定区、浦东新区；
江苏：徐州市丰县、沛县，盐城市东台市，扬州市经济技术开发区，泰州市兴化市、泰兴市，宿迁市宿城区、宿豫区、沭阳县、泗洪县；
安徽：淮北市濉溪县；
江西：赣州市石城县；
山东：济南市平阴县、济阳县、商河县，青岛市即墨市、莱西市，枣庄市台儿庄区，烟台市莱山区，潍坊市昌邑市，济宁市兖州区、鱼台县、金乡县、梁山县、曲阜市，日照市莒县，莱芜市钢城区，临沂市兰山区，德州市齐河县、平原县、武城县、禹城市，聊城市东昌府区、阳谷县、莘县、东阿县、冠县、经济技术开发区，菏泽市牡丹区、定陶区、曹县、成武县、巨野县、郓城县、鄄城县、东明县；
河南：郑州市管城回族区、中牟县、新密市、新郑市、登封市，开封市龙亭区、杞县、通许县，洛阳市嵩县、宜阳县，平顶山市湛河区、叶县、鲁山县、郏县，安阳市安阳县，鹤壁市鹤山区、山城区、淇滨区、浚县、淇县，新乡市凤泉区、新乡县、获嘉县、原阳县、卫辉市，焦作市修武县、博爱县、武陟县、温县、沁阳市、孟州市，濮阳市华龙区、濮阳经济开发区、清丰县、南乐县、范县、台前县、濮阳县，许昌市魏都区、许昌市经济技术开发区、许昌县、禹州市，漯河市舞阳县，三门峡市陕州区，南阳市卧龙区、淅川县，商丘市睢阳区、民权县、睢县、宁陵县、柘城县、虞城县、夏邑县，信阳市平桥区、淮滨县，周口市川汇区、扶沟县、西华县，驻马店市西平县、确山县、泌阳县，兰考县、滑县、长垣县、永城市；
湖北：武汉市洪山区，荆州市沙市区、荆州区、监利县、江陵县、石首市；
湖南：岳阳市君山区；
重庆：秀山土家族苗族自治县、酉阳土家族苗族自治县；
四川：阿坝藏族羌族自治州理县，甘孜藏族自治州炉霍县、甘孜县、色达县；
陕西：西安市户县，宝鸡市陇县，咸阳市武功县，商洛市商南县；
甘肃：白银市靖远县，张掖市甘州区、肃南裕固族自治县、民乐县、临泽县、高台县、山丹县，酒泉市肃州区；
青海：海东市民和回族土族自治县；
新疆：哈密市伊州区，喀什地区叶城县、麦盖提县，和田地区和田县、洛浦县；
内蒙古大兴安岭林业管理局：得耳布尔林业局、莫尔道嘎林业局。

发生面积　432014 亩

危害指数　0.4010

● **桃潜蛾 *Lyonetia clerkella* Linnaeus**

中文异名　桃潜叶蛾

寄　　主　山杨，黑杨，小叶杨，山核桃，薄壳山核桃，野核桃，核桃，青冈，猴樟，肉桂，扁桃，山桃，桃，碧桃，杏，樱桃，樱花，山楂，苹果，李，红叶李，巴旦杏，榆叶梅，梨，文旦柚，柑橘，秋枫，葡萄，茶，女贞。

分布范围　西北，北京、天津、河北、上海、江苏、江西、山东、河南、湖北、广西、四川、贵州。

发生地点　北京：丰台区、房山区、延庆区；
河北：石家庄市井陉县、新乐市，唐山市古冶区、滦南县、乐亭县、玉田县，秦皇岛市山海关区、北戴河区、卢龙县，邢台市邢台县、沙河市，保定市顺平县，张家口市怀来县，沧州市吴桥县、黄骅市、河间市，廊坊市霸州市，衡水市桃城区、武邑县；
上海：浦东新区、奉贤区；
江苏：无锡市宜兴市，常州市溧阳市，苏州市高新技术开发区、昆山市、太仓市，南通市海安县，盐城市东台市，扬州市广陵区、江都区，泰州市姜堰区，宿迁市宿城区、沭阳县、泗洪县；
江西：吉安市吉州区、峡江县；
山东：济宁市任城区、鱼台县、高新技术开发区、太白湖新区，泰安市泰山区、岱岳区、新泰市，威海市环翠区，日照市岚山区，莱芜市莱城区、钢城区，临沂市兰山区，聊城市东阿县、经济技术开发区、高新技术产业开发区，菏泽市牡丹区、定陶区、曹县、单县、成武县、郓城县，黄河三角洲保护区；
河南：鹤壁市淇滨区，三门峡市陕州区，南阳市卧龙区；
广西：贺州市昭平县；

四川：自贡市沿滩区，雅安市石棉县，巴中市通江县，阿坝藏族羌族自治州理县，凉山彝族自治州木里藏族自治县；
贵州：遵义市播州区、余庆县，铜仁市石阡县；
陕西：渭南市大荔县，商洛市丹凤县；
甘肃：兰州市西固区、安宁区、皋兰县，白银市靖远县，武威市凉州区，酒泉市敦煌市，庆阳市西峰区、宁县、镇原县；
宁夏：银川市灵武市，石嘴山市大武口区；
新疆：喀什地区疏勒县、叶城县、岳普湖县。

发生面积　86453 亩

危害指数　0.3646

• **银纹潜蛾 *Lyonetia prunifoliella* Hübner**

寄　　主　杨，樟树，肉桂，桃，西府海棠，苹果，海棠花，红叶李，梨，柑橘，油茶，巨尾桉。

分布范围　北京、河北、辽宁、福建、山东、广西、陕西、甘肃、宁夏。

发生地点　河北：唐山市乐亭县，衡水市武邑县；
山东：聊城市阳谷县，黄河三角洲保护区；
广西：南宁市横县，桂林市阳朔县，贵港市平南县，来宾市金秀瑶族自治县，维都林场、博白林场；
甘肃：白银市靖远县；
宁夏：银川市金凤区。

发生面积　5175 亩

危害指数　0.3398

祝蛾科 Lecithoceridae

• **一点落木蛾 *Epimactis monodoxa* Meyrick**

寄　　主　龙眼，荔枝，油茶。

分布范围　福建。

发生地点　福建：福州国家森林公园。

• **苹果祝蛾 *Scythropiodes leucosta*（Meyrick）**

寄　　主　苹果。

分布范围　山东。

• **梅绢祝蛾 *Scythropiodes issikii*（Takahashi）**

中文异名　梅祝蛾

寄　　主　柳树，板栗，榆树，桃，梅，杏，樱桃，山楂，苹果，李，梨，葡萄，油茶，小果油茶，柿，白蜡树，栀子。

分布范围　北京、河北、辽宁、江苏、福建、山东、陕西。

发生地点　北京：顺义区；
河北：唐山市乐亭县；

江苏：南京市浦口区；
福建：福州国家森林公园。

• **三角绢祝蛾 *Scythropiodes triangulus* Park et Wu**
寄　　主　柑橘，龙眼，荔枝，茶。
分布范围　福建、江西、广东、广西、海南、四川、陕西。

列蛾科 Autostichidae

• **和列蛾 *Autosticha modicella* (Christoph)**
寄　　主　山杨，榆树，核桃。
分布范围　北京、天津、内蒙古、黑龙江、江西、河南、四川、贵州、陕西、宁夏。
发生地点　北京：顺义区；
宁夏：银川市永宁县。
发生面积　3 亩
危害指数　0.3333

织蛾科 Oecophoridae

• **油茶织蛾 *Casmara patrona* Meyrick**
中文异名　油茶蛀蛾、茶枝镰蛾、茶枝蛀蛾
寄　　主　山茶，油茶，茶。
分布范围　浙江、安徽、福建、江西、湖北、湖南、广东、广西、贵州。
发生地点　浙江：衢州市常山县，丽水市松阳县；
福建：三明市尤溪县、将乐县，龙岩市长汀县、上杭县；
江西：萍乡市湘东区、莲花县、上栗县、芦溪县，赣州市信丰县、定南县、宁都县、兴国县、会昌县，吉安市青原区、新干县，宜春市奉新县、樟树市，抚州市崇仁县、东乡县，丰城市、安福县；
湖南：长沙市浏阳市，株洲市醴陵市，衡阳市衡阳县、衡南县、衡东县、祁东县、耒阳市、常宁市，邵阳市大祥区、北塔区、绥宁县，岳阳市岳阳县，常德市鼎城区，益阳市资阳区，郴州市桂阳县，永州市零陵区、祁阳县、东安县、双牌县、宁远县；
广东：韶关市浈江区、南雄市，肇庆市怀集县，清远市连州市，云浮市云安区、郁南县、罗定市；
广西：柳州市融安县、融水苗族自治县、三江侗族自治县。
发生面积　61190 亩
危害指数　0.3479

• **榆织叶蛾 *Cheimophila salicella* Hübner**
中文异名　榆织蛾
寄　　主　榆树。

分布范围　内蒙古、辽宁、吉林、山东、新疆。
发生地点　山东：莱芜市钢城区。

• **小袋隐织蛾 *Cryptolechia microbyrsa* Wang**
寄　　主　旱柳，榆树，日本樱花，槐树，长叶黄杨。
分布范围　安徽、山东、河南、海南、陕西。
发生地点　安徽：滁州市定远县。

• **茶木蛾 *Linoclostis gonatias* Meyrick**
寄　　主　板栗，锥栗，八角，阴香，肉桂，橄榄，荔枝，油茶，茶，土沉香，巨尾桉，木犀。
分布范围　浙江、湖南、广东、广西、陕西。
发生地点　湖南：衡阳市常宁市；
广西：桂林市阳朔县、荔浦县，梧州市龙圩区，防城港市防城区、东兴市，贵港市桂平市，玉林市北流市，河池市凤山县、东兰县、巴马瑶族自治县、大化瑶族自治县、宜州区，三门江林场、六万林场；
陕西：太白林业局。
发生面积　17691 亩
危害指数　0. 4834

• **中华新木蛾 *Neospastis sinensis* Bradley**
寄　　主　油茶。
分布范围　福建。
发生地点　福建：厦门市同安区，莆田市涵江区，福州国家森林公园。

• **椰子织蛾 *Opisina arenosella* Walker**
中文异名　椰子黑头履带虫、椰蛀蛾
寄　　主　椰子，贝叶棕，蒲葵，刺葵，王棕，棕榈，丝葵。
分布范围　福建、广东、广西、海南。
发生地点　福建：厦门市同安区；
广东：广州市天河区、黄埔区、番禺区、从化区，深圳市福田区、南山区、光明新区、龙华新区，江门市开平市，顺德区；
海南：海口市秀英区、琼山区、美兰区，三亚市海棠区、吉阳区、天涯区、育才生态区，儋州市，五指山市、琼海市、文昌市、万宁市、屯昌县、澄迈县、白沙黎族自治县、乐东黎族自治县、陵水黎族自治县、保亭黎族苗族自治县。
发生面积　17386 亩
危害指数　0. 3721

• **乌桕木蛾 *Odites xenophaea* Meyrick**
寄　　主　板栗，麻栎，樟树，山乌桕，乌桕，梧桐，水曲柳。
分布范围　浙江、福建、湖南、广西、四川。
发生地点　湖南：邵阳市武冈市。
发生面积　300 亩

危害指数　0. 3333

• **竹红展足蛾 *Oedematopoda semirubra* Meyrick**

寄　　主　油茶。

分布范围　江西。

• **密齿锦织蛾 *Promalactis densidentalis* Wang et Li**

寄　　主　柳树。

分布范围　江西、陕西。

• **白线锦织蛾 *Promalactis enopisema* (Butler)**

寄　　主　苹果。

分布范围　北京、江西、湖南。

• **点线锦织蛾 *Promalactis suzukiella* (Matsumura)**

中文异名　点线织蛾

寄　　主　板栗，海桐，杏。

分布范围　华东、中南，北京、天津、河北、四川、贵州、西藏、陕西、甘肃。

发生地点　江苏：扬州市经济技术开发区；

　　　　　湖北：黄冈市罗田县。

• **肉桂木蛾 *Thymiatris loureiriicola* Liu**

寄　　主　猴樟，樟树，肉桂。

分布范围　上海、浙江、福建、江西。

发生地点　上海：金山区，崇明县；

　　　　　浙江：宁波市鄞州区。

发生面积　758 亩

危害指数　0. 3342

小潜蛾科 Elachistidae

• **多异宽蛾 *Agonopterix multiplicella* (Erschoff)**

寄　　主　柳树。

分布范围　华北、西南，辽宁、山东、河南、湖北、广西、陕西、甘肃、宁夏。

发生地点　宁夏：银川市永宁县。

• **梨瘿华蛾 *Blastodacna pyrigalla* (Yang)**

中文异名　梨瘤蛾、梨伪瘤蛾

寄　　主　秋子梨，重阳木，秋枫，洋蒲桃。

分布范围　华东，北京、河北、山西、辽宁、河南、湖北、广东、广西、陕西。

发生地点　河北：沧州市盐山县，衡水市桃城区；

　　　　　广东：肇庆市高要区，汕尾市陆河县，中山市，云浮市新兴县；

　　　　　陕西：榆林市子洲县。

发生面积　361 亩
危害指数　0.4820

鞘蛾科 Coleophoridae

• 兴安落叶松鞘蛾 *Coleophora obducta*（Meyrick）

中文异名　落叶松鞘蛾
寄　　主　落叶松，日本落叶松，华北落叶松，马尾松。
分布范围　华北、东北，湖北、广西、甘肃、宁夏、新疆。
发生地点　河北：张家口市崇礼区、尚义县、赤城县，木兰林管局、小五台自然保护区；
山西：黑茶山国有林管理局；
内蒙古：呼和浩特市新城区、土默特左旗，呼伦贝尔市牙克石市、免渡河林业局、乌奴耳林业局；
辽宁：抚顺市东洲区、顺城区、抚顺县、新宾满族自治县、清原满族自治县，本溪市桓仁满族自治县；
吉林：长春市双阳区、净月经济开发区，吉林市船营区、舒兰市；
黑龙江：哈尔滨市阿城区、五常市、宾县、巴彦县、延寿县，齐齐哈尔市克东县，七台河市金沙新区、七台河市直属林场，牡丹江市宁安市、牡丹江市直属林场，绥化市庆安县、绥棱县，伊春市西林区、嘉荫县、铁力市，佳木斯市桦川县，黑河市爱辉区；
广西：南宁市横县；
甘肃：定西市临洮县，临夏回族自治州临夏县、康乐县、积石山保安族东乡族撒拉族自治县，甘南藏族自治州卓尼县，太子山保护区；
新疆：阿尔泰山国有林管理局；
黑龙江森林工业总局：铁力林业局、桃山林业局、朗乡林业局、南岔林业局、金山屯林业局、美溪林业局、乌马河林业局、翠峦林业局、红星林业局、汤旺河林业局、西林区，亚布力林业局、山河屯林业局，鹤北林业局，大海林林业局、东京城林业局、绥阳林业局、海林林业局、林口林业局、八面通林业局，双鸭山林业局；
大兴安岭林业集团公司：呼中林业局；
内蒙古大兴安岭林业管理局：阿尔山林业局、绰尔林业局、绰源林业局、乌尔旗汉林业局、库都尔林业局、伊图里河林业局、克一河林业局、甘河林业局、吉文林业局、满归林业局、得耳布尔林业局、莫尔道嘎林业局、毕拉河林业局、额尔古纳保护区。
发生面积　1265102 亩
危害指数　0.4205

• 新疆落叶松鞘蛾 *Coleophora sibiricella* Falkovitsh

中文异名　西伯利亚落叶松鞘蛾
寄　　主　新疆落叶松。

分布范围　新疆。

发生地点　新疆：阿尔泰山国有林管理局。

发生面积　1380 亩

危害指数　0.3333

• **华北落叶松鞘蛾 *Coleophora sinensis* Yang**

寄　　主　日本落叶松，华北落叶松，云杉，樟子松。

分布范围　华北，河南、甘肃。

发生地点　北京：密云区；

河北：承德市平泉县、围场满族蒙古族自治县，塞罕坝林场；

山西：朔州市朔城区、应县，管涔山国有林管理局、五台山国有林管理局、关帝山国有林管理局、太岳山国有林管理局；

内蒙古：呼和浩特市和林格尔县，赤峰市宁城县，乌兰察布市卓资县、兴和县、丰镇市；

河南：洛阳市栾川县、嵩县，三门峡市卢氏县；

甘肃：定西市渭源县。

发生面积　321634 亩

危害指数　0.4896

绢蛾科 Scythrididae

• **四点绢蛾 *Scythris sinensis* Felder et（Rogenhofer）**

中文异名　中华绢蛾

寄　　主　长叶黄杨，黄栌。

分布范围　北京、山东、四川。

发生地点　北京：顺义区、密云区；

山东：泰安市东平县；

四川：内江市隆昌县。

尖蛾科 Cosmopterigidae

• **毛竹尖蛾 *Cosmopterix phyllostachysea* Kuroko**

寄　　主　毛竹。

分布范围　江苏、浙江。

发生地点　江苏：苏州市太仓市。

• **茶梢尖蛾 *Haplochrois theae*（Kusnetzov）**

寄　　主　山茶，油茶，茶。

分布范围　华东，湖南、广东、广西、四川、贵州、云南。

发生地点　福建：三明市尤溪县，龙岩市新罗区；

江西：萍乡市湘东区、上栗县、芦溪县，九江市瑞昌市；

湖南：永州市零陵区、宁远县、蓝山县。
发生面积　1762 亩
危害指数　0. 3333

• **杉木球果尖蛾 *Macrobathra flavidus* Qian et Liu**
寄　　主　杉木。
分布范围　福建、广东、陕西。

• **白缘星尖蛾 *Pancalia amurella* Gaedike**
寄　　主　月季。
分布范围　北京。
发生地点　北京：顺义区。

麦蛾科 Gelechiidae

• **柽柳谷蛾 *Amblypalpis tamaricella* Danilevsky**
寄　　主　柽柳。
分布范围　新疆。
发生地点　新疆生产建设兵团：农二师 29 团。
发生面积　3066 亩
危害指数　0. 3333

• **山杨麦蛾 *Anacampsis populella*（Clerck）**
中文异名　杨背麦蛾
寄　　主　山杨，黑杨，钻天杨，箭杆杨，毛白杨，柳树，黄花柳。
分布范围　华北、西北，吉林、黑龙江。
发生地点　河北：张家口市沽源县；
内蒙古：乌兰察布市兴和县、四子王旗；
吉林：松原市前郭尔罗斯蒙古族自治县；
甘肃：白水江自然保护区；
新疆生产建设兵团：农四师 68 团。
发生面积　16718 亩
危害指数　0. 3333

• **大黄柳麦蛾 *Anacampsis temerella*（Lienig et Zeller）**
寄　　主　垂柳。
分布范围　福建。
发生地点　福建：南平市松溪县。

• **锦鸡儿条麦蛾 *Anarsia caragana* Yang et Li**
寄　　主　锦鸡儿。
分布范围　宁夏。

• **桃条麦蛾** ***Anarsia lineatella*** **Zeller**

寄　　主　核桃，桃，杏，樱桃，苹果，李，新疆梨，栓皮栎，沙枣，沙棘。

分布范围　河北、山东、陕西、甘肃、新疆。

发生地点　河北：沧州市河间市；

山东：莱芜市钢城区；

新疆：克拉玛依市克拉玛依区、乌尔禾区，吐鲁番市高昌区、鄯善县、托克逊县，哈密市伊州区、伊吾县，巴音郭楞蒙古自治州库尔勒市、轮台县，克孜勒苏柯尔克孜自治州阿图什市，喀什地区疏勒县、英吉沙县、麦盖提县、岳普湖县，和田地区和田县，塔城地区沙湾县，阿勒泰地区青河县；

新疆生产建设兵团：农七师 130 团。

发生面积　18553 亩

危害指数　0. 6345

• **国槐林麦蛾** ***Dendrophilia sophora*** **Li et Zheng**

寄　　主　槐树。

分布范围　山东、陕西、甘肃。

发生地点　山东：济南市商河县，莱芜市钢城区，聊城市东阿县。

• **山楂棕麦蛾** ***Dichomeris derasella*** **(Denis et Schiffermüller)**

寄　　主　桃，樱桃，黑刺李，山楂，悬钩子。

分布范围　北京、浙江、河南、陕西、青海、宁夏。

发生地点　北京：顺义区。

• **黑缘棕麦蛾** ***Dichomeris obsepta*** **Meyrick**

寄　　主　油茶，小果油茶，木荷。

分布范围　江苏、安徽、福建、江西、河南、湖北。

发生地点　福建：莆田市仙游县，福州国家森林公园。

发生面积　386 亩

危害指数　0. 3333

• **栎棕麦蛾** ***Dichomeris quercicola*** **Meyrick**

寄　　主　栎。

分布范围　北京、安徽、江西、河南、湖南、陕西、甘肃。

发生地点　北京：顺义区。

• **异脉筛麦蛾** ***Ethmiopsis prosectrix*** **Meyrick**

寄　　主　臭椿。

分布范围　北京、上海、浙江、山东、陕西。

发生地点　北京：顺义区。

• **柳麦蛾** ***Gelechia atrofusca*** **Omelko**

寄　　主　黑杨，旱柳，沙棘。

分布范围　山东、河南、陕西、青海、宁夏。
发生地点　河南：南阳市淅川县；
　　　　　青海：西宁市城东区、城中区、城西区、城北区，海南藏族自治州共和县、兴海县，海西蒙古族藏族自治州乌兰县。
发生面积　19098 亩
危害指数　0.3682

• **杨树麦蛾** ***Gelechia turpella*** **(Denis et Schiffermüller)**
寄　　主　银白杨，北京杨，银灰杨，山杨，苦杨，黑杨，钻天杨。
分布范围　广东、新疆。

• **刺槐荚麦蛾** ***Mesophleps sublutiana*** **(Park)**
中文异名　刺槐种子麦蛾
寄　　主　刺槐。
分布范围　河北、山西、江苏、浙江、安徽、山东、河南、湖北、贵州、陕西。
发生地点　陕西：商洛市商州区。
发生面积　4830 亩
危害指数　0.8827

• **麦蛾** ***Sitotroga cerealella*** **(Olivier)**
寄　　主　山杨，桃，杏，苹果，李，枣树。
分布范围　北京、黑龙江、山东、陕西、宁夏。
发生地点　山东：威海市环翠区，临沂市蒙阴县；
　　　　　陕西：咸阳市彬县；
　　　　　宁夏：银川市兴庆区、西夏区，石嘴山市大武口区。
发生面积　718 亩
危害指数　0.3721

• **黑星麦蛾** ***Telphusa chloroderces*** **Meyrick**
寄　　主　杨梅，桃，碧桃，杏，樱桃，苹果，海棠花，石楠，李，红叶李，梨。
分布范围　北京、天津、河北、黑龙江、浙江、山东、河南。
发生地点　北京：顺义区；
　　　　　河北：石家庄市井陉县、晋州市，唐山市乐亭县，保定市唐县、博野县，衡水市桃城区、武邑县、安平县；
　　　　　山东：济南市平阴县，聊城市东阿县、冠县；
　　　　　河南：濮阳市南乐县，许昌市襄城县，三门峡市灵宝市。
发生面积　1191 亩
危害指数　0.4327

• **黑带麦蛾** ***Telphusa euryzeucta*** **Meyrick**
中文异名　斑黑麦蛾
寄　　主　榆树，桃，梅，杏，樱桃，李，香果树。
分布范围　北京、天津、河北、山西、上海、江西、山东、湖南、陕西、甘肃、青海。

草蛾科 Ethmiidae

• **青海草蛾 *Ethmia nigripedella* (Erschoff)**
寄　　主　杨，山楂。
分布范围　华北、东北、西北，海南、西藏。

羽蛾科 Pterophoridae

• **杨桃鸟羽蛾 *Diacrotricha fasciola* Zeller**
寄　　主　阳桃。
分布范围　广东。

• **甘薯羽蛾 *Emmelina monodactyla* (Linnaeus)**
中文异名　甘薯灰褐羽蛾
寄　　主　牡丹，梨，臭椿。
分布范围　北京、河北、山东、陕西、宁夏。
发生地点　北京：顺义区、密云区；
　　　　　河北：张家口市怀来县；
　　　　　山东：聊城市东阿县；
　　　　　陕西：渭南市临渭区、华州区；
　　　　　宁夏：银川市永宁县。

• **胡枝子小羽蛾 *Fuscoptilia emarginata* (Snellen)**
寄　　主　胡枝子。
分布范围　北京。
发生地点　北京：顺义区。

• **葡萄羽蛾 *Nippoptilia vitis* (Sasaki)**
寄　　主　桃，柑橘，葡萄。
分布范围　安徽、四川。
发生地点　四川：遂宁市安居区。
发生面积　110 亩
危害指数　0.5152

翼蛾科 Alucitidae

• **桅子多羽蛾 *Alucita flavofascia* (Inoue)**
中文异名　栀子花多羽蛾
寄　　主　黄荆，栀子。
分布范围　上海、福建、广东。

蛀果蛾科 Carposinidae

- **山茱萸蛀果蛾 *Carposina coreana* Kim**

拉丁异名 *Asiacarposina cornusvora* Yang

寄　　主 山茱萸。

分布范围 浙江、河南、陕西。

发生地点 河南：南阳市西峡县、内乡县；

陕西：宝鸡市太白县，汉中市洋县、佛坪县，商洛市丹凤县。

发生面积 9056 亩

危害指数 0.4642

- **桃蛀果蛾 *Carposina sasakii* Matsumura**

中文异名 桃小食心虫、枣桃小食心虫

拉丁异名 *Carposina niponensis* Walsingham

寄　　主 核桃，无花果，扁桃，山桃，桃，碧桃，梅，山杏，杏，樱桃，樱花，木瓜，山楂，西府海棠，苹果，海棠花，李，油桃，白梨，西洋梨，河北梨，沙梨，川梨，蔷薇，枣树，酸枣，青梅，秋海棠，石榴，白蜡树，枸杞。

分布范围 全国。

发生地点 北京：东城区、丰台区、延庆区；

河北：石家庄市井陉矿区、藁城区、鹿泉区、井陉县、正定县、行唐县、平山县、晋州市、新乐市，唐山市古冶区、丰南区、丰润区、滦南县、乐亭县、玉田县、遵化市，秦皇岛市海港区、山海关区、北戴河区、抚宁区、青龙满族自治县、昌黎县、卢龙县，邯郸市磁县、肥乡区、永年区，邢台市邢台县、临城县、内丘县、隆尧县、任县、南和县、宁晋县、巨鹿县、平乡县、威县、清河县、临西县、沙河市，保定市涞水县、定兴县、唐县、高阳县、容城县、曲阳县、蠡县、顺平县、博野县、涿州市、安国市、高碑店市，张家口市阳原县、怀安县、怀来县、赤城县，承德市承德县、平泉县、宽城满族自治县，沧州市沧县、东光县、盐山县、吴桥县、献县、孟村回族自治县、泊头市、黄骅市、河间市，廊坊市广阳区、固安县、大城县，衡水市桃城区、枣强县、武邑县、武强县、饶阳县、安平县；

山西：晋城市阳城县、泽州县，晋中市榆次区、左权县、太谷县，运城市稷山县、新绛县、绛县，忻州市原平市，临汾市襄汾县、永和县，吕梁市交城县、临县、柳林县；

内蒙古：呼和浩特市土默特左旗，通辽市科尔沁区、库伦旗；

江苏：徐州市丰县，淮安市淮阴区、盱眙县，扬州市高邮市，泰州市海陵区、姜堰区；

浙江：杭州市桐庐县；

安徽：蚌埠市淮上区，阜阳市太和县、界首市，宿州市萧县，宣城市宣州区；

福建：漳州市诏安县；

江西：萍乡市湘东区、上栗县、芦溪县，九江市庐山市，吉安市新干县；
山东：济南市济阳县、商河县，青岛市胶州市、平度市，枣庄市峄城区，东营市河口区、垦利县、利津县，济宁市任城区、兖州区、鱼台县、金乡县、曲阜市、邹城市、经济技术开发区，泰安市岱岳区、新泰市、肥城市、泰山林场，威海市高新技术开发区，日照市岚山区，莱芜市莱城区、钢城区，临沂市兰山区、莒南县，德州市庆云县，聊城市东昌府区、阳谷县、茌平县、东阿县、冠县，滨州市无棣县，菏泽市牡丹区、定陶区、曹县、单县、巨野县；
河南：郑州市中牟县、荥阳市、新郑市、登封市，平顶山市宝丰县、叶县、鲁山县、郏县，安阳市内黄县，鹤壁市鹤山区，新乡市新乡县，焦作市修武县、孟州市，许昌市鄢陵县，三门峡市陕州区、灵宝市，南阳市南召县、桐柏县，信阳市平桥区、淮滨县，驻马店市泌阳县，汝州市；
湖北：武汉市黄陂区，十堰市竹山县，襄阳市保康县，孝感市孝昌县，仙桃市、潜江市；
湖南：湘潭市韶山市，邵阳市大祥区、北塔区，岳阳市岳阳县、平江县，永州市双牌县、江华瑶族自治县；
重庆：巴南区、江津区、潼南区、荣昌区，武隆区；
四川：成都市简阳市，遂宁市船山区，南充市顺庆区，广安市岳池县、邻水县，达州市万源市，巴中市通江县；
贵州：贵阳市白云区；
云南：楚雄彝族自治州双柏县、牟定县；
陕西：宝鸡市扶风县、眉县、陇县，咸阳市渭城区、泾阳县、乾县、永寿县、彬县，渭南市潼关县、大荔县，榆林市榆阳区、靖边县、绥德县、米脂县、佳县、吴堡县、清涧县、子洲县，安康市白河县，商洛市商州区、丹凤县、山阳县，神木县、府谷县；
甘肃：兰州市西固区、安宁区、皋兰县、榆中县，嘉峪关市，金昌市永昌县，白银市平川区、靖远县、景泰县，天水市武山县、张家川回族自治县，武威市凉州区、民勤县，张掖市甘州区、肃南裕固族自治县、民乐县、临泽县、高台县、山丹县，平凉市泾川县、崇信县、庄浪县，酒泉市肃州区、金塔县、瓜州县、敦煌市，庆阳市合水县、正宁县、宁县、镇原县，定西市安定区，临夏回族自治州永靖县，甘南藏族自治州舟曲县；
宁夏：银川市金凤区、永宁县、贺兰县、灵武市，石嘴山市大武口区、惠农区，吴忠市利通区、同心县、青铜峡市，固原市彭阳县，中卫市沙坡头区、中宁县；
新疆：喀什地区岳普湖县；
新疆生产建设兵团：农七师 123 团。

发生面积　692603 亩

危害指数　0. 3523

舞蛾科 Choreutidae

• **苹果舞蛾** ***Anthophila pariana*** **（Clerck）**

中文异名　苹果翅雕蛾

寄　　主　榆树，西府海棠，海棠花，苹果，山楂。

分布范围　青海。

发生地点　青海：西宁市城东区、城中区、城西区、城北区。

发生面积　200 亩

危害指数　0. 3333

罗蛾科 Galacticidae

• **合欢罗蛾** ***Homadaula anisocentra*** **（Meyrick）**

中文异名　合欢巢蛾、含羞草雕蛾、黑星雕蛾

寄　　主　合欢，皂荚。

分布范围　北京、天津、河北、辽宁、江苏、安徽、山东。

发生地点　河北：秦皇岛市北戴河区、昌黎县。

卷蛾科 Tortricidae

• **榆黑长翅卷蛾** ***Acleris alnivora*** **Oku**

寄　　主　杨，辽东桤木，春榆。

分布范围　黑龙江、陕西。

• **毛榛子长翅卷蛾** ***Acleris delicatana*** **（Christoph）**

寄　　主　毛榛，鹅耳枥，栎。

分布范围　河北、黑龙江。

• **柳凹长翅卷蛾** ***Acleris emargana*** **（Fabricius）**

寄　　主　杨，柳树，桦木。

分布范围　北京、河北、吉林、黑龙江、青海。

发生地点　北京：石景山区。

• **黄斑长翅卷蛾** ***Acleris fimbriana*** **（Thunberg et Becklin）**

中文异名　黄斑卷叶蛾、桃卷叶蛾

寄　　主　山杨，毛白杨，柳树，核桃楸，核桃，板栗，榆树，三球悬铃木，桃，碧桃，杏，樱桃，樱花，日本樱花，西府海棠，苹果，海棠花，石楠，李，红叶李，榆叶梅，杜梨，蔷薇，桃金娘，野海棠，水曲柳，女贞，柚木。

分布范围　东北、西北，北京、天津、河北、山西、山东、河南、湖北、湖南、四川、云南。

发生地点　北京：房山区；

河北：石家庄市井陉县，唐山市乐亭县，承德市平泉县，沧州市吴桥县、河间市；

山东：济南市平阴县，济宁市任城区、鱼台县、高新技术开发区、济宁太白湖新区，日照市莒县，临沂市莒南县，聊城市莘县、东阿县、聊城高新技术产业开发区，菏泽市定陶区，黄河三角洲保护区；
河南：洛阳市嵩县；
湖南：岳阳市平江县；
四川：乐山市峨眉山市，巴中市通江县，阿坝藏族羌族自治州黑水县、壤塘县；
云南：保山市龙陵县，楚雄彝族自治州永仁县；
陕西：西安市临潼区，宁东林业局；
甘肃：天水市张家川回族自治县；
宁夏：银川市永宁县，石嘴山市大武口区；
新疆：克拉玛依市克拉玛依区，克孜勒苏柯尔克孜自治州阿图什市、乌恰县。

发生面积　6355 亩

危害指数　0.3464

• 毛赤杨长翅卷蛾 *Acleris submaccana* (Filipjev)

寄　　主　山杨，柳树，桦木，辽东桤木，醋栗，杜鹃。

分布范围　河北、黑龙江。

• 榆白长翅卷蛾 *Acleris ulmicola* (Meyrick)

寄　　主　榔榆，刺榆，榆树。

分布范围　东北、西北，河北、内蒙古、江苏、山东、河南。

发生地点　河北：沧州市河间市；
江苏：苏州市高新技术开发区；
山东：济南市商河县，黄河三角洲保护区；
陕西：汉中市汉台区；
甘肃：定西市安定区、陇西县，临夏回族自治州临夏市、临夏县、康乐县、永靖县、东乡族自治县、积石山保安族东乡族撒拉族自治县；
青海：西宁市城东区、城中区、城西区、城北区，海东市民和回族土族自治县；
宁夏：银川市永宁县。

发生面积　25894 亩

危害指数　0.4544

• 木兰巨小卷蛾 *Acresis threnodes* (Meyrick)

寄　　主　木兰，深山含笑。

分布范围　福建。

发生地点　福建：福州国家森林公园。

• 柑橘褐带卷蛾 *Adoxophyes cyrtosema* Meyrick

中文异名　拟小黄卷叶蛾

寄　　主　梨，柑橘，枣树，油茶，茶，连翘，栀子。

分布范围　上海、江苏、浙江、江西、湖北、广东、海南、重庆、四川。

发生地点　江苏：苏州市昆山市、太仓市；
海南：白沙黎族自治县。

• 棉褐带卷蛾 *Adoxophyes orana*（Fischer von Röslerstamm）

中文异名　茶小卷叶蛾、苹小卷叶蛾

寄　　主　山杨，垂柳，棉花柳，杨梅，薄壳山核桃，核桃，枫杨，板栗，栎，榆树，垂叶榕，黄葛树，樟树，香叶树，闽楠，海桐，枫香，红花檵木，三球悬铃木，桃，杏，樱桃，山楂，西府海棠，苹果，海棠花，石楠，李，红叶李，河北梨，蔷薇，悬钩子，刺槐，槐树，柑橘，重阳木，长叶黄杨，盐肤木，鸡爪槭，荔枝，无患子，木棉，油茶，茶，木荷，紫薇，大花紫薇，柿，木犀，丁香，灰莉，栀子，忍冬。

分布范围　华东，北京、河北、黑龙江、河南、湖北、广东、海南、四川、贵州、陕西、甘肃、宁夏。

发生地点　北京：东城区、石景山区、通州区、顺义区；
河北：石家庄市井陉矿区、井陉县，唐山市滦南县、乐亭县、玉田县，秦皇岛市抚宁区，邢台市邢台县，保定市顺平县，张家口市怀来县，沧州市东光县、吴桥县、河间市，廊坊市霸州市，衡水市桃城区、枣强县、武邑县、安平县、冀州市，辛集市；
上海：奉贤区；
江苏：苏州市高新技术开发区、太仓市，盐城市亭湖区、阜宁县、东台市，宿迁市宿城区、沭阳县；
福建：厦门市海沧区、同安区、翔安区，莆田市城厢区、荔城区、秀屿区、仙游县，泉州市安溪县，南平市松溪县，龙岩市新罗区、漳平市，福州国家森林公园；
江西：南昌市南昌县，萍乡市湘东区，吉安市峡江县；
山东：东营市河口区，济宁市任城区、曲阜市、高新技术开发区、太白湖新区，泰安市岱岳区、肥城市，日照市岚山区，聊城市东阿县，黄河三角洲保护区；
河南：新乡市延津县，濮阳市南乐县，商丘市虞城县，驻马店市泌阳县；
广东：汕尾市陆丰市；
四川：自贡市荣县，巴中市恩阳区；
陕西：咸阳市泾阳县、兴平市，渭南市大荔县，商洛市丹凤县；
甘肃：金昌市金川区，白银市靖远县，天水市张家川回族自治县，武威市凉州区，平凉市静宁县；
宁夏：银川市永宁县、灵武市，石嘴山市大武口区。

发生面积　119777 亩

危害指数　0.3436

• 栎镰翅小卷蛾 *Ancylis mitterbacheriana*（Denis et Schiffermüller）

寄　　主　麻栎，栓皮栎。

分布范围　福建、山东。

发生地点　福建：南平市松溪县；
山东：临沂市莒南县。

发生面积　501 亩

危害指数　0.3333

• 枣镰翅小卷蛾 *Ancylis sativa* Liu

中文异名　枣粘虫、枣小蛾、枣实果蛾

寄　　主　西府海棠，枣树，酸枣。

分布范围　华北、华东，河南、湖北、湖南、云南、陕西、甘肃、宁夏。

发生地点　河北：石家庄市井陉县、行唐县、赞皇县、新乐市，邢台市邢台县、任县、新河县、平乡县、临西县，保定市唐县、曲阳县，张家口市怀来县，沧州市河间市，廊坊市固安县、永清县、霸州市，衡水市枣强县，辛集市；

山西：晋中市榆次区、寿阳县、祁县，临汾市永和县，吕梁市交城县、临县、柳林县；

江苏：盐城市东台市；

安徽：芜湖市无为县，宣城市宣州区；

山东：青岛市胶州市、平度市，潍坊市坊子区、昌邑市、潍坊市滨海经济开发区，济宁市曲阜市，泰安市宁阳县，临沂市莒南县，德州市齐河县，聊城市东阿县、冠县，滨州市沾化区、无棣县，菏泽市牡丹区、定陶区、单县、郓城县，黄河三角洲保护区；

河南：郑州市新郑市，焦作市博爱县，许昌市鄢陵县，三门峡市陕州区、灵宝市，商丘市虞城县，永城市；

陕西：西安市阎良区，榆林市榆阳区、佳县、吴堡县、清涧县，神木县；

甘肃：白银市靖远县，庆阳市西峰区、宁县；

宁夏：吴忠市红寺堡区。

发生面积　413968 亩

危害指数　0.3371

• 鼠李镰翅小卷蛾 *Ancylis unculana* (Haworth)

寄　　主　杨，悬钩子。

分布范围　吉林、黑龙江、安徽、宁夏。

• 杨斜纹小卷蛾 *Apotomis inundana* (Denis et Schiffermüller)

寄　　主　杨，柳树。

分布范围　黑龙江、青海。

• 柳斜纹小卷蛾 *Apotomis lineana* (Denis et Schiffermüller)

寄　　主　柳，桦木。

分布范围　吉林、黑龙江、青海、宁夏。

• 隐黄卷蛾 *Archips arcanus* Razowski

寄　　主　黄杨。

分布范围　北京、江苏、浙江、湖南、云南、陕西。

- **后黄卷蛾 *Archips asiaticus*（Walsingham）**

中文异名　后黄卷叶蛾
寄　　主　杨，枫杨，板栗，苹果，李，梨，水榆花楸，柑橘，臭椿，枣树。
分布范围　华东，北京、吉林、河南、湖北、湖南、四川、甘肃、宁夏。
发生地点　北京：顺义区、密云区；
　　　　　江苏：泰州市泰兴市；
　　　　　湖北：黄冈市罗田县。

- **桦黄卷蛾 *Archips betulanus*（Hübner）**

拉丁异名　*Archips decretanus*（Treitschke）
寄　　主　杨梅，桦木，栎，苹果，梨，接骨木。
分布范围　东北，江苏。
发生地点　江苏：无锡市锡山区。

- **梨黄卷蛾 *Archips breviplicanus* Wslsingham**

寄　　主　桑，苹果，红叶李，白梨，河北梨，秋子梨，黄栌，栾树。
分布范围　东北，北京、河北、内蒙古、江苏、江西、山东、河南、陕西。
发生地点　河北：唐山市乐亭县，保定市唐县、高阳县、蠡县，沧州市吴桥县、河间市；
　　　　　内蒙古：通辽市科尔沁左翼后旗；
　　　　　江苏：南京市浦口区，扬州市宝应县；
　　　　　陕西：渭南市华州区。
发生面积　1562 亩
危害指数　0.3333

- **山楂黄卷蛾 *Archips crataeganus*（Hübner）**

中文异名　樱黄卷蛾
拉丁异名　*Archips crataeganus endoi* Yasuda
寄　　主　银杏，云杉，青海云杉，杨树，柳树，白桦，栎，榆树，山杏，山楂，苹果，海棠花，樱，梨，香果树。
分布范围　东北，河北、内蒙古、浙江、山东、陕西、四川、青海。
发生地点　内蒙古：乌兰察布市四子王旗；
　　　　　山东：莱芜市钢城区；
　　　　　青海：西宁市城东区、城中区、城西区、城北区、大通回族土族自治县、湟中县、湟源县。
发生面积　24685 亩
危害指数　0.3671

- **苹果黄卷蛾 *Archips ingentanus*（Christoph）**

中文异名　苹黄卷叶蛾、苹黄卷蛾
寄　　主　山杨，栎，构树，海桐，桃，山楂，苹果，梨，八角枫，茶，栀子。
分布范围　东北，北京、河北、江苏、河南、四川、陕西、甘肃、新疆。

发生地点　河北：石家庄市深泽县，邯郸市峰峰矿区，保定市唐县、博野县、高碑店市；
　　　　　江苏：南京市浦口区，无锡市惠山区，泰州市姜堰区；
　　　　　河南：三门峡市陕州区；
　　　　　甘肃：庆阳市镇原县。
发生面积　4983 亩
危害指数　0.3481

● **落黄卷蛾 *Archips issikii* Kodama**
寄　　主　冷杉，落叶松。
分布范围　东北，北京、河北、山东、陕西、新疆。
发生地点　河北：张家口市怀来县。

● **油杉黄卷蛾 *Archips ketelerianus* Liu**
寄　　主　油杉。
分布范围　四川、云南。
发生地点　云南：文山壮族苗族自治州广南县。
发生面积　6961 亩
危害指数　1.0000

● **亮黄卷蛾 *Archips limatus* Razowski**
寄　　主　云杉，栎。
分布范围　陕西、宁夏。

● **柑橘黄卷蛾 *Archips machlopis* (Meyrick)**
拉丁异名　*Archips seminubilus* (Meyrick)
寄　　主　樱花，石楠，台湾相思，羊蹄甲，文旦柚，柑橘，无患子，油茶，木荷，紫薇，桉树，番石榴，木犀。
分布范围　华东，湖南、广东、海南、四川、云南。
发生地点　江苏：苏州市昆山市；
　　　　　福建：莆田市城厢区、涵江区、仙游县，泉州市安溪县，福州国家森林公园；
　　　　　湖南：岳阳市岳阳县。
发生面积　567 亩
危害指数　0.3921

● **拟后黄卷蛾 *Archips micaceanus* (Walker)**
寄　　主　柑橘，荔枝。
分布范围　辽宁、广东、海南、四川、云南、陕西。
发生地点　陕西：汉中市汉台区、西乡县。
发生面积　501 亩
危害指数　0.3333

● **丽黄卷蛾 *Archips opiparus* Liu**
寄　　主　桃，李，柑橘。

分布范围　福建、湖南、四川、贵州、云南。

● **云杉黄卷蛾 *Archips oporanus*（Linnaeus）**

寄　　主　冷杉，雪松，落叶松，云杉，红松，樟子松，铁杉，圆柏，粗榧。

分布范围　东北，上海、浙江、四川、陕西、甘肃。

发生地点　上海：金山区；
四川：雅安市石棉县；
陕西：商洛市洛南县；
甘肃：定西市临洮县。

发生面积　5776 亩

危害指数　0.3345

● **黄小卷蛾 *Archips* sp.**

寄　　主　刺桐。

分布范围　福建。

发生地点　福建：厦门市同安区、翔安区。

● **梣黄卷蛾 *Archips xylosteanus*（Linnaeus）**

中文异名　黄卷蛾、杂色金卷叶蛾、梣粗卷叶蛾、角纹卷叶蛾、核桃卷叶蛾

寄　　主　山杨，山柳，辽东桤木，杨梅，山核桃，核桃，栎，辽东桤木，榆树，桃，杏，苹果，李，梨，悬钩子，花楸树，椴树，茶，金丝桃，水曲柳。

分布范围　东北，北京、天津、河北、福建、山东、河南、湖北、湖南、四川、贵州、陕西、甘肃。

发生地点　四川：阿坝藏族羌族自治州若尔盖县，甘孜藏族自治州康定市；
甘肃：白水江保护区。

发生面积　2208 亩

危害指数　0.3345

● **香草小卷蛾 *Celypha cespitana*（Hübner）**

寄　　主　白梨，多花蔷薇。

分布范围　东北，山东、陕西、青海、宁夏。

发生地点　宁夏：银川市永宁县。

● **草小卷蛾 *Celypha flavipalpanna*（Herich-Schäffer）**

寄　　主　馒头柳，桃，杏，梨。

分布范围　北京、河北、辽宁、山东、青海。

发生地点　河北：张家口市怀来县。

发生面积　400 亩

危害指数　0.3333

● **龙眼裳卷蛾 *Cerace stipatana* Walker**

寄　　主　杨，西桦，板栗，樟树，云南樟，天竺桂，枫香，皂荚，千年桐，龙眼，荔枝，木

棉，乌墨。
分布范围　浙江、福建、江西、湖南、四川、云南。
发生地点　浙江：衢州市柯城区；
福建：厦门市集美区，莆田市城厢区、涵江区、荔城区、仙游县，漳州市漳浦县，龙岩市新罗区、漳平市，福州国家森林公园；
湖南：长沙市浏阳市，邵阳市邵阳县，岳阳市平江县，怀化市靖州苗族侗族自治县；
四川：遂宁市安居区、大英县；
云南：德宏傣族景颇族自治州盈江县。
发生面积　5017 亩
危害指数　0.3810

• 豹裳卷蛾 *Cerace xanthocosma* Diakonoff
寄　　主　樟树，山茶。
分布范围　华东、西南，陕西。
发生地点　重庆：梁平区；
陕西：宁东林业局。

• 大黄卷蛾 *Chirapsina hemixantha*（Meyrick）
寄　　主　黄槐决明。
分布范围　广东、四川、西藏。

• 异色卷蛾 *Choristoneura diversana*（Hübner）
中文异名　云杉异色卷蛾
寄　　主　冷杉，落叶松，云杉，青海云杉，山杨，柳树，桦木，栎，榆树，稠李，梨，刺槐，丁香。
分布范围　内蒙古、黑龙江、江苏、陕西、甘肃、宁夏。
发生地点　内蒙古：阿拉善盟阿拉善左旗；
江苏：南京市玄武区，盐城市响水县；
陕西：延安市宝塔区、延川县；
甘肃：武威市天祝藏族自治县；
宁夏：银川市贺兰山管理局。
发生面积　13442 亩
危害指数　0.5163

• 黄色卷蛾 *Choristoneura longicellana*（Walsingham）
中文异名　苹大卷叶蛾
寄　　主　柳，旱柳，核桃，栗，板栗，栎，黑弹树，桑，杏，樱桃，山楂，西府海棠，苹果，梨，川梨，山合欢，槐树，鼠李，沙棘，柿。
分布范围　华北、东北、华东、西北，河南、湖北、湖南。

发生地点　北京：石景山区、通州区、顺义区；
　　　　　河北：张家口市怀来县；
　　　　　福建：莆田市城厢区、涵江区；
　　　　　山东：济宁市梁山县、经济技术开发区。
发生面积　409 亩
危害指数　0.3350

• 棕色卷蛾 *Choristoneura luticostana*（Christoph）

寄　　主　柳，蔷薇，杏，苹果，梨。
分布范围　东北，山西、陕西、宁夏。
发生地点　山西：大同市阳高县；
　　　　　陕西：渭南市华阴市。
发生面积　330 亩
危害指数　0.3333

• 水杉色卷蛾 *Choristoneura metasequoiacola* Liu

寄　　主　水杉。
分布范围　湖北、四川。
发生地点　四川：宜宾市屏山县。

• 棉双斜卷蛾 *Clepsis pallidana*（Fabricius）

寄　　主　梨，月季，绣线菊，锦鸡儿，木槿，石榴，忍冬。
分布范围　东北，北京、河北、山东、四川、青海、宁夏、新疆。
发生地点　河北：张家口市怀来县，沧州市河间市；
　　　　　宁夏：银川市永宁县。

• 忍冬双斜卷蛾 *Clepsis rurinana*（Linnaeus）

寄　　主　红叶李，白蔷薇，月季，忍冬。
分布范围　东北，北京、河北、山东、青海、宁夏。
发生地点　北京：顺义区。

• 荔枝异型小卷蛾 *Cryptophlebia ombrodelta*（Lower）

中文异名　荔枝小卷蛾、荔枝黑褐卷蛾
寄　　主　金合欢，羊蹄甲，凤凰木，格木，皂荚，槐树，橙，龙眼，荔枝，秋茄树。
分布范围　福建、河南、广东、广西、海南、云南。
发生地点　福建：厦门市集美区，泉州市洛江区、惠安县、泉州台商投资区；
　　　　　广东：深圳市宝安区；
　　　　　广西：高峰林场、热带林业实验中心。
发生面积　5763 亩
危害指数　0.4786

- **松枝小卷蛾 *Cydia coniferana*（Saxesen）**

寄　　主　冷杉，红松，樟子松，油松。
分布范围　东北，河北、山西、安徽。
发生地点　山西：晋城市泽州县；
　　　　　安徽：六安市叶集区。
发生面积　200 亩
危害指数　0.3333

- **栗黑小卷蛾 *Cydia glandicolana*（Danilevsky）**

寄　　主　榛子，核桃，板栗，水青冈，栎。
分布范围　华北、东北、华东、西北，河南、湖北、湖南。

- **松皮小卷蛾 *Cydia grunertiana*（Ratzebury）**

寄　　主　落叶松，华北落叶松，云杉，青海云杉，青杆，红松，华南五针松，油松。
分布范围　东北，河北、内蒙古、甘肃、青海。
发生地点　河北：木兰林管局；
　　　　　甘肃：武威市天祝藏族自治县，祁连山保护区；
　　　　　青海：西宁市城中区、城西区、城北区、大通回族土族自治县、湟中县、湟源县，海东市平安区、民和回族土族自治县、互助土族自治县、化隆回族自治县，海北藏族自治州门源回族自治县。
发生面积　32735 亩
危害指数　0.3630

- **苹果蠹蛾 *Cydia pomonella*（Linnaeus）**

中文异名　苹果小卷蛾
寄　　主　山杨，核桃，榆树，扁桃，桃，梅，杏，山楂，榅桲，苹果，李，榆叶梅，杜梨，新疆梨，花楸树，刺槐，山茶，石榴，香果树。
分布范围　东北、西北，河北、内蒙古、江苏、山东、湖南。
发生地点　河北：石家庄市赞皇县；
　　　　　内蒙古：通辽市霍林郭勒市，阿拉善盟额济纳旗；
　　　　　辽宁：鞍山市海城市；
　　　　　江苏：徐州市睢宁县；
　　　　　山东：菏泽市单县；
　　　　　湖南：湘潭市湘潭县；
　　　　　陕西：榆林市子洲县；
　　　　　甘肃：兰州市七里河区、西固区、安宁区、红古区、永登县、皋兰县，嘉峪关市，金昌市永昌县，武威市凉州区、民勤县，酒泉市肃州区、金塔县、肃北蒙古族自治县、阿克塞哈萨克族自治县、玉门市、敦煌市，临夏回族自治州永靖县；
　　　　　宁夏：银川市灵武市，石嘴山市大武口区、惠农区，吴忠市利通区、同心县、青铜峡市，固原市西吉县，中卫市沙坡头区、中宁县；

新疆：乌鲁木齐市米东区，克拉玛依市克拉玛依区、乌尔禾区，吐鲁番市高昌区、鄯善县，哈密市伊吾县，博尔塔拉蒙古自治州博乐市、精河县、温泉县，巴音郭楞蒙古自治州库尔勒市、轮台县、尉犁县、焉耆回族自治县、和静县、和硕县、博湖县，喀什地区喀什市、疏附县、疏勒县、岳普湖县，和田地区和田县、墨玉县，塔城地区乌苏市、沙湾县，石河子市；

新疆生产建设兵团：农一师10团、13团，农二师33团，农七师123团、124团、130团，农八师。

发生面积　83053亩

危害指数　0.3799

• 云杉球果小卷蛾 *Cydia strobilella*（Linnaeus）

中文异名　球果小卷蛾

寄　　主　云杉，青海云杉，川西云杉。

分布范围　西北，内蒙古、黑龙江。

发生地点　内蒙古：赤峰市克什克腾旗；

甘肃：张掖市山丹县，尕海则岔保护区，白龙江林业管理局，甘南藏族自治州合作市；

青海：西宁市大通回族土族自治县，海东市平安区，海北藏族自治州门源回族自治县，果洛藏族自治州玛可河林业局。

发生面积　48319亩

危害指数　0.5047

• 槐小卷蛾 *Cydia trasias*（Meyrick）

中文异名　国槐小卷蛾、国槐叶柄小蛾、槐卷蛾

寄　　主　板栗，桃，红叶李，紫穗槐，花榈木，红豆树，刺槐，槐树，龙爪槐，石榴。

分布范围　华北，上海、江苏、山东、河南、重庆、陕西、甘肃。

发生地点　北京：东城区、朝阳区、丰台区、石景山区、海淀区、房山区、通州区、顺义区、昌平区、大兴区、密云区；

天津：汉沽、东丽区、西青区、津南区、武清区、宁河区、静海区，蓟县；

河北：唐山市乐亭县、玉田县，秦皇岛市北戴河区，保定市安新县，张家口市涿鹿县，廊坊市香河县、大城县、霸州市、三河市，衡水市桃城区、武邑县、武强县、冀州市；

山西：运城市盐湖区、临猗县、万荣县、闻喜县、新绛县、绛县、平陆县、永济市；

上海：宝山区、浦东新区；

江苏：常州市金坛区，盐城市盐都区；

山东：潍坊市潍城区，济宁市任城区、兖州区、嘉祥县、曲阜市、高新技术开发区、太白湖新区，泰安市泰山区，威海市环翠区，莱芜市钢城区，德州市夏津县，聊城市东昌府区、阳谷县、莘县、东阿县、冠县、临清市、高新技术产业开发

区，滨州市沾化区、惠民县、无棣县，菏泽市牡丹区、单县、巨野县；
河南：郑州市惠济区、新郑市，平顶山市舞钢市，濮阳市濮阳经济开发区，许昌市长葛市，三门峡市陕州区、渑池县，商丘市睢县，驻马店市泌阳县，兰考县、永城市；
重庆：北碚区；
陕西：宝鸡市凤翔县、扶风县，咸阳市旬邑县、武功县；
甘肃：庆阳市镇原县。
发生面积 20941 亩
危害指数 0.3362

• 松瘿小卷蛾 *Cydia zebeana* (Ratzeburg)
寄　　主　落叶松，红松，樟子松，油松。
分布范围　华北、东北。
发生地点　黑龙江：哈尔滨市呼兰区、方正县、延寿县；
黑龙江森林工业总局：八面通林业局；
大兴安岭林业集团公司：呼中林业局。
发生面积　30825 亩
危害指数　0.4090

• 冷杉芽小卷蛾 *Cymolomia hartigiana* (Ratzeburg)
寄　　主　臭冷杉，红皮云杉。
分布范围　东北，河北。

• 灰白条小卷蛾 *Dudua aprobola* (Meyrick)
寄　　主　柳，决明，柑橘，杧果，荔枝，鸡爪槭，杜英，紫薇。
分布范围　广东、海南。

• 青黑小卷蛾 *Endothenia hebasana* (Walker)
寄　　主　猴樟。
分布范围　福建。

• 白钩小卷蛾 *Epiblema foenella* (Linnaeus)
寄　　主　桃。
分布范围　东北、华东，北京、天津、河北、河南、湖南、云南、青海、宁夏。
发生地点　北京：顺义区、密云区；
山东：泰安市肥城市；
宁夏：银川市永宁县。

• 杉叶小卷蛾 *Epinotia aciculana* Falkovitsh
寄　　主　冷杉，云杉，杉木。
分布范围　黑龙江、江西、湖南、广东、重庆、四川。
发生地点　江西：抚州市广昌县；

湖南：岳阳市平江县；
重庆：巴南区。

• 柳叶小卷蛾 *Epinotia cruciana*（Linnaeus）

寄　　主　腺柳，旱柳，柽柳，柳兰。
分布范围　黑龙江、山东、四川、宁夏。
发生地点　四川：甘孜藏族自治州新龙县。

• 杨叶小卷蛾 *Epinotia nisella*（Clerck）

寄　　主　山杨，白柳，桦木。
分布范围　河北、黑龙江、甘肃、青海。
发生地点　河北：唐山市曹妃甸区，保定市高阳县，沧州市河间市。
发生面积　163 亩
危害指数　0. 3333

• 桦叶小卷蛾 *Epinotia ramelia*（Linnaeus）

寄　　主　杨，桦木。
分布范围　山西、黑龙江、四川、宁夏。

• 松针小卷蛾 *Epinotia rubiginosana*（Herrich-Schäffer）

寄　　主　落叶松，云杉，思茅松，樟子松，油松，云南松。
分布范围　华北、东北、华东、西北，河南、重庆、云南。
发生地点　河北：保定市阜平县、唐县，承德市平泉县、滦平县、隆化县、围场满族蒙古族自治县，木兰林管局；
山西：太原市尖草坪区、娄烦县，晋城市阳城县，朔州市山阴县，晋中市寿阳县，杨树丰产林实验局、关帝山国有林管理局、太行山国有林管理局、吕梁山国有林管理局；
内蒙古：呼和浩特市土默特左旗、武川县，鄂尔多斯市东胜区、准格尔旗、康巴什新区；
黑龙江：齐齐哈尔市克东县；
安徽：六安市霍邱县；
云南：保山市施甸县；
陕西：咸阳市长武县，延安市志丹县、吴起县，榆林市榆阳区、靖边县、佳县，商洛市洛南县、商南县；
甘肃：白银市靖远县，庆阳市庆城县、华池县、合水县、镇原县、合水总场、华池总场，定西市安定区、陇西县；
青海：西宁市城东区、城中区、城西区、城北区。
发生面积　371099 亩
危害指数　0. 5167

• 杨梅圆点小卷蛾 *Eudemis gyrotis*（Meyrick）

寄　　主　杨梅。

分布范围　江苏、安徽、福建、江西、湖北、广东、重庆、四川、贵州。
发生地点　江苏：苏州市吴江区；
　　　　　江西：宜春市铜鼓县；
　　　　　湖北：黄冈市红安县；
　　　　　重庆：万州区。
发生面积　2775 亩
危害指数　0.3333

• **圆斑小卷蛾** ***Eudemopsis purpurissatana*** **(Kennel)**
寄　　主　杨梅，五味子，中华猕猴桃。
分布范围　吉林、黑龙江、湖北、湖南。
发生地点　湖南：郴州市嘉禾县。

• **桦棕卷蛾** ***Eulia ministrana*** **(Linnaeus)**
寄　　主　赤杨，桦木，榛子，栎，蔷薇，鼠李，花楸树，椴树。
分布范围　东北。

• **环针单纹卷蛾** ***Eupoecilia ambiguella*** **(Hübner)**
中文异名　女贞细卷蛾
寄　　主　槭，女贞，花叶丁香。
分布范围　河北、黑龙江、安徽、江西、湖南、四川。

• **洋桃小卷蛾** ***Gatesclakeana idia*** **Diakonoff**
寄　　主　樟树，桃，乌桕，龙眼，荔枝。
分布范围　浙江、福建、江西、山东、广东、广西、海南。
发生地点　广东：汕尾市陆丰市。

• **沙果小食心虫** ***Grapholita dimorpha*** **Komai**
寄　　主　山里红，苹果，李。
分布范围　河北、黑龙江。

• **李小食心虫** ***Grapholita funebrana*** **(Treitachke)**
寄　　主　扁桃，桃，梅，杏，樱桃，木瓜，苹果，李，油桃，新疆梨，枣树。
分布范围　西北，北京、河北、山西、黑龙江、山东、河南、湖北、重庆、四川、贵州。
发生地点　北京：丰台区；
　　　　　河北：邯郸市涉县，张家口市阳原县，沧州市孟村回族自治县；
　　　　　山西：大同市广灵县；
　　　　　山东：莱芜市钢城区；
　　　　　河南：南阳市卧龙区，驻马店市泌阳县；
　　　　　重庆：北碚区、綦江区，开县、巫溪县；
　　　　　四川：遂宁市船山区，巴中市通江县；
　　　　　陕西：宝鸡市扶风县，咸阳市永寿县，汉中市镇巴县，商洛市丹凤县；

宁夏：中卫市沙坡头区；
新疆：克拉玛依市克拉玛依区，博尔塔拉蒙古自治州精河县，喀什地区喀什市、疏附县、疏勒县、叶城县、麦盖提县、岳普湖县、伽师县、巴楚县，和田地区策勒县。

发生面积 69953 亩
危害指数 0.4004

• **苹小食心虫** ***Grapholita inopinata*** **（Heinrich）**

寄　　主 桃，杏，野山楂，山楂，山荆子，西府海棠，苹果，海棠花，李，白梨，河北梨，枣树，秋海棠。
分布范围 华北、东北、西北，山东、河南、四川。
发生地点 河北：石家庄市井陉矿区、新乐市，唐山市曹妃甸区、玉田县，邢台市邢台县、沙河市，保定市阜平县、唐县、高阳县、蠡县、博野县、雄县、安国市，沧州市吴桥县、河间市，衡水市安平县；
内蒙古：乌兰察布市四子王旗；
山东：济宁市曲阜市，德州市齐河县，聊城市东昌府区、阳谷县，滨州市惠民县；
河南：平顶山市鲁山县，商丘市宁陵县、虞城县、夏邑县，兰考县；
四川：广安市岳池县、邻水县；
陕西：咸阳市乾县、彬县，榆林市米脂县，商洛市丹凤县；
甘肃：天水市张家川回族自治县，武威市凉州区，平凉市静宁县；
宁夏：银川市贺兰县，石嘴山市大武口区，中卫市中宁县；
新疆生产建设兵团：农一师，农十四师 224 团。
发生面积 44122 亩
危害指数 0.4014

• **山楂小食心虫** ***Grapholita lobarzewskii*** **（Nowicki）**

拉丁异名 *Grapholita prunivorana*（Ragonot）
寄　　主 桃，山楂，苹果，李，枣树。
分布范围 河北、辽宁、山东、湖北。
发生地点 河北：邢台市清河县；
山东：菏泽市郓城县。

• **梨小食心虫** ***Grapholita molesta*** **（Busck）**

寄　　主 小钻杨，柳树，杨梅，山核桃，薄壳山核桃，桑，扁桃，桃，蟠桃，碧桃，山杏，杏，欧李，樱桃，日本樱花，木瓜，山楂，枇杷，西府海棠，苹果，海棠花，椤木石楠，石楠，李，红叶李，巴旦杏，白梨，河北梨，沙梨，新疆梨，秋子梨，川梨，刺蔷薇，枣树，秋海棠，石榴，野海棠，凤梨。
分布范围 华北、华东、中南、西北，辽宁、四川、贵州、云南。
发生地点 北京：丰台区、通州区、顺义区、怀柔区；
河北：石家庄市井陉矿区、藁城区、井陉县、行唐县、灵寿县、高邑县、赵县、晋州市、新乐市，唐山市古冶区、开平区、丰润区、滦南县、乐亭县、遵化市，秦皇岛市海港区、北戴河区、抚宁区、昌黎县、卢龙县，邯郸市涉县、鸡泽县，邢台市邢台县、内丘县、隆尧县、任县、南和县、宁晋县、巨鹿县、新河县、平乡县、威县、临西县、南宫市、沙河市，保定市满城区、徐水区、唐县、高阳县、容城县、蠡县、顺平县、博野县、雄县、涿州市、安国市、高碑店市，张家口市怀安县，沧州市沧县、东光县、吴桥县、献县、孟村回族自治县、泊头市、河间市，廊坊市广阳区、固安县、永清县、大城县、文安县、霸州市、三河市，衡水市桃城区、枣强县、武邑县、安平县、故城县、阜城县、冀州市、深州市，辛集市；

山西：晋城市泽州县，朔州市山阴县；

内蒙古：通辽市科尔沁区、库伦旗；

上海：宝山区、浦东新区、青浦区、奉贤区，崇明县；

江苏：徐州市丰县、睢宁县，常州市金坛区、溧阳市，苏州市高新技术开发区、吴江区、昆山市、太仓市，连云港市连云区，淮安市淮安区、淮阴区、涟水县、盱眙县，盐城市东台市，宿迁市宿城区、宿豫区、沭阳县；

浙江：杭州市萧山区、余杭区、桐庐县，嘉兴市秀洲区，金华市浦江县、磐安县，台州市椒江区、温岭市；

安徽：淮北市杜集区、相山区、烈山区，阜阳市颍上县，六安市叶集区、霍邱县，亳州市涡阳县、蒙城县，池州市贵池区，宣城市宣州区；

江西：上饶市铅山县，鄱阳县；

山东：济南市济阳县、商河县，青岛市胶州市，枣庄市山亭区，东营市东营区、河口区、垦利县、利津县、广饶县，潍坊市昌邑市，济宁市任城区、兖州区、金乡县、嘉祥县、汶上县、梁山县、曲阜市、高新技术开发区、太白湖新区，泰安市岱岳区、新泰市、徂徕山林场，威海市环翠区，日照市岚山区，莱芜市莱城区、钢城区，临沂市莒南县，德州市陵城区、齐河县，聊城市阳谷县、东阿县，菏泽市牡丹区、定陶区、曹县、单县、成武县、郓城县，黄河三角洲保护区；

河南：郑州市管城回族区、惠济区、中牟县，洛阳市孟津县、伊川县，平顶山市叶县、鲁山县、郏县、舞钢市，鹤壁市鹤山区，新乡市卫辉市，焦作市博爱县、沁阳市、孟州市，濮阳市濮阳经济开发区、南乐县，许昌市鄢陵县，漯河市源汇区、召陵区，三门峡市灵宝市，南阳市社旗县，商丘市睢县，驻马店市西平县、确山县、泌阳县，巩义市、兰考县、永城市、新蔡县；

湖北：武汉市洪山区，襄阳市保康县、枣阳市，孝感市孝昌县，荆州市沙市区、荆州区、监利县、江陵县，黄冈市黄梅县，仙桃市、潜江市、天门市；

湖南：郴州市嘉禾县；

重庆：涪陵区、綦江区、江津区，武隆区、石柱土家族自治县、彭水苗族土家族自治县；

四川：自贡市荣县，绵阳市三台县；

贵州：六盘水市盘县，遵义市道真仡佬族苗族自治县，黔南布依族苗族自治州龙里县；

云南：曲靖市沾益区，楚雄彝族自治州牟定县、武定县；
陕西：宝鸡市凤翔县、扶风县、陇县，咸阳市泾阳县、彬县，汉中市洋县，榆林市米脂县、子洲县，安康市白河县，商洛市丹凤县、商南县；
甘肃：兰州市七里河区、红古区、皋兰县，嘉峪关市，金昌市金川区、永昌县，白银市靖远县、会宁县，天水市麦积区、张家川回族自治县，武威市凉州区、古浪县，张掖市高台县，平凉市静宁县，酒泉市肃州区、金塔县、瓜州县、敦煌市，庆阳市西峰区、合水县，定西市安定区、通渭县，临夏回族自治州临夏市、临夏县、永靖县、和政县、东乡族自治县；
宁夏：银川市金凤区、贺兰县、灵武市，石嘴山市大武口区，吴忠市利通区、同心县、青铜峡市，固原市彭阳县，中卫市中宁县；
新疆：克拉玛依市克拉玛依区，吐鲁番市高昌区、鄯善县、托克逊县，哈密市伊州区，博尔塔拉蒙古自治州精河县，巴音郭楞蒙古自治州库尔勒市、轮台县、尉犁县、焉耆回族自治县、和静县、博湖县，克孜勒苏柯尔克孜自治州阿图什市、阿克陶县、乌恰县，喀什地区莎车县、岳普湖县，和田地区和田县、墨玉县、皮山县，塔城地区塔城市、乌苏市、额敏县、沙湾县；
新疆生产建设兵团：农一师 3 团、10 团、13 团，农二师 22 团、29 团，农三师 48 团、53 团，农七师 124 团、130 团，农十二师，农十四师 224 团。

发生面积 699445 亩
危害指数 0. 3777

• **杏小食心虫 *Grapholita prunivora* (Walsh)**

寄　　主 榆树，山楂，桃，杏，苹果，石楠，李，梨，蔷薇，栎。
分布范围 河北、山东、河南、陕西、甘肃、新疆。
发生地点 河北：承德市双桥区；
河南：漯河市源汇区；
陕西：宝鸡市渭滨区；
甘肃：庆阳市庆城县、环县；
新疆生产建设兵团：农六师奇台农场。
发生面积 2249 亩
危害指数 0. 3366

• **油松球果小卷蛾 *Gravitarmata margarotana* (Heinemann)**

寄　　主 云杉，青海云杉，麦吊云杉，华山松，白皮松，赤松，湿地松，红松，马尾松，油松，黑松，云南松。
分布范围 北京、河北、山西、山东、四川、陕西、甘肃。
发生地点 河北：石家庄市井陉县，张家口市尚义县；
山西：太岳山国有林管理局；
山东：济宁市经济技术开发区；
陕西：西安市蓝田县，宝鸡市陇县，咸阳市永寿县，延安市桥山林业局，商洛市商州区、洛南县、丹凤县、商南县、柞水县，宁东林业局；

甘肃：庆阳市镇原县、合水总场，陇南市礼县，祁连山保护区。

发生面积　174663 亩

危害指数　0.3375

• 杨柳小卷蛾 *Gypsonoma minutana* (Hübner)

中文异名　杨小卷叶蛾、杨卷叶蛾

寄　　主　新疆杨，青杨，山杨，胡杨，二白杨，黑杨，钻天杨，箭杆杨，白柳，垂柳，乌柳，旱柳，绦柳，康定柳，朴树，榆树，樱，葡萄，柽柳，桉树。

分布范围　华北、东北、西北，上海、江苏、安徽、江西、山东、河南、湖北、湖南、广西、重庆、四川、陕西。

发生地点　北京：石景山区、顺义区、延庆区；

河北：石家庄市井陉县，唐山市乐亭县、玉田县，秦皇岛市昌黎县，邢台市清河县，保定市唐县、蠡县、雄县，张家口市阳原县、怀安县，沧州市吴桥县、河间市，廊坊市固安县，衡水市枣强县、武邑县；

内蒙古：巴彦淖尔市五原县、乌拉特前旗，乌兰察布市丰镇市；

黑龙江：绥化市庆安县；

上海：嘉定区；

江苏：无锡市锡山区、滨湖区，苏州市高新技术开发区、吴江区、昆山市、太仓市，扬州市江都区，泰州市兴化市；

安徽：合肥市庐阳区、包河区；

山东：济南市商河县，东营市垦利县，济宁市任城区、鱼台县、嘉祥县、高新技术开发区、太白湖新区，泰安市宁阳县、东平县、新泰市，临沂市莒南县，德州市齐河县，聊城市阳谷县、莘县、东阿县、经济技术开发区、高新技术产业开发区，滨州市惠民县，菏泽市牡丹区、定陶区、单县、郓城县、东明县，黄河三角洲保护区；

河南：平顶山市湛河区，濮阳市范县、台前县，许昌市魏都区、许昌市经济技术开发区、东城区、襄城县，南阳市宛城区、唐河县，商丘市睢县、柘城县，周口市项城市，驻马店市驿城区、西平县、上蔡县、平舆县、确山县、泌阳县、汝南县，新蔡县；

湖北：十堰市竹溪县；

湖南：常德市汉寿县，益阳市资阳区；

重庆：酉阳土家族苗族自治县；

四川：甘孜藏族自治州康定市、雅江县、德格县、新龙林业局；

陕西：汉中市汉台区、西乡县，商洛市商南县；

甘肃：嘉峪关市，白银市靖远县，平凉市静宁县，酒泉市肃州区、金塔县、肃北蒙古族自治县、玉门市、敦煌市；

青海：西宁市湟源县，海东市乐都区、平安区、民和回族土族自治县，海北藏族自治州海晏县，海南藏族自治州兴海县；

宁夏：石嘴山市大武口区、惠农区，吴忠市盐池县；

新疆：克拉玛依市独山子区、克拉玛依区，博尔塔拉蒙古自治州阿拉山口市，喀什地区麦盖提县；

新疆生产建设兵团：农一师 10 团，农二师 29 团，农四师 68 团，农十四师 224 团。

发生面积　126084 亩

危害指数　0. 4138

• 三角广翅小卷蛾 *Hedya ignara* Falkovitsh

寄　　主　梨。

分布范围　黑龙江、广东。

• 褐广翅小卷蛾 *Hedya ochroleucana*（Frolich）

寄　　主　枫香，蔷薇。

分布范围　黑龙江、福建。

• 灰广翅小卷蛾 *Hedya vicinana*（Ragonot）

寄　　主　柳树。

分布范围　黑龙江、宁夏。

• 柑橘长卷蛾 *Homona coffearia*（Nietner）

寄　　主　鹅掌楸，猴樟，柑橘，龙眼，荔枝，油茶，秋茄树。

分布范围　江苏、浙江、福建、江西、湖南、广东、海南、四川、云南、西藏、陕西。

发生地点　江苏：苏州市吴江区；

湖南：永州市回龙圩管理区。

发生面积　1381 亩

危害指数　0. 3333

• 柳杉长卷蛾 *Homona issikii* Yasuda

寄　　主　柳杉，柳树。

分布范围　华东，河南、湖北、湖南、四川、贵州。

发生地点　山东：莱芜市钢城区；

四川：眉山市洪雅县，宜宾市兴文县，雅安市雨城区。

发生面积　23492 亩

危害指数　0. 3852

• 茶长卷叶蛾 *Homona magnanima* Diakonoff

中文异名　茶长卷蛾、茶卷叶蛾、褐带长卷叶蛾、黄杨卷叶螟

寄　　主　银杏，罗汉松，山杨，黑杨，垂柳，杨梅，核桃，枫杨，麻栎，栓皮栎，朴树，榆树，黄葛树，榕树，牡丹，鹅掌楸，白兰，猴樟，樟树，山鸡椒，桢楠，枫香，山桃，桃，樱花，石楠，红叶李，沙梨，木香花，月季，多花蔷薇，南洋楹，紫荆，槐树，紫藤，柑橘，橄榄，乌桕，黄杨，冬青，卫矛，色木槭，梣叶槭，栾树，荔枝，酸枣，山杜英，木芙蓉，朱槿，木槿，黄槿，山茶，油茶，茶，小果油茶，木荷，金丝桃，柿，白蜡树，女贞，水蜡树，木犀，栀子。

分布范围　华东、中南，黑龙江、四川、陕西。

发生地点 上海：闵行区、嘉定区、浦东新区、金山区、青浦区、奉贤区，崇明县；
江苏：无锡市江阴市，常州市天宁区、钟楼区，苏州市昆山市、太仓市，淮安市清江浦区、金湖县，盐城市盐都区、东台市，扬州市邗江区、江都区、宝应县、高邮市、经济技术开发区，泰州市姜堰区，宿迁市宿城区、沭阳县；
浙江：杭州市桐庐县，宁波市北仑区，衢州市常山县；
福建：厦门市海沧区、集美区、同安区、翔安区，莆田市城厢区、涵江区、荔城区、秀屿区、仙游县，三明市沙县，泉州市安溪县，南平市松溪县，龙岩市新罗区、上杭县、漳平市；
江西：南昌市南昌县，九江市瑞昌市，新余市分宜县，赣州市安远县，吉安市永新县；
河南：许昌市许昌县、禹州市；
湖南：株洲市醴陵市，衡阳市衡南县、常宁市，邵阳市邵阳县、绥宁县，岳阳市平江县，永州市祁阳县、东安县，怀化市芷江侗族自治县；
广东：肇庆市德庆县，云浮市云安区；
四川：乐山市峨眉山市，巴中市通江县；
陕西：咸阳市秦都区、长武县，商洛市山阳县、镇安县，佛坪保护区。
发生面积 29314 亩
危害指数 0.3496

• 桐花树毛颚小卷蛾 *Lasiognatha cellifera* Meyrick

寄　　主 蜡烛果。
分布范围 福建、广东、广西。
发生地点 福建：泉州市洛江区、泉港区、泉州台商投资区；
广东：湛江市遂溪县；
广西：钦州市钦南区。
发生面积 6120 亩
危害指数 0.3606

• 香榧细小卷蛾 *Lepteucosma torreyae* Wu et Chen

寄　　主 榧树。
分布范围 浙江。
发生地点 浙江：金华市磐安县。

• 杉梢花翅小卷蛾 *Lobesia cunninghamiacola* (Liu et Bai)

中文异名 杉梢小卷蛾
寄　　主 杉松，银杉，柳杉，杉木，秃杉，桢楠，油茶，巨尾桉。
分布范围 华东、中南、西南，河北。
发生地点 安徽：合肥市庐江县，六安市金安区，宣城市宣州区；
福建：莆田市涵江区、仙游县，三明市三元区、尤溪县、将乐县、建宁县，泉州市安溪县，漳州市南靖县，南平市延平区、光泽县、松溪县、政和县，龙岩市新罗区、永定区、长汀县、上杭县；

江西：南昌市南昌县、安义县，萍乡市湘东区、萍乡开发区，九江市修水县、湖口县、瑞昌市，鹰潭市贵溪市，赣州市大余县、安远县、宁都县、于都县、兴国县、寻乌县、石城县，吉安市青原区、新干县、泰和县、永新县、井冈山市，宜春市上高县、铜鼓县、樟树市、高安市，抚州市崇仁县、宜黄县，上饶市信州区、铅山县，安福县、南城县；

河南：信阳市罗山县；

湖北：恩施土家族苗族自治州恩施市、咸丰县；

湖南：长沙市浏阳市，株洲市攸县，湘潭市湘潭县、湘乡市，衡阳市衡阳县、衡南县、祁东县、常宁市，邵阳市洞口县、绥宁县、城步苗族自治县，岳阳市云溪区、岳阳县、平江县、汨罗市、临湘市，常德市鼎城区、桃源县、石门县，益阳市资阳区、赫山区、安化县，郴州市苏仙区、桂阳县、宜章县、嘉禾县、临武县、安仁县、资兴市，永州市冷水滩区、祁阳县、东安县、道县、江永县、宁远县、金洞管理区，怀化市中方县、沅陵县、辰溪县、芷江侗族自治县、通道侗族自治县、洪江市，湘西土家族苗族自治州凤凰县、永顺县；

广东：韶关市始兴县、翁源县，肇庆市鼎湖区、高要区、德庆县、四会市、肇庆市属林场，汕尾市陆河县、陆丰市，河源市龙川县、连平县、和平县，清远市清新区、佛冈县、阳山县、连山壮族瑶族自治县、英德市、连州市、清远市属林场，云浮市云城区、云安区、新兴县、郁南县、罗定市、云浮市属林场；

广西：柳州市鹿寨县、融水苗族自治县、三江侗族自治县，桂林市临桂区、阳朔县、永福县、龙胜各族自治县、资源县、荔浦县、恭城瑶族自治县、千家洞自然保护区，梧州市龙圩区、苍梧县、藤县，防城港市防城区，贵港市平南县、桂平市，玉林市北流市，百色市田阳县、乐业县、田林县、百色市百林林场，贺州市平桂区、八步区、昭平县、钟山县，河池市金城江区、南丹县、天峨县、凤山县、罗城仫佬族自治县、环江毛南族自治县、巴马瑶族自治县、都安瑶族自治县、宜州区，来宾市金秀瑶族自治县，崇左市大新县、凭祥市，高峰林场、大桂山林场、六万林场、雅长林场；

重庆：黔江区；

四川：自贡市荣县，宜宾市珙县、筠连县、兴文县；

贵州：贵阳市白云区；

云南：昭通市威信县，德宏傣族景颇族自治州瑞丽市。

发生面积　391018 亩

危害指数　0.3681

- **苦楝小卷蛾 *Loboschiza koenigana*（Fabricius）**

寄　　主　榕树，台湾相思，楝树，桉树。

分布范围　福建、江西、湖北、广东。

发生地点　湖北：荆州市洪湖市。

发生面积　260 亩

危害指数　0.3333

- **松点卷蛾 *Lozotaenia coniferana* (Issiki)**

寄　　主　冷杉，云杉，青海云杉。
分布范围　甘肃、青海。
发生地点　甘肃：白银市靖远县，武威市天祝藏族自治县。
发生面积　3194 亩
危害指数　0.4235

- **青海云杉小卷蛾 *Neobarbara olivacea* Liu et Nasu**

寄　　主　云杉，青海云杉，紫国云杉，青杄。
分布范围　甘肃、青海。
发生地点　青海：西宁市城东区、城中区、城西区、城北区、湟中县、湟源县。
发生面积　48315 亩
危害指数　0.4782

- **栎新小卷蛾 *Olethreutes captiosana* (Falkovitsh)**

寄　　主　蒙古栎。
分布范围　北京、河北、吉林、黑龙江、青海。

- **花卷叶蛾 *Olethreutes hemiplaca* Meyrick**

寄　　主　杨，杨梅，桑，红叶，杜英，木荷。
分布范围　江苏、江西。
发生地点　江西：九江市湖口县，吉安市井冈山市。
发生面积　348 亩
危害指数　0.3333

- **山槐新小卷蛾 *Olethreutes ineptana* (Kennel)**

寄　　主　刺槐，山合欢。
分布范围　黑龙江、山东。
发生地点　山东：莱芜市钢城区。

- **柞新小卷蛾 *Olethreutes subtilana* (Falkovitsh)**

寄　　主　落叶松。
分布范围　黑龙江。

- **直带小卷蛾 *Orthotaenia undulana* (Denis et Schiffermüller)**

寄　　主　松，圆柏，山杨，白柳，旱柳，桦木，榆树，三球悬铃木，梧桐，白蜡树，泡桐。
分布范围　河北。

- **银杏超小卷叶蛾 *Pammene ginkgoicola* Liu**

中文异名　银杏超小卷蛾
寄　　主　银杏，杏，苹果。
分布范围　上海、江苏、浙江、安徽、山东、河南、湖北、广西、陕西、甘肃、新疆。
发生地点　上海：浦东新区；

江苏：徐州市邳州市，常州市溧阳市，苏州市昆山市、太仓市，南通市海安县、如东县、如皋市、海门市，淮安市涟水县，泰州市泰兴市，宿迁市沭阳县；
浙江：杭州市桐庐县，宁波市慈溪市，嘉兴市秀洲区，金华市磐安县，衢州市常山县；
安徽：六安市金寨县；
山东：莱芜市钢城区；
河南：平顶山市鲁山县；
湖北：孝感市安陆市，荆州市洪湖市，随州市随县，天门市、太子山林场；
广西：桂林市灵川县、永福县；
陕西：汉中市西乡县；
甘肃：白水江保护区；
新疆生产建设兵团：农一师。

发生面积　56894 亩

危害指数　0.3523

• 醋栗褐卷蛾 *Pandemis cerasana*（Hübner）

拉丁异名　*Pandemis ribeana* Hübner

寄　　主　桑，红花檵木。

分布范围　江苏、江西。

• 新褐卷蛾 *Pandemis chondrillana*（Herrich-Schäffer）

寄　　主　钻天杨，柳树，苹果。

分布范围　青海、新疆。

发生地点　新疆：巴音郭楞蒙古自治州和静县。

发生面积　700 亩

危害指数　0.3333

• 松褐卷蛾 *Pandemis cinnamomeana*（Treitschke）

寄　　主　冷杉，华北落叶松，山杨，柳树，桦木，栎，苹果，梨。

分布范围　河北、山西、黑龙江、江西、湖北、湖南、云南。

• 榛褐卷蛾 *Pandemis corylana*（Fabricius）

寄　　主　落叶松，华北落叶松，杞柳，大黄柳，桦木，榛子，樱桃，日本樱花，鼠李，悬钩子，水曲柳，枸杞。

分布范围　东北，北京、河北、山东、陕西。

发生地点　北京：密云区；
陕西：宁东林业局、太白林业局。

• 桃褐卷蛾 *Pandemis dumetana*（Treitschke）

寄　　主　山杨，核桃楸，核桃，桃，苹果，李，绣线菊，长叶黄杨，盐肤木，鼠李，水曲柳，女贞。

分布范围　东北，北京、河北、福建、山东、湖北、云南、陕西、青海。

发生地点　北京：东城区、顺义区、密云区；
河北：张家口市怀来县；
山东：济宁市任城区、梁山县，聊城市东阿县；
陕西：渭南市大荔县。
发生面积　200 亩
危害指数　0.3350

- **长褐卷蛾 *Pandemis emptycta* Meyrick**

寄　　主　丁香。
分布范围　北京、湖北、四川、陕西、宁夏。

- **苹褐卷蛾 *Pandemis heparana*（Denis et Schiffermüller）**

中文异名　褐带卷叶蛾
寄　　主　山杨，黑杨，毛白杨，垂柳，旱柳，水青冈，辽东桤木，榛子，锥栗，板栗，榆树，桑，黑果茶藨，桃，杏，樱桃，苹果，李，红叶李，梨，沙梨，花楸树，秋枫，黄杨，栀子，鼠李，水曲柳。
分布范围　华北、东北、华东、中南、西北。
发生地点　北京：丰台区、石景山区、顺义区；
河北：唐山市乐亭县、玉田县，沧州市河间市；
内蒙古：乌兰察布市四子王旗；
江苏：苏州市太仓市，淮安市金湖县，盐城市盐都区、大丰区、响水县、建湖县，扬州市宝应县、经济技术开发区；
福建：厦门市同安区；
湖北：武汉市洪山区，荆州市洪湖市。
发生面积　5217 亩
危害指数　0.3333

- **暗褐卷蛾 *Pandemis phaiopteron* Razowski**

寄　　主　云杉，青海云杉，油松，山杨，桦木，旱榆，榆树，桑，桃，杏，樱桃，苹果，李，梨。
分布范围　河北、山东、陕西、青海、宁夏。
发生地点　河北：保定市唐县，沧州市吴桥县，定州市；
山东：潍坊市坊子区；
宁夏：银川市永宁县。
发生面积　383 亩
危害指数　0.3333

- **肉桂双瓣卷蛾 *Polylopha cassiicola* Liu et Kawabe**

寄　　主　垂柳，猴樟，樟树，肉桂，黄樟，巨尾桉。
分布范围　福建、广东、广西。
发生地点　福建：龙岩市上杭县；

广东：肇庆市鼎湖区、高要区、德庆县，汕尾市陆丰市、汕尾市属林场，云浮市新兴县、郁南县、罗定市、云浮市属林场；
广西：防城港市防城区。
发生面积 1957 亩
危害指数 0.4788

● **灰翅小卷蛾 *Pseudohermenias ajanensis* Falkovitsh**
寄　　主 云杉，小叶女贞。
分布范围 黑龙江、江苏、青海。
发生地点 江苏：无锡市惠山区；
青海：西宁市城东区、城中区、城西区、城北区。
发生面积 713 亩
危害指数 0.3801

● **杨灰小卷蛾 *Pseudosciaphila branderiana*（Linnaeus）**
寄　　主 山杨，桦木。
分布范围 黑龙江、甘肃、宁夏。
发生地点 甘肃：嘉峪关市。

● **樱桃双斜卷蛾 *Ptycholoma imitator*（Walsingham）**
寄　　主 杜仲，毛樱桃。
分布范围 北京、湖北、四川。
发生地点 四川：巴中市恩阳区。

● **环铅卷蛾 *Ptycholoma lecheana*（Linnaeus）**
寄　　主 落叶松，杨树，桦木，栎，山楂，苹果，稠李，梨，花楸树，椴树。
分布范围 东北，河北、湖南。

● **落叶松卷蛾 *Ptycholomoides aeriferana*（Herrich-Schäffer）**
中文异名 落叶松卷叶蛾
寄　　主 落叶松，日本落叶松，柏木，风桦，白桦，黑桦鼠李。
分布范围 黑龙江、四川、甘肃。
发生地点 黑龙江：佳木斯市郊区；
四川：巴中市恩阳区；
甘肃：定西市渭源县；
大兴安岭林业集团公司：图强林业局。
发生面积 2547 亩
危害指数 0.3333

● **松实小卷蛾 *Retinia cristata*（Walsingham）**
中文异名 杉梢卷叶蛾
寄　　主 赤松，湿地松，思茅松，马尾松，日本五针松，油松，火炬松，黄山松，黑松，杉木。

分布范围　东北、华东，北京、河北、山西、河南、湖南、广东、广西、重庆、四川、云南、陕西。

发生地点　安徽：芜湖市芜湖县；

江西：萍乡市上栗县、芦溪县；

湖南：湘潭市湘乡市，衡阳市衡阳县、衡南县、祁东县、常宁市，岳阳市云溪区、岳阳县、平江县，怀化市麻阳苗族自治县，湘西土家族苗族自治州凤凰县、保靖县；

广东：湛江市遂溪县，肇庆市鼎湖区、高要区、四会市，梅州市大埔县，汕尾市陆河县、陆丰市，中山市，云浮市新兴县；

广西：桂林市兴安县，梧州市长洲区；

重庆：巴南区；

云南：普洱市景谷傣族彝族自治县；

陕西：宁东林业局。

发生面积　16984 亩

危害指数　0.3836

• **落叶松实小卷蛾 *Retinia impropria* (Meyrick)**

中文异名　落叶松果实小卷蛾

拉丁异名　*Retinia perangustana* (Snellen)

寄　　主　落叶松，华北落叶松。

分布范围　内蒙古、吉林、黑龙江、云南。

发生地点　内蒙古：通辽市霍林郭勒市。

• **一点实小卷蛾 *Retinia monopunctata* (Oku)**

寄　　主　鱼鳞云杉，油松，山杨，槐树。

分布范围　东北，山西、福建、山东、陕西。

发生地点　山东：烟台市芝罘区；

陕西：宁东林业局。

• **红松实小卷蛾 *Retinia resinella* (Linnaeus)**

寄　　主　樟子松，梓。

分布范围　内蒙古、黑龙江、山东。

• **苹黑痣小卷蛾 *Rhopobota naevana* (Hübner)**

寄　　主　杏，山楂，苹果，梨，野海棠，花楸树，水曲柳，小蜡。

分布范围　东北，河北、江苏、浙江、福建、江西、湖北、广东、四川。

发生地点　江苏：苏州市太仓市；

四川：雅安市雨城区。

• **马尾松梢小卷蛾 *Rhyacionia dativa* Heinrich**

中文异名　松梢小卷蛾

寄　　主　湿地松，马尾松，台湾五针松。

分布范围　华东，江西、湖北、湖南、广东、四川、陕西。
发生地点　浙江：丽水市莲都区；
福建：南平市松溪县；
江西：鹰潭市月湖区，赣州市于都县；
湖北：襄阳市保康县；
湖南：邵阳市城步苗族自治县。
发生面积　898 亩
危害指数　0.3333

• **夏梢小卷蛾 *Rhyacionia duplana* (Hübner)**
寄　　主　赤松，油松，黑松。
分布范围　河北、山西、辽宁、山东、河南、陕西。
发生地点　陕西：宁东林业局。

• **云南松梢小卷蛾 *Rhyacionia insulariana* Liu**
中文异名　云南松小卷蛾
寄　　主　华山松，思茅松，马尾松，云南松。
分布范围　重庆、四川、云南。
发生地点　四川：凉山彝族自治州会理县、冕宁县、美姑县。
发生面积　10230 亩
危害指数　0.3333

• **细梢小卷蛾 *Rhyacionia leptotubula* Liu et Bai**
寄　　主　华山松，云南松。
分布范围　云南。
发生地点　云南：昆明市东川区，昭通市昭阳区、鲁甸县、巧家县。
发生面积　30881 亩
危害指数　0.3333

• **松梢小卷蛾 *Rhyacionia pinicolana* (Doubleday)**
寄　　主　落叶松，青海云杉，湿地松，思茅松，马尾松，樟子松，油松，云南松，金钱松，杉木。
分布范围　华北、东北、中南、西南，浙江、福建、江西、陕西、宁夏。
发生地点　河北：保定市阜平县、唐县；
内蒙古：呼伦贝尔市红花尔基林业局；
福建：莆田市荔城区，南平市光泽县，龙岩市新罗区；
江西：赣州市兴国县，安福县；
河南：南阳市淅川县，固始县；
湖南：株洲市芦淞区、石峰区，衡阳市耒阳市，邵阳市隆回县、洞口县，常德市桃源县，娄底市涟源市；

广东：湛江市廉江市，肇庆市怀集县，惠州市惠东县，河源市源城区、龙川县、东源县；
广西：梧州市万秀区，河池市东兰县；
重庆：黔江区；
四川：宜宾市屏山县，凉山彝族自治州布拖县、甘洛县；
云南：普洱市墨江林业局，楚雄彝族自治州禄丰县；
陕西：宁东林业局。

发生面积 49094 亩

危害指数 0.3605

• 弯月小卷蛾 *Saliciphaga archaris* (Butler)

寄　　主 山杨，旱柳。

分布范围 河北、吉林、黑龙江、江西、山东。

发生地点 山东：黄河三角洲保护区。

• 葡萄长须卷蛾 *Sparganothis pilleriana* (Denis et Schiffermüller)

寄　　主 海棠花，葡萄，茶。

分布范围 东北，上海、江苏。

发生地点 上海：闵行区；
江苏：南京市高淳区。

发生面积 1001 亩

危害指数 0.3333

• 桃白小卷蛾 *Spilonota albicana* (Motschulsky)

寄　　主 桃，杏，樱桃，山楂，苹果，李，梨。

分布范围 华北、东北、华东、西南，河南、湖南、湖北。

发生地点 山东：德州市陵城区，聊城市东阿县。

发生面积 400 亩

危害指数 0.3333

• 松白小卷蛾 *Spilonota laricana* (Hemnemann)

寄　　主 落叶松，槐树。

分布范围 黑龙江、安徽、陕西。

发生地点 陕西：太白林业局。

• 芽白小卷蛾 *Spilonota lechriaspis* Meyrick

中文异名 苹果顶芽小卷蛾、顶梢卷叶蛾

寄　　主 核桃，润楠，桃，杏，日本樱花，山楂，垂丝海棠，西府海棠，苹果，李，红叶李，河北梨，秋子梨，油茶，铁力木，野海棠，柿，栀子。

分布范围 华北、东北、华东，河南、湖北、湖南、广西、陕西、甘肃、宁夏。

发生地点 北京：丰台区；

河北：石家庄市井陉县、灵寿县、高邑县，唐山市开平区、滦南县、乐亭县、玉田县，邢台市新河县、临西县，张家口市怀安县，承德市平泉县、宽城满族自治县，沧州市吴桥县，廊坊市固安县、三河市，衡水市桃城区、枣强县、武邑县、景县、冀州市，辛集市；

浙江：宁波市象山县；

山东：青岛市胶州市、即墨市、莱西市，日照市莒县，莱芜市钢城区，德州市禹城市，聊城市阳谷县、东阿县、冠县，黄河三角洲保护区；

河南：郑州市中牟县，鹤壁市鹤山区，濮阳市南乐县，许昌市魏都区、东城区；

广西：贺州市八步区，大桂山林场、热带林业实验中心；

陕西：咸阳市泾阳县，榆林市米脂县；

甘肃：白银市靖远县，平凉市泾川县、灵台县、崇信县、庄浪县，庆阳市正宁县、宁县。

发生面积 116560 亩

危害指数 0.5223

• 苹白小卷蛾 *Spilonota ocellana* (Denia et Schiffermüller)

寄　　主 柳，黄葛树，榕树，海桐，枫香，桃，杏，樱桃，山楂，榅桲，苹果，李，沙梨，台湾相思，水黄皮，盐肤木，山杜英，黄槿，秋海棠，糖胶树。

分布范围 华北、东北、华东、中南。

发生地点 浙江：宁波市慈溪市，衢州市常山县；

福建：厦门市海沧区、集美区，莆田市城厢区、荔城区、秀屿区、仙游县；

四川：遂宁市大英县。

发生面积 453 亩

危害指数 0.3333

• 三角巨小卷蛾 *Statherotis leucaspis* (Meyrick)

寄　　主 木犀，荔枝。

分布范围 广东。

发生地点 广东：惠州市惠城区。

• 桉巨小卷蛾 *Strepsocrates coriariae* Oku

中文异名 桉小卷蛾

寄　　主 秋枫，朱槿，白桉，广叶桉，柠檬桉，阔叶桉，大叶桉，巨桉，巨尾桉，柳窿桉，尾叶桉，王棕。

分布范围 福建、湖南、广东、广西、海南。

发生地点 福建：泉州市安溪县；

湖南：郴州市宜章县；

广东：韶关市始兴县，深圳市龙岗区，湛江市廉江市，茂名市茂南区，肇庆市鼎湖区、高要区、怀集县、德庆县、四会市、肇庆市属林场，惠州市惠东县、仲恺区，梅州市大埔县、蕉岭县，汕尾市海丰县、陆河县、陆丰市、汕尾市属林场，河源市源城区、龙川县、连平县、东源县、新丰江，清远市清新区、佛冈县，东莞市，云浮市云安区、新兴县、云浮市属林场；

广西：南宁市邕宁区、宾阳县、横县，桂林市阳朔县，梧州市万秀区、龙圩区、苍梧县、藤县、岑溪市，北海市银海区、铁山港区、合浦县，防城港市港口区、防城区、上思县、东兴市，钦州市钦南区、钦北区、钦州港，贵港市港北区、港南区、覃塘区、平南县、桂平市，玉林市容县、陆川县、博白县、兴业县、北流市，百色市田阳县、田林县、靖西市、百色市百林林场，贺州市八步区、昭平县、钟山县、富川瑶族自治县，河池市金城江区、罗城仫佬族自治县、环江毛南族自治县、都安瑶族自治县、大化瑶族自治县、宜州区，来宾市兴宾区、忻城县、象州县、武宣县、金秀瑶族自治县、合山市，崇左市江州区、扶绥县、宁明县、凭祥市，七坡林场、良凤江森林公园、东门林场、派阳山林场、钦廉林场、三门江林场、黄冕林场、六万林场、博白林场；

海南：三亚市海棠区，文昌市、万宁市。

发生面积　138384 亩

危害指数　0.3470

• 云杉线小卷蛾 *Zeiraphera canadensis* Mutuura et Freeman

寄　　主　云杉，青海云杉。

分布范围　甘肃、青海、宁夏。

发生地点　甘肃：定西市渭源县，甘南藏族自治州卓尼县，白龙江林业管理局。

发生面积　34757 亩

危害指数　0.3333

• 甘肃线小卷蛾 *Zeiraphera gansuensis* Liu et Nasu

中文异名　油松叶小卷蛾、油松线小卷蛾

寄　　主　油松。

分布范围　陕西、甘肃、青海。

发生地点　陕西：渭南市华阴市；

甘肃：定西市漳县，临夏回族自治州临夏县、康乐县、永靖县、和政县、积石山保安族东乡族撒拉族自治县，兴隆山保护区、太子山保护区。

发生面积　8475 亩

危害指数　0.4753

• 松线小卷蛾 *Zeiraphera griseana*（Hübner）

中文异名　落叶松灰卷叶蛾

寄　　主　冷杉，落叶松，华北落叶松，云杉，松。

分布范围　西北，河北、山西、吉林。

发生地点　河北：塞罕坝林场；

山西：管涔山国有林管理局、五台山国有林管理局；
陕西：咸阳市彬县；
青海：西宁市大通回族土族自治县；
新疆：阿尔泰山国有林管理局。

发生面积　62801 亩

危害指数　0.4286

● **栎线小卷蛾** ***Zeiraphera isertana*** **(Fabricius)**

寄　　主　梨。

分布范围　甘肃。

发生地点　甘肃：临夏回族自治州临夏县、和政县、东乡族自治县。

发生面积　20957 亩

危害指数　0.5199

木蠹蛾科 Cossidae

● **钻具木蠹蛾** ***Acossus terebra*** **(Denis et Schiffermüller)**

寄　　主　山杨。

分布范围　内蒙古、吉林、黑龙江。

发生地点　内蒙古：赤峰市巴林右旗。

发生面积　500 亩

危害指数　0.3333

● **白斑木蠹蛾** ***Catopta albonubila*** **(Graeser)**

寄　　主　杨，柳树，苹果，木棉。

分布范围　西北，北京、河北、山西、黑龙江。

发生地点　河北：张家口市沽源县；
陕西：渭南市华州区。

发生面积　120 亩

危害指数　0.3333

● **闪蓝斑蠹蛾** ***Chalcidica minea*** **(Cramer)**

寄　　主　大果榕，龙眼，荔枝。

分布范围　广东、广西、云南。

发生地点　广东：云浮市罗定市。

● **黄胸木蠹蛾** ***Cossus cossus chinensis*** **Rothschild**

寄　　主　山杨，柳树，核桃，板栗，桃，樱花，刺槐，柑橘，柿。

分布范围　北京、河北、江苏、福建、山东、湖南、四川、云南、陕西、甘肃。

发生地点　北京：密云区；

河北：衡水市深州市；

福建：南平市延平区。

- **芳香木蠹蛾 *Cossus cossus* Linnaeus**

寄　　主　柳杉，柏木，侧柏，新疆杨，山杨，胡杨，二白杨，箭杆杨，小叶杨，白柳，垂柳，旱柳，馒头柳，山核桃，核桃，榛子，蒙古栎，旱榆，榆树，银桦，蜡梅，枫香，三球悬铃木，桃，杏，木瓜，苹果，梨，香槐，刺槐，槐树，花椒，野花椒，香椿，枣树，沙枣，沙棘，山茱萸，柿，白蜡树，丁香。

分布范围　全国。

发生地点　北京：石景山区、密云区；

天津：东丽区；

河北：唐山市玉田县，邯郸市武安市，沧州市吴桥县、献县，廊坊市安次区、固安县，衡水市武邑县、武强县、饶阳县、安平县；

山西：朔州市怀仁县，晋中市左权县，运城市新绛县；

内蒙古：包头市土默特右旗，通辽市科尔沁左翼中旗、库伦旗；

辽宁：营口市大石桥市；

黑龙江：齐齐哈尔市克东县，佳木斯市富锦市；

上海：宝山区、浦东新区；

江苏：镇江市丹阳市；

安徽：阜阳市颍州区，亳州市蒙城县，宣城市宣州区；

江西：上饶市信州区；

山东：东营市东营区，济宁市曲阜市、高新技术开发区，泰安市泰山林场，聊城市东阿县、临清市、经济技术开发区、高新技术产业开发区；

湖南：邵阳市洞口县；

重庆：江北区、北碚区、铜梁区，巫溪县、酉阳土家族苗族自治县；

四川：自贡市荣县；

贵州：黔西南布依族苗族自治州贞丰县；

云南：临沧市临翔区、云县、镇康县、双江拉祜族佤族布朗族傣族自治县；

陕西：西安市蓝田县，宝鸡市扶风县、陇县，咸阳市永寿县、彬县、兴平市，渭南市华州区，延安市延川县，汉中市汉台区，榆林市子洲县，商洛市商州区、山阳县、镇安县；

甘肃：兰州市城关区、七里河区、西固区、红古区，嘉峪关市，平凉市崆峒区，酒泉市肃州区、金塔县，庆阳市华池县，定西市渭源县，陇南市两当县；

宁夏：银川市兴庆区、西夏区、金凤区、永宁县，石嘴山市大武口区，吴忠市利通区、盐池县、同心县，固原市彭阳县，中卫市沙坡头区；

新疆：博尔塔拉蒙古自治州精河县，巴音郭楞蒙古自治州焉耆回族自治县；

新疆生产建设兵团：农二师 22 团。

发生面积　149689 亩

危害指数　0.4237

• **东方木蠹蛾** ***Cossus orientalis*** **Gaede**

寄　　主　柳杉，新疆杨，北京杨，青杨，山杨，黑杨，小青杨，沙兰杨，白柳，垂柳，旱柳，山核桃，核桃，桤木，西桦，白桦，麻栎，榆树，三球悬铃木，杏，苹果，红叶李，梨，刺槐，槐树，臭椿，香椿，水柳，色木槭，栾树，沙棘，桉树，山柳，柿，白蜡树，丁香。

分布范围　华北、东北、西北，江苏、安徽、山东、河南、湖北、四川、云南。

发生地点　北京：东城区、大兴区；

河北：唐山市乐亭县，邯郸市鸡泽县，保定市满城区，沧州市盐山县、吴桥县、献县，廊坊市三河市，衡水市枣强县，雾灵山保护区；

内蒙古：包头市青山区，巴彦淖尔市磴口县，乌兰察布市卓资县、兴和县、察哈尔右翼前旗、察哈尔右翼后旗、四子王旗，阿拉善盟阿拉善左旗；

辽宁：丹东市东港市，营口市鲅鱼圈区、老边区，辽阳市辽阳县；

江苏：南京市高淳区，镇江市京口区、润州区；

安徽：亳州市涡阳县；

山东：青岛市胶州市、即墨市、莱西市，东营市河口区、广饶县，威海市环翠区，莱芜市莱城区，临沂市临沭县，聊城市东昌府区、阳谷县、莘县；

河南：洛阳市嵩县，安阳市林州市，三门峡市卢氏县；

四川：遂宁市大英县，广安市武胜县；

云南：保山市隆阳区，普洱市江城哈尼族彝族自治县、孟连傣族拉祜族佤族自治县、西盟佤族自治县，临沧市永德县；

陕西：延安市吴起县，商洛市柞水县；

甘肃：兰州市永登县、皋兰县，白银市靖远县，武威市凉州区，临夏回族自治州临夏市、康乐县、永靖县、广河县、东乡族自治县、积石山保安族东乡族撒拉族自治县；

青海：西宁市城东区、城中区、城西区、城北区、大通回族土族自治县、湟源县，海东市民和回族土族自治县、互助土族自治县；

新疆：巴音郭楞蒙古自治州库尔勒市、和静县、博湖县；

新疆生产建设兵团：农七师 130 团。

发生面积　160688 亩

危害指数　0. 3624

• **蒙古木蠹蛾** ***Cryptoholcocerus mongolicus*** **(Erschoff)**

寄　　主　钻天柳，加杨，山杨，毛白杨，白柳，垂柳，旱柳，馒头柳，白桦，栎，榆树，桃，杏，苹果，梨，刺槐，槐树，臭椿，葡萄，沙棘，山柳，白蜡树，丁香。

分布范围　华北、东北、华东、西北，四川。

发生地点　河北：保定市阜平县、唐县，沧州市吴桥县、河间市，廊坊市霸州市，衡水市桃城区；

山西：杨树丰产林实验局；

内蒙古：巴彦淖尔市乌拉特前旗、乌拉特中旗；

辽宁：沈阳市新民市。

发生面积　11334 亩
危害指数　0.4964

- **沙柳木蠹蛾** ***Deserticossus arenicola*** **(Staudinger)**

寄　　主　山杨，毛白杨，垂柳，旱柳，北沙柳，沙柳，栎，桃，苹果，沙冬青，柠条锦鸡儿，黄杨，栾树，沙棘。
分布范围　东北、西北，河北、内蒙古、上海、山东。
发生地点　河北：保定市顺平县、涿州市，衡水市桃城区；
内蒙古：鄂尔多斯市鄂托克旗；
上海：宝山区、嘉定区、松江区；
山东：莱芜市钢城区；
陕西：榆林市榆阳区、横山区、定边县。
发生面积　60460 亩
危害指数　0.5211

- **沙棘木蠹蛾** ***Eogystia hippophaecolus*** **(Hua, Chou, Fang et Chen)**

寄　　主　山杨，沙柳，榆树，山杏，沙枣，沙棘，山柳。
分布范围　东北、西北，河北、山西、内蒙古、江苏、山东。
发生地点　河北：保定市阜平县，张家口市怀安县、赤城县；
山西：朔州市右玉县，忻州市岢岚县，五台山国有林管理局；
内蒙古：呼和浩特市和林格尔县、清水河县，包头市固阳县，赤峰市敖汉旗，鄂尔多斯市东胜区、达拉特旗、准格尔旗，乌兰察布市集宁区、兴和县、察哈尔右翼前旗、察哈尔右翼后旗、丰镇市，锡林郭勒盟太仆寺旗；
黑龙江：齐齐哈尔市泰来县；
江苏：淮安市金湖县；
山东：济宁市兖州区；
陕西：延安市延川县、安塞县、志丹县、吴起县；
甘肃：平凉市华亭县、关山林管局，庆阳市西峰区、环县、合水县、镇原县，定西市渭源县；
青海：海北藏族自治州祁连县；
宁夏：固原市原州区、西吉县、彭阳县、六盘山林业局。
发生面积　677194 亩
危害指数　0.5823

- **芦笋木蠹蛾** ***Eogystia sibirica*** **(Alphéraky)**

中文异名　石刀柏木蠹蛾
寄　　主　柏木。
分布范围　河北、辽宁。

- **芦苇蠹蛾** ***Phragmataecia castaneae*** **(Hübner)**

中文异名　芦苇豹蠹蛾

寄　　主　榛子。

分布范围　北京、天津、河北、上海、四川、云南、陕西、新疆。

- **咖啡木蠹蛾** ***Polyphagozerra coffeae*** **(Nietner)**

中文异名　咖啡豹蠹蛾、咖啡黑点蠹蛾、豹纹木蠹蛾

寄　　主　木麻黄，山杨，垂柳，旱柳，杨梅，山核桃，薄壳山核桃，野核桃，核桃楸，核桃，枫杨，板栗，苦槠栲，锥栗，小叶栎，青冈，黑弹树，朴树，构树，垂叶榕，榕树，八角，玉兰，荷花玉兰，深山含笑，阴香，樟树，肉桂，三球悬铃木，扁桃，桃，碧桃，杏，樱桃，樱花，日本晚樱，日本樱花，山楂，枇杷，苹果，海棠花，石楠，红叶李，火棘，梨，月季，台湾相思，云南金合欢，羊蹄甲，紫荆，降香，鸡冠刺桐，格木，老虎刺，刺槐，槐树，柑橘，花椒，楝树，桃花心木，油桐，重阳木，秋枫，山乌桕，乌桕，黄杨，三角槭，龙眼，全缘叶栾树，栾树，荔枝，无患子，枣树，葡萄，木槿，木棉，可可，茶梨，油茶，茶，木荷，柽柳，紫薇，大花紫薇，海桑，石榴，榄仁树，细叶桉，巨尾桉，尾叶桉，蒲桃，柿，洋白蜡，木犀，盆架树，白花泡桐，咖啡。

分布范围　华东、中南，北京、河北、内蒙古、重庆、四川、云南、陕西。

发生地点　北京：密云区；

上海：嘉定区、浦东新区、青浦区，崇明县；

江苏：常州市新北区，苏州市高新技术开发区、吴中区、吴江区、昆山市、太仓市，盐城市阜宁县、东台市；

浙江：杭州市桐庐县，宁波市江北区、鄞州区、象山县、慈溪市，嘉兴市秀洲区，衢州市常山县，丽水市莲都区；

安徽：合肥市庐阳区、包河区，芜湖市芜湖县，蚌埠市固镇县，滁州市全椒县、明光市，宣城市宁国市；

福建：厦门市集美区，莆田市涵江区、秀屿区、仙游县，龙岩市漳平市；

江西：萍乡市上栗县，赣州市于都县，吉安市新干县，上饶市余干县，鄱阳县；

山东：青岛市胶州市，潍坊市昌邑市，济宁市曲阜市，聊城市冠县，黄河三角洲保护区；

河南：南阳市南召县；

湖北：潜江市；

湖南：长沙市望城区，衡阳市南岳区，岳阳市平江县，郴州市桂阳县，娄底市新化县；

广东：深圳市宝安区、大鹏新区，汕头市龙湖区、澄海区，佛山市南海区，湛江市廉江市，茂名市茂南区，肇庆市高要区、怀集县、德庆县、四会市，惠州市惠阳区、惠东县，汕尾市陆河县、陆丰市，河源市源城区、紫金县、东源县，清远市清新区，东莞市，云浮市云城区、新兴县；

广西：南宁市邕宁区、武鸣区，桂林市龙胜各族自治县、荔浦县，梧州市苍梧县、藤县、蒙山县、岑溪市，防城港市上思县，贵港市港南区、平南县、桂平市，玉林市福绵区、容县、兴业县、北流市，百色市百林林场，贺州市平桂区，河池市东兰县、罗城仫佬族自治县、环江毛南族自治县，来宾市忻城县、武宣县，

崇左市扶绥县、龙州县、凭祥市，良凤江森林公园、派阳山林场、维都林场、六万林场、博白林场；

重庆：丰都县、武隆区、彭水苗族土家族自治县；

四川：成都市大邑县，遂宁市安居区、蓬溪县，雅安市雨城区，凉山彝族自治州盐源县；

云南：玉溪市江川区，普洱市景东彝族自治县，红河哈尼族彝族自治州弥勒市、建水县、绿春县，文山壮族苗族自治州麻栗坡县，大理白族自治州永平县，怒江傈僳族自治州泸水县；

陕西：咸阳市秦都区、泾阳县、乾县，渭南市华州区。

发生面积 95217 亩

危害指数 0.3807

- **小木蠹蛾 *Streltzoviella insularis* (Staudinger)**

寄　　主 银杏，马尾松，柳杉，山杨，垂柳，旱柳，山核桃，核桃，白桦，麻栎，榆树，构树，白兰，三球悬铃木，榆叶梅，樱花，日本樱花，山楂，西府海棠，苹果，海棠花，黄刺玫，槐树，龙爪槐，臭椿，香椿，山乌桕，冬青，卫矛，色木槭，元宝槭，全缘叶栾树，栾树，无患子，秋海棠，紫薇，白蜡树，洋白蜡，天山梣，木犀，紫丁香，荆条。

分布范围 华北、东北、华东，广东、广西、四川、云南、陕西、宁夏。

发生地点 北京：朝阳区、石景山区、房山区、通州区、顺义区、延庆区；

天津：塘沽区、大港区、东丽区、西青区、武清区、静海区；

河北：石家庄市晋州市，保定市唐县，沧州市河间市，廊坊市安次区、霸州市；

上海：宝山区、嘉定区、浦东新区；

江苏：常州市溧阳市，苏州市太仓市；

江西：景德镇市昌江区；

山东：东营市东营区、河口区、垦利县、广饶县，聊城市阳谷县，滨州市沾化区、惠民县、无棣县，菏泽市牡丹区、单县，黄河三角洲保护区；

广东：广州市从化区；

广西：钦州市钦北区；

四川：遂宁市船山区，巴中市通江县；

云南：怒江傈僳族自治州福贡县、贡山独龙族怒族自治县；

陕西：延安市延川县，商洛市丹凤县。

发生面积 22116 亩

危害指数 0.3571

- **白背斑蠹蛾 *Xyleutes persona* (Le Guillou)**

寄　　主 茶。

分布范围 广东、云南。

发生地点 广东：云浮市郁南县。

• 榆木蠹蛾 *Yakudza vicarius*（Walker）

中文异名　榆蠹蛾、柳干蠹蛾

拉丁异名　*Holcocerus japonicus* Gaede

寄　　主　银杏，柳杉，新疆杨，加杨，山杨，黑杨，毛白杨，白柳，垂柳，绦柳，旱柳，水曲柳，核桃，栗，麻栎，小叶栎，栓皮栎，榆树，杏，野杏，樱桃，野山楂，山楂，苹果，稠李，梨，蔷薇，刺槐，槐树，花椒，红淡比，沙枣，金叶树，白蜡树，花曲柳，紫丁香，暴马丁香，枸杞，忍冬。

分布范围　华北、东北、华东，河南、湖北、湖南、重庆、四川、贵州、陕西、甘肃、宁夏。

发生地点　北京：大兴区、密云区；

河北：石家庄市灵寿县，唐山市乐亭县，邯郸市永年区，张家口市怀安县、赤城县，沧州市吴桥县、黄骅市、河间市，廊坊市固安县、香河县，雾灵山保护区；

内蒙古：乌海市海勃湾区、海南区，通辽市科尔沁左翼中旗、科尔沁左翼后旗，锡林郭勒盟正蓝旗；

上海：闵行区、金山区、松江区、宝山区；

江苏：南京市玄武区，盐城市亭湖区，泰州市泰兴市、姜堰区；

安徽：阜阳市颍州区；

山东：潍坊市昌邑市，济宁市鱼台县，泰安市岱岳区，莱芜市莱城区，聊城市阳谷县、东阿县、临清市，滨州市沾化区，菏泽市牡丹区、单县、巨野县、郓城县；

湖北：武汉市洪山区，荆州市洪湖市；

四川：遂宁市安居区，南充市高坪区，阿坝藏族羌族自治州理县；

陕西：咸阳市旬邑县，渭南市澄城县，延安市延川县，榆林市米脂县，商洛市商南县、镇安县，佛坪保护区，宁东林业局、太白林业局；

甘肃：嘉峪关市，白银市靖远县；

宁夏：石嘴山市大武口区、惠农区、平罗县，吴忠市红寺堡区、盐池县、同心县、青铜峡市，中卫市中宁县。

发生面积　47583 亩

危害指数　0. 3867

• 六星黑点豹蠹蛾 *Zeuzera multistrigata leuconotum* Butler

中文异名　豹纹木蠹蛾、木蠹蛾

寄　　主　山杨，旱柳，薄壳山核桃，粗皮山核桃，核桃，麻栎，榆树，桑，澳洲坚果，牡丹，玉兰，荷花玉兰，白兰，猴樟，樟树，枫香，杜仲，三球悬铃木，桃，碧桃，山杏，杏，樱桃，日本晚樱，山楂，苹果，海棠花，李，河北梨，月季，羊蹄甲，洋紫荆，紫荆，槐树，柑橘，重阳木，长叶黄杨，黄杨，槭，栾树，枣树，山茶，茶，石榴，喜树，巨尾桉，杜鹃，柿，白蜡树，女贞，泡桐，栀子。

分布范围　华东，北京、天津、河北、河南、湖北、湖南、广东、四川、云南、陕西。

发生地点　北京：石景山区、密云区；

天津：塘沽区、大港区、津南区、静海区；

河北：沧州市东光县；

江苏：南京市高淳区；
江西：宜春市高安市；
山东：济宁市任城区，泰安市新泰市，聊城市阳谷县、东阿县，菏泽市单县；
湖北：武汉市新洲区，荆州市松滋市；
湖南：益阳市资阳区、沅江市；
四川：遂宁市安居区，南充市高坪区；
云南：丽江市永胜县，临沧市凤庆县，楚雄彝族自治州南华县、姚安县、大姚县、武定县，大理白族自治州祥云县、宾川县、巍山彝族回族自治县；
陕西：宝鸡市扶风县，咸阳市秦都区、渭城区、礼泉县、旬邑县，渭南市华州区，延安市宜川县。

发生面积　102291 亩

危害指数　0.3641

• 多纹豹蠹蛾 *Zeuzera multistrigata* Moore

中文异名　核桃豹蠹蛾、多斑豹蠹蛾、木麻黄木蠹蛾

寄　　主　木麻黄，山杨，毛白杨，旱柳，白桦，山核桃，核桃，枫杨，板栗，栎，榆树，银桦，檀香，玉兰，桃，山杏，杏，日本晚樱，山楂，苹果，梨，月季，台湾相思，黑荆树，羊蹄甲，紫荆，南岭黄檀，槐树，刺槐，黄杨，冬青，冬青卫矛，色木槭，龙眼，荔枝，枣树，山茶，石榴，秋茄树，柿。

分布范围　西南，北京、天津、河北、辽宁、上海、浙江、福建、山东、湖北、广东、广西、陕西。

发生地点　北京：石景山区、顺义区、密云区；
河北：沧州市河间市、沧县，雾灵山保护区；
福建：莆田市荔城区、秀屿区；
山东：泰安市泰山区、宁阳县，菏泽市定陶区、单县；
四川：雅安市雨城区；
西藏：拉萨市林周县，山南市加查县、隆子县；陕西：咸阳市兴平市，商洛市镇安县、山阳县，佛坪保护区。

发生面积　4004 亩

危害指数　0.4008

• 梨豹蠹蛾 *Zeuzera pyrina*（Linnaeus）

寄　　主　毛白杨，美国白杨，川滇柳,山核桃，核桃，栎，栎子青冈，榆树，大果榉，桃，杏，苹果，李，白梨，秋子梨，刺槐，重阳木，全缘叶栾树，枣树，葡萄，茶。

分布范围　东北，北京、河北、江苏、浙江、安徽、江西、山东、湖南、四川、陕西、宁夏。

发生地点　北京：密云区；
江苏：苏州市高新技术开发区、吴江区、昆山市、太仓市；
江西：萍乡市莲花县、上栗县；
湖南：娄底市新化县；
四川：巴中市通江县，甘孜藏族自治州泸定县；

陕西：渭南市华州区，汉中市汉台区，宁东林业局、太白林业局。

发生面积　4951 亩

危害指数　0. 3507

拟木蠹蛾科 Metarbelidae

- **相思拟木蠹蛾 *Indarbela baibarana* Matsumura**

中文异名　八角木蠹蛾

寄　　主　木麻黄，旱柳，核桃，枫杨，西桦，板栗，榕树，八角，木莲，猴樟，樟树，肉桂，山鸡椒，桃，杏，枇杷，梨，相思子，耳叶相思，台湾相思，云南金合欢，马占相思，羊蹄甲，洋紫荆，紫荆，刺槐，柑橘，香椿，秋枫，杧果，栾树，荔枝，无患子，木棉，油茶，合果木，巨尾桉，柳窿桉，木犀。

分布范围　江苏、福建、广东、广西、海南、云南。

发生地点　江苏：苏州市高新技术开发区；

广东：肇庆市高要区、四会市，惠州市惠阳区，汕尾市陆河县、陆丰市，云浮市新兴县；

广西：南宁市武鸣区、宾阳县，柳州市城中区、鱼峰区、柳南区、柳江区、柳东新区、鹿寨县、融水苗族自治县、三江侗族自治县，桂林市雁山区、灵川县、永福县、荔浦县，梧州市苍梧县，防城港市防城区、东兴市，钦州市浦北县，贵港市平南县，玉林市陆川县、北流市，百色市那坡县，贺州市八步区、昭平县，河池市金城江区、南丹县、凤山县、巴马瑶族自治县、宜州区，来宾市兴宾区、忻城县、金秀瑶族自治县、合山市，崇左市龙州县、大新县，高峰林场、派阳山林场、钦廉林场、维都林场；

海南：万宁市、定安县。

发生面积　143037 亩

危害指数　0. 6105

- **荔枝拟木蠹蛾 *Indarbela dea* Swinboe**

寄　　主　木麻黄，黑杨，野核桃，核桃，枫杨，板栗，八角，樟树，台湾相思，凤凰木，秋枫，腰果，龙眼，荔枝，油茶，土沉香，石榴，桉树，油橄榄，蓝花楹，咖啡。

分布范围　福建、江西、湖北、广东、广西、四川、云南。

发生地点　广东：清远市阳山县，云浮市云安区；

广西：钦州市浦北县，玉林市北流市，派阳山林场；

云南：楚雄彝族自治州永仁县。

发生面积　10228 亩

危害指数　0. 4318

- **木麻黄拟木蠹蛾 *Indarbela quadrinotata* Walker**

寄　　主　木麻黄。

分布范围　福建、广东。

发生地点　广东：汕尾市陆丰市。

透翅蛾科 Sesiidae

- **葡萄准透翅蛾 *Nokona regalis*（Butler）**

中文异名　葡萄透翅蛾
寄　　主　山杨，白柳，葡萄，朱槿。
分布范围　华东，北京、河北、山西、辽宁、河南、重庆、四川、贵州、陕西、甘肃、新疆。
发生地点　北京：顺义区；
　　　　　河北：石家庄市新乐市，沧州市东光县，衡水市深州市；
　　　　　上海：浦东新区；
　　　　　安徽：阜阳市太和县；
　　　　　山东：潍坊市坊子区、诸城市、滨海经济开发区，聊城市东阿县；
　　　　　河南：郑州市新密市，许昌市襄城县，驻马店市泌阳县；
　　　　　陕西：咸阳市泾阳县、兴平市，渭南市华州区，商洛市商州区、丹凤县；
　　　　　甘肃：甘南藏族自治州舟曲县；
　　　　　新疆生产建设兵团：农四师 63 团。
发生面积　1099 亩
危害指数　0. 3473

- **桑透翅蛾 *Paradoxecia pieli* Lieu**

寄　　主　桑。
分布范围　陕西。

- **白杨透翅蛾 *Paranthrene tabaniformis*（Rottemburg）**

中文异名　白杨准透翅蛾、杨树透翅蛾
寄　　主　银白杨，新疆杨，北京杨，加杨，山杨，河北杨，黑杨，箭杆杨，小叶杨，毛白杨，美国白杨，白柳，垂柳，旱柳，枫杨，榆树，白蜡树。
分布范围　华北、东北、华东、西北，河南、湖南、四川。
发生地点　北京：石景山区；
　　　　　天津：汉沽、北辰区、武清区、宁河区、静海区；
　　　　　河北：石家庄市井陉县、灵寿县、新乐市，唐山市古冶区、丰润区、曹妃甸区、滦南县、乐亭县、玉田县，秦皇岛市昌黎县，邯郸市武安市，邢台市邢台县、平乡县、临西县，保定市唐县、高阳县、蠡县、顺平县，张家口市崇礼区、阳原县、怀安县，沧州市沧县、东光县、盐山县、吴桥县、献县、河间市，廊坊市固安县、永清县、大城县、文安县、三河市，衡水市桃城区、枣强县、武邑县、武强县、饶阳县、安平县、故城县、景县、冀州市，定州市、辛集市；
　　　　　山西：太原市阳曲县，大同市阳高县，晋城市泽州县，晋中市昔阳县、祁县，运城市绛县、平陆县，忻州市静乐县，临汾市大宁县，杨树丰产林实验局；
　　　　　内蒙古：包头市土默特右旗，赤峰市巴林左旗，通辽市科尔沁区、科尔沁左翼后旗、库伦旗，巴彦淖尔市临河区、乌拉特前旗、乌拉特后旗、杭锦后旗，乌兰察布市集宁区、四子王旗；

辽宁：沈阳市法库县、新民市，丹东市东港市、凤城市，锦州市黑山县、凌海市、北镇市，营口市鲅鱼圈区、老边区、盖州市、大石桥市，阜新市彰武县，盘锦市大洼区，铁岭市铁岭县，朝阳市建平县，葫芦岛市绥中县、兴城市；

吉林：四平市双辽市，松原市宁江区、扶余市，白城市洮北区、镇赉县、通榆县、大安市；

黑龙江：哈尔滨市双城区、依兰县、五常市，齐齐哈尔市昂昂溪区、梅里斯达斡尔族区、龙江县、依安县、甘南县、富裕县、克东县、讷河市、齐齐哈尔市直属林场，大庆市大同区、肇州县、肇源县、林甸县，佳木斯市富锦市，绥化市北林区、望奎县、兰西县、青冈县、庆安县、明水县、安达市、肇东市；

江苏：徐州市沛县、睢宁县；

浙江：丽水市莲都区；

安徽：阜阳市颍州区，宿州市砀山县，亳州市涡阳县、蒙城县；

山东：青岛市胶州市、即墨市、莱西市，枣庄市台儿庄区，东营市利津县，济宁市兖州区、曲阜市，泰安市新泰市，日照市莒县，莱芜市莱城区、钢城区，临沂市莒南县，德州市夏津县，聊城市东昌府区、阳谷县、东阿县、冠县、临清市，滨州市惠民县，菏泽市牡丹区、定陶区、曹县、单县、郓城县，黄河三角洲保护区；

河南：洛阳市嵩县，安阳市安阳县，焦作市博爱县、温县，南阳市桐柏县；

湖南：岳阳市君山区；

四川：遂宁市安居区、大英县；

陕西：西安市蓝田县，宝鸡市高新技术开发区、眉县、陇县、麟游县、太白县，咸阳市秦都区、彬县，渭南市华州区、合阳县、华阴市，汉中市汉台区，榆林市榆阳区、米脂县，商洛市商州区、洛南县、商南县、镇安县，韩城市、府谷县；

甘肃：兰州市红古区，白银市靖远县、景泰县，武威市凉州区，平凉市崆峒区、泾川县、灵台县、华亭县、庄浪县、关山林管局，庆阳市合水县、镇原县，定西市渭源县、岷县；

宁夏：石嘴山市大武口区、惠农区，吴忠市同心县，中卫市中宁县；

新疆：乌鲁木齐市高新区、乌鲁木齐县，克拉玛依市克拉玛依区，吐鲁番市高昌区、鄯善县，博尔塔拉蒙古自治州博乐市、精河县，巴音郭楞蒙古自治州库尔勒市、和静县、博湖县，克孜勒苏柯尔克孜自治州阿合奇县，喀什地区喀什市、疏附县、英吉沙县、泽普县、莎车县、麦盖提县、岳普湖县、巴楚县，和田地区和田县、墨玉县、于田县，塔城地区塔城市、沙湾县、托里县、裕民县，石河子市；

新疆生产建设兵团：农七师124团、130团，农八师、148团。

发生面积　435080亩

危害指数　0.4091

• **杨大透翅蛾** ***Sesia apiformis*** **(Clerck)**

寄　　主　山杨，柳树，刺槐。

分布范围　河北、辽宁、湖北、陕西、宁夏。

发生地点　河北：唐山市开平区；

陕西：咸阳市永寿县、彬县、长武县，渭南市华州区，榆林市榆阳区；

宁夏：吴忠市盐池县。

发生面积　7367 亩

危害指数　0.3560

• **杨干透翅蛾** ***Sesia siningensis*** **(Hsu)**

寄　　主　新疆杨，加杨，青杨，山杨，河北杨，黑杨，箭杆杨，小叶杨，藏川杨，毛白杨，小钻杨，旱柳，榆树，槐树，重阳木。

分布范围　华北、西北，山东、四川、贵州、西藏。

发生地点　天津：津南区；

河北：唐山市滦南县、乐亭县，承德市兴隆县，廊坊市香河县；

山西：晋中市榆次区，吕梁市汾阳市；

内蒙古：通辽市科尔沁左翼后旗，鄂尔多斯市东胜区；

山东：青岛市即墨市、莱西市，潍坊市坊子区，泰安市宁阳县，菏泽市定陶区；

西藏：林芝市巴宜区；

陕西：宝鸡市陇县、千阳县，咸阳市三原县、长武县，延安市安塞县，榆林市米脂县，府谷县，佛坪保护区；

甘肃：兰州市城关区、安宁区，白银市靖远县、会宁县，平凉市庄浪县，定西市陇西县、渭源县，太子山自然保护区；

青海：西宁市城东区、城中区、城西区、城北区、大通回族土族自治县、湟中县，海东市乐都区、平安区、民和回族土族自治县、互助土族自治县、化隆回族自治县，黄南藏族自治州同仁县，海南藏族自治州共和县、同德县、贵德县、兴海县、贵南县，海西蒙古族藏族自治州格尔木市、德令哈市、都兰县；

宁夏：银川市灵武市。

发生面积　121065 亩

危害指数　0.3635

• **黑赤腰透翅蛾** ***Sphecodoptera rhynchioides*** **(Butler)**

寄　　主　板栗，盐肤木。

分布范围　山东、湖北。

发生地点　湖北：黄冈市罗田县。

• **赤腰透翅蛾** ***Sphecodoptera scribai*** **(Bartel)**

拉丁异名　*Sesia molybdoceps* Hampson

寄　　主　薄壳山核桃，核桃，板栗，麻栎，栓皮栎，柑橘。

分布范围　河北、江苏、山东、四川。

发生地点　河北：邢台市邢台县；

四川：甘孜藏族自治州泸定县。

发生面积　8794 亩

危害指数　0.3333

● **板栗兴透翅蛾 *Synanthedon castanevora* Yang et Wang**

寄　　主　板栗，麻栎，栓皮栎。

分布范围　北京、河北、江苏、浙江、安徽、山东、湖北、四川、云南、陕西。

发生地点　河北：唐山市迁西县、遵化市，邢台市沙河市；

江苏：泰州市海陵区；

浙江：杭州市桐庐县；

山东：莱芜市钢城区；

四川：广元市旺苍县，巴中市通江县；

云南：昭通市镇雄县。

发生面积　8169 亩

危害指数　0.4074

● **海棠兴透翅蛾 *Synanthedon haitangvora* Yang**

寄　　主　桃，樱桃，樱花，苹果，海棠花，白梨。

分布范围　北京、山东。

● **苹果兴透翅蛾 *Synanthedon hector*（Butler）**

中文异名　苹果透翅蛾

寄　　主　构树，猴樟，樟树，桃，梅，杏，樱桃，樱花，日本樱花，苹果，海棠花，李，梨，红果树，合欢，梣叶槭。

分布范围　东北，北京、河北、内蒙古、上海、江苏、浙江、安徽、山东、湖南、贵州、陕西、甘肃。

发生地点　北京：密云区；

河北：唐山市开平区、玉田县，邯郸市鸡泽县，邢台市柏乡县、新河县、清河县、沙河市，沧州市黄骅市，衡水市故城县，雾灵山保护区；

上海：宝山区、嘉定区、浦东新区、金山区、松江区、青浦区，崇明县；

江苏：徐州市睢宁县，常州市溧阳市；

浙江：舟山市嵊泗县；

安徽：池州市贵池区；

山东：青岛市莱西市，济宁市曲阜市，聊城市阳谷县，菏泽市牡丹区、曹县；

湖南：常德市汉寿县；

陕西：渭南市华州区。

发生面积　4650 亩

危害指数　0.3920

● **檫兴透翅蛾 *Synanthedon sassafras* Xu**

中文异名　檫兴透翅蛾

寄　　主　檫木，水榆花楸。
分布范围　江西、湖北、湖南、云南。
发生地点　湖南：湘西土家族苗族自治州保靖县；
　　　　　云南：昭通市镇雄县。
发生面积　200 亩
危害指数　0.9900

● **醋栗兴透翅蛾 *Synanthedon tipuliformis* (Clerk)**
中文异名　茶藨子透翅蛾、茶藨子兴透翅蛾
寄　　主　黑果茶藨，山莓。
分布范围　黑龙江、新疆。
发生地点　新疆：阿勒泰地区富蕴县。
发生面积　1750 亩
危害指数　0.3905

● **榆兴透翅蛾 *Synanthedon ulmicola* Yang et Wang**
寄　　主　榆树。
分布范围　内蒙古、宁夏。
发生地点　内蒙古：乌兰察布市集宁区。
发生面积　120 亩
危害指数　0.3333

● **荔枝泥蜂透翅蛾 *Teinotarsina litchivora* (Yang et Wang)**
寄　　主　核桃，龙眼，荔枝。
分布范围　广东、广西、海南、云南。
发生地点　云南：楚雄彝族自治州禄丰县。
发生面积　7153 亩
危害指数　0.4485

拟斑蛾科 Lacturidae

● **黄斑巢蛾 *Anticrates tridelta* Meyrick**
寄　　主　苹果，臭椿，茶。
分布范围　湖南、陕西。

刺蛾科 Limacodidae

● **四痣丽刺蛾 *Altha adala* (Moore)**
寄　　主　核桃，板栗，枇杷，石楠，红叶，柿，木犀。
分布范围　安徽、江西、河南、湖北、广东、四川。
发生地点　江西：九江市湖口县；

四川：巴中市恩阳区。

• 白丽刺蛾暗斑亚种 *Altha lacteola melaniopsis* Strand

寄　　主　核桃，樟树。

分布范围　广东、云南。

• 锯纹歧刺蛾 *Austrapoda dentata*（Oberthür）

寄　　主　柳，核桃，榛子,板栗，栎，梅，樱桃，日本晚樱，李，梨，茶，木荷，青梅，喜树。

分布范围　北京、吉林、黑龙江、福建、山东、河南、湖北、贵州、陕西。

发生地点　福建：南平市延平区；

贵州：毕节市大方县；

陕西：渭南市华州区。

发生面积　1030 亩

危害指数　0. 3333

• 艳刺蛾 *Arbelarosa rufotesselata*（Moore）

中文异名　三色刺蛾

寄　　主　山杨，枫杨，板栗，厚朴，樟树，桢楠，枫香，桃，枇杷，苹果，刺槐，枣树，油茶，木犀。

分布范围　华东，河北、河南、湖北、广东、四川、云南、陕西。

发生地点　江苏：南京市玄武区；

浙江：宁波市象山县；

安徽：滁州市定远县；

福建：福州国家森林公园；

江西：吉安市井冈山市；

山东：济南市历城区；

湖北：荆州市洪湖市，黄冈市罗田县，天门市；

广东：肇庆市高要区，云浮市新兴县。

发生面积　3957 亩

危害指数　0. 3350

• 背刺蛾 *Belippa horrida* Walker

中文异名　贝刺蛾

寄　　主　山杨，黑杨，核桃，枫杨，白桦，锥栗，板栗，麻栎，榆树，桑，八角，樟树，肉桂，枫香，三球悬铃木，桃，樱桃，苹果，梨，多花蔷薇，山莓，刺槐，油桐，秋枫，黄栌，龙眼，枣树，葡萄，木荷，巨尾桉，柳窿桉，滇楸。

分布范围　东北、中南，河北、浙江、安徽、福建、江西、山东、四川、贵州、云南、陕西。

发生地点　河北：承德市双桥区；

安徽：滁州市定远县；

福建：南平市松溪县；

河南：平顶山市鲁山县；

湖北：荆州市沙市区、江陵县；
广西：南宁市上林县，梧州市蒙山县，北海市合浦县，贵港市平南县，玉林市容县、陆川县、兴业县，百色市田阳县、靖西市，河池市南丹县、罗城仫佬族自治县，黄冕林场；
贵州：毕节市大方县，黔南布依族苗族自治州独山县；
陕西：渭南市华州区、合阳县。
发生面积　10419 亩
危害指数　0.4005

● **拟三纹环刺蛾 *Birthosea trigrammoidea* Wu et Fang**
寄　　主　柞木。
分布范围　河北、辽宁、浙江、山东、河南、陕西。

● **长腹凯刺蛾 *Caissa longisaccula* Wu et Fang**
寄　　主　榛子，栎，刺槐，茶。
分布范围　北京、河北、辽宁、浙江、安徽、福建、山东、河南、湖南、广西、四川、贵州。
发生地点　北京：顺义区。

● **线刺蛾 *Cania* sp.**
寄　　主　紫薇。
分布范围　福建。
发生地点　福建：福州国家森林公园。

● **灰双线刺蛾 *Cania billinea* (Walker)**
寄　　主　银杏，马尾松，铺地柏，山杨，黑杨，垂柳，核桃，板栗，栎，青冈，榆树，木波罗，榕树，樟树，天竺桂，竹叶楠，三球悬铃木，桃，石楠，红叶李，台湾相思，刺槐，柑橘，楝树，油桐，茶，海桑，石榴，八角枫，雷林桉 33 号。
分布范围　天津、辽宁、上海、江苏、浙江、福建、江西、湖北、广东、四川、云南、陕西。
发生地点　上海：浦东新区；
湖北：荆州市洪湖市；
陕西：渭南市澄城县，宁东林业局。
发生面积　2563 亩
危害指数　0.3385

● **白痣姹刺蛾 *Chalcocelis albiguttata* (Snellen)**
中文异名　白痣嫣刺蛾、茶透刺蛾、中点刺蛾
寄　　主　木麻黄，板栗，锐齿槲栎，枫香，杜仲，八宝树，石楠，刺桐，柑橘，油桐，秋枫，茶，桉树，咖啡。
分布范围　福建、江西、湖北、广东、广西、海南、贵州、甘肃。
发生地点　甘肃：白水江自然保护区管理局。
发生面积　593 亩
危害指数　0.5222

• **仿姹刺蛾** ***Chalcoscelides costaneipars*** **（Moore）**

寄　　主　山杨，樟树，决明，柑橘，可可，椰子。

分布范围　江西、河南、湖北、湖南、广西、四川、云南、西藏、陕西。

• **迷刺蛾** ***Chibiraga banghaasi*** **（Hering et Hopp）**

寄　　主　山杨，核桃楸，栎，荔枝，红花天料木。

分布范围　辽宁、浙江、安徽、江西、山东、河南、湖北、海南、四川、云南、陕西。

发生地点　安徽：滁州市定远县；

海南：海口市秀英区、龙华区，白沙黎族自治县；

陕西：汉中市汉台区。

发生面积　1410 亩

危害指数　0. 3333

• **斜纹刺蛾** ***Oxyplax ochracea*** **（Moore）**

寄　　主　核桃，桑，樱桃，苹果，梨，柑橘，茶，巨尾桉。

分布范围　山东、湖北、广西、陕西。

发生地点　山东：济宁市鱼台县、经济技术开发区；

广西：南宁市横县；

陕西：汉中市汉台区。

发生面积　406 亩

危害指数　0. 3333

• **长须刺蛾** ***Hyphorma minax*** **Walker**

寄　　主　枫杨，麻栎，枫香，樱花，油桐，千年桐，杜英，茶，柿，白桐。

分布范围　浙江、福建、四川、陕西。

发生地点　福建：福州国家森林公园。

• **两色青刺蛾** ***Thespea bicolor*** **（Walker）**

中文异名　两色绿刺蛾

寄　　主　山杨，核桃，枫杨，锥栗，板栗，栎，青冈，榆树，大果榉，石竹，鹅掌楸，猴樟，樟树，三球悬铃木，桃，樱桃，日本晚樱，日本樱花，西府海棠，苹果，石楠，红叶李，梨，刺槐，重阳木，乌桕，毛黄栌，色木槭，鸡爪槭，全缘叶栾树，栾树，无患子，茶，紫薇，竹节树，木犀，青皮竹，刺竹子，麻竹，水竹，毛竹，红哺鸡竹，毛金竹，早竹，早园竹，胖竹。

分布范围　华东、中南、重庆、四川、云南、陕西。

发生地点　江苏：南京市玄武区、高淳区，无锡市宜兴市，常州市金坛区，盐城市建湖县；

浙江：杭州市桐庐县，宁波市象山县、余姚市，温州市鹿城区，嘉兴市秀洲区、嘉善县，台州市仙居县、临海市，丽水市莲都区；

安徽：淮南市大通区、田家庵区，淮北市濉溪县，滁州市来安县、全椒县，六安市叶集区、霍邱县；

福建：莆田市涵江区、仙游县，泉州市安溪县，南平市延平区、浦城县、松溪县、武夷山市，龙岩市经开区；

河南：郑州市上街区、荥阳市，洛阳市嵩县，平顶山市鲁山县，漯河市舞阳县，南阳市南召县，信阳市潢川县、淮滨县，周口市扶沟县、项城市，驻马店市驿城区、确山县；

湖南：湘潭市韶山市，邵阳市隆回县，岳阳市云溪区、平江县，常德市鼎城区、石门县，永州市冷水滩区、东安县，湘西土家族苗族自治州凤凰县；

广东：肇庆市高要区、四会市，汕尾市陆河县、陆丰市，清远市英德市，云浮市新兴县；

广西：桂林市资源县；

云南：西双版纳傣族自治州勐海县，大理白族自治州宾川县。

发生面积　78971 亩

危害指数　0.3745

• 宽边绿刺蛾 *Polyphena canangae* Hering

寄　　主　红叶李。

分布范围　安徽。

发生地点　安徽：滁州市明光市。

发生面积　100 亩

危害指数　0.3333

• 褐边绿刺蛾 *Latoia consocia* Walker

中文异名　黄缘绿刺蛾、褐袖刺蛾、绿刺蛾、青刺蛾

寄　　主　银杏，马尾松，柳杉，杉木，银白杨，加杨，山杨，黑杨，小叶杨，毛白杨，垂柳，旱柳，馒头柳，山核桃，薄壳山核桃，核桃楸，核桃，枫杨，桦木，板栗，白穗石栎，麻栎，小叶栎，白栎，蒙古栎，栓皮栎，朴树，黑榆，榆树，大果榉，黄葛树，桑，叶子花，牡丹，十大功劳，八角，荷花玉兰，厚朴，猴樟，樟树，天竺桂，楠，海桐，枫香，杜仲，三球悬铃木，桃，梅，杏，樱桃，樱花，日本晚樱，日本樱花，木瓜，山楂，枇杷，垂丝海棠，西府海棠，苹果，海棠花，稠李，椤木石楠，石楠，李，红叶李，火棘，白梨，沙梨，秋子梨，月季，玫瑰，紫荆，刺桐，胡枝子，刺槐，槐树，柑橘，臭椿，橄榄，香椿，红椿，油桐，重阳木，秋枫，铁海棠，山乌桕，乌桕，千年桐，长叶黄杨，黄杨，红叶，黄连木，冬青，阔叶槭，三角槭，色木槭，鸡爪槭，元宝槭，全缘叶栾树，栾树，荔枝，无患子，枣树，酸枣，山枣，杜英，椴树，梧桐，红淡比，山茶，油茶，茶，木荷，秋海棠，紫薇，石榴，喜树，珙桐，蓝果树，八角枫，巨桉，巨尾桉，尾叶桉，灯台树，山茱萸，毛梾，柿，白蜡树，花曲柳，洋白蜡，女贞，木犀，银桂，黄荆，荆条，白花泡桐，毛泡桐，香果树，栀子，忍冬，珊瑚树，锥形果，慈竹，毛竹，胖竹。

分布范围　全国。

发生地点　北京：东城区、石景山区、通州区、顺义区、大兴区、密云区；

河北：石家庄市井陉矿区、井陉县、正定县、灵寿县、高邑县、赞皇县、平山县，唐山市古冶区、丰润区、滦南县、乐亭县、玉田县，秦皇岛市昌黎县，邯郸市永

年区，邢台市邢台县、内丘县，保定市唐县、安国市，张家口市赤城县，沧州市吴桥县、孟村回族自治县、泊头市、黄骅市、河间市，廊坊市安次区、固安县、永清县、香河县、大城县、文安县、大厂回族自治县、霸州市，衡水市桃城区、枣强县、武邑县、饶阳县、安平县，雾灵山保护区；

山西：晋中市榆次区，临汾市永和县；

内蒙古：通辽市科尔沁左翼后旗；

黑龙江：佳木斯市郊区；

上海：闵行区、宝山区、嘉定区、浦东新区、金山区、松江区、青浦区、奉贤区，崇明县；

江苏：南京市玄武区、浦口区、雨花台区、溧水区，无锡市锡山区、惠山区、宜兴市，徐州市铜山区、丰县、沛县、睢宁县，常州市天宁区、钟楼区、武进区、溧阳市，苏州市常熟市、张家港市、太仓市，南通市海安县、如皋市，连云港市连云区、灌云县，淮安市淮安区、淮阴区、涟水县、金湖县，盐城市亭湖区、盐都区、大丰区、滨海县、阜宁县、射阳县、建湖县、东台市，扬州市江都区、宝应县、仪征市、高邮市，镇江市京口区、润州区、丹徒区、丹阳市、句容市，泰州市海陵区、高港区、姜堰区、兴化市、靖江市，宿迁市沭阳县；

浙江：杭州市西湖区、萧山区、桐庐县，宁波市鄞州区、象山县、余姚市，温州市鹿城区、龙湾区，嘉兴市秀洲区、嘉善县，舟山市岱山县、嵊泗县，台州市椒江区、仙居县，丽水市松阳县；

安徽：合肥市庐阳区、肥西县、庐江县，蚌埠市怀远县、五河县、固镇县，淮南市凤台县，淮北市相山区、濉溪县，滁州市凤阳县、天长市、明光市，阜阳市颍州区、颍东区、颍泉区、临泉县、太和县、颍上县、界首市，宿州市萧县、泗县，六安市舒城县，亳州市涡阳县、蒙城县；

福建：莆田市荔城区，三明市三元区，南平市松溪县，龙岩市新罗区、连城县；

江西：萍乡市湘东区、上栗县、芦溪县，九江市庐山市，新余市分宜县，鹰潭市贵溪市，赣州市石城县，吉安市青原区、吉安县、永新县，抚州市金溪县，上饶市广丰区，鄱阳县；

山东：济南市历城区，青岛市即墨市、莱西市，枣庄市台儿庄区，东营市河口区、垦利县、利津县，潍坊市坊子区、昌邑市，济宁市任城区、兖州区、鱼台县、金乡县、泗水县、梁山县、曲阜市、经济技术开发区，泰安市岱岳区、宁阳县、新泰市、泰山林场，威海市环翠区，日照市莒县，莱芜市莱城区，临沂市沂水县、莒南县，德州市庆云县、齐河县、平原县、武城县，聊城市东昌府区、阳谷县、莘县、东阿县、冠县、临清市、经济技术开发区，滨州市沾化区、惠民县、无棣县，菏泽市牡丹区、定陶区、单县、巨野县、郓城县，黄河三角洲保护区；

河南：郑州市中原区、惠济区、荥阳市、新郑市，洛阳市栾川县、嵩县，平顶山市鲁山县，焦作市解放区，许昌市禹州市，漯河市源汇区，三门峡市灵宝市，南阳市南召县、桐柏县，商丘市虞城县，驻马店市正阳县、确山县、泌阳县、遂平县，兰考县、汝州市、永城市、新蔡县；

湖北：武汉市洪山区，荆门市京山县、沙洋县，荆州市沙市区、公安县、监利县、江陵县，仙桃市、潜江市；

湖南：长沙市望城区，衡阳市南岳区，邵阳市大祥区、洞口县、武冈市，岳阳市岳阳县、临湘市，常德市鼎城区、桃源县、石门县、津市市，郴州市桂阳县，怀化市芷江侗族自治县，娄底市双峰县，湘西土家族苗族自治州吉首市、凤凰县、保靖县；

广东：韶关市南雄市，肇庆市德庆县，东莞市；

广西：南宁市横县，桂林市雁山区、荔浦县，梧州市苍梧县，贵港市桂平市，玉林市容县、陆川县、北流市，河池市南丹县，崇左市江州区、扶绥县、凭祥市；

重庆：涪陵区、江北区、南岸区、北碚区、黔江区、南川区、铜梁区、万盛经济技术开发区，梁平区、城口县、丰都县、武隆区、开县、奉节县、巫溪县、秀山土家族苗族自治县、酉阳土家族苗族自治县、彭水苗族土家族自治县；

四川：成都市蒲江县，攀枝花市普威局，遂宁市安居区、蓬溪县、大英县，宜宾市筠连县，广安市武胜县，雅安市汉源县，凉山彝族自治州盐源县；

贵州：毕节市黔西县、织金县，铜仁市思南县；

云南：玉溪市易门县，楚雄彝族自治州牟定县、姚安县、元谋县，迪庆藏族自治州德钦县；

陕西：西安市灞桥区、蓝田县、周至县，宝鸡市扶风县、麟游县，咸阳市秦都区、三原县、泾阳县、乾县、永寿县、长武县、旬邑县，渭南市临渭区、华州区、大荔县、合阳县、澄城县、蒲城县、白水县、华阴市，延安市延川县、甘泉县，汉中市汉台区，安康市白河县，商洛市丹凤县、山阳县、镇安县，宁东林业局、太白林业局。

发生面积　264756 亩

危害指数　0. 3593

• 丽绿刺蛾 *Parasa lepida* (Cramer)

中文异名　绿刺蛾、茶树丽绿刺蛾

寄　　主　银杏，马尾松，柳杉，柏木，山杨，黑杨，垂柳，杨梅，山核桃，核桃，枫杨，桤木，桦木，板栗，麻栎，青冈，朴树，榆树，大果榉，榕树，桑，叶子花，落葵，白兰，深山含笑，蜡梅，猴樟，樟树，天竺桂，枫香，红花檵木，二球悬铃木，桃，樱桃，樱花，日本晚樱，日本樱花，枇杷，垂丝海棠，西府海棠，苹果，海棠花，椤木石楠，石楠，红叶李，梨，台湾相思，紫穗槐，紫荆，香槐，花榈木，紫檀，刺槐，槐树，柑橘，楝树，香椿，油桐，重阳木，山乌桕，乌桕，油桐，杧果，黄连木，盐肤木，冬青，卫矛，三角槭，色木槭，鸡爪槭，栾树，无患子，枣树，酸枣，杜英，蜀葵，大萼葵，木槿，茶梨，山茶，油茶，茶，木荷，合果木，紫薇，石榴，喜树，巨尾桉，柿，白蜡树，女贞，木犀，泡桐，咖啡，栀子，珊瑚树，早禾树，毛竹，蒲葵，丝葵。

分布范围　华东、中南、西南，北京、天津、河北、辽宁、陕西、甘肃、宁夏。

发生地点　北京：顺义区；

河北：邯郸市峰峰矿区；

上海：闵行区、宝山区、嘉定区、浦东新区、金山区、松江区、青浦区、奉贤区，崇明县；

江苏：南京市玄武区、浦口区、雨花台区、六合区、溧水区，无锡市锡山区、惠山区、滨湖区、江阴市、宜兴市，徐州市沛县，常州市武进区、溧阳市，苏州市高新区、吴中区、吴江区、昆山市、太仓市，南通市海门市，淮安市金湖县，盐城市盐都区、阜宁县、建湖县、东台市，扬州市邗江区、江都区，镇江市润州区、丹阳市、句容市，泰州市姜堰区、泰兴市，宿迁市宿城区、宿豫区、沭阳县；

浙江：杭州市西湖区，宁波市鄞州区，金华市浦江县、磐安县，台州市天台县、温岭市；

安徽：合肥市庐江县，淮南市八公山区，滁州市南谯区，阜阳市颍东区、颍泉区，六安市裕安区；

福建：厦门市同安区，莆田市涵江区、仙游县，三明市三元区，龙岩市新罗区、上杭县、漳平市；

江西：萍乡市湘东区、莲花县、上栗县、芦溪县，九江市修水县，赣州市会昌县，吉安市青原区、泰和县，抚州市东乡县，上饶市信州区、余干县，鄱阳县；

山东：济宁市任城区、济宁太白湖新区，日照市岚山区，德州市庆云县；

河南：焦作市修武县，驻马店市确山县，邓州市；

湖北：武汉市东西湖区，仙桃市；

湖南：长沙市浏阳市，岳阳市君山区、汨罗市、临湘市，益阳市资阳区、沅江市，怀化市新晃侗族自治县，娄底市新化县；

广东：韶关市武江区，肇庆市高要区、四会市，惠州市惠东县，汕尾市陆河县、陆丰市，云浮市新兴县、郁南县、罗定市；

广西：百色市靖西市，雅长林场；

重庆：北碚区、万盛经济技术开发区，武隆区、云阳县、彭水苗族土家族自治县；

四川：遂宁市安居区，雅安市芦山县；

云南：大理白族自治州巍山彝族回族自治县、云龙县、洱源县；

陕西：咸阳市乾县，渭南市华州区，汉中市汉台区；

宁夏：银川市兴庆区、西夏区、金凤区。

发生面积　187745 亩

危害指数　0. 4029

- **漫索刺蛾** ***Soteira ostia*** **Swinhoe**

中文异名　漫绿刺蛾

寄　　主　山杨，柳树，核桃，桤木，板栗，桃，杏，野海棠，樱桃，花红，苹果，李，梨，刺槐，柑橘，柿。

分布范围　四川、云南、陕西。

发生地点　四川：甘孜藏族自治州康定市，凉山彝族自治州布拖县、甘洛县；

陕西：渭南市华州区。

发生面积　918 亩

危害指数　0.3333

• 迹斑绿刺蛾 *Parasa pastoralis* Butler

中文异名　樟刺蛾

寄　　主　山杨，毛白杨，柳树，黄杞，枫杨，板栗，榆树，猴樟，樟树，蕈树，枫香，樱花，日本晚樱，垂丝海棠，红叶李，梨，紫荆，刺槐，重阳木，秋枫，乌桕，鸡爪槭，七叶树，梭罗树，木荷，喜树，柿。

分布范围　东北、华东、中南，北京、四川、云南、陕西。

发生地点　黑龙江：佳木斯市郊区；

上海：宝山区、金山区、松江区、青浦区、奉贤区，崇明县；

江苏：南京市玄武区、浦口区、雨花台区，无锡市惠山区，苏州市高新区、吴江区、太仓市，盐城市阜宁县，镇江市扬中市、句容市；

浙江：杭州市萧山区，宁波市象山县；

安徽：芜湖市芜湖县；

江西：萍乡市莲花县、上栗县；

河南：许昌市禹州市，信阳市淮滨县；

湖南：常德市鼎城区；

广东：肇庆市四会市，惠州市惠东县，汕尾市陆河县，河源市紫金县、东源县。

发生面积　1223 亩

危害指数　0.3382

• 肖媚绿刺蛾 *Melinaria pseudorepanda* Hering

寄　　主　枫香，茶，灯台树。

分布范围　湖北、四川、云南、陕西。

发生地点　四川：成都市都江堰市。

• 媚绿刺蛾 *Melinaria repanda* Walker

寄　　主　杨梅，猴樟，樟树，石楠，油桐，油茶，茶，木犀。

分布范围　福建、江西、广东。

• 中国绿刺蛾 *Parasa sinica* Moore

中文异名　棕边青刺蛾、双齿绿刺蛾

拉丁异名　*Latoia hilarata* (Staudinger)

寄　　主　山杨，黑杨，毛白杨，白柳，垂柳，旱柳，喙核桃，山核桃，核桃楸，核桃，枫杨，白桦，榛子，锥栗，板栗，栎，麻栎，栓皮栎，刺榆，构树，川楝，桑，尾球木，叶子花，猴樟，樟树，楠，枫香，红花檵木，二球悬铃木，三球悬铃木，桃，梅，山杏，杏，樱桃，樱花，日本樱花，山楂，西府海棠，秋海棠，铁海棠，苹果，海棠花，石楠，李，红叶李，白梨，河北梨，蔷薇，顶果木，紫荆，黄檀，刺桐，刺槐，毛刺槐，槐树，紫藤，柑橘，花椒，川楝，香椿，油桐，重阳木，乌桕，盐肤木，冬青卫矛，色木槭，梣叶槭，鸡爪槭，栾树，枣树，葡萄，山杜英，木槿，梧桐，红淡比，山茶，油茶，茶，木荷，紫薇，石榴，喜树，桉树，柿，野柿，白蜡树，洋白蜡，木犀，紫丁香，泡桐，栀子。

分布范围　全国。

发生地点　北京：石景山区、密云区、顺义区；

河北：石家庄市晋州市，唐山市古冶区、滦南县、乐亭县、玉田县，邢台市桥西区、市高新技术开发区、沙河市，保定市阜平县、唐县、安国市、望都县、高碑店市，张家口市怀来县、赤城县，沧州市沧县、吴桥县、河间市，廊坊市霸州市，衡水市桃城区；

山西：长治市长治市城区、襄垣县，晋城市沁水县，临汾市尧都区；

黑龙江：佳木斯市郊区；

上海：浦东新区、松江区；

江苏：南京市玄武区，苏州市张家港市、昆山市，无锡市惠山区，常州市武进区、金坛区，淮安市清江浦区、金湖县，盐城市盐都区、阜宁县、射阳县、建湖县，扬州市江都区、宝应县、高邮市，泰州市姜堰区，宿迁市泗洪县；

浙江：杭州市西湖区，温州市苍南县；

福建：三明市尤溪县，南平市松溪县；

山东：济宁市任城区、鱼台县、泗水县、梁山县，青岛市胶州市，东营市河口区、垦利县、广饶县，潍坊市坊子区、昌邑市，济宁市任城区、梁山县、曲阜市、高新区、太白湖新区，泰安市泰山林场，威海市经济开发区，日照市莒县，聊城市东昌府区、东阿县、阳谷县、冠县、经济技术开发区、高新技术产业开发区，临沂市沂水县、费县，德州市陵城区、夏津县、武城县、禹城市、开发区，滨州市惠民县，菏泽市牡丹区、定陶区、单县、巨野县、郓城县，黄河三角洲保护区；

河南：郑州市金水区，濮阳市范县；

湖北：荆州市公安县、洪湖市，随州市随县，仙桃市；

湖南：岳阳市汨罗市，怀化市辰溪县，湘西土家族苗族自治州吉首市，湘潭市湘潭县、韶山市，邵阳市邵东县，益阳市南县；

广东：肇庆市高要区、四会市，汕尾市陆河县，云浮市新兴县；

重庆：巫溪县、秀山土家族苗族自治县、丰都县、武隆区、彭水苗族土家族自治县；

四川：自贡市自流井区、大安区、荣县，绵阳市三台县、梓潼县，遂宁市蓬溪县、射洪县、大英县，南充市西充县，广安市前锋区，乐山市马边彝族自治县；

云南：临沧市双江拉祜族佤族布朗族傣族自治县；

陕西：咸阳市永寿县，渭南市华州区、华阴市，汉中市汉台区、西乡县，宁东林业局。

发生面积　69727 亩

危害指数　0. 3386

• 宽缘绿刺蛾 *Parasa tessellata* Moore

寄　　主　山杨，柳树，板栗，榆树，荷花玉兰，白兰，三球悬铃木，红叶李，黄刺玫，紫荆，柑橘，乌桕，黄连木，白蜡树。

分布范围　北京、河南、湖北、陕西。

发生地点　湖北：黄冈市罗田县；
　　　　　陕西：西安市周至县。

- **枯刺蛾 *Mahanta quadrilinea* Moore**

寄　　主　板栗，栎，枫香，黄连木。
分布范围　江苏、安徽、四川、云南、陕西。
发生地点　江苏：无锡市宜兴市；
　　　　　陕西：宁东林业局。

- **樟银纹刺蛾 *Miresa albipuncta* Herrich-Schäffer**

中文异名　樟刺蛾
寄　　主　樟树，枫香，三角槭。
分布范围　浙江、福建、江西、湖南、四川。
发生地点　江西：吉安市新干县；
　　　　　湖南：长沙市浏阳市，株洲市云龙示范区。
发生面积　123 亩
危害指数　0.3333

- **叶银纹刺蛾 *Miresa bracteata* Butler**

寄　　主　栎，刺槐。
分布范围　云南、西藏、陕西。
发生地点　云南：玉溪市元江哈尼族彝族傣族自治县；
　　　　　陕西：咸阳市彬县。
发生面积　2459 亩
危害指数　0.3333

- **闪银纹刺蛾 *Miresa fulgida* Wileman**

寄　　主　山杨，核桃，樱花，苹果，枣树，梧桐，柿。
分布范围　浙江、福建、广东、云南、陕西。
发生地点　福建：福州国家森林公园；
　　　　　陕西：渭南市合阳县。
发生面积　115 亩
危害指数　0.3333

- **迹银纹刺蛾 *Miresa inornata* Walker**

寄　　主　天竺桂，苹果，梨，桉树，茶，柿。
分布范围　河北、辽宁、福建、广东、广西、四川、贵州。
发生地点　福建：福州国家森林公园。

- **线银纹刺蛾 *Miresa urga* Hering**

寄　　主　枫杨，梨。
分布范围　辽宁、江西、河南、湖北、四川、云南、陕西。

发生地点　陕西：宁东林业局。

• **黄刺蛾 *Monema flavescens* Walker**

中文异名　洋辣子、茶树黄刺蛾

寄　　主　银杏，马尾松，杉木，柏木，罗汉松，红豆杉，南方红豆杉，北京杨，加杨，山杨，胡杨，黑杨，毛白杨，白柳，垂柳，旱柳，杨梅，山核桃，薄壳山核桃，野核桃，核桃楸，核桃，枫杨，桤木，江南桤木，白桦，榛子，板栗，苦槠栲，鹿角栲，麻栎，小叶栎，白栎，辽东栎，蒙古栎，栓皮栎，青冈，朴树，榆树，大果榉，构树，垂叶榕，桑，尾球木，牡丹，鹅掌楸，荷花玉兰，紫玉兰，白兰，猴樟，阴香，樟树，天竺桂，润楠，桢楠，枫香，红花檵木，杜仲，二球悬铃木，扁桃，山桃，桃，榆叶梅，梅，山杏，杏，樱桃，樱花，日本晚樱，日本樱花，木瓜，山楂，枇杷，山荆子，西府海棠，苹果，海棠花，稠李，椤木石楠，石楠，樱桃李，李，红叶李，火棘，杜梨，白梨，河北梨，沙梨，新疆梨，月季，黄刺玫，红果树，云南金合欢，紫穗槐，紫荆，刺桐，胡枝子，百脉根，刺槐，槐树，紫藤，柑橘，花椒，臭椿，楝树，川楝，香椿，红椿，油桐，重阳木，秋枫，铁海棠，乌桕，油桐，蝴蝶果，长叶黄杨，黄杨，南酸枣，黄栌，火炬树，冬青，枸骨，卫矛，冬青卫矛，金边黄杨，阔叶槭，三角槭，茶条槭，色木槭，鸡爪槭，元宝槭，龙眼，复羽叶栾树，全缘叶栾树，栾树，无患子，文冠果，鼠李，枣树，酸枣，葡萄，杜英，木槿，木棉，梧桐，红淡比，油茶，茶，木荷，合果木，秋海棠，紫薇，石榴，竹节树，喜树，巨尾桉，尾叶桉，山茱萸，毛梾，海仙花，柿，连翘，白蜡树，女贞，木犀，柚木，白花泡桐，珊瑚树，刺竹子，斑竹，胖竹，毛竹，慈竹。

分布范围　全国。

发生地点　北京：东城区、朝阳区、丰台区、石景山区、房山区、通州区、顺义区、大兴区、密云区；

天津：武清区；

河北：石家庄市井陉矿区、藁城区、鹿泉区、栾城区、井陉县、正定县、行唐县、灵寿县、高邑县、深泽县、赞皇县、无极县、平山县、晋州市、新乐市，唐山市古冶区、丰南区、丰润区、曹妃甸区、滦南县、乐亭县、玉田县、遵化市，秦皇岛市北戴河区、抚宁区，邯郸市大名县、鸡泽县，邢台市邢台县、临城县、内丘县、柏乡县、隆尧县、任县、新河县、广宗县、平乡县、清河县、沙河市，保定市满城区、徐水区、涞水县、阜平县、唐县、高阳县、安国市、高碑店市，张家口市蔚县、阳原县、怀安县、怀来县、涿鹿县、赤城县，沧州市沧县、东光县、盐山县、肃宁县、吴桥县、孟村回族自治县、黄骅市、河间市，廊坊市安次区、固安县、永清县、香河县、大城县、文安县、霸州市、三河市，衡水市桃城区、枣强县、武邑县、武强县、饶阳县、安平县、故城县、景县、冀州市，定州市、辛集市，雾灵山保护区；

山西：晋中市榆次区、左权县、祁县、灵石县，运城市盐湖区、新绛县、永济市，临汾市翼城县，吕梁市孝义市、汾阳市；

内蒙古：赤峰市阿鲁科尔沁旗、巴林右旗，通辽市科尔沁区、科尔沁左翼后旗、开鲁县、库伦旗，巴彦淖尔市临河区，乌兰察布市集宁区，锡林郭勒盟阿巴嘎旗；

辽宁：沈阳市新民市，抚顺市新宾满族自治县，营口市大石桥市，铁岭市铁岭县；
吉林：松原市长岭县；
黑龙江：齐齐哈尔市甘南县、富裕县、克东县，伊春市铁力市；
上海：闵行区、宝山区、嘉定区、浦东新区、金山区、松江区、青浦区、奉贤区，崇明县；
江苏：南京市玄武区、浦口区、雨花台区、高淳区，无锡市锡山区、惠山区、滨湖区、宜兴市，徐州市贾汪区、丰县、沛县、睢宁县，常州市天宁区、钟楼区、新北区、武进区、金坛区、溧阳市，苏州市高新区、吴中区、相城区、吴江区、常熟市、张家港市、昆山市、太仓市，南通市海安县、海门市，淮安市淮安区、清江浦区、金湖县，盐城市盐都区、大丰区、响水县、滨海县、阜宁县、射阳县、建湖县、东台市，扬州市邗江区、江都区、仪征市、高邮市、经济技术开发区，镇江市京口区、润州区、丹徒区、丹阳市、扬中市，泰州市海陵区、姜堰区、兴化市、泰兴市，宿迁市宿城区、沭阳县；
浙江：杭州市西湖区、萧山区、桐庐县、临安市，宁波市北仑区、鄞州区、宁海县、余姚市，嘉兴市秀洲区，台州市椒江区、天台县、温岭市，丽水市莲都区；
安徽：合肥市肥西县、庐江县，芜湖市芜湖县，淮南市田家庵区、凤台县、寿县，马鞍山市当涂县，淮北市杜集区、相山区、濉溪县，安庆市迎江区、宜秀区，黄山市徽州区，滁州市南谯区、来安县、定远县、凤阳县、天长市、明光市，阜阳市颍东区、颍泉区、太和县、颍上县，宿州市埇桥区、萧县，六安市裕安区、叶集区、霍邱县，亳州市涡阳县、蒙城县、利辛县，宣城市郎溪县；
福建：莆田市涵江区，漳州市平和县，南平市松溪县，龙岩市新罗区、漳平市；
江西：南昌市进贤县，景德镇市昌江区，萍乡市湘东区、莲花县、上栗县、芦溪县，九江市修水县，鹰潭市贵溪市，赣州市安远县，吉安市泰和县、井冈山市，宜春市高安市，上饶市广丰区、余干县，鄱阳县、安福县；
山东：济南市历城区、章丘市，青岛市胶州市、即墨市、莱西市，枣庄市台儿庄区，东营市东营区、河口区、垦利县、广饶县，烟台市芝罘区，潍坊市昌邑市、滨海经济开发区，济宁市任城区、兖州区、鱼台县、金乡县、嘉祥县、汶上县、泗水县、梁山县、曲阜市、邹城市、高新区、太白湖新区、经济技术开发区，泰安市泰山区、岱岳区、宁阳县、东平县、新泰市、肥城市、泰山林场，威海市环翠区，日照市岚山区、莒县，莱芜市莱城区，临沂市兰山区、临港经济开发区、费县、莒南县、临沭县，德州市德城区、庆云县、齐河县、武城县、禹城市、开发区，聊城市东昌府区、阳谷县、茌平县、东阿县、冠县、高唐县、临清市、经济技术开发区、高新技术产业开发区，滨州市惠民县、无棣县，菏泽市牡丹区、定陶区、单县、巨野县、郓城县，黄河三角洲保护区；
河南：郑州市中原区、二七区、管城回族区、惠济区、中牟县、荥阳市、新郑市、登封市，洛阳市洛龙区、栾川县、嵩县、汝阳县，平顶山市叶县、鲁山县、郏县、舞钢市，鹤壁市鹤山区，焦作市沁阳市，濮阳市濮阳经济开发区、南乐县、范县、台前县、濮阳县，许昌市经济技术开发区、东城区、许昌县、鄢陵县、襄城县、禹州市、长葛市，漯河市源汇区、舞阳县、临颍县，三门峡市陕州区、渑池县、卢氏县、义马市、灵宝市，南阳市宛城区、南召县、镇平县、内乡县、淅川县、社旗县、唐河县、新野县、桐柏县，商丘市民权县、虞城县，信阳市浉河区、平桥区、罗山县、光山县、新县、淮滨县，周口市项城市，驻马店市驿城区、确山县、泌阳县、遂平县，济源市、巩义市、永城市、固始县；

湖北：武汉市新洲区，荆门市掇刀区、京山县、沙洋县，荆州市沙市区、荆州区、公安县、监利县、江陵县、石首市，咸宁市嘉鱼县，随州市随县，仙桃市、潜江市；

湖南：长沙市宁乡县，株洲市芦淞区、攸县、醴陵市，湘潭市高新区、湘潭县、韶山市，邵阳市隆回县、洞口县、武冈市，岳阳市云溪区、君山区、岳阳县，常德市安乡县、桃源县，益阳市资阳区、南县、桃江县、沅江市，郴州市苏仙区、桂阳县、嘉禾县，怀化市鹤城区、会同县、芷江侗族自治县、靖州苗族侗族自治县，娄底市涟源市，湘西土家族苗族自治州吉首市；

广东：汕头市濠江区，湛江市遂溪县，肇庆市属林场，惠州市惠阳区、惠东县，云浮市云浮市属林场；

广西：桂林市象山区、阳朔县、永福县、龙胜各族自治县，梧州市苍梧县，防城港市防城区，贵港市桂平市，百色市右江区、靖西市，大桂山林场；

重庆：万州区、涪陵区、大渡口区、江北区、九龙坡区、南岸区、北碚区、渝北区、巴南区、长寿区、合川区、永川区、南川区、璧山区、铜梁区、潼南区、万盛经济技术开发区，梁平区、城口县、丰都县、武隆区、忠县、开县、奉节县、巫溪县、酉阳土家族苗族自治县、彭水苗族土家族自治县；

四川：成都市邛崃市，自贡市自流井区，攀枝花市米易县，遂宁市船山区、安居区、蓬溪县、射洪县、大英县，乐山市沙湾区，南充市西充县，眉山市仁寿县，宜宾市翠屏区，广安市岳池县，达州市开江县，雅安市雨城区、天全县，巴中市巴州区、通江县，凉山彝族自治州木里藏族自治县、会东县、美姑县；

贵州：安顺市紫云苗族布依族自治县，毕节市大方县、织金县，黔南布依族苗族自治州三都水族自治县；

云南：曲靖市富源县，玉溪市新平彝族傣族自治县、元江哈尼族彝族傣族自治县，保山市隆阳区，丽江市永胜县、华坪县，普洱市澜沧拉祜族自治县，临沧市凤庆县，楚雄彝族自治州楚雄市、牟定县、永仁县、武定县、禄丰县，大理白族自治州弥渡县、永平县、云龙县、洱源县、剑川县，怒江傈僳族自治州泸水县、福贡县；

陕西：西安市临潼区、蓝田县、户县，宝鸡市高新区、扶风县、眉县、麟游县、太白县，咸阳市秦都区、三原县、泾阳县、乾县、彬县、兴平市，渭南市临渭区、华州区、大荔县、合阳县、蒲城县、白水县，汉中市汉台区，榆林市吴堡县，安康市白河县，商洛市商州区、丹凤县、商南县、山阳县、镇安县、柞水县，韩城市、杨陵区，宁东林业局；

甘肃：武威市凉州区，张掖市民乐县，平凉市华亭县；

青海：西宁市城西区；

宁夏：银川市兴庆区、西夏区、金凤区、灵武市，固原市彭阳县，中卫市沙坡头区、中宁县；
新疆：喀什地区喀什市、疏附县、疏勒县、麦盖提县、伽师县、巴楚县；
新疆生产建设兵团：农一师。

发生面积 909930 亩

危害指数 0.3626

● **波夸刺蛾 *Quasinarosa corusca* Wileman**

中文异名 波眉刺蛾

寄　　主 麻栎，三球悬铃木。

分布范围 安徽、福建、江西、山东、广东、广西、四川、贵州、云南。

发生地点 安徽：阜阳市太和县。

● **白眉刺蛾 *Narosa edoensis* Kawada**

寄　　主 山杨，黑杨，垂柳，山核桃，核桃，板栗，麻栎，榆树，桑，玉兰，桃，碧桃，杏，西府海棠，石楠，红叶李，月季，槐树，香椿，枣树，梧桐，石榴，柿。

分布范围 北京、天津、河北、黑龙江、江苏、浙江、江西、山东、河南、湖北、四川、贵州、云南、陕西。

发生地点 北京：石景山区、通州区、顺义区、大兴区；
河北：唐山市乐亭县；
黑龙江：佳木斯市富锦市；
江苏：镇江市句容市；
浙江：杭州市临安市；
山东：聊城市阳谷县、东阿县；
河南：许昌市长葛市；
湖北：荆门市京山县，潜江市。

发生面积 2794 亩

危害指数 0.3700

● **光夸刺蛾 *Quasinarosa fulgens* (Leech)**

中文异名 光眉刺蛾

寄　　主 山杨，核桃，榆树，桑，杏，苹果，枣树，柿。

分布范围 北京、河南。

发生地点 北京：顺义区。

● **黑眉刺蛾 *Narosa nigrisigna* Wileman**

寄　　主 核桃，枫杨，榆树，蕈树，枫香，紫荆，香椿，油桐，乌桕，酸枣，扁担杆。

分布范围 北京、江苏、浙江、福建、山东、湖北。

发生地点 北京：通州区、顺义区；
江苏：苏州市高新区。

- **梨娜刺蛾** ***Narosoideus flavidorsalis*** **（Staudinger）**

中文异名　梨刺蛾

寄　　主　柳杉，山杨，山核桃，核桃，枫杨，板栗，麻栎，波罗栎，榆树，桑，樟树，天竺桂，桃，杏，樱桃，樱花，日本晚樱，日本樱花，苹果，李，毛樱桃，白梨，沙梨，秋子梨，月季，油桐，秋枫，黄栌，盐肤木，火炬树，色木槭，枣树，扁担杆，柳叶毛蕊茶，柿，木犀，丁香。

分布范围　华北、东北、华东，湖北、广东、广西、四川、陕西、宁夏。

发生地点　北京：顺义区、密云区；
河北：保定市高碑店市；
内蒙古：通辽市科尔沁左翼后旗；
江苏：泰州市姜堰区；
福建：福州国家森林公园；
江西：南昌市南昌县；
山东：济宁市兖州区、泗水县、梁山县、经济技术开发区；
广西：桂林市龙胜各族自治县，河池市天峨县；
四川：遂宁市大英县；
陕西：渭南市华州区、合阳县，宁东林业局、太白林业局。

发生面积　1305 亩

危害指数　0. 3341

- **黄娜刺蛾** ***Narosoideus fuscicostalis*** **（Fixsen）**

寄　　主　杨，柳树，板栗，栎，樱桃，苹果，白梨，刺槐，色木槭，元宝槭，柿。

分布范围　北京、河北、辽宁、上海、山东。

发生地点　北京：顺义区；
山东：济宁市鱼台县、汶上县、泗水县、经济技术开发区。

- **狡娜刺蛾** ***Narosoideus vulpinus*** **（Wileman）**

寄　　主　猴樟，川梨，柿。

分布范围　福建、湖北、广东、四川、云南。

- **窃达直刺蛾** ***Orthocraspeda furva*** **（Wileman）**

中文异名　窃达刺蛾

寄　　主　核桃，板栗，白桂木，榕树，深山含笑，樟树，桢楠，壳菜果，樱花，石楠，柑橘，油桐，重阳木，秋枫，乌桕，槭，油茶，茶，木荷，黄牛木，合果木，巨尾桉，雷林桉 33 号，柳窿桉，尾叶桉，柿，木犀。

分布范围　福建、湖北、广东、广西、重庆。

发生地点　福建：莆田市城厢区、涵江区、秀屿区，泉州市安溪县，龙岩市漳平市，福州国家森林公园；
广东：广州市白云区、番禺区、花都区、从化区、增城区，惠州市惠阳区；
广西：南宁市邕宁区、宾阳县，桂林市永福县、龙胜各族自治县，梧州市万秀区、苍梧县、蒙山县，北海市合浦县，防城港市防城区、上思县，贵港市港北区、桂平市，玉林市福绵区，百色市右江区，河池市金城江区、罗城仫佬族自治县、巴马瑶族自治县、大化瑶族自治县，来宾市忻城县、武宣县、金秀瑶族自治县，崇左市大新县，钦廉林场、三门江林场、黄冕林场、博白林场；

重庆：涪陵区。

发生面积　20780 亩

危害指数　0.3686

- **枣奕刺蛾** ***Phlossa conjuncta*** **(Walker)**

中文异名　枣刺蛾

寄　　主　杨，柳树，山核桃，核桃，化香树，锥栗，板栗，黧蒴栲，榆树，鹅掌楸，樟树，山胡椒，檫木，枫香，桃，杏，樱桃，苹果，李，火棘，梨，紫荆，刺槐，龙爪槐，臭椿，油桐，乌桕，南酸枣，火炬树，鸡爪槭，枣树，酸枣，杜英，茶，木荷，紫薇，桉树，柿，木犀。

分布范围　华东，北京、天津、河北、辽宁、湖北、广东、广西、四川、贵州、陕西、甘肃。

发生地点　北京：通州区、顺义区；

河北：石家庄市新乐市，邯郸市磁县，保定市阜平县、唐县、博野县、雄县，沧州市河间市；

上海：嘉定区、金山区、奉贤区；

江苏：南京市玄武区，无锡市宜兴市，常州市金坛区，苏州市吴江区，淮安市金湖县，宿迁市沭阳县；

浙江：杭州市桐庐县；

福建：南平市松溪县，福州国家森林公园；

江西：萍乡市湘东区、上栗县、芦溪县；

山东：济南市历城区，济宁市梁山县；

湖北：荆门市京山县；

广东：韶关市武江区；

四川：德阳市罗江县；

陕西：渭南市华州区，汉中市汉台区；

甘肃：白银市白银区。

发生面积　3224 亩

危害指数　0.3435

- **茶纷刺蛾** ***Griseothosea fasciata*** **(Moore)**

中文异名　茶刺蛾、茶奕刺蛾

寄　　主　山杨，板栗，柑橘，重阳木，油茶，茶，咖啡。

分布范围　浙江、安徽、福建、江西、湖南、广东、广西、四川、贵州、云南、陕西。

发生地点　江西：吉安市遂川县、永新县；

湖南：衡阳市耒阳市、常宁市。

发生面积　370 亩

危害指数　0.3333

● **杉奕刺蛾** ***Phlossa jianningana* Yang et Jiang**

寄　　主　杉木。

分布范围　福建、江西。

● **奇奕刺蛾** ***Matsumurides thaumasta*（Hering）**

寄　　主　油茶。

分布范围　江苏、江西、河南、陕西。

● **油桐绒刺蛾** ***Phocoderma velutina*（Kollar）**

中文异名　绒刺蛾

寄　　主　山核桃，核桃，麻栎，栎子青冈，樟树，枫香，柑橘，香椿，红椿，油桐，重阳木，油桐，茶，八角枫，泡桐。

分布范围　安徽、河南、湖北、湖南、广西、四川、贵州、陕西。

发生地点　河南：洛阳市嵩县，平顶山市鲁山县；

湖南：常德市石门县；

广西：百色市田林县、老山林场；

四川：自贡市贡井区、沿滩区、荣县，绵阳市平武县，南充市顺庆区，广安市武胜县；

贵州：铜仁市松桃苗族自治县。

发生面积　3178 亩

危害指数　0. 3858

● **角齿刺蛾** ***Rhamnosa kwangtungensis* Hering**

寄　　主　榛子，麻栎，槲栎，辽东栎，蒙古栎，苹果，梨，刺槐。

分布范围　河北、辽宁、浙江、福建、湖北、广东、四川、云南、陕西。

● **灰齿刺蛾** ***Rhamnosa uniformis*（Swinhoe）**

寄　　主　核桃，苹果，枣树。

分布范围　河南、广东、四川、云南、陕西。

发生地点　陕西：渭南市华州区。

● **纵带球须刺蛾** ***Scopelodes contracta* Walker**

寄　　主　山杨，核桃，枫杨，板栗，麻栎，枫香，三球悬铃木，梅，樱桃，樱花，臭椿，香椿，红椿，油桐，枣树，柿。

分布范围　北京、河北、辽宁、浙江、安徽、福建、山东、河南、广东、重庆、四川、陕西。

发生地点　福建：龙岩市漳平市；

重庆：酉阳土家族苗族自治县；

四川：遂宁市船山区。

发生面积　635 亩

危害指数　0. 3617

● **灰褐球须刺蛾** ***Scopelodes sericea* Butler**

拉丁异名　*Scopelodes tantula melli* Hering

寄　　主　南酸枣。
分布范围　福建、河南。

• **黄褐球须刺蛾 *Scopelodes testacea* Butler**
寄　　主　朴树，枫香，扁桃，杧果，龙眼，荔枝。
分布范围　浙江、福建、河南、湖北、广东、广西、四川、云南。
发生地点　福建：福州国家森林公园。

• **显脉黑球须刺蛾 *Scopelodes kwangiungenensis* Hering**
中文异名　显脉球须刺蛾
寄　　主　杨梅，桤木，榆树，榕树，猴樟，樟树，枫香，枇杷，玫瑰，刺槐，臭椿，香椿，栾树，枣树，油茶，柿，咖啡。
分布范围　浙江、福建、江西、广东、广西、重庆、四川、陕西。
发生地点　重庆：武隆区、奉节县、巫溪县、彭水苗族土家族自治县；
四川：乐山市峨边彝族自治县，巴中市巴州区、平昌县；
陕西：宁东林业局。
发生面积　214 亩
危害指数　0.3333

• **窄斑褐刺蛾 *Setora baibarana*（Matsumura）**
寄　　主　核桃，苦槠栲，油桐，茶，白蜡树。
分布范围　浙江、江西、河南、四川、陕西。
发生地点　陕西：宁东林业局。

• **铜斑褐刺蛾 *Setora nitens*（Walker）**
寄　　主　茶。
分布范围　福建、河南、广东、广西、云南。

• **桑褐刺蛾 *Setora postornata*（Hampson）**
中文异名　褐刺蛾、红绿刺蛾、桑刺蛾、刺毛虫
寄　　主　银杏，松，水杉，杉木，杨树，银白杨，山杨，黑杨，毛白杨，美国白杨，柳树，垂柳，杨梅，薄壳山核桃，黄杞，山核桃，核桃，化香树，枫杨，桤木，锥栗，板栗，麻栎，青冈，榆树，大果榉，构树，柘树，黄葛树，桑，玉兰，猴樟，樟树，枫香，二球悬铃木，三球悬铃木，桃，梅，杏，樱桃，樱花，日本晚樱，日本樱花，枇杷，垂丝海棠，苹果，石楠，李，红叶李，沙梨，月季，合欢，香槐，胡枝子，刺槐，柑橘，臭椿，红椿，楝树，香椿，油桐，重阳木，乌桕，千年桐，瘿椒树，色木槭，鸡爪槭，栾树，无患子，枣树，酸枣，南酸枣，葡萄，杜英，山杜英，梧桐，山茶，油茶，茶，木荷，合果木，紫薇，大花紫薇，石榴，喜树，巨尾桉，柿，赤杨叶，长叶黄杨，白蜡树，女贞，木犀，白花泡桐。
分布范围　华东、中南、西南，北京、天津、河北、辽宁、陕西。
发生地点　河北：唐山市乐亭县、玉田县，保定市唐县，沧州市盐山县；
上海：闵行区、浦东新区、金山区，崇明县；

江苏：南京市玄武区、浦口区、栖霞区、雨花台区、江宁区、六合区，无锡市宜兴市，徐州市沛县，苏州市高新技术开发区、吴江区、昆山市，南通市海门市，淮安市清江浦区、金湖县，盐城市大丰区、东台市，扬州市邗江区、江都区、宝应县、经济技术开发区，镇江市丹徒区、句容市，泰州市姜堰区、泰兴市，宿迁市沭阳县；

浙江：宁波市江北区、北仑区、鄞州区、象山县；

安徽：合肥市庐阳区、包河区、肥西县、庐江县，芜湖市芜湖县，池州市贵池区，滁州市明光市；

福建：莆田市仙游县，三明市将乐县，泉州市永春县，南平市松溪县，龙岩市上杭县、漳平市；

江西：萍乡市湘东区、莲花县、上栗县、芦溪县，鹰潭市贵溪市，宜春市铜鼓县；

山东：青岛市胶州市，东营市利津县，济宁市兖州区、鱼台县、泗水县、梁山县、曲阜市、经济技术开发区，泰安市泰山林场，临沂市沂水县、费县，聊城市东阿县；

河南：郑州市新郑市；

湖北：荆门市京山县，潜江市；

湖南：娄底市新化县；

广东：肇庆市高要区、四会市，汕尾市陆河县，云浮市新兴县；

广西：桂林市资源县，黄冕林场；

重庆：万州区、涪陵区、潼南区、万盛经济技术开发区，忠县、云阳县、奉节县、巫溪县、秀山土家族苗族自治县、酉阳土家族苗族自治县、彭水苗族土家族自治县；

四川：成都市蒲江县，自贡市沿滩区，遂宁市安居区、蓬溪县，雅安市汉源县，巴中市南江县、平昌县；

云南：临沧市凤庆县，楚雄彝族自治州姚安县、武定县，大理白族自治州云龙县；

陕西：渭南市临渭区、华州区，商洛市山阳县，宁东林业局。

发生面积　74469 亩

危害指数　0.4156

• 素刺蛾 *Susica pallida* Walker

寄　　主　板栗，梨，刺槐。

分布范围　安徽、广东、四川、陕西。

发生地点　四川：巴中市恩阳区；

陕西：渭南市华州区，宁东林业局。

• 暗扁刺蛾 *Thosea unifascia* Walker

拉丁异名　*Thosea loesa*（Moore）

寄　　主　毛白杨，黄葛树，桃，苹果，枣树，茶，喜树。

分布范围　广东、广西、重庆、陕西。

发生地点　陕西：咸阳市永寿县，渭南市华州区、合阳县。

发生面积　260 亩
危害指数　0.3333

● **中国扁刺蛾 *Thosea sinensis* (Walker)**
中文异名　杜仲刺蛾
寄　　主　银白杨，加杨，山杨，二白杨，黑杨，毛白杨，垂柳，旱柳，杨梅，喙核桃，山核桃，核桃楸，核桃，化香树，枫杨，桤木，榛子，板栗，苦槠栲，栲树，麻栎，小叶栎，白栎，栓皮栎，青冈，榆树，榕树，桑，八角，鹅掌楸，荷花玉兰，白兰，猴樟，樟树，天竺桂，桢楠，枫香，红花檵木，杜仲，三球悬铃木，山桃，桃，榆叶梅，碧桃，梅，杏，樱桃，樱花，日本樱花，山楂，枇杷，西府海棠，苹果，海棠花，椤木石楠，石楠，李，红叶李，白梨，河北梨，沙梨，蔷薇，山莓，台湾相思，紫荆，刺桐，刺槐，槐树，柑橘，臭椿，常绿臭椿，楝树，香椿，红椿，油桐，重阳木，秋枫，白桐树，乌桕，油桐，高山澳杨，长叶黄杨，黄栌，漆树，冬青，三角槭，色木槭，栲叶槭，鸡爪槭，栾树，无患子，枣树，酸枣，木槿，木棉，梧桐，红淡比，茶梨，山茶，油茶，茶，木荷，金丝桃，紫薇，大花紫薇，石榴，喜树，八角枫，榄仁树，巨桉，巨尾桉，杜鹃，柿，白蜡树，绒毛白蜡，女贞，木犀，银桂，大青，白花泡桐，毛泡桐，香果树，栀子，珊瑚树，丝葵。
分布范围　华北、华东、中南、西南，辽宁、吉林、陕西。
发生地点　北京：东城区、石景山区、通州区、顺义区、大兴区、密云区；
河北：石家庄市井陉矿区、井陉县、正定县、无极县、新乐市，唐山市古冶区、曹妃甸区、滦南县、乐亭县、玉田县，秦皇岛市昌黎县，邯郸市磁县，邢台市邢台县、内丘县、沙河市，保定市涞水县、阜平县、唐县、博野县、涿州市、高碑店市，沧州市东光县、河间市，廊坊市安次区、大城县、霸州市，定州市；
山西：大同市阳高县，朔州市平鲁区；
上海：闵行区、宝山区、嘉定区、浦东新区、金山区、松江区、青浦区、奉贤区，崇明县；
江苏：南京市玄武区、浦口区、雨花台区、六合区、溧水区，无锡市锡山区、惠山区、宜兴市，徐州市沛县，常州市武进区、金坛区、溧阳市，苏州市高新技术开发区、吴江区、张家港市、昆山市，南通市海门市，淮安市淮阴区、清江浦区、金湖县，盐城市盐都区、大丰区、射阳县、建湖县、东台市，扬州市江都区、高邮市，镇江市京口区、润州区、丹阳市、扬中市、句容市，泰州市泰兴市，宿迁市沭阳县；
浙江：杭州市萧山区，宁波市江北区、鄞州区、余姚市，金华市磐安县，衢州市常山县，台州市椒江区、温岭市；
安徽：合肥市庐阳区、庐江县，芜湖市芜湖县，淮南市凤台县，滁州市天长市、明光市，六安市裕安区，宣城市郎溪县；
福建：三明市三元区，漳州市平和县、漳州开发区，南平市延平区、松溪县，龙岩市上杭县；
江西：萍乡市湘东区、莲花县、上栗县、芦溪县，九江市都昌县，抚州市东乡县；
山东：济南市历城区、章丘市，青岛市胶州市，枣庄市台儿庄区，东营市河口区、利津县，潍坊市昌邑市，济宁市兖州区、鱼台县、金乡县、汶上县、泗水县、梁山县、曲阜市、经济技术开发区，泰安市泰山区、岱岳区、宁阳县、泰山林场，威海市环翠区，莱芜市莱城区，临沂市费县、临沭县，德州市庆云县、齐河县、禹城市，聊城市阳谷县、茌平县、东阿县、冠县、高唐县、经济技术开发区，滨州市惠民县，菏泽市牡丹区、定陶区、单县、巨野县、郓城县，黄河三角洲保护区；

河南：郑州市新郑市，洛阳市嵩县，许昌市许昌县、禹州市，信阳市平桥区、淮滨县，驻马店市确山县、泌阳县，邓州市；

湖北：武汉市洪山区，襄阳市枣阳市，荆门市掇刀区、京山县，荆州市沙市区、荆州区、监利县、江陵县，随州市随县，仙桃市、潜江市、天门市；

湖南：株洲市芦淞区，湘潭市韶山市，邵阳市邵阳县、隆回县，岳阳市云溪区、岳阳县、平江县，常德市安乡县，益阳市资阳区、安化县、沅江市，郴州市嘉禾县，湘西土家族苗族自治州保靖县；

广东：肇庆市高要区、四会市，汕尾市陆河县、陆丰市，云浮市新兴县；

广西：南宁市江南区、武鸣区、横县，桂林市龙胜各族自治县，梧州市蒙山县，防城港市防城区、上思县，贵港市桂平市，百色市田阳县，河池市东兰县，来宾市兴宾区、金秀瑶族自治县，崇左市扶绥县，三门江林场、维都林场、黄冕林场；

重庆：万州区、黔江区、万盛经济技术开发区，巫溪县；

四川：自贡市大安区、沿滩区，遂宁市安居区、蓬溪县、射洪县，南充市西充县，广安市武胜县，巴中市巴州区；

云南：临沧市凤庆县，楚雄彝族自治州牟定县，大理白族自治州云龙县，怒江傈僳族自治州贡山独龙族怒族自治县；

陕西：西安市临潼区、周至县，宝鸡市麟游县，咸阳市彬县、武功县、兴平市，渭南市华州区、澄城县，汉中市汉台区，商洛市山阳县，宁东林业局。

发生面积　79634 亩

危害指数　0. 3495

• 黑缘小刺蛾 *Trichogyia nigrimargo* Hering

寄　　主　阔叶十大功劳。

分布范围　安徽。

斑蛾科 Zygaenidae

• 云南锦斑蛾 *Achelura yunnanensis* Horie et Xue

寄　　主　樱桃，云南樱花，冬樱花。

分布范围　云南。

发生地点　云南：德宏傣族景颇族自治州瑞丽市。

• 黄纹竹斑蛾 *Allobremeria plurilineata* Alberti

寄　　主　孝顺竹，撑篙竹，方竹，油竹，慈竹，罗汉竹，水竹，毛竹，早园竹，苦竹。

分布范围　上海、江苏、浙江、福建、江西、湖北、湖南、广西、四川、云南、陕西。
发生地点　上海：金山区；
江苏：扬州市江都区；
浙江：丽水市莲都区；
福建：南平市延平区、松溪县；
湖南：岳阳市岳阳县，永州市冷水滩区；
广西：桂林市兴安县、平乐县，维都林场；
四川：遂宁市船山区；
云南：昭通市彝良县、水富县。
发生面积　11474 亩
危害指数　0.3956

● **竹小斑蛾** ***Artona funeralis*** **(Butler)**

寄　　主　孝顺竹，青皮竹，刺竹子，单竹，毛竹，紫竹，毛金竹，早竹，高节竹，胖竹，苦竹，托竹，唐竹。
分布范围　华东，河北、湖北、湖南、广东、广西、四川、云南、陕西。
发生地点　河北：邢台市沙河市；
江苏：盐城市东台市，扬州市邗江区、宝应县，泰州市姜堰区；
福建：三明市三元区，泉州市安溪县，龙岩市上杭县；
广东：韶关市仁化县；
广西：桂林市龙胜各族自治县；
四川：广安市前锋区。
发生面积　659 亩
危害指数　0.3536

● **马尾松斑蛾** ***Campylotes desgodinsi*** **Oberthür**

寄　　主　湿地松，马尾松，茶。
分布范围　西南，安徽、福建、河南、陕西。
发生地点　福建：莆田市城厢区。

● **黄肩旭锦斑蛾** ***Campylotes histrionicus*** **Westwood**

寄　　主　山杨，重阳木。
分布范围　西南，湖南。
发生地点　重庆：潼南区；
四川：凉山彝族自治州布拖县。

● **黄纹旭锦斑蛾** ***Campylotes partti*** **Leech**

寄　　主　油松，榆树，白檀。
分布范围　湖南、广西、四川、陕西。
发生地点　湖南：永州市双牌县；
四川：卧龙保护区；

陕西：渭南市华州区。

• 褐翅锦斑蛾 *Chalcosia pectinicornis*（Linnaeus）

寄　　主　樟树，枫香。

分布范围　安徽、福建。

发生地点　福建：龙岩市新罗区。

• 白带锦斑蛾 *Chalcosia remota* Walker

寄　　主　蒙古栎，石莲，桃，梨，胡枝子，茶，华山矾。

分布范围　东北，江苏、浙江、江西、山东、陕西、甘肃。

发生地点　江苏：南京市玄武区；

浙江：衢州市常山县；

陕西：渭南市华州区，宁东林业局。

• 蝶形锦斑蛾 *Cyclosia papilionaris* Drury

寄　　主　柏木，杨梅，榕树，樟树，潺槁木姜子，台湾相思，楝树，银柴，重阳木，秋枫，盐肤木，山杜英，假苹婆，茶，木荷，紫薇，桉树。

分布范围　福建、湖北、广东、广西、四川。

发生地点　广东：广州市花都区，深圳市龙岗区、坪山新区，湛江市廉江市，肇庆市鼎湖区、高要区、四会市，惠州市惠阳区、惠东县，汕尾市陆河县、陆丰市，东莞市，云浮市新兴县；

四川：巴中市恩阳区。

发生面积　402 亩

危害指数　0. 4080

• 李拖尾锦斑蛾 *Elcysma westwoodii*（Vollenhoven）

寄　　主　李。

分布范围　辽宁。

• 华庆锦斑蛾 *Erasmia pulchella chinensis* Jordan

寄　　主　油茶。

分布范围　湖南、广东。

发生地点　广东：汕尾市陆河县。

• 双星锦斑蛾 *Erasmia pulchella hobsoni* Butler

中文异名　山龙眼萤斑蛾

寄　　主　山龙眼，重阳木。

分布范围　福建。

发生地点　福建：南平市建瓯市。

• 茶柄脉锦斑蛾 *Eterusia aedea*（Clerck）

中文异名　茶斑蛾、蓬莱茶斑蛾

寄　　主　马尾松，水杉，柏木，山杨，杨梅，核桃，枫杨，桤木，锥栗，板栗，刺栲，栎，青冈，榆树，构树，黄葛树，枫香，三球悬铃木，樱桃，日本晚樱，皱皮木瓜，山楂，枇杷，石楠，红叶李，相思子，油桐，重阳木，秋枫，乌桕，长叶黄杨，黄杨，茶条木，无患子，山茶，油茶，茶，木荷，紫薇，白蜡树，女贞。

分布范围　华东、中南，重庆、四川、云南、陕西。

发生地点　江苏：南京市玄武区、雨花台区，扬州市江都区、宝应县，镇江市句容市，宿迁市沭阳县；

浙江：宁波市鄞州区、宁海县、余姚市，衢州市常山县；

安徽：池州市贵池区；

福建：厦门市海沧区，莆田市城厢区、仙游县，南平市延平区、松溪县，龙岩市新罗区、漳平市；

江西：萍乡市湘东区、上栗县、芦溪县，宜春市高安市；

河南：平顶山市鲁山县，驻马店市确山县、泌阳县；

湖北：荆门市京山县；

湖南：衡阳市常宁市，岳阳市平江县，怀化市新晃侗族自治县，娄底市新化县，湘西土家族苗族自治州凤凰县；

广东：肇庆市高要区、四会市，惠州市惠阳区，汕尾市陆河县、陆丰市，云浮市新兴县、郁南县、罗定市；

广西：桂林市永福县、灌阳县、龙胜各族自治县；

重庆：南岸区、北碚区、黔江区、永川区、铜梁区，忠县、巫溪县、秀山土家族苗族自治县、彭水苗族土家族自治县；

四川：绵阳市平武县，遂宁市大英县，内江市威远县，乐山市沙湾区、马边彝族自治县、峨眉山市，巴中市巴州区。

发生面积　4213 亩

危害指数　0.3384

- **三色柄脉锦斑蛾 *Eterusia tricolor* Hope**

寄　　主　栎。

分布范围　浙江、广东。

发生地点　浙江：宁波市象山县。

- **凤斑蛾 *Histia flabellicornis ultima* Hering**

寄　　主　重阳木。

分布范围　广东。

发生地点　广东：云浮市罗定市。

- **重阳木锦斑蛾 *Histia rhodope* Cramer**

中文异名　重阳木斑蛾

寄　　主　马尾松，柳杉，罗汉松，榧树，垂柳，栓皮栎，朴树，大果榉，猴樟，樟树，竹叶楠，桢楠，三球悬铃木，樱花，柑橘，重阳木，秋枫，扶芳藤，元宝槭，无患子，枣树，杜英，木芙蓉，木棉，油茶，茶，木荷，八角枫，巨尾桉，番石榴，女贞，木犀，络石，牡荆，荆条。

分布范围　华东、中南，重庆、四川、云南、陕西。

发生地点　上海：闵行区、宝山区、嘉定区、浦东新区、金山区、松江区、青浦区、奉贤区，崇明县；

江苏：南京市玄武区、浦口区、栖霞区、雨花台区、高淳区，无锡市宜兴市，徐州市贾汪区、铜山区、丰县、沛县，常州市钟楼区、新北区、武进区、金坛区、溧阳市，苏州市高新技术开发区、吴中区、相城区、吴江区、昆山市、太仓市，南通市海安县、海门市，连云港市连云区、灌云县，淮安市清江浦区、金湖县，盐城市盐都区、大丰区、响水县、阜宁县、射阳县、建湖县、东台市，扬州市江都区、宝应县、经济技术开发区，镇江市润州区、丹徒区、丹阳市、扬中市、句容市，泰州市姜堰区；

浙江：杭州市西湖区、萧山区、桐庐县，宁波市江北区，嘉兴市秀洲区，绍兴市诸暨市，台州市三门县、温岭市；

安徽：合肥市庐阳区、肥西县、庐江县，芜湖市芜湖县、繁昌县、无为县，蚌埠市五河县、固镇县，淮南市大通区、田家庵区，淮北市相山区，黄山市徽州区、黟县，滁州市全椒县、天长市、明光市，阜阳市颍东区、阜南县、颍上县，宿州市萧县、泗县；

福建：厦门市海沧区、同安区，莆田市荔城区、秀屿区、仙游县，三明市三元区，漳州市漳浦县、东山县，南平市延平区；

江西：萍乡市莲花县，九江市瑞昌市，赣州经济技术开发区、安远县，宜春市铜鼓县；

山东：枣庄市薛城区，济宁市曲阜市；

河南：郑州市惠济区，平顶山市鲁山县，许昌市鄢陵县、襄城县，南阳市桐柏县，商丘市睢阳区、民权县，永城市；

湖北：武汉市洪山区、东西湖区、蔡甸区、新洲区，襄阳市老河口市，荆门市东宝区，孝感市孝南区、云梦县，荆州市沙市区、荆州区、监利县，黄冈市罗田县，仙桃市、潜江市；

湖南：湘潭市湘潭县、韶山市，衡阳市衡南县、常宁市，张家界市永定区，益阳市资阳区、南县、沅江市，郴州市嘉禾县，永州市零陵区、江永县，娄底市双峰县，湘西土家族苗族自治州保靖县；

广东：广州市白云区，深圳市宝安区，佛山市南海区，湛江市麻章区、遂溪县，肇庆市高要区、四会市，惠州市惠城区、惠阳区、惠东县，梅州市大埔县、蕉岭县，汕尾市陆河县，河源市源城区、紫金县、东源县，清远市英德市，中山市，云浮市云安区、新兴县；

广西：南宁市青秀区、江南区、经济技术开发区，桂林市灵川县，梧州市蒙山县，防城港市防城区，贵港市桂平市，贺州市昭平县；

重庆：大渡口区、南岸区、北碚区、黔江区、长寿区、永川区，梁平区、武隆区、忠县、开县、云阳县、奉节县、巫溪县、彭水苗族土家族自治县；

四川：遂宁市船山区、安居区、大英县，宜宾市兴文县。

发生面积　33675 亩

危害指数　0.3727

• 黑顶透翅斑蛾 *Illiberis dirce* (Leech)

寄　　主　苹果，紫薇。

分布范围　福建、陕西。

发生地点　陕西：渭南市华州区。

• 梨叶斑蛾 *Illiberis pruni* Dyar

中文异名　梨星毛虫

寄　　主　茶藨子，桃，碧桃，山杏，杏，樱桃，野山楂，山楂，山荆子，西府海棠，苹果，海棠花，李，杜梨，白梨，西洋梨，河北梨，沙梨，秋子梨，川梨，月季，红果树，顶果木，槐树，栾树，枣树，沙枣，野海棠，香果树。

分布范围　华北、东北、华东，河南、湖北、重庆、四川、陕西、甘肃、宁夏。

发生地点　北京：丰台区、房山区、通州区、顺义区、大兴区；

河北：石家庄市井陉县、行唐县、高邑县、新乐市，唐山市开平区、乐亭县，秦皇岛市抚宁区，邢台市邢台县、新河县，保定市唐县、蠡县、安国市、高碑店市，张家口市桥东区、崇礼区、蔚县、怀安县、赤城县，承德市平泉县，沧州市东光县、吴桥县、献县、黄骅市、河间市，廊坊市安次区、固安县、永清县，衡水市桃城区、枣强县、武邑县、武强县、安平县，定州市、辛集市；

山西：大同市阳高县；

内蒙古：通辽市霍林郭勒市，鄂尔多斯市准格尔旗，呼伦贝尔市牙克石市，乌兰察布市化德县、兴和县、察哈尔右翼前旗；

浙江：台州市临海市；

山东：日照市岚山区，莱芜市莱城区，临沂市临沭县，聊城市莘县，菏泽市牡丹区、曹县、单县、郓城县；

河南：许昌市襄城县，三门峡市灵宝市，驻马店市西平县；

重庆：黔江区；

四川：遂宁市安居区、射洪县；

陕西：西安市蓝田县，咸阳市泾阳县，渭南市华州区，延安市宜川县，榆林市绥德县、米脂县、子洲县，商洛市丹凤县；

甘肃：兰州市皋兰县，金昌市金川区，白银市靖远县、景泰县，天水市张家川回族自治县，平凉市泾川县、崇信县、庄浪县，酒泉市肃州区、金塔县、玉门市，庆阳市正宁县，临夏回族自治州临夏县、和政县，甘南藏族自治州舟曲县；

宁夏：银川市兴庆区、西夏区、金凤区、灵武市，石嘴山市大武口区、惠农区，吴忠市同心县。

发生面积　129188 亩

危害指数　0.4200

• 杏叶斑蛾 *Illiberis psychina* Oberthür

中文异名　李斑蛾

寄　　主　红润楠，闽楠，桃，梅，杏，樱桃，李。

分布范围　河北、山西、江西、山东、河南、陕西。
发生地点　河北：秦皇岛市昌黎县；
江西：吉安市永新县；
山东：莱芜市钢城区。
发生面积　1248 亩
危害指数　0. 3333

- **柞叶斑蛾 *Illiberis sinensis* Walker**

寄　　主　栎。
分布范围　北京、河北、黑龙江、江苏、浙江、山东、河南、湖南、广东、陕西。

- **葡萄叶斑蛾 *Illiberis tenuis* Butler**

中文异名　葡萄星毛虫
寄　　主　核桃，桃，杏，苹果，梨，葡萄。
分布范围　河北、山东、河南、陕西。
发生地点　山东：菏泽市单县。
发生面积　392 亩
危害指数　0. 3333

- **亮翅鹿斑蛾 *Illiberis translucida*（Poujade）**

寄　　主　苹果。
分布范围　陕西。
发生地点　陕西：渭南市华州区。

- **榆星毛虫 *Illiberis ulmivora*（Graeser）**

中文异名　榆斑蛾、榆叶斑蛾
寄　　主　二白杨，大叶杨，黄柳，旱柳，北沙柳，辽东桤木，板栗，旱榆，榆树，胡枝子。
分布范围　东北，北京、河北、内蒙古、江苏、山东、河南、湖北、陕西、宁夏。
发生地点　河北：唐山市乐亭县、玉田县，张家口市沽源县，沧州市河间市；
内蒙古：巴彦淖尔市乌拉特后旗，锡林郭勒盟东乌珠穆沁旗；
江苏：南京市高淳区；
山东：菏泽市郓城县；
河南：三门峡市陕州区，南阳市南召县；
宁夏：银川市贺兰山管理局。
发生面积　48898 亩
危害指数　0. 6974

- **朱红毛斑蛾 *Phauda flammans*（Walker）**

寄　　主　板栗，高山榕，垂叶榕，无花果，榕树，李，枣树，大叶桉，盆架树。
分布范围　辽宁、福建、广东、广西、海南、云南。
发生地点　广东：深圳市南山区、坪山新区、大鹏新区，湛江市麻章区、遂溪县，肇庆市鼎湖区、高要区、怀集县、四会市，惠州市惠东县，梅州市大埔县，汕尾市陆河县、陆丰市，河源市源城区，清远市清新区，中山市，云浮市云城区、云安区、新兴县；
广西：南宁市江南区、横县，柳州市柳江区，梧州市岑溪市，贵港市桂平市，来宾市兴宾区；
海南：儋州市。
发生面积 3047 亩
危害指数 0.3561

- **黑斑红毛斑蛾 *Phauda triadum* (Walker)**

寄　　主 高山榕，垂叶榕，榕树。
分布范围 浙江、福建、湖南。
发生地点 福建：福州国家森林公园。

- **透翅硕斑蛾 *Piarosoma hyalina* (Leech)**

寄　　主 桃。
分布范围 浙江。

- **环带锦斑蛾 *Pidorus euchromioides* Walker**

寄　　主 茶，山矾。
分布范围 江苏、江西、山东。
发生地点 江苏：南京市玄武区。

- **萱草带锦斑蛾 *Pidorus gemina* (Walker)**

寄　　主 榕树，台湾相思，楝树，桉树。
分布范围 江西、广东、云南。

- **桧带锦斑蛾 *Pidorus glaucopis atratus* Butler**

中文异名 烩带锦斑蛾
寄　　主 华山松，马尾松，板栗，刺楞，槐树，巨尾桉。
分布范围 江苏、福建、湖南、广西、四川、陕西。
发生地点 江苏：淮安市清江浦区；
福建：泉州市安溪县；
广西：河池市环江毛南族自治县；
四川：巴中市通江县；
陕西：宁东林业局。
发生面积 146 亩
危害指数 0.3333

- **野茶带锦斑蛾 *Pidorus glaucopis* Drury**

寄　　主 杨，柳树，青冈，刺槐，柑橘，油茶，茶。
分布范围 浙江、安徽、江西、湖北、湖南、广东、四川、陕西。
发生地点 浙江：宁波市鄞州区，丽水市莲都区；

湖南：岳阳市平江县，娄底市新化县。

发生面积　1005 亩

危害指数　0. 3333

• **大叶黄杨斑蛾 *Pryeria sinica* Moore**

中文异名　大叶黄杨长毛斑蛾、黄杨斑蛾

寄　　主　栗，长叶黄杨，黄杨，冬青，卫矛，扶芳藤，冬青卫矛，金边黄杨，女贞。

分布范围　华北、华东，辽宁、陕西。

发生地点　上海：宝山区、浦东新区、松江区、奉贤区；

江苏：南京市雨花台区，无锡市惠山区、滨湖区、江阴市，常州市武进区，南通市海安县、海门市，盐城市射阳县、建湖县、东台市，镇江市句容市，泰州市海陵区、姜堰区；

安徽：合肥市庐阳区、包河区、肥西县、庐江县；

山东：烟台市莱山区，济宁市曲阜市，泰安市岱岳区、肥城市、泰山林场，莱芜市莱城区，菏泽市牡丹区、定陶区、单县、郓城县。

发生面积　767 亩

危害指数　0. 3407

• **黑心赤眉锦斑蛾 *Rhodopsona rubiginosa* Leech**

寄　　主　栎。

分布范围　浙江、江西、湖北、四川、贵州、西藏、陕西。

发生地点　陕西：汉中市西乡县。

• **松针斑蛾 *Soritia pulchella* (Kollar)**

中文异名　朱颈褐锦斑蛾

拉丁异名　*Eterusia leptalina* Kollar，*Soritia leptatina* (Kollar)

寄　　主　华山松，马尾松，云南松，川滇高山栎，乌桕，油茶，茶。

分布范围　浙江、福建、湖北、四川、贵州、西藏、陕西。

发生地点　四川：凉山彝族自治州越西县、美姑县；

西藏：林芝市巴宜区。

发生面积　1135 亩

危害指数　0. 3436

• **沙罗双透点黑斑蛾 *Trypanophora semihyalina argyrospila* Walker**

寄　　主　台湾相思，油茶，榄仁树，小果柿。

分布范围　福建、湖南、贵州。

发生地点　福建：莆田市涵江区，福州国家森林公园。

• **网翅锦斑蛾 *Trypanophora semihyalina* Kollar**

寄　　主　木荷。

分布范围　江苏、广东。

网蛾科 Thyrididae

- **树形拱肩网蛾 *Camptochilus aurea* Butler**

中文异名　树形网蛾
寄　　主　山核桃，板栗，黄海棠。
分布范围　北京、福建、江西、河南、湖北、湖南、广西、四川、云南、西藏、陕西、甘肃。
发生地点　四川：凉山彝族自治州盐源县；
　　　　　陕西：宁东林业局、太白林业局。
发生面积　3 亩
危害指数　0. 3333

- **枯叶蛾拱肩网蛾 *Camptochilus semifasciata* Gaede**

寄　　主　板栗，甜槠栲，锥栗，青冈，桃，杏，梨，刺槐，盐肤木，冬青，桉树。
分布范围　河北、浙江、安徽、福建、江西、广东、广西、陕西。
发生地点　江西：吉安市井冈山市；
　　　　　广东：肇庆市四会市。
发生面积　130 亩
危害指数　0. 3333

- **金盏拱肩网蛾 *Camptochilus sinuosus* Warren**

寄　　主　山杨，核桃，榛子，栗，栓皮栎，栎子青冈，杜梨，油茶，柿。
分布范围　中南，河北、江苏、浙江、福建、江西、四川、陕西、甘肃。
发生地点　河北：邢台市沙河市；
　　　　　江苏：南京市玄武区；
　　　　　浙江：宁波市象山县；
　　　　　福建：福州国家森林公园；
　　　　　江西：南昌市安义县，宜春市高安市；
　　　　　陕西：渭南市临渭区，宁东林业局。
发生面积　112 亩
危害指数　0. 3333

- **蝉网蛾 *Glanycus foochowensis* Chu et Wang**

寄　　主　板栗，樟树。
分布范围　福建、江西、湖北、广西、海南、四川、云南、西藏。

- **绢网蛾 *Herdonia osacesalis* Walker**

中文异名　石榴茎窗蛾
寄　　主　石榴，木犀。
分布范围　江苏、浙江、山东、河南、海南、云南。
发生地点　江苏：南京市玄武区，苏州市昆山市、太仓市，淮安市清江浦区，盐城市盐都区；

山东：菏泽市牡丹区、单县；
河南：许昌市襄城县。
发生面积 172 亩
危害指数 0.3372

• **角斑绢网蛾 *Herdonia papuensis* Warren**
寄　　主 石榴，番石榴。
分布范围 华东，湖北、湖南、广西、海南、四川、贵州、云南。

• **蜂形网蛾 *Hyperthyris aperta* Leech**
寄　　主 柳，板栗。
分布范围 湖南、新疆。
发生地点 新疆：吐鲁番市鄯善县。

• **直线网蛾 *Rhodoneura erecta*（Leech）**
寄　　主 杨，核桃，板栗，栎，柞木。
分布范围 江苏、浙江、江西、河南、广西、四川、云南、陕西。
发生地点 江苏：南京市玄武区；
陕西：太白林业局。

• **银网蛾 *Rhodoneura reticulata* Butler**
寄　　主 朴树，铁刀木。
分布范围 江苏、海南、四川、云南。
发生地点 江苏：南京市玄武区。

• **三带网蛾 *Rhodoneura taeniata* Warren**
寄　　主 榛子，栎。
分布范围 云南、西藏、陕西。

• **二点斜线网蛾 *Striglina bispota* Chu et Wang**
中文异名 二点线网蛾
寄　　主 杨梅，栎，榆叶梅，八宝枫。
分布范围 中南，上海、江苏、浙江、福建、江西、云南、西藏、甘肃。

• **栗斜线网蛾 *Striglina cancellata* Christoph**
寄　　主 栗，板栗，梅，茶，四照花。
分布范围 辽宁、江苏、湖北、陕西。

• **一点斜线网蛾 *Striglina scitaria* Walker**
中文异名 斜线网蛾
寄　　主 山杨，杨梅，板栗，刺槐，茶。
分布范围 东北，河北、江苏、浙江、福建、江西、河南、广西、海南、四川、陕西。
发生地点 江西：宜春市高安市；

陕西：渭南市白水县。
发生面积　120 亩
危害指数　0.3333

• 四川斜线网蛾 *Striglina suzukii szechwanensis* Chu et Wang

寄　　主　杨梅，油茶。
分布范围　福建、江西、湖北、广西。
发生地点　福建：龙岩市漳平市。

• 格线网蛾 *Striglina venia* Whalley

寄　　主　山杨，旱柳，山楂。
分布范围　北京。

• 尖尾网蛾 *Thyris fenestrella* (Scopoli)

寄　　主　石榴。
分布范围　北京、吉林、黑龙江、江苏、浙江、安徽、福建、湖北、新疆。
发生地点　安徽：合肥市包河区。

驼蛾科 Hyblaeidae

• 柚木驼蛾 *Hyblaea puera* Cramer

中文异名　柚木弄蛾、柚木肖弄蝶夜蛾
寄　　主　黧蒴栲，水麻，杜梨，槐树，文旦柚，油桐，无患子，木荷，桉树，海榄雌，柚木。
分布范围　福建、江西、湖北、广东、广西、海南、四川、云南、陕西、甘肃。
发生地点　福建：厦门市海沧区、同安区，莆田市涵江区、荔城区、秀屿区、仙游县；
广东：肇庆市四会市，惠州市仲恺区；
广西：钦州市钦州港，贵港市平南县，崇左市大新县，热带林业实验中心；
四川：遂宁市射洪县；
云南：红河哈尼族彝族自治州屏边苗族自治县、河口瑶族自治县，德宏傣族景颇族自治州瑞丽市；
陕西：渭南市华州区，延安市延川县；
甘肃：白水江保护区。
发生面积　12685 亩
危害指数　0.4527

锚纹蛾科 Callidulidae

• 锚纹蛾 *Pterodecta felderi* Bremer

寄　　主　日本扁柏，枫香，三叉刺。
分布范围　华北，辽宁、吉林、湖北、四川、西藏、陕西。
发生地点　陕西：西安市周至县。

凤蝶科 Papilionidae

• 宽尾凤蝶 *Agehana elwesi*（Leech）

寄　　主　枫杨，鹅掌楸，玉兰，厚朴，深山含笑，桢楠，檫木，苹果，合欢，柑橘，花椒，茶，梓。

分布范围　华东、中南，重庆、陕西。

发生地点　浙江：宁波市北仑区、象山县；
江西：萍乡市莲花县、芦溪县，上饶市广丰区；
山东：潍坊市诸城市，临沂市蒙阴县；
河南：郑州市登封市；
湖北：十堰市竹溪县，荆州市石首市；
湖南：长沙市浏阳市，邵阳市隆回县，岳阳市平江县，怀化市通道侗族自治县；
重庆：开县。

发生面积　467 亩

危害指数　0. 3333

• 暖曙凤蝶 *Atrophaneura aidonea*（Doubleday）

寄　　主　樟树，桢楠，木犀。

分布范围　广东、广西、海南、重庆、四川、云南。

发生地点　重庆：涪陵区。

• 麝凤蝶 *Byasa alcinous*（Klug）

寄　　主　山杨，黑杨，柳树，枫杨，板栗，琼崖石栎，白栎，蒙古栎，榆树，牡丹，猴樟，樟树，野香橼花，桃，牛筋条，石楠，梨，合欢，羊蹄甲，柑橘，花椒，中华卫矛，木槿，北柴胡，迎春花，女贞，萝藦，臭牡丹，黄荆。

分布范围　全国。

发生地点　上海：宝山区、松江区、青浦区；
江苏：南京市浦口区、栖霞区、江宁区、六合区，常州市溧阳市，苏州市高新技术开发区，淮安市洪泽区、盱眙县、金湖县，盐城市盐都区、响水县、阜宁县，扬州市邗江区、江都区、宝应县、经济技术开发区，镇江市句容市，泰州市姜堰区；
安徽：芜湖市芜湖县，淮南市大通区；
江西：萍乡市莲花县，上饶市广丰区；
山东：潍坊市诸城市，济宁市兖州区、经济技术开发区，泰安市泰山区、泰山林场，临沂市沂水县；
湖南：常德市鼎城区，永州市双牌县，娄底市新化县；
四川：遂宁市船山区、蓬溪县，内江市资中县；
陕西：西安市周至县，宝鸡市凤县，咸阳市武功县，渭南市临渭区、华州区、潼关县，商洛市镇安县，宁东林业局、太白林业局。

发生面积　849 亩
危害指数　0.3333

• 中华麝凤蝶 *Byasa confusa* (Rothschild)

寄　　主　柑橘。
分布范围　东北、华东，河北、山西、河南、广东、广西、海南、四川、云南、陕西。
发生地点　安徽：合肥市庐阳区、包河区。

• 长尾麝凤蝶 *Byasa impediens* (Rothschild)

寄　　主　栎，构树，猴樟，合欢，柑橘，荆条。
分布范围　华东，河南、湖北、四川、陕西。
发生地点　江苏：南京市栖霞区、江宁区、六合区、溧水区，无锡市滨湖区，淮安市淮阴区，盐城市东台市，镇江市京口区、镇江新区、润州区、丹徒区、丹阳市；
安徽：淮南市田家庵区、八公山区；
福建：泉州市安溪县；
四川：绵阳市梓潼县；
陕西：宝鸡市凤县，渭南市白水县。
发生面积　1179 亩
危害指数　0.3333

• 灰绒麝凤蝶 *Byasa mencius* (Felder et Felder)

寄　　主　花椒，栾树，合果木，黄荆。
分布范围　河北、上海、安徽、重庆、四川、陕西。
发生地点　河北：邢台市沙河市；
上海：青浦区；
重庆：万州区、涪陵区；
四川：遂宁市船山区，乐山市峨边彝族自治县；
陕西：渭南市华州区。
发生面积　143 亩
危害指数　0.3333

• 褐斑凤蝶 *Chilasa agestor* Gray

寄　　主　青冈，榆树。
分布范围　黑龙江、四川、广东、广西。
发生地点　四川：巴中市恩阳区。

• 斑凤蝶 *Chilasa clytia* (Linnaeus)

寄　　主　榕树，玉兰，含笑花，樟树，潺槁木姜子，枫香，柑橘，九里香，花椒，米仔兰，木荷。
分布范围　黑龙江、江苏、福建、江西、广东、广西、海南、四川、云南。
发生地点　江西：抚州市东乡县；
广东：广州市南沙区，深圳市坪山新区，惠州市惠阳区；

广西：南宁市江南区。
发生面积 12683 亩
危害指数 0.3333

• **小黑斑凤蝶 *Chilasa epycides*（Hewitson）**
中文异名 小褐斑凤蝶
寄　　主 樟树，山鸡椒，柑橘，黄檗，花椒。
分布范围 江苏、安徽、福建、贵州、陕西。
发生地点 陕西：商洛市镇安县。

• **臀珠斑凤蝶 *Chilasa slateri*（Hewitson）**
寄　　主 樟树，油樟，山鸡椒，花椒。
分布范围 福建、海南、重庆。

• **统帅青凤蝶 *Graphium agamemnon*（Linnaeus）**
寄　　主 白兰，假鹰爪，樟树。
分布范围 浙江、福建、广东、广西、海南、四川、云南。
发生地点 福建：福州国家森林公园；
广东：深圳市光明新区、坪山新区，清远市属林场。

• **碎斑青凤蝶 *Graphium chironides*（Honrath）**
寄　　主 鹅掌楸，厚朴，猴樟，樟树，肉桂，潺槁木姜子，月季，梧桐，滇木荷，木荷。
分布范围 华东、中南，四川、贵州。
发生地点 江苏：南京市江宁区，无锡市宜兴市，淮安市洪泽区、盱眙县，镇江市润州区、丹徒区、丹阳市；
浙江：宁波市奉化市，台州市三门县；
安徽：池州市贵池区；
江西：萍乡市安源区、莲花县、上栗县、芦溪县；
湖南：岳阳市平江县；
广东：湛江市遂溪县，肇庆市高要区、四会市，汕尾市陆河县、陆丰市，云浮市新兴县。
发生面积 253 亩
危害指数 0.3729

• **宽带青凤蝶 *Graphium cloanthus*（Westwood）**
寄　　主 大叶楠，红润楠，猴樟，香楠。
分布范围 浙江、福建、江西、湖北、湖南、广东、广西、四川、云南、陕西。
发生地点 四川：宜宾市兴文县。

• **木兰青凤蝶中原亚种 *Graphium doson axion*（Felder et Felder）**
中文异名 木兰青凤蝶
寄　　主 杨，桤木，锥栗，八角，玉兰，厚朴，天女花，二乔木兰，白兰，含笑花，深山含笑，西米棕，樟树，天竺桂，木姜子，荔枝。

分布范围　福建、江西、湖北、广东、广西、海南、重庆、四川、云南、陕西。

发生地点　福建：厦门市同安区、翔安区，泉州市安溪县，南平市松溪县，龙岩市新罗区，福州国家森林公园；
广东：深圳市光明新区，佛山市禅城区；
广西：南宁市横县，梧州市蒙山县；
四川：遂宁市蓬溪县。

发生面积　785 亩

危害指数　0.3758

• **黎氏青凤蝶 *Graphium leechi* (Rothschild)**

寄　　主　鹅掌楸，厚朴，猴樟，樟树，油樟，檫木，木犀。

分布范围　华东，湖北、海南、重庆、四川、云南。

发生地点　上海：奉贤区；
江苏：无锡市宜兴市，扬州市江都区；
浙江：杭州市西湖区；
重庆：万州区；
四川：宜宾市宜宾县、兴文县。

发生面积　661 亩

危害指数　0.3434

• **青凤蝶 *Graphium sarpedon* (Linnaeus)**

中文异名　樟青凤蝶

寄　　主　银白杨，青杨，柳树，杨梅，核桃，栎，榆树，黄葛树，鹅掌楸，玉兰，荷花玉兰，白兰，含笑花，猴樟，阴香，樟树，肉桂，天竺桂，油樟，黄樟，月桂，山胡椒，潺槁木姜子，大叶楠，红润楠，鳄梨，闽楠，桢楠，野香橼花，绣球，桃，牛筋条，石楠，月季，铁刀木，老虎刺，文旦柚，柑橘，野花椒，油桐，重阳木，秋枫，乌桕，三角槭，合果木，巨尾桉，女贞，木犀，荆条，梓，香楠，忍冬。

分布范围　华东、中南、西南，黑龙江、陕西。

发生地点　黑龙江：佳木斯市富锦市；
上海：闵行区、宝山区、嘉定区、浦东新区、金山区、松江区、青浦区、奉贤区；
江苏：南京市浦口区、栖霞区、雨花台区、江宁区、六合区、溧水区、高淳区，无锡市惠山区、滨湖区、宜兴市，常州市天宁区、钟楼区、武进区、溧阳市，苏州市高新技术开发区、昆山市、太仓市，淮安市淮阴区、洪泽区、盱眙县、金湖县，盐城市盐都区、响水县、阜宁县、射阳县、建湖县、东台市，扬州市邗江区、江都区、宝应县、经济技术开发区，镇江市京口区、镇江新区、润州区、丹徒区、丹阳市、扬中市、句容市，泰州市姜堰区，宿迁市沭阳县；
浙江：杭州市西湖区，宁波市江北区、鄞州区、象山县、宁海县、余姚市、奉化市，温州市鹿城区、龙湾区、平阳县、瑞安市，嘉兴市嘉善县，舟山市岱山县、嵊泗县，台州市黄岩区、三门县、仙居县，丽水市莲都区、松阳县；

安徽：合肥市庐阳区、包河区，淮南市田家庵区、谢家集区，池州市贵池区，宣城市郎溪县；

福建：厦门市海沧区、翔安区，莆田市城厢区、涵江区、仙游县，泉州市安溪县、永春县，南平市延平区，龙岩市漳平市，福州国家森林公园；

江西：南昌市安义县，萍乡市安源区、湘东区、莲花县、上栗县、芦溪县，上饶市广丰区、德兴市；

山东：枣庄市台儿庄区，济宁市曲阜市；

河南：平顶山市舞钢市；

湖北：武汉市东西湖区，荆门市沙洋县，荆州市沙市区、荆州区、监利县、石首市、洪湖市，天门市；

湖南：邵阳市武冈市，岳阳市平江县，常德市鼎城区，益阳市桃江县，永州市新田县，娄底市新化县，湘西土家族苗族自治州永顺县；

广东：肇庆市端州区、高要区、德庆县、四会市，惠州市惠阳区、惠东县，清远市清新区、连山壮族瑶族自治县，云浮市罗定市；

广西：南宁市马山县、宾阳县、横县，桂林市龙胜各族自治县，防城港市港口区，河池市天峨县，黄冕林场、博白林场；

重庆：万州区、黔江区、永川区、南川区、铜梁区，开县、云阳县；

四川：自贡市自流井区、大安区、沿滩区、荣县，绵阳市平武县，遂宁市船山区、蓬溪县、射洪县、大英县，内江市威远县、资中县，南充市西充县，宜宾市翠屏区、兴文县、屏山县，广安市前锋区、武胜县，雅安市天全县，资阳市雁江区；

贵州：安顺市镇宁布依族苗族自治县；

云南：曲靖市罗平县；

陕西：安康市旬阳县。

发生面积　37132 亩

危害指数　0.4340

• 青凤蝶蓝斑亚种 *Graphium sarpedon connectens*（Fruhstorfer）

寄　　主　猴樟。

分布范围　广西。

发生地点　广西：百色市百林林场。

发生面积　1055 亩

危害指数　0.3333

• 旖凤蝶 *Iphiclides podalirius*（Linnaeus）

寄　　主　梅，山杏，梨。

分布范围　新疆。

• 绿带燕凤蝶 *Lamproptera meges*（Zinken）

寄　　主　大花青藤。

分布范围　广西、海南、四川、云南。

发生地点　四川：乐山市峨边彝族自治县。
发生面积　500 亩
危害指数　0.3333

• **虎凤蝶 *Luehdorfia puziloi* (Erschoff)**
寄　　主　杉松，细辛。
分布范围　辽宁、吉林、江苏。
发生地点　江苏：南京市玄武区。

• **钩凤蝶 *Meandrusa payeni* (Boisduval)**
寄　　主　樟树，野香橼花，柑橘。
分布范围　江苏、海南、云南、陕西。
发生地点　江苏：泰州市高港区。
发生面积　100 亩
危害指数　0.6667

• **褐钩凤蝶 *Meandrusa sciron* (Leech)**
寄　　主　合欢。
分布范围　华北、西北，河南、湖北、湖南、四川。

• **红珠凤蝶 *Pachliopta aristolochiae* (Fabricius)**
中文异名　红纹凤蝶
寄　　主　黑杨，栎，桃，红叶李，柑橘，女贞。
分布范围　华东，河南、湖北、湖南、广西、重庆、四川、云南、陕西。
发生地点　上海：宝山区、浦东新区；
　　　　　江苏：南京市高淳区；
　　　　　湖南：岳阳市平江县；
　　　　　重庆：巴南区；
　　　　　四川：自贡市沿滩区，巴中市通江县。
发生面积　517 亩
危害指数　0.3333

• **窄斑翠凤蝶 *Papilio arcturus* Westwood**
寄　　主　柑橘，花椒，山茱萸。
分布范围　江西、广东、广西、四川、云南、陕西。
发生地点　广东：佛山市南海区；
　　　　　广西：南宁市上林县。

• **碧凤蝶 *Papilio bianor* Cramer**
寄　　主　云杉，马尾松，山杨，垂柳，核桃，桤木，板栗，栎，榆树，桑，含笑花，猴樟，樟树，油樟，山胡椒，潺槁木姜子，檫木，野香橼花，桃，山楂，牛筋条，枇杷，月季，天山花楸，文旦柚，柑橘，楝叶吴茱萸，吴茱萸，九里香，黄檗，川黄檗，飞龙掌血，花椒，野花椒，楝树，漆树，中华卫矛，葡萄，杜英，木槿，茶，合果木，鹅掌藤，草茱萸，山茱萸，杜鹃，女贞，木犀，暴马丁香。

分布范围　东北、华东，天津、河北、山西、河南、湖北、湖南、广东、重庆、四川、贵州、陕西、甘肃。

发生地点　河北：石家庄市井陉县，邢台市沙河市；

黑龙江：佳木斯市富锦市；

上海：嘉定区、松江区；

江苏：南京市浦口区、栖霞区、雨花台区、江宁区、六合区、溧水区，无锡市宜兴市，常州市钟楼区，淮安市淮阴区、盱眙县、金湖县，盐城市大丰区，扬州市宝应县，镇江市新区、润州区、丹徒区、丹阳市、句容市，泰州市姜堰区、靖江市；

浙江：宁波市江北区、鄞州区、象山县、奉化市，温州市龙湾区、瑞安市，嘉兴市嘉善县，台州市三门县；

福建：福州国家森林公园；

江西：南昌市安义县；

山东：济宁市兖州区、梁山县、邹城市、济宁经济技术开发区，泰安市泰山林场，聊城市东阿县，菏泽市牡丹区、郓城县；

湖北：荆门市京山县，荆州市荆州区、洪湖市；

湖南：益阳市桃江县，永州市双牌县，湘西土家族苗族自治州吉首市；

广东：深圳市坪山新区、龙华新区，肇庆市高要区、四会市，惠州市惠阳区，汕尾市陆河县、陆丰市，云浮市新兴县；

重庆：涪陵区、黔江区，酉阳土家族苗族自治县；

四川：自贡市贡井区、大安区、沿滩区，绵阳市平武县，遂宁市船山区、安居区、蓬溪县、大英县，内江市市中区、东兴区、威远县，乐山市犍为县、夹江县，宜宾市翠屏区、宜宾县、高县、筠连县、兴文县，广安市前锋区，达州市开江县，雅安市天全县、芦山县，巴中市通江县，甘孜藏族自治州泸定县，凉山彝族自治州昭觉县；

陕西：西安市蓝田县、周至县，咸阳市旬邑县，渭南市临渭区、华州区、合阳县、澄城县、蒲城县、白水县、华阴市，延安市宜川县，安康市旬阳县，宁东林业局、太白林业局；

甘肃：平凉市关山林管局。

发生面积　38061 亩

危害指数　0.4425

• 黑美凤蝶 *Papilio bootes* Westwood

寄　　主　柑橘，花椒。

分布范围　河南、四川、云南、陕西。

• 达摩凤蝶 *Papilio demoleus* Linnaeus

寄　　主　柑橘，黄皮，桉树。

分布范围　浙江、福建、江西、湖北、广东、四川、贵州、云南、陕西。
发生地点　浙江：宁波市鄞州区；
　　　　　广东：惠州市惠阳区；
　　　　　四川：自贡市自流井区；
　　　　　陕西：咸阳市秦都区。
发生面积　512 亩
危害指数　0.3333

• 穹翠凤蝶 *Papilio dialis* Leech

中文异名　南亚翠凤蝶
寄　　主　台湾相思，柑橘，漆树。
分布范围　浙江、福建、江西、河南、广东、广西、海南、四川。
发生地点　浙江：宁波市江北区；
　　　　　福建：漳州市东山县，南平市建瓯市。

• 玉斑凤蝶 *Papilio helenus* Linnaeus

寄　　主　枫杨，青冈，水麻，牛筋条，台湾相思，柑橘，楝叶吴茱萸，九里香，乌桕，木蜡树，毛漆树，木荷，桉树，迎春花。
分布范围　西南，福建、湖北、广东、广西、海南。
发生地点　福建：泉州市安溪县，福州国家森林公园；
　　　　　广东：广州市天河区，深圳市宝安区、坪山新区、龙华新区，湛江市廉江市，惠州市惠阳区，清远市英德市。
发生面积　3324 亩
危害指数　0.3333

• 绿带翠凤蝶 *Papilio maacki* Ménétriès

中文异名　乌凤蝶
寄　　主　杉松，杨树，榆树，鹅掌楸，木兰，天山花楸，柑橘，楝叶吴茱萸，吴茱萸，黄檗，花椒，野花椒，椤叶槭，山茱萸，水曲柳。
分布范围　东北，北京、河北、内蒙古、福建、江西、山东、湖北、广东、重庆、四川、云南、陕西。
发生地点　北京：东城区、石景山区、密云区；
　　　　　内蒙古：通辽市科尔沁左翼后旗；
　　　　　黑龙江：佳木斯市富锦市，绥化市海伦市国有林场；
　　　　　广东：佛山市南海区；
　　　　　重庆：酉阳土家族苗族自治县；
　　　　　四川：雅安市雨城区。
发生面积　896 亩
危害指数　0.3817

• 金凤蝶 *Papilio machaon* Linnaeus

中文异名　黄凤蝶

寄　　主　山杨，核桃，榆树，大叶小檗，八角，樟树，桃，山杏，苹果，石楠，梨，多花蔷薇，黄花木，柑橘，黄檗，花椒，中华卫矛，北柴胡，杜鹃，木犀。

分布范围　东北、华东、西南、西北，北京、河北、内蒙古、湖北、广东、广西。

发生地点　河北：邢台市沙河市，保定市阜平县，张家口市张北县、沽源县、尚义县、蔚县、怀来县，沧州市河间市；

内蒙古：通辽市科尔沁左翼后旗，乌兰察布市四子王旗；

黑龙江：绥化市海伦市国有林场；

江苏：南京市栖霞区、江宁区、六合区、溧水区，连云港市灌云县，淮安市淮阴区、清江浦区、盱眙县，镇江市润州区、丹徒区、丹阳市；

浙江：宁波市鄞州区，温州市瑞安市；

山东：济宁市梁山县，威海市经济开发区，聊城市阳谷县、冠县；

重庆：万州区；

四川：自贡市荣县，宜宾市宜宾县、筠连县，凉山彝族自治州布拖县；

陕西：西安市灞桥区、蓝田县，咸阳市乾县、彬县，渭南市华州区、合阳县、蒲城县、华阴市，延安市洛川县、宜川县，榆林市米脂县，宁东林业局；

宁夏：吴忠市红寺堡区；

新疆生产建设兵团：农四师68团，农九师。

发生面积　9438亩

危害指数　0.3336

• 美姝凤蝶 *Papilio macilentus* Janson

寄　　主　李，柑橘，臭常山，飞龙掌血，花椒，山茱萸。

分布范围　辽宁、江苏、福建、河南、四川、陕西、甘肃。

发生地点　江苏：无锡市宜兴市；

福建：漳州市东山县；

四川：甘孜藏族自治州泸定县。

发生面积　306亩

危害指数　0.3333

• 美凤蝶 *Papilio memnon* Linnaeus

中文异名　大凤蝶

寄　　主　枇杷，银合欢，柑橘，吴茱萸，花椒，南酸枣，朱槿，油茶，紫薇，山茱萸，忍冬。

分布范围　中南，浙江、安徽、福建、江西、重庆、四川、云南、陕西。

发生地点　浙江：温州市瑞安市；

福建：福州国家森林公园；

湖南：娄底市新化县，湘西土家族苗族自治州吉首市；

广东：深圳市坪山新区，云浮市罗定市；

重庆：万州区、黔江区；

四川：自贡市自流井区，遂宁市船山区，内江市资中县，乐山市犍为县、峨边彝族自治县，南充市西充县，宜宾市翠屏区、筠连县、兴文县，凉山彝族自治州盐源县；
陕西：咸阳市秦都区。
发生面积 731 亩
危害指数 0.3333

• **宽带凤蝶 *Papilio nephelus* Boisduval**
寄　　主 杉木，柑橘，黄荆。
分布范围 福建、江西、广西、重庆、云南。
发生地点 福建：福州国家森林公园；
广西：桂林市灌阳县。
发生面积 120 亩
危害指数 0.3333

• **宽带凤蝶东部亚种 *Papilio nephelus chaonulus* Fruhstorfer**
寄　　主 枫杨，花椒。
分布范围 福建、江西、湖北、广东、四川。
发生地点 四川：宜宾市筠连县。

• **巴黎翠凤蝶 *Papilio paris* Linnaeus**
中文异名 大琉璃纹凤蝶
寄　　主 榧树，银白杨，核桃，栎，构树，桑，黄连，杜仲，杏，梨，柑橘，九里香，飞龙掌血，油茶，紫薇。
分布范围 福建、江西、山东、湖北、湖南、广东、重庆、四川、云南、陕西。
发生地点 福建：泉州市安溪县，漳州市云霄县，福州国家森林公园；
湖南：永州市双牌县，湘西土家族苗族自治州吉首市；
广东：深圳市坪山新区、龙华新区，佛山市南海区，惠州市惠阳区；
重庆：万州区、涪陵区、江津区，酉阳土家族苗族自治县；
四川：绵阳市平武县，雅安市雨城区；
陕西：安康市旬阳县。
发生面积 2497 亩
危害指数 0.3373

• **玉带凤蝶 *Papilio polytes* Linnaeus**
寄　　主 木麻黄，银白杨，旱柳，核桃，桤木，黧蒴栲，青冈，朴树，构树，榕树，桑，山柚子，玉兰，荷花玉兰，紫玉兰，厚朴，白兰，猴樟，樟树，山胡椒，潺槁木姜子，野香橼花，海桐，三球悬铃木，桃，日本晚樱，牛筋条，枇杷，红叶李，梨，合欢，刺槐，文旦柚，柑橘，柠檬，黄皮，金橘，九里香，川黄檗，枳，飞龙掌血，花椒，红椿，乌桕，枸骨，山香圆，荔枝，油茶，茶，木荷，合果木，结香，石榴，巨桉，杜鹃，柿，茉莉花，女贞，木犀，臭牡丹，忍冬。
分布范围 华东、中南，河北、山西、黑龙江、重庆、四川、云南、陕西、甘肃、青海。
发生地点 上海：宝山区、嘉定区、浦东新区、金山区、松江区、青浦区、奉贤区，崇明县；

江苏：南京市栖霞区、江宁区、六合区、溧水区，无锡市滨湖区、宜兴市，常州市天宁区、钟楼区、武进区、溧阳市，苏州市高新技术开发区、昆山市、太仓市，淮安市淮阴区、洪泽区、盱眙县，盐城市盐都区、东台市，扬州市江都区、宝应县，镇江市京口区、镇江新区、润州区、丹徒区、丹阳市、扬中市、句容市；

浙江：杭州市萧山区、桐庐县，宁波市江北区、鄞州区、象山县、宁海县、余姚市，温州市鹿城区、龙湾区、平阳县、瑞安市，嘉兴市嘉善县，舟山市岱山县、嵊泗县，台州市黄岩区、三门县、仙居县；

安徽：芜湖市芜湖县，淮南市大通区、谢家集区、八公山区，池州市贵池区；

福建：厦门市同安区，泉州市安溪县、永春县，漳州市漳浦县、诏安县，福州国家森林公园；

江西：南昌市安义县，萍乡市莲花县，吉安市新干县，上饶市广丰区，共青城市、鄱阳县；

山东：临沂市蒙阴县，菏泽市牡丹区；

湖北：荆门市沙洋县，荆州市沙市区、荆州区、监利县、江陵县、洪湖市，天门市；

湖南：邵阳市武冈市，常德市鼎城区，怀化市通道侗族自治县，娄底市新化县；

广东：深圳市光明新区、坪山新区，佛山市南海区，肇庆市高要区，惠州市惠城区、惠阳区，云浮市郁南县、罗定市；

重庆：万州区，开县；

四川：自贡市自流井区、贡井区、沿滩区、荣县，遂宁市安居区、蓬溪县、大英县，内江市市中区、威远县、资中县、隆昌县，乐山市犍为县、夹江县，南充市西充县，宜宾市翠屏区、高县、筠连县、兴文县，广安市武胜县，资阳市雁江区；

陕西：汉中市城固县，安康市旬阳县，商洛市丹凤县。

发生面积　60322 亩

危害指数　0.4346

• 蓝凤蝶 *Papilio protenor* Cramer

中文异名　黑凤蝶

寄　　主　马尾松，柳杉，侧柏，核桃，枫杨，桤木，板栗，栎，青冈，构树，垂叶榕，黄葛树，桑，樟树，山胡椒，桃，樱桃，枇杷，花楸树，柑橘，枳，花椒，木槿，合果木，桉树，木犀。

分布范围　华东，河南、湖北、湖南、重庆、四川、西藏、陕西。

发生地点　上海：奉贤区；

江苏：南京市栖霞区，无锡市宜兴市，淮安市淮阴区、金湖县，镇江市新区、润州区、丹徒区、丹阳市；

浙江：宁波市江北区、宁海县，台州市三门县；

安徽：合肥市包河区；

福建：泉州市安溪县，漳州市漳浦县，福州国家森林公园；

山东：威海市环翠区；

湖北：荆州市洪湖市，天门市；
湖南：益阳市桃江县，湘西土家族苗族自治州吉首市；
重庆：万州区、江津区，巫溪县、酉阳土家族苗族自治县；
四川：自贡市自流井区、贡井区、沿滩区、荣县，绵阳市平武县，遂宁市安居区、蓬溪县、射洪县、大英县，内江市威远县、隆昌县，乐山市犍为县，宜宾市翠屏区、南溪区、兴文县，广安市武胜县，雅安市天全县，巴中市通江县；
陕西：渭南市华州区，安康市旬阳县，商洛市商州区，太白林业局。

发生面积 4121 亩

危害指数 0.3336

• 柑橘凤蝶 *Papilio xuthus* Linnaeus

中文异名 花椒凤蝶、黄菠萝凤蝶

寄　　主 杉松，油松，山杨，柳树，核桃，枫杨，白桦，板栗，栎，榆树，构树，桑，山柚子，白兰，猴樟，樟树，山鸡椒，檫木，野香橼花，三球悬铃木，桃，樱花，日本樱花，枇杷，苹果，月季，天山花楸，台湾相思，刺桐，皂荚，文旦柚，柑橘，柠檬，楝叶吴茱萸，吴茱萸，金橘，黄檗，枳，花椒，岩椒，野花椒，红椿，油桐，乌桕，中华卫矛，色木槭，龙眼，黑桦鼠李，格脉树，山茱萸，单室茱萸，女贞，丁香，柚木，荆条，枸杞，山胡椒。

分布范围 全国。

发生地点 北京：丰台区、石景山区、通州区、顺义区、昌平区、大兴区、密云区；
河北：石家庄市井陉矿区、井陉县、深泽县，唐山市古冶区、玉田县，秦皇岛市海港区，邢台市沙河市，张家口市崇礼区，沧州市河间市，廊坊市霸州市；
山西：晋城市沁水县；
内蒙古：通辽市科尔沁左翼后旗；
黑龙江：佳木斯市富锦市；
上海：闵行区、浦东新区、金山区、松江区、青浦区、奉贤区；
江苏：南京市浦口区、栖霞区、江宁区、六合区、溧水区，无锡市锡山区、惠山区、滨湖区、宜兴市，常州市溧阳市，苏州市昆山市，淮安市淮阴区、洪泽区、盱眙县，盐城市盐都区、东台市，扬州市江都区、经济技术开发区，镇江市京口区、镇江新区、润州区、丹徒区、丹阳市、句容市，泰州市姜堰区、泰兴市；
浙江：杭州市萧山区、桐庐县，宁波市江北区、北仑区、象山县、余姚市，金华市东阳市，舟山市嵊泗县，台州市三门县、温岭市；
安徽：合肥市庐江县，芜湖市无为县，池州市贵池区；
福建：泉州市安溪县、永春县，漳州市东山县、平和县，南平市延平区，福州国家森林公园；
江西：萍乡市湘东区、莲花县，吉安市井冈山市，共青城市、鄱阳县；
山东：潍坊市诸城市，济宁市嘉祥县，泰安市肥城市、泰山林场，威海市环翠区，日照市岚山区，临沂市兰山区，聊城市东昌府区、东阿县；
河南：平顶山市鲁山县，鹤壁市鹤山区，许昌市襄城县，驻马店市泌阳县，邓州市；
湖北：武汉市洪山区，荆门市沙洋县，荆州市沙市区、荆州区、公安县、监利县、江陵县、洪湖市，太子山林场；

湖南：益阳市沅江市，郴州市桂阳县，永州市江永县、回龙圩管理区；

广东：深圳市光明新区，佛山市禅城区，河源市和平县，东莞市；

广西：梧州市蒙山县、岑溪市，贵港市桂平市，河池市环江毛南族自治县；

重庆：万州区、涪陵区、北碚区、渝北区、巴南区、黔江区、江津区、永川区、南川区、万盛经济技术开发区，丰都县、垫江县、忠县、开县、云阳县、奉节县、巫溪县、秀山土家族苗族自治县、酉阳土家族苗族自治县、彭水苗族土家族自治县；

四川：自贡市贡井区、大安区、沿滩区、荣县，攀枝花市米易县、盐边县、普威局，绵阳市三台县、盐亭县、平武县、梓潼县，遂宁市船山区、蓬溪县、射洪县、大英县，内江市市中区、东兴区、资中县、隆昌县，乐山市犍为县，南充市顺庆区、仪陇县、西充县，宜宾市翠屏区，广安市前锋区、武胜县，巴中市通江县，资阳市雁江区，甘孜藏族自治州泸定县，凉山彝族自治州盐源县、会东县、布拖县、金阳县、昭觉县；

贵州：黔南布依族苗族自治州三都水族自治县；

云南：楚雄彝族自治州双柏县、牟定县，西双版纳傣族自治州勐腊县；

陕西：西安市灞桥区、临潼区、蓝田县、周至县，咸阳市秦都区、三原县、彬县、长武县、旬邑县、武功县，渭南市临渭区、华州区、潼关县、大荔县、合阳县、蒲城县、白水县、富平县、华阴市，延安市宜川县，汉中市汉台区、城固县、西乡县，榆林市吴堡县、子洲县，安康市汉滨区、旬阳县，商洛市商州区、丹凤县、镇安县，韩城市，宁东林业局；

甘肃：兰州市七里河区，白银市靖远县，天水市秦安县，庆阳市环县，定西市岷县，陇南市礼县，甘南藏族自治州舟曲县；

青海：西宁市城北区；

宁夏：固原市西吉县；

黑龙江森林工业总局：红星林业局。

发生面积　86881 亩

危害指数　0.3398

• **红珠绢蝶** ***Parnassius bremeri*** **Bremer**

寄　　主　山杨，白桦，榆树，山杏，木槿。

分布范围　华北、东北、西北，山东、湖南。

发生地点　河北：张家口市崇礼区、赤城县；

湖南：岳阳市平江县。

发生面积　801 亩

危害指数　0.3333

• **冰清绢蝶** ***Parnassius glacialis*** **Butler**

寄　　主　山杨，柳树，桦木，榆叶梅，苹果，稠李。

分布范围　华北、东北，浙江、安徽、山东、河南、四川、贵州、云南、陕西、甘肃、宁夏。

发生地点　北京：通州区、顺义区；
河北：张家口市涿鹿县、沽源县、蔚县；
内蒙古：通辽市霍林郭勒市；
黑龙江：佳木斯市富锦市，绥化市海伦市国有林场；
山东：济宁市微山县；
陕西：渭南市白水县、合阳县。
发生面积　2091 亩
危害指数　0.3741

• 华夏剑凤蝶 *Pazala glycerion*（Gray）

寄　　主　猴樟，樟树，木姜子，桢楠。
分布范围　浙江、湖北、四川、云南。
发生地点　四川：遂宁市船山区。

• 四川剑凤蝶 *Pazala sichuanica* Koiwaya

寄　　主　柑橘。
分布范围　重庆、四川、陕西。
发生地点　重庆：巴南区。

• 乌克兰剑凤蝶 *Pazala tamerlana*（Oberthür）

寄　　主　山鸡椒。
分布范围　江西、河南、湖北、四川、陕西、甘肃。

• 丝带凤蝶 *Sericinus montelus* Gray

寄　　主　杨，柳树，核桃，蒙古栎，青冈，榆树，构树，荷花玉兰，猴樟，三球悬铃木，榆叶梅，杏，山楂，石楠，梨，刺槐，花椒，算盘子，清香木，中华卫矛，红淡比，石榴，洒金叶珊瑚，栀子，珊瑚树。
分布范围　华北、东北、华东，河南、湖北、湖南、广西、四川、陕西、甘肃、宁夏。
发生地点　北京：东城区、顺义区、密云区；
河北：邢台市邢台县、沙河市，张家口市怀来县、赤城县；
辽宁：丹东市振安区；
黑龙江：佳木斯市富锦市；
上海：浦东新区；
江苏：南京市栖霞区、六合区、溧水区，无锡市宜兴市，常州市武进区，淮安市清江浦区，盐城市响水县、东台市，扬州市江都区，镇江市润州区、丹阳市，泰州市姜堰区；
安徽：合肥市庐阳区、包河区，淮南市大通区、谢家集区、八公山区；
江西：上饶市广丰区；
山东：烟台市莱山区，潍坊市诸城市，济宁市微山县、曲阜市、邹城市，临沂市沂水县；
湖南：常德市鼎城区，娄底市新化县；

四川：遂宁市船山区；

陕西：西安市蓝田县，宝鸡市凤县，咸阳市秦都区、旬邑县，渭南市临渭区、华州区、合阳县、白水县，延安市延川县。

发生面积　6460 亩

危害指数　0. 3344

• **金裳凤蝶 *Troides aeacus* (Felder et Falder)**

寄　　主　柑橘，枳，忍冬。

分布范围　西南，浙江、安徽、福建、江西、湖北、广东、广西、海南、陕西。

发生地点　浙江：宁波市鄞州区；

重庆：忠县；

陕西：渭南市华州区、潼关县，安康市旬阳县，商洛市镇安县。

发生面积　777 亩

危害指数　0. 3333

弄蝶科 Hesperiidae

• **白弄蝶 *Abraximorpha davidii* (Mabille)**

寄　　主　朴树，悬钩子，紫薇。

分布范围　中南，山西、江苏、浙江、江西、重庆、四川、云南、陕西。

发生地点　江苏：南京市栖霞区、江宁区、六合区，镇江市丹阳市、句容市；

浙江：宁波市象山县；

重庆：酉阳土家族苗族自治县；

陕西：渭南市华州区。

发生面积　397 亩

危害指数　0. 3333

• **橙黄斑弄蝶 *Ampittia dalailama* (Mabille)**

寄　　主　桃，梨。

分布范围　陕西。

• **黄斑弄蝶 *Ampittia dioscorides* (Fabricius)**

寄　　主　木犀。

分布范围　江苏、浙江、福建、江西、广东、广西、海南、四川、云南。

发生地点　浙江：宁波市北仑区、镇海区；

四川：宜宾市南溪区。

发生面积　2051 亩

危害指数　0. 3333

• **尖翅弄蝶 *Badamia exclamationis* (Fabricius)**

寄　　主　绣线菊。

分布范围　辽宁、福建、广东、广西、海南、云南。

• 刺胫弄蝶 *Baoris farri*（Moore）

寄　　主　石楠。

分布范围　江苏、福建、河南、广东、海南。

发生地点　江苏：南京市栖霞区，淮安市淮阴区、清江浦区。

• 白伞弄蝶 *Bibasis gomata*（Moore）

寄　　主　叶子花，鹅掌柴。

分布范围　浙江、福建、广东、四川、云南。

发生地点　广东：深圳市南山区，肇庆市怀集县。

• 伞弄蝶 *Bibasis* sp.

寄　　主　鹅掌柴。

分布范围　福建。

发生地点　福建：福州国家森林公园。

• 彩弄蝶指名亚种 *Caprona agama agama*（Moore）

寄　　主　梧桐。

分布范围　广东、广西、海南、四川。

• 斜带星弄蝶 *Celaenorrhinus aurivittatus*（Moore）

寄　　主　山茶，水竹。

分布范围　湖北、湖南、广东、四川、云南。

• 斑星弄蝶 *Celaenorrhinus maculosus*（C. Felder et R. Felder）

寄　　主　毛竹，胖竹。

分布范围　江苏、浙江、安徽、福建、河南、湖南、湖北、四川。

发生地点　安徽：合肥市包河区；

　　　　　湖南：湘西土家族苗族自治州吉首市；

　　　　　四川：凉山彝族自治州德昌县。

• 绿弄蝶 *Choaspes benjaminii*（Guerin-Meneville）

寄　　主　泡花树，清风藤。

分布范围　江苏、浙江、福建、江西、河南、湖北、广东、广西、四川、云南、陕西。

发生地点　江苏：无锡市宜兴市。

• 半黄绿弄蝶 *Choaspes hemixantha* Rothschild et Jordan

寄　　主　清风藤。

分布范围　浙江、安徽、江西、海南、四川、云南。

发生地点　浙江：宁波市象山县。

• 黄毛绿弄蝶 *Choaspes xanthopogon*（Kollar）

寄　　主　茉莉花，木犀。

分布范围　广东、四川、云南。

发生地点　广东：清远市连州市。

● **明窗弄蝶** ***Coladenia agnioides*** **Elwes et Edwards**

寄　　主　枇杷，石斑木。

分布范围　浙江、福建、海南、陕西。

● **花窗弄蝶** ***Coladenia hoenei*** **Evans**

寄　　主　绣线菊。

分布范围　浙江、安徽、福建、河南。

发生地点　安徽：合肥市庐阳区、包河区。

● **黑弄蝶** ***Daimio tethys*** **Ménétriès**

中文异名　带弄蝶、玉带弄蝶

寄　　主　山杨，榜树，栓皮栎，朴树，桃，刺槐，柑橘，盐肤木，丁香，黄荆，荆条，箬叶竹。

分布范围　东北、华东，北京、河北、山西、河南、湖北、湖南、海南、四川、云南、陕西、甘肃。

发生地点　河北：张家口市沽源县；

江苏：南京市栖霞区、六合区、高淳区，无锡市宜兴市，淮安市淮阴区，镇江市新区、润州区；

浙江：宁波市象山县、宁海县；

安徽：合肥市庐阳区、包河区；

山东：济宁市经济技术开发区，泰安市泰山林场，临沂市沂水县；

陕西：西安市周至县，咸阳市彬县，渭南市白水县，安康市旬阳县。

发生面积　2749 亩

危害指数　0.3333

● **白斑蕉弄蝶** ***Erionota grandis*** **（Leech）**

寄　　主　樱桃，棕榈。

分布范围　四川、云南、陕西。

● **深山珠弄蝶** ***Erynnis montanus*** **（Bremer）**

寄　　主　蒙古栎，榆树，日本晚樱。

分布范围　东北，山西、江苏、浙江、山东、河南、四川、云南、陕西、青海。

发生地点　江苏：镇江市句容市。

● **珠弄蝶** ***Erynnis tages*** **（Linnaeus）**

寄　　主　百脉根。

分布范围　河北、山西、山东、河南、四川、陕西、甘肃、宁夏。

发生地点　宁夏：吴忠市盐池县。

• 双子酣弄蝶 *Halpe porus*（Mabille）

寄　　主　胖竹。

分布范围　福建、广东、广西、海南。

• 双斑趾弄蝶 *Hasora chromus*（Cramer）

寄　　主　水黄皮，荔枝，大花紫薇。

分布范围　江苏、江西、湖北、广东、云南。

• 弄蝶指名亚种 *Hesperia comma comma*（Linnaeus）

寄　　主　杨，毛竹，棕榈。

分布范围　山西、吉林、黑龙江、江苏、福建、山东、广东、四川、西藏、青海、新疆。

发生地点　江苏：无锡市江阴市；

　　　　　福建：南平市延平区，福州国家森林公园。

• 链弄蝶 *Heteropterus morpheus*（Pallas）

寄　　主　绣线菊。

分布范围　河北、山西、黑龙江、河南、陕西。

发生地点　河北：张家口市沽源县、涿鹿县；

　　　　　陕西：渭南市白水县。

发生面积　131 亩

危害指数　0.3333

• 雅弄蝶指名亚种 *Iambrix salsala salsala*（Moore）

寄　　主　石竹。

分布范围　福建、广东、广西、海南、云南。

• 旖弄蝶台湾亚种 *Isoteinon lamprospilus formosanus* Fruhstorfer

寄　　主　垂叶榕，银合欢。

分布范围　广东。

发生地点　广东：深圳市坪山新区、龙华新区。

• 旖弄蝶指名亚种 *Isoteinon lamprospilus lamprospilus* C. Felder et R. Felder

寄　　主　柳叶水锦树。

分布范围　福建、浙江、陕西。

• 双带弄蝶 *Lobocla bifasciata*（Bremer et Grey）

寄　　主　山杨，柳树，蒙古栎，海棠花，月季，刺槐。

分布范围　华北、东北，浙江、福建、山东、河南、湖北、广东、四川、云南、西藏、陕西、甘肃。

发生地点　河北：邢台市沙河市；

　　　　　河南：三门峡市陕州区。

发生面积　150 亩

危害指数　0.3333

• 玛弄蝶 *Matapa aria*（Moore）

中文异名　竹褐弄蝶

寄　　主　绿竹，麻竹，毛竹，胖竹。

分布范围　浙江、安徽、福建、江西、广东、海南。

发生地点　安徽：合肥市包河区；

　　　　　福建：莆田市仙游县，南平市延平区；

　　　　　广东：深圳市坪山新区。

发生面积　185 亩

危害指数　0. 3333

• 星点弄蝶 *Muschampia tessellum*（Hübner）

寄　　主　山杨，旱榆，黄刺玫，绣线菊，白刺。

分布范围　东北，山西、河北、陕西、宁夏、新疆。

发生地点　河北：张家口市张北县、沽源县；

　　　　　宁夏：银川市西夏区。

发生面积　2131 亩

危害指数　0. 3333

• 曲纹袖弄蝶 *Notocrypta curvifascia*（C. Felder et R. Felder）

寄　　主　水竹，毛竹。

分布范围　湖北、重庆、四川、云南。

发生地点　重庆：黔江区、永川区；

　　　　　四川：自贡市自流井区。

• 宽边赭弄蝶 *Ochlodes ochracea*（Bremer）

寄　　主　毛竹。

分布范围　东北，浙江、河南、陕西。

• 白斑赭弄蝶 *Ochlodes subhyalina*（Bremer et Grey）

寄　　主　虎榛子，刺竹子。

分布范围　东北，北京、河北、内蒙古、浙江、福建、江西、山东、河南、湖北、四川、贵州、云南、陕西、甘肃、宁夏。

发生地点　河北：邢台市沙河市，张家口市怀来县、涿鹿县；

　　　　　内蒙古：乌兰察布市四子王旗。

发生面积　400 亩

危害指数　0. 3333

• 小赭弄蝶 *Ochlodes venata*（Bremer et Grey）

寄　　主　荆条，毛竹。

分布范围　东北，河北、山西、浙江、安徽、福建、江西、山东、河南、四川、西藏、陕西、甘肃、宁夏。

发生地点　河北：张家口市怀来县、赤城县；

安徽：合肥市包河区；
宁夏：吴忠市盐池县。

发生面积 701 亩

危害指数 0.3571

• 角翅弄蝶 *Odontoptilum angulatum* (Felder)

寄　　主 鼠李，枣树，酸枣。

分布范围 河北、广东、广西、海南、云南、陕西、甘肃。

发生地点 河北：保定市阜平县；
甘肃：定西市岷县。

发生面积 230 亩

危害指数 0.3333

• 曲纹稻弄蝶 *Parnara ganga* Evans

寄　　主 天竺桂，石楠，箭竹，水竹，毛竹。

分布范围 辽宁、江苏、浙江、安徽、福建、江西、四川、陕西。

发生地点 江苏：盐城市盐都区；
四川：宜宾市筠连县。

• 直纹稻弄蝶 *Parnara guttata* (Bermer et Grey)

中文异名 直纹稻苞虫

寄　　主 柏木，竹柏，山杨，柳树，构树，猴樟，桃，苹果，石楠，月季，柑橘，紫薇，巨桉，刺竹子，绿竹，慈竹，斑竹，水竹，毛金竹，胖竹，毛竹。

分布范围 华东、中南、西南，北京、河北、辽宁、陕西。

发生地点 北京：石景山区；
河北：唐山市乐亭县，张家口市阳原县；
上海：宝山区；
江苏：南京市浦口区、雨花台区、六合区，常州市天宁区、钟楼区，淮安市清江浦区、盱眙县，盐城市大丰区、响水县、阜宁县、东台市，扬州市江都区、宝应县，镇江市句容市；
浙江：宁波市镇海区、鄞州区、宁海县；
山东：济宁市曲阜市、邹城市、经济技术开发区，泰安市泰山林场；
湖南：常德市鼎城区，益阳市桃江县；
四川：自贡市沿滩区、荣县，遂宁市蓬溪县，内江市东兴区、威远县、资中县；
陕西：西安市蓝田县，咸阳市武功县，渭南市临渭区，汉中市汉台区。

发生面积 2416 亩

危害指数 0.3333

• 南亚谷弄蝶 *Pelopidas agna* (Moore)

寄　　主 苦竹。

分布范围 浙江、福建、江西、河南、广东、广西、海南、四川、贵州、云南、陕西。

发生地点　陕西：宁东林业局。

• 隐纹谷弄蝶 *Pelopidas mathias*（Fabricius）

中文异名　隐纹稻弄蝶

寄　　主　柳，石楠，白蜡树，慈竹，斑竹，水竹，毛竹，毛金竹，胖竹。

分布范围　华东，北京、河北、山西、河南、湖北、湖南、广西、四川、贵州、云南、陕西、甘肃。

发生地点　河北：沧州市河间市；
浙江：杭州市西湖区；
山东：济宁市邹城市；
湖北：荆州市监利县；
四川：遂宁市大英县。

• 中华谷弄蝶 *Pelopidas sinensis*（Mabille）

寄　　主　阔叶十大功劳，月季，阔叶槭，芒，毛竹，胖竹。

分布范围　华东、西南，北京、河北、山西、辽宁、河南、湖北、广东、陕西。

发生地点　河北：张家口市怀来县、涿鹿县；
安徽：合肥市庐阳区、包河区；
陕西：渭南市华州区。

发生面积　1066 亩

危害指数　0.3333

• 黄纹孔弄蝶 *Polytremis lubricans*（Herrich-Schäffer）

寄　　主　樟树，毛竹。

分布范围　江苏、福建、江西、湖南、广东、海南、贵州、云南、陕西。

发生地点　江苏：无锡市宜兴市；
福建：南平市延平区。

• 黑标孔弄蝶 *Polytremis mencia*（Moore）

寄　　主　柑橘，毛竹。

分布范围　上海、江苏、浙江、江西、湖北。

发生地点　江苏：南京市六合区。

• 曲纹黄室弄蝶 *Potanthus flavus*（Murray）

寄　　主　竹。

分布范围　河北、辽宁、安徽、福建、江西、湖北、广东、四川、云南、西藏、陕西。

发生地点　安徽：合肥市庐阳区、包河区。

• 淡色黄室弄蝶 *Potanthus pallidus*（Evans）

寄　　主　毛竹。

分布范围　河北、辽宁、浙江、福建、江西、湖北、广东、四川、云南、西藏。

• **花弄蝶** ***Pyrgus maculatus*** **(Bremer et Grey)**

寄　　主　板栗，黑果茶藨，月季，玫瑰，悬钩子，绣线菊。

分布范围　华北、东北、华东，河南、湖北、广东、四川、云南、陕西、甘肃。

发生地点　河北：唐山市玉田县，张家口市赤城县，沧州市河间市；

　　　　　陕西：渭南市华州区。

发生面积　1041 亩

危害指数　0.3333

• **花弄蝶华南亚种** ***Pyrgus maculatus bocki*** **(Oberthür)**

寄　　主　绣线菊。

分布范围　浙江、安徽、福建、江西、河南。

发生地点　安徽：合肥市庐阳区、包河区。

• **密纹飒弄蝶** ***Satarupa monbeigi*** **Oberthür**

寄　　主　飞龙掌血，花椒。

分布范围　江苏、浙江、安徽、湖北、湖南、广西、四川、贵州。

发生地点　浙江：宁波市象山县；

　　　　　安徽：合肥市包河区。

• **蛱型飒弄蝶指名亚种** ***Satarupa nymphalis nymphalis*** **(Speyer)**

寄　　主　黄檗。

分布范围　辽宁、甘肃。

• **台湾瑟弄蝶** ***Seseria formosana*** **(Fruhstorfer)**

中文异名　大黑星弄蝶

寄　　主　肉桂。

分布范围　广东。

发生地点　广东：云浮市罗定市。

• **滚边裙弄蝶** ***Tagiades cohaerens*** **Mabille**

寄　　主　青冈。

分布范围　四川。

• **黑边裙弄蝶** ***Tagiades menaka*** **(Moore)**

寄　　主　杉木，桢楠。

分布范围　福建、广西、海南、四川。

发生地点　广西：桂林市灌阳县。

• **黄弄蝶** ***Taractrocera flavoides*** **Leech**

寄　　主　草胡椒，草珊瑚，草茱萸，箬竹，竹叶兰。

分布范围　河北、湖北、四川、云南、西藏、陕西。

发生地点　陕西：西安市周至县。

• **红翅长标弄蝶** ***Telicota ancilla*** **（Herrich-Schäffer）**

寄　　主　毛竹。

分布范围　浙江、福建、江西、广东、广西、海南。

• **紫翅长标弄蝶** ***Telicota augias*** **（Linnaeus）**

寄　　主　龙舌兰。

分布范围　福建、广西。

• **花裙陀弄蝶** ***Thoressa submacula*** **（Leech）**

寄　　主　茅栗。

分布范围　江苏、浙江、安徽、福建、河南。

• **豹弄蝶** ***Thymelicus leoninus*** **（Butler）**

寄　　主　栎，桑。

分布范围　河北、山西、黑龙江、浙江、安徽、河南、湖北、四川、云南、陕西、甘肃、青海。

发生地点　河北：张家口市怀来县；

　　　　　安徽：合肥市庐阳区；

　　　　　陕西：安康市旬阳县。

发生面积　281 亩

危害指数　0. 3333

粉蝶科 Pieridae

• **黄尖襟粉蝶** ***Anthocharis scolymus*** **Butler**

寄　　主　柳，柑橘，黄杨，茶，菜豆树。

分布范围　东北，北京、河北、山西、上海、江苏、浙江、安徽、福建、河南、湖北、陕西、青海。

发生地点　上海：嘉定区、松江区；

　　　　　江苏：南京市栖霞区、江宁区，盐城市响水县。

• **暗色绢粉蝶** ***Aporia bieti*** **Oberthür**

寄　　主　山杨，小檗，杏，沙棘。

分布范围　河北、四川、云南、西藏、陕西、甘肃、宁夏。

发生地点　四川：凉山彝族自治州布拖县；

　　　　　西藏：拉萨市曲水县，昌都市类乌齐县；

　　　　　陕西：延安市延川县，宁东林业局。

发生面积　725 亩

危害指数　0. 3333

• **绢粉蝶** ***Aporia crataegi*** **（Linnaeus）**

中文异名　山楂粉蝶、树粉蝶

寄　　主　山杨，大红柳，核桃，白桦，虎榛子，板栗，蒙古栎，榆树，山桃，蒙古扁桃，桃，榆叶梅，山杏，杏，樱桃，山樱桃，山楂，山里红，山荆子，西府海棠，苹果，海棠花，稠李，李，红叶李，白梨，红果树，柠条锦鸡儿，刺槐，异色假卫矛，苹婆，山茶，黄海棠，沙棘，越橘，小叶女贞，紫丁香，香果树。

分布范围　华北、东北、西南、西北，江苏、江西、山东、河南、湖北。

发生地点　河北：石家庄市井陉县，张家口市万全区、崇礼区、沽源县、尚义县、阳原县、怀安县，承德市平泉县、围场满族蒙古族自治县，衡水市桃城区；

山西：长治市长治市城区，晋中市左权县；

内蒙古：呼和浩特市武川县，包头市石拐区、固阳县，赤峰市巴林右旗、克什克腾旗、翁牛特旗，通辽市科尔沁左翼后旗，鄂尔多斯市鄂托克前旗、伊金霍洛旗，巴彦淖尔市乌拉特后旗，乌兰察布市卓资县、察哈尔右翼后旗、四子王旗，兴安盟突泉县，锡林郭勒盟多伦县，阿拉善盟阿拉善左旗；

黑龙江：佳木斯市富锦市，绥化市海伦市国有林场；

江西：萍乡市莲花县；

山东：青岛市即墨市、莱西市，枣庄市台儿庄区，潍坊市昌邑市，济宁市任城区，菏泽市牡丹区；

河南：郑州市惠济区；

湖北：黄冈市罗田县；

四川：巴中市通江县，甘孜藏族自治州泸定县；

陕西：西安市蓝田县，咸阳市永寿县，渭南市华州区，延安市宜川县，宁东林业局；

甘肃：白银市靖远县、景泰县，定西市岷县；

宁夏：银川市兴庆区、西夏区、金凤区、灵武市，石嘴山市大武口区、惠农区，吴忠市利通区、红寺堡区、盐池县、同心县、青铜峡市，固原市原州区、西吉县；

内蒙古大兴安岭林业管理局：金河林业局；

新疆生产建设兵团：农四师68团，农九师。

发生面积　199114亩

危害指数　0.5021

• 小檗绢粉蝶 *Aporia hippia* (Bremer)

中文异名　黄檗粉蝶

寄　　主　核桃，小檗，杏，黄檗，中华猕猴桃。

分布范围　华北、东北、西北，江苏、河南、四川、西藏。

发生地点　河北：张家口市怀来县；

四川：巴中市通江县，甘孜藏族自治州巴塘县、乡城县、得荣县；

陕西：太白林业局；

甘肃：武威市天祝藏族自治县，祁连山保护区；

青海：西宁市城北区，海南藏族自治州兴海县。

发生面积　10954亩

危害指数　0.4578

• 酪色绢粉蝶 *Aporia potanini* Alphéraky

中文异名　酪色粉蝶、白绢粉蝶、深山粉蝶

寄　　主　栎，小檗，黑桦鼠李。

分布范围　华北、西北，辽宁、吉林、河南、四川。

发生地点　陕西：安康市旬阳县。

• **箭纹绢粉蝶 *Aporia procris* Leech**

寄　　主　白梨。

分布范围　河南、四川、云南、西藏、陕西、甘肃、新疆。

发生地点　四川：甘孜藏族自治州乡城县；

　　　　　陕西：商洛市镇安县。

发生面积　160 亩

危害指数　0.3333

• **迁粉蝶 *Catopsilia pomona*（Fabricius）**

中文异名　铁刀木粉蝶、淡黄蝶

寄　　主　马占相思，羊蹄甲，铁刀木，黄槐决明，银合欢，黄花木，文旦柚，柑橘，紫薇。

分布范围　吉林、上海、江苏、福建、广东、广西、海南、四川、云南。

发生地点　上海：松江区；

　　　　　江苏：南京市溧水区；

　　　　　福建：厦门市同安区，南平市建瓯市；

　　　　　广东：广州市天河区，深圳市南山区、光明新区、坪山新区，佛山市禅城区，肇庆市四会市，惠州市惠阳区，汕尾市属林场，中山市；

　　　　　云南：保山市龙陵县，红河哈尼族彝族自治州红河县，西双版纳傣族自治州景洪市、勐腊县。

发生面积　21145 亩

危害指数　0.5014

• **梨花迁粉蝶 *Catopsilia pyranthe*（Linnaeus）**

寄　　主　黄槐决明。

分布范围　江苏、福建、江西、广东、广西、海南、四川、贵州、西藏、陕西。

发生地点　广东：广州市越秀区、海珠区、天河区、白云区；

　　　　　陕西：宝鸡市凤县。

发生面积　3588 亩

危害指数　0.3333

• **镉黄迁粉蝶 *Catopsilia scylla*（Linnaeus）**

寄　　主　决明。

分布范围　福建、广东、海南、云南。

发生地点　福建：厦门市同安区。

• **黑脉园粉蝶 *Cepora nerissa*（Fabricius）**

中文异名　黑脉粉蝶、黑脈粉蝶

寄　　主　石栎，枫香，柑橘，弓果藤。

分布范围　河北、黑龙江、上海、江苏、福建、湖南、广东、广西、海南、四川、云南、陕西、宁夏。
发生地点　江苏：南京市栖霞区、江宁区、六合区、溧水区，淮安市淮阴区，镇江市京口区、镇江新区、润州区、丹阳市；
湖南：岳阳市岳阳县、平江县；
四川：雅安市雨城区；
陕西：西安市周至县；
宁夏：固原市原州区。
发生面积　1090 亩
危害指数　0.3486

• 琥珀豆粉蝶 *Colias electo* (Linnaeus)

中文异名　非洲豆粉蝶、橙黄粉蝶
寄　　主　枫香，月季，柠条锦鸡儿，刺槐，柑橘，花椒，中华卫矛。
分布范围　东北、西北，河北、内蒙古、江西、湖北、湖南、四川、云南。
发生地点　河北：张家口市沽源县、怀来县、赤城县；
内蒙古：乌兰察布市四子王旗；
湖南：常德市鼎城区；
四川：遂宁市射洪县、大英县，眉山市青神县；
陕西：西安市周至县，咸阳市彬县、武功县，渭南市华州区、白水县；
甘肃：庆阳市环县；
宁夏：吴忠市红寺堡区。
发生面积　11256 亩
危害指数　0.3333

• 斑缘豆粉蝶 *Colias erate* (Esper)

寄　　主　山杨，柳树，朴树，榆树，三叶木通，猴樟，桃，樱桃，海棠花，石楠，梨，月季，红果树，柠条锦鸡儿，蝶豆，胡枝子，刺槐，槐树，黄檗，黄杨，三角槭，椴树，秋海棠，沙枣，沙棘，水蜡树，黄花夹竹桃，忍冬。
分布范围　东北、西北，北京、河北、内蒙古、上海、江苏、浙江、江西、山东、湖北、四川、贵州、西藏。
发生地点　北京：东城区、密云区；
河北：张家口市张北县、沽源县、尚义县、蔚县、怀安县；
黑龙江：绥化市海伦市国有林场；
上海：宝山区、嘉定区、金山区、松江区、青浦区、奉贤区；
江苏：南京市栖霞区、江宁区、六合区、溧水区，淮安市淮阴区、洪泽区、盱眙县、金湖县，盐城市盐都区、响水县、建湖县，镇江市京口区、镇江新区、润州区、丹徒区、丹阳市；
浙江：宁波市宁海县；
山东：济宁市邹城市，临沂市沂水县；

四川：南充市西充县，卧龙保护区；

陕西：西安市临潼区、蓝田县，咸阳市秦都区、长武县，渭南市临渭区、华州区、大荔县、合阳县、澄城县，延安市延川县，商洛市镇安县，宁东林业局、太白林业局；

甘肃：庆阳市西峰区；

宁夏：银川市兴庆区、西夏区、金凤区、永宁县，石嘴山市大武口区、惠农区，吴忠市红寺堡区、盐池县，固原市原州区、西吉县，中卫市中宁县；

新疆生产建设兵团：农四师68团。

发生面积　43624亩

危害指数　0.3917

• **橙黄豆粉蝶** ***Colias fieldii*** **Ménétriès**

寄　　主　天竺桂，桃，柠条锦鸡儿，黄槐决明，刺槐，红淡比。

分布范围　西南，北京、山西、黑龙江、山东、湖北、湖南、广西、陕西、青海、宁夏。

发生地点　四川：内江市东兴区，雅安市雨城区、天全县，甘孜藏族自治州乡城县，凉山彝族自治州布拖县，卧龙管理局；

西藏：拉萨市达孜县、曲水县，山南市乃东县、扎囊县；

陕西：咸阳市秦都区、旬邑县，商洛市镇安县，太白林业局；

宁夏：银川市西夏区，固原市原州区、西吉县。

发生面积　1095亩

危害指数　0.3516

• **黄缘豆粉蝶** ***Colias hyale*** **(Linnaeus)**

中文异名　豆粉蝶

寄　　主　杨，榆树，山杏，李，山合欢，紫荆，槐树。

分布范围　东北、西北，北京、河北、内蒙古、江苏、山东、河南、四川、云南。

发生地点　河北：张家口市万全区、崇礼区；

江苏：盐城市滨海县、东台市；

山东：聊城市东阿县；

四川：凉山彝族自治州布拖县；

陕西：西安市周至县，延安市延川县、宜川县，商洛市镇安县；

甘肃：定西市岷县；

宁夏：石嘴山市大武口区，固原市原州区。

发生面积　3601亩

危害指数　0.3816

• **艳妇斑粉蝶** ***Delias belladonna*** **(Fabricius)**

寄　　主　李。

分布范围　浙江、福建、江西、湖北、湖南、广东、广西、四川、云南、西藏、陕西。

发生地点　四川：雅安市雨城区。

- **红带斑粉蝶 *Delias mysis*（Fabricius）**

中文异名　红带粉蝶
寄　　主　油茶。
分布范围　福建。
发生地点　福建：南平市建瓯市。

- **报喜斑粉蝶 *Delias pasithoe*（Linnaeus）**

中文异名　檀香粉蝶、红肩粉蝶
寄　　主　枫杨，构树，檀香，柑橘，木荷，木犀，降香，巨尾桉。
分布范围　福建、广东、广西、海南、云南。
发生地点　广东：深圳市光明新区，肇庆市高要区、德庆县、市属林场，汕尾市陆河县，清远市连州市，云浮市新兴县；
　　　　　广西：贺州市昭平县。
发生面积　304 亩
危害指数　0.3399

- **黑角方粉蝶 *Dercas lycorias*（Doubleday）**

寄　　主　黄槐决明。
分布范围　西南，浙江、福建、湖北、广西、陕西。

- **橙翅方粉蝶 *Dercas nina* Mell**

寄　　主　桃，梨，柑橘。
分布范围　浙江、广东、广西、四川、陕西。

- **檗黄粉蝶 *Eurema blanda*（Boisduval）**

中文异名　黄粉蝶、格郎央小粉蝶、格郎央小黄粉蝶
寄　　主　梨，顶果木，合欢，云实，铁刀木，黄槐决明，南岭黄檀，凤凰木，格木，胡枝子，百脉根，枣树，白蜡树，木犀，石梓，柳叶水锦树。
分布范围　西南，北京、内蒙古、上海、江苏、浙江、福建、山东、湖南、广东、广西、陕西、宁夏、新疆。
发生地点　北京：通州区；
　　　　　内蒙古：乌兰察布市四子王旗；
　　　　　江苏：无锡市宜兴市；
　　　　　浙江：宁波市象山县；
　　　　　山东：济宁市经济技术开发区；
　　　　　广东：广州市天河区，惠州市惠阳区；
　　　　　重庆：酉阳土家族苗族自治县；
　　　　　四川：宜宾市兴文县；
　　　　　陕西：西安市蓝田县、周至县，渭南市白水县，宁东林业局。
发生面积　22277 亩
危害指数　0.3334

• **宽边黄粉蝶 *Eurema hecabe*（Linnaeus）**

中文异名　宽边小黄粉蝶

寄　　主　冷杉，马尾松，侧柏，山杨，柳树，杨梅，山核桃，核桃，枫杨，桤木，白桦，栎，青冈，榆树，构树，榕树，樟树，桃，樱桃，日本樱花，山楂，苹果，石楠，李，新疆梨，蔷薇，黑荆树，合欢，山合欢，云实，黄槐决明，决明，山皂荚，皂荚，胡枝子，刺槐，槐树，柑橘，大叶桃花心木，泡花树，鼠李，茶，黄牛木，金丝桃，紫薇，女贞，木犀，阔叶夹竹桃，黄荆，荆条，栀子，接骨木，刺竹子，麻竹。

分布范围　华北、东北、华东、中南，四川、贵州、陕西、新疆。

发生地点　北京：石景山区；

河北：张家口市崇礼区；

上海：金山区、青浦区；

江苏：南京市栖霞区、江宁区、六合区、溧水区、高淳区，无锡市锡山区、宜兴市，常州市天宁区、钟楼区、武进区、溧阳市，淮安市淮阴区、清江浦区、盱眙县，镇江市京口区、镇江新区、润州区、丹阳市；

浙江：杭州市西湖区、萧山区，宁波市镇海区、宁海县，温州市永嘉县、瑞安市，台州市三门县；

安徽：合肥市庐阳区、包河区，芜湖市芜湖县，滁州市定远县；

福建：福州国家森林公园；

江西：南昌市安义县，萍乡市芦溪县，九江市共青城市；

山东：青岛市胶州市，枣庄市台儿庄区，济宁市兖州区、梁山县、邹城市，临沂市蒙阴县，聊城市东阿县、冠县，菏泽市牡丹区；

湖南：长沙市宁乡县、浏阳市，衡阳市南岳区，岳阳市平江县，常德市石门县，郴州市桂阳县；

广东：广州市天河区，深圳市龙岗区、光明新区，湛江市廉江市，惠州市惠阳区；

四川：自贡市贡井区、大安区、荣县，遂宁市船山区、安居区、蓬溪县、大英县，内江市市中区、东兴区，乐山市犍为县，宜宾市翠屏区、宜宾县，巴中市通江县，凉山彝族自治州布拖县；

陕西：西安市灞桥区、周至县，咸阳市三原县、彬县、旬邑县、武功县，安康市旬阳县，商洛市镇安县；

新疆生产建设兵团：农二师29团。

发生面积　12634亩

危害指数　0.3342

• **尖角黄粉蝶 *Eurema laeta*（Boisduval）**

寄　　主　合欢，槐树。

分布范围　东北、华东，河北、山西、河南、湖北、广东、海南、四川、贵州、云南、陕西。

• **玕黄粉蝶 *Gandaca harina*（Horsfield）**

寄　　主　垂柳，山合欢。

分布范围　江苏、湖南、海南、四川、云南、陕西。

发生地点　江苏：扬州市扬州经济技术开发区；

湖南：岳阳市平江县；
四川：自贡市沿滩区；
陕西：商洛市镇安县。
发生面积　166 亩
危害指数　0.3333

• **圆翅钩粉蝶 *Gonepteryx amintha* Blanchard**
寄　　主　李，黄槐决明，鼠李，枣树。
分布范围　西南，浙江、福建、河南、湖北、湖南、陕西、甘肃。
发生地点　浙江：丽水市莲都区；
四川：绵阳市平武县；
陕西：太白林业局。

• **尖钩粉蝶 *Gonepteryx mahaguru* Gistel**
寄　　主　山杨，柳树，桦木，樟树，刺槐，南酸枣，翅子藤，鼠李，枣树。
分布范围　东北，河北、内蒙古、江苏、四川、贵州、西藏、陕西、宁夏。
发生地点　河北：张家口市张北县；
江苏：盐城市东台市；
陕西：咸阳市彬县、旬邑县，宁东林业局。
发生面积　2732 亩
危害指数　0.3333

• **钩粉蝶 *Gonepteryx rhamni* (Linnaeus)**
寄　　主　杨，榆树，猴樟，桢楠，山荆子，李，红果树，鼠李，枣树，酸枣，椴树。
分布范围　东北、西北，河北、内蒙古、湖南、重庆、四川、西藏。
发生地点　河北：张家口市崇礼区、沽源县；
内蒙古：通辽市科尔沁左翼后旗；
黑龙江：佳木斯市郊区、富锦市，绥化市海伦市国有林场；
湖南：永州市双牌县；
重庆：万州区；
四川：凉山彝族自治州布拖县；
陕西：西安市蓝田县，咸阳市秦都区，安康市旬阳县。
发生面积　2758 亩
危害指数　0.4328

• **鹤顶粉蝶 *Hebomoia glaucippe* (Linnaeus)**
寄　　主　鱼木。
分布范围　福建、广东、广西、海南、四川、云南。
发生地点　广东：惠州市惠阳区。

• **橙粉蝶 *Ixias pyrene* (Linnaeus)**
寄　　主　青皮木，薄叶山柑，鱼木，樱桃，山楂。

分布范围　福建、江西、湖南、广东、广西、海南、四川、云南、陕西、甘肃。
发生地点　四川：攀枝花市米易县，内江市隆昌县；
　　　　　甘肃：定西市岷县。
发生面积　403 亩
危害指数　0.3333

• **莫氏小粉蝶 *Leptidea morsei*（Fenton）**
寄　　主　落叶松，云杉，樟子松。
分布范围　东北，北京、河北、山东、河南、陕西、甘肃、新疆。
发生地点　陕西：宁东林业局、太白林业局。

• **条纹小粉蝶 *Leptidea sinapis*（Linnaeus）**
寄　　主　石楠。
分布范围　东北，上海、四川。
发生地点　上海：青浦区。

• **欧洲粉蝶 *Pieris brassicae*（Linnaeus）**
寄　　主　杨，榆树，柑橘，油桐。
分布范围　辽宁、吉林、江苏、四川、云南、西藏、陕西、甘肃、新疆。
发生地点　四川：自贡市贡井区，遂宁市安居区；
　　　　　陕西：商洛市镇安县。
发生面积　161 亩
危害指数　0.5321

• **东方菜粉蝶 *Pieris canidia*（Sparrman）**
中文异名　东方粉蝶
寄　　主　山杨，棉花柳，核桃，桤木，波罗栎，青冈，构树，斜叶榕，桑，玉兰，天竺桂，桃，碧桃，日本晚樱，枇杷，苹果，梨，月季，绣线菊，紫穗槐，刺槐，旱金莲，文旦柚，柑橘，油桐，鼠李，木槿，沙枣，阔叶桉，小叶女贞，木犀，荆条，泡桐，菜豆树，接骨木。
分布范围　全国。
发生地点　北京：朝阳区、顺义区、昌平区；
　　　　　河北：张家口市崇礼区；
　　　　　内蒙古：通辽市霍林郭勒市；
　　　　　黑龙江：绥化市海伦市国有林场；
　　　　　江苏：无锡市宜兴市，镇江市新区、润州区、丹阳市；
　　　　　浙江：宁波市象山县、宁海县、奉化市，温州市鹿城区、平阳县、瑞安市，嘉兴市嘉善县，台州市三门县；
　　　　　安徽：合肥市庐阳区、包河区，池州市贵池区；
　　　　　福建：泉州市永春县；
　　　　　江西：上饶市广丰区；

山东：济宁市邹城市，威海市环翠区；
湖南：岳阳市平江县，益阳市桃江县，永州市双牌县，娄底市新化县；
广东：广州市增城区，惠州市惠阳区；
重庆：黔江区；
四川：自贡市大安区、沿滩区、荣县，绵阳市平武县，遂宁市安居区、蓬溪县、大英县，内江市市中区、东兴区、隆昌县，乐山市犍为县，南充市高坪区、西充县，眉山市青神县，宜宾市翠屏区、南溪区、宜宾县、兴文县，广安市前锋区、武胜县，雅安市雨城区、天全县，资阳市雁江区；
西藏：拉萨市曲水县，山南市加查县、乃东县；
陕西：西安市蓝田县、周至县，咸阳市旬邑县，渭南市合阳县，安康市旬阳县，商洛市镇安县，宁东林业局、太白林业局；
甘肃：庆阳市西峰区；
宁夏：银川市永宁县，固原市西吉县。

发生面积 41104 亩
危害指数 0.4016

• 斑缘菜粉蝶 *Pieris deota* (De Nicéville)

寄　　主 胡枝子，刺槐。
分布范围 黑龙江、上海、四川、西藏、陕西、新疆。
发生地点 上海：浦东新区；
四川：内江市东兴区；
陕西：咸阳市彬县，宁东林业局。
发生面积 1014 亩
危害指数 0.3333

• 黑纹粉蝶 *Pieris melete* Ménétriès

寄　　主 杉松，杨树。
分布范围 东北、华东、西南，河北、河南、湖北、湖南、广西、陕西、甘肃。
发生地点 江苏：无锡市宜兴市；
四川：眉山市青神县，雅安市雨城区、天全县；
陕西：西安市临潼区、蓝田县、周至县，太白林业局。
发生面积 322 亩
危害指数 0.3644

• 暗脉菜粉蝶 *Pieris napi* (Linnaeus)

中文异名 暗脉菜粉蝶北方亚种
寄　　主 构树，中华卫矛，紫薇，木犀。
分布范围 东北，北京、河北、江苏、江西、河南、湖北、四川、西藏、陕西、青海、新疆。
发生地点 河北：张家口市赤城县；
江苏：南京市浦口区，淮安市金湖县，镇江市句容市；
四川：南充市西充县，宜宾市宜宾县、兴文县；

陕西：商洛市镇安县。

发生面积　898 亩

危害指数　0.3333

- **菜粉蝶** ***Pieris rapae*** **(Linnaeus)**

寄　　主　银杏，杉松，油松，墨西哥落羽杉，柏木，加杨，山杨，钻天杨，箭杆杨，柳树，核桃，蒙古栎，栓皮栎，榆树，构树，斜叶榕，桑，牡丹，金莲花，玉兰，猴樟，樟树，天竺桂，桃，碧桃，杏，樱桃，山楂，枇杷，山荆子，西府海棠，苹果，海棠花，石楠，李，红叶李，新疆梨，月季，多花蔷薇，绣线菊，红果树，林石草，合欢，紫穗槐，凤凰木，刺桐，胡枝子，刺槐，槐树，柑橘，花椒，乌桕，金边黄杨，栾树，鼠李，枣树，木芙蓉，木槿，红椆，茶，秋海棠，赤桉，巨桉，红瑞木，杜鹃，女贞，木犀，紫丁香，黄荆，牡荆，荆条，秋英。

分布范围　全国。

发生地点　北京：东城区、朝阳区、石景山区、通州区、顺义区、昌平区、密云区；

河北：唐山市滦南县、乐亭县、玉田县，邢台市邢台县，张家口市崇礼区、张北县、沽源县、尚义县、蔚县、阳原县、怀来县、涿鹿县、赤城县，沧州市河间市，廊坊市大城县；

黑龙江：佳木斯市富锦市；

上海：宝山区、嘉定区、浦东新区、松江区、青浦区、奉贤区；

江苏：南京市栖霞区、江宁区、六合区、溧水区、高淳区，无锡市宜兴市，常州市天宁区、钟楼区、武进区、溧阳市，苏州市高新技术开发区、常熟市、昆山市，淮安市淮阴区、清江浦区、金湖县，盐城市亭湖区、盐都区、大丰区、响水县、滨海县、阜宁县、东台市，镇江市京口区、镇江新区、丹徒区、丹阳市、句容市；

浙江：宁波市鄞州区、象山县、宁海县，嘉兴市嘉善县，台州市临海市；

江西：上饶市广丰区；

山东：青岛市胶州市，东营市垦利县，潍坊市诸城市，济宁市任城区、曲阜市、邹城市、高新技术开发区、太白湖新区，泰安市肥城市，威海市环翠区，临沂市沂水县，聊城市东阿县、冠县，菏泽市单县；

湖南：岳阳市平江县，益阳市桃江县，永州市双牌县；

广东：广州市增城区，深圳市坪山新区、龙华新区，惠州市惠阳区；

广西：桂林市兴安县；

四川：自贡市贡井区、沿滩区，遂宁市射洪县、大英县，乐山市犍为县，南充市高坪区、西充县，眉山市青神县，宜宾市翠屏区、南溪区、筠连县、兴文县，广安市武胜县，达州市渠县，雅安市雨城区、天全县；

陕西：西安市临潼区、蓝田县、周至县，咸阳市秦都区、三原县、乾县、彬县、长武县、旬邑县，渭南市临渭区、华州区、合阳县、澄城县、白水县、华阴市，延安市洛川县、宜川县，榆林市吴堡县，安康市旬阳县，商洛市商州区、镇安县，宁东林业局、太白林业局；

甘肃：庆阳市环县；

青海：西宁市城北区；

宁夏：银川市兴庆区、西夏区、金凤区，石嘴山市大武口区、惠农区，吴忠市红寺堡区、青铜峡市，固原市原州区、西吉县，中卫市沙坡头区、中宁县；

新疆：塔城地区沙湾县；

新疆生产建设兵团：农一师 10 团、13 团，农二师 29 团，农四师 68 团，农十四师 224 团。

发生面积　108504 亩

危害指数　0. 3742

● **云斑粉蝶** ***Pontia daplidice*** **(Linnaeus)**

中文异名　云粉蝶

寄　　主　钻天杨，柳树，板栗，旱榆，牡丹，茶藨子，桃，山楂，山荆子，苹果，梨，月季，黄刺玫，刺槐，柑橘，中华卫矛，木槿，香花藤，荆条。

分布范围　华北、东北、西北，浙江、江西、山东、河南、广东、广西、四川、西藏。

发生地点　北京：通州区、顺义区、密云区；

河北：唐山市滦南县、乐亭县、玉田县，邢台市沙河市，张家口市万全区、崇礼区、张北县、沽源县、尚义县、蔚县、阳原县、怀安县、怀来县、涿鹿县、赤城县，沧州市河间市，廊坊市霸州市；

山东：济宁市兖州区、梁山县，威海市环翠区，临沂市蒙阴县，聊城市东阿县；

广东：肇庆市四会市；

四川：巴中市通江县；

陕西：西安市周至县，咸阳市武功县，渭南市临渭区、华州区、大荔县、合阳县、澄城县、蒲城县、白水县，延安市宜川县，榆林市米脂县；

甘肃：庆阳市西峰区；

宁夏：银川市西夏区、永宁县，石嘴山市大武口区，吴忠市红寺堡区、盐池县，固原市原州区；

新疆生产建设兵团：农四师。

发生面积　15232 亩

危害指数　0. 3690

蚬蝶科 Riodinidae

● **蛇目褐蚬蝶** ***Abisara echerius*** **(Stoll)**

寄　　主　耳叶相思，秋枫，杜茎山，鲫鱼藤。

分布范围　浙江、福建、广东、广西、海南。

发生地点　广东：广州市花都区，深圳市坪山新区，肇庆市高要区，惠州市惠阳区。

发生面积　2246 亩

危害指数　0. 3333

● **大斑尾蚬蝶** ***Dodona egeon*** **(Westwood)**

寄　　主　密花树。

分布范围　四川、云南。

● 银纹尾蚬蝶 *Dodona eugenes* Bates

寄　　主　密花树，杜茎山。

分布范围　浙江、福建、江西、河南、广东、海南、云南、西藏、陕西。

发生地点　陕西：商洛市镇安县。

发生面积　100 亩

危害指数　0.3333

● 波蚬蝶 *Zemeros flegyas*（Cramer）

寄　　主　樟树，木犀。

分布范围　浙江、福建、江西、湖北、广东、广西、海南、四川、云南、西藏。

发生地点　四川：宜宾市南溪区。

灰蝶科 Lycaenidae

● 婀灰蝶 *Albulina orbitula*（Prunner）

寄　　主　云杉。

分布范围　山西、河南、云南、宁夏。

● 三爱灰蝶 *Aricia eumedon*（Esper）

寄　　主　凤凰木。

分布范围　广东。

发生地点　广东：深圳市坪山新区。

● 中华爱灰蝶 *Aricia mandschurica*（Staudinger）

寄　　主　黄刺玫，白刺，沙棘，紫丁香。

分布范围　东北，河北、山东、河南、甘肃、宁夏。

发生地点　河北：张家口市万全区、沽源县、涿鹿县；
　　　　　甘肃：白银市靖远县。

发生面积　773 亩

危害指数　0.3338

● 绿灰蝶 *Artipe eryx*（Linnaeus）

寄　　主　朴树，檫木，苹果，栀子。

分布范围　西南，辽宁、浙江、安徽、福建、江西、湖北、广东、广西、海南、陕西。

发生地点　福建：福州国家森林公园。

● 琉璃灰蝶 *Celastrina argiolus*（Linnaeus）

寄　　主　杨，垂柳，核桃，桤木，白桦，板栗，黑果茶藨，海桐，山楂，苹果，石楠，李，梨，月季，悬钩子，合欢，皂荚，胡枝子，刺槐，苦参，紫藤，柑橘，冬青，鼠李，黑桦鼠李，柳叶毛蕊茶，女贞，木犀，果香菊，棕榈。

分布范围　东北、华东、西北，北京、河北、山西、河南、湖北、湖南、四川、云南。

发生地点　河北：邢台市沙河市，保定市唐县，张家口市怀来县、涿鹿县、赤城县，沧州市河间市；
江苏：南京市栖霞区、江宁区，无锡市宜兴市，常州市溧阳市，淮安市淮阴区、金湖县，盐城市大丰区、响水县、阜宁县，扬州市邗江区、宝应县、经济技术开发区，镇江市新区、润州区、丹徒区、丹阳市，泰州市姜堰区；
浙江：温州市瑞安市；
江西：萍乡市湘东区；
山东：济宁市邹城市，菏泽市牡丹区；
湖南：常德市鼎城区；
四川：自贡市自流井区，遂宁市蓬溪县；
陕西：西安市周至县，渭南市临渭区、华州区、澄城县，宁东林业局、太白林业局。
发生面积　1742 亩
危害指数　0.3812

• 大紫琉璃灰蝶 *Celastrina oreas*（Leech）
寄　　主　三球悬铃木，苹果，李，胡枝子，刺槐，苦参，紫藤，鼠李。
分布范围　辽宁、浙江、安徽、四川、云南、陕西、宁夏。
发生地点　宁夏：银川市西夏区。

• 紫灰蝶 *Chilades lajus*（Stoll）
寄　　主　苏铁。
分布范围　海南、四川。

• 曲纹紫灰蝶 *Chilades pandava*（Horsfield）
中文异名　苏铁曲纹紫灰蝶
寄　　主　苏铁，海桐，花椒。
分布范围　上海、江苏、浙江、福建、江西、湖北、湖南、广东、广西、海南、四川、陕西。
发生地点　上海：宝山区、浦东新区、金山区、青浦区、奉贤区；
江苏：南京市栖霞区，苏州市高新技术开发区、吴中区、昆山市，盐城市东台市；
浙江：宁波市象山县、宁海县，台州市椒江区；
福建：泉州市晋江市，漳州市漳浦县，龙岩市漳平市；
江西：九江市开发区，上饶市上饶县；
湖北：荆州市沙市区、荆州区、公安县、江陵县、石首市；
湖南：岳阳市平江县；
广东：广州市越秀区、天河区、白云区、花都区，深圳市宝安区、龙岗区、盐田区、坪山新区、大鹏新区，佛山市南海区，湛江市麻章区、遂溪县，肇庆市开发区、端州区、鼎湖区、高要区、德庆县、四会市，惠州市惠阳区、惠东县，梅州市大埔县，汕尾市陆河县、陆丰市，河源市源城区、龙川县、新丰江，东莞市，中山市，云浮市新兴县，顺德区；
广西：百色市德保县；
海南：昌江黎族自治县；

四川：广安市武胜县；
陕西：汉中市汉台区、西乡县。
发生面积 2363 亩
危害指数 0.3769

• 金灰蝶 *Chrysozephyrus smaragdinus*（Bremer）
寄 主 梅，樱桃。
分布范围 陕西。
发生地点 陕西：渭南市华州区。

• 豆粒银线灰蝶 *Cigaritis syama*（Horsfield）
寄 主 木槿。
分布范围 广东、广西、海南。
发生地点 广东：汕尾市陆河县。

• 裹金小灰蝶 *Curetis acuta* Moore
中文异名 尖翅银灰蝶
寄 主 小红柳，槐树，多花紫藤。
分布范围 浙江、安徽、福建、江西、河南、湖北、广西、海南、四川、云南、西藏、陕西、宁夏。
发生地点 浙江：杭州市西湖区；
宁夏：石嘴山市惠农区。

• 银灰蝶 *Curetis bulis*（Westwood）
寄 主 鸡血藤，水黄皮。
分布范围 黑龙江、广西、云南、陕西、宁夏。
发生地点 陕西：西安市周至县；
宁夏：银川市西夏区。

• 玳灰蝶 *Deudorix epijarbas*（Mooer）
中文异名 小灰蝶
寄 主 木麻黄，无患子，木犀，栀子。
分布范围 河北、安徽、福建、山东、湖北、广东、广西、海南、宁夏。
发生地点 福建：南平市延平区；
广东：惠州市惠城区；
宁夏：石嘴山市大武口区。
发生面积 105 亩
危害指数 0.3333

• 艳灰蝶 *Favonius orientalis*（Murray）
寄 主 榛子，板栗，栎，杜鹃，石斛。
分布范围 东北，河北、山西、江苏、江西、河南、四川、陕西、甘肃、宁夏。

发生地点　江苏：南京市雨花台区；
　　　　　四川：遂宁市蓬溪县。

• **蓝灰蝶 *Gupido argiades*（Pallas）**

中文异名　闪蓝灰蝶

寄　　主　粗枝木麻黄，山杨，山东柳，核桃，麻栎，青冈，榆树，玉兰，苹果，月季，合欢，紫穗槐，刺槐，苦参，槐树，长叶黄杨，木犀，黄荆，荆条，豇豆树。

分布范围　东北、华东、西北，北京、河北、内蒙古、河南、湖北、海南、四川、云南。

发生地点　北京：朝阳区、顺义区、密云区；
　　　　　河北：唐山市乐亭县，张家口市张北县、涿鹿县、赤城县，廊坊市霸州市；
　　　　　内蒙古：乌兰察布市察哈尔右翼后旗；
　　　　　浙江：杭州市富阳区，宁波市宁海县，衢州市江山市，丽水市莲都区；
　　　　　安徽：合肥市包河区；
　　　　　山东：青岛市胶州市，济宁市兖州区、邹城市、经济技术开发区，临沂市沂水县，菏泽市牡丹区；
　　　　　四川：遂宁市大英县；
　　　　　陕西：西安市灞桥区、周至县，渭南市大荔县、合阳县、澄城县，宁东林业局、太白林业局；
　　　　　甘肃：庆阳市西峰区。

发生面积　6275 亩

危害指数　0. 3546

• **长尾蓝灰蝶 *Gupido lacturnus*（Godart）**

寄　　主　木麻黄。

分布范围　河北、浙江、福建、江西、湖北、广东、广西、云南、陕西。

发生地点　河北：张家口市沽源县、怀来县。

发生面积　152 亩

危害指数　0. 3662

• **浓紫彩灰蝶 *Heliophorus ila*（De Niceville et Martin）**

寄　　主　柳，悬钩子，柑橘，红淡比，合果木，喜树，木犀，蓝花楹，棕榈。

分布范围　福建、江西、河南、广东、广西、海南、四川、陕西。

发生地点　四川：自贡市自流井区、大安区，宜宾市翠屏区、筠连县；
　　　　　陕西：咸阳市武功县。

• **斑灰蝶 *Horaga onyx*（Moore）**

寄　　主　榕树。

分布范围　广东。

• **素雅灰蝶 *Jamides alecto*（Felder）**

寄　　主　水黄皮。

分布范围　广东、广西、海南。

• **黄灰蝶** ***Japonica lutea*** **（Hewitson）**

寄　　主　板栗，蒙古栎，朴树，榆树，柞木。

分布范围　东北，河北、山西、浙江、河南、湖北、陕西、甘肃、宁夏。

发生地点　河北：张家口市赤城县。

发生面积　500 亩

危害指数　0.3333

• **亮灰蝶** ***Lampides boeticus*** **（Linnaeus）**

中文异名　波纹小灰蝶

寄　　主　木麻黄，合欢，椰子。

分布范围　华东，河南、广东、云南、陕西。

发生地点　江苏：盐城市东台市；

　　　　　浙江：宁波市宁海县，嘉兴市嘉善县；

　　　　　安徽：合肥市包河区。

发生面积　4536 亩

危害指数　0.4803

• **橙灰蝶** ***Lycaena dispar*** **（Haworth）**

寄　　主　杨，山东柳，榆树，山桃，刺槐。

分布范围　东北，北京、河北、山东、西藏、陕西、甘肃、宁夏。

发生地点　北京：密云区；

　　　　　河北：张家口市沽源县、怀来县；

　　　　　山东：威海市环翠区；

　　　　　陕西：咸阳市彬县；

　　　　　宁夏：固原市西吉县。

发生面积　3332 亩

危害指数　0.3333

• **红灰蝶** ***Lycaena phlaeas*** **（Linnaeus）**

中文异名　铜灰蝶

寄　　主　垂柳，板栗，朴树，构树，猴樟，海桐，苹果，羊蹄甲，紫荆，柑橘，长叶黄杨，酸蔹藤，木槿，丁香。

分布范围　东北、华东，北京、河北、河南、西藏、陕西、甘肃。

发生地点　上海：宝山区、嘉定区；

　　　　　江苏：常州市天宁区、钟楼区，苏州市高新技术开发区，盐城市东台市，扬州市扬州经济技术开发区，泰州市姜堰区；

　　　　　浙江：宁波市镇海区、象山县、宁海县，台州市三门县；

　　　　　安徽：合肥市包河区；

　　　　　山东：济宁市曲阜市、邹城市，菏泽市牡丹区；

　　　　　陕西：渭南市临渭区、合阳县、澄城县，安康市旬阳县，宁东林业局。

发生面积　2076 亩

危害指数　0. 3370

• **大斑霾灰蝶 *Maculinea arionides* (Staudinger)**

寄　　主　柠条锦鸡儿。
分布范围　东北，山西、河南、四川、宁夏。
发生地点　宁夏：吴忠市红寺堡区。
发生面积　1000 亩
危害指数　0. 3333

• **胡麻霾灰蝶 *Maculinea teleia* (Bergstrasser)**

寄　　主　蔷薇。
分布范围　山西、吉林、黑龙江、山东、河南。

• **大卫新灰蝶 *Neolycaena davidi* (Oberthür)**

寄　　主　柠条锦鸡儿。
分布范围　内蒙古、宁夏。

• **白斑新灰蝶 *Neolycaena tengstroemi* (Erschoff)**

寄　　主　柠条锦鸡儿。
分布范围　四川、甘肃、宁夏。
发生地点　宁夏：吴忠市盐池县、同心县。
发生面积　25500 亩
危害指数　0. 3438

• **黑灰蝶 *Niphanda fusca* (Bremer et Grey)**

寄　　主　麻栎，榆树。
分布范围　东北，北京、河北、山西、浙江、福建、江西、山东、河南、湖北、湖南、四川、陕西、甘肃、青海。
发生地点　河北：张家口市怀来县、赤城县。
发生面积　1020 亩
危害指数　0. 3333

• **锯灰蝶 *Orthomiella pontis* (Elwes)**

寄　　主　杨树，柳树，榆树。
分布范围　江苏、浙江、福建、河南、湖北、陕西、宁夏。
发生地点　宁夏：银川市西夏区、金凤区。

• **豆灰蝶 *Plebejus argus* (Linnaeus)**

寄　　主　牡丹，沙冬青，紫穗槐，锦鸡儿，刺槐，槐树，褐果枣。
分布范围　华北、东北、西北，山东、河南、湖南、四川。
发生地点　河北：邢台市沙河市，张家口市万全区、沽源县、蔚县、阳原县；
　　　　　山东：济宁市梁山县，聊城市东阿县；
　　　　　陕西：西安市周至县，咸阳市旬邑县，渭南市大荔县、合阳县、澄城县；

宁夏：吴忠市盐池县。

发生面积　3454 亩

危害指数　0. 3894

• 红珠灰蝶 *Plebejus idas*（Linnaeus）

拉丁异名　*Lycaeides argyrognomon*（Bergstrosser）

寄　　主　木兰，海棠花，紫穗槐，锦鸡儿，刺槐，柿。

分布范围　华北、东北、西北，山东、河南、四川。

发生地点　北京：东城区；

河北：唐山市乐亭县，邢台市沙河市，张家口市万全区、赤城县；

陕西：渭南市临渭区、大荔县；

宁夏：银川市西夏区，吴忠市红寺堡区。

发生面积　1067 亩

危害指数　0. 3336

• 多眼灰蝶 *Polyommatus eros*（Ochsenheimer）

寄　　主　樱桃。

分布范围　西北，河北、吉林、黑龙江、山东、河南、四川、西藏。

发生地点　四川：甘孜藏族自治州泸定县；

西藏：拉萨市达孜县、曲水县，日喀则市拉孜县，山南市乃东县，昌都市类乌齐县；

宁夏：银川市西夏区、金凤区，吴忠市盐池县。

发生面积　2884 亩

危害指数　0. 3345

• 伊眼灰蝶 *Polyommatus icarus*（Rottemburg）

寄　　主　旱榆，黄刺玫，柠条锦鸡儿，花棒，白刺。

分布范围　宁夏、新疆。

• 酢浆灰蝶 *Pseudozizeeria maha*（Kollar）

寄　　主　海桐，栾树，木芙蓉，中华猕猴桃。

分布范围　华东，北京、广东、广西、海南、四川、陕西、宁夏。

发生地点　北京：密云区；

江苏：淮安市清江浦区、金湖县，扬州市邗江区，镇江市扬中市、句容市；

浙江：宁波市镇海区、宁海县，台州市三门县；

福建：泉州市永春县；

山东：济宁市邹城市，威海市环翠区；

四川：宜宾市南溪区；

陕西：渭南市大荔县；

宁夏：银川市西夏区。

发生面积　1355 亩

危害指数　0. 3333

- **蓝燕灰蝶** ***Rapala caerulea*** **(Bremer et Grey)**

寄　　主　多花蔷薇，鼠李。
分布范围　东北，北京、河北、江苏、浙江、山东、甘肃。

- **霓纱燕灰蝶** ***Rapala nissa*** **(Kollar)**

寄　　主　榆叶梅，枣树，紫薇，柿。
分布范围　北京、河北、黑龙江、浙江、江西、山东、河南、湖北、广西、云南、陕西。
发生地点　北京：密云区；
　　　　　河北：邢台市沙河市。

- **彩燕灰蝶** ***Rapala selira*** **(Moore)**

寄　　主　旱榆，多花蔷薇，黄刺玫，白刺。
分布范围　东北，浙江、江西、山东、云南、西藏、陕西、甘肃、宁夏。

- **燕灰蝶** ***Rapala varuna*** **(Horsfield)**

寄　　主　板栗，李，多花蔷薇，枣树，紫薇。
分布范围　河北、辽宁、安徽、福建、江西、湖北、广东、陕西。
发生地点　陕西：渭南市华州区、潼关县。

- **莱灰蝶** ***Remelana jangala*** **(Horsfield)**

寄　　主　梧桐。
分布范围　广东、云南。
发生地点　广东：深圳市宝安区。

- **优秀洒灰蝶** ***Satyrium eximium*** **(Fixsen)**

寄　　主　鼠李，小叶鼠李。
分布范围　东北，浙江、福建、山东、河南、广东、四川、云南、陕西、甘肃、宁夏。
发生地点　宁夏：银川市西夏区。

- **大洒灰蝶** ***Satyrium grande*** **(Felder et Felder)**

寄　　主　苏铁。
分布范围　福建、江苏、浙江、四川。
发生地点　福建：南平市建瓯市。

- **刺痣洒灰蝶** ***Satyrium spini*** **(Denis et Schiffermüller)**

寄　　主　榆树，蔷薇。
分布范围　东北，河北、山西、江苏、山东、河南、宁夏。
发生地点　江苏：南京市栖霞区。

- **乌洒灰蝶** ***Satyrium w-album*** **(Knoch)**

寄　　主　水青冈，榆树，桃，樱桃，苹果。
分布范围　河北、辽宁、江苏、河南、陕西。
发生地点　江苏：南京市栖霞区。

• 珞灰蝶 *Scolitantides orion*（Pallas）

寄　　主　杉松，云杉，香椿。

分布范围　东北，河北、山西、江苏、福建、河南、湖北、四川、云南、西藏、陕西、甘肃、新疆。

发生地点　河北：邢台市沙河市，张家口市赤城县；
四川：遂宁市大英县；
陕西：渭南市华州区。

发生面积　590 亩

危害指数　0.3333

• 生灰蝶 *Sinthusa chandrana*（Moore）

寄　　主　栎，悬钩子。

分布范围　浙江、安徽、江西、四川。

发生地点　安徽：合肥市包河区。

• 银线灰蝶 *Spindasis lohita*（Horsfield）

寄　　主　木麻黄，栓皮栎，榄仁树，番石榴，海榄雌。

分布范围　浙江、福建、江西、湖北、广东、广西、陕西。

发生地点　浙江：宁波市象山县；
陕西：渭南市华州区。

• 蚜灰蝶 *Taraka hamada*（Druce）

寄　　主　八角，桃，紫荆，油茶，孝顺竹。

分布范围　江苏、浙江、福建、江西、山东、河南、湖南、广东、广西、海南、四川。

发生地点　江苏：扬州市宝应县；
江西：九江市湖口县；
湖南：岳阳市平江县；
广西：贺州市昭平县。

发生面积　749 亩

危害指数　0.4637

• 线灰蝶 *Thecla betulae*（Linnaeus）

寄　　主　栓皮栎，樱桃，刺槐。

分布范围　东北，河北、浙江、湖北、陕西。

发生地点　河北：石家庄市井陉矿区，张家口市万全区、沽源县、涿鹿县。

发生面积　103 亩

危害指数　0.3366

• 点玄灰蝶 *Tongeia filicaudis*（Pryer）

中文异名　密点玄灰蝶

寄　　主　柳，核桃，柑橘。

分布范围　北京、山西、江苏、浙江、安徽、福建、江西、山东、河南、湖北、四川、陕西、宁夏。

发生地点 江苏：常州市天宁区、钟楼区、新北区、武进区；
浙江：宁波市宁海县；
山东：济宁市兖州区、曲阜市，威海市环翠区；
陕西：安康市旬阳县；
宁夏：固原市原州区。

发生面积 1648 亩

危害指数 0.3354

• **玄灰蝶 *Tongeia fischeri* (Eversmann)**

寄　　主 板栗，木瓜。

分布范围 北京、河北、山西、辽宁、黑龙江、上海、安徽、福建、江西、山东、河南、湖北、陕西。

发生地点 河北：石家庄市井陉矿区，张家口市赤城县；
上海：浦东新区；
安徽：合肥市包河区；
山东：济宁市曲阜市。

发生面积 1013 亩

危害指数 0.3333

• **纯灰蝶 *Una usta* (Distant)**

寄　　主 云杉，栎。

分布范围 海南、四川。

蛱蝶科 Nymphalidae

• **苎麻黄蛱蝶 *Acraea issoria* (Hübner)**

中文异名 苎麻斑蛱蝶

拉丁异名 *Pareba vesta* Fabricius

寄　　主 山杨，杨梅，核桃，青冈，榆树，构树，桑，长叶水麻，天竺桂，油樟，枇杷，李，胡枝子，刺槐，柑橘，山柚子，麻楝，水柳，长叶黄杨，盐肤木，漆树，栾树，油茶，茶，木犀，泡桐。

分布范围 西南，江苏、浙江、安徽、福建、江西、湖北、湖南、广东、广西、海南、陕西。

发生地点 江苏：南京市浦口区，无锡市锡山区、惠山区、滨湖区，镇江市句容市；
浙江：杭州市西湖区，宁波市镇海区、宁海县，温州市苍南县、瑞安市，嘉兴市嘉善县，舟山市嵊泗县，台州市黄岩区、三门县、天台县；
安徽：黄山市徽州区，池州市贵池区；
福建：泉州市安溪县、永春县，南平市延平区；
江西：萍乡市莲花县，赣州市安远县；
湖北：潜江市；

湖南：长沙市长沙县，岳阳市岳阳县、临湘市；
广东：惠州市惠阳区，河源市龙川县，清远市清新区、英德市、连州市、清远市属林场；
广西：南宁市武鸣区，桂林市兴安县，河池市天峨县、环江毛南族自治县、都安瑶族自治县；
重庆：万州区、涪陵区、北碚区、黔江区、永川区、万盛经济技术开发区，丰都县、忠县、云阳县、巫溪县、秀山土家族苗族自治县、酉阳土家族苗族自治县；
四川：自贡市自流井区、贡井区、沿滩区、荣县，绵阳市平武县，内江市市中区、东兴区、威远县、资中县、隆昌县，乐山市犍为县，宜宾市翠屏区、南溪区、珙县、筠连县、兴文县，雅安市雨城区、石棉县，巴中市平昌县，资阳市雁江区，甘孜藏族自治州泸定县；
贵州：黔南布依族苗族自治州福泉市、瓮安县；
陕西：宁东林业局。

发生面积 21175 亩

危害指数 0.4197

• 荨麻蛱蝶 *Aglais urticae* (Linnaeus)

寄　　主 榆树，山荆子，绣线菊，紫穗槐，刺槐。

分布范围 西北，河北、山西、内蒙古、辽宁、黑龙江、广东、广西、四川、云南、西藏。

发生地点 河北：张家口市万全区、崇礼区、沽源县、蔚县、怀安县，雾灵山保护区；
内蒙古：乌兰察布市四子王旗；
四川：凉山彝族自治州布拖县；
西藏：昌都市左贡县；
陕西：商洛市镇安县；
宁夏：固原市西吉县、彭阳县。

发生面积 9829 亩

危害指数 0.3334

• 柳紫闪蛱蝶 *Apatura ilia* (Denis et Schiffermüller)

寄　　主 柳杉，新疆杨，加杨，山杨，黑杨，小叶杨，毛白杨，垂柳，黄柳，旱柳，绦柳，山柳，朴树，榆树，构树，猴樟，刺槐，柑橘，盐肤木，栾树，杜英，木芙蓉，柞木，石榴，柳兰，柿，水曲柳，黄荆，柳叶水锦树。

分布范围 华北、东北、华东、西北，河南、湖北、重庆、四川、云南。

发生地点 北京：通州区、大兴区、密云区；
河北：唐山市古冶区、滦南县、玉田县，保定市唐县、安国市，张家口市万全区、沽源县、尚义县、怀来县、赤城县，沧州市沧县、吴桥县、黄骅市、河间市，定州市；
内蒙古：通辽市科尔沁左翼后旗、霍林郭勒市，乌兰察布市四子王旗；
黑龙江：佳木斯市郊区、富锦市，绥化市海伦市国有林场；
上海：闵行区、宝山区、嘉定区、浦东新区、金山区、松江区、青浦区、奉贤区；

江苏：南京市栖霞区、雨花台区、六合区，无锡市锡山区，苏州市高新技术开发区、昆山市，淮安市淮阴区、清江浦区、盱眙县，盐城市响水县、阜宁县、射阳县，镇江市京口区、润州区、丹徒区、丹阳市、句容市；
浙江：宁波市江北区、余姚市，舟山市岱山县、嵊泗县；
江西：萍乡市安源区、上栗县、芦溪县；
山东：枣庄市台儿庄区，济宁市任城区、邹城市，泰安市泰山区，临沂市沂水县，聊城市东阿县、冠县、临清市，黄河三角洲保护区；
重庆：万州区；
陕西：西安市蓝田县，咸阳市永寿县，渭南市华州区、合阳县、白水县，汉中市汉台区；
宁夏：石嘴山市大武口区，吴忠市红寺堡区、盐池县。

发生面积　20302 亩

危害指数　0. 3440

• 柳紫闪蛱蝶华北亚种 *Apatura ilia substituta* Butler

寄　　主　山杨，垂柳，旱柳，山柳。

分布范围　东北，天津、山东。

• 紫闪蛱蝶 *Apatura iris*（Linnaeus）

寄　　主　银白杨，山杨，黑杨，柔毛杨，毛白杨，垂柳，旱柳，核桃，枫杨，栎，朴树，榆树，桃，樱桃，苹果，刺槐，杜鹃，柳叶紫金牛，香花藤。

分布范围　东北，北京、河北、安徽、江西、山东、河南、湖北、湖南、四川、陕西、甘肃、宁夏。

发生地点　北京：密云区；
河北：张家口市张北县、沽源县、尚义县、赤城县，雾灵山保护区；
黑龙江：佳木斯市富锦市；
山东：济宁市曲阜市；
湖北：荆州市洪湖市；
湖南：湘西土家族苗族自治州吉首市；
陕西：咸阳市秦都区、彬县，渭南市华州区，汉中市汉台区，安康市旬阳县，商洛市商州区，宁东林业局、太白林业局；
甘肃：定西市岷县；
宁夏：固原市原州区。

发生面积　7008 亩

危害指数　0. 3419

• 曲纹蜘蛱蝶 *Araschnia doris* Leech

寄　　主　杨，枫香，茶。

分布范围　江苏、浙江、安徽、福建、江西、河南、湖北、四川、陕西。

发生地点　江苏：南京市栖霞区、江宁区、六合区、溧水区，无锡市宜兴市，淮安市盱眙县；
安徽：合肥市庐阳区、包河区；

四川：雅安市雨城区；
陕西：安康市白河县。
发生面积　183 亩
危害指数　0. 3515

- **蛐蛱蝶 *Araschnia levana*（Linnaeus）**

寄　　主　华北落叶松，垂柳，朴树，紫薇。
分布范围　华北、东北，江苏、浙江。
发生地点　北京：石景山区；
河北：张家口市张北县、尚义县；
江苏：南京市浦口区，淮安市金湖县，镇江市句容市；
浙江：宁波市宁海县。
发生面积　543 亩
危害指数　0. 3333

- **直纹蛐蛱蝶 *Araschnia prorsoides*（Blanchard）**

寄　　主　栎。
分布范围　内蒙古、黑龙江、广西、四川、云南、西藏。
发生地点　四川：凉山彝族自治州布拖县。
发生面积　109 亩
危害指数　0. 3333

- **云豹蛱蝶 *Argynnis anadyomene*（Felder）**

寄　　主　白桦，榆树，紫罗兰，悬钩子，红瑞木。
分布范围　东北，山西、浙江、福建、江西、山东、河南、湖北、湖南、陕西、甘肃、宁夏。
发生地点　黑龙江：绥化市海伦市国有林场；
浙江：宁波市北仑区，温州市平阳县；
山东：潍坊市诸城市；
湖南：永州市双牌县；
陕西：咸阳市旬邑县。
发生面积　812 亩
危害指数　0. 3333

- **银豹蛱蝶 *Argynnis childreni* Gray**

寄　　主　杨，桦木，绣球，悬钩子，胡颓子。
分布范围　北京、浙江、福建、江西、湖北、广东、四川、贵州、云南、西藏、陕西、甘肃。
发生地点　四川：绵阳市平武县，甘孜藏族自治州泸定县；
陕西：渭南市白水县，宁东林业局。

- **斐豹蛱蝶 *Argynnis hyperbius*（Linnaeus）**

寄　　主　马尾松，水杉，柏木，罗汉松，山杨，垂柳，板栗，栲树，小叶栎，栓皮栎，朴树，榆树，构树，桑，猴樟，樟树，肉桂，桢楠，红花檵木，三球悬铃木，桃，李，合欢，西南黄檀，刺桐，胡枝子，刺槐，紫藤，柑橘，油桐，乌桕，长叶黄杨，苦茶槭，枣树，木芙蓉，木槿，五桠果，山茶，油茶，茶，木荷，山桐子，紫薇，越橘，女贞，木犀，大青，荆条，刺竹子，方竹，水竹，慈竹。

分布范围　全国。

发生地点　河北：唐山市迁西县；

上海：宝山区、浦东新区、金山区、松江区、青浦区、奉贤区；

江苏：南京市浦口区、栖霞区、雨花台区、江宁区、六合区、溧水区，无锡市锡山区、滨湖区、宜兴市，常州市天宁区、钟楼区、武进区、溧阳市，苏州市太仓市，淮安市淮阴区、洪泽区、盱眙县、金湖县，盐城市东台市，扬州市邗江区，镇江市京口区、镇江新区、润州区、丹徒区、丹阳市、扬中市、句容市；

浙江：杭州市西湖区，宁波市江北区、北仑区、鄞州区、象山县、宁海县、奉化市，温州市平阳县，嘉兴市嘉善县，舟山市嵊泗县，台州市三门县；

安徽：合肥市庐阳区、包河区，淮南市田家庵区、八公山区；

福建：漳州市东山县，福州国家森林公园；

江西：萍乡市莲花县，上饶市广丰区；

山东：枣庄市台儿庄区，济宁市曲阜市、邹城市、经济技术开发区，临沂市沂水县；

湖南：岳阳市平江县，常德市鼎城区，益阳市桃江县，永州市双牌县，娄底市新化县；

广东：深圳市坪山新区，肇庆市四会市，清远市连州市；

广西：防城港市防城区；

重庆：万州区；

四川：自贡市贡井区、沿滩区，绵阳市平武县，遂宁市安居区、蓬溪县、大英县，内江市市中区、东兴区、威远县，乐山市犍为县，宜宾市翠屏区、南溪区、兴文县，雅安市天全县，资阳市雁江区，甘孜藏族自治州泸定县；

陕西：西安市蓝田县，咸阳市秦都区，延安市延川县，安康市旬阳县，商洛市镇安县，宁东林业局。

发生面积　13639 亩

危害指数　0.4687

● **老豹蛱蝶** ***Argynnis laodice*** **(Pallas)**

寄　　主　华山松，樟子松，油松，矮松，山杨，毛白杨，柳树，核桃，朴树，榆树，桑，樟树，桃，枇杷，苹果，合欢，胡枝子，刺槐，槐树，柑橘，臭椿，长叶黄杨，椴树，木槿。

分布范围　西北，北京、河北、山西、内蒙古、辽宁、黑龙江、江苏、浙江、安徽、福建、江西、山东、河南、湖北、湖南、四川、云南、西藏。

发生地点　北京：密云区；

河北：张家口市崇礼区、蔚县、怀来县、涿鹿县、赤城县；

内蒙古：乌兰察布市四子王旗；

江苏：无锡市宜兴市；

浙江：宁波市象山县；

安徽：合肥市包河区，芜湖市芜湖县；
福建：泉州市安溪县；
山东：济宁市微山县；
四川：绵阳市平武县，内江市威远县、资中县；
陕西：西安市灞桥区，咸阳市永寿县、彬县、旬邑县，渭南市临渭区、华州区、蒲城县、白水县，安康市旬阳县，太白林业局；
甘肃：庆阳市环县，定西市岷县，白水江自然保护区。

发生面积　5545 亩

危害指数　0. 3571

• 绿豹蛱蝶 *Argynnis paphia*（Linnaeus）

寄　　主　柳，朴树，榆树，大果榉，山荆子，苹果，蔷薇，悬钩子，绣线菊，翅子藤，木槿，秋海棠，巨桉，小蜡，木犀，黄荆，水竹，毛竹。

分布范围　东北，河北、山西、内蒙古、浙江、安徽、福建、江西、山东、河南、湖北、湖南、广东、广西、四川、云南、西藏、陕西、甘肃、宁夏、新疆。

发生地点　河北：张家口市崇礼区、沽源县、怀来县、赤城县；
黑龙江：绥化市海伦市国有林场；
山东：威海市环翠区；
湖南：永州市双牌县；
四川：绵阳市平武县，遂宁市船山区，内江市市中区、威远县、隆昌县，资阳市雁江区，凉山彝族自治州布拖县；
陕西：咸阳市秦都区、旬邑县，渭南市华州区、合阳县，宁东林业局、太白林业局；
甘肃：庆阳市西峰区；
新疆生产建设兵团：农四师 68 团。

• 绿豹蛱蝶东北亚种 *Argynnis paphia tsushimana* Fruhstorfer

寄　　主　桦木，榆树。

分布范围　黑龙江。

• 红老豹蛱蝶 *Argynnis ruslana*（Motschulsky）

寄　　主　杉松。

分布范围　华东，河北、辽宁、黑龙江、湖北、四川、陕西。

• 波蛱蝶 *Ariadne ariadne*（Linnaeus）

寄　　主　蘖蒴楞，银合欢，毛桐，巨尾桉。

分布范围　福建、广东、广西、海南、四川、云南。

发生地点　广西：河池市环江毛南族自治县；
四川：自贡市沿滩区。

发生面积　223 亩

危害指数　0. 3333

• 幸福带蛱蝶 *Athyma fortuna* Leech

寄　　主　荷花玉兰，木犀，荚蒾。

分布范围　浙江、安徽、福建、江西、河南、湖北、四川、陕西。

发生地点　安徽：合肥市包河区；

　　　　　湖北：仙桃市。

• 玉杵带蛱蝶 *Athyma jina* Moore

寄　　主　樟树，樱桃，胡枝子，忍冬。

分布范围　浙江、福建、江西、湖南、四川、云南、陕西、新疆。

发生地点　湖南：益阳市桃江县；

　　　　　四川：宜宾市珙县、筠连县，雅安市天全县；

　　　　　陕西：咸阳市秦都区。

• 虬眉带蛱蝶 *Athyma opalina*（Kollar）

寄　　主　无患子，油茶，棕榈。

分布范围　浙江、福建、江西、河南、广东、海南、四川、云南、西藏、陕西。

发生地点　四川：宜宾市宜宾县。

• 玄珠带蛱蝶 *Athyma perius*（Linnaeus）

中文异名　算盘子蛱蝶

寄　　主　杉木，马占相思，毛果算盘子。

分布范围　浙江、福建、江西、湖北、广东、广西、海南、四川、陕西。

发生地点　广东：深圳市坪山新区，惠州市惠阳区；

　　　　　陕西：商洛市镇安县。

发生面积　104 亩

危害指数　0.3333

• 离斑带蛱蝶 *Athyma ranga* Moore

中文异名　桂花蛱蝶

寄　　主　合果木，喜树，女贞，木犀。

分布范围　福建、广东、海南、重庆、四川、云南、陕西。

发生地点　福建：龙岩市漳平市；

　　　　　重庆：彭水苗族土家族自治县。

• 新月带蛱蝶 *Athyma selenophora*（Kollar）

中文异名　棒带蛱蝶

寄　　主　水团花。

分布范围　华东、中南、西南。

• 孤斑带蛱蝶 *Athyma zeroca* Moore

寄　　主　钩藤。

分布范围　福建、江西、海南。

• 残锷带蛱蝶 *Athyma sulpitia*（Cramer）

寄　　主　山杨，小叶杨，朴树，桑，刺桐，吴茱萸，黄檗，花椒，合果木，泡桐，团花，忍冬。

分布范围　中南，江苏、浙江、安徽、福建、江西、四川、陕西。

发生地点　江苏：南京市浦口区；

　　　　　浙江：宁波市象山县，台州市三门县；

　　　　　安徽：合肥市包河区，芜湖市芜湖县；

　　　　　福建：南平市延平区；

　　　　　湖南：岳阳市平江县；

　　　　　四川：乐山市犍为县，宜宾市翠屏区、宜宾县，雅安市雨城区。

发生面积　172 亩

危害指数　0.3973

• 小豹蛱蝶 *Brenthis daphne*（Denis et Schiffermüller）

中文异名　小豹蛱蝶中国亚种

拉丁异名　*Brenthis daphne ochroleuca*（Fruhstorfer）

寄　　主　垂柳，黄柳，榆树，蔷薇，悬钩子，水柳，盐肤木，柿，黄荆。

分布范围　华北、东北，浙江、福建、河南、湖北、四川、云南、陕西、甘肃、青海、宁夏。

发生地点　河北：邢台市沙河市，张家口市张北县、沽源县、怀来县、涿鹿县、赤城县；

　　　　　陕西：渭南市华州区、合阳县；

　　　　　甘肃：定西市岷县。

发生面积　5220 亩

危害指数　0.3333

• 伊诺小豹蛱蝶 *Brenthis ino*（Rottemburg）

寄　　主　桦木，蔷薇。

分布范围　吉林、黑龙江、浙江、宁夏、新疆。

• 新小豹蛱蝶 *Brenthis jinis* Wang et Ren

寄　　主　地榆。

分布范围　黑龙江。

• 大卫绢蛱蝶 *Calinaga davidis* Oberthür

寄　　主　栎，木犀。

分布范围　浙江、湖北、四川。

• 红锯蛱蝶 *Cethosia biblis*（Drury）

寄　　主　蛇藤。

分布范围　江苏、福建、江西、广东、广西、海南、四川、云南。

发生地点　江苏：无锡市宜兴市。

• 白带螯蛱蝶 *Charaxes bernardus*（Fabricius）

中文异名　茶褐樟蛱蝶、樟褐蛱蝶

寄　　主　垂柳，桑，白兰，猴樟，阴香，樟树，天竺桂，油樟，枇杷，海红豆，南洋楹，鸡血藤，紫藤，柑橘，油茶，小叶女贞。

分布范围　上海、江苏、浙江、安徽、福建、江西、湖北、湖南、广东、海南、重庆、四川、贵州、云南。

发生地点　上海：宝山区、嘉定区、金山区、松江区、青浦区、奉贤区；

江苏：南京市栖霞区、江宁区，无锡市宜兴市，南通市海安县、海门市，淮安市洪泽区，盐城市盐都区、阜宁县，扬州市江都区，镇江市润州区、丹阳市、句容市，泰州市姜堰区；

浙江：杭州市萧山区，温州市瑞安市；

安徽：芜湖市芜湖县；

福建：厦门市同安区、翔安区，泉州市安溪县，南平市延平区，龙岩市新罗区、漳平市；

江西：萍乡市安源区、上栗县、芦溪县；

湖北：随州市随县；

广东：广州市花都区，肇庆市高要区，惠州市惠阳区，梅州市梅江区，云浮市新兴县；

四川：自贡市自流井区。

发生面积　14141 亩

危害指数　0.3340

• 武铠蛱蝶 *Chitoria ulupi* (Doherty)

中文异名　荒木小紫蛱蝶

寄　　主　杨树，柳树，朴树。

分布范围　辽宁、吉林、浙江、福建、江西、四川、云南、西藏、陕西。

发生地点　陕西：渭南市合阳县。

发生面积　200 亩

危害指数　0.3333

• 网丝蛱蝶 *Cyrestis thyodamas* Boisduval

寄　　主　朴树，垂叶榕，榕树，琴叶榕，鹅掌柴。

分布范围　浙江、福建、江西、广东、广西、海南、四川、云南、西藏。

发生地点　福建：泉州市安溪县，福州国家森林公园；

广东：惠州市惠阳区，云浮市罗定市。

• 青豹蛱蝶 *Damora sagana* (Doubleday)

寄　　主　云杉，华山松，马尾松，山杨，黑杨，垂柳，蒙古栎，青冈，榆树，构树，桑，猴樟，杏，李，悬钩子，合欢，文旦柚，花椒，枣树，木槿，柞木，紫薇，喜树，木犀。

分布范围　东北，北京、河北、内蒙古、江苏、浙江、安徽、福建、河南、湖北、广西、四川、陕西、甘肃。

发生地点　北京：密云区；

黑龙江：绥化市海伦市国有林场；
江苏：南京市浦口区、栖霞区、雨花台区、江宁区、溧水区，无锡市惠山区、滨湖区，镇江市扬中市、句容市；
湖北：荆门市京山县；
四川：自贡市自流井区，遂宁市大英县，内江市资中县，乐山市犍为县，宜宾市宜宾县；
陕西：宁东林业局。

发生面积　1308 亩
危害指数　0. 3333

• **电蛱蝶 *Dichorragia nesimachus*（Doyère）**

寄　　主　泡花树。
分布范围　浙江、福建、江西、湖南、海南、四川、云南、陕西。
发生地点　浙江：宁波市象山县。

• **绿蛱蝶 *Dophla evelina*（Stoll）**

寄　　主　腰果，木荷。
分布范围　福建、海南、云南、陕西。

• **矛翠蛱蝶 *Euthalia aconthea*（Cramer）**

寄　　主　苦槠栲，杧果。
分布范围　浙江、福建、海南、四川、云南。

• **嘉翠蛱蝶 *Euthalia kardama*（Moore）**

寄　　主　桤木，板栗，槲栎，青冈，杜仲，胡枝子，盐肤木，黄荆，棕榈。
分布范围　浙江、福建、湖北、重庆、四川、云南、陕西。
发生地点　重庆：万州区；
四川：绵阳市游仙区、梓潼县，乐山市峨边彝族自治县，雅安市天全县。
发生面积　132 亩
危害指数　0. 3333

• **绿裙边翠蛱蝶 *Euthalia niepelti* Strand**

寄　　主　木荷。
分布范围　浙江、福建、广东、广西、海南。

• **尖翅翠蛱蝶 *Euthalia phemius*（Doubleday）**

寄　　主　栲树，杧果。
分布范围　福建、广东、广西、云南。
发生地点　广东：惠州市惠阳区，汕尾市陆丰市，云浮市新兴县。

• **西藏翠蛱蝶 *Euthalia thibetana*（Poujade）**

寄　　主　麻栎，天竺桂。
分布范围　福建、河南、重庆、四川、贵州、云南、陕西。

发生地点　福建：南平市建瓯市；
　　　　　重庆：秀山土家族苗族自治县。
发生面积　222 亩
危害指数　0.3333

• **灿福蛱蝶** ***Fabriciana adippe*** **(Denis et Schiffermüller)**

中文异名　烂福豹蛱蝶、凸纹豹蛱蝶
寄　　主　杨，山核桃，白桦，栎，厚朴，榆树，五味子，多花蔷薇，悬钩子，合欢，刺槐，荆条。
分布范围　北京、河北、内蒙古、辽宁、黑龙江、江苏、安徽、山东、河南、湖北、四川、云南、西藏、陕西、甘肃、宁夏、新疆。
发生地点　北京：密云区；
　　　　　河北：邢台市沙河市，张家口市万全区、崇礼区、沽源县、尚义县、蔚县、怀来县、涿鹿县；
　　　　　辽宁：丹东市振安区；
　　　　　黑龙江：佳木斯市富锦市；
　　　　　安徽：合肥市包河区；
　　　　　山东：泰安市泰山林场；
　　　　　四川：遂宁市船山区；
　　　　　陕西：咸阳市秦都区、彬县、长武县、旬邑县，延安市宜川县，太白林业局；
　　　　　宁夏：银川市西夏区，吴忠市红寺堡区。
发生面积　3802 亩
危害指数　0.3387

• **捷豹蛱蝶** ***Fabriciana adippe vorax*** **Butler**

寄　　主　山杨，榆树，花椒，木槿，野牡丹，柿，泡桐。
分布范围　北京、河北、辽宁、山东、湖北、湖南、陕西。
发生地点　河北：保定市唐县，张家口市涿鹿县、赤城县；
　　　　　山东：济宁市经济技术开发区；
　　　　　湖南：岳阳市平江县；
　　　　　陕西：渭南市蒲城县，榆林市靖边县、吴堡县。
发生面积　583 亩
危害指数　0.3333

• **蟾福蛱蝶** ***Fabriciana nerippe*** **(Felder et Felder)**

中文异名　蟾豹蛱蝶
寄　　主　悬钩子，绣线菊，荆条。
分布范围　河北、辽宁、黑龙江、浙江、山东、河南、湖北、四川、陕西、甘肃、宁夏。
发生地点　河北：张家口市怀安县、赤城县；
　　　　　山东：济宁市鱼台县，临沂市蒙阴县；
　　　　　陕西：西安市蓝田县，渭南市合阳县、白水县；

甘肃：庆阳市镇原县。

发生面积　1461 亩

危害指数　0.3333

• 银白蛱蝶 *Helcyra subalba*（Poujade）

寄　　主　核桃，珊瑚朴，朴树，榆树，合欢，盐肤木，黄荆。

分布范围　江苏、浙江、福建、河南、湖北、四川、陕西。

发生地点　江苏：南京市栖霞区、江宁区、六合区，淮安市淮阴区，镇江市新区、润州区、丹徒区、丹阳市；

福建：福州国家森林公园；

陕西：安康市白河县，宁东林业局。

发生面积　128 亩

危害指数　0.3333

• 傲白蛱蝶 *Helcyra superba* Leech

寄　　主　珊瑚朴，朴树，樟树，盐肤木，黄荆。

分布范围　浙江、福建、江西、湖北、重庆、四川、陕西。

发生地点　福建：南平市建瓯市；

重庆：酉阳土家族苗族自治县。

发生面积　434 亩

危害指数　0.3333

• 黑脉蛱蝶 *Hestina assimilis*（Linnaeus）

中文异名　红星斑蛱蝶

寄　　主　山杨，垂柳，旱柳，沙柳，板栗，黑弹树，朴树，榆树，构树，荷花玉兰，猴樟，樟树，海棠花，槐树，柑橘，盐肤木，中华卫矛，栾树，椴树，木芙蓉，合果木，杜鹃，水曲柳，黄荆，荆条。

分布范围　华东，北京、河北、山西、辽宁、黑龙江、河南、湖北、湖南、广东、广西、四川、贵州、云南、西藏、陕西、甘肃。

发生地点　河北：张家口市怀来县；

上海：闵行区、宝山区、嘉定区、金山区、松江区、青浦区、奉贤区；

江苏：南京市栖霞区、雨花台区、江宁区、六合区、溧水区、高淳区，无锡市锡山区、宜兴市，常州市天宁区、钟楼区、溧阳市，苏州市太仓市，淮安市淮阴区、洪泽区、盱眙县，镇江市京口区、镇江新区、润州区、丹徒区、丹阳市、句容市，泰州市姜堰区；

浙江：宁波市江北区、鄞州区、象山县，嘉兴市嘉善县，舟山市嵊泗县；

安徽：合肥市庐阳区，芜湖市芜湖县；

福建：福州国家森林公园；

山东：济宁市微山县、邹城市，泰安市新泰市、泰山林场，威海市环翠区；

湖北：荆门市掇刀区；

广东：惠州市惠阳区；

四川：遂宁市射洪县；
陕西：渭南市临渭区、华州区、潼关县、蒲城县、白水县。
发生面积　11311 亩
危害指数　0.4515

• **蒺藜纹脉蛱蝶 *Hestina nama* (Doubleday)**
中文异名　蒺藜纹蛱蝶
寄　　主　桤木，油茶，木犀。
分布范围　广西、海南、四川、云南。
发生地点　四川：乐山市峨边彝族自治县，宜宾市珙县、筠连县，凉山彝族自治州德昌县。

• **幻紫斑蛱蝶 *Hypolimnas bolina* (Linnaeus)**
寄　　主　垂叶榕，合欢，柑橘，木荷，木犀。
分布范围　江苏、浙江、福建、江西、广东、广西、四川、云南。
发生地点　广东：深圳市坪山新区；
四川：自贡市沿滩区，宜宾市翠屏区、宜宾县、筠连县、兴文县。

• **金斑蛱蝶 *Hypolimnas missipus* (Linnaeus)**
寄　　主　构树，黄杨，木芙蓉。
分布范围　浙江、福建、湖北、广东、四川、云南、陕西。
发生地点　四川：遂宁市大英县。

• **孔雀蛱蝶 *Inachis io* (Linnaeus)**
寄　　主　山杨，柳树，白桦，栎，厚朴，榆树，桑，白兰，李，蔷薇，合欢，槐树，黄檗，柳兰，白蜡树。
分布范围　东北、西北，北京、河北、山西、四川、云南。
发生地点　北京：密云区；
河北：张家口市沽源县；
黑龙江：佳木斯市郊区、富锦市，绥化市海伦市国有林场管理局；
四川：绵阳市游仙区；
陕西：咸阳市秦都区、旬邑县，渭南市澄城县、蒲城县、白水县，太白林业局；
甘肃：平凉市关山林管局；
宁夏：固原市原州区。
发生面积　3433 亩
危害指数　0.5489

• **曲斑珠蛱蝶 *Issoria eugenia* (Eversmann)**
寄　　主　山杨，柳树，黄葛树，杜鹃。
分布范围　河北、黑龙江、四川、西藏、新疆。
发生地点　西藏：昌都市芒康县。

• **美眼蛱蝶 *Junonia almana* (Linnaeus)**
中文异名　美目蛱蝶、美眼蛱蝶夏型、孔雀眼蛱蝶

寄　　主　板栗，麻栎，槲栎，大果榉，黄葛树，桑，油樟，红花檵木，柑橘，油茶，野牡丹，金锦香，常春藤，木犀，过江藤，蓝花楹，假杜鹃。

分布范围　中南，河北、上海、江苏、浙江、安徽、福建、江西、重庆、四川、云南、西藏、陕西。

发生地点　上海：宝山区；

江苏：南京市高淳区；

浙江：宁波市镇海区、鄞州区、象山县，温州市平阳县、瑞安市，嘉兴市嘉善县，台州市仙居县、临海市；

江西：宜春市高安市；

湖北：黄冈市罗田县；

湖南：岳阳市平江县，益阳市桃江县，娄底市新化县；

广东：云浮市罗定市；

广西：梧州市苍梧县；

重庆：秀山土家族苗族自治县；

四川：自贡市荣县，遂宁市安居区、蓬溪县，内江市市中区、东兴区、威远县，乐山市犍为县，宜宾市翠屏区、南溪区、兴文县，资阳市雁江区。

发生面积　15317 亩

危害指数　0. 4526

• **黄裳眼蛱蝶 *Junonia hierta* (Fabricius)**

寄　　主　桉。

分布范围　广东、海南、四川、云南。

发生地点　四川：凉山彝族自治州布拖县。

发生面积　635 亩

危害指数　0. 3333

• **钩翅眼蛱蝶 *Junonia iphita* (Cramer)**

寄　　主　枫杨。

分布范围　江苏、浙江、江西、湖北、湖南、广东、广西、海南、重庆、四川、西藏。

发生地点　重庆：黔江区；

四川：攀枝花市米易县。

• **翠蓝眼蛱蝶 *Junonia orithya* (Linnaeus)**

寄　　主　黑杨，板栗，柑橘，油桐，南方泡桐，白花泡桐。

分布范围　江苏、浙江、安徽、福建、江西、河南、湖北、湖南、广东、广西、重庆、四川、贵州、云南、陕西。

发生地点　江苏：苏州市高新技术开发区；

浙江：台州市黄岩区；

湖南：常德市鼎城区；

重庆：万州区，酉阳土家族苗族自治县；

四川：绵阳市平武县，内江市东兴区，宜宾市宜宾县；

陕西：安康市旬阳县。
发生面积 420 亩
危害指数 0.3333

● **枯叶蛱蝶中华亚种 *Kallima inachus chinensis* Swinhoe**
中文异名 中华枯叶蝶
寄　　主 猴樟，樟树，楠，柑橘，虎皮楠，盐肤木，木槿，山拐枣，黄荆，吊灯树。
分布范围 浙江、福建、江西、湖北、湖南、广东、广西、海南、重庆、四川、云南、西藏、陕西、宁夏。
发生地点 湖南：岳阳市岳阳县，湘西土家族苗族自治州吉首市；
重庆：黔江区，酉阳土家族苗族自治县；
宁夏：石嘴山市大武口区。
发生面积 859 亩
危害指数 0.3721

● **琉璃蛱蝶 *Kaniska canacae*（Linnaeus）**
寄　　主 山杨，垂柳，板栗，麻栎，榆树，柳叶润楠，李，玫瑰，柑橘，红椿，山乌桕，木槿，木荷，蓝花楹。
分布范围 辽宁、江苏、浙江、安徽、福建、江西、山东、湖北、湖南、广东、四川、陕西。
发生地点 江苏：南京市栖霞区、雨花台区、六合区、溧水区，无锡市宜兴市，淮安市淮阴区、盱眙县、金湖县，镇江市新区、润州区、丹徒区、丹阳市、句容市；
浙江：宁波市镇海区，温州市平阳县，台州市黄岩区；
山东：威海市环翠区，临沂市沂水县；
湖南：永州市双牌县；
广东：深圳市坪山新区，清远市属林场；
四川：自贡市自流井区、贡井区、沿滩区、荣县，乐山市犍为县；
陕西：西安市蓝田县，渭南市华州区，安康市旬阳县。
发生面积 1737 亩
危害指数 0.3333

● **重眉线蛱蝶 *Limenitis amphyssa*（Ménétriès）**
寄　　主 桃，梅，杏，李，杜鹃。
分布范围 辽宁、黑龙江、江苏、河南、湖北、四川、陕西。
发生地点 江苏：南京市江宁区；
陕西：咸阳市秦都区，太白林业局。

● **耙蛱蝶 *Limenitis austenia*（Moore）**
寄　　主 合果木。
分布范围 福建、江西、广东、广西。

● **断眉线蛱蝶 *Limenitis doerriesi* Standinger**
寄　　主 猴樟，梨，柑橘，木荷，女贞，桂竹，毛竹。

分布范围　黑龙江、江苏、浙江、福建、河南、云南、陕西。

发生地点　江苏：无锡市宜兴市；
浙江：温州市鹿城区、平阳县，台州市临海市；
福建：泉州市安溪县。

发生面积　6803 亩

危害指数　0.4264

• **扬眉线蛱蝶 *Limenitis helmanni* Lederer**

寄　　主　山杨，毛白杨，枫杨，蒙古栎，珊瑚朴，榆树，构树，桃，日本晚樱，稠李，百脉根，刺槐，毛刺槐，油桐，红瑞木，木犀，金叶树，忍冬。

分布范围　西北，山西、辽宁、黑龙江、江苏、浙江、安徽、福建、江西、河南、湖北、湖南、四川。

发生地点　江苏：南京市栖霞区、江宁区，淮安市洪泽区，无锡市宜兴市，镇江市新区、丹徒区、润州区、丹阳市、句容市；
安徽：合肥市包河区；
福建：南平市建瓯市；
湖南：岳阳市平江县，娄底市新化县；
四川：巴中市通江县；
陕西：西安市蓝田县，咸阳市彬县，渭南市华阴市、蒲城县、白水县，安康市旬阳县，宁东林业局。

发生面积　2252 亩

危害指数　0.3344

• **红线蛱蝶 *Limenitis populi* (Linnaeus)**

寄　　主　山杨，柳树，榕树，绣线菊，黄檗。

分布范围　东北，河北、山西、内蒙古、河南、四川、西藏、陕西、甘肃、青海、新疆。

发生地点　河北：张家口市沽源县、尚义县；
内蒙古：乌兰察布市四子王旗；
黑龙江：绥化市海伦市国有林场；
四川：甘孜藏族自治州泸定县；
陕西：西安市周至县，渭南市华州区。

发生面积　6404 亩

危害指数　0.3396

• **折线蛱蝶 *Limenitis sydyi* Lederer**

寄　　主　杨，柳树，榆树，桑，粉花绣线菊，绣线菊。

分布范围　东北，北京、河北、山西、浙江、江西、河南、湖北、四川、云南、陕西、甘肃、新疆。

发生地点　河北：张家口市沽源县、怀来县、涿鹿县、赤城县；
陕西：西安市周至县，安康市旬阳县、白河县。

发生面积　990 亩

危害指数　0. 3434

• **网蛱蝶 *Melitaea diamina* Lang**

中文异名　帝网蛱蝶西北亚种

拉丁异名　*Melitaea diamina protomedia* Ménétriès

寄　　主　山胡椒。

分布范围　河北、山西、黑龙江、河南、四川、云南、西藏、陕西、甘肃、宁夏。

发生地点　西藏：昌都市类乌齐县；
陕西：西安市蓝田县，渭南市合阳县；
宁夏：吴忠市红寺堡区。

发生面积　401 亩

危害指数　0. 3333

• **狄网蛱蝶 *Melitaea didyma* Esper**

寄　　主　旱榆。

分布范围　西藏、宁夏、新疆。

• **斑网蛱蝶 *Melitaea didymoides* Eversmann**

中文异名　东北网蛱蝶

拉丁异名　*Melitaea mandschurica* Seitz

寄　　主　柳树。

分布范围　西北，北京、河北、山西、吉林、黑龙江、山东、河南、西藏。

发生地点　河北：张家口市沽源县、涿鹿县，廊坊市霸州市，邢台市沙河市；
西藏：山南市乃东县，昌都市类乌齐县、芒康县；
陕西：咸阳市秦都区，渭南市合阳县、澄城县、白水县。

发生面积　416 亩

危害指数　0. 3894

• **罗网蛱蝶 *Melitaea romanovi* Grum-Grshimailo**

寄　　主　杨，柳树，榆树，花椒。

分布范围　西北，河北、山西、黑龙江、四川、西藏。

发生地点　河北：张家口市沽源县、怀来县；
陕西：渭南市澄城县、蒲城县；
宁夏：银川市西夏区。

发生面积　498 亩

危害指数　0. 3668

• **大网蛱蝶 *Melitaea scotosia* Butler**

寄　　主　圆球侧柏，花椒。

分布范围　河北、山西、辽宁、黑龙江、山东、河南、陕西、甘肃、宁夏、新疆。

发生地点　河北：张家口市崇礼区、张北县、沽源县、尚义县、涿鹿县、赤城县；
陕西：渭南市华州区、澄城县，商洛市镇安县。

发生面积　1740 亩
危害指数　0. 3429

• **圆翅网蛱蝶** ***Melitaea yuenty*** **Oberthür**
寄　　主　柳，旱榆，榆树。
分布范围　广西、四川、云南、宁夏。
发生地点　宁夏：银川市西夏区。

• **迷蛱蝶** ***Mimathyma chevana*** **（Moore）**
寄　　主　榆树，荚蒾。
分布范围　北京、内蒙古、黑龙江、浙江、福建、江西、河南、湖北、四川、云南、陕西。
发生地点　北京：密云区；
　　　　　陕西：宁东林业局。

• **夜迷蛱蝶** ***Mimathyma nycteis*** **（Ménétriès）**
寄　　主　柳，朴树，旱榆，榆树。
分布范围　北京、河北、山西、内蒙古、辽宁、黑龙江、江苏、河南、湖北、陕西、宁夏。
发生地点　北京：东城区、石景山区；
　　　　　内蒙古：通辽市科尔沁左翼后旗；
　　　　　江苏：南京市浦口区；
　　　　　宁夏：固原市原州区。
发生面积　113 亩
危害指数　0. 3333

• **白斑迷蛱蝶** ***Mimathyma schrenckii*** **Ménétriès**
寄　　主　杉松，榆树，杏，柞木，凤凰竹，绿竹。
分布范围　东北，河北、山西、浙江、福建、河南、湖北、四川、云南、陕西、甘肃。
发生地点　黑龙江：佳木斯市郊区、富锦市，绥化市海伦市国有林场；
　　　　　陕西：宁东林业局、太白林业局。
发生面积　143 亩
危害指数　0. 4615

• **穆蛱蝶** ***Moduza procris*** **（Cramer）**
寄　　主　钩藤，水锦树。
分布范围　广东、广西、海南、云南。
发生地点　广东：惠州市惠阳区。

• **重环蛱蝶** ***Neptis alwina*** **（Bremer et Grey）**
寄　　主　山杨，旱柳，白桦，板栗，榆树，桃，梅，山杏，杏，枇杷，苹果，稠李，李，红叶李，月季，绣线菊，胡枝子，柑橘，盐肤木，丁香。
分布范围　东北，北京、河北、山西、内蒙古、安徽、江西、山东、河南、湖北、四川、陕西、甘肃、宁夏。

发生地点　河北：邢台市沙河市，保定市唐县、望都县，张家口市张北县、沽源县、尚义县、怀安县、怀来县、涿鹿县、赤城县；
安徽：合肥市包河区；
陕西：西安市蓝田县、周至县，咸阳市三原县、乾县，渭南市临渭区、华州区、白水县，延安市宜川县，太白林业局；
甘肃：定西市岷县；
宁夏：银川市西夏区。
发生面积　4531 亩
危害指数　0. 3333

● **阿环蛱蝶 *Neptis ananta* Moore**
寄　　主　朴树，胡枝子。
分布范围　河北、浙江、福建、四川、云南。
发生地点　河北：张家口市崇礼区；
四川：雅安市天全县。
发生面积　220 亩
危害指数　0. 3333

● **羚环蛱蝶 *Neptis antilope* Leech**
寄　　主　鹅耳枥，木槿。
分布范围　浙江、河南、湖北、四川、陕西。

● **蛛环蛱蝶 *Neptis arachne* Leech**
寄　　主　黄杨。
分布范围　湖北、湖南、四川、云南、陕西。
发生地点　陕西：宁东林业局。

● **矛环蛱蝶 *Neptis armandia* (Oberthür)**
寄　　主　卫矛。
分布范围　浙江、江西、广西、四川、云南、陕西。
发生地点　陕西：宁东林业局。

● **折环蛱蝶 *Neptis beroe* Leech**
寄　　主　鹅耳枥。
分布范围　黑龙江、浙江、河南、四川、云南。
发生地点　黑龙江：佳木斯市富锦市。
发生面积　165 亩
危害指数　0. 5051

● **周氏环蛱蝶 *Neptis choui* Yuan et Wang**
寄　　主　柳树。
分布范围　陕西。

发生地点　陕西：宁东林业局。

• **珂环蛱蝶** ***Neptis clinia*** **Moore**

寄　　主　黑杨，朴树，黑弹树，榆树。

分布范围　江苏、浙江、福建、湖北、海南、四川、云南、西藏。

发生地点　江苏：南京市浦口区，镇江市句容市；
　　　　　四川：内江市东兴区，宜宾市筠连县。

发生面积　175 亩

危害指数　0. 3333

• **仿珂环蛱蝶** ***Neptis clinioides*** **De Niceville**

寄　　主　山核桃，青冈。

分布范围　四川。

• **黄重环蛱蝶** ***Neptis cydippe*** **Leech**

寄　　主　山杨，榆树。

分布范围　河北、湖北、四川、陕西。

发生地点　陕西：渭南市临渭区，宁东林业局。

• **德环蛱蝶** ***Neptis dejeani*** **（Oberthür）**

寄　　主　核桃，桤木，樟树，天竺桂。

分布范围　四川、云南、陕西。

发生地点　陕西：西安市灞桥区。

• **五段环蛱蝶** ***Neptis divisa*** **Oberthür**

寄　　主　绣线菊，小果野葡萄，杜鹃。

分布范围　北京、河北、四川、云南。

发生地点　河北：张家口市崇礼区；
　　　　　四川：凉山彝族自治州布拖县。

发生面积　437 亩

危害指数　0. 3333

• **桂北环蛱蝶** ***Neptis guia*** **Chou et Wang**

寄　　主　柳树，榆树。

分布范围　广西、海南、陕西。

发生地点　陕西：咸阳市秦都区。

• **中环蛱蝶** ***Neptis hylas*** **（Linnaeus）**

寄　　主　杨梅，青钱柳，核桃，桤木，栗，栓皮栎，青冈，异色山黄麻，榆树，构树，黄葛树，桑，樟树，天竺桂，枫香，桃，杏，樱，石楠，李，梨，刺蔷薇，月季，多花蔷薇，黄檀，胡枝子，槐树，龙爪槐，柑橘，木棉，巨桉，瓶花木。

分布范围　东北、中南，河北、江苏、浙江、安徽、福建、江西、重庆、四川、云南、陕西、甘肃。

发生地点　河北：张家口市怀来县；
江苏：南京市高淳区，无锡市宜兴市；
浙江：宁波市北仑区、镇海区、宁海县；
江西：南昌市安义县，吉安市井冈山市；
广东：广州市花都区，惠州市惠阳区；
重庆：江津区；
四川：自贡市自流井区、贡井区、沿滩区、荣县，绵阳市平武县，遂宁市安居区、蓬溪县，内江市市中区、东兴区，乐山市犍为县，宜宾市翠屏区、宜宾县，资阳市雁江区，凉山彝族自治州德昌县；
陕西：西安市蓝田县、周至县，咸阳市武功县，渭南市临渭区、华州区、蒲城县、白水县、华阴市。
发生面积　3355 亩
危害指数　0. 3424

• 白环蛱蝶 *Neptis leucoporos* Fruhstorfer
寄　　主　荆条。
分布范围　北京、海南。

• 玛环蛱蝶 *Neptis manasa* Moore
寄　　主　鹅耳枥，桃，苹果。
分布范围　浙江、福建、湖北、广西、四川、云南、陕西。

• 弥环蛱蝶 *Neptis miah* Moore
寄　　主　栎，李。
分布范围　浙江、福建、江西、湖北、广西、海南、四川。

• 娜环蛱蝶 *Neptis nata* Moore
寄　　主　糙叶树，大果榉，清风藤。
分布范围　浙江、江西、海南、云南。

• 伊洛环蛱蝶 *Neptis nycteus ilos* Fruhstorfer
寄　　主　朴树，榆树，忍冬。
分布范围　辽宁、四川。

• 啡环蛱蝶 *Neptis philyra* Ménétriès
中文异名　咖环蛱蝶
寄　　主　榆树，蔷薇。
分布范围　黑龙江、浙江、河南、云南、陕西。
发生地点　陕西：安康市旬阳县。
发生面积　200 亩
危害指数　0. 3333

• **朝鲜环蛱蝶** ***Neptis philyroides*** **Staudinger**

寄　　主　鹅耳枥。

分布范围　黑龙江、浙江、河南、四川、陕西。

• **链环蛱蝶** ***Neptis pryeri*** **Butler**

寄　　主　栓皮栎，榆树，桃，梅，杏，李，稠李，绣线菊，合欢，刺桐，油桐，喜树，野海棠。

分布范围　东北，北京、河北、江苏、安徽、河南、湖北、湖南、四川、陕西。

发生地点　湖南：益阳市桃江县；

陕西：渭南市临渭区，安康市旬阳县，宁东林业局。

发生面积　175 亩

危害指数　0.3333

• **回环蛱蝶** ***Neptis reducta*** **Fruhstorfer**

寄　　主　桢楠，茶。

分布范围　福建、广东。

发生地点　广东：云浮市罗定市。

• **单环蛱蝶** ***Neptis rivularis*** **(Scopoli)**

寄　　主　板栗，蒙古栎，旱榆，榆树，桃，杏，苹果，李，蔷薇，绣线菊，胡枝子。

分布范围　东北，北京、河北、内蒙古、河南、四川、陕西、甘肃、宁夏、新疆。

发生地点　河北：石家庄市井陉县，邢台市沙河市，保定市安国市，张家口市万全区、沽源县、怀来县、涿鹿县、赤城县，定州市；

陕西：西安市蓝田县，渭南市华州区、华阴市；

甘肃：白银市靖远县。

发生面积　1986 亩

危害指数　0.3343

• **断环蛱蝶** ***Neptis sankara*** **(Kollar)**

寄　　主　山杨，核桃，榛子，栎，榆树，桃，枇杷，月季，胡枝子，刺槐，柑橘，油桐。

分布范围　浙江、安徽、福建、江西、河南、湖北、广西、四川、云南、陕西。

发生地点　四川：遂宁市安居区、射洪县、大英县；

陕西：西安市周至县，安康市旬阳县，宁东林业局。

发生面积　1417 亩

危害指数　0.3333

• **小环蛱蝶** ***Neptis sappho*** **(Pallas)**

寄　　主　垂柳，黄柳，桤木，榛子，榆树，猴樟，樟树，海桐，枫香，桃，枇杷，苹果，石楠，李，绣线菊，胡枝子，刺槐，文旦柚，柑橘，黄杨，青皮槭，木槿，山茶，桉树，荆条。

分布范围　东北，北京、河北、内蒙古、江苏、浙江、江西、山东、河南、湖北、湖南、广东、四川、陕西。

发生地点　河北：邢台市沙河市；
　　　　　江苏：南京市雨花台区，淮安市金湖县，扬州市江都区，镇江市京口区、镇江新区、润州区、丹阳市、句容市；
　　　　　浙江：宁波市余姚市；
　　　　　河南：郑州市登封市；
　　　　　湖南：岳阳市平江县，益阳市桃江县；
　　　　　四川：自贡市自流井区、沿滩区、荣县，遂宁市射洪县，内江市威远县、资中县，宜宾市翠屏区、宜宾县，广安市前锋区，雅安市天全县，巴中市通江县；
　　　　　陕西：西安市蓝田县、周至县，咸阳市三原县、彬县、长武县、旬邑县，渭南市华州区、合阳县、蒲城县、华阴市，宁东林业局。
发生面积　1528 亩
危害指数　0.3366

● **小环蛱蝶过渡亚种 *Neptis sappho intermedia* Pryer**
寄　　主　胡枝子。
分布范围　河北、浙江、福建、河南、四川、陕西。

● **娑环蛱蝶 *Neptis soma* Moore**
寄　　主　异色山黄麻，桑，胡枝子，桉树。
分布范围　江苏、福建、广东、四川、云南。

● **黄环蛱蝶 *Neptis themis* Leech**
寄　　主　山杨，红桦，白桦，鹅耳枥，板栗，榆树，桃，梅，杏，李，蔷薇，绣线菊，槐树，黑桦鼠李，山茱萸，红瑞木，过江藤，假杜鹃。
分布范围　东北，北京、河北、山西、江西、湖北、四川、云南、陕西、甘肃。
发生地点　河北：张家口市沽源县、怀来县、涿鹿县、赤城县；
　　　　　黑龙江：绥化市海伦市国有林场；
　　　　　陕西：西安市蓝田县、周至县，咸阳市秦都区；
　　　　　甘肃：平凉市关山林管局。
发生面积　1918 亩
危害指数　0.3333

● **泰环蛱蝶 *Neptis thestias* Leech**
寄　　主　樟树。
分布范围　福建、四川。
发生地点　福建：南平市建瓯市。

● **海环蛱蝶 *Neptis thetis* Leech**
寄　　主　榆树。
分布范围　河北、福建、四川、云南、陕西。
发生地点　陕西：太白林业局。

• **提环蛱蝶** ***Neptis thisbe*** **Ménétriès**

寄　　主　山杨，柳树。

分布范围　东北，河南、四川、陕西。

发生地点　陕西：宁东林业局。

• **耶环蛱蝶** ***Neptis yerburii*** **Bulter**

寄　　主　山核桃，榆树。

分布范围　四川、陕西。

发生地点　陕西：咸阳市秦都区。

• **云南环蛱蝶** ***Neptis yunnana*** **Oberthür**

寄　　主　山杨。

分布范围　黑龙江、云南。

• **黄缘蛱蝶** ***Nymphalis antiopa*** **（Linnaeus）**

寄　　主　冷杉，崖柏，山杨，旱柳，白桦，旱榆，榆树，稠李，黑桦鼠李，柳兰。

分布范围　东北，北京、河北、内蒙古、四川、陕西、甘肃、宁夏、新疆。

发生地点　河北：张家口市张北县、尚义县；

内蒙古：乌兰察布市四子王旗；

黑龙江：佳木斯市郊区，绥化市海伦市国有林场。

发生面积　3572 亩

危害指数　0. 3333

• **白矩朱蛱蝶** ***Nymphalis vaualbum*** **（Denis et Schiffermüller）**

中文异名　桦蛱蝶

寄　　主　白桦，榆树。

分布范围　山西、吉林、黑龙江、云南、新疆。

• **朱蛱蝶** ***Nymphalis xanthomelas*** **Denis et Schiffermüller**

中文异名　榆黄黑蛱蝶

寄　　主　柳杉，山杨，钻天杨，箭杆杨，白柳，旱柳，桦木，朴树，榆树，大果榉，杏，榆叶梅，漆树，柳兰，丁香。

分布范围　东北、西北，北京、河北、山西、内蒙古、江苏、山东、河南、湖南、四川。

发生地点　北京：石景山区；

河北：保定市唐县，张家口市张北县、尚义县、赤城县，雾灵山保护区；

内蒙古：通辽市科尔沁左翼后旗，乌兰察布市四子王旗；

黑龙江：佳木斯市富锦市；

江苏：南京市高淳区；

湖南：娄底市新化县；

四川：遂宁市射洪县；

陕西：咸阳市武功县，渭南市华州区；

甘肃：定西市岷县；

青海：海东市乐都区；

宁夏：石嘴山市大武口区、惠农区，固原市原州区；

新疆：乌鲁木齐市水磨沟区、达坂城区，克拉玛依市克拉玛依区，哈密市伊州区，博尔塔拉蒙古自治州博乐市、阿拉山口市、精河县、温泉县，巴音郭楞蒙古自治州和硕县，塔城地区塔城市、乌苏市、沙湾县，阿勒泰地区布尔津县，石河子市，天山东部国有林管理局；

新疆生产建设兵团：农四师 68 团，农七师 124 团、130 团，农八师，农十二师。

发生面积　29111 亩

危害指数　0. 3928

• **朱蛱蝶大陆亚种** ***Nymphalis xanthomelas fervescens*** **(Stichel)**

寄　　主　杨，柳树，榆树。

分布范围　吉林、黑龙江、河南、四川、陕西、新疆。

发生地点　陕西：太白林业局。

• **中华黄葩蛱蝶** ***Patsuia sinensis*** **(Oberthür)**

寄　　主　杨树，柳树，香花藤。

分布范围　华北、东北、中南，四川、云南、陕西、甘肃、宁夏。

发生地点　河北：张家口市张北县、尚义县；

陕西：太白林业局。

发生面积　3202 亩

危害指数　0. 3333

• **珐蛱蝶** ***Phalanta phalantha*** **(Drury)**

中文异名　母生蛱蝶

寄　　主　杨，垂柳。

分布范围　福建、广东、广西、四川、云南。

• **白钩蛱蝶** ***Polygonia c-album*** **(Linnaeus)**

中文异名　桦蛱蝶

寄　　主　山杨，垂柳，旱柳，核桃楸，白桦，板栗，栎，朴树，大果榆，春榆，榆树，桑，黑果茶藨，杏，苹果，红叶李，槐树，柑橘，花椒，冬青，黑桦鼠李，葡萄，柞木，女贞，忍冬。

分布范围　东北，北京、天津、河北、内蒙古、江苏、浙江、福建、江西、山东、湖北、四川、西藏、陕西、甘肃、宁夏、新疆。

发生地点　河北：保定市唐县、望都县，张家口市万全区、张北县、沽源县、尚义县、涿鹿县、赤城县，沧州市黄骅市，雾灵山保护区；

内蒙古：通辽市科尔沁左翼后旗，乌兰察布市卓资县、四子王旗；

黑龙江：佳木斯市郊区、富锦市；

江苏：苏州市高新技术开发区；

山东：济宁市兖州区、汶上县、梁山县、经济技术开发区，威海市环翠区，聊城市东阿县，黄河三角洲保护区；

四川：遂宁市蓬溪县、大英县，眉山市青神县；

陕西：西安市周至县，咸阳市三原县、旬邑县，渭南市华州区、合阳县、蒲城县、华阴市，安康市旬阳县；

宁夏：石嘴山市大武口区，吴忠市红寺堡区；

新疆：克拉玛依市克拉玛依区、白碱滩区。

发生面积　9066 亩

危害指数　0. 3423

• **黄钩蛱蝶 *Polygonia c-aureum* (Linnaeus)**

中文异名　金钩角蛱蝶、黄蛱蝶

寄　　主　银杏，马尾松，樟子松，加杨，山杨，白柳，垂柳，黄柳，旱柳，板栗，麻栎，朴树，榆树，构树，桑，连香树，玉兰，猴樟，樟树，油樟，桃，碧桃，杏，西府海棠，苹果，石楠，红叶李，火棘，杜梨，沙梨，秋子梨，月季，刺槐，柑橘，臭椿，乌桕，黄杨，葡萄，木芙蓉，朱槿，木槿，茶，紫薇，石榴，柿，白蜡树，迎春花，木犀，紫丁香，黄荆，荆条，忍冬。

分布范围　华北、东北、华东、中南、西北，重庆、四川、贵州、云南。

发生地点　北京：东城区、朝阳区、石景山区、通州区、顺义区、昌平区、大兴区、密云区；

河北：唐山市玉田县，邢台市沙河市，保定市唐县、安国市，张家口市沽源县、尚义县、怀安县、怀来县、赤城县，沧州市黄骅市、河间市；

黑龙江：佳木斯市郊区、富锦市，绥化市海伦市国有林场；

上海：闵行区、宝山区、嘉定区、金山区、青浦区、奉贤区；

江苏：南京市浦口区、栖霞区、雨花台区、江宁区、六合区、溧水区、高淳区，无锡市惠山区、宜兴市，常州市天宁区、钟楼区，苏州市高新技术开发区、昆山市，淮安市淮阴区、清江浦区、洪泽区、盱眙县、金湖县，盐城市盐都区、大丰区、响水县、射阳县、东台市，扬州市广陵区、江都区、高邮市、经济技术开发区，镇江市京口区、镇江新区、润州区、丹徒区、丹阳市、句容市，泰州市姜堰区、泰兴市，宿迁市沭阳县；

浙江：宁波市镇海区、鄞州区、宁海县、余姚市，温州市鹿城区、龙湾区，嘉兴市嘉善县，舟山市岱山县、嵊泗县，台州市三门县、临海市；

福建：泉州市永春县；

山东：青岛市胶州市，枣庄市台儿庄区，潍坊市诸城市，济宁市兖州区、嘉祥县、泗水县、梁山县、曲阜市、邹城市、经济技术开发区，泰安市肥城市，威海市环翠区，临沂市沂水县，聊城市东阿县、高新技术产业开发区，滨州市无棣县，菏泽市牡丹区、单县；

湖南：娄底市新化县；

广西：桂林市兴安县；

四川：自贡市自流井区、贡井区、大安区、荣县，绵阳市平武县，内江市市中区、东兴区、威远县、资中县、隆昌县，宜宾市翠屏区、宜宾县、兴文县，雅安市芦山县，资阳市雁江区；

陕西：西安市临潼区、蓝田县、周至县，宝鸡市凤县，咸阳市秦都区、长武县，渭南市临渭区、华州区、大荔县、合阳县、白水县，延安市洛川县，安康市旬阳县，宁东林业局、太白林业局。

发生面积　24685 亩

危害指数　0.4077

• 窄斑凤尾蛱蝶 *Polyura athamas*（Drury）

中文异名　黑荆二尾蛱蝶

寄　　主　耳叶相思，黑荆树，南洋楹，合欢。

分布范围　广东、广西、海南、云南。

• 大二尾蛱蝶 *Polyura eudamippus*（Doubleday）

中文异名　拟二尾蛱蝶

寄　　主　鸡血藤，刺鼠李。

分布范围　浙江、福建、江西、湖北、湖南、广东、广西、海南、四川、贵州、云南。

发生地点　湖南：湘西土家族苗族自治州吉首市；

四川：雅安市雨城区。

• 二尾蛱蝶 *Polyura narcaea*（Hewitson）

寄　　主　山杨，核桃，枫杨，栓皮栎，朴树，异色山黄麻，榆树，樟树，枫香，樱桃，山樱桃，梨，合欢，山合欢，黄檀，皂荚，胡枝子，刺槐，槐树，龙爪槐，乌桕，盐肤木，枳椇，北枳椇，黄荆，柳叶水锦树。

分布范围　华东，河北、山西、辽宁、河南、湖北、湖南、广东、广西、重庆、四川、贵州、云南、陕西、甘肃。

发生地点　河北：邢台市沙河市；

上海：浦东新区；

江苏：南京市栖霞区、江宁区、六合区，苏州市高新技术开发区，淮安市盱眙县，镇江市润州区、丹徒区、丹阳市；

浙江：宁波市鄞州区、象山县、余姚市，舟山市嵊泗县，台州市仙居县；

江西：萍乡市莲花县；

重庆：万州区，秀山土家族苗族自治县；

四川：巴中市通江县；

陕西：咸阳市旬邑县，渭南市白水县，安康市旬阳县。

发生面积　4697 亩

危害指数　0.4413

• 忘忧尾蛱蝶 *Polyura nepenthes*（Grose-Smith）

寄　　主　海红豆，黄檀。

分布范围　浙江、福建、江西、广东、广西、海南、四川。

发生地点　浙江：宁波市象山县；

福建：福州国家森林公园。

• **秀蛱蝶** ***Pseudergolis wedah*** **（Kollar）**

寄　　主　水麻，胡枝子。

分布范围　湖北、四川、云南、西藏、陕西。

发生地点　四川：雅安市雨城区、天全县。

• **大紫蛱蝶** ***Sasakia charonda*** **（Hewitson）**

寄　　主　杨，枫杨，栓皮栎，朴树，榆树，猴樟，盐肤木，女贞，黄荆。

分布范围　东北，北京、天津、河北、山西、浙江、福建、山东、河南、湖北、四川、陕西。

发生地点　北京：密云区；

山东：威海市经济开发区；

四川：绵阳市游仙区，遂宁市船山区。

发生面积　102 亩

危害指数　0.3333

• **黄纹蛱蝶** ***Sephisa princeps*** **（Fixsen）**

中文异名　黄帅蛱蝶

寄　　主　桦木，栎，朴树，红瑞木，赤杨叶。

分布范围　东北，河北、山西、浙江、福建、河南、湖北、四川、陕西、甘肃。

发生地点　陕西：咸阳市秦都区，渭南市潼关县、白水县。

• **素饰蛱蝶** ***Stibochiona nicea*** **（Gray）**

寄　　主　朴树，水麻，盐肤木，灯台树，黄荆。

分布范围　浙江、福建、江西、湖北、湖南、广东、广西、海南、四川、云南、西藏。

发生地点　湖南：湘西土家族苗族自治州吉首市。

• **黄豹盛蛱蝶** ***Symbrenthia brabira*** **Moore**

寄　　主　栎子青冈。

分布范围　浙江、福建、江西、广东、四川、西藏。

发生地点　广东：佛山市南海区；

四川：雅安市雨城区。

• **斑豹盛蛱蝶** ***Symbrenthia leoparda*** **Chou et Li**

寄　　主　柚木。

分布范围　广西、云南。

发生地点　广西：南宁市上林县。

• **散纹盛蛱蝶** ***Symbrenthia lilaea*** **（Hewitson）**

寄　　主　山杨，青钱柳，榆树，水麻，木犀。

分布范围　江苏、浙江、福建、江西、广西、四川、云南。

发生地点　浙江：宁波市宁海县，台州市黄岩区；

四川：自贡市沿滩区，内江市东兴区，乐山市犍为县，宜宾市翠屏区、宜宾县，雅安市雨城区、天全县。

发生面积　177 亩
危害指数　0. 3898

• 猫蛱蝶 *Timelaea maculata*（Bremer et Grey）

寄　　主　山杨，柳树，朴树，榆树，构树，猴樟，月季，紫檀，盐肤木，木槿，石榴，黄荆。
分布范围　北京、河北、内蒙古、辽宁、江苏、浙江、安徽、福建、江西、山东、河南、湖北、西藏、陕西、甘肃、青海。
发生地点　北京：密云区；
河北：张家口市怀来县、涿鹿县；
内蒙古：通辽市科尔沁左翼后旗；
江苏：南京市浦口区、栖霞区、雨花台区、江宁区、六合区、溧水区，常州市天宁区、钟楼区，淮安市淮阴区、清江浦区、洪泽区、盱眙县，扬州市经济技术开发区，镇江市新区、润州区、丹徒区、丹阳市、句容市；
湖北：武汉市东西湖区；
陕西：西安市蓝田县，渭南市潼关县、蒲城县，商洛市镇安县。
发生面积　966 亩
危害指数　0. 3399

• 小红蛱蝶 *Vanessa cardui*（Linnaeus）

寄　　主　山杨，旱柳，绦柳，白桦，麻栎，旱榆，榆树，桑，水麻，樟树，杏，苹果，刺槐，麻楝，大戟，紫薇，柳兰，忍冬。
分布范围　华北、东北，江苏、浙江、安徽、江西、山东、湖北、重庆、四川、陕西、甘肃、宁夏、新疆。
发生地点　河北：张家口市万全区、张北县、沽源县、尚义县、阳原县、怀安县、怀来县、涿鹿县、赤城县，沧州市吴桥县、河间市；
内蒙古：乌兰察布市四子王旗；
江苏：南京市六合区、高淳区，无锡市宜兴市，盐城市东台市；
浙江：宁波市镇海区；
山东：济宁市邹城市，威海市高新技术开发区，临沂市沂水县；
重庆：江津区；
四川：绵阳市平武县，遂宁市蓬溪县、大英县，乐山市峨边彝族自治县，广安市武胜县，甘孜藏族自治州泸定县，凉山彝族自治州盐源县；
陕西：西安市周至县，咸阳市秦都区、三原县、长武县、旬邑县、武功县，渭南市华州区、潼关县、大荔县、澄城县、蒲城县、白水县，榆林市米脂县；
甘肃：白银市靖远县；
宁夏：银川市兴庆区、西夏区、金凤区，固原市原州区、西吉县，中卫市中宁县。
发生面积　8790 亩
危害指数　0. 3354

• 大红蛱蝶 *Vanessa indica*（Herbst）

中文异名　印度赤蛱蝶、苎麻赤蛱蝶

寄　　主　山杨，柳树，白桦，栓皮栎，朴树，春榆，榆树，大果榉，猴樟，桃，杏，山里红，苹果，红叶李，刺槐，柑橘，黄檗，盐肤木，龙眼，木芙蓉，柳兰，柿，女贞，木犀，黄荆，忍冬。

分布范围　华北、东北、华东，湖北、湖南、重庆、四川、陕西、甘肃、宁夏。

发生地点　北京：东城区、石景山区、通州区、大兴区、密云区；

河北：石家庄市井陉矿区，唐山市丰润区、玉田县，邢台市沙河市，张家口市张北县、沽源县、怀来县，沧州市黄骅市、河间市；

内蒙古：乌兰察布市卓资县；

上海：嘉定区、松江区；

江苏：南京市浦口区、栖霞区、江宁区，无锡市滨湖区、宜兴市，常州市天宁区、钟楼区，淮安市淮阴区、清江浦区、盱眙县，扬州市江都区，镇江市新区、润州区、丹阳市；

浙江：宁波市江北区、镇海区，台州市黄岩区；

安徽：芜湖市芜湖县；

福建：福州国家森林公园；

山东：潍坊市坊子区，济宁市任城区，泰安市泰山林场，聊城市阳谷县、东阿县，菏泽市牡丹区，黄河三角洲保护区；

湖南：娄底市新化县；

重庆：万州区；

四川：自贡市自流井区、沿滩区，遂宁市射洪县，内江市资中县、隆昌县，宜宾市翠屏区；

陕西：西安市周至县，咸阳市彬县，渭南市临渭区、澄城县，安康市旬阳县；

甘肃：定西市岷县；

宁夏：银川市兴庆区、西夏区、金凤区，石嘴山市大武口区，固原市西吉县。

发生面积　3875 亩

危害指数　0.3347

● **朴喙蝶 *Libythea celtis chinensis* Fruhstorfer**

寄　　主　朴树，石楠，盐肤木，黄荆。

分布范围　北京、河北、山西、内蒙古、辽宁、江苏、浙江、福建、河南、湖北、广西、四川、陕西、甘肃。

发生地点　河北：张家口市怀来县、赤城县；

内蒙古：通辽市科尔沁左翼后旗；

江苏：南京市浦口区、栖霞区、江宁区、六合区，淮安市淮阴区，镇江市新区、润州区、丹阳市、句容市；

四川：遂宁市船山区；

陕西：西安市周至县，安康市旬阳县，宁东林业局。

发生面积　932 亩

危害指数　0.3473

- **阿芬眼蝶** ***Aphantopus hyperanthus*** **(Linnaeus)**

寄　　主　红花荷。

分布范围　黑龙江、河南、四川、陕西、宁夏。

发生地点　陕西：太白林业局。

- **细眉林眼蝶** ***Aulocera merlina*** **Oberthür**

寄　　主　八角枫，柿。

分布范围　江西、广西、四川、云南。

发生地点　广西：百色市靖西市；

　　　　　四川：绵阳市游仙区。

发生面积　2 亩

危害指数　0.3333

- **白边艳眼蝶** ***Callerebia baileyi*** **South**

寄　　主　木犀。

分布范围　四川、西藏、陕西。

发生地点　四川：巴中市通江县。

- **多斑艳眼蝶** ***Callerebia polyphemus*** **Oberthür**

寄　　主　杨，桤木，桢楠。

分布范围　四川、云南、西藏。

发生地点　四川：遂宁市蓬溪县。

- **带眼蝶** ***Chonala episcopalis*** **(Oberthür)**

寄　　主　梨。

分布范围　辽宁、福建、四川、云南、陕西。

- **牧女珍眼蝶** ***Coenonympha amaryllis*** **(Stoll)**

中文异名　珍眼蝶、狄泰珍眼蝶

拉丁异名　*Coenonympha tydeus* Leech

寄　　主　麻，香叶树，杏，李，柠条锦鸡儿，刺槐。

分布范围　北京、河北、辽宁、黑龙江、浙江、山东、河南、西藏、陕西、甘肃、宁夏、新疆。

发生地点　北京：密云区；

　　　　　河北：邢台市沙河市，张家口市万全区、沽源县、蔚县、怀安县、怀来县、涿鹿县；

　　　　　山东：济宁市经济技术开发区；

　　　　　西藏：拉萨市达孜县、曲水县，日喀则市吉隆县，山南市乃东县，昌都市类乌齐县；

　　　　　陕西：西安市蓝田县，咸阳市彬县、长武县，渭南市华州区、合阳县、澄城县；

　　　　　甘肃：白银市靖远县；

　　　　　宁夏：银川市兴庆区、西夏区，吴忠市红寺堡区、盐池县，固原市原州区。

发生面积　47472 亩

危害指数　0.3655

• **蟾眼蝶** ***Coenonympha phryne*** **（Pallas）**

寄　　主　蔷薇，丁香。

分布范围　西藏、陕西、宁夏、新疆。

• **翠袖锯眼蝶** ***Elymnias hypermnestra*** **（Linnaeus）**

寄　　主　榕树，柑橘，银柴，木犀，鱼尾葵，散尾葵，棕榈。

分布范围　福建、湖北、广东、广西、海南。

发生地点　福建：福州国家森林公园；

　　　　　广东：广州市花都区，深圳市坪山新区，惠州市惠城区、惠阳区。

发生面积　3677 亩

危害指数　0. 3333

• **红眼蝶** ***Erebia alcmena*** **Grum-Grshimailo**

中文异名　红眶眼蝶

寄　　主　旱榆。

分布范围　浙江、河南、四川、西藏、陕西、甘肃、宁夏。

• **暗红眼蝶** ***Erebia neriene*** **Böber**

寄　　主　山杨，白桦。

分布范围　吉林、黑龙江、宁夏。

• **仁眼蝶** ***Hipparchia autonoe*** **（Esper）**

寄　　主　黄柳，柠条锦鸡儿。

分布范围　山西、内蒙古、黑龙江、陕西、甘肃、宁夏。

发生地点　陕西：咸阳市乾县；

　　　　　宁夏：吴忠市红寺堡区，固原市原州区。

发生面积　1071 亩

危害指数　0. 3333

• **多眼蝶** ***Kirinia epaminondas*** **（Staudinger）**

寄　　主　柠条锦鸡儿，红淡比，木犀，刺竹子，单竹，胖竹，苦竹。

分布范围　北京、河北、山西、辽宁、黑龙江、浙江、福建、江西、山东、河南、湖北、四川、陕西、甘肃、宁夏。

发生地点　河北：张家口市涿鹿县、赤城县；

　　　　　黑龙江：绥化市海伦市国有林场；

　　　　　陕西：渭南市临渭区、合阳县、白水县，宁东林业局；

　　　　　宁夏：吴忠市红寺堡区。

发生面积　1629 亩

危害指数　0. 3333

• **星斗眼蝶** ***Lasiommata cetana*** **Leech**

寄　　主　垂枝香柏。

分布范围　河北、陕西。
发生地点　河北：张家口市赤城县；
　　　　　陕西：西安市周至县，渭南市华州区、潼关县、澄城县。
发生面积　623 亩
危害指数　0. 3387

• 斗毛眼蝶 *Lasiommata deidamia* (Eversmann)
中文异名　斗眼蝶
寄　　主　旱榆，酸模，柠条锦鸡儿，香椿，荆条。
分布范围　东北，北京、河北、山西、福建、山东、河南、湖北、陕西、甘肃、青海、宁夏。
发生地点　北京：顺义区、密云区；
　　　　　河北：邢台市沙河市，张家口市沽源县；
　　　　　山东：威海市高新技术开发区；
　　　　　四川：绵阳市游仙区；
　　　　　陕西：西安市周至县，渭南市合阳县、蒲城县、华阴市，延安市宜川县；
　　　　　宁夏：银川市兴庆区、西夏区，吴忠市红寺堡区。
发生面积　15874 亩
危害指数　0. 3346

• 小毛眼蝶 *Lasiommata minuscula* (Oberthür)
寄　　主　马尾松，构树，合欢。
分布范围　湖北、四川、云南、西藏。
发生地点　四川：自贡市沿滩区。

• 曲纹黛眼蝶 *Lethe chandica* Moore
寄　　主　柑橘，刺竹子，绿竹，单竹，青皮竹，桂竹，水竹，毛竹，胖竹。
分布范围　江苏、浙江、安徽、福建、江西、湖南、广东、广西、四川、云南、西藏、陕西。
发生地点　浙江：宁波市镇海区、鄞州区，温州市平阳县，嘉兴市嘉善县；
　　　　　湖南：益阳市桃江县；
　　　　　广东：汕尾市陆河县；
　　　　　四川：自贡市大安区，宜宾市翠屏区；
　　　　　陕西：汉中市汉台区。
发生面积　9533 亩
危害指数　0. 4732

• 棕褐黛眼蝶 *Lethe christophi* Leech
寄　　主　油樟，木犀。
分布范围　浙江、福建、江西、湖北、四川。
发生地点　四川：宜宾市翠屏区、宜宾县。
发生面积　506 亩
危害指数　0. 3333

- **白带黛眼蝶** ***Lethe confusa*** **Aurivillius**

寄　　主　崖柏，栓皮栎，桑，柑橘，盐肤木，喜树，木犀，慈竹，桂竹，毛竹。
分布范围　浙江、福建、湖北、广东、广西、海南、四川、贵州、云南。
发生地点　广东：深圳市光明新区；
　　　　　四川：自贡市沿滩区，内江市威远县、资中县，宜宾市珙县、筠连县、兴文县。

- **苔娜黛眼蝶** ***Lethe diana*** **（Butler）**

寄　　主　斑竹，水竹，胖竹，赤竹。
分布范围　河北、浙江、福建、江西、河南、重庆、四川、陕西。
发生地点　重庆：酉阳土家族苗族自治县。
发生面积　600 亩
危害指数　0. 3333

- **黛眼蝶** ***Lethe dura*** **（Marshall）**

寄　　主　构树，紫玉兰，小叶女贞，毛竹，苦竹。
分布范围　浙江、安徽、江西、湖北、广东、四川、陕西。
发生地点　安徽：芜湖市芜湖县；
　　　　　四川：绵阳市游仙区、平武县，遂宁市大英县，乐山市犍为县；
　　　　　陕西：西安市周至县，宁东林业局。

- **长纹黛眼蝶** ***Lethe europa*** **Fabricius**

寄　　主　刚莠竹，毛竹，毛金竹，胖竹。
分布范围　浙江、福建、江西、广东、广西、云南、西藏。
发生地点　浙江：宁波市北仑区、鄞州区，温州市瑞安市，嘉兴市嘉善县；
　　　　　广东：广州市从化区，惠州市惠阳区。
发生面积　20344 亩
危害指数　0. 3825

- **直带黛眼蝶** ***Lethe lanaris*** **Butler**

寄　　主　竹。
分布范围　浙江、江西、河南、海南、四川。
发生地点　浙江：宁波市象山县。

- **门左黛眼蝶** ***Lethe manzorum*** **（Poujade）**

寄　　主　荆条。
分布范围　江西、湖北、四川、陕西。

- **新带黛眼蝶** ***Lethe neofasciata*** **Lee**

中文异名　宽斑竹眼蝶
寄　　主　毛竹。
分布范围　江苏、福建。
发生地点　江苏：盐城市东台市；
　　　　　福建：南平市延平区。

• **黑带黛眼蝶** ***Lethe nigrifascia*** **Leech**

寄　　主　银合欢。

分布范围　河南、湖北、广东、四川、陕西。

发生地点　广东：深圳市坪山新区。

• **八目黛眼蝶** ***Lethe oculatissima*** **(Poujade)**

寄　　主　竹。

分布范围　浙江、四川。

发生地点　浙江：宁波市鄞州区。

发生面积　200 亩

危害指数　0. 3333

• **连纹黛眼蝶** ***Lethe syrcis*** **(Hewsitson)**

寄　　主　湿地松，马尾松，枫杨，栓皮栎，构树，桑，千金藤，樟树，臭椿，油茶，木犀，荆条，慈竹，毛竹，毛金竹，胖竹，苦竹。

分布范围　黑龙江、江苏、浙江、安徽、福建、江西、河南、湖北、湖南、广西、四川、陕西。

发生地点　江苏：无锡市宜兴市；

浙江：宁波市北仑区、鄞州区；

安徽：合肥市庐阳区、包河区，芜湖市芜湖县；

江西：上饶市广丰区；

湖南：长沙市长沙县，岳阳市平江县，常德市鼎城区，益阳市桃江县，娄底市新化县；

广西：桂林市灌阳县；

四川：自贡市沿滩区、荣县，乐山市犍为县，眉山市青神县，宜宾市翠屏区、南溪区、宜宾县，雅安市天全县；

陕西：宁东林业局。

发生面积　1905 亩

危害指数　0. 3333

• **蓝斑丽眼蝶** ***Mandarinia regalis*** **(Leech)**

寄　　主　榕树。

分布范围　江苏、浙江、安徽、福建、河南、湖北、广东、海南、四川、陕西。

• **华北白眼蝶** ***Melanargia epimede*** **Staudinger**

寄　　主　杨，桦木，银桦，箭竹。

分布范围　吉林、四川、陕西。

• **甘藏白眼蝶** ***Melanargia ganymedes*** **Ruhl-Heyne**

中文异名　甘茂白眼蝶

寄　　主　竹节树。

分布范围　四川、西藏、陕西、甘肃、新疆。

• 白眼蝶 *Melanargia halimede*（Ménétriès）

中文异名　黑化白眼蝶

寄　　主　落叶松，云杉，山杨，小钻杨，黄柳，白桦，蒙古栎，榆树，桢楠，桃，山荆子，绣线菊，花椒，柞木，刺竹子，毛竹，毛金竹，箭竹。

分布范围　东北，河北、山西、内蒙古、山东、河南、湖北、四川、陕西、甘肃、青海、宁夏。

发生地点　河北：张家口市万全区、崇礼区、沽源县、怀来县、涿鹿县、赤城县；

黑龙江：佳木斯市富锦市，绥化市海伦市国有林场；

四川：巴中市通江县，凉山彝族自治州布拖县；

陕西：西安市蓝田县、周至县，咸阳市永寿县，渭南市华州区；

甘肃：定西市岷县；

青海：西宁市城西区；

宁夏：固原市彭阳县。

发生面积　8195 亩

危害指数　0. 3616

• 华西白眼蝶 *Melanargia leda* Leech

寄　　主　毛金竹。

分布范围　四川、云南、西藏。

• 黑纱白眼蝶 *Melanargia lugens* Honrath

寄　　主　苦竹。

分布范围　江苏、浙江、陕西。

发生地点　陕西：宁东林业局、太白林业局。

• 曼丽白眼蝶 *Melanargia meridionalis* C. Felder et R. Felder

寄　　主　垂柳，构树。

分布范围　江苏、浙江、河南、陕西、甘肃。

发生地点　江苏：南京市浦口区、雨花台区；

陕西：渭南市白水县，宁东林业局；

甘肃：白银市靖远县。

• 稻暮眼蝶 *Melanitis leda*（Linnaeus）

中文异名　暮眼蝶

寄　　主　杨，油樟，柑橘，喜树，木犀，刺竹子，慈竹，毛竹。

分布范围　中南，黑龙江、江苏、浙江、安徽、福建、江西、山东、四川、云南、陕西。

发生地点　黑龙江：佳木斯市富锦市；

广东：惠州市惠阳区，云浮市郁南县；

四川：自贡市荣县，遂宁市蓬溪县，乐山市犍为县，宜宾市南溪区、宜宾县；

陕西：汉中市汉台区。

发生面积　1108 亩

危害指数　0. 4070

• 蛇眼蝶 *Minois dryas* (Scopoli)

寄　　主　箭杆杨，小钻杨，柳树，榆树，芍药，碧桃，山杏，杏，苹果，梨，柠条锦鸡儿，刺槐，槐树，火炬树，槭，毛八角枫，水蜡树，刺竹子，团竹，箭竹，斑竹，水竹，毛竹，毛金竹，胖竹。

分布范围　北京、河北、山西、内蒙古、辽宁、黑龙江、浙江、福建、江西、山东、河南、湖北、西藏、陕西、甘肃、宁夏、新疆。

发生地点　北京：密云区；

河北：邢台市沙河市，张家口市张北县、沽源县、蔚县、怀安县、怀来县、涿鹿县、赤城县；

江西：萍乡市安源区、湘东区、上栗县、芦溪县；

山东：青岛市胶州市，潍坊市诸城市，济宁市汶上县、梁山县、邹城市、经济技术开发区，威海市环翠区，临沂市沂水县；

西藏：日喀则市拉孜县，昌都市类乌齐县；

陕西：西安市蓝田县、周至县，咸阳市三原县、永寿县、彬县、长武县、旬邑县，渭南市临渭区、合阳县、蒲城县、白水县、华阴市，延安市宜川县，汉中市汉台区，榆林市吴堡县，安康市旬阳县，宁东林业局、太白林业局；

甘肃：庆阳市西峰区、镇原县，定西市岷县；

宁夏：银川市兴庆区、西夏区，吴忠市红寺堡区、盐池县，固原市原州区、西吉县、彭阳县。

发生面积　49460 亩

危害指数　0.3671

• 拟稻眉眼蝶 *Mycalesis francisca* (Stoll)

寄　　主　樟树，李，巨桉。

分布范围　江苏、浙江、安徽、福建、江西、河南、广东、广西、海南、重庆、四川、陕西。

发生地点　江苏：南京市栖霞区、江宁区，镇江市京口区；

重庆：酉阳土家族苗族自治县；

四川：自贡市贡井区。

发生面积　465 亩

危害指数　0.3333

• 稻眉眼蝶 *Mycalesis gotoma* Moore

中文异名　稻眼蝶

寄　　主　柳杉，水杉，山杨，柳树，栎，大果榉，构树，鹅掌楸，猴樟，樟树，桃，枇杷，石楠，乌桕，杜鹃，络石，刺竹子，慈竹，毛竹，胖竹，棕榈。

分布范围　中南，上海、江苏、浙江、安徽、福建、江西、四川、贵州、云南、西藏、陕西。

发生地点　上海：宝山区、嘉定区、金山区、松江区、青浦区、奉贤区；

江苏：南京市栖霞区、六合区，常州市天宁区、钟楼区，淮安市淮阴区、清江浦区，盐城市盐都区、大丰区、响水县、阜宁县、射阳县，扬州市邗江区、经济技术开发区，镇江市新区、润州区、丹阳市；

浙江：宁波市北仑区，台州市三门县；
安徽：合肥市包河区；
湖北：潜江市；
四川：自贡市自流井区、大安区、沿滩区、荣县，内江市东兴区，眉山市青神县，宜宾市翠屏区、宜宾县，资阳市雁江区；
陕西：安康市旬阳县，宁东林业局。

发生面积 1661 亩

危害指数 0.3339

• 小眉眼蝶 *Mycalesis mineus* (Linnaeus)

寄　　主 榕树，油樟，柑橘，合果木，巨桉，木犀。

分布范围 浙江、福建、湖北、广东、广西、海南、四川、云南。

发生地点 广东：惠州市惠城区；
四川：自贡市贡井区、沿滩区，内江市威远县、资中县、隆昌县，乐山市犍为县，宜宾市翠屏区、南溪区、宜宾县、兴文县，资阳市雁江区。

• 密纱眉眼蝶 *Mycalesis misenus* De Niceville

寄　　主 崖柏，构树。

分布范围 浙江、广西、四川、陕西。

发生地点 四川：内江市市中区。

• 平顶眉眼蝶 *Mycalesis panthaka* Fruhstorfer

寄　　主 西米棕，毛竹。

分布范围 浙江、福建、江西、广东、广西、海南、四川、云南。

发生地点 浙江：宁波市宁海县；
广东：云浮市郁南县。

• 阿芒荫眼蝶 *Neope armandii* (Oberthür)

寄　　主 毛竹。

分布范围 浙江、福建、四川、云南。

• 布莱荫眼蝶 *Neope bremeri* (Felder)

寄　　主 樟树，胖竹。

分布范围 浙江、湖北、广西、四川。

• 网纹荫眼蝶 *Neope christi* Oberthür

寄　　主 毛金竹。

分布范围 四川、云南。

• 蒙链荫眼蝶 *Neope muirheadii* (Felder)

中文异名 蒙链眼蝶、永泽黄斑荫蝶

寄　　主 马尾松，竹柏，天竺桂，樱桃，无患子，油茶，木荷，紫薇，孝顺竹，黄竹，绿竹，麻竹，刚莠竹，水竹，毛竹，毛金竹，早园竹，胖竹，箭竹，慈竹。

分布范围　上海、江苏、浙江、安徽、福建、江西、河南、湖北、湖南、广东、海南、四川、云南、陕西。

发生地点　上海：嘉定区、浦东新区、金山区、青浦区；

江苏：南京市浦口区、栖霞区、江宁区、溧水区，无锡市宜兴市，淮安市淮阴区、洪泽区、盱眙县，镇江市京口区、镇江新区、润州区、丹阳市；

浙江：宁波市鄞州区、象山县、宁海县，温州市平阳县，丽水市莲都区；

福建：福州国家森林公园；

江西：萍乡市上栗县、芦溪县，上饶市广丰区；

湖南：岳阳市平江县，常德市鼎城区，益阳市桃江县，郴州市宜章县；

四川：遂宁市大英县，内江市隆昌县，宜宾市兴文县，广安市前锋区，雅安市雨城区。

发生面积　1591 亩

危害指数　0. 3340

- **黄斑荫眼蝶 *Neope pulaha*（Moore）**

寄　　主　玉山竹。

分布范围　浙江、福建、江西、湖北、四川、云南、西藏、陕西。

- **丝链荫眼蝶 *Neope yama*（Moore）**

寄　　主　毛竹。

分布范围　浙江、河南、湖北、四川、云南、陕西。

- **丝链荫眼蝶中原亚种 *Neope yama serica*（Leech）**

寄　　主　毛竹。

分布范围　江西。

发生地点　江西：萍乡市湘东区、上栗县、芦溪县。

- **凤眼蝶 *Neorina patria*（Leech）**

寄　　主　竹。

分布范围　江西、广西、四川、云南。

- **宁眼蝶 *Ninguta schrenkii*（Ménétriès）**

寄　　主　竹。

分布范围　黑龙江、福建、四川、陕西。

发生地点　陕西：西安市蓝田县。

- **古眼蝶 *Palaeonympha opalina* Butler**

寄　　主　栎，柑橘，油竹，毛竹。

分布范围　浙江、江西、河南、湖北、四川、陕西、甘肃。

发生地点　陕西：西安市周至县，安康市旬阳县，商洛市镇安县。

发生面积　502 亩

危害指数　0. 3333

- **白斑眼蝶 *Penthema adelma*（Felder）**

寄　　主　木麻黄，柑橘，竹节树，水竹，毛竹，青皮竹。
分布范围　浙江、福建、江西、湖北、广东、广西、重庆、四川、陕西、青海。
发生地点　福建：漳州市东山县；
　　　　　重庆：江津区；
　　　　　广东：肇庆市高要区、四会市；
　　　　　四川：宜宾市珙县、筠连县，雅安市天全县，遂宁市蓬溪县。
发生面积　1044 亩
危害指数　0.3333

- **寿眼蝶 *Pseudochazara hippolyte*（Esper）**

寄　　主　旱榆，柠条锦鸡儿。
分布范围　陕西、宁夏、新疆。
发生地点　宁夏：银川市西夏区，吴忠市红寺堡区。
发生面积　1001 亩
危害指数　0.3333

- **东北矍眼蝶 *Ypthima argus* Butler**

中文异名　阿矍眼蝶
寄　　主　山杨，黄荆。
分布范围　华北、东北、华东、中南、西北，四川。
发生地点　江苏：南京市栖霞区；
　　　　　四川：遂宁市安居区；
　　　　　陕西：渭南市华州区、合阳县。
发生面积　130 亩
危害指数　0.3333

- **矍眼蝶 *Ypthima balda*（Fabricius）**

寄　　主　侧柏，青杨，柳树，构树，樟树，枫香，樱桃，刺槐，刚莠竹，毛竹，胖竹，苦竹。
分布范围　中南，河北、山西、辽宁、黑龙江、江苏、浙江、福建、江西、山东、四川、西藏、陕西、甘肃、青海、宁夏。
发生地点　河北：张家口市怀来县、涿鹿县；
　　　　　江苏：南京市浦口区，镇江市句容市；
　　　　　湖南：岳阳市岳阳县；
　　　　　广东：佛山市南海区；
　　　　　四川：甘孜藏族自治州泸定县，凉山彝族自治州布拖县；
　　　　　陕西：西安市周至县，咸阳市彬县、长武县，渭南市白水县。
发生面积　5292 亩
危害指数　0.3711

- **中华矍眼蝶 *Ypthima chinensis* Leech**

中文异名　中华眼蝶

寄　　主　青冈，桑，桃，李，柑橘，紫薇。
分布范围　河北、辽宁、江苏、浙江、安徽、福建、山东、河南、湖北、广西、四川、陕西。
发生地点　河北：张家口市赤城县；
　　　　　江苏：镇江市新区、润州区、丹阳市；
　　　　　浙江：杭州市西湖区，宁波市镇海区；
　　　　　安徽：合肥市庐阳区；
　　　　　陕西：西安市周至县，渭南市华州区，宁东林业局。
发生面积　3087 亩
危害指数　0.3387

● **幽瞿眼蝶 *Ypthima conjuncta* Leech**
寄　　主　栎，乌桕，木荷，箬叶竹。
分布范围　中南、西南，河北、浙江、安徽、福建、江西、陕西。
发生地点　浙江：杭州市西湖区，温州市平阳县；
　　　　　安徽：合肥市包河区；
　　　　　湖南：常德市鼎城区；
　　　　　重庆：酉阳土家族苗族自治县；
　　　　　四川：遂宁市大英县；
　　　　　西藏：日喀则市吉隆县；
　　　　　陕西：西安市蓝田县、周至县，渭南市临渭区，安康市旬阳县。
发生面积　565 亩
危害指数　0.3451

● **台湾瞿眼蝶 *Ypthima formosana* Fruhstorfer**
寄　　主　马尾松。
分布范围　重庆。

● **虹瞿眼蝶 *Ypthima iris* Leech**
寄　　主　山杨。
分布范围　四川、云南、陕西。
发生地点　陕西：宁东林业局。

● **黎桑瞿眼蝶 *Ypthima lisandra* (Cramer)**
寄　　主　台湾相思。
分布范围　广东、海南。
发生地点　广东：深圳市坪山新区。

● **魔女瞿眼蝶 *Ypthima medusa* Leech**
寄　　主　胖竹。
分布范围　四川、云南。
发生地点　四川：凉山彝族自治州布拖县。
发生面积　228 亩
危害指数　0.3333

• 乱云矍眼蝶 *Ypthima megalomma* Butler

中文异名　天目粼眼蝶

寄　　主　毛竹。

分布范围　河北、浙江、安徽、河南、湖北、湖南、四川、陕西、宁夏。

发生地点　安徽：合肥市包河区；

　　　　　湖南：常德市鼎城区。

• 东亚矍眼蝶 *Ypthima motschulskyi* (Bremer et Grey)

中文异名　矍眼蝶

寄　　主　垂柳，构树，柑橘，巨桉，小叶女贞，水竹，毛竹，毛金竹，胖竹，麻竹。

分布范围　黑龙江、江苏、浙江、安徽、江西、湖南、广东、海南、四川、陕西、宁夏。

发生地点　江苏：南京市浦口区、雨花台区，无锡市惠山区，镇江市句容市；

　　　　　浙江：台州市仙居县；

　　　　　湖南：常德市鼎城区；

　　　　　四川：自贡市贡井区、荣县，内江市威远县、隆昌县。

发生面积　1091 亩

危害指数　0.4861

• 密纹矍眼蝶 *Ypthima multistriata* Butler

寄　　主　川泡桐，刚莠竹。

分布范围　江苏、浙江、福建、江西、湖北、重庆。

发生地点　江苏：南京市栖霞区、江宁区；

　　　　　浙江：宁波市宁海县；

　　　　　重庆：酉阳土家族苗族自治县。

发生面积　406 亩

危害指数　0.3333

• 完璧矍眼蝶 *Ypthima perfecta* Leech

寄　　主　毛竹。

分布范围　福建、江西、湖北、广东、四川、陕西。

发生地点　广东：云浮市罗定市；

　　　　　陕西：商洛市镇安县。

发生面积　102 亩

危害指数　0.3333

• 大波矍眼蝶 *Ypthima tappana* Matsumura

寄　　主　樟树，箬叶竹。

分布范围　江西、河南、湖北、四川、陕西。

发生地点　陕西：渭南市合阳县。

发生面积　100 亩

危害指数　0.3451

• 山中矍眼蝶 *Ypthima yamanakai* Sonan

寄　　主　智利香松，悬钩子。

分布范围　安徽、湖南、陕西。

发生地点　湖南：常德市鼎城区；

陕西：太白林业局。

• 卓矍眼蝶 *Ypthima zodia* Butler

寄　　主　油樟，黄竹。

分布范围　浙江、四川、广西。

发生地点　四川：宜宾市翠屏区、兴文县。

• 金斑蝶 *Danaus chrysippus*（Linnaeus）

寄　　主　山楂，枇杷，苹果。

分布范围　江苏、福建、江西、山东、湖北、广东、广西、海南、四川、云南、陕西。

发生地点　江苏：南京市栖霞区、江宁区、六合区、溧水区，淮安市淮阴区、盱眙县，盐城市东台市；

山东：临沂市沂水县；

四川：攀枝花市米易县、普威局。

• 虎斑蝶 *Danaus genutia*（Cramer）

寄　　主　木麻黄，垂叶榕，樟树，木犀，鹅绒藤，天星藤。

分布范围　中南，江苏、浙江、安徽、福建、江西、四川、云南、西藏、宁夏。

发生地点　江苏：无锡市宜兴市；

湖南：益阳市桃江县，永州市双牌县，怀化市辰溪县，娄底市新化县；

广东：云浮市郁南县；

四川：攀枝花市米易县、普威局；

宁夏：固原市原州区。

发生面积　174 亩

危害指数　0. 3333

• 幻紫斑蝶 *Euploea core*（Cramer）

寄　　主　垂叶榕，夹竹桃。

分布范围　广东、广西、海南、云南、宁夏。

发生地点　广东：惠州市惠阳区；

宁夏：银川市西夏区。

• 蓝点紫斑蝶 *Euploea midamus*（Linnaeus）

寄　　主　刺槐，夹竹桃，羊角拗。

分布范围　浙江、广东、广西、海南、云南、陕西。

发生地点　广东：广州市从化区，肇庆市高要区，惠州市惠阳区；

陕西：咸阳市秦都区、彬县。

发生面积　4650 亩

危害指数　0.3333

• **异型紫斑蝶 *Euploea mulciber*（Cramer）**

寄　　主　杉木，黧蒴栲。

分布范围　广东、云南、西藏。

发生地点　广东：肇庆市高要区。

• **绢斑蝶 *Parantica aglea*（Stoll）**

寄　　主　蔷薇，南山藤。

分布范围　福建、广东、广西、海南、重庆、四川、云南、甘肃。

发生地点　广东：云浮市郁南县；

　　　　　重庆：酉阳土家族苗族自治县。

发生面积　651 亩

危害指数　0.3333

• **黑绢斑蝶 *Parantica melanea*（Cramer）**

寄　　主　夹竹桃。

分布范围　广东、广西、四川、西藏。

发生地点　四川：雅安市天全县。

• **大绢斑蝶 *Parantica sita*（Kollar）**

寄　　主　杜英，木犀，南山藤。

分布范围　浙江、江西、广东、广西、海南、四川、云南、西藏。

发生地点　四川：宜宾市翠屏区，雅安市雨城区。

• **青斑蝶 *Tirumala limniace*（Cramer）**

寄　　主　鹅掌楸，荷花玉兰，厚朴，含笑花，西米棕，白花泡桐。

分布范围　上海、福建、湖北、湖南、广东、广西、海南、四川、云南、西藏。

发生地点　广东：深圳市龙华新区；

　　　　　四川：攀枝花市米易县。

• **凤眼方环蝶 *Discophora sondaica* Boisduval**

寄　　主　竹节树，波缘大参，青皮竹，刺竹子，毛竹。

分布范围　福建、广东、广西、海南、云南。

发生地点　广东：肇庆市四会市，惠州市惠阳区、惠东县，汕尾市陆河县，云浮市新兴县。

发生面积　1018 亩

危害指数　0.3343

• **灰翅串珠环蝶 *Faunis aerope*（Leech）**

寄　　主　沙梨。

分布范围　湖北、湖南、广东、广西、重庆、四川、贵州、云南、陕西。

发生地点　广东：深圳市光明新区。

• **箭环蝶** ***Stichophthalma howqua*** **(Westwood)**
中文异名　鱼尾竹环蝶、鱼纹环蝶
寄　　主　竹柏，鹅掌楸，茶，黄荆，刺竹子，油芒，箬叶竹，慈竹，水竹，毛竹，毛金竹，早竹，甜竹，箭竹，山棕，棕竹，棕榈。
分布范围　浙江、福建、江西、湖北、湖南、广东、广西、重庆、四川、贵州、云南、陕西。
发生地点　浙江：宁波市鄞州区、宁海县、余姚市、奉化市，金华市磐安县，台州市温岭市，丽水市莲都区、松阳县；
福建：福州国家森林公园；
江西：萍乡市莲花县、上栗县；
湖南：邵阳市武冈市，常德市鼎城区，永州市双牌县，怀化市通道侗族自治县，娄底市新化县；
重庆：万州区、江津区；
四川：乐山市峨边彝族自治县，雅安市雨城区、荥经县，甘孜藏族自治州泸定县；
云南：怒江傈僳族自治州贡山独龙族怒族自治县；
陕西：太白林业局。
发生面积　6185 亩
危害指数　0. 3339

• **双星箭环蝶** ***Stichophthalma neumogeni*** **Leech**
寄　　主　银杏，山杨，猴樟，毛竹。
分布范围　浙江、福建、海南、四川、云南、陕西。
发生地点　四川：雅安市雨城区；
陕西：宁东林业局。
发生面积　101 亩
危害指数　0. 4323

• **华西箭环蝶** ***Stichophthalma howqua suffusa*** **Leech**
寄　　主　慈竹。
分布范围　四川。

螟蛾科 Pyralidae

• **梨斑螟** ***Acrobasis bifidella*** **(Leech)**
寄　　主　黑杨，枫杨，黧蒴栲，桃，苹果，梨。
分布范围　天津、江西、山东、湖北、广东、云南、甘肃、宁夏。
发生地点　山东：聊城市阳谷县、冠县；
湖北：黄冈市红安县；
广东：惠州市仲恺区；
云南：楚雄彝族自治州牟定县；
甘肃：兰州市城关区；

宁夏：银川市永宁县，吴忠市利通区。

发生面积　43813 亩

危害指数　0.4398

● **广州小斑螟** ***Acrobasis cantonella*** **(Caradja)**

寄　　主　秋茄树，红树，巨尾桉，海榄雌。

分布范围　广东、广西、海南。

发生地点　广东：深圳市福田区，湛江市麻章区、遂溪县、廉江市，茂名市电白区，惠州市惠东县，阳江市海陵试验区、阳江高新技术开发区、阳西县；

广西：北海市海城区、合浦县，防城港市港口区、东兴市，钦州市钦南区、钦州港；

海南：澄迈县。

发生面积　33464 亩

危害指数　0.3552

● **果荚斑螟** ***Acrobasis hollandella*** **(Ragonot)**

寄　　主　苹果，梨，喜树。

分布范围　四川、陕西。

● **白条峰斑螟** ***Acrobasis injunctella*** **(Christoph)**

寄　　主　苹果，海棠花。

分布范围　北京、天津、河北、辽宁、上海、江苏、江西、河南、湖北、贵州、陕西。

发生地点　北京：顺义区。

● **梨大食心虫** ***Acrobasis pirivorella*** **(Matsumura)**

中文异名　梨云翅斑螟

寄　　主　桃，杏，苹果，白梨，河北梨，川梨，沙梨。

分布范围　北京、河北、辽宁、江苏、山东、湖北、四川、陕西、甘肃。

发生地点　北京：东城区、石景山区、密云区；

河北：石家庄市藁城区、井陉县、行唐县、赵县、晋州市，唐山市古冶区、丰润区、滦南县、乐亭县、玉田县，邢台市邢台县、宁晋县、平乡县、沙河市，张家口市蔚县，沧州市沧县、吴桥县、孟村回族自治县、河间市，廊坊市大城县，衡水市桃城区、武邑县、武强县、饶阳县、安平县、深州市；

山东：莱芜市莱城区，聊城市东阿县、冠县；

湖北：孝感市应城市，恩施土家族苗族自治州咸丰县；

四川：广安市岳池县、邻水县、华蓥市；

陕西：商洛市丹凤县；

甘肃：兰州市皋兰县，白银市靖远县，平凉市静宁县，酒泉市敦煌市。

发生面积　16986 亩

危害指数　0.3348

● **污鳞峰斑螟** ***Acrobasis squalidella*** **Christoph**

中文异名　果叶峰斑螟

拉丁异名 *Acrobasis tokiella* Ragonot
寄　　主 华北落叶松。
分布范围 辽宁、黑龙江、浙江、安徽、江西、河南、湖北、湖南、广东、四川、贵州、云南、陕西。
发生地点 黑龙江：鸡西市属林场。
发生面积 12305 亩
危害指数 0.6801

• 米缟螟 *Aglossa dimidiata* (Haworth)
中文异名 米黑虫
寄　　主 刺槐，茶。
分布范围 河北、山东、陕西。
发生地点 陕西：汉中市汉台区。
发生面积 200 亩
危害指数 0.3333

• 棕黄拟峰斑螟 *Anabasis fusciflavida* (Du, Song et Wu)
寄　　主 杨树，柳树。
分布范围 中南，山西、吉林、浙江、四川、贵州、云南、陕西、甘肃、宁夏。
发生地点 宁夏：银川市永宁县。

• 黄荫曲斑螟 *Ancylosis umbrilimbella* Ragonot
寄　　主 杨树，柳树。
分布范围 陕西、甘肃、宁夏、新疆 。
发生地点 宁夏：银川市永宁县。

• 二点织螟 *Aphomia zelleri* (Joannis)
寄　　主 蒙古栎。
分布范围 华北、西北，辽宁、吉林、山东、河南、湖北、广东、四川。
发生地点 北京：通州区、顺义区。

• 枹叶螟 *Arippara indicator* Walker
中文异名 盐肤木黑条螟
寄　　主 樟，盐肤木。
分布范围 北京、江苏、浙江、山东、湖北、贵州、陕西。
发生地点 北京：顺义区；
江苏：苏州市昆山市；
浙江：台州市临海市。
发生面积 4602 亩
危害指数 0.4347

• 中国软斑螟 *Asclerobia sinensis* (Caradja et Meyrich)
中文异名 柠条坚荚斑螟

寄　　主　柠条锦鸡儿。

分布范围　北京、河北、天津、黑龙江、安徽、山东、河南、四川、云南、陕西、甘肃、青海、宁夏。

发生地点　甘肃：定西市安定区；
青海：西宁市大通回族土族自治县，海东市民和回族土族自治县、化隆回族自治县；
宁夏：吴忠市利通区、同心县。

发生面积　34250 亩

危害指数　0. 3600

• **黑松蛀果斑螟** ***Assara funerella*** **(Ragonot)**

寄　　主　黑松。

分布范围　河北、浙江、河南、广西、贵州、云南、甘肃。

• **油桐金斑螟** ***Aurana vinaceella*** **(Inoue)**

中文异名　油桐叶斑螟

寄　　主　山合欢，油桐。

分布范围　西南，浙江、安徽、福建、江西、河南、湖北、湖南、广东、广西、陕西、甘肃。

发生地点　福建：厦门市翔安区，泉州市安溪县，福州国家森林公园；
湖南：湘西土家族苗族自治州保靖县；
广东：深圳市宝安区、大鹏新区。

• **都兰钝额斑螟** ***Bazaria dulanensis*** **Du et Yan**

寄　　主　白刺，柽柳，枸杞。

分布范围　青海。

发生地点　青海：海西蒙古族藏族自治州格尔木市。

发生面积　34300 亩

危害指数　0. 3654

• **白条紫斑螟** ***Calguia defiguralis*** **Walker**

中文异名　桃白条紫斑螟

寄　　主　杨树，榆树，碧桃，杏。

分布范围　中南，天津、河北、浙江、福建、江西、山东、四川、贵州、云南、陕西、甘肃、宁夏。

发生地点　河北：衡水市桃城区；
山东：聊城市东阿县；
河南：安阳市内黄县；
宁夏：吴忠市盐池县。

发生面积　1190 亩

危害指数　0. 4398

• **冷杉梢斑螟** ***Dioryctria abietella*** **(Denis et Schiffermüller)**

寄　　主　冷杉，落叶松，云杉，华山松，红松，马尾松，云南松，加勒比松。

分布范围　东北，河北、江苏、浙江、河南、湖北、湖南、广东、广西、四川、贵州、云南、陕西、青海、宁夏。

发生地点　四川：甘孜藏族自治州德格县。

• 昆明梢斑螟 *Dioryctria kunmingnella* Wang

寄　　主　华山松，云南松。

分布范围　上海、山东、云南。

发生地点　云南：昆明市西山区、倘甸产业园区，红河哈尼族彝族自治州弥勒市，安宁市。

发生面积　7485 亩

危害指数　0.3855

• 樟子松梢斑螟 *Dioryctria mongolicella* Wang et Sung

寄　　主　红松，樟子松。

分布范围　东北，内蒙古。

发生地点　内蒙古：通辽市科尔沁左翼后旗；

黑龙江：齐齐哈尔市昂昂溪区、梅里斯达斡尔族区、龙江县、依安县、泰来县、甘南县、富裕县、克山县、克东县、拜泉县、讷河市、齐齐哈尔市属林场，鸡西市密山市，佳木斯市郊区、桦川县。

发生面积　189431 亩

危害指数　0.5324

• 果梢斑螟 *Dioryctria pryeri* Ragonot

中文异名　油松球果螟、松果梢斑螟

拉丁异名　*Dioryctria mendacella* Staudinger

寄　　主　华山松，赤松，红松，马尾松，樟子松，油松，黄山松，黑松。

分布范围　华北、东北，江苏、浙江、安徽、江西、山东、河南、湖北、湖南、广东、四川、陕西、甘肃。

发生地点　河北：石家庄市井陉县，秦皇岛市山海关区、北戴河区；

山西：运城市稷山县；

内蒙古：赤峰市敖汉旗；

辽宁：抚顺市新宾满族自治县；

吉林：白山市江源区、抚松县，露水河林业局；

黑龙江：哈尔滨市五常市，牡丹江市林口县、宁安市、牡丹峰自然保护区；

浙江：台州市天台县；

山东：济宁市任城区；

河南：焦作市中站区、修武县，三门峡市卢氏县；

四川：南充市营山县、仪陇县，巴中市巴州区；

陕西：西安市蓝田县，宝鸡市凤翔县；

甘肃：庆阳市环县、合水县、正宁县、宁县、镇原县、正宁总场、湘乐总场、合水总场、华池总场；

黑龙江森林工业总局：乌马河林业局。

发生面积　318250 亩

危害指数　0.5161

• 云杉梢斑螟 *Dioryctria reniculelloides* Mutuura et Munroe

寄　　主　云杉，青海云杉。

分布范围　北京、辽宁、黑龙江、江西、湖北、广西、陕西、甘肃、青海、宁夏。

发生地点　北京：密云区；

黑龙江：佳木斯市郊区、富锦市；

甘肃：兰州市西固区、永登县，白银市靖远县、景泰县，武威市天祝藏族自治县，张掖市甘州区、民乐县、山丹县，定西市通渭县、渭源县、临洮县，临夏回族自治州临夏县、康乐县、和政县，祁连山保护区，白龙江林业管理局；

青海：西宁市城东区、城西区、大通回族土族自治县，海东市乐都区；

宁夏：银川市贺兰山管理局，吴忠市罗山保护区。

发生面积　169179 亩

危害指数　0.4252

• 微红梢斑螟 *Dioryctria rubella* Hampson

中文异名　松梢螟

寄　　主　冷杉，杉松，雪松，落叶松，云杉，青海云杉，华山松，白皮松，赤松，湿地松，乔松，思茅松，红松，南亚松，马尾松，长叶松，日本五针松，樟子松，油松，火炬松，黑松，云南松。

分布范围　东北、华东，北京、天津、河北、山西、河南、湖北、湖南、广东、广西、四川、贵州、云南、陕西、甘肃。

发生地点　北京：东城区、丰台区、石景山区、大兴区、密云区、延庆区；

河北：秦皇岛市山海关区、北戴河区、抚宁区、昌黎县，保定市涞水县、易县，廊坊市霸州市，雾灵山保护区；

山西：晋城市泽州县；

吉林：长春市净月经济开发区；

安徽：芜湖市芜湖县、繁昌县、无为县，马鞍山市博望区、当涂县，滁州市南谯区；

福建：厦门市同安区、翔安区，莆田市城厢区、涵江区、荔城区、秀屿区、仙游县、湄洲岛，三明市三元区、尤溪县，南平市光泽县、松溪县、政和县，龙岩市新罗区、漳平市；

江西：赣州经济技术开发区；

山东：青岛市胶州市，烟台市莱山区，泰安市新泰市，日照市经济开发区，临沂市兰山区；

河南：洛阳市栾川县、嵩县，南阳市卧龙区、桐柏县，信阳市光山县，驻马店市泌阳县；

湖北：鄂州市梁子湖区，黄冈市团风县、红安县、浠水县、武穴市，随州市随县、广水市，恩施土家族苗族自治州恩施市、来凤县，天门市；

湖南：长沙市长沙县、浏阳市，湘潭市岳塘区、昭山示范区、湘潭县，衡阳市南岳区、衡山县，岳阳市汨罗市、临湘市，郴州市苏仙区、桂阳县、宜章县、桂东县，永州市冷水滩区、东安县，怀化市鹤城区、洪江区、中方县、沅陵县、辰溪县、溆浦县、会同县、麻阳苗族自治县、新晃侗族自治县、芷江侗族自治县、靖州苗族侗族自治县、通道侗族自治县、洪江市，娄底市双峰县；

广东：湛江市遂溪县，肇庆市鼎湖区、高要区、德庆县、四会市，梅州市大埔县，汕尾市陆河县、陆丰市，中山市，云浮市新兴县；

广西：百色市田阳县，来宾市兴宾区，七坡林场；

四川：雅安市石棉县，甘孜藏族自治州康定市；

贵州：六盘水市盘县；

云南：普洱市宁洱哈尼族彝族自治县、墨江哈尼族自治县、景谷傣族彝族自治县、镇沅彝族哈尼族拉祜族自治县、江城哈尼族彝族自治县、孟连傣族拉祜族佤族自治县、澜沧拉祜族自治县、墨江林业局；

陕西：咸阳市礼泉县，商洛市商南县，宁东林业局；

甘肃：庆阳市华池县、合水县、正宁总场、湘乐总场、华池总场，小陇山林业实验管理局。

发生面积　593903 亩

危害指数　0.3833

• 赤松梢斑螟 *Dioryctria sylvestrella* (Ratzebury)

拉丁异名　*Dioryctria splendidella* Herrich-Schäeffer

寄　　主　华山松，白皮松，大别山五针松，赤松，湿地松，思茅松，红松，马尾松，樟子松，油松，火炬松，黑松，云南松。

分布范围　华北、东北、华东、中南，重庆、四川、贵州、云南、陕西、甘肃、宁夏。

发生地点　北京：朝阳区、丰台区、房山区、通州区、顺义区、昌平区、延庆区；

天津：蓟县；

河北：石家庄市井陉县，唐山市丰润区、乐亭县、迁西县、遵化市，保定市阜平县，张家口市涿鹿县，承德市承德县、平泉县、滦平县、隆化县，木兰林管局、洪崖山国有林场；

山西：大同市阳高县、大同县，长治市郊区，晋城市沁水县、阳城县、陵川县、高平市，临汾市安泽县，吕梁市离石区，杨树丰产林实验局、五台山国有林管理局、太岳山国有林管理局、中条山国有林管理局；

内蒙古：鄂尔多斯市准格尔旗、康巴什新区，通辽市库伦旗；

辽宁：沈阳市浑南区，锦州市闾山保护区，阜新市阜新蒙古族自治县，辽阳市灯塔市，铁岭市铁岭县、西丰县、昌图县、开原市，朝阳市双塔区、龙城区、建平县、喀喇沁左翼蒙古族自治县、北票市、凌源市，葫芦岛市连山区、南票区、绥中县、建昌县、兴城市；

吉林：延边朝鲜族自治州敦化市；

黑龙江：哈尔滨市呼兰区，鸡西市鸡东县，佳木斯市汤原县；

江苏：南京市玄武区；

浙江：台州市椒江区；

安徽：安庆市怀宁县，滁州市定远县、明光市，池州市贵池区；

福建：三明市将乐县、泰宁县，泉州市鲤城区、洛江区、惠安县、安溪县、晋江市，南平市延平区，龙岩市长汀县、上杭县，福州国家森林公园；

江西：南昌市南昌县、进贤县，萍乡市湘东区、莲花县，九江市修水县、都昌县、庐山市，新余市渝水区、分宜县、仙女湖区、高新区，赣州市安远县、会昌县、寻乌县、石城县，吉安市青原区、吉安县、峡江县、新干县、泰和县、永新县，宜春市袁州区、奉新县、上高县、铜鼓县、樟树市，抚州市临川区、崇仁县、乐安县、东乡县、广昌县，上饶市上饶县、铅山县、横峰县、余干县，瑞金市、丰城市、安福县；

山东：青岛市黄岛区、平度市，烟台市莱山区，潍坊市昌邑市，济宁市嘉祥县，泰安市新泰市，日照市东港区、岚山区、五莲县、莒县，莱芜市莱城区，临沂市莒南县、临沭县；

河南：新乡市辉县市，南阳市西峡县，信阳市罗山县、光山县、潢川县，驻马店市上蔡县、确山县；

湖南：长沙市望城区、宁乡县，株洲市芦淞区、石峰区、攸县、云龙示范区、醴陵市，湘潭市雨湖区、高新区、九华示范区、湘乡市、韶山市，衡阳市衡南县、衡东县、祁东县、耒阳市，邵阳市大祥区、北塔区、邵东县、新邵县、邵阳县、隆回县、绥宁县、新宁县、武冈市，岳阳市君山区、岳阳县、平江县，常德市鼎城区、澧县、临澧县、桃源县，张家界市永定区、武陵源区、慈利县，益阳市资阳区、赫山区、安化县、益阳高新区，郴州市桂阳县、宜章县、嘉禾县、临武县、安仁县，永州市双牌县、道县、江永县、宁远县、蓝山县、新田县、江华瑶族自治县，娄底市冷水江市、涟源市，湘西土家族苗族自治州吉首市、凤凰县、花垣县、保靖县、永顺县；

广东：韶关市南雄市，茂名市属林场，清远市英德市；

广西：南宁市邕宁区、武鸣区、上林县、宾阳县、横县，柳州市柳江区，桂林市雁山区、阳朔县、龙胜各族自治县、荔浦县，梧州市万秀区、长洲区、龙圩区、苍梧县、藤县、岑溪市，防城港市上思县、东兴市，贵港市平南县、桂平市，玉林市容县、陆川县、博白县，百色市右江区、百色市百林林场，贺州市昭平县，河池市金城江区、南丹县、东兰县、罗城仫佬族自治县，来宾市象州县、金秀瑶族自治县，崇左市江州区、宁明县、大新县、天等县，良凤江森林公园、派阳山林场、钦廉林场、三门江林场、黄冕林场、六万林场、博白林场、雅长林场；

海南：白沙黎族自治县；

重庆：涪陵区、大渡口区、大足区，武隆区、巫山县、秀山土家族苗族自治县、酉阳土家族苗族自治县；

四川：遂宁市船山区，雅安市汉源县，巴中市通江县，阿坝藏族羌族自治州理县，甘孜藏族自治州康定市、炉霍县、甘孜县、德格县、色达县、理塘县，凉山彝族自治州会东县、布拖县、昭觉县、越西县、甘洛县；

贵州：贵阳市白云区、清镇市、经济技术开发区，铜仁市碧江区、德江县，黔南布依族苗族自治州都匀市；

云南：昆明市五华区、东川区、呈贡区、高新开发区、倘甸产业园区、海口林场，曲靖市陆良县、富源县，玉溪市红塔区、江川区、峨山彝族自治县、元江哈尼族彝族傣族自治县、玉溪市国营玉白顶林场，昭通市永善县，普洱市景东彝族自治县，楚雄彝族自治州楚雄市、双柏县、南华县、元谋县、武定县、禄丰县，红河哈尼族彝族自治州绿春县，西双版纳傣族自治州勐海县，迪庆藏族自治州维西傈僳族自治县；

陕西：西安市周至县，铜川市印台区、耀州区、宜君县，宝鸡市陇县、麟游县，咸阳市永寿县、彬县，渭南市华州区、华阴市，延安市吴起县、黄龙县、黄龙山林业局、桥北林业局，商洛市商州区、洛南县、丹凤县、山阳县、镇安县；

甘肃：天水市清水县，庆阳市西峰区、庆城县、环县、正宁县、宁县、合水总场，定西市岷县；

宁夏：固原市隆德县；

黑龙江森林工业总局：朗乡林业局、友好林业局，大海林林业局、柴河林业局、东京城林业局、穆棱林业局、绥阳林业局、林口林业局、八面通林业局，亚布力林业局、兴隆林业局、方正林业局、苇河林业局，鹤立林业局、鹤北林业局、东方红林业局，带岭林业局。

发生面积　1984327 亩

危害指数　0.4452

• **华山松梢斑螟** ***Dioryctria yuennanella*** **Caradja**

寄　　主　华山松。

分布范围　湖北、四川、云南。

发生地点　四川：凉山彝族自治州金阳县；

云南：昆明市西山区，昭通市巧家县。

发生面积　9912 亩

危害指数　0.3705

• **并脉歧角螟蛾** ***Endotricha consocia*** **(Butler)**

寄　　主　山杨，杧果，桉树。

分布范围　中南，北京、天津、江苏、浙江、福建、江西、四川、贵州、甘肃。

发生地点　北京：顺义区。

• **纹歧角螟** ***Endotricha icelusalis*** **(Walker)**

寄　　主　山杨，栎，构树，高山榕，桉树，茉莉花。

分布范围　东北，河北、江苏、浙江、安徽、江西、河南、湖北、湖南、广东、广西、四川、贵州、云南、陕西、新疆。

发生地点　江苏：南京市浦口区；

陕西：渭南市大荔县，宁东林业局。

• **库氏歧角螟** ***Endotricha kuznetzovi*** **Whalley**

中文异名　并脉歧角螟

寄　　主　柿。

分布范围　北京、河北、辽宁、黑龙江、江苏、安徽、河南、广东、广西、海南、四川、陕西。

发生地点　北京：顺义区。

• **榄绿歧角螟** ***Endotricha olivacealis*** **（Bremer）**

中文异名　橄绿歧角螟

寄　　主　山杨，榆树，苹果，刺槐，槐树，橄榄，柿。

分布范围　中南，北京、河北、天津、浙江、安徽、福建、江西、山东、四川、贵州、云南、西藏、陕西、甘肃。

发生地点　北京：顺义区、密云区。

• **烟草粉斑螟** ***Ephestia elutella*** **Hübner**

寄　　主　干果木。

分布范围　河北、辽宁、江苏、河南、湖北、贵州、陕西。

发生地点　江苏：南京市玄武区，苏州市太仓市。

• **豆荚斑螟** ***Etiella zinckenella*** **（Treitschke）**

寄　　主　银杏，板栗，榕树，柠条锦鸡儿，鸡冠刺桐，刺槐，苦参，槐树，木槿。

分布范围　北京、天津、河北、江苏、安徽、福建、山东、河南、湖北、湖南、广东、四川、贵州、云南、陕西、甘肃、宁夏、新疆。

发生地点　河北：张家口市沽源县，沧州市吴桥县；
江苏：南京市玄武区；
福建：厦门市海沧区；
山东：济宁市经济技术开发区，聊城市东阿县，黄河三角洲保护区；
湖北：荆州市洪湖市；
四川：南充市营山县，巴中市巴州区。

发生面积　936 亩

危害指数　0.3333

• **沙枣暗斑螟** ***Euzophera alpherakyella*** **Ragonot**

寄　　主　沙枣。

分布范围　新疆。

发生地点　新疆：克拉玛依市克拉玛依区、乌尔禾区，哈密市伊州区，喀什地区麦盖提县。

发生面积　845 亩

危害指数　0.5692

• **巴塘暗斑螟** ***Euzophera batangensis*** **Caradja**

中文异名　皮暗斑螟

寄　　主　木麻黄，杨树，山杨，小叶杨，毛白杨，柳树，旱柳，核桃，榆树，桃，杏，枇杷，苹果，云南金合欢，刺槐，槐树，柑橘，枣树。

分布范围　北京、天津、河北、江苏、浙江、福建、江西、山东、湖北、湖南、广东、四川、云南、西藏、陕西。

发生地点　河北：张家口市怀来县，沧州市沧县、泊头市；
浙江：台州市椒江区；
福建：莆田市秀屿区。
发生面积　7638 亩
危害指数　0. 3333

• 香梨优斑螟 *Euzophera pyriella* Yang

寄　　主　杨树，核桃，杏，苹果，新疆梨，槐树，枣树，葡萄，沙枣，石榴。
分布范围　新疆。
发生地点　新疆：哈密市伊州区，巴音郭楞蒙古自治州库尔勒市、轮台县、尉犁县、和静县，喀什地区英吉沙县、叶城县、麦盖提县、岳普湖县，和田地区皮山县；
新疆生产建设兵团：农一师 3 团、10 团、13 团，农二师 22 团、29 团，农三师 48 团、53 团。
发生面积　101283 亩
危害指数　0. 4328

• 双线云斑螟 *Faveria bilineatella* (Inoue)

中文异名　二线云翅斑螟
寄　　主　山杨，榆树，黄刺玫。
分布范围　北京、宁夏。
发生地点　北京：顺义区；
宁夏：吴忠市红寺堡区、盐池县。
发生面积　633 亩
危害指数　0. 3497

• 拟叉纹叉斑螟 *Furcata pseudodichromella* (Yamanaka)

中文异名　拟双色叉斑螟
寄　　主　海棠花。
分布范围　天津、河北、辽宁、浙江、安徽、福建、山东、河南、湖南、贵州、陕西、甘肃、新疆。
发生地点　山东：聊城市东阿县。

• 大蜡螟 *Galleria mellonella* (Linnaeus)

寄　　主　构树。
分布范围　江苏、广东、广西、云南、宁夏。
发生地点　江苏：南京市浦口区；
宁夏：石嘴山市大武口区。

• 赤巢螟 *Herculia pelasgalis* (Walker)

寄　　主　杨树，核桃，板栗，栎，桃，李，葡萄，油茶，茶，柞木，柿。
分布范围　北京、河北、江苏、山东、河南、湖北、广东、广西、海南、四川、贵州、西藏、陕西。

发生地点　北京：通州区、顺义区、密云区；
江苏：南京市玄武区，无锡市锡山区、滨湖区；
山东：济宁市经济技术开发区。

• 桃花心木斑螟 *Hypsiphyla grandella*（Zeller）

寄　　主　桃花心木。

分布范围　福建、广东。

• 麻楝蛀斑螟 *Hypsipyla robusta*（Moore）

寄　　主　板栗，桃，麻楝，大叶桃花心木，红椿，毛红椿，非洲楝。

分布范围　广东、贵州、云南、甘肃。

发生地点　广东：汕头市龙湖区，江门市新会区。

• 灰巢螟 *Hypsopygia glaucinalis*（Linnaeus）

寄　　主　杨树，山杨，栎，栎子青冈，枫香，海棠花，垂丝海棠，桉树。

分布范围　东北、中南，北京、天津、河北、内蒙古、江苏、浙江、福建、江西、山东、四川、贵州、云南、陕西、甘肃、青海。

发生地点　北京：顺义区；
河北：唐山市乐亭县、玉田县，张家口市赤城县、怀来县，邢台市沙河市；
江苏：南京市玄武区，扬州市江都区、经济技术开发区，泰州市姜堰区；
山东：济宁市兖州区；
陕西：太白林业局。

发生面积　1091 亩

危害指数　0.3333

• 黄褐巢螟 *Hypsopygia jezoensis*（Shibuya）

寄　　主　茉莉花。

分布范围　江苏。

• 褐巢螟 *Hypsopygia regina*（Butler）

寄　　主　油松，刨花润楠，酸枣，毛竹。

分布范围　中南，北京、河北、内蒙古、辽宁、江苏、浙江、福建、江西、四川、贵州、云南、陕西、新疆。

发生地点　北京：顺义区；
江苏：南京市玄武区，无锡市宜兴市；
广西：贺州市平桂区。

• 暗纹沟须丛螟 *Lamida obscura*（Moore）

寄　　主　盐肤木。

分布范围　湖北、广东。

发生地点　广东：深圳市宝安区、龙岗区，惠州市惠东县，河源市源城区、紫金县、龙川县、东源县、新丰江，云浮市云城区。

发生面积　170 亩

危害指数　0. 3667

• **缀叶丛螟** ***Locastra muscosalis*** **(Walker)**

寄　　主　马尾松，火炬松，柳杉，粗枝木麻黄，胡杨，柳树，山核桃，粗皮山核桃，野核桃，核桃楸，核桃，枫杨，板栗，苦槠栲，栎，青冈，朴树，构树，黄葛树，含笑花，猴樟，阴香，樟树，天竺桂，山胡椒，黑壳楠，木姜子，枫香，三球悬铃木，樱花，石楠，红叶李，火棘，合欢，刺桐，臭椿，楝树，香椿，乌桕，南酸枣，黄栌，黄连木，盐肤木，火炬树，野漆树，漆树，三角槭，栾树，无患子，枣树，酸枣，山杜英，木槿，梧桐，茶，紫薇，桉树，杜鹃，女贞，木犀，黄荆。

分布范围　华东，北京、天津、河北、辽宁、河南、湖北、湖南、广东、广西、重庆、四川、云南、陕西。

发生地点　北京：顺义区、延庆区；

河北：秦皇岛市青龙满族自治县、卢龙县，保定市望都县，张家口市怀来县；

江苏：南京市玄武区，苏州市高新技术开发区、吴中区、太仓市，盐城市盐都区、射阳县；

浙江：杭州市桐庐县，宁波市江北区、鄞州区、象山县，嘉兴市秀洲区，金华市磐安县，舟山市定海区，台州市椒江区、临海市；

安徽：芜湖市繁昌县，滁州市定远县、明光市；

福建：厦门市集美区，泉州市安溪县，福州国家森林公园；

江西：萍乡市湘东区、莲花县，九江市瑞昌市，鹰潭市余江县，赣州经济技术开发区、安远县，吉安市青原区、永新县、井冈山市，安福县；

山东：烟台市龙口市，济宁市曲阜市，泰安市泰山林场；

河南：郑州市惠济区、新郑市，许昌市襄城县，南阳市南召县、桐柏县，驻马店市正阳县、确山县、泌阳县，巩义市；

湖北：黄冈市红安县、罗田县、武穴市；

湖南：长沙市望城区、长沙县、浏阳市，株洲市芦淞区、石峰区、云龙示范区，邵阳市洞口县，岳阳市平江县、汨罗市，郴州市永兴县、嘉禾县、安仁县，永州市零陵区、冷水滩区；

广东：深圳市龙岗区、光明新区、坪山新区，湛江市廉江市，肇庆市怀集县，惠州市仲恺区，河源市紫金县、龙川县、和平县、东源县，清远市清新区，东莞市；

广西：桂林市灵川县、永福县、灌阳县、恭城瑶族自治县；

重庆：涪陵区、江北区、长寿区、万盛经济技术开发区，城口县、丰都县、武隆区、开县、云阳县、巫山县、巫溪县、秀山土家族苗族自治县、酉阳土家族苗族自治县、彭水苗族土家族自治县；

云南：玉溪市元江哈尼族彝族傣族自治县，大理白族自治州鹤庆县。

发生面积　126644 亩

危害指数　0. 4600

• **杨条斑螟** ***Nephopteryx mikadella*** **(Ragonot)**

中文异名　褐云翅斑螟

寄　　主　杨树，柳树。

分布范围　甘肃。

发生地点　甘肃：嘉峪关市。

• **山东云斑螟** ***Nephopteryx shantungella*** **Roesler**

寄　　主　海棠花。

分布范围　山东。

发生地点　山东：聊城市东阿县。

• **线夜斑螟** ***Nyctegretis lineana*** **(Scopoli)**

寄　　主　杨树，柳树。

分布范围　宁夏。

发生地点　宁夏：银川市永宁县。

• **红云翅斑螟** ***Oncocera semirubella*** **(Scopoli)**

寄　　主　落叶松，华北落叶松，油松，黑杨，垂柳，旱柳，绦柳，枫杨，梨，油橄榄，丝葵。

分布范围　北京、天津、河北、辽宁、黑龙江、浙江、山东、湖北、四川、陕西、宁夏、新疆。

发生地点　北京：顺义区；

河北：张家口市沽源县、赤城县；

山东：黄河三角洲保护区；

湖北：荆州市洪湖市，天门市；

陕西：渭南市大荔县；

宁夏：银川市西夏区、金凤区，石嘴山市大武口区，吴忠市红寺堡区、盐池县。

发生面积　1143 亩

危害指数　0.3395

• **叶瘤丛螟** ***Orthaga achatina*** **(Butler)**

中文异名　栗叶瘤丛螟

寄　　主　马尾松，水杉，垂柳，杨梅，板栗，栎，鹅掌楸，二乔木兰，白兰，猴樟，阴香，樟树，肉桂，天竺桂，油樟，乌药，山胡椒，山鸡椒，潺槁木姜子，刨花润楠，润楠，闽楠，滇楠，桢楠，枫香，檵木，中华石楠，石楠，柑橘，红椿，重阳木，橡胶树，乌桕，南酸枣，盐肤木，三角槭，栾树，无患子，酸枣，杜英，油茶，土沉香，巨尾桉，女贞。

分布范围　华东、中南、河北、辽宁、重庆、四川、贵州、云南、陕西。

发生地点　上海：闵行区、宝山区、嘉定区、浦东新区、金山区、松江区、青浦区、奉贤区，崇明县；

江苏：无锡市锡山区、惠山区、滨湖区、江阴市、宜兴市，徐州市铜山区，常州市天宁区、钟楼区、新北区、武进区、金坛区、溧阳市，苏州市高新技术开发区、相城区、常熟市、张家港市、昆山市、太仓市，南通市如皋市、海门市，淮安市清江浦区、涟水县、金湖县，盐城市盐都区、大丰区、响水县、阜宁县、射阳县、建湖县、东台市，扬州市邗江区、江都区、宝应县、高邮市、经济技术开发区，镇江市新区、润州区、丹徒区、丹阳市、扬中市、句容市，泰州市姜堰区、兴化市、泰兴市，宿迁市宿城区、沭阳县；

浙江：杭州市西湖区、萧山区、余杭区、桐庐县，宁波市鄞州区、余姚市，温州市永嘉县、苍南县、瑞安市，嘉兴市秀洲区，金华市磐安县，衢州市柯城区，舟山市岱山县，台州市椒江区、三门县、天台县；

安徽：合肥市庐阳区、包河区，芜湖市芜湖县，蚌埠市怀远县、五河县、固镇县，淮南市田家庵区、八公山区、潘集区、凤台县，马鞍山市当涂县，滁州市南谯区、来安县、全椒县、定远县、凤阳县、天长市，阜阳市颍东区、颍泉区、太和县、颍上县，宿州市泗县，宣城市郎溪县；

福建：厦门市集美区、同安区、翔安区，莆田市城厢区、涵江区、秀屿区、仙游县，三明市三元区、明溪县、尤溪县、沙县，泉州市安溪县、南安市，漳州市东山县、南靖县，南平市延平区、松溪县、政和县，龙岩市新罗区、永定区、上杭县、漳平市，福州国家森林公园；

江西：南昌市南昌县，萍乡市安源区、湘东区、莲花县、萍乡开发区，九江市修水县、都昌县，新余市分宜县，赣州市经济技术开发区、赣县、信丰县、安远县、宁都县、会昌县，吉安市青原区、新干县、永丰县、泰和县、遂川县、永新县、井冈山市，宜春市铜鼓县、樟树市，抚州市金溪县、东乡县，上饶市信州区、横峰县，共青城市、丰城市、鄱阳县；

河南：信阳市罗山县，固始县；

湖北：武汉市新洲区，荆州市沙市区、荆州区、公安县、监利县、江陵县、石首市、洪湖市，黄冈市龙感湖、红安县、黄梅县、武穴市，潜江市、天门市；

湖南：长沙市长沙县、浏阳市，株洲市荷塘区、芦淞区、石峰区、天元区、云龙示范区、醴陵市，衡阳市南岳区、衡阳县、祁东县、耒阳市、常宁市，邵阳市隆回县、洞口县，岳阳市云溪区、君山区、岳阳县、平江县、汨罗市、临湘市，常德市鼎城区、安乡县、汉寿县、石门县、津市市，张家界市永定区，益阳市资阳区、南县、安化县、沅江市，郴州市苏仙区、桂阳县、永兴县、嘉禾县、临武县，永州市冷水滩区、双牌县、宁远县、江华瑶族自治县、回龙圩管理区，怀化市鹤城区、辰溪县、新晃侗族自治县，娄底市涟源市，湘西土家族苗族自治州凤凰县、保靖县、龙山县；

广东：广州市越秀区、天河区、白云区、番禺区、花都区、南沙区、从化区、增城区，韶关市曲江区、始兴县、仁化县、翁源县、新丰县、乐昌市、南雄市，深圳市宝安区、龙岗区、大鹏新区，汕头市澄海区，佛山市禅城区，湛江市麻章区、遂溪县、廉江市，茂名市茂南区，肇庆市开发区、端州区、鼎湖区、高要区、怀集县、德庆县、四会市、肇庆市属林场，惠州市惠阳区、惠东县，梅州市大埔县，汕尾市陆丰市、汕尾市属林场，河源市源城区、紫金县、龙川县、和平县、东源县，阳江市阳春市，清远市清新区、佛冈县、英德市、连州市、清远市属林场，东莞市，中山市，云浮市云城区、云安区、新兴县、郁南县、云浮市属林场，顺德区；

广西：南宁市上林县、横县，桂林市雁山区、临桂区、阳朔县、灵川县、兴安县、永福县、灌阳县、龙胜各族自治县、平乐县、荔浦县、恭城瑶族自治县，梧州市龙圩区、岑溪市，防城港市防城区，贵港市港南区、桂平市，玉林市玉林市大容山林场，百色市百林林场，贺州市八步区、富川瑶族自治县，河池市金城江区、南丹县、天峨县、巴马瑶族自治县、宜州区，来宾市武宣县、金秀瑶族自治县，高峰林场、派阳山林场、三门江林场、维都林场、大桂山林场、六万林场；

海南：儋州市；

重庆：黔江区，丰都县、武隆区、酉阳土家族苗族自治县；

四川：成都市大邑县、彭州市、邛崃市，自贡市自流井区、贡井区、大安区、沿滩区、荣县，绵阳市平武县，乐山市犍为县，南充市营山县，眉山市青神县，宜宾市翠屏区，雅安市雨城区；

云南：玉溪市峨山彝族自治县，文山壮族苗族自治州广南县；

陕西：西安市周至县，宁东林业局。

发生面积 247969 亩

危害指数 0.3712

- **盐肤木瘤丛螟 *Orthaga euadrusalis* Walker**

寄　　主 盐肤木。

分布范围 福建、江西、贵州、陕西。

- **橄绿瘤丛螟 *Orthaga olivacea*（Warren）**

中文异名 樟巢螟、樟叶瘤丛螟

寄　　主 猴樟，樟树。

分布范围 浙江、广东。

发生地点 浙江：台州市温岭市；

广东：汕尾市陆河县。

发生面积 100 亩

危害指数 0.6333

- **艳双点螟 *Orybina regaiis*（Leech）**

寄　　主 落叶松，杨树，蒙古栎，桃，刺槐。

分布范围 河北、辽宁、黑龙江、江苏、浙江、山东、四川、陕西。

发生地点 河北：邢台市沙河市；

江苏：南京市玄武区；

陕西：渭南市合阳县，宁东林业局。

发生面积 232 亩

危害指数 0.3333

• 一点缀螟 *Paralipsa gularis*（Zeller）

中文异名　一点谷螟

寄　　主　云南松，核桃，构树。

分布范围　华北、东北、华东，四川、宁夏。

发生地点　河北：保定市阜平县；

江苏：南京市浦口区；

宁夏：银川市永宁县。

• 印度谷斑螟 *Plodia interpunctella*（Hübner）

寄　　主　核桃，无花果，杏，枣树，葡萄。

分布范围　北京、四川、新疆。

发生地点　新疆：哈密市伊州区，巴音郭楞蒙古自治州库尔勒市。

发生面积　280 亩

危害指数　0.3333

• 黑脉厚须螟 *Propachys nigrivena* Walker

寄　　主　山杨，猴樟，樟树，天竺桂，香叶树，山鸡椒，红润楠，石楠，合欢，油茶。

分布范围　浙江、福建、江西、广东、陕西。

发生地点　浙江：宁波市象山县，温州市平阳县，台州市临海市；

福建：厦门市翔安区，莆田市城厢区、仙游县、湄洲岛，三明市三元区，龙岩市新罗区、漳平市；

江西：南昌市安义县，宜春市高安市；

广东：云浮市郁南县；

陕西：西安市周至县。

发生面积　6110 亩

危害指数　0.4253

• 泰山簇斑螟 *Psorosa taishanella* Roesler

寄　　主　桃，李。

分布范围　北京。

发生地点　北京：顺义区。

• 泡桐卷野螟 *Pycnarmon cribrata* Fabricius

寄　　主　三球悬铃木，刺桐，桉树，兰考泡桐，白花泡桐，毛泡桐。

分布范围　江苏、安徽、江西、山东、河南、湖北、湖南、广东、四川、陕西。

发生地点　江苏：南京市玄武区；

江西：上饶市铅山县；

山东：济宁市兖州区、梁山县，聊城市东阿县，菏泽市巨野县、郓城县；

河南：许昌市禹州市，兰考县；

湖北：荆门市钟祥市；

湖南：岳阳市岳阳县。

发生面积　10779 亩

危害指数　0. 3828

• 紫斑谷螟 *Pyralis farinalis* Linnaeus

寄　　主　山核桃，扁桃，杏，槐树，干果木，枣树，茶。

分布范围　北京、河北、江苏、浙江、山东、湖南、广东、广西、四川、陕西、新疆。

发生地点　河北：唐山市乐亭县；

山东：聊城市东阿县；

新疆：巴音郭楞蒙古自治州库尔勒市。

• 绣纹螟蛾 *Pyralis pictalis*（Curtis）

寄　　主　柳树，核桃，枫杨，板栗，山柚子，樟树，辣木，枫香，槐树，香椿，杜英，中华猕猴桃，桉树，灯台树。

分布范围　福建、江西、山东、湖北、湖南、广东、广西、四川、贵州、云南、陕西。

发生地点　江西：吉安市井冈山市；

湖南：郴州市宜章县；

广西：高峰林场；

四川：遂宁市船山区；

贵州：毕节市大方县；

陕西：延安市延川县。

发生面积　1022 亩

危害指数　0. 3333

• 金黄螟 *Pyralis regalis* Denis et Schiffermüller

寄　　主　油松，侧柏，竹柏，核桃，桃，苹果，茶。

分布范围　东北，北京、天津、河北、山西、江苏、福建、江西、山东、河南、湖北、湖南、广东、海南、四川、贵州、云南、陕西、甘肃。

发生地点　北京：石景山区、顺义区、密云区；

河北：唐山市乐亭县，张家口市赤城县；

江苏：南京市玄武区。

发生面积　507 亩

危害指数　0. 3340

• 柞褐叶螟 *Sacada fasciata*（Butler）

中文异名　柞褐野螟

寄　　主　杨树，桦木，榛子，麻栎，蒙古栎，榆树，柞木。

分布范围　内蒙古、辽宁、黑龙江、山东、河南。

发生地点　内蒙古：呼伦贝尔市扎兰屯市、南木林业局；

黑龙江：哈尔滨市依兰县，鹤岗市属林场，佳木斯市郊区、桦川县、汤原县、富锦市，牡丹江市海林市、宁安市；

山东：济宁市曲阜市；

河南：南阳市南召县、桐柏县，驻马店市确山县、泌阳县；
黑龙江森林工业总局：大海林林业局、林口林业局、八面通林业局；
内蒙古大兴安岭林业管理局：绰源林业局、阿里河林业局、毕拉河林业局。
发生面积 739583 亩
危害指数 0.5225

- **柳阴翅斑螟 *Sciota adelphella* (Fischer)**

寄　　主 山杨，垂柳，旱柳，杧果。
分布范围 北京、辽宁、山东、湖北。
发生地点 北京：通州区、顺义区。

- **垂斑纹丛螟 *Stericta flavopuncta* Inoue et Sasaki**

寄　　主 山杨。
分布范围 北京、河北、河南、广西、四川、贵州、云南、甘肃。
发生地点 北京：顺义区。

- **白带网丛螟 *Teliphasa albifusa* (Hampson)**

寄　　主 白蜡树。
分布范围 天津、浙江、安徽、福建、河南、湖北、广西、四川、云南、陕西。
发生地点 安徽：合肥市庐阳区；
陕西：宁东林业局。

- **阿米网丛螟 *Teliphasa amica* (Butler)**

寄　　主 马尾松，山杨，板栗，油茶。
分布范围 北京、天津、河北、浙江、福建、江西、河南、湖北、广西、四川、云南。
发生地点 河北：邢台市沙河市；
江西：南昌市安义县；
湖北：黄冈市罗田县。

- **大豆网丛螟 *Teliphasa elegans* (Butler)**

寄　　主 核桃楸，核桃，板栗，桃，木瓜，苹果，玫瑰，柿。
分布范围 北京、天津、河北、福建、河南、湖北、湖南、广西、贵州、陕西。
发生地点 北京：顺义区；
河北：邢台市沙河市；
湖北：黄冈市罗田县。

- **双线棘丛螟 *Termioptycha bilineata* (Wileman)**

寄　　主 黄栌，火炬树，白蜡树。
分布范围 北京、天津、河北、山东、湖北、四川。
发生地点 北京：密云区。

- **麻楝棘丛螟 *Termioptycha margarita* (Butler)**

寄　　主 麻楝。

分布范围　北京、山东。
发生地点　北京：顺义区、密云区。

• **红脉穗螟 *Tirathaba rufivena*（Walker）**
寄　　主　槟榔，椰子，油棕。
分布范围　海南。
发生地点　海南：白沙黎族自治县、昌江黎族自治县、保亭黎族苗族自治县。

草螟科 Crambidae

• **火红环角野螟 *Aethaloessa floridalis*（Zeller）**
寄　　主　火棘。
分布范围　湖南、四川。
发生地点　四川：遂宁市安居区。

• **华丽野螟 *Agathodes ostentalis*（Geyer）**
寄　　主　栲树，刺桐，鸡冠刺桐，柚木，秋茄树，八角枫，小叶女贞。
分布范围　福建、湖北、广东、重庆、四川。
发生地点　广东：深圳市罗湖区、龙岗区，湛江市廉江市，肇庆市四会市，汕尾市陆河县；
　　　　　重庆：荣昌区；
　　　　　四川：自贡市大安区，内江市市中区。

• **白桦角须野螟 *Agrotera nemoralis*（Scopoli）**
寄　　主　白桦，板栗，黧蒴栲。
分布范围　北京、天津、河北、辽宁、黑龙江、江苏、浙江、福建、山东、湖北、广东、广西、四川、贵州、云南、陕西、甘肃。
发生地点　湖北：黄冈市罗田县；
　　　　　广东：惠州市仲恺区。
发生面积　702 亩
危害指数　0.3333

• **褐角须野螟 *Agrotera scissalis*（Walker）**
寄　　主　乌墨，蒲桃。
分布范围　广东。
发生地点　广东：深圳市大鹏新区，云浮市云城区。

• **夏枯草展须野螟 *Anania hortulata*（Linnaeus）**
寄　　主　小叶女贞。
分布范围　北京、河北、山西、辽宁、黑龙江、陕西、甘肃。
发生地点　河北：张家口市沽源县、赤城县；
　　　　　陕西：渭南市华州区。
发生面积　630 亩

危害指数　0. 3333

• **元参棘趾野螟** ***Anania verbascalis*** **(Denis et Schiffermüller)**

寄　　主　石楠，油桐，木槿，刺五加。

分布范围　北京、天津、河北、山西、辽宁、江苏、福建、山东、河南、湖南、广东、四川、贵州、云南、陕西、青海、宁夏。

发生地点　北京：顺义区；
江苏：扬州市江都区；
山东：聊城市东阿县；
四川：自贡市荣县；
宁夏：吴忠市红寺堡区。

发生面积　167 亩

危害指数　0. 3373

• **稻巢草螟** ***Ancylolomia japonica*** **Zeller**

寄　　主　柳树，海桑，桉树，黄棉木。

分布范围　华东，北京、天津、河北、辽宁、黑龙江、湖南、广东、广西、海南、四川、贵州、云南、西藏、陕西。

发生地点　北京：顺义区；
江苏：南京市玄武区，苏州市太仓市，盐城市盐都区。

• **桅子三纹野螟** ***Archernis capitalis*** **(Fabricius)**

拉丁异名　*Archernis tropicalis* Walker

寄　　主　木棉，栀子。

分布范围　浙江、安徽、福建、江西、河南、湖南、广东、广西。

发生地点　江西：宜春市铜鼓县；
湖南：湘潭市韶山市；
广东：肇庆市四会市。

发生面积　313 亩

危害指数　0. 3333

• **白杨缀叶野螟** ***Botyodes asialis*** **Guenée**

中文异名　白杨卷叶螟

寄　　主　山杨，柳树，柿。

分布范围　河北、安徽、江西、河南、广东、四川、陕西、宁夏。

发生地点　安徽：滁州市定远县；
河南：濮阳市台前县，周口市太康县；
宁夏：银川市兴庆区、西夏区、金凤区。

发生面积　9025 亩

危害指数　0. 3333

- **黄翅缀叶野螟 *Botyodes diniasalis*（Walker）**

中文异名　杨黄卷叶螟

寄　　主　银杏，水杉，北京杨，青杨，山杨，二白杨，黑杨，钻天杨，箭杆杨，毛白杨，垂柳，旱柳，杨梅，核桃，枫杨，麻栎，黑弹树，榆树，构树，高山榕，猴樟，闽楠，桢楠，碧桃，杏，苹果，石楠，红叶李，槐树，柑橘，合欢，雀舌黄杨，长叶黄杨，黄杨，冬青卫矛，扁担杆，木槿，紫薇，喜树，桉树，白辛树，团花，毛金竹，胖竹，毛竹。

分布范围　东北、华东、中南、西北，北京、天津、河北、内蒙古、重庆、四川、贵州、云南。

发生地点　北京：顺义区、大兴区、密云区；

天津：西青区；

河北：石家庄市正定县，唐山市乐亭县，邢台市内丘县、宁晋县、平乡县、威县、临西县、南宫市，保定市涞水县、唐县，张家口市怀来县，沧州市东光县、吴桥县、河间市，廊坊市固安县、永清县、香河县、大城县、文安县、霸州市、三河市；

内蒙古：鄂尔多斯市达拉特旗，阿拉善盟阿拉善左旗；

上海：闵行区、宝山区、嘉定区、浦东新区、松江区、青浦区；

江苏：南京市玄武区、浦口区、雨花台区，无锡市滨湖区、宜兴市，徐州市贾汪区、铜山区、沛县，苏州市高新技术开发区、吴江区、昆山市、太仓市，南通市海安县，淮安市淮安区、清江浦区、金湖县，盐城市亭湖区、盐都区、大丰区、响水县、阜宁县、射阳县、建湖县、东台市，扬州市广陵区、江都区、宝应县、高邮市、经济技术开发区，常州市武进区，镇江市扬中市，泰州市姜堰区、兴化市、泰兴市，宿迁市宿城区；

浙江：杭州市西湖区；

安徽：芜湖市无为县，蚌埠市淮上区、怀远县、固镇县，淮南市大通区、田家庵区、谢家集区、潘集区、凤台县、寿县，淮北市相山区、烈山区、濉溪县，滁州市来安县、全椒县、凤阳县，阜阳市颍州区、颍东区、颍泉区、临泉县、界首市，宿州市埇桥区、萧县、泗县，六安市裕安区、叶集区、霍邱县，亳州市谯城区、涡阳县、蒙城县，池州市贵池区，宣城市泾县；

江西：吉安市井冈山市，宜春市樟树市；

山东：济南市历城区、平阴县、济阳县，青岛市城阳区、胶州市，枣庄市台儿庄区，东营市河口区、利津县，烟台市莱山区，潍坊市寒亭区、坊子区、昌乐县、昌邑市、滨海经济开发区，济宁市任城区、微山县、鱼台县、金乡县、嘉祥县、梁山县、曲阜市、邹城市、高新技术开发区、太白湖新区、经济技术开发区，泰安市新泰市，莱芜市钢城区，日照市岚山区、莒县，临沂市兰山区、费县，德州市齐河县、平原县、武城县，聊城市东昌府区、阳谷县、莘县、东阿县、冠县、经济技术开发区、高新技术产业开发区，滨州市无棣县，菏泽市定陶区、郓城县，黄河三角洲保护区；

河南：郑州市管城回族区、中牟县、新密市，开封市通许县，洛阳市洛龙区、嵩县、汝阳县，平顶山市叶县、鲁山县、郏县、舞钢市，安阳市安阳县、内黄县，鹤壁市淇滨区、浚县，新乡市获嘉县、辉县市，焦作市修武县、武陟县、温县、沁阳市、孟州市，濮阳市清丰县、南乐县、台前县，许昌市经济技术开发区、许昌县、鄢陵县、襄城县、禹州市、长葛市，漯河市源汇区，三门峡市陕州区、卢氏县，南阳市宛城区、淅川县、社旗县、桐柏县，商丘市睢阳区、民权县、睢县、宁陵县、柘城县、虞城县、夏邑县，信阳市平桥区、罗山县、光山县、新县、潢川县、淮滨县，周口市川汇区、扶沟县、西华县，驻马店市驿城区、西平县、上蔡县、正阳县、确山县、泌阳县、汝南县，兰考县、长垣县、永城市、新蔡县、邓州市；

湖北：武汉市洪山区，荆门市东宝区、掇刀区、京山县、沙洋县，荆州市沙市区、荆州区、监利县、江陵县，咸宁市嘉鱼县，随州市随县，仙桃市、潜江市；

湖南：益阳市资阳区、沅江市，怀化市辰溪县，常德市汉寿县；

广东：肇庆市高要区、四会市，汕尾市陆河县、陆丰市，云浮市新兴县；

重庆：酉阳土家族苗族自治县；

四川：自贡市大安区，遂宁市安居区，甘孜藏族自治州石渠县；

贵州：毕节市大方县；

陕西：渭南市大荔县、澄城县，汉中市汉台区、西乡县，榆林市绥德县；

甘肃：金昌市永昌县；

青海：西宁市城北区，玉树藏族自治州囊谦县；

新疆生产建设兵团：农四师 68 团。

发生面积　329878 亩

危害指数　0.3595

• 大黄缀叶野螟 *Botyodes principalis* Leech

寄　　主　山杨，小叶杨，枫香。

分布范围　浙江、安徽、福建、江西、广东、广西、四川、贵州、云南、陕西。

发生地点　广西：贺州市昭平县；

四川：自贡市自流井区；

陕西：汉中市汉台区、西乡县。

发生面积　168 亩

危害指数　0.3333

• 稻暗水螟 *Bradina admixtalis* (Walker)

寄　　主　构树。

分布范围　吉林、江苏、江西、广东、陕西。

发生地点　江苏：南京市浦口区。

• 白点暗野螟 *Bradina atopalis* (Walker)

寄　　主　榕树，台湾相思，楝树，桉树。

分布范围　北京、广东。

发生地点　北京：顺义区。

● **菱斑草螟** ***Catoptria pinella*** **（Linnaeus）**

寄　　主　黄刺玫。

分布范围　宁夏。

● **金黄镰翅野螟** ***Circobotys aurealis*** **（Leech）**

寄　　主　孝顺竹，凤尾竹，麻竹，慈竹，罗汉竹，斑竹，水竹，毛竹，早竹，高节竹，早园竹，胖竹。

分布范围　辽宁、上海、江苏、浙江、福建、山东、湖北、湖南、四川。

发生地点　上海：浦东新区；

江苏：南京市玄武区、雨花台区，苏州市昆山市，镇江市句容市；

浙江：宁波市鄞州区、余姚市、慈溪市，金华市磐安县，衢州市常山县；

福建：厦门市集美区，龙岩市新罗区；

湖南：岳阳市平江县。

发生面积　973 亩

危害指数　0.3333

● **横线镰翅野螟** ***Circobotys heterogenalis*** **（Bremer）**

寄　　主　湿地松，柳树，板栗，榆树。

分布范围　北京、河北、山西、江苏、福建、江西、山东、河南、湖南、四川、贵州、陕西、甘肃。

发生地点　江苏：苏州市太仓市；

四川：内江市资中县，巴中市通江县。

发生面积　159 亩

危害指数　0.3333

● **圆斑黄缘禾螟** ***Cirrhochrista brizoalis*** **（Walker）**

寄　　主　柑橘。

分布范围　浙江。

发生地点　浙江：台州市椒江区。

● **银翅野螟** ***Cirrhochrista*** **sp.**

寄　　主　毛竹。

分布范围　浙江。

发生地点　浙江：宁波市象山县。

● **灰黑齿螟** ***Clupeosoma cinerea*** **（Warren）**

寄　　主　瑞香。

分布范围　北京。

发生地点　北京：顺义区。

● **稻纵卷叶野螟** ***Cnaphalocrocis medinalis*** **（Guenée）**

中文异名　稻纵卷叶螟

寄　　主　山杨，柳树，板栗，榆树，桑，猴樟，桃，茶，桉树。

分布范围　东北、华东，北京、天津、河北、内蒙古、河南、湖北、湖南、广东、广西、四川、云南、贵州、陕西。

发生地点　北京：密云区；

河北：唐山市乐亭县，张家口市赤城县；

上海：宝山区、嘉定区；

江苏：南京市玄武区、浦口区，无锡市惠山区、滨湖区，苏州市太仓市，淮安市金湖县，扬州市江都区、宝应县；

浙江：宁波市鄞州区，台州市三门县、临海市；

四川：自贡市荣县，宜宾市宜宾县。

发生面积　6396 亩

危害指数　0.4011

• **桃蛀螟** ***Conogethes punctiferalis*** **(Guenée)**

中文异名　桃蛀野螟、桃蛀野螟蛾

寄　　主　银杏，华山松，赤松，湿地松，马尾松，日本五针松，油松，黑松，云南松，杉木，水杉，侧柏，红豆杉，山杨，杨梅，山核桃，核桃楸，核桃，枫杨，板栗，锥栗，小叶栎，构树，无花果，黄葛树，桑，山柚子，牡丹，白兰，猴樟，樟树，楠，海桐，三球悬铃木，桃，碧桃，梅，杏，樱桃，樱花，木瓜，山楂，枇杷，西府海棠，苹果，海棠花，石楠，李，红叶李，白梨，河北梨，沙梨，紫荆，槐树，文旦柚，柑橘，柠檬，臭椿，桃花心木，香椿，黄杨，南酸枣，龙眼，荔枝，文冠果，枣树，葡萄，杜英，木槿，油茶，茶，木荷，秋海棠，石榴，红千层，番石榴，柿，白蜡树，女贞，木犀，盆架树，泡桐，栀子。

分布范围　华东、西南，北京、天津、河北、山西、辽宁、河南、湖北、湖南、广东、广西、陕西、甘肃、宁夏。

发生地点　北京：东城区、丰台区、石景山区、通州区、顺义区、昌平区、大兴区、怀柔区、密云区；

河北：石家庄市井陉矿区、鹿泉区、井陉县、行唐县、高邑县、平山县，唐山市古冶区、开平区、丰润区、滦南县、乐亭县、迁西县、玉田县、遵化市，秦皇岛市北戴河区、抚宁区、昌黎县、卢龙县，邯郸市涉县、鸡泽县，邢台市邢台县、任县、宁晋县、新河县、广宗县、清河县、沙河市，保定市满城区、高阳县、蠡县、雄县，沧州市盐山县、吴桥县、献县、孟村回族自治县、黄骅市、河间市，廊坊市固安县、永清县、香河县、大城县、霸州市、三河市，衡水市桃城区、枣强县、安平县、故城县、景县、冀州市、深州市；

上海：闵行区、宝山区、嘉定区、浦东新区、金山区、松江区、青浦区、奉贤区，崇明县；

江苏：南京市玄武区、浦口区，无锡市锡山区、滨湖区、江阴市、宜兴市，徐州市沛县、睢宁县、新沂市，常州市天宁区、钟楼区、新北区、溧阳市，苏州市高新技术开发区、昆山市、太仓市，南通市海安县、如东县、海门市，连云港市连云区、灌云县，淮安市淮安区、清江浦区、洪泽区、金湖县，盐城市大丰区、建湖县、东台市，扬州市江都区、宝应县、高邮市，镇江市新区、润州区、丹徒区、丹阳市、句容市，泰州市姜堰区、泰兴市；

浙江：杭州市西湖区、萧山区、富阳区、桐庐县，宁波市江北区、鄞州区、象山县、余姚市，温州市永嘉县，嘉兴市秀洲区，金华市磐安县，衢州市衢江区、常山县、江山市，台州市椒江区、三门县、仙居县，丽水市松阳县、庆元县；

安徽：芜湖市芜湖县，蚌埠市怀远县、固镇县，淮北市杜集区、相山区、烈山区、濉溪县，安庆市大观区，滁州市来安县、天长市，阜阳市阜南县，宿州市萧县，六安市裕安区、叶集区、霍邱县、金寨县，亳州市涡阳县、蒙城县，宣城市宣州区、广德县、宁国市；

福建：厦门市海沧区、集美区、翔安区，莆田市涵江区、荔城区、秀屿区，三明市尤溪县，泉州市安溪县，龙岩市新罗区，福州国家森林公园；

江西：南昌市安义县、进贤县，宜春市高安市，上饶市横峰县；

山东：济南市历城区、济阳县、商河县，青岛市胶州市，枣庄市薛城区、峄城区、山亭区，东营市东营区、河口区、垦利县、利津县、广饶县，潍坊市昌邑市，济宁市任城区、兖州区、鱼台县、金乡县、嘉祥县、泗水县、梁山县、曲阜市、邹城市、高新技术开发区、太白湖新区、经济技术开发区，泰安市泰山区、岱岳区、宁阳县、东平县、新泰市、肥城市、泰山林场，威海市环翠区，日照市岚山区、莒县，莱芜市莱城区、钢城区，临沂市兰山区、沂水县、莒南县、临沭县，德州市陵城区、齐河县、武城县、经济技术开发区，聊城市东昌府区、阳谷县、东阿县、冠县、经济技术开发区，滨州市无棣县，菏泽市牡丹区、定陶区、曹县、单县、成武县、郓城县，黄河三角洲保护区；

河南：郑州市管城回族区、惠济区、荥阳市、新郑市，平顶山市鲁山县，许昌市襄城县、禹州市、长葛市，三门峡市湖滨区，南阳市桐柏县，信阳市光山县，周口市川汇区、西华县，驻马店市确山县、泌阳县，济源市、新蔡县、固始县；

湖北：武汉市洪山区、东西湖区、蔡甸区、新洲区，襄阳市南漳县，荆门市京山县，孝感市孝南区、孝昌县，荆州市沙市区、荆州区、公安县，黄冈市红安县、罗田县、浠水县，随州市随县，恩施土家族苗族自治州鹤峰县；

湖南：株洲市芦淞区、天元区、攸县、云龙示范区，湘潭市雨湖区、湘潭县，衡阳市南岳区，邵阳市洞口县、绥宁县，岳阳市云溪区、岳阳县、汨罗市、临湘市，常德市鼎城区、澧县、临澧县、石门县，益阳市南县、桃江县，郴州市桂阳县、宜章县、嘉禾县、安仁县，永州市江永县，娄底市新化县、涟源市，湘西土家族苗族自治州永顺县；

广东：韶关市曲江区，清远市连州市；

广西：南宁市武鸣区、横县，桂林市龙胜各族自治县，贵港市桂平市，玉林市福绵区；

重庆：万州区、涪陵区、綦江区、巴南区、黔江区、江津区、荣昌区，丰都县、武隆区、开县、巫溪县、石柱土家族自治县、秀山土家族苗族自治县、彭水苗族土家族自治县；

四川：成都市青白江区，自贡市自流井区、贡井区、大安区、沿滩区、荣县，绵阳市三台县、盐亭县、梓潼县、平武县、江油市，广元市利州区、朝天区、旺苍县，遂宁市蓬溪县、射洪县、大英县，内江市市中区、东兴区、威远县，乐山市犍为县，南充市高坪区、营山县、蓬安县、仪陇县、西充县，眉山市仁寿县，宜宾市翠屏区、南溪区、筠连县、兴文县，广安市前锋区、岳池县、邻水县，达州市万源市，雅安市雨城区、汉源县、天全县、芦山县，巴中市巴州区、通江县，资阳市雁江区，阿坝藏族羌族自治州汶川县，凉山彝族自治州布拖县；

贵州：毕节市黔西县；

云南：昭通市永善县，楚雄彝族自治州楚雄市；

陕西：西安市临潼区，宝鸡市扶风县，咸阳市秦都区、三原县、泾阳县、乾县、彬县、武功县、兴平市，渭南市华州区、大荔县、合阳县，汉中市镇巴县，安康市宁陕县、旬阳县，商洛市丹凤县、商南县、山阳县、镇安县、柞水县，杨陵区，宁东林业局；

甘肃：酒泉市敦煌市，陇南市成县，甘南藏族自治州舟曲县。

发生面积　183375 亩

危害指数　0.3754

• 伊锥歧角螟 *Cotachena histricalis* (Walker)

寄　　主　山核桃，核桃，板栗，朴树，榆树，小叶女贞。

分布范围　北京、江苏、浙江、江西、湖北、广东、四川。

发生地点　北京：密云区；

江苏：南京市浦口区，苏州市吴江区、昆山市、太仓市；

浙江：宁波市象山县。

• 毛锥歧角螟 *Cotachena pubescens* (Warren)

寄　　主　朴树。

分布范围　北京、福建、广东。

发生地点　福建：福州国家森林公园。

• 竹织叶野螟 *Crypsiptya coclesalis* (Walker)

中文异名　竹螟、竹织野螟

寄　　主　杨树，垂柳，板栗，樟树，竹叶楠，竹叶花椒，油茶，竹节树，泡桐，孝顺竹，凤尾竹，撑篙竹，青皮竹，凤凰竹，硬头黄竹，黄竹，小方竹，刺竹子，绿竹，麻竹，箬叶竹，箬竹，油竹，慈竹，罗汉竹，黄竿京竹，桂竹，斑竹，水竹，毛竹，红哺鸡竹，毛金竹，早竹，高节竹，早园竹，胖竹，甜竹，金竹，苦竹，茶秆竹，绵竹，箭竹，玉山竹，万寿竹。

分布范围　华东、中南、西南，天津、陕西。

发生地点　上海：闵行区、宝山区、浦东新区、金山区、青浦区、奉贤区，崇明县；

江苏：南京市玄武区、高淳区，无锡市锡山区、惠山区、宜兴市，常州市武进区、金坛区、溧阳市，苏州市高新技术开发区、吴中区、昆山市、太仓市，淮安市金湖县，盐城市盐都区，扬州市邗江区、江都区，镇江市句容市；

浙江：杭州市萧山区、桐庐县、临安市，宁波市江北区、北仑区、鄞州区、余姚市，温州市瑞安市，嘉兴市秀洲区，湖州市吴兴区，金华市磐安县，衢州市衢江区、龙游县，台州市天台县，丽水市莲都区、庆元县；

安徽：合肥市庐阳区、庐江县，芜湖市芜湖县、繁昌县、无为县，安庆市潜山县，黄山市黄山区，滁州市定远县，六安市金安区、裕安区、舒城县、金寨县、霍山县，宣城市宣州区、广德县、泾县、宁国市；

福建：厦门市同安区、翔安区，莆田市城厢区、涵江区、仙游县，三明市三元区、尤溪县，泉州市安溪县，漳州市芗城区、龙文区、诏安县、南靖县、平和县，南平市延平区、浦城县、松溪县、政和县，龙岩市新罗区、长汀县、上杭县、漳平市，福州国家森林公园；

江西：南昌市南昌县，九江市瑞昌市，赣州市南康区、经济技术开发区、信丰县、会昌县，吉安市永新县，宜春市铜鼓县，抚州市东乡县，上饶市广丰区；

山东：青岛市胶州市，泰安市新泰市、泰山林场，日照市经济开发区，临沂市莒南县；

河南：焦作市博爱县，许昌市鄢陵县，南阳市西峡县、淅川县、桐柏县，信阳市平桥区，固始县；

湖北：荆州市沙市区、荆州区、公安县、江陵县、石首市，咸宁市咸安区、嘉鱼县、赤壁市，随州市随县；

湖南：长沙市长沙县、宁乡县、浏阳市，株洲市荷塘区、芦淞区，湘潭市雨湖区、昭山示范区、九华示范区、湘潭县，衡阳市衡阳县、衡南县、耒阳市、常宁市，邵阳市隆回县、洞口县，岳阳市岳阳县、平江县、汨罗市、临湘市，常德市鼎城区、石门县，益阳市资阳区、桃江县，郴州市安仁县，永州市道县，娄底市新化县，湘西土家族苗族自治州保靖县、龙山县；

广东：广州市天河区、白云区、番禺区、花都区、南沙区，深圳市宝安区、龙岗区、光明新区、坪山新区、龙华新区、大鹏新区，茂名市茂南区，肇庆市高要区、怀集县、封开县、四会市，惠州市惠阳区、惠东县，汕尾市陆河县、陆丰市、汕尾市属林场，河源市源城区、紫金县、龙川县、连平县、东源县，清远市清城区、清新区、英德市，东莞市，云浮市云城区、新兴县；

广西：南宁市上林县、宾阳县，桂林市灵川县，梧州市万秀区、苍梧县，贵港市平南县、桂平市，良凤江森林公园；

海南：白沙黎族自治县；

重庆：万州区、涪陵区、九龙坡区、南岸区、北碚区、巴南区、黔江区、长寿区、合川区、永川区、南川区、璧山区、铜梁区、潼南区、荣昌区、万盛经济技术开发区，梁平区、城口县、丰都县、武隆区、忠县、开县、云阳县、奉节县、巫溪县、彭水苗族土家族自治县；

四川：成都市大邑县、蒲江县、彭州市、简阳市，自贡市贡井区、大安区、沿滩区、荣县，德阳市什邡市、绵竹市，绵阳市安州区，遂宁市蓬溪县、大英县，乐山市五通桥区，南充市顺庆区、高坪区、营山县、仪陇县，眉山市东坡区、彭山区、洪雅县、丹棱县、青神县，宜宾市江安县、珙县，广安市前锋区、武胜县，达州市大竹县、渠县，雅安市雨城区、石棉县、天全县、芦山县，资阳市雁江区、乐至县；

贵州：遵义市赤水市，铜仁市江口县、松桃苗族自治县，贵安新区，黔南布依族苗族自治州龙里县；

云南：昭通市大关县、绥江县；

陕西：渭南市华州区，商洛市丹凤县。

发生面积 364375 亩

危害指数 0.3831

- **宽缘绢野螟 *Cydalima laticostalis* (Guenée)**

寄　　主 杨树，柳树。

分布范围 辽宁。

- **黄杨绢野螟 *Cydalima perspectalis* (Walker)**

中文异名 黄杨野螟、黑缘透翅蛾

寄　　主 山杨，毛白杨，枫杨，板栗，猴樟，海桐，枫香，石楠，火棘，雀舌黄杨，长叶黄杨，黄杨，冬青，卫矛，冬青卫矛，金边黄杨，木荷，杜鹃，女贞，小叶女贞，栀子。

分布范围 华东，北京、天津、河北、山西、辽宁、河南、湖北、湖南、广东、重庆、四川、贵州、西藏、陕西、甘肃。

发生地点 北京：东城区、石景山区、房山区、通州区、大兴区；

河北：石家庄市灵寿县，唐山市路南区、路北区、丰润区、玉田县，秦皇岛市抚宁区，邢台市邢台县、威县，保定市满城区，张家口市怀来县，沧州市河间市，廊坊市安次区、固安县、香河县、大厂回族自治县、霸州市；

山西：阳泉市平定县，长治市城区、平顺县，晋城市沁水县、泽州县，运城市闻喜县、新绛县、平陆县；

上海：闵行区、宝山区、嘉定区、浦东新区、金山区、松江区、青浦区、奉贤区，崇明县；

江苏：南京市玄武区、浦口区、栖霞区、雨花台区，无锡市锡山区、惠山区、滨湖区、江阴市、宜兴市，徐州市铜山区、丰县，常州市天宁区、钟楼区、武进区、金坛区、溧阳市，苏州市高新技术开发区、相城区、吴江区、昆山市、太仓市，南通市海安县、如皋市、海门市，淮安市清江浦区、金湖县，盐城市盐都区、大丰区、响水县、阜宁县、射阳县、建湖县、东台市，扬州市江都区、宝应县、高邮市、经济技术开发区，镇江市新区、润州区、丹徒区、丹阳市、句容市，泰州市海陵区、姜堰区、泰兴市；

浙江：杭州市西湖区、萧山区、余杭区、桐庐县，宁波市鄞州区、宁海县、余姚市，温州市鹿城区，嘉兴市秀洲区、嘉善县，金华市磐安县，台州市椒江区、三门县、温岭市、临海市，丽水市莲都区；

安徽：合肥市肥西县、庐江县，芜湖市芜湖县，蚌埠市固镇县，黄山市徽州区，滁州市南谯区、全椒县、凤阳县、天长市，宿州市泗县，六安市霍山县，亳州市涡阳县、蒙城县，池州市贵池区；

福建：南平市延平区，福州国家森林公园；

江西：景德镇市昌江区，九江市瑞昌市，抚州市临川区，上饶市婺源县；

山东：青岛市城阳区、胶州市、即墨市、莱西市，枣庄市台儿庄区，烟台市龙口市，潍坊市坊子区、昌乐县、昌邑市、滨海经济开发区，济宁市任城区、兖州区、鱼台县、金乡县、泗水县、梁山县、曲阜市、高新技术开发区、太白湖新区，泰安市泰山区、岱岳区、宁阳县、肥城市、泰山林场，威海市环翠区，日照市莒县，莱芜市莱城区，临沂市兰山区、罗庄区、沂水县、平邑县、莒南县，德州市齐河县、禹城市，聊城市阳谷县、东阿县、冠县、高唐县、临清市、经济技术开发区，菏泽市牡丹区、定陶区、单县、巨野县、郓城县、东明县；

河南：郑州市惠济区、荥阳市、登封市，开封市龙亭区，洛阳市栾川县，平顶山市郏县，安阳市内黄县，焦作市博爱县，濮阳市清丰县、南乐县、范县，许昌市鄢陵县，商丘市睢阳区，信阳市潢川县、息县，周口市扶沟县，驻马店市上蔡县，滑县、新蔡县；

湖北：荆州市沙市区、荆州区、公安县、监利县、石首市，太子山林场；

湖南：邵阳市隆回县、洞口县，益阳市沅江市，永州市双牌县，怀化市通道侗族自治县，湘西土家族苗族自治州凤凰县；

重庆：万盛经济技术开发区；

四川：巴中市通江县；

贵州：铜仁市印江土家族苗族自治县；

陕西：西安市周至县、户县，咸阳市乾县、彬县，渭南市大荔县、华阴市，延安市富县，商洛市镇安县、柞水县，杨陵区，宁东林业局；

甘肃：庆阳市华池县。

发生面积　71046 亩

危害指数　0. 3926

• 竹云纹野螟 *Demobotys pervulgalis*（Hampson）

寄　　主　慈竹，水竹，毛竹，胖竹。

分布范围　江苏、浙江、安徽、江西、湖北、湖南、四川、贵州、云南。

发生地点　浙江：宁波市余姚市；

四川：雅安市雨城区；

云南：玉溪市元江哈尼族彝族傣族自治县。

发生面积　203 亩

危害指数　0. 3662

• 绿翅绢野螟 *Diaphania angustalis*（Snellen）

寄　　主　麻栎，槲栎，小叶栎，枫香，石楠，红叶李，刺桐，鸡冠刺桐，臭椿，杧果，栾树，木芙蓉，紫薇，巨尾桉，乌墨，灯台树，糖胶树，盆架树，栀子。

分布范围　上海、福建、湖北、广东、广西、海南、重庆、四川、云南。

发生地点　上海：青浦区；

福建：厦门市集美区、同安区、翔安区，莆田市城厢区、涵江区、荔城区、秀屿区、仙游县，漳州市漳浦县，龙岩市新罗区；

广东：广州市白云区，韶关市翁源县，深圳市罗湖区、福田区、南山区、宝安区、龙岗区、盐田区、光明新区、龙华新区、大鹏新区，佛山市南海区、高明区，湛江市麻章区、遂溪县、廉江市，茂名市高州市，肇庆市开发区、端州区、高要区、四会市、肇庆市属林场，惠州市惠东县，梅州市大埔县，汕尾市陆河县、陆丰市，河源市源城区、紫金县、龙川县、和平县、东源县，阳江市阳春市，清远市清新区，东莞市，中山市，云浮市云城区、新兴县，顺德区；

广西：南宁市马山县、宾阳县、横县，桂林市雁山区，黄冕林场；

海南：三亚市海棠区、天涯区、育才生态区，儋州市，定安县、白沙黎族自治县、乐东黎族自治县；

重庆：万州区；

四川：乐山市峨眉山市；

云南：西双版纳傣族自治州勐腊县。

发生面积 11107 亩

危害指数 0.3863

• **海绿绢野螟** ***Diaphania glauculalis*** **(Guenée)**

寄　　主 川滇柳。

分布范围 辽宁、广东。

• **瓜绢野螟** ***Diaphania indica*** **(Saunders)**

中文异名 瓜绢螟

寄　　主 银白杨，山杨，绦柳，板栗，桑，桃，雀舌黄杨，长叶黄杨，黄杨，木槿，梧桐，油茶，茶，常春藤，杜鹃，兰考泡桐，梓。

分布范围 华东，北京、天津、河北、辽宁、河南、湖北、广东、广西、重庆、四川、贵州、陕西、宁夏。

发生地点 河北：石家庄市井陉矿区，唐山市滦南县、乐亭县、玉田县，沧州市吴桥县、河间市；

上海：嘉定区、青浦区；

江苏：南京市玄武区，无锡市惠山区、滨湖区，常州市天宁区、钟楼区、新北区，苏州市太仓市，淮安市洪泽区；

浙江：杭州市西湖区，宁波市江北区、镇海区、象山县、余姚市，温州市瑞安市，舟山市嵊泗县，台州市临海市；

安徽：合肥市庐阳区；

江西：南昌市安义县；

山东：泰安市泰山林场，菏泽市牡丹区，黄河三角洲保护区；

河南：郑州市新郑市；

陕西：商洛市镇安县；

宁夏：银川市西夏区、金凤区。

发生面积　5467 亩

危害指数　0.4150

• 褐纹翅野螟 *Diasemia accalis*（Walker）

寄　　主　刺桐。

分布范围　江苏、浙江、安徽、福建、河南、湖北、湖南、广东、广西、四川、贵州、云南、西藏。

发生地点　四川：自贡市大安区。

• 华斑水螟 *Eoophyla sinensis*（Hampson）

中文异名　中华斑水螟

寄　　主　板栗，刺桐，女贞，斑竹。

分布范围　河北、河南、湖北、四川、陕西。

发生地点　四川：宜宾市筠连县；

陕西：渭南市华州区。

• 竹芯翎翅野螟 *Epiparbattia gloriosalis* Caradja

寄　　主　毛竹，慈竹。

分布范围　河北、福建、江西、广东、四川、云南。

• 竹黄腹大草螟 *Eschata miranda* Bleszynski

寄　　主　毛竹，胖竹。

分布范围　江苏、浙江、安徽、福建、江西、湖北、广东、广西、四川、云南。

• 横带窄翅野螟 *Euclasta defamatalis*（Walker）

寄　　主　斑竹，金竹。

分布范围　江苏、浙江、福建、山东、湖北、广东、广西、四川、云南。

• 旱柳原野螟 *Euclasta stotzneri*（Caradja）

寄　　主　垂柳，旱柳，细叶蒿柳，杜梨，枣树，酸枣，杠柳。

分布范围　华北，辽宁、江苏、山东、湖北、陕西、甘肃、宁夏。

发生地点　北京：东城区、石景山区、顺义区、大兴区；

河北：石家庄市井陉矿区，邢台市沙河市，张家口市怀来县、涿鹿县，沧州市吴桥县、河间市；

山西：朔州市平鲁区；

内蒙古：通辽市科尔沁左翼后旗；

江苏：南京市玄武区；

山东：济南市历城区，济宁市泗水县、经济技术开发区；

陕西：咸阳市秦都区、兴平市，渭南市大荔县、澄城县；

宁夏：银川市灵武市，吴忠市利通区、红寺堡区。

发生面积　2399 亩

危害指数　0.3403

- **黄翅双叉端环野螟** ***Eumorphobotys eumorphalis*** **(Caradja)**

寄　　主　阔叶桉，毛金竹，毛竹。
分布范围　江苏、浙江、安徽、江西、湖南、云南。
发生地点　江苏：南京市玄武区，苏州市太仓市；
　　　　　湖南：长沙市浏阳市。

- **赭翅双叉端环野螟** ***Eumorphobotys obscuralis*** **(Caradja)**

寄　　主　刺竹子，毛竹，旱竹，胖竹。
分布范围　江苏、浙江、福建、四川、贵州、陕西。
发生地点　江苏：南京市玄武区，无锡市宜兴市，苏州市太仓市；
　　　　　浙江：宁波市鄞州区。
发生面积　253 亩
危害指数　0.3333

- **双点绢野螟** ***Glyphodes bivitralis*** **(Guenée)**

寄　　主　高山榕，榕树，桑，油桐，黄牛木。
分布范围　安徽、福建、广东、重庆。
发生地点　福建：福州国家森林公园；
　　　　　广东：肇庆市高要区、四会市，汕尾市陆河县、陆丰市，云浮市新兴县；
　　　　　重庆：秀山土家族苗族自治县、酉阳土家族苗族自治县。
发生面积　2031 亩
危害指数　0.3338

- **黄翅绢野螟** ***Glyphodes caesalis*** **Walker**

寄　　主　杨树，木波罗，高山榕，桉树。
分布范围　福建、河南、广东、广西、海南、四川、云南。
发生地点　河南：驻马店市遂平县；
　　　　　广东：汕尾市陆丰市。
发生面积　232 亩
危害指数　0.3333

- **齿纹绢野螟** ***Glyphodes crithealis*** **(Walker)**

寄　　主　中华猕猴桃，小蜡。
分布范围　浙江、福建。
发生地点　福建：福州国家森林公园。

- **齿斑绢丝野螟** ***Glyphodes onychinalis*** **(Guenée)**

中文异名　草螟
寄　　主　毛竹。
分布范围　上海、江苏、江西。
发生地点　江苏：南京市玄武区。

• 拟桑绢野螟 *Glyphodes pryeri* Butler

寄　　主　黄葛树。

分布范围　福建。

• 桑绢野螟 *Glyphodes pyloalis*（Walker）

中文异名　桑螟

寄　　主　山杨，构树，桑，枫香，白杜。

分布范围　华东，北京、天津、河北、辽宁、黑龙江、河南、湖北、广东、重庆、四川、贵州、云南、陕西。

发生地点　北京：石景山区、顺义区；

河北：沧州市河间市；

上海：浦东新区，崇明县；

江苏：苏州市昆山市，淮安市清江浦区、金湖县，盐城市亭湖区、盐都区、大丰区、射阳县、建湖县、东台市，扬州市邗江区、宝应县、高邮市，泰州市姜堰区；

浙江：宁波市宁海县；

安徽：阜阳市颍东区；

山东：泰安市岱岳区、泰山林场，威海市环翠区，莱芜市莱城区，聊城市东阿县；

湖北：荆门市掇刀区，荆州市沙市区、荆州区、监利县、江陵县；

广东：深圳市宝安区，河源市紫金县；

重庆：涪陵区、南岸区、黔江区、铜梁区，忠县、开县；

四川：眉山市青神县，凉山彝族自治州宁南县；

陕西：咸阳市兴平市，渭南市澄城县。

发生面积　5299 亩

危害指数　0.4189

• 四斑绢野螟 *Glyphodes quadrimaculalis*（Bremer et Grey）

寄　　主　山杨，白柳，垂柳，旱柳，绦柳，小红柳，山核桃，核桃楸，核桃，白桦，榛子，板栗，蒙古栎，朴树，榆树，大果榉，桑，杜仲，山桃，桃，苹果，榆叶梅，梨，刺槐，槐树，臭椿，长叶黄杨，黄杨，冬青，枣树，葡萄，椴树，木槿，梧桐，柞木，沙棘，毛八角枫，柳兰，水曲柳，白蜡树，女贞，紫丁香，杠柳，泡桐。

分布范围　东北，北京、天津、河北、上海、江苏、山东、湖北、四川、陕西、甘肃、宁夏。

发生地点　北京：石景山区、通州区、顺义区、密云区；

河北：唐山市丰润区、乐亭县、玉田县，邢台市平乡县、沙河市，张家口市沽源县、怀来县、涿鹿县、赤城县，沧州市吴桥县、河间市，衡水市桃城区；

江苏：盐城市响水县；

山东：济南市历城区，济宁市任城区、兖州区、泗水县、梁山县、经济技术开发区，泰安市泰山林场，临沂市沂水县，聊城市阳谷县、东阿县，黄河三角洲保护区；

四川：南充市西充县；

陕西：西安市周至县，咸阳市秦都区、乾县、长武县、旬邑县，渭南市临渭区、华州区、合阳县、白水县、大荔县，宁东林业局；

宁夏：银川市西夏区、永宁县，石嘴山市大武口区、惠农区，吴忠市红寺堡区，固原市彭阳县。

发生面积 1933 亩

危害指数 0.3344

• 棕带绢野螟 *Glyphodes stolalis* Guenée

寄　　主 高山榕，榕树。

分布范围 广东。

发生地点 广东：深圳市宝安区、龙岗区、大鹏新区，东莞市，汕尾市陆河县。

• 棉褐环野螟 *Haritalodes derogata*（Fabricius）

中文异名 棉卷叶野螟、棉大卷叶螟

寄　　主 山杨，黑杨，棉花柳，板栗，栎，麻栎，朴树，构树，榕树，桑，含笑花，枫香，三球悬铃木，苹果，海棠花，石楠，梨，月季，合欢，油桐，毛桐，盐肤木，扶芳藤，七叶树，紫椴，木芙蓉，朱槿，木槿，垂花悬铃花，桐棉，木棉，梧桐，海桑，毛八角枫，桉树，常春藤，女贞，日本女贞，木犀，泡桐，楸，栀子。

分布范围 华北、华东，辽宁、黑龙江、河南、湖北、湖南、广东、广西、重庆、四川、贵州、云南、陕西、宁夏。

发生地点 北京：东城区、石景山区；

河北：唐山市乐亭县，秦皇岛市北戴河区，沧州市河间市；

内蒙古：通辽市科尔沁左翼后旗；

上海：宝山区、松江区、青浦区，崇明县；

江苏：南京市玄武区、浦口区、雨花台区，无锡市滨湖区，常州市天宁区、钟楼区，苏州市高新技术开发区、吴中区、吴江区、昆山市、太仓市，淮安市金湖县，盐城市盐都区、大丰区、响水县、射阳县、建湖县，扬州市江都区、高邮市，镇江市句容市，泰州市姜堰区；

浙江：杭州市西湖区，宁波市江北区、北仑区、象山县；

安徽：合肥市庐阳区、肥西县；

福建：龙岩市上杭县、漳平市，福州国家森林公园；

山东：济宁市任城区、梁山县、高新技术开发区、太白湖新区，泰安市东平县、泰山林场，聊城市东阿县、经济技术开发区，黄河三角洲保护区；

河南：郑州市新郑市，平顶山市鲁山县，许昌市鄢陵县、禹州市；

湖北：武汉市洪山区，荆州市沙市区、荆州区、江陵县，潜江市；

湖南：永州市冷水滩区；

广东：广州市越秀区、天河区、白云区，韶关市翁源县，深圳市福田区、宝安区、龙岗区、盐田区、光明新区、坪山新区、龙华新区、大鹏新区，佛山市南海区，湛江市麻章区、遂溪县、廉江市，肇庆市开发区、端州区、高要区、怀集县、四会市，惠州市惠阳区、惠东县，梅州市大埔县，汕尾市陆河县、陆丰市，河源市源城区、紫金县、龙川县、东源县，清远市清新区，东莞市，中山市，云浮市新兴县、云浮市属林场；

广西：南宁市江南区；

重庆：秀山土家族苗族自治县、酉阳土家族苗族自治县；

四川：内江市隆昌县，南充市西充县，眉山市洪雅县，广安市武胜县；

贵州：铜仁市印江土家族苗族自治县；

陕西：渭南市华州区、大荔县，商洛市镇安县，宁东林业局。

发生面积 25888 亩

危害指数 0.3733

• **黄野螟** ***Heortia vitessoides*** **(Moore)**

中文异名 沉香黄野螟

寄　　主 桑，桢楠，枫香，柑橘，土沉香，漆树，荔枝，茶，桉树。

分布范围 福建、湖北、广东、广西、海南、云南、陕西。

发生地点 广东：深圳市龙岗区、光明新区，佛山市高明区，湛江市麻章区、遂溪县，茂名市茂南区、化州市、茂名市属林场，肇庆市开发区、端州区、鼎湖区、高要区、四会市，惠州市惠阳区、惠东县，梅州市大埔县，汕尾市陆河县、陆丰市，河源市源城区、紫金县，阳江市阳春市、阳江市属林场，东莞市，中山市，云浮市云安区、新兴县、云浮市属林场；

广西：钦州市灵山县，崇左市凭祥市，高峰林场、热带林业实验中心；

海南：海口市琼山区、美兰区，五指山市；

云南：西双版纳傣族自治州景洪市、勐海县、勐腊县，怒江傈僳族自治州泸水县。

发生面积 20882 亩

危害指数 0.6043

• **葡萄切叶野螟** ***Herpetogramma luctuosalis*** **(Guenée)**

寄　　主 红叶李，合欢，山葡萄，葡萄，圆叶葡萄，木槿，白花泡桐，桉树。

分布范围 东北，北京、河北、山西、上海、江苏、浙江、福建、山东、湖北、广东、四川、贵州、云南、陕西。

发生地点 北京：顺义区、大兴区；

河北：保定市唐县，沧州市河间市；

上海：嘉定区；

江苏：南京市玄武区；

浙江：杭州市西湖区，台州市椒江区，宁波市象山县；

山东：济宁市金乡县、梁山县、经济技术开发区；

四川：南充市西充县；

陕西：渭南市华州区，太白林业局。

发生面积 186 亩

危害指数　0.3530

• 凸缘长距野螟 *Hyalobathra aequalis*（Lederer）

寄　　主　白饭树。

分布范围　广东。

• 赭翅长距野螟 *Hyalobathra coenostolalis*（Snellen）

寄　　主　云南松。

分布范围　湖南、广东、四川。

• 肉桂螟蛾 *Hydrorybina bicolor*（Moore）

寄　　主　肉桂。

分布范围　广东。

• 甜菜斑白带野螟 *Hymenia perspectalis*（Hübner）

中文异名　双白带野螟

寄　　主　紫薇，桉树。

分布范围　辽宁、江苏、广东、四川、陕西。

发生地点　四川：自贡市自流井区；

　　　　　陕西：渭南市华阴市。

• 黑点蚀叶野螟 *Lamprosema commixta*（Butler）

中文异名　白点黑翅野螟

寄　　主　山杨，板栗，黄杨，盐肤木。

分布范围　北京、天津、辽宁、江苏、浙江、安徽、福建、河南、湖北、广东、海南、四川、云南、西藏、陕西、甘肃。

发生地点　江苏：南京市浦口区，扬州市宝应县。

• 黄环蚀叶野螟 *Lamprosema tampiusalis*（Walker）

寄　　主　荔枝。

分布范围　广东、重庆。

发生地点　广东：惠州市仲恺区。

发生面积　169 亩

危害指数　0.3333

• 艾锥额野螟 *Loxostege aeruginalis*（Hübner）

寄　　主　松，艾胶树，茶条槭。

分布范围　北京、天津、河北、山西、辽宁、黑龙江、河南、湖北、陕西、青海、宁夏。

发生地点　北京：石景山区、顺义区；

　　　　　河北：张家口市怀来县、赤城县；

　　　　　宁夏：固原市彭阳县。

发生面积　1003 亩

危害指数　0.3333

• **草地螟** ***Loxostege sticticalis*** **(Linneaus)**

中文异名　网锥额野螟

寄　　主　山杨，钻天杨，箭杆杨，柳树，榆树，构树，杏，毛刺槐，枣树，多枝柽柳，沙枣，枸杞。

分布范围　华北、西北，吉林、黑龙江、江苏、山东、河南、湖北、四川、西藏。

发生地点　北京：东城区、丰台区、石景山区、密云区；

河北：唐山市乐亭县，张家口市沽源县、怀安县、怀来县，雾灵山保护区；

内蒙古：鄂尔多斯市达拉特旗，呼伦贝尔市海拉尔区，乌兰察布市兴和县、察哈尔右翼前旗、察哈尔右翼后旗、四子王旗，阿拉善盟额济纳旗；

江苏：南京市浦口区，镇江市句容市；

四川：自贡市贡井区；

西藏：昌都市类乌齐县、左贡县，拉萨市达孜县、林周县、曲水县，日喀则市吉隆县、桑珠孜区，山南市加查县、乃东县，琼结县、扎囊县；

陕西：榆林市米脂县，府谷县；

宁夏：银川市兴庆区、西夏区、金凤区、永宁县，石嘴山市大武口区，吴忠市利通区、红寺堡区、同心县；

新疆生产建设兵团：农四师。

发生面积　746759 亩

危害指数　0.3794

• **三环须水螟** ***Mabra charonialis*** **(Walker)**

中文异名　三环须野螟

寄　　主　柳树。

分布范围　黑龙江、江苏、浙江、福建、山东、湖南、广东、四川、云南。

发生地点　江苏：南京市玄武区，淮安市清江浦区。

• **豆荚野螟** ***Maruca vitrata*** **(Fabricius)**

拉丁异名　*Maruca testulalis* Geyer

寄　　主　柳树，栎，柠条锦鸡儿，刺槐，苦参，槐树，茶。

分布范围　华北、中南，辽宁、上海、江苏、安徽、福建、江西、山东、四川、贵州、云南、陕西、宁夏。

发生地点　北京：东城区、顺义区、密云区；

河北：唐山市乐亭县，邢台市沙河市，张家口市赤城县，沧州市河间市；

上海：嘉定区；

江苏：南京市玄武区，无锡市滨湖区，盐城市响水县；

山东：黄河三角洲保护区；

湖北：荆州市洪湖市；

陕西：渭南市华州区，商洛市柞水县；
宁夏：吴忠市红寺堡区、盐池县。
发生面积 48769 亩
危害指数 0.3607

- **黄伸喙野螟** ***Uresiphita gilvata*** **(Fabricius)**

寄　　主 旱柳，榆叶梅。
分布范围 河北、辽宁、山东、河南、西藏、宁夏。
发生地点 河北：沧州市河间市；
西藏：拉萨市达孜县、曲水县，日喀则市吉隆县，山南市乃东县、琼结县、扎囊县，昌都市类乌齐县；
宁夏：吴忠市盐池县。

- **贯众伸喙野螟** ***Mecyna gracilis*** **(Butler)**

寄　　主 杨树，蒙古栎，鳞尾木，苹果，贯月忍冬。
分布范围 北京、天津、河北、山西、辽宁、黑龙江、安徽、福建、江西、山东、河南、湖北、陕西。
发生地点 河北：邢台市沙河市。

- **五斑伸喙野螟** ***Mecyna quinquigera*** **(Moore)**

寄　　主 杨梅。
分布范围 广东。

- **杨芦伸喙野螟** ***Mecyna tricolor*** **(Butler)**

寄　　主 山杨，桑，樟树，溲疏。
分布范围 北京、河北、山西、黑龙江、浙江、福建、山东、湖南、广东、四川、贵州、云南、甘肃。
发生地点 北京：顺义区；
浙江：台州市临海市；
山东：泰安市泰山林场。
发生面积 1023 亩
危害指数 0.4311

- **短梳角野螟** ***Meroctena tullalis*** **(Walker)**

寄　　主 红花天料木。
分布范围 辽宁、福建、广东、广西、海南、云南。

- **茉莉野螟** ***Nausinoe geometralis*** **(Guenée)**

寄　　主 桉树，茉莉花，小蜡。
分布范围 福建、广东。
发生地点 福建：福州国家森林公园。

• **云纹叶野螟** ***Nausinoe perspectata*** **（Fabricius）**

寄　　主　木麻黄，紫茉莉，桉树，茉莉花。

分布范围　浙江、福建、广东、云南。

发生地点　浙江：台州市椒江区。

• **丛毛展须野螟** ***Neoanalthes contortalis*** **（Hampson）**

寄　　主　核桃，刺槐。

分布范围　四川。

发生地点　四川：内江市市中区，乐山市犍为县。

• **麦牧野螟** ***Nomophila noctuella*** **（Denis et Schiffermüller）**

寄　　主　雪松，水杉，垂柳，旱柳，榕树，枳。

分布范围　河北、江苏、河南、广东、陕西。

发生地点　河北：保定市唐县，沧州市吴桥县、河间市；
江苏：南京市玄武区，苏州市昆山市；
陕西：咸阳市秦都区、乾县。

发生面积　313 亩

危害指数　0. 3333

• **斑点卷叶野螟** ***Nosophora maculalis*** **（Leech）**

寄　　主　栎，猴樟，盐肤木。

分布范围　河北、浙江、江西、湖北、四川。

发生地点　河北：邢台市沙河市；
浙江：宁波市江北区、镇海区；
四川：广安市武胜县。

发生面积　1111 亩

危害指数　0. 3333

• **茶须野螟** ***Nosophora semitritalis*** **（Lederer）**

寄　　主　杨梅，黧蒴栲，枫香，樱花，台湾相思，黄槿，山茶，油茶，茶，木荷，紫薇，巨尾桉。

分布范围　河北、辽宁、浙江、福建、江西、湖南、广东、海南、四川、云南、陕西。

发生地点　浙江：杭州市西湖区，宁波市象山县，台州市临海市，丽水市松阳县；
福建：厦门市海沧区、同安区，莆田市城厢区、荔城区、秀屿区、仙游县，泉州市安溪县，龙岩市经济开发区、连城县；
江西：赣州市安远县。

发生面积　5133 亩

危害指数　0. 4771

• **扶桑四点野螟** ***Notarcha quaternalis*** **（Zeller）**

寄　　主　柳树，白桦，榕树，桑，台湾相思，楝树，火炬树，扁担杆，朱槿，桉树。

分布范围　北京、河北、辽宁、黑龙江、江苏、山东、广东、四川、贵州、陕西。

发生地点　北京：东城区、顺义区、密云区；
　　　　　江苏：盐城市响水县。

• 豆啮叶野螟 *Omiodes indicata* (Fabricius)

中文异名　大豆卷叶螟、豆卷叶螟
寄　　主　构树，石楠，刺槐，槐树，小蜡，菜豆树。
分布范围　河北、辽宁、江苏、浙江、福建、山东、河南、湖北、广东、四川、云南、陕西、宁夏。
发生地点　河北：沧州市吴桥县、河间市；
　　　　　江苏：南京市雨花台区；
　　　　　浙江：宁波市象山县；
　　　　　广东：肇庆市怀集县。
发生面积　182 亩
危害指数　0.3443

• 苎麻卷叶野螟 *Omiodes pernitescens* (Swinhoe)

寄　　主　紫荆。
分布范围　黑龙江、江苏、广东、陕西。
发生地点　江苏：扬州市宝应县；
　　　　　陕西：咸阳市乾县。

• 竹蠹螟 *Omphisa fuscidentalis* (Hampson)

中文异名　竹虫
寄　　主　刺竹子，毛竹。
分布范围　广西、云南。

• 亚洲玉米螟 *Ostrinia furnacalis* (Guenée)

寄　　主　山杨，板栗，石楠，木槿。
分布范围　北京、天津、辽宁、上海、江苏、山东、四川、宁夏。
发生地点　北京：石景山区；
　　　　　上海：宝山区、浦东新区、金山区；
　　　　　江苏：苏州市昆山市；
　　　　　山东：聊城市东阿县；
　　　　　宁夏：吴忠市红寺堡区、盐池县。
发生面积　494 亩
危害指数　0.3738

• 玉米螟 *Ostrinia nubilalis* (Hübner)

寄　　主　青杨，山杨，毛白杨，垂柳，旱柳，榆树，桃，苹果，石楠，梨，月季，槐树，小果枣，红淡比，柞木。
分布范围　北京、天津、河北、内蒙古、辽宁、黑龙江、上海、江苏、浙江、山东、河南、四川、陕西、甘肃、宁夏、新疆。

发生地点　北京：东城区、通州区、顺义区；
　　　　　河北：石家庄市晋州市，唐山市乐亭县，张家口市怀来县，沧州市献县；
　　　　　江苏：南京市玄武区，苏州市太仓市，南通市海门市，淮安市清江浦区、金湖县，扬州市宝应县；
　　　　　浙江：宁波市象山县；
　　　　　山东：青岛市胶州市，济宁市任城区、兖州区、汶上县、梁山县、经济技术开发区，聊城市阳谷县，菏泽市定陶区；
　　　　　四川：自贡市贡井区；
　　　　　陕西：渭南市临渭区、大荔县；
　　　　　新疆生产建设兵团：农四师68团。
发生面积　18498亩
危害指数　0.3334

• 柚木野螟 *Paliga machaeralis* (Walker)

中文异名　柚木螟蛾
寄　　主　花榈木，柚木。
分布范围　福建、广东、广西、海南、云南。
发生地点　广东：深圳市福田区、龙岗区、大鹏新区，东莞市，云浮市云城区；
　　　　　广西：崇左市大新县，热带林业实验中心；
　　　　　海南：五指山市、东方市；
　　　　　云南：西双版纳傣族自治州勐腊县。
发生面积　3655亩
危害指数　0.6611

• 黄环绢须野螟 *Palpita annulata* (Fabricius)

寄　　主　鳖蒴榜，女贞，小叶女贞，小蜡。
分布范围　江苏、浙江、福建、江西、湖南、广东、四川、云南。
发生地点　福建：福州国家森林公园；
　　　　　广东：惠州市仲恺区。
发生面积　707亩
危害指数　0.3333

• 弯囊绢须野螟 *Palpita hypohomalia* Inoue

寄　　主　白花泡桐。
分布范围　江西、贵州。

• 双突绢须野螟 *Palpita inusitata* (Butler)

中文异名　小蜡绢须野螟
寄　　主　垂叶榕，火棘，小蜡。
分布范围　江苏、浙江、福建、湖北、湖南、广东、广西、四川、贵州。
发生地点　江苏：南京市雨花台区；

四川：自贡市大安区，南充市西充县。

• 白蜡绢野螟 *Palpita nigropunctalis*（Bremer）

中文异名　白蜡卷须野螟

寄　　主　杨树，板栗，猴樟，山胡椒，杜仲，石楠，红叶李，橄榄，白桐树，长叶黄杨，黄杨，梧桐，合果木，水曲柳，白蜡树，洋白蜡，女贞，水蜡树，小叶女贞，小蜡，木犀，紫丁香，白丁香，棕榈。

分布范围　东北、华东，北京、天津、河北、河南、湖北、四川、贵州、云南、陕西、宁夏。

发生地点　河北：邢台市沙河市，沧州市河间市；

上海：嘉定区、浦东新区、松江区、青浦区、奉贤区；

江苏：南京市玄武区、浦口区，无锡市惠山区，常州市武进区，苏州市昆山市，淮安市金湖县；

浙江：杭州市西湖区；

山东：聊城市东阿县，菏泽市郓城县，黄河三角洲保护区；

四川：自贡市沿滩区；

陕西：咸阳市兴平市，渭南市华州区、华阴市，宁东林业局。

发生面积　3132 亩

危害指数　0. 3344

• 方突绢须野螟 *Palpita warrenalis*（Swinhoe）

中文异名　白腊拟绢野螟蛾

寄　　主　山梅花，漆树，水曲柳，日本女贞，丁香。

分布范围　黑龙江、上海、福建、湖北。

• 柄脉脊翅野螟 *Paranacoleia lophophoralis* Hampson

寄　　主　荔枝。

分布范围　广东。

发生地点　广东：惠州市仲恺区。

发生面积　650 亩

危害指数　0. 3333

• 枇杷卷扇螟 *Patania balteata*（Fabricius）

寄　　主　板栗，枇杷，黄连木，盐肤木，火炬树，葡萄，茶，柞木，桉树。

分布范围　中南、西南，河北、辽宁、江苏、浙江、福建、江西、山东、陕西、甘肃。

发生地点　江苏：苏州市高新技术开发区；

浙江：台州市椒江区；

陕西：汉中市汉台区、西乡县。

发生面积　112 亩

危害指数　0. 3333

• 三条扇野螟 *Patania chlorophanta*（Butler）

寄　　主　钻天杨，山核桃，核桃，枫杨，板栗，白栎，小叶栎，蒙古栎，三球悬铃木，盐肤木，梧桐，毛八角枫，柞木，柿，白花泡桐，毛泡桐。
分布范围　东北，北京、天津、河北、内蒙古、江苏、浙江、安徽、福建、江西、山东、河南、湖北、四川、云南、陕西、新疆。
发生地点　北京：顺义区；
河北：沧州市河间市；
江苏：苏州市高新技术开发区；
浙江：杭州市富阳区，宁波市象山县，衢州市江山市，丽水市松阳县；
安徽：宣城市宁国市；
山东：聊城市东阿县；
湖北：黄冈市红安县、罗田县；
四川：自贡市荣县，南充市仪陇县、西充县，巴中市巴州区；
陕西：渭南市临渭区。
发生面积　66511 亩
危害指数　0.4436

• **四目扇野螟** ***Patania inferior*** **（Hampson）**
寄　　主　栎，桑，枇杷。
分布范围　西南，辽宁、江苏、浙江、安徽、福建、江西、河南、湖北、广西、陕西、甘肃。
发生地点　江苏：镇江市句容市；
安徽：合肥市庐阳区；
四川：南充市西充县。
发生面积　120 亩
危害指数　0.3333

• **淡黄扇野螟** ***Patania sabinusalis*** **（Walker）**
寄　　主　苎麻。
分布范围　福建、广东。

• **肿额野螟** ***Prooedema inscisale*** **（Walker）**
寄　　主　粗枝木麻黄，苹婆。
分布范围　广东、广西。
发生地点　广西：桂林市灌阳县。

• **纯白草螟** ***Pseudocatharylla simplex*** **（Zeller）**
寄　　主　臭椿。
分布范围　北京、江西、陕西。
发生地点　北京：顺义区。

• **豹纹卷野螟** ***Pycnarmon pantherata*** **（Butler）**
寄　　主　马尾松，山杨，油茶，毛竹。
分布范围　江苏、江西、陕西。
发生地点　江苏：南京市玄武区；

江西：南昌市安义县。

- **白斑黑翅野螟** ***Pygospila tyres*** **(Cramer)**

寄　　主　桉树，胖竹，毛竹。

分布范围　上海、广东、四川。

发生地点　广东：韶关市武江区，云浮市郁南县；

　　　　　四川：乐山市峨边彝族自治县。

发生面积　143 亩

危害指数　0.3333

- **黄纹野螟** ***Pyrausta aurata*** **(Scopoli)**

寄　　主　垂柳。

分布范围　北京、河北、黑龙江、江苏、福建、河南、湖北、湖南、四川、陕西、新疆。

发生地点　北京：顺义区；

　　　　　河北：张家口市沽源县。

发生面积　189 亩

危害指数　0.3351

- **黄斑野螟** ***Pyrausta pullatalis*** **(Christoph)**

寄　　主　榆树。

分布范围　北京、河北、河南、贵州、陕西。

发生地点　河北：邢台市沙河市。

- **豆野螟** ***Pyrausta varialis*** **Bremer**

寄　　主　槐树，豇豆树。

分布范围　河北、辽宁、黑龙江、江苏、浙江、河南、西藏。

发生地点　江苏：苏州市昆山市、太仓市；

　　　　　浙江：宁波市象山县。

- **黄斑紫翅野螟** ***Rehimena phrynealis*** **(Walker)**

寄　　主　榆树。

分布范围　北京、辽宁、浙江、江西、湖南。

发生地点　北京：顺义区。

- **网拱翅野螟** ***Sameodes cancellata*** **(Zeller)**

寄　　主　桉树。

分布范围　广东。

- **纹白禾螟** ***Scirpophaga lineata*** **(Butler)**

寄　　主　柳树，桑，石楠。

分布范围　江苏。

发生地点　江苏：淮安市金湖县，盐城市大丰区、响水县。

• **甘蔗白禾螟** ***Scirpophaga nivella*** **（Fabricius）**

中文异名　甘蔗白禾野螟、黄尾蛀禾螟、白螟

寄　　主　山杨，构树，桃，茶，木犀。

分布范围　上海、江苏、河南。

发生地点　上海：宝山区；

江苏：无锡市滨湖区，淮安市清江浦区、金湖县，盐城市大丰区，扬州市江都区、宝应县。

发生面积　166 亩

危害指数　0.3675

• **白缘苇野螟** ***Sclerocona acutella*** **（Eversmann）**

寄　　主　黄棉木。

分布范围　北京、辽宁、江苏。

发生地点　北京：顺义区；

江苏：苏州市太仓市。

• **竹绒野螟** ***Sinibotys evenoralis*** **（Walker）**

寄　　主　油桐，刺竹子，绿竹，麻竹，慈竹，斑竹，水竹，毛竹，毛金竹，胖竹，苦竹，万寿竹。

分布范围　河北、辽宁、上海、江苏、浙江、安徽、福建、江西、湖南、广东、广西、重庆、四川、云南、陕西。

发生地点　上海：奉贤区；

福建：厦门市同安区，莆田市城厢区、涵江区、仙游县，三明市永安市，泉州市惠安县、安溪县、石狮市、南安市，南平市松溪县，龙岩市新罗区；

江西：宜春市上高县，抚州市崇仁县；

湖南：益阳市资阳区；

广西：桂林市兴安县；

重庆：涪陵区；

四川：宜宾市江安县；

云南：昭通市大关县。

发生面积　6929 亩

危害指数　0.3531

• **楸螟** ***Sinomphisa plagialis*** **（Wileman）**

中文异名　楸蠹野螟

寄　　主　山杨，核桃楸，板栗，栎，鹅掌楸，猴樟，樟树，檫木，花楸树，刺桐，色木槭，梧桐，女贞，泡桐，楸，梓，黄金树。

分布范围　华东，北京、天津、河北、山西、辽宁、吉林、河南、湖北、湖南、四川、贵州、陕西、甘肃、新疆。

发生地点　北京：顺义区；

河北：唐山市乐亭县，邢台市沙河市；

山西：运城市绛县；
上海：嘉定区，崇明县；
江苏：盐城市东台市；
安徽：合肥市庐阳区，滁州市定远县，阜阳市界首市，宿州市萧县，六安市金寨县；
山东：烟台市莱山区，济宁市任城区、兖州区、嘉祥县、曲阜市，泰安市肥城市，日照市莒县，临沂市莒南县，菏泽市成武县；
河南：郑州市上街区、中牟县，洛阳市洛龙区、栾川县，南阳市西峡县，商丘市虞城县，周口市淮阳县，驻马店市泌阳县，永城市；
湖北：荆州市石首市；
贵州：贵阳市白云区、清镇市，安顺市关岭布依族苗族自治县，毕节市大方县、织金县；
陕西：咸阳市秦都区、乾县，渭南市华州区。
发生面积　33531 亩
危害指数　0.4563

● **尖锥额野螟** ***Sitochroa verticalis*** **(Linnaeus)**
寄　　主　榆树，构树，蔷薇。
分布范围　西北，北京、天津、河北、内蒙古、辽宁、黑龙江、江苏、山东、四川、云南。
发生地点　北京：顺义区；
河北：张家口市沽源县、怀来县；
陕西：咸阳市乾县；
宁夏：银川市永宁县。
发生面积　442 亩
危害指数　0.3333

● **甜菜青野螟** ***Spoladea recurvalis*** **(Fabricius)**
寄　　主　山杨，柳树，薄壳山核桃，榆树，构树，桃，海棠花，石楠，红叶李，沙梨，蔷薇，臭椿，葡萄，山茶，茶，杜鹃，海榄雌。
分布范围　华北、东北、华东、西南，河南、湖北、广东、广西、陕西、宁夏。
发生地点　河北：唐山市乐亭县，张家口市沽源县；
上海：嘉定区；
江苏：南京市玄武区、浦口区、雨花台区，无锡市锡山区、滨湖区、宜兴市，苏州市太仓市，盐城市响水县、东台市，扬州市江都区、宝应县、高邮市；
浙江：宁波市江北区、北仑区、镇海区、象山县；
山东：济宁市曲阜市，聊城市东昌府区、冠县；
四川：自贡市贡井区、大安区、荣县；
陕西：咸阳市秦都区，渭南市大荔县。
发生面积　1279 亩
危害指数　0.3333

• 细条纹野螟 *Tabidia strigiferalis* Hampson

寄　　主　山杨，垂柳。

分布范围　北京、山东。

发生地点　北京：通州区、顺义区；

山东：聊城市东阿县。

• 梳角栉野螟 *Tylostega pectinata* Du et Li

寄　　主　垂柳。

分布范围　北京、山西、安徽、福建、河南、湖北、广西、贵州、云南、甘肃。

发生地点　北京：顺义区。

• 黄黑纹野螟 *Tyspanodes hypsalis* Warren

寄　　主　桑，茶，木犀，毛竹。

分布范围　河北、辽宁、江苏、浙江、安徽、福建、江西、河南、湖北、广东、广西、海南、四川、贵州。

发生地点　江苏：南京市玄武区，无锡市宜兴市；

浙江：杭州市西湖区，宁波市象山县；

四川：内江市威远县，广安市前锋区。

• 橙黑纹野螟 *Tyspanodes striata*（Butler）

寄　　主　构树，木棉，毛竹。

分布范围　江苏、浙江、福建、江西、山东、河南、湖北、广东、四川、云南、陕西、甘肃。

发生地点　江苏：无锡市滨湖区、宜兴市；

广东：肇庆市高要区，汕尾市陆河县，云浮市新兴县；

四川：巴中市巴州区。

钩蛾科 Drepanidae

• 青冈树钩蛾 *Agnidra scabiosa*（Butler）

寄　　主　山核桃，板栗，栎，青冈，栎子青冈，乌桕，赤杨叶。

分布范围　东北，北京、河北、江苏、浙江、福建、江西、湖北、湖南、广西、四川、陕西。

发生地点　河北：邢台市沙河市；

浙江：杭州市西湖区；

四川：广安市武胜县；

陕西：渭南市华州区，汉中市汉台区、西乡县，宁东林业局。

发生面积　153 亩

危害指数　0.3551

• 中华豆斑钩蛾 *Auzata chinensis chinensis* Leech

寄　　主　栎。

分布范围　湖南、重庆、四川、西藏、陕西。

• 褐斑黄钩蛾 *Callidrepana argenteola*（Moore）

寄　　主　山杨，柑橘，花椒，中华卫矛，胡蔓藤。

分布范围　辽宁、安徽、湖北、湖南、广东、重庆、四川、陕西。

发生地点　安徽：合肥市庐阳区；

重庆：南岸区；

四川：南充市西充县，眉山市仁寿县；

陕西：商洛市镇安县，宁东林业局。

发生面积　109 亩

危害指数　0.3394

• 豆点丽钩蛾 *Callidrepana gemina* Watson

寄　　主　山核桃，栎。

分布范围　浙江、福建、江西、湖北、广东、广西、四川、陕西。

发生地点　四川：卧龙保护区。

• 赭圆钩蛾 *Cyclidia orciferaria* Walker

寄　　主　栎子青冈，猴樟，樟树，枫香，团花。

分布范围　华北，浙江、福建、广东、海南、四川、云南。

发生地点　浙江：杭州市西湖区，衢州市常山县；

广东：韶关市武江区，云浮市郁南县。

• 洋麻圆钩蛾 *Cyclidia substigmaria*（Hübner）

中文异名　洋麻钩蛾

寄　　主　山杨，毛白杨，柳树，杨梅，栓皮栎，榆树，构树，高山榕，水麻，枫香，桃，刺槐，柑橘，野桐，漆树，色木槭，木槿，梧桐，八角枫，黄荆。

分布范围　辽宁、江苏、浙江、安徽、福建、江西、湖北、广东、广西、海南、重庆、四川、云南、陕西。

发生地点　江苏：南京市栖霞区、江宁区、六合区、高淳区，淮安市盱眙县、金湖县，镇江市润州区、丹阳市；

浙江：杭州市西湖区，宁波市鄞州区、余姚市、慈溪市，衢州市常山县，台州市天台县；

安徽：合肥市庐阳区，芜湖市芜湖县；

广东：云浮市郁南县；

广西：贺州市平桂区；

四川：自贡市沿滩区，宜宾市翠屏区、南溪区；

陕西：商洛市镇安县，宁东林业局。

发生面积　2274 亩

危害指数　0.3348

• 晶钩蛾 *Deroca hyalina hyalina* Walker

寄　　主　核桃，毛竹。

分布范围　江苏、西藏。
发生地点　江苏：南京市栖霞区，无锡市滨湖区。

• **五线白钩蛾** ***Ditrigona quinquelineata*** **(Leech)**
寄　　主　栾树。
分布范围　江苏、云南、西藏、陕西。
发生地点　江苏：扬州市宝应县。

• **赤杨镰钩蛾** ***Drepana curvatula*** **(Borkhausen)**
寄　　主　青杨，山杨，滇杨，柳树，枫杨，赤杨，辽东桤木，黑桦，蒙古栎，中华卫矛，柞木，赤杨叶。
分布范围　东北，北京、河北、浙江、四川、陕西。
发生地点　河北：保定市唐县，张家口市沽源县、赤城县；
陕西：宁东林业局、太白林业局。
发生面积　356 亩
危害指数　0. 3343

• **二点镰钩蛾** ***Drepana dispilata dispilata*** **Warren**
寄　　主　山杨，木犀。
分布范围　四川。
发生地点　四川：资阳市雁江区。

• **白篝波纹蛾** ***Gaurena albifasciata*** **Gaede**
寄　　主　蔷薇。
分布范围　云南、西藏、陕西。

• **篝波纹蛾** ***Gaurena florens*** **Walker**
寄　　主　悬钩子。
分布范围　四川、云南、西藏。
发生地点　四川：乐山市峨眉山市；
西藏：山南市隆子县。
发生面积　100 亩
危害指数　0. 3333

• **花篝波纹蛾** ***Gaurena florescens*** **(Walker)**
寄　　主　山杨，桃，苹果，海棠花，茶，杜鹃。
分布范围　湖北、湖南、四川、云南、西藏、陕西。
发生地点　陕西：商洛市镇安县，宁东林业局。
发生面积　101 亩
危害指数　0. 3333

• **中华波纹蛾** ***Habrosyne intermedia*** **(Bremer)**
寄　　主　蔷薇。

分布范围 河北、黑龙江、陕西、甘肃、宁夏。

• **中华波纹蛾西南亚种 *Habrosyne intermedia conscripta* Warren**

中文异名 阔浩波纹蛾

寄　　主 山杨。

分布范围 北京、河北、四川、云南、西藏、陕西。

发生地点 河北：张家口市尚义县；

陕西：宁东林业局。

发生面积 101 亩

危害指数 0.3333

• **华波纹蛾 *Habrosyne pyritoides* (Hufnagel)**

中文异名 浩波纹蛾

拉丁异名 *Habrosyne derasa* Linnaeus

寄　　主 山杨，桤木，桦木，麻栎，栓皮栎，榆树，山楂，山莓，刺槐，葡萄，黄荆。

分布范围 东北，北京、河北、山东、河南、湖北、四川、陕西。

发生地点 北京：东城区；

河北：邢台市沙河市，保定市顺平县，张家口市沽源县、怀来县；

四川：眉山市仁寿县；

陕西：咸阳市长武县，渭南市白水县，商洛市镇安县，宁东林业局。

发生面积 320 亩

危害指数 0.3354

• **边波纹蛾 *Horithyatira decorata* (Moore)**

寄　　主 悬钩子。

分布范围 四川、云南、西藏。

• **窗翅钩蛾 *Macrauzata fenestraria* (Moore)**

中文异名 大窗钩蛾

寄　　主 山杨，板栗，猴樟，樟树，油茶，茶。

分布范围 江苏、浙江、安徽、江西、湖北、陕西。

发生地点 江苏：无锡市宜兴市；

江西：宜春市高安市。

• **中华大窗钩蛾 *Macrauzata maxima chinensis* Inoue**

寄　　主 青冈。

分布范围 浙江、湖北、湖南。

发生地点 浙江：宁波市鄞州区。

发生面积 500 亩

危害指数 0.3333

• **台湾大窗钩蛾 *Macrauzata minor* Okano**

寄　　主 猴樟。

分布范围　浙江。
发生地点　浙江：宁波市象山县。

● **哑铃带钩蛾** ***Macrocilix mysticata*** **（Walker）**
寄　　主　核桃，栓皮栎，苹果，梧桐。
分布范围　湖北、四川、陕西。
发生地点　四川：甘孜藏族自治州泸定县；
　　　　　陕西：渭南市华阴市，宁东林业局。
发生面积　4927 亩
危害指数　0. 3333

● **网卑钩蛾** ***Microblepsis acuminata*** **（Leech）**
中文异名　六点钩蛾
寄　　主　山杨，核桃，白蜡树。
分布范围　北京、湖北、四川、陕西。
发生地点　陕西：宁东林业局。

● **尖顶圆钩蛾** ***Mimozethes argentilinearia*** **（Leech）**
寄　　主　枫杨，中华猕猴桃。
分布范围　福建、四川。

● **日本线钩蛾** ***Nordstromia japonica*** **（Moore）**
中文异名　双带线钩蛾
寄　　主　杨树，栎，麻栎，栓皮栎，青冈，茶，柞木。
分布范围　上海、江苏、浙江、福建、湖北、湖南、海南、四川、陕西。
发生地点　江苏：无锡市宜兴市；
　　　　　浙江：丽水市松阳县；
　　　　　四川：广安市武胜县；
　　　　　陕西：渭南市华州区，汉中市西乡县，宁东林业局、太白林业局。

● **交让木山钩蛾** ***Oreta insignis*** **（Butler）**
寄　　主　云南松，栎，桃，杏，苹果，李，梨。
分布范围　北京、江苏、福建、江西、广东、广西、四川、云南、陕西、宁夏。
发生地点　北京：密云区；
　　　　　江苏：南京市玄武区；
　　　　　四川：凉山彝族自治州金阳县。
发生面积　3702 亩
危害指数　0. 3333

● **接骨木山钩蛾** ***Oreta loochooana*** **Swinhoe**
中文异名　接骨木钩蛾
寄　　主　青冈，猴樟，接骨木，旱禾树。

分布范围　辽宁、吉林、上海、江苏、浙江、福建、江西、山东、四川、陕西。
发生地点　上海：松江区；
　　　　　江苏：南京市玄武区，盐城市东台市；
　　　　　浙江：宁波市象山县；
　　　　　陕西：渭南市华州区、华阴市，宁东林业局。
发生面积　100 亩
危害指数　0.3333

• **网线钩蛾 *Oreta obtusa* Walker**
寄　　主　榛子，苹果。
分布范围　河北、福建、陕西。
发生地点　河北：张家口市沽源县。
发生面积　118 亩
危害指数　0.3333

• **黄带山钩蛾 *Oreta pulchripes* Butler**
寄　　主　凤凰木，荚蒾，珊瑚树。
分布范围　吉林、江苏、四川、云南、西藏。
发生地点　江苏：盐城市盐都区；
　　　　　四川：卧龙保护区。

• **珊瑚树山钩蛾 *Oreta turpis* Butler**
寄　　主　杉松，栎，珊瑚树，旱禾树。
分布范围　辽宁、浙江、陕西。
发生地点　陕西：渭南市华州区、华阴市，宁东林业局。
发生面积　186 亩
危害指数　0.3333

• **网山钩蛾 *Oreta vatama acutala* Watson**
寄　　主　榆树。
分布范围　四川、云南、陕西。

• **珠异波纹蛾 *Parapsestis meleagris* Houlbert**
寄　　主　华山松，杨树。
分布范围　河北、浙江、福建、江西、湖北、湖南、四川、云南、陕西、甘肃。
发生地点　陕西：西安市周至县。

• **三线钩蛾 *Pseudalbara parvula*（Leech）**
中文异名　眼斑钩蛾
寄　　主　山核桃，核桃楸，核桃，化香树，栎，槲栎，蒙古栎，栓皮栎，栎子青冈，构树，石楠，刺槐，八角枫。
分布范围　东北，北京、河北、江苏、浙江、福建、江西、湖北、湖南、广西、四川、陕西。

发生地点　河北：邢台市沙河市；
江苏：南京市玄武区、雨花台区，无锡市惠山区；
浙江：宁波市奉化市；
四川：自贡市大安区，遂宁市大英县，内江市东兴区，南充市西充县；
陕西：汉中市汉台区、西乡县。
发生面积　264 亩
危害指数　0. 3333

• 螺美波纹蛾 *Psidopala apicalis*（Leech）
寄　　主　木犀。
分布范围　福建、四川、陕西、甘肃。

• 美波纹蛾 *Psidopala opalescens*（Alphéraky）
中文异名　漂波纹蛾
寄　　主　蔷薇。
分布范围　四川、云南、西藏。
发生地点　四川：甘孜藏族自治州乡城县。

• 古钩蛾 *Sabra harpagula*（Esper）
寄　　主　桦木，栎，椴树。
分布范围　北京、河北。

• 白太波纹蛾 *Tethea albicostata*（Bremer）
寄　　主　栎，榆树，苹果，悬钩子，刺槐，槐树。
分布范围　东北，北京、河北、浙江、湖北、湖南、四川、陕西。
发生地点　北京：顺义区；
四川：凉山彝族自治州盐源县；
陕西：渭南市蒲城县、白水县。
发生面积　2015 亩
危害指数　0. 3335

• 粉太波纹蛾四川亚种 *Tethea consimilis commifera* Warren
寄　　主　山杨，日本樱花。
分布范围　四川、陕西。
发生地点　四川：凉山彝族自治州盐源县；
陕西：宁东林业局。

• 太波纹蛾 *Tethea ocularis*（Linnaeus）
寄　　主　山杨，红淡比。
分布范围　东北、西北，北京、河北、内蒙古。

• 波纹蛾 *Thyatira batis*（Linnaeus）
寄　　主　山杨，栎，桑，苹果，悬钩子，算盘子，灯台树。

分布范围　东北，北京、河北、内蒙古、浙江、湖北、广东、四川、西藏、陕西、新疆。
发生地点　河北：邢台市沙河市，张家口市沽源县、赤城县；
　　　　　浙江：杭州市西湖区；
　　　　　广东：韶关市武江区；
　　　　　四川：眉山市仁寿县，巴中市巴州区；
　　　　　西藏：昌都市左贡县；
　　　　　陕西：咸阳市秦都区，宁东林业局。
发生面积　1057 亩
危害指数　0. 3365

• 波纹蛾台湾亚种 *Thyatira batis formosicola* Matsumura
寄　　主　刺蔷薇，山莓。
分布范围　湖北、陕西。

• 双斑黄钩蛾 *Tridrepana adelpha* Swinhoe
寄　　主　板栗，桢楠。
分布范围　四川、云南、西藏、陕西。
发生地点　四川：南充市高坪区，巴中市通江县；
　　　　　陕西：商洛市镇安县。
发生面积　3099 亩
危害指数　0. 3333

• 白星黄钩蛾 *Tridrepana marginata* Watson
寄　　主　板栗，栎，樟树，桢楠，龙眼，油茶，茶。
分布范围　辽宁、江苏、浙江、江西、广东、云南、陕西。
发生地点　江苏：无锡市宜兴市；
　　　　　广东：云浮市新兴县。

• 白点黄钩蛾 *Tridrepana unispina* Watson
中文异名　银斑黄钩蛾
寄　　主　山杨，猴樟，油茶。
分布范围　浙江、福建、江西、云南。
发生地点　浙江：宁波市象山县；
　　　　　江西：宜春市高安市。
发生面积　102 亩
危害指数　0. 3333

枯叶蛾科 Lasiocampidae

• 稠李枯叶蛾 *Amurilla subpurpurea* Butler
寄　　主　山杨，柳树，核桃，桃，梅，杏，樱桃，苹果，李，稠李，梨，刺槐。
分布范围　吉林、黑龙江、浙江、四川、陕西、宁夏。

发生地点　浙江：宁波市鄞州区；
　　　　　四川：乐山市马边彝族自治县；
　　　　　陕西：咸阳市永寿县、长武县，渭南市华州区、白水县。
发生面积　697 亩
危害指数　0. 3673

• **松小毛虫** ***Cosmotriche inexperta*** **(Leech)**
寄　　主　雪松，落叶松，湿地松，红松，马尾松，火炬松，黄山松，黑松，云南松，金钱松。
分布范围　辽宁、浙江、福建、江西、重庆、四川。
发生地点　福建：莆田市涵江区、秀屿区、仙游县、湄洲岛；
　　　　　江西：上饶市铅山县；
　　　　　四川：南充市嘉陵区，凉山彝族自治州金阳县。
发生面积　3376 亩
危害指数　0. 3373

• **杉小毛虫** ***Cosmotriche lunigera*** **(Esper)**
寄　　主　臭冷杉，川滇冷杉，落叶松，怒江红杉，红皮云杉。
分布范围　东北。

• **蒙古小毛虫** ***Cosmotriche lunigera mongolica*** **Grum-Grshimailo**
中文异名　蒙古栎小毛虫
寄　　主　臭冷杉，落叶松，华北落叶松，青杄，柞木。
分布范围　河北、山西、内蒙古、黑龙江。

• **秦岭小毛虫** ***Cosmotriche monotona*** **Daniel**
寄　　主　秦岭冷杉，华山松，栎。
分布范围　湖北、四川、陕西。
发生地点　四川：凉山彝族自治州金阳县；
　　　　　陕西：渭南市华州区。
发生面积　3094 亩
危害指数　0. 3333

• **高山小毛虫** ***Cosmotriche saxosimilis*** **Lajonquiere**
寄　　主　冷杉，川滇冷杉，怒江冷杉，巨尾桉。
分布范围　福建、广西、云南、西藏。

• **高山松毛虫** ***Dendrolimus angulata*** **Gaede**
寄　　主　华山松，湿地松，马尾松，油松，云南松。
分布范围　福建、江西、湖南、广西、四川、云南、西藏、陕西、甘肃。
发生地点　陕西：韩城市，佛坪保护区，宁东林业局。
发生面积　209 亩
危害指数　0. 3333

- **云南松毛虫 *Dendrolimus grisea*（Moore）**

拉丁异名 *Dendrolimus houi* Lajonquiere

寄　　主 雪松，云南油杉，油杉，华山松，湿地松，思茅松，马尾松，油松，云南松，柳杉，杉木，水杉，柏木，福建柏，侧柏，圆柏，崖柏，核桃，猴樟，天竺桂，莲叶桐，枇杷，木荷，木犀。

分布范围 江苏、浙江、福建、江西、湖北、湖南、广西、海南、重庆、四川、贵州、云南、陕西。

发生地点 江苏：无锡市宜兴市；

浙江：台州市黄岩区；

福建：三明市尤溪县，南平市延平区、松溪县、武夷山保护区；

湖北：宜昌市兴山县，恩施土家族苗族自治州恩施市、宣恩县、咸丰县、来凤县；

湖南：邵阳市隆回县、洞口县、城步苗族自治县、武冈市，岳阳市平江县，张家界市永定区、慈利县、桑植县，益阳市安化县，郴州市宜章县，永州市宁远县，怀化市沅陵县、麻阳苗族自治县、新晃侗族自治县，娄底市新化县，湘西土家族苗族自治州吉首市、泸溪县、凤凰县、花垣县、保靖县、古丈县、永顺县、龙山县；

广西：贺州市八步区；

重庆：万州区、涪陵区、江北区、北碚区、巴南区、黔江区、长寿区、江津区、南川区、万盛经济技术开发区，梁平区、城口县、丰都县、垫江县、武隆区、忠县、开县、云阳县、奉节县、巫溪县、秀山土家族苗族自治县、酉阳土家族苗族自治县、彭水苗族土家族自治县；

四川：成都市龙泉驿区、青白江区，攀枝花市米易县、普威局，泸州市古蔺县，绵阳市梓潼县、江油市，广元市利州区、昭化区、朝天区、旺苍县、青川县、剑阁县、苍溪县，南充市阆中市，眉山市洪雅县，宜宾市宜宾县，广安市前锋区、邻水县，达州市大竹县、渠县、万源市，雅安市石棉县，巴中市巴州区、通江县、南江县、平昌县，凉山彝族自治州盐源县、德昌县、昭觉县；

贵州：贵阳市开阳县、修文县、清镇市，遵义市汇川区、播州区、正安县、道真仡佬族苗族自治县、务川仡佬族苗族自治县、余庆县，安顺市西秀区、普定县、镇宁布依族苗族自治县，毕节市七星关区、大方县、黔西县、金沙县，铜仁市万山区、江口县、石阡县、印江土家族苗族自治县、德江县、沿河土家族自治县、松桃苗族自治县，黔南布依族苗族自治州瓮安县；

云南：昆明市晋宁县、寻甸回族彝族自治县，曲靖市陆良县、罗平县，玉溪市新平彝族傣族自治县、元江哈尼族彝族傣族自治县，保山市隆阳区、施甸县，普洱市思茅区、宁洱哈尼族彝族自治县、墨江哈尼族自治县、景东彝族自治县、景谷傣族彝族自治县、镇沅彝族哈尼族拉祜族自治县、江城哈尼族彝族自治县、孟连傣族拉祜族佤族自治县、澜沧拉祜族自治县、西盟佤族自治县、墨江林业局、卫国林业局，临沧市临翔区、云县、永德县、双江拉祜族佤族布朗族傣族自治县、耿马傣族佤族自治县、沧源佤族自治县，楚雄彝族自治州楚雄市、双柏县、南华县，西双版纳傣族自治州勐海县，大理白族自治州南涧彝族自治县、永平县，德宏傣族景颇族自治州芒市、梁河县、陇川县，怒江傈僳族自治州泸水县、贡山独龙族怒族自治县；

陕西：汉中市西乡县、勉县、宁强县、镇巴县。

发生面积 1604979 亩

危害指数 0.4904

• **华山松毛虫 *Dendrolimus huashanensis* Hou**

寄　　主 华山松，赤松，油松。

分布范围 山东、四川、陕西。

发生地点 四川：凉山彝族自治州会东县、昭觉县；

陕西：咸阳市旬邑县，渭南市华阴市，汉中市汉台区，宁东林业局。

• **思茅松毛虫 *Dendrolimus kikuchii kikuchii* Matsumura**

拉丁异名 *Dendrolimus kikuchii* Matsumura

寄　　主 银杉，雪松，云南油杉，油杉，柔毛油杉，华山松，湿地松，思茅松，马尾松，油松，火炬松，黄山松，云南松，金钱松，柳杉，杉木，柏木。

分布范围 江苏、浙江、安徽、福建、江西、河南、湖北、湖南、广东、广西、重庆、四川、贵州、云南、陕西、甘肃。

发生地点 江苏：扬州市江都区；

浙江：杭州市西湖区、桐庐县，宁波市鄞州区、象山县、余姚市，温州市鹿城区、瑞安市，嘉兴市嘉善县，衢州市衢江区、常山县，台州市黄岩区、温岭市，丽水市龙泉市；

安徽：芜湖市繁昌县、无为县，安庆市岳西县，黄山市屯溪区、黄山区、休宁县、黟县、祁门县，六安市金寨县，池州市贵池区，宣城市宣州区、郎溪县、泾县、旌德县；

福建：三明市宁化县、将乐县，泉州市安溪县，漳州市东山县，南平市延平区、浦城县，龙岩市新罗区、上杭县；

江西：南昌市安义县，景德镇市昌江区、浮梁县、乐平市、枫树山林场，萍乡市安源区、莲花县、芦溪县、萍乡开发区，九江市修水县、永修县、都昌县、湖口县、庐山市，新余市渝水区、仙女湖区，赣州市南康区、信丰县、龙南县、宁都县、会昌县，吉安市青原区、吉安县、峡江县、新干县、永丰县、泰和县、遂川县、万安县、永新县，宜春市奉新县、宜丰县、铜鼓县、樟树市、高安市，抚州市临川区、黎川县、崇仁县、乐安县、金溪县、东乡县，上饶市广丰区、上饶县、玉山县、铅山县、余干县、婺源县、德兴市，瑞金市、鄱阳县；

湖北：黄冈市罗田县；

湖南：长沙市长沙县、浏阳市，株洲市芦淞区、石峰区、云龙示范区，湘潭市韶山市，衡阳市南岳区、衡南县、衡山县，邵阳市新邵县、邵阳县、隆回县、洞口县、绥宁县、武冈市，岳阳市云溪区、岳阳县、平江县，常德市石门县，益阳市资阳区、安化县，郴州市北湖区、苏仙区、桂阳县、宜章县、永兴县、嘉禾县、临武县、汝城县、桂东县，永州市零陵区、冷水滩区、东安县、双牌县、江永县、蓝山县、新田县，怀化市沅陵县、会同县、新晃侗族自治县、芷江侗族自治县、靖州苗族侗族自治县、洪江市，娄底市双峰县、新化县、涟源市，湘西土家族苗族自治州凤凰县、保靖县；

广东：惠州市龙门县，清远市连山壮族瑶族自治县、连州市，云浮市罗定市；

广西：桂林市灵川县、兴安县、永福县、荔浦县、广西花坪保护区，梧州市藤县，贵港市平南县、桂平市，玉林市博白县，贺州市钟山县，河池市南丹县，来宾市金秀瑶族自治县，崇左市宁明县；

重庆：万州区、涪陵区、黔江区、长寿区、南川区、万盛经济技术开发区，梁平区、武隆区、奉节县；

四川：南充市高坪区、营山县、仪陇县，宜宾市翠屏区，广安市前锋区、邻水县，达州市开江县，雅安市石棉县，巴中市巴州区、通江县，甘孜藏族自治州泸定县，凉山彝族自治州德昌县、布拖县、金阳县；

贵州：遵义市务川仡佬族苗族自治县，铜仁市印江土家族苗族自治县、德江县，黔南布依族苗族自治州福泉市、瓮安县；

云南：昆明市盘龙区、西山区、倘甸产业园区，玉溪市红塔区、澄江县、元江哈尼族彝族傣族自治县，普洱市思茅区、宁洱哈尼族彝族自治县、墨江哈尼族自治县、景东彝族自治县、景谷傣族彝族自治县、江城哈尼族彝族自治县、孟连傣族拉祜族佤族自治县、澜沧拉祜族自治县、西盟佤族自治县、墨江林业局、卫国林业局，临沧市云县，楚雄彝族自治州南华县、禄丰县，红河哈尼族彝族自治州弥勒市、泸西县、红河县，文山壮族苗族自治州丘北县、富宁县，西双版纳傣族自治州景洪市、勐腊县，大理白族自治州南涧彝族自治县，安宁市；

陕西：长青保护区，太白林业局。

发生面积　988477 亩

危害指数　0.4280

• **黄山松毛虫 *Dendrolimus marmoratus* Tsai et Hou**

寄　　主　黄山松。

分布范围　浙江、安徽、福建、陕西。

• **双波松毛虫 *Dendrolimus monticola* Lajonquiere**

寄　　主　油松，云南松。

分布范围　四川、云南、西藏、陕西。

发生地点　陕西：宁东林业局。

• **马尾松毛虫 *Dendrolimus punctata punctata* (Walker)**

寄　　主　雪松，油杉，华山松，湿地松，落叶松，南亚松，马尾松，樟子松，油松，火炬松，黄山松，黑松，云南松，白皮松，赤松，黑皮油松，柏木，侧柏。

分布范围　华北、华东、华中，辽宁、重庆、四川、贵州、云南、陕西、甘肃、宁夏。

发生地点　北京：石景山区、房山区、顺义区、怀柔区、密云区、延庆区；

河北：石家庄市井陉县、灵寿县、平山县，唐山市玉田县，保定市涞水县、阜平县、唐县、易县，张家口市崇礼区、怀安县、涿鹿县、赤城县，承德市双桥区、双滦区、承德县、平泉县、隆化县、丰宁满族自治县、宽城满族自治县，河北小五台保护区、雾灵山保护区；

山西：大同市阳高县、天镇县、广灵县、灵丘县，阳泉市平定县，长治市黎城县，晋城市沁水县、阳城县、陵川县、泽州县，朔州市朔城区、山阴县，晋中市寿阳县，运城市盐湖区，忻州市静乐县、偏关县，临汾市安泽县、浮山县、吉县，五台山国有林管理局、关帝山国有林管理局、太岳山国有林管理局、中条山国有林管理局；

内蒙古：赤峰市松山区、喀喇沁旗、宁城县；

辽宁：大连市庄河市，鞍山市台安县，营口市鲅鱼圈区、大石桥市，铁岭市铁岭县，朝阳市双塔区、龙城区、建平县、喀喇沁左翼蒙古族自治县、北票市、凌源市，葫芦岛市南票区、绥中县、建昌县；

江苏：无锡市宜兴市，常州市金坛区；

浙江：杭州市淳安县，宁波市鄞州区、余姚市、慈溪市，温州市洞头区、乐清市，金华市磐安县、兰溪市、东阳市，衢州市常山县、龙游县，舟山市定海区，台州市椒江区、玉环县、三门县、天台县、温岭市、临海市，丽水市庆元县；

安徽：合肥市庐阳区、包河区、肥东县、庐江县、巢湖市，芜湖市芜湖县、繁昌县、无为县，蚌埠市五河县，马鞍山市当涂县，铜陵市枞阳县，安庆市大观区、宜秀区、怀宁县、潜山县、太湖县、岳西县、桐城市，黄山市屯溪区、黄山区、徽州区、休宁县、黟县，滁州市南谯区、来安县、全椒县、定远县、凤阳县、明光市，六安市金安区、裕安区、叶集区、霍邱县、舒城县、金寨县、霍山县，池州市贵池区、东至县、石台县，宣城市宣州区、郎溪县、泾县、绩溪县、旌德县；

福建：厦门市翔安区，莆田市城厢区、涵江区、荔城区、秀屿区、仙游县、湄洲岛，三明市梅列区、三元区、明溪县、清流县、大田县、尤溪县、沙县、将乐县、泰宁县、永安市，泉州市洛江区、泉港区、惠安县、安溪县、永春县、德化县、石狮市、晋江市、南安市、泉州台商投资区，漳州市云霄县、漳浦县，南平市延平区、顺昌县、浦城县、光泽县、松溪县、政和县、邵武市、武夷山市，龙岩市新罗区、长汀县、上杭县、武平县、漳平市，福州国家森林公园；

江西：南昌市进贤县，景德镇市昌江区、珠山区、浮梁县、乐平市、枫树山林场，萍乡市安源区、湘东区、莲花县、上栗县，九江市武宁县、修水县、永修县、德安县、都昌县、湖口县、彭泽县、庐山市，新余市渝水区、分宜县、仙女湖区，鹰潭市月湖区、余江县、贵溪市，赣州市章贡区、南康区、经济技术开发区、赣县、信丰县、大余县、上犹县、安远县、龙南县、定南县、宁都县、于都县、兴国县、会昌县、石城县，吉安市井冈山经济技术开发区、吉安县、峡江县、新干县、永丰县、泰和县、遂川县、万安县、井冈山市，宜春市奉新县、上高县、靖安县、铜鼓县，抚州市临川区、黎川县、崇仁县、乐安县、宜黄县、金溪县、东乡县、广昌县，上饶市信州区、广丰区、上饶县、铅山县、横峰县、余干县、婺源县、德兴市，瑞金市、丰城市、鄱阳县、安福县；

山东：莱芜市钢城区；

河南：南阳市西峡县、淅川县、桐柏县，信阳市罗山县、商城县，驻马店市泌阳县；

湖北：武汉市蔡甸区、江夏区、黄陂区、新洲区，黄石市西塞山区、下陆区、铁山区、阳新县、大冶市，十堰市张湾区、郧阳区、郧西县、竹山县、竹溪县、房县、丹江口市，宜昌市夷陵区、远安县、长阳土家族自治县、五峰土家族自治县、宜都市、当阳市、枝江市，襄阳市襄州区、南漳县、谷城县、保康县、枣阳市、宜城市，荆门市东宝区、屈家岭管理区、京山县、沙洋县、钟祥市，孝感市孝昌县、大悟县、安陆市，荆州市松滋市，黄冈市团风县、红安县、罗田县、英山县、浠水县、蕲春县、黄梅县、麻城市、武穴市，咸宁市咸安区、通城县、崇阳县、通山县、赤壁市，随州市曾都区、随县、广水市，恩施土家族苗族自治州恩施市、利川市、建始县、宣恩县、咸丰县、来凤县，天门市、神农架林区、太子山林场；

湖南：长沙市长沙县、宁乡县、浏阳市，株洲市荷塘区、芦淞区、石峰区、攸县、云龙示范区、醴陵市，湘潭市雨湖区、岳塘区、高新技术开发区、昭山示范区、九华示范区、湘潭县、湘乡市、韶山市，衡阳市南岳区、衡阳县、衡南县、衡山县、衡东县、耒阳市、常宁市，邵阳市双清区、大祥区、北塔区、邵东县、新邵县、邵阳县、隆回县、洞口县、绥宁县、新宁县、城步苗族自治县、武冈市，岳阳市云溪区、君山区、岳阳县、平江县、汨罗市、临湘市，常德市鼎城区、澧县、临澧县、桃源县、石门县、津市市，张家界市永定区、慈利县、桑植县，益阳市资阳区、安化县，郴州市北湖区、苏仙区、桂阳县、宜章县、永兴县、嘉禾县、临武县、汝城县、桂东县、安仁县、资兴市，永州市零陵区、冷水滩区、祁阳县、东安县、双牌县、道县、江永县、宁远县、蓝山县、新田县、江华瑶族自治县、回龙圩管理区、金洞管理区，怀化市鹤城区、洪江区、中方县、沅陵县、辰溪县、溆浦县、会同县、麻阳苗族自治县、新晃侗族自治县、芷江侗族自治县、靖州苗族侗族自治县、通道侗族自治县、洪江市，娄底市娄星区、双峰县、新化县、冷水江市、涟源市、经济技术开发区，湘西土家族苗族自治州吉首市、泸溪县、凤凰县、花垣县、保靖县、古丈县、永顺县、龙山县；

广东：广州市越秀区，韶关市武江区、浈江区、曲江区、始兴县、仁化县、翁源县、新丰县、乐昌市、南雄市、市属林场，汕头市潮阳区，佛山市南海区、三水区，江门市台山市，湛江市遂溪县、廉江市，茂名市电白区、高州市、化州市、信宜市、茂名市属林场，肇庆市高要区、怀集县、封开县、四会市、肇庆市属林场，惠州市惠城区、惠阳区、惠东县、龙门县，梅州市五华县、蕉岭县、兴宁市，汕尾市海丰县、陆河县、陆丰市、汕尾市属林场，河源市源城区、紫金县、龙川县、连平县、和平县、东源县、新丰江，阳江市江城区、海陵试验区、阳东区、阳江高新技术开发区、阳西县、阳春市、阳江市属林场，清远市清新区、阳山县、连山壮族瑶族自治县、英德市、连州市，云浮市云城区、云安区、新兴县、郁南县、罗定市、云浮市属林场；

广西：南宁市邕宁区、武鸣区、隆安县、马山县、上林县、宾阳县、横县，柳州市柳南区、柳北区、柳东新区、鹿寨县，桂林市象山区、雁山区、临桂区、阳朔县、灵川县、全州县、兴安县、永福县、龙胜各族自治县、资源县、荔浦县、恭城瑶族自治县，梧州市长洲区、苍梧县、藤县、蒙山县、岑溪市，北海市海城区、合浦县，防城港市防城区、上思县、东兴市，钦州市钦南区、钦北区、钦州港、灵山县、浦北县，贵港市港北区、港南区、覃塘区、平南县、桂平市，玉林市玉州区、福绵区、容县、陆川县、博白县、兴业县、北流市，百色市右江区、田阳县、平果县、德保县、田林县、百色市百林林场，贺州市平桂区、八步区、昭平县、钟山县、富川瑶族自治县，河池市南丹县、天峨县、东兰县、罗城仫佬族自治县、环江毛南族自治县、巴马瑶族自治县、都安瑶族自治县、大化瑶族自治县、宜州区，来宾市兴宾区、忻城县、象州县、金秀瑶族自治县、合山市，崇左市江州区、扶绥县、宁明县、龙州县、大新县、天等县、凭祥市，七坡林场、派阳山林场、三门江林场、大桂山林场、六万林场、博白林场、雅长林场、热带林业实验中心；

重庆：万州区、涪陵区、大渡口区、江北区、沙坪坝区、九龙坡区、南岸区、南川区、北碚区、綦江区、大足区、渝北区、巴南区、黔江区、长寿区、江津区、合川区、永川区、南川区、铜梁区、潼南区、荣昌区、万盛经济技术开发区，梁平区、城口县、丰都县、垫江县、武隆区、忠县、开县、云阳县、奉节县、巫山县、巫溪县、石柱土家族自治县、秀山土家族苗族自治县、酉阳土家族苗族自治县、彭水苗族土家族自治县；

四川：自贡市贡井区、荣县、富顺县，广元市利州区、昭化区、朝天区、旺苍县、剑阁县，遂宁市船山区，内江市资中县，眉山市仁寿县，宜宾市翠屏区、宜宾县、长宁县、高县、珙县、筠连县、屏山县，广安市前锋区、邻水县、华蓥市，达州市通川区、达川区、开江县、大竹县、万源市，雅安市汉源县，巴中市巴州区、通江县；

贵州：贵阳市花溪区，遵义市播州区、正安县、道真仡佬族苗族自治县，铜仁市万山区、印江土家族苗族自治县、沿河土家族自治县、松桃苗族自治县，黔南布依族苗族自治州贵定县；

云南：曲靖市罗平县；

陕西：西安市蓝田县，宝鸡市太白县，咸阳市彬县、长武县，渭南市华州区，延安市志丹县、吴起县，汉中市汉台区、洋县、西乡县、镇巴县、留坝县、宁强县，安康市镇坪县、白河县，商洛市商州区、洛南县、丹凤县、商南县、山阳县、镇安县，韩城市、神木县，榆林市子洲县，长青保护区，宁东林业局、太白林业局；

甘肃：庆阳市华池县、正宁县、正宁总场，陇南市宕昌县、礼县。

发生面积　8399258 亩

危害指数　0.4816

• **德昌松毛虫** ***Dendrolimus punctata tehchangensis*** **Tsai et Liu**

寄　　主　油杉，华山松，思茅松，马尾松，云南松，地盘松。

分布范围　四川、云南、甘肃。

发生地点　四川：雅安市石棉县，凉山彝族自治州西昌市、德昌县、会理县、普格县、凉北局；

云南：保山市隆阳区、施甸县，楚雄彝族自治州永仁县、武定县、禄丰县。
发生面积　48019 亩
危害指数　0.4491

• **文山松毛虫 *Dendrolimus punctata wenshanensis* Tsai et Liu**
寄　　主　油杉，华山松，加勒比松，湿地松，思茅松，马尾松，云南松。
分布范围　浙江、广西、贵州、云南、陕西。
发生地点　贵州：黔西南布依族苗族自治州兴义市、安龙县；
云南：昆明市宜良县，玉溪市澄江县、易门县，红河哈尼族彝族自治州开远市、弥勒市、建水县、泸西县，文山壮族苗族自治州文山市、砚山县、丘北县、广南县、富宁县。
发生面积　261179 亩
危害指数　0.6006

• **秦岭松毛虫 *Dendrolimus qinlingensis* Tsai et Liu**
寄　　主　松。
分布范围　陕西。
发生地点　陕西：太白林业局。

• **天目松毛虫 *Dendrolimus sericus* Lajonquiere**
寄　　主　马尾松，油松。
分布范围　河北、浙江、福建、江西、甘肃。
发生地点　浙江：台州市黄岩区。

• **赤松毛虫 *Dendrolimus spectabilis* Butler**
寄　　主　落叶松，华山松，赤松，红松，樟子松，油松，黑松。
分布范围　北京、天津、河北、内蒙古、辽宁、江苏、山东、河南。
发生地点　北京：密云区；
河北：唐山市古冶区、玉田县，秦皇岛市山海关区、抚宁区、青龙满族自治县、昌黎县；
内蒙古：通辽市科尔沁左翼后旗；
辽宁：沈阳市康平县，大连市长海县，锦州市黑山县、义县、凌海市、北镇市，营口市盖州市，阜新市阜新蒙古族自治县、彰武县，葫芦岛市连山区、兴城市；
山东：济南市历城区、章丘市，青岛市黄岛区、崂山区、即墨市、平度市、莱西市、崂山林场，烟台市牟平区、蓬莱市，泰安市新泰市，威海市环翠区、文登区、荣成市、乳山市，莱芜市莱城区、钢城区。
发生面积　342870 亩
危害指数　0.3820

• **明纹柏松毛虫 *Dendrolimus suffuscus illustratus* Lajonquiere**
寄　　主　白皮松，马尾松，油松，侧柏。
分布范围　河北、山西、内蒙古、辽宁、山东、河南、陕西。

发生地点　山西：吕梁市离石区；
内蒙古：鄂尔多斯市准格尔旗；
陕西：渭南市澄城县、白水县。
发生面积　12960 亩
危害指数　0. 3681

• **柏松毛虫 *Dendrolimus suffuscus suffuscus* Lajonquiere**
中文异名　侧柏松毛虫
寄　　主　冷杉，云杉，铁杉，柏木，刺柏，侧柏。
分布范围　内蒙古、辽宁、山东、河南、四川、陕西。
发生地点　内蒙古：包头市九原区、土默特右旗，巴彦淖尔市乌拉特前旗；
山东：济南市章丘市，青岛市即墨市、莱西市，莱芜市钢城区；
河南：洛阳市嵩县；
陕西：商洛市丹凤县。
发生面积　29394 亩
危害指数　0. 4525

• **落叶松毛虫 *Dendrolimus superans* (Butler)**
寄　　主　冷杉，臭冷杉，落叶松，日本落叶松，黄花落叶松，华北落叶松，新疆落叶松，云杉，鱼鳞云杉，红皮云杉，红松，樟子松，油松，黑松。
分布范围　华北、东北，浙江、山东、河南、四川、陕西、新疆。
发生地点　北京：石景山区、延庆区；
河北：保定市阜平县，张家口市崇礼区、沽源县、尚义县、怀安县、涿鹿县、赤城县，承德市丰宁满族自治县，塞罕坝林场、木兰林管局、小五台保护区、雾灵山保护区；
山西：大同市阳高县；
内蒙古：呼和浩特市新城区、土默特左旗，赤峰市松山区、阿鲁科尔沁旗、巴林左旗、巴林右旗、林西县、克什克腾旗，通辽市科尔沁左翼中旗、科尔沁左翼后旗、扎鲁特旗、霍林郭勒市，呼伦贝尔市鄂温克族自治旗、牙克石市，乌兰察布市兴和县、凉城县、四子王旗，锡林郭勒盟西乌珠穆沁旗；
辽宁：大连市普兰店区，抚顺市东洲区、抚顺县、新宾满族自治县、清原满族自治县，营口市盖州市，铁岭市西丰县、昌图县、开原市；
吉林：吉林市船营区、丰满区、上营森经局，白山市长白朝鲜族自治县，松原市长岭县、扶余市，湾沟林业局、泉阳林业局，龙湾保护区；
黑龙江：哈尔滨市阿城区、依兰县、宾县、巴彦县、木兰县、延寿县、五常市，齐齐哈尔市碾子山区、龙江县、依安县、甘南县、克山县、克东县、齐齐哈尔市属林场，鸡西市鸡东县、鸡西市属林场，鹤岗市属林场，双鸭山市集贤县、宝清县、饶河县、双鸭山市属林场，伊春市伊春区、西林区、嘉荫县、铁力市，佳木斯市郊区、桦川县、汤原县、富锦市，七台河市金沙新区、勃利县、七台河市属林场，牡丹江市林口县、海林市、牡丹江市属林场、牡丹峰保护区，黑河市北安市、五大连池市、嫩江县、黑河市属场，绥化市兰西县、庆安县、绥棱县、海伦市，绥芬河市、抚远市，庆安国有林场；
浙江：宁波市慈溪市，衢州市常山县；
河南：南阳市淅川县；
四川：凉山彝族自治州布拖县；
陕西：咸阳市彬县，长青保护区，宁东林业局；
新疆：塔城地区和布克赛尔蒙古自治县，阿尔泰山国有林管理局、两河源保护区，天山东部国有林管理局；
黑龙江森林工业总局：双丰林业局、铁力林业局、桃山林业局、朗乡林业局、南岔林业局、美溪林业局、翠峦林业局、友好林业局、上甘岭林业局、五营林业局、红星林业局、新青林业局、汤旺河林业局、乌伊岭林业局、西林区，大海林林业局、东京城林业局、穆棱林业局、绥阳林业局、海林林业局、八面通林业局，亚布力林业局、通北林业局、山河屯林业局、苇河林业局，双鸭山林业局、鹤立林业局、鹤北林业局、东方红林业局、清河林业局，带岭林业局；
内蒙古大兴安岭林业管理局：阿尔山林业局、绰尔林业局、绰源林业局、乌尔旗汉林业局、库都尔林业局、图里河林业局、伊图里河林业局、克一河林业局、甘河林业局、吉文林业局、阿里河林业局、根河林业局、得耳布尔林业局、莫尔道嘎林业局、毕拉河林业局、北大河林业局、汗马保护区。
发生面积　2066843 亩
危害指数　0.4186

• 旬阳松毛虫 *Dendrolimus xunyangensis* Tsai et Liu
寄　　主　油松。
分布范围　陕西、甘肃。
发生地点　陕西：宁东林业局。

• 阿纹枯叶蛾 *Euthrix albomaculata*（Bremer）
中文异名　竹斑毛虫
寄　　主　杨树，柳树，榆树，椴树，慈竹，斑竹，早竹，毛竹，金竹，苦竹。
分布范围　黑龙江、江苏、浙江、福建、河南、湖北、重庆、四川、陕西。
发生地点　江苏：盐城市盐都区；
重庆：巫溪县、彭水苗族土家族自治县；
陕西：渭南市华州区，宁东林业局。
发生面积　119 亩
危害指数　0.3782

• 黄纹枯叶蛾 *Euthrix imitatrix*（Lajonquiere）
寄　　主　核桃，黄檀，青皮竹。
分布范围　广东、四川。
发生地点　广东：肇庆市四会市；
四川：巴中市通江县。

发生面积　2295 亩
危害指数　0. 3333

• 竹纹枯叶蛾 *Euthrix laeta*（Walker）

寄　　主　杨树，榛子，黧蒴栲，榆树，猴樟，黄檀，椴树，柞木，竹节树，女贞，刺竹子，绿竹，麻竹，箭竹，单竹，单枝竹，慈竹，斑竹，毛竹，毛金竹，胖竹。
分布范围　中南，河北、山西、辽宁、黑龙江、江苏、浙江、安徽、福建、江西、四川、云南、陕西、甘肃。
发生地点　江苏：南京市玄武区，苏州市昆山市；
浙江：杭州市西湖区，宁波市江北区、北仑区、鄞州区、象山县、宁海县、余姚市，温州市鹿城区、龙湾区、平阳县，嘉兴市嘉善县，舟山市岱山县、嵊泗县，台州市临海市，丽水市莲都区；
安徽：芜湖市繁昌县、无为县；
福建：莆田市城厢区、涵江区、仙游县，三明市三元区，南平市松溪县，龙岩市新罗区、漳平市；
江西：南昌市安义县，萍乡市安源区、湘东区、上栗县、芦溪县，宜春市樟树市；
湖南：长沙市浏阳市，岳阳市岳阳县，娄底市新化县；
陕西：渭南市华州区，宁东林业局。
发生面积　21059 亩
危害指数　0. 4357

• 竹灰斜枯叶蛾 *Euthrix* sp.

寄　　主　竹，毛竹。
分布范围　中南，河北、山西、黑龙江、江苏、浙江、安徽、福建、江西、四川、云南、陕西、甘肃。

• 环斜纹枯叶蛾 *Euthrix tangi*（Lajonquiere）

寄　　主　山杨，青皮木，毛竹。
分布范围　福建、江西、湖南、广东、四川、陕西。
发生地点　江西：赣州市大余县；
湖南：邵阳市武冈市，岳阳市平江县；
四川：雅安市芦山县；
陕西：宁东林业局。
发生面积　5812 亩
危害指数　0. 4251

• 台湾褐枯叶蛾 *Gastropacha horishana* Matsumura

中文异名　锯缘枯叶蛾
寄　　主　山杨，山杏，沙棘。
分布范围　宁夏。
发生地点　宁夏：固原市原州区。

● **远东褐枯叶蛾 *Gastropacha orientalis* Shejiuzhko**

寄　　主　山杨，柳树，桃，杏，樱桃，苹果，李，梨。

分布范围　四川、陕西。

发生地点　四川：凉山彝族自治州盐源县；

陕西：宁东林业局。

● **台橘褐枯叶蛾 *Gastropacha pardale formosana* Tams**

寄　　主　女贞，荆条。

分布范围　湖北。

● **橘褐枯叶蛾 *Gastropacha pardale sinensis* Tams**

中文异名　橘毛虫

寄　　主　柑橘，橙。

分布范围　浙江、福建、江西、湖北、湖南、广东、广西、海南、重庆、四川、云南、陕西。

发生地点　重庆：万州区。

● **石梓褐枯叶蛾 *Gastropacha pardale swanni* Tams**

中文异名　石梓毛虫

寄　　主　石梓，楸。

分布范围　浙江、福建、江西、湖北、四川、云南、西藏、陕西。

发生地点　陕西：宁东林业局。

● **杨褐枯叶蛾 *Gastropacha populifolia* (Esper)**

中文异名　杨枯叶蛾、杨树枯叶蛾

寄　　主　马尾松，柳杉，银白杨，新疆杨，北京杨，加杨，青杨，山杨，二白杨，大叶杨，辽杨，黑杨，小叶杨，毛白杨，小黑杨，白柳，垂柳，旱柳，杨梅，核桃，枫杨，辽东桤木，白桦，蒙古栎，青冈，栎子青冈，榆树，樟树，桃，杏，樱桃，樱花，日本樱花，苹果，海棠花，李，白梨，阔叶槭，黑桦鼠李，椴树，红淡比，柞木。

分布范围　华北、东北、华东、西北，河南、湖北、湖南、广西、重庆、四川、云南。

发生地点　北京：石景山区、通州区、大兴区、密云区；

河北：石家庄市栾城区、正定县、灵寿县，唐山市古冶区、滦南县、乐亭县、玉田县，邯郸市鸡泽县，保定市阜平县、唐县、雄县，张家口市沽源县、怀安县、怀来县、赤城县、察北管理区，沧州市吴桥县、黄骅市、河间市，廊坊市永清县、香河县、霸州市，衡水市桃城区、武邑县，雾灵山保护区；

山西：大同市阳高县；

内蒙古：通辽市科尔沁区、科尔沁左翼后旗、库伦旗，乌兰察布市兴和县、察哈尔右翼前旗、察哈尔右翼后旗、四子王旗；

辽宁：沈阳市新民市；

黑龙江：齐齐哈尔市克东县；

上海：浦东新区；

江苏：无锡市宜兴市，徐州市沛县，苏州市高新技术开发区，淮安市涟水县；

浙江：杭州市萧山区；
安徽：滁州市定远县，阜阳市颍州区，宿州市萧县；
江西：萍乡市安源区、湘东区、上栗县、芦溪县；
山东：潍坊市坊子区、昌邑市，济宁市兖州区、曲阜市，莱芜市钢城区，聊城市阳谷县、东阿县、高新技术产业开发区，菏泽市牡丹区、定陶区、曹县、郓城县，黄河三角洲保护区；
河南：商丘市睢县，永城市；
湖北：荆州市洪湖市；
湖南：岳阳市岳阳县；
重庆：黔江区、永川区，忠县、奉节县、彭水苗族土家族自治县；
四川：巴中市通江县，甘孜藏族自治州雅江县；
陕西：西安市蓝田县、周至县，宝鸡市高新技术开发区，咸阳市秦都区、三原县、长武县、旬邑县，渭南市华州区、大荔县、澄城县、白水县，汉中市汉台区、南郑县、城固县、洋县，榆林市米脂县、子洲县，商洛市商南县，宁东林业局、太白林业局；
甘肃：金昌市金川区，平凉市关山林管局；
宁夏：银川市永宁县，石嘴山市大武口区，吴忠市利通区、同心县。

发生面积　193321 亩
危害指数　0. 3425

• 赤李褐枯叶蛾 *Gastropacha quercifolia lucens* Mell

寄　　主　杨树，柳树。
分布范围　浙江、安徽、福建、江西、湖北、湖南、广东、广西、四川、贵州、云南、西藏、陕西。

• 棕李褐枯叶蛾 *Gastropacha quercifolia mekongensis* Lajonquiere

寄　　主　李，棕榈。
分布范围　云南、陕西。

• 李褐枯叶蛾 *Gastropacha quercifolia quercifolia* Linnaeus

拉丁异名　*Gastropacha quercifolia cerridifolia* Felder et Felder
寄　　主　落叶松，柳杉，山杨，黑杨，小叶杨，白柳，垂柳，旱柳，山柳，沙柳，杨梅，山核桃，核桃，枫杨，栓皮栎，番杏，芍药，山桃，桃，梅，杏，樱桃，苹果，海棠花，稠李，李，红叶李，白梨，沙梨，川梨，刺槐，秋枫，刺核藤。
分布范围　华北、东北、华东、西北，河南、湖北、广东、四川、云南。
发生地点　北京：密云区；
河北：石家庄市新乐市，保定市唐县，张家口市沽源县、尚义县、涿鹿县、赤城县，沧州市吴桥县、河间市，衡水市桃城区；
山西：大同市阳高县；
江苏：南京市高淳区；
浙江：温州市乐清市；

山东：济宁市兖州区、梁山县、曲阜市，泰安市泰山林场；
广东：肇庆市四会市；
四川：巴中市通江县；
陕西：咸阳市旬邑县，渭南市华州区、白水县、华阴市，汉中市汉台区、西乡县，宁东林业局、太白林业局；
甘肃：白银市靖远县，平凉市关山林管局；
宁夏：吴忠市利通区、红寺堡区，固原市原州区、彭阳县。

发生面积 5439 亩

危害指数 0.3456

● **东川杂枯叶蛾 *Kunugia dongchuanensis*（Tsai et Hou）**

中文异名 东川杂毛虫

寄　　主 华山松，柏木。

分布范围 四川、云南。

发生地点 四川：巴中市通江县；
云南：昆明市东川区。

发生面积 2061 亩

危害指数 0.6568

● **韩氏杂枯叶蛾 *Kunugia hani*（Hou）**

寄　　主 栎。

分布范围 西藏、陕西。

● **金川杂枯叶蛾 *Kunugia jinchuanensis* Tsai et Hou**

中文异名 金川杂毛虫

寄　　主 核桃。

分布范围 四川。

发生地点 四川：巴中市通江县。

发生面积 1102 亩

危害指数 0.3333

● **云南杂枯叶蛾 *Kunugia latipennis*（Walker）**

中文异名 云南杂毛虫

寄　　主 刺栲。

分布范围 广东、云南。

发生地点 广东：汕尾市陆河县，河源市新丰江，清远市连山壮族瑶族自治县。

发生面积 105530 亩

危害指数 0.6669

● **黄斑波纹杂枯叶蛾 *Kunugia undans fasciatella*（Ménétriés）**

中文异名 黄波纹杂毛虫、黄斑波纹杂毛虫

寄　　主 落叶松，华山松，马尾松，油松，杨树，加杨，旱柳，白桦，榛子，板栗，辽东栎，蒙古栎，大果榆，春榆，檀梨，长梗润楠，野山楂，山楂，苹果，稠李，胡枝子，刺槐，油茶，红淡比，柞木，沙棘，毛八角枫，连翘，阔叶夹竹桃。

分布范围　华北、东北，湖南、四川、陕西、甘肃、宁夏。

发生地点　河北：保定市唐县，张家口市沽源县、怀来县、赤城县，承德市丰宁满族自治县；
内蒙古：乌兰察布市卓资县；
湖南：岳阳市云溪区，永州市江华瑶族自治县，湘西土家族苗族自治州凤凰县；
四川：达州市大竹县；
陕西：太白林业局。

发生面积　25918 亩

危害指数　0. 6201

• **波纹杂枯叶蛾** ***Kunugia undans undans*** **(Walker)**

中文异名　波纹杂毛虫

寄　　主　华山松，湿地松，马尾松，油松，云南松，杨梅，化香树，板栗，甜槠栲，白栎，辽东栎，厚朴，樟树，檫木，枫香，野山楂，苹果，云南金合欢，刺槐，油茶，木荷。

分布范围　河北、江苏、浙江、安徽、福建、江西、河南、湖北、湖南、广东、广西、四川、贵州、云南、陕西、宁夏。

发生地点　河北：张家口市怀来县；
浙江：丽水市莲都区、松阳县；
福建：莆田市城厢区，泉州市安溪县，龙岩市新罗区；
湖南：邵阳市隆回县、绥宁县，岳阳市平江县，怀化市新晃侗族自治县、芷江侗族自治县、靖州苗族侗族自治县、通道侗族自治县，娄底市新化县，湘西土家族苗族自治州吉首市；
陕西：渭南市华州区、白水县、华阴市，宁东林业局；
宁夏：固原市原州区。

发生面积　77226 亩

危害指数　0. 3333

• **西昌杂枯叶蛾** ***Kunugia xichangensis*** **(Tsai et Liu)**

中文异名　西昌杂毛虫

寄　　主　云南松，槲栎，波罗栎，栓皮栎，阔叶十大功劳。

分布范围　湖南、四川、贵州、云南、陕西。

发生地点　陕西：渭南市华阴市。

发生面积　170 亩

危害指数　0. 3333

• **松大毛虫** ***Lebeda nobilis nobilis*** **Walker**

中文异名　大灰枯叶蛾

寄　　主　思茅松，马尾松，黄山松，云南松，柏木，粗枝木麻黄，板栗，毛锥，栎，猴樟，枫香，尾叶桉，灯台树，杜鹃。

分布范围　西南，浙江、福建、湖北、湖南、广东、广西、陕西。

发生地点　湖南：长沙市浏阳市；
广西：百色市田阳县、百色市百林林场；
重庆：秀山土家族苗族自治县、酉阳土家族苗族自治县；
四川：巴中市通江县；
陕西：西安市周至县，宁东林业局。
发生面积　3236 亩
危害指数　0. 3333

• 油茶枯叶蛾 *Lebeda nobilis sinina* Lajonquiere

中文异名　油茶大毛虫、杨梅毛虫
寄　　主　马尾松，杉木，侧柏，杨梅，山核桃，化香树，枫杨，锥栗，板栗，苦槠栲，栲树，水青冈，麻栎，大果榉，樟树，枫香，山楂，油桐，盐肤木，杜英，山杜英，油茶，茶，尾叶桉。
分布范围　江苏、浙江、安徽、福建、江西、河南、湖北、湖南、广西、四川、陕西。
发生地点　江苏：无锡市宜兴市；
浙江：杭州市西湖区、萧山区，宁波市余姚市，衢州市常山县，丽水市莲都区；
福建：南平市延平区；
江西：萍乡市莲花县，赣州市会昌县，吉安市新干县，抚州市崇仁县，上饶市广丰区；
河南：南阳市淅川县，信阳市罗山县；
湖南：邵阳市绥宁县，岳阳市岳阳县、平江县，常德市石门县，永州市零陵区、东安县，娄底市新化县；
广西：百色市田阳县、靖西市；
四川：宜宾市翠屏区、屏山县；
陕西：渭南市华州区，宁东林业局。
发生面积　18641 亩
危害指数　0. 4289

• 棕色天幕毛虫 *Malacosoma dentata* Mell

中文异名　棕色幕枯叶蛾
寄　　主　山杨，柳树，山核桃，核桃，板栗，刺栲，栲树，黧蒴栲，栎，朴树，榆树，桑，鹅掌楸，枫香，三球悬铃木，山桃，蒙古扁桃，桃，杏，山楂，苹果，石楠，李，梨，玫瑰，黄刺玫，刺槐，火炬树。
分布范围　河北、内蒙古、辽宁、黑龙江、浙江、安徽、福建、江西、山东、湖北、湖南、广东、广西、重庆、四川、贵州、云南、陕西、宁夏。
发生地点　河北：唐山市古冶区、丰南区、丰润区，保定市高阳县、博野县，张家口市桥东区、沽源县；
内蒙古：阿拉善盟阿拉善右旗；
黑龙江：鸡西市鸡东县，佳木斯市同江市；
浙江：杭州市余杭区，宁波市慈溪市，衢州市常山县，舟山市定海区，台州市温岭市；
安徽：宣城市旌德县；
江西：赣州市会昌县，上饶市婺源县；
山东：莱芜市钢城区；
湖南：邵阳市北塔区、邵阳县、洞口县；
广东：韶关市南雄市，汕尾市陆河县；
重庆：巴南区、江津区；
贵州：遵义市红花岗区、播州区、务川仡佬族苗族自治县、习水县；
陕西：渭南市白水县，汉中市汉台区，商洛市丹凤县。

发生面积 52536 亩

危害指数 0.4827

• 高山天幕毛虫 *Malacosoma insignis* Lajonquiere

寄　　主 银杏，山生柳，核桃，檫木，枫香，柠条锦鸡儿，酸枣。

分布范围 湖北、湖南、四川、云南、西藏、青海、新疆。

发生地点 湖南：湘西土家族苗族自治州古丈县。

发生面积 7000 亩

危害指数 0.4286

• 双带天幕毛虫 *Malacosoma kirghisica* Staudinger

寄　　主 山杨，旱柳，榆树，桑，苹果，玫瑰，黄刺玫。

分布范围 河北、陕西、新疆。

发生地点 河北：保定市涞水县、唐县。

发生面积 590 亩

危害指数 0.3672

• 留坝天幕毛虫 *Malacosoma liupa* Hou

寄　　主 红桦，榆树，银桦，桃，樱桃，苹果，李，川梨，柞木，灯台树。

分布范围 四川、陕西。

• 黄褐天幕毛虫 *Malacosoma neustria testacea*（Motschulsky）

中文异名 天幕枯叶蛾、顶针虫

寄　　主 银杏，冷杉，落叶松，华北落叶松，云杉，红松，马尾松，樟子松，柳杉，钻天柳，新疆杨，北京杨，山杨，胡杨，二白杨，钻天杨，箭杆杨，小叶杨，小黑杨，垂柳，旱柳，核桃楸，核桃，枫杨，桤木，白桦，榛子，桦树，麻栎，波罗栎，白栎，辽东栎，蒙古栎，栓皮栎，栎子青冈，榆树，桑，黑壳楠，润楠，枫香，山桃，蒙古扁桃，桃，碧桃，山杏，杏，樱桃，樱花，山樱桃，山楂，山荆子，西府海棠，苹果，海棠花，稠李，李，红叶李，沙梨，新疆梨，月季，玫瑰，黄刺玫，红果树，刺槐，槐树，黄檗，臭椿，香椿，油桐，乌桕，长叶黄杨，盐肤木，火炬树，阔叶槭，色木槭，梣叶槭，黑桦鼠李，枣树，椴树，梧桐，柞木，秋海棠，沙枣，沙棘，喜树，山柳，柿，水曲柳，丁香，黄荆，荆条。

分布范围　华北、东北、华东、西北，河南、湖北、湖南、重庆、四川、贵州。

发生地点　北京：东城区、丰台区、石景山区、顺义区、大兴区、密云区、延庆区；

河北：石家庄市井陉县，唐山市滦南县、乐亭县、玉田县，邯郸市武安市，邢台市邢台县、任县，保定市阜平县、高碑店市，张家口市宣化区、崇礼区、沽源县、蔚县、阳原县、怀安县、怀来县、赤城县，承德市承德县、平泉县、隆化县、丰宁满族自治县、宽城满族自治县、围场满族蒙古族自治县，沧州市河间市，廊坊市永清县、三河市，衡水市枣强县、安平县，塞罕坝林场、木兰林管局；

山西：太原市娄烦县、古交市，大同市阳高县、天镇县，太行山国有林管理局；

内蒙古：呼和浩特市新城区、土默特左旗、和林格尔县、清水河县，包头市东河区、昆都仑区、青山区、石拐区、九原区、土默特右旗，赤峰市红山区、松山区、阿鲁科尔沁旗、巴林左旗、巴林右旗、林西县、克什克腾旗、翁牛特旗、喀喇沁旗、宁城县、敖汉旗，通辽市科尔沁区、科尔沁左翼中旗、科尔沁左翼后旗、开鲁县、扎鲁特旗、霍林郭勒市，鄂尔多斯市杭锦旗、康巴什新区，巴彦淖尔市乌拉特前旗、乌拉特中旗，乌兰察布市集宁区、卓资县、兴和县、察哈尔右翼前旗、四子王旗，锡林郭勒盟锡林浩特市、东乌珠穆沁旗，阿拉善盟阿拉善左旗、额济纳旗；

辽宁：沈阳市浑南区，大连市庄河市，抚顺市新宾满族自治县，丹东市东港市，营口市鲅鱼圈区、老边区、大石桥市，辽阳市宏伟区、弓长岭区、辽阳县，朝阳市双塔区、龙城区、建平县、喀喇沁左翼蒙古族自治县、北票市、凌源市，葫芦岛市建昌县；

吉林：松原市宁江区、前郭尔罗斯蒙古族自治县、乾安县，白城市洮北区、镇赉县、通榆县、洮南市、大安市；

黑龙江：哈尔滨市方正县、五常市，齐齐哈尔市龙江县、甘南县、克东县、齐齐哈尔市属林场，鸡西市密山市，伊春市铁力市，佳木斯市郊区、桦川县，黑河市爱辉区、五大连池市、嫩江县、孙吴县，绥化市安达市、肇东市，抚远市；

江苏：常州市武进区；

浙江：温州市洞头区，台州市天台县、温岭市；

安徽：阜阳市阜南县，宣城市宣州区；

江西：上饶市横峰县；

山东：青岛市胶州市、即墨市、莱西市；

湖南：湘潭市韶山市，衡阳市祁东县、耒阳市，邵阳市双清区、大祥区、邵东县、新邵县、隆回县、绥宁县、城步苗族自治县、武冈市，岳阳市平江县，张家界市永定区，郴州市北湖区、苏仙区、安仁县，怀化市新晃侗族自治县、芷江侗族自治县，湘西土家族苗族自治州凤凰县、保靖县、龙山县；

重庆：万州区、黔江区，丰都县、忠县、云阳县、奉节县、巫溪县、彭水苗族土家族自治县；

四川：广安市武胜县，甘孜藏族自治州炉霍县；

贵州：贵阳市息烽县、清镇市，遵义市汇川区，黔南布依族苗族自治州都匀市、福泉市、三都水族自治县；

陕西：延安市黄龙山林业局，商洛市山阳县、镇安县，宁东林业局；
甘肃：嘉峪关市，平凉市庄浪县，酒泉市肃州区、金塔县、瓜州县、肃北蒙古族自治县、阿克塞哈萨克族自治县、玉门市、敦煌市；
宁夏：银川市灵武市，石嘴山市大武口区、惠农区，吴忠市利通区、同心县、青铜峡市、罗山保护区；
新疆：乌鲁木齐市乌鲁木齐县，克拉玛依市克拉玛依区，哈密市伊州区；
黑龙江森林工业总局：朗乡林业局，绥阳林业局，亚布力林业局；
大兴安岭林业集团公司：松岭林业局、新林林业局、韩家园林业局、南翁河保护局、绰纳河保护局；
内蒙古大兴安岭林业管理局：阿里河林业局；
新疆生产建设兵团：农四师68团。

发生面积　1431024亩

危害指数　0.4894

- **绵山天幕毛虫** ***Malacosoma rectifascia*** **Lajonquiere**

中文异名　桦天幕毛虫

寄　　主　山杨，柳树，桦木，白桦，辽东栎，榆树，桃，杏，苹果，梨，玫瑰，黄刺玫，秋海棠。

分布范围　北京、河北、山西、辽宁。

发生地点　北京：门头沟区；
河北：保定市望都县，承德市丰宁满族自治县，雾灵山保护区；
山西：山西杨树丰产林实验局、关帝山国有林管理局、吕梁山国有林管理局。

发生面积　29172亩

危害指数　0.3333

- **细斑尖枯叶蛾** ***Metanastria gemella*** **Lajonquiere**

寄　　主　枫香，柿，蒲葵。

分布范围　福建、广东、广西、海南、云南。

发生地点　福建：福州国家森林公园。

- **大斑丫毛虫** ***Metanastria hyrtaca*** **(Cramer)**

寄　　主　甜槠栲，苦槠栲，栲树，云南金合欢，羊蹄甲，橄榄，人面子，冬青，山杜英，油茶，小叶女贞。

分布范围　福建、湖北、湖南、广东、广西、四川、云南、陕西、甘肃。

发生地点　福建：龙岩市新罗区；
湖南：长沙市浏阳市；
广东：广州市从化区。

发生面积　2135亩

危害指数　0.3333

- **苹果枯叶蛾** ***Odonestis pruni*** **(Linnaeus)**

中文异名　苹枯叶蛾、苹毛虫

寄　　主　北京杨，山杨，白柳，枫杨，板栗，栎，桃，梅，杏，樱桃，苹果，海棠花，李，毛樱桃，梨，刺蔷薇，白蔷薇，多花蔷薇，红果树，刺槐，秋海棠。

分布范围　华北、东北、华东，河南、湖北、湖南、广西、重庆、四川、云南、陕西、甘肃、宁夏。

发生地点　北京：东城区、石景山区、密云区；

河北：唐山市滦南县、乐亭县，邢台市沙河市，保定市阜平县、唐县、望都县，张家口市赤城县，沧州市吴桥县、黄骅市、河间市，衡水市桃城区、武邑县、安平县；

山西：大同市阳高县；

内蒙古：通辽市科尔沁左翼后旗，乌兰察布市四子王旗；

江苏：常州市天宁区、钟楼区、新北区，镇江市句容市；

浙江：宁波市象山县，温州市瑞安市，台州市仙居县；

山东：济宁市兖州区、泗水县、梁山县、曲阜市，莱芜市钢城区；

重庆：大足区；

四川：甘孜藏族自治州康定市；

陕西：西安市周至县，咸阳市彬县、旬邑县，渭南市白水县，延安市延川县、宜川县，榆林市绥德县、米脂县、子洲县，商洛市镇安县，宁东林业局、太白林业局；

宁夏：吴忠市同心县，固原市彭阳县。

发生面积　18152 亩

危害指数　0. 3721

- **白缘云枯叶蛾** ***Pachypasoides clarilimbata*** **(Lajonquiere)**

中文异名　白缘云毛虫

寄　　主　冬青，香果树。

分布范围　湖南、四川、云南、陕西。

发生地点　湖南：湘西土家族苗族自治州保靖县。

- **柳杉云枯叶蛾** ***Pachypasoides roesleri*** **(Lajonquiere)**

中文异名　柳杉云毛虫、柳杉毛虫

寄　　主　思茅松，云南松，柳杉，杉木，水杉，侧柏，柳树，沙棘。

分布范围　江苏、浙江、安徽、福建、江西、山东、湖南、四川、贵州、云南、陕西。

发生地点　浙江：杭州市余杭区，宁波市宁海县，温州市瓯海区、乐清市，金华市婺城区、磐安县，台州市三门县、天台县，丽水市莲都区、松阳县、景宁畲族自治县；

福建：三明市将乐县、泰宁县，泉州市永春县，南平市延平区、政和县，龙岩市连城县；

山东：莱芜市钢城区；

四川：阿坝藏族羌族自治州壤塘县；

贵州：六盘水市钟山区，毕节市大方县；

云南：昭通市大关县；

陕西：西安市周至县。

发生面积　22597 亩

危害指数　0. 3827

• **云南云枯叶蛾** ***Pachypasoides yunnanensis*** **(Lajonquiere)**

中文异名　云南云毛虫

寄　　主　思茅松，云南松，水杉，柏木。

分布范围　四川、云南。

发生地点　四川：眉山市洪雅县，凉山彝族自治州盐源县。

发生面积　351 亩

危害指数　0. 5233

• **东北栎枯叶蛾** ***Paralebeda femorata*** **(Ménétriès)**

中文异名　东北栎毛虫

寄　　主　银杏，落叶松，华北落叶松，华山松，赤松，马尾松，油松，金钱松，柳杉，水杉，柏木，杨树，山杨，榛子，板栗，栎，桢楠，檫木，梨，椴树，柞木，连翘，丁香。

分布范围　北京、河北、辽宁、黑龙江、浙江、江西、山东、湖北、湖南、广西、四川、贵州、云南、陕西、甘肃。

发生地点　辽宁：辽阳市文圣区、弓长岭区、辽阳县；

浙江：宁波市鄞州区；

陕西：宁东林业局。

发生面积　72101 亩

危害指数　0. 3370

• **松栎枯叶蛾** ***Paralebeda plagifera*** **(Walker)**

中文异名　栎毛虫

寄　　主　落叶松，华北落叶松，马尾松，油松，柏木，杨树，杨梅，山核桃，桦木，榛子，板栗，刺栲，栲树，麻栎，槲栎，蒙古栎，刺叶栎，栓皮栎，青冈，栎子青冈，桑，苹果，台湾相思，刺槐，山乌桕，乌桕，酸枣，柞木，巨尾桉，团花。

分布范围　东北、西南，河北、浙江、安徽、福建、江西、山东、河南、湖北、湖南、广东、广西、陕西。

发生地点　河北：张家口市赤城县；

辽宁：辽阳市辽阳县、灯塔市；

安徽：滁州市凤阳县；

福建：厦门市集美区；

江西：萍乡市上栗县、芦溪县；

河南：郑州市荥阳市，平顶山市宝丰县、叶县、鲁山县、郏县、舞钢市，南阳市南召县、淅川县，信阳市罗山县；

湖南：常德市石门县；

广西：派阳山林场；

重庆：巴南区，武隆区、奉节县、巫山县、巫溪县；

四川：巴中市通江县，甘孜藏族自治州新龙县、理塘县；
云南：昭通市大关县，西双版纳傣族自治州景洪市、勐腊县；
陕西：渭南市白水县，汉中市洋县，太白林业局。
发生面积　102005 亩
危害指数　0.3558

• **榆垂片枯叶蛾 *Phyllodesma ilicifolia* (Linnaeus)**
中文异名　榆枯叶蛾、榆小毛虫
寄　　主　榆树。
分布范围　黑龙江、宁夏、新疆。
发生地点　宁夏：吴忠市同心县；
新疆：吐鲁番市鄯善县。
发生面积　102 亩
危害指数　0.3333

• **栎黑枯叶蛾 *Pyrosis eximia* (Oberthür)**
中文异名　栎枯叶蛾
寄　　主　栎，槐树，重阳木。
分布范围　山西、江苏、福建、湖南、陕西。
发生地点　福建：莆田市秀屿区、仙游县。

• **杨黑枯叶蛾 *Pyrosis idiota* Graeser**
中文异名　白杨枯叶蛾、白杨毛虫
寄　　主　柳杉，山杨，黑杨，柳树，榆树，桃，杏，樱桃，苹果，李，梨，刺槐，栲叶槭，文冠果，红淡比。
分布范围　华北、东北，江西、山东、湖北、重庆、四川、陕西。
发生地点　内蒙古：乌兰察布市四子王旗；
山东：莱芜市钢城区；
四川：甘孜藏族自治州泸定县；
陕西：咸阳市永寿县，渭南市华州区、合阳县。
发生面积　10034 亩
危害指数　0.3333

• **柳黑枯叶蛾 *Pyrosis rotundipennis* (Joannis)**
中文异名　柳毛虫
寄　　主　柳树，西桦。
分布范围　江西、四川、云南。
发生地点　云南：保山市隆阳区。
发生面积　290 亩
危害指数　0.3333

- **日光枯叶蛾** ***Somadasys brevivenis*** **（Butler）**

寄　　主　桉树。

分布范围　河南、广东、陕西。

- **木麻黄枯叶蛾** ***Suana concolor*** **（Walker）**

中文异名　桉树大毛虫

拉丁异名　*Suana divisa*（Moore）

寄　　主　木麻黄，杨梅，高山榕，云南金合欢，秋枫，杧果，土沉香，石榴，大叶桉，巨尾桉，尾叶桉，女贞。

分布范围　山西、福建、江西、湖南、广东、广西、四川、云南。

发生地点　福建：厦门市同安区，莆田市涵江区、荔城区、秀屿区、仙游县、湄洲岛；
广东：深圳市大鹏新区，肇庆市高要区、四会市、肇庆市属林场，惠州市惠东县，汕尾市陆河县、陆丰市，河源市东源县，云浮市云城区、新兴县；
广西：南宁市良庆区，梧州市蒙山县，玉林市福绵区、博白县、北流市，百色市右江区、田林县、百林林场，河池市南丹县、东兰县、环江毛南族自治县、巴马瑶族自治县，来宾市兴宾区，崇左市大新县，六万林场。

发生面积　9585 亩

危害指数　0.3369

- **刻缘枯叶蛾** ***Takanea excisa yangtsei*** **Lajonquiere**

寄　　主　栎。

分布范围　浙江、福建、河南、湖北、四川、云南、西藏、陕西、甘肃。

发生地点　浙江：温州市瑞安市；
陕西：宁东林业局。

发生面积　961 亩

危害指数　0.3333

- **赤黄枯叶蛾** ***Trabala pallida*** **（Walker）**

寄　　主　鳄梨，重阳木，秋枫，紫薇，石榴，榄仁树，桉树，番石榴。

分布范围　福建、江西、广东、广西、海南、陕西。

发生地点　广东：肇庆市高要区，汕尾市陆河县，云浮市新兴县。

- **栎黄枯叶蛾** ***Trabala vishnou gigantina*** **Yang**

寄　　主　山杨，旱柳，核桃，榛子，高山栎，槲栎，辽东栎，栓皮栎，锐齿槲栎，榆树，山荆子，苹果，野海棠，蔷薇，月季，槭，胡颓子，沙棘。

分布范围　北京、山西、内蒙古、河南、西藏、陕西、甘肃。

发生地点　西藏：林芝市波密县。

- **台黄枯叶蛾** ***Trabala vishnou guttata*** **（Matsumura）**

中文异名　青黄枯叶蛾

寄　　主　山杨，黑杨，核桃，枫杨，桤木，锥栗，板栗，毛锥，白栎，辽东栎，栎子青冈，猴樟，樟树，枫香，山杏，樱花，苹果，刺槐，重阳木，秋枫，盐肤木，木槿，山茶，胡颓子，沙棘，巨尾桉，桃金娘，野海棠。

分布范围　江苏、福建、江西、湖北、湖南、广东、重庆、四川、陕西、甘肃。

发生地点　福建：泉州市安溪县，南平市松溪县；

湖北：荆门市京山县；

湖南：娄底市新化县；

广东：深圳市坪山新区、龙华新区；

重庆：酉阳土家族苗族自治县；

四川：成都市大邑县、邛崃市，巴中市南江县、平昌县；

陕西：渭南市白水县，延安市桥北林业局，宁东林业局。

发生面积　2166 亩

危害指数　0.3335

- **栗黄枯叶蛾** ***Trabala vishnou vishnou*** **(Lefebvre)**

中文异名　绿黄枯叶蛾

寄　　主　思茅松，马尾松，云南松，杉木，柏木，山杨，旱柳，杨梅，山核桃，薄壳山核桃，核桃楸，核桃，化香树，枫杨，榛子，锥栗，板栗，茅栗，刺栲，栲树，耳叶石栎，麻栎，槲栎，小叶栎，波罗栎，白栎，辽东栎，栓皮栎，锐齿槲栎，枹栎，青冈，栎子青冈，榆树，黄葛树，桑，猴樟，樟树，香叶树，润楠，闽楠，海桐，枫香，桃，山楂，苹果，海棠花，白梨，云南金合欢，合欢，羊蹄甲，黄檀，降香，刺桐，刺槐，山油柑，文旦柚，柑橘，香椿，油桐，重阳木，秋枫，野桐，杧果，盐肤木，龙眼，酸枣，杜英，梧桐，油茶，木荷，沙棘，大花紫薇，海桑，石榴，红千层，白桉，柠檬桉，大叶桉，巨尾桉，尾叶桉，番石榴，桃金娘，乌墨，蒲桃，洋蒲桃，红胶木，杜鹃，女贞，小叶女贞，黄荆，白花泡桐，水团花。

分布范围　华东、西南，北京、河北、山西、河南、湖北、湖南、广东、广西、陕西、甘肃。

发生地点　江苏：南京市玄武区，无锡市宜兴市；

浙江：杭州市西湖区、桐庐县，宁波市北仑区、镇海区、鄞州区、象山县、宁海县、余姚市，温州市鹿城区、龙湾区，嘉兴市嘉善县，舟山市岱山县、嵊泗县，台州市仙居县；

安徽：芜湖市芜湖县，池州市贵池区；

福建：厦门市海沧区、集美区、同安区，莆田市城厢区、涵江区、荔城区、仙游县，泉州市安溪县，南平市延平区、松溪县，福州国家森林公园；

江西：萍乡市上栗县、芦溪县；

河南：洛阳市栾川县、嵩县、汝阳县，三门峡市卢氏县，南阳市卧龙区、南召县、淅川县、桐柏县，信阳市罗山县，驻马店市确山县、泌阳县，固始县；

湖北：黄冈市罗田县，随州市随县；

湖南：长沙市长沙县、浏阳市，株洲市芦淞区，常德市桃源县，郴州市北湖区、苏仙区、永兴县，娄底市新化县、涟源市；

广东：广州市番禺区，深圳市宝安区、龙岗区，汕头市澄海区，佛山市南海区，茂名市电白区，肇庆市高要区、德庆县、四会市，惠州市惠阳区、惠东县、仲恺区，汕尾市陆河县、陆丰市，河源市紫金县、东源县、新丰江，清远市清新区、佛冈县、英德市、清远市属林场，东莞市，云浮市云城区、新兴县、罗定市、云浮市属林场；

广西：南宁市良庆区、邕宁区、武鸣区、宾阳县、横县，桂林市兴安县、龙胜各族自治县、荔浦县，梧州市苍梧县、藤县、蒙山县，北海市合浦县，防城港市港口区、防城区、上思县、东兴市，贵港市港北区、港南区、覃塘区、平南县、桂平市，玉林市福绵区、容县、陆川县、兴业县、北流市，百色市右江区、田阳县、乐业县、百林林场，贺州市昭平县，河池市金城江区、南丹县、天峨县、凤山县、罗城仫佬族自治县、环江毛南族自治县、巴马瑶族自治县、大化瑶族自治县，崇左市江州区、扶绥县、龙州县、大新县、凭祥市，七坡林场、良凤江森林公园、东门林场、派阳山林场、钦廉林场、三门江林场、维都林场、黄冕林场、大桂山林场、博白林场；

重庆：万州区、涪陵区、大渡口区、南岸区、北碚区、黔江区、长寿区、南川区、铜梁区、万盛经济技术开发区，梁平区、城口县、丰都县、武隆区、忠县、开县、云阳县、奉节县、巫溪县、石柱土家族自治县、彭水苗族土家族自治县；

四川：绵阳市三台县、梓潼县，遂宁市安居区、蓬溪县，南充市营山县，雅安市雨城区、石棉县、天全县，巴中市巴州区；

贵州：毕节市七星关区、大方县；

云南：昭通市彝良县，楚雄彝族自治州双柏县、南华县、武定县，西双版纳傣族自治州勐海县，怒江傈僳族自治州贡山独龙族怒族自治县；

陕西：西安市蓝田县，咸阳市彬县，渭南市华州区、合阳县，延安市安塞县、志丹县、吴起县，汉中市城固县、西乡县、留坝县，安康市汉滨区，商洛市商州区、丹凤县、山阳县、镇安县，佛坪保护区，宁东林业局。

发生面积　333204 亩

危害指数　0.3923

带蛾科 Eupterotidae

• 紫斑带蛾 *Apha floralis* Butler

寄　　主　栎。

分布范围　广东、四川、陕西。

发生地点　四川：凉山彝族自治州盐源县；

陕西：渭南市华州区。

• 华北抚带蛾 *Apha huabeiana* Yang

寄　　主　华山松，马尾松，油松，水杉，柳树，忍冬。

分布范围　河北、陕西。

发生地点　河北：张家口市沽源县、赤城县。

发生面积　1255 亩

危害指数　0.3333

• **云斑带蛾 *Apha subdives yunnanensis* Mell**

寄　　主　杨树。

分布范围　广东、海南、陕西。

发生地点　广东：云浮市罗定市。

• **中华金带蛾 *Eupterote chinensis* Leech**

寄　　主　桃，苹果，梨，石榴，川泡桐，泡桐。

分布范围　安徽、山东、河南、湖南、广西、四川、贵州、云南。

发生地点　四川：宜宾市筠连县，凉山彝族自治州盐源县。

• **乌桕金带蛾 *Eupterote sapivora* Yang**

中文异名　乌桕金带蛾

寄　　主　粗枝木麻黄，山杨，枫杨，鹅掌楸，枫香，槐树，香椿，乌桕，浆果乌桕，柿，泡桐。

分布范围　福建、江西、广西、贵州。

发生地点　广西：桂林市全州县、永福县、灌阳县、恭城瑶族自治县。

发生面积　779 亩

危害指数　0. 3517

• **灰纹带蛾 *Ganisa cyanugrisea* Mell**

寄　　主　光蜡树，女贞，小蜡，王棕。

分布范围　福建、广东、广西、四川、陕西。

发生地点　福建：福州国家森林公园；

广东：肇庆市四会市；

四川：凉山彝族自治州盐源县。

• **褐带蛾 *Palirisa cervina* Moore**

中文异名　褐袋蛾

寄　　主　银杏，日本落叶松，云杉，马尾松，山杨，核桃，桤木，板栗，麻栎，青冈，印度榕，猴樟，樟树，天竺桂，枫香，梨，刺槐，文旦柚，乌桕，盐肤木，龙眼，栾树，油茶，茶，木荷，紫薇，桉树，柿，女贞，木犀，黄荆。

分布范围　江苏、浙江、福建、湖北、湖南、重庆、四川、陕西。

发生地点　福建：莆田市仙游县，泉州市安溪县；

湖南：岳阳市岳阳县；

重庆：黔江区、南川区，梁平区、城口县、武隆区、忠县、云阳县、巫溪县、秀山土家族苗族自治县、酉阳土家族苗族自治县、彭水苗族土家族自治县；

四川：成都市邛崃市，广安市前锋区，雅安市雨城区；

陕西：渭南市华州区。

发生面积　11080 亩

危害指数　0. 3634

• **灰褐带蛾 *Palirisa chinensis* Rothschild**

寄　　主　华山松，马尾松，柏木，侧柏，板栗，栎，青冈，山玉兰，蜡梅，长叶黄杨，马桑，栾树，柿，野柿，小蜡，川泡桐。

分布范围　浙江、福建、湖北、广西、重庆、四川、云南、陕西。

发生地点　浙江：宁波市慈溪市，衢州市常山县；
重庆：万州区、涪陵区，巫溪县；
四川：广安市前锋区，凉山彝族自治州盐源县；
陕西：渭南市华州区。

发生面积　142 亩

危害指数　0.3333

• **丽江带蛾 *Palirisa mosoensis* Mell**

寄　　主　栎。

分布范围　四川、陕西。

发生地点　四川：凉山彝族自治州盐源县；
陕西：渭南市华州区。

箩纹蛾科 Brahmaeidae

• **黄褐箩纹蛾 *Brahmaea certhia*（Fabricius）**

中文异名　紫光箩纹蛾

拉丁异名　*Brahmaea porphyria* Chu et Wang

寄　　主　柳树，栎，猴樟，合果木，红花檵木，石楠，合欢，刺槐，柑橘，乌桕，毛八角枫，水曲柳，白蜡树，花曲柳，女贞，水蜡树，小叶女贞，油橄榄，木犀，紫丁香，白丁香。

分布范围　东北、华东，北京、天津、河北、湖北、广西、重庆、陕西、甘肃。

发生地点　北京：顺义区、密云区；
河北：张家口市赤城县；
黑龙江：绥化市海伦市国有林场；
上海：金山区、松江区、青浦区、浦东新区；
江苏：南京市玄武区、栖霞区、江宁区、六合区、高淳区，无锡市滨湖区、宜兴市，常州市天宁区、钟楼区、新北区、武进区、溧阳市，扬州市江都区，镇江市新区、润州区、丹阳市、句容市；
浙江：杭州市西湖区，宁波市鄞州区、余姚市、象山县，嘉兴市嘉善县；
安徽：合肥市庐阳区、包河区，芜湖市芜湖县；
湖北：武汉市新洲区，襄阳市枣阳市；
广西：桂林市灵川县；
重庆：黔江区；
陕西：咸阳市秦都区、旬邑县，渭南市华州区；
甘肃：平凉市关山林管局。

发生面积　11900 亩
危害指数　0.4516

• 青球箩纹蛾 *Brahmaea hearseyi* (White)

寄　　主　山杨，栎，猴樟，冬青，合果木，女贞，小蜡，日本女贞，木犀。
分布范围　江苏、浙江、安徽、福建、江西、河南、湖北、湖南、广东、重庆、四川、贵州、陕西。
发生地点　江苏：南京市浦口区；
浙江：宁波市慈溪市，衢州市常山县，丽水市莲都区；
福建：福州国家森林公园；
江西：宜春市高安市；
湖南：湘潭市韶山市，邵阳市新邵县，怀化市通道侗族自治县，娄底市新化县，湘西土家族苗族自治州凤凰县；
广东：云浮市罗定市；
重庆：巴南区、永川区，秀山土家族苗族自治县、酉阳土家族苗族自治县、彭水苗族土家族自治县；
四川：自贡市贡井区，内江市东兴区，乐山市峨边彝族自治县、马边彝族自治县，眉山市仁寿县，宜宾市翠屏区、筠连县；
陕西：咸阳市旬邑县。
发生面积　3726 亩
危害指数　0.3413

• 黑褐箩纹蛾 *Brahmaea ledereri christophi* Staudinger

寄　　主　秋海棠，白蜡树，美国红梣，木犀，丁香。
分布范围　北京、辽宁、安徽、福建、四川、云南。
发生地点　福建：南平市延平区。

• 女贞箩纹蛾 *Brahmaea ledereri ledereri* Rogenhofer

寄　　主　白蜡树，女贞，日本女贞，木犀。
分布范围　华东，湖北、湖南、广东、广西、四川、贵州。

• 波水腊蛾 *Brahmaea lunulata* Bremer et Grey

拉丁异名　*Brahmaea undulata* (Bremer et Grey)
寄　　主　木犀。
分布范围　河北、宁夏。

• 枯球箩纹蛾 *Brahmaea wallichii* (Gray)

寄　　主　核桃楸，猴樟，枫香，柑橘，冬青，木荷，合果木，柞木，常春藤，女贞，油橄榄，木犀，银桂，楸。
分布范围　河北、江苏、浙江、安徽、福建、江西、湖北、湖南、广西、重庆、四川、贵州、云南、陕西。
发生地点　河北：邢台市沙河市；

江苏：无锡市宜兴市；
江西：萍乡市莲花县；
湖北：荆州市松滋市；
湖南：邵阳市武冈市；
广西：桂林市兴安县，河池市天峨县；
重庆：万州区，奉节县；
四川：攀枝花市盐边县、普威局，遂宁市船山区，南充市蓬安县，广安市前锋区；
贵州：黔南布依族苗族自治州三都水族自治县；
陕西：商洛市镇安县，宁东林业局。

发生面积　3908 亩
危害指数　0.5125

蚕蛾科 Bombycidae

• **三线茶蚕蛾 *Andraca bipunctata* Walker**

中文异名　茶蚕蛾
寄　　主　枫杨，檫木，秋枫，山茶，油茶，茶，小果油茶，厚皮香，紫薇，巨尾桉，美洲绿楞。
分布范围　浙江、安徽、福建、江西、湖北、湖南、广东、广西、海南、四川、贵州、云南。
发生地点　浙江：衢州市常山县；
福建：莆田市城厢区、涵江区、仙游县，龙岩市上杭县，福州国家森林公园；
江西：赣州市会昌县、石城县，吉安市永新县、井冈山市，宜春市樟树市，鄱阳县；
湖南：邵阳市绥宁县；
广东：河源市龙川县、东源县，清远市连山壮族瑶族自治县；
广西：梧州市蒙山县；
四川：雅安市雨城区；
贵州：黔南布依族苗族自治州都匀市。
发生面积　12012 亩
危害指数　0.3641

• **白弧野蚕蛾 *Bombyx lemeepauli* Lemeé**

拉丁异名　*Theophila albicurva*（Chu et Wang）
寄　　主　构树，桑，杜仲。
分布范围　河南、湖北、云南。

• **野桑蚕台湾亚种 *Bombyx mandarina formosana* Matsumura**

寄　　主　栎，构树，桑，柿。
分布范围　上海、四川。
发生地点　上海：嘉定区；
四川：南充市仪陇县。

● 野蚕蛾 *Bombyx mandarina*（Moore）

中文异名　野蚕

寄　　主　山杨，黑杨，白柳，杨梅，青钱柳，枫杨，麻栎，蒙古栎，榆树，构树，柘树，黄葛树，榕树，桑，山胡椒，桢楠，枫香，杜仲，樱桃，苹果，梨，云南金合欢，刺槐，三角槭，柞木，女贞，丁香，蓝花楹。

分布范围　华北、东北、华东、西南，河南、湖北、湖南、广东、广西、陕西。

发生地点　北京：顺义区、大兴区；

河北：唐山市古冶区、乐亭县，张家口市怀来县，沧州市河间市，廊坊市霸州市；

山西：晋城市沁水县；

内蒙古：通辽市科尔沁左翼后旗；

上海：浦东新区；

江苏：南京市玄武区、浦口区，无锡市滨湖区、宜兴市，盐城市亭湖区、盐都区、大丰区、建湖县、东台市，扬州市江都区；

安徽：合肥市庐阳区，芜湖市芜湖县；

福建：漳州市诏安县；

江西：吉安市井冈山市；

山东：威海市经济开发区；

湖北：荆门市掇刀区，荆州市监利县、江陵县、洪湖市；

湖南：湘潭市雨湖区；

重庆：万州区、巴南区，秀山土家族苗族自治县；

四川：自贡市大安区、沿滩区，遂宁市蓬溪县，眉山市仁寿县；

陕西：渭南市华州区、合阳县、澄城县、白水县，商洛市商州区、丹凤县、镇安县，宁东林业局。

发生面积　5511 亩

危害指数　0.3413

● 家蚕蛾 *Bombyx mori*（Linnaeus）

寄　　主　桑，臭椿。

分布范围　全国。

发生地点　江西：萍乡市莲花县；

陕西：渭南市华州区，宁东林业局。

● 大黑点白蚕蛾 *Ernolatia lida*（Moore）

寄　　主　黄葛树，油樟。

分布范围　四川。

发生地点　四川：自贡市荣县。

● 钩翅赭蚕蛾 *Mustilia sphingiformis* Moore

寄　　主　柳杉，构树，榕树，桑，美洲绿柃。

分布范围　福建、江西、四川、云南、陕西。

发生地点　四川：乐山市峨眉山市；

陕西：商洛市镇安县。

发生面积　110 亩

危害指数　0.3333

• 黄波花蚕蛾 *Oberthueria caeca* Oberthür

寄　　主　黑桦，蒙古栎，榆树，构树，柘树，榕树，桑，刺槐，鸡爪槭，柞木。

分布范围　东北，北京、天津、河北、福建、四川、云南、陕西。

发生地点　北京：密云区；

河北：张家口市沽源县；

陕西：渭南市华州区、白水县。

发生面积　166 亩

危害指数　0.3333

• 黑点白蚕蛾 *Penicillifera apicalis*（Walker）

寄　　主　榕树，桑。

分布范围　福建、云南。

发生地点　福建：福州国家森林公园。

• 桑螨蚕蛾 *Rondotia menciana* Moore

中文异名　桑蟥

寄　　主　柳树，栎，桑，西府海棠，女贞，枸杞。

分布范围　中南，北京、河北、山西、辽宁、江苏、浙江、安徽、福建、江西、山东、四川、云南、陕西、甘肃。

发生地点　江苏：南京市雨花台区；

安徽：阜阳市颍东区、颍泉区、颍上县；

陕西：商洛市镇安县，宁东林业局。

发生面积　1278 亩

危害指数　0.3333

• 灰白蚕蛾 *Trilacha varians*（Walker）

寄　　主　木波罗，高山榕，垂叶榕，无花果，印度榕，黄葛树，榕树，橡胶树。

分布范围　福建、江西、广东、广西、海南、重庆、四川。

发生地点　福建：厦门市海沧区、集美区、翔安区，莆田市城厢区、涵江区、荔城区、秀屿区、仙游县、湄洲岛，福州国家森林公园；

江西：赣州经济技术开发区；

广东：广州市越秀区、海珠区、花都区；

广西：南宁市西乡塘区；

四川：自贡市沿滩区。

发生面积　1568 亩

危害指数　0.3333